LINDER
BIOLOGIE

Lehrbuch für die Oberstufe
22., neu bearbeitete Auflage

herausgegeben von
Horst Bayrhuber
und Ulrich Kull

Schroedel

Linder Biologie

Lehrbuch für die Oberstufe
22., neu bearbeitete Auflage
begründet von Professor Dr. Hermann Linder, 1948
fortgeführt von Prof. Dr. Hans Knodel

herausgegeben von
Prof. Dr. Horst Bayrhuber
Prof. Dr. Ulrich Kull

bearbeitet von
Prof. Dr. Horst Bayrhuber, IPN Kiel
Dieter Feldermann, Münster
Prof. Dr. Ute Harms, München
Prof. Dr. Wolfgang Hauber, Stuttgart
Prof. Dr. Ulrich Kull, Stuttgart
Wolfgang Rüdiger, Esslingen

Druck A [1] / Jahr 2005

Alle Drucke der Serie A sind im Unterricht parallel verwendbar.

Redaktion: Heike Antvogel
Illustrationen: 2 & 3 d. design R. Diener, W. Gluszak; take five J. Seifried
Typografisches Konzept: Iris Farnschläder / Farnschläder & Mahlstedt Typografie, Hamburg
Einbandgestaltung:
Janssen Kahlert Design & Kommunikation
Satz: aprinta, Wemding
Druck und Bindung: westermann druck GmbH, Braunschweig

ISBN 3-507-10930-1

Aus dem Vorwort zur 10. Auflage

Die Forschung auf dem Gebiet der Biologie hat in den letzten Jahrzehnten außerordentliche Fortschritte gemacht; ihre Ergebnisse sind für den heutigen Menschen von grundlegender Bedeutung geworden. Trotzdem hat der Unterricht an den höheren Schulen in diesem Fach gerade für die Zeit, in welcher der heranreifende Mensch anfängt, sich eigene Gedanken zu machen, eine beträchtliche Kürzung erfahren, so dass es größter Anstrengung bedarf, um die Gefahr des Halbwissens zu bannen. Dem trägt jedoch der hie und da ausgesprochene Wunsch nach einer verkürzten Ausgabe des Lehrbuchs, die nur enthalten soll, was man im Unterricht »durchnehmen« kann und was der Schüler davon wissen muss, nicht Rechnung. Die weitaus überwiegende Zahl der Lehrer und Schüler lehnt deshalb mit guten Gründen ein reines »Lehrbuch« ab. Der Biologieunterricht darf nicht nur abfragbares Wissen übermitteln. Er muss bilden, d.h. den Schüler zum Verständnis der belebten Natur und der in ihr waltenden Gesetze führen, ihre Bedeutung für das menschliche Sein darlegen und sichere lebensgesetzliche Grundlagen für die geistige Auseinandersetzung unserer Zeit vermitteln. Das kann aber nicht durch einige aus dem Zusammenhang gelöste Kapitel, sondern nur aus einer Gesamtschau des Lebens heraus geschehen, die den Menschen in den Mittelpunkt stellt oder doch zu ihm hinführt. Wo der Unterricht aus Zeitmangel dazu nicht imstande ist, muss der Schüler sich selbst an Hand des Lehrbuches eine solche Gesamtschau verschaffen können.

Der Lehrer wird also nicht alles, was im Lehrbuch steht, auch unterrichtlich behandeln oder gar als Merkwissen verlangen.

März 1959 Dr. Hermann Linder

Vorwort zur 22. Auflage

Eine neue Auflage des Linders, die den Anforderungen an die Qualitätsverbesserung des Biologieunterrichts in der Oberstufe Rechnung trägt! Die Weiterentwicklung erfolgte wiederum gemäß den Prinzipien, die der Begründer des Buches, Hermann Linder, und Hans Knodel, sein Nachfolger als Herausgeber, gepflegt hatten.

Der neue Linder enthält alle für die Abiturprüfung relevanten Inhalte. Auf eine schülergemäße, verständliche Darstellung haben die Autoren bei der Neubearbeitung großen Wert gelegt.

Der neue Linder bietet die notwendigen Voraussetzungen für den Erwerb einer vertieften naturwissenschaftlichen Grundbildung aus der Sicht der Biologie. Dazu gehört die Fähigkeit, die gesellschaftliche Kommunikation über biologische Themen nicht nur zu verstehen, sondern sich auch an ihr zu beteiligen. Diese Kompetenz erfordert von den Schülerinnen und Schülern, die Bedeutung der Biowissenschaften für den gesellschaftlichen Fortschritt und das Leben des Einzelnen beurteilen und sich auch eine begründete Meinung über Risiken der Anwendung der Erkenntnisse bilden zu können. Die Lernenden erhalten dazu basale Informationen über relevante Ergebnisse und grundlegende Methoden der biologischen Erkenntnisgewinnung. Exkurse zu entsprechenden Themen tragen zur fachübergreifenden Wissensvernetzung bei.

Der neue Linder ist das Ergebnis einer grundlegenden Bearbeitung: Die Abbildungen wurden inhaltlich verbessert und grafisch neu gestaltet. Das Layout wurde optimiert, sodass die Bilder unmittelbar dem Text zugeordnet sind. Am Ende eines jeden Kapitels finden sich Aufgaben, mit denen die Schülerinnen und Schüler ihr Wissen in neuen Zusammenhängen anwenden können. Zusammenfassungen helfen den Lernenden sich einen Überblick über die Teilthemen zu verschaffen. In einem ausführlichen Glossar finden sie knappe Erläuterungen wichtiger biologischer Begriffe. Zahlreiche Querverweise im Text dienen dazu, Zusammenhänge zwischen den biologischen Teilgebieten herzustellen und die Einheit der Biologie deutlich zu machen. Der bewährte Aufbau des Buches, entsprechend der Gliederung der biologischen Disziplinen, wurde beibehalten.

Dem Verlag danken wir für sein großes Engagement. Unser besonderer Dank gilt der Redakteurin, Frau Heike Antvogel: Lehrbuchautoren sind wie Schüler gelegentlich säumig; sie hat uns immer wieder freundlich gemahnt und motiviert. Ihre Kompetenz und große Mühe trugen wesentlich zur erfolgreichen Neubearbeitung bei.

Januar 2005 Horst Bayrhuber Ulrich Kull

Besonderheiten der 22. Auflage

Exkurse mit grünem Rahmen zu ausgewählten themenübergreifenden, kontroversen und aktuellen Fragestellungen vermitteln die komplexen Zusammenhänge angewandter Biologie.

Methodische Exkurse mit grauem Rahmen zeigen Praxisbezüge auf und vermitteln den Umgang mit fachspezifischen Arbeitsmethoden.

Fluoreszenzmikroskopie. Der Vertiefungsstoff enthält weiterführende Informationen zu ausgewählten Themen. Er beginnt mit einem grün gekennzeichneten Schlagwort und endet mit einem grünen Quadrat. ■

s. Cytologie 2.1 Verweise auf andere Kapitelinhalte und Abbildungen werden durch kursiv gesetzte Schrift optisch hervorgehoben. Sie ermöglichen vernetztes Lernen.

Bildungsgewebe Überbegriffe bzw. wichtige Lehrplaninhalte sind fett gedruckt und werden an der entsprechenden Stelle das erste Mal ausführlich behandelt.

Euglena Kursiv ausgezeichnet werden die lateinischen Namen der Lebewesen bzw. lateinische, griechische oder englische Fachausdrücke, Originalzitate sowie wichtige Fachbegriffe, die vorher genannt und erläutert wurden.

RUDOLF VIRCHOW Alle Namen von Persönlichkeiten sind in Kapitälchen gesetzt.

Eine ZUSAMMENFASSUNG am Ende des jeweiligen Hauptkapitels dient der Wiederholung und Vernetzung der Themenfelder.

AUFGABEN im Anschluss an die Zusammenfassungen bieten Übungsmöglichkeiten.

Ein **Glossar** auf den Seiten 534 bis 549 liefert zentrale Definitionen und beugt so Verständnisschwierigkeiten vor.

Das **Register** erleichtert das Auffinden von Inhalten und findet sich auf den Seiten 550 bis 559.

INHALT

Stoffwechsel und Energiehaushalt 134

Neurobiologie 196

Verhaltensbiologie 260

KENNZEICHEN DER LEBEWESEN

Die Natur umfasst zwei große Bereiche, das Reich des Unbelebten und das Reich des Lebendigen. Mit dem Unbelebten, das sind die Stoffe und die Wechselwirkungen zwischen den Stoffen, beschäftigen sich Physik und Chemie. Die Biologie dagegen ist die Wissenschaft von den Lebewesen und den Lebenserscheinungen. Aber was ist lebendig? Es gibt keine einzelne Eigenschaft, die Lebendes von Unbelebtem unterscheidet. Wachsen können z. B. auch Kristalle, und Bewegung findet man bei fließendem Wasser. Was lebt, hat eine ganze Gruppe von Eigenschaften, die gemeinsam vorhanden sein müssen. Nur in ihrer Gesamtheit kennzeichnen sie ein Lebewesen. Dies lässt sich z. B. an dem in Tümpeln vorkommenden Einzeller *Euglena*, dem »Augentierchen«, zeigen (**Abb. 12.1**). Daran wird deutlich, dass eine einzelne Zelle Träger aller Lebensvorgänge sein kann. Diese Erkenntnis ist von großer Bedeutung für das Verständnis der Lebenserscheinungen: Die kleinste selbstständige Lebenseinheit ist die *Zelle*.

Im Lichtmikroskop erkennt man, dass *Euglena* aus farblosem, durchsichtigem Cytoplasma besteht. Darin eingebettet ist ein meist kugeliges Gebilde, der *Zellkern* (**Abb. 12.1**). Der grüne Farbstoff der Zelle ist in linsenförmigen Gebilden, den *Chloroplasten*, enthalten. Die einzelnen Teile der Zelle haben wie die Organe mehrzelliger Lebewesen bestimmte Aufgaben. Man nennt sie daher *Zellorganellen*. Am Vorderende weist *Euglena* eine körperlange Geißel auf. Durch den Geißelschlag bewegt sie sich in Geißelrichtung voran und dreht sich hierbei langsam um ihre Längsachse. Diese lange Geißel weist an ihrer Basis eine Verdickung auf, den *Basalkörper*. Eine weitere Verdickung der langen Geißel, der Fotorezeptor, liegt im ampullenförmigen Hohlraum außerhalb der Zelle. In diesen ragt noch eine zweite, kurze Geißel hinein.

Stoff- und Energieaustausch, Wachstum. Im Licht sind die grünen Euglenazellen nicht auf organische Nahrungsstoffe angewiesen. Unter Ausnutzung des Lichts vermögen sie in ihren Chloroplasten Kohlenstoffdioxid zu organischen Verbindungen umzusetzen *(Fotosynthese)*. Kohlenstoffdioxid ist im Wasser gelöst. Außerdem nehmen Euglenen gelöste organische Stoffe sowie Bakterien und andere feste Teilchen aus der Umgebung auf. Die organischen Stoffe, die *Euglena* als Nahrung aufnimmt, sind anders zusammengesetzt als ihre eigenen Körperstoffe. Sie können deshalb nicht unmittelbar als Plasmabestandteile verwendet werden, sondern müssen zunächst durch Verdauung in kleinere, lösliche Verbindungen zerlegt und dann chemisch weiter umgesetzt werden.

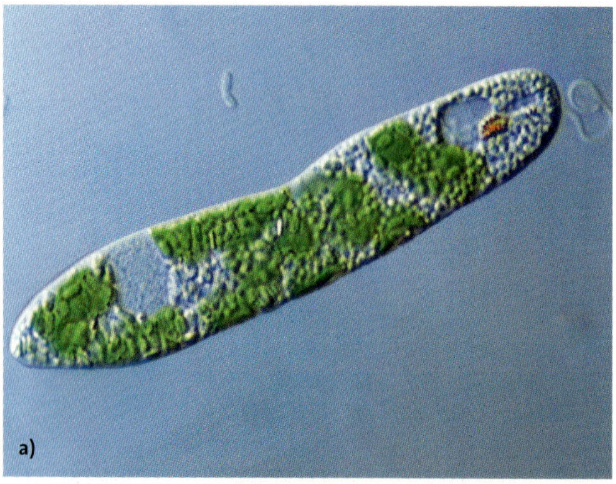

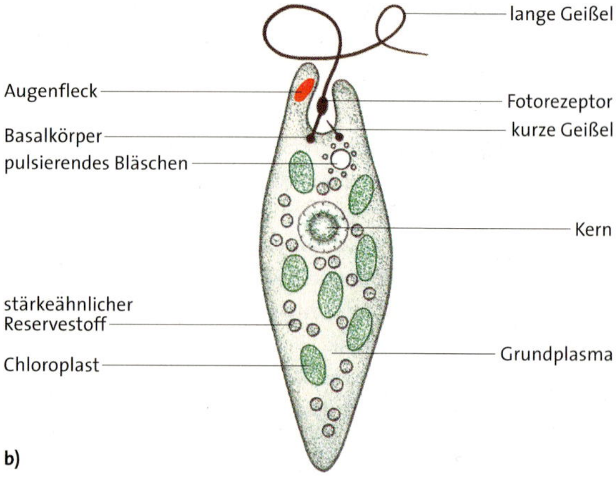

Abb. 12.1: *Euglena* (Augentierchen; ca. 60 µm lang) mit einigen größeren, im Lichtmikroskop erkennbaren Zellbestandteilen. **a)** lichtmikroskopische Aufnahme; **b)** Schema

Ernährt sich *Euglena* durch Fotosynthese, so werden die von der Zelle benötigten Bestandteile direkt hergestellt. Bei dauerndem Lichtausschluss lebt *Euglena* weiter, wenn sie hinreichend organische Stoffe als Nahrung vorfindet, allerdings unter Verlust des Chlorophylls. *Euglena* weist also Eigenschaften von Pflanze und Tier auf. Der Aufbau körpereigener Substanz durch Ernährung und Stoffwechsel vermehrt die Masse des Cytoplasmas der *Euglena*-Zelle, d.h. sie wächst. Für ihre Lebenstätigkeit benötigt *Euglena* Energie. Diese erhält sie dadurch, dass sie einen Teil der verdauten Nahrung bzw. der Fotosyntheseprodukte unter Aufnahme von Sauerstoff stufenweise oxidiert. Man bezeichnet solche Vorgänge als *Zellatmung*.

Ausscheidung. Beim Abbau von Nahrungsstoffen entstehen Substanzen, die für *Euglena* nicht weiter verwertbar oder – wie Ammoniak – sogar giftig sind; sie werden ausgeschieden. Ein Teil der gelösten Abbaustoffe tritt durch die Zelloberfläche hindurch nach außen. Ein anderer Teil wird aus der Zelle durch ein pulsierendes Bläschen *(pulsierende Vakuole)* entfernt, das sich regelmäßig mit Flüssigkeit füllt, die nach außen abgegeben wird (**Abb.13.1**).

Stoffwechsel. Fotosynthese, Aufnahme und Verdauung von Nahrung, Aufbau von körpereigenen aus fremden Stoffen, Abbau von Substanzen und Ausscheidung führen dazu, dass ständig ein Strom von Stoffen durch den einzelligen Organismus fließt. Trotz dieses Stoffwechsels bleiben Gestalt, Struktur und chemische Zusammensetzung der *Euglena*-Zelle weitgehend gleich. Es wird also ein Zustand aufrechterhalten, der auf dauerndem Stoffzufluss und -abfluss beruht: Man nennt ihn *Fließgleichgewicht*. Fließgleichgewichte treten nur in *offenen Systemen* auf. Alle Lebewesen weisen einen Stoffwechsel auf und sind offene Systeme. Bei vielzelligen Organismen hat der Organismus insgesamt und jede einzelne seiner Zellen einen Stoffwechsel.

Vermehrung. Keine *Euglena* kann über eine arttypische Größe hinauswachsen; ist diese erreicht, teilt sich die *Euglena*-Zelle (**Abb.13.2**): Die Geißeln werden abgebaut, anschließend teilt sich der Kern in zwei gleich große Tochterkerne. Dann schnürt sich die Zelle längs durch, sodass zwei neue, selbständige *Euglena*-Zellen entstehen. Sie bilden wieder Geißeln aus und wachsen heran. Bei dieser Vermehrung geht der Mutterorganismus restlos in den beiden Tochter-Euglenen auf. Wenn sie nicht durch äußere Einflüsse umkommt, stirbt *Euglena* nicht, sondern lebt in den Tochterorganismen weiter. Manche Euglenen vermehren sich gelegentlich auch auf andere Weise. Zwei *Euglena*-Zellen und ihre Kerne verschmelzen miteinander. Anschließend teilt sich diese Zelle und ihr Kern mehrmals, sodass mindestens vier Nachkommen entstehen. Diese »*geschlechtliche*« *Fortpflanzung* erfordert das Vorkommen von wenigstens zwei *Euglena*-Individuen der gleichen Art im Lebensraum. Tatsächlich treten Lebewesen selten einzeln, sondern meist zu mehreren oder in großer Zahl auf. Alle Individuen einer Art in einem bestimmten Lebensraum bilden zusammen eine *Population*.

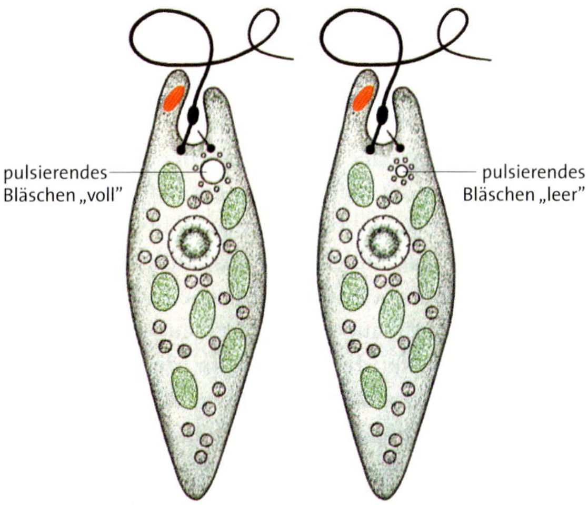

Abb.13.1: Ausscheidung durch das pulsierende Bläschen bei *Euglena* (lichtmikroskopische Aufnahme)

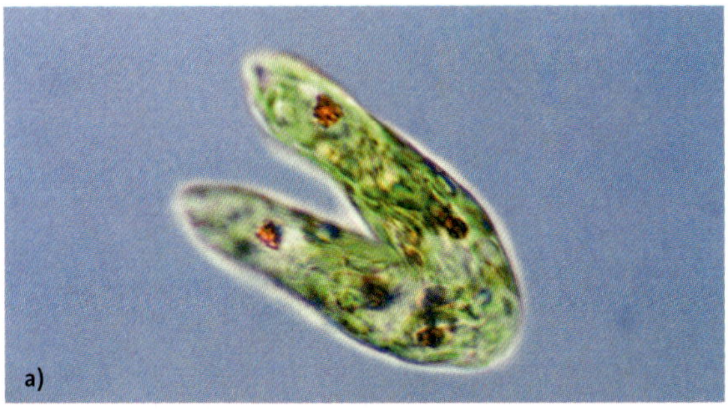

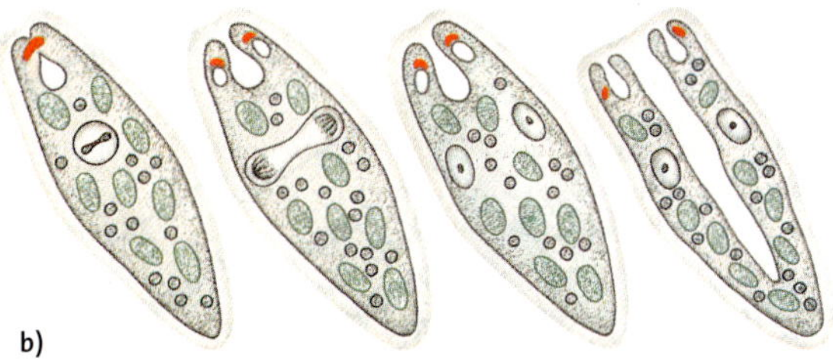

Abb.13.2: Teilung einer *Euglena*. Die Geißel ist abgebaut und die Zelle mit einer Schleimhülle umgeben.
a) lichtmikroskopische Aufnahme; **b)** Schema

Reizbarkeit. Berührt man mit der Spitze eines Glasstäbchens das Vorderende einer umherschwimmenden *Euglena*, so verändert sie sehr rasch ihre Bewegungsrichtung durch eine Änderung des Geißelschlags. Auf diese Weise wird ein Hindernis umgangen. Bei gleichmäßiger, einseitiger Lichteinstrahlung von nicht zu hoher Intensität schwimmen Euglenen auf die Lichtquelle zu und halten sich im hellsten Bereich auf (**Abb. 14.1 a**). Die Aufnahme von Berührungsreizen erfolgt bei *Euglena* an der ganzen Oberfläche; ein Lichtreiz wird hingegen nur an der lichtempfindlichen Geißelverdickung im Ampullenhohlraum, dem *Fotorezeptor*, aufgenommen. Außerdem ist noch der rot gefärbte, so genannte *Augenfleck* beteiligt. Bei seitlichem Lichteinfall beschattet der Augenfleck den Fotorezeptor. Die *Euglena* dreht sich dann so lange, bis die Beschattung aufhört und das Licht von vorn kommt. Sie reagiert also auf die Richtung des einfallenden Lichts (**Abb. 14.1 b**). *Euglena* vermag demnach Änderungen ihrer Umwelt wahrzunehmen, soweit diese als Reize auf sie einwirken. Die Fähigkeit, auf Einwirkungen aus der Umwelt (oder Veränderungen im Organismus) zu reagieren, bezeichnet man als *Reizbarkeit.* Reizaufnahme und Reizbeantwortung sind Fähigkeiten jeder Zelle.

Regulationsfähigkeit. *Euglena* sucht aktiv solche Lichtverhältnisse auf, die Fotosynthese erlauben, sich aber nicht schädlich auf den Organismus auswirken. Dieses ist dadurch möglich, dass der Fotorezeptor unter Mitwirkung des Augenflecks die ungefähre Richtung und die Intensität des Lichtes registriert. Der Lichtreiz löst eine Erregung aus, die auf unbekannte Weise zum Basalkörper der langen Geißel geleitet wird. Dieser steuert die Geißelbewegung, die ihrerseits die Schwimmrichtung der *Euglena* und damit ihre Ausrichtung zum Licht verändert. *Euglena* hat also die Fähigkeit, sich aktiv in einem mittleren Helligkeitsbereich zu halten. Diese Eigenschaft haben die genannten Einzelelemente nicht, sie entsteht erst aus deren Zusammenwirken. *Euglena* antwortet auf störende Einflüsse wie z. B. auf veränderten Lichteinfall so, dass die Störung sich nicht auswirkt oder gering bleibt: *Euglena* besitzt die Fähigkeit zur Regulation.

Die Regulation von Vorgängen oder Zuständen in einem Lebewesen gleicht oft der Arbeitsweise eines technischen Regelkreises (**Abb. 14.1 c**). Ein Regelkreis ist ein System, das eine Größe selbsttätig konstant hält. So kann man auch die Aufrechterhaltung konstanter Lichtverhältnisse durch *Euglena* als *Regelkreis* beschreiben und mit

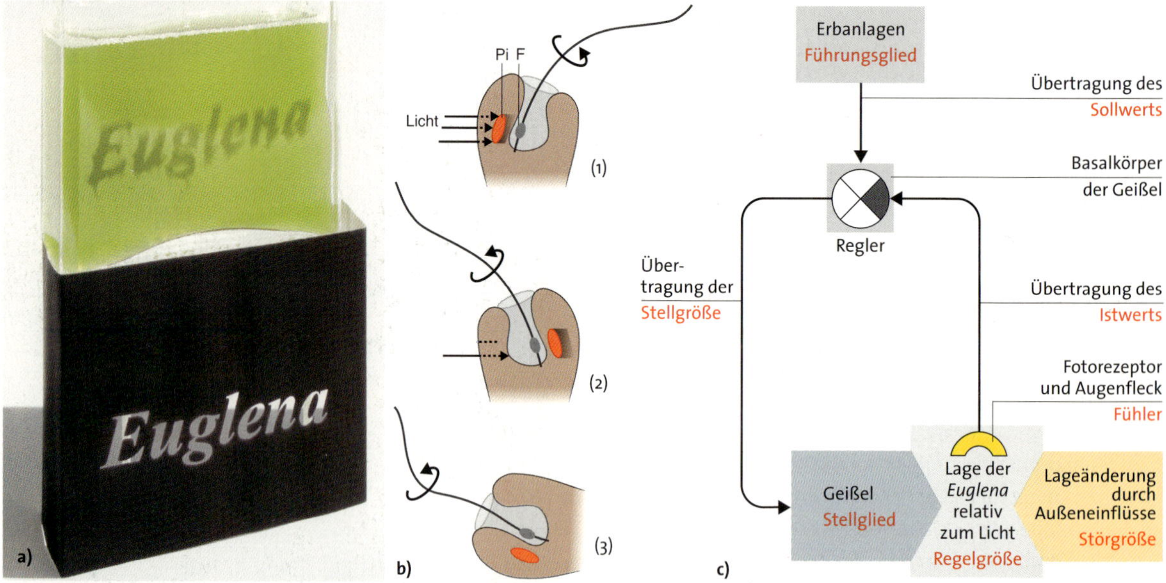

Abb. 14.1: Reizbarkeit und Regulationsfähigkeit von *Euglena*. **a)** Glasküvette mit Euglenen nach alleiniger Beleuchtung durch das ausgestanzte Wort »Euglena« und anschließender Entfernung der Schablone. **b)** *Euglena* in Seitenansicht (Schema, ohne kurze Geißel gezeichnet). *Euglena* dreht sich bei der Fortbewegung um ihre Längsachse. Bei seitlichem Lichteinfall (1, 2) wird der Fotorezeptor F bei jeder Umdrehung einmal durch den roten Pigmentfleck P kurz beschattet. Dies führt dazu, dass die Zelle immer stärker zum Licht hin orientiert wird, bis das Licht von vorn in Richtung der Längsachse einfällt. Dann hört die periodische Beschattung des Fotorezeptors auf (3); **c)** Regelkreis: Einhaltung der günstigen Helligkeit durch Einstellung der Bewegungsrichtung der *Euglena*-Zelle zum Licht. Der dunkle Sektor im Reglersymbol deutet an, dass eine hier eingehende Information eine gegensinnige Reaktion hervorruft (negative Wirkung). Gehen Informationen in einen hellen Sektor ein (hier: Information über den Sollwert), haben sie eine gleichsinnige (positive) Wirkung. Der Fühler misst die Richtung des einfallenden Lichts.

den Begriffen der Regeltechnik erläutern: Die Lage der Zelle in Bezug auf den Lichteinfall (konstant zu haltende Größe = *Regelgröße*) wird durch den Fotorezeptor *(Fühler)* gemessen. Dieser meldet die augenblickliche Lage, den *Istwert,* an den Basalkörper der Geißel, den *Regler.* Dort wird der Istwert der Lage mit dem Wert der von der Zelle eigentlich einzunehmenden Lage, dem *Sollwert,* verglichen. Weichen Istwert und Sollwert voneinander ab, so beeinflusst der Regler die Geißel, das *Stellglied.* Daraufhin ändert sich deren Bewegung so, dass der Istwert dem Sollwert angeglichen wird. Die durch die Geißelbewegung veränderte Lage der Zelle hat eine veränderte Einfallsrichtung des Lichtes zur Folge. Diese wirkt über den Fotorezeptor so auf den Basalkörper zurück, dass die Abweichung vom Sollwert korrigiert wird. Deshalb spricht man auch von *Rückkoppelung.* Dabei handelt es sich um eine negative Rückkoppelung, weil jede Abweichung der Regelgröße vom Sollwert automatisch solche Vorgänge auslöst, die der Abweichung entgegenwirken (bei positiver Rückkoppelung wird die eingetretene Veränderung verstärkt). Regelung ist Selbststeuerung eines Systems durch negative Rückkoppelung. Unbekannt ist bisher, wie in der *Euglena*-Zelle der Sollwert in den Erbanlagen festgehalten wird. Für die Regelkreisbetrachtung selbst ist dies jedoch unerheblich.

Angepasstheit. Wie *Euglena* reagieren auch die anderen Lebewesen in ihrer natürlichen Umwelt normalerweise zweckmäßig. Woher rührt diese Zweckmäßigkeit bzw. Angepasstheit in Bau und Verhalten der Lebewesen? Angepasstheit (**Abb. 15.1 a**) ist das Ergebnis einer viele Millionen Jahre langen Entwicklung. Diese Entwicklung der Organismen wird *Evolution* genannt.

Wechselbeziehungen. Beziehungen zwischen Individuen einer Population sind ein weiteres Kennzeichen der Lebewesen. Mit der Entwicklung der Vielzeller wurden diese Wechselbeziehungen, wie beispielsweise das Sozialverhalten (**Abb. 15.1 b**) zunehmend komplexer.

Euglena zeigt alle Grunderscheinungen des Lebens, wie man sie auch bei komplexer gebauten Organismen findet. Diese sind: *Wachstum, Stoff-* und *Energieaustausch, Ausscheidung, Stoffwechsel, Vermehrung, Reizbarkeit, Regulationsfähigkeit, Angepasstheit, Wechselbeziehungen mit anderen Lebewesen und mit der Umgebung* sowie oft auch *Bewegung.* Da der geordnete Ablauf aller dieser Vorgänge an intakte Zellen gebunden ist, darf man die Zelle als die kleinste selbständige Lebenseinheit ansehen. Zellen können als offene und selbst regulierende Systeme beschrieben werden. Charakteristisch für ein *System* ist ein Zusammenwirken von Teilen, die miteinander in Beziehung stehen, wie dies für die Reaktion von *Euglena* auf eine Veränderung der Lichtverhältnisse dargestellt wurde. An diesem Beispiel wurde auch deutlich, dass ein System Eigenschaften zeigen kann, die an den einzelnen isolierten Teilen nicht zu beobachten sind. Solche **Systemeigenschaften** entstehen erst durch die Wechselwirkungen zwischen den Teilen. So sind die einzelnen Teile, aus denen sich *Euglena* zusammensetzt (Moleküle, Organellen), nicht lebend. Wenn sie jedoch in einem »System« geordnet zusammenwirken, entstehen durch ihre Wechselwirkungen neue Eigenschaften. Es handelt sich um die Systemeigenschaften, die als Kennzeichen der Lebewesen bezeichnet werden.

In der Biologie werden verschiedene **Systemebenen** unterschieden: Molekül, Zellorganell, Zelle, Organ, Organismus, Population, Biozönose, Ökosystem und Biogeosphäre *(s. vorderer Buchdeckel, rechts).* Diese spiegeln sich in den Teildisziplinen der Biologie wider. Innerhalb der jeweiligen Disziplin kann entweder die Betrachtung der Struktur (Form, Gestalt) oder die Untersuchung der Funktion des jeweiligen Systems im Mittelpunkt stehen, die sich beide jedoch immer wechselseitig bedingen.

Abb. 15.1: Angepasstheit und Wechselbeziehungen.
a) Angepasstheit: Fangschrecken, die eine Blüte nachahmen;
b) Wechselbeziehungen: Spielverhalten bei Kindern

CYTOLOGIE

Die Cytologie (Zellenlehre, Zellforschung) ist das Teilgebiet der Biologie, das sich mit dem Bau und den Funktionen von Zellen beschäftigt. Die Zelle ist die grundlegende Struktur- und Funktionseinheit eines jeden Organismus.

Alle Lebewesen sind aus Zellen aufgebaut. Einzeller sind Lebensformen, die aus einer einzigen Zelle bestehen. Die meisten Pilze, Pflanzen und Tiere setzen sich aus vielen Zellen zusammen; ihr Körper ist eine Gemeinschaft zahlreicher verschieden spezialisierter Zellen.

Die Grundlage für die Entdeckung von Zellen legten um 1600 die Holländer HANS und ZACHARIAS JANSSEN mit der Erfindung der ersten Mikroskope. Die weitere Entwicklung der mikroskopischen Technik bis in die heutige Zeit und die Einführung anderer Methoden in die Zellforschung führten zu einem recht genauen Verständnis des Feinbaus der Zelle, der Stofftransportprozesse innerhalb einer Zelle und zwischen Zellen sowie der Vermehrung und Differenzierung von Zellen.

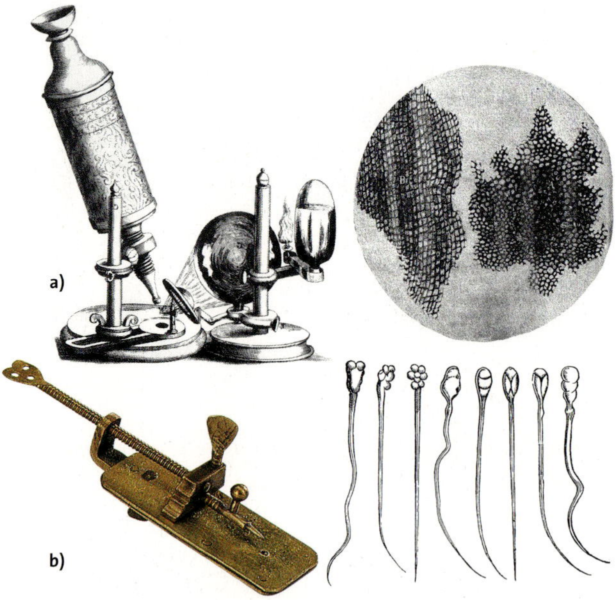

Abb. 16.1: Die Vergrößerungsgeräte von HOOKE **(a)** und LEEUWENHOEK **(b)** mit ihren Zeichnungen von beobachteten Zellen

1 Die Zelle als Grundeinheit der Lebewesen

1.1 Die Entdeckung der Zellen

Die Entdeckung der Zellen setzte die technische Entwicklung des Mikroskops voraus. ROBERT HOOKE stellte 1665 mit einem einfachen Mikroskop fest, dass Flaschenkorkscheiben aus winzig kleinen Räumen bestehen, die in ihrer Anordnung an die Kammern von Bienenwaben erinnern (**Abb. 16.1 a**). Er beschrieb sie als »cells« (Zellen). Um 1680 erkannte ANTON VAN LEEUWENHOEK mit einem einlinsigen Vergrößerungsgerät bei über 250facher Vergrößerung winzige Tiere, Spermazellen (**Abb. 16.1 b**), rote Blutkörperchen und im Zahnbelag sogar Bakterien.

MATTHIAS SCHLEIDEN wies 1838 für Pflanzen, THEODOR SCHWANN 1839 für Tiere nach, dass sie aus Zellen bestehen und nicht die zuerst gesehene Hülle der Zellen, sondern der Zellkörper (Protoplast) Träger des Lebens ist. Beide erkannten als erste, dass die Zelle trotz der Vielfalt in Größe und Gestalt der gemeinsame Baustein aller Tiere und Pflanzen ist. Diese Erkenntnisse wurden durch Untersuchungen von RUDOLF VIRCHOW erweitert, der 1855 feststellte, dass jede Zelle von einer Zelle abstammt (»omnis cellula e cellula«).

Die beschriebenen Beobachtungen und Schlussfolgerungen stellen bis heute die zentralen Aussagen der **Zelltheorie** dar:

- Alle Lebewesen sind aus Zellen und ihren Produkten aufgebaut.
- Alle Zellen stimmen in wesentlichen Strukturen, Baustoffen und Funktionen überein.
- Zellen entstehen nur aus vorhandenen Zellen.
- Die Leistungen der Lebewesen beruhen auf den Leistungen ihrer Zellen und ihrem Zusammenwirken.

1.2 Die mikroskopische Dimension der Zelle

Die meisten Zellen besitzen eine Länge bzw. einen Durchmesser von 1 bis 100 µm (**Abb. 17.1**). Deshalb können sie gar nicht oder nur als Punkte wahrgenommen werden. Dies ist bedingt durch die Leistungsfähigkeit des menschlichen Auges. Sie wird durch Eigenschaften der Augenlinse und durch die Anzahl der Lichtsinneszellen der Netzhaut bestimmt *(s. Neurobiologie 3.3)*. Mit bloßem Auge und bei normaler Leseentfernung lassen sich zwei Punkte nur dann voneinander unterscheiden (auflösen), wenn ihr Abstand mehr als 0,1 mm (= 100 µm) beträgt. Diesen Wert bezeichnet man als das Auflösungsvermögen des Auges. Durch die Entwicklung von Licht- und Elektronenmikroskopen, die ein weitaus höheres Auflösungsvermögen besitzen als das menschliche Auge (**Abb. 17.1**), wurde die Entdeckung der zwei grundlegenden Zelltypen, der Eucyte und der Protocyte, und die Aufklärung der Feinstruktur der Zellen überhaupt erst möglich. Aus physiologischen Gründen müssen Zellen ein großes Oberflächen-Volumen-Verhältnis besitzen *(s. 3)*. Deshalb bestehen Organismen aus vielen kleinen und nicht aus wenigen großen Zellen (**Abb. 17.2**).

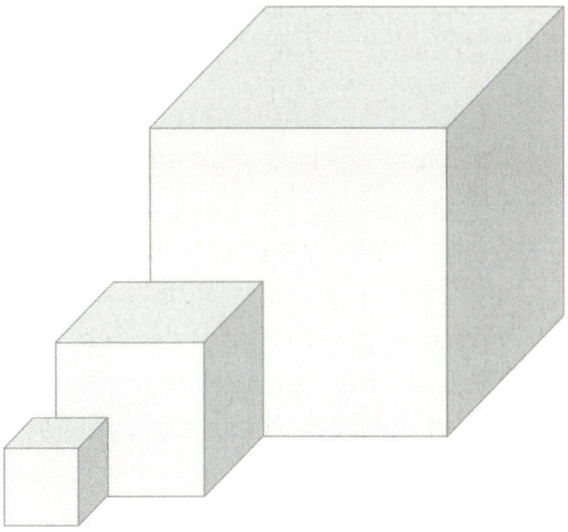

Würfel mit den Seitenlängen	1 mm	2 mm	4 mm
Oberfläche	6×1^2 $= 6\ mm^2$	6×2^2 $= 24\ mm^2$	6×4^2 $= 96\ mm^2$
Volumen	$1^3 = 1\ mm^3$	$2^3 = 8\ mm^3$	$4^3 = 64\ mm^3$
Oberflächen-Volumen-Verhältnis	6 / 1	3 / 1	1,5 / 1

Abb. 17.2: Warum sind Zellen so klein? Änderung des Oberflächen-Volumen-Verhältnisses eines Würfels bei Vergrößerung der Seitenlänge. Entsprechendes gilt bei der Volumenvergrößerung von Zellen, d. h. wird eine Zelle größer, dann nimmt ihr Volumen überproportional im Vergleich zu ihrer Oberfläche zu.

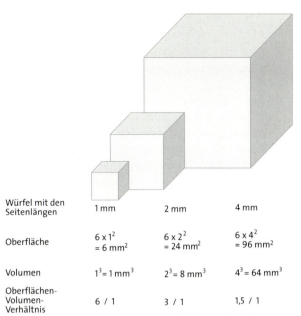

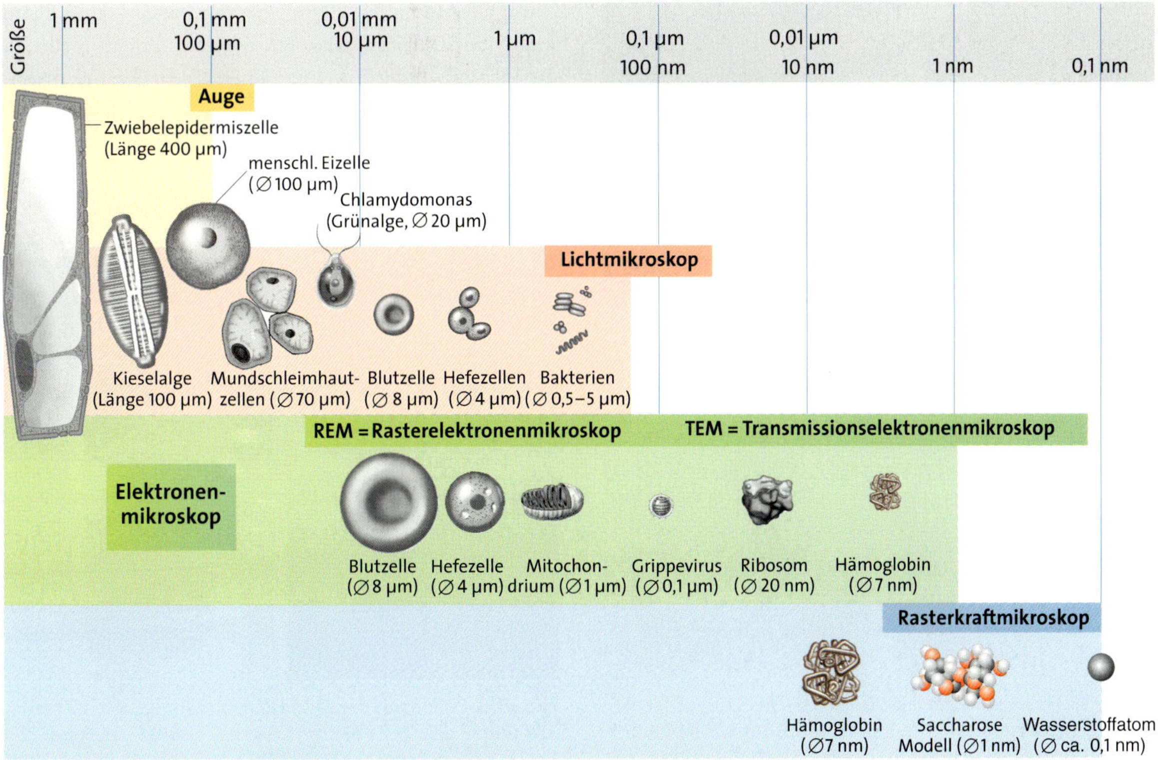

Abb. 17.1: Auflösungsvermögen des menschlichen Auges und verschiedener Mikroskope

1.2.1 Die Lichtmikroskopie

Das optische Auflösungsvermögen des *Lichtmikroskops* (*LM*, **Abb. 18.1**) ist etwa 200 bis 500mal stärker als das Auflösungsvermögen des Auges. Es liegt bei maximal 0,2 bis 0,5 µm *(s. Abb. 17.1)*. Nur wenn zwei Punkte diesen Abstand haben, können sie von einem hochauflösenden Objektiv noch getrennt abgebildet werden. Bei kleinerem Abstand bildet das Objektiv nur einen einzigen Punkt ab. Die vom Objektiv eben noch aufgelösten Punkte müssen dann durch das Okular so stark vergrößert werden, dass sie für das Auge als getrennte Punkte erkennbar sind. Den entsprechenden Vergrößerungsfaktor von Objektiv und Okular bezeichnet man als *förderliche Vergrößerung*. Damit das menschliche Auge das maximale optische Auflösungsvermögen des Mikroskops voll ausnutzen kann, sollte das Mikroskop etwa 1200 bis 1500fach vergrößern. Dies ist allerdings nur dann sinnvoll, wenn das Objektiv ein hohes Auflösungsvermögen hat, denn mangelnde Objektivauflösung kann vom Okular nicht ausgeglichen werden: Durch noch so starke Okularvergrößerungen werden keine weiteren Details des Objektes unterhalb 0,2 µm sichtbar, das Bild wird nur gröber und verschwommener. Man spricht dann von *leerer Vergrößerung* (**Abb. 18.2**).

Erst die Entwicklung der physikalischen Grundlagen optischer Abbildungen durch ERNST ABBE (1872) ermöglichte die Verbesserung der Mikroskope bis zur Grenze ihrer theoretischen Leistungsfähigkeit. Diese hängt außer von der Qualität des Objektivs vor allem von der verwendeten Wellenlänge des Lichtes ab; je kleiner die Wellenlänge des Lichtes ist, desto besser ist das Auflösungsvermögen des Mikroskops. Damit durch das Mikroskop zwei Punkte aufgelöst werden können, muss die Wellenlänge kleiner sein als der Abstand dieser zwei Punkte voneinander.

Beobachtet man im Mikroskop Objekte, deren Teile das Licht unterschiedlich stark absorbieren, dann erscheinen manche Teile heller, einige dunkler als andere. Zellkern und Chloroplasten *(s. 2)* wurden aufgrund solcher Helligkeitsunterschiede (Kontraste) im lichtmikroskopischen Bild entdeckt. Viele Zellbestandteile unterscheiden sich jedoch nicht in ihrer Lichtabsorption und ergeben deshalb im lichtmikroskopischen Bild keinen Kontrast. Sie haben aber oft unterschiedliche Lichtbrechungseigenschaften. Beim *Phasenkontrast-* und beim *Interferenzkontrast*-Verfahren werden Unterschiede in der Lichtbrechung einzelner Objektteile in Helligkeitsunterschiede umgesetzt. Mit diesen beiden Verfahren werden selbst kontrastarme, durchsichtige Strukturen in der Zelle sichtbar (**Abb. 18.3**).

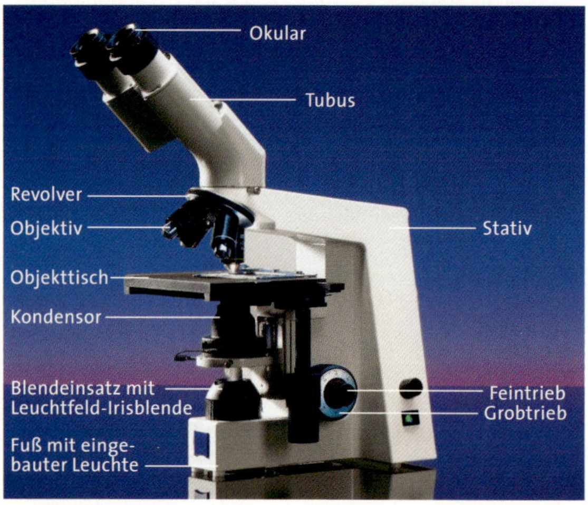

Abb. 18.1: Modernes Lichtmikroskop für Kurszwecke

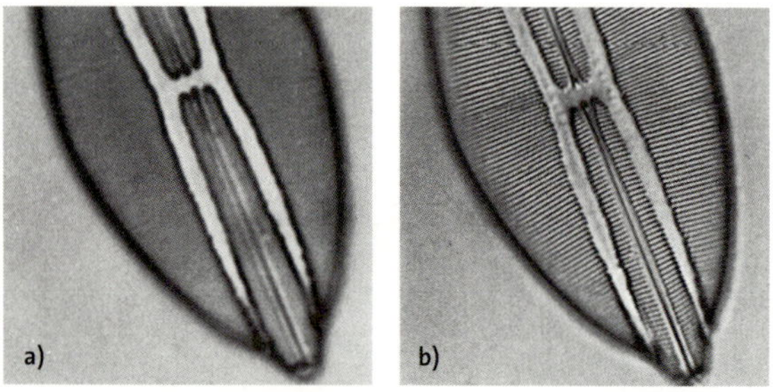

Abb. 18.2: Einzellige Kieselalge *Navicula* (LM-Bild, 700fach). **a)** einfaches Objektiv mit geringem Auflösungsvermögen, starke Okularvergrößerung (hier »leere« Vergrößerung); **b)** stärkeres Objektiv, geringere Okularvergrößerung

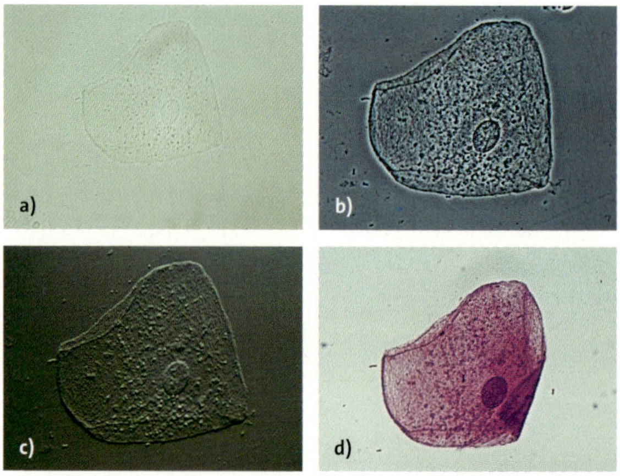

Abb. 18.3: Zellen aus der Mundschleimhaut des Menschen (LM-Bilder; 900fach). **a)** normales Hellfeld; **b)** Phasenkontrast; **c)** Interferenzkontrast; **d)** fixierte und angefärbte Zelle im Hellfeld

Herstellung lichtmikroskopischer Präparate. Um den Aufbau biologischer Objekte unter dem Lichtmikroskop studieren zu können, müssen diese meist vorbehandelt werden; man stellt von ihnen *Präparate* her. Diese müssen dünn sein, damit sie von genügend Licht durchstrahlt werden. Durch Anfärben der Objekte lassen sich Helligkeitsunterschiede verstärken.

Dünne *Frischpräparate* werden durch Zerzupfen, Quetschen des Materials und bei Pflanzen z. B. mit der Rasierklinge hergestellt (Handschnitte). Sehr dünne Schnitte von nur 10 µm erhält man mit einem *Mikrotom.* Dies ist ein Gerät, mit dem sich automatisch Serien von Schnitten einer exakt definierten Schichtdicke herstellen lassen. Mikrotomschnitte zarter Objekte gelingen nur, wenn die Objekte vor dem Schneiden verfestigt werden, z. B. durch Einbetten der Objekte in Paraffin oder in Kunststoff oder durch Tiefgefrieren.

Will man *Dauerpräparate* herstellen, werden die Objekte vor dem Einbetten fixiert. Durch ein *Fixiermittel,* z. B. Formaldehydlösung, werden benachbarte Proteinmoleküle in den Zellen miteinander vernetzt und in ihrer Lage festgehalten, sodass sie sich nicht mehr verändern.

Vor oder nach dem Schneiden werden die Objekte meist mit *Farbstoffen* behandelt, die verschiedene Zellstrukturen unterschiedlich anfärben (**Abb. 18.3 d**). Weil dadurch der Kontrast erhöht wird, treten sie im Mikroskop deutlicher hervor. Durch die Anwendung verschiedener Farbstoffe, die jeweils nur mit bestimmten Inhaltsstoffen reagieren, lassen sich verschiedene organische Verbindungen in Zellen nachweisen und lokalisieren (Verfahren der *Histochemie*).

Fluoreszenzmikroskopie. Bei dieser lichtmikroskopischen Methode werden *Fluoreszenzfarbstoffe* verwendet. Diese absorbieren ultraviolettes oder kurzwelliges sichtbares Licht und geben einen Teil dieser Lichtenergie in Form einer längerwelligen Strahlung (z. B. rotes oder gelbes Licht; **Abb. 19.1**) wieder ab. Die Strukturen des Präparats, die sich aus den messbaren Strahlungsunterschieden ergeben, werden mithilfe eines Fluoreszenzmikroskops nachgewiesen. Dieses entspricht weitgehend dem Lichtmikroskop (**Abb. 18.1**). Allerdings durchquert das beleuchtende Licht hier zwei Filter. Das erste zwischen Lichtquelle und Präparat lässt nur die Wellenlängen durch, die den gewählten Fluoreszenzfarbstoff anregen. Das zweite Filter verhindert den Durchtritt genau dieses Lichtes und lässt nur die vom Farbstoff emittierten Wellenlängen passieren. Die Fluoreszenzmikroskopie wird in großem Umfang in der Bakteriologie, z. B. für den Nachweis von Tuberkulosebakterien durch den Fluoreszenzfarbstoff Auramin, und in der Humangenetik eingesetzt.

Konfokale Mikroskopie. Bei diesem Verfahren wird ein scharf gebündelter Licht- oder Laserstrahl punktförmig auf das Objekt gerichtet (fokussiert). Dabei wird stets nur eine äußerst dünne Schicht von 0,5 µm erfasst. Nur dieser Bereich wird vom Objektiv abgebildet. Dadurch erhöht sich der Kontrast; denn es entsteht weder oberhalb noch unterhalb der Ebene, auf die der Lichtpunkt fokussiert wird, Streulicht, das Helligkeitsunterschiede verringert.

Da jeweils nur ein kleiner Fleck des Objektes abgebildet wird, muss es Punkt für Punkt abgetastet (»gescannt«) und mit einem Rechner zeilenweise zu einem Rasterbild zusammengesetzt werden. Strahlt man nach und nach verschiedene Ebenen des Objektes an, wird ein dreidimensionales Bild erstellt, das mit dem Computer beliebig gedreht und von allen Seiten betrachtet werden kann (**Abb. 19.1**).

Aus dem gespeicherten Datensatz können außerdem »optische« Schnitte durch beliebige Ebenen des Objektes hergestellt werden. Das Verfahren der Konfokalen Mikroskopie führte aufgrund der beschriebenen Möglichkeiten und vor allem in Kombination mit dem Einsatz von Fluoreszenzfarbstoffen seit dem Ende der 80er Jahre zu einem erheblichen Erkenntnisgewinn in der biologischen und medizinischen Forschung. ■

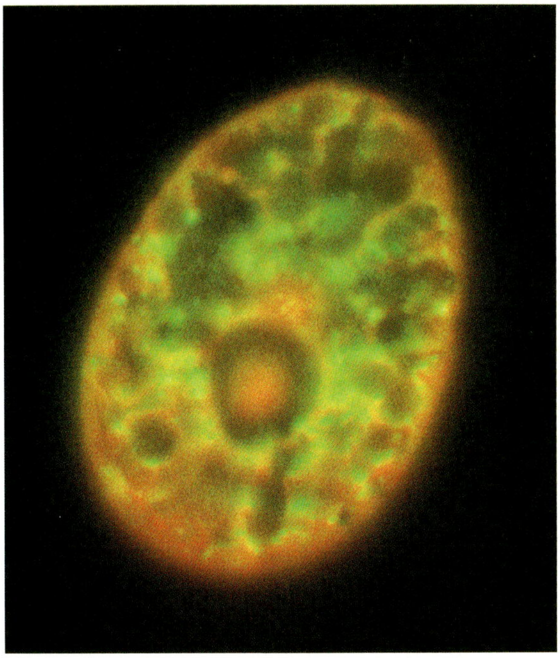

Abb. 19.1: Mit Fluoreszenzfarbstoff behandelter Dinoflagellat (ein Einzeller, LM-Bild, konfokales Verfahren). Das Chlorophyll der Chloroplasten erscheint rot und die in der Zelle symbiontisch lebenden Bakterien erscheinen gelb.

1.2.2 Die Elektronenmikoskopie

Die besten Lichtmikroskope besitzen eine Auflösung von maximal 0,2 µm (= 200 nm). Die meisten Feinstrukturen der Zelle sind jedoch viel kleiner. Um sie sichtbar zu machen, verwendet man Elektronenstrahlen anstelle von Lichtstrahlen. Mit Elektronenstrahlen arbeitet das 1934 von RUSKA erfundene *Elektronenmikroskop* (*EM*, **Abb. 20.1**). Die Wellenlänge der Elektronenstrahlen ist umso kürzer, je höher die Geschwindigkeit der Elektronen ist. Mit hoch beschleunigten Elektronen kann heute ein Auflösungsvermögen von 0,0001 µm (= 0,1 nm) erreicht werden. Die maximale Auflösung des Elektronenmikroskops ist also um den Faktor 2000 größer als beim Lichtmikroskop und eine Million Mal größer als die des Auges (**Abb. 20.2**).

Der Strahlengang im Elektronenmikroskop ist demjenigen im Lichtmikroskop ähnlich. Da Elektronenstrahlen von Glaslinsen nicht durchgelassen werden, benutzt man stattdessen elektromagnetische Felder, die von Magnetspulen (»elektromagnetische Linsen«) erzeugt werden. Ihre Anordnung entspricht der Anordnung der Linsen im Lichtmikroskop (**Abb. 20.3**).

Bei der *Transmissions-Elektronenmikroskopie* (*TEM*) werden sehr dünne Schnitte eines Objektes durchstrahlt. Da das menschliche Auge Elektronenstrahlen nicht wahrnimmt, lässt man sie auf einen Leuchtschirm oder eine fotografische Platte fallen. Durch den Objektschnitt dringende Elektronen lassen den Bildschirm an den getroffenen Stellen aufleuchten. Dunkle Stellen entsprechen den Teilen des Schnittes, die nur wenige Elektronen durchlassen. Das TEM liefert daher nur Schwarzweißbilder.

Mit dem *Rasterelektronenmikroskop* (*REM*) kann auch ein ganzes, nicht durchstrahlbares Objekt betrachtet werden. Es müssen davon also keine dünnen Schnitte hergestellt werden. Das Objekt wird zunächst mit einem dünnen Schwermetallfilm bedeckt (bedampft) und anschließend mit einem sehr eng gebündelten Primär-Elektronenstrahl abgetastet. Von jedem getroffenen Punkt sendet das Präparat nun selbst Elektronen, Sekundärelektronen genannt, aus, und zwar unterschiedlich viele je nach seiner Oberflächenbeschaffenheit. Ein Detektor setzt diese Sekundärelektronenströme Punkt für Punkt und Zeile für Zeile in entsprechende Helligkeitswerte um. So entsteht ein Rasterbild, auf dem die Strukturen des Präparats dreidimensional wirken (**Abb. 21.1**).

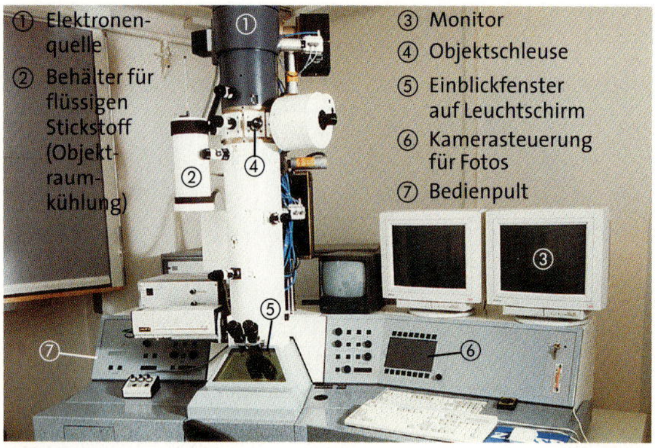

Abb. 20.1: Elektronenmikroskop

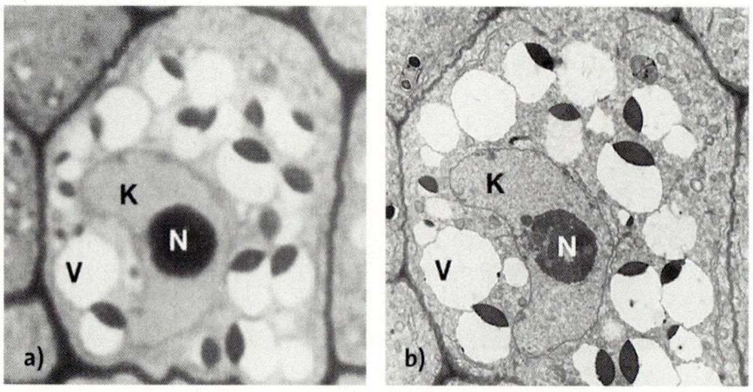

Abb. 20.2: Zelle aus dem Vegetationskegel einer Pflanze (Wasserpest, *Elodea*). **a)** LM-Bild; **b)** TEM-Bild (jeweils 2900fach); **V** Vakuole, **N** Nucleolus, **K** Zellkern

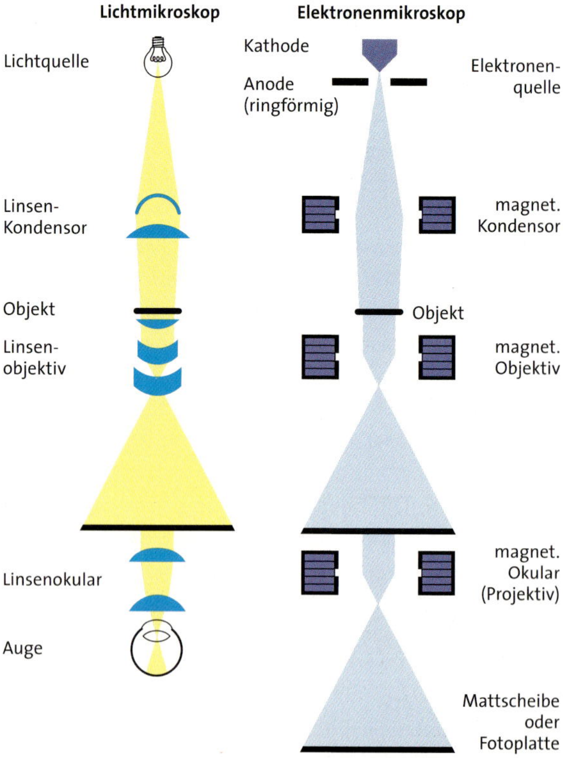

Abb. 20.3: Strahlengänge im Licht- und Elektronenmikroskop. Der Strahlengang des Lichtmikroskops ist umgedreht. So wird der prinzipiell ähnliche Aufbau erkennbar.

Herstellung elektronenmikroskopischer Präparate. Im Inneren des Elektronenmikroskops herrscht ein Hochvakuum, denn die Moleküle der Luftgase würden die Elektronen abbremsen. Im Hochvakuum würde andererseits das Wasser aus dem Objekt sofort verdampfen; seine Zerstörung wäre die Folge. Daher kann man nur entwässerte und – z. B. in Glutaraldehyd – fixierte, nicht aber lebende Objekte untersuchen. Das fixierte Objekt wird nun mit Schwermetallverbindungen, z. B. Osmiumtetroxid oder Permanganat, behandelt. Die Metallatome (Osmium, Mangan) binden an verschiedene Inhaltsstoffe der Zellen, z. B. an Proteine, und machen diese so weniger durchlässig für Elektronen. Ohne diese Behandlung erscheinen biologische Strukturen wegen ihrer geringen Unterschiede in der Durchlässigkeit für Elektronen im EM sehr kontrastarm. So aber ergeben sich auf der fotografischen Platte größere Helligkeitsunterschiede *(Kontrasterhöhung)*.

Im TEM können nur Ultradünnschnitte, die bis zu 50 nm (0,05 µm) dünn sind, untersucht werden. Sie werden mit dem *Ultramikrotom* hergestellt. Voraussetzung hierfür ist die Einbettung des biologischen Objekts in Kunstharz. Das eingebettete Objekt wird in das Gerät eingespannt und mit einem automatisch bewegten Glas- oder Diamantmesser werden die Schnitte hergestellt. Eine Zelle von der Dicke eines Blattes Papier (100 µm) kann so in 2000 Scheiben geschnitten werden. Die Schnitte werden auf kleinen Kupfer- oder Nickelnetzen (»*Grids*«, ca. 2 mm im Durchmesser) aufgefangen, auf denen sie dann im TEM untersucht werden.

Plastische elektronenmikroskopische Bilder biologischer Objekte lassen sich mit der *Gefrierätztechnik* herstellen (**Abb. 21.2**). Zum Erhalt der Zellstrukturen wird die Zelle bei −196 °C schockgefroren und dann mit einem Spezialmesser im Vakuum aufgebrochen. Dabei entstehen Bruchkanten vor allem an den Grenzflächen von Zellbestandteilen. Nachdem die obere Eisschicht abgedampft worden ist (»Ätzen«), erhält man eine reliefartige Oberfläche. Durch eine Schrägbedampfung dieser Oberfläche mit Platin und Kohlenstoff wird ein Negativabdruck des Oberflächenreliefs hergestellt. Dieser wird vom Objekt abgenommen und im EM betrachtet. Da erhabene Strukturen an der Bedampfungsseite eine relativ starke Beschichtung erhalten, erscheinen sie wegen der geringeren Elektronendurchlässigkeit dunkler und werfen im elektronenmikroskopischen Bild »Schatten« (**Abb. 21.2**).

Rastertunnelmikroskopie. Mit dem *Rastertunnelmikroskop (RTM)* ist eine 100 Millionen-fache Vergrößerung mit brauchbarer Auflösung möglich. Eine Metallspitze (Sonde) wird über die zu untersuchende leitende Objektoberfläche geführt. Der Abstand zwischen Objekt und Sondenspitze ist dabei so klein, dass sich die Elektronenwolken der Metallatome der Sondenspitze und die der Oberflächenatome des Objekts überlappen. Beim Anlegen einer Spannung zwischen Sonde und Objekt kommt es deshalb zum Stromfluss. Die Stärke dieses »Tunnelstroms« ist abhängig vom Abstand des Objekts zur Sondenspitze. Der Strom wird während des computergestützten Abtastens des Objektes durch die Sonde konstant gehalten. Wegen des Oberflächenreliefs des Objektes kommt es zu Auf- und Abbewegungen der Sonde von ca. 0,1 nm. Diese Verschiebungen werden elektronisch registriert und in ein Bild der Objektoberfläche umgesetzt.

Eine Weiterentwicklung der RTM ist die *Rasterkraftmikroskopie*. Mit dieser können auch nicht-leitende lebende Objekte und an ihrer Oberfläche ablaufende Stofftransporte bis in den molekularen Bereich abgebildet werden. ■

Abb. 21.1: Schmetterlingsschuppe (REM-Bilder, 1500- bzw. 20 000 fach)

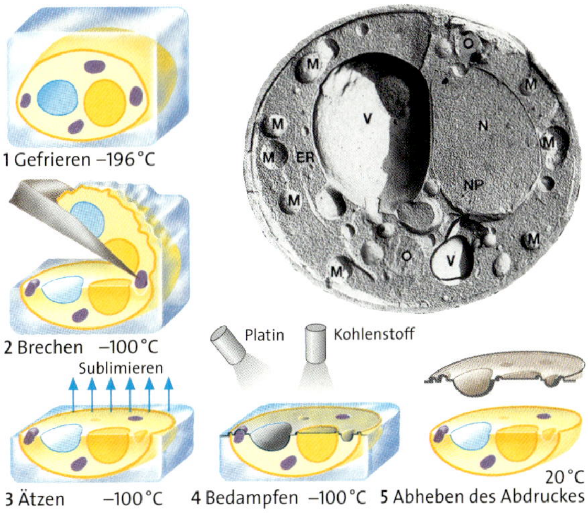

Abb. 21.2: Gefrierätztechnik (1 bis 5) an einer Hefezelle (TEM-Bild). **M** Mitochondrium, **V** Vakuole, **N** Kern, **NP** Kernpore, **ER** Endoplasmatisches Retikulum, **O** Oleosom

2 Eucyte und Protocyte

2.1 Zwei grundlegende Zelltypen

Alle Lebewesen bestehen aus Zellen. Jede Zelle stellt einen winzigen Raum dar, der von einer *Membran* umschlossen wird *(s. 2.2)*. Elektronenmikroskopische Untersuchungen haben gezeigt, dass es zwei Grundtypen von Zellen gibt: die *Eucyte* und die *Protocyte.* Bei der Eucyte werden wiederum zwei Formen unterschieden: die Pflanzenzelle und die Tierzelle (**Abb. 22.1, 22.2, 23.1** und **23.2**).

Eucyte und Protocyte sind am einfachsten daran zu unterscheiden, ob sie einen von einer Membran umgebenen *Zellkern (Karyon)* haben oder nicht. Die Eucyte hat einen Zellkern, die Protocyte hat keinen. Alle Organismen, die aus Eucyten aufgebaut sind, heißen **Eukaryoten.** Dies sind alle Einzeller, Pilze, Pflanzen und Tiere. Alle Organismen, die keinen Zellkern besitzen und den Zelltyp der Protocyte aufweisen, heißen **Prokaryoten.** Zu ihnen gehören die Bakterien und die bakterienähnlichen *Archaea (s. 2.4)*. Viren sind keine Lebewesen und bestehen gar nicht aus Zellen *(s. Genetik 4.1.2)*.

Im Elektronenmikroskop lassen sich in der Eucyte und in der Protocyte *Ribosomen* erkennen. Sie sind die Bildungsorte der *Proteine.* In beiden Zelltypen wird die Proteinbiosynthese von der Erbsubstanz *(Desoxyribonukleinsäure; engl. Deoxyribonucleic acid, DNA)* gesteuert, die jeweils aus den gleichen Bausteinen besteht *(s. Genetik 4.1)*. Im Gegensatz zur Eucyte, in der sich die DNA im Zellkern befindet, liegt die DNA in der Protocyte als *Bakterienchromosom,* einem ringförmigen DNA-Molekül, frei in der Zelle vor. Es ist etwa 1 mm lang, was der 200 bis 2000fachen Länge der Zelle entspricht. Viele Prokaryoten besitzen daneben kleine DNA-Ringe, *Plasmide.* Bei den meisten Prokaryoten befinden sich außerhalb der Zellmembran eine mehrschichtige *Zellwand,* nach außen ragende *Flagellen* zur Bewegung und kleinere Strukturen *(Pili,* Sing. *Pilus)* zum Anheften an das Substrat oder an andere Zellen.

Strukturen in der Zelle, wie Ribosomen und Zellkern, die ganz bestimmte Funktionen haben, werden als *Zellorganellen* bezeichnet. Alle Organellen sind in das *Cytosol* (Grundplasma) eingebettet. Dieses enthält viel Wasser, ist aber wegen seines hohen Proteingehalts meist zähflüssig. Der gesamte Zellinhalt einer Zelle ohne den Zellkern wird *Cytoplasma* genannt. Das EM-Bild der Eucyte zeigt im Vergleich zur Protocyte eine weitaus stärkere Strukturierung des Cytoplasmas (**Abb. 22.1, 23.1**). Der Grund hierfür ist eine Vielzahl von Zellorganellen, die in der Protocyte nicht vorkommen. Viele Zellorganellen sind membranumschlossene Räume, in denen – vom Cytosol getrennt – bestimmte Stoffwechselreaktionen ablaufen. So dienen die nur in Pflanzenzellen vorkommenden *Chloroplasten* der Fotosynthese, und die in fast allen Eucyten vorkommenden *Mitochondrien* der Zellatmung *(s. 2.3)*. Die Membranen, die Zellorganellen umgeben, ebenso wie die *Zellmembran,* die jede Zelle – auch die Protocyte – umschließt, haben den gleichen Grundaufbau. Sie alle werden daher als *Biomembranen* bezeichnet *(s. 2.2)*. Der Zellmembran der Pflanzenzelle, die auch *Plasmalemma* genannt wird, ist eine *Zellwand* aufgelagert *(s. 2.3.4)*. Diese ist grundlegend anders aufgebaut als die Zellwand der Protocyte *(s. 2.4)*. Außerdem enthält die Pflanzenzelle große Zellsafträume *(Vakuolen)*, die tierischen Zellen fehlen. Sowohl in der Protocyte als auch in der Eucyte kommen Reservestoffe in Form von Molekülansammlungen vor (z. B. Lipidtropfen, Glykogenkörner).

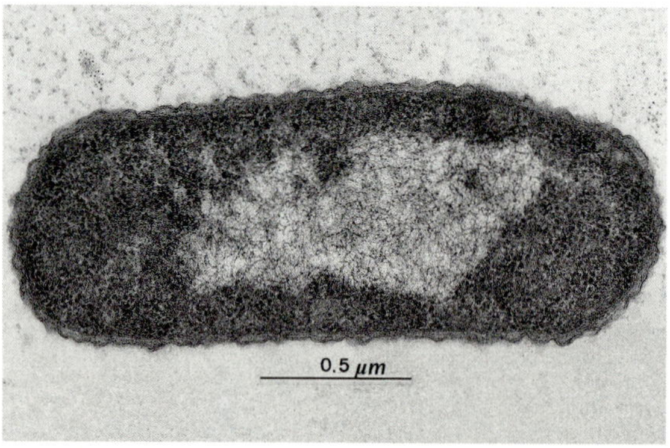

Abb. 22.1: Protocyte am Beispiel des Bakteriums *Escherichia coli* (TEM-Bild). In der Zelle sind Ribosomen und – im ribosomenfreien zentralen, hell erscheinenden Bereich – das Bakterienchromosom zu erkennen.

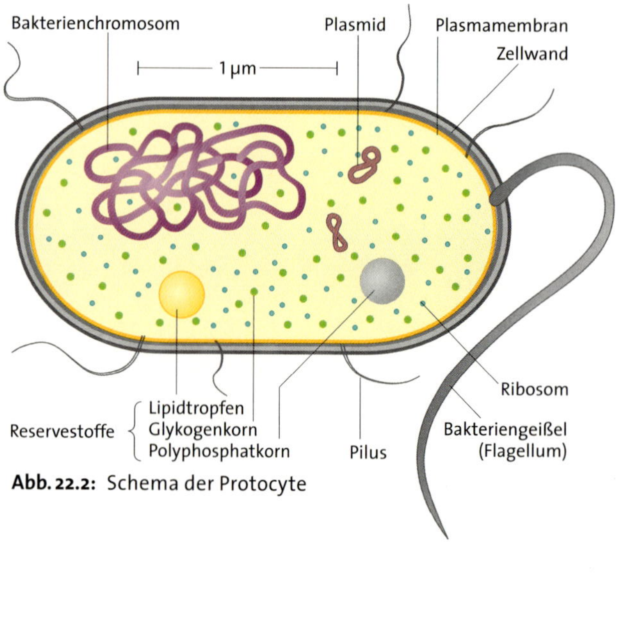

Abb. 22.2: Schema der Protocyte

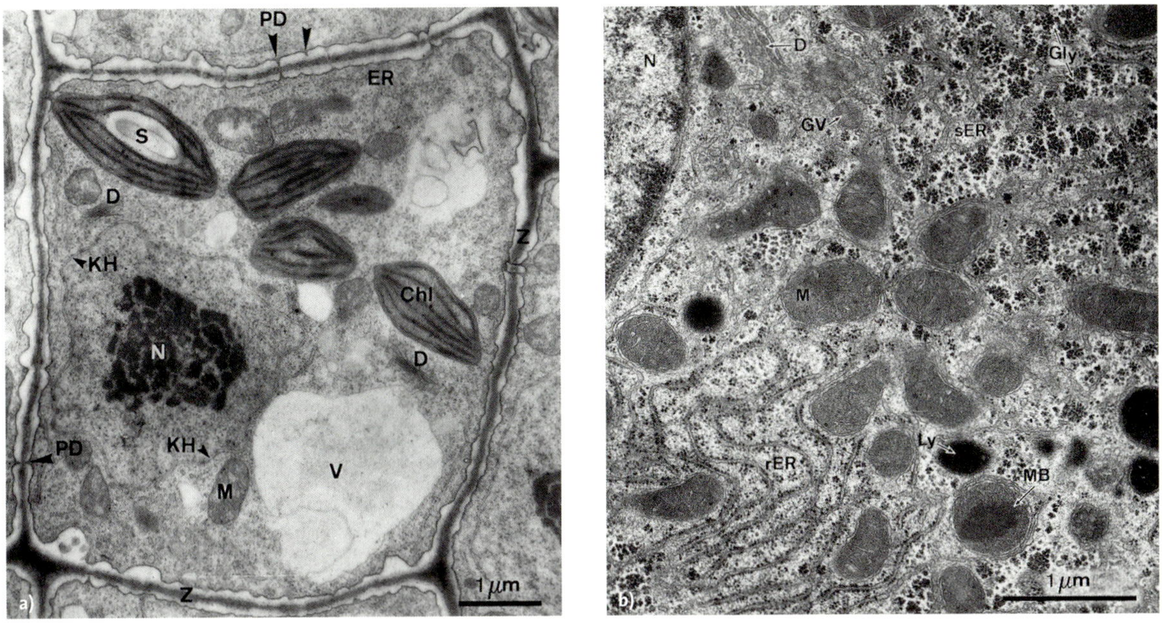

Abb. 23.1: a) Pflanzenzelle (Lebermoos *Riella helicophylla,* TEM-Bild, 7500 fach); **b)** Ausschnitt einer Tierzelle (Leberzelle einer Ratte, TEM-Bild, 11500 fach); **Chl** Chloroplast, **S** Stärkekorn, **ER** Endoplasmatisches Retikulum, **PD** Plasmodesmen, **D** Dictyosom, **N** Nucleolus, **Z** Zellwand, **KH** Kernhülle, **M** Mitochondrium, **V** Vakuole, **Gly** Glykogenkörner, **GV** GOLGI-Vesikel, **MB** Microbody

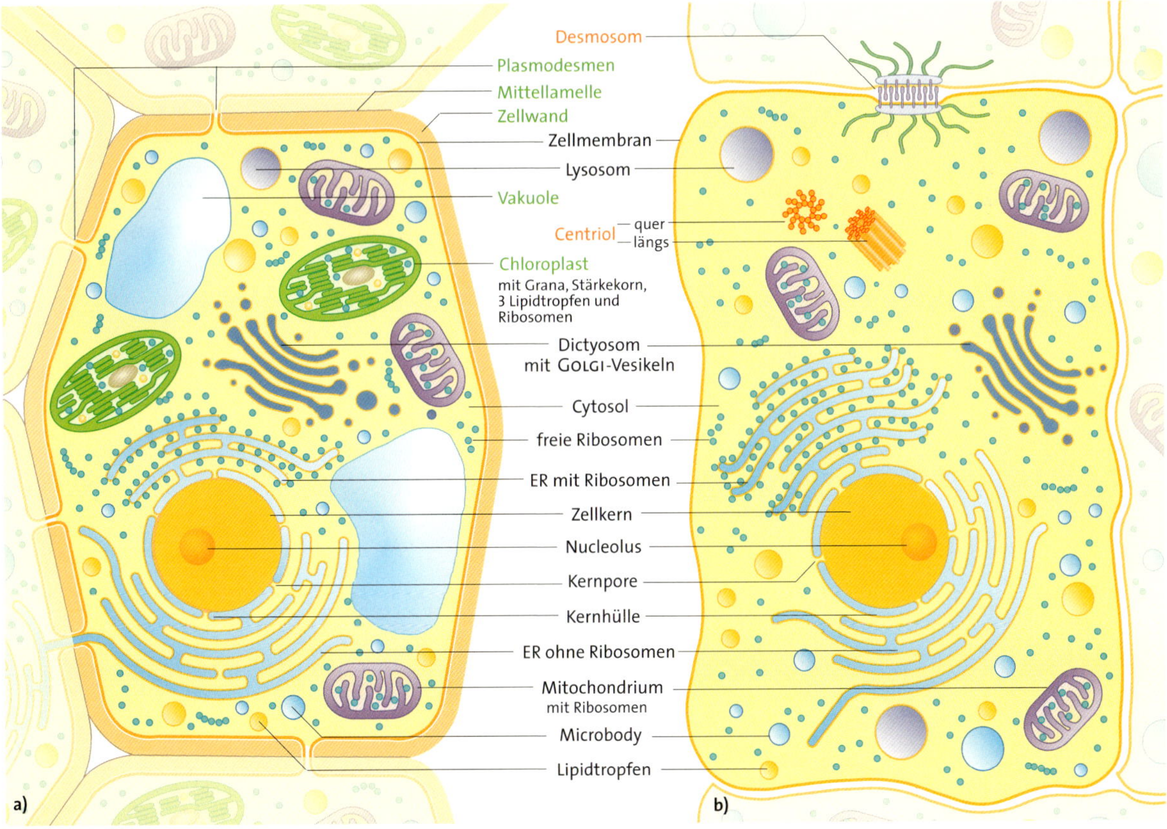

Abb. 23.2: Schema der Eucyte. **a)** Pflanzenzelle; **b)** Tierzelle *(Desmosomen s. 2.3.5)*. Plasmatische Bereiche *(s. 2.2)* sind gelb, nichtplasmatische andersfarbig dargestellt.

2.2 Bau und Funktion von Membranen

Alle Zellen sind von Membranen umgeben. Bei der Eucyte finden sich darüber hinaus zahlreiche Membranen innerhalb der Zelle als Begrenzung von Zellorganellen *(s. 2.3)*. Die Membranen aller Zellen besitzen den gleichen Grundaufbau. Sie bestehen aus Lipiden und zu 30 bis 70 % aus Proteinen. Die Lipide bilden eine Lipiddoppelschicht, in der die wasserabstoßenden (hydrophoben) Anteile der Moleküle jeweils zueinander ausgerichtet sind. Die hydrophilen Molekülanteile weisen zum wässrigen Cytosol hin (**Abb. 24.1 a**). Reine Lipiddoppelschichten sind 5 nm dick. Biomembranen sind in der Regel jedoch dicker (7 bis 10 nm), da größere Proteine in sie eingelagert sind, die in unterschiedlichem Maß aus der Lipiddoppelschicht herausragen. Diese Membranproteine sind Bestandteile der Membranstruktur. Außerdem kommen aufgelagerte Proteine vor. Gefrierbruchpräparate von Membranen zeigen im EM-Aufsichtsbild die Verteilung der Proteine in und auf der Membran (**Abb. 24.1 b**). An der Außenseite der Zellmembran können die Membranproteine und die Membranlipide Kohlenhydratketten tragen. Eine Membran ist keine starre Struktur. Die Lipidmoleküle verschieben sich aufgrund der Wärmebewegung der Teilchen fortlaufend gegeneinander. Daher bewegen sich die Proteine in der zähflüssigen Lipidschicht wie »Eisberge im Wasser«.

Membranen entstehen immer nur durch weiteren Anbau an Membranen. Ort der Synthese der Membranbausteine sind daher die Membranen selbst: in der Protocyte die Zellmembran, in der Eucyte die Membran des Endoplasmatischen Retikulums *(s. 2.3.1* und *2.3.2)*.

Innerhalb der Zelle grenzen Membranen verschiedene Reaktionsräume *(Kompartimente)* voneinander ab. Auf diese Weise können verschiedene Stoffwechselvorgänge unabhängig voneinander zur gleichen Zeit ablaufen. Zwei grundlegende Typen von Reaktionsräumen lassen sich unterscheiden: Proteinreiche und damit wasserärmere nennt man *»plasmatische Reaktionsräume«*, weil die Hauptmasse des Cytoplasmas der Zelle dazu gehört; proteinärmere werden als *»nichtplasmatische Reaktionsräume«* bezeichnet. Ein nichtplasmatischer Raum gehört aber trotz dieser Benennung zum Cytoplasma. An jede Membran im Inneren der Zelle grenzt auf der einen Seite ein plasmatischer, auf der anderen ein nichtplasmatischer Raum an. So stellt z. B. das Innere der Vakuolen der Pflanzenzelle einen nichtplasmatischen, das sie umgebende Plasma einen plasmatischen Raum dar *(s. Abb. 23.2)*.

Membranen bilden nie freie Enden, sondern umschließen stets einen Raum. Eine Abtrennung von Membranteilen kann daher nur in Form von geschlossenen Vesikeln (Bläschen) stattfinden *(s. Abb. 37.2)*. Membranen können auch verschmelzen, allerdings nur solche, die

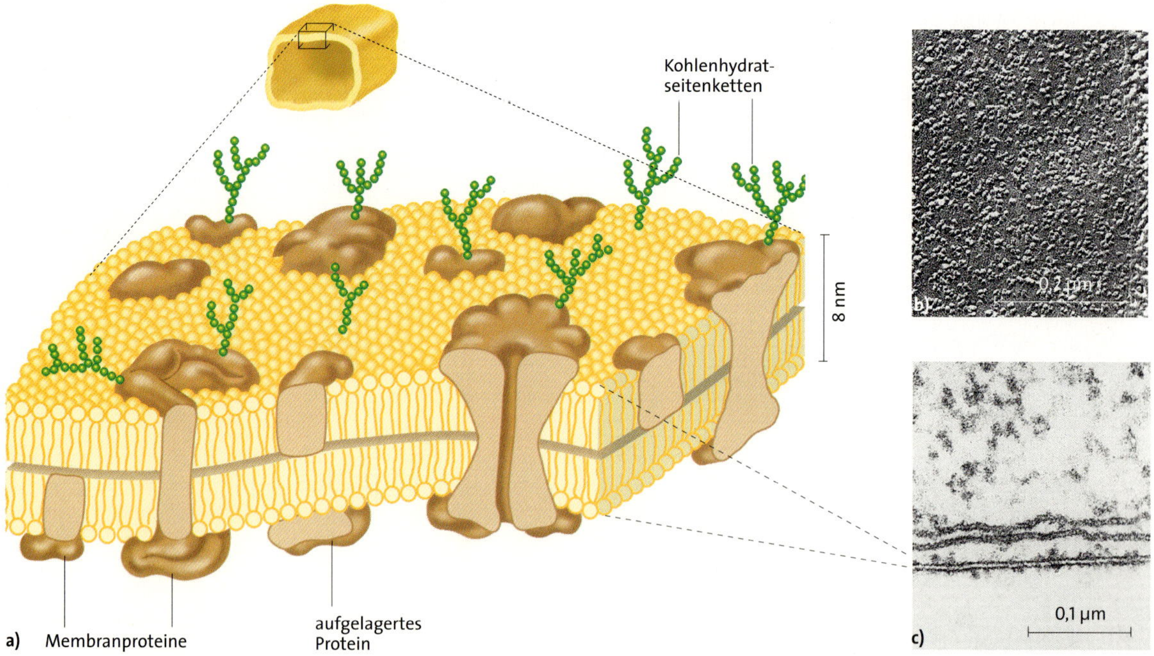

Abb. 24.1: Modell und EM-Aufnahmen der biologischen Membran. **a)** Flüssig-Mosaik-Modell. Bei tierischen Zellen ragen Zuckermoleküle aus der Zellmembran nach außen; **b)** Zellmembran einer pflanzlichen Zelle in Aufsicht. Die Partikel sind Membranproteine (TEM-Bild, Gefrierbruch); **c)** Dünnschnitt einer mit Metallatomen kontrastierten Membran (TEM-Bild)

gleichartige Reaktionsräume umschließen. Daher bleiben plasmatischer und nichtplasmatischer Raum stets getrennt. Neue Membranbausteine können in eine vorhandene Membran eingebaut werden; so wird die Membran vergrößert und die Abtrennung von Vesikeln erst möglich. Die in der Zelle ständig ablaufende Neubildung, Vergrößerung, Abtrennung, Verschmelzung und Formveränderung von Membranen bezeichnet man als *Membranfluss*.

Die Zusammensetzung der Membranproteine und deren jeweilige Anteile unterscheiden sich bei den einzelnen Membranen erheblich. Beides zusammen bestimmt im Wesentlichen die jeweilige Membranfunktion. Membranen regeln den *Stoffaustausch* zwischen der Zelle und ihrer Außenwelt sowie zwischen Organellen und Cytoplasma, indem sie Schranken oder Schleusen für den Durchtritt von Stoffen bilden *(s. 2.3* und *3.2)*. Sehr kleine Moleküle, z. B. Sauerstoffmoleküle, können Membranen fast überall passieren, größere Verbindungen, z. B. Zucker, und Ionen aber nicht. Diese werden durch *Transportproteine* in die jeweiligen Reaktionsräume transportiert. Andere Membranproteine sind an der Weiterleitung von Signalen ins Innere der Zelle bzw. eines Organells beteiligt. Diese *Rezeptorproteine* spielen für die Informationsaufnahme durch die Zelle eine wichtige Rolle *(s. Abb. 155.1)*. An diese binden z. B. Hormone. Die aus der Zellmembran tierischer Zellen herausragenden Kohlenhydratketten und Membranproteine sind *Kontakt-* und *Erkennungszonen* zwischen Zellen. An ihnen erkennt z. B. das Spermium eine Eizelle der gleichen Art, eine Zelle des Immunsystems ein infektiöses Bakterium *(s. Immunbiologie 3.2)*.

Entwicklung von Membranmodellen

Schon 1895 wurde erkannt, dass hydrophobe, lipophile Substanzen leichter in Zellen eindringen als hydrophile. Hieraus schloss man, dass Membranen aus Lipiden bestehen müssten. 1917 fand man heraus, dass Lipidmoleküle auf einer Wasseroberfläche einen einschichtigen Überzug bilden und mit ihrem hydrophilen Kopf in das Wasser eintauchen. Wenige Jahre später wurde festgestellt, dass Lipidmoleküle innerhalb der Zellmembran nur die Hälfte der Fläche einnehmen wie auf dem Wasser. Demnach ist die Zelle von einer doppelten Lipidschicht umgeben. Dieses stimmte mit der Entdeckung überein, dass Membranlipide eine Doppelschicht bilden, wenn sie vollständig von Wasser umgeben sind (**Abb. 25.1**). Dabei gelangen die lipophilen Enden der Lipide nach innen. Die hydrophilen Enden der Moleküle weisen nach außen, ins Wasser. Das Modell der Lipiddoppelschicht wurde 1935 von DAVSON und DANIELLI weiterentwickelt. Sie nahmen die bereits bekannte Tatsache, dass Membranen auch Proteine enthalten, mit in ihr Modell auf. Weiterhin vermuteten sie, die Lipiddoppelschicht läge sandwichartig zwischen zwei Proteinschichten. Als in den fünfziger Jahren des letzten Jahrhunderts durch die Entwicklung der Elektronenmikroskopie die Struktur der Biomembran optisch aufgelöst werden konnte (**Abb. 24.1 b, c**), zeigte sich, dass nicht alle Membranen gleich dick sind und die verschiedenen Membranen einen unterschiedlichen Proteingehalt aufweisen. Daraus wurde geschlossen, dass Struktur und chemische Zusammensetzung einer Membran je nach ihrer Funktion unterschiedlich ist. Diese Erkenntnis ebenso wie die Entdeckung, dass auch Membranproteine hydrophile und hydrophobe Anteile besitzen, gab Anlass, die Lage der Proteine neu zu überdenken. Mit der Erfindung der Gefrierbruchtechnik ließen sich die beiden Lipidschichten voneinander trennen. Auf diese Weise konnte man unregelmäßig angeordnete Erhebungen und Vertiefungen erkennen, die mit Proteinmolekülen in Verbindung gebracht wurden. Die beschriebenen Entdeckungen führten 1972 zur Entwicklung des noch heute gültigen Flüssig-Mosaik-Modells durch SINGER und NICHOLSON (**Abb. 24.1 a**).

Abb. 25.1: Anordnungen von Membranlipiden auf und in Wasser (schematische Darstellung)

2.3 Die Eucyte

Eucyten variieren stark in ihrer Gestalt und Größe (0,5 bis über 500 μm Durchmesser bzw. Länge). Sie haben etwa das 1000fache des Volumens einer Protocyte. Ihre Zellorganellen lassen sich nach der Zahl der sie umschließenden Membranen und der daraus resultierenden Reaktionsräume einteilen. Die *Mitochondrien* und die in Pflanzenzellen enthaltenen *Plastiden,* z. B. die *Chloroplasten,* werden von zwei Membranen umgeben. Der *Zellkern* wird ebenfalls von zwei Membranen umhüllt. Diese werden aber vom Endoplasmatischen Retikulum (ER) aus gebildet *(s. Abb. 23.2).* So resultieren jeweils zwei Reaktionsräume: Ein nichtplasmatischer befindet sich zwischen den beiden Membranen, ein plasmatischer wird von der inneren Membran umschlossen. Diese Organellen sind im LM erkennbar. Sie enthalten im plasmatischen Raum DNA. Diese Tatsache und weitere Eigenschaften deuten darauf hin, dass Mitochondrien und Plastiden aus ehemals frei lebenden Prokaryoten entstanden sind. *Endoplasmatisches Retikulum* (ER), *Dictyosomen, Lysosomen, Microbodies* und *Vakuolen* werden von einer einzigen Membran umgeben. Diese umschließt einen nichtplasmatischen Raum. Mit Ausnahme der großen Vakuolen der Pflanzenzelle sind Strukturen dieser Organellen nur im EM sichtbar. Die *Ribosomen,* die *Mikrotubuli* und die *Filamente,* die das *Cytoskelett* bilden, sowie die *selbstkompartimentierenden Organellen* und die *Centriolen* besitzen gar keine Membran.

2.3.1 Organellen mit zwei Membranen

Zellkern. Der Zellkern *(Nucleus, Karyon)* ist oft das größte Organell der Zelle. Die Kernhülle besitzt Poren, durch die das Kerninnere mit dem Cytosol in Verbindung steht. Sie sind so weit, dass Makromoleküle und Molekülaggregate hindurch treten können (**Abb. 26.1**). Im LM erscheint im Zellkern nach dem Anfärben ein fädiges Netzwerk, das *Chromatin.* Es besteht vor allem aus DNA und an diese gebundene Proteine *(s. Genetik 4.1).* Die DNA enthält die Erbinformation, die alle Vorgänge des Stoffwechsels, des Wachstums und der Entwicklung steuert. Bei der Zellteilung wird die DNA an die Tochterzellen weitergegeben. Bevor sich die Zelle teilt, verdichtet sich das Chromatin. Im LM erscheinen dann die Chromosomen, die zeigen, dass das Chromatin aus getrennten fädigen Strukturen besteht *(s. 4).* Auffällige Strukturen im Zellkern sind die *Kernkörperchen (Nucleoli,* Sing. *Nucleolus),* meist zwei pro Zellkern, die maßgeblich an der Bildung der Ribosomen beteiligt sind. Die Nucleoli bestehen vorwiegend aus Ribonucleinsäuren. Auch enthält der Kern ein im EM erkennbares *Kernskelett,* das verantwortlich für seine Form ist und mit dem Chromatin in Verbindung steht. Die Chromosomen sind im Kernskelett »aufgehängt«.

Mitochondrien. Mitochondrien sind stäbchenförmige oder gekrümmte Organellen in der Eucyte, die ungefähr so groß wie Bakterien sind (ca. 1,5 μm Durchmesser; 2 bis 8 μm Länge; **Abb. 26.2**). Sie sind Orte der Zellatmung, die »Kraftwerke der Zelle«. Von außen nach innen gesehen, besteht ein Mitochondrium aus der äußeren Membran, einem nichtplasmatischen Raum, der inneren Membran und der plasmatischen Matrix des Innenraums. Die innere Membran ist durch falten- oder schlauchförmige Einstülpungen und Abschnürungen in die Matrix hinein stark vergrößert. So können hier viele Reaktionen, die an membrangebundene Enzyme gekoppelt sind, gleichzeitig ablaufen. Vorgänge der Zellatmung finden in der Matrix und der inneren Membran der Mitochondrien statt *(s. Stoffwechsel 3.2).* In den meisten Zellen hängt die Zahl der Mitochondrien von der Intensität des Zellstoffwechsels und dessen Energiebedarf ab.

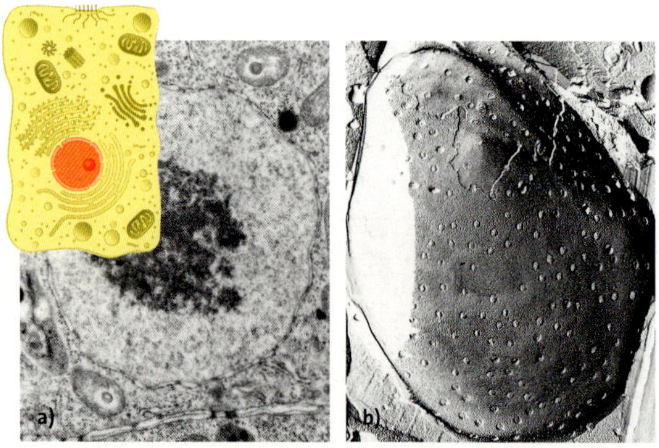

Abb. 26.1: a) Zellkern mit Nucleolus (TEM-Bild); **b)** Kernhülle mit Poren in Aufsicht (Gefrierätztechnik, REM-Bild)

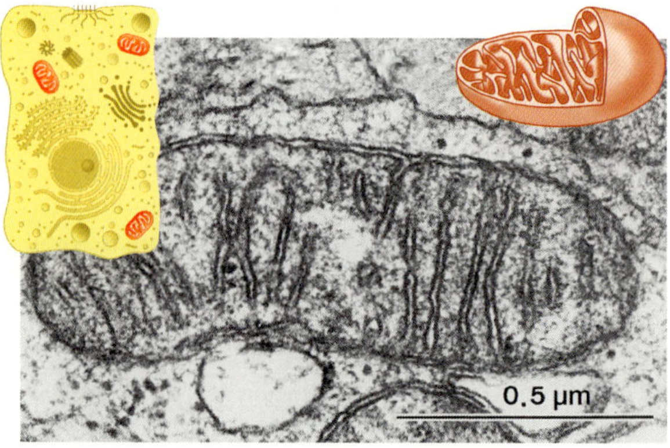

Abb. 26.2: Mitochondrium (TEM-Bild und Schema)

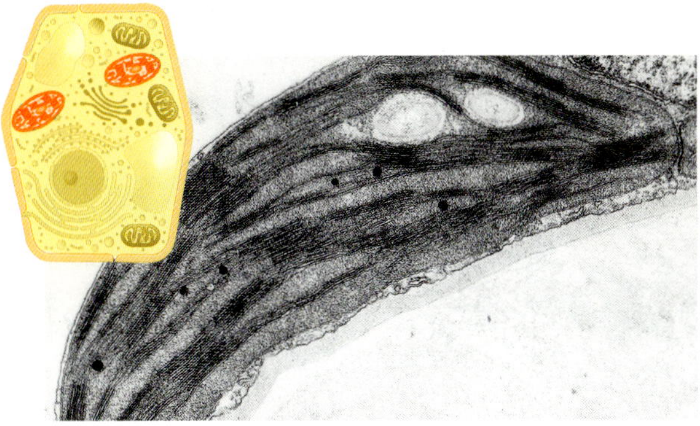

Abb. 27.1: Chloroplast (TEM-Bild)

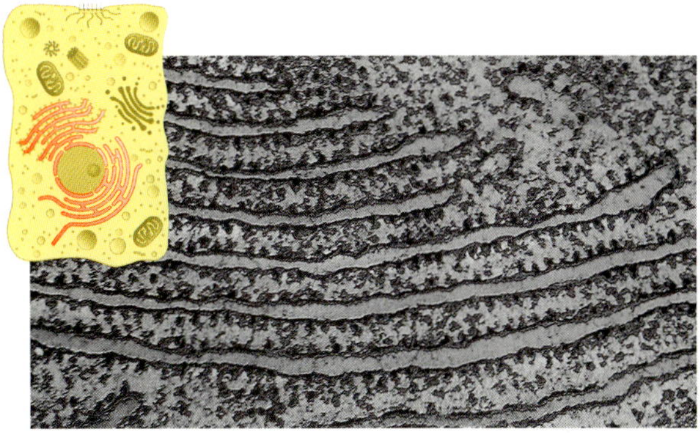

Abb. 27.2: Endoplasmatisches Retikulum (TEM-Bild)

Plastiden. Diese kommen nur in Zellen von Pflanzen vor. Die durch Chlorophyll grün gefärbten *Chloroplasten (s. Stoffwechsel 2.1)* dienen vor allem der Fotosynthese. Sie produzieren Zucker und Stärke. Bei den Blütenpflanzen sind es linsenförmige Organellen von 2 bis 8 µm Länge, die oft zu Hunderten in der Zelle liegen. Die innere der beiden Membranen schnürt zahlreiche, lamellenartige, flach gedrückte Membransäckchen in den Innenraum des Chloroplasten ab (**Abb. 27.1**). Diese liegen in der plasmatischen Grundsubstanz im Inneren des Chloroplasten, die – wie beim Mitochondrium – als Matrix bezeichnet wird. In den Membranen der Membransäckchen, in denen sich das Chlorophyll befindet, und in der Matrix laufen die Reaktionen der Fotosynthese ab.

Die roten oder gelben *Chromoplasten* färben Blüten, Früchte und bunte Blätter. In nicht gefärbten Pflanzenteilen, wie z. B. Knollen und Wurzelstöcken, wird in farblosen *Leukoplasten* Reservestärke gespeichert.

2.3.2 Organellen mit einfacher Membran

Endoplasmatisches Retikulum (ER). Dieses Organell ist ein netzförmiges System (lat. *reticulum* = Netzchen) membranumhüllter nichtplasmatischer Kanälchen und Säckchen, die das Cytoplasma durchziehen (**Abb. 27.2**). In der Membran werden Lipide gebildet, die ebenso wie Proteine in die ER-Membran eingebaut werden. Durch Abschnürung von Bläschen (Vesikel) werden Membranteile des ER zu ihren Bestimmungsorten, z. B. zu den Dictyosomen transportiert und dort eingefügt. Auch der Inhalt der Vesikel, z. B. Proteine, gelangt so zu anderen Zellkompartimenten. Das ER ist Bildungsort fast aller Organellmembranen bzw. ihrer Bausteine. Durch den Einbau neuer Membranbausteine und die Abgabe von membranumhüllten Vesikeln ändert sich die Form des ER ständig *(Membranfluss, s. 2.2)*. Das ER ist zusammen mit den abgeschnürten Vesikeln somit ein wichtiges Transportsystem für Proteine und andere Stoffe innerhalb der Zelle.

Dictyosomen. Sie bestehen aus Stapeln flacher membranumgrenzter nichtplasmatischer Reaktionsräume, die mit Stoffen beladene Vesikel abschnüren *(GOLGI-Vesikel)* (**Abb. 27.3**). Diese Membranverluste ergänzen sie aus Vesikeln, die vom ER angeliefert werden. Die Gesamtheit aller Dictyosomen einer Zelle wird, nach ihrem Entdecker GOLGI (1844–1926), *GOLGI-Apparat* genannt. Stoffe, vor allem Proteine, werden in GOLGI-Vesikeln zu anderen Organellen oder zur Ausschüttung aus der Zelle zur Zellmembran transportiert. In pflanzlichen Dictyosomen werden auch Bausteine der Zellwand *(s. 2.3.4)* hergestellt. Dictyosomen erfüllen Aufgaben der Umwandlung, Sortierung und Verpackung von Stoffen.

Lysosomen. Sie sind die Verdauungsorganellen der Zelle. In ihnen befinden sich Enzyme, mit deren Hilfe Makromoleküle wie Proteine, aber auch ganze, z. B. gealterte, Organellen sowie Mikroorganismen abgebaut werden können. Löst sich die Lysosomenmembran, z. B. infolge einer chemischen Schädigung, auf, »verdauen« die frei werdenden Enzyme die übrigen Zellbestandteile (Selbstauflösung der Zelle, *Autolyse*). Lysosomen werden vom GOLGI-Apparat aus gebildet.

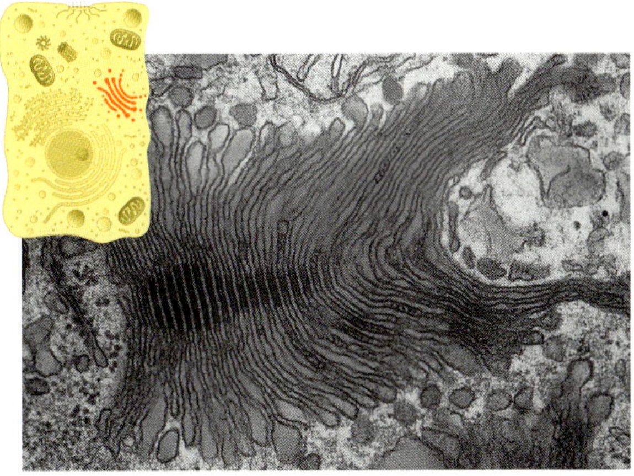

Abb. 27.3: Dictyosom (TEM-Bild)

Microbodies. In den nichtplasmatischen Reaktionsräumen dieser Organellen von ca. 1 µm Durchmesser laufen bestimmte Stoffwechselprozesse ab, z. B. der Abbau von Fettsäuren. Dabei kann das wegen seiner Reaktionsfähigkeit für die Zelle giftige Wasserstoffperoxid (H_2O_2) entstehen. Viele Microbodies enthalten das Enzym Katalase, das Wasserstoffperoxid rasch abbaut und damit für die Zelle unschädlich macht.

Vakuolen. Sie sind wasserreiche, nichtplasmatische Reaktionsräume. In Pflanzenzellen können mehrere Vakuolen zu einer einzigen großen, der *Zentralvakuole*, zusammenfließen. Diese kann bis zu 90 % des Zellvolumens ausmachen. Ihr Inhalt, der Zellsaft, besteht aus einer wässrigen Lösung von Ionen und organischen Verbindungen (z. B. Zucker, Säuren, Farbstoffe, wenig Protein). Vakuolen können als Speicher für Nährstoffe, Abbauprodukte und für Abwehrstoffe gegen Fressfeinde dienen. Die Wassermenge des Zellsaftes wirkt sich entscheidend auf die Stabilität pflanzlicher Gewebe aus (Verwelken/Turgor, *s. 3.1* und *Ökologie 1.3.1*).

2.3.3 Organellen ohne Membran

Ribosomen. Sie sind etwa 25 nm groß und aus zwei verschieden großen Untereinheiten aufgebaut (**Abb. 28.1**). Diese bestehen aus einer festen Anzahl von Protein- und Ribonucleinsäuremolekülen. Die Ribosomen sind die Orte der Proteinbiosynthese *(Genetik 4.2.3)*. Im Cytoplasma liegen die aktiven Ribosomen in Gruppen oder perlschnurartig aufgereiht beieinander *(Polysomen)*. Ribosomen können auch an die Außenseite der ER-Membran angelagert sein. Sie bilden dann die Proteine des ER. Dieses ER wird *»raues« ER* genannt im Unterschied zum ribosomenfreien *»glatten« ER*.

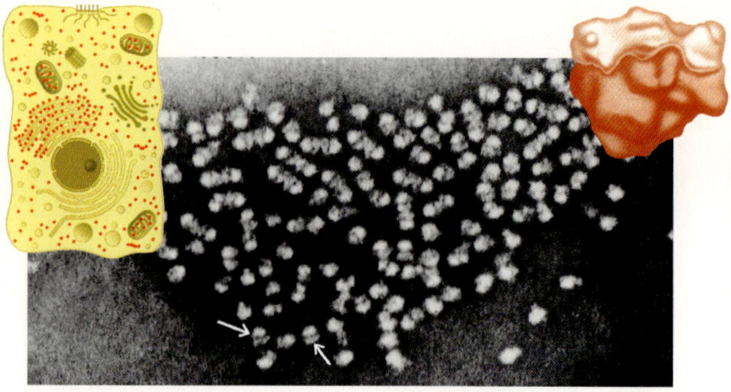

Abb. 28.1: Ribosomen (TEM-Bild und Schema)

Selbstkompartimentierende Organellen. Durch die Zusammenlagerung von Proteinen entstehen in der Zelle Aggregate, die einen Hohlraum bilden. Dieser ist vom übrigen Zellinhalt abgetrennt. Auch in ihm laufen bestimmte Stoffwechselprozesse ab. Solche Organellen bilden gewissermaßen ein »molekulares Reagenzglas«. Zu ihnen gehören die *Proteasomen*, in denen Protein abbauende Enzyme (Proteasen) wirksam sind. Neben den Lysosomen bilden diese Organellen also ein zweites wichtiges Abbausystem für Proteine in der Zelle. Andere selbstkompartimentierende Organellen helfen bei der Bildung der funktionsfähigen Raumstruktur von Proteinen mit. ■

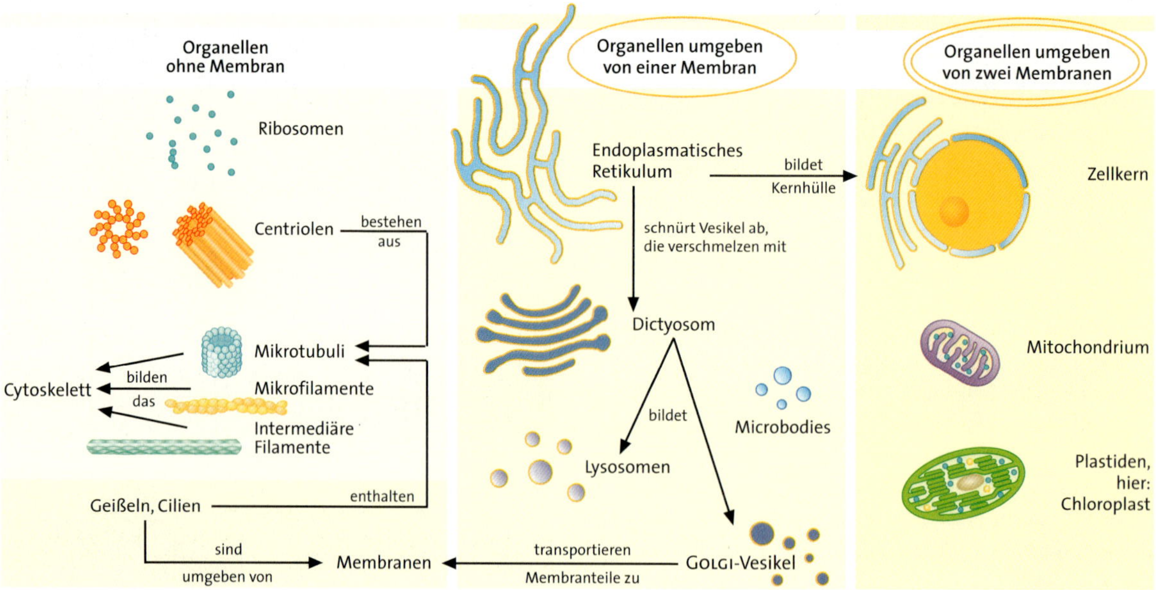

Abb. 28.2: Übersicht über die Organellen, schematisch (nicht maßstabsgetreu)

Cytoskelett. Das Cytoplasma ist von einem komplexen Netzwerk aus Proteinen durchzogen. Aggregate der Proteinmoleküle bilden winzige Röhren und feinste Fäden, die in ihrer Gesamtheit als *Cytoskelett* bezeichnet werden. (**Abb. 29.1**). Dieses bestimmt die Form von tierischen Zellen; es ist beteiligt an Bewegungsvorgängen sowie an Vorgängen bei der Signalübertragung innerhalb der Zelle. Das Cytoskelett lässt sich in drei Bauelemente unterteilen: die Mikrotubuli, die Mikrofilamente und die Intermediären Filamente.

Mikrotubuli sind röhrenförmige Gebilde mit einem Durchmesser von etwa 25 bis 28 nm. Sie sind aus Molekülen des Proteins Tubulin aufgebaut. Mikrofilamente sind fädige Strukturen. Sie haben einen Durchmesser von 6 bis 7 nm. Da sie vorwiegend aus dem Protein *Actin* bestehen, werden sie auch Actinfilamente genannt. *Intermediäre Filamente* haben einen Durchmesser von 10 nm. Er liegt also zwischen dem von Mikrofilamenten und dem von Mikrotubuli. Intermediäre Filamente können je nach Zelltypus aus verschiedenen Proteinen bestehen, z. B. aus *Keratin*. Es wird in Zellen der Haut stark vermehrt und bildet dann nach deren Absterben die Hornsubstanz z. B. der Haare und der Hornschicht der Haut. Mikrofilamente und Mikrotubuli werden in der Zelle ziemlich rasch (in Minuten bis Stunden) aus ihren Bausteinen neu gebildet und auch wieder zu diesen abgebaut. Hingegen sind die intermediären Filamente langlebiger.

Das Cytoskelett bestimmt wesentlich die Gestalt tierischer Zellen, denen die formgebende Zellwand der Pflanzenzelle fehlt. Direkt unter der Zellmembran bilden Actinfilamente meist ein dichtes Netz. Es ist in der Zellmembran verankert und verleiht tierischen Zellen eine gewisse mechanische Festigkeit. Intermediärfilamente sind besonders zahlreich in Zellen, die Druck- oder Zugbelastungen ausgesetzt sind. So liegen in den lebenden Zellen der äußeren Schichten der menschlichen Oberhaut in großer Menge aus Keratin aufgebaute Intermediärfilamente. Sie durchziehen das ganze Plasma von Membran zu Membran. Über besondere Proteine (Desmosomen) in den Membranen benachbarter Zellen sind diese Cytoskelettstrukturen der Oberhautzellen miteinander verbunden und verleihen dem Oberhautgewebe Elastizität und Zugfestigkeit *(s. 2.3.5)*.

In einigen Zellen sind Plasmabewegungen zu beobachten. Das Cytoplasma vieler Pflanzenzellen bewegt sich ständig (Plasmaströmung), dabei werden auch große Organellen mittransportiert, sodass die Bewegung im LM zu erkennen ist. An diesen Bewegungsvorgängen ist das Cytoskelett beteiligt. Sie werden durch *Motorproteine* verursacht. Diese können Energie aus einer chemischen Reaktion in Bewegungsvorgänge umsetzen. Dabei treten sie mit den verankerten Actinfilamenten in Wechselwirkung. Bei diesen Motorproteinen handelt es sich um Myosinmoleküle. Auch die Muskelbewegung wird durch Actinfilamente und Myosinmoleküle bewirkt *(s. Neurobiologie 6.3.2)*. Manche Einzeller, z. B. Amöben, kriechen durch Ausbildung von Scheinfüßchen (Pseudopodien) umher. Diese *amöboide Bewegung*, an der vor allem Mikrofilamente und Motorproteine beteiligt sind, können auch Zellen im vielzelligen Organismus aufweisen, z. B. Weiße Blutkörperchen. Amöben und Weiße Blutkörperchen nehmen durch Umfließen feste Teilchen auf (Phagozytose, *s. 3.4*).

Centriolen. Sie kommen in der Regel paarweise vor. Es handelt sich dann um zwei senkrecht zueinander liegende Zylinder aus neun Dreiergruppen von Mikrotubuli *(s. Abb. 23.2)*. Wenn in einer Zelle Centriolen vorhanden sind, geht von diesen die Bildung der Kernspindel bei der Zellteilung aus *(s. 4)*. Centriolen bilden auch die Geißelbasis (Basalkörper), die wiederum den Aufbau der Geißeln organisiert *(s. Exkurs Bewegung der Wimpern und Geißeln S. 30)*. Centriolen kommen in tierischen und manchen pflanzlichen Zellen, z. B. in vielen Algen, vor. Bei Bedecktsamern fehlen sie, dort übernehmen andere Strukturen ihre Aufgabe.

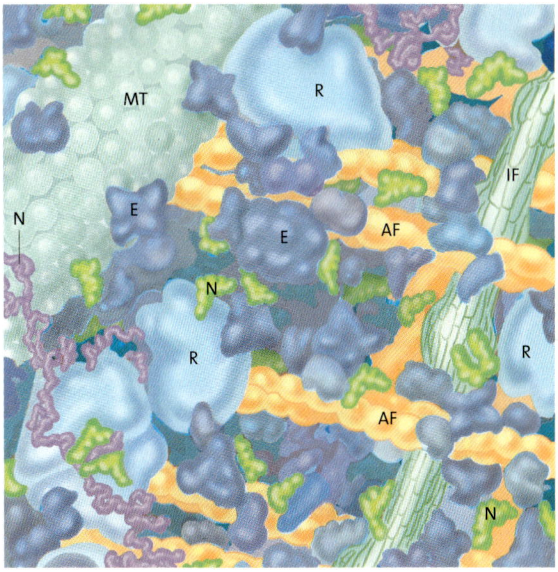

Abb. 29.1: Schematischer Ausschnitt aus dem Cytoplasma. Dieses ist von strukturgebenden fädigen und röhrigen Strukturen durchzogen, die das Cytoskelett bilden: **MT** Mikrotubuli, **IF** Intermediäre Filamente, **AF** Actinfilamente. Außerdem sind dargestellt: **E** Enzyme, **N** Nucleinsäuren (t-RNA: grün, m-RNA: violett), **R** Ribosomen (1 000 000fach vergrößert).

Bewegung durch Wimpern und Geißeln

Viele Einzeller, wie z. B. das Pantoffeltierchen (**Abb. 30.1**), besitzen Wimpern *(Cilien)* als Bewegungsorganellen. Bei Tieren und beim Menschen befinden sich Wimpern an Epithelzellen von Atmungs-, Fortpflanzungs-, Verdauungs- und Ausscheidungsorganen *(s. 5.3)*. Beim Menschen bewegen sie, z. B. in den Bronchien, Sekrettröpfchen und kleine Partikel, im Eileiter die Eizelle. Der Wimpernschlag kann also dem Transport, aber auch der Fortbewegung dienen.

Alle Cilien von Eucyten sind gleich gebaut. Mikrotubuli sind ihre wichtigsten Bauelemente: Neun randliche Gruppen von je einem Mikrotubulipaar umgeben zwei zentrale, einzelne Mikrotubuli (9 + 2 Prinzip). Sie werden durch Proteinbrücken und Radialspeichen an ihrem Platz gehalten. Ärmchenförmige Motorproteine lassen benachbarte Doppel-Mikrotubuli aneinander entlanggleiten und verursachen dadurch deren Krümmung: Die Wimper wird bewegt. Der Abstand der randlichen Mikrotubuli wird durch die Radialspeichen gesichert. Wimpern treten stets in größerer Zahl auf. Für eine gerichtete Bewegung müssen sie koordiniert schlagen. Viele Einzeller wie *Euglena*, aber auch Spermazellen von Tieren, vom Menschen und von vielen Pflanzen, z. B. der Grünalgen, bewegen sich mit *Geißeln*. Diese sind wesentlich länger als Wimpern, zeigen aber den gleichen Bau und arbeiten in gleicher Weise.

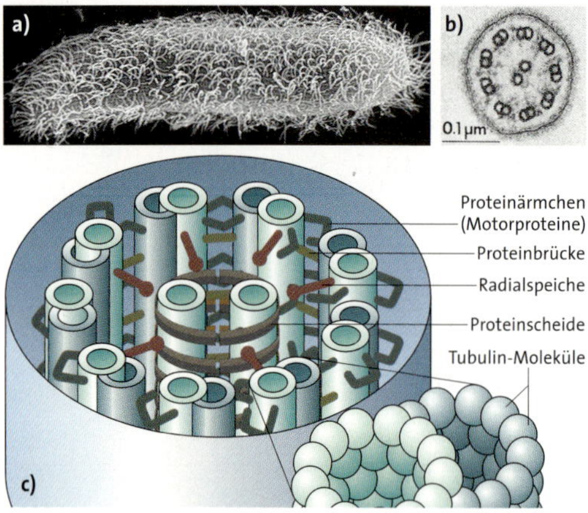

Abb. 30.1: Pantoffeltierchen *(Paramaecium caudatum)*. **a)** REM-Bild; **b)** Cilienquerschnitt (EM-Bild); **c)** Schema des Aufbaus einer Cilie. Die Doppel-Mikrotubuli im Randbereich stehen über Radialspeichen aus Protein mit der Proteinscheide in Verbindung, die die zentralen Mikrotubuli umgibt.

2.3.4 Die Zellwand

Pflanzenzellen besitzen in der Regel eine der Zellmembran, dem *Plasmalemma*, aufgelagerte *Zellwand* (**Abb. 30.2**). Der Hauptbestandteil der Zellwand ist das *Polysaccharid* Cellulose *(s. Stoffwechsel 1.3.4)*, das von einem Enzym im Plasmalemma gebildet und nach außen abgegeben wird. Bündel von Cellulosemolekülen lagern sich zu *Mikrofibrillen* zusammen. In ausgewachsenen Zellen können diese in Lagen mit unterschiedlicher Ausrichtung, wie Schichten einer Sperrholzplatte, angeordnet sein. Die langen und zugfesten Mikrofibrillen sind in ein Geflecht aus weiteren Polysacchariden und Proteinen eingebettet. Die winzigen Hohlräume sind mit Wasser erfüllt. Durch die Zellwand erhält die einzelne Pflanzenzelle eine festgelegte Form. Den Zusammenhalt der Zellen bewirkt die *Mittellamelle*. Sie besteht aus Pectinstoffen und verkittet je zwei Zellwände. Ein direkter Stoffaustausch zwischen dem Cytoplasma zweier Zellen erfolgt gewöhnlich durch *Plasmodesmen*. Diese sind Poren in der Zellwand, die von Cytoplasma durchzogen sind und in der Regel Kanäle des ER enthalten.

2.3.5 Verknüpfung von Zellen

Mit der Vielzelligkeit entstanden im Laufe der Evolution zwangsläufig Verknüpfungen zwischen Zellen (**Abb. 31.1**). Pflanzliche Zellen werden durch die Mittellamelle verbunden. Tierische Zellmembranen werden durch lange,

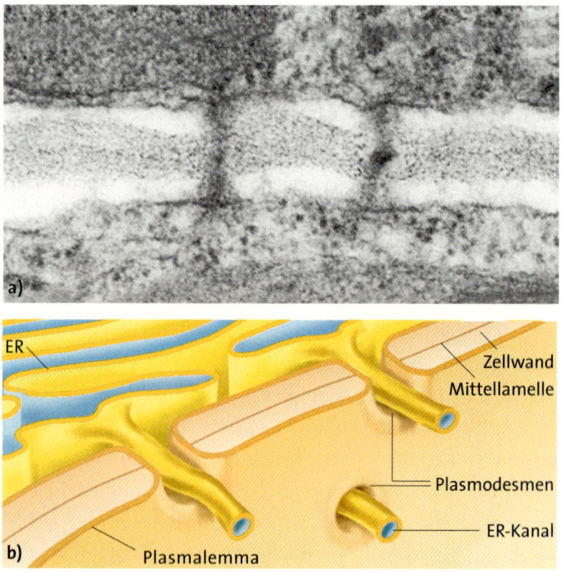

Abb. 30.2: Zellwand. **a)** TEM-Bild; **b)** Schema mit Plasmodesmen

reißverschlussartig ineinander greifende Proteinstränge verknüpft. Diese *Verschlusskontakte* bewirken, dass Epithelzellen, z. B. im Darm, eine geschlossene Schicht bilden, sodass keine Stoffe zwischen den Zellen hindurch in Körperhöhlen eindringen oder aus ihnen entweichen. An bestimmten Stellen liegen besondere Proteinbrücken, die *Desmosomen.* Sie halten die Membranen benachbarter Zellen wie Nieten zusammen und dienen auf der Zellinnenseite auch als Anheftungspunkte für Intermediäre Filamente *(s. 2.3.3).* Durch die Desmosomen sind die Cytoskelettelemente von Nachbarzellen miteinander verknüpft und verleihen dem Gewebe eine hohe Zugfestigkeit. Vor allem in Geweben mit besonderer mechanischer Belastung, z. B. in Epithelgeweben *(s. 5.3),* sind sie zahlreich. Manche Zellen von Tieren geben nach außen Proteine ab. Diese bilden ein Netzwerk, das *Kollagen.* Es dient dem Zusammenhalt von Zellen und Geweben. So entsteht z. B. das Bindegewebe, das Organe von Tieren und Mensch einhüllt und verbindet. Direkte Verbindungen zwischen den Zellinhalten der Zellen von Tieren und Mensch werden durch Poren in der Zellmembran hergestellt, die dem Stoffaustausch dienen. Diese *Stoffaustauschstellen* entstehen durch Aneinanderlagerung bestimmter Proteine in den Zellmembranen zweier benachbarter Zellen. Sie ermöglichen Ionen und Molekülen, z. B. einem Zucker der Größe von Saccharose, den direkten Übergang vom Cytoplasma der einen Zelle in das Cytoplasma der anderen. Dieser erfolgt entsprechend dem Konzentrationsgefälle zwischen den benachbarten Zellen *(s. 3.1).*

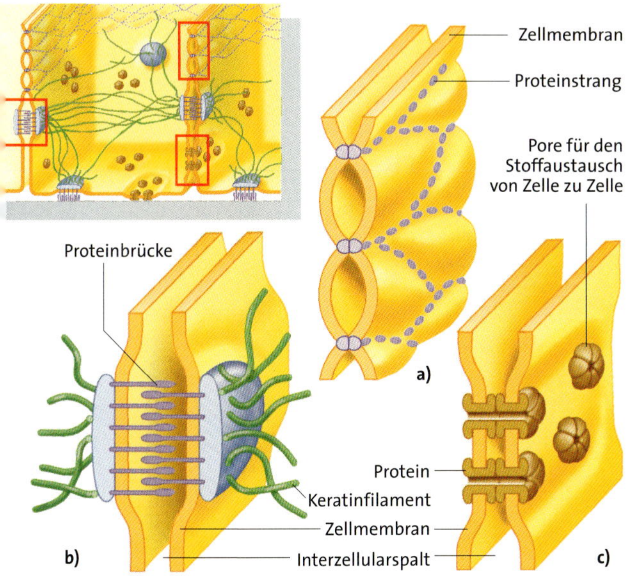

Abb. 31.1: Verknüpfung von tierischen Zellen. **a)** Verschlusskontakte; **b)** Desmosomen; **c)** Stoffaustauschstellen

Holz als Werkstoff

Holz besteht aus längs gestreckten dickwandigen Zellen, deren Wände reichlich Lignin (»Holzstoff«) enthalten. Das Lignin wird in die kleinen Hohlräume der Zellwand eingelagert; man sagt dann, diese sei verholzt. Die wasserfreie Holzsubstanz besteht fast zur Hälfte aus Cellulose; der Ligninanteil macht 20 bis 30 % aus.

Da Holz fortlaufend von Pflanzen gebildet wird, ist es ein wichtiger nachwachsender Rohstoff. Es dient zur Energielieferung und zur Gewinnung von Papier und Zellstoff, wird zu Spanplatten verarbeitet und als Bauholz eingesetzt. Dünne Holzschichten werden zu Furnieren verarbeitet; deren Maserung rührt von den Jahresringen her *(s. Ökologie 1.3.4).* Ausgewählte Hölzer werden zur Herstellung von Musikinstrumenten eingesetzt.

Viele der Einsatzmöglichkeiten beruhen auf den besonderen mechanischen Eigenschaften, die durch den Verbund der zugfesten Cellulosefasern und des druckfesten Lignins in der Zellwand zustande kommen. Die Festigkeiten des Holzes hängen außerdem von Feuchtigkeitsgehalt und Astanteilen ab; Austrocknung und Aststrukturen vermindern die Druck- und Zugfestigkeit. Beide sind am höchsten parallel zur Holzfaserrichtung. Bei Zugbeanspruchung ist Holz bezogen auf die Dichte sogar fester als Stahl. So liegt die Zugfestigkeit von Weymouthskiefer (Dichte 0,36 g/cm^3) bei etwa 90 N/mm^2; Baustahl hat bei fast 20facher Dichte nur eine 4,5fach höhere Zugfestigkeit (415 N/mm^2). Die Druckfestigkeit von Holz ist geringer, deshalb brechen Bäume bei einem Orkan bevorzugt zunächst durch Druckversagen auf der Wind abgewandten Seite (**Abb. 31.2**).

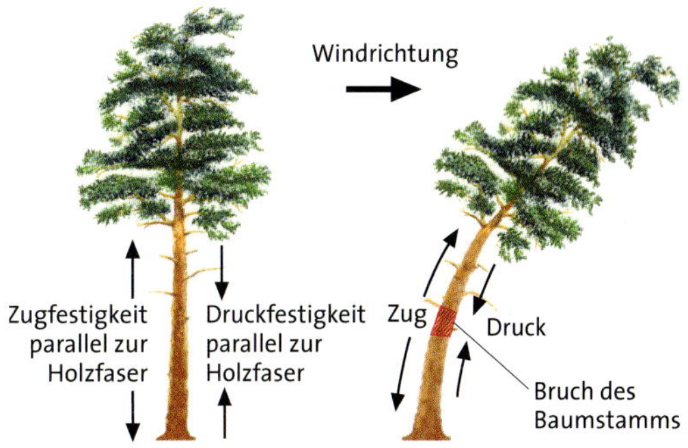

Abb. 31.2: Zugfestigkeit und Druckfestigkeit von Holz bei Windbelastung in einem Baumstamm

Methoden der Zellforschung

Isolierung von Zellorganellen. Um die Funktion von Zellorganellen zu erforschen, müssen die Zellbestandteile voneinander getrennt werden. Dazu werden die Zellen eines Gewebestückes in einer Art Mixer *(Homogenisator)* oder durch Ultraschall vorsichtig aufgebrochen. Man erhält einen homogenen Brei des freigesetzten Zellinhalts. Nun trennt man die Zellbestandteile durch *Zentrifugieren.* Moderne Ultrazentrifugen erreichen mehr als 100 000 Umdrehungen pro Minute. Dabei wirken Kräfte, die ein Vieltausendfaches der Erdbeschleunigung g (Beschleunigung von Körpern im freien Fall; gemessen in m/s^2) erreichen. Große Teilchen und solche mit hoher Dichte setzen sich schon bei niedriger Drehzahl ab, kleine Partikel und Teilchen mit niedriger Dichte erst bei hoher Drehzahl. So isoliert man z. B. Zellkerne, Mitochondrien und Ribosomen nacheinander in mehreren Zentrifugenläufen. Nachdem man eine dieser Fraktionen abgenommen hat, erhöht man die Drehzahl oder lässt die Zentrifuge entsprechend länger laufen *(fraktionierte Zentrifugation,* **Abb. 32.1**). Organellen, die sich entweder in ihrer Dichte oder in ihrer Größe nicht deutlich unterscheiden, gelangen in die gleiche Fraktion und können daher auf diese Weise nicht voneinander getrennt werden. Zur Verbesserung der Trennwirkung führt man in der Ultrazentrifuge eine *Dichtegradienten-Zentrifugation* durch. Man schichtet dazu in Zentrifugenröhrchen z. B. Rohrzuckerlösungen abnehmender Dichte aufeinander. So nimmt die Dichte im Röhrchen schließlich von der Oberfläche zum Boden hin zu. Dieser Gradient bleibt auch beim Zentrifugieren erhalten. Die Bestandteile des zu trennenden Gemisches wandern dabei in die Zone, die ihrer eigenen Dichte entspricht. Bei geeigneter Zentrifugiergeschwindigkeit werden in wenigen Stunden die Zellbestandteile so wesentlich besser getrennt als ohne Dichtegradienten (**Abb. 32.2**).

Zellkulturen. Im Organismus sind die Leistungen einzelner Zellen schwer zu beobachten. Für manche Experimente braucht man große Mengen gleichartiger Zellen desselben Alters. Man gewinnt solche Zellen aus *Zellkulturen:* Dem Organismus werden die zu kultivierenden Zellen entnommen und in ein Nährmedium gebracht. Dies erfolgt unter sterilen Bedingungen, damit nicht Bakterien oder Pilze mit kultiviert werden. Im Nährmedium teilen sich die meisten Zellen von Tieren und Mensch nur 50 bis 100 Mal, bevor sie zugrunde gehen. Unbegrenzt vermehrungsfähig sind nur manche Zelltypen, z. B. Tumor- und Pflanzenzellen *(s. Genetik 4.3.4).* Aus ihnen gewinnt man Dauerkulturen reiner Zelllinien, die für pharmazeutische und medizinische Untersuchungen von besonderer Bedeutung sind *(s. Stoffwechsel 3.4.5).* Erkenntnisse über Wachstumsbedingungen und die Teilung von Zellen wurden aus solchen Kulturen gewonnen.

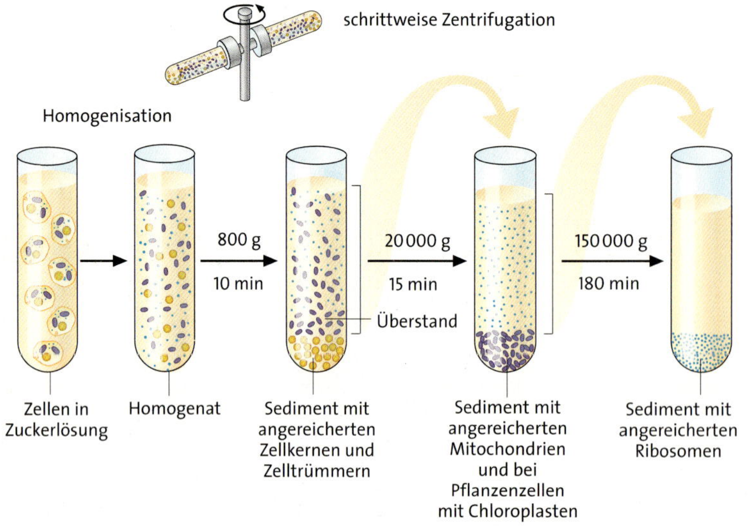

Abb. 32.1: Trennung von Zellbestandteilen durch fraktionierte Zentrifugation (g: Erdbeschleunigung)

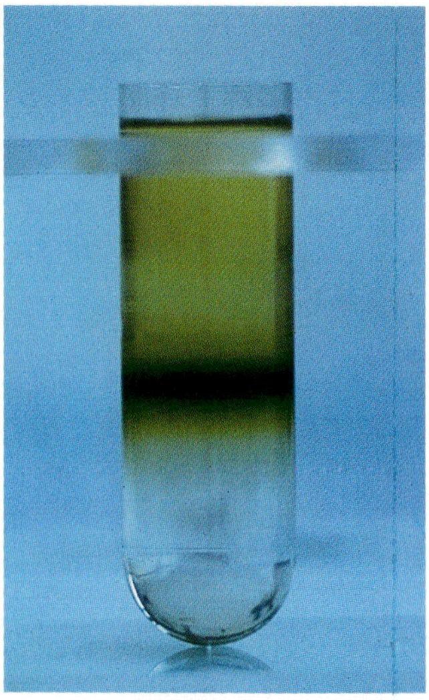

Abb. 32.2: Ergebnis einer Dichtegradienten-Zentrifugation

2.4 Die Protocyte

Bakterien *(Eubacteria)* und *Archaea,* die eine bakterienähnliche Gestalt aufweisen, besitzen Protocyten. Sie werden als Prokaryoten zusammengefasst *(s. 2.2).* Ihre Zellen sind meist nur 0,5 bis 2 µm lang; somit ist ihre Gestalt im LM gerade noch zu erkennen *(s. Abb. 17.1).* Prokaryoten sind einzellig, manche leben allerdings in Zellverbänden. Zwischen Bakterien und *Archaea* gibt es außer dem gemeinsamen Zelltyp der Protocyte wenig Gemeinsamkeiten. Die *Archaea* besitzen in ihrer Zellmembran und in ihrer Zellwand andere Bausteine als Bakterien und unterscheiden sich auch durch besondere Stoffwechselwege. Eine nicht bekannte Anzahl der Prokaryoten, man schätzt über 90 %, lässt sich im Labor nicht vermehren und untersuchen, weil sie auf den üblichen Nährmedien in Reinkultur nicht lebensfähig sind (»nichtkultivierbare Prokaryoten«). Von ihrer Existenz weiß man nur durch Bestimmung von Prokaryoten-DNA in der Umwelt. Man findet stets mehr unterschiedliche DNA als bei der Untersuchung kultivierter Prokaryoten. Diese kommen in allen, auch in extremen Lebensräumen vor. Bestimmte *Cyanobakterien* leben in heißen Quellen bei Temperaturen von 75 bis 80 °C, andere Bakterien bei Temperaturen über 90 °C. Extrem hitzeliebende (thermophile) Archaea können in heißem vulkanischem Schlamm und in bis zu 110 °C heißen Tiefseequellen, in denen sie zusätzlich enorm hohe Drücke aushalten, aktiv leben. »Säureliebende« Archaea gedeihen bei pH Werten unter 1 und *Halobacterium* (ein Archaeon), das z. B. Salzgärten an der Mittelmeerküste purpurrot färbt, existiert in gesättigten Salzlösungen.

Dass Bakterien Infektionskrankheiten verursachen, wurde erstmals von ROBERT KOCH 1876 bei der Untersuchung des Milzbrandes von Schafen und Rindern gezeigt. Milzbrand war noch vor 100 Jahren eine häufige Erkrankung, die vom Vieh auf den Menschen übertragen wurde. Erst durch den Einsatz von Antibiotika wurde er sehr selten. Symptome dieser Erkrankung sind Lymphknotenschwellung, Fieber und oft eine tödlich verlaufende Lungenentzündung. Der Milzbranderreger *Bacillus anthracis* gehört zu den sporenbildenden Bakterien. Als Sporen bezeichnet man bei Bakterien Dauerformen, die unter ungünstigen Lebensbedingungen gebildet werden. Sie sind extrem widerstandsfähig. Dauerformen des Milzbranderregers überstehen eine Stunde trockene Hitze bei 150 °C und überleben in der Erde mindestens einige Jahrzehnte. Wie bei Cholera, Keuchhusten und vielen anderen bakteriellen Infektionen kommt die Erkrankung durch Giftstoffe zustande, die die Bakterien bilden (Bakterientoxine). Das Toxin des Milzbranderregers (»Anthrax-Toxin«) besteht aus drei verschiedenen Proteinen, die zur Zerstörung von Zellen führen *(s. Immunbiologie 2.3).*

Antibiotika

Viele Vertreter der Bakterien, vor allem aus der Gruppe der *Actinomyceten* (»Strahlenpilze«), und der Pilze sind von großer Bedeutung als Produzenten von Antibiotika (**Abb. 33.1**). Diese Stoffe töten andere Bakterien oder verhindern deren Vermehrung. Soweit sie nicht für den Menschen giftig sind, werden sie als Arzneimittel gegen bakterielle Infektionen eingesetzt *(s. Genetik 4.1.2* und *4.2.3).* Unter den krankheitserregenden Bakterien einer Art gibt es immer einige wenige, gegen die ein bestimmtes Antibiotikum nicht wirkt, die also gegen dieses widerstandsfähig *(resistent)* sind. Sie können dieses Antibiotikum chemisch verändern oder abbauen und so unschädlich machen. Setzt man nun das Antibiotikum zur Bekämpfung einer bestimmten Krankheit ein, so bleiben die resistenten Bakterien am Leben. In der Regel werden die Erreger vom Immunsystem unschädlich gemacht. Es kann aber auch zu einer starken Vermehrung der resistenten Bakterien kommen, sodass das Antibiotikum nicht mehr wirkt. Je mehr Antibiotika eingesetzt werden, desto eher kommt es zur Vermehrung und Ausbreitung *resistenter Stämme.* Auch in Krankenhäusern kann dies der Fall sein. Viele Antibiotika verlieren so zunehmend an Wirkung, und es müssen ständig neue Antibiotika entwickelt werden. Gegen einige besonders resistente Stämme helfen derzeit nur noch wenige Antibiotika, z. B. Vancomycin.

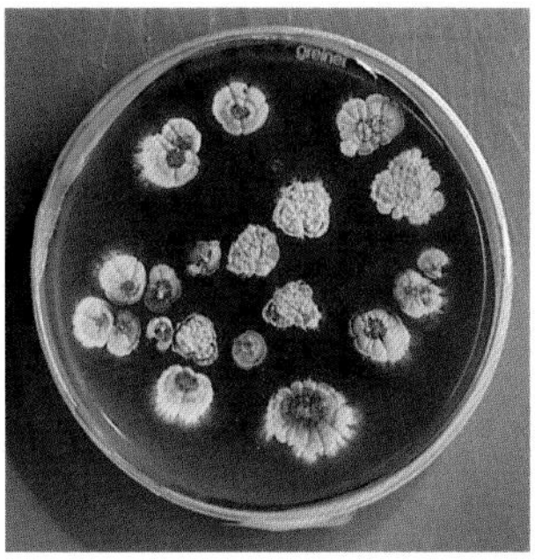

Abb. 33.1: Strahlenpilzkultur. Bakterien der Gattung *Streptomyces*

3 Stofftransport in Zellen

Die Zelle nimmt ständig Stoffe aus der Umgebung auf, setzt sie um und gibt Reaktionsprodukte wieder an die Umgebung ab. Hierbei müssen die Stoffe durch die Zellmembran, häufig auch durch Organellmembranen hindurch treten. Beim Transport von Teilchen durch Membranen der Zelle unterscheidet man den passiven Stofftransport, der ohne zusätzlichen Energieaufwand erfolgt, vom aktiven Stofftransport, für den die Zelle Energie bereit stellen muss. Darüber hinaus werden Stoffe in von Membranen umschlossenen Vesikeln, zwischen Organellen transportiert sowie in die Zelle hinein und aus der Zelle hinaus befördert. Die eingeschlossenen Stoffe passieren dabei die Vesikelmembran nicht: Sie bleiben innerhalb der Zelle im nichtplasmatischen Raum. Ein Wechsel zwischen plasmatischem und nichtplasmatischem Raum erfordert stets einen Transport durch eine Membran.

3.1 Passiver Stofftransport

3.1.1 Diffusion und Osmose

Diffusion. Unterschichtet man in einem Standzylinder Wasser vorsichtig mit einer gesättigten Lösung von Kupfersulfat oder Zucker, so sind die beiden Flüssigkeiten zunächst deutlich voneinander getrennt. Allmählich, über mehrere Wochen, tritt eine Vermischung ein: Ionen bzw. Zuckermoleküle dringen in das Wasser ein und Wassermoleküle wandern in die Lösung, bis überall in der Flüssigkeit die gleiche Konzentration herrscht. Die Ursache hierfür liegt in der fortwährenden thermischen Bewegung, der Wärmebewegung der Teilchen. Diese Eigenbewegung der Teilchen, die zu ihrer gleichmäßigen Verteilung im Raum führt, bezeichnet man als *Diffusion.* Sie tritt überall da ein, wo zwischen mischbaren Stoffen ein Unterschied in der Konzentration, ein *Konzentrationsgefälle,* besteht. Es bewegen sich dann mehr Teilchen in Richtung der geringeren Konzentration als in umgekehrter Richtung (**Abb. 34.1 a**). Je höher der Konzentrationsunterschied zwischen den Flüssigkeiten ist, desto höher ist der Anteil der Teilchen, die zum Ort der geringeren Konzentration wandern, um so rascher erfolgt dieser Vorgang.

Verwendet man in dem Versuch einen doppelt so hohen Zylinder, so dauert die Durchmischung nicht doppelt so lange, sondern viel länger. Beobachtungen zeigen ferner, dass Moleküle mit geringerer Molekülmasse die gleiche Strecke schneller zurücklegen als schwere. Eine Temperaturerhöhung beschleunigt den Vorgang aufgrund der dann schnelleren Eigenbewegung der Teilchen. Die Durchmischungsgeschwindigkeit *(»Diffusionsgeschwindigkeit«)* ist also umso höher, je kleiner die Atom- oder Molekülmasse des diffundierenden Stoffes, je größer das Konzentrationsgefälle und je höher die Temperatur ist. Daher ist der Transport kleiner Teilchen durch Diffusion innerhalb der winzigen Zelle in kurzer Zeit möglich. Über größere Strecken, z. B. in alle Zellen eines vielzelligen Organismus, sind andere Transportmechanismen notwendig *(s. Ökologie 1.3* und *Stoffwechsel 4.2).*

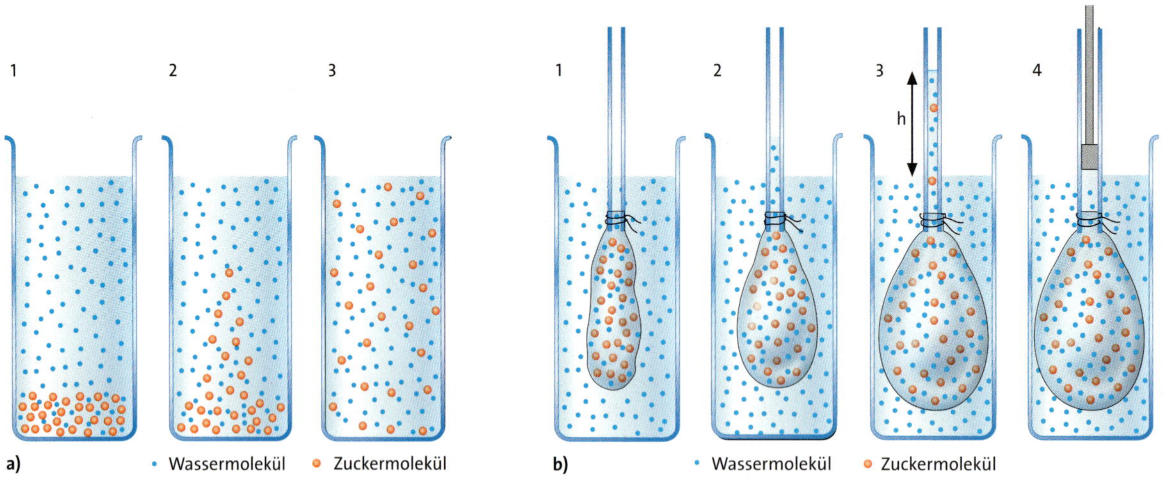

Abb. 34.1: Diffusion und Osmose. **a)** Schema der Diffusion mit Phasen der Durchmischung von Lösungsmittel (Wasser) und gelöstem Stoff (Zucker) bis zur völligen Durchmischung; **b)** Schema der Osmose. Durch eine semipermeable Membran können Wassermoleküle hindurch treten, Zuckermoleküle jedoch nicht. Wassermoleküle dringen ein und erhöhen den Druck im Inneren. In b 3 entspricht der Druck der Wassersäule dem osmotischen Druck. Wird durch einen Kolben ein mechanischer Druck auf die konzentrierte Lösung ausgeübt, so kann es zu keiner weiteren Volumenzunahme der Lösung kommen (b 4).

Osmose. In Organismen stellen Membranen Barrieren für den freien Ein- und Austritt von Molekülen und Ionen dar. Sie sind für die verschiedenen Teilchen unterschiedlich gut durchlässig. Wassermoleküle können leicht durch die zahlreichen hydrophilen Porenproteine (Wasserporenproteine, **Abb.35.1**) diffundieren. Im Wasser gelöste Teilchen können dies nicht. Man nennt solche Membranen, die zwar Wasser, nicht aber die darin gelösten Stoffe durchlassen, halbdurchlässig oder *semipermeabel (»selektiv permeabel«)*. Die Zellmembran ist näherungsweise eine semipermeable Membran. Diffusion durch eine semipermeable Membran heißt *Osmose*. Sie ist zu beobachten, wenn eine wässrige Lösung hoher Konzentration, z.B. eine gesättigte Zuckerlösung, durch eine Membran von Wasser getrennt ist und die Membran für Wassermoleküle leicht, für die Zuckermoleküle dagegen nicht durchlässig ist. Füllt man eine Zuckerlösung z.B. in eine allseitig geschlossene, als semipermeable Wand wirkende Schweinsblase und hängt diese in Wasser, so entsteht in der Blase durch das Eindringen von Wasser ein zunehmender Druck (**Abb.34.1b**). Da im gleichen Volumen von reinem Wasser mehr Wassermoleküle enthalten sind als in Zuckerlösung, besteht ein Konzentrationsgefälle. Daher diffundieren in der gleichen Zeit mehr Wassermoleküle in die Zuckerlösung hinein als von dieser nach außen. Es kommt zu einer Volumenzunahme der Zuckerlösung. In einem Steigrohr ist diese als Ansteigen der Wassersäule zu beobachten; sie übt einen hydrostatischen Gegendruck aus. Der Prozess kommt erst dann zum Stillstand, wenn der ansteigende Druck der Wassersäule genauso viele Wassermoleküle hinauspresst wie durch Diffusion hineingelangen. In diesem Fall strömt gleich viel Wasser in die Zuckerlösung ein wie aus ihr ausströmt. Man bezeichnet den dann herrschenden Druck als *osmotischen Druck* der Lösung und misst ihn im Versuch in cm Wassersäule. Der osmotische Druck steigt mit der Konzentration der gelösten Stoffe.

Übt man durch einen Kolben im Steigrohr einen äußeren Druck auf die Wassersäule aus, so diffundieren wieder mehr Wassermoleküle aus der Lösung hinaus als in sie hinein gelangen. Ist dieser äußere Druck höher als der osmotische Druck, so wird das Volumen der Zuckerlösung sogar kleiner als zu Beginn des Versuchs.

Ist im Inneren einer Zelle die Konzentration der gelösten Stoffe höher als in ihrer Umgebung, so dringt Wasser osmotisch durch die semipermeable Zellmembran in das Zellinnere ein. Bei Pflanzen führt dies schließlich zu einer Volumenzunahme der Vakuole, und dadurch kommt es zu einer Erhöhung des Druckes des Zellinneren auf die Zellwand. Diesen Druck bezeichnet man als *Turgor* *(s. Ökologie 1.3.1)*.

3.1.2 Passiver Transport durch Membranen

Die Zellmembran behindert die einfache Diffusion vieler Teilchen. Allerdings ermöglichen spezifische Membranproteine die Diffusion von Ionen und manchen kleinen und hydrophilen organischen Molekülen durch die Zellmembran. Diese Transportform bezeichnet man als *erleichterte Diffusion*. Sie kann durch Trägerproteine *(Carrier)* oder Porenproteine (**Abb.35.1**) erfolgen. Trägerproteine nehmen das zu transportierende Molekül auf und geben es auf der anderen Membranseite wieder ab *(s. Abb.36.1)*. Jeder Carrier vermittelt dabei den Durchtritt nur eines bestimmten Molekültyps oder nahe verwandter Moleküle. Die Abgabe von Glucose aus den Epithelzellen der Darmwand in den Zwischenzellraum und durch die Wandzellen der Blutkapillaren in die Blutbahn erfolgt über diesen Transportweg. Spezifische Proteinporen, die meist nur ganz bestimmte Ionen durchtreten lassen, nennt man *Ionenkanäle*. Sie öffnen sich nur auf ein spezifisches Signal hin. Das Signal kann je nach Kanaltyp eine Spannungsänderung an der Zellmembran, ein bestimmtes Signalmolekül, z.B. ein Hormonmolekül, oder ein mechanischer Einfluss, z.B. Zug, sein *(s. Neurobiologie 1.2)*. An den Kontaktstellen von Nervenzellen (Synapsen) bewirken Moleküle von Überträgersubstanzen die Öffnung von Ionenkanälen. Ionenkanäle kommen in allen Zellen vor. Man kann über 100 Typen unterscheiden; so kann eine einzelne Nervenzelle zehn oder mehr verschiedene Typen besitzen. Für den Ausgleich von Konzentrationsunterschieden durch einfache und durch erleichterte Diffusion wird keine Energiezufuhr benötigt. Man spricht daher in beiden Fällen von passivem Transport.

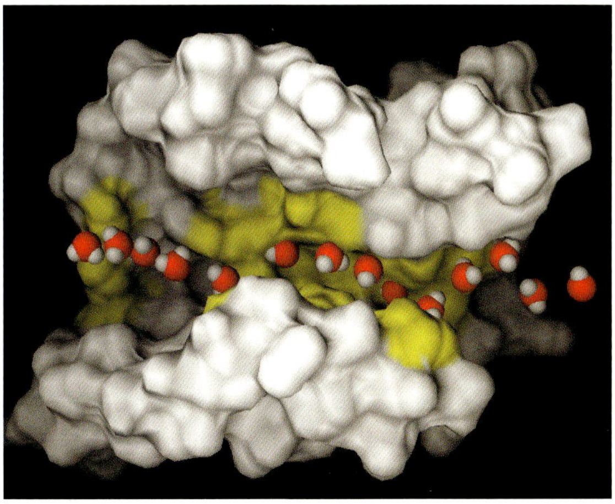

Abb.35.1: Wasserporenprotein der Membran mit Darstellung der Diffusion der Wassermoleküle durch das Protein (gelb: hydrophile innere Oberfläche der Pore)

3.2 Aktiver Transport

Oftmals werden Ionen oder Moleküle über eine Zellmembran von einem Ort niedriger Konzentration zu einem Ort höherer Konzentration befördert. Dies gilt z. B. für den Transport von Glucose aus dem Darmlumen in Epithelzellen des Darms. Der Transport gegen ein Konzentrationsgefälle kann nicht durch passiven Transport, also nicht ohne Energiezufuhr, erfolgen. Weil dafür Energie benötigt wird, spricht man von *aktivem Transport* (**Abb. 36.1**). Dieser erfolgt wie die erleichterte Diffusion durch spezifische Membranproteine, nämlich durch *Carrier,* durch Porenproteine oder durch »Pumpen«-Proteine. Manche Membranproteine befördern nur ganz bestimmte Moleküle oder Ionen, durch andere können verschiedene Stoffe transportiert werden.

Man unterscheidet den primär und den sekundär aktiven Transport. Beim *primär aktiven Transport* wird ATP direkt als Energiequelle genutzt. Bestimmte anorganische Ionen werden dadurch stets in einer Richtung durch ein Membranprotein befördert. So wird z. B. Calcium aus dem Cytosol verschiedener Zelltypen in den Extrazellularraum transportiert. Auch durch die Natrium-Kalium-Pumpe, ein Membranprotein, das in allen Zellen von Mensch und Tier vorkommt, findet ein primär aktiver Transport statt. Dieser Carrier spaltet ein ATP-Molekül zum gleichzeitigen Transport von zwei K^+-Ionen in das Zellinnere und von drei Na^+-Ionen aus der Zelle hinaus *(s. Neurobiologie 1.3).* So werden Na^+-Ionen im extrazellulären Raum, K^+-Ionen in der Zelle angereichert. Das unter Energieaufwand entstandene Konzentrationsgefälle von Na^+-Ionen über der Membran kann nun seinerseits als Energiequelle zum Transport bestimmter Stoffe durch einen anderen Carrier genutzt werden. Dies geschieht z. B. beim Transport der Glucose in die Darmepithelzellen. Auch der Transport von Aminosäuren und vieler anderer Stoffe in die Zelle gegen ein Konzentrationsgefälle findet energetisch gekoppelt an einen primär aktiven Transport statt. Derartige Transportvorgänge heißen *sekundär aktiver Transport.* Häufig schaffen Protonenpumpen die Voraussetzung für sekundär aktive Transportprozesse an der Membran. Durch Protonenpumpen wird unter Energieaufwand ein Membranpotential aufgebaut. Dieses ermöglicht dann den sekundär aktiven Transport z. B. anorganischer Ionen durch Ionenkanäle gegen ein Konzentrationsgefälle. Auf diese Weise gelangen z. B. K^+-Ionen aus dem Außenmedium in die Wurzelzellen von Pflanzen. Bakterien nehmen durch einen sekundär aktiven Transport gekoppelt an eine Protonenpumpe viele Zucker, z. B. Milchzucker, und Aminosäuren in die Zelle auf.

Ionenkanäle, die oft nur in eine Richtung transportieren können, transportieren viel rascher als Carrier: In einer Sekunde können über 10 000 Ionen einen Kanal passieren; das ist ein Vielfaches der Transportrate des schnellsten bekannten Carriers.

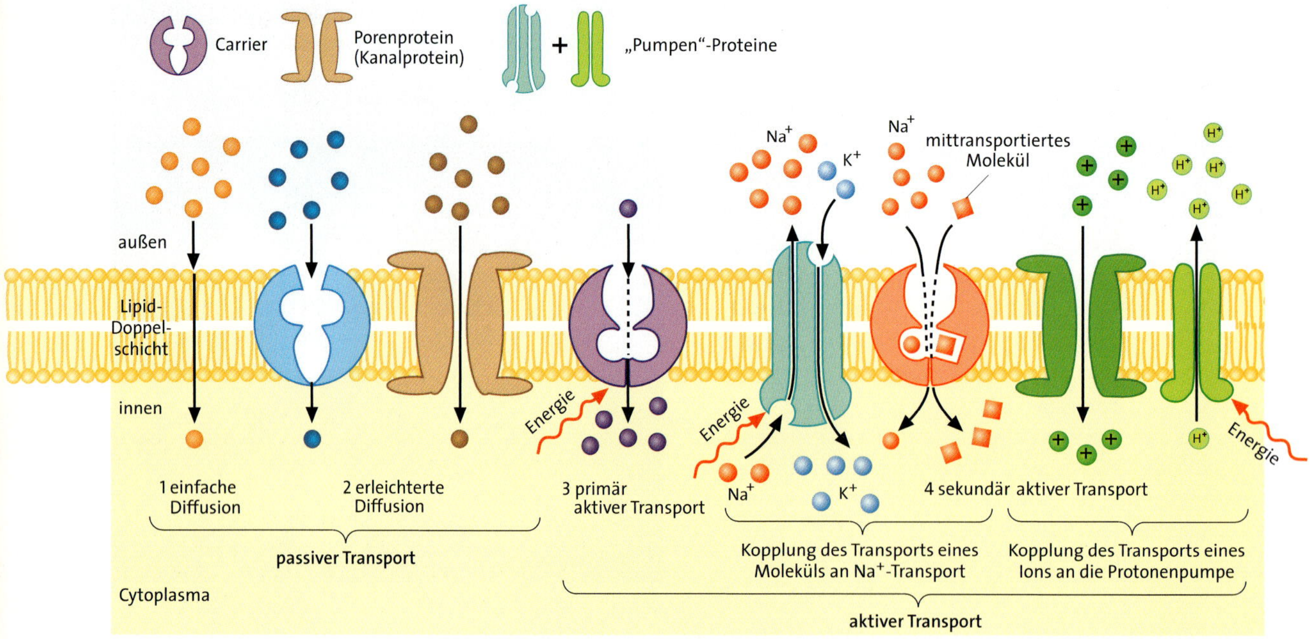

Abb. 36.1: Schematische Darstellung der Transportmechanismen durch die Membran

3.3 Endocytose und Exocytose

Flüssige und feste Stoffe, z.B. Nahrungspartikel, welche die Zellmembran erreichen, können von ihr umschlossen werden. Das dabei entstehende Bläschen (Vesikel) trennt sich von der Membran und wandert – häufig geführt durch das Cytoskelett – ins Zellinnere. Diesen Vorgang nennt man *Endocytose.* Die Aufnahme flüssiger Stoffe in Vesikel bezeichnet man als *Pinocytose,* diejenige fester Stoffe als *Phagocytose* (**Abb. 37.1**). Phagocytosebläschen verschmelzen im Zellinneren mit einem Lysosom, also einem Verdauungsorganell. Dessen Enzyme bauen den festen Stoff ab. Bei der *Exocytose* werden Makromoleküle oder größere Partikel innerhalb der Zelle in Vesikel verpackt und dann aus der Zelle hinaustransportiert. So schnüren Dictyosomen GOLGI-Vesikel ab, die zur Zelloberfläche wandern. Der Inhalt wird dort nach außen abgegeben. Dabei verschmilzt die Vesikelmembran an der Berührungsstelle mit der Zellmembran und der Vesikel öffnet sich nach außen.

Vesikel können Stoffe auch von einer Seite der Zelle zur anderen transportieren und sie dort wieder nach außen abgeben. Auf diese Weise wird der Bläscheninhalt durch die Zelle hindurchgeschleust, so gelangen z.B. Fetttröpfchen aus dem Darmlumen in die Zellen der Darmschleimhaut und aus diesen wieder hinaus. Gleichzeitig kommt es so zu einem Membrantransport von einer Zellseite auf die andere.

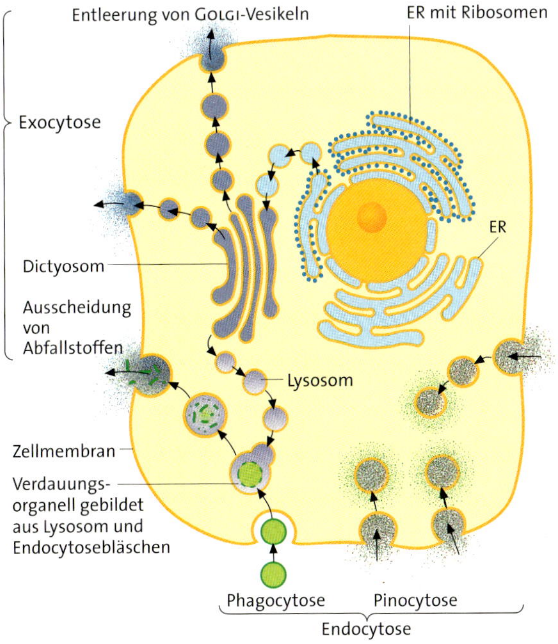

Abb. 37.1: Endocytose und Exocytose

Vesikeltransport in der Zelle

Der Transport vieler Stoffe in der Zelle erfolgt durch Vesikel: vom ER zum Dictyosom und zurück, vom Dictyosom zur Zelloberfläche sowie zu anderen Organellen und zurück.

Die Vesikel besitzen häufig eine netzartige Hülle aus Proteinen *(»coat«).* Durch unterschiedliche Hüllproteine wird festlegt, an welchem Ort der Transport endet. Das Vesikel muss – an einem Zielort angekommen – zunächst an der Membran andocken. Die beiden Membranen verschmelzen nur dann, wenn bestimmte Membranproteine und Hüllproteine des Vesikels wie die beiden Teile eines Druckknopfes zusammenpassen. Ist dies nicht der Fall, so löst sich das Vesikel wieder ab. Hierdurch wird sichergestellt, dass jeder Vesikelinhalt an die richtige Stelle in der Zelle gelangt. Bei wachsenden Zellen vergrößert sich die Zellmembran durch Verschmelzung mit GOLGI-Vesikeln (**Abb. 37.2**). Nimmt bei ausgewachsenen Zellen die Membranfläche durch den Einbau eines Vesikels durch Exocytose zu, so muss wieder ein Vesikel durch Endocytose abgeschnürt werden, so dass die Membranfläche konstant bleibt.

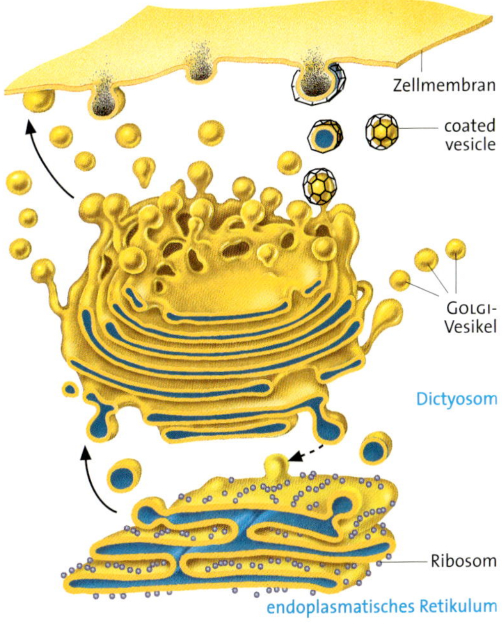

Abb. 37.2: Dictyosom mit anschließendem Membransystem des Endoplasmatischen Retikulums und mit GOLGI-Vesikeln, die zum Teil zur Zellmembran wandern. GOLGI-Vesikel können durch Umhüllung mit einem Proteinnetz zu »coated vesicles« werden.

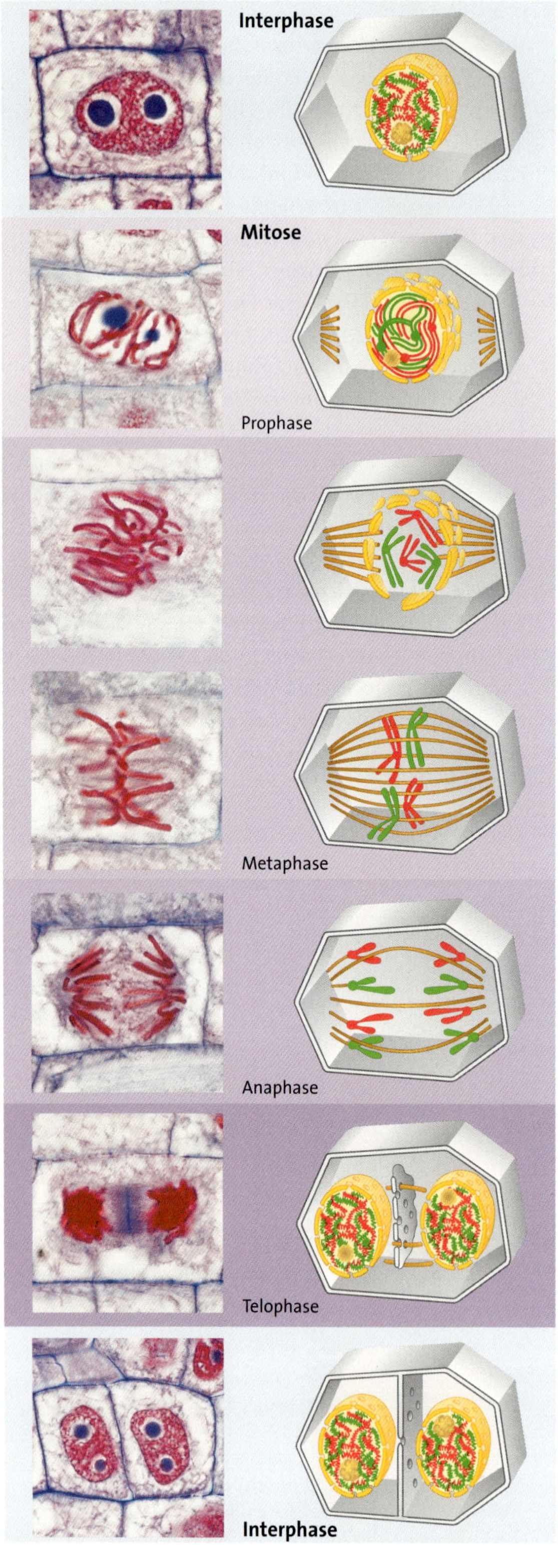

Abb. 38.1: Mikroaufnahmen der Interphase und der Mitosestadien in den Zellen der Wurzelspitze der Königslilie (links), schematische Darstellung (rechts)

4 Vermehrung von Zellen durch Kernteilung und Zellteilung

Einzeller vermehren sich, indem sich ihre Zelle in zwei Tochterzellen teilt, die dann zur Größe der Ausgangszelle heranwachsen. Vielzeller wachsen durch Zellteilungen, die häufig von einer einzigen Zelle wie z. B. einer befruchteten Eizelle oder einer Spore ihren Ausgang nehmen *(s. Entwicklungsbiologie 1)*. Bei allen Eukaryoten läuft die Zellteilung auf gleiche Weise ab. Zuerst teilt sich der Zellkern, dann das Cytoplasma. Die *Kernteilung* heißt **Mitose.** Sie ist ein Abschnitt des *Zellzyklus*, bei dem man *Interphase* und Mitose unterscheidet (**Abb. 38.1, Abb. 39.2**). Die Mitose wird in *Prophase, Metaphase, Anaphase* und *Telophase* eingeteilt.

Prophase. Zu Beginn der Kernteilung kontrahieren sich die Chromosomen und werden dadurch im LM sichtbar. Jedes Chromosom besteht vor der Teilung aus zwei identischen Strängen, den *Chromatiden*, die sich fast ganz voneinander trennen und nur noch durch das *Centromer* zusammengehalten werden. Zwischen den Polen der Zelle bildet sich eine *Kernteilungsspindel* aus. Ihr Aufbau aus Mikrotubuli wird in tierischen Zellen und bei vielen Algen von zwei Centriolen organisiert *(s. 2.3.3)*. Kernhülle und Kernkörperchen lösen sich auf.

Metaphase. Die Chromosomen werden weiter schraubig verkürzt und verdickt *(Spiralisation)*. Sie ordnen sich in einer Ebene zwischen den beiden Polen der Zelle (Äquatorialebene) an und bilden die *Äquatorialplatte*. In diesem Stadium können die verschiedenen Chromosomen nach Form und Größe unterschieden werden; die Längsspaltung in Chromatiden wird sichtbar. Nun heften sich Mikrotubuli (Spindelfasern) von beiden Seiten an die Haftstellen des Centromers an (**Abb. 39.1**).

Anaphase. Die beiden Schwesterchromatiden eines Chromosoms trennen sich nun auch im Bereich des Centromers und werden unter Verkürzung der an sie gebundenen Spindelfasern zu den entgegengesetzten Polen der Zelle bewegt. Dadurch erhält jeder Pol einen vollständigen Satz an Chromatiden. Anschließend werden die Mikrotubuli der Kernteilungsspindel abgebaut.

Telophase. Die Chromatiden der Tochterkerne entschrauben sich und bilden wieder dünne, lange Chromatinfäden. Die Chromosomen bestehen zu diesem Zeitpunkt also aus nur einer Chromatide. Jede Tochterzelle hat nach der Zellteilung dieselbe Zahl von Chromosomen wie die Ausgangszelle. *Nucleolus* und Kernhülle werden wieder ausgebildet: Aus dem alten Kern sind zwei neue entstanden. Eine Kernteilung dauert meist zwischen einer halben Stunde und zwei Stunden. Der Ablauf der Mitose sichert die gleichmäßige Aufteilung der Chromatiden auf die beiden Tochterkerne. Dadurch wird die vollständige Weitergabe der in den Chromatiden vorhandenen Erbanlagen gewährleistet. Der Kernteilung folgt die *Zellteilung.* Der Zellkörper schnürt sich im Äquator durch und bildet dort zwei neue Membranen aus; so entstehen zwei Zellen. Bei der Durchtrennung werden auch die Mitochondrien und bei Pflanzenzellen außerdem die Plastiden auf die beiden Tochterzellen verteilt. Sie vermehren sich unabhängig von der Mitose durch Querteilung.

Interphase. Die Zeitspanne zwischen zwei Kernteilungen bezeichnet man als Interphase. Sie wird in verschiedene Abschnitte eingeteilt: Mit der Entschraubung der Chromosomen nimmt die Stoffwechselaktivität der Tochterzelle nach der Mitose zunächst zu. Sie wächst durch Vermehrung ihrer Zellorganellen und Zunahme der Cytosolmenge. Da keine Synthese von DNA erfolgt, bezeichnet man diesen Abschnitt als *G_1-Phase* (engl. *gap* Lücke, Pause). Nach einiger Zeit beginnt die Neubildung von DNA und Proteinen des Chromatins (*Synthesephase* = S-Phase). Dadurch erhalten die Chromosomen wieder eine zweite Chromatide *(Replikation, s. Genetik 4.1.6).* Danach folgt die *G_2-Phase* von einigen Stunden, bis die Zelle wieder in eine Mitose eintritt. Teilt sich eine Zelle nicht mehr, so wird meist keine zweite Chromatide gebildet. Dies gilt z. B. für die meisten Nervenzellen im Gehirn oder für Epithelzellen der Haut.

Die *Chromosomen* sind in der Meta- und Anaphase nur wenige Mikrometer lang. Sie enthalten aber in jeder Chromatide ein DNA-Molekül von mehreren Zentimetern Länge; denn die DNA liegt vielfach verschraubt vor *(s. Genetik 4.1.4).* Körperzellen der Tiere, des Menschen sowie die meisten Zellen der Blütenpflanzen besitzen von den Chromosomen in der Regel zwei, die sich in Form und Größe gleichen *(homologe Chromosomen).* Diese Zellen sind *diploid.* Keimzellen sind *haploid;* jedes Chromosom ist darin nur einfach vorhanden *(s. Entwicklungsbiologie 1.2).*

Die Zellteilung der kernlosen Protocyte, also der Zelle von Bakterien und *Archaea,* verläuft sehr viel einfacher. Ihr ringförmiges, aus einem einzigen DNA-Molekül bestehendes Chromosom haftet an der Zellmembran. Nach Verdopplung des Chromosoms stülpt sich die Zellmembran zwischen die beiden Chromosomen vom Rand her ringförmig ein und schnürt den Zellkörper durch. So erhält jede Tochterzelle eines der beiden identischen DNA-Moleküle.

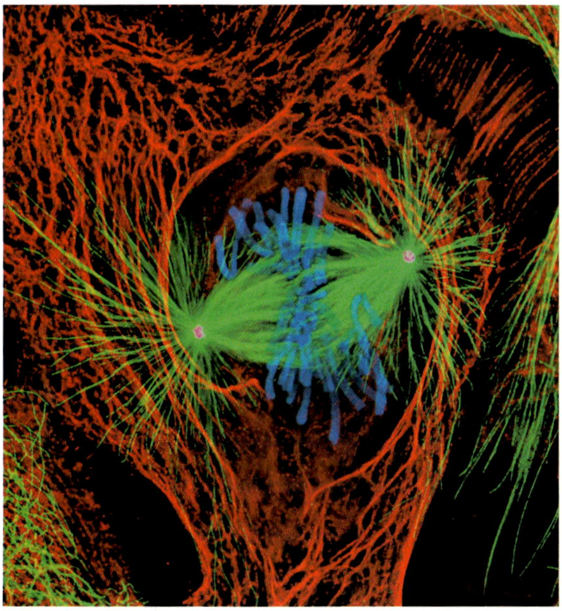

Abb. 39.1: Lichtmikroskopische Aufnahme einer Lungenzelle vom Molch in Teilung (Metaphase). Spindelpole magenta, Mikrotubuli grün, Chromosomen blau, Intermediärfilamente rot. Die Farben kommen durch den Einsatz verschiedener Fluoreszenzfarbstoffe unterschiedlicher Spezifität zustande.

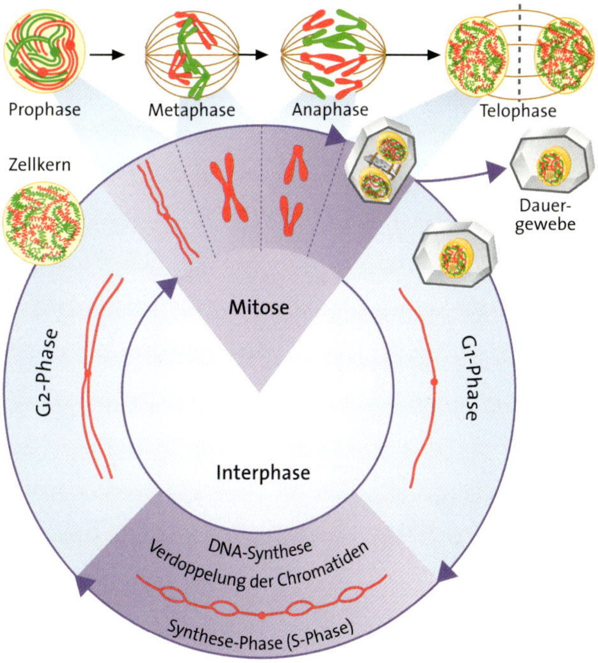

Abb. 39.2: Zellzyklus und zeitliche Abfolge der Phasen. Differenziert sich die Zelle und wird sie zur Dauerzelle, dann findet im Normalfall kein Zellzyklus mehr statt.

5 Differenzierung von Zellen

5.1 Übergänge vom Einzeller zum Vielzeller

Bei den einzelligen Organismen wie z. B. der im Teichwasser vorkommenden Grünalge *Chlamydomonas* erfüllt eine einzige Zelle alle Funktionen. Erste Anfänge einer Arbeitsteilung zwischen Zellen finden sich bei den Einzellerkolonien der Grünalgen (**Abb. 40.1**). Der mit *Chlamydomonas* nah verwandte Geißelträger *Gonium* bildet plattenförmige Kolonien aus meist 16 gleichartigen Zellen, die durch eine Gallerthülle verbunden sind. Bei der Vermehrung entsteht aus jeder Zelle durch vier Teilungsschritte eine Kolonie kleiner Zellen, die dann heranwachsen. Trennt man die Einzelzellen voneinander, so erweisen sie sich als selbständig.

Die Gattung *Eudorina* bildet kugelförmige Kolonien aus 32 Zellen. Bei der Bewegung bildet stets der gleiche Teil der Kugel das Vorderende. Die Zellen am Vorderende sind etwas kleiner und haben einen größeren Augenfleck. Alle Zellen können durch Teilung neue Kolonien liefern.

Noch weiter fortgeschritten ist die Arbeitsteilung bei der Kugelalge *Volvox*. Sie besteht aus bis zu 20 000 Einzelzellen, die eine Gallerthohlkugel bilden und ihre zwei Geißeln nach außen kehren. Die Fortbewegung besorgt der koordinierte Geißelschlag aller Zellen. Das Zusammenspiel bei der Bewegung wird dadurch möglich, dass benachbarte Zellen durch Plasmabrücken verbunden sind. Diese ermöglichen neben der Erregungsleitung auch einen Stoffaustausch zwischen den Zellen. Die vorne gelagerten Zellen sind lichtempfindlicher als die Zellen in der Nähe des hinteren Poles. Zur ungeschlechtlichen Fortpflanzung *(s. Entwicklungsbiologie 1.1)* sind nur noch wenige Zellen am Hinterende der Kolonie befähigt. Sie sind größer als die übrigen und werden bei ihrer Teilung ins Innere der Kugel gedrängt. Dort wachsen sie zu neuen Kolonien heran und werden durch Aufplatzen der Mutterkolonie frei; die Mutterkolonie geht dann zugrunde. Die Zellen der Kugelalge *Volvox* haben also unterschiedliche Funktionen. Viele dienen z. B. der Ernährung, Bewegung oder Orientierung. Eine kleine Zahl von Zellen ist auch zur geschlechtlichen Fortpflanzung befähigt. Ausschließlich diese und die Zellen der ungeschlechtlichen Fortpflanzung können durch Teilung neue Kolonien liefern. Die übrigen Zellen dagegen haben nur noch beschränkte Lebensdauer und sterben auch ohne äußere Ursachen den *Alterstod*. Es liegt hier also ein echter Vielzeller vor. Bei diesem Beispiel aus der Gruppe der Grünalgen fand der Übergang von Einzellern zum Vielzeller *Volvox* erst vor etwa 50 bis 75 Millionen Jahren statt. Es handelt sich hierbei um ein junges Ereignis im Evolutionsgeschehen.

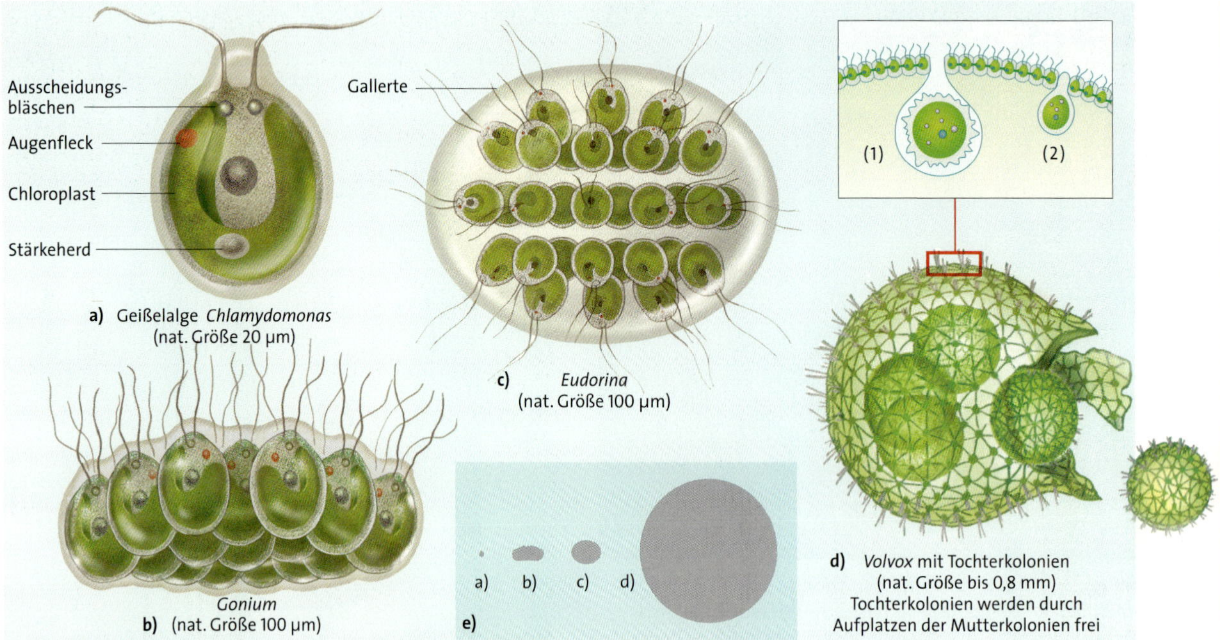

Abb. 40.1: Einzeller **(a)**, Zellkolonien **(b, c)** und Vielzeller **(d)**. Beispiele aus der Gruppe der Grünalgen. Bei *Volvox* zeigt der vergrößerte Ausschnitt eine Zygote (1) und eine Eizelle (2); **e)** Größenvergleich.

5.2 Arbeitsteilung der Zellen beim Schwamm und beim Süßwasserpolyp

Die Evolution der Vielzelligkeit aus Zellaggregaten war mit einer zunehmenden Spezialisierung der Zellen und mit einer Arbeitsteilung zwischen den Zellen verbunden. So wird zum Beispiel die Körperwand der wasserbewohnenden **Schwämme** aus zwei Zellschichten gebildet (**Abb. 41.1**). Die innere Zellschicht besteht aus begeißelten Zellen, die Nahrung ins Zellinnere strudeln, die äußere Zellschicht aus plattenförmigen Deckzellen. Amöboid bewegliche Fresszellen, die Nahrungsstoffe transportieren, liegen zwischen diesen Zellschichten in einer gallertigen Grundsubstanz. Sie bilden außerdem Keimzellen und Zellen für die ungeschlechtliche Fortpflanzung aus. Schwämme besitzen keine Nerven-, Sinnes- und Muskelzellen *(s. 5.3)*.

Der **Süßwasserpolyp** weist gegenüber dem Schwamm eine weitergehende *Differenzierung der Zellen* auf sowie eine größere Anzahl unterschiedlicher Zellformen (**Abb. 41.2**). Bei ihm ist die Körperwand aus zwei Schichten und dazwischen liegenden Zellen aufgebaut: In der inneren Schicht, dem **Entoderm**, lassen sich Drüsenzellen und Fresszellen unterscheiden. Die *Drüsenzellen* scheiden Verdauungssäfte in den Körperhohlraum aus, durch welche die Nahrung weitgehend verdaut wird. Die *Fresszellen* nehmen die vorverdaute Nahrung durch Phagocytose auf und verdauen sie zu Ende. Die äußere Schicht, das **Ektoderm**, enthält *Hautmuskelzellen* zur Bewegung und Gestaltveränderung des Körpers. In dieser Schicht befinden sich außerdem *Sinneszellen*, die der Reizaufnahme dienen, sowie verwickelt gebaute, Gift enthaltende *Nesselzellen* zum Beutefang. Von besonderen Zellen werden männliche bzw. weibliche *Keimzellen* gebildet. Außerdem kann sich an bestimmten Stellen des Körpers durch Teilung von Entoderm- und Ektodermzellen eine *Knospe* bilden, aus der sich ein Tochtertier entwickelt. In der mittleren Schicht, der gallertigen **Stützschicht**, liegen *Nervenzellen*, die ein den ganzen Körper durchziehendes Nervennetz bilden.

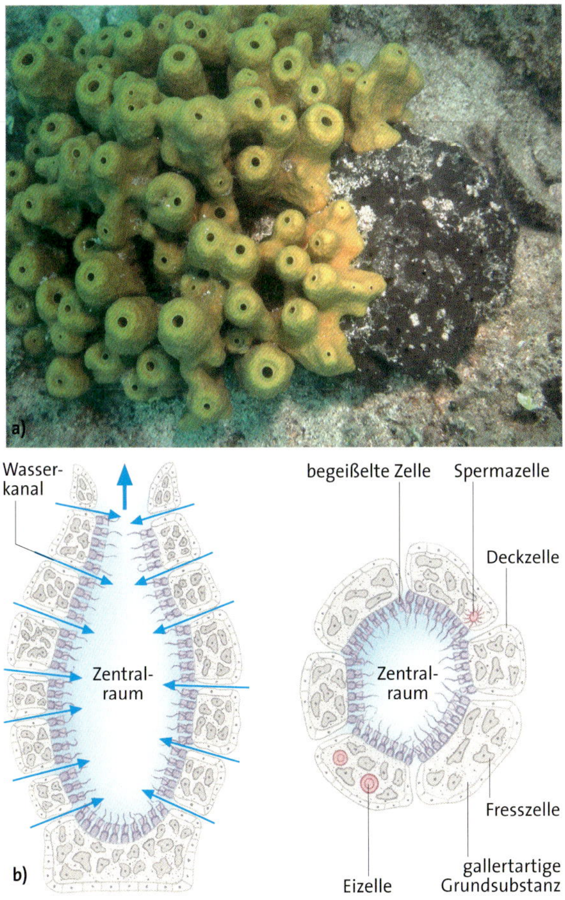

Abb. 41.1: Schwamm. **a)** Foto; **b)** Schema (Längsschnitt und Querschnitt)

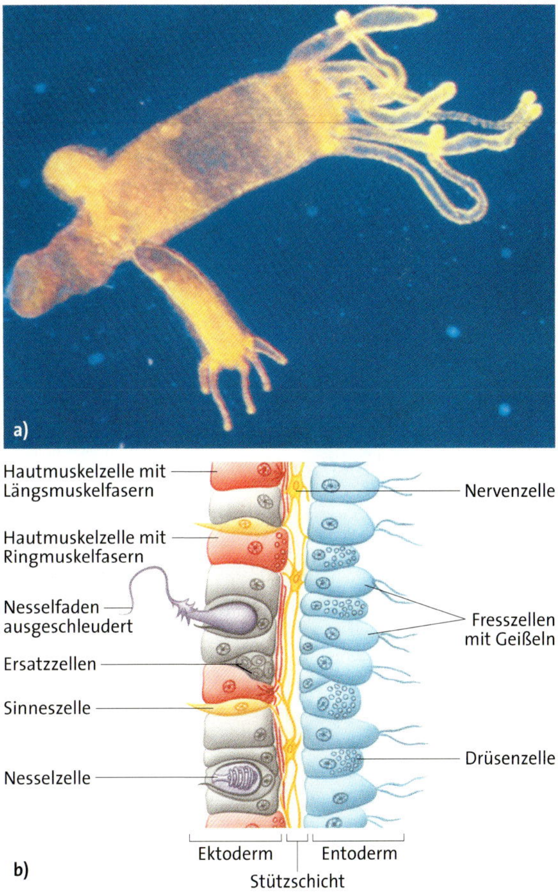

Abb. 41.2: Süßwasserpolyp. **a)** Foto; **b)** Schema (Ausschnitt aus der Körperwand)

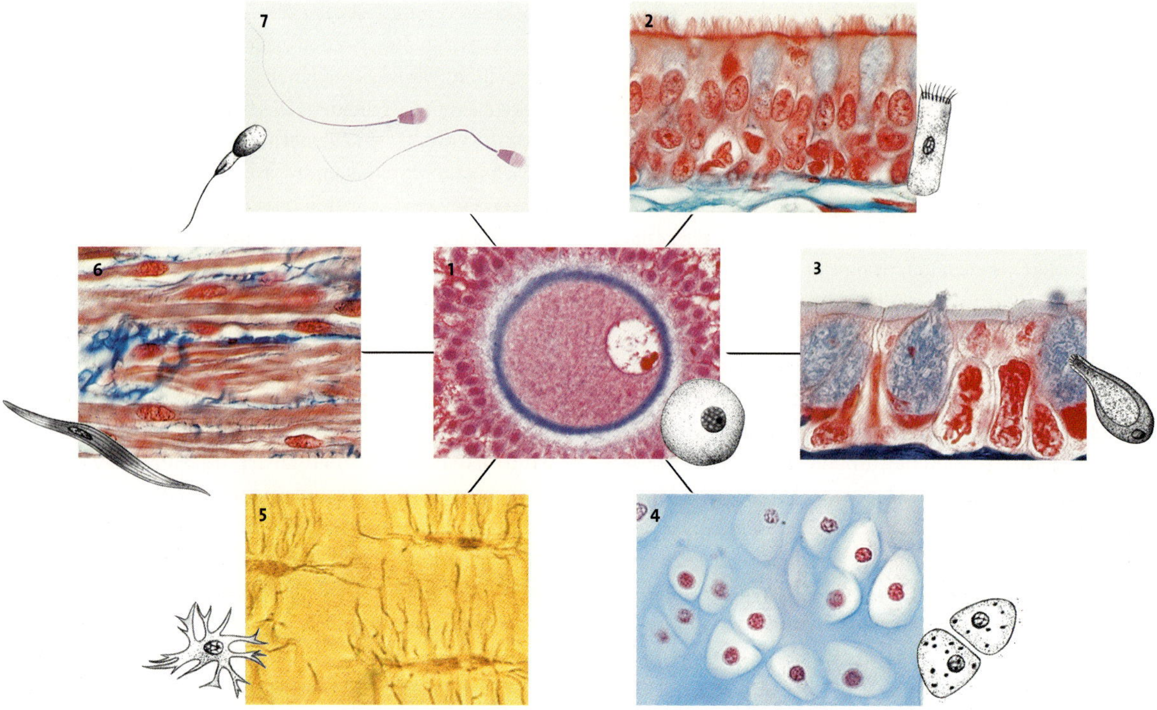

Abb. 42.1: Beispiele für die Differenzierung von Zellen bei Mensch und Tieren. **1** befruchtete Eizelle; **2** Wimpernepithelzelle; **3** Drüsenzelle; **4** Knorpelzelle; **5** Knochenzelle; **6** glatte Muskelzelle; **7** Spermien

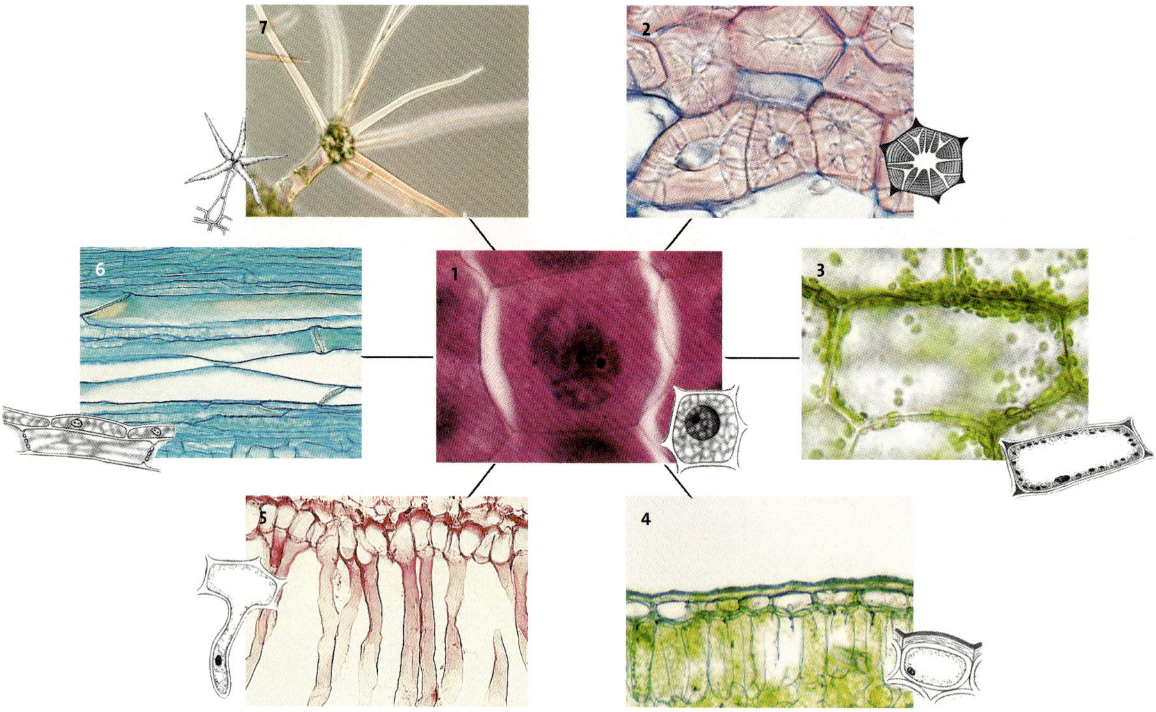

Abb. 42.2: Beispiele für die Differenzierung pflanzlicher Zellen. **1** undifferenzierte Zelle; **2** Steinzelle; **3** Assimilationszelle; **4** Epidermiszelle; **5** Wurzelhaarzelle; **6** Siebröhrenzelle mit Geleitzelle; **7** Sternhaar

5.3 Gewebe und Organe

Gewebe. Schon beim Süßwasserpolypen haben Gruppen gleichartiger Zellen die gleiche Funktion, z. B. dienen die Nervenzellen der Informationsverarbeitung. Bei höher entwickelten Tieren und Pflanzen übernimmt eine viel größere Zahl von gleichartigen Zellen je eine der typischen Aufgaben des Organismus wie z. B. die Kontraktion des Muskels bei der Bewegung oder die Produktion von Speichel bei der Verdauung. Derartige, aus Zellen gleicher Gestalt und Leistung bestehende Zellverbände bezeichnet man als *Gewebe.* Je nachdem, welche Funktion sie im Organismus haben, unterscheiden sich ihre Zellen in der äußeren Gestalt und den inneren Strukturen (**Abb. 42.1** und **42.2**). Offensichtlich ist deren Bau jeweils an eine spezifische Aufgabe angepasst. Man spricht deshalb von einer funktionsspezifischen **Differenzierung der Zellen.** Bei dieser Spezialisierung entstehen meistens keine neuartigen Zellbestandteile, doch werden diejenigen Elemente vermehrt ausgebildet, mit denen die Zelle ihre besondere Aufgabe bewältigt. So besitzt z. B. die lang gestreckte kontrahierbare Muskelzelle besonders viele Actin- und Myosinfilamente und hat viele Mitochondrien zur Bereitstellung von Energie. Die Drüsenzelle besitzt vermehrt Dictyosomen zur Speicherung von Sekreten. Die Grundfunktionen des Lebens im vielzelligen Organismus werden so auf verschiedene Zelltypen verteilt. Gewebe aus derartig differenzierten Zellen heißen **Dauergewebe.**

Jedoch bleiben im Organismus stets auch einzelne wenig differenzierte Zellen oder ganze Gewebe aus solchen teilungsfähigen Zellen erhalten. Höhere Pflanzen besitzen undifferenzierte **Bildungsgewebe** aus teilungsfähigen Zellen z. B. an Spross- und Wurzelspitze. Sie wachsen daher lebenslang weiter. Differenzierte Zellen von tausend Jahre alten Bäumen werden nach ihrer Entstehung durch Zellteilung aber nie älter als einige Jahrzehnte.

Bei den höheren Tieren und beim Menschen gibt es nur im frühen Embryonalstadium Zellen, die in ihrer Entwicklung noch gar nicht festgelegt sind. Man bezeichnet sie als embryonale **Stammzellen.** Während der Embryonalentwicklung wird die Entwicklungsmöglichkeit der nicht differenzierten Zellen allmählich festgelegt; sie werden determiniert *(s. Entwicklungsbiologie 4.1.1)*. Beim erwachsenen Organismus geht von den determinierten, aber noch nicht differenzierten adulten Stammzellen der Ersatz für gealterte, funktionsuntüchtige Gewebeteile aus. Im Gegensatz zu den Zellen des Dauergewebes können sie sich vielfach teilen; einige der Tochterzellen sind dann neue Stammzellen, die anderen differenzieren sich. Dabei bildet eine Stammzelle in der Regel nur *einen* Typ einer differenzierten Zelle. So wird aus einer Stammzelle des Riechepithels der Nase nur eine Riechzelle, aus einer Stammzelle der oberen Hautschicht (Epidermis) nur eine allmählich verhornende Epidermiszelle.

Im Körper von Mensch und Tieren sowie bei höheren Pflanzen lassen sich verschiedene grundlegende Gewebetypen unterscheiden (Beispiele in **Abb. 43.1** und **43.2**).

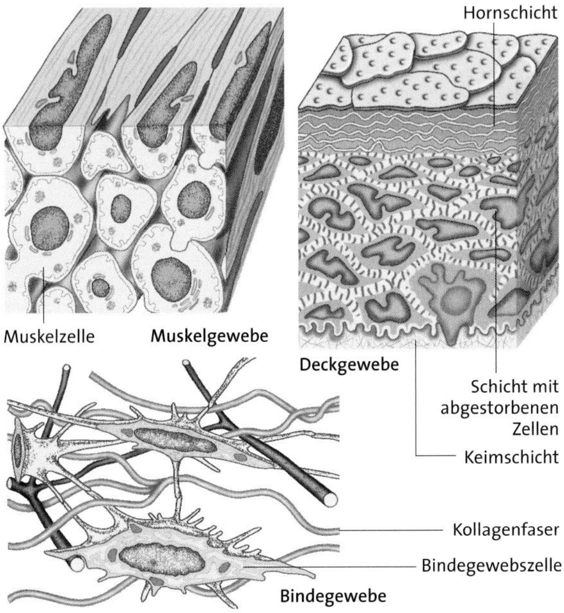

Abb. 43.1: Beispiele für Gewebetypen bei Mensch und Tieren

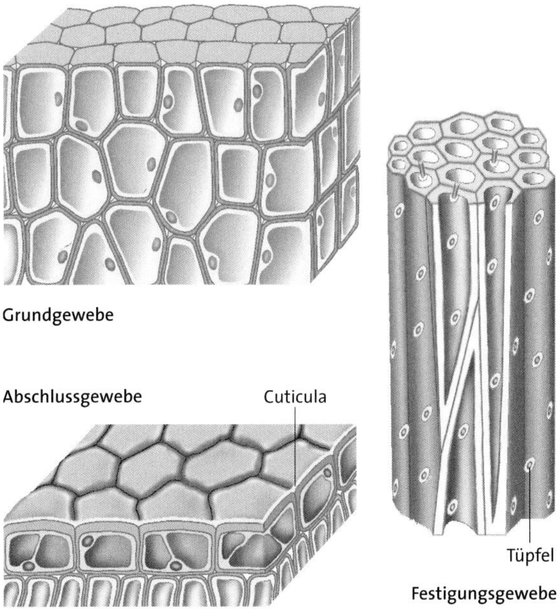

Abb. 43.2: Beispiele für Gewebetypen bei höheren Pflanzen

Lebensdauer von Geweben. Man unterscheidet bei höheren Tieren labile, stabile und permanente Gewebe. Zu den *labilen Geweben* zählen Deckgewebe, Schleimhaut und Knochenmark. Bei ihnen erfolgen Bildung und Abbau von Zellen rasch. Deshalb heilt z.B. eine Hautabschürfung relativ schnell. Das Knochenmark eines Erwachsenen bildet in jeder Minute ca. 70 Millionen neue Zellen, z.B. Rote Blutkörperchen. *Stabile Gewebe* wie Muskelgewebe besitzen einen langsamen Zellumsatz, weshalb z.B. die Heilung von Muskelschnitten Wochen benötigt. Teilen sich pro Zeiteinheit nur extrem wenige Zellen, so liegt ein *permanentes Gewebe* vor. Die Zahl absterbender Zellen ist dann oft höher als die Zahl der neu gebildeten. Dies ist z.B. beim Nervengewebe der Fall. Viele Nervenzellen sind so alt wie der Organismus. ■

Organe. Die Dauergewebe sind jeweils spezialisiert in ihren Funktionen. Deshalb wirken verschiedenartige Gewebe zusammen, die auch räumlich eng verzahnt sind. Es handelt sich dann um *Organe,* die als deutlich abgegrenzte Teile des Körpers eine ganz bestimmte Aufgabe zu erfüllen haben. Solche Organe sind z.B. Blätter, Sprossachse und Wurzeln der Blütenpflanzen oder die Sinnesorgane, Atmungsorgane und Muskeln der Tiere. Ein Organ, wie z.B. der menschliche Magen, besteht also aus verschiedenen Geweben (**Abb. 44.1**).

5.4 Der Organismus als System

Der aus einer Zelle oder vielen Zellen bestehende Organismus ist ein System mit all den typischen Eigenschaften, die am Beispiel von *Euglena* als Kennzeichen des Lebendigen herausgestellt wurden *(s. »Kennzeichen der Lebewesen« S. 14).* Einerseits ist ein lebendes System zwar nach außen begrenzt, z.B. durch die Plasmamembran bei Einzellern oder das Abschlussgewebe bei vielzelligen Lebewesen. Andererseits ist es aber auf ständige Energiezufuhr sowie Aufnahme von Stoffen von außen angewiesen. Außerdem gibt ein solches System Energie, z.B. in Form von Wärme, sowie unverwertbare oder schädliche Substanzen nach außen ab. Ein lebendes System ist also ein **offenes System,** weil es Energie und Materie sowohl aufnimmt als auch abgibt (**Abb. 45.1**). Trotz eines ständigen Zu- und Abflusses von Stoffen und von Energie strebt ein Organismus einen unveränderlichen Gleichgewichtszustand *(Homöostase)* an, der zur Erhaltung seiner Strukturen und Funktionen günstig ist. Man bezeichnet ihn auch als Fließgleichgewicht *(s. Stoffwechsel 1.4.1).* Die Gleichgewichtslage wird aufrechterhalten durch die Fähigkeit des Lebewesens, die inneren Bedingungen an wechselnde Zustands- und Außenbedingungen anzugleichen *(Selbstregulation).* Diese Regulation gleicht oft der Arbeitsweise eines technischen Regelkreises *(s. Abb. 14.1).* Viele Reak-

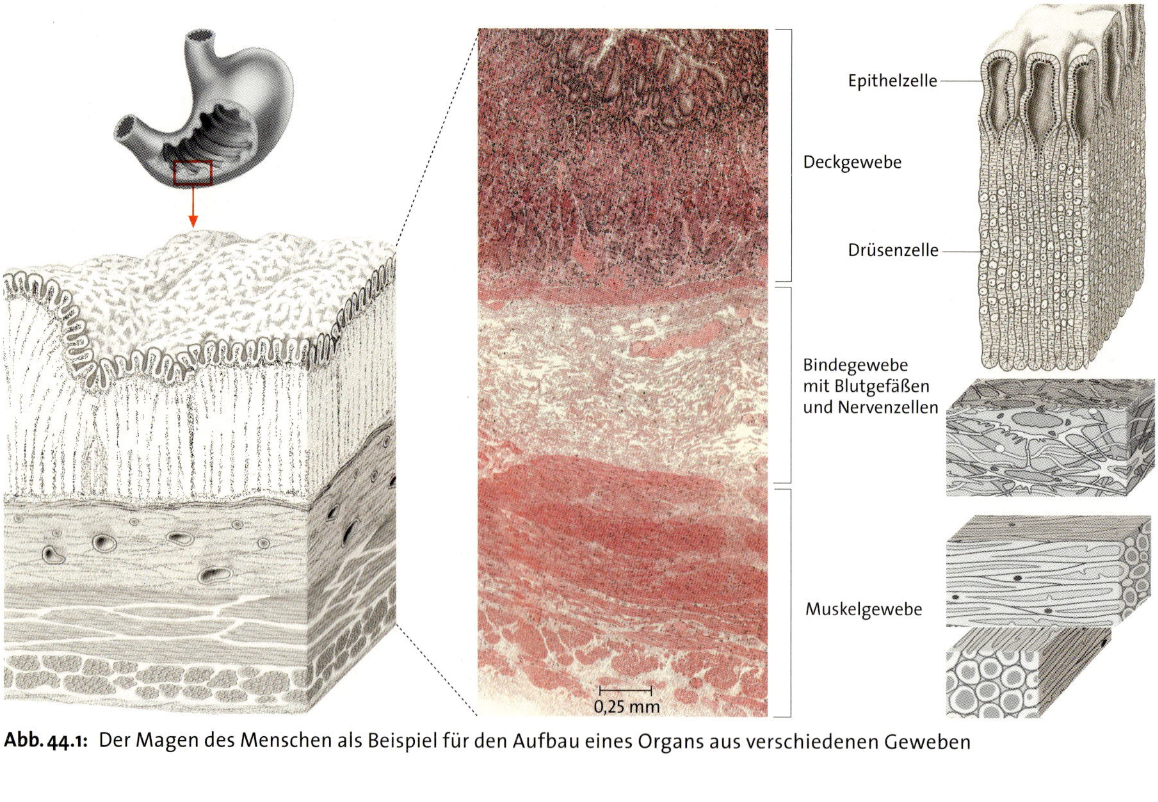

Abb. 44.1: Der Magen des Menschen als Beispiel für den Aufbau eines Organs aus verschiedenen Geweben

tionsketten des Zellstoffwechsels laufen in Regelkreisen ab *(s. Abb. 14.1 c)*. Beispielsweise hat die Konzentration der im Cytosol gelösten Calcium-Ionen im Ruhezustand einen weitgehend konstanten Wert (Sollwert). Bei Aktivierung, z. B. Muskelreizung, kann er durch Ca^{++}-Abgabe aus dem ER auf mehr als das 10fache ansteigen (Istwert). Die Rückführung auf den Normalwert erfolgt durch eine erneute Ca^{++}-Aufnahme in das ER oder die Abgabe von Ca^{++}-Ionen in den Interzellularraum (negative Rückkopplung). Als Stellglieder wirken die Membran des ER bzw. die Zellmembran. Jede Zelle hat zahlreiche Regelkreise; sie bestehen nicht unabhängig voneinander, sondern beeinflussen sich gegenseitig: Die Regelkreise sind *»vermascht«*. So kommt eine Systemeigenschaft, die *Homöostase*, zustande. Beispielsweise führt die Erweiterung von Blutgefäßen der Haut des Menschen zu verstärkter Wärmeabgabe *und* zur Senkung des Blutdrucks. Bei zu hoher Körpertemperatur oder zu hohem Blutdruck errötet daher die Haut als Zeichen von Regulation. Die Vermaschung zeigt sich beim Hitzschlag: Zum Zwecke der Wärmeabgabe werden die Hautgefäße so stark erweitert, dass der Blutdruck bis zum Umfallen absinkt.

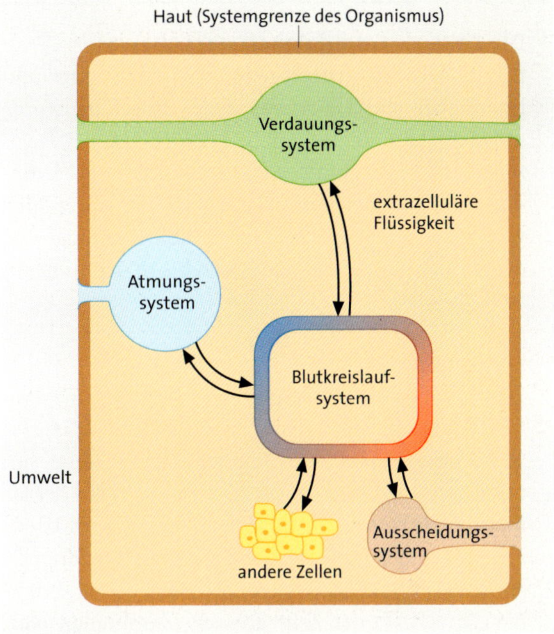

Abb. 45.1: Der Organismus als offenes System (Beispiel Wirbeltiere, schematisch)

Die Zelltheorie

Nach SCHLEIDEN und SCHWANN (1839) besagt die Zelltheorie, dass die Zelle die grundlegende Einheit aller Lebewesen ist. 1855 stellte VIRCHOW fest, dass jede Zelle aus einer anderen Zelle hervorgeht: *omnis cellula e cellula*. Für Einzeller zeigte BÜTSCHLI 1876, dass sie aus einer Zelle bestehen, die sich durch Teilung vermehrt. Um die gleiche Zeit wurde erkannt, dass auch Bakterien einzellige Lebewesen sind. Die Zelltheorie lieferte eine erste Aussage über Grundeigenschaften aller Lebewesen. Heute ist man davon überzeugt, dass auch alle Pflanzen und Tiere, die noch niemand mikroskopisch untersucht hat, aus Zellen aufgebaut sind.

Die Untersuchung von Zellen zeigt, dass ihr Bau und ihre Funktionen sich wechselseitig bedingen. Zu den Funktionen der Zellmembran gehören die Abgrenzung der Zelle nach außen sowie der Stoffaustausch mit der Umwelt. Diese Funktionen werden ermöglicht durch den speziellen Bau der Zellmembran aus einer Lipiddoppelschicht und Proteinen. Die Bildung von Zellmembran aus diesen Molekülen ist nur möglich, wenn neue Stoffe von der Zelle selektiv aufgenommen, in Membranbausteine umgesetzt und in die Zellmembran eingebaut werden. Die Zellmembran braucht also die Funktion des Stofftransports zur Strukturbildung und gleichzeitig ist wiederum diese Struktur notwendig, damit der Stofftransport funktioniert. Auch die Evolution der Eucyte zeigt, dass Bau und Funktion sich immer wechselseitig bedingen: Die Aufnahme eines zur Atmung befähigten Bakteriums in eine prokaryotische Wirtszelle erweiterte deren Lebensmöglichkeiten infolge eines nun verbesserten Energiegewinns durch den Endosymbionten (Funktionsverbesserung). Durch den Übergang einiger Gene aus dem Endosymbionten in den entstehenden Zellkern wurde der Endosymbiont zu dem Zellorganell Mitochondrium (Strukturverbesserung). Im weiteren Verlauf der Evolution wurden die Mitochondrien an ihre Funktion als Kraftwerke der Zelle zunehmend angepasst und ihre Struktur dabei immer mehr spezialisiert. Dieser Sachverhalt findet eine Erklärung durch die Evolutionstheorie (DARWIN 1859). Sie besagt, dass alle Lebewesen durch Abstammungszusammenhänge verknüpft sind, und sie erklärt das Zustandekommen von Evolution. Strukturen und Funktionen haben sich gemeinsam entwickelt. Die Evolutionstheorie wurde so nach der Zelltheorie zur zweiten allgemeingültigen Theorie der wissenschaftlichen Biologie.

ZUSAMMENFASSUNG

Die Zelle als Grundeinheit der Lebewesen

Die *Zelle* ist die grundlegende Struktur- und Funktionseinheit aller Lebewesen. Ihre Entdeckung wurde möglich durch die technische Entwicklung des *Lichtmikroskops* zu Beginn des 17. Jahrhunderts. Die Erfindung des *Elektronenmikroskops* und die Anwendung verschiedener Fixier- und Färbetechniken ermöglichte die Aufklärung der Zellstrukturen bis in den molekularen Bereich *(s. 1)*.

Eucyte und Protocyte

Die *Eucyte* ist der Zelltyp aller *Eukaryoten,* die *Protocyte* der aller *Prokaryoten.* Zu den gemeinsamen Eigenschaften beider Zelltypen zählen der Besitz von *DNA* und *Ribosomen* sowie der Grundaufbau der sie umgebenden *Zellmembran (s. 2.1)*.

Die Zellmembran besteht aus einer Lipiddoppelschicht mit eingelagerten und aufgelagerten Proteinen. Innerhalb der Zelle grenzen Membranen *plasmatische* und *nichtplasmatische Reaktionsräume* gegeneinander ab, in denen verschiedene Stoffwechselvorgänge gleichzeitig ablaufen können. Die Membranen regeln den Stoffaustausch innerhalb der Zelle sowie zwischen Zelle und Umgebung *(s. 2.2)*.

Pflanzenzelle und *Tierzelle* besitzen Zellorganellen. Diese werden von unterschiedlich vielen Membranen umschlossen, die innerhalb des Organells spezifische Reaktionsräume abgrenzen. Jede Art von Zellorganell übernimmt in der Zelle bestimmte lebensnotwendige Funktionen. Ein *Cytoskelett* ist in der Pflanzen- und Tierzelle beteiligt an zellulären Bewegungsvorgängen sowie an Signalübertragungen innerhalb der Zelle. Es bestimmt die Gestalt der Tierzelle. Die Form der Pflanzenzelle wird durch ihre *Zellwand* festgelegt. Über *Plasmodesmen* erfolgt ein Stoffaustausch zwischen dem *Cytoplasma* benachbarter Zellen. Tierische Zellen sind über *Verschlusskontakte* und *Desmosomen* verknüpft. Ein interzellulärer Stoffaustausch erfolgt hier an speziellen *Stoffaustauschstellen (s. 2.3)*.

Prokaryoten werden eingeteilt in *Bakterien* und *Archaea.* Sie kommen in allen, z. T. extremen Lebensräumen vor. Manche Bakterien verursachen Infektionskrankheiten bei Mensch und Tieren, zu deren Bekämpfung *Antibiotika* eingesetzt werden *(s. 2.4)*.

Stofftransport in Zellen

Jede Zelle steht in einem ständigen Stoffaustausch mit ihrer Umgebung bzw. ihren Nachbarzellen. Zu unterscheiden sind der *passive Stofftransport,* für den die Zelle keine Energie bereitstellen muss, und der *aktive Stofftransport (s. 3)*. Passive Transportprozesse über extrem kurze Strecken im Cytosol erfolgen über *Diffusion* und durch Membranen über *Osmose.* Passiver Transport über Membranen findet auch an bestimmten *Trägerproteinen* und *Porenproteinen* statt *(s. 3.1)*. Werden Stoffe unter Energieaufwand an anderen Träger- und Porenproteinen oder mithilfe von »Pumpen«-Proteinen transportiert, so geschieht dieses aktiv. Bei einem *primär* aktiven Stofftransport wird die Energie in Form von *ATP* direkt für den Transport verwendet, beim *sekundär* aktiven Transport wird das ATP eingesetzt, um die notwendigen Voraussetzungen für den Stofftransport zu schaffen *(s. 3.2)*.

Darüber hinaus werden Stoffe von der Zelle über *Endocytose* aufgenommen und über *Exocytose* abgegeben *(s. 3.3)*.

Vermehrung von Zellen

Zellen vermehren sich durch Teilung. Jede teilungsfähige Eucyte durchläuft einen *Zellzyklus* der in mehrere Abschnitte gegliedert wird. In der *Mitose* wird der Zellkern geteilt, die Kern DNA wird auf beide neu entstehenden Kerne zu gleichen Teilen aufgeteilt. Anschließend erfolgt die Teilung der Zelle. In der dann folgenden *G_1-Phase* kommt es zur Vermehrung bzw. Zunahme von Zellorganellen und Cytosol. Es folgt die *Synthesephase,* in der die DNA verdoppelt wird, sodass dann jedes Chromosom aus zwei Chromatiden besteht. Der Zeitraum zwischen Ende der Synthesephase und dem Beginn der nächsten Mitose, die *G_2-Phase,* ist eine Zeit äußerer Ruhe. Die G_1-, die Synthese- und die G_2-Phase werden als *Interphase* zusammengefasst *(s. 4)*.

Differenzierung von Zellen

Die Entwicklung vom *Einzeller* zum *Vielzeller* kann erklärt werden über die Ausbildung von *Zellkolonien* und die Entwicklung einer Arbeitsteilung zwischen Zellen *(s. 5.1)*.

Durch eine zunehmende Zelldifferenzierung und einer damit verbundenen Spezialisierung entwickelten sich die ersten Vielzeller *(s. 5.2)*.

Gewebe sind Zellverbände aus Zellen gleicher Gestalt, die dieselbe spezifische Aufgabe erfüllen. Verschiedenartige Gewebe wirken im vielzelligen Organismus als *Organe* zusammen *(s. 5.3)*.

Jeder Organismus ist ein *offenes System* und weist alle *Kennzeichen der Lebewesen* auf *(s. 5.4)*.

AUFGABEN

1 Versuch von Gorter und Grendel zur Strukturaufklärung von Zellmembranen

Gorter und Grendel extrahierten im Jahre 1925 mithilfe von Aceton Membranlipide aus Roten Blutzellen (Erythrocyten) und übertrugen diese auf eine Wasseroberfläche. Die Fläche, die die Lipide einnahmen, wurde so lange mithilfe von beweglichen Schiebern eingeengt, bis sich ein geschlossener Film bildete. Dieser bestand aus nebeneinander liegenden Einzelmolekülen. Diese monomolekulare Schicht bedeckte schließlich eine Fläche, die etwa der doppelten Oberfläche aller zur Extraktion verwendeten Erythrocyten entsprach.

a) Beschreiben Sie den chemischen Aufbau von Membranlipiden, und erklären Sie, warum Gorter und Grendel für ihre Extraktion Aceton verwendeten.

b) Wie ordnen sich die Membranlipide auf der Wasseroberfläche an?

c) Welches grundlegende Bauprinzip der Biomembranen wurde durch den Versuch bewiesen?

d) Aufgrund ihres Versuchs bestätigten Gorter und Grendel ein Membranmodell. Beschreiben Sie dieses Modell. Welche Strukturelemente fehlten in dem Modell, und welche Eigenschaften der Membran konnten deshalb nicht erklärt werden?

2 Eigenschaft von Membranen

In den rechten Schenkel des U-Rohres (**Abb. 47.1**) gibt man wenige Körnchen eines Kronenethers (**Abb. 47.2**). Die Körnchen fallen bis zur Phasengrenze Kaliumpermanganatlösung/Chloroform und lösen sich dort auf. Anschließend sind im Chloroform violette Schlieren zu beobachten, die sich dann allmählich bis in den linken Schenkel des U-Rohres ausbreiten. Schließlich tritt der Farbstoff auch in das reine Wasser des linken Schenkels über.

a) Erklären Sie den Farbstoff-Übertritt von der Kaliumpermanganat-Lösung ins Chloroform und von dort ins reine Wasser mithilfe der Kronenether-Formel.

b) Welche Membraneigenschaft wird in diesem Modellversuch dargestellt?

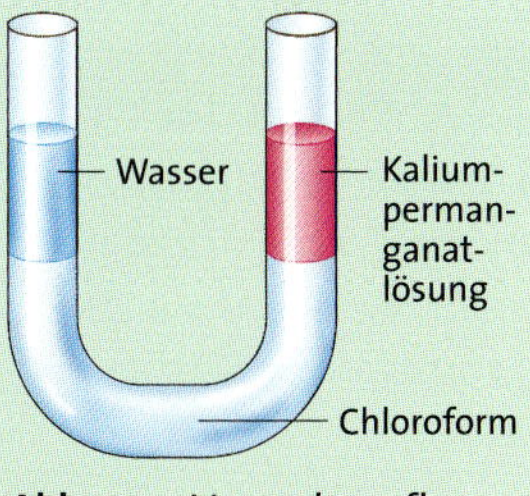

Abb. 47.1: Versuchsaufbau

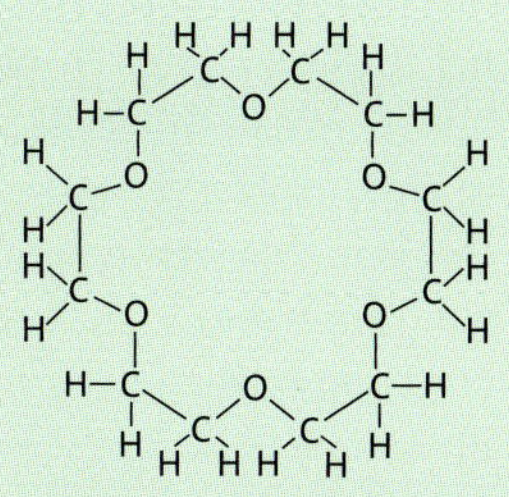

Abb. 47.2: Kronenether

3 Mitose

Die Abbildung zeigt Mitosestadien in Wurzelzellen einer Küchenzwiebel. Der komplette Zellzyklus dauert im Schnitt 24 Stunden. Die Abbildung stellt eine Momentaufnahme innerhalb dieses Zyklus dar. Der Anteil der einzelnen Stadien in der Abbildung entspricht ihrem zeitlichen Anteil im Zellzyklus. 50 % der Zellen, die sich in der Interphase befinden, enthalten 10 ng Erbsubstanz, 20 % 20 ng und die restlichen 30 % liegen mit ihrem Gehalt zwischen diesen beiden Werten.

a) Bilden Sie die Summe der Zellen, die sich in Mitose befinden oder deren rot gefärbte Zellkerne klar erkennbar sind. Zellen, die mit ▲ gekennzeichnet sind, sollen nicht mit gezählt werden, sie enthalten nur schwach gefärbte Kerne oder ihr Kern erscheint im Schnitt unvollständig. Ermitteln Sie dann den prozentualen Anteil an der Gesamtzahl (Mitoseindex).

b) Berechnen Sie die Zeitdauer jeder Phase des Zyklus.

c) Colchicin, ein Alkaloid der Herbstzeitlosen, verhindert den Aufbau von Mikrotubuli. Taxol, das sich in der pazifischen Eibe findet, bindet dagegen fest an die Mikrotubuli und stabilisiert sie. Erklären Sie, weshalb beide Mittel trotz ihrer entgegengesetzten Wirkung bei der Behandlung von Krebspatienten eingesetzt werden.

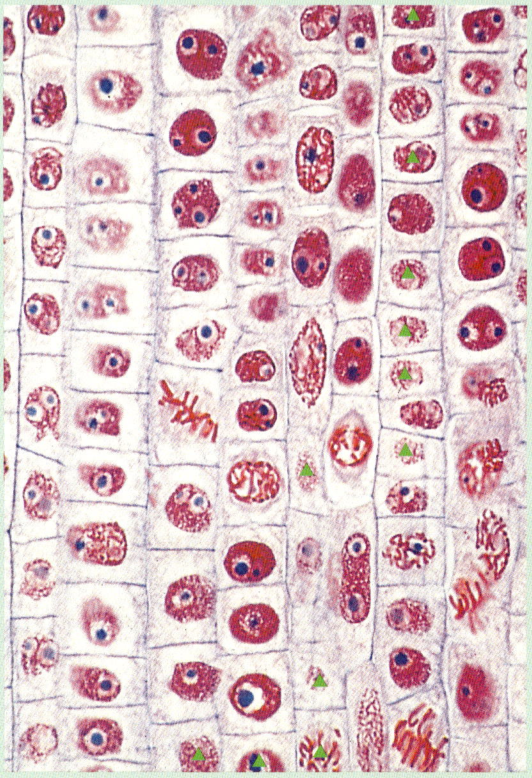

ÖKOLOGIE

Schaut man sich in der Umwelt um, so findet man z. B. Äcker, Wiesen, Wälder verschiedener Art (Laub- und Nadelwälder), Felsen, Hecken, Bäche und Flüsse, Teiche, vielleicht einen See und an der Meeresküste Sandstrand und Watten. All dies sind Lebensräume von Pflanzen und Tieren. Hier findet man oft unterschiedliche Pflanzenarten, die bestimmte Ansprüche an ihre Umgebung stellen: Am Waldboden leben Arten, die mit wenig Licht auskommen, an einem trockenen Hang solche, die viel Licht benötigen. Von den Pflanzenarten der verschiedenen Lebensräume ernähren sich Pflanzen fressende Tiere. So unterscheidet sich auch die Tierwelt der Lebensräume. In einer Wiesenfläche leben z. B. Hasen, die Wiesenpflanzen fressen und dort auch Schutz vor Feinden, wie Fuchs und Habicht, finden. Im Dickicht des Waldes finden Rehe Schutz. Im Waldboden leben viele Mikroorganismen wie Pilze und Bakterien, die z. B. von den organischen Stoffen in der Laubstreu leben und diese mineralisieren.

Mit den Beziehungen der Lebewesen zu ihrer Umwelt, wie sie hier an Beispielen dargestellt wurden, beschäftigt sich die Ökologie, indem sie die allgemeinen Gesetzmäßigkeiten dieser Beziehungen erforscht. Der Begriff Ökologie (gr. *oikos* Haus, Haushalt) bezeichnet die »Lehre vom Haushalt der Natur«. Da die Beziehungen der Lebewesen in ihrer Umwelt weltweit durch den Menschen beeinflusst werden, sind auch Ergebnisse anderer nicht biologischer Disziplinen, z. B. der Wirtschaftswissenschaft, zum Verständnis des »Naturhaushaltes« wichtig. Umgangssprachlich wird der Begriff Ökologie manchmal auch im Sinne von Umweltschutz bzw. umweltschonendem Vorgehen verwendet.

Der Lebensraum heißt in der Ökologie der **Biotop;** darin bilden die Pflanzen, Tiere und Mikroorganismen eine Lebensgemeinschaft, die **Biozönose.** Die Einheit von Lebensraum und Lebensgemeinschaft, die sich aus der Summe aller Beziehungen ergibt, bezeichnet man als **Ökosystem.** In Mitteleuropa hat der Mensch alle Ökosysteme verändert und sogar ganz neue Biotope geschaffen, z. B. Äcker, Parks, Stauseen, aber auch Straßenböschungen, Parkplätze usw. Die Folgen einer solchen Einflussnahme durch den Menschen sind häufig Belastungen und Zerstörungen der Natur.

Untersuchungsebenen der Ökologie

Die Ökologie ging als Teilgebiet der Biologie lange Zeit beschreibend vor. Sie wandelte sich dann zu einer Disziplin, die durch Beobachtung gewonnene ökologische Zusammenhänge experimentell untersucht, quantitative Beziehungen ermittelt, komplexe Vorgänge mithilfe von Rechnern erforscht und in Modellen nachbildet. In der Ökologie wird auf drei Untersuchungsebenen gearbeitet:

1. Die einzelnen Lebewesen sind von ihrer Umgebung abhängig. Einflüsse der unbelebten Umwelt auf den Organismus bezeichnet man als abiotische Faktoren, z. B. Licht und Temperatur. Einflüsse, die von anderen Lebewesen ausgehen, nennt man biotische Faktoren, z. B. Wirkungen von Feinden oder Parasiten. Solche Abhängigkeiten der einzelnen Organismen sind das Thema der **Autökologie.**

2. Durch Feinde wird die Zahl der Individuen einer Art vermindert, durch reichlich Nahrung steigt sie an. Gelegentlich kommt es zur Massenvermehrung einer Art, die dadurch zum Schädling wird. Alle Individuen einer Art im jeweiligen Lebensraum nennt man deren Population. Ihre Abhängigkeit von Umweltfaktoren untersucht die **Populationsökologie.**

3. In einem Lebensraum stehen alle Organismen in Wechselbeziehungen, die ihr Zusammenleben ermöglichen. Dazu gehören Nahrungs- und Energiebeziehungen. Weiterhin gehört dazu, dass Pflanzen für Tiere Wohnplätze, Verstecke und Baumaterial liefern, dass Insekten Pflanzen bestäuben und so deren Fortpflanzung und somit für ihre eigenen Nachkommen die Nahrungsquellen sichern. Die Erforschung aller dieser Beziehungen ist Aufgabe der **Synökologie.**

Die wichtigste Einheit, von der ökologische Betrachtungen ausgehen, ist das Ökosystem. Sein Aufbau wird im folgenden Abschnitt am Beispiel eines Teiches dargestellt. Die im Wasser schwebenden Algen (das *Phytoplankton*) und die anderen Wasserpflanzen betreiben Fotosynthese, d.h. sie bauen aus anorganischen Stoffen (Kohlenstoffdioxid, Wasser und Mineralstoffe) hochmolekulare organische Stoffe auf. Von diesen Stoffen ernähren sich die Tiere: unmittelbar die Pflanzenfresser, z.B. Rädertierchen und Kleinkrebse als *Zooplankton*, mittelbar die Tiere, die Beutetiere fressen. Die grünen Pflanzen sind die **Produzenten** der Biomasse, die von den Tieren verbraucht wird. Die Tiere sind die **Konsumenten.** Die Ausscheidungen der Tiere, ihre Leichen und die abgestorbenen Pflanzenteile werden von *Mikroorganismen* (Bakterien und Pilzen), den **Destruenten**, die man vornehmlich auf dem Teichboden findet, zu einfachen, anorganischen Stoffen abgebaut (Kohlenstoffdioxid, Wasser und Mineralstoffe). Diese stehen für das Wachstum der Pflanzen wieder zur Verfügung. Zwischen den grünen Pflanzen, den Tieren und den Mikroorganismen findet also ein Kreislauf der Stoffe statt (**Abb. 49.1**). Der Umsatz wird durch die von den Produzenten erzeugte organische Substanz bestimmt. Deren Produktion ist abhängig von der CO_2-Konzentration, der eingestrahlten Lichtmenge, der Temperatur und von der Konzentration der Mineralstoffe. Je höher diese Werte sind, desto stärker vermehren sich die Produzenten.

Der Teich ist ein offenes System. Das einfallende Sonnenlicht liefert Energie für die Fotosynthese der Wasserpflanzen. Zuflüsse schwemmen z.B. aus angrenzenden Wiesen Mineralstoffe und verwesende Pflanzenteile ein. Stechmücken und Frösche leben als Larven im Teich, nach der Metamorphose aber auf dem umgebenden Land. Vögel und Insekten aus der Umgebung des Teiches beziehen ihre Nahrung aus ihm. Obwohl der Teich ein offenes System ist, bleiben in ihm Zahl und Art der Individuen innerhalb gewisser Grenzen konstant. Eine kurzzeitig verstärkte Nährstoffzufuhr von außen fördert zwar das Wachstum der Algen und der Wasserpflanzen am Teichgrund, dann aber vermehren sich auch die Tiere im Teich, denen die Pflanzen als Nahrung dienen. Die Menge der Pflanzen nimmt daraufhin wieder ab und anschließend auch die Anzahl der Tiere. Der Teich hat also die Fähigkeit zur Selbstregulation, d.h. Anzahl und Art seiner Organismen bleiben weitgehend gleich (»biologisches Gleichgewicht«). Die Lebensgemeinschaft des Teiches ist also gegenüber äußeren Einflüssen in gewissen Grenzen stabil. Werden dem Teich allerdings über längere Zeit reichlich Nährstoffe zugeführt, z.B. Dünger, der über einen Bach in den Teich gelangt, so verändert sich seine Lebensgemeinschaft: Einige Pflanzen- und Tierarten nehmen stark zu, andere verschwinden völlig. Das Ökosystem hat sich damit bleibend verändert: Es ist ein nährstoffreicher Teich entstanden, der artenärmer ist als der ursprüngliche nährstoffarme Teich. An seinem Boden wird infolge des Abbaus von reichlich organischer Substanz der Sauerstoff verbraucht. Als Folge davon vermehren sich anaerobe (ohne Sauerstoff lebende) Bakterien, die z.B. Schwefelwasserstoff bilden, sodass es zu Faulschlammbildung kommt.

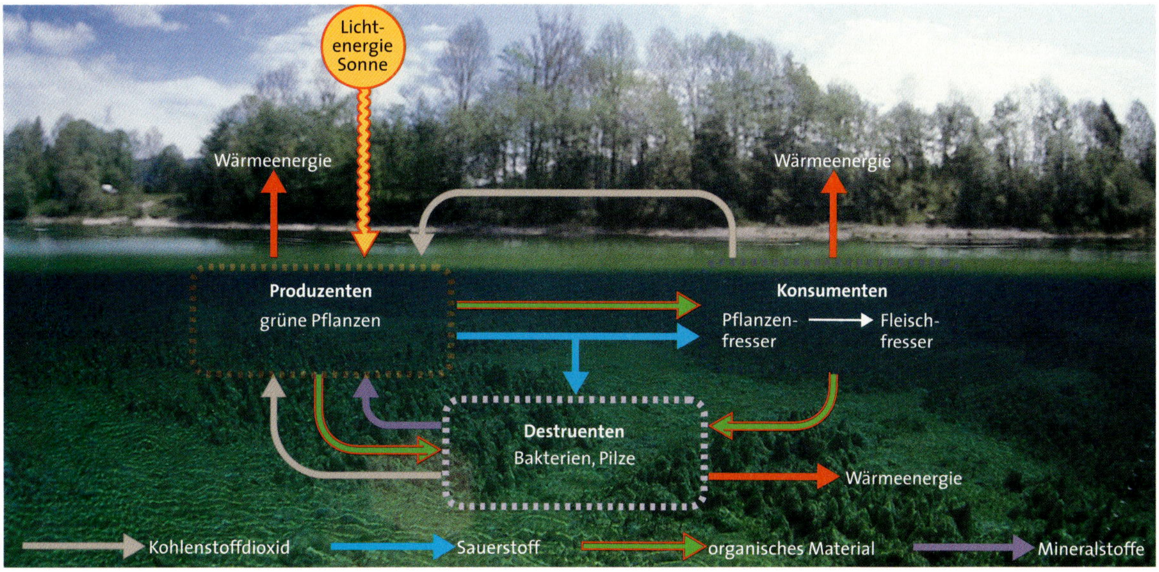

Abb. 49.1: Gliederung eines Ökosystems. Im Ökosystem erfolgt ein Kreislauf von Stoffen und ein Umsatz von Energie.

1 Beziehungen der Organismen zur Umwelt

1.1 Wirksame Faktoren

Eine Pflanze kann sich nicht aussuchen, wohin ihre Samen gelangen, sie wächst aber nur dort, wo die Umwelt ihr Gedeihen ermöglicht. Wichtige **abiotische Umweltfaktoren** für Pflanzen sind Licht und verfügbare Wassermenge, daneben die Temperaturverhältnisse sowie Art und Menge der Mineralstoffe des Bodens. Da die Pflanzen ortsfest sind, werden ihre abiotischen Umweltfaktoren auch als Standortfaktoten bezeichnet. Pflanzen sind ebenso von **biotischen Faktoren** abhängig. Ein Teil von ihnen wird z. B. von Bienen bestäubt, viele werden von Pflanzenfressern verzehrt.

Bei Tieren spielt das Licht eine geringere Rolle, hingegen sind Feuchtigkeits- und Temperaturverhältnisse, für Wassertiere auch Salzgehalt und Sauerstoffverfügbarkeit, wichtige abiotische Faktoren. Wichtig sind auch biotische Faktoren: Pflanzenfresser benötigen Nahrungspflanzen, für Räuber müssen Beutetiere erreichbar sein. Parasiten sind als biotische Faktoren für Pflanzen wie für Tiere gleichermaßen von Bedeutung.

Für jede Art gibt es bezüglich eines jeden Umweltfaktors einen Bereich, in dem sie gedeihen und sich fortpflanzen kann. Die Fähigkeit, innerhalb eines bestimmten Bereichs zu gedeihen (Gedeihfähigkeit), nennt man ökologische Potenz der Art gegenüber einem bestimmten Umweltfaktor. Die **Abb. 50.1** gibt die Abhängigkeit einer Pflanze von der Bodenfeuchtigkeit wieder. Die ökologische Potenz ist von Art zu Art verschieden groß.

Woran erkennt man die Abhängigkeit eines Organismus von seinen Umweltfaktoren? An Pflanzen lässt sich dies z. B. an der Keimfähigkeit untersuchen. Sät man Pflanzensamen in einer Bodenfeuchtigkeitorgel aus und sorgt für ausreichend Licht und genügend Mineralstoffe, kann man die ökologische Potenz der Keimlinge hinsichtlich der Bodenfeuchte bestimmen (**Abb. 50.1**). Dazu misst man unter ständiger Kontrolle des Wasserstandes die Wuchshöhe der Pflanzen und setzt sie in Beziehung zum Wassergehalt des Bodens. Die Messergebnisse bilden in einem Diagramm annähernd eine Glockenkurve. Der Bereich, in denen Pflanzen optimal gedeihen und den Tiere aktiv aufsuchen, wird als Vorzugsbereich oder auch als physiologisches Optimum bezeichnet. Der Bereich, in dem Organismen noch überleben, sich aber nicht mehr fortpflanzen können (sodass sie auf Dauer unter solchen Bedingungen nicht existieren können), ist das Pessimum. Wird ein Minimal- oder Maximalwert eines Faktors überschritten, ist die Grenze der Toleranz erreicht und der Tod tritt ein (**Abb. 50.2**).

Häufig werden die Verhältnisse dadurch kompliziert, dass die einzelnen Faktoren nicht unabhängig voneinander sind. So ist die Fähigkeit zur Wasserspeicherung im Boden abhängig von dessen Beschaffenheit, z. B. Körnigkeit, chemische Zusammensetzung. Der Wassergehalt des Bodens beeinflusst wiederum den Wärmehaushalt: Nasser Boden erwärmt sich langsamer als trockener, speichert aber mehr Wärme und leitet sie auch besser weiter.

Insekten hängen in ihrer Entwicklung und Aktivität stark von der Temperatur und der Luftfeuchtigkeit ab. Diese doppelte Abhängigkeit ist für den Kiefernspinner (Schmetterling) in **Abb. 51.1** wiedergegeben.

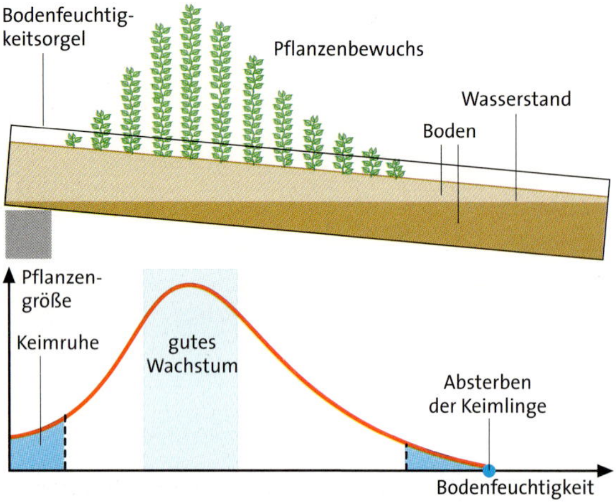

Abb. 50.1: Abhängigkeit einer Pflanze von der Bodenfeuchtigkeit

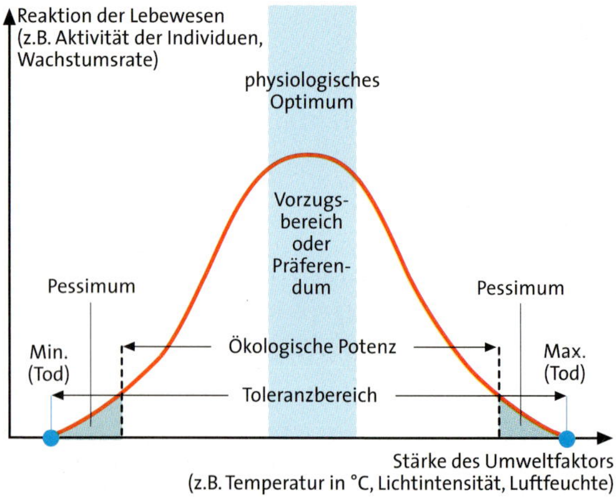

Abb. 50.2: Reaktion der Lebewesen auf einen Umweltfaktor: Toleranzbereich mit ökologischer Potenz und Vorzugsbereich

Wird die Abhängigkeit von nur einem Faktor dargestellt, wobei der andere konstant gehalten wird, entstehen Glockenkurven. Trägt man beide Faktoren gegeneinander auf, so werden die Schlüpfraten wie Höhenlinien auf einer Karte wiedergegeben. Hier wird deutlich, dass eine optimale Versorgung bezüglich eines Faktors nicht ausreicht, wenn ein anderer ins Minimum gerät. Bei optimalen Temperaturen von 20 °C schlüpft keine Kiefernspinnerraupe, wenn die relative Luftfeuchte nur bei 10 % liegt. Steigt die relative Luftfeuchte dagegen auf 70 % an, schlüpfen nahezu alle.

Hat man den Toleranzbereich (bzw. das physiologische Optimum) einer Pflanze im Labor bestimmt und sucht sie dann in der Natur, findet man sie häufig nicht dort, wo man sie aufgrund der Umweltverhältnisse vermuten würde. So findet man unter den Waldbäumen Mitteleuropas die Waldkiefer außerhalb von Kulturforsten oder Pflanzungen auf sauren (kalkarmen) Böden, die nass oder trocken sein können, aber auch auf kalkhaltigen trockenen Böden (**Abb. 51.2**). Sie gedeiht jedoch viel besser auf mäßig feuchten und schwach sauren bis neutralen Böden. An einem solchen Standort kommt sie jedoch nur bei Anpflanzung vor, denn unter natürlichen Bedingungen werden diese Standorte meist von der Rotbuche eingenommen. Verursacht ist dies durch die Konkurrenzverhältnisse: Die lichtbedürftigen Jungpflanzen der Kiefer wachsen langsamer als die der Rotbuche. Wenn beide Baumarten vorhanden sind, wird allmählich die Rotbuche vorherrschen, und die Kiefer kümmert. Diese kann dann kaum noch Samen erzeugen, sodass sie schließlich aufgrund fehlender Nachkommen verschwindet. Die Rotbuche kann hingegen an den natürlichen Kiefer-Standorten gar nicht wachsen.

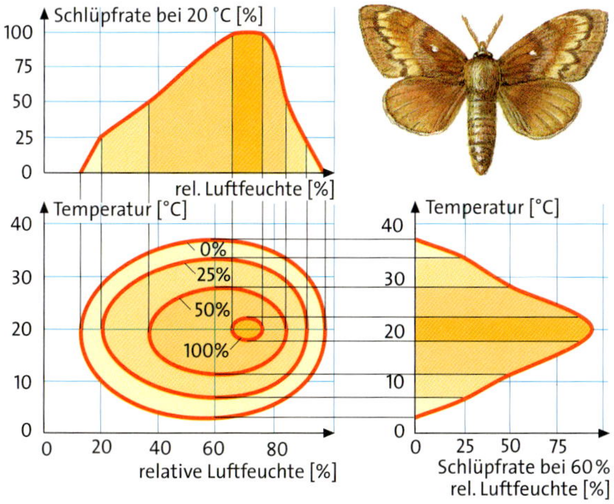

Abb. 51.1: Abhängigkeit der Entwicklung des Kiefernspinners (Schlüpfrate der Eier) von Temperatur und Luftfeuchte

Manche Lebewesen ertragen nur geringe Größenveränderungen ihrer Umweltfaktoren, sie besitzen eine enge ökologische Potenz. Bei Bachforellen, die nur im kühlen Wasser der Gebirgsbäche leben können, liegt sie z. B. zwischen 10 und 20 °C. Heringe sind empfindlich gegenüber Schwankungen des Salzgehalts. Der Koala ernährt sich von Blättern nur weniger Eukalyptusarten. Arten mit enger ökologischer Potenz bezeichnet man als **stenök.** Sie sind an ganz spezifische Lebensräume angepasst.

Möwen haben dagegen ein breites Nahrungsspektrum. Sie fressen lebende und tote Pflanzen, Tiere des Meeres und des Festlandes. Bär und Ratte können ebenfalls große Schwankungen im Nahrungsangebot, aber auch in der Außentemperatur ertragen. Wanderfische wie Aal und Lachs sind gegenüber Veränderungen des Salzgehaltes im Wasser relativ unempfindlich. Alle diese Tiere sind **euryök.** Sie haben bezüglich der genannten Faktoren eine weite ökologische Potenz und können so an vielen Orten und in verschiedenen Ökosystemen vorkommen.

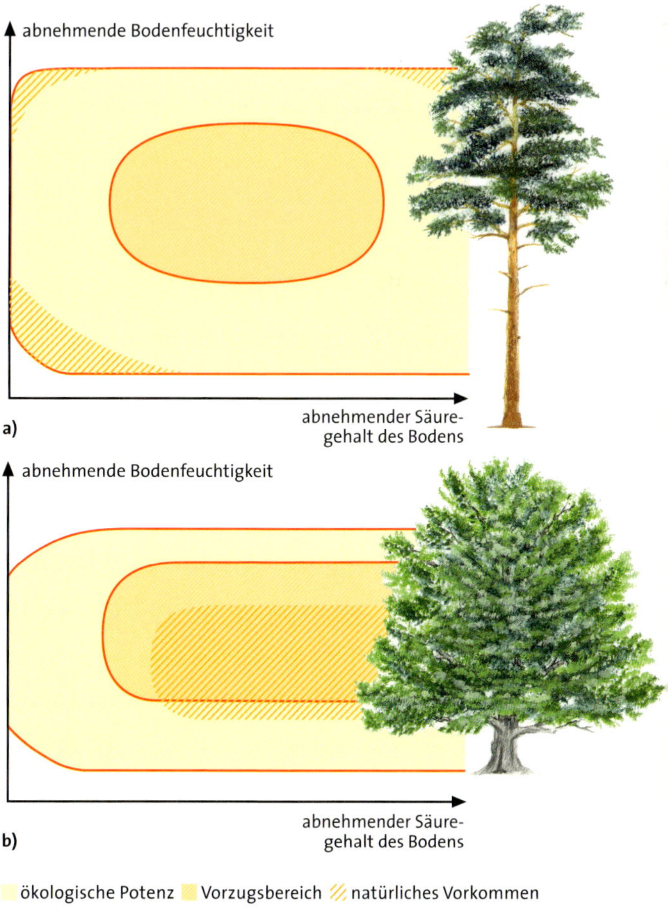

Abb. 51.2: Ökologische Potenz mit Vorzugsbereich und natürlichem Vorkommen von Waldkiefer **(a)** und Rotbuche **(b)**

1.2 Pflanze und Licht

Pflanzen sind direkt vom Licht abhängig. Sie produzieren durch Fotosynthese mithilfe von Lichtenergie organische Substanz, die **Biomasse.** Diese ist die Existenzgrundlage der meisten Ökosysteme. Über die Nahrung gelangt sie – und die in ihr enthaltene Energie – von den Produzenten zu den Konsumenten und letztlich auch zum Menschen. Für ihn ist die Fotosynthese lebenswichtig (**Abb. 52.1**).

1.2.1 Stoffproduktion und Fotosynthese

Neue Biomasse wird nur durch die Produzenten gebildet; man bezeichnet dies als Primärproduktion. 1 bis 3 % der Sonnenenergie, die auf die Pflanzen auftrifft, werden hierzu verwendet. Ein Teil der Fotosyntheseprodukte wird von der Pflanze veratmet, sie benötigt die dabei verfügbar werdende Energie für ihre Lebensvorgänge. Die verbleibenden Fotosyntheseprodukte dienen dem Zuwachs der Pflanze oder der Speicherung. Dieser Teil der **Bruttoprimärproduktion** führt zur verbleibenden Biomasse. Er wird als **Nettoprimärproduktion** bezeichnet. Die Biomasse ist die Nahrungsquelle der primären Konsumenten. Die gesamte jährliche Nettoprimärproduktion der Erde liefert ca. $1{,}5 \cdot 10^{11}$ Tonnen Trockenmasse an pflanzlicher Biomasse.

Ein Hektar Laubwald mit 275 Tonnen Biomasse erzeugt jährlich etwa 24 Tonnen neue organische Substanz. Von der Bruttoprimärproduktion des Waldbestands wird die Hälfte von den Pflanzen selbst wieder durch Atmung abgebaut. Die Nettoprimärproduktion dieses Waldes beträgt also zwölf Tonnen jährlich, nämlich vier Tonnen Laub, fünf Tonnen Holz, eine Tonne Gräser, Kräuter und Moose und zwei Tonnen Wurzeln (alle Angaben in Trockenmasse). Die zwölf Tonnen Biomasse haben einen Energiegehalt von 230 Millionen kJ, das entspricht 6800 Liter Normalbenzin. Mit einem Pkw könnte man damit zweimal rund um die Erde fahren. Die Energie dieser jährlichen Nettoproduktion entspricht allerdings nur 0,5 bis 1,5 % des jährlichen Lichteinfalls.

Vorgang der Fotosynthese. Verdunkelt man ein Blatt teilweise mit einer Schablone aus Aluminiumfolie und belichtet es dann einige Stunden lang, so lässt sich an den vorher belichteten Stellen Stärke nachweisen. Dazu entfernt man das Blatt nach der Belichtung von der Pflanze und löst die Blattfarbstoffe mit Aceton heraus. Setzt man nun eine Iod-Iodkaliumlösung hinzu, so färbt sich die gebildete Stärke blau (**Abb. 52.2**).

Belichtet man Stängel der Wasserpest in einem mit Wasser gefüllten Versuchsgefäß, so treten an den Schnittstellen Gasblasen aus (**Abb. 53.1**). Diese sammeln sich in einem geschlossenen Gefäß an. Mit einem glimmenden Span lässt sich darin Sauerstoff nachweisen. Bei der Fotosynthese baut die Pflanze mithilfe der Lichtenergie aus Kohlenstoffdioxid und Wasser Kohlenhydrate, wie z. B.

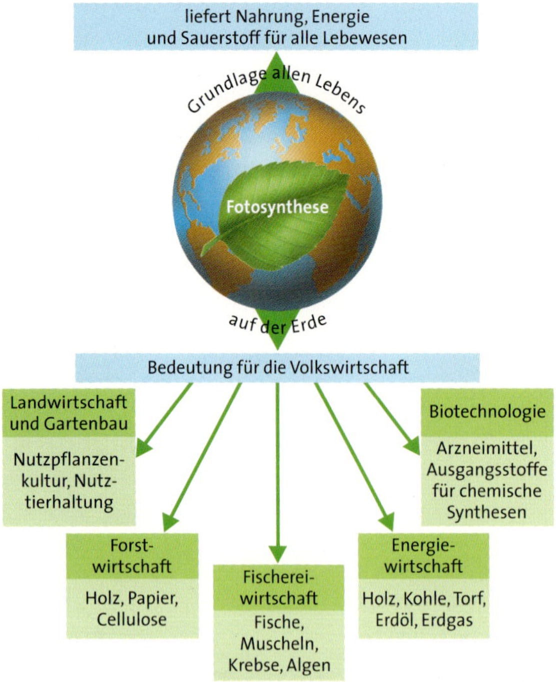

Abb. 52.1: Die Fotosynthese ist die Lebensgrundlage der Organismen. Dem Menschen liefert sie nicht nur Sauerstoff, Nahrungsmittel und Energie sondern auch Ausgangsstoffe für Arzneimittel, Genussmittel und viele Produkte der Technik.

Abb. 52.2: Stärkenachweis in einem teilweise abgedunkelten Laubblatt. Fotosynthese erfolgt nur in belichteten Bereichen; nur dort kommt es zur Stärkebildung. Stärkenachweis mit Iod-Iodkalium-Lösung nach Extraktion der Blattfarbstoffe.

Stärke, auf und scheidet dabei Sauerstoff aus. Da Stärke aus Glucose-(Traubenzucker-)Einheiten aufgebaut ist, gibt man in vereinfachten Reaktionsgleichungen als Fotosyntheseprodukt Glucose an:

$$6\,CO_2 + 6\,H_2O \xrightarrow{\text{Licht}} C_6H_{12}O_6 + 6\,O_2; \quad \Delta G = +2875\ \text{kJ}$$

ΔG gibt den Energiebetrag an, der zum Aufbau von einem Mol Traubenzucker aus CO_2 und H_2O erforderlich ist *(s. Stoffwechsel 2.1)*.

Sowohl CO_2 als auch H_2O sind kleinmolekulare energiearme Verbindungen, während Zucker eine höhermolekulare energiereiche Verbindung ist. Zucker verbrennt mit Sauerstoff zu Kohlenstoffdioxid und Wasser unter Freisetzung von Wärme. Von dieser Feststellung ausgehend, stellte der Heilbronner Arzt ROBERT MAYER als Erster (1842) die These auf, dass bei der Fotosynthese Lichtenergie in chemische Energie umgewandelt und in der von der Pflanze erzeugten organischen Substanz gespeichert wird.

Wenn bei der Fotosynthese Lichtenergie in chemische Energie umgewandelt wird, muss der Vorgang von der Lichtintensität abhängig sein. Bei konstanter Temperatur nimmt die Fotosyntheseleistung mit wachsender Lichtintensität zu, überschreitet aber auch bei hohen Intensitäten einen bestimmten Höchstwert nicht (**Abb. 53.2 a**). Man nennt diesen höchsten erreichbaren Wert der Fotosynthese den **Lichtsättigungspunkt.** Wenn man zusätzlich die Wirkung der Temperatur auf die Fotosynthese prüft, zeigt sich, dass ihr Einfluss je nach Lichtstärke verschieden ist (**Abb. 53.2 b**). Im Schwachlicht hat die Temperatur nur geringen Einfluss, bei starkem Licht steigt die Syntheserate dagegen mit der Temperatur an. Bei lichtunabhängigen chemischen Reaktionen steigt die Reaktionsgeschwindigkeit bei einer Temperaturerhöhung *(s. Stoffwechsel 1.2.1)*. Reaktionen, bei denen das Licht unmittelbar chemische Vorgänge auslöst (fotochemische Reaktionen, z. B. Belichtung eines Films), sind dagegen nahezu temperaturunabhängig. Daher lassen sich zwei Reaktionsfolgen der Fotosynthese unterscheiden: lichtabhängige, jedoch temperaturunabhängige Reaktionen (Licht- oder Primärreaktionen) und lichtunabhängige, jedoch temperaturabhängige Reaktionen (Sekundärreaktionen). Damit lassen sich die Kurven der **Abb. 53.2** erklären: Die in den Lichtreaktionen gebildeten Stoffe sind für die Sekundärreaktionen notwendig. Bei niedriger Lichtintensität wird in den Lichtreaktionen nur eine geringe Stoffmenge gebildet. Diese wird schon bei niedriger Temperatur in den Sekundärreaktionen vollständig umgesetzt. Bei Temperaturerhöhung stehen keine zusätzlichen Stoffe für die Sekundärreaktion zur Verfügung; die Fotosyntheserate bleibt daher bei Temperaturzunahme fast gleich. Bei hohen Lichtintensitäten laufen die Lichtreaktionen dagegen in voller Stärke ab, sodass genügend Ausgangsstoffe für die nachfolgenden Reaktionen zur Verfügung stehen.

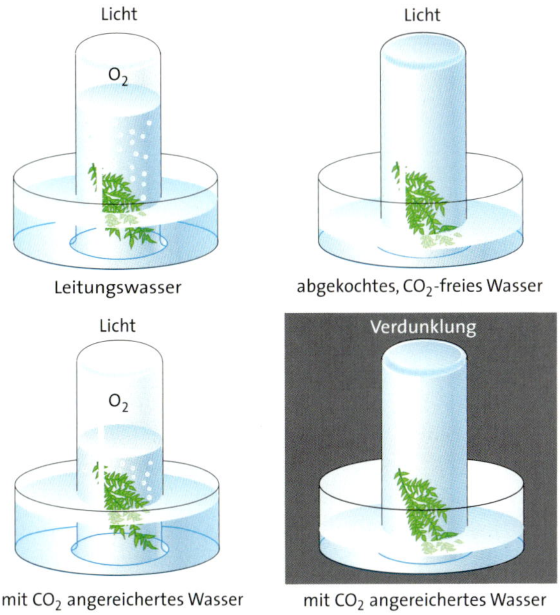

Abb. 53.1: Nachweis der Abhängigkeit der Fotosynthese von Licht und Kohlenstoffdioxid (Versuchspflanze: Wasserpest)

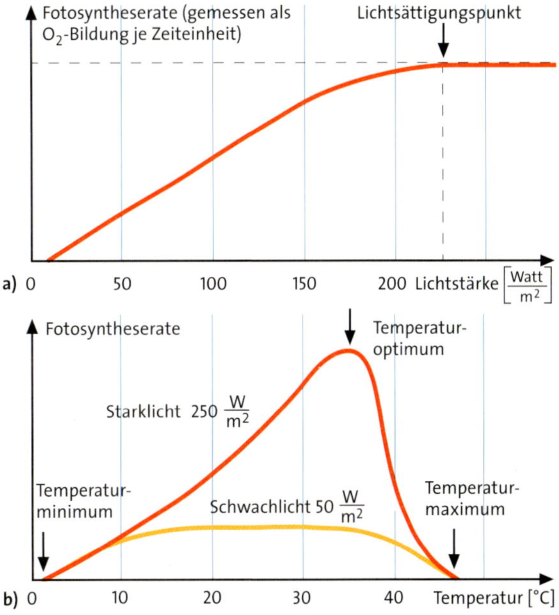

Abb. 53.2: Abhängigkeit der Fotosyntheserate von Lichtstärke **(a)** und Temperatur bei Starklicht und Schwachlicht **(b)**

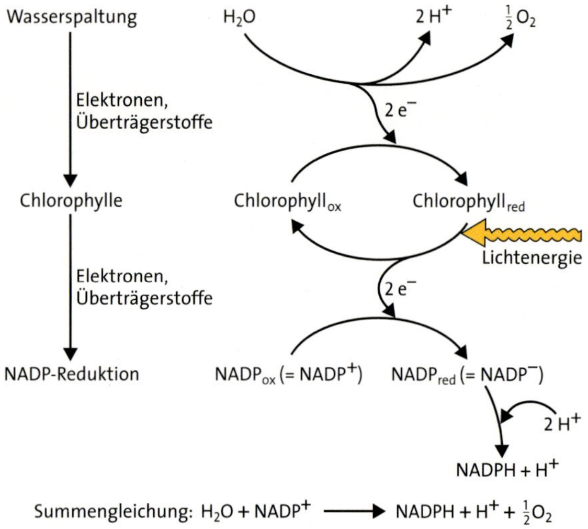

Abb. 54.1: Prinzip der Primärreaktionen

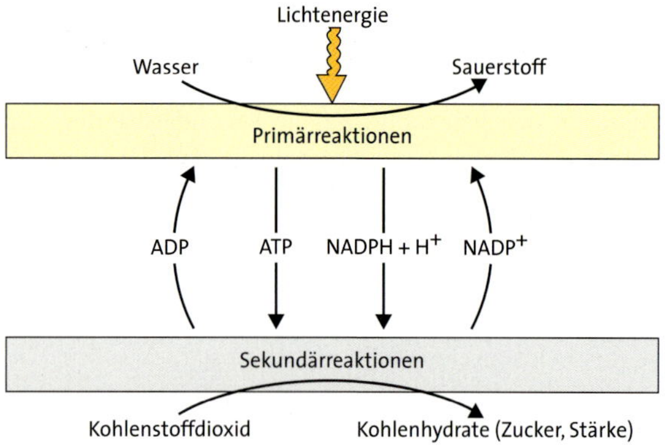

Abb. 54.2: Primär- und Sekundärreaktionen der Fotosynthese

Pflanzen bauen in der Fotosynthese Kohlenhydrate wie Zucker, Stärke und Cellulose aus CO_2 auf. Im CO_2 ist der Kohlenstoff vollständig oxidiert. Da einfache Zucker die Formel $C_6H_{12}O_6$ haben, muss eine Reduktion unter Einbau von Wasserstoff stattfinden. Dieser wird in gebundener Form durch die lichtabhängigen Primärreaktionen bereitgestellt: Chlorophyllmoleküle nehmen Lichtenergie auf und werden dadurch energiereicher *(s. Stoffwechsel 2.1.2)*. So »angeregte« Chlorophyll-Moleküle geben über mehrere Reaktionsschritte Elektronen an $NADP^+$ ab (**Abb. 54.1**). Diese Substanz wird dabei reduziert ($NADP^-$) und reagiert mit Wasserstoffionen. NADPH dient dann als Wasserstofflieferant (Reduktionsmittel). Die Chlorophyllmoleküle erhalten Elektronen aus Wassermolekülen zurück. Durch die Abgabe von Elektronen werden Wassermoleküle unter Freisetzung von Sauerstoff gespalten (Fotolyse des Wassers). Die in den angeregten Chlorophyllmolekülen enthaltene Energie wird außerdem zur ATP-Bildung genutzt (Fotophosphorylierung).

In den Sekundärreaktionen wird das aufgenommene Kohlenstoffdioxid zum Kohlenhydrat reduziert. Außer dem Wasserstoff aus dem NADPH ist dazu Energie aus dem ATP erforderlich. Durch diesen Vorgang wird Zucker und daraus Stärke aufgebaut (**Abb. 54.2**). (Stärke ist nicht wasserlöslich und daher im Gegensatz zu Zucker osmotisch unwirksam!).

Der Verbrauch an Kohlenstoffdioxid durch assimilierende Pflanzen ist gewaltig. Landpflanzen wandeln jährlich etwa 180 Milliarden Tonnen CO_2 unter einem Energieaufwand von 1018 kJ in 120 Milliarden Tonnen Kohlenhydrate um. Dabei entstehen 130 Milliarden Tonnen Sauerstoff. Eine mittelgroße Sonnenblume erzeugt mit ihrer etwa 1 m^2 großen Blattfläche stündlich rund 0,5 g Stärke.

Die Entdeckung der Fotosynthese

Der Engländer JOSEPH PRIESTLEY beobachtete, dass gewöhnliche Luft in einem abgeschlossenen Behälter durch eine brennende Kerze oder eine lebende Maus verändert wurde. Die Kerze erlosch nach einer Weile und die Maus starb. Nun brachte er eine brennende Kerze in den Behälter der toten Maus und stellte fest, dass die Flamme sofort ausging. Die Maus und die Flamme zerstörten oder verbrauchten offenbar den gleichen Bestandteil der Luft. Da aber auf der ganzen Erde alle Lebewesen fortwährend atmen, müsste eines Tages der Teil der Luft, der Leben und Feuer erhält, verbraucht sein – zumindest müsste er unablässig abnehmen. Dieses Problem bereitete PRIESTLEY einiges Kopfzerbrechen – bis er eine interessante Entdeckung machte: »*. . . am 17. August 1771 brachte ich einen Minzezweig in eine Luftmenge, in der eine Wachskerze erloschen war, und fand, dass am 27. desselben Monats eine neue Kerze gut darin brannte.*« Daraus folgerte PRIESTLEY, dass die Pflanze die »verbrauchte Luft« wieder in »gute Luft« verwandelt hatte. Bald darauf erkannte der französische Chemiker LAVOISIER, dass der entscheidende Anteil der »verbrauchten Luft« das Kohlenstoffdioxid ist und derjenige der »guten Luft« der Sauerstoff. Im Jahr 1804 beobachtete der Schweizer LE SAUSSURE, dass die Pflanze durch CO_2-Aufnahme an Masse zunimmt.

1.2.2 Das Blatt als Organ der Fotosynthese

In allen chlorophyllhaltigen Geweben kann Fotosynthese ablaufen. Bei den meisten höheren Pflanzen übernehmen die Laubblätter wegen ihrer großen Oberfläche den Hauptanteil. Die oberste Schicht des Blattes, die *Epidermis*, besteht in der Regel aus einer einzigen Lage lebender, meist chlorophyllfreier Zellen, die lückenlos aneinander stoßen. Ihre Außenwände sind verdickt und von der *Cuticula*, einer Wasser undurchlässigen Schutzschicht, überzogen (**Abb. 55.1**). Darunter folgen eine oder mehrere Lagen lang gestreckter Zellen, die senkrecht zur Oberfläche stehen: das *Palisadengewebe*. Es enthält viele Chloroplasten und ist daher der Hauptort der Fotosynthese. Das darunter liegende *Schwammgewebe* besitzt große lufterfüllte Hohlräume und dient der Durchlüftung. Die untere Epidermis ist von zahlreichen schlitzförmigen Poren, den *Spaltöffnungen*, durchbrochen. Sie stehen mit dem *Interzellularsystem*, dem Hohlraumsystem im Blattinneren, in Verbindung und ermöglichen den Gasaustausch. Das Blatt ist von dem reich verzweigten Netz der *Blattadern* (Leitbündel) durchzogen.

Änderung der Spaltöffnungsweite. Die Spaltöffnungen bestehen aus zwei Schließzellen samt Spalt. Diese Zellen enthalten im Gegensatz zu den anderen Epidermiszellen Chloroplasten. Bei Belichtung wird in den Schließzellen durch Fotosynthese viel ATP gebildet. Es wirkt wie ein Treibstoff für eine zelluläre »Pumpe«, die K^+-Ionen entgegen dem Konzentrationsgefälle aus den Nachbarzellen in die Schließzellen transportiert. Dadurch steigt der osmotische Wert in den Schließzellen. Folglich strömt aus den Zellwänden und den Nachbarzellen Wasser nach, der Innendruck der Schließzellen steigt. An den dünneren Stellen geben die Zellwände der Schließzellen nach. Dadurch öffnet sich der Spalt (**Abb. 55.2**).

Nach Eintritt der Dunkelheit hört die Fotosynthese auf. Es wird kein ATP mehr gebildet und die K^+-Ionen wandern entsprechend dem Konzentrationsgefälle wieder in die Nachbarzellen. Infolgedessen sinkt der osmotische Wert der Schließzellen, Wasser wird an die anderen Zellen abgegeben und die zuvor prall gefüllten Zellen erschlaffen: der Spalt schließt sich. Bei großer Trockenheit erschlaffen die Schließzellen infolge Wasserverlustes, sodass der Spalt sich schließt. Dadurch wird die Wasserabgabe der Pflanze herabgesetzt.

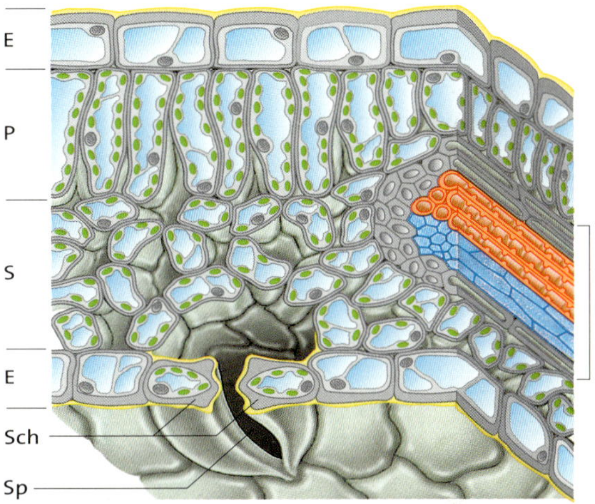

Abb. 55.1: Bau eines Blattes. **B** Blattader (Leitbündel), **E** Epidermis mit Cuticula, **P** Palisadengewebe, **S** Schwammgewebe, **Sch** Schließzellen, **Sp** Spalt der Spaltöffnung. Das Interzellularsystem dient dem Gasaustausch.

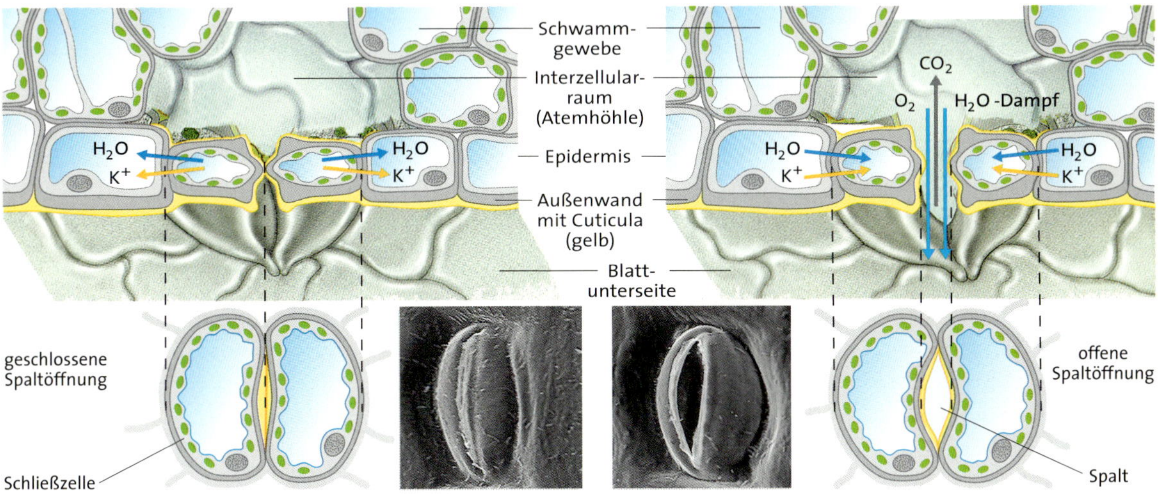

Abb. 55.2: Das Öffnen und Schließen der Spaltöffnungen in Aufsicht und im Querschnitt (REM-Aufnahmen 2000fach)

Zusammenhang von Bau und Funktion des Blattes. Die flächenhafte Ausbreitung des Blattes begünstigt die Lichtabsorption. Die Spaltöffnungen liegen relativ nahe am assimilierenden Gewebe, und das weit verzweigte Hohlraumsystem im Blattinneren bewirkt, dass ein beträchtlicher Teil der Zellwände direkt mit Luft in Berührung kommt, wodurch ein Gasaustausch gefördert wird.

Während der Fotosynthese findet im Blattinnern ein ununterbrochener Transport von Stoffen statt. Die Wasserleitungsbahnen in den Blattadern liefern Wasser an und geben es an alle Zellwände ab, aus denen es ins Zellinnere gelangt. Aus den Zellwänden geht das Wasser durch Verdunstung auch als Wasserdampf in das Hohlraumsystem über und tritt – ebenso wie der bei der Fotosynthese gebildete Sauerstoff – durch die Spaltöffnungen aus. Gleichzeitig diffundiert durch die Spaltöffnungen Kohlenstoffdioxid in das Interzellularsystem des Blattes ein und gelangt ebenfalls in die Zellen. Hauptsächlich bei Nacht wird Stärke wieder in Zucker verwandelt, der in andere Teile der Pflanze transportiert wird.

Durch die große Anzahl von Spaltöffnungen auf der Unterseite eines Laubblattes ist die Zufuhr von Kohlenstoffdioxid gesichert. Auf die Fläche von 1 mm^2 kommen durchschnittlich 50 bis 500 Spaltöffnungen.

Bei den blutfarbenen Laubblättern (Blutbuche, Bluthasel, *s. Abb. 323.1*) wird das Chlorophyll von dem im Zellsaft gelösten roten Anthocyan überdeckt. Die Färbung des Herbstlaubs entsteht dagegen durch den Abbau des Chlorophylls, sodass die in den Blattzellen ebenfalls vorhandenen gelben bis rötlichen Farbstoffe (Carotinoide) sichtbar werden. Manche Arten bilden im Herbst noch zusätzlich Anthocyan. Die Abbauprodukte des Chlorophylls sind zunächst braun, später farblos.

1.2.3 Die Abhängigkeit der Fotosynthese von Umweltfaktoren

Einfluss des Lichtes. Die Ansprüche an das Licht sind nicht bei allen Pflanzen gleich. **Sonnenpflanzen** zeichnen sich durch einen hohen Lichtbedarf aus und sterben bei starker Beschattung allmählich ab. **Schattenpflanzen** dagegen gedeihen im Streulicht am besten, längerzeitige volle Bestrahlung ist für sie tödlich.

Bei Sonnenpflanzen findet man häufig kleinere, aber dicke und derbe Blätter mit mehrschichtigem Palisadengewebe. Oft haben sie noch Überzüge von Wachs oder toten Haaren, die die Strahlung stärker reflektieren und die Verdunstung abschwächen. Schattenpflanzen besitzen meist dünne und zarte Blätter, die ausgebreitet sind und somit recht viel von dem spärlichen Licht auffangen. Beide Blattformen können an ein und derselben Pflanze vorkommen (z. B. Buche, **Abb. 56.1**).

Bei einer bestimmten Lichtintensität verbraucht eine Pflanze durch Fotosynthese genauso viel Kohlenstoffdioxid, wie sie bei der Atmung bildet. Die Lichtstärke, bei der diese Bedingung erfüllt ist, heißt **Lichtkompensationspunkt** der Fotosynthese. Er liegt bei den Sonnenpflanzen höher als bei den Schattenpflanzen. Schattenpflanzen weisen daher bereits bei geringerer Lichtintensität eine höhere Nettoproduktion auf als die Sonnenpflanzen (**Abb. 56.2**).

Einfluss der Temperatur. Die Sekundärvorgänge der Fotosynthese sind Temperatur abhängig. Sie setzen bei einer Mindesttemperatur ein (bei frostharten Pflanzen etwa bei –1 °C), nehmen mit steigender Temperatur an Geschwindigkeit zu und nach Erreichen eines Optimums wieder ab *(s. Abb. 53.2 b)*. Bei einer maximalen Tempera-

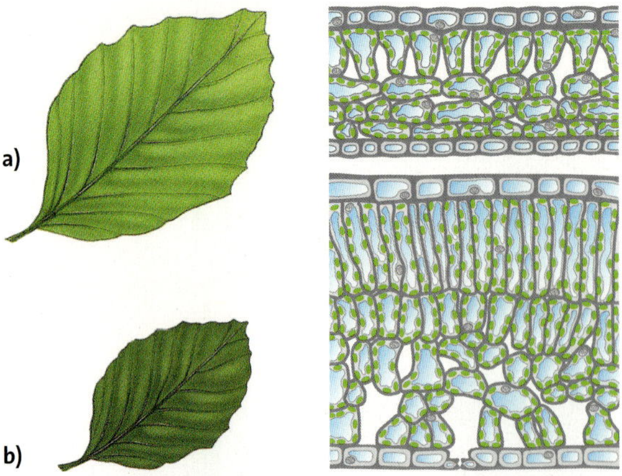

Abb. 56.1: **a)** Schattenblatt; **b)** Sonnenblatt der Buche. Die Schattenblätter sind dünner, größer und zarter gebaut.

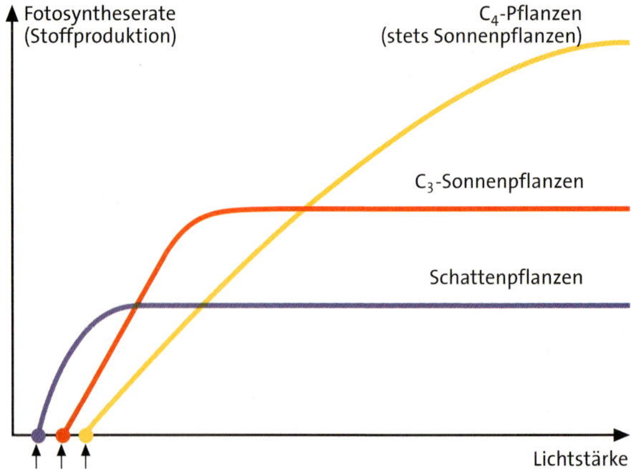

Abb. 56.2: Abhängigkeit der Fotosyntheserate von der Lichtstärke (Pfeile: Lichtkompensationspunkte)

tur hört die Fotosynthese ganz auf. Die Minimum-, Optimum- und Maximum-Temperaturen der Fotosynthese sind von Art zu Art verschieden. Unterhalb der Minimal-Temperatur können frostharte Pflanzen ohne Fotosynthese gemäß ihrer Temperaturtoleranz vorübergehend existieren. Kultiviert man eine Nutzpflanze in Gewächshäusern, kann ihr Temperatur-Optimum (physiologisches Optimum) eingestellt werden.

Einfluss des Kohlenstoffdioxids. Die Fotosyntheseleistung wird bei hinreichender Lichtintensität durch eine Erhöhung des CO_2-Gehaltes der Luft verbessert (**Abb. 57.1**). Düngung mit Stallmist und Kompost reichert die bodennahe Luftschicht mit CO_2 an, weil die organischen Stoffe dieser Dünger durch Mikroorganismen (Destruenten) zersetzt werden.

Einfluss des Wassers. Die Spaltöffnungen schließen sich bei Trockenheit; dadurch sinkt die Aufnahme von Kohlenstoffdioxid und somit die Fotosyntheseleistung. Bei andauernder Trockenheit bleiben die Spaltöffnungen geschlossen, sodass keine Fotosynthese mehr stattfindet, aber der Wasserverlust gering wird. Die Pflanze befindet sich nun im Pessimum-Bereich. Bei künstlicher Bewässerung ist kein Spaltenschluss erforderlich, die Pflanze ist hinsichtlich der Wasserversorgung im physiologischen Optimum (Vorzugsbereich) und kann eine hohe Stoffproduktion aufweisen.

In der Natur sind die erwähnten Faktoren stets gemeinsam wirksam. Fehlt ein Faktor, so kann trotz guter Versorgung mit allen anderen Faktoren keine Fotosynthese stattfinden. Die Stoffproduktion einer Pflanze hängt deshalb immer von demjenigen Faktor ab, der sich im Minimum befindet.

1.2.4 Besondere Fotosynthese-Formen als Standortanpassungen

Verschiedene Pflanzenarten sind hinsichtlich der Fotosynthese an besondere Standorte angepasst, Mais und Zuckerrohr z. B. an sonnige, trockene Standorte. Bei diesen Arten erfolgt die CO_2-Bindung etwa zehnfach effektiver als bei der Mehrzahl der Pflanzen. Allerdings ist dazu ein erheblich höherer Energieaufwand erforderlich. Sie unterscheiden sich in den Sekundärvorgängen der Fotosynthese von anderen Pflanzen: Zunächst produzieren sie Äpfelsäure (ein Molekül mit vier C-Atomen), dann erst entstehen Kohlenhydrate; man nennt sie deshalb *C_4-Pflanzen.* Bei guter Versorgung mit Licht und Wasser erzielen sie eine hohe Stoffproduktion und wachsen dann rasch. Bei schlechter Wasserversorgung können sie trotz geringer Spaltöffnungsweite (und geringem Wasserverlust) bei hoher Lichtintensität infolge ihrer wirksameren CO_2-Bindung noch eine Nettoproduktionsleistung erbringen.

Manche Pflanzen wie Mauerpfeffer- und Hauswurzarten sowie Kakteen zeigen eine andere Anpassung an trockene und sonnige Standorte. Sie binden *während der Nacht* CO_2 und bilden dabei ebenfalls Äpfelsäure (in diesem Fall als Speicher für das CO_2). Dazu muss die Energie durch Abbau von tagsüber gebildeter Stärke geliefert werden. Am Tag wird die Äpfelsäure wieder gespalten und das dabei entstehende CO_2 nun durch Fotosynthese zu Zucker und Stärke umgesetzt. So können die Spaltöffnungen am Tag lange Zeit geschlossen bleiben, was die Wasserabgabe der Pflanze herabsetzt. Da sie viel Energie zur nächtlichen Äpfelsäurebildung benötigen, haben diese Pflanzen selbst bei hoher Lichtintensität nur eine geringe Stoffproduktion. Sie wachsen daher langsam, kommen aber mit sehr geringen Wassermengen aus.

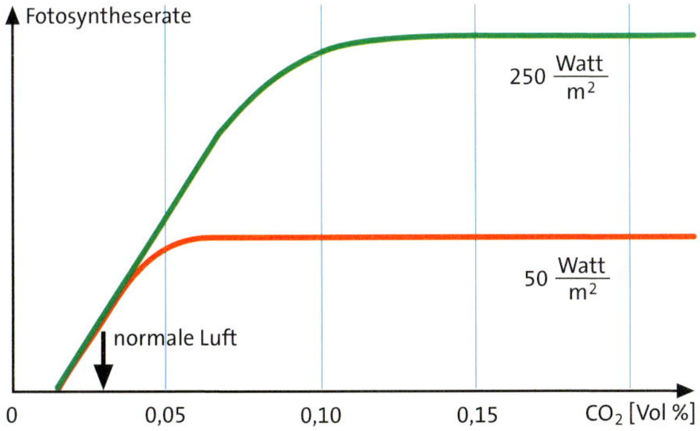

Abb. 57.1: Abhängigkeit der Fotosyntheserate von der CO_2-Konzentration bei zwei verschiedenen Lichtstärken. Zunächst steigt die Fotosyntheserate mit zunehmendem CO_2-Angebot, dann jedoch begrenzt die Lichtstärke die Fotosynthese-Leistung. Die Temperatur ist konstant.

Abb. 57.2: Mauerpfeffer im Steingarten

1.3 Pflanze und Wasser

Zur Stoffproduktion benötigt die Pflanze Kohlenstoffdioxid. Es wird aus der Luft über die Spaltöffnungen aufgenommen. Sobald diese jedoch geöffnet sind, entweicht Wasserdampf in die Umgebung *(s. 1.2.2)*. Daher stehen Stoffproduktion und Wasserhaushalt der Pflanze in enger Beziehung. Landpflanzen nehmen das Wasser (und die darin gelösten Ionen) durch die Wurzel auf, transportieren es in den Leitbündeln zu den Blättern und geben es als Wasserdampf wieder ab. Aus den Leitbündeln gelangt das Wasser über die Zellwände auch in die Zellen.

1.3.1 Wasserhaushalt der Zelle

Pflanzenzellen besitzen große Vakuolen, die von einer wässrigen Lösung, dem Zellsaft, erfüllt sind. In diesem sind viele Stoffe gelöst; seine Konzentration beträgt 0,2 bis 0,8 mol/l. Die Membran, die die Vakuole umschließt (Tonoplast) und die äußere Membran der Pflanzenzelle (Plasmalemma) lassen durch eine große Zahl von Porenproteinen Wassermoleküle leicht hindurchtreten, nicht jedoch in Wasser gelöste Stoffe und Ionen. Die Membranen sind also näherungsweise *semipermeabel* (halbdurchlässig); durch sie hindurch erfolgt die Diffusion des Wassers, sodass es zur Osmose kommt *(s. Cytologie 3.1.1)*. Der Konzentration des Zellsaftes entspricht ein **osmotischer Druck** (O). Dieser kann anhand einer Zuckerlösung gleicher Konzentration im Osmometer als hydrostatischer Druck gemessen werden *(s. Abb. 34.1)*.

Die Konzentration der wässrigen Lösung in den Kapillarräumen der Zellwand ist normalerweise sehr viel geringer als die des Zellsaftes. Wenn nun Wasser aus der geringer konzentrierten Lösung in die höher konzentrierte diffundiert, steigt in der Vakuole der Druck. Sie gibt diesen über das Cytoplasma an die Zellwand weiter. Diese wird dadurch elastisch gedehnt und entwickelt einen Gegendruck, den **Wanddruck** (W). Ein steigender Wanddruck hemmt den weiteren Wassereinstrom zunehmend und bringt ihn schließlich zum Erliegen. Solange der Wanddruck W kleiner ist als der osmotische Druck, diffundiert Wasser in die Zelle: Die Zelle besitzt eine **Saugspannung** (S). Wenn der Wanddruck den osmotischen Druck gerade kompensiert, kann kein weiteres Wasser mehr aufgenommen werden: Die Saugspannung der Zelle wird Null. Es gilt also:

$$S = O - W$$

Der sich in der Zelle allmählich aufbauende Druck wird als **Turgordruck** bezeichnet. Der maximale Turgordruck ist gleich dem osmotischen Druck, der der Konzentration des Zellsaftes entspricht.

Durch den Turgordruck werden krautige Pflanzen versteift; Mangel an Wasser lässt sie welken. Ist die Stabilität der Zellwände nicht groß genug und die Saugspannung der Zellen hoch, können Gewebe bei Wasseraufnahme zerreißen. So platzen Süßkirschen bei Regen, wenn Wasser in die zuckerreichen Vakuolen der Zellen eindringt. Der umgekehrte Vorgang lässt sich beim Salat beobachten: Er fällt einige Zeit nach dem Anrichten zusammen, weil die Salatsoße konzentrierter ist als der Zellsaft der Salatblätter und deshalb den Zellen Wasser entzieht.

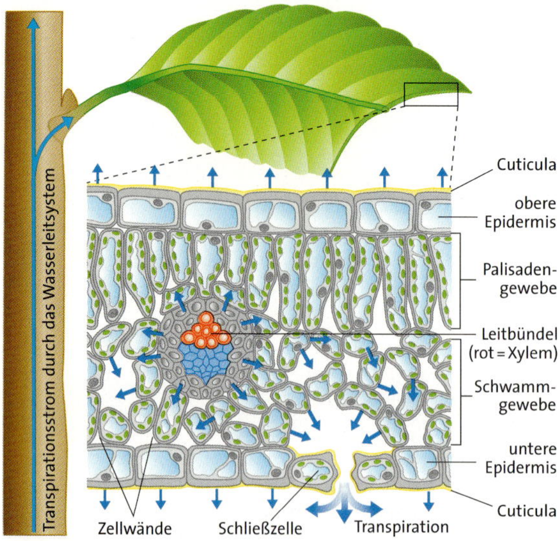

Abb. 58.1: Transpiration des Blattes (Wasser kann ungehindert durch alle Zellwände diffundieren; die Transpiration durch die Cuticula liegt in der Regel unter 20 %).

1.3.2 Wasserabgabe der Pflanze

Die Wasserdampfabgabe bezeichnet man als **Transpiration** (**Abb. 58.1**). Sie erfolgt hauptsächlich durch die Spaltöffnungen. Eine geringe Menge Wasserdampf wird auch unkontrolliert über die Oberfläche der Epidermiszellen abgegeben. Die Transpiration ist umso stärker, je trockener die umgebende Luft und je größer die Blattfläche ist, welche mit der Luft in Berührung kommt. Die für die Fotosynthese notwendige Ausbildung einer großen Gesamtfläche gefährdet daher die Pflanze aufgrund der hohen Wasserverluste, wenn nicht ständig über die Wurzeln aus dem Boden Wasser nachgesogen wird, die Pflanze also laufend von einem Wasserstrom *(Transpirationsstrom)* durchflossen wird. Dies ist möglich, weil die Pflanze von den Wurzeln durch den Stamm oder Stängel bis zu den Zweigen und Blättern von einem Wasserleitsystem durchzogen ist *(s. 1.3.4)*. So ist ein Wassertransport in alle Pflanzenteile gesichert. Mit dem Transpirationsstrom gelangen auch aus dem Boden aufgenommene Ionen zu den Stängeln und Blättern. Jede Stängel- und Blattzelle nimmt dann Ionen entsprechend ihrem Bedarf auf. Zugleich wirkt die Verdunstung abkühlend und verhindert so eine Überhitzung der Pflanze bei starker Sonneneinstrahlung.

Eine zwei Meter hohe Sonnenblume gibt täglich mehr als einen Liter Wasser ab. Eine große, frei stehende Birke verdunstet an einem heißen Sommertag 300 bis 400 l. Jeder Hektar Buchenhochwald entzieht dem Boden an jedem Tag durchschnittlich 20 000 l Wasser. Dies entspricht im Jahr der Verdunstung eines Niederschlags von 460 mm Höhe. Die Bedeutung des Wassers für den Pflanzenertrag zeigen folgende Zahlen: Zur Bildung von 1 g Trockenmasse benötigen Hülsenfrüchter 750 g Wasser, Weizen und Kartoffel etwa 600 g, Mais 200 bis 300 g und Kakteen unter 150 g Wasser *(s. 1.2.4)*. Die Kenntnis dieser Werte ist wichtig, um für Trockengebiete die richtigen Nutzpflanzen wählen zu können.

Bei Wassermangel kann die Pflanze die Wasserabgabe durch Verschluss der Spaltöffnungen vorübergehend stark einschränken. Sie »hungert« dann aber, weil die Aufnahme von Kohlenstoffdioxid blockiert ist. Hält der Wassermangel längere Zeit an, welkt sie schließlich.

Plasmolyse

Legt man ein Zwiebelhäutchen (Epidermis der Küchenzwiebel) in eine konzentrierte Salz- oder Zuckerlösung, so tritt mehr Wasser aus der Vakuole in die konzentriertere *(hypertonische)* Außenlösung über als eintritt. Dadurch nimmt die Konzentration des Zellsaftes zu. Der Protoplast löst sich dabei nach kurzer Zeit von der Zellwand ab: Es tritt Plasmolyse ein. Diesem Vorgang liegt Osmose zugrunde (Diffusion durch eine halbdurchlässige Membran, *s. Cytologie 3.1*). Da sich bei der Plasmolyse das Cytoplasma von der Zellwand ablöst, während die Vakuole schrumpft, müssen Plasmalemma und Tonoplast die halbdurchlässigen Membranen sein: Sie lassen Wassermoleküle passieren, nicht aber gelöste Stoffe wie z. B. Ionen oder Zuckermoleküle. Die Zellwand ist dagegen sowohl für Wasser als auch für darin gelöste Stoffe durchlässig. Der Ein- und Ausstrom von Wasser sind dann gleich groß, wenn die Zellsaftkonzentration in der Vakuole genauso groß *(isotonisch)* ist wie die Konzentration der Außenlösung. Das Volumen der Vakuole ist demnach abhängig von der Konzentration des Außenmediums (**Abb. 59.1**). Bringt man das Präparat danach in eine geringer konzentrierte *(hypotonische)* Außenlösung, z. B. Leitungswasser, so legt sich das Protoplasma wieder an die Zellwand an *(Deplasmolyse)* und das Zellvolumen kann stark zunehmen.

Durch Plasmolyse lässt sich die Zellsaftkonzentration der Vakuole bestimmen. Man legt die zu untersuchenden Zellen in Lösungen verschiedener Konzentrationen. Wenn keine Plasmolyse mehr eintritt *(Grenzplasmolyse)*, ist die Konzentration der Außenlösung gleich der Konzentration des Zellsaftes.

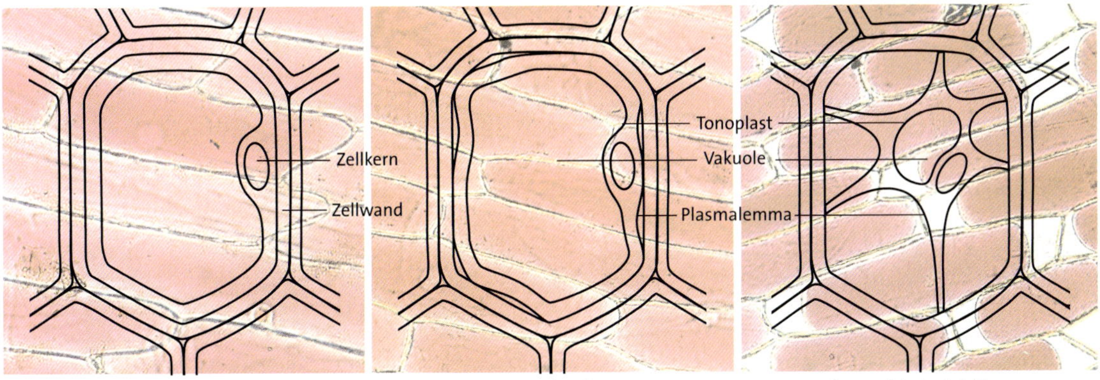

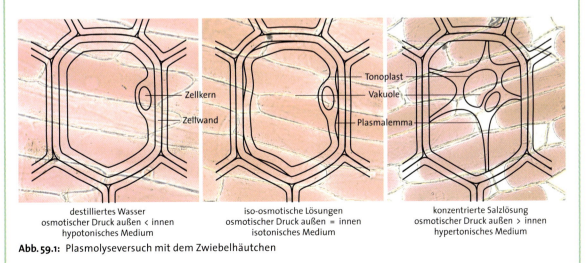

destilliertes Wasser
osmotischer Druck außen $<$ innen
hypotonisches Medium

iso-osmotische Lösungen
osmotischer Druck außen $=$ innen
isotonisches Medium

konzentrierte Salzlösung
osmotischer Druck außen $>$ innen
hypertonisches Medium

Abb. 59.1: Plasmolyseversuch mit dem Zwiebelhäutchen

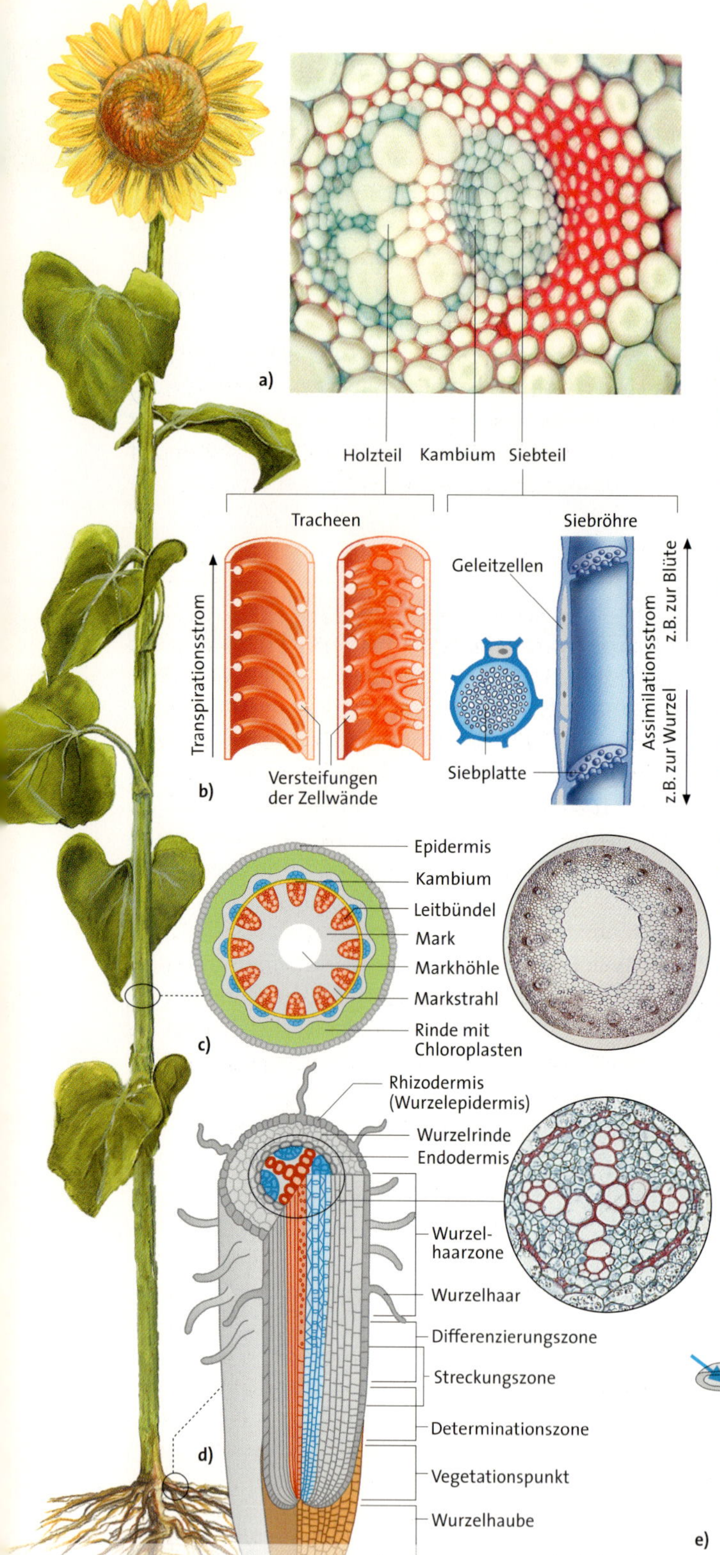

1.3.3 Die Wurzel als Organ der Wasser- und Ionenaufnahme

Die Wurzel nimmt Wasser und Ionen aus dem Boden auf, verankert die Pflanze und speichert Assimilate. So sammeln viele Pflanzen, wie z. B. Zuckerrübe und Möhre, im ersten Jahr Nährstoffe in der Wurzelrübe, die sie für die Bildung von Blüten und Früchten im zweiten Jahr nutzen.

Das Wurzelsystem ist je nach Pflanzenart und Bodenbeschaffenheit verschieden ausgebildet. Viele Pflanzen haben eine einzige Pfahlwurzel, z. B. Kiefer, andere treiben mehrere gleich starke Wurzeln nach unten, z. B. Buche. Bei wieder anderen bilden sich kräftige Seitenwurzeln flach im Boden, z. B. Fichte. Durch vielfache Verzweigung entsteht ein Wurzelsystem von oft erstaunlicher Gesamtlänge. An einer einzigen frei stehenden Getreidepflanze beträgt die Gesamtlänge des Wurzelsystems, mit dem sie einen Bodenraum von 4 bis 5 m^3 im Umkreis von 1,5 m durchzieht, etwa 80 km.

Die Wurzeln wachsen nur an der Spitze. Der zarte Vegetationskegel wird durch eine Wurzelhaube geschützt (**Abb. 60.1**). Sie sitzt wie ein Fingerhut auf der Wurzelspitze und besteht aus verschleimenden Zellen, die das Vorwärtsdringen der Wurzelspitze im Boden erleichtern. Dicht hinter der Wurzelspitze wächst ein Teil der Epidermiszellen zu schlauchförmigen, wenige Millimeter langen, dünnwandigen *Wurzelhaaren* aus. Diese zwängen sich in die Lücken des Bodens und verkleben dabei mit den Bodenteilchen. Da sie sehr zahlreich sind (beim Mais bis zu 400 Haare auf 1 mm^2), vergrößern sie die aufnehmende Oberfläche beträchtlich. Wurzelhaare werden nur

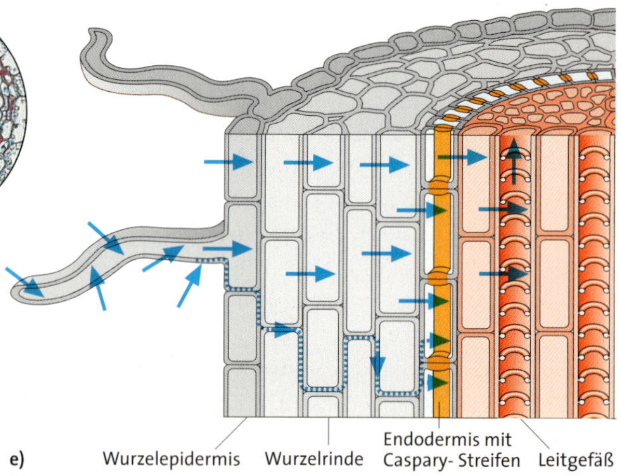

Abb. 60.1: Bau der Transportsysteme einer zweikeimblättrigen Pflanze und Wasser- bzw. Ionenaufnahme durch die Wurzel. **a)** Leitbündel aus dem Stängel; **b)** Tracheen und Siebröhre (Schema); **c)** Querschnitt durch den Stängel mit kreisförmig angeordneten Leitbündeln (links: Schema, rechts: LM-Bild); **d)** Wurzelquer- bzw. längsschnitt (Schema) und Querschnitt durch den Zentralzylinder der Wurzel (zentrales Wurzelgewebe, das von Endodermiszellen umschlossen ist; LM-Bild); **e)** Längsschnitt durch die Wurzel mit dem Weg des Wassers und der darin gelösten Ionen in die Wurzel (Schema)

einige Tage alt. Hinter der wachsenden Wurzelspitze entstehen jedoch ständig neue Haare, die dann mit frischen Bodenteilchen in Berührung kommen. Auf diese Weise »durchpflügt« die Pflanze den Boden. Hinter der Wurzelhaarzone sterben die Epidermiszellen ab. Die Rindenzellen darunter verkorken. Sie werden dadurch Wasser undurchlässig. Dies bedeutet, dass die Aufnahme des Wassers und der Ionen auf eine kurze Zone hinter der Wurzelspitze begrenzt ist.

Das Wasser dringt mit den darin gelösten Ionen zunächst in die winzigen Hohlräume der Epidermiswände ein. In der Zellwand wandert es durch die Wurzelrinde bis zu deren innerster Schicht (**Abb. 60.1 e**). Wasser kann auch osmotisch in die Zellen aufgenommen und von Zelle zu Zelle weitergegeben werden. Die Konzentration des Zellsaftes in der Vakuole der Wurzelhaar- und Wurzelrindenzellen ist nämlich höher als die des Wassers im umgebenden Boden und nimmt in der Wurzelrinde nach innen hin zu. Die innerste Zellschicht der Wurzelrinde heißt *Endodermis.* Ihre radialen Zellwände sind durch Einlagerung korkähnlicher Stoffe *(Casparyscher Streifen)* Wasser undurchlässig. Hier können daher das Wasser und die darin gelösten Ionen nicht mehr in den Wänden weiter wandern. Die Ionen müssen durch aktive (Energie verbrauchende) Transportvorgänge aufgenommen werden, das Wasser folgt osmotisch nach. Die Ionen werden dann von den Zellen aktiv durch das Plasmalemma hindurch in die Zellwände des zentralen Wurzelgewebes transportiert. Auch hier strömt Wasser osmotisch nach. Da es durch die Zellwände des Casparyschen Streifens nicht mehr zurückwandern kann, baut sich ein Druck auf, der es in die Wasser leitenden Röhren des zentralen Wurzelgewebes befördert und dann nach oben drückt *(Wurzeldruck).*

Ionenaufnahme durch die Wurzel. Ionen sind im Boden in der Regel in geringerer Konzentration vorhanden als in der Wurzel. Durch Ionenaustauschvorgänge *(s. 1.5)* werden sie zunächst an die Zellwände der Wurzelhaare gebunden und dann z.T. entgegen dem Konzentrationsgefälle aktiv von den Wurzelhaarzellen oder den Zellen der Wurzelrinde aufgenommen. Dabei werden bestimmte Ionen bevorzugt. Dies macht die unterschiedliche Zusammensetzung der Aschensubstanz verschiedenartiger Pflanzen verständlich, auch wenn sie in dem selben Boden wurzeln *(s. Exkurs Die Nährstoffversorgung der Pflanzen, S. 67).* Es erklärt auch die Anreicherung mancher Ionen in der Pflanze, und zwar auch dort, wo sie in der Umgebung in sehr geringer Menge vorkommen, z. B. Iod in Meeresalgen, Lithium in Tabakpflanzen. Ein völliger Ausschluss einer Ionenart ist aber nicht möglich. ■

1.3.4 Wasser- und Stofftransport in der Pflanze

Für den Transport von Wasser und darin gelösten Ionen und organischen Stoffen ist bei kleinen Organismen (Algen, Pilze) die Diffusion ausreichend. Das gilt auch innerhalb von Geweben größerer Pflanzen für kurze Strecken im Millimeterbereich. Mit zunehmender Entfernung nimmt die Geschwindigkeit der Diffusion jedoch rasch ab *(s. Cytologie 3.1* und *Stoffwechsel 4.3.1).* Für den Ferntransport sind bei Farnen und Blütenpflanzen besondere Leitgewebe ausgebildet (**Abb. 60.1**). Zur Wasserleitung dienen tote, hintereinander gereihte oder zu Röhren verbundene Zellen, die man als Tracheiden und Tracheen bezeichnet. Die **Tracheiden** sind lang gestreckte Zellen (0,5 bis 5 mm) mit spitz zulaufenden Enden. Sie sind durch Poren (Tüpfel) zu einer Röhre verbunden. Die **Tracheen** *(Gefäße)* werden von Zellen gebildet, deren Querwände zum Teil oder ganz aufgelöst sind. Die Röhren erreichen oft beträchtliche Längen; bei Eichen sind sie 10 cm bis 1 m lang. Die Weite schwankt zwischen 0,006 mm (Linde) und 0,25 mm (Eiche). Die Wände der Tracheen und Tracheiden sind verholzt und durch Verdickungen versteift. Die Versteifung schützt diese Röhren davor, zusammengedrückt zu werden, wenn durch die Transpiration ein Unterdruck *(Transpirationssog)* in den Wasserleitgefäßen entsteht. Dem Transport organischer Stoffe dienen Stränge aus lebenden Zellen, die **Siebröhren** genannt werden. Ihre Querwände sind siebartig durchbrochen *(Siebplatten);* durch die Poren verlaufen Plasmastränge von Zelle zu Zelle. Siebröhren dienen zur Leitung von Fotosyntheseprodukten (Assimilatstrom; vor allem Saccharose) und von anderen kleinen organischen Molekülen.

Die Leitgewebe sind bei den Blütenpflanzen zu bündelartigen Strängen, den **Leitbündeln**, vereinigt. Ein Leitbündel besteht aus dem **Holzteil** *(Xylem)*, der Wasser und die darin gelösten Ionen leitet, und dem die Assimilate leitenden **Siebteil** *(Phloem).* Beide enthalten meist noch dünnwandige, lebende Zellen. Der Siebteil liegt im Stängel außen, in den Blättern unten. Oft sind die Leitbündel von Festigungsgewebe aus dickwandigen, stark verholzten Zellen *(Sklerenchymfasern)* umgeben. Lange Sklerenchymfasern in den Stängeln von Flachs, Hanf und Jute sowie die Fasern in den Blättern der Sisalagave eignen sich zur Herstellung von Textilgeweben. Im Stängel der Nadelhölzer und Zweikeimblättrigen sind die Leitbündel ringförmig angeordnet, bei den Einkeimblättrigen hingegen über den ganzen Stängelquerschnitt verteilt. Zwischen den Leitbündeln liegen die Markstrahlen, die dem Stoffaustausch zwischen Mark und Rinde dienen *(s. Abb. 63.1).*

Guttation und »Bluten« bei Pflanzen

Den Wurzeldruck *(s. 1.3.3)* kann man beobachten, wenn man eine Pflanze, die reichlich Wasser zur Verfügung hat, über dem Boden abschneidet. Aus dem Stumpf tritt Saft aus (**Abb. 62.1 a**). Der ausgepresste Saft ist kein reines Wasser, sondern enthält Ionen und im Frühling bei manchen Arten auch reichlich Zucker. Bei einigen Pflanzen, z. B. Erdbeere oder Frauenmantel, treten gelegentlich aus Spaltöffnungen der Blätter Wassertropfen aus. Das geschieht jedoch nur, wenn bei wasserdampfgesättigter Luft die Transpiration nicht stattfinden kann und der Pflanze genügend Wasser zur Verfügung steht. Diese Abgabe flüssigen Wassers wird durch den Wurzeldruck verursacht und heißt *Guttation* (**Abb. 62.1 b**).

Bei Weinstock, Birke und anderen Holzpflanzen tritt beim Anschneiden im Frühjahr zuckerhaltige Flüssigkeit aus. Dieser Vorgang wird als *Bluten* bezeichnet. Eine Birke liefert im Frühjahr täglich bis 5 l Blutungssaft mit 75 g Zucker, der amerikanische Zuckerahorn jährlich ca. 100 l Saft mit 3 kg Zucker. Der Blutungssaft entsteht dadurch, dass in den Zellen des Stammes Stärke zu Zucker umgewandelt wird. Es ist ungeklärt, weshalb der Zucker aus den Zellen in die Gefäße gelangt.

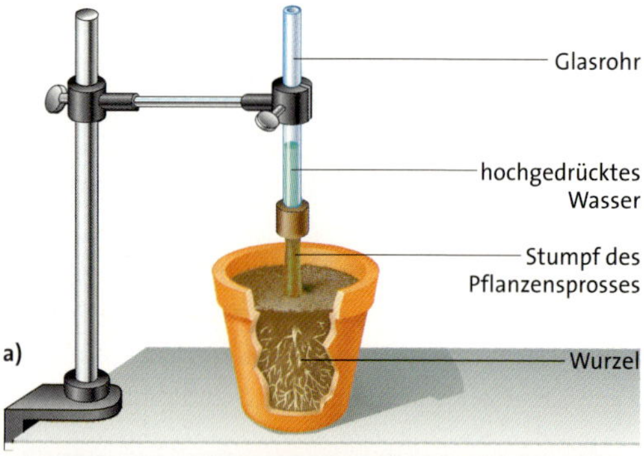

Abb. 62.1: a) Demonstration des Wurzeldrucks; **b)** Guttation beim Frauenmantel

Ursachen des Wassertransports. In Bäumen wird das Wasser entgegen der Schwerkraft bis zu einer Höhe von 100 m und mehr emporgehoben (Mammutbäume, Eukalyptusbäume). Das geschieht vor allem durch den *Transpirationssog* der Wasser verdunstenden Blätter. Durch ihn werden die durch *Kohäsionskräfte* zusammengehaltenen Wasserfäden in den toten Leitungsbahnen hochgesogen, ohne dass die Pflanze dafür Energie aufzuwenden braucht (**Abb. 62.2**).

Die Interzellularräume der Blätter verlieren infolge der Transpiration über die Spaltöffnungen fortlaufend Wasserdampf. Aus den Zellwänden verdunstet daher Wasser ins Interzellularsystem. Alle Zellen eines Blattes haben untereinander über die Zellwände engen Kontakt. Zellen, die an Tracheiden oder Tracheen der Leitbündel grenzen, sind über ihre Zellwände mit diesen verbunden. Durch die Sogwirkung der Verdunstung entsteht deshalb ein Wasserstrom in den winzigen kapillaren Räumen der Zellwände vom Leitbündel zum Interzellularsystem. In den Wasserleitbahnen bildet sich dadurch ein Unterdruck, der sich bis in die Wurzel fortsetzt. Die Geschwindigkeit des in den Holzteilen aufsteigenden Wasserstroms schwankt zwischen 1 m (Buche) und 43 m (Eiche) in der Stunde. Beträchtlich langsamer als 1 m pro Stunde bewegt sich der in den Siebröhren wandernde Strom der gelösten organischen Stoffe.

Vor allem bei krautigen Pflanzen kann ein Wassertransport auch durch den Wurzeldruck zustande kommen. Für ihn sind aktive Transportvorgänge in den Endodermiszellen der Wurzel verantwortlich, die Ionen unter Energieaufwand in den Zentralzylinder transportieren, sodass Wasser osmotisch nachströmt *(s. 1.3.3)*.

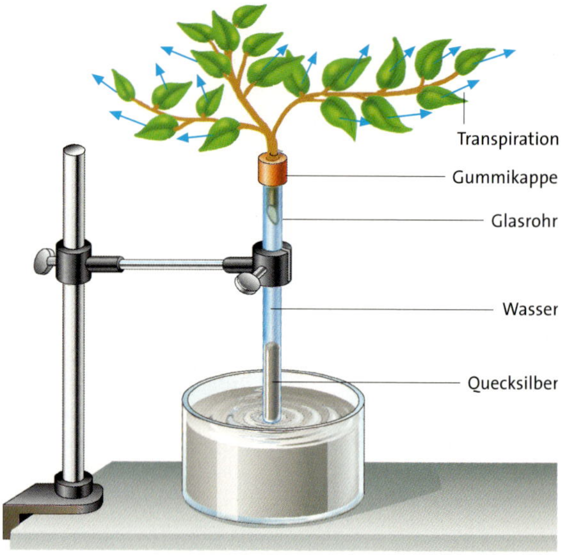

Abb. 62.2: Saugwirkung eines Zweiges infolge Transpiration

Dickenwachstum. Die Stämme der Eichen und anderer Baumarten entstehen durch Dickenwachstum. Nur die fortlaufende Verdickung ermöglicht es zweikeimblättrigen Holzpflanzen, sich immer wieder zu verzweigen, denn die zunehmend größer werdende Krone lastet immer schwerer auf dem Stamm. Den einkeimblättrigen Pflanzen wie z. B. den Palmen fehlt die Voraussetzung für dieses Dickenwachstum. Daher können sie nur unverzweigte »Schopfbäume« bilden. Ausnahmen sind Drachenbaum, Aloe und Yucca, die eine besondere Form des Dickenwachstums aufweisen.

Das Dickenwachstum geht von einer Schicht teilungsfähigen Gewebes aus, die in den Leitbündeln zwischen Holzteil und Siebteil liegt. Dieses *Kambium* breitet sich zu Beginn des Dickenwachstums von den Leitbündeln auf die Markstrahlen aus und bildet dadurch schließlich einen geschlossenen Zylinder teilungsfähiger Zellen (**Abb. 63.1 a**). Das Kambium erzeugt während der jährlichen Wachstumszeit sowohl nach innen als auch nach außen neue Zellen. Nach innen entsteht *Holz*, nach außen *Bast* (Rinde). Infolgedessen wird nach ein bis vier Jahren die Epidermis gesprengt. Vorher ist darunter ein neuer Abschluss aus verkorkenden Zellen entstanden. Die äußeren Rindenschichten werden allmählich gedehnt und neue Schichten verkorkter Zellen gebildet. So entsteht als Schutz des Baumes schließlich die *Borke* aus vielen Schichten toter Zellen. Da das Dickenwachstum alljährlich stattfindet, bekommt die Borke in der Regel tiefe Längsrisse, und die äußeren Teile fallen in Form von Schuppen oder Streifen ab.

Durch die jährliche Bildung von neuem Holz entstehen Jahresringe, die das Alter des Baumes erkennen lassen. An ihrer Dicke und ihrem Bau kann man die klimatischen Bedingungen des jeweiligen Jahres und gegebenenfalls Schädigungen des Baumes ablesen (**Abb. 63.2**).

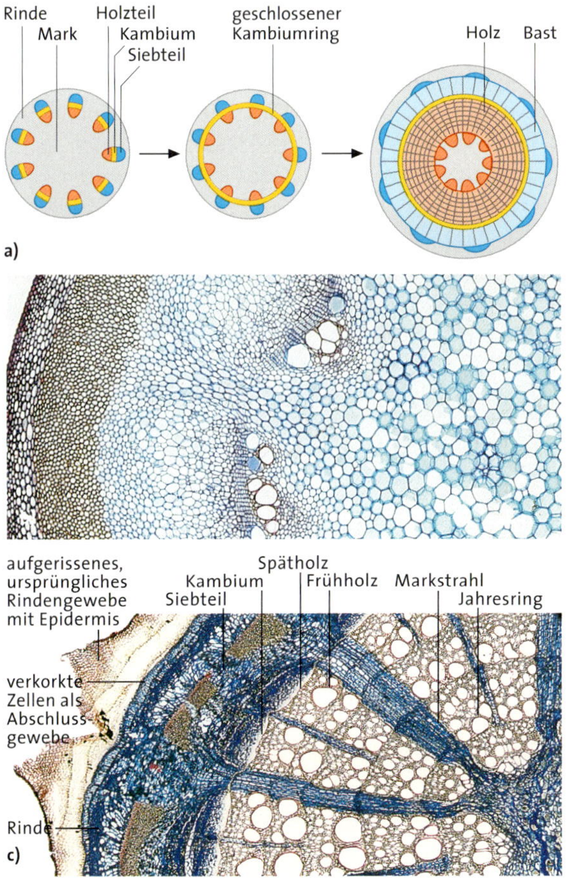

Abb. 63.1: a) Schema zum Dickenwachstum; **b)** Stammquerschnitt des einjährigen; **c)** des vierjährigen Pfeifenstrauchs; Früh(jahrs)holz hat weite, Spätholz engere Gefäße. Durch das Dickenwachstum wird die Rinde gesprengt.

Abb. 63.2: Stammquerschnitt einer Kiefer. Das Kernholz ist durch Einlagerung von Gerbstoffen dunkler gefärbt. Die Breite der Jahresringe gibt Hinweise auf die Wuchsbedingungen. Die Kiefer wurde 1985 gefällt; der erste Jahresring (**a**) bildete sich 1923. Gleichmäßige Jahresringe (**b**) belegen ungestörtes Wachstum. 1933 wird der Baum seitlich abgedrückt (**c**), einseitig starker Zuwachs stellt ihn wieder senkrecht. Die Nährstoffversorgung ist zunächst nicht gut (**d**), bessert sich aber wieder (**e**). 1949 verletzt ein Bodenfeuer den Baum, die Wunde wird überwallt (**f**). 1961 hat die Kiefer eine mehrjährige Trockenheit überwunden (**g**). 1976 ist der geringe Zuwachs durch Insektenbefall verursacht worden (**h**).

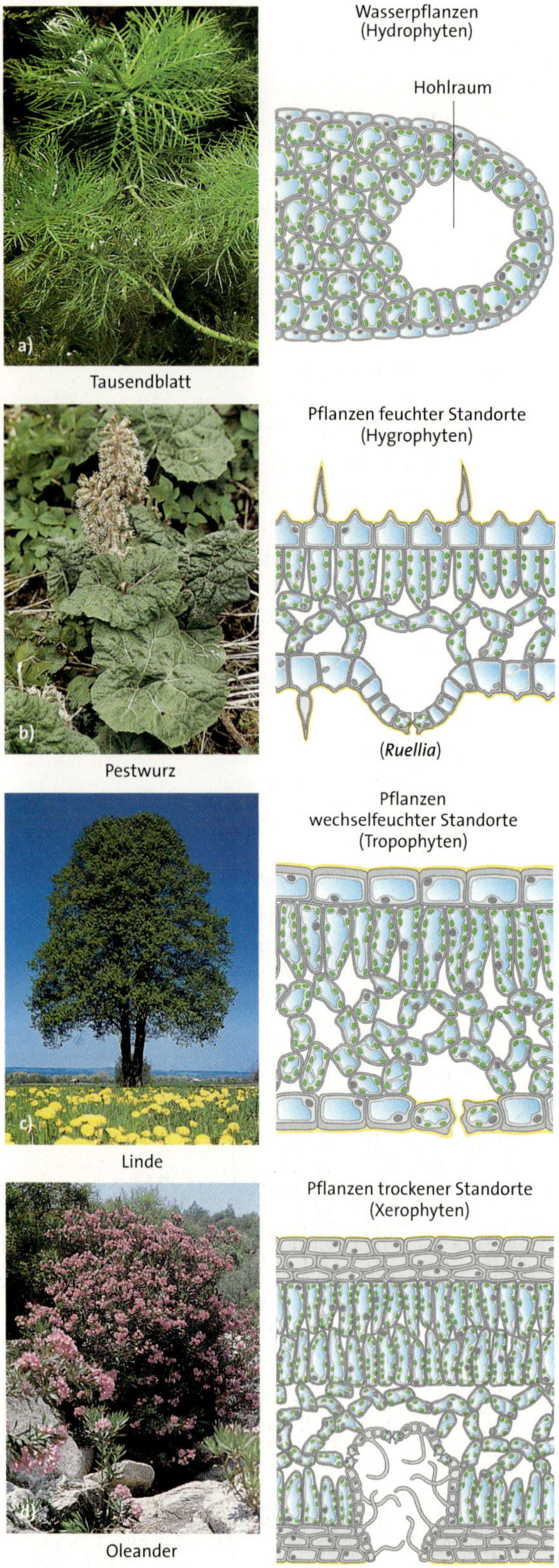

Abb. 64.1: Anpassung der Pflanzen an den Umweltfaktor Wasser. Rechts: Blattquerschnitte (schematisch)

1.3.5 Wasser- und Ionenverfügbarkeit

An der äußeren Gestalt der Pflanzen ist häufig ihre Anpassung an die Wasserverhältnisse des Standorts zu erkennen. Pflanzen mit ähnlicher Anpassung an die Wasserverfügbarkeit kommen gemeinsam an einem entsprechenden Standort vor. Die Arten weisen dann eine vergleichbare ökologische Potenz bezüglich des Faktors Wasserverfügbarkeit auf. Pflanzen, die an trocken-warmen Standorten leben, ertragen vorübergehende starke Wasserverluste ohne bleibende Schäden. Man bezeichnet sie als *dürreresistent.* Unter ihnen gibt es Arten, die Trockenperioden in einer Trockenstarre überdauern (Flechten, Moose, manche Algen, wenige Arten von Blütenpflanzen in Wüsten und an Felsen). Die meisten höheren Pflanzen regulieren ihren Wasserhaushalt über die Transpiration. Ihre Regulationsfähigkeit ist allerdings begrenzt. Bei zu starkem Wasserverlust gehen sie zugrunde.

Die untergetaucht lebenden **Wasserpflanzen (Hydrophyten)** nehmen Wasser samt den darin gelösten Ionen mit der ganzen Oberfläche auf. Wurzeln dienen daher nur noch zum Festheften oder sind ganz rückgebildet. Oft ist die Pflanzenoberfläche vergrößert. Dies kommt durch feine Zerteilung der Blattflächen (Tausendblatt, Unterwasserblätter vom Wasserhahnenfuß) oder durch Ausbildung langer, bandförmiger, meist sehr zarter Blätter (Seegras, Aqarienpflanze *Vallisneria*) zustande (**Abb. 64.1 a**). Spaltöffnungen fehlen diesen Pflanzen. CO_2 wird in gelöster Form oder als Hydrogencarbonat-Ion (HCO_3^-) aufgenommen.

Die **Pflanzen feuchter Standorte (Hygrophyten)**, die schattige Laubwälder, Sümpfe, Ufer und die tropischen Regenwälder bewohnen, leiden selten unter Wassermangel. Hohe Luftfeuchtigkeit behindert jedoch die Transpiration und kann daher die Versorgung mit Ionen beeinträchtigen. Transpirationsfördernd wirken bei diesen Pflanzen die meist dünnen, großen Blätter mit ihrer zarten Epidermis und die oft über die Oberfläche des Blattes emporgehobenen Spaltöffnungen (**Abb. 64.1 b**). Da feuchter und schattiger Standort häufig zusammenfallen, sind große Blätter auch deshalb vorteilhaft, weil sie das Licht gut ausnutzen. Die Pflanzen feuchter Standorte welken bei Wassermangel rasch.

An **wechselfeuchten Standorten** trifft man vor allem **Tropophyten** an. Das sind Pflanzen, die in Anpassung an die periodisch wiederkehrenden Änderungen der Feuchtigkeit und Temperatur des Standorts ihr Erscheinungsbild wandeln (**Abb. 64.1 c**). Zu ihnen gehören zahlreiche holzige und krautige Steppenpflanzen, die in der Regenzeit ihre Assimilationsorgane entwickeln. Während der Trockenzeit werfen diese Holzpflanzen die Blätter ab. Viele krautige Pflanzen überdauern die Dürre als *Knollen, Zwiebeln* oder *Wurzelstöcke (Erdpflanzen)*, wobei oft alle oberirdischen Teile absterben *(s. Abb. 66.1)*. Andere bilden Knospen, die unmittelbar an der Erdoberfläche liegen *(Oberflächenpflanzen)*. Ähnlich verhalten sich viele der einheimischen Pflanzen: Lang anhaltender Frost und dadurch verhinderte Wasseraufnahme kann bei ihnen zu Trockenschäden führen *(Frosttrocknis)*. Die meisten einheimischen Holzpflanzen werfen daher im Herbst die Blätter ab; andere besitzen Blätter, die an die Trockenheit angepasst sind, z. B. viele Nadelbäume.

Eine zeitweise oder dauernde **starke Trockenheit** des Bodens und der Luft vermögen **Xerophyten** auszuhalten. Das Wurzelwerk ist bei den meisten von ihnen sehr stark entwickelt. Es reicht oft in große Tiefen oder verbreitet sich in weitem Umkreis unter der Bodenoberfläche, sodass es rasch viel Wasser vom seltenen Regen aufnimmt. Die Wasserverdunstung durch die Epidermis wird durch Verkleinerung der Blätter herabgesetzt. Die Assimilationsintensität ist infolge der starken Sonnenbestrahlung ohnehin hoch. *Hartlaubgewächse*, Pflanzen trocken-warmer Standorte haben häufig derbe Blätter mit viel Festigungsgewebe gegen Erschlaffen bei Wasserverlust (im Mittelmeergebiet z. B. Ölbaum, Steineiche, Johannisbrotbaum). Die Zahl der Spaltöffnungen je mm^2 Fläche ist bei ihnen in der Regel nicht geringer, sondern eher größer als bei den Pflanzen feuchter Standorte. Außerdem können die Spaltöffnungen weit geöffnet werden, sodass bei ausreichender Wasserversorgung der Gasaustausch und damit die gesamte Lebenstätigkeit der Pflanzen sehr rege ist. Allerdings sind die Spaltöffnungen häufig eingesenkt (**Abb. 64.1 d**) und werden oft zusätzlich durch Falten und Einrollen der Blätter vor dem austrocknenden Wind geschützt. Ein dichter Filz toter Haare auf den Blättern ist ebenfalls ein guter Verdunstungsschutz (z. B. bei der Königskerze).

Einige Pflanzen der Halbwüsten- und Wüstengebiete nehmen in der kurzen Regenzeit sehr viel Wasser auf, speichern es im Innern und geben es während der Trockenzeit nur sehr sparsam wieder ab. Für diese *Sukkulenten* ist die weitgehende Verkleinerung der verdunstenden Oberfläche kennzeichnend. Wenn die Blätter die Wasserspeicherung übernehmen, sind diese ungewöhnlich dick und fleischig (*Blattsukkulenten*, **Abb. 65.1 a**). Den *Stammsukkulenten* (**Abb. 65.1 b**) fehlen oft die Blätter, dafür ist ihr dicker Stamm sowohl Wasserspeicher als auch Organ der Fotosynthese. Zu den Blattsukkulenten gehören der einheimische Mauerpfeffer und die Hauswurz sowie die Aloe- und Agavenarten des Mittelmeerraums. Die bekanntesten Stammsukkulenten sind die Kakteen Amerikas und die in der Gestalt oft ähnlichen Wolfsmilchgewächse (Euphorbien) Afrikas.

Pflanzen, die auf Bäumen wachsen, nennt man **Epiphyten.** Sie kommen so an sehr hellen Standorten vor, haben aber wegen fehlender Verbindung zum Boden Probleme mit der Wasser- und Mineralsalzversorgung. Sie können daher nur in feucht-warmem Klima leben. Viele epiphytische Orchideen besitzen Luftwurzeln. An deren Oberfläche befinden sich mehrere Schichten toter Zellen, die sich schwammartig mit Wasser voll saugen. Bromelien besitzen wasseraufnehmende Saughaare auf den Blättern (**Abb. 65.2**). Oft sind Epiphyten auch sukkulent.

Abb. 65.1: Blatt- und Stammsukkulenten. **a)** Blattsukkulenten (von links, hinten): *Aeonium* (Kanarische Inseln), Fetthenne (Europa, Afrika); (vorne): *Lithops* (lebende Steine, Südafrika), *Crassula* (Afrika); **b)** Stammsukkulenten (von links): Wolfsmilch (Kanarische Inseln), Stapelie (Südafrika), *Pachypodium* (Madagaskar, mit Blättern), *Alluandia* (Madagaskar, mit Blättchen), Kaktus (Amerika)

Abb. 65.2: Epiphyt *Tillandsia usneoides* aus Amerika. Die Zweige und Blättchen sind von Saughaaren bedeckt (rechts oben vergrößert), mit denen die Pflanze Wasser aufnimmt.

1.4 Pflanze und Temperatur

Der Südhang eines Berges erhält durch direkte Sonnenbestrahlung eine weit größere Strahlungsmenge als der Nordhang. Daher sind am Südhang wärmebedürftige Pflanzen zu Hause. Die Pflanzenarten sind also jeweils an die Temperaturverhältnisse ihres Standorts angepasst. Die Temperaturabhängigkeit kann den Anbau vieler Kulturpflanzen wie z. B. Wein oder Obstbäume erschweren. So fließt bei geneigtem Gelände die sich in der Nacht abkühlende Bodenluft talwärts und bildet in Senken und Tälern Kaltluftseen. In diesen Gebieten müssen daher besondere Frostschutzmaßnahmen ergriffen werden (Heizung, Ventilation, künstliche Beregnung). Besonders stark wirken sich winterliche Tiefstwerte aus (bei Pflanzen in Trockengebieten auch sommerliche Höchstwerte). Roggen hält eine Temperatur von −25 °C aus, Mais nur 0 °C, Bohne, Tomate und Gurke gehen schon bei +2 °C bis +5 °C zugrunde. Für manche Arten ist eine winterliche Schneedecke wichtig. Unter dem Schnee weisen die Temperaturen wesentlich geringere Schwankungen auf und sinken nicht so stark ab. Im Hochgebirge gibt es zahlreiche Zwergsträucher, die nicht über die mittlere Schneehöhe emporwachsen, z. B. Alpenrose.

Ausdauernde Pflanzen in Gebieten mit Winterfrost bilden eine **Frostresistenz** aus. Eisbildung in den Zellen würde ihre Membranen zerstören. Als Schutz dienen Verringerung des Wassergehalts der Gewebe, Erhöhung der Konzentration des Zellsafts (wodurch dessen Gefrierpunkt herabgesetzt wird) sowie eine Frosthärtung, die mit Veränderungen im Aufbau von Membranen verknüpft ist. Eisbildung erfolgt dann nur im Hohlraumsystem der Gewebe, sodass keine Zellen zerstört werden.

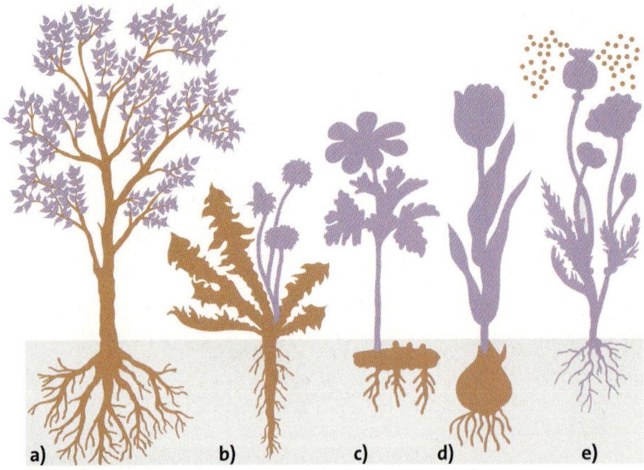

Abb. 66.1: Überwinterung von Pflanzen entsprechend ihrer Lebensform (überwinternde Teile braun, Größenmaßstab unterschiedlich). **a)** Bäume und Sträucher; **b)** Oberflächenpflanzen; **c)** und **d)** Erdpflanzen; **e)** Einjährige

1.5 Pflanze und Boden

Die oberste Schicht der Erde bezeichnet man als Boden. Er besteht vorwiegend aus mineralischen Bestandteilen, die durch Verwitterung aus dem darunter liegenden Gestein entstehen. Im Boden leben Mikroorganismen und kleine Tiere, die tote Organismen zu anorganischen und organischen Bestandteilen (Humus) abbauen. Humus besteht hauptsächlich aus großen Molekülen, deren Oberflächen Ladungen tragen und daher Ionen anlagern (adsorbieren) können. Auch an die Oberfläche der winzigen Kristalle der Tonmineralien können Ionen gebunden werden. So werden auch lösliche Ionen, z. B. aus Düngemitteln festgehalten. Die Pflanze kann die angelagerten Ionen freisetzen, indem sie andere Ionen an den Boden abgibt (Ionenaustausch). Zur Aufnahme von Kationen werden H_3O^+-Ionen, zur Aufnahme von Anionen HCO_3^--Ionen von der Pflanze abgegeben.

Das Gedeihen der Pflanzen ist mit den physikalischen und chemischen Eigenschaften des Bodens sehr eng verbunden. Von besonderem Einfluss sind Wassergehalt, Wasserdurchlässigkeit, Erwärmbarkeit, Durchlüftung, Ionengehalt und pH-Wert des Bodens. Sandböden trocknen leicht aus und erwärmen sich dann rasch. Wärme liebende Pflanzen wachsen auf solchen Böden besonders gut, andere gar nicht. Schwerer, stark wasserbindender Tonboden erwärmt sich wegen der hohen spezifischen Wärme des Wassers dagegen langsam; er wird daher von Wärme liebenden Pflanzen gemieden. Noch stärker gilt dies für Moorböden.

Für eine Pflanze sind die zehn Elemente C, H, O, N, S, P, K, Ca, Mg und Fe notwendig. Wenn nur ein einziges dieser für die Ernährung grundlegenden **Makronährelemente** fehlt, kommt es zu einer Mangelerscheinung, selbst wenn alle übrigen reichlich vorhanden sind. Zusätzlich werden geringe Mengen **Mikronährelemente** *(Spurenelemente)* benötigt. Wichtige Mikronährelemente sind Mn, Zn, Co, Cu, Mo, Na, B, Cl und Si. Einige davon sind Bestandteile von Enzymen.

Abgesehen von Kohlenstoff werden Nährelemente in folgender Form mit den Wurzeln aufgenommen:
- Stickstoff als Nitrat (NO_3^-)- oder Ammonium-Ion (NH_4^+) oder als Harnstoff (bei Düngung),
- Schwefel und Phosphor als Sulfat (SO_4^{2-})- und Phosphat (z. B. $H_2PO_4^-$)-Ionen,
- Kalium, Magnesium, Calcium, Eisen und die meisten Mikronährelemente als Kationen,
- Chlor als Chlorid-Anion (Cl^-).
- Der Sauerstoff des Pflanzenkörpers stammt größtenteils aus chemischen Reaktionen mit H_2O und CO_2, der Wasserstoff aus Reaktionen mit H_2O.

Das Gedeihen der Pflanze richtet sich nach dem Nährstoff, der ihr am wenigsten zur Verfügung steht. Dieses von LIEBIG entdeckte *Gesetz des Minimums* ist ein Spezialfall des ökologischen Pessimumgesetzes *(s. 1.1)*. Es ist für die Düngung wichtig.

Unter natürlichen Verhältnissen werden die abgestorbenen Pflanzen an Ort und Stelle zersetzt, sodass die Ionen wieder in den Boden zurückkehren. Den Kulturböden dagegen entzieht die Ernte alljährlich beträchtliche Mengen anorganischer Ionen. Folglich verarmt der Boden allmählich an Ionen, er wird »erschöpft«. Um ihn ertragsfähig zu halten, müssen die fehlenden Nährelemente künstlich zugeführt werden. Dies geschieht durch **Düngung** mit Mineraldünger oder mit organischem Dünger wie Kompost oder Stallmist. Die Zusammensetzung des Mineraldüngers wählt man nach dem unterschiedlichen Nährstoffbedürfnis der verschiedenen Kulturpflanzen (**Tab. 67.1**) und den jeweiligen Bodenbedingungen aus.

Noch im 19. Jahrhundert war in Europa das Phosphat der entscheidende Minimumfaktor, bis man bergmännisch abgebautes Phosphat und Phosphatrückstände, die bei der Stahlherstellung anfielen, als Dünger nutzte. Dadurch geriet der im Boden enthaltene Stickstoff ins Minimum. Erst die Erfindung der Ammoniak-Synthese ermöglichte die Herstellung von reichlich Stickstoff-Dünger.

Pflanze	N	P_4O_{10}	K_2O	CaO
Weizen	70	30	50	12
Gerste	50	25	55	15
Zuckerrübe	150	60	180	120
Kartoffel	90	40	160	50
Wiesengräser	90	40	120	80

Tab. 67.1: Nährstoffentnahme in kg je ha. Die Menge der als Ionen aufgenommenen Elemente ist hier, wie bei Düngerangaben üblich, auf Oxide bzw. Stickstoff berechnet.

Die Nährstoffversorgung der Pflanze

Erste Hinweise darauf, welche Nährelemente (Ionen) eine Pflanze benötigt, um gedeihen zu können, erhält man durch Analyse ihres Ionengehalts. Dazu wird die Pflanze getrocknet und eine abgewogene Menge verbrannt. Beim Verbrennen entstehen Asche und Kohlenstoffdioxid. Aus der Masse des gebildeten CO_2 kann man errechnen, wie hoch der Kohlenstoffgehalt des Ausgangsmaterials war: Er macht etwa 40 bis 50 % der Trockenmasse aus. Das Gewicht der Asche beträgt in der Regel unter 15 % der Trockenmasse. Die Asche besteht aus anorganischen Verbindungen. Um festzustellen, ob die in der Asche nachweisbaren chemischen Elemente für die Pflanze unentbehrlich sind, zieht man Pflanzen anstatt in Erde in Nährlösungen an, die außer einem einzigen alle nachgewiesenen Elemente in Form von wasserlöslichen Ionen enthalten. Nach Aufzucht der Pflanzen zeigen sich typische Mangelerscheinungen (**Abb. 67.2**).

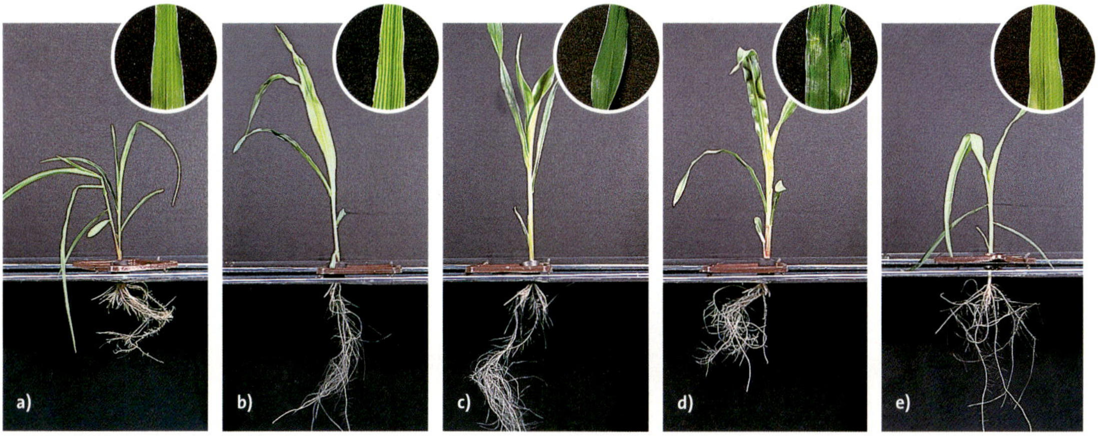

Abb. 67.2: Kulturversuche mit Mais in Hydrokulturen, bei denen jeweils ein bestimmter Nährstoff fehlt.
a) Kaliummangel: Blätter werden schlaff und welken; **b) Eisenmangel:** verursacht Streifenchlorose auf dem gesamten Blatt (gelbliche Blätter), da Eisen zur Chlorophyll-Bildung erforderlich ist; **c) Kontrolle:** volle Nährlösung;
d) Calciummangel: Pflanzen bleiben klein, Blätter werden bräunlich, Blattränder wellen sich und reißen ein;
e) Magnesiummangel: Blätter chlorotisch, da Magnesium zur Chlorophyll-Bildung erforderlich ist.

1.6 Abhängigkeit der pflanzlichen Entwicklung von Umweltfaktoren

Der Einfluss von Licht auf die Entwicklung von Pflanzen ist gut zu erkennen, wenn man Kartoffeln im Dunkeln und am Licht austreiben lässt. Im dunklen Keller entstehen bleiche, lange Triebe und die Blättchen bleiben sehr klein. Man spricht von *Etiolement* oder *Vergeilung*. Am Licht entstehen hingegen normal gestaltete Pflanzen (**Abb. 68.1**). Die Gestaltbildung der Pflanze unter Lichteinfluss heißt *Fotomorphogenese*.

Pflanzen im Dunkel des Bodens verwenden ihre gespeicherten Nahrungsstoffe fast nur zur Streckung des Sprosses. Die Ausbildung der Blätter und der Chloroplasten unterbleibt; sie wären aus Lichtmangel ohnehin funktionslos. So verbrauchen die Pflanzen Baustoffe und Energie zunächst dazu, ans Licht zu wachsen, weil sie im Dunkeln verhungern müssten.

Phytochrom. Sobald die Pflanzen mit Licht in Kontakt kommen, streckt sich die Sprossachse langsamer und die Blätter wachsen heran. Eine genauere Untersuchung zeigte, dass diese Effekte auch durch hellrotes Licht allein ausgelöst werden, dunkelrotes Licht (von 730 nm Wellenlänge) hingegen fördert die Vergeilung. Daher suchte man nach einem Farbstoff, der hellrotes Licht absorbiert und so das Etiolement hemmt. Dieser Farbstoff ist das Phytochrom, ein Protein mit einer Farbstoffkomponente, die bei allen Pflanzen gleich ist. Phytochrom tritt in zwei verschieden Formen auf: $P_{dunkelrot}$ ist die aktive Form, es setzt Signalketten in Gang, die das Etiolement hemmen. $P_{hellrot}$ ist inaktiv. $P_{dunkelrot}$ absorbiert dunkelrotes Licht der Wellenlänge 730 nm, wodurch es in $P_{hellrot}$ umgewandelt wird. Dieses absorbiert hellrotes Licht von 660 nm und geht dadurch in $P_{dunkelrot}$ über.

Im Tageslicht ist mehr hellrotes als dunkelrotes Licht enthalten. Deshalb überwiegt in den Zellen am Tage das aktive $P_{dunkelrot}$. Bei tief stehender Sonne wird das langwellige dunkelrote Licht von der Lufthülle der Erde weniger stark absorbiert als das hellrote. Nimmt das Tageslicht ab, so überwiegt folglich sein dunkelroter Anteil, und $P_{dunkelrot}$ geht wieder in das inaktive $P_{hellrot}$ über. Im Dunkeln wird aus dem aktiven $P_{dunkelrot}$ ebenfalls allmählich $P_{hellrot}$ gebildet oder es wird abgebaut. Daher enthalten Pflanzen, die längere Zeit dunkel stehen, nur noch $P_{hellrot}$, sodass sie vergeilen.

Jede Pflanze enthält verschiedene Phytochrome, die sich in ihren Proteinanteilen unterscheiden. Diese sind verschieden lichtempfindlich. Die aktiven Formen lösen in der Zelle verschiedene Stoffwechselvorgänge aus. Dazu gehört die Regulation von Genen. Diese Vorgänge sind Grundlage der sichtbaren Gestaltausbildung der Pflanze am Licht (**Abb. 68.2**).

Im Experiment benötigt man bei dunkel gehaltenen Pflanzen nur kurze Bestrahlungszeiten von wenigen Minuten, um die eine Form des Phytochroms in die andere überzuführen. So kann man eine Vergeilung durch tägliche kurze Bestrahlungen mit hellrotem Licht verhindern, wenn die Pflanzen sonst dunkel stehen.

Nicht nur Rotlicht kann die pflanzliche Entwicklung beeinflussen, viele Entwicklungsvorgänge werden auch von Blaulicht hervorgerufen. Es wird von einem anderen Farbstoff absorbiert. ■

Abb. 68.1: Einfluss des Lichts auf das Wachstum der Kartoffelpflanze. **a)** Pflanze im Licht: normales Wachstum; **b)** Pflanze im Dunkeln: etiolierte Pflanze mit starkem Längenwachstum und schuppenförmigen Blättchen

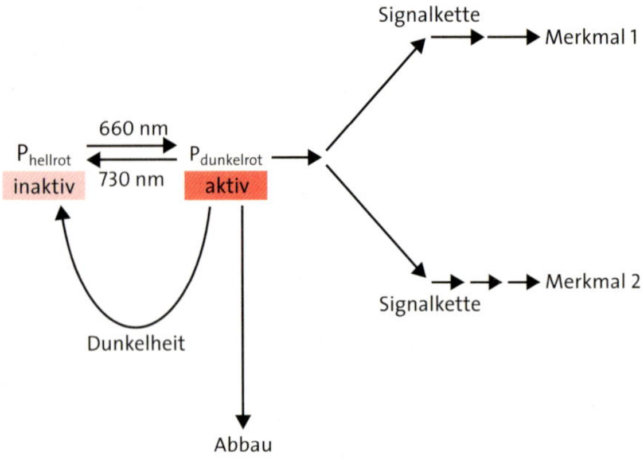

Abb. 68.2: Vereinfachtes Schema der Umwandlung von Phytochrom (P) und seiner Wirkungen unter Lichteinfluss. $P_{dunkelrot}$ bewirkt über Signalketten die Gestaltausbildung der Pflanze am Licht.

Fotoperiodismus. Bei vielen Arten hängt die Blütenbildung davon ab, welcher Tageslänge die Pflanzen während einer bestimmten lichtempfindlichen Entwicklungsphase ausgesetzt sind. Man nennt diese Abhängigkeit *Fotoperiodismus* (**Abb. 69.1**). Die Tageslänge (Zahl der Hellstunden), die für die Entfaltung der Blüten entscheidend ist, wird als *kritische Tageslänge* bezeichnet; sie ist artspezifisch. Bestimmte Arten kommen zum Blühen, wenn sie überschritten, andere, wenn sie unterschritten wird.

Langtagpflanzen blühen nur dann, wenn sie in der lichtempfindlichen Phase täglich einer längeren Lichteinwirkung ausgesetzt sind, als ihrer *kritischen Tageslänge* entspricht. Diese Pflanzen stammen meist aus nördlichen Ländern, sie blühen bei uns in der Zeit der langen Tage im Sommer. Dies gilt z. B. für Salat und Spinat, die nur im Frühjahr oder Herbst reichlich Blattmasse bilden; im Sommer dagegen »schießt« der Spross.

Kurztagpflanzen kommen mit einer täglichen Lichteinstrahlung von sieben Stunden zum Blühen. Die Tagesdauer muss während der Anlage der Blüten unter ihrer kritischen Tageslänge liegen. Zu diesen Pflanzen gehören einige Reissorten, Hirse, Baumwolle, Herbstblüher wie Chrysanthemen und einige Tabaksorten sowie die Winterblüher Weihnachtskaktus und Weihnachtsstern.

Tagneutrale Pflanzen, z. B. Mais, Tomate, Sonnenblume und Gänseblümchen, lassen sich von der Tageslänge hinsichtlich der Blütenbildung nicht beeinflussen.

Die Abhängigkeit der Blütenbildung von der Tageslänge setzt voraus, dass die Pflanze die Tageslänge feststellen kann. Dazu vergleicht sie die Lichtdauer mit einer *»Inneren Uhr«*. Dieses erblich festgelegte Programm weist einen Rhythmus von etwa einer Tageslänge auf *(circadianer Rhythmus)*. Durch den äußeren Tag-Nacht-Rhythmus von 24 Stunden wird es auf diesen einreguliert, so wie eine Funkuhr durch das Funksignal immer wieder genau nachgestellt wird. Eine Innere Uhr existiert nicht nur in Pflanzen, sondern in allen Eukaryoten, von den Einzellern bis zum Menschen *(s. Exkurs Die Innere Uhr – ein rückgekoppeltes System, S. 371)*.

An der *Messung der täglichen Belichtungsdauer* ist das Phytochromsystem der Pflanze beteiligt. Durch Aktivierung und Inaktivierung dieses Farbstoffs registriert die Pflanze die Länge der Nacht und des Tages. Weil die Pflanzen dazu während des ganzen Jahres in der Lage sind, können sie ihre Entwicklung so steuern, dass die einzelnen Lebensabschnitte (Knospenruhe, Bildung von Blüten oder Speicherorganen) in die dafür richtige Jahreszeit fallen. Insbesondere der Übergang in die Winterruhe kann nur durch die Tageslängenmessung sicher erreicht werden. Allerdings können Temperaturen den exakten Zeitpunkt in unterschiedlicher Weise beeinflussen. Bleibt es im Herbst z. B. lange warm, so verzögert sich der Laubfall um einige Tage.

Der Fotoperiodismus wird im Gartenbau genutzt. Kopfsalat, Spinat und Rettiche bringen, im Kurztag von Frühjahr und Herbst gezogen, mehr Blatt- und Wurzelmasse als im Langtag des Sommers. Das Blühen von Spinat und Salat kann durch stundenweises Verdunkeln an langen Tagen unterdrückt werden, wogegen Chrysanthemen dadurch früher zum Blühen kommen.

Vernalisation. Viele Pflanzen, z. B. Wintergetreidearten, die im Jahr nach der Aussaat Blüten ansetzen, tun dies nur, wenn auf die Samen oder Keimpflanzen eine Zeit lang die Winterkälte eingewirkt hat. Hält man Wintergetreide in einem Laborexperiment nach der Aussaat dauernd warm, so bestockt es sich kräftig, bildet aber keine Ähren aus. Wenn man jedoch das angequollene Saatgut oder junge Pflanzen einige Wochen lang bei Temperaturen von +3 °C und bei einem bestimmten Feuchtigkeitsgehalt hält, kommt es auch bei Frühjahrsaussaat noch im gleichen Jahr zum Blühen. Diese *künstliche Vernalisation* ist wichtig für Länder mit ungünstigem Winterklima (Russland), in denen die jungen Getreidepflanzen durch Kälte und Frosttrocknis gefährdet sind.

Abb. 69.1: Fotoperiodismus. Langtag- und Kurztagpflanze und ihre Reaktion auf Langtag bzw. Kurztag

Bedeutung	Arten Beispiele
Lichtzeiger	Klette, Hundsrose, Wacholder
Tiefschattenzeiger	Sauerklee
Trockenheitszeiger	Zypressenwolfsmilch, Wundklee, Kleiner Wiesenknopf
Feuchtigkeitszeiger	Sumpfdotterblume, Sumpfehrenpreis, Wasserminze
Stickstoffzeiger	Brennnessel, Bärenklau, Weiße Taubnessel
Stickstoffmangelzeiger	Preiselbeere, Arnika, Zittergras
Kalkzeiger	Küchenschelle, Leberblümchen, Silberdistel
Kalkmangel- und zugleich Säurezeiger	Heidekraut, Besenginster, Heidelbeere
Salzzeiger	Queller, Strandaster, Strandnelke
Schwermetallzeiger	Galmeiveilchen

Tab. 70.1: Zeigerpflanzen

1.7 Pflanzenvorkommen in Abhängigkeit von abiotischen Umweltfaktoren

Zeigerpflanzen. Die abiotischen Umweltfaktoren haben einen entscheidenden Einfluss auf das Vorkommen von Pflanzenarten. Manche Arten zeigen bezüglich einzelner Faktoren eine enge ökologische Potenz. Man kann sie dann als Zeigerpflanzen nutzen (**Tab. 70.1**) und von ihrem Auftreten auf besondere Standorteigenschaften (Licht-, Temperatur-, Wasser-, Ionenverhältnisse) schließen. Arten mit ähnlichen Ansprüchen treten häufig gemeinsam auf; sie bilden *Pflanzengesellschaften.*

Heute gibt es vielerorts eine zu hohe Stickstoffzufuhr infolge der Luftverschmutzung mit Stickoxiden. Daher nehmen Pflanzen, die hohe Stickstoffgehalte des Bodens bevorzugen, dort zu und verdrängen andere. Früher waren diese *Stickstoffzeiger,* wie z. B. Brennessel, fast nur an Wegrändern zu finden. Auf überdüngten Wiesen findet man reichlich Bärenklau.

Salzpflanzen (Halophyten), z. B. Queller, Strandflieder und Strandbeifuß, ertragen einen hohen Kochsalzgehalt im Boden und wachsen deshalb am Meer und in der Salzsteppe, wo andere Arten nicht mehr gedeihen. An der Nordseeküste kann man beobachten, wie sich vom Rand des Wattenmeers bis zu den erhöhten Salzwiesen die Pflanzengesellschaften der Halophyten mit dem abnehmenden Salzgehalt des Bodens ändern (**Abb. 70.2**).

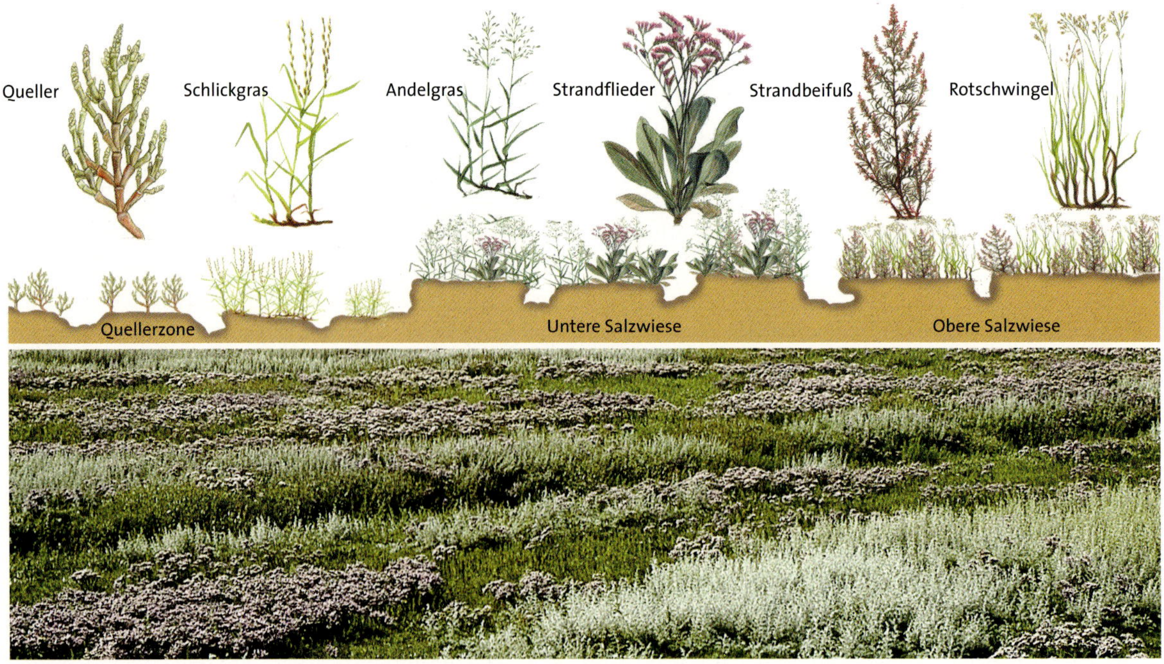

Abb. 70.2: Zonierung der Pflanzengesellschaften am Rande des Wattenmeers. Oben: Reliefskizze; unten: Foto der Salzwiese. Deutlich zu erkennen sind die Zone des Strandflieders (rotviolett) und des Strand-Beifuß (grau).

Die Pflanzengesellschaften unterscheiden sich besonders stark auf Böden mit hohem bzw. geringem Kalkgehalt. Auf kalkreichen Böden wachsen Huflattich, Leberblümchen, Seidelbast, Silberdistel und in den Kalkalpen die Behaarte Alpenrose. Auf kalkarmen Böden (Sandstein, Grundgebirge) sind die Heidelbeere, der Rote Fingerhut, der Besenginster und in den Alpen die Rostblättrige Alpenrose kennzeichnend. Für die meisten dieser Arten ist jedoch der Säurezustand des Bodens ausschlaggebend, der vom Kalkgehalt abhängt. Kalkarme Böden sind in der Regel sauer, kalkreiche Böden reagieren dagegen neutral oder schwach alkalisch. Die Kalk liebenden Pflanzen verlangen in erster Linie neutrale oder alkalische Böden. Die meisten Kalk meidenden Pflanzen gedeihen dagegen nur auf sauren Böden, obwohl auch sie das Calcium unbedingt zum Leben brauchen.

Der pH-Wert des Bodens beeinflusst auch die Aufnahme von Schwermetallionen, z. B. Fe^{3+}. In alkalischen Böden ist sie erschwert. Wenn durch Säureeintrag der pH-Wert im Boden sinkt, so werden Schwermetallionen für die Pflanzen leichter verfügbar. Nehmen sie diese im Übermaß auf, werden sie geschädigt. Auf stark schwermetallhaltigen Böden können nur wenige Pflanzenarten leben. Das Galmeiveilchen findet man z. B. an solchen Standorten. Es zeigt vor allem Zink- und Bleierze an.

Höhenzonierung der Vegetation. Die Standortbedingungen der Pflanzen, wie z. B. Temperatur, Niederschlagsmenge und Wind, verändern sich in den Bergen mit zunehmender Höhe. Folglich weist die Pflanzendecke in höheren Mittel- und in Hochgebirgen eine Höhenzonierung auf. In **Abb. 71.1** sind die Höhenstufen der Strauch- und Baumarten in den Alpen dargestellt. Die unterschiedlichen Klimaverhältnisse auf der Nord- und der Südseite der Alpen schaffen weitere Unterschiede in der Höhenzonierung. Sie zeigen zudem Nutzungs- und Besiedlungsmöglichkeiten und geben Hinweise auf mögliche Gefährdungen. Daher sind sie auch in der geografisch orientierten Ökologie (Geoökologie) von Bedeutung.

Die auffälligste Grenze in der Höhenzonierung ist die Waldgrenze, die den Bergwald (montane Stufe) von der Krummholzstufe (subalpine Stufe) trennt. Durch die Almwirtschaft wurde die Waldgrenze in den Alpen nach unten verschoben und die zuvor schmale Krummholzstufe als Übergangszone breiter. Man unterscheidet zwischen Wald- und Baumgrenze. Die Baumgrenze, bis zu der einzelne, meist verkrüppelte Bäume vorkommen, zeigt die ursprüngliche Waldgrenze an. Die Waldgrenze wird auch durch Klimaveränderungen stark beeinflusst und ist in den Alpen in den letzten 7000 Jahren um mehr als 200 m auf und ab gewandert.

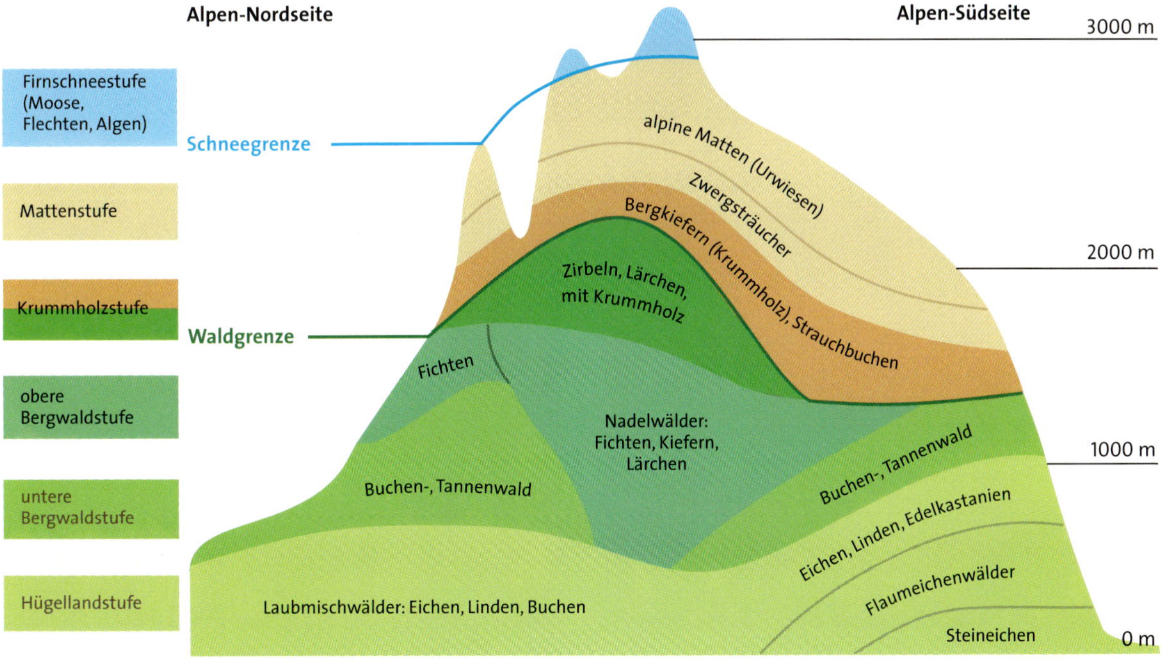

Abb. 71.1: Höhenstufen der Pflanzenwelt in den Alpen. Von unten nach oben nimmt die Dauer der Vegetationszeit ab; diese ist gekennzeichnet durch ein Tagesmittel der Temperatur von mehr als 5 °C. Bei kurzer Vegetationszeit können Bäume nicht gedeihen, weil die Stoffproduktion nicht mehr ausreicht, um die Lebensvorgänge während des ganzen Jahres und weiteres Wachstum des Baums zu sichern.

Die Vegetationszonen der Erde. Die Pflanzendecke der Erde ist an die Klimaverhältnisse angepasst. Das Klima setzt sich zusammen aus einer Vielzahl von Umweltfaktoren wie Temperatur, Licht, Feuchtigkeit und Windverhältnisse, die alle in Wechselwirkung zueinander stehen. Deren sich jährlich wiederholende Abfolge kennzeichnet das Klima. Man unterscheidet auf der Erde Großklimate wie tropisches, subtropisches, gemäßigtes und polares Klima. Diesen entsprechen die wichtigsten Vegetationszonen (**Abb. 72.1** bis **Abb. 73.3**).

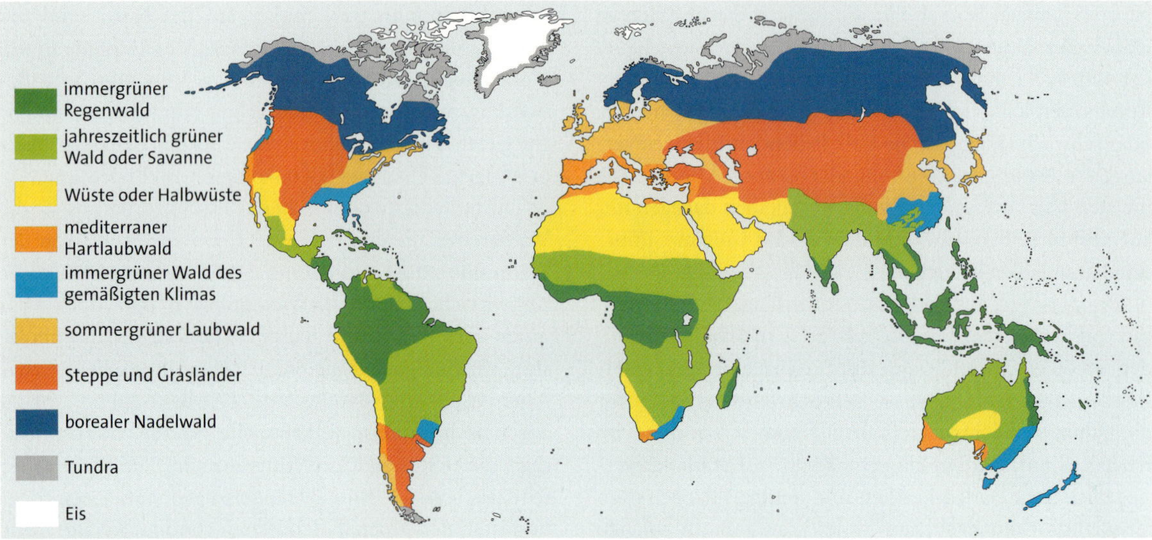

Abb. 72.1: Vegetationszonen der Erde (Hochgebirge sind nicht gesondert ausgewiesen)

Abb. 72.2: Borealer Nadelwald in Nordeuropa (Fichten, Kiefern, vereinzelt Birken). Im Unterwuchs Zwergsträucher aus der Familie der Heidekrautgewächse (von oben nach unten: Heidelbeere, Heidekraut, Bärentraube); sie haben auf den armen Böden Wettbewerbsvorteile infolge ihrer Mykorrhiza.

Abb. 72.3: Sommergrüner Laubwald (als Beispiel Eichen-Hainbuchen-Buchen-Wald). Krautschicht aus Schattenpflanzen (Sauerklee, oben) und Frühblühern (Waldschlüsselblume, Mitte; Buschwindröschen, unten)

Faktor	borealer Nadelwald	sommergrüner Laubwald	mediterraner Hartlaubwald	tropischer Regenwald
Temperatur	kühle Sommer, aber mittlere Temperatur des wärmsten Monats über 10° C, kalte, lange Winter mit dauerndem Frost	warme Sommer Winter nicht streng, aber mit regelmäßigen Frösten	heiße Sommer kühle Winter, nur gelegentlich kurzzeitige Fröste	ganzjährig nie unter 18° C, tageszeitliche Temperaturschwankungen größer als jahreszeitliche
Feuchtigkeit	Sommer feucht Winter trocken, da Wasser im Boden gefroren	Sommer feucht Winter mit Trockenzeiten	Sommer trocken (Dürrezeit); Winter feucht	ganzjährig sehr feucht
Vegetationszeit	4–6 Monate, unterbrochen durch Winterkälte	mehr als 6 Monate, unterbrochen durch Winterkälte	unterbrochen durch Sommerdürre	ganzjährig
Klima	kalt-gemäßigt	gemäßigt	warm-gemäßigt („Etesien-Klima")	warm und feucht
Anpassung ans Klima	immergrüne Nadelblätter mit hoher Frosthärte; mit Beginn der Vegetationszeit sofortige Stoffproduktion	winterlicher Laubfall; Blätter müssen zu Beginn der Vegetationszeit neu gebildet werden	immergrüne Hartlaubblätter mit hoher Dürreresistenz (durch Festigungsgewebe harte Blätter)	immergrünes Laub, dauernde Stoffproduktion, reich an Epiphyten
Primärproduktion kg/m² · Jahr	0,8	1,3	1,1	2,0

Tab. 73.1: Waldtypen in Anpassung an das Klima

Abb. 73.2: Mediterraner Hartlaubwald (Korkeichenwald in Spanien). Laub der Korkeichen graugrün, die Stämme erscheinen rotbraun, wenn Kork frisch abgeschält wurde; im Unterwuchs z. B. Cistrosen, Mäusedorn, Stechwinde (von oben nach unten)

Abb. 73.3: Tropischer Regenwald. Sehr artenreich, viele Lianen und Epiphyten (Bromelien, oben (in Amerika); Orchideen, Mitte); Stockwerkaufbau mit mehreren Baumschichten, wie sie von einer Lichtung aus zu erkennen sind; viele Bäume mit Brettwurzeln (unten)

Abb. 74.1: Größenvergleich und Verbreitungsgebiete von vier Pinguinarten

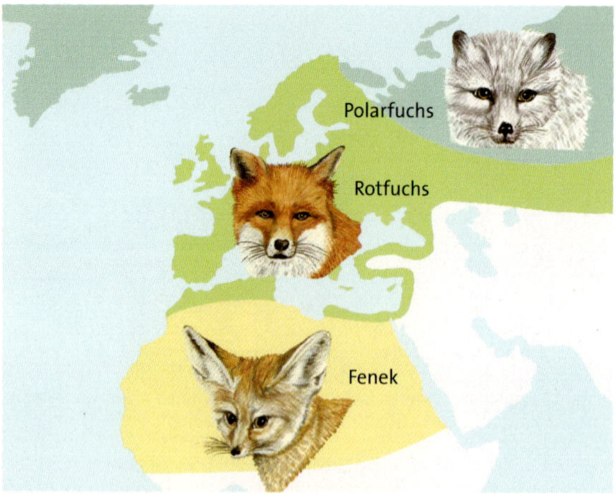

Abb. 74.2: Köpfe von Füchsen aus dem heißen Wüstengürtel Nordafrikas (Fenek), der gemäßigten Zone (Rotfuchs) und der arktischen Zone (Polarfuchs, im Sommer braun, im Winter weiß). Die Größe der Ohren nimmt mit zunehmender mittlerer Temperatur des Lebensraums zu.

1.8 Tiere und Temperatur

So wie Pflanzen nur an für sie geeigneten Standorten gedeihen, leben auch Tiere nur an Orten, die ihre Ansprüche an abiotische und biotische Faktoren wie Klima, Nahrung, Schutz, Brutmöglichkeiten u. a. erfüllen. Diese Bedürfnisse wechseln von Art zu Art.

Viele Tierarten können ihre Lebenstätigkeit nur innerhalb bestimmter Temperaturbereiche voll entfalten (**Abb. 75.1**). Säuger und Vögel sind zur Temperaturregulation fähig und können daher auch bei strenger Kälte bzw. bei großer Hitze aktiv sein. Diese gleichwarmen *(homoiothermen)* Tiere benötigen zur Aufrechterhaltung ihrer Körpertemperatur jedoch eine größere Nahrungsmenge als wechselwarme *(poikilotherme)*; deshalb begrenzt die verfügbare Nahrungsmenge das Vorkommen solcher Tierarten.

Für die Wärmeabgabe ist die Oberfläche der Tiere maßgebend, während der Stoffwechsel und damit die Wärmeproduktion vom Volumen der Tiere abhängen. Bei Größenzunahme steigt das Volumen in der dritten Potenz, die Oberfläche aber nur im Quadrat an. Darum ist z. B. die Körperoberfläche des Singschwans im Verhältnis zum Volumen kleiner als die Oberfläche des Zaunkönigs. Der Schwan gibt daher in der Zeiteinheit relativ weniger Wärme ab als der Zaunkönig. Im Hinblick auf den Faktor Temperatur sind folglich große Tiere in kälterem Klima begünstigt. Innerhalb eines Verwandtschaftskreises findet man deshalb bei Säugern und Vögeln in kälteren Gebieten oft größere Arten (oder Rassen einer Art) als in wärmeren Gebieten *(BERGMANNsche Regel)*. So kommt die größte Pinguinart (Kaiserpinguin, über 1 m) in der Antarktis vor, die kleinste Art (Galapagos-Pinguin, ca. 50 cm) in der Nähe des Äquators (**Abb. 74.1**). Die Größe von Fuchs, Reh, Wildschwein und Bussard nimmt von Skandinavien über Mitteleuropa bis zu den Mittelmeerländern deutlich ab. Da eine Art stets an eine Vielzahl von Umweltfaktoren angepasst ist, kommt die beschriebene Wirkung der Temperatur in der Größe der Tiere oft nicht zum Ausdruck. So sind in den Tropen große Tiere infolge des reichhaltigen Nahrungsangebots nicht selten. Die BERGMANNsche Regel gilt nur innerhalb eines Verwandtschaftskreises.

Abstehende Körperteile, die aufgrund der relativ großen Oberfläche leicht auskühlen, wie z. B. lange Ohren und Schwänze, sind bei Arten kalter Gebiete meist kleiner ausgebildet als bei verwandten Säugerarten wärmerer Zonen (*ALLENsche Regel*, **Abb. 74.2**).

Eine weitere Regel bezieht sich auf die Färbung. In warmen und sonnigen Gebieten werden mehr Pigmente in die Haut bzw. das Fell eingelagert als in kühlen und trockenen Gebieten. Daher findet man in tropischen Gegenden intensiver gefärbte Arten *(GLOGERsche Regel)*. Dies gilt auch für die Menschengruppen: In warmen Gebieten sind sie dunkelhäutig und so vor UV-Schäden geschützt. In Gebieten mit geringer Sonneneinstrahlung ist bei Dunkelhäutigen die lichtabhängige Bildung von Vitamin D zu gering; daher haben sich in Mittel- und Nordeuropa Menschen mit geringer Pigmentierung der Haut durchgesetzt. Sie sind UV-empfindlich und bekommen leicht Sonnenbrand. Dagegen müssen Dunkelhäutige in Mitteleuropa zusätzlich Vitamin D aufnehmen.

Wärmehaushalt der Wechselwarmen. Mit Ausnahme der Vögel und Säuger ändert sich die Körpertemperatur der Tiere mit der Außentemperatur. Deshalb bezeichnet man solche Tiere als wechselwarm (poikilotherm). Wechselwarme können nur bei günstiger Außentemperatur ihre volle Lebenstätigkeit entfalten; bei Abkühlung werden sie träge oder fallen in Kältestarre. Die Temperaturverhältnisse der Tropen sind für sie besonders günstig. Deshalb findet man sie dort in viel größerer Artenzahl (Insekten, Reptilien) und mit größerem Wuchs (Riesenkäfer, Krokodile, Riesenschlangen). In den gemäßigten Breiten ist das aktive Leben der Wechselwarmen eingeschränkt und großen tages- und jahreszeitlichen Schwankungen unterworfen. Eidechsen sind hier vergleichsweise klein. Das ist für sie günstig, weil sie sich beim Sonnenbaden über ihre relativ große Oberfläche schnell aufwärmen können. Zudem flachen sie den Körper ab und richten ihn so aus, dass die Sonnenstrahlen senkrecht auf den Rücken treffen. Der Mauergecko verdunkelt sogar kurzzeitig die Haut, sodass sie weniger Licht reflektiert, also mehr Licht absorbiert und in Wärme umgewandelt wird. Wenn die Körpertemperatur einen bestimmten Wert erreicht hat, suchen wechselwarme Landtiere den Schatten auf. Trotz geringer Wärmeproduktion ist es ihnen also möglich, in gewissen Grenzen ihre Körpertemperatur zu regulieren.

Wärmehaushalt der Gleichwarmen. Bei wechselwarmen Tieren wird ein großer Teil der beim Stoffwechsel entstehenden Wärme schnell nach außen abgeführt. Bei den gleichwarmen (homoiothermen) Säugern und Vögeln dagegen vermindern Fettschichten in der Unterhaut sowie das durch Haar- oder Federkleid gegebene wärmedämmende Luftpolster die Wärmeabgabe nach außen. Deshalb kann die Körpertemperatur wesentlich über der Umgebungstemperatur liegen. Die Körpertemperatur wird vom Nervensystem reguliert, also weitgehend konstant gehalten. »Gleichwarme« Tiere (etwa 1 % der gesamten Tierarten) können daher unabhängig von der Außentemperatur zu allen Zeiten ihre volle Aktivität entfalten und auch die kalten Lebensräume der Erde bewohnen. Allerdings wird diese biologische Überlegenheit der Gleichwarmen dadurch eingeschränkt, dass sie schon zur Erhaltung der Körperwärme ständig Nahrung aufnehmen müssen. Sie erhöhen in kalter Umgebung den Grundumsatz *(s. Stoffwechsel 1.4.4)*.

Winterschlaf und Winterruhe. Unter den Säugern gibt es einige Tierarten, die zeitweise den Sollwert der Körpertemperatur drastisch absenken: die *Winterschläfer*. Es handelt sich dabei zumeist um Nagetiere, z. B. Murmeltier, Haselmaus, Hamster und Siebenschläfer sowie um Insektenfresser, z. B. Igel, Spitzmaus und Fledermaus. Sie mästen sich im Herbst und beziehen mit Einbruch des Winters ein frostsicheres Versteck, wo sie in Winterschlaf verfallen. In diesem Zustand ist der gesamte Stoffwechsel drastisch herabgesetzt. Er wird durch Oxidation von Fett aufrechterhalten. Der Blutzuckergehalt wird vermindert, Atmung, Herztätigkeit und Blutumlauf werden stark verlangsamt. Die Körpertemperatur fällt mit der Außentemperatur. Erst bei nahe 0 °C, wenn der Sollwert beim Winterschlaf erreicht ist, verhindert die Temperaturregulation ein weiteres Absinken (**Abb. 75.1**). Bei Fledermäusen kann die Körpertemperatur sogar bis auf etwa −4 °C zurückgehen. Lange Kälteperioden und alle Störungen, die zum Erwachen führen, zehren stark am Energievorrat und haben daher häufig den Tod des Tieres zur Folge.

Tiere, die *Winterruhe* halten, wie z. B. Dachs, Bär und Eichhörnchen, senken den Sollwert ihrer Körpertemperatur nicht oder nur wenig ab, Eichhörnchen z. B. nur um ca. 7 °C. Sie sparen Energie u. a. durch körperliche Inaktivität. Häufig wachen sie auf und nehmen Nahrung zu sich.

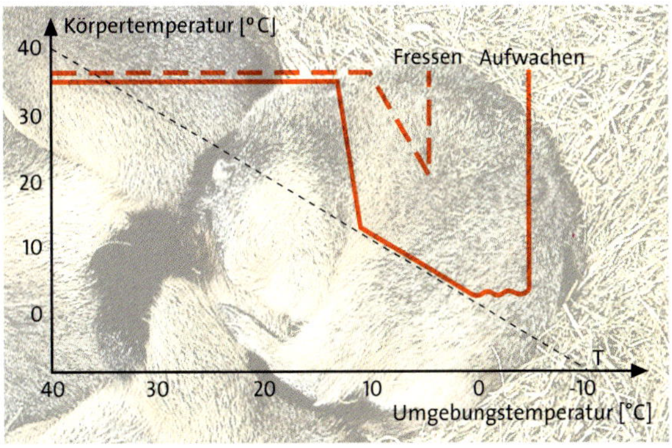

Abb. 75.1: Abhängigkeit der Körpertemperatur von der Umgebungstemperatur bei einem Poikilothermen (schwarz gestrichelte Linie; T: Tod), einem Homoiothermen mit Winterruhe (rot gestrichelte Linie) und einem Homiothermen, der in Winterschlaf fällt (durchgezogene Linie)

1.9 Einfluss biotischer Faktoren

1.9.1 Wettbewerb zwischen den Arten

Pflanzen, die ähnliche Ansprüche an Boden und Lokalklima stellen, kommen zusammen vor. Man sagt, sie sind miteinander vergesellschaftet. In einer derartigen Pflanzengesellschaft herrscht ein ständiger Wettbewerb. An einen bestimmten Standort können Samen vieler Pflanzenarten gelangen. Wenn sie auskeimen, konkurrieren bereits die Keimlinge um Licht, Wasser, Nährsalze und andere Umweltfaktoren. Pflanzen, die schneller wachsen, nutzen das Licht voll aus und beschatten andere, die dadurch schlechter wachsen oder gar zugrunde gehen.

Die Konkurrenzfähigkeit einer Art ist nicht nur durch Umweltfaktoren, sondern vor allem durch ihre Erbanlagen bedingt. Erblich festgelegt sind Vermehrungsfähigkeit, Ausbreitungsfähigkeit und Behauptungsfähigkeit.

Die **Vermehrungsfähigkeit** hängt von der Anzahl der Samen ab. Es gibt Arten, bei denen die Samenzahl einer Pflanze eine Million übersteigen kann, z. B. Weißer Gänsefuß. Davon wachsen nur sehr wenige zu blühenden und fruchtenden Pflanzen heran.

Die **Ausbreitungsfähigkeit** einer Art bemisst sich danach, wie weit sich die Samen ausbreiten können. Je leichter die Samen verfrachtet werden und je zahlreicher sie sind, desto größer ist die Wahrscheinlichkeit, dass einige einen geeigneten Standort finden. Besonders gut ausbreiten können sich diejenigen Arten, deren Samen vom Wind verbreitet werden, z. B. Birke und Löwenzahn, oder im Gefieder oder Fell haften bleiben, z. B. Klette.

Die **Behauptungsfähigkeit** der Arten äußert sich darin, wie lange sie ihren Siedlungsraum besetzen können. Einjährige Arten vermögen dies nur für eine einzige Vegetationsperiode; viele einjährige Pflanzen keimen im Frühling und sterben im Herbst ab. Bestenfalls geben sie den Platz an ihre Nachkommen weiter. Ausdauernde Arten dagegen überwintern und halten ihren Siedlungsraum durch Jahrzehnte, Holzgewächse durch Jahrhunderte besetzt *(s. 2.2.3)*.

Auch der Zufall kann für das Vorkommen einer Art eine Rolle spielen. Werden z. B. durch einen Sturm zahlreiche Samen einer Art an eine geeignete Stelle verfrachtet, so siedelt sich die Art dort an. An vielen anderen geeigneten Orten fehlt sie. Weitere biotische Faktoren für die Pflanzen sind auch Tiere, die von ihnen leben, die sie bestäuben oder die ihre Früchte und Samen verbreiten.

Ähnliche Überlegungen wie für Pflanzen gelten für festsitzende Tiere, z. B. an der Felsküste oder im Riff, deren frei lebende Larven als Planktonorganismen im Wasser verbreitet werden. Fest sitzende Steinkorallen z. B. erzeugen so viele Schwimmlarven, dass viele sich auch noch in großer Entfernung dicht nebeneinander niederlassen und in Kürze zu einem Stock verschmelzen können *(s. 1.10)*. Ihre Behauptungsfähigkeit wird dadurch gewährleistet, dass sich die Larven sehr schnell zu Polypen entwickeln und die Polypen schon nach wenigen Wochen durch ungeschlechtliche Knospung Tochterpolypen erzeugen, von denen genauso schnell wieder Tochterpolypen ausgebildet werden.

1.9.2 Energiebilanz bei der Nahrungsbeschaffung

Viele Pflanzenfresser leben von weniger Pflanzenarten, als ihnen zur Verfügung stehen. Ein großes Raubtier kann großen oder kleinen Beutetieren nachstellen, nutzt aber bevorzugt die größeren. Es erfolgt also eine *Nahrungsauswahl.* Die Nahrung liefert Energie und Baustoffe für das Tier, das aber Zeit und Energie für die Beschaffung der Nahrung aufwenden muss. Ein Tier wird dann am besten gedeihen, wenn der größte Nutzen mit dem geringsten Aufwand an Zeit und Energie für die Beschaffung und Verdauung der Nahrung erzielt wird.

Bienen müssen auf einem Flug oft über 100 Blüten besuchen, um ihren Kropf mit Nektar zu füllen. Meist brechen sie den Futterflug aber vorher ab, und zwar umso früher, je größer der durchschnittliche Abstand zwischen den einzelnen Blüten ist: Der Energieaufwand für das Fliegen steigt sowohl mit der Flugzeit von Blüte zu Blüte als auch mit der Masse des Nektars im Kropf. Daher kann es aus energetischen Gründen günstig sein, den Kropf nur teilweise zu füllen; denn ab einem bestimmten durchschnittlichen Blütenabstand ist der Energieaufwand für den Transport des gesammelten Nektars größer als dessen Energieinhalt. Die Biene verhält sich derart aufgrund von Anpassungen im Laufe der Evolution (**Abb. 77.1**).

Tierarten, die viele Nahrungsquellen nutzen, benötigen relativ wenig Zeit und Energie für die Nahrungssuche. Sie bevorzugen von ihrem breiten Nahrungsspektrum meist die Quellen, die gerade häufig vorkommen. Wird das bevorzugte Futter selten, weichen sie auf ein anderes aus. Dann wird das Nahrungsspektrum verbreitert oder andere Beute bevorzugt (»Präferenzwechsel«). Auf diese Weise ernähren sich z. B. Silbermöwe und Heringsmöwe. Sie fressen sowohl Pflanzen als auch Tiere, ob tot oder lebendig, sowohl auf dem Lande als auch im Wasser. Tierarten, die sich wie die Silbermöve und die Heringsmöwe ernähren, werden als *Generalisten* bezeichnet.

Diesen Generalisten stehen die *Spezialisten* gegenüber, die gezielt bestimmte Nahrung suchen. Zu ihnen gehört z. B. der Austernfischer. Seine Nahrungssuche ist normalerweise wenig energieaufwendig, weil er die Nahrung ausschließlich in der Gezeitenzone sucht, wo das Nahrungsangebot normalerweise besonders reichhaltig ist. Für diesen Spezialisten können aber die »Kosten« an Energie dann steigen, wenn bei Nahrungsknappheit die Suche nach Futter lange andauert (**Abb. 77.2**).

In die Energiebilanz der Ernährungsweise geht neben dem Energieaufwand für die Beschaffung auch der für die Handhabung der Nahrung ein. Dazu gehört das Aufbrechen und Zerlegen der Beute. Beispielsweise müssen Austernfischer die erbeuteten Muscheln zunächst vom Gehäuse befreien, bevor sie sie fressen. Individuelle Techniken, die sie meist von den Eltern übernehmen, helfen ihnen dabei. Manche Austernfischer hämmern so lange auf ihre erbeuteten Muscheln ein, bis deren Schalen zerbrechen. Andere Austernfischer versuchen, ihre Opfer dadurch zu überrumpeln, dass sie ihre Schnäbel zwischen die klaffenden Schalenhälften stecken, bevor sich die Muschel schließen kann.

Für den Löwen als Nahrungsspezialisten ist der Energieaufwand für die Jagd (»Beschaffung«) und das Zerlegen der Beute (»Handhabung«) relativ groß. Folglich ist es für ihn von Vorteil, wenn er nur Beute jagt, die einen hohen Nettogewinn verspricht: Sie muss eine gewisse Mindestgröße haben, und bevorzugt werden junge, kranke und alte Beutetiere. Weil der Löwe weitgehend in Sichtweite der Beute lebt, ist die Suchzeit gering.

1.9.3 Saprophyten

Grüne Pflanzen sind infolge ihrer Fähigkeit zur Fotosynthese in ihrer Kohlenstoff-Ernährung von anderen Lebewesen unabhängig, sie sind autotroph. Alle Organismen, die nicht zur Fotosynthese in der Lage sind, müssen sich von organischen Stoffen ernähren; sie sind heterotroph. Dazu gehören alle Tiere, aber auch alle Pilze sowie die meisten Bakterien und Archaea.

Organismen, die Ausscheidungen von Lebewesen oder abgestorbene Pflanzenteile, Pflanzen und Tiere nutzen, bezeichnet man als **Saprophyten** (solche, die lebende Organismen befallen, sind *Parasiten, s. 1.9.4 und 1.9.5*). Zu den Saprophyten zählen die meisten Bakterien und Pilze (**Abb. 77.3**). Weil sie ihren Nährstoffbedarf ganz oder teilweise durch den Abbau toter organischer Substanzen decken, haben sie als Destruenten eine wichtige Bedeutung im Ökosystem. Sie bilden über einfachere Zwischenverbindungen schließlich anorganische Stoffe, die wieder von den Pflanzen aufgenommen werden können.

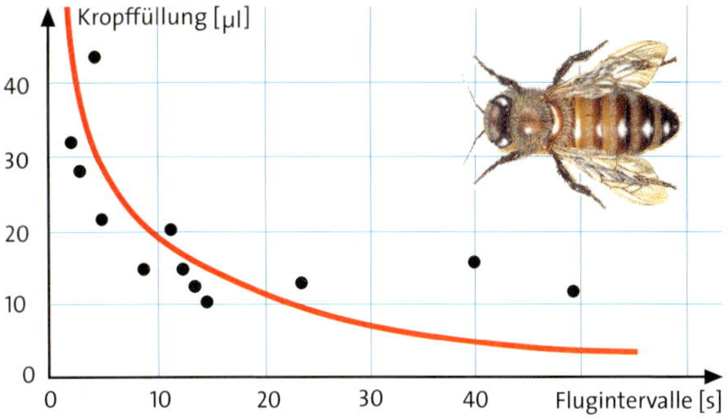

Abb. 77.1: Nektareintrag bei der Honigbiene. Abhängigkeit der Kropffüllung mit Nektar von den Flugzeiten zwischen den einzelnen Blüten (Flugintervalle): Die Punkte geben die gemessenen Werte bei Abbruch des Sammelns an. Je enger die Blüten stehen, umso mehr Nektar wird transportiert. Die Kurve gibt die berechneten Werte für die höchste Effizienz (höchster Energiegewinn bezogen auf den Energieaufwand) wieder. Man erkennt eine gute Übereinstimmung.

Abb. 77.2: Der Austernfischer (links), ein Spezialist, ernährt sich fast ausschließlich von Muscheln. Die Heringsmöwe (rechts), ein Generalist, frisst alles, was ihr unterkommt: Kleinsäuger, Insekten, Fische, Schnecken, Muscheln, Krebse, Samen, Aas usw.

Abb. 77.3: Viele Pilze, wie z. B. der Hallimasch, sind Saprophyten und ernähren sich mithilfe ihres Mycels durch Abbau von abgestorbenem Holz.

Abb. 78.1: Mistel, Halbschmarotzer auf Ästen und Zweigen verschiedener Bäume. **a)** Mistel auf einer Pappel; **b)** Senker der Mistel im Holzkörper der Wirtspflanze (Schema)

1.9.4 **Pflanzliche Parasiten**

Parasiten *(Schmarotzer)* entziehen den befallenen Pflanzen oder Tieren Nährstoffe und schädigen so ihren »Wirt«, töten ihn aber meist nicht. Sie kommen in allen Organismengruppen vor. Von den Blütenpflanzen sind etwa ein Prozent Parasiten. Die grünen **Hemiparasiten** wie Augentrost *(Euphrasia)*, Wachtelweizen *(Melampyrum)*, Klappertopf *(Rhinanthus*, **Abb. 78.2**) und Läusekraut (*Pedicularis*, **Abb. 78.3**) leben z. T. auf Kosten anderer Organismen. Sie haben zwar wohl entwickelte grüne Blätter und führen Fotosynthese durch, ihr Wurzelsystem ist jedoch verkümmert. Mit kleinen knopfähnlichen Saugwurzeln (Haustorien) heften sie sich an die Wurzeln anderer Pflanzen an. Durch diese Verbindung dringen Leitungsbahnen des Parasiten zu denen des Wirtes vor und entnehmen ihm Wasser und Ionen. Die Mistel verhält sich ähn-

Abb. 78.2: Großer Klappertopf *(Rhinanthus alectorolophus)*, Halbschmarotzer auf den Wurzeln von Wiesengräsern

Abb. 78.3: Läusekraut *(Pedicularis sylvatica)*, Halbschmarotzer auf den Wurzeln verschiedener Blütenpflanzen

Abb. 78.4: Mutterkorn auf Roggen. Das Hyphengeflecht des giftigen Pilzes entwickelt sich im Fruchtknoten und tritt an dessen Stelle.

Abb. 78.5: Sommerwurz *(Orobanche minor)*, Vollschmarotzer ohne Chlorophyll, schmarotzt in Wurzeln verschiedener Pflanzen, die auf trockenen Wiesen wachsen.

Abb. 78.6: Blüte des Vollschmarotzers *Rafflesia arnoldii* (aus Südostasien). Größte bekannte Blüte (Durchmesser über 1 m), schmarotzt in den Wurzeln von Lianen.

Abb. 78.7: Europäische Seide *(Cuscuta europaea)*, Vollschmarotzer, seine Saugorgane dringen in die Leitbündel der Brennnesselstängel ein und entziehen diesen organische Stoffe.

lich: Sie wächst auf den Ästen und Zweigen vieler Baumarten, wo sie ihre zu Senkern umgewandelten Wurzeln in die Wasserleitungsbahnen des Wirtes treibt (**Abb. 78.1**).

Die nichtgrünen **Vollparasiten** leben ausschließlich von fremder organischer Substanz. Viele von ihnen haben sich ganz einseitig an bestimmte Wirte angepasst, ohne die sie nicht leben können. Diese Parasiten sind meist blattlos und können auch an lichtschwachen Standorten wachsen. Viele leben im Erdboden oder im Innern ihres Wirtes, nur ihre Fortpflanzungsorgane erscheinen zur Ausbreitung der Samen oder Sporen an der Oberfläche. Zu den Vollschmarotzern gehören einige Blütenpflanzen. Die Seiden (*Cuscuta*, **Abb. 78.7**) umwinden mit ihren fadenartigen Stängeln die Sprosse der Wirtspflanzen. Die Sommerwurz (*Orobanche*, **Abb. 78.5**) schickt nur ihre chlorophyllfreien Blütentriebe über die Erdoberfläche. Die *Rafflesia*-Arten der Tropen Südostasiens bilden außerhalb ihres Wirtes nur Blüten aus (**Abb. 78.6**).

Zahlreiche Pilze und einige Bakterienarten leben ebenfalls parasitisch. Das Pilzmycel wuchert auf der Oberfläche oder im Innern des Wirts. Die Hyphen dringen in die lebenden Zellen ein und entziehen diesen Nährstoffe. Zu ihnen gehören Schädlinge von Kulturpflanzen: Das Getreide wird von Rostpilzen, Brand- und Mutterkornpilzen befallen, die in Mitteleuropa jährlich ein Zehntel der Ernte vernichten (**Abb. 78.4**). In den Blättern und Früchten von Obstbäumen leben die Erreger der Schorfkrankheit und des Fruchtschimmels. Einige Pilzarten verursachen Krankheiten (Mykosen) bei Tier und Mensch. Insbesondere die Schleimhäute und die Haut werden von Pilzen befallen, wie z. B. dem Fußpilz.

1.9.5 Tierische Parasiten

Parasiten sind im Tierreich weit verbreitet. Sie schwächen ihren Wirt, indem sie ihm Nahrung entziehen. Zudem sind ihre Stoffwechselendprodukte oft giftig. Auch die Produktion von meist riesigen Nachkommenzahlen schädigt häufig den Wirt, allerdings unterschiedlich stark. So führen Trichinen bei Nagetieren selbst bei starkem Befall nicht zum Tod. Für den Menschen sind sie jedoch lebensgefährlich. Ohne den Wirt können Parasiten nur selten existieren. Die meisten leben ständig mit ihm zusammen, entweder auf der Außenseite *(Außenparasiten)* oder in seinen inneren Organen *(Innenparasiten)*. Im Darm des Menschen leben Einzeller und Würmer. Die Amöbe *Entamoeba histolytica* zerstört die Zellen der Darmschleimhaut und ruft beim Menschen die tropische Amöbenruhr hervor. *Spul-* und *Bandwürmer* leben vom Darminhalt. Im Blut des Menschen können die Erreger der Schlafkrankheit, die Larven eines winzigen *Fadenwurms* und ein *Saugwurm* vorkommen (**Abb. 79.1**). Zecken können als Außenparasiten beim Blutsaugen gefährliche Krankheiten auf den Menschen übertragen (Gehirnhautentzündung, *Borelliose*).

Parasiten stammen alle von frei lebenden Vorfahren ab und haben sich im Laufe der Evolution schrittweise in Bau und Lebensweise zu Parasiten entwickelt. Dies hat in manchen Fällen zu einer so weitgehenden Umgestaltung des Körpers geführt, dass die verwandtschaftliche Zugehörigkeit kaum mehr festzustellen ist. Die parasitierenden Wurzelkrebse haben z. B. anders als die Seepocken, ihre Verwandten, einen stark verästelten Körper von ungewöhnlicher Gestalt. Durch die Produktion sehr vieler Nachkommen wird die Wahrscheinlichkeit erhöht, dass einige davon ihren Wirt erreichen. Die Verdauungsorgane der Innenparasiten sind sehr einfach gebaut, da sie sich von leicht verdaulichen nährstoffreichen Körpersäften ernähren. Bei den Bandwürmern sind diese Organe ganz zurückgebildet, weil sie ihre Nahrung aus dem Darminhalt ihrer Wirte über die gesamte Körperoberfläche aufnehmen können. Auch ihre Sinnesorgane und das Nervensystem sind stark zurückgebildet. Typisch für die Lebensweise der Außenparasiten, wie z. B. der Flöhe und Läuse, sind Klammerbeine, mit denen sie sich flink durch das Fell oder das Federkleid ihrer Wirte hindurch bewegen. Als Blutsauger besitzen sie einen Saugrüssel. Manche haben Saugnäpfe, die einen festen Halt ermöglichen.

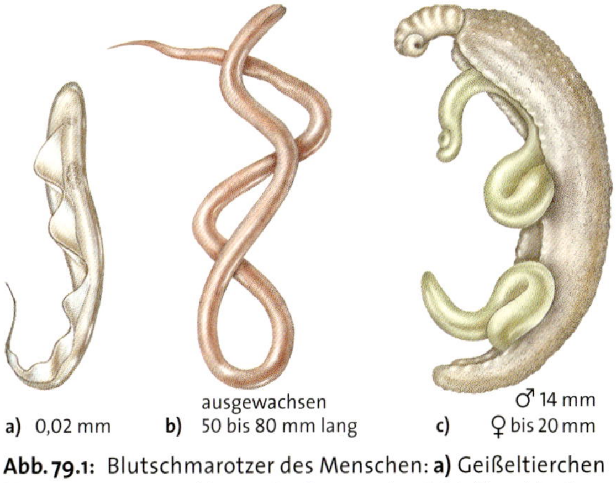

Abb. 79.1: Blutschmarotzer des Menschen: **a)** Geißeltierchen *Trypanosoma gambiense*, der Erreger der Schlafkrankheit; **b)** Larve von *Wuchereria*; die erwachsenen Fadenwürmer leben im Lymphgefäßsystem und rufen die Filariakrankheit hervor. Symptome sind Schwellungen im Bereich der Beine, die durch Rückstau von Lymphe zustande kommen; **c)** Saugwurm *Schistosoma*, Erreger der *Bilharziose*, einer häufigen Tropenkrankheit (Nieren-, Blasen-, Leber- und Darmstörungen). Das fadenförmige Weibchen liegt in der Bauchfalte des Männchens (»Pärchenegel«).

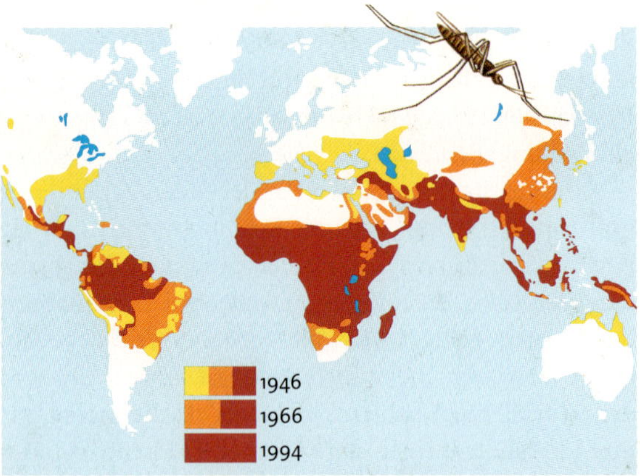

Abb. 80.1: Verbreitung der Malaria. Als Folge der globalen Erwärmung der Erde könnte sich die Malaria wieder dorthin ausbreiten, wo sie ausgerottet wurde, nämlich nach Europa und in die USA.

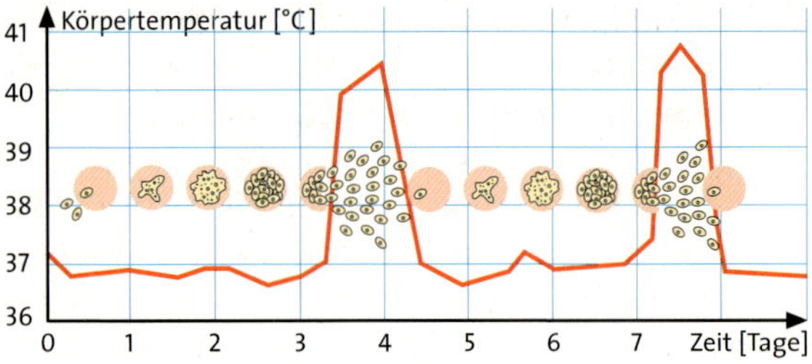

Abb. 80.2: Entwicklungsgang des Malariaerregers im Blut des Menschen, mit Fieberkurve (Vier-Tages-Malaria = Quartana). Die regelmäßigen Fieberanfälle beginnen nach einer Inkubationszeit von 23 bis 42 Tagen. Von etwa 400 Millionen Menschen, die jährlich erkranken, sterben jedes Jahr 1 bis 3 Millionen, meist Kinder.

Entwicklungsgänge. Die Malaria wird durch den Einzeller *Plasmodium* hervorgerufen und durch die Fiebermücke *Anopheles* auf den Menschen übertragen. Beim Blutsaugen gelangen die spindelförmigen Erreger mit dem Speichel der Mücke in den Körper. Zunächst vermehren sie sich in der Leber und gelangen dann in die Blutbahn. Sie dringen in Rote Blutzellen ein und teilen sich darin. Dann sprengen die Nachkömmlinge nahezu gleichzeitig ihre Roten Blutzellen, schwärmen ins Blut aus und dringen einzeln in neue Blutzellen ein. Stoffwechselprodukte der Erreger bewirken einen Fieberanfall. Dieser Vorgang wiederholt sich je nach Art des Erregers alle zwei, drei oder vier Tage, wobei jedes Mal Fieber auftritt (**Abb. 80.2**). Nach einiger Zeit entstehen zusätzlich Geschlechtsformen, die sich im Blut des Menschen nicht weiterentwickeln können, sondern bei einem erneuten Stich den Darm einer Fiebermücke erreichen müssen. Von dort gelangen die Erreger nach einer komplexen Entwicklung in die Speicheldrüsen und beim Stechen erneut ins Blut des Menschen.

Der **Fuchsbandwurm** ist 3 bis 5 mm lang und lebt im Darm von Fuchs, Hund und Katze (**Abb. 80.3**). Mit dem Kot werden die Eier ausgeschieden. Feldmäuse und andere Nager nehmen sie mit der Nahrung auf. In diesen Zwischenwirten entwickeln sich Larven (Finnen). Werden befallene Tiere von einem Raubtier gefressen, so wachsen die Finnen in seinem Darm zum geschlechtsreifen Bandwurm heran. Der Mensch ist ein so genannter Fehlwirt: In seiner Leber (selten in Lunge oder Gehirn) können sich ebenfalls Finnen entwickeln. Dies ist lebensgefährlich.

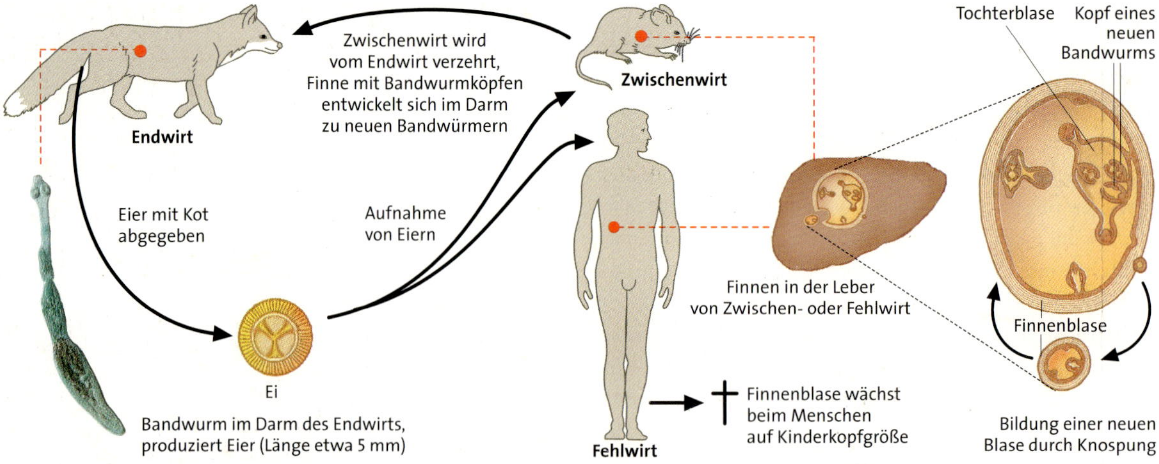

Abb. 80.3: Entwicklungsgang des Fuchsbandwurms. Endwirte: Fuchs, Hund, Katze; Zwischenwirte: Schwein, Rind, Schaf, Nagetiere. Menschen können sich ebenfalls über Eier infizieren. Die sich in der Leber entwickelnden Finnen können beim Menschen in der Frühphase medikamentös behandelt, später nur unter Schwierigkeiten operativ entfernt werden. Hunde und Katzen sollten daher regelmäßig entwurmt werden!

1.9.6 Nutzbringende Formen des Zusammenlebens

Das Zusammenleben verschiedener Arten kann für den einzelnen Organismus vorteilhaft sein. Ist es für alle beteiligten Arten von Nutzen, spricht man von **Symbiose.** Bei einer Symbiose sind alle Stufen der Vergesellschaftung zu beobachten, vom lockeren Zusammenschluss bis zu enger anatomischer Verbindung; letzteres gilt für **Flechten** (**Abb. 81.1**). Durch die Vereinigung von Algen mit dem Fadengeflecht von Pilzen stellen sie eigene Lebensformen dar. Meist bildet der Pilz das Gerüst der Flechte, in das die Algen eingelagert sind. Die Algen erzeugen durch Fotosynthese organische Stoffe, auf die der Pilz angewiesen ist. Dieser liefert den Algen Kohlenstoffdioxid und Wasser, die in der Zellatmung entstehen. Ionen werden durch abgeschiedene Flechtensäuren aus einem mineralischen Untergrund herausgelöst *(s. 1.5.)*. Flechten wachsen auch dort, wo Pilze und Algen für sich allein nicht gedeihen könnten, z. B. in der arktischen Tundra, in Wüsten oder auf Geröll- und Gesteinsfluren.

Eine weitere Form der Symbiose ist die **Mykorrhiza,** die bei über 80 % der Landpflanzen anzutreffen ist. Bei vielen Waldbäumen, z. B. Eiche, Birke, Lärche und Kiefer, sind die Wurzelenden mit einem Filz von Pilzfäden umgeben, diese dringen auch in die Wurzeln ein (**Abb. 81.2**). Dafür fehlen an diesen Stellen die Wurzelhaare. Ihre Aufgabe übernehmen die Pilze. Sie versorgen die Bäume mit Wasser und Ionen. Zudem schützen sie die Wurzel vor pathogenen Pilzen. Andererseits beziehen sie von den Wurzeln Kohlenhydrate. Orchideen und Heidekrautgewächse haben eine noch engere Mykorrhiza; hier lebt der Pilz großenteils im Inneren der Wurzel und entsendet lange Zellfäden in die Umgebung. Durch starke Stickstoffdüngung oder die Wirkung von Stickstoffoxiden aus Emissionen kann die Mykorrhiza geschädigt werden.

Zu besonderen Anpassungen haben die symbiontischen Beziehungen zwischen Blüten und ihren Bestäubern geführt. Viele Blüten locken ihre Bestäuber durch Duft, Farbe und Form an und bieten Nektar und Pollen als Nahrung an. Die Pollensäcke oder Nektardrüsen sind oft von außen nicht sichtbar. Häufig bilden die Blüten zur Anlockung der Insekten so genannte »Saftmale«, die Pollensäcke imitieren (**Abb. 81.3**).

Man findet zahlreiche Übergänge von einer gegenseitigen Förderung bis zur überwiegenden oder völlig einseitigen Ausnutzung des Partners. Letzteres ist gleich bedeutend mit Parasitismus. Wenn Organismen der einen Art von der Nahrung einer anderen Art profitieren, ohne ihnen zu nutzen oder zu schaden, liegt *Kommensalismus* vor. So folgen Geier den Raubtieren und ernähren sich von den Resten ihrer Beute.

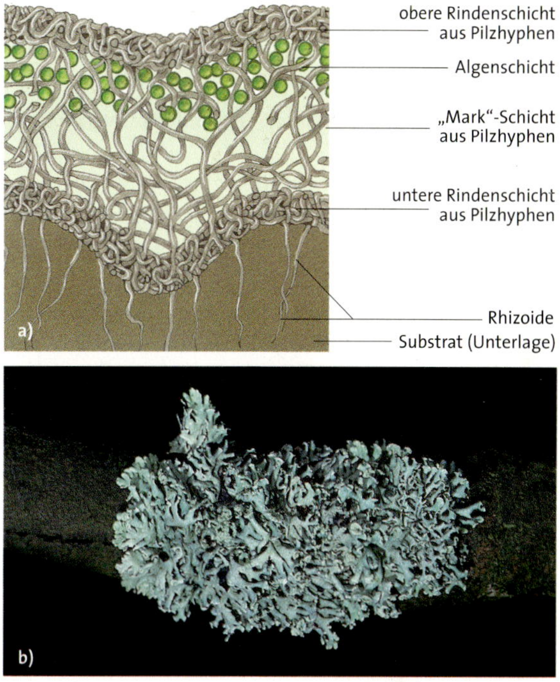

Abb. 81.1: Flechte. **a)** Schematischer Querschnitt durch den Körper einer Flechte; **b)** Flechte auf einem Zweig

Abb. 81.2: Mykorrhiza der Kiefer. Pilzfäden bilden ein dichtes Geflecht um die Seitenwurzel (helle Gebilde).

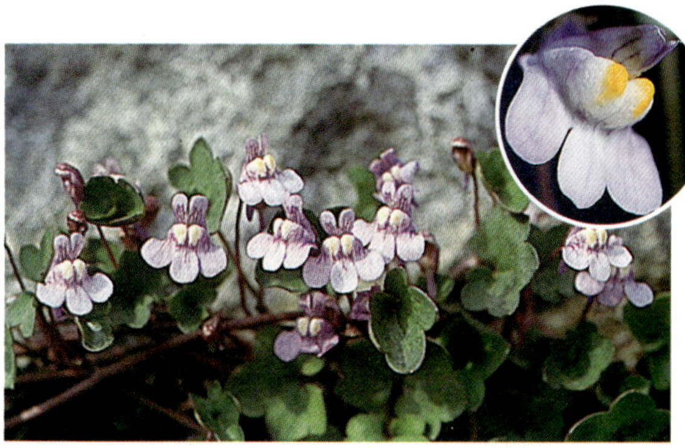

Abb. 81.3: Zymbelkraut *(Cymbalaria muralis)* mit »Saftmalen« auf dem großen unteren Blütenblatt.

Symbiose im Wiederkäuermagen

Der Magen der Wiederkäuer, z. B. von Rind, Schaf und Ziege, besteht aus vier Abschnitten (**Abb. 82.1**). Im Pansen und im Netzmagen haben Mikroorganismen ideale Lebensbedingungen. Hier leben Wimpertierchen und Bakterien verschiedener Arten mit dem Wiederkäuer in Symbiose. Bakterien ernähren sich von der Cellulose der pflanzlichen Zellwände. Wimpertierchen fressen einen Teil der Bakterien und beide stellen unter Verwendung von Ammoniumsalzen und Harnstoff, den das Tier mit dem Blut heranführt und der aus dem Blut des Tieres in die Pansenhöhle diffundiert, körpereigene Proteine her. Die schnelle Vermehrung der Symbionten ist für den Wiederkäuer von Vorteil. Beim Abbau der Cellulose entsteht zunächst Glucose, dann weiter Essigsäure, Buttersäure und Propionsäure. Diese Stoffe stellen die wichtigste Energiequelle der Wiederkäuer dar. Außerdem entstehen Kohlenstoffdioxid, Wasserstoff und große Mengen an *Methan,* die durch das Maul an die Luft abgegeben werden.

Mit der wiedergekauten Nahrung gelangen regelmäßig viele Bakterien und Wimpertierchen in den Labmagen, wo sie abgetötet und verdaut werden. Das von ihnen erzeugte Protein wird auf diese Weise genutzt. Deshalb können Wiederkäuer von eiweißarmem, minderwertigen Futter leben, wenn ein wenig Harnstoff beigemengt ist. Sie können sogar Papierabfälle verdauen.

Symbiontische Bakterien kommen im Darm aller Säuger vor. Ohne diese »Darmflora« könnte eine Verdauung nicht ordnungsgemäß ablaufen. Auch alle Insekten besitzen solche Symbionten.

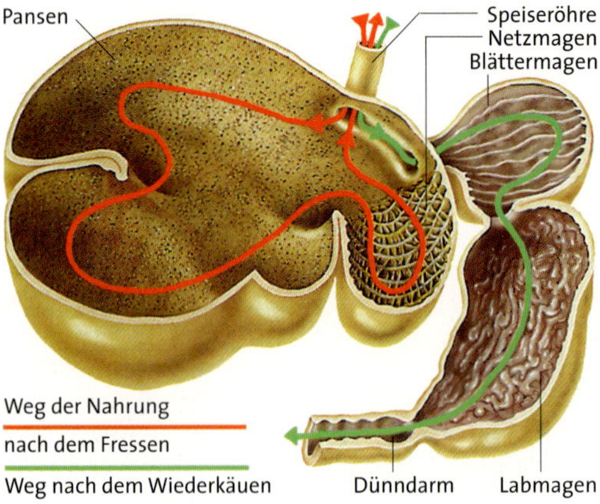

Abb. 82.1: Bau des Wiederkäuermagens

1.9.7 Insekten fressende Pflanzen

Einen Übergang zur heterotrophen Lebensweise bilden Insekten fressende Blütenpflanzen, die in über 500 Arten über die ganze Erde verbreitet sind. Sie vermögen Gewebe ihrer Opfer durch Enzyme aufzulösen. Die dabei entstehenden Abbauprodukte sowie Ionen werden aufgenommen und zum Aufbau des Körpers verwendet. Alle Insekten fressenden Pflanzen besitzen Chlorophyll und Wurzeln und ernähren sich vorwiegend autotroph. Da sie zumeist an Standorten leben, an denen die Aufnahme von Ionen erschwert ist oder Mangel daran besteht, ist der zusätzliche Erwerb von Stickstoffverbindungen und Ionen für ein gutes Gedeihen erforderlich.

Bei dem in Mooren vorkommenden Sonnentau *(Drosera)* trägt die Oberseite der Blätter zahlreiche Drüsenhaare, deren rote Köpfchen einen klebrigen Schleim ausscheiden (**Abb. 83.1**). Sie locken damit Insekten an, die festkleben und bei ihren vergeblichen Befreiungsversuchen immer neue Drüsenköpfchen berühren. Diese Berührung löst eine Bewegung der Drüsenstiele aus. Dadurch krümmen sich die Köpfchen über das gefangene Insekt. Dann sondern die Drüsenköpfchen reichlich enzymhaltige Flüssigkeit ab, die in wenigen Tagen das Insekt verdaut, sodass nur noch die Chitinteile übrig bleiben. Gelöste Aminosäuren und Ionen werden von dem Köpfchen aufgenommen.

Die Venusfliegenfalle *(Dionaea)* Nordamerikas fängt Insekten durch Zusammenklappen ihrer Blattflächen (**Abb. 83.2**). Der als Fangapparat eingerichtete Teil des Blattes ist am Rande mit langen Zähnen besetzt und trägt auf jeder Blattfläche drei Borsten, bei deren Berührung die Blatthälften fast augenblicklich zusammenklappen. Dies ist die rascheste Bewegung, die man bei Pflanzen derzeit kennt. Dann wird von kleinen Drüsen auf der Blattfläche eine Verdauungsflüssigkeit abgesondert. Um die Bewegung auszulösen, müssen mindestens zwei der Fühlborsten berührt worden sein. Wird nur eine Borste gereizt, so erfolgt noch keine Reaktion. Es ist also eine gewisse Reizintensität zur Überschreitung der Reizschwelle erforderlich. Ist die Beute verdaut, so öffnet sich das Blatt langsam wieder. Dies erfolgt durch einen Wachstumsvorgang. Daher kann sich ein Blatt nur etwa 8- bis 12-mal schließen.

Eine Art Fallgrube findet man bei den Kannenpflanzen *(Nepenthes),* die vor allem im Regenwald Südostasiens zumeist auf Bäumen als Epiphyten leben (**Abb. 83.3**). Die Blattfläche ist zu einem kannenförmigen Gebilde umgestaltet. Der Rand der Kanne besitzt eine auffällige Färbung; die Innenseite ist so glatt, dass Insekten den Halt verlieren und in die Kanne hinabgleiten, wo sie in einer verdauenden Flüssigkeit ertrinken.

1.10 Tierstöcke

Tierstöcke entstehen durch vegetative Vermehrung, wobei die Körper einzelner Organismen miteinander verknüpft bleiben. Ein bekanntes Beispiel sind die Korallenstöcke. Ein Korallentier (Polyp) bildet durch Knospung ein zweites, das sich vom ersten nicht trennt. Durch fortgesetzte Knospung entstehen große Stöcke. Oft sind die Gastralräume (Magen-Darm-Räume) der einzelnen Polypen miteinander verbunden, sodass die von einem Tier aufgenommene Nahrung allen zugute kommt.

Auch bei den in warmen Meeren vorkommenden Staatsquallen handelt es sich um Tierstöcke (**Abb. 83.4**). Die polypenartigen oder quallenähnlichen Einzeltiere entstehen durch vegetative Vermehrung aus einem Polypen, sie erfüllen unterschiedliche Aufgaben: Die Luftflasche hält den Tierstock wie eine Schwimmboje an der Wasseroberfläche. Die medusenartigen Schwimmglocken kontrahieren sich und dienen so der Fortbewegung. Nährpolypen besitzen verzweigte Fangfäden mit Nesselkapseln zum Töten der Beute. Diese können auch dem Menschen gefährlich werden. Medusenförmige Geschlechtstiere dienen der Fortpflanzung, so genannte Taster der intrazellulären Verdauung. Schuppenförmige, knorpelharte Deckstücke, die medusenartig aufgebaut sind, überdecken und schützen Nährpolypen und Geschlechtstiere.

Modulare Organismen. Die gleichartigen Bauelemente von Tierstöcken, die untereinander in Wechselbeziehung stehen, bezeichnet man als Module. Modular gebaut sind auch viele Pflanzen. So wachsen Maiglöckchen mit einem unterirdischen Erdspross, an dem sich Wurzeln bilden (Wurzelstock, Rhizom). Der Wurzelstock bildet oberirdische Blütentriebe. Diese »Module« sterben im Herbst wieder ab. Durch das Rhizomwachstum können Wuchsorte mit günstigeren Umweltfaktoren, z. B. lichte Stellen im Wald, erreicht werden. Der modulare Bau führt also zu einer besseren Anpassungsfähigkeit. Auch die zum Licht wachsenden beblätterten Zweige der Bäume haben eine vergleichbare Funktion, sodass auch Bäume modulare Pflanzen sind. ■

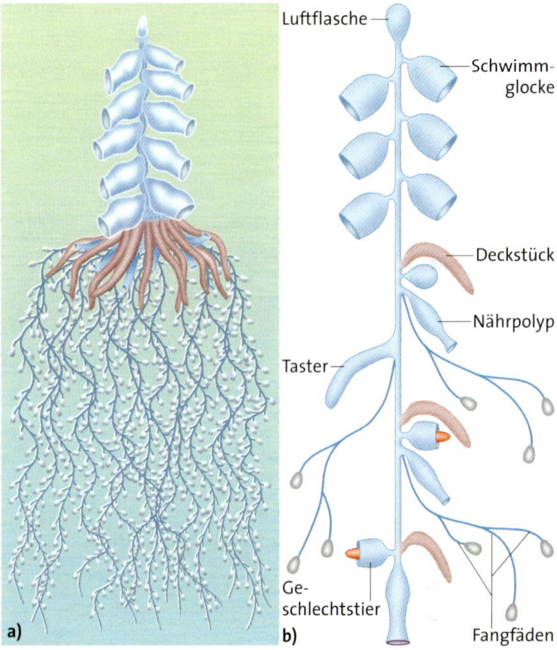

Abb. 83.4: Staatsqualle als Tierstock. **a)** *Physophora hydrostatica*, 6 cm lang. Die Fangfäden anderer Staatsquallen reichen bis 30 m in die Tiefe; **b)** Schema des Grundbauplans einer Staatsqualle

Abb. 83.1: Sonnentau *(Drosera rotundifolia)*, einheimische Hochmoorpflanze

Abb. 83.2: Venusfliegenfalle *(Dionaea)* aus Nordamerika

Abb. 83.3: Kannenpflanze *(Nepenthes)* aus den Tropen

2 Population und Lebensraum

2.1 Population und Populationswachstum

Zu einer Population gehören alle artgleichen Individuen eines geografisch definierten Gebiets. Die Anzahl dieser Organismen ist ständigen Schwankungen unterworfen. Das Wachstum einer Population kann am Beispiel einer Bakterienkultur verfolgt werden. Dazu bringt man eine kleine Zahl von Bakterien in ein steriles Nährmedium. Unter günstigen Bedingungen teilt sich jedes von ihnen innerhalb von 20 bis 40 Minuten. Dieser Vorgang setzt sich fort. In jeder Generation verdoppelt sich die Anzahl der Individuen. Man spricht von **exponentiellem Wachstum.** Den explosionsartigen Zuwachs kann man sich an folgendem fiktiven Beispiel klarmachen: Ein Bakterium hätte bei einer konstanten Verdopplungszeit von 20 min nach 44 h (= 132. Generation) 2^{132} ($= 5 \cdot 10^{39}$) Nachkommen. 10^{12} Bakterien wiegen ungefähr 1 g. Demnach brächten jene Bakterien etwa die Masse der ganzen Erde ($= 5{,}973 \cdot 10^{27}$ g) auf die Waage. Das Wachstum einer realen Bakterienpopulation wird allerdings nur am Anfang durch eine exponentielle Kurve beschrieben (**Abb. 84.1**). Im weiteren Verlauf des Populationswachstums teilen sich nicht mehr alle, denn die steigende Zahl der Bakterien hat u. a. einen Nahrungsmangel zur Folge, und die Wachstumsrate nimmt fortlaufend ab. Schließlich findet keine weitere Zunahme der Individuenzahl statt; es besteht ein Gleichgewichtszustand, bei dem die Sterberate so groß ist wie die Geburtenrate. Damit ist eine weitgehend konstante Populationsgröße im betreffenden Lebensraum erreicht. Diese wird auch als Kapazität K des Lebensraumes bezeichnet. K wird im Beispiel von der Verknappung der Nahrung und der Anhäufung giftiger Stoffwechselprodukte der Bakterien in der Kulturflüssigkeit bestimmt. Gießt man die Bakteriensuspension in ein größeres Gefäß und fügt neue Nährlösung hinzu, so wächst die Population weiter, bis sich ein neuer Gleichgewichtszustand mit einem höheren K-Wert einstellt.

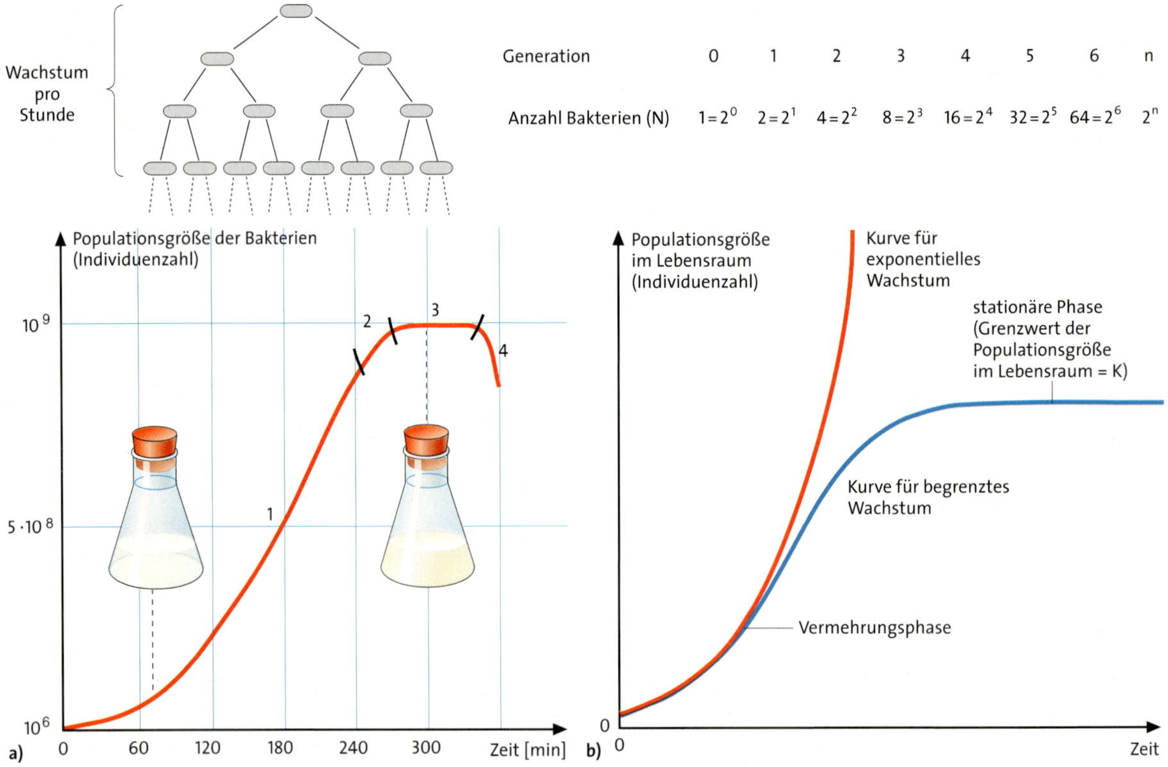

Abb. 84.1: Wachstumskurven von Bakterienpopulationen. **a)** Wachstum einer Bakterienpopulation. **1** Vermehrungsphase; nach einer kurzen Anfangsphase wächst die Population exponentiell. In der Anlaufphase teilen sich wenige Zellen, viele bereiten sich auf die erste Teilung vor, z. B. durch Aufnahme von Nährstoffen. **2** Verzögerungsphase; die Population wächst zwar noch, aber nicht mehr exponentiell; viele Bakterien entstehen neu, einige sterben ab. **3** Stationäre Phase; Anzahl der neu entstehenden und der absterbenden Bakterien halten sich die Waage. **4** Absterbephase; es sterben mehr Bakterien ab als neu gebildet werden; **b)** exponentielle Wachstumskurve und Kurve für begrenztes Wachstum einer Population (schematisch)

Wachstumsraten und chaotische Vorgänge

In einem begrenzten Lebensraum bleibt die Populationsdichte einer Art selbst bei konstanten äußeren Bedingungen häufig nicht weitgehend gleich, sondern schwankt erheblich (**Abb. 85.1**). Wie lässt sich das erklären? Mithilfe eines Rechners kann man dieser Frage nachgehen und für beliebig viele Generationen die Populationsgrößen nacheinander ermitteln. Man gibt die Zahlen für die Wachstumsrate r, die Kapazität des Lebensraums K und die Anfangsgröße der Population N_0 vor und berechnet die jeweilige Populationsdichte für die Folgegenerationen *(s. S. 86)*. Dabei zeigt sich: Bei r-Werten unter 2,00 strebt die Population dem Wert K zu (**Abb. 85.2 a**). Liegt r zwischen 2,00 und 2,45 zeigt sie regelmäßige Schwankungen (»Schwingungen«) um diesen Grenzwert (**Abb. 85.2 b**). Wird r noch größer, so werden die Schwankungen unregelmäßig (**Abb. 85.2 c**). Sie erreichen bei $r > 3$ so große Amplituden, dass die Population irgendwann zusammenbricht (**Abb. 86.2 d**). Wann dies eintritt, hängt z. B. von der Anfangsgröße N_0 ab. Bei hohen Wachstumsraten wirken sich also schon kleine Veränderungen in der Wachstumsrate r so drastisch aus, dass die regelmäßigen Populationswellen in ein System mit chaotischem Verhalten übergehen.

Bei chaotischen Systemen ist eine Voraussage des Verhaltens in der Regel nur sehr eingeschränkt möglich, obwohl sie angebbaren Gesetzen unterliegen. Man begegnet ihnen überall: Eine Flipper-Maschine unterliegt nur physikalischen Gesetzen. Dennoch ist es nicht möglich, die Bahn der Kugel für längere Zeit vorherzuberechnen, weil schon geringe Veränderungen der Anfangsbedingungen den Ablauf verändern können. Dasselbe gilt für das Wetter: Alle für seine Entwicklung gültigen Gesetze sind bekannt, aber die Vorhersage bleibt trotz Einsatz von Wettersatelliten mit Unsicherheiten behaftet. Aus der Tatsache, dass man ein allgemein gültiges Gesetz (oder mehrere) für das Verhalten eines Systems angeben kann, folgt also nicht, dass dieses Verhalten genau vorhersagbar und berechenbar wäre.

Bei Arten mit hohen Wachstumsraten ($r > 3{,}0$; z. B. Wasserflöhe) findet man also aus mathematischen Gründen stark schwankende Populationsgrößen. Die Populationen würden aussterben, wenn es keine Dauerformen gäbe. Zu diesen Dauerformen gehören Dauereier bzw. Samen, die sich erst nach einigen Jahren entwickeln.

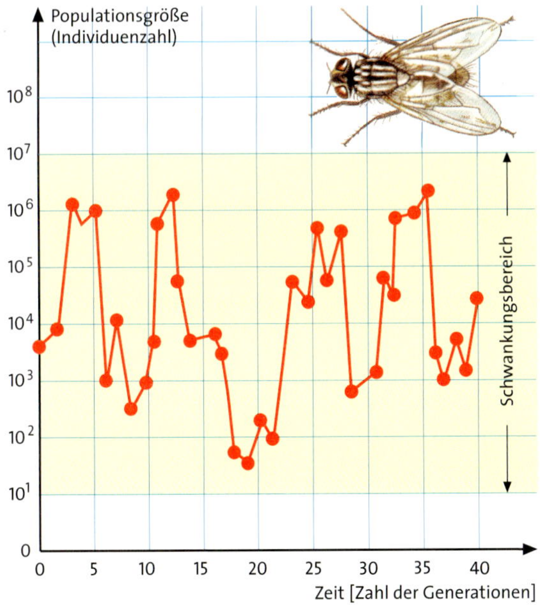

Abb. 85.1: Schwankungen der Populationsdichte bei der Stubenfliege in einem begrenzten Lebensraum. Ob diese Veränderungen Schwingungen der Populationsgröße sind oder ob ein chaotisches Verhalten vorliegt, lässt sich bei einer so geringen Anzahl von Generationen nicht entscheiden.

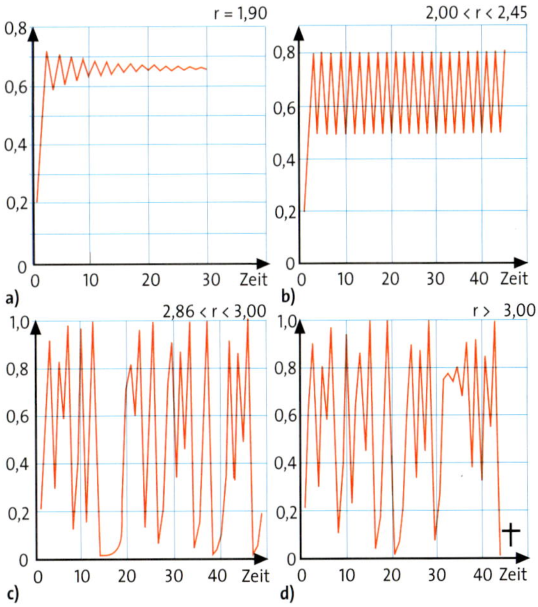

Abb. 85.2: Rechnermodelle der Populationsentwicklung. **a)** Bei r-Werten < 2 strebt die Population dem Wert K zu; **b)** r-Werte > 2 führen zunächst zu regelmäßigen Schwankungen; **c)** hohe r-Werte > 2,45 bewirken chaotische Schwankungen der Populationsdichte; **d)** bei r-Werten > 3 stirbt die Population aus.

Herleitung der Wachstumsgleichung. Während des Wachstums stirbt laufend ein Teil der Bakterien, daher ergibt sich die Wachstumsrate der Population aus der Differenz von Geburtenrate und Sterberate. Wenn pro 1000 Bakterien in jeder Generation 1000 weitere entstehen, ist die Geburtenrate 1000/1000 = 1. Angenommen, es sterben pro 1000 Bakterien nach der Teilung jeweils 100, so liegt eine Sterberate von 100/1000 = 0,1 vor. Dann beträgt die Wachstumsrate 0,9. Der tatsächliche Zuwachs an Individuen pro Zeit (dN/dt; Verdopplungszeit t = 20 min) ergibt sich aus dem Produkt der Anzahl vorhandener Bakterien (N) und der Wachstumsrate (r):

$$\frac{dN}{dt} = r \cdot N$$ (Zuwachs je Zeit = Wachstumsrate · Zahl vorhandener Individuen.)

Wenn in der ersten Generation N Individuen vorliegen, findet man in der nächsten Generation $N + N \cdot r = N(1+r)$, in der darauf folgenden $N(1+r) + N(1+r) \cdot r = N(1+r)^2$ und in der n-ten Generation $N(1+r)^n$ Individuen. Mit dieser Gleichung beschrieb der englische Wirtschaftswissenschaftler MALTHUS 1798 das exponentielle Wachstum bei Lebewesen.

Der Zuwachs hängt nun aber davon ab, wie weit sich die Anzahl der Individuen N der Kapazität des Lebensraums K bereits angenähert hat. Dem trägt die folgende erweiterte Wachstumsgleichung Rechnung:

$$\frac{dN}{dt} = r \cdot N \left(\frac{K-N}{K}\right) \quad \text{oder} \quad \frac{dN}{dt} = \underbrace{r \cdot N}_{\text{exponentielle Zunahme}} - \underbrace{\frac{r \cdot N^2}{K}}_{\text{nicht verwirklichte Zunahme}}$$

Diese Wachstumsgleichung gilt näherungsweise auch für viele Tier- und Pflanzenarten. Liegt N nahe 0, so gilt $\frac{K-N}{K} = \frac{K-0}{K} = 1$, d.h. es liegt nahezu ein exponentielles Wachstum vor. Nimmt aber N den Wert von K an, so gilt $\frac{K-N}{K} = 0$, es liegt ein Gleichgewichtszustand vor, in dem kein Zuwachs erfolgt. In der Natur kann N vorübergehend über den Wert von K ansteigen. Dann erhält der Faktor $\frac{K-N}{K}$ ein negatives Vorzeichen: Die Population »wächst« negativ, d.h. die Anzahl der Individuen nimmt laufend ab. Dies ist z.B. dann der Fall, wenn Schmetterlingsraupen, wie Nonne oder Kiefernspinner, in so großen Massen auftreten, dass sie die Nahrungspflanzen kahl gefressen haben und sterben, bevor die meisten von ihnen zur Verpuppung gelangt sind. Die wenigen, die sich zum Schmetterling entwickeln können, erzeugen die viel kleinere Folgepopulation.
Bei einer hohen Wachstumsrate r strebt die Populationsdichte nicht dem Wert K zu, sondern zeigt Schwankungen um diesen Grenzwert *(s. Exkurs Wachstumsraten und chaotische Vorgänge, S. 85).* ■

Überlebenskurven. Aussagen über die mittlere Lebenserwartung der Individuen einer Population sind mithilfe von Überlebenskurven möglich. Dazu wird die Anzahl der Individuen der Population nach Altersklassen getrennt ermittelt, und der Anteil der jeweiligen Altersklasse wird logarithmisch gegen das Alter aufgetragen. Es lassen sich drei idealisierte Überlebenskurven unterscheiden (**Abb. 86.1 a**). Typus I: Erst im hohen Alter sterben viele Individuen, z.B. bei Haustieren und Mensch. Typus II: Eine gleichbleibende Sterblichkeit in jeder Altersklasse gibt es z.B. bei vielen Vögeln. Typus III: Eine sehr hohe Sterblichkeit der Jugendstadien (befruchtete Eier, Larven, Samen, Keimlinge) gilt für viele Pflanzen (auch Bäume), für Fische und die meisten wirbellosen Tiere.

Eine erhöhte Sterblichkeit von Jugendformen ist bei vielen Arten zu beobachten (**Abb. 86.1 b**). Werden Tiere in Gefangenschaft gehalten, erfolgt eine Verschiebung zu Typus I.

Populationswachstum des Menschen. Die Population des Menschen auf der Erde zeigt in den letzten Jahrhunderten einen exponentiellen Verlauf (**Abb. 87.3**). In der jüngsten Vergangenheit ist eine geringe Verlangsamung der Zunahme zu erkennen. Wann die stationäre Phase erreicht wird, lässt sich kaum vorhersagen, weil sehr viele Einflussgrößen berücksichtigt werden müssen. Die meis-

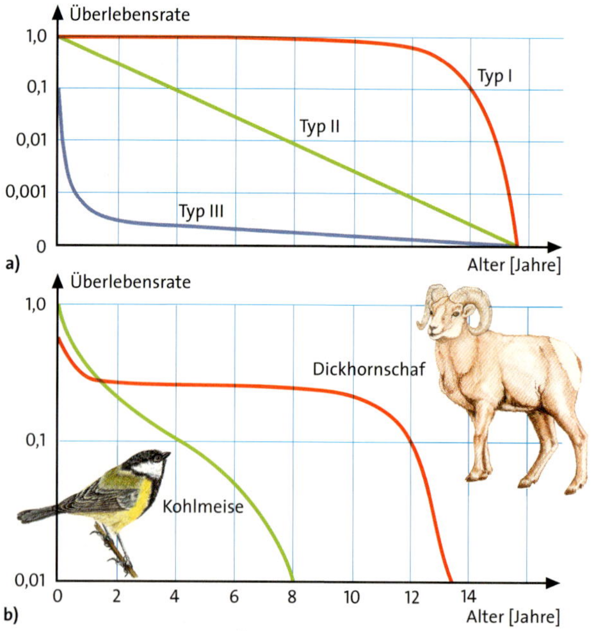

Abb. 86.1: Generalisierte Überlebenskurven (**a**) und Überlebenskurven (**b**) von Kohlmeise (Typ II) und Dickhornschaf (Typ I). Die Überlebensrate wird logarithmisch angegeben. 0,1 bedeutet, dass 10 % der Individuen überleben.

ten Bevölkerungsforscher rechnen damit, dass erst im Zeitraum zwischen 2050 und 2080 mit acht bis zehn Milliarden Menschen die stationäre Phase erreicht sein wird. Die Individuenzahl der verschiedenen Altersgruppen wird für den Menschen häufig durch **Bevölkerungspyramiden** (Alterspyramiden) dargestellt (**Abb. 87.1**). Aus deren Gestalt kann man erkennen, ob eine Population wächst, konstant bleibt oder schrumpft. Die Bevölkerungspyramiden zeigen aber auch die Reaktionen der Population auf Kriege, Hungersnöte und Epidemien. In vergangenen Jahrhunderten gab es mehrfach partielle Populationszusammenbrüche infolge rascher Seuchenausbreitung (**Abb. 87.2**). So starben während der Pest-Epidemie von 1347 bis 1352 etwa 25 % der europäischen Bevölkerung. In den heutigen Industrieländern findet aufgrund des höheren Lebensstandards keine größere Schwankung in der Populationsdichte statt. Jedoch könnte eine plötzliche Virus-Epidemie, gegen die es kein Heilmittel gibt, einen regionalen Populationszusammenbruch hervorrufen.

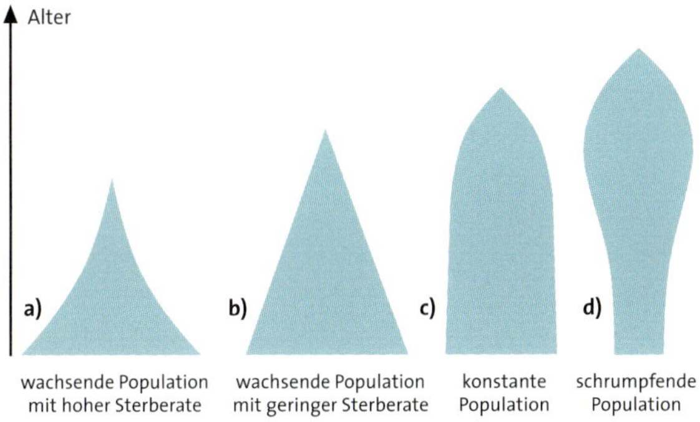

Abb. 87.1: Schematische Darstellung des Aufbaus von Bevölkerungen. Die jeweilige Altersstruktur zeigt gleichzeitig die Bevölkerungsentwicklung: **a)** Bevölkerung Ugandas 1990; **b)** Deutschland um 1910; **c)** Großbritannien 1968; **d)** Deutschland ab 1986 *(vgl. Abb. 87.4)*.

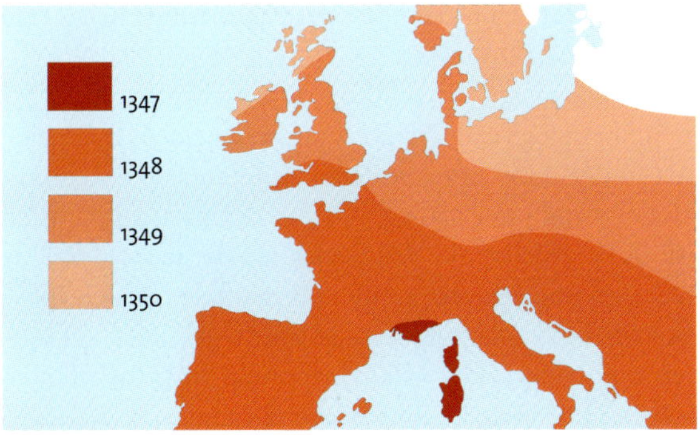

Abb. 87.2: Ausbreitung der Pest in Europa 1347 bis 1350

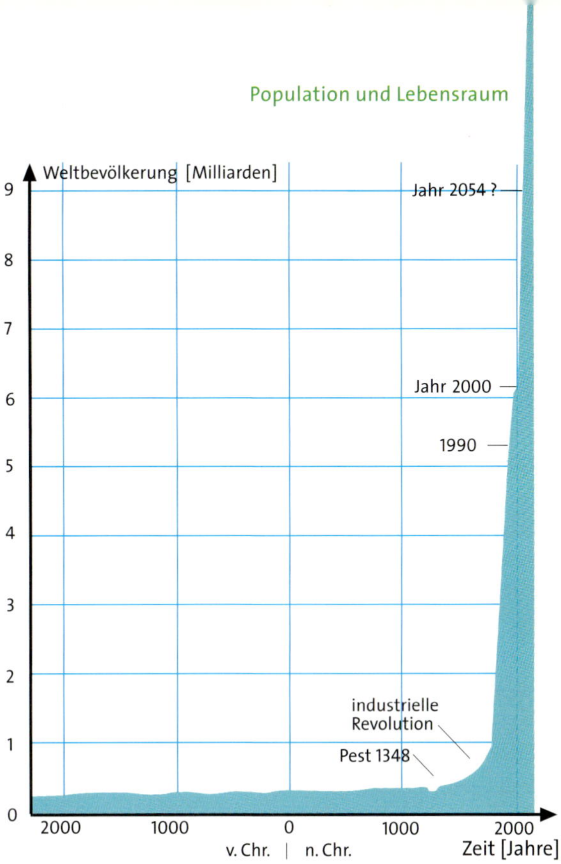

Abb. 87.3: Wachstum der Weltbevölkerung. Die Fortschritte der Wissenschaft verbesserten die Überlebenschancen durch eine Erhöhung des Lebensstandards. Um 1800 erreichte die Weltbevölkerung gerade die erste Milliarde. Seit 100 Jahren explodiert die Zahl. Für den Zeitraum von 2050 bis 2080 wird mit 8 bis 10 Milliarden Menschen gerechnet.

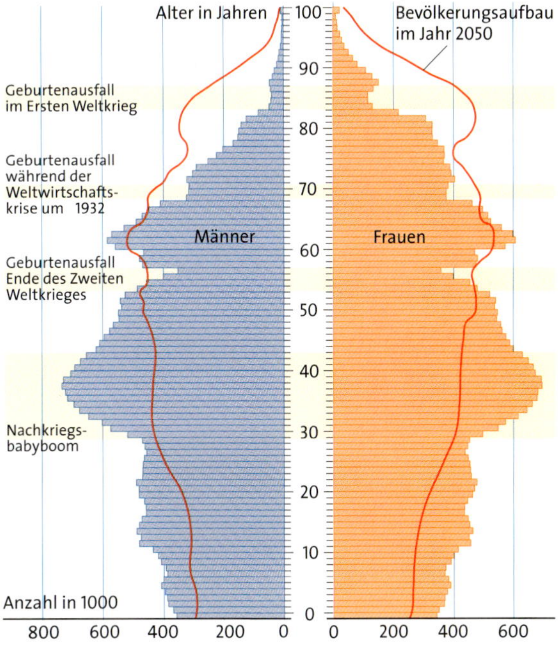

Abb. 87.4: Altersaufbau der Bevölkerung der Bundesrepublik Deutschland am 31. 12. 2002

Demografischer Übergang. Die Populationsgrößen aller Industrieländer haben sich im Zeitverlauf weitgehend gleichartig entwickelt. Zunächst sank die Sterberate infolge der Verbesserung des Lebensstandards, z. B. in den Bereichen Ernährung und Gesundheitspflege. So kam es über eine gewisse Zeit zu einem starken Anstieg der Bevölkerungszahl. Dann nahm die Geburtenrate ab, weil sich parallel zu einer Verbesserung der wirtschaftlichen Bedingungen eine striktere Familienplanung durchsetzte. Das hatte zur Folge, dass nun bei einer höheren Bevölkerungsdichte die Population wie in Großbritannien und Frankreich konstant bleibt, oder wie in Deutschland, Italien und Österreich sogar abnimmt. Diese zeitliche Veränderung der Populationsgröße heißt *demografischer Übergang.* Er entspricht einer Veränderung der Bevölkerungspyramide wie in Abb. 87.1 von a nach d. Die meisten Entwicklungsländer befinden sich derzeit in unterschiedlichen Stadien dieses Übergangs, der auch verschieden lang dauern kann (**Abb. 88.1**). Es zeigt sich immer wieder, dass Aufklärung und Appelle zur Geburtenkontrolle allein nicht ausreichen; entscheidend ist der Lebensstandard.

Schrumpfen die Populationen (»negatives Populationswachstum«), können soziale Probleme dadurch entstehen, dass dann eine kleine Zahl von arbeitsfähigen Personen den Lebensstandard einer großen Zahl von Alten und Kranken mit erhalten muss.

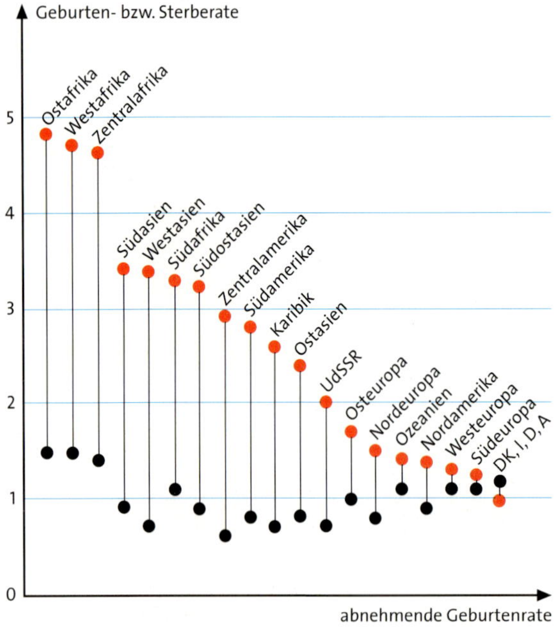

Abb. 88.1: Geburtenraten (rote Punkte) und Sterberaten (schwarze Punkte) der Regionen der Welt nach abnehmender Geburtenrate angeordnet. Die Regionen befinden sich in verschiedenen Stadien des demografischen Übergangs.

2.2 Die ökologische Nische

Tiere nutzen in ihrem Lebensraum nicht alle, sondern oft nur wenige der vorhandenen Möglichkeiten für ihre Ernährung *(s. 1.9.2).* Dasselbe gilt für die Anlage der Brutplätze, für Verstecke usw. So können z. B. Ringeltaube und Hohltaube im selben Lebensraum nebeneinander vorkommen: Die Ringeltaube nistet im Geäst der Bäume und frisst vorwiegend in der Nähe ihres Nestes Früchte, Raupen, Würmer und Schnecken. Die Hohltaube dagegen sucht in weitem Umkreis nach Früchten verschiedener Art und nistet in einer Spechthöhle. Infolge der unterschiedlichen Nutzung der Umwelt konkurrieren die beiden Arten eines Lebensraumes nicht oder nur teilweise miteinander.

Man bezeichnet die Gesamtheit aller biotischen und abiotischen Umweltfaktoren, die für die Existenz einer bestimmten Art wichtig sind, als *ökologische Nische* der Art. Der Begriff »ökologische Nische« kennzeichnet also nicht den Lebensraum der Art, sondern charakterisiert deren Umweltansprüche und die Form der Umweltnutzung. Die Ansprüche einer Art an die abiotischen Umweltfaktoren lassen sich durch die jeweilige ökologische Potenz für jeden Faktor eindeutig charakterisieren. Die biotischen Umweltfaktoren sind hingegen nicht so einfach darzustellen. Daher ist es oft nicht möglich, die ökologische Nische einer Art genau zu erfassen, sodass man sich häufig auf die Angabe einiger wichtiger Umweltbeziehungen beschränkt, z. B. auf die Nahrungsnische (**Abb. 89.2**).

Würden zwei Arten eines Gebietes dieselbe ökologische Nische besetzen, so müsste zwischen ihnen totale Konkurrenz herrschen. Die unter den gegebenen Umweltbedingungen jeweils lebenstüchtigere Art würde die andere schließlich völlig verdrängen. Daher gilt die Regel, dass in einem bestimmten Lebensraum nie zwei Arten mit völlig gleichen Ansprüchen, d. h. gleichen ökologischen Nischen, vorkommen *(Konkurrenzausschlussprinzip).* Dies wurde experimentell zuerst durch den russischen Ökologen GAUSE an Pantoffeltierchen-Arten nachgewiesen (**Abb. 89.1**).

Bei genauerer Betrachtung ist zwischen ökologischer und physiologischer Nische zu unterscheiden, wenn eine Art in der Regel unter anderen Bedingungen vorkommt als aufgrund ihrer ökologischen Präferenzen zu erwarten ist. Z. B. gedeiht die Waldkiefer am besten auf mäßig feuchten und schwach sauren bis neutralen Böden (physiologische Nische). Sie kommt aber regelmäßig auf sauren und nassen oder kalkhaltigen und trockenen Böden vor *(s. 1.1, Abb. 51.2).* Entsprechende abiotische Faktoren kennzeichnen ihre tatsächliche ökologische Nische.

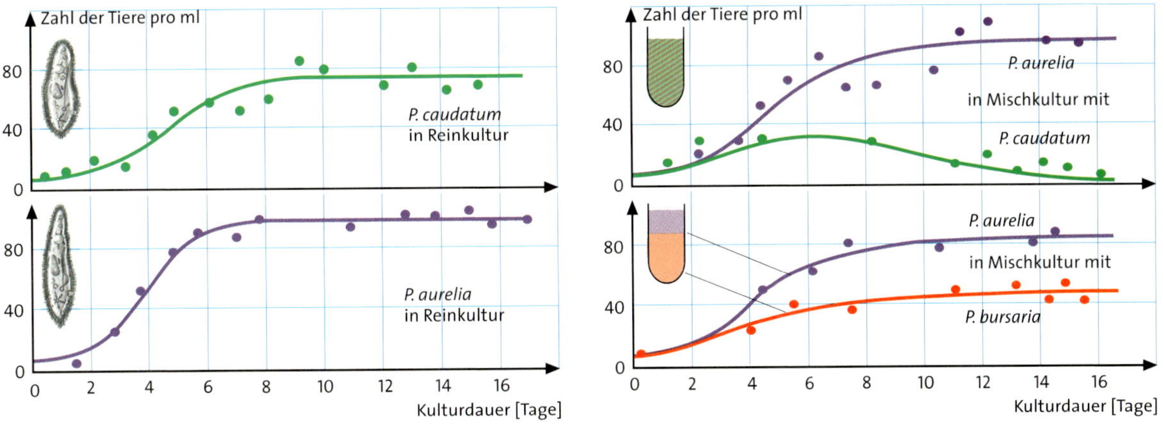

Abb. 89.1: Pantoffeltierchen-Arten in Rein- und in Mischkulturen. Für die beiden Reinkulturen gibt der waagerechte Kurvenverlauf die jeweilige Kapazität ihres Lebensraums wieder. Eine weitere Zunahme der Population ist infolge innerartlicher Konkurrenz um Nahrung und Sauerstoff nicht mehr möglich. Befinden sich *P. caudatum* und *P. aurelia* gemeinsam in einer Kultur, wird *P. caudatum* im Laufe der Zeit von *P. aurelia* verdrängt und stirbt aus. Die beiden Arten besitzen die gleiche ökologische Nische. Befinden sich dagegen die beiden Paramecium-Arten *aurelia* und *bursaria* in einer Mischkultur, so können diese koexistieren, weil sie sich in ihrer ökologischen Nische unterscheiden. *P. aurelia* ernährt sich von den Bakterien, die an der Wasseroberfläche wachsen und dort eine Kahmhaut bilden, *P. bursaria* frisst die nach unten sinkenden Bakterien oder auch Hefezellen. Zudem enthält *P. bursaria* fotosynthetisch aktive Algen als Endosymbionten.

Abb. 89.2: Nahrungsnischen einiger Vögel der Teiche. Die beiden Rohrsängerarten sowie Tafel- und Reiherente zeigen die unterschiedliche Einnischung von Arten einer Gattung. Rauch- und Flussseeschwalbe haben bei ähnlicher Lebensweise sehr ähnliche Gestalt (Konvergenz); ihre Nahrungsnischen sind aber deutlich verschieden. **1** Drosselrohrsänger sucht Insekten auf der Wasseroberfläche; **2** Teichrohrsänger sucht Nahrung im Schilf und in der Luft; **3** Graureiher sucht Tiere im Flachwasser; **4** Bachstelze sucht Insekten im Bereich Land-Wasser; **5** Stockente gründelt im Wasser nach Pflanzennahrung; **6** Tafelente taucht im tiefen Wasser nach Pflanzennahrung; **7** Reiherente taucht im tiefen Wasser nach Bodentieren; **8** Haubentaucher taucht nach Kleinfischen; **9** Flussseeschwalbe fängt kleine Fische durch Stoßtauchen; **10** Rauchschwalbe jagt im Luftraum nach Insekten.

Konvergenz. Arten, die in geografisch getrennten Gebieten leben, können sehr ähnliche ökologische Nischen bilden. Deshalb weisen sie viele Ähnlichkeiten in Gestalt und Lebensweise auf, sind aber nicht miteinander verwandt (**Abb. 90.1**). Man nennt diese Erscheinung *Konvergenz* und die ökologisch gleichwertigen Arten bezeichnet man als *stellenäquivalent.* Die Kolibris von Südamerika, die Nektarvögel von Afrika und die Honigfresser von Australien sind in ihrer Gestalt sehr ähnliche, Nektar saugende Vögel; sie sind aber nicht nahe miteinander verwandt. Vergleichbares gilt für Kakteen in amerikanischen, Wolfsmilchgewächse und Schwalbenwurzgewächse in afrikanischen und asiatischen Trockengebieten. Sie besitzen als Stammsukkulenten ähnliche Wuchsformen *(s. 1.3.5).*

Einnischung. Die Ausbildung unterschiedlicher ökologischer Nischen bezeichnet man als *Einnischung.* Sie führt dazu, dass viele Arten im gleichen Lebensraum nebeneinander existieren können (Koexistenz). Unterschiedliche Einnischung führt zu unterschiedlicher Nutzung des gleichen Lebensraums:

- Verlegung der Hauptaktivität auf verschiedene Tageszeiten: z. B. Greifvögel tags, Eulen nachts;
- Unterschiede im Nahrungserwerb: a) Aufnahme von Nahrung unterschiedlicher Größe: z. B. bedingt die unterschiedliche Größe von Raubtieren unterschiedlich große Beutetiere: Der Fuchs frisst beispielsweise Mäuse, der Wolf Antilopen; der Sperber jagt z. B. Sperlinge, der Habicht Fasane. b) Nahrungssuche an unterschiedlichen Orten: z. B. sucht Kohlmeise am Boden und im Inneren der Baumkronen, Blaumeise im Bereich der Astspitzen. c) Spezialisierung von Parasiten auf bestimmte Körperteile des Wirts: dies gilt z. B. für Kopflaus, Kleiderlaus und Schamlaus (Filzlaus) beim Menschen;
- unterschiedliche Temperaturoptima: z. B. bevorzugt der Strudelwurm *Planaria alpina* den kühlen Bachoberlauf und die Art *Planaria gonocephala* den wärmeren Mittel- und Unterlauf des Baches;
- Wahl verschiedener Zeiten für Fortpflanzung und Brutpflege: z. B. laichen Erdkröte, Grasfrosch und Wasserfrosch im Abstand einiger Wochen, sodass die Kaulquappen nicht um Nahrung konkurrieren.

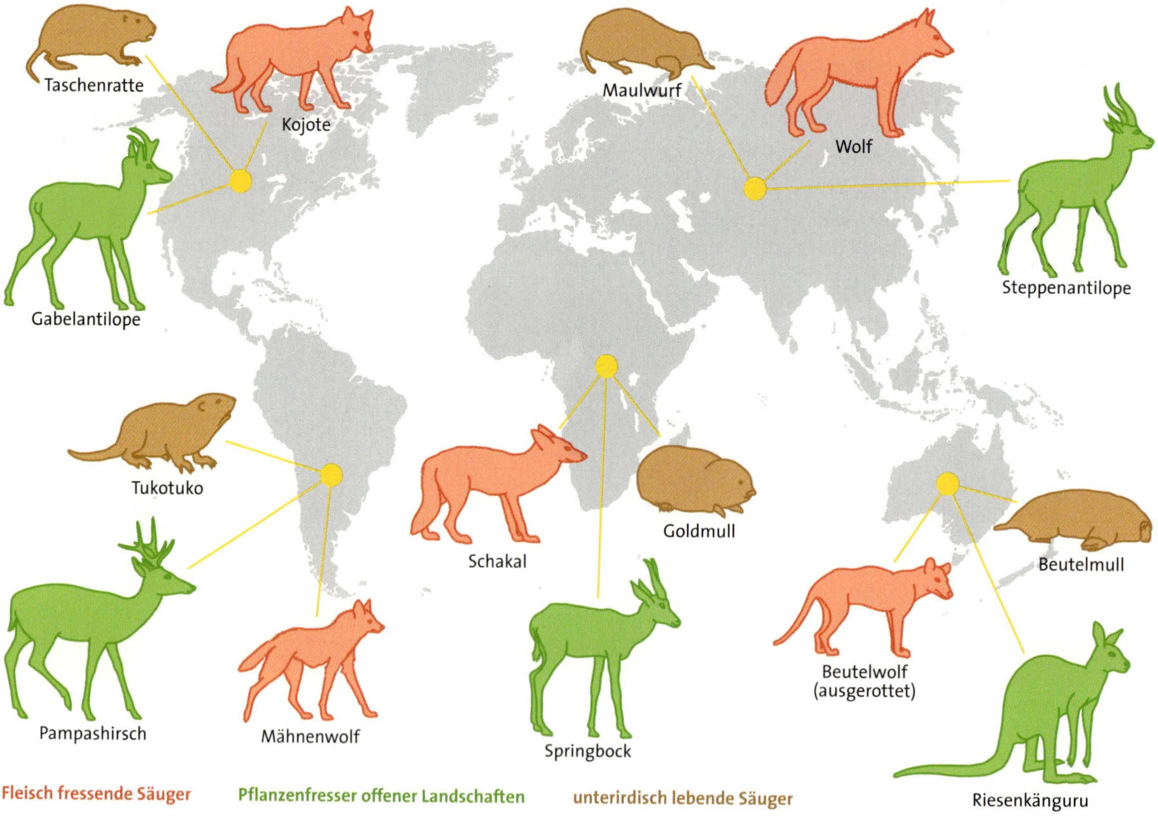

Abb. 90.1: Ähnliche Umweltbedingungen haben in verschiedenen Erdteilen Lebensformen mit einander entsprechenden (äquivalenten) ökologischen Nischen hervorgebracht. Die meisten ähneln sich auch in der Körpergestalt (Ausnahme Känguru).

Den Vorgang der Einnischung kann man folgendermaßen erklären: Das Populationswachstum wird dadurch begrenzt, dass nicht alle Individuen die größtmögliche Zahl an Nachkommen haben. Viele sterben schon im Jugendstadium, andere erreichen zwar das Stadium der Fortpflanzung, bekommen aber keine oder nur wenige Nachkommen.

Es ist aber nicht zufällig, welche Individuen viele und welche wenige oder keine Nachkommen haben. Individuen können sich in vielen erblichen Merkmalen unterscheiden, die einen Einfluss auf die Nachkommenzahl haben. Mäuse mit einer der Umgebung ähnlichen Fellfarbe werden von Feinden weniger leicht entdeckt als solche mit auffälliger Farbe und haben daher im Mittel mehr Nachkommen. Pflanzen mit auffälligem Blütenmuster werden von Bestäubern besser gefunden als weniger auffällige und bilden daher häufig mehr Samen. Kleine Merkmalsunterschiede führen so zu unterschiedlicher Nachkommenzahl. Träger bestimmter Merkmale stellen deshalb in der Population allmählich einen immer größeren Anteil.

Diese Auswahl von Merkmalen nennt man *Selektion.* Da sich die Merkmale selbst im Verlauf langer Zeiträume immer wieder geringfügig ändern, führt dies zum Vorgang der *Evolution.* Evolution findet also aufgrund ökologischer Beziehungen in Populationen statt und führt zur Bevorzugung der jeweils am besten angepassten Individuen und derjenigen, die der Konkurrenz zu anderen Arten am besten ausweichen. So kommt es zur unterschiedlichen Einnischung der Arten.

Gebisstypen von Säugetieren

Die verschiedenen Gruppen der Säugetiere sind an unterschiedliche Nahrung angepasst. Am Gebiss kann man die Nahrungsnische erkennen: Die Spitzmaus besitzt ein Insektenfressergebiss mit Zähnen, die spitzkegelig sind oder spitze Höcker aufweisen. Der Zahnwal hat zahlreiche nach hinten gerichtete Zähne, mit denen er seine Beute festhält und zerreißt (Fanggebiss). Der Fuchs besitzt ein Raubtiergebiss mit scharfen Schneidezähnen, dolchförmigen Eckzähnen und Backenzähnen mit scherenartig schneidenden Kanten. Beim Hausrind fehlen die oberen Eckzähne, die des Unterkiefers sind rückgebildet. Die breitkronigen Backenzähne sind mit Schmelzfalten durchsetzt. Sie ergeben eine raue Kaufläche (Mahlzähne eines Pflanzenfressergebisses). Der Biber hat ein Nagetiergebiss mit zwei wurzellosen Schneidezähnen, die ständig wachsen (Nagezähne). Eckzähne fehlen, die Backenzähne bilden eine geschlossene Kaufläche, die beim Bewegen des Unterkiefers von vorn nach hinten wie eine Raspel wirkt. Wildschweine und Gorillas haben Allesfressergebisse, die in Bau und Funktion zwischen Pflanzen- und Fleischfressergebissen stehen. Der Elefant hat ein umgewandeltes Pflanzenfressergebiss. Die oberen Schneidezähne sind zu Stoßzähnen umgebildet. In jeder Kieferhälfte befindet sich nur ein Backenzahn.

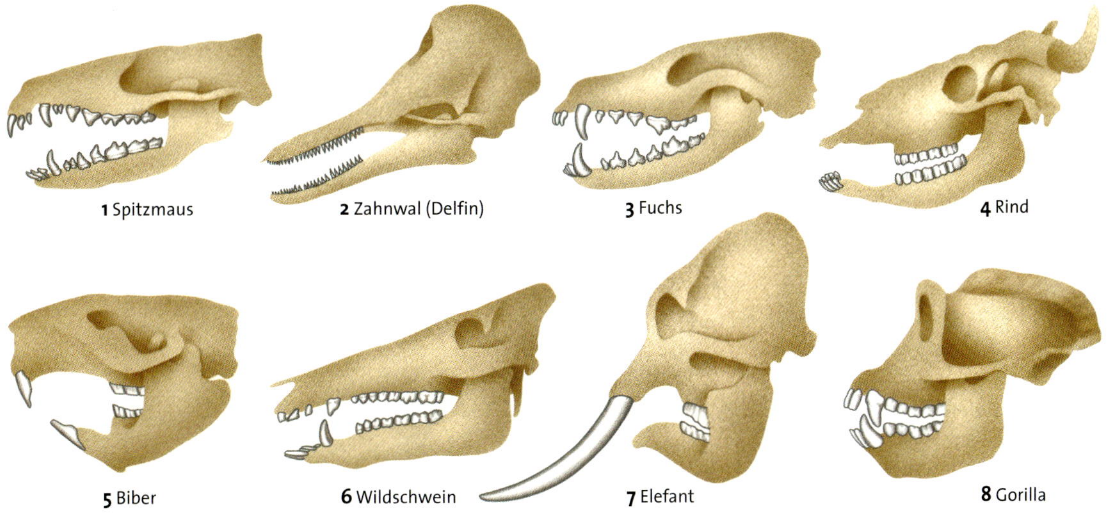

Abb. 91.1: Gebisstypen von Säugetieren

2.3 r- und K-Strategie bei der Fortpflanzung

In beständigen Lebensräumen, wie Wald, Korallenriff oder Höhle, findet man Populationen, deren Größe über lange Zeit relativ konstant bleibt. Die Zahl der Individuen liegt nahe bei dem Wert, der durch die Kapazität des Lebensraums gegeben ist. Für diese Arten ist die Konkurrenzfähigkeit entscheidend. Viele der hier siedelnden Arten weisen eine **K-Strategie** auf (K: Kapazität).

Wird ein Lebensraum plötzlich verändert, wie z.B. Sandbänke in einem Fluss oder Lichtungen nach einem Kahlschlag, oder entsteht er neu, wie der Fruchtkörper eines Pilzes oder ein Kuhfladen, so wird er zunächst nur von sehr wenigen Organismen besiedelt. Die an diese Lebensräume angepassten Arten sind langfristig dadurch erfolgreich, dass sie sich rasch vermehren und viele Nachkommen haben, von denen wenigstens einige wiederum einen gleichen Biotop an anderer Stelle finden und besiedeln können. Diese Arten zeichnen sich durch eine hohe Wachstumsrate ihrer Populationen aus; sie zeigen eine **r-Strategie** (r: Faktor der Wachstumsgleichung).

Bei Arten mit r-Strategie handelt es sich um »Ausbreitungstypen«. K-Strategen sind »Platzhaltertypen«. Beide können nebeneinander im gleichen Lebensraum vorkommen. Pflanzen mit r-Strategie sind meist klein, oft einjährig und bilden sehr viele und leicht zu verbreitende Samen (viele Acker- und Gartenwildkräuter). Sehr vorteilhaft ist eine lange Lebensdauer der Samen, sodass sie viele Jahre im Boden verbleiben können, so lange die Umweltbedingungen ungünstig sind. Diese »Samenbank« im Boden ist für die Wiederbesiedlung von Flächen, z.B. bei Flächenstilllegung oder Renaturierung, von großer Bedeutung. Pflanzen mit K-Strategie sind dagegen oft sehr langlebig, z.B. Bäume. Tiere mit K-Strategie haben in der Regel wenige Nachkommen, betreiben aber eine intensive Brutpflege und leben ebenfalls relativ lang. Der Mäusebussard z.B. wird etwa 24 Jahren alt. Erst ab einem Alter von drei Jahren zieht er jährlich bis zu drei Nachkommen groß. Bei Blattläusen (r-Strategen) können dagegen pro Jahr zehn bis zwölf Generationen aufeinander folgen. Dabei legt eine weibliche Laus bis zu 300 widerstandsfähige Eier, die den Einsatz herkömmlicher Insektizide im Gegensatz zur entwickelten Laus überleben können.

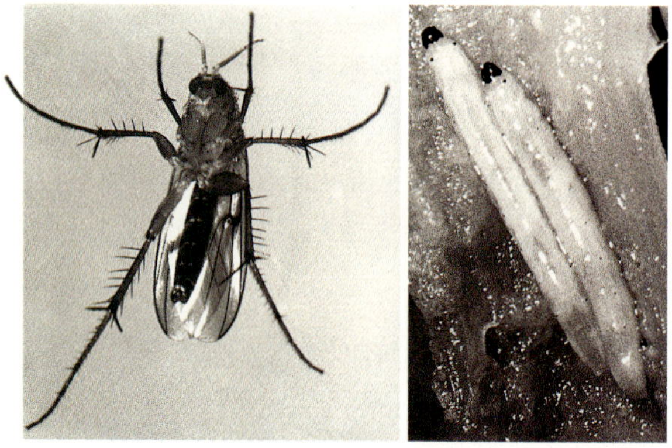

Abb. 92.1: Pilzmücke und ihre Larven im Stiel eines Hutpilzes

Eine spezifische r-Strategie ist bei Pilzmücken zu beobachten (**Abb. 92.1**). Ihre Larvenformen (Maden) ernähren sich von bestimmten Pilzen und durchlöchern sehr zum Leidwesen der Sammler die Pilzfruchtkörper. Sie zeigen einen Wechsel von zweigeschlechtlicher und parthenogenetischer Fortpflanzung. Bei der Parthenogenese entwickeln sich die Nachkommen aus unbefruchteten Eiern. Durch die zweigeschlechtliche Fortpflanzung entstehen flugfähige Pilzmücken, die ihre Eier auf einen geeigneten Pilz ablegen. Die daraus entstehenden Weibchen vermehren sich parthenogenetisch und pflanzen sich bereits im Larvenstadium fort. Diese Larven legen aber keine Eier, sondern ihre Nachkommen entwickeln sich unmittelbar im Körper und fressen das Muttertier von innen her auf. Eine Mücke entsteht nicht. Stattdessen werden rasch viele Nachkommen in dem kurzlebigen Lebensraum »Pilz« gebildet. Wenn der Pilz aufgezehrt ist, müssen aber wieder flugfähige Tiere entstehen, die einen neuen Pilz aufsuchen können.

Metapopulation. Die Populationen vieler Arten sind in kleinere oder größere Teilpopulationen gegliedert. Besiedeln Teilpopulationen kurzlebige Lebensräume, können sie leicht ausgelöscht werden, durch Neubesiedlungen können aber neue Teilpopulationen entstehen. Findet zwischen den Teilpopulationen einer Art ein gelegentlicher Austausch von Individuen statt, so zählt man alle so vernetzten Populationen zu einer *Metapopulation.* Schnarrschrecken bilden in den Flussauen der Nordalpen solche Metapopulationen. Sie besiedeln dort Kiesbänke, die durch das Frühjahrshochwasser immer wieder verlagert werden. So gehen in jedem Jahr einige oder sogar viele Teilpopulationen zugrunde, es werden aber auch neue Kiesbänke besiedelt. Geschieht dies mit gleicher Häufigkeit wie das Aussterben von Teilpopulationen, kann sich die Flussauenpopulation dieser Heuschreckenart als Metapopulation insgesamt erhalten, wenn sie über den Austausch von Individuen vernetzt bleibt. Aufgabe des Naturschutzes ist es, Störungen im Austausch unter den Teilpopulationen bzw. in der Neubesiedlung aufzuspüren, um Maßnahmen ergreifen zu können, die ein Aussterben der Metapopulation verhindern *(s. Exkurs Biotopvernetzung, S. 127).* ■

2.4 Regulation der Populationsdichte

2.4.1 Dichteabhängige und dichteunabhängige Faktoren

Die in Baumhöhlen brütenden Meisen sind für die Forstwirtschaft von großer Bedeutung, weil sie Schadinsekten vertilgen. Dazu muss ihre Populationsdichte im Wald möglichst hoch gehalten werden. Auf die Populationsdichte wirken sich verschiedene Faktoren aus. Sind viele Insekten vorhanden, können sich die Meisen stark vermehren, während gleichzeitig die Insektenanzahl geringer wird. Die Zunahme der Populationsdichte der Meisen bewirkt somit eine Verringerung ihres Nahrungsangebots und umgekehrt. Die verfügbare Nahrungsmenge bezeichnet man daher als **dichteabhängigen** Faktor. Andere Umweltfaktoren, wie z. B. Temperatur und Luftfeuchtigkeit, können ebenfalls die Populationsdichte beeinflussen. Allerdings hat die Populationsdichte der Meisen auf diese Faktoren keinen Einfluss, es handelt sich daher um **dichteunabhängige** Faktoren (**Abb. 93.1**). Haben sich in einem Wald die Insekten reichlich vermehrt, so kann für die Meisen das Angebot geeigneter Brutplätze Dichte begrenzend wirken. Die Meisenpopulation lässt sich dann durch Nistkästen erheblich erhöhen.

Die Verfügbarkeit von Nahrung ist auch für eine Mäusepopulation ein dichteabhängiger Faktor. Ihre Populationsdichte wird unter anderem durch Fressfeinde beeinflusst *(s. 2.4.2)*. Umgekehrt hängt deren Populationsdichte von der Dichte der Mäusepopulation ab. In Mäusejahren haben beispielsweise Schleiereulen viel mehr Nachkommen als in mäusearmen Jahren.

Die Populationsdichte einer Art steigt in einem Lebensraum häufig bis zur Kapazität K an. Eine Population kann aber nie bis ins Uferlose wachsen, auch wenn genügend Futter angeboten wird und Fressfeinde keinen Zutritt haben. Ab einer bestimmten Populationsdichte nimmt z. B. bei Mäusen, die im Käfig gehalten werden, die innerartliche Konkurrenz zu, Anzeichen von Stress sind zu beobachten *(s. Verhalten 4.2.5)*. Durch die Änderung des Blutspiegels von Stresshormonen *(s. Hormone 1.3)* vermindert sich die Fruchtbarkeit und Embryonen sterben ab. Die Mäuse werden aggressiv, es kommt sogar zu Kannibalismus. Eine hohe Populationsdichte wirkt also in diesem Fall selbst Dichte begrenzend.

Gelegentlich erfolgt das Zusammenbrechen einer Population unter Einwirkung der dichteunabhängigen Faktoren, wie z. B. einem strengen Winter oder einem Waldbrand. Im Jahr 1944 brachten amerikanische Truppen 24 weibliche und fünf männliche Rentiere auf die St. Matthew-Insel in der Beringsee zwischen Alaska und Ostsibirien. Die Tiere ernährten sich auf der 330 km² großen Insel fast ausschließlich von Flechten und Gräsern. Nach dem Abzug der Soldaten konnten sich die Rentiere ungestört vermehren. Messungen im Jahre 1963 zeigten, dass sowohl die Flechten auf den Verbiss als auch die Rentiere auf das ärmliche Nahrungsangebot reagiert hatten: Die ursprüngliche Wuchshöhe der Flechten von 12 cm hatte auf 1 cm abgenommen. Die Rentiere wiesen eine geringere Körpergröße auf. Ihre Populationsdichte hatte allerdings die Kapazität K überschritten. Unter diesen negativen Ausgangsbedingungen starben nach einem strengen Winter 1963/1964 fast alle 8000 Tiere. Im Jahr 1966 zählte man nur noch 42 Exemplare (**Abb. 93.2**).

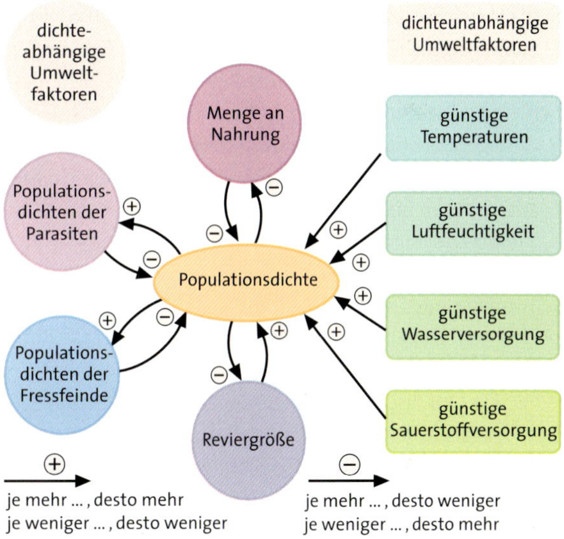

Abb. 93.1: Die Populationsdichte einer Tierart wird durch das Zusammenwirken der dichteunabhängigen Faktoren (rechts) und vor allem der dichteabhängigen Faktoren (links) reguliert. Die Populationsdichte hat keinen Einfluss auf die Faktoren rechts. Mit den dichteabhängigen Faktoren steht sie in einer Wechselbeziehung mit negativer Rückkoppelung.

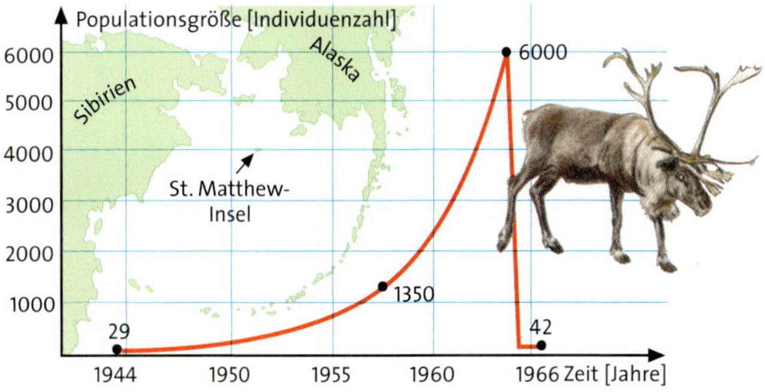

Abb. 93.2: Wachstum und Zusammenbruch einer Rentierpopulation auf der St. Matthew-Insel in der Beringsee

2.4.2 Populationsdynamik: Räuber-Beute-Systeme

Ernährt sich eine Tierart (Räuber) vorwiegend von einer *einzigen* anderen Art (Beute) desselben Lebensraumes und wandern weder Tiere zu noch ab, dann steigt die Anzahl der Räuber, wenn die Anzahl der Beutetiere zunimmt. Je mehr Nahrung den Räubern zur Verfügung steht, desto mehr Nachkommen können sie aufziehen. Die Anzahl der Beutetiere wirkt sich also positiv auf die Anzahl der Räuber aus. Je länger aber die Generationsdauer der Räuber ist, desto später tritt diese Wirkung ein. Da dann mehr Räuber auch mehr Beutetiere fressen, mindert die Anzahl der Räuber die Anzahl der Beutetiere (negative Rückwirkung). Auch hierbei beobachtet man eine gewisse Verzögerung in der Änderung der Individuenzahl. Ein solches Regelungssystem kann ins Schwingen geraten, sodass die Populationsdichte wiederkehrenden Schwankungen unterworfen ist (**Abb. 94.1**).

Die gegenseitige Abhängigkeit von Tierarten kann so gesetzmäßig sein, dass sie rechnerisch zu erfassen ist. Die Mathematiker LOTKA und VOLTERRA kamen dabei zu folgenden Aussagen *(LOTKA-VOLTERRA-Gesetze):*

1. Die Populationsdichten der Beute und des Räubers schwanken auch unter konstanten Umweltbedingungen periodisch. Dabei sind die Maxima der Beute- und Räuberpopulation phasenverschoben.

2. Die Durchschnittsgrößen der Beute- und der Räuberpopulation sind über lange Zeiträume konstant.

Diese beiden Gesetzmäßigkeiten wurden nicht nur im Experiment, sondern auch in der Natur bestätigt, beispielsweise bei den Populationsschwankungen von Marienkäfern, die Zitrusschildläuse jagen. Auch bei Schlupfwespen, die Käferlarven heimsuchen, ließen sich diese Aussagen bestätigen.

3. Wird die Anzahl der Individuen der Beute- und der Räuberpopulation prozentual gleich reduziert, so erholt sich die Beutepopulation rascher als die der Räuber; denn die Zahl der Räuber nimmt durch Nahrungsmangel zunächst noch weiter ab. Das lässt sich z. B. beobachten, wenn die Populationen von Blattläusen (Beute) und Marienkäferlarven (Räuber) durch chemische Bekämpfung reduziert werden. Die wechselseitige Abhängigkeit von Räuber und Beute kann auch angegeben werden, indem man die Häufigkeit des Räubers in Abhängigkeit von der Häufigkeit der Beutetiere darstellt. Man erhält dann ein zeitunabhängiges Diagramm (**Abb. 95.1 b**).

Populationsschwankungen, die den LOTKA-VOLTERRA-Gesetzen genau entsprechen, sind in der Natur allerdings die Ausnahme. Dies ist verständlich, da weder die Veränderung abiotischer Umwelteinflüsse noch die Einwirkung anderer Arten berücksichtigt werden. Außerdem kann die Populationsgröße einer Art auch bei Fehlen eines Räubers nicht für längere Zeit über die Kapazität des Lebensraumes hinaus ansteigen. Die LOTKA-VOLTERRA-Gesetze beschreiben einen stark vereinfachten Grenzfall.

Aus dem Auftreten von regelmäßigen Populationsschwankungen allein darf man nicht auf einen bestimmenden Einfluss des Räubers auf die Beutepopulation schließen. Dies ergab z. B. die Analyse des Räuber-Beute-Systems Nordluchs–Schneeschuhhase in Kanada: In Gebieten, wo der Nordluchs ausgerottet ist, beobachtete man weiterhin Schwankungen der Hasenpopulation. Sie wird dichteabhängig durch Stress reguliert. Die Luchspopulation ist ihrerseits von der Zahl der Beutetiere abhängig: Schrumpft die Hasenpopulation, hat der Luchs infolgedessen weniger Nachkommen. Erholt sich die Hasenpopulation, z. B. aufgrund günstiger Witterungsbedingungen, hat der Luchs wieder ein größeres Nahrungsangebot und seine Populationsdichte steigt (»bottom-up-Kontrolle«).

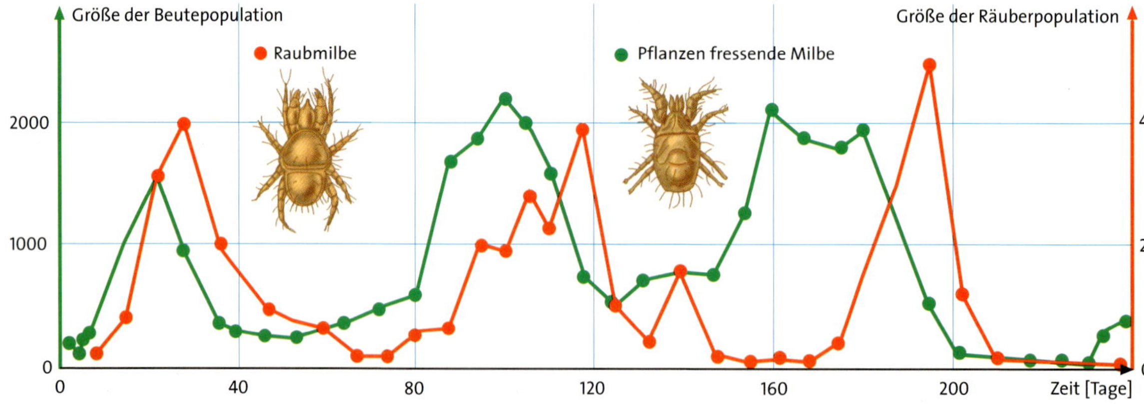

Abb. 94.1: Populationsschwankungen einer Pflanzen fressenden Milbe und einer Raubmilbe (Räuber-Beute-Beziehung). Die Kurven entsprechen den LOTKA-VOLTERRA-Gesetzen. Beachten Sie die unterschiedlichen Skalen der beiden y-Achsen.

Massenwechsel. Lemminge, Hasen, Wühlmäuse, Schnee- und Rebhühner zeigen besonders auffällige Populationswellen *(Massenwechsel)*. Die Senkung der Populationsdichte erfolgt durch Dichte abhängige Stress-Regulation oder Auswanderung von Populationen. Die *Berglemminge* Skandinaviens beginnen nach trockenen Wintern mit der Vermehrung bereits im zeitigen Frühjahr statt erst im Hochsommer. Dadurch nimmt die Populationsdichte besonders stark zu, und es verändert sich das Verhalten der Tiere. Die sonst einzeln lebenden Lemminge scharen sich zu großen Gruppen und wandern aus.

Wanderheuschrecken leben normalerweise vereinzelt. Unter günstigen Bedingungen können sie sich jedoch so stark vermehren, dass riesige Tierschwärme entstehen. Der enge Kontakt der Tiere untereinander ändert den Hormonhaushalt; die Tiere verändern sich so, dass sie in Gestalt, Körperfarbe und Verhalten abweichen. Ihre Nachkommen (Schwarmformen) gehen gruppenweise auf Wanderschaft. Durch Zusammenschluss vieler Wandergruppen entstehen Riesen-Schwärme mit Millionen Tieren. Bei ihren Wanderungen über Tausende von Kilometern hinweg verursachen sie verheerende Fraßschäden an der Vegetation. Man bekämpft daher schon das erste Auftreten kleiner Wandergruppen. ■

Herabsetzung der Konkurrenz als Folgewirkung eines Räubers oder eines Parasiten. Wenn ein Räuber mehreren Arten, die z. B. um Pflanzennahrung konkurrieren, nachstellt, so verringert der Räuber die Konkurrenz unter diesen Arten; denn er trägt zur Verminderung ihrer Populationsdichten bei. Dies hat oft zur Folge, dass insgesamt mehr verschiedene Beutearten nebeneinander leben können (**Abb. 95.2**) als ohne Gegenwart des Räubers möglich wäre (»top-down-Kontrolle«).

Ebenso können Parasiten die Konkurrenz unter ihren Wirtsarten erheblich herabsetzen, wenn sie diese gleichermaßen heimsuchen. So können verwandte Samenkäfer in einer Mischzucht nur dann koexistieren, wenn ihr gemeinsamer Parasit, eine Erzwespe, hinzugefügt wird. (**Abb. 95.3**). ■

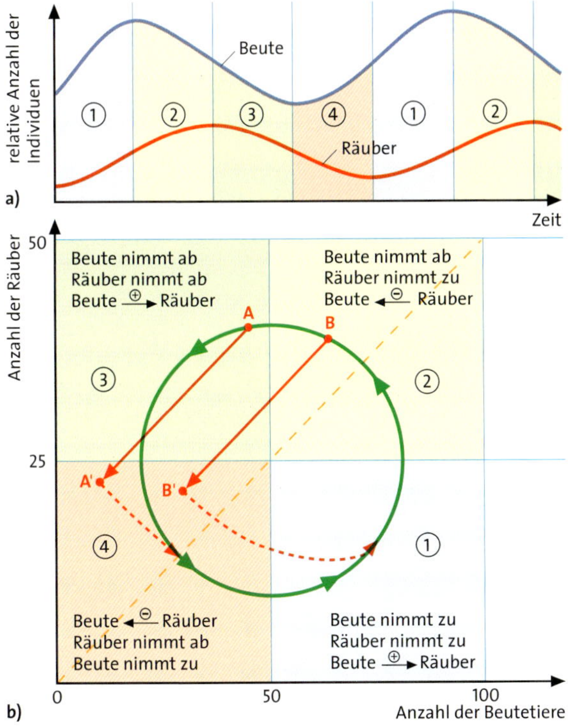

Abb. 95.1: Das LOTKA-VOLTERRA-Modell. Räuber-Beute-Beziehung in einer zeitlichen Darstellung **(a)** und in einem zeitunabhängigen Kreisschema **(b)**. Die Phasen 1 bis 4 entsprechen einander in a und b. Die roten Pfeile (parallel zur Winkelhalbierenden) kennzeichnen die proportional gleiche Abnahme von Räuber und Beute, z. B. in Folge chemischer Bekämpfung, bei A bzw. B. Große Schädigung führt stets zu Phase 4 *(vgl. Regelkreise in Abb. 93.1, links)*.

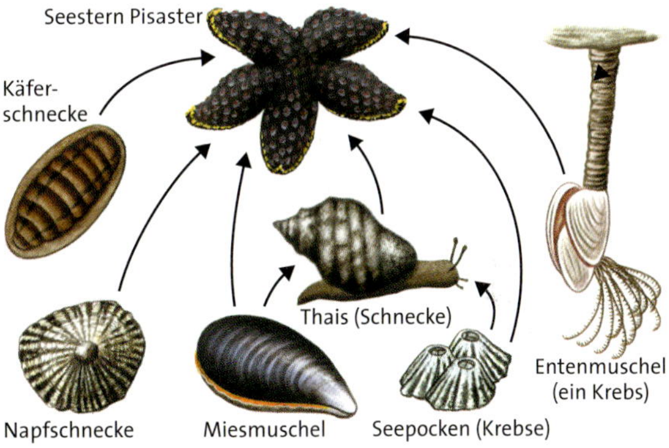

Abb. 95.2: Die Anwesenheit des räuberischen Seesterns *Pisaster* ermöglicht die Koexistenz verschiedener Arten von Weichtieren und Krebsen der Gezeitenzone, da die Konkurrenz zwischen ihnen vermieden wird.

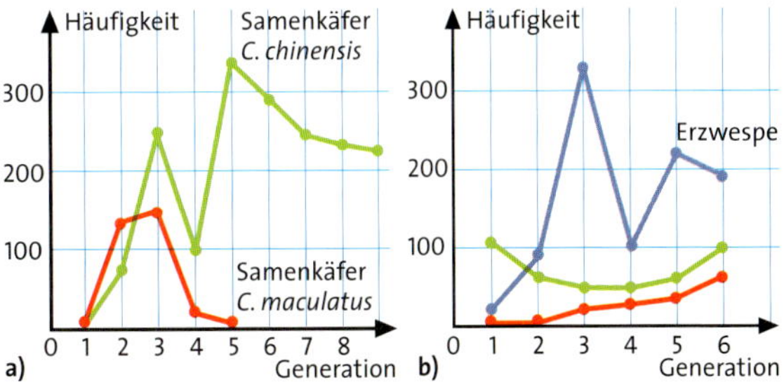

Abb. 95.3: In der parasitenfreien Mischzucht **(a)** ist die eine Samenkäferart der anderen in der Konkurrenz unterlegen und stirbt aus; in Anwesenheit der Erzwespe **(b)**, von der beide Käferarten parasitiert werden, können beide Käferarten koexistieren.

3 Ökosysteme

3.1 Einteilung und Aufbau von Ökosystemen

Die Erde besteht aus zahlreichen Ökosystemen, die in ihrer Gesamtheit die **Biosphäre** bilden. Sie stellt ein offenes System dar, zu dessen Einflussgrößen die Sonnenstrahlung gehört. Gemäß den drei großen Lebensbereichen der Biosphäre, dem Festland, dem Meer und dem Süßwasser, unterscheidet man terrestrische, marine und limnische Ökosysteme (**Tab. 96.1**). Auch nach dem Ausmaß der Einflussnahme durch den Menschen lassen sich Ökosysteme unterteilen: Man unterscheidet zwischen natürlichen, naturnahen, Agrar-, Forst- und Wasserwirtschaftsökosystemen sowie urbanen Ökosystemen. Die natürlichen Landökosysteme werden darüber hinaus in die großen Vegetationszonen der Erde *(s. Abb. 72.1)* eingeteilt; bei den Gebirgen lassen sich verschiedene Höhenzonen beschreiben *(s. Abb. 71.1)*. Doch auch ein Kulturmedium in einem Laboratorium oder ein Blumenkübel sind Ökosysteme. Unzureichend erforscht sind Ökosysteme, in denen nur Mikroorganismen leben, z. B. Erdöllagerstätten oder Porenräume und Klüfte von Gesteinen.

Aufbau von Ökosystemen. Alle Organismen benötigen zum Leben organische Substanzen. Diese werden in fast allen Ökosystemen von **Produzenten** (Erzeugern) aus anorganischen Stoffen erzeugt. Zu den Produzenten gehören die Fotosynthese betreibenden grünen Pflanzen und Bakterien sowie Prokaryoten, die die Energie für die Stoffproduktion aus der Chemosynthese gewinnen *(s. 2.2)*. Die Biomasse der Produzenten (Nettoprimärproduktion) misst man als Lebend- bzw. Trockenmasse in Kilogramm. Ihre Größe ist ein Hinweis auf den Energieinhalt, der den anderen Lebewesen zur Verfügung steht *(s. 3.3)*. Einem Gramm pflanzlicher Trockenmasse entsprechen 16,5 bis 23 kJ; zum Vergleich: Ein Gramm tierischer Trockenmasse hat einen Energiegehalt von 20,5 bis 25 kJ. Ökosysteme ohne Produzenten nennt man unvollständige Ökosysteme; sie können ohne Input von organischen Stoffen aus anderen Ökosystemen nicht bestehen. So benötigen Höhlenökosysteme den Import von Biomasse, z. B. mit dem zufließenden Wasser oder mit dem Fledermauskot.

Von lebenden Organismen ernähren sich die **Konsumenten** (Verbraucher), sie bauen deren Körpersubstanz ab. Zu den Konsumenten gehören die Tiere und der Mensch. Die Pflanzenfresser bezeichnet man als primäre Konsumenten, die Fleischfresser als sekundäre Konsumenten. Großraubtiere, die sich von kleineren Fleisch-

	natürliche Ökosysteme	**naturnahe Ökosysteme**	**Agrar- und Forstökosysteme, Wasserwirtschaftsökosysteme**	**urbane Ökosysteme**
Landökosysteme	ungestörter tropischer Regenwald (Primärwald), Wüste, Tundra, Gebirge und Hochgebirge	tropischer Sekundärwald, Moor, Heide, Streuobstwiese, naturnaher Wald	Acker, Garten, Weinberg, Fettwiese, gepflanzter Forst	Dorf, Stadt, Verkehrsweg, Gewerbefläche
Übergänge zu Meeresökosystemen	Watt, Salzwiese, Sand- und Felsstrand, Mangrove		Salzgarten	Uferpromenade, Hafen, Mole, Freibad
Meeresökosysteme	offene See, Tiefsee, Riff		Fischzuchtcontainer	Yachthafen
Übergänge zu Süßwasserökosystemen	Brackwassergebiet, z. B. Lagune		Kanal (z. B. Nord-Ostsee-Kanal)	kleine Wasserstraße in Küstenstädten
Süßwasserökosysteme	Fließgewässer (Quelle, Bach, Fluss); stehende Gewässer (Tümpel, Teich, Weiher, See)		Baggersee, Rückhaltebecken, Angelteich, Kanal (z. B. Rhein-Main-Donau-Kanal)	Absetzbecken, Brunnen, Schwimmbad
Ausmaß der Einflussnahme durch den Menschen	vom Menschen nur indirekt (durch Verschmutzung und Betreten) beeinflusst	Beeinflussung durch geringe, oft nur zeitweilige Nutzung	vom Menschen im Hinblick auf eine permanente Nutzung natürlicher Ressourcen verändert	weitgehend künstlich geschaffen
Ausmaß der Selbstregulation	volle Selbstregulation		Selbstregulation vielfach durch den Mensch ausgeschaltet	keine Selbstregulation

Tab. 96.1: Gliederung von Ökosystemen entsprechend der Einflussnahme durch den Menschen

fressern ernähren, sind tertiäre Konsumenten. Die Gesamtzahl der Konsumenten eines vollständigen Ökosystems wird durch die Primärproduktion begrenzt.

Die organische Substanz toter Lebewesen sowie Fraßabfall und Kot der Konsumenten werden von den **Destruenten** (Zersetzern) zu einfacheren Stoffen und schließlich zu Wasser, CO_2 und Mineralstoffen abgebaut. Man unterscheidet Abfallfresser (Saprophagen) und Mineralisierer. Die *Abfallfresser* führen nur einen teilweisen Abbau durch; hierzu zählen viele Würmer, z. B. Regenwürmer, und andere Kleintiere des Bodens. Bakterien und Pilze, die den Abbau der Stoffe zu Ende führen, werden als *Mineralisierer* bezeichnet. Die anorganischen Stoffe werden schließlich wieder zu Bestandteilen der abiotischen Umwelt. Auf diese Weise schließen die Destruenten die Stoffkreisläufe in Ökosystemen *(s. 3.4)*.

Die meisten Mikroorganismen besitzen einen spezialisierten Stoffwechsel, sodass sie nur bestimmte Abbauvorgänge durchführen können. Dennoch kommt es infolge der Vergesellschaftung zahlreicher Arten von Mikroorganismen zum nahezu vollständigen Abbau der organischen Stoffe. So sind die Anzahl und das Artenspektrum der Destruenten für die Vorgänge im Boden von großer Bedeutung.

Selbstregulation. Eine Eigenschaft natürlicher Ökosysteme ist die Fähigkeit zur Selbstregulation. Dadurch kann ein Ökosystem kurzzeitige Belastungen abfangen, sodass ein stabiler Zustand erhalten bleibt (*s. Homöostase* **Abb. 97.1**). Ist aber eine bestimmte Belastungsgrenze überschritten, kann sich der Lebensraum relativ rasch verändern, sodass das Ökosystem in einen anderen Zustand übergeht. In diesem erfolgt wiederum Selbstregulation. Er bleibt daher ebenfalls stabil. So geht ein *nährstoffarmer* (oligotropher) Teich in einen stabilen *nährstoffreichen* (eutrophen) Zustand über, wenn dauernd Abwässer zugeführt werden. Die Zunahme der Nährsalze durch Abbau organischer Stoffe bezeichnet man als Eutrophierung. Diese fördert das Wachstum von Algen und anderen Pflanzen. Dabei ändern sich die Arten- und Individuenzahlen im Teich. Unterbindet man die weitere Abwasserzufuhr, kann der Teich wieder in einen nährstoffarmen Zustand übergehen. Es befinden sich allerdings noch so viele Nährstoffe im Kreislauf, dass diese Rückkehr erst nach vielen Jahren erfolgt (**Abb. 97.1 a**). Wird durch die Zufuhr sehr vieler organischer Stoffe eine noch höhere Belastungsgrenze überschritten, vermehren sich die von diesen Stoffen lebenden Bakterien und Pilze so stark, dass durch ihre Atmung das Wasser sauerstoffarm wird. Als Folge davon vermehren sich anaerobe Bakterien am Teichboden und produzieren Schwefelwasserstoff, der bodennahe Organismen abtötet. Organisches Material reichert sich weiter an und die O_2-Produktion nimmt noch mehr ab. Mit der Ausbreitung der Bakterien erfasst der Vorgang weitere Bereiche: Der Teich »kippt um«; es entsteht wieder ein neuer stabiler Zustand des Ökosystems, der »Faulschlamm-Teich«.

In den Wäldern erfolgt durch übermäßigen Stickstoffeintrag infolge der Luftverschmutzung ein starkes Wachstum von Stickstoffzeigern, wie z. B. Brennnessel, Stinkender Storchschnabel und Springkraut, die allmählich andere Waldbodenpflanzen verdrängen. Waldökosysteme veränderten sich so zu stickstoffreichem (ruderalisiertem) Wald (**Abb. 97.1 b**). Auch hier ließe ein Beenden der Stickstoffzufuhr erst nach vielen Jahren die ursprünglichen Systeme wieder entstehen.

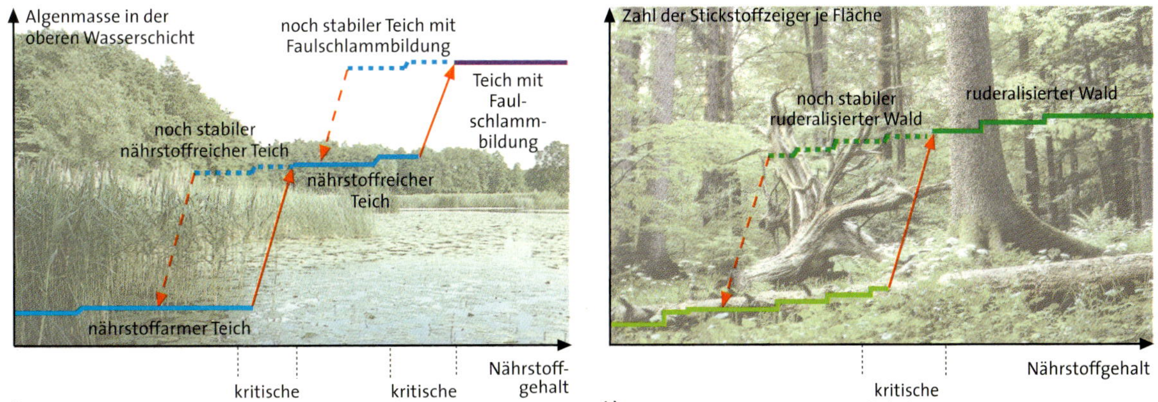

Abb. 97.1: Homöostase und Veränderung von Ökosystemen. **a)** Beispiel eines Teiches, der durch Nährstoffzufuhr belastet wird; **b)** Beispiel eines Waldes, der durch Stickstoffeintrag aus Luftschadstoffen belastet wird. Die gestrichelten Linien deuten an, was passieren würde, wenn der Nährstoffgehalt zurück ginge. Die roten Pfeile kennzeichnen einen instabilen Zustand.

3.2 Nahrungsbeziehungen in Ökosystemen

Von der durch die Nettoprimärproduktion *(s. 1.2.1)* entstandenen Biomasse ernähren sich primäre Konsumenten oder Destruenten. Indirekt ist sie auch die Nahrungsquelle für Konsumenten höherer Ordnung. Die durch Produktion und Konsum von Biomasse miteinander verknüpften Organismen bilden eine **Nahrungskette.** In der Regel ernähren sich die Angehörigen einer Art nicht nur von einer einzigen anderen, sondern von mehreren oder gar vielen Arten. Und die Angehörigen einer Art können Tieren aus vielen anderen Arten zur Nahrung dienen. Dadurch entsteht ein komplexes Netzwerk von Nahrungsbeziehungen, ein **Nahrungsnetz** (**Abb. 98.1**).

Durch Untersuchung des Mageninhalts oder des Kotes der Tiere lassen sich die Nahrungsbeziehungen ermitteln. Mithilfe der radioaktiven Markierung von Phosphaten mit ^{32}P können sogar die Mengen der jeweils aufgenommenen Nahrung abgeschätzt werden. Das markierte Phosphat wird von Pflanzen aufgenommen und ist aufgrund seiner Radioaktivität in jedem folgenden Glied der verzweigten Nahrungskette nachweisbar.

Abnahme der Biomasse. Mit 1000 kg Planktonalgen können etwa 100 kg Planktontiere heranwachsen, und diese liefern den Zuwachs von 10 kg Kleinfischen. Die Kleinfische erhöhen die Körpermasse z. B. einer wachsenden Robbe um 1 kg (**Abb. 98.2**). In dieser Nahrungskette nimmt die Biomasse auf jeweils 10 % von Stufe zu Stufe ab. Je nach Nahrungskette ist diese Abnahme verschieden hoch.

Ebenso wie eine Abnahme der Biomasse zeigt sich beim Übergang von einer Nahrungsebene zur nächsten auch ein enormer Rückgang der Individuenzahl. Die Zahlenpyramide und die Pyramide der Biomasse veranschaulichen dies (**Abb. 99.1 a, b**).

Für den Biomasseverlust gibt es vor allem drei Gründe: 1. Nicht die ganze verfügbare Biomasse einer Stufe wird von Angehörigen der nächsten Stufe gefressen. 2. Ein anderer Teil der Nahrung wird entweder gar nicht aufgenommen (Fraßabfall) oder als unverdaulich wieder ausgeschieden und gelangt somit direkt zu den Destruenten. 3. Ein großer Teil der Nahrung wird nicht zum Körperaufbau, sondern als Energiequelle verwendet, also veratmet. Dabei wird viel Energie (40 % und mehr) als Wärme ungenutzt abgegeben (**Abb. 99.2**).

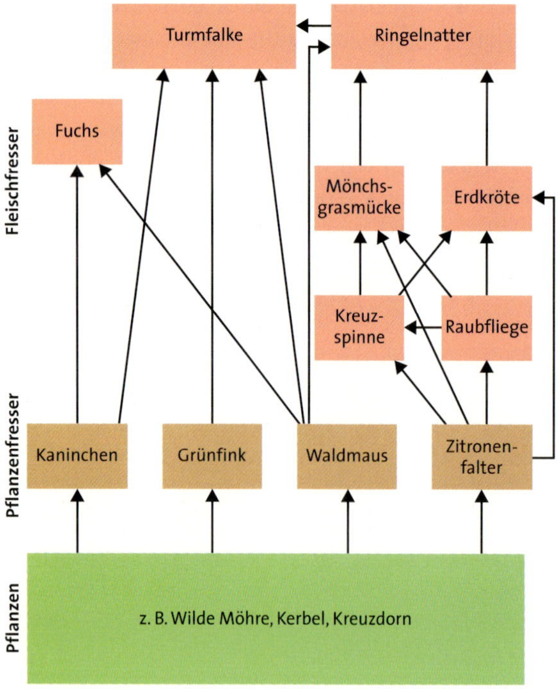

Abb. 98.1: Nahrungsnetz in einem Waldrandgebüsch. Mehrere Nahrungsketten führen zum gleichen Räuber (Fuchs, Turmfalke, Ringelnatter). Die Querverbindungen zwischen den Nahrungsketten lassen ein Nahrungsnetz entstehen (s. Pflanzen fressende Insekten, Spinnen, räuberische Insekten, Insekten fressende Vögel).

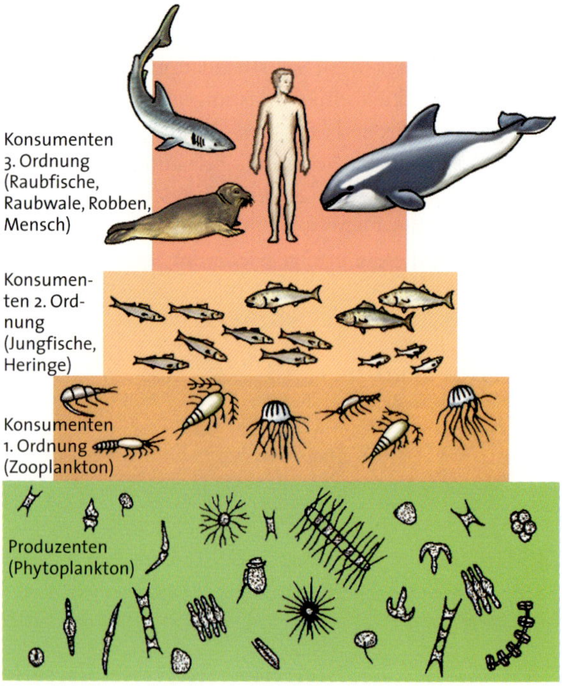

Abb. 98.2: Nahrungspyramide im Meer. Ein Raubwal frisst pro Tag etwa 5000 Heringe, ein Hering ernährt sich täglich indirekt (über kleinere Fische) oder direkt von etwa 6000 Ruderfußkrebschen und ein Ruderfußkrebschen von 130 000 Kieselalgen. Ein Raubwal lebt also indirekt von 400 Milliarden Kieselalgen pro Tag.

3.3 Energiefluss

Die im Körper aus der Nahrung aufgebaute organische Substanz enthält weniger Energie als in der Nahrung enthalten war, da nicht alle Nahrungsbestandteile gleichermaßen genutzt werden. Außerdem wird bei jeder Energieumformung unvermeidbar ein gewisser Anteil in nicht nutzbare Wärmeenergie umgewandelt. Die Wärme wird an die Umgebung abgegeben. Bei der Weitergabe der Energie in der Nahrungskette nimmt die Energiemenge von einer Stufe zur nächsten auf etwa 1/10 ab. Bei der Bildung der Biomasse durch Pflanzen wird sogar nur ca. 1/100 der Strahlungsenergie der Sonne ausgenutzt. Eine lange Nahrungskette ist somit mit großen Energieverlusten verbunden (**Abb. 99.1 c** und **99.3**).

Wegen dieser Abnahme der nutzbaren Energie in der Nahrungskette nutzt der Mensch bei pflanzlicher Ernährung die Primärproduktion am günstigsten aus: Nutztiere verbrauchen den größten Teil der aufgewendeten Biomasse in ihrer Zellatmung. Die Produktion von Fleisch zur Ernährung ist energetisch betrachtet also sehr aufwändig. Für eine Ernährungseinheit Fleisch wird das Vielfache an pflanzlicher Produktion benötigt. Der ärmere Teil der Weltbevölkerung lebt daher fast ausschließlich von pflanzlicher Nahrung. Damit besteht allerdings die Gefahr, dass der Mensch zu wenig der lebensnotwendigen Aminosäuren erhält, wie z. B. Lysin und Tryptophan, die er selbst nicht aufbauen kann. Pflanzliche Proteine enthalten diese nicht in ausreichender Menge.

Abb. 99.2: Nutzung der Nahrung beim Übergang von einer Nahrungsebene zur nächsten

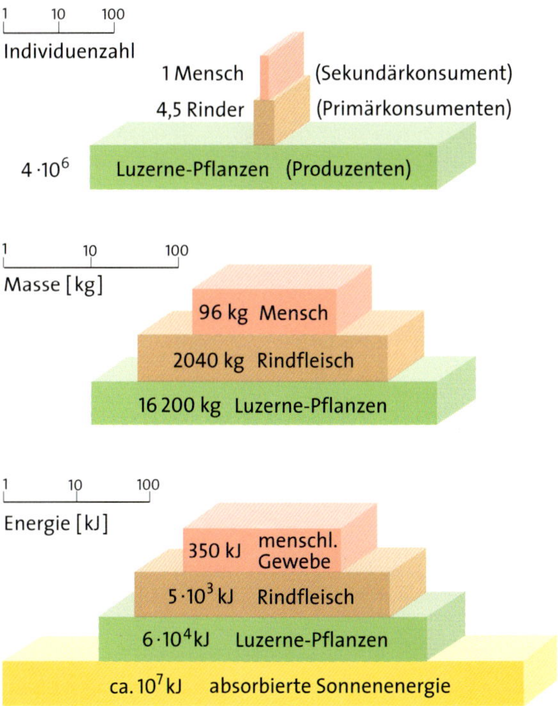

Abb. 99.1: Ökologische Pyramiden in schematischer Darstellung für die Nahrungskette Luzerne-Rind-Mensch. **a)** Zahlenpyramide; **b)** Pyramide der Biomasse; **c)** Energiepyramide; der Maßstab ist logarithmisch.

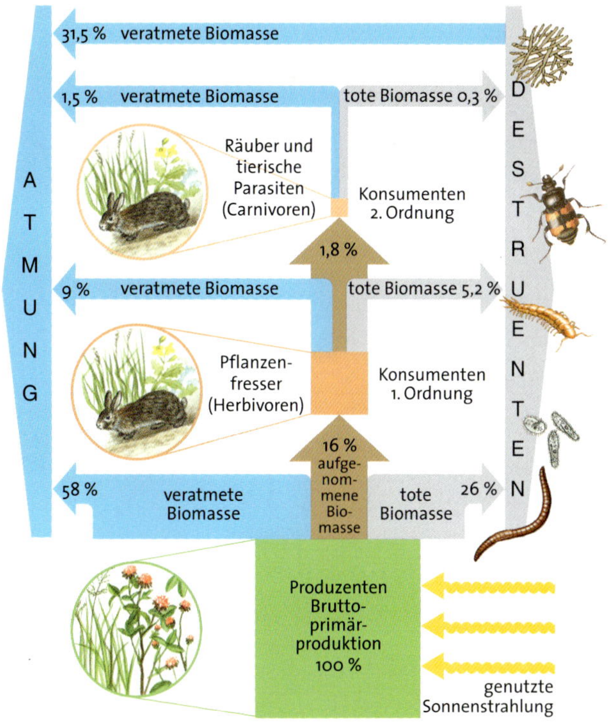

Abb. 99.3: Energiefluss durch eine Biozönose. Die auf die Pflanze auftreffende Sonnenenergie wird nur zu ungefähr 1/100 durch Fotosynthese genutzt (Bruttoprimärproduktion); Zahlenangaben in % Bruttoprimärproduktion.

3.4 Stoffkreisläufe

Im Gegensatz zur Energie, die im Ökosystem zunehmend zu nicht mehr nutzbarer Wärme umgesetzt wird und daher dem System verloren geht, befinden sich die Stoffe in einem fortgesetzten Kreislauf. Chemische Elemente durchlaufen die Nahrungsnetze in Form von vielerlei Verbindungen und gelangen nach Mineralisierung in den abiotischen Bereich. Von dort können sie erneut durch die Organismen aufgenommen werden.

Zu den Stoffkreisläufen gehört der Kreislauf des Kohlenstoffs. Von den Pflanzen wird aus dem CO_2 der Atmosphäre und Wasser organische Substanz aufgebaut. Die gebildeten organischen Stoffe gelangen in die Nahrungskette. Durch die Atmung der Organismen wird CO_2 wieder der Atmosphäre zugeführt. Dabei ist die Atmung aller Menschen mit etwa 6 % an der Freisetzung von CO_2 beteiligt. Ein Teil des Kohlenstoffs gelangt in Form organischer Verbindungen zu den Destruenten und wird von diesen ebenfalls in CO_2 umgewandelt. CO_2-Aufnahme und CO_2-Abgabe halten sich bei diesen Umsetzungen, die sich im Verlauf von Jahren bis Jahrzehnten abspielen, weitgehend die Waage. Diesen Kreislauf des Kohlenstoffs bezeichnet man als *Kurzzeit-Kreislauf.* Ohne eine weitere CO_2-Freisetzung z.B. durch die Verbrennung fossiler Rohstoffe bestünde ein Gleichgewicht.

Im Rahmen dieses Kreislaufs werden auch organische Kohlenstoffverbindungen z. B. als Humus im Boden gebunden (**Abb. 100.1 a**). Böden enthalten weltweit fast doppelt so viel organisch gebundenen Kohlenstoff wie die Biomasse. In allen Organismen und in allen Böden ist dreimal so viel Kohlenstoff fixiert wie die Atmosphäre an Kohlenstoffdioxid enthält und in den Weltmeeren ist sogar fünfzig Mal mehr CO_2 gelöst als in der Atmosphäre. Relativ kleine Veränderungen der festgelegten Kohlenstoff-Vorräte haben daher große Auswirkungen auf den Kohlenstoffdioxidgehalt der Luft. Die Verweilzeit des Kohlenstoffs im Boden oder im Meer ist relativ lang. Sie ist stark klimaabhängig, allerdings ist sie in ihrem Ausmaß nur punktuell bekannt.

Neben diesem Kurzzeit-Kreislauf des Kohlenstoffs gibt es einen *Langzeit-Kreislauf,* der Jahrtausende bis Jahrmillionen beansprucht. Im Meer gelangen organische Stoffe in geringer Menge fein verteilt in die Sedimente. Außerdem werden Kalkschalen von Lebewesen, die den Kohlenstoff als Carbonate enthalten, eingebettet; dabei handelt es sich vor allem um Meeresplankton. Dem Kreislauf wird auf lange Zeit Kohlenstoff durch Bildung von Torf, Kohle, Erdöl und Erdgas entzogen. Das geschieht ebenso bei der Bildung von Carbonatgesteinen. Durch die Tätigkeit von Destruenten in tieferen Meeresbereichen wird zudem Methan gebildet, das dort unter dem hohen

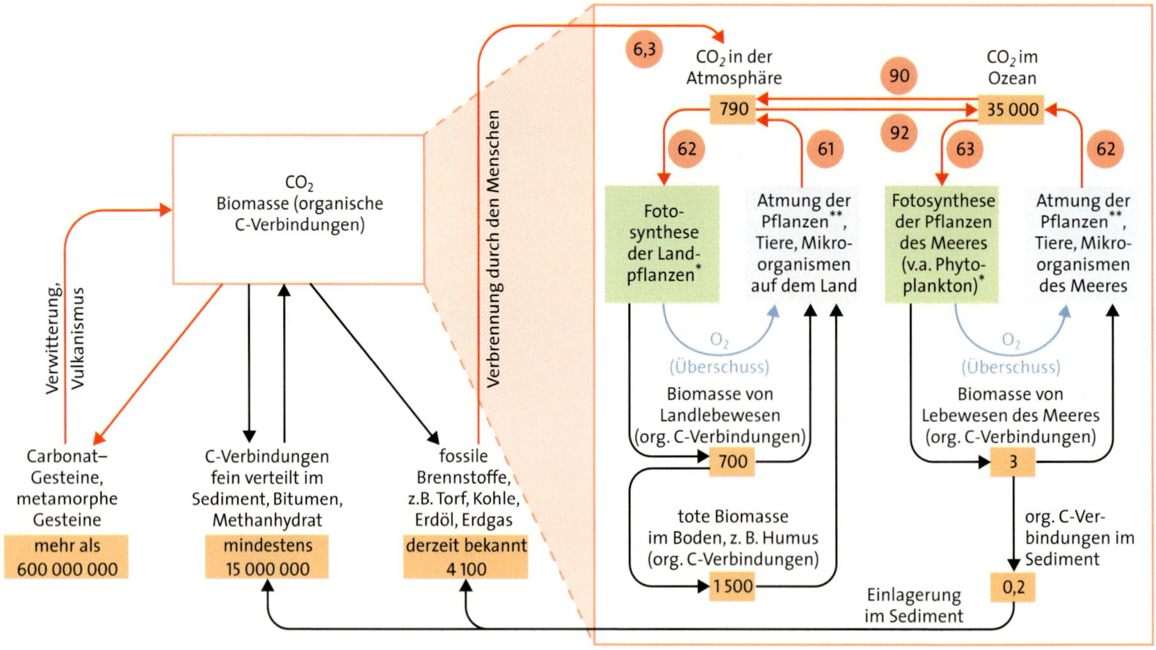

Abb. 100.1: Kohlenstoffkreislauf, alle Zahlenangaben in Gigatonnen (10^9 t) C. Rechts: Kurzzeitkreislauf. Die Freisetzung und Bindung von Sauerstoff (blaue Pfeile) ist über Fotosynthese und Atmung mit dem C-Kreislauf verknüpft; links: Langzeitkreislauf. *: CO_2-Aufnahme abzüglich CO_2-Abgabe durch Atmung im Hellen; **: Pflanzenatmung im Dunkeln; rote Kreise: Umsatz Gigatonnen C pro Jahr; braune Kästchen: C-Speicher; rote Pfeile: CO_2-Flüsse; Kenntnisstand 2004

Druck als Methanhydrat auskristallisiert. Dies hat Bedeutung für die Tiefseeökosysteme *(s. 3.7.3)*.

Im Langzeit-Kreislauf sind 99,9 % des gesamten Kohlenstoffgehalts der Erde über lange Zeit festgelegt, im Carbonatgestein allein über 80 %. Das übrige befindet sich fein verteilt im Sediment. Innerhalb dieses Kreislaufs, der sich über geologische Zeiten hinweg erstreckt, schwankt der CO_2-Gehalt der Atmosphäre. Er lag meist höher als heute. Durch den Menschen werden nun die aus früheren Erdepochen stammenden Brennstoffe Torf, Kohle, Erdöl und Erdgas in großer Menge der Erdkruste entnommen und vorwiegend zur Energieerzeugung genutzt. Das bei der Verbrennung entstehende CO_2 gelangt in die Atmosphäre. Dadurch stieg der CO_2-Gehalt im Laufe von 120 Jahren von 0,028 % auf 0,035 % an. Dies verursacht eine Erhöhung der Durchschnittstemperatur der Atmosphäre und damit Klimaänderungen *(s. Evolution 3.2)*. Auch an anderen Kreisläufen, nämlich denen des Sauerstoffs, Stickstoffs (**Abb. 101.1**) und Schwefels sind gasförmige Stoffe beteiligt. Diese befinden sich in der Atmosphäre und sind ebenfalls in den Ozeanen gelöst. Die Vorräte in den Meeren wirken ausgleichend, sodass lokale Störungen, wie z. B. Vulkanausbrüche, großräumig abgemildert werden. Beispielsweise entweicht ein sehr großer Anteil des Kohlenstoffdioxids, das im Nordmeer aufgenommen wird und mit kalten Strömungen bis ins Tiefenwasser des Ozeans absinkt, im Nordpazifik erst wieder nach frühestens 1000 Jahren.

Im Kreislauf des Schwefels ist das durch pflanzliches Meeresplankton gebildete gasförmige Dimethylsulfid auch für den Wasserkreislauf von Bedeutung, da es in der Atmosphäre Wolkenbildung auslöst und letztlich zu Niederschlägen führt.

Die Kreisläufe von Phosphor und Metallen, z. B. Mg, Ca und Fe, enthalten keine gasförmigen Verbindungen; daher ist die Atmosphäre an ihrer Speicherung nicht beteiligt. Solche »Ablagerungskreisläufe« verlaufen ohne Eingreifen des Menschen viel kleinräumiger. Das aus Mineralien durch Verwitterung freigesetzte Phosphat wird an Land von Lebewesen aufgenommen und z. B. in die Erbsubstanz DNA *(s. Abb. 345.2)* oder in ATP *(s. Abb. 153.2)* eingebaut. Über die Nahrungskette und die Destruenten gelangt es wieder in den Boden, ein kleiner Kreislauf ist geschlossen. Ein Teil davon erreicht aber laufend die Fließgewässer. Darin kann es auch in einen weiteren Kreislauf über Wasserlebewesen eingehen, bevor es in einen großen Binnensee oder ins Meer gelangt. Mit den Fischen, die den Menschen oder auch den Seevögeln, z. B. Kormoranen, Möwen und Pelikanen als Nahrung dienen, erfolgt die Rückführung relativ großer Phosphatmengen auf das Land. So können aus Exkrementen von Vögeln riesige Guano-Lagerstätten entstehen. Der Guano wird abgebaut und als phosphat- und nitrathaltiger Dünger verwendet. Ein Teil des Phosphats der Weltmeere wird allerdings in Sedimenten abgelagert. Erst wenn Sedimente des Meeres im Laufe von Millionen von Jahren in eine Gebirgsbildung einbezogen werden, erreichen diese Phosphate wieder die Erdoberfläche und sind später dort erneut der Verwitterung ausgesetzt. Den Phosphat-Lagerstätten entnimmt der Mensch gegenwärtig 10^8 Tonnen Phosphat pro Jahr. Er kommt nicht nur als Dünger auf die Felder, sondern wird auch zur Herstellung von Industrieprodukten verwendet. Der nutzbare Phosphat-Vorrat liegt weltweit bei $75 \cdot 10^9$ Tonnen. Bei gleicher Abbaurate ist er also in 750 Jahren erschöpft.

Manche Elemente sind nur in sehr geringer Menge in den Organismen anzutreffen, aber lebensnotwendig. Die Unterversorgung mit einem solchen Mikronährstoff, z. B. Co und Mo, wirkt sich auf die Produktionsrate in einem Ökosystem aus *(s. 1.5)*. Zusammen mit den lebensnotwendigen Elementen sind auch Stoffe in die Kreisläufe einbezogen, die entweder keine biologische Funktion haben oder sogar schaden können, z. B. Quecksilber und Blei. Werden solche Elemente im Ökosystem angereichert, so gelangen sie auch in größerer Menge in die Organismen und können über die Nahrungskette Vergiftungen hervorrufen.

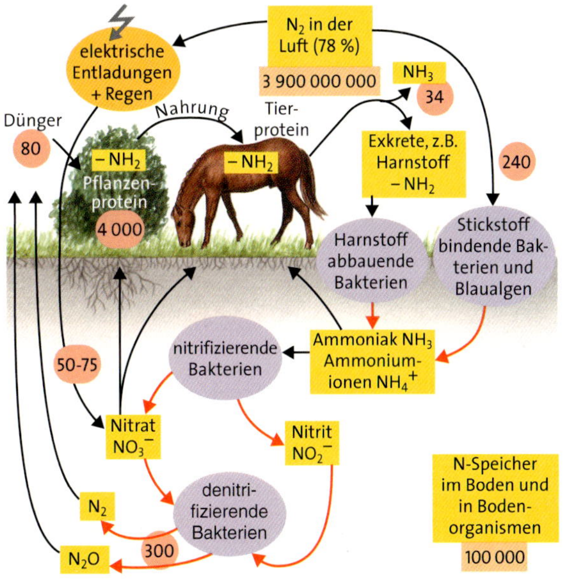

Abb. 101.1: Stickstoffkreislauf. Gelb: Stickstoffverbindungen; farbige Pfeile: bakterielle Prozesse; $-NH_2$ kennzeichnet den Stickstoff in den Aminogruppen der Proteine und des Harnstoffs. Die Zahlenwerte geben den Umsatz in Megatonnen ($= 10^6$ t) N pro Jahr an (rote Kreise) sowie die Speicher in Megatonnen (brauner Kasten).

3.5 Zeitliche Veränderungen von Ökosystemen

3.5.1 Aspektfolge

Eine Wiese zeigt im Jahresverlauf ein unterschiedliches Aussehen. Im Frühjahr ergrünt sie, dann erscheinen die ersten Blüten. Infolge der verschiedenen Blütezeit der Arten verändert sich die vorherrschende Blütenfarbe. Im Juni erfolgt meist ein Schnitt, danach erscheinen Sommerblüher. Man spricht von unterschiedlichen Aspekten der Wiese und bezeichnet solche sich jährlich wiederholenden Veränderungen im Ökosystem allgemein als **Aspektfolge.**

3.5.2 Sukzession und Klimax

In einem Lebensraum können sich infolge der Aktivitäten der Organismen die Umweltfaktoren bleibend verändern. Dadurch ändert sich häufig auch die Biozönose. Dies lässt sich beispielsweise gut an einem Heuaufguss beobachten, den man aus Heu und Tümpelwasser herstellt. Solches Wasser enthält Dauerformen von Einzellern (Geißeltierchen, Pantoffeltierchen und Amöben), Rädertierchen, Kleinkrebse und Grünalgen. Zunächst entwickeln sich Bakterien im Aufguss. Ihnen folgen Geißeltierchen, die Bakterien fressen. Etwas später treten Pantoffeltierchen auf. Im Verlauf einiger Tage oder Wochen nimmt dann die Zahl der Grünalgen, Rädertierchen, Kleinkrebse und Amöben stark zu. Man findet aber weiterhin viele Bakterien und vereinzelte Exemplare der anfangs vorherrschenden Organismenarten. Schließlich kann sich ein Endzustand einstellen, in dem der Zuwachs der gesamten Biomasse von den heterotrophen Organismen verzehrt wird. Dann befinden sich Organismenarten und Individuenzahlen weitgehend im Gleichgewicht. Man bezeichnet die Aufeinanderfolge verschiedener Organismengruppen als **Sukzession** (lat. *successus* Aufeinanderfolge) und den Endzustand als **Klimax** (gr. *klimax* Höhepunkt).

Ein Beispiel für eine Sukzession in der Natur ist die Verlandung eines Sees (**Abb. 103.1**), ein weiteres ist die Wiederbewaldung eines sich selbst überlassenen Kahlschlags in einem Bergwald (**Abb. 102.1**). Die Zeit bis zum Erreichen des Klimaxzustandes verschiedener Bergwälder ist sehr unterschiedlich, weil das Eintreffen von Samen der verschiedenen Arten von Zufällen abhängt. Durch eine zufällige Massenansiedlung einer Baumart kann sogar die Weiterentwicklung zum Klimaxzustand über lange Zeit hinweg verhindert werden. Dies zeigt die große Bedeu-

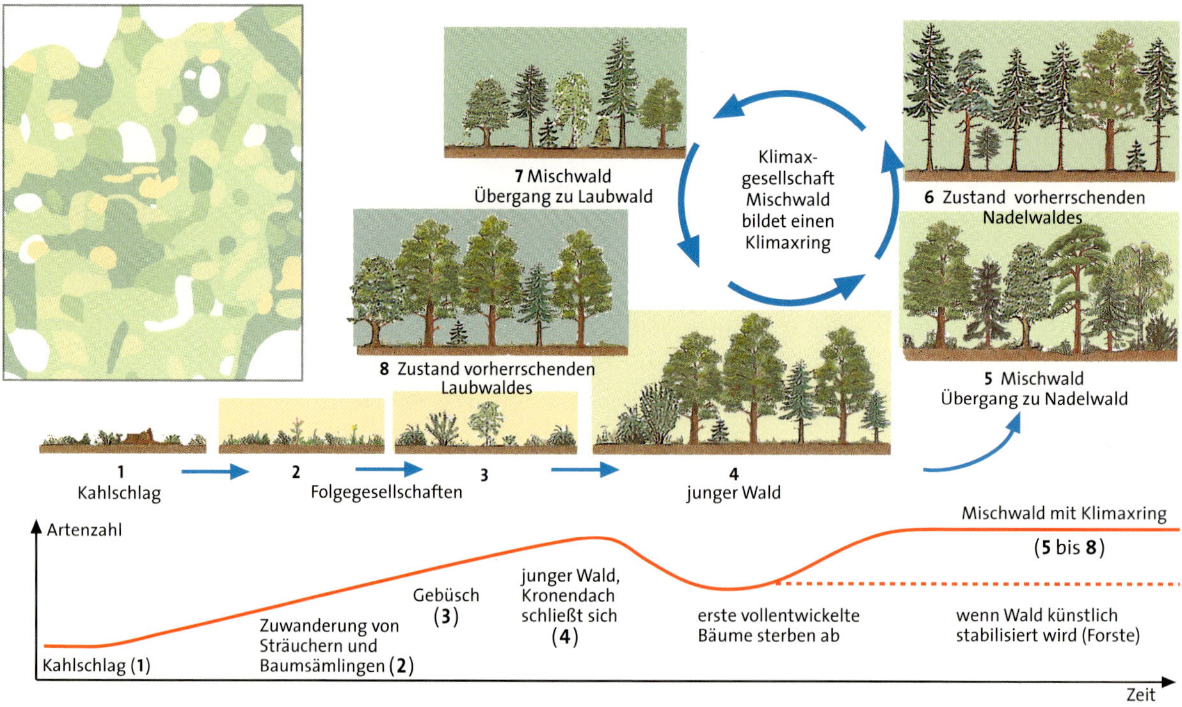

Abb. 102.1: Sukzession vom Kahlschlag bis zum Bergwald **(1–4)** und Klimaxring **(5–8)** eines Bergwaldes. Die verschiedenen Zustände des Klimaxrings **(5–8)** existieren im Naturwald nebeneinander, sodass ein unregelmäßiges Mosaik dieser Bergwaldzustände vorliegt. Links oben: Ausschnitt aus der Karte dieses Mosaiks; unten: Artenvielfalts-Kurve der Sukzession

tung von Zufallsereignissen in der Ökologie. In manchen Fällen findet man in der Sukzession zeitlich aufeinander folgende Organismengruppen auch räumlich nebeneinander, z. B. bei der Verlandung eines Sees (**Abb. 103.1**). Unter den klimatischen Verhältnissen Mitteleuropas ist der stabile Endzustand meist der Wald. Hochgebirge, Moore und Sanddünen sind stets waldfrei. Heute ist in Mitteleuropa nur noch etwa ein Drittel des Bodens waldbedeckt: Dies ist auf die Tätigkeit des Menschen zurückzuführen. Für die Lüneburger Heide und die Wacholderheiden der Schwäbischen und Fränkischen Alb gilt dasselbe. Ohne Einfluss des Menschen würde das Land in relativ kurzer Zeit wieder vom Wald erobert werden.

Auch von Natur aus kommt es immer wieder zu Abweichungen vom Klimaxzustand (z. B. durch Waldbrände, Sturmschäden, Überflutung), dem sich der gestörte Bereich alsbald durch Sukzession wieder annähert. Selbst das Absterben eines einzigen Baumes setzt auf dem von ihm bisher beschatteten Waldboden eine Sukzession Licht liebender Pflanzen in Gang. Ein großräumiges natürliches Ökosystem ist ein Mosaik aus Bereichen, in denen Sukzessionen ablaufen, die sich in verschiedenen Stadien befinden. Daneben gibt es kleinflächige Bereiche in verschiedenen Zustandsformen der Klimax. Sie bilden einen *Klimaxring* (**Abb. 102.1**).

Diversität. Ökosysteme unterscheiden sich unter anderem durch die Anzahl der in ihnen lebenden Arten voneinander, d. h. durch ihre *Artenvielfalt.* Auch die Populationsgrößen der einzelnen Arten tragen zum Charakter des Ökosystems bei. Erfasst man alle Arten zusammen mit ihrer prozentualen Häufigkeit und Verteilung, so bestimmt man die *Artendiversität.* Der Artenreichtum eines Ökosystems steigt auch mit der Größe seiner Fläche bis zu einem Grenzwert. Ist das Ökosystem sehr klein, so können auch die Populationen einzelner Arten nur klein sein und sind daher vom zufälligen Aussterben bedroht.

Im Hochmoor gibt es z. B. dicht nebeneinander offenes Wasser (Schlenken) und trockene Standorte auf den buckligen Erhebungen (Bulten) mit jeweils ganz unterschiedlicher Flora und Fauna. Weil auch der Wald eine große Vielfalt an Raumstrukturen aufweist, ist dort die Anzahl der Arten z. B. im Vergleich zu einer Wiese relativ hoch. Jahreszeiten schaffen zudem eine zeitliche Diversität.

Darüber hinaus gibt es eine Diversität zwischen den Teilpopulationen: Unter den Angehörigen derselben Art sind kleine, aber gut erkennbare genetische Unterschiede festzustellen. Diese Diversität ist in großräumigen Ökosystemen größer, da sich hier abiotische Umweltfaktoren stärker ändern.

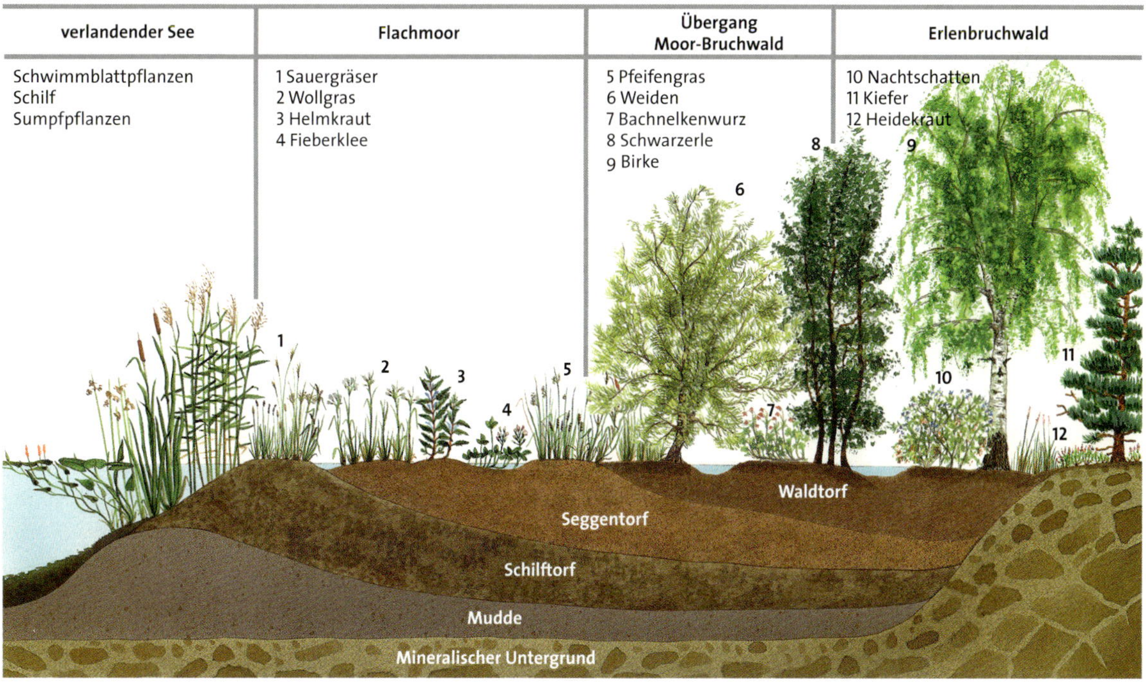

Abb. 103.1: Sukzession der Verlandung eines Sees mit Bildung der die Klimax-Gemeinschaft Erlenbruchwald kennzeichnenden Pflanzenarten. Die Verlandungsgeschwindigkeit hängt von der Tiefe des Sees und der Materialzufuhr durch Zuflüsse ab. Auch die Dauer der Entwicklungsstadien ist sehr unterschiedlich. (Mudde: faulschlammhaltige Ablagerung)

3.6 Produktivität und Stabilität von Ökosystemen

Bei Sukzessionen zum Wald und im Heuaufguss beobachtet man eine vergleichbare Entwicklung der Stoffproduktion, obwohl der Klimaxzustand nach ganz unterschiedlichen Zeiten erreicht wird (**Abb. 105.1**). Zu Beginn nimmt die Stoffproduktion durch Fotosynthese (Bruttoprimärproduktion P_B) rasch zu. Auch der Stoffabbau durch Atmung (A) von Pflanzen und Tieren weitet sich laufend aus, wenngleich weniger schnell als P_B. Daher ergibt sich ein Produktionsüberschuss (Nettoprimärproduktion $P_N = P_B - A$), der die Biomasse rasch anwachsen lässt. Er wird mit der Zeit von den heterotrophen Organismen allerdings immer besser genutzt, bis schließlich im Klimaxstadium der gesamte Stoffabbau praktisch so groß ist wie die Stoffproduktion durch Fotosynthese. Dann nimmt auch die Biomasse nicht mehr zu; es wird ein Zustand des *dynamischen Gleichgewichts* erreicht.

Nutzt der Mensch ein Ökosystem, so entnimmt er einen Teil der Nettoprimärproduktion als Nahrungs- oder Energiequelle. In Monokulturen wird die Biozönose auf nur einen Produzenten, z. B. Weizen oder Kartoffeln beschränkt, die nicht nutzbaren Produzenten (»Unkräuter«) sowie Konsumenten (»Schädlinge«) werden möglichst ausgeschaltet. Die höchsten Nettoprimärproduktionsraten und somit Erträge werden in frühen Stadien der Sukzession erzielt (**Abb. 105.1**). Ein Anfangsstadium der Sukzession liegt vor, wenn ein Acker vor der Aussaat umgepflügt wird. Im Gegensatz zu späten Sukzessionsstadien sind die Anfangsstadien gegenüber Umweltveränderungen, z. B. längere Trockenheit, sehr anfällig und damit weniger stabil. Bis heute gibt es kein Verfahren, die Stabilität der Klimaxzustände verschiedener Ökosysteme zu vergleichen. Stabilität kann durch unterschiedliche Faktoren verursacht werden, z. B. durch hohen Widerstand gegen Störungen, gute Wiederherstellung des Ausgangszustandes nach Störung oder gut funktionierenden Klimaxring. Oft wird die Artenvielfalt als ein Maß der Stabilität eines Ökosystems angesehen, da mit ihr die Komplexität der ökologischen Beziehungen, z.B. in Nahrungsnetzen, bzw. durch Konkurrenz oder Symbiose zunimmt. Dadurch können Störungen vielfach leichter ausgeglichen werden. Wenn aber zahlreiche Arten enge ökologische Nischen aufweisen, so kann der Ausfall von vergleichsweise wenigen Arten zu einer Schädigung des Ökosystems führen, es breiten sich wenige andere Arten mit weiten Nischen als »Ersatz« aus.

Stabilität in Kulturlandschaften
Um in der Kulturlandschaft großräumig eine gewisse Stabilität zu erreichen, muss man klimaxnahe Ökosysteme bewahren, wenngleich deren wirtschaftlicher Ertrag relativ gering ist oder ganz entfällt. Aus dem Dilemma zwischen Ökonomie und Ökologie kann nur ein Kompromiss herausführen. Für diesen gibt es zwei Möglichkeiten: 1. Auf der ganzen Anbaufläche wird ein Ausgleich zwischen Ertragshöhe und ökologischer Qualität des Lebensraums geschaffen (ökologischer Landbau). 2. Die vorhandene Fläche wird in hoch produktive und erhaltende Bereiche aufgeteilt. Die Letzteren sind die Brachen und Naturschutzgebiete *(s. 4.3.2)*. Um aber ein Ökosystem mit seinem großräumigen Klimaxring und seiner vollständigen Artenvielfalt zu erhalten, müsste das zu schützende Gebiet so groß sein, dass es auch viele kleine Bereiche mit den verschiedenen Stadien umfasst. In Mitteleuropa besteht nirgends die Möglichkeit, so große Flächen unter Schutz zu stellen. Bei einem Schutz kleinerer Gebiete kann der gewünschte Zustand nur durch Pflegemaßnahmen des Menschen aufrecht erhalten werden.

Produktionsökologie in der Landwirtschaft. Ein instabiles Nutz-Ökosystem, wie beispielsweise ein Acker, muss zu seiner Erhaltung gedüngt werden. Für die Herstellung und das Ausbringen von Dünger, Unkraut- und Schädlingsbekämpfungsmitteln sowie für die Herstellung und das Betreiben der Maschinen zur Bodenbearbeitung, zum Bewässern oder Entwässern ist darüber hinaus Energie erforderlich. Energie wird auch für die landwirtschaftliche Forschung und Züchtung benötigt. Mit steigendem Hektarertrag durch den Anbau ertragreicher, aber empfindlicher Hochzuchtsorten wird das Verhältnis von Energieaufwand zu Ernteertrag immer ungünstiger. In der hoch entwickelten Landwirtschaft ist der Energieaufwand oftmals größer als der Energiegehalt der Ernteproduktion.

Auch bei der Nutztierhaltung sind produktionsökologische Betrachtungen von Bedeutung. Bei der Haltung von Kleinvieh wird eine bestimmte Biomasse (Nutzfleisch) in kürzerer Zeit erzeugt als bei der Haltung von Großvieh. Kleinere Tiere benötigen allerdings relativ mehr Energie und somit mehr Nahrung als größere: Bei ihnen ist die Körperoberfläche bezogen auf die Körpermasse größer und daher ihr Wärmeverlust je kg höher. Außerdem wachsen sie rascher als größere Tiere und haben einen höheren Grundumsatz.

3.7 Beispiele für Ökosysteme

3.7.1 Ökosysteme mitteleuropäischer Laubwälder

Fast überall in Mitteleuropa wären Mischwälder die Klimaxgemeinschaft. Die heute vorhandenen Wälder sind fast ausnahmslos Kulturwälder (Forsten), dennoch findet man zumindest in diesen von Menschen gestalteten Mischwäldern verschiedene relativ naturnahe Ökosysteme. Welches Waldökosystem sich entwickeln kann, hängt von Klimafaktoren und den Bodenverhältnissen ab (*s. Abb. 51.2*).

Der Pflanzenbestand des Waldes ist aus Schichten aufgebaut (**Abb. 105.2**). In der Baumschicht bilden die Kronen der Bäume ein Blätterdach. Zur Strauchschicht gehört neben den Sträuchern auch der Nachwuchs der Bäume. Darunter folgt die Krautschicht mit den krautigen Waldpflanzen. Eine dem Boden auflagernde Moosschicht fehlt, weil Moose eine Überdeckung durch den herbstlichen Laubfall nicht ertragen; man findet sie daher nur auf Baumstümpfen und Steinen. Auch einjährige Pflanzen fehlen fast ganz. Der *Stockwerksbau* entspricht den Lichtbedürfnissen und der Lichtversorgung: Die Baumschicht empfängt das volle Sonnenlicht, die anderen Schichten erhalten nur das vom Laubwerk durchgelassene Licht. Schattenertragende Arten findet man auch an lichtarmen Plätzen. Schattenbedürftige Pflanzen wie der Sauerklee gehen im vollen Sonnenlicht zugrunde. Die Frühblüher, wie z. B. Scharbockskraut und Buschwindröschen, entwickeln sich in der kurzen Zeit vor der Belaubung. Die geringe Lichtmenge, die nach der Laubentfaltung auf den Boden gelangt, reicht für die Entwicklung nicht aus. Reservestoffe in Knollen, Zwiebeln oder Wurzelstöcken ermöglichen, dass sie im folgenden Jahr rasch wachsen und Blätter ausbilden. Der Boden (**Abb. 105.2**), den sich die Wurzeln der verschiedenen Schichten ebenfalls stockwerkartig teilen, führt auch die Pilzschicht. Er enthält außerdem Ton-Humus-Komplexe, die Schadstoffe binden, sodass diese nur schwer herausgelöst werden können. Beim allmählichen Abbau der Humusstoffe werden sie aber wieder freigesetzt.

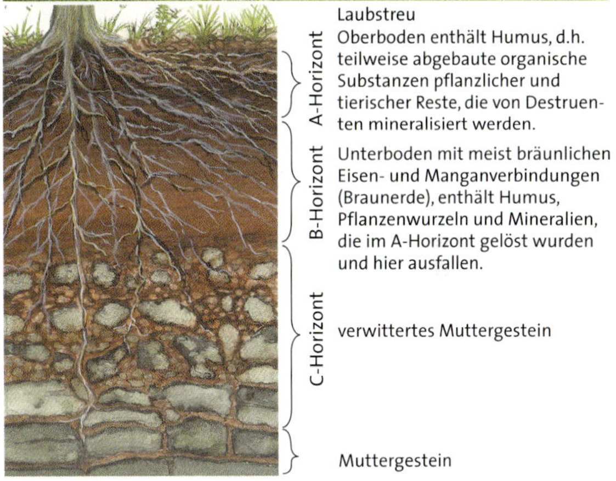

Abb. 105.2: Oben: Naturgemäßer Mischwald. Baumschicht: noch nicht belaubte Eichen, Hainbuchen, eingepflanzte Fichten; Strauchschicht: Jungwuchs von Buchen, Hainbuchen und Fichten; Krautschicht: Buschwindröschen, Sternmiere, Gräser. Unten: Schema eines Bodenprofils im Wald.

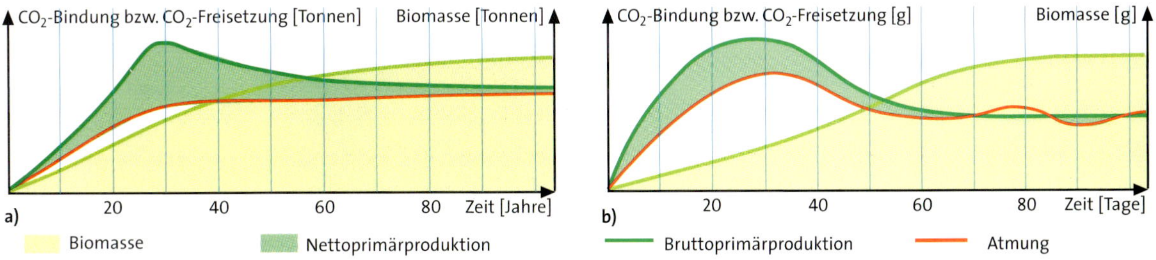

Abb. 105.1: Vergleich der Stoffproduktion im Verlauf der Sukzession. **a)** Wald (100 Jahre); **b)** Heuaufguss (100 Tage)

Stoffproduktion und Lebensbeziehungen im Laubwald. Das Maximum der pflanzlichen Stoffproduktion verschiebt sich im Laubwald während des Jahres in Abhängigkeit von den Lichtverhältnissen. Es liegt im Frühjahr in der Krautschicht, im Sommer in der Strauch- und Baumschicht.

Durch diese periodische Verlagerung der Stoffproduktion wird die Existenz vieler Pflanzenarten ermöglicht, von denen wiederum eine reiche Fauna abhängig ist. Insektenlarven und Schnecken nehmen durch Ernährung, Verdauung und Atmung an der Zerkleinerung und Umsetzung der organischen Stoffe teil (**Abb. 106.1**). Regenwürmer, aber auch Mäuse oder Wildschweine, lagern die Stoffe durch ihr Wühlen und Graben um und mischen sie bis in tiefere Schichten. Diese Lockerung und Durchlüftung des Bodens schafft günstige Verhältnisse für die Wurzeln der Pflanzen.

Zwischen den Pflanzen und Tieren des Waldes können Beziehungen bestehen, die beiden Teilen Vorteile bringen (Symbiose). Es gibt aber ebenso Konkurrenz- bzw. Räuber-Beute-Beziehungen. Eine für beide vorteilhafte Beziehung besteht z. B. zwischen Insekten und krautigen Arten, die vor der Belaubung der Bäume blühen. Mit ihren auffälligen Farben locken sie die Insekten an und werden von ihnen bestäubt. Die Samen nahrhafter Früchte werden von Tieren unverdaut ausgeschieden und damit verbreitet. Auch dies ist zum beiderseitigen Vorteil. Räuber-Beute-Beziehungen bestehen z. B. zwischen Insekten. Raubinsekten, wie z. B. Ameisen, töten andere Insekten und verhindern so Massenvermehrungen von Schädlingen. Am stärksten wird die Insektenwelt von Singvögeln und Spinnen in Schranken gehalten; Greifvögel, Eulen und Raubsäuger wie Marder und Dachs ernähren sich wiederum von Vögeln und von den Kleinsäugern des Waldes. Die Großraubtiere des Waldes hat der Mensch in Mitteleuropa ausgerottet. Deren ökologische Funktion wird durch die Jagd übernommen (**Abb. 106.3**).

3.7.2 Ökosysteme im See

Ein See weist mehrere Lebensräume auf (**Abb. 107.1**) Man unterscheidet eine Zone *freien Wassers (Pelagial)* vom *Seeboden (Benthal)*. Die *Uferzone (Litoral)* des Seebodens ist der Bereich, in dem das Licht bis zum Grund reicht, darunter folgt die *unbelichtete Bodenzone (Profundal)*. Dort leben keine grünen Pflanzen mehr.

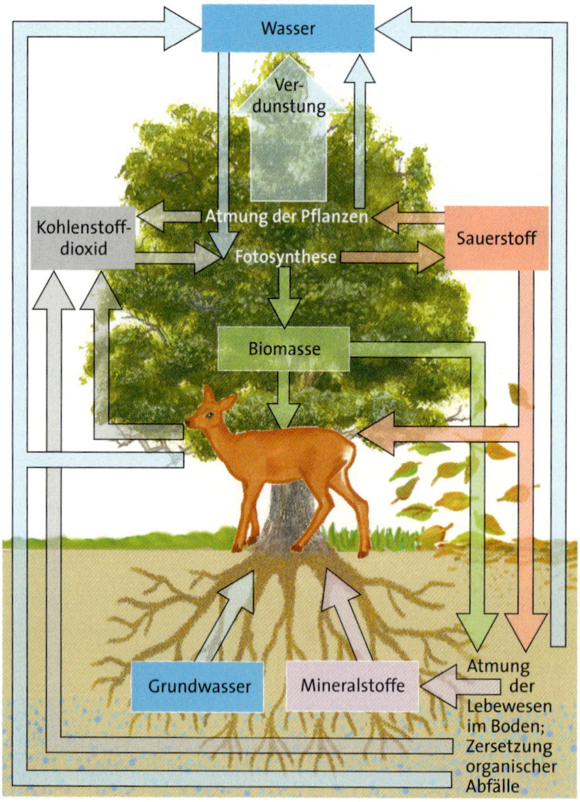

Abb. 106.1: Lebensbeziehungen und die verschränkten Kreisläufe von Kohlenstoff, Sauerstoff und Wasser im Wald

Organismen	Anzahl
Bakterien	600 000 000 000
Einzeller	1 000 000 000
Pilze	400 000 000
Fadenwürmer	30 000
Springschwänze	1 000
Spinnen, Krebse, Tausendfüßler	100
Regenwürmer	2

Tab. 106.2: Durchschnittliche Zahl von Bodenorganismen in Wald- und Wiesenböden Mitteleuropas pro Liter

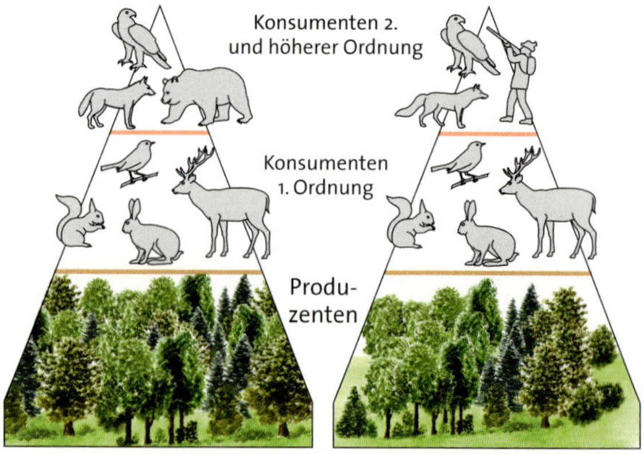

Abb. 106.3: Die Nahrungspyramide im mitteleuropäischen Wald. Links: Naturzustand; rechts: Kulturwald

Das Litoral zeigt eine deutliche Zonierung: Der randliche Schilfgürtel beherbergt eine charakteristische Tierwelt und die Nistplätze verschiedener Vögel. In etwas tieferem Wasser folgt die Zone der Pflanzen mit Schwimmblättern; dort leben Teichhühner und eine Vielzahl von Insekten. In der Zone der untergetauchten Wasserpflanzen findet man Armleuchteralgen, einige Fadenalgen und das Brachsenkraut. Im freien Wasser leben vor allem Wasserflöhe, Hüpferlinge, Wassermilben, Rädertierchen, Fische und Fischbrut sowie Planktonalgen. Im ganzen Litoralbereich leben Larven von Libellen und Eintagsfliegen, weitere Wasserinsekten, Flohkrebse, Wasserasseln, Schlamm- und Posthornschnecke, Süßwasserpolyp und Süßwasserschwämme.

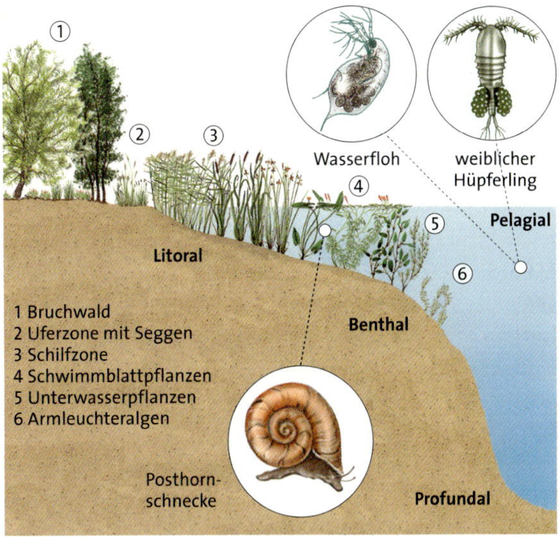

Abb. 107.1: Lebensräume in einem See und Zonierung des Pflanzenwuchses (schematisch)

Temperaturschichtung eines Sees im Jahresverlauf. In größeren Seen liegt im Sommer eine warme *Deckschicht* (Epilimnion) über einer kalten *Tiefenschicht* (Hypolimnion). Beide sind durch die wenige Meter mächtige *Sprungschicht* (Metalimnion) getrennt (**Abb. 107.2**). In ihr sinken Sauerstoffgehalt und Temperatur von oben nach unten sprunghaft ab. Das Wasser der Deckschicht wird vom Wind durchmischt. Er treibt das Oberflächenwasser auf das Ufer zu. Dort sinkt es ab und strömt innerhalb der Deckschicht in Gegenrichtung zurück. Auch in der Nacht abgekühltes Oberflächenwasser sinkt ab. Wegen der Durchmischung hat das Wasser in der Deckschicht eine ziemlich einheitliche Temperatur. In der Tiefenschicht beträgt die Temperatur etwa 4 °C. Bei dieser Temperatur besitzt das Wasser seine größte Dichte. Zu merklichen Zirkulationen kommt es im Sommer nur in der Deckschicht, mit der Tiefenschicht wird kaum Wasser ausgetauscht *(Sommerstagnation)*. Im Herbst kühlt sich das Wasser der Deckschicht ab. Wird es kälter als das Tiefenwasser, sinkt es nach unten und das etwas wärmere, also leichtere Tiefenwasser steigt an die Oberfläche. Mit dem Tiefenwasser gelangen die durch Zersetzung des abgesunkenen organischen Materials frei gewordenen Mineralstoffe nach oben. Diese *Herbstvollzirkulation* durchmischt das Wasser des ganzen Sees und endet erst, wenn das gesamte Seewasser eine Temperatur von etwa 4 °C erreicht hat. Unterhalb 4 °C ist das Wasser wieder leichter, sodass sich im Winter über einer Tiefenwasserschicht von 4 °C eine kältere Deckschicht bildet, die von Eis bedeckt ist *(Winterstagnation)*. Im Frühjahr tritt eine erneute Umwälzung *(Frühjahrsvollzirkulation)* ein. Mit ansteigenden Temperaturen wird das Oberflächenwasser zunächst wieder schwerer und sinkt ab, solange die Temperatur des Oberflächenwassers 4 °C nicht überschreitet. Heftige Winde übernehmen die weitere Durchmischung.

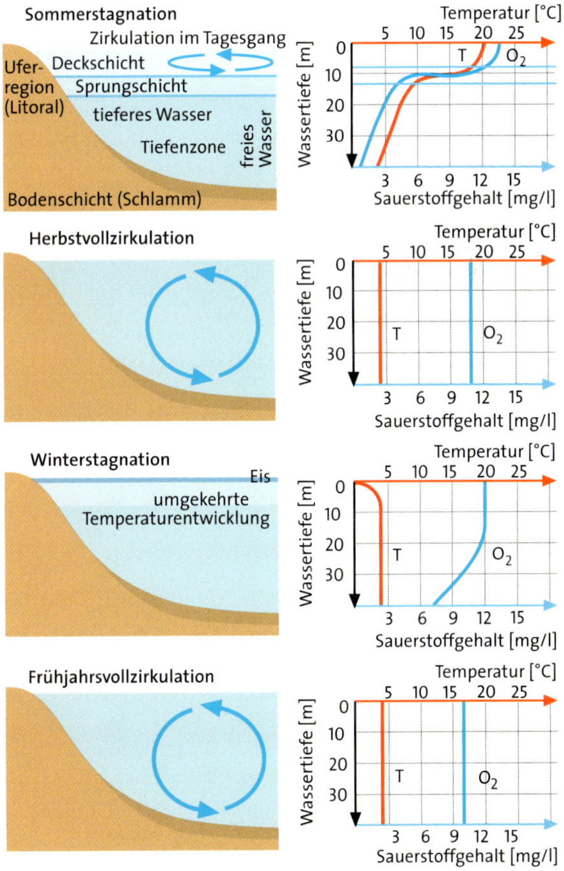

Abb. 107.2: Jahresgang von Temperatur und Sauerstoffgehalt in einem tiefen Süßwassersee mit Vertikalbewegungen des Wassers

Lebensbeziehungen im See. Im Sommer ist die Deckschicht des Sees die am stärksten besiedelte Zone. Hier lebt die Hauptmasse des *Planktons*, dabei handelt es sich um die im Wasser schwebenden Algen und Kleintiere (**Abb. 108.1**). Da die Lichtintensität mit der Wassertiefe abnimmt, sind die Produzenten fast ausschließlich auf die Deckschicht beschränkt. Deren Sauerstoffgehalt ist hoch. Die Tiefenschicht ist von der Atmosphäre abgeschlossen, Sauerstoff erzeugende Organismen fehlen darin. Die dort lebenden Konsumenten und Destruenten zehren von der durch die Frühjahrsvollzirkulation zugeführten Sauerstoffreserve. Ihre eigene Nahrung finden sie in den aus der Deckschicht ständig nach unten sinkenden toten Pflanzen und Tieren *(Detritus)*. Je nach Tiefe des Sees erreichen diese den Boden in mehr oder weniger abgebautem Zustand. Deshalb unterscheidet sich die Lebensgemeinschaft der *Bodenzone (Benthos)* von tiefen und flachen Seen sehr stark. In tiefen Seen ist das Nahrungsangebot am Boden gering, die Besiedlungsdichte und die Sauerstoffzehrung ebenfalls. In flacheren Seen dagegen ist das Angebot abgestorbener Organismen auch am Seegrund groß; eine hohe Besiedlungsdichte mit starkem Sauerstoffschwund ist die Folge. Bei eutrophen Seen fehlt der Sauerstoff am Grunde des Sees allerdings völlig. Dies ist an der Faulschlammbildung erkennbar.

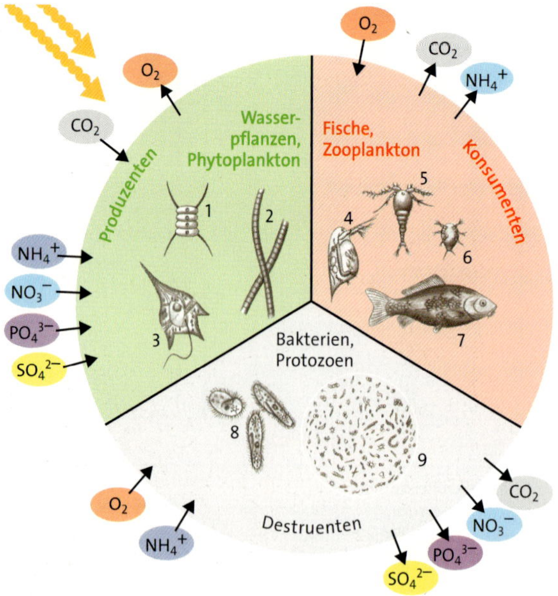

Abb. 108.1: Lebensbeziehungen und Stoffkreislauf im See. **1** Grünalge *Scenedesmus;* **2** fadenförmige Blaualgen; **3** Geißelalge *Ceratium;* **4** Wasserfloh; **5** Hüpferling; **6** Nauplius (Larve des Hüpferlings); **7** Karpfen; **8** Wimpertierchen; **9** Bakterien und organische Abfälle *(Detritus);* Maßstäbe: unterschiedlich

3.7.3 Ökosysteme im Meer

Das Meer bedeckt rund 71 % der Erdoberfläche. Es ist in eine große Zahl unterschiedlicher Ökosysteme gegliedert; daher ist die Tierwelt des Meeres artenreicher als die des Süßwassers. Einige Tierstämme, z. B. die Stachelhäuter, sind ganz auf das Meer beschränkt. Die Bezeichnungen für die Lebensbereiche im See (Litoral, Profundal, Benthal) werden auch bei der Beschreibung des Meeres verwendet. Der Meeresboden wird vom fotosynthetisch wirksamen Licht in klarem Wasser bis zu einer Tiefe von etwa 200 m erreicht. Damit beginnt das Profundal ungefähr an der Basis des Kontinentalsockels (Schelf, **Abb. 109.1**).

Die für die Stoffproduktion im Meer ausschlaggebende durchlichtete Zone gliedert sich in die kontinentnahe *Flachsee* und das Gebiet des offenen Ozeans, die *Hochsee*. Obwohl die Flachsee nur 10 % der gesamten Meeresfläche umfasst, enthält sie etwa 50 % der Biomasse des Meeres. Die Produzenten werden von den einmündenden Flüssen oder durch Sandstürme aus Wüsten mit Nährstoffen versorgt.

In den Ozeanen außerhalb der Tropenzone entstehen im Spätwinter und Frühjahr Auf- und Abwärtsströmungen mit Temperaturausgleich ähnlich den Umschichtungen in einem See. Dabei werden aus den Tiefzonen Mineralsalze in die obere Wasserschicht geführt; sie stammen aus dem bakteriellen Abbau der in die Tiefe sinkenden organischen Substanz. Dadurch entsteht ein Frühjahrsmaximum beim Phytoplankton, dem ein Maximum beim Zooplankton (Kleinkrebse, Larven) folgt. Das Zooplankton dient seinerseits größeren Tieren als Hauptnahrung. In tropischen Ozeanen fehlt die Umschichtung des Wassers. Trotz günstiger Lichtverhältnisse gibt es daher keine Massenentfaltung von Plankton, das Wasser ist klar und blau. Nur dort, wo kalte, nährstoffreiche Meeresströmungen in die Tropen vorstoßen (an den Westrändern der Südkontinente), gibt es reiches Planktonleben. Diese Meeresströmungen sind gleichzeitig die für die menschliche Ernährung so wichtigen Fischfanggründe.

Litoralzone. Die Ökosysteme der Litoralzone sind der Beobachtung gut zugänglich. Im Strandbereich liegt ein Streifen, der infolge des regelmäßigen Gezeitenwechsels periodisch trockenfällt (Eulitoral); auch herrscht häufig Brandung. Die hier lebenden Organismen müssen daher mechanische Beanspruchung aushalten können. An der Felsküste treten derbe Grün-, Rot- und Braunalgen (z. B. Blasentang) sowie Seepocken, Napfschnecken und dickschalige Muscheln auf. Im Bereich flacher Sandstrände findet man in der Spritzwasserzone Blaualgen, in der Gezeitenzone die Gesellschaften des *Wattenmeeres*. Der

Wattboden besteht aus Schlick, der etwa 10 % organische Substanz enthält, oder aus Schill (hoher Gehalt an Schalentrümmern), Sand und Kies. Das ablaufende Wasser sammelt sich in Prielen, die auch bei Niedrigwasser nie ganz trocken fallen. Die meisten Tiere des Watts leben im Boden, z. B. der Sandwurm *Arenicola*, Salzkäfer und der Schlickkrebs. Die Wattbewohner dienen einer artenreichen Vogelwelt (Möwen, Austernfischer, Strandläufer) als Nahrung. In den Prielen gibt es Miesmuschelbänke, in denen auch Polypen und Seeanemonen vorkommen. Daneben findet man See- und Schlangensterne, Seeigel, Krabben, Seepocken, Einsiedlerkrebse und Bohrmuscheln. Auf schlickfreiem, festen Boden können sich Austernbänke entwickeln.

Besonders artenreiche Ökosysteme des tieferen Litorals der warmen Meere sind die *Korallenriffe*. Produzenten sind hier Planktonorganismen und in den Korallentieren lebende symbiontische Algen, deren Tätigkeit den Korallen auch den Aufbau des Kalkskeletts ermöglicht.

Viele Bereiche des Meeres werden vom Menschen durch Fischerei in zu starkem Maße genutzt. Immer bessere Fangtechniken führten insgesamt zu einer Überfischung der Meere, sodass mehr Fische gefangen wurden als nachwachsen konnten. Dementsprechend sind die Erträge vielerorts erheblich gesunken. Bei starker Entnahme von Biomasse aus einem Klimax-Ökosystem ist dies zu erwarten *(s. Abb. 103.1)*. Da die Hochseefischer mit den natürlichen Konsumenten höchster Ordnung konkurrieren, sind z. B. Robben, Haie, Wale und Delphine in Gefahr auszusterben.

Tiefsee. Absinkende tote Organismen *(Detritus)* sind meist die einzige primäre Nahrungsquelle für die Tiefseeorganismen. Hier gibt es daher in der Regel nur unvollständige (abhängige) Ökosysteme. In der Dämmerungszone findet man zahlreiche Tiere, die noch extrem schwaches Licht wahrnehmen können. Fische und Tintenfische haben riesige Augen; viele der Tiere besitzen Leuchtorgane. In der dunklen Tiefsee herrscht in der Regel Nahrungsmangel. Da Beutetiere rar sind, ist bei vielen räuberischen Tiefseefischen die Fähigkeit entwickelt worden, Beutetiere ihrer eigenen Größe zu fressen. Kiefer und Magen sind bei ihnen extrem dehnbar.

Auch in der völlig lichtlosen Tiefsee gibt es vollständige Ökosysteme, vor allem in der Umgebung heißer Schwefelquellen im Bereich von Vulkanen am Meeresgrund. Produzenten sind hier Schwefelbakterien, die Schwefelwasserstoff oxidieren und mit der so gewonnenen Energie CO_2 zu Biomasse umsetzen (Chemosynthese). Diese Schwefelbakterien leben teils frei, teils in Symbiose mit Tiefsee-Röhrenwürmern. Auch Weichtiere, Krebse und Fische gehören zu dieser Biozönose (**Abb. 109.2**). Ähnliche Ökosysteme entstehen dort, wo Archaea Methanhydrat, das etwa ab 600 m Tiefe am Meeresboden lagert, als Energiequelle nutzen. Dabei stellen sie Acetat und Wasserstoff her. Dieser Wasserstoff wird von sulfatreduzierenden Bakterien verwendet. Den frei werdenden Schwefelwasserstoff können andere Bakterien oxidieren. All diese Produzenten decken ihren Energiebedarf aus chemischen Reaktionen und bilden so die Grundlage für eine komplexe Lebensgemeinschaft.

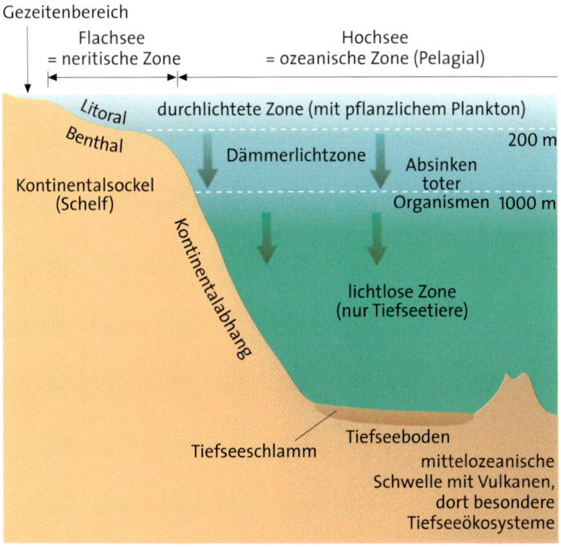

Abb. 109.1: Lebensräume im Ozean

Abb. 109.2: Tiefseeökosystem an einem Vulkan am Meeresgrund; Kreis: Röhrenwürmer, Krabben, Muscheln (gelb)

4 Nutzung und Belastung der Natur durch den Menschen

4.1 Nutzung der Natur in der Menschheitsgeschichte

Der Mensch war während seiner Evolution zunächst lange Zeit als Konsument in natürliche Ökosysteme eingebunden. Als Jäger und Sammler entnahm er den Ökosystemen die für ihn erforderliche Nahrung. Vor knapp 10 000 Jahren begann er an einigen Orten der Erde mit Ackerbau und Viehzucht. Dadurch entstanden in der Jungsteinzeit neue, vom Menschen gestaltete Ökosysteme. Die menschliche Ernährung wurde auf eine neue Grundlage gestellt: Die geschaffene Nutzfläche konnte viel mehr Individuen ernähren. Eine Folge davon war die Entwicklung von Siedlungen bzw. Städten. Diese waren als unvollständige Ökosysteme von den bäuerlichen Nutzökosystemen getrennt, aber gleichzeitig von ihnen abhängig. Die ökologischen Beziehungen wurden durch diese Entwicklung also verändert. Heute leben weltweit mehr Menschen in Städten als außerhalb.

Der vorgeschichtliche Mensch hat vor über 500 000 Jahren begonnen, das Feuer zu nutzen. Bis ins 18. Jahrhundert blieb das mit Holz betriebene Feuer die wichtigste Energiequelle. Der Beginn des bergmännischen Abbaus der Kohle fiel etwa mit der Erfindung der Dampfmaschine zusammen. Diese erleichterte wiederum den Abbau von Kohle, sodass die Menge der verfügbaren Energie stark anstieg. Die Erfindung der Dampfmaschine trug daher zum weiteren Anwachsen der Bevölkerung bei.

4.2 Heutige Nutzung der Natur und nachhaltige Entwicklung

Die Aktivitäten des Menschen bewirkten von jeher lokale oder regionale Umweltveränderungen. Aufgrund des Wachstums der Erdbevölkerung sowie der weltweiten Ausweitung der industriellen und wirtschaftlichen Prozesse wirken sich diese Aktivitäten merklich auf Stoffkreisläufe und Energieflüsse im System Erde aus. Sie beeinflussen damit auch die Biosphäre. Als Folge davon stellen sich heute gravierende globale Probleme. Dazu gehören die Verknappung nicht erneuerbarer Ressourcen, wie Kohle und Erdöl, die Abnahme der biologischen Vielfalt sowie die Zunahme von Armut, Hunger und Krankheiten. Allgemeine Ursachen dieser Entwicklung sind die Übernutzung der Umwelt, die zunehmende Verstädterung und Probleme der Entsorgung von Abfällen.

Übernutzung der Umwelt. Weltweit trägt die landwirtschaftliche Produktion zu einer Übernutzung der Umwelt bei. So wurde in den letzten sechs Jahrzehnten die Landwirtschaft Europas intensiviert und rationalisiert. 1950 ernährte ein Landwirt etwa zehn Menschen. Im Jahr 2000 waren es 90. Diese Steigerung wurde durch große Monokulturen und ertragsfördernde Bearbeitung, wie z. B. Düngung, erreicht – und das bei sinkender Gesamtnutzfläche. Die Intensivierung führte zu einem Produktionsüberschuss. Um moderne landwirtschaftliche Maschinen besser zum Einsatz kommen zu lassen, wurden kleine Nutzflächen zu großen zusammengeführt. Dieser Rationalisierung durch Flurbereinigung fielen vielerorts Hecken, Wegraine, Feldgehölze und Anbauterrassen zum Opfer (**Abb. 110.1**).

Abb. 110.1: Landschaft im Wandel. Landschaft als Mosaik aus Monokulturen und naturnahen Biotopen mit artenreichen Lebensgemeinschaften (links), ausgeräumte Landschaft zur Verbesserung der maschinellen Bearbeitung (rechts)

Weltweit haben seit den 60er Jahren des 20. Jahrhunderts der Einsatz von besonders ertragreichem Saatgut – vor allem für Reis, Mais und Weizen –, von Kunstdünger, Pflanzenschutzmitteln und Maschinen in Kombination mit der Bewässerung von Feldern zu einer enormen Steigerung der Nahrungsmittelproduktion geführt. Die Steigerung ermöglichte eine zureichende Ernährung von vielen Millionen Menschen. In den Entwicklungsländern bezeichnet man diese Entwicklung als »Grüne Revolution«. Dass dies nur durch eine Übernutzung der Umwelt möglich war, zeigt sich an Süßwasserverknappung und in ariden Gebieten an Bodenversalzung. Der Einsatz von Pflanzenschutzmitteln führt weltweit zu Resistenzbildung bei Pflanzenschädlingen. Die Anlage von Monokulturen bewirkt Bodenerosion *(s. 4.6.1)* und der Einsatz schwerer landwirtschaftlicher Maschinen Bodenverdichtung.

In Entwicklungsländern wurden früher Gebiete mit aridem Klima von Nomaden mit einer begrenzten Zahl von Nutztieren beweidet. Heute sind die meisten Nomaden sesshaft und besitzen einen größeren Viehbestand. Deshalb kommt es großflächig zu Überweidung. Zu den Folgen dieser Überweidung gehört eine verstärkte Bodenerosion.

Ein besonderes Problem stellen Großprojekte zur Bewässerung dar. Dazu werden gewaltige Staudämme gebaut oder sehr viel Wasser aus Flüssen abgeleitet. So wurden zur Steigerung des Baumwollanbaus im ariden Klima Kasachstans riesige Wassermengen aus den Zuflüssen des Aralsees entnommen. Dies ließ die Oberfläche des Sees von 67 900 km^2 im Jahre 1960 auf 3900 km^2 im Jahr 2000 schrumpfen. Der Salzgehalt des Aralsees entspricht heute zum Teil dem des Toten Meeres, sodass Lebewesen des Süßwassers dort nicht mehr leben können. Der früher reiche Fischfang wurde daher eingestellt. Als Folge einer dennoch zu geringen Bewässerung trockneten die Böden regelmäßig aus, daher versalzten diese Anbauflächen. Insgesamt 40 bis 50 % dieser Flächen waren um die Jahrtausendwende deshalb nicht mehr nutzbar.

Entsorgungsprobleme. Ein besonderes Problem stellt die diffuse Verteilung von Schadstoffen in der Luft, den Gewässern und im Boden dar. So werden Industrieabgase mithilfe hoher Schornsteine weiträumig verteilt. Sofern keine Filter eingebaut sind, führen die Schadstoffe in industriefernen Regionen zu einer Belastung von Boden, Luft und Gewässern. Sie beeinträchtigen damit auch die Lebewesen in entsprechenden Biotopen *(s. 4.6)*.

Zu einer Verdichtung von Schadstoffen führt dagegen die Ablagerung von Abfällen in Deponien. Allein in Deutschland werden einige Hundert Großdeponien betrieben. Es ist unklar, ob deren Abdichtung auf Dauer haltbar bleibt. In Entwicklungsländern entstehen am Rande von Ballungszentren riesige Abfallhalden ohne ausreichende Sicherung. Diese bewirken vor allem eine Kontamination des Bodens und des Grundwassers mit Schadstoffen.

Verstädterung. Ein sehr starkes Wirtschaftswachstum, wie es um die Jahrtausendwende z. B. in Malaysia, Thailand oder Korea erfolgte, führt zu einem rapiden Wachstum von Städten. In Entwicklungsländern bewirkt ein hohes Bevölkerungswachstum Landflucht. Die Landflucht führt zu einem *ungeregelten* Ausbau von Siedlungen am Rande von Großstädten, wie z. B. Kairo, Teheran, Kalkutta oder Sao Paulo. In allen diesen Städten ist die Reinigung des Abwassers unzureichend und sind die anfallenden Abfallmengen nicht mehr beherrschbar. Dazu kommen Verelendung und Gesundheitsgefährdung von Menschen. In den Industrieländern führen z. B. der Anspruch an größere Wohnungen oder der Wunsch nach dem Wohnen im Grünen sowie die Auslagerung von Industrieanlagen zu einer Ausdehnung der Städte. Dies hat negative Folgen für die Natur. Die Städte in den Ballungsräumen der Industrieländer werden künftig jedoch viel langsamer wachsen als jene in den Entwicklungsländern *(s. 4.10.2)*.

Nachhaltige Entwicklung. Vor 300 Jahren verteuerte Holzmangel den Silberbergbau in Sachsen. Zur Sicherung der Stollen war Grubenholz erforderlich, und die Schmelzhütten benötigten Holzkohle. Wegen Jahrhunderte langer ungeregelter Abholzung waren die Wälder in der Umgebung der Bergwerke verschwunden. Damals entstand die Idee der nachhaltigen Entwicklung. Der Wald sollte schonend und vorausschauend bewirtschaftet werden, um auch den Holzbedarf kommender Generationen zu befriedigen. Diese Idee verbreitete sich in der Folgezeit rasch in ganz Deutschland und über die Grenzen des Landes hinaus.

Sie wurde schließlich zur Grundlage der Agenda 21, eines globalen Aktionsplanes für das 21. Jahrhundert. Auf diesen haben sich 1992 in Rio de Janeiro 178 Staaten geeinigt. Danach ist das allgemeine Ziel der nachhaltigen Entwicklung der Erde die wirtschaftliche Leistungsfähigkeit mit sozialer Sicherheit und der Erhaltung der natürlichen Lebensgrundlagen in Einklang zu bringen. Die Politik der Nachhaltigkeit soll dazu führen, dass die Lebenschancen und die Lebensqualität heute lebender Menschen und später geborener vergleichbar sind. Aus diesem Grund ist der Schutz der Umwelt Teil der gesellschaftlichen und wirtschaftlichen Entwicklung.

4.3 Eingriffe des Menschen in die Natur

4.3.1 Zerschneidung und Vernichtung von Lebensräumen

Es ist unbekannt, wie viele Organismenarten ein Ökosystem verlieren kann, ohne sich tiefgreifend zu verändern. Die Auslöschung nur einer einzigen Pflanzenart kann eine Vielzahl weiterer Arten gefährden. So leben von der Ackerdistel, deren Bestand durch Herbizide dezimiert wird, etwa 100 Insektenarten. Von der Distel ernähren sich auch Rebhuhn, Wachtel und Distelfink, von den Insekten leben Vögel und weitere Tiere, die in der Nahrungskette folgen.

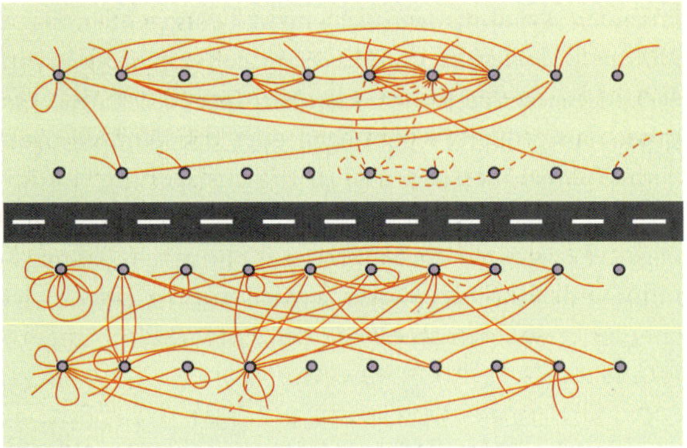

Abb. 112.1: Isolationswirkung einer Straße in einem Wald auf die Populationen von zwei Mäusearten. Kreise: Fallenstandorte; Linien: Zwischen Erstfang und Wiederfang von markierten Tieren zurückgelegte Strecken; offene Enden von Linien: Erst- oder Wiederfang außerhalb des Bildausschnitts

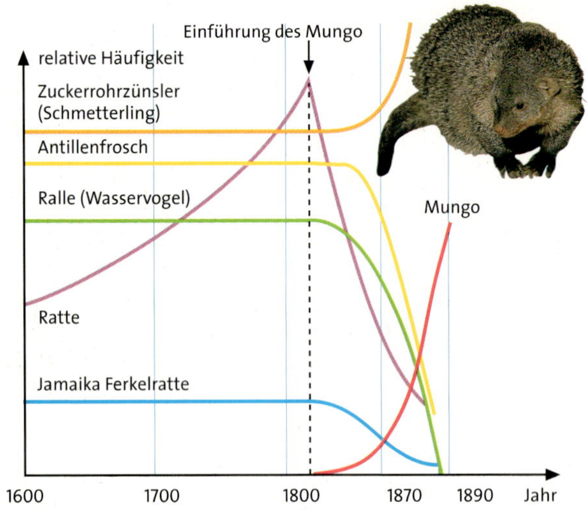

Abb. 112.2: Auswirkungen der Einführung des Mungos (50 cm lang, ohne Schwanz) nach Jamaika

Eingriffe in die Landschaft, wie z. B. beim Straßenbau, bei der Regulierung von Wasserläufen, bei der Flurbereinigung oder bei der Bebauung, zerschneiden den Verbund der Lebensräume vieler Tier- und Pflanzenarten (**Abb. 112.1**). Der Fortbestand dieser Populationen ist gefährdet, wenn dadurch die für ihre Erhaltung erforderliche Mindestfläche unterschritten wird. Zugleich werden Teile der Biotope ganz vernichtet, sodass ursprüngliche Lebensräume heute auf kleine Reste geschrumpft sind und viele Organismenarten ausstarben. In Niedersachsen und in Schleswig-Holstein gab es noch vor 100 bis 200 Jahren 5000 ha große Moore. Infolge von Torfabbau, Entwässerung und Urbarmachung besitzen diese Moore heute nur noch eine Fläche von 10 bis 30 ha. Die etwa 10 000 schutzwürdigen Biotope Schleswig-Holsteins sind durchschnittlich 5 ha groß. Diese Flecken sind in einer Landschaft zerstreut, die von 5000 km Straßen durchzogen ist.

Umwandlung und Vernichtung von Wäldern. Bis zum Beginn des 18. Jahrhunderts geschah die Waldnutzung in Mitteleuropa noch ungeregelt. Willkürlicher Holzeinschlag und Waldweide drängten die Wälder mehr und mehr zurück. Von Natur aus wäre mehr als die Hälfte der Landoberfläche der Erde von Wäldern bedeckt. Infolge der menschlichen Eingriffe ist es heute nur noch knapp ein Drittel. Von dieser Waldfläche sind 15 % künstlich angelegt. Bei der übrigen Fläche handelt es sich um Naturwald, der aber größtenteils durch Entnahme von Bäumen genutzt wird. Große Naturwaldgebiete sind vor allem die tropischen und subtropischen Wälder sowie die Nadelwälder der nordischen Gebiete. Derzeit erfolgt weltweit eine starke Abnahme der Waldflächen infolge von Abholzung tropischer und nordischer Wälder; vielerorts werden die Naturwälder in Wirtschaftswälder umgewandelt.

Im tropischen Regenwald wird die Landwirtschaft vielfach im Wanderfeldbau mit Brandrodung betrieben. Ursache der Rodung ist vor allem die Bevölkerungsexplosion. Aufgrund der zunehmenden Zahl der Menschen steigt die erforderliche landwirtschaftliche Nutzfläche. Jährlich fallen etwa 0,8 % bis 2 % des tropischen Regenwaldes der Brandrodung zum Opfer; in jeder Minute sind dies mehr als 10 ha! Hält diese Entwicklung an, so werden die Tropenwälder bis zum Jahr 2030 bis auf kleine Reste verschwunden sein. Sie bedecken heute noch knapp 7 % der Erdoberfläche, darin lebt aber fast die Hälfte aller Pflanzen- und Tierarten. Auch die Entnahme wertvoller Hölzer, die vor allem für den Export in die Industriestaaten bestimmt sind, trägt zum Verschwinden der tropischen Regenwälder bei.

4.3.2 Flussregulierung

Da der Wildlauf des Rheins in der Oberrheinischen Tiefebene schon in früheren Jahrhunderten immer wieder schwere Überschwemmungen verursachte, begann man 1817 mit der Rheinkorrektion. Zwar erzielte man die beabsichtigte Vertiefung der Flusssohle, und die Hochwasser am Oberrhein blieben aus; im Laufe der Zeit sank aber der Grundwasserspiegel bis zu sieben Metern ab, sodass große Teile der Rheinauenwälder abstarben. Schließlich kam es sogar zur Versteppung von Ackerland. Zusätzliche Schäden durch weitere Grundwassersenkung entstanden mit dem Ausbau des Rheinseitenkanals; man versuchte, diese Schäden durch den Bau von Stauwehren im Rhein zu beheben oder wenigstens zu verringern.

Selbst um verhältnismäßig kleine Flächen, wie etwa die Viehweiden der Talauen, hochwasserfrei zu halten, wurden bis vor kurzem immer wieder kleinere Flüsse begradigt (**Abb. 113.1**). Abgesehen von der Vernichtung wertvoller naturnaher Uferbiotope führt dies überall zu erhöhter Hochwassergefahr im Unterlauf. Durch die verschiedenen Ausbaumaßnahmen kann das Niederschlagswasser nun viel rascher abfließen, sodass es immer häufiger zu Hochwasserspitzen, z. B. am Mittel- und am Niederrhein, kommt. Ähnliche Folgen ergaben sich durch die Regulierung der Donau im Wiener Becken.

Flussbegradigungen machen aus diesem Grunde nach einiger Zeit den Bau von zahlreichen Rückhaltebecken erforderlich. Bei Bächen erfolgen heute mit erheblichem Aufwand Rückbaumaßnahmen. Durch diese Maßnahmen soll ein natürlicher Bachlauf nachahmend wiederhergestellt werden.

4.3.3 Einführung fremder Pflanzen- und Tierarten

Der Mensch hat teils absichtlich, teils versehentlich Tausende von Arten in Gebiete verschleppt, in denen sie von Natur aus nicht vorkommen. In vielen Fällen verlief das problemlos. Dies gilt z. B. für Amerikanische Roteiche, Douglasie und Damwild, die in Europa angesiedelt wurden. Einige der Neubürger vermehren sich jedoch sehr stark und verdrängen heimische Arten. So hat sich z. B. die als Zierpflanze aus Nordamerika eingeführte Goldrute an Weg- und Waldrändern ausgebreitet. Deckt sich die ökologische Nische der neuen Art mit der einer heimischen, so konkurrieren die Arten miteinander. Ist dabei die neue Art überlegen, wird die heimische sogar aussterben. Diese Gefahr ist besonders groß auf abgeschiedenen Inseln, auf denen Pflanzen und Tiere sich nie gegenüber anderen Arten behaupten mussten.

Auch die Einführung eines zusätzlichen Räubers kann das biologische Gleichgewicht empfindlich stören. Ein Beispiel dafür ist das Aussetzen des Mungos auf Jamaika, eines in Ostindien heimischen Raubtieres von Mardergröße. Er sollte die von Schiffen eingeschleppten Ratten vertilgen, weil sie an Zuckerrohrpflanzungen großen Schaden anrichteten. Die 1872 eingeführten Tiere vermehrten sich stark und verminderten die Zahl der Ratten. Nach deren Abnahme fraß der Mungo auch andere Tiere: z. B. Vögel, Eidechsen, Schlangen und Lurche. Durch das Vertilgen dieser Insektenfeinde nahmen Schadinsekten verheerend zu. Bereits 1890 war deren Schadwirkung viel größer als der Nutzen des Mungos. Dieser wurde daher für die Verfolgung freigegeben. Nun stellte sich ein neuer Gleichgewichtszustand ein (**Abb. 112.2**).

Abb. 113.1: Naturnaher **(a)** und begradigter Bachlauf **(b)**

4.3.4 Schädlingsbekämpfung

Die Schädlingsbekämpfung erfolgt vor allem mithilfe chemischer und biologischer Verfahren. Die **chemische Schädlingsbekämpfung** arbeitet mit Pestiziden, dazu gehören Insektizide (gegen Insekten), Nematizide (gegen Fadenwürmer), Fungizide (gegen Pilze) und Herbizide (gegen Unkräuter). Alle diese Stoffe wirken nicht artspezifisch. Daher trägt der Einsatz von Herbiziden zum Rückgang von Wildpflanzen bei. Beim Insektizideinsatz werden nützliche Raubinsekten stärker dezimiert als die Schadinsekten *(s. Abb. 95.1)*. Generell verringern Pestizide die Artenzahl weiter, sodass die Wahrscheinlichkeit größerer Populationsschwankungen steigt *(s. 2.4.2)* und folglich weiterer Pestizideinsatz erforderlich wird.

Bei der **biologischen Schädlingsbekämpfung** werden die Erkenntnisse aus der Ökologie genutzt: Die natürlichen Feinde der Schädlinge werden geschützt und vermehrt. So wird durch die Anpflanzung von Hecken neuer Lebensraum für Vögel und Kleinsäuger, wie z. B. Spitzmaus und Vögel, geschaffen. Oder es werden Raubinsekten, Schlupfwespen, Raupenfliegen oder gezüchtete Parasiten ausgesetzt (**Abb. 114.1**). Z. B. wird die aus Kalifornien eingeschleppte San-José-Schildlaus durch eine 0,8 mm große Schlupfwespe bekämpft. Diese Schildlaus ist heute ein gefürchteter Schädling in allen gemäßigten Zonen der Erde, da die von ihr befallenen Kernobst- und Steinobstbäume absterben können. Die Wespe legt ein Ei unter den Schild der Laus und die sich daraus entwickelnde Larve frisst die Laus auf. Auf Kürbissen oder Melonen vermehrte Schildläuse ermöglichen die Zucht der nützlichen Schlupfwespe.

Im Rahmen der biologischen Schädlingsbekämpfung verbreitet man auch Krankheitserreger von Schädlingen wie Viren, Bakterien, Pilze, Protozoen und Fadenwürmer. Z. B. verwendete man zur Bekämpfung der Kaninchenplage in Australien das *Myxomatose*-Virus, das bei Kaninchen eine tödlich verlaufende Krankheit erzeugt und durch stechende Insekten übertragen wird. Das europäische Kaninchen war 1788 mit den ersten Siedlern nach Australien gekommen, hatte sich dort mangels natürlicher Feinde massenhaft ausgebreitet und verursachte durch Auffressen der Feldkulturen verheerende Schäden. Man züchtete deshalb auf Hühnerembryonen das *Myxomatose*-Virus und ließ es durch künstlich infizierte Kaninchen in die Wildpopulation einschleppen. Die Bekämpfung zwischen 1950 und 1952 war mit 90 % Sterblichkeit ein durchschlagender Erfolg. Im Laufe der Zeit nahm die *Virulenz*, d. h. die krank machende Aktivität der Viren, ab. Daher wurde 1996 ein neues und für alle Beuteltiere ungefährliches Virus eingesetzt.

Für Bienen ungefährliche Giftstoffe von *Bacillus thuringiensis* werden z. B. gegen Raupen des Kohlweißlings, der Gespinstmotte und des Eichenwicklers verwendet. Weiterhin werden große Mengen von Insektenmännchen ausgesetzt, die zuvor durch Bestrahlung sterilisiert wurden. Jedes Weibchen, das von einem sterilen Männchen begattet wurde, legt unbefruchtete entwicklungsunfähige Eier ab. Dadurch wird die Population drastisch vermindert. So verfährt man z. B. gegen die Schraubenwurmflie-

Abb. 114.1: Raubinsekten. **a)** Schlupfwespe kurz vor der Eiablage auf einer Laus; **b)** Marienkäferlarve frisst Blattlaus

Abb. 114.2: Borkenkäferfallen vor einem geschädigten Waldstück. Kreis: Fraßbild eines Borkenkäfers

ge, deren Made im südlichen Nordamerika unter der Haut der Rinder schmarotzt.

Besondere Duftdrüsen von Insektenweibchen erzeugen artspezifische Signalduftstoffe, die *Pheromone*. Schon in Nanogramm-Mengen locken diese die Männchen aus größeren Entfernungen an. Man kann daher reusenartige Insektenfallen mit den Duftstoffen bestimmter Schädlinge, wie z. B. Borkenkäfer, beködern und so die Männchen anlocken bzw. fangen (**Abb. 114.2**). Chemisch hergestellte Abschreckstoffe für Insekten werden z. B. in der Autolackiererei verwendet, um Schäden durch festklebende Insekten zu verhindern.

Bei der **klassischen Schädlingsbekämpfung** verwendet man Leimringe, Fallen, Netze oder Zäune, um Schädlinge abzuhalten. Größere Pflanzenfresser werden bejagt.

Geeignete Fruchtwechsel, Bodenbearbeitung oder längere Brache lassen Kulturpflanzen oft besser gedeihen. Sie sind dann weniger anfällig für Schädlinge. Diese Methode bezeichnet man als **kulturtechnische Schädlingsbekämpfung.** Im Gartenbau behindern Mischkulturen von Karotte und Zwiebel die Ausbreitung der Möhren- und Zwiebelfliege. Tomaten wirken in einer Mischkultur z. B. der Eiablage des Kohlweißlings auf Kohlpflanzen entgegen.

Unter **genetischer Schädlingsbekämpfung** versteht man die Züchtung resistenter Sorten oder die Übertragung von Resistenzgenen. So werden Gene von *Bacillus thuringiensis* in Pflanzen eingebaut, sodass diese das Gift selbst bilden und dadurch gegen Pflanzen fressende Insekten resistent werden.

Bei der **integrierten Schädlingsbekämpfung** kommen gleichzeitig verschiedene Bekämpfungsmethoden zur Anwendung. Dadurch soll der Einsatz chemischer Mittel möglichst gering gehalten werden. Sie arbeitet mit einer Kombination aus klassischer, biologischer, genetischer und kulturtechnischer Bekämpfung (**Abb. 115.1**). Pestizide werden nur dann eingesetzt, wenn sich abschätzen lässt, dass sich dieser Aufwand wirtschaftlich lohnt (**Abb. 115.2**). Die Voraussetzungen für die biologische Schädlingsbekämpfung werden verbessert, wenn im Pflanzenbau auf Höchsterträge verzichtet wird und Schutzzonen, z. B. Feldraine und Hecken, angelegt werden, in denen Vögel brüten können.

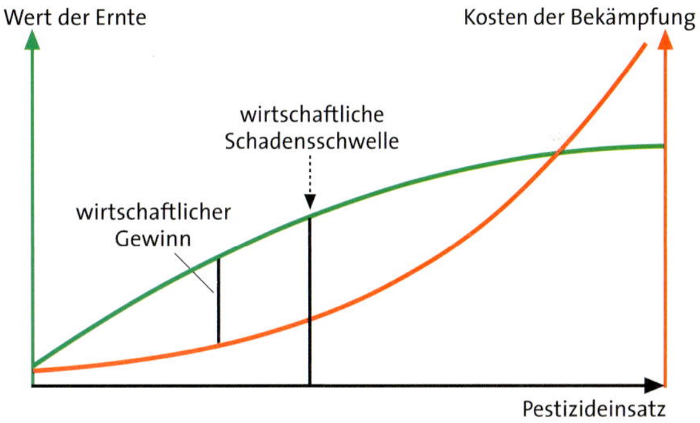

Abb. 115.2: Kosten-Nutzen-Abschätzung bei der integrierten Schädlingsbekämpfung im Pflanzenschutz: Wird die wirtschaftliche Schadensschwelle überschritten, nimmt der Gewinn ab, sodass sich der Einsatz von Pestiziden nicht mehr lohnt.

Abb. 115.1: Wichtige Mittel und Methoden des integrierten Pflanzenschutzes. Der Einsatz von Pestiziden wird möglichst gering gehalten.

4.4 Abfall- und Schadstoffproblematik in Deutschland

4.4.1 Beseitigung des Mülls

Im Jahre 2003 fielen in Deutschland 400 Millionen Tonnen Abfälle an, darunter z. B. auch Bauschutt, Straßenaushub, Bergehalden des Bergbaus. 45 Millionen Tonnen davon sind allein Hausmüll, die den Deponien zugeführt werden. Der Untergrund der Deponien wird abgedichtet und das ablaufende Wasser gereinigt. Auf diese Weise wird das Grundwasser nicht verschmutzt. Bei der Beseitigung des Mülls kommt es zwangsläufig zu Umweltbelastungen, z. B. durch Ausgasen von Luftschadstoffen aus Deponien. Dies lässt sich nur durch Müllvermeidung und durch **Recycling** (Abfallverwertung) einschränken. Eine Verringerung der Müllmengen um 1,4 Millionen Tonnen pro Jahr erbrachte die Einführung des Dosenpfands. Organisches Material wird in gesonderten Abfallbehältern gesammelt und kompostiert oder zur Erzeugung von Biogas verwendet. Mehr als $^1/_3$ des anorganischen Abfalls wird gegenwärtig zurückgewonnen; Glas wird zu 60 % verwertet.

Zur Beseitigung des Restmülls wird vor allem das herkömmliche thermische Verfahren der *Müllverbrennung* eingesetzt. Eine weitgehende Verbrennung erfolgt nur bei hohen Temperaturen über 1200 °C. Die sich dabei bildenden Luftschadstoffe werden mithilfe von Rauchgasreinigungsverfahren entfernt. Die freigesetzte Wärme dient der Fernheizung oder auch der Stromerzeugung. Sonderabfälle wie Altöl, Altreifen, organische Giftstoffe und Tierkörper werden ebenfalls verbrannt, die Rückstände in Sonderabfalldeponien gelagert. Viele chemische Verbindungen, die in Industrie, Haushalt, Landwirtschaft oder Medizin eingesetzt werden, wie z. B. Lacke, Arzneimittel, Schädlingsbekämpfungsmittel sowie Chemikalien zur Behandlung von Holz, Leder und Kunststoffen, sind nicht mit einer der üblichen Methoden zu beseitigen. Es besteht die Gefahr, dass sie sich in der Umwelt ausbreiten. Man bezeichnet sie aus diesem Grund als *Umweltchemikalien.* Gelangen sie mit Nahrung und Trinkwasser in den menschlichen Körper, so können Gesundheitsschäden auftreten. Sie gehören zu den Sonderabfällen, für dessen Beseitigung besondere Vorschriften gelten.

Cancerogene in Nahrungsmitteln

Krebserregende Stoffe werden als *Cancerogene* bezeichnet. Natürliche Cancerogene kommen in vielen pflanzlichen Nahrungsmitteln vor, z. B. in Ruccula. Oft ist ihre Konzentration in denselben Nahrungsmitteln sogar viel höher als die der Rückstände von synthetischen Pestiziden. Für Giftstoffe, die der Mensch produziert hat und die noch in sehr geringen Mengen gut nachweisbar sind, hat man die Grenzwerte der erlaubten Konzentrationen in Boden, Wasser, Nahrungsmittel usw. extrem niedrig festgelegt. Das gilt z. B. für *Dioxine* und *polyzyklische Kohlenwasserstoffe.* Die Stoffe beider Gruppen binden in Säugerzellen an ein bestimmtes Rezeptorprotein. An dasselbe Protein bindet auch ein Dioxin, das in Brokkoli und Blumenkohl vorkommt. Der akzeptierte Dosis-Grenzwert für Dioxine wird durch eine Brokkoli-Mahlzeit um mehr als das Tausendfache überschritten. Auch entsteht beim Grillen eine so große Menge polyzyklischer Kohlenwasserstoffe, dass deren Grenzwert dabei häufig nicht eingehalten wird.

4.4.2 Schadstoffe in der Nahrung

Schadstoffe sind chemische Substanzen, die auf die menschliche Gesundheit oder die Umwelt schädliche Einflüsse haben. Sie werden über Luft, Wasser oder durch wandernde Organismen weit verbreitet. Welche Krankheitssymptome in Abhängigkeit von Dosis und Einwirkungszeit bei Organismen auftreten können, lässt sich durch die *Toxizität*, das Maß für die Giftigkeit, angeben.

Die *Halbwertszeit (HWZ)* gibt an, wie lange ein Stoff im Wasser, Boden oder der Luft verweilt, bis die Hälfte seiner Menge durch Organismen abgebaut wurde. Substanzen mit einer Halbwertzeit von mehr als zwei Tagen werden als schwer abbaubar eingestuft. Dazu gehören z. B. die polychlorierten Biphenyle (PCB) mit einer HWZ von über zehn Jahren; sie sind seit 1996 in der EU verboten. PCB wurden z. B. als Weichmacher in Kunststoffen, als Schmier-, Imprägnier- und Flammschutzmittel sowie in Transformatoren eingesetzt. Das in die Luft oder das Wasser emittierte PCB gelangt in die Produzenten der Ökosysteme und somit in die Nahrungsketten. Da die Biomasse von einem Glied der Kette zum nächsten abnimmt, reichert sich PCB in der Nahrungskette immer stärker an. Die Anhäufung eines Stoffes in den Gliedern der Nahrungskette bezeichnet man als *Bioakkumulation* (**Abb. 117.1**). Bei den Endgliedern der Nahrungskette, z. B. dem Menschen, erreichen die Schadstoffe die höchste Konzentration. Da sich die Stoffe besonders gut im Fettgewebe lösen, ist die Muttermilch besonders stark belastet.

4.5 Einfluss von Lärm und Strahlung

Lärm. Ob die Stärke eines Geräusches als störend, also als »Lärm« empfunden wird, hängt von Lebensalter, Gesundheitszustand, abstumpfender Gewöhnung oder besonderer Empfindlichkeit ab. Von Bedeutung für die Lärmempfindlichkeit ist die innere Einstellung zur Geräuschquelle. Von anderen verursachte Geräusche stören mehr als selbst erzeugte. Naturgeräusche (Wind, Regen, Vogelgezwitscher) stören weniger als Motorengeräusche. Andauernder starker Lärm kann zu Gesundheitsschäden führen (**Abb. 117.2**). Maßnahmen gegen Lärm sind die Konstruktion leiser Motoren und Maschinen, die Geräuschdämmung in Betrieben und Lärmschutzwälle an Hauptverkehrsstraßen.

Strahlung. Lebewesen sind ständig der kosmischen Höhenstrahlung, dem UV-Licht und der Bodenstrahlung von natürlichen radioaktiven Stoffen ausgesetzt. Zu den natürlichen radioaktiven Stoffen zählen die Radionuclide von Kalium, Calcium sowie von Uran und seinen Zerfallsprodukten, wie z. B. das gasförmige Radon. Vom Menschen geschaffene, also künstliche Strahlenquellen sind Kernexplosionen sowie die in Technik, Medizin und Forschung verwendeten Röntgengeräte und radioaktiven Substanzen. Die Strahlenquellen können Teilchenstrahlung oder elektromagnetische Wellen aussenden, z. T. auch beides. Zur Teilchenstrahlung zählen die α-Strahlen (Heliumkerne), β-Strahlen (Elektronen), Protonenstrahlen und Neutronenstrahlen. Zur gesundheitsgefährdenden elektromagnetischen Strahlung gehören die Röntgen- und die γ-Strahlen sowie die UV-Strahlen. Die gefährliche Wirkung dieser Strahlen beruht auf einer Schädigung der DNA und anderer Moleküle in den Zellen. Sie führt zum Zelltod oder zu Mutationen, die eine Umwandlung in Krebszellen bewirken können.

Die Strahlenbelastung wird mithilfe verschiedener Größen beschrieben: Die Aktivität einer radioaktiven Substanz wird in Becquerel (Bq) angegeben. 1 Bq ist gleich einem Kernzerfall je Sekunde. Die von einem Körper absorbierte Energiedosis wird in Joule pro Kilogramm angegeben (physikalische Wirkung). Die Wirkung von Strahlung auf Lebewesen hängt allerdings nicht nur von der absorbierten Energie ab, sondern auch von der Art der Strahlung und dem absorbierenden Organ. Dem wird durch einen Bewertungsfaktor Rechnung getragen. Multipliziert man diesen Bewertungsfaktor mit der Energiedosis, so erhält man die Äquivalentdosis; sie wird in Sievert (Sv) angegeben und spiegelt die biologische Wirksamkeit der Strahlung wieder. Die maximal zugelassene Dosis beträgt für strahlenexponierte Personen 50 mSv/Jahr. Die Strahlenbelastung des Menschen durch natürliche Strahlungsquellen beträgt im Mittel 1,1 mSv/Jahr. Dabei werden als Radionuclide vor allem Radon über die Atemluft und radioaktive Isotope von Kalium und Iod über die Nahrung aufgenommen. Kalium wird gleichmäßig verteilt, Iod wird in der Schilddrüse, Radon in der Lunge angereichert. Radon gelangt aus dem Boden, dem Wasser und dem Baumaterial der Häuser in die Atemluft. Das Abdichten von Häusern erhöht die Strahlendosis durch dieses Gas. In Innenräumen angereichertes Radon verursacht in Deutschland 4 bis 8 % aller Lungenkrebsfälle.

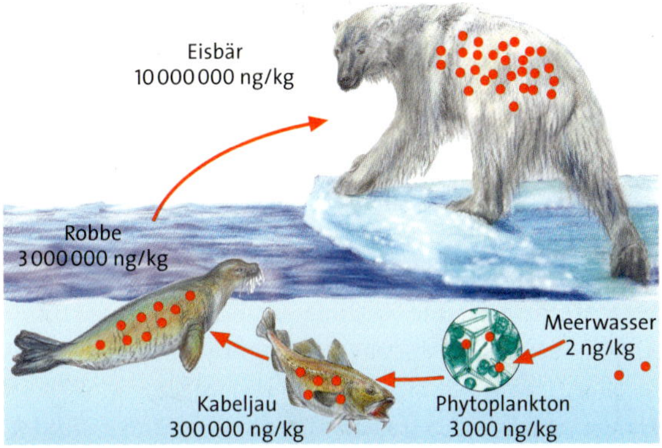

Abb. 117.1: Bioakkumulation am Beispiel von PCB (ng/kg; •) in der Nahrungskette

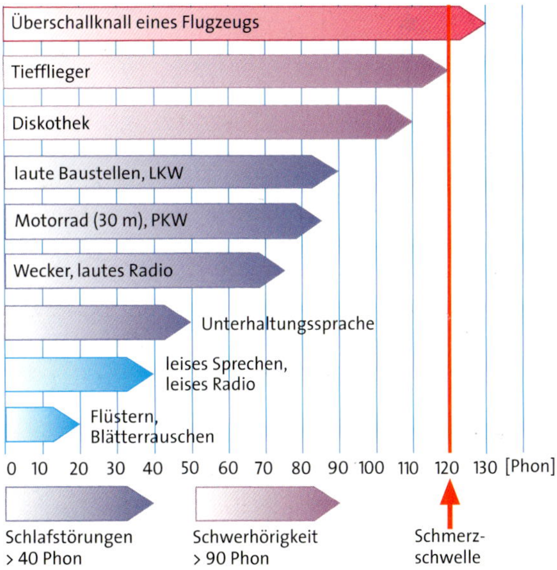

Abb. 117.2: Lautstärke von Alltagsgeräuschen in Phon, dem Maß für die empfundene Lautstärke. Von 0 bis 130 Phon wächst sie annähernd proportional zum Logarithmus des Schalldrucks. Lautstärkeunterschiede werden nahe der Hörschwelle stärker empfunden als nahe der Schmerzschwelle.

4.6 Belastung des Bodens, des Wassers und der Luft in Europa

4.6.1 Flächenverbrauch und Belastung des Bodens

Von 1997 bis 2001 wurden in Deutschland jährlich ca. 50 000 ha Landschaft mit Wohnhäusern, Industrieanlagen und Gewerbebetrieben bebaut bzw. für die Neuanlage oder Verbreiterung von Verkehrswegen genutzt. Das entspricht einem Flächenverbrauch von 270 Fußballfeldern pro Arbeitstag. Dieser geht zu Lasten landwirtschaftlicher Nutzflächen ebenso wie von naturnahen Biotopen wie Heide, Moor und Ödland (**Abb. 118.1**). Durch die starke Bebauung dieser Flächen wird der Boden versiegelt. Infolge der Versiegelung können in den angrenzenden Arealen Schadstoffe aus Kraftfahrzeugen, z. B. Ölreste und Reifenabrieb, hohe Konzentrationen erreichen und noch in einer Entfernung von 100 m vom Straßenrand den Boden merklich belasten. Der Flächenverbrauch je Kopf der Bevölkerung ist in den Industrieländern etwa vier Mal größer als in den Entwicklungsländern. Dazu kommt eine steigende Nutzung von Flächen für die Erholung. In den Alpen, aber auch in den Hochlagen der Mittelgebirge, wird z. B. ski- und snowboardgerecht planiert: Hänge werden abgetragen und Mulden aufgeschüttet. Anschließend wird künstlich eine Vegetationsdecke aufgebracht, sodass Pistenraupen fahren können. Eine Renaturierung solcher zerstörter Biotope erfordert viele Jahrzehnte.

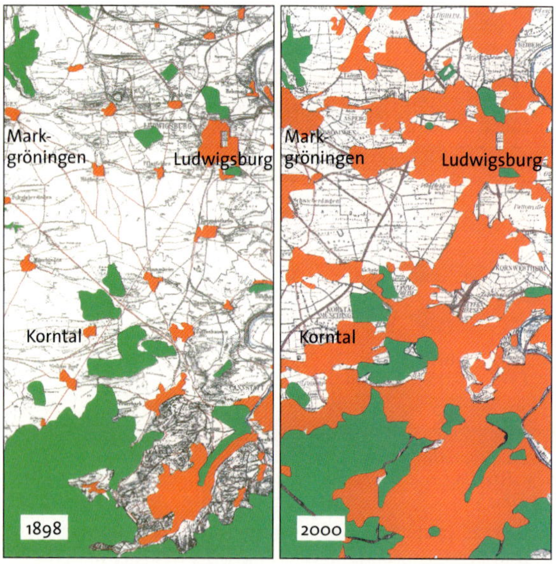

Abb. 118.1: Zunahme des Siedlungsraumes und der Verkehrsflächen im Norden Stuttgarts von 1898 bis 2000. Siedlungs- und Verkehrsflächen: rot, Wald: grün

Die Erhaltung der Bodenfruchtbarkeit wird in der Landwirtschaft mit einer Düngung erreicht, die sowohl dem Standort als auch den Kulturpflanzen Rechnung trägt. Wenn Kulturpflanzen mehr Wasser verbrauchen als die ursprüngliche Vegetation, muss bewässert werden. Die Verfügbarkeit der Mineralstoffe des Bodens für die Pflanzen ist aber nicht nur vom Wassergehalt, sondern auch vom pH-Wert abhängig. So kann eine Pflanze bei pH 8 zwar Calcium-, aber keine Eisenionen mehr aufnehmen. Sinkt der pH-Wert z. B. aufgrund des sauren Regens, so können Schwermetallionen wie etwa von Mangan oder Cadmium in die Wurzeln der Pflanzen gelangen und diese schädigen. Um das zu verhindern, muss mit Calciumsalzen gekalkt werden. Ist die Ernte eingefahren, ist der Boden oft der Erosion schutzlos ausgeliefert. Hangparalleles Terrassieren, Hecken als Windschutz, Anbau von Luzerne, Esparsette etc. wirken dem entgegen.

4.6.2 Belastung des Wassers

Der Mensch nutzt weltweit mehr als die Hälfte des verwendbaren Oberflächenabflusses und Grundwassers. Wie alle Ökosysteme können Gewässer auch bei Veränderungen in der Zufuhr von Nähr- oder Schadstoffen einen stabilen Zustand über längere Zeit aufrecht erhalten (*s. 3.1*). Werden organische Stoffe eingeleitet, erfolgt eine »biologische Selbstreinigung« durch Destruenten (Bakterien, Protozoen, Würmer, einige Insektenlarven). Beim Abbau organischer Stoffe verbrauchen Destruenten viel Sauerstoff (**Abb. 119.1**). Die Menge an Sauerstoff, die dafür bei 20 °C im Dunkeln je Zeiteinheit erforderlich ist, bezeichnet man als biochemischen Sauerstoffbedarf (BSB). Die Bestimmung erfolgt im Dunkeln, weil am Licht fotosynthetisch tätige Einzeller O_2 bilden würden. Häufig wurde die Selbstreinigungskraft der Gewässer überschritten, sodass starke Verunreinigungen in Seen und Flüssen Fischbestände dezimiert und wertvolle Speisefische örtlich ganz ausgerottet haben. Daher wird der Übergang von Fremdstoffen ins Flusswasser, z. B. mithilfe von Kläranlagen, so weit wie möglich verringert. Darüber hinaus werden Ringabwasserleitungen gebaut, um die Eutrophierung von Seen zu vermindern. Diese sammeln das geklärte Abwasser und leiten es in den Fluss, der aus dem See abfließt.

Die Einleitung von erwärmtem Kühlwasser aus den Kraftwerken stellt ebenfalls eine Belastung der Gewässer dar: Warmes Wasser nimmt weniger Sauerstoff auf; zudem beschleunigt es die Vermehrung der Bakterien stark, sodass der vorhandene Sauerstoff vor allem in den Sommermonaten schnell verbraucht wird.

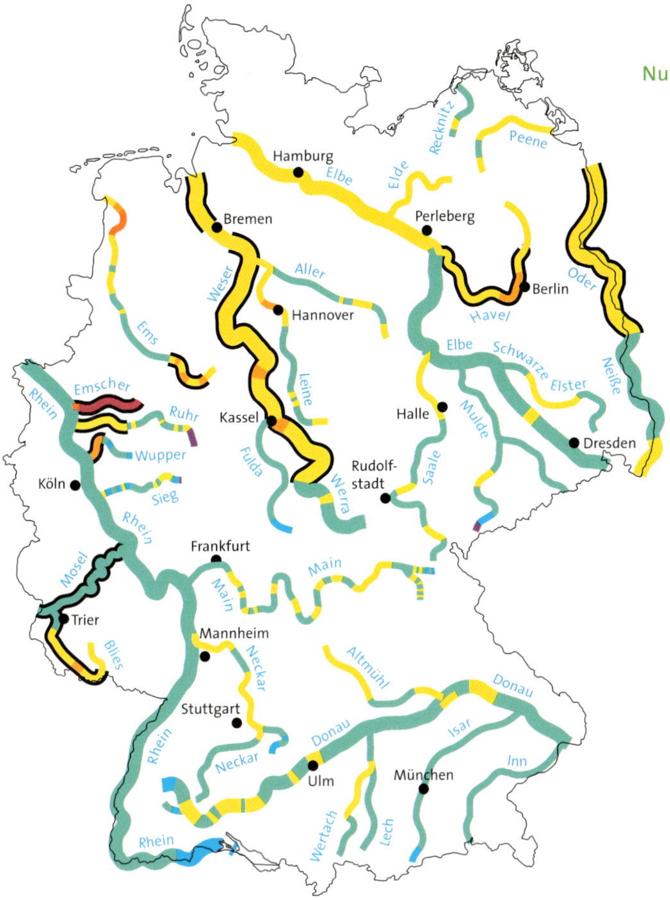

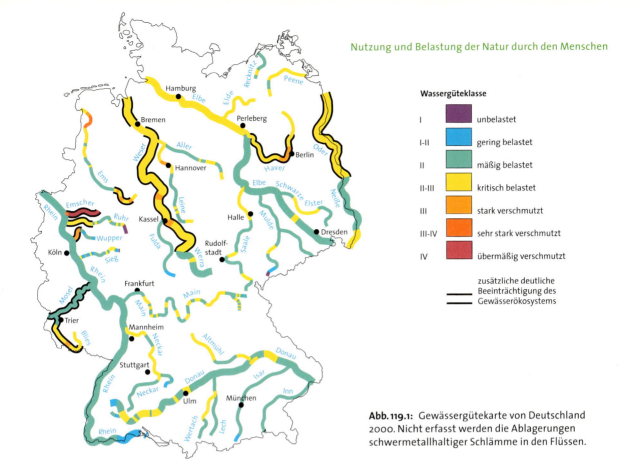

Abb. 119.1: Gewässergütekarte von Deutschland 2000. Nicht erfasst werden die Ablagerungen schwermetallhaltiger Schlämme in den Flüssen.

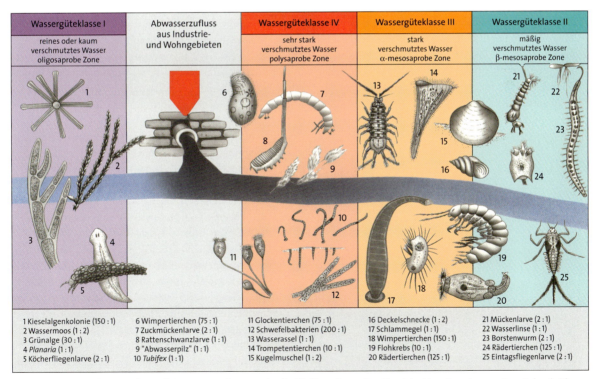

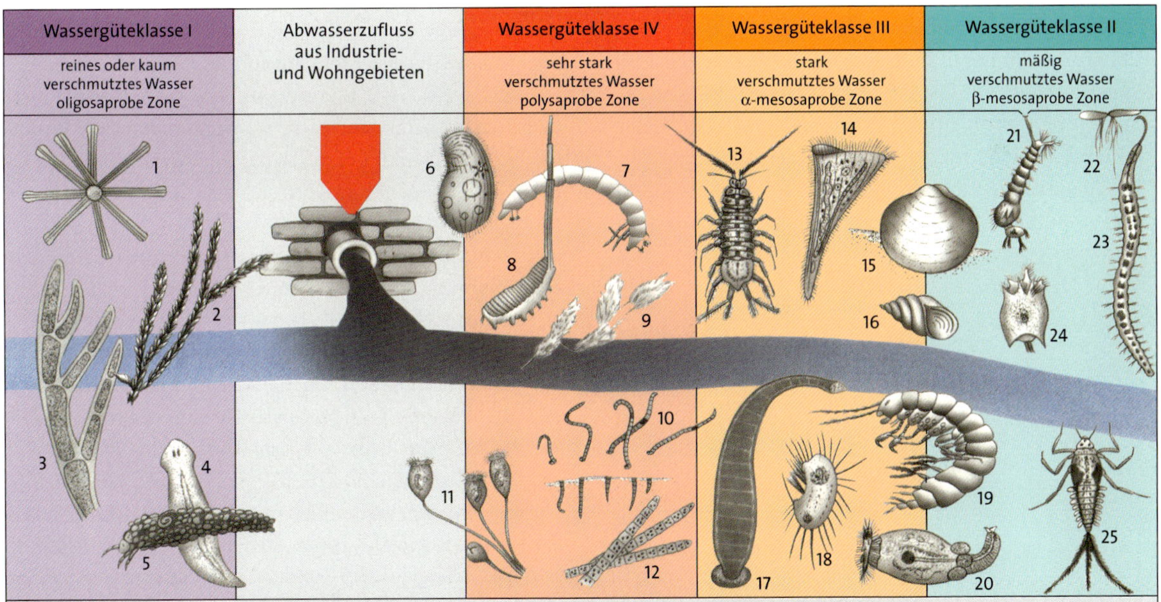

1 Kieselalgenkolonie (150 : 1)
2 Wassermoos (1 : 2)
3 Grünalge (30 : 1)
4 *Planaria* (1 : 1)
5 Köcherfliegenlarve (2 : 1)
6 Wimpertierchen (75 : 1)
7 Zuckmückenlarve (2 : 1)
8 Rattenschwanzlarve (1 : 1)
9 "Abwasserpilz" (1 : 1)
10 *Tubifex* (1 : 1)
11 Glockentierchen (75 : 1)
12 Schwefelbakterien (200 : 1)
13 Wasserassel (1 : 1)
14 Trompetentierchen (10 : 1)
15 Kugelmuschel (1 : 2)
16 Deckelschnecke (1 : 2)
17 Schlammegel (1 : 1)
18 Wimpertierchen (150 : 1)
19 Flohkrebs (10 : 1)
20 Rädertierchen (125 : 1)
21 Mückenlarve (2 : 1)
22 Wasserlinse (1 : 1)
23 Borstenwurm (2 : 1)
24 Rädertierchen (125 : 1)
25 Eintagsfliegenlarve (2 : 1)

Abb. 119.2: Auswirkungen der Einleitung von Abwasser in ein Fließgewässer. Der Grad der Verschmutzung nimmt durch Abbauvorgänge (Selbstreinigung) und Verdünnung allmählich ab. Verschieden stark verschmutzte Zonen enthalten kennzeichnende Organismenarten (Saprobien, d. h. von faulenden Stoffen lebende Lebewesen): oligosaprob – wenig Saprobien, polysaprob – viele Saprobien, mesosaprob – mäßig viele Saprobien. In Klammer ist die Vergrößerung der Organismen angegeben.

Kläranlagen. In Kläranlagen werden auf kleinem Raum natürliche Reinigungsprozesse nachgeahmt, dabei werden Destruenten genutzt. Nach einer mechanischen Vorreinigung lässt man die Schwebstoffe absetzen. Dann werden sie anaerob, also im sauerstofffreien Milieu durch bestimmte *Archaea* weitgehend abgebaut. Diese bilden dabei Methan, das als »Biogas« verwendet wird. Dem so vorgeklärten Abwasser wird in einem weiteren Becken Sauerstoff zugeführt. Hier beginnt der aerobe Abbau der im Wasser gelösten organischen Stoffe. In diesem Belebtbecken entstehen Flocken aus Bakterien, Protozoen und Schmutzpartikeln. Die Flocken werden im Nachklärbecken abgeschieden, wo die Schmutzstoffe von diesen Organismen anaerob abgebaut werden, Klärschlamm bleibt übrig. Dieser enthält oft bedenkliche Mengen an Cadmium, Blei, Quecksilber oder anderen Giften. Daher ist er als Dünger ungeeignet. In der Regel wird noch eine chemische oder eine zusätzliche biologische Reinigungsstufe nachgeschaltet, um aus dem Wasser Phosphat und andere Ionen zu entfernen. Das geklärte Abwasser wird schließlich in den Vorfluter, d. h. in einen Bach oder Fluss geleitet. Alle Abwässer mit menschlichen oder tierischen Ausscheidungen sind noch infektiös – auch dann, wenn sie die üblichen Kläranlagen durchlaufen haben. Außer krankheitserregenden Bakterien und Viren können sich darin auch Eier von Spulwurm und Bandwurm befinden. Diese Erreger können mit Chemikalien oder durch Erhitzen vernichtet werden.

Eutrophierung

Wäscht der Regen Mineraldünger und Gülle von Wiesen und Ackerflächen aus, die dicht an ein Gewässer grenzen, wird das Gewässer durch den zusätzlichen Nährstoffeintrag belastetet. Den gleichen Effekt hat die Einleitung ungeklärter Hauhaltsabwässer und das Einbringen von Fremdstoffen, z. B. durch die Schifffahrt. Auch die Ausscheidungen von Wasservögeln erhöhen den Nährstoffeintrag merklich, wenn diese sich in großer Zahl einfinden, weil sie z. B. vom Menschen gefüttert werden. Die Folge davon ist eine starke Vermehrung des Phytoplanktons und anderer Wasserpflanzen, die nun nicht mehr um Nährstoffe, sondern am Tage um Licht und in der Nacht um Sauerstoff als Minimumfaktor konkurrieren. Die Massenvermehrung der Algen äußert sich oft in einer starken Grünfärbung und Trübung des Wassers, der »Wasserblüte«. Die Konsumenten haben nun mehr Nahrung und vermehren sich ebenfalls. Auch die Zahl der Destruenten steigt. Sie mineralisieren die vielen organischen Substanzen der absterbenden Lebewesen unter Sauerstoffzehrung. Besondere Folgen hat dies für das Tiefenwasser eines Sees zur Sommerzeit, da die Temperatursprungschicht den Stoff- und Gasaustausch zwischen dem Wasser der Deckschicht und der Tiefenzone verhindert *(s. Abb. 107.2)*. Sauerstoff wird von oben nicht mehr nachgeliefert, sodass sein Gehalt in der Tiefe immer weiter absinkt. Die z. T. unvollständig abgebauten Reste der Organismen lagern sich als Faulschlamm am Seeboden ab.

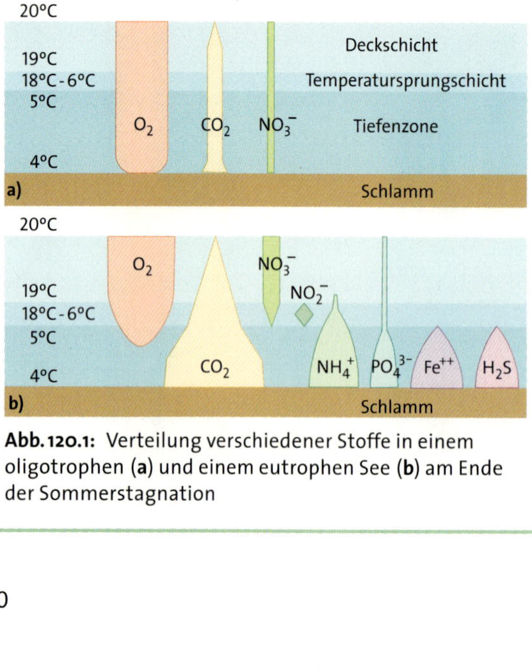

Abb. 120.1: Verteilung verschiedener Stoffe in einem oligotrophen (**a**) und einem eutrophen See (**b**) am Ende der Sommerstagnation

Ist am Ende der Sommerstagnation in der Tiefenzone mehr als die Hälfte des O_2-Vorrats verbraucht, bezeichnet man den See als eutroph (nährstoffreich). Während in einem oligotrophen See die Mineralstoffe das ganze Jahr über in allen Schichten gleichmäßig verteilt bleiben, verändern sich in einem eutrophen See die Mineralstoffgehalte im Laufe eines Sommers erheblich (**Abb. 120.1**).

CO_2 löst sich in Wasser unter Bildung von Kohlensäure. Die HCO_3^--Ionen stehen mit dem gelösten CO_2 im Gleichgewicht: $CO_2 + H_2O \rightleftarrows HCO_3^- + H^+$.

Wird dem Wasser durch Fotosynthese vieler Algen CO_2 entzogen, steigt der pH-Wert stark an. Dies kann Fischsterben zur Folge haben. Auch der starke Sauerstoffmangel am Seegrund trägt dazu bei: Die anaeroben Bakterien vermehren sich und bilden in Gärprozessen Faulgase wie Methan, Ammoniak und Schwefelwasserstoff.

4.6.3 Belastung der Luft

Der Mensch macht täglich etwa 36 000 Atemzüge. Dies zeigt augenfällig, wie leicht Schadstoffe, die in der Luft enthaltenen sind, in die Lunge gelangen können. Die Abgabe von Stoffen in die Luft nennt man *Emission*. Man unterscheidet natürliche Emissionen, z. B. durch Vulkane oder Pflanzen, von anthropogenen Emissionen, z. B. durch Industrie oder Verkehr. Die Einwirkung von Stoffen auf Gegenstände und Lebewesen heißt *Immission*. Jede Immission geht letztlich auf eine Emission zurück. An Immissionen können Gase, Staubpartikel oder feinste Tröpfchen beteiligt sein. Schwebstoffe von weniger als 10 µm Durchmesser bilden in der Luft Aerosole. Größere Staubteilchen bilden Rauch, größere Tröpfchen Nebel.

Bei unvollständiger Verbrennung in Kraftfahrzeugen und Öfen entsteht *Kohlenstoffmonooxid (CO)*. Es bindet anstelle von O_2 an Hämoglobin und blockiert dadurch den Sauerstofftransport.

Stickstoffoxide (allg.: NO_x) entstehen bei allen Verbrennungsvorgängen, hauptsächlich in Kraftfahrzeugen und Öfen. NO kann leicht zu NO_2 oxidiert werden. NO_2 bildet mit Wasserdampf Salpetersäure. Stickstoffoxide schädigen die Atmungsorgane und sind Nervengifte. Unter Einwirkung des kurzwelligen Sonnenlichts entsteht bei Gegenwart von NO bzw. NO_2 (NO_x) im Stickoxid-Ozonzyklus das besonders aggressive Ozon (**Abb. 121.2**).

Aromatische Kohlenwasserstoffe, z. B. Benzpyren, und verwandte Verbindungen, wie z. B. Dioxine, entstehen bei unvollständigen Verbrennungsvorgängen; sie sind cancerogen *(s. Exkurs Cancerogene, S. 117)*.

Fluorchlorkohlenwasserstoffe (FCKW) wurden als Treibmittel in Sprühdosen und als Kühlmittel verwendet; in geringen Mengen werden sie noch immer als Lösungsmittel eingesetzt. Sie tragen zur Schädigung der Ozonschicht der oberen Atmosphäre bei.

Schwefeldioxid (SO_2) entsteht bei der Verbrennung von Kohle und Erdöl. Nach Oxidation von SO_2 zu SO_3 bildet sich mit dem Wasserdampf der Luft Schwefelsäure, die mit dem Regen niederfällt (saurer Regen). Zusammen mit der Salpetersäure führt Schwefelsäure zur Versauerung des Bodens und der Gewässer, soweit Kalk zur Neutralisation fehlt. Die Folge ist eine Schädigung der Vegetation *(s. Waldschäden, S. 123)*. Schwefelsäure setzt Kalk in Mauersteinen und Putz zu Gips um:

$$H_2SO_4 + CaCO_3 \rightarrow CaSO_4 + H_2O + CO_2$$

Gips beansprucht ein größeres Volumen und löst sich in Wasser leichter als Kalk. Dies führt zur Zersetzung von Steinen und Mauerwerk (**Abb. 122.1**). Auch Metalle werden von Schwefelsäure zersetzt.

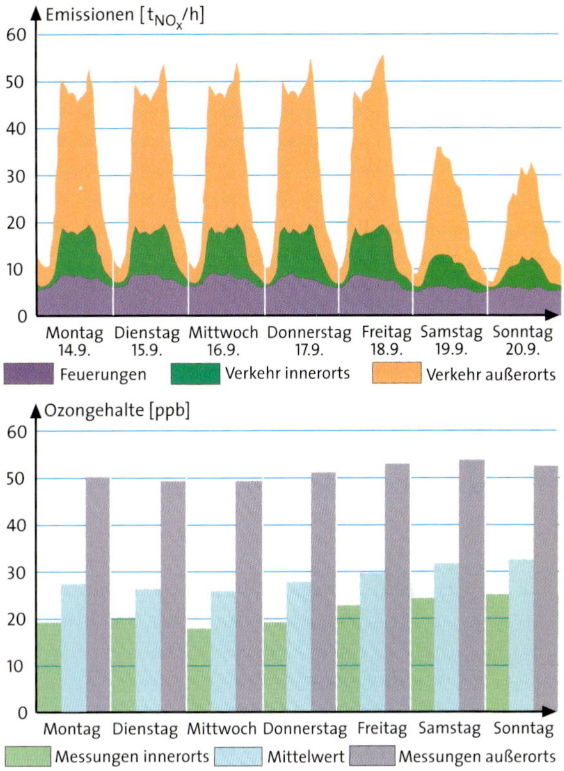

Abb. 121.1: Stickoxid-Emissionen und Ozongehalt in der Luft in einer Septemberwoche in Baden-Württemberg. Oben: Emission von Stickstoffoxiden; unten: Ozongehalte (ppb = ml Ozon auf 10^{12} ml Luft). Trotz der geringen NO_x-Werte am Wochenende sind die Ozongehalte an den verschiedenen Tagen praktisch gleich. Sie sind auf dem Lande höher als in der Stadt. O_3 wird nicht so schnell abgebaut wie NO_x und breitet sich in der Luft schneller aus.

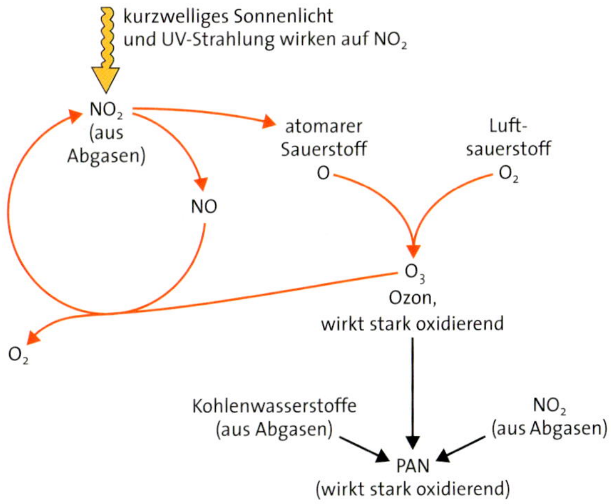

Abb. 121.2: Stickoxid-Ozon-Zyklus und oxidierende Wirkung von Ozon in bodennaher Luft, vereinfacht. Die fotochemische Spaltung von NO_2 löst die Reaktionen aus.
PAN: Peroxyacetylnitrat

Gefährliche Stäube entstehen u.a. aus Flugasche der Schornsteine oder bei industrieller Verarbeitung von Stoffen. Sie können unter anderem Verbindungen giftiger Metalle wie Quecksilber, Cadmium und Blei, aber auch Ruß oder Gummiabrieb enthalten. Stäube können die Augen schädigen, eine Staublunge oder Lungenkrebs verursachen oder zu Hautausschlägen führen.

Schadstoffe können sich mit Luftströmungen über Tausende von Kilometern ausbreiten. Das wird von hohen Schornsteinen begünstigt. Zudem finden fotochemische Reaktionen statt. Kohlenwasserstoffe bilden nach Oxidation, z.B. durch Ozon, und Reaktion mit NO_2 am Licht vor allem das Peroxyacetylnitrat, PAN *(s. Abb. 121.2)*. Es schädigt ebenso wie Ozon die Zellen stark.

Lokale Wirkungen von Luftschadstoffen. In industrie- und verkehrsreichen Ballungsgebieten erfolgt eine Anreicherung von Luftschadstoffen v.a. bei Inversionswetterlagen. Bei einer solchen Luftschichtung liegt leichte, warme Luft über kälterer, schwerer Luft, sodass ein Luftaustausch unterbleibt. Dabei entsteht **Smog** (Kunstwort aus engl. *smoke* Rauch und *fog* Nebel). Wintersmog kommt durch Rauch aus Heizungen und Industrieabgase zustande, also vorwiegend durch SO_2, H_2SO_4, CO und Staub. Der heute viel häufigere Sommersmog wird vor allem durch Autoabgase verursacht. Belastend wirken dabei Ozon, NO_x, PAN, und CO. Smog erhöht die Zahl der Todesfälle aufgrund von Herz-, Kreislauf- und Atemwegserkrankungen. Ein Überschreiten des für einen Schadstoff festgelegten Grenzwertes in der Luft führt deshalb zu »Smog-Alarm«.

Regionale Wirkungen von Luftschadstoffen. Eine Schädigung von Pflanzen durch Luftverschmutzung ist schon seit Jahrhunderten aus der Umgebung von Industrieanlagen bekannt. Seit Anfang der siebziger Jahre ist in Mitteleuropa aber eine zunehmende großflächige Schädigung der Wälder zu erkennen, die sich auch in industriefernen Lagen stark auswirkt. Sie kann nicht einer bestimmten Schadstoffquelle zugeordnet werden. Waldschäden treten vor allem dort auf, wo Bäume natürlicherweise ungünstigen Bedingungen ausgesetzt sind. Dazu gehören steile Hanglagen, wie z.B. in den Alpen und Mittelgebirgen, saure oder nährstoffarme Böden, besonders trockene und andere klimatisch extreme Standorte. Die bereits unter Stress stehenden Pflanzen werden durch eine zusätzliche Belastung häufig irreversibel geschädigt (**Abb. 123.1**), z.B. durch Pilz- oder Virusbefall. Dieser Sekundärschaden ist oft das erste äußerlich sichtbare Zeichen der Erkrankung. Drei Ursachenkomplexe der **neuartigen Waldschäden** sind bekannt:

1. Die Pflanzen nehmen als zusätzliche N-Düngung Stickstoffoxid und Ammoniak über die Blätter auf. Weil dadurch das Wurzelwachstum gehemmt wird, ist die Aufnahme anderer Nährstoffe gering. Ebenso wird die Mykorrhiza-Symbiose eingeschränkt *(s. 1.9.6)*. Längere Trockenheit führt dann schneller zu Dürreschäden. Bei N-Überschuss nimmt auch die Widerstandsfähigkeit gegen Frost und Parasiten ab, dadurch können Sekundärschäden leichter auftreten. Die erhöhte Stickstoffzufuhr ist am flächenhaften Auftreten von N-Zeigerpflanzen *(s. 1.7)* in den Wäldern zu erkennen.

Abb. 122.1: Auswirkung von Luftschadstoffen, vor allem saurer Immissionen, am Kölner Dom. **a)** Die Verwendung unterschiedlicher Bausteine äußert sich in sehr verschiedenen Schädigungen. Seit 1952 wird nur noch widerstandsfähige Basaltlava zur Ausbesserung verwendet; **b)** Schädigung einer Skulptur am Schlossportal von Herten; oben: 1908, unten: 1969

2. Allein durch den CO_2-Gehalt der Luft hat Regenwasser einen pH-Wert um 5. Sind in der Atmosphäre die Schadgase SO_2 und NO_x zugegen, die mit Wasser unter Bildung von Säure reagieren, so sinkt der pH-Wert weiter ab. Dies kann im Boden zur verstärkten Lösung von Carbonat ($CaCO_3$, $MgCO_3$) und daher zur Auswaschung von Ca^{2+}- und Mg^{2+}-Ionen führen. Al^{3+}- und Schwermetall-Ionen können aus Bodenmineralien verstärkt freigesetzt und von Pflanzen aufgenommen werden, wo sie giftig wirken. Da Waldschäden auch auf basischen Böden auftreten, kann dies nur eine zweitrangige Rolle spielen.

3. SO_2 verhindert die Schließbewegung von Spaltöffnungen und macht die Pflanzen somit gegen Trockenheit anfälliger. In höheren Konzentrationen schädigt es Enzyme. Ozon und PAN *(s. Abb. 121.2)* wirken durch Oxidationsreaktionen auf die Zellen, aber auch auf die Cuticula. Deren Schädigung erhöht die Wasserdampfdurchlässigkeit; auch aus diesem Grund wirkt sich Trockenheit verstärkt auf die Bäume aus.

Die Belastung der Luft durch die einzelnen Schadstoffe ist regional unterschiedlich. Die Schäden durch eine hohe SO_2-Belastung sind stark zurückgegangen, vielerorts sind Stickoxide und Ozon die Hauptursache.

Globale Wirkungen von Luftschadstoffen. In der Stratosphäre ist in der Höhe zwischen 20 km und 25 km über der Erdoberfläche Ozon angereichert. Diese Ozonschicht absorbiert einen großen Teil des UV-Lichts und schützt daher Lebewesen vor mutagener Strahlung. Die Ozonschicht wird aufrechterhalten, da durch UV-Strahlung ständig Sauerstoff zu Ozon umgesetzt wird. Gelangen Fluorchlorkohlenwasserstoffe (FCKW) in die Stratosphäre, so werden sie durch sehr kurzwellige UV-Strahlung gespalten. Dabei werden Chlor-Atome als Radikale freigesetzt, die mit dem Ozon reagieren:

$$Cl\cdot + O_3 \rightarrow O_2 + ClO\cdot \;/\; O_3 \rightleftarrows O_2 + O\cdot \;/\; ClO\cdot + O\cdot \rightarrow Cl\cdot + O_2$$

Ein freigesetztes Chlor-Atom kann so Zehntausende Ozon-Moleküle zerstören, bevor es durch Reaktion mit Wasserstoff zu HCl reagiert und unschädlich gemacht wird. In der Polarnacht sammeln sich über den Polen FCKW-Moleküle an, die mit Einsetzen der Sonnenstrahlung gespalten werden und zu einem starken Ozonabbau führen; es entsteht ein »Ozonloch«, das erst im Verlauf des Polarsommers durch Ozonbildung wieder »aufgefüllt« wird. Als Ozonloch wird ein Bereich der Ozonschicht bezeichnet, in der die Dichte des Ozons 220 Dobson-Einheiten unterschreitet (**Abb. 123.2**). Da freigesetzte FCKW noch jahrelang in die Stratosphäre aufsteigen werden, ist auch bei völligem Verzicht mit einer anhaltenden Schädigung der Ozonschicht zu rechnen. Daher muss der Mensch in hohen Breiten starke UV-Schutzmittel anwenden. Das in bodennahen Schichten gebildete und hier schädliche Ozon steigt nicht in die Stratosphäre auf, kann also nicht als »Ersatz« dienen.

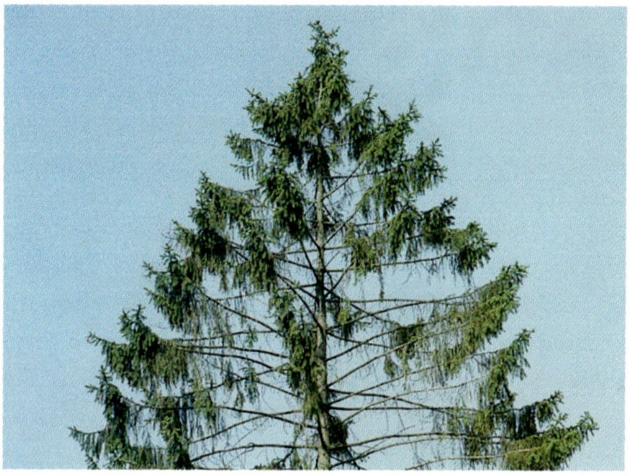

Abb. 123.1: Waldschäden. Bei der Fichte sind die Äste häufig nur noch an der Spitze benadelt. Das Herabhängen der Seitenzweige muss nicht auf Schädigung zurückgehen.

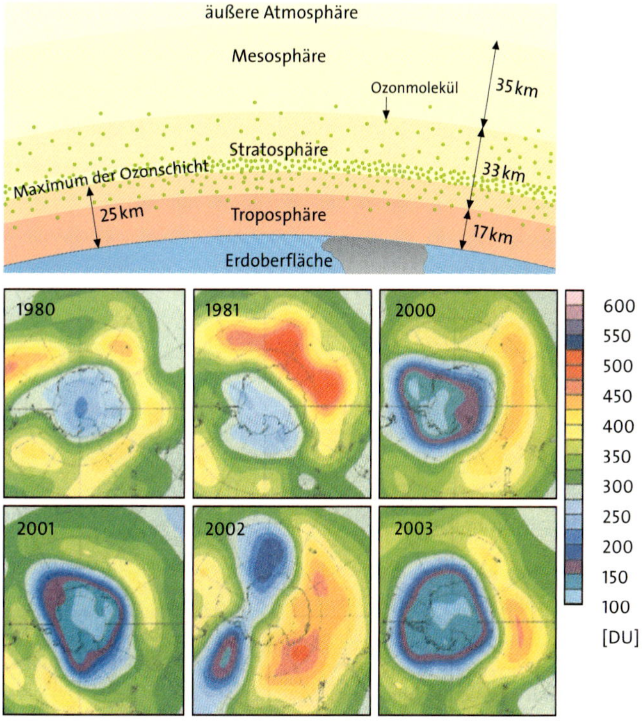

Abb. 123.2: Oben: Schichten der Atmosphäre; Unten: Entwicklung der Dicke der Ozonschicht über der Antarktis seit 1980. Eine Dobson-Einheit (**D**obson-**U**nit) ist definiert als die Menge an Ozon, die als reine Ozonschicht eine Dicke von 0,01 mm bezogen auf 0 °C und 1 bar einnehmen würde.

Nachweis und Vermeidung der Luftverschmutzung. Zum Nachweis von Luftverunreinigungen dienen Flechten als Bioindikatoren, d.h. als Testorganismen. Sie sterben schon bei sehr geringen Konzentrationen von Schwefeldioxid ab.

Durch Entgiften der Motorenabgase, Einbau von Katalysatoren und Rußfiltern, Verringerung des Treibstoffverbrauchs, Kontrolle und Verbesserung der Verbrennungsvorgänge in den Heizungsanlagen sowie Filtereinrichtungen zum Auffangen von Stäuben und schädlichen Abgasen der Industrie wird versucht, eine Verschmutzung der Luft möglichst zu vermeiden. In Deutschland sind Kraftwerke mittlerweile mit Entschwefelungs- und Entstickungsanlagen ausgerüstet. Schutzpflanzungen von Hecken und Gehölzen säubern die Luft, weil Schmutzteilchen aus der Luft an Blättern und Ästen haften bleiben. Einer Ansammlung von Schadstoffen in der Luft des Stadtkerns begegnet man durch bebauungsfreie Frischluftschneisen.

4.7 Klimaänderung

Treffen Licht- und Wärmestrahlen der Sonne auf die Erde, so wird ein großer Teil der Strahlungsenergie absorbiert. Ein anderer Teil wird als Licht, ein weiterer als Wärmestrahlung reflektiert. Die Absorption führt zur Temperatursteigerung. Z.B. wird ein Teil der Wärmestrahlung innerhalb der Atmosphäre vom CO_2 absorbiert. Die Moleküle bewegen sich dadurch schneller und sorgen für eine Erwärmung der Luft. Die Auswirkungen sind ähnlich wie bei einem Treibhaus (**Abb. 125.1**). Wenn CO_2 auf der Erde fehlen würde, wäre die Temperatur weit unter 0 °C und damit für fast alle Lebewesen zu niedrig. Auch andere Gase, z.B. Methan, sind als »Treibhausgase« wirksam (**Tab. 125.1**). Ihre Konzentrationszunahme in der Atmosphäre führt zu einer globalen Erwärmung. Die Zunahme des CO_2 kommt durch den hohen Energiebedarf des Menschen zustande, der vorwiegend durch die fossilen Brennstoffe gedeckt wird.

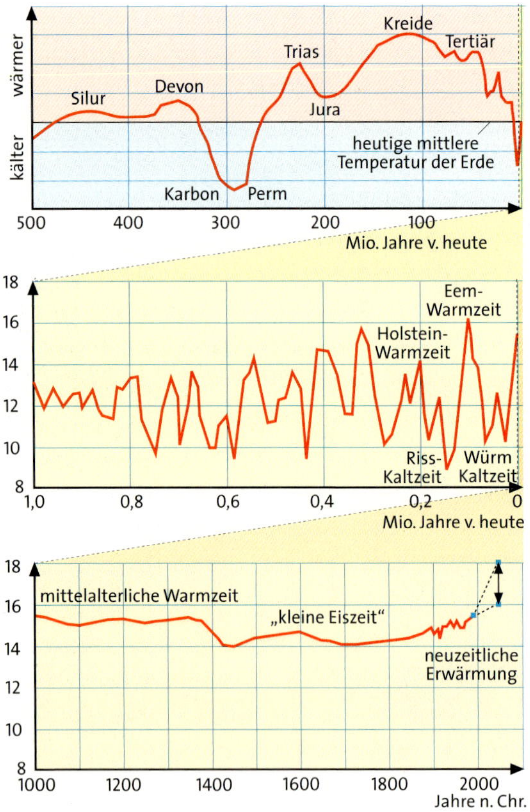

Abb. 124.1: Klimageschichte. Temperaturentwicklung auf verschiedenen Zeitskalen; ab 2005 aufgrund unterschiedlicher Modellannahmen

Klimageschichte

In früheren Erdepochen war der CO_2-Gehalt der Atmosphäre zeitweilig erheblich höher als heute und das Klima der Erde insgesamt wärmer. Die Veränderungen in der Erdgeschichte verliefen aber viel langsamer als der heutige, vom Menschen verursachte CO_2-Anstieg. Methan hat zu Klimaänderungen ebenfalls beigetragen. So kennt man im Alttertiär eine plötzliche Erwärmung, die lange anhielt. Man erklärt sie sich durch die Freisetzung von Methan aus den Methanhydratlagerstätten des Ozeanbodens.

In **Abb. 124.1** ist die globale Entwicklung der Temperatur auf unterschiedlichen Zeitskalen dargestellt. Kurzfristige Schwankungen haben in den letzten Millionen Jahre zu mehreren Kaltzeiten (Eiszeiten) und Warmzeiten geführt. Im Verlauf der letzten Jahrhunderte war es im Hochmittelalter vergleichsweise warm und im 17. Jahrhundert kälter als heute, sodass Seen und Flüsse regelmäßig zufroren (Winterbilder niederländischer Maler). Seit 1970 ist die mittlere Jahrestemperatur um 0,2 °C höher als die der warmen Zeit des Mittelalters.

Große Vulkanausbrüche haben eine großräumige Kühlwirkung zur Folge; denn es werden gewaltige Staubmengen bis in die Stratosphäre geschleudert, die dort einen Teil des Sonnenlichts absorbieren. Dies führte in früheren Jahrhunderten in Europa wegen zu kalter Sommer zu Missernten.

Die Erwärmung der Erde führt zu einer Umverteilung der Niederschläge. Steigt der Meeresspiegel, steigt auch die Wahrscheinlichkeit von Überflutungen in den Mündungstrichtern von Elbe oder Weser; katastrophale Elbehochwasser (bisher ca. alle 300 Jahre) würden sich häufen. Schon heute sind weitere Effekte zu beobachten, z. B. die Ausbreitung von Malaria in die bisher malariafreien Hochländer von Äthiopien und Madagaskar.

Der erhöhte CO_2-Gehalt verstärkt nicht die Nettoproduktion der Pflanzen. Infolge der globalen Erwärmung zeigen die meisten Organismen eine gesteigerte Umsatzrate, sodass die Abbauprozesse im Kohlenstoffkreislauf beschleunigt werden. Die Ökosysteme gewinnen keine Biomasse hinzu. Die Vegetationszonen werden sich verschieben und auch die Artenzusammensetzung der Ökosysteme aufgrund veränderter Konkurrenzverhältnisse *(s. 1.1)*: Werden die Winter trocken und die Sommer wärmer, dominieren die an Dürre angepassten Arten. In Mitteleuropa könnten sich Mittelmeerpflanzen bis nach Mitteleuropa ausbreiten und dort heimische Arten verdrängen.

Auch Veränderungen von Meeresströmungen sind denkbar. Das Abschmelzen des Eises könnte z. B. im Nordpolarmeer das Absinken großer Wassermassen behindern. Dann nähme die thermohaline Zirkulation des Meerwassers ab, es strömte weniger von dem warmen Wasser des Südatlantiks nach Norden: Der Golfstrom würde abgeschwächt und in Europa würde es kälter.

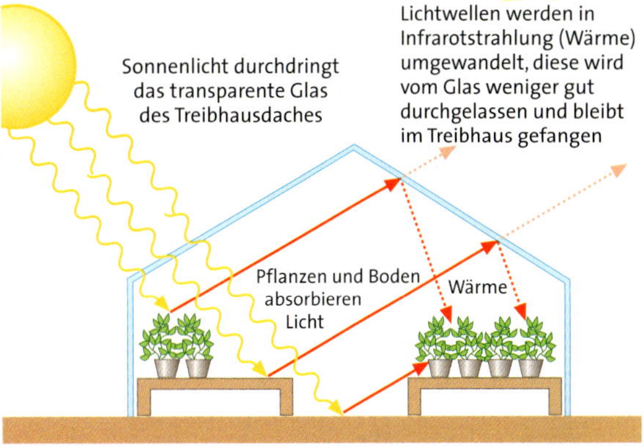

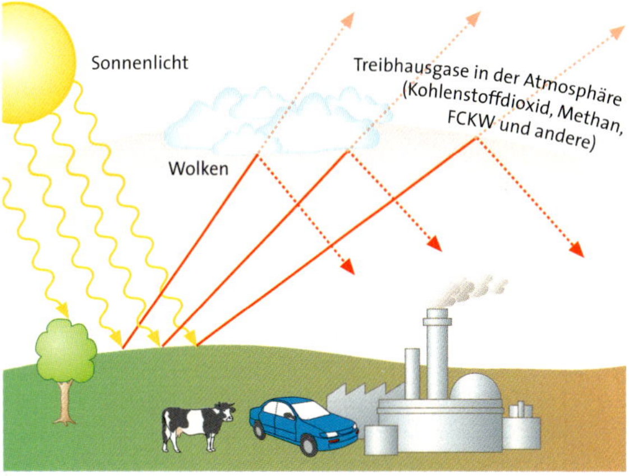

Abb. 125.1: »Treibhausgase« in der Atmosphäre

Gas	Quelle natürlich	Quelle anthropogen	Entfernung aus der Atmosphäre	derzeitiger Beitrag zur mittleren Temperatur der Erde	relative Wirksamkeit (CO_2 = 1)	vermutete Zunahme bis 2020 (bezogen auf 1996)
Kohlenstoffdioxid **CO_2**	Lebewesen, Vulkane	Verbrennung fossiler Energieträger, Brandrodung	Speicherung in Ozeanen und Carbonatgesteinen, Nutzung durch Pflanzen	50 %	1	um $^1/_4$
Methan **CH_4**	Sümpfe, Moore, Termiten	Reisanbau, Rinderhaltung, Mülldeponien	Abbau in der Atmosphäre	19 %	21	um die Hälfte
FCKW und **CKW**	keine	Lösungs- und Kühlmittel, Produktion rückläufig	Abbau in der Stratosphäre	16 bis 18 %	140 bis 11 000	FCKW auf mehr als das Doppelte
Distickstoffmonooxid **N_2O**	Mikroorganismen in Böden und Ozeanen	Kulturböden, Düngung (0,5 bis 3 % des N-Düngers werden zu N_2O umgesetzt)	Abbau in der Stratosphäre, Umsatz durch Mikroorganismen des Bodens und der Gewässer	4 bis 5 %	310	etwa auf das Doppelte
Ozon **O_3**	UV-Strahlung, Blitze	NO_x-Ozon-Zyklus *(s. Abb. 121.2)*	Umsatz in bodennahen Schichten	7 bis 8 %	keine Angabe	um 10 %

Tab. 125.1: Treibhausgase

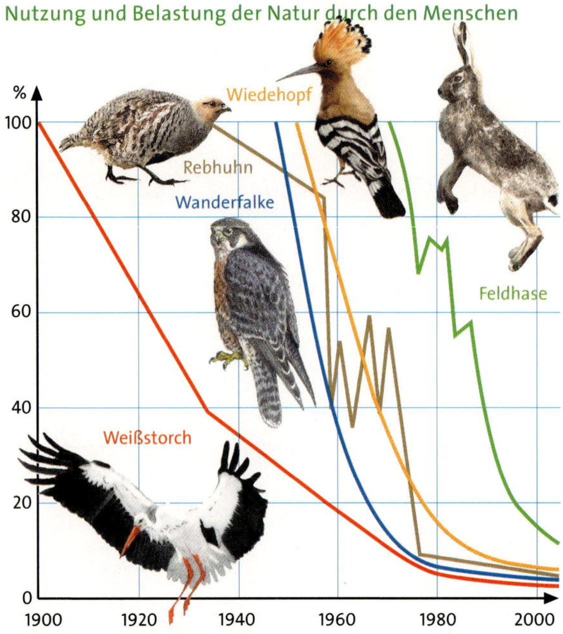

Abb. 126.1: Rückgang der prozentualen Häufigkeit von Tieren der heimischen Kulturlandschaft. Die Häufigkeit im Jahre 1900 ist willkürlich gleich 100 % gesetzt.

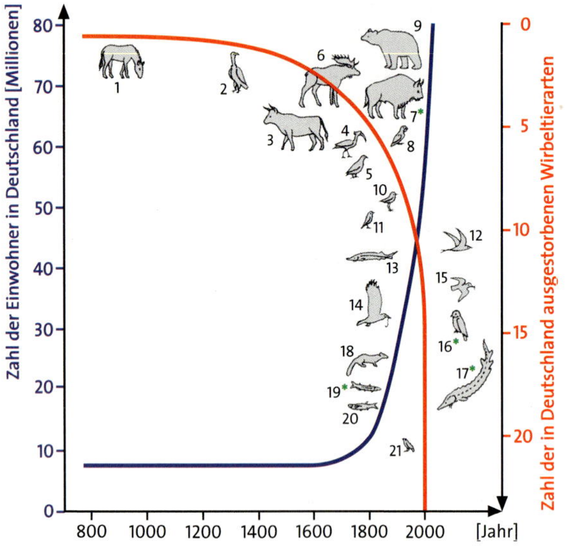

Abb. 126.2: Beziehung zwischen dem Bevölkerungswachstum (blaue Kurve) und dem Aussterben von Wirbeltieren in Deutschland. Rote Kurve: Summe ausgestorbener Wirbeltierarten zum jeweiligen Zeitpunkt; *: Wieder angesiedelt, z. B. in Reservaten; (): Jahr bzw. Jahrhundert des Aussterbens.
1 Wildpferd (9. Jhd.); 2 Gänsegeier (13. Jhd.); 3 Auerochse (15. Jhd.); 4 Waldrapp (17. Jhd.); 5 Rothuhn (17. Jhd.); 6 Elch (18. Jhd.); 7 Wisent (18. Jhd.); 8 Papageitaucher (1830); 9 Braunbär (1835); 10 Mornellregenpfeifer (1875); 11 Steinrötel (1890); 12 Rosenseeschwalbe (19. Jhd.); 13 Sterlett (19. Jhd.); 14 Schlangenadler (1911); 15 Doppelschnepfe (1926); 16 Habichtskauz (1930); 17 Stör (20. Jhd.); 18 Nerz (20. Jhd.); 19 Schnäpel (20. Jhd.); 20 Sichling (20. Jhd.); 21 Steinsperling (1944)

4.8 Umweltschutz und nachhaltige Entwicklung

Unter Umweltschutz versteht man alle Maßnahmen, die dem Menschen eine ihm dienliche Umwelt sichern. Umweltschutz ist eine globale, regionale und lokale Aufgabe. Aus globaler Sicht ist Umweltschutzpolitik mit Entwicklungspolitik verknüpft. Gemäß der Deklaration der Konferenz für Umwelt und Entwicklung in Rio de Janeiro im Jahre 1992 soll die Entwicklung der Erde nachhaltig verlaufen: »Eine nachhaltige Entwicklung erfordert, dass der Umweltschutz Bestandteil des Entwicklungsprozesses ist« *(s. 4.2)*.

Globale Umweltprobleme haben allerdings stets regionale Ursachen. So trägt zum Anstieg der Stickoxid-Konzentration der Atmosphäre z. B. der Autoverkehr in Europa maßgeblich bei. Somit geht Umweltschutz auch jeden Einzelnen an, und jeder ist von Umweltschutzmaßnahmen persönlich betroffen. Schließlich nimmt jeder Mensch täglich 3 kg »Umwelt« als Nahrung, Getränke und Atemluft zu sich. Umwelteinflüsse gehören zu den wichtigsten Krankheitsursachen. Daher bedeutet Umweltschutz auch Schutz der Gesundheit.

Gemäß der Rio-Deklaration tragen die Verursacher die Kosten der Umweltschäden. Dabei sind auch Folgekosten zu berücksichtigen. Wenn z. B. ein Gebirgswald verschwindet, erleidet nicht nur die Forstwirtschaft, sondern auch die Holzverarbeitungsindustrie finanzielle Einbußen. Auch können Investitionen für den Schutz vor Hochwasser, Lawinen und Bodenerosion erforderlich werden. Allein in Deutschland ergibt sich ein jährlicher Schaden von über 25 Milliarden Euro, wenn man alle Schadwirkungen mit einbezieht. Dabei wird auch berücksichtigt, dass sich z. B. die Luftverschmutzung auf die Gesundheit von Mensch und Tier auswirkt und außerdem große Materialschäden, insbesondere an Gebäuden, verursacht *(s. Abb. 122.1)*.

Die in Rio de Janeiro anwesenden 178 Staaten verpflichteten sich auch, den Vorsorgegrundsatz anzuwenden, also alles zur Vermeidung einer Verschlechterung der Umwelt zu tun.

Nach heutigem Kenntnisstand wird die Menschheit künftig nicht in der Lage sein, sich durch den Einsatz der Technik an die globalen Veränderungen der Umwelt anzupassen, ohne diesen Veränderungen zugleich entgegenzuwirken. Anpassung (engl. adaptation) z. B. durch den Bau höherer Dämme bei weiterer Erwärmung des Meeres wird zwar unumgänglich sein; eine Verminderung der Umweltprobleme (engl. mitigation) wird aber von Seiten der Wissenschaft ebenfalls als unverzichtbar angesehen.

4.9 Naturschutz und Landschaftspflege

4.9.1 Artenrückgang

Der Naturschutzgedanke galt anfänglich vor allem der Erhaltung auffälliger wild lebender Pflanzen und Tiere, wie z. B. Edelweiß, Orchideen und Storch. Heimatliche Naturlandschaften wurden unter Schutz gestellt, um typische Biotope wie Hochmoor, Watt oder Gebirge und die in ihnen vorkommenden Arten, wie z. B. Auerhahn, Grünschenkel oder Steinbock, zu bewahren. Die relativ kleinen geschützten Areale milderten in der Folgezeit den Rückgang vieler bedrohter Tiere und Pflanzen. Heute umfasst der **Artenschutz** gezielte Schutzmaßnahmen, wie z. B. die Aufzucht und Auswilderung von Organismenarten in früheren Verbreitungsgebieten, wie die des Uhus. Durch den enormen Aufwand sind diesen Maßnahmen allerdings Grenzen gesetzt.

Ohne **Biotopschutz** ist der Artenschutz unmöglich. Veränderung oder Zerstörung von Biotopen sind die wichtigste Ursache für den Artenrückgang. Dazu trägt vor allem die intensive Flächennutzung in der Landwirtschaft bei: Raine der Feldflur verschwinden, Trockenmauern und Böschungen werden beseitigt sowie Weg- und Waldränder schmaler. So gehen vor allem Übergangszonen zwischen unterschiedlich genutzten Flächen und Sonderstandorte von Pflanzen verloren. Infolge des Stickstoffeintrags *(s. 4.6.2)* werden vor allem jene Blütenpflanzen gefährdet, die nur bei geringem N-Gehalt des Bodens konkurrenzfähig sind. Selbst wenig ertragreiche Flächen, wie z. B. Schaftriften oder Magerrasen, werden durch Düngung intensiv landwirtschaftlich genutzt, oder sie werden aufgeforstet. Um Moore, Feuchtwiesen und Nasswälder zu nutzen, werden diese entwässert. Damit verschwindet auch ihre typische Fauna und Flora.

Die Zerschneidung von Lebensräumen durch Verkehrswege *(s. 4.6.1)* sowie die Aufschüttung von Boden beim Bau von Brücken, Bahndämmen, Siedlungen und Industrieanlagen tragen ebenfalls zum Verlust des Artenreichtums bei. Außerdem führt die Erholungsnutzung weiter Landschaftsteile oft zu Biotopschädigung und Artenverlust.

Naturschützer und Gesetzgeber konnten in den letzten 150 Jahren dem Artenverlust nur begrenzt Einhalt gebieten (**Abb. 126.1**). In Deutschland sind derzeit 36 % aller Wirbeltier- und 30 % aller Blütenpflanzenarten gefährdet. Weltweit sind seit 1600 mindestens 485 Tierarten, darunter 116 Vogel- und 59 Säugetierarten sowie 584 Arten von Blütenpflanzen ausgestorben. Einige Tierarten, wie das asiatische Urwildpferd (Przewalski-Pferd) und der Davidshirsch, überleben nur in Zoos.

Biotopvernetzung

In größeren geschlossenen Gebieten können Klimaxringe ausgebildet werden *(s. 3.5.2)*. Deshalb sind dort in der Regel Artenvielfalt und Eigenstabilität höher als in kleineren *(Homöostase, s. 3.1)*. Die Gefahr des zufälligen Aussterbens einer Population und auch die Wahrscheinlichkeit einer vollständigen Zerstörung durch eine Naturkatastrophe sind in einem großen Gebiet also sehr viel geringer.

In Mitteleuropa ist es nirgends möglich, so große Gebiete unter Naturschutz zu stellen, dass sich ein Klimaxring selbst erhalten kann. Daher müssen schutzwürdige Biotope ähnlicher Beschaffenheit so verbunden werden, dass eine Wanderung von Tieren bzw. eine wechselseitige Bestäubung bei Pflanzen möglich ist (**Abb. 127.1**). Die Biotopvernetzung erfolgt durch wenig genutzte Randbereiche von Äckern und Wiesen und neu angelegte Hecken, Alleen und Baumreihen. Auch durch neue Vogelschutzgehölze, Feuchtbiotope und Bachauenbepflanzungen versucht man, die Abstände zwischen naturnahen Biotopen zu verkleinern.

Die Biotopvernetzung ist zum Teil nur mit erheblichem Pflegeaufwand zu erhalten. Deshalb ist abzuwägen, was Vorrang haben soll: Ein völliger Schutz vernetzter kleiner Flächen (Naturschutzgebiete), in denen durch Pflege bestimmte Arten erhalten werden, oder ein teilweiser Schutz großer Flächen (Naturparks, *s. 4.9.2*). Kleine geschützte Gebiete mit einer partiellen Vernetzung sind vorteilhaft, weil sich Krankheitserreger von Pflanzen und Tieren weniger schnell ausbreiten können.

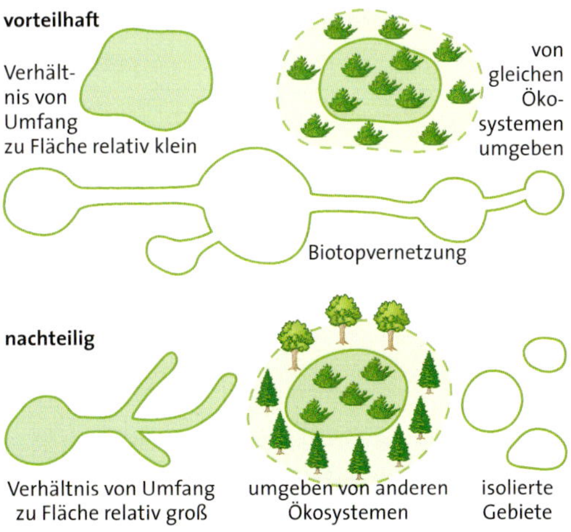

Abb. 127.1: Bedeutung von Gestalt und Umgebung eines Gebietes für die Schutzwirkung

4.9.2 Naturschutzregelungen in Deutschland

Die Naturschutzbestimmungen sind in der Naturschutz-Gesetzgebung zusammengefasst. Das Naturschutzgesetz verlangt die Aufstellung einer Artenschutzliste, der so genannten **Roten Liste**, die fortlaufend zu ergänzen ist.

Das Gesetz sieht einen Gebietsschutz für Naturschutzgebiete, Nationalparks, Landschaftsschutzgebiete und Naturparks vor. Ein Objektschutz gilt für Naturdenkmäler, wie z. B. Felsen, Höhlen, Quellen, Wasserfälle, Moore, geologische Aufschlüsse und alte oder seltene Bäume. Außerdem gilt Objektschutz für geschützte Landschaftsbestandteile, wie z. B. Alleen, Parks, Gebüschgruppen, Raine und Hecken. Als besonders schützenswert gelten seltene und für eine Landschaft sehr typische und somit repräsentative Lebensräume.

Naturschutzgebiete sind naturnahe Gebiete, in denen »ein besonderer Schutz von Natur und Landschaft in ihrer Ganzheit oder in einzelnen Teilen zur Erhaltung von Lebensgemeinschaften oder Biotopen bestimmter wild lebender Tier- und Pflanzenarten aus wissenschaftlichen, naturgeschichtlichen oder landeskundlichen Gründen oder wegen ihrer Seltenheit, besonderen Eigenart oder hervorragenden Schönheit erforderlich ist« (BNatSchG, §13, 1). Nutzung und Betreten dieser Gebiete sind eingeschränkt um eine Zerstörung, Beschädigung oder Veränderung des Gebietes zu verhindern. In Deutschland umfassen die Naturschutzgebiete etwa 3 bis 4 % der Fläche.

Nationalparke sind Gebiete, die »großräumig und von besonderer Eigenart sind, im überwiegenden Teil ihres Gebietes die Voraussetzungen eines Naturschutzgebietes erfüllen, sich in einem vom Menschen nicht oder wenig beeinflussten Zustand befinden und vornehmlich der Erhaltung eines möglichen artenreichen heimischen Pflanzen- und Tierbestandes dienen« (BNatSchG, §14, 1). Sie sollten so groß sein, dass sich ihr Komplex an Ökosystemen selbst erhält und besondere Biotopvernetzungen nicht erforderlich sind (**Abb. 129.1**).

Die *Landschaftsschutzgebiete* sind landschaftlich reizvolle und wegen ihres wenig gestörten Charakters erhaltenswerte Gebiete, in denen »ein besonderer Schutz von Natur und Landschaft zur Erhaltung und Wiederherstellung der Leistungsfähigkeit der Naturgüter wegen der Vielfalt, Eigenart und Schönheit des Landschaftsbildes oder wegen ihrer besonderen Bedeutung für die Erholung erforderlich ist« (BNatSchG, §15, 1). Für Landschaftsschutzgebiete gelten keine so strengen Schutzbestimmungen wie für Naturschutzgebiete. Alle neuen Eingriffe in die Landschaft bedürfen jedoch einer amtlichen Genehmigungsprüfung, um Schädigungen oder Verunstaltungen der Natur so gering wie möglich zu halten.

Die *Landschaftspflege* versucht einen Ausgleich zwischen der Leistungs- und Belastungsfähigkeit der Natur zu schaffen, d. h. zwischen den Erfordernissen ihrer Ökosysteme einerseits und den Lebensbedürfnissen des Menschen andererseits.

Ökobilanz

Zu Herstellung, Transport, Verkauf und Entsorgung eines Produktes muss Energie aufgewendet werden. Für Produkte vergleichbarer Funktion ist daher zu prüfen, welches aus energetischen Gründen die beste Umweltverträglichkeit besitzt. Oft ist es nicht das billigste Produkt. Aluminiumverpackungen sind z. B. recht teuer. Der Energieaufwand für die Herstellung aus Bauxit ist enorm. Weil diese Verpackungen aber ultraleicht sind, spart ihr Transport Energiekosten. Im Jahre 2000 wurden in Deutschland rund 80 % des Aluminiums wieder verwendet, und das bei nur 5 % des Herstellungsenergieaufwands. Ein Problem bei der Aufstellung der Ökobilanzen liegt darin, dass oft die mit der Gewinnung eines Produkts verbundene Umweltbelastung, die z. B. bei Aluminium erheblich ist, nur schwer gegen verbrauchsgünstige und umweltschonende Produkteigenschaften aufgerechnet werden kann (**Abb. 128.1**).

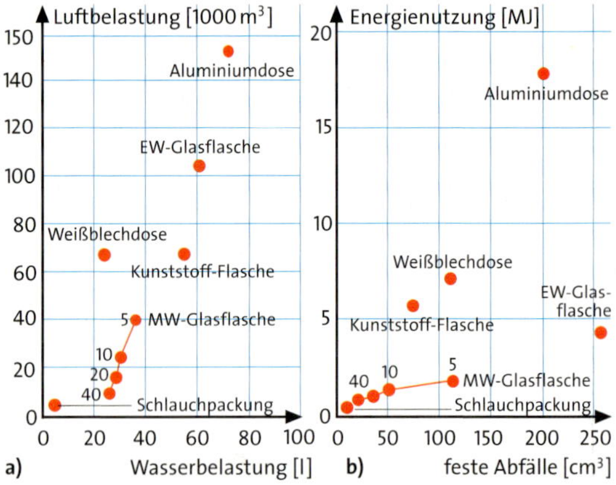

Abb. 128.1: Ökobilanz für Produktion und Entsorgung von Getränkeverpackungen. **a)** Wasser- und Luftbelastung bei der Entsorgung; **b)** Energieverbrauch und entstehende Abfälle bei der Produktion. Angaben für Glasgefäße unter Voraussetzung von Altglas-Recycling. MW = Mehrweg-Glasflasche mit 5, 10, 20, 40 Umläufen. Für Kunststoff-Flaschen wird Deponierung angenommen.

4.10 Ökologische Situation der Zivilisation

4.10.1 Energienutzung und CO_2-Produktion

Der Energiebedarf hat seit 1950 exponentiell zugenommen, vor 100 Jahren lag er weltweit bei einem Zehntel des heutigen Bedarfs. Im Jahre 2001 lag die Nutzung der Energie jährlich bei $3{,}8 \cdot 10^{20}$ Joule. Über 85 % des Bedarfs werden durch fossile Brennstoffe gedeckt. Die Kernenergie ist mit fast 8 % an der Welt-Energienutzung beteiligt, die Wasserkraft mit 3 %. Der Rest verteilt sich auf die Nutzung von Biomasse (einschließlich Holz), von Wind- und Solarenergie und von Energie aus dem Erdinneren.

Die Gefahren der globalen Klimaänderung zwingen zur Verringerung der CO_2-Produktion durch Verbrennung von weniger fossilen Brennstoffen. Da die CO_2-Produktion pro Kopf der Bevölkerung in den Industrieländern viel höher ist als in den Entwicklungsländern, müssen zunächst die Industrieländer ihren CO_2-Ausstoß erheblich verringern. Eine biologische Möglichkeit ist die Neuaufforstung von Flächen. Sie kann derzeit allerdings nicht einmal die Verluste durch den Waldraubbau kompensieren. Wirksamer ist der Ersatz fossiler Brennstoffe durch Biomasse. Verwendet man z. B. Holz zur Energiegewinnung, so entsteht kein zusätzliches CO_2, weil das bei seiner Verbrennung entstehende CO_2 vorher in gleicher Menge bei der Bildung der Biomasse durch die Fotosynthese verbraucht und der Atmosphäre entzogen wurde. Dieselbe Menge an CO_2 würde auch bei der Verrottung des Holzes frei. Durch Verwendung nachwachsender Rohstoffe wie Holz, Hanf, Raps usw. ließen sich in Europa jedoch nur maximal 5 bis 8 % der fossilen Energieträger ersetzen, die heute in Industrie, Verkehr oder Haushalt genutzt werden.

Als *alternative Energiequelle* kann *Wasserkraft* in Europa kaum über das bisherige Maß hinaus genutzt werden. Auch in anderen Gebieten sind dazu schwerwiegende Eingriffe in Ökosysteme erforderlich, z. B. der Bau von Staudämmen oder -mauern. Durch *Windenergie* lassen sich nur wenige Prozent des Energiebedarfs decken. In Deutschland waren es im Jahr 2000 insgesamt 6100 Megawatt; durch Windparks in der Nordsee könnte die Ausbeute erhöht werden. Jedoch entstehen Interessenkonflikte mit dem Naturschutz, insbesondere dem Vogelschutz. Die direkte Nutzung der *Sonnenenergie* könnte trotz der nicht besonders günstigen Bedingungen in Mitteleuropa verstärkt werden. Bei ihrer Nutzung durch Fotovoltaik ist derzeit der Energieaufwand zur Herstellung der Solarzellen aber noch so hoch, dass ein Energiegewinn erst nach etwa 15 Jahren zu erwarten ist.

In den Jahren 1990 bis 2000 wurde durch bessere Nutzung der Energie *(»Energiesparen«)* der Energiebedarf um 6 % gesenkt. So führte die Wärmedämmung von Gebäuden zu einer Einsparung von Heizkosten. Bei so genannten Niedrigenergiehäusern können rund 30 % eingespart werden. Der Energiebedarf lässt sich durch folgende Maßnahmen weiter mindern: Verringerung der Raumwärme sowie der Beleuchtungsintensität vor allem in Großstädten, Kraft-Wärme-Koppelung in Blockheizkraftwerken, Verlagerung des Verkehrs von der Straße auf die Schiene, Verwendung von Energiesparautos, z. B. von Brennstoffzellen-Fahrzeugen.

Insgesamt können durch das Einsparen von Energie und die Nutzung von alternativen Energiequellen maximal 20 bis 25 % des heutigen globalen Energiebedarfs gedeckt werden. Um diesen Betrag würde also der CO_2-Ausstoß verringert. Dies ist auf lange Sicht zu wenig. Als einzige weitere CO_2-freie Energiequelle steht derzeit die Kernenergie – mit ihrer eigenen Problematik – zur Verfügung. Weitere Überlegungen zielen auf eine Nachahmung der Fotosynthese-Prozesse zur Produktion von Wasserstoff als Energiequelle sowie auf eine Nutzung der Kernfusionsenergie, die aber nicht vor 2030 realisierbar sein dürfte. Außerdem überlegt man, ob es sinnvoll ist, große CO_2-Mengen unter Druck in Tiefseegebiete zu verbringen (CO_2-Sequestrierung) und so für mindestens Tausend Jahre der Atmosphäre zu entziehen *(s. Ökologie 3.4)*.

Abb. 129.1: Im Schwarzbach des hessischen Naturparks »Hoher Vogelsberg« kommen noch Flussperlmuschel und Flusskrebs vor.

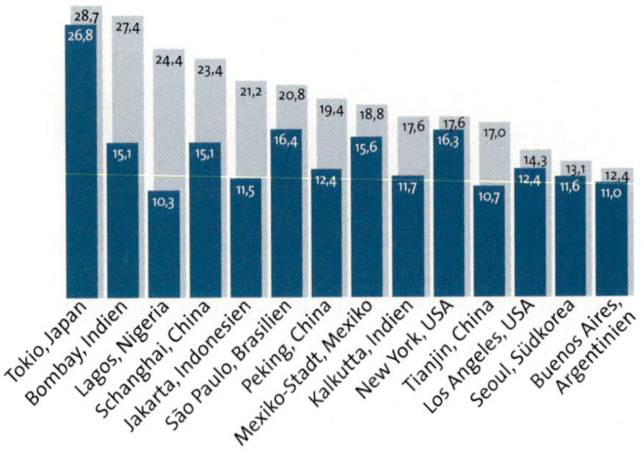

Abb. 130.1: Voraussichtliche Entwicklung der Einwohnerzahl (in Millionen) von Megastädten: 1995 (dunkelblaue Balken), 2015 (hellblaue Balken)

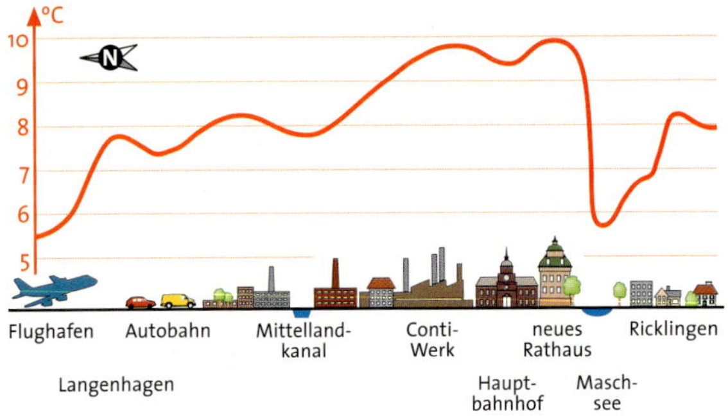

Abb. 130.2: Temperaturprofil durch Hannover an einem Märztag um 24.00 Uhr

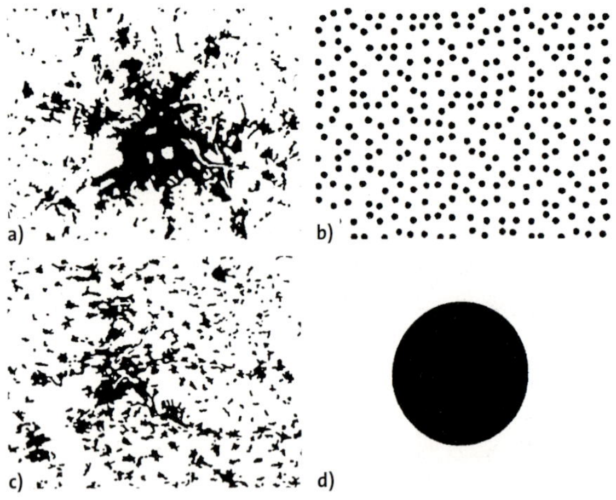

Abb. 130.3: Siedlungskörper von Berlin und Stuttgart mit unterschiedlicher Verteilung und Ballung: Stuttgart ist stärker zerteilt und hat zu seinem Vorteil mehr Rand, zu seinem Nachteil ein relativ höheres Verkehrsaufkommen. **a)** Siedlungskörper von Berlin; **b)** Siedlungskörper mit gleicher Fläche wie Berlin, aber maximal zersiedelt; **c)** Siedlungskörper von Stuttgart; **d)** wie b), jedoch maximal konzentriert

4.10.2 Urbanisation

Ein zunehmend größerer Anteil der Weltbevölkerung lebt in Städten. Deren Größe wächst dadurch insbesondere in Ländern mit stark zunehmender Einwohnerzahl; so entstehen immer mehr Megastädte. Noch 1950 gab es nur drei Weltstädte mit mehr als 8,5 Millionen Einwohnern: New York, London und Tokio. 1995 waren es bereits 22 Städte mit über neun Millionen Einwohnern und die Voraussage für 2015 nennt 33 solcher Städte (**Abb. 130.1**). Für die Städte der Ballungsräume in den Industrieländern wird allerdings ein viel geringeres Wachstum vorausgesagt als für jene in Afrika und Asien.

Das Ökosystem Stadt ist fast völlig durch den Menschen als Kulturwesen bestimmt. Um stabil zu bleiben, bedarf es der fortgesetzten Zufuhr großer Energiemengen von außen. Die Stadt ist also von anderen Ökosystemen in unterschiedlichem Maße abhängig. Innerhalb der Stadt kann es eine Vielzahl von kleinen Lebensräumen für eine große Zahl von Organismen geben: Gärten, Friedhöfe, Sportplätze, Straßenränder, Alleen, Teiche, Bäche und Brunnen. Diese Lebensräume bilden ein Mosaik. Man kann sie als Klein-Ökosysteme betrachten. In diesen laufen sogar Sukzessionen ab, die jedoch fortlaufend durch den Menschen beeinflusst, korrigiert oder beendet werden.

Charakteristisch für Städte ist die hohe Wärmeproduktion infolge des hohen Energieumsatzes und der Aufheizung von Gebäuden. Sie bilden daher Wärmeinseln. Der Temperaturunterschied zum Umland steigt mit zunehmender Stadtgröße. Größere Grün- und Wasserflächen wirken Temperatur senkend (**Abb. 130.2**). Städte wachsen vor allem im Randbereich. Das Wachstum erfolgt ungleichmäßig; der Siedlungsrand wird immer stärker zerlappt und es entstehen zunehmend eigene getrennte Siedlungskörper, so genannte Trabantensiedlungen (**Abb. 130.3**).

Je höher verdichtet die Kernbereiche der Städte sind, umso mehr haben die Bewohner, die im Kernbereich arbeiten, das Bedürfnis nach Landschaft und Aussicht. Immer mehr Menschen ziehen an den Stadtrand, sodass der Siedlungskörper mit zunehmender Fläche vor allem im Randbereich immer stärker zerklüftet wird. Mit dem Wachstum der Stadt muss zugleich das Verkehrssystem verbessert werden. Die zunehmend entstehenden und weiter wachsenden Megastädte sind nur auf der Grundlage eines hochleistungsfähigen U- und S-Bahnsystems existenzfähig, das in Industrieländern teilweise durch ein leistungsfähiges Stadtautobahnsystem ergänzt wird. Die einzige andere Möglichkeit ist die Dezentralisierung der Stadt.

Beziehungen der Organismen zur Umwelt

Die Ökologie erforscht die Gesetzmäßigkeiten der Beziehungen zwischen den Lebewesen und ihrer Umwelt. Ein Ökosystem ist die Einheit von Lebensgemeinschaft *(Biozönose)* und Lebensraum *(Biotop)*. *Abiotische* und *biotische Umweltfaktoren* bestimmen die Gedeihfähigkeit einer Art, ihre *ökologische Potenz*. Pflanzen sind an die Umweltfaktoren durch bestimmte Bau- und Funktionseigenschaften angepasst. Haben sie bezüglich einzelner Umweltfaktoren eine enge ökologische Potenz, weisen sie als *Zeigerpflanzen* auf spezielle Standortfaktoren hin *(s. 1.1 bis 1.7)*.

Wegen ihrer Anpassung an den Faktor Temperatur lassen sich *homöotherme Tiere* von *poikilothermen* unterscheiden. Homöotherme können sich aufgrund eigener Wärmeproduktion noch bei niedrigen Temperaturen schnell bewegen. Weil sie ihre Körpertemperatur konstant halten, müssen sie mehr energiereiche Nahrung aufnehmen als die poikilothermen Tiere *(s. 1.8)*.

Die Abhängigkeit von biotischen Faktoren ist bei den *Saprophyten* dadurch gegeben, dass sie sich von Überresten abgestorbener Pflanzen (oder Pflanzenteile) und Tiere ernähren. *Parasiten* nehmen dagegen ihre Nährstoffe aus dem Körper ihrer lebenden Wirte auf. In *Symbiose*-Systemen leben die Partner zu beiderseitigem Vorteil miteinander in engem Kontakt *(s. 1.9)*.

Population und Lebensraum

Dem *Wachstum einer Population* sind durch die Verhältnisse in ihrem Lebensraum Grenzen gesetzt. Diese bestimmen die langfristig weitgehend konstante und maximale Populationsdichte, die als Kapazität K eines Lebensraums bezeichnet wird. Eine Population kann nur dann wachsen, wenn der K-Wert höher ist als der Wert der aktuellen Populationsdichte. Die Geschwindigkeit des Wachstums ist durch die artspezifische Wachstumsrate bestimmt. Je höher sie ist, desto schneller wird die Kapazität erreicht. In Sonderfällen kann sie sogar vorübergehend überschritten werden *(s. 2.1)*.

Ein Lebensraum wird von den Organismen in unterschiedlicher Weise genutzt. Jede Art stellt bestimmte Ansprüche an ihn. Sie bildet damit ihre eigene *ökologische Nische*. Gemäß dem *Konkurrenzausschlussprinzip* können zwei Arten mit völlig gleichen Ansprüchen an ihre Umwelt nicht nebeneinander existieren. Jede für sich kann dagegen in voneinander isolierten Gebieten, z. B. auf verschiedenen Kontinenten, vorkommen. Dort zeigen sie aufgrund gleicher ökologischer Nischen *Konvergenz*, d. h. ähnliche Anpassungen an ihre Umwelt *(s. 2.2)*.

Für die Besetzung eines Lebensraums haben Organismen unterschiedliche Strategien entwickelt. r-Strategen besetzen rasch immer wieder neue Lebensräume, K-Strategen behaupten ihren Lebensraum über lange Zeit *(s. 2.3)*.

Die Populationsdichte wird durch *dichteabhängige* und *dichteunabhängige Faktoren* bestimmt. Die *Räuber-Beute-Beziehung* stellt ein System dar, in dem die Größe der Populationen durch negative Rückkoppelung geregelt werden kann. Es treten regelmäßige Schwankungen der Populationsgröße auf *(s. 2.4)*.

Ökosysteme

Die *Ökosysteme der Erde* werden den drei großen Bereichen Meer, Süßwasser und Festland zugeordnet *(s. 3.1)*. Für die in ihnen lebenden Organismen lassen sich *Nahrungsketten* von den *Produzenten* der organischen Nahrungsstoffe (Pflanzen) über die *Herbivoren* und *Carnivoren* bis zum *Endkonsumenten* aufstellen *(s. 3.2)*. In der Abfolge der Nahrungsebenen nehmen Biomasse, Energieinhalt und Individuenzahl ab *(s. 3.3)*. Die *Destruenten* tragen zum *Kreislauf der Stoffe* im Ökosystem bei, indem sie organische Substanz toter Lebewesen sowie Fraßabfall und Kot der Konsumenten zu Wasser, Kohlenstoffdioxid und Mineralstoffen abbauen *(s. 3.4)*. Ökosysteme verändern sich zeitlich. Die so entstehende Aufeinanderfolge von Ökosystemen bezeichnet man als *Sukzession*, den relativ stabilen Endzustand als *Klimax (s. 3.5)*.

Nutzung und Belastung der Natur durch den Menschen

Die *Nutzung der Natur* durch den Menschen führt zu Umweltbelastungen: Schadstoffe im Boden, im Wasser und in der Luft bedrohen den Lebensraum des Menschen. Schadstoffe, die in der Nahrung angereichert sind, gefährden die Gesundheit von Organismen. Eine Gefährdung geht auch vom Ozonabbau in der Stratosphäre aus. Klimaveränderungen sind aufgrund der Anreicherung von Treibhausgasen zu befürchten. Kosten und Folgekosten der Umweltzerstörung wachsen an. Die natürlichen Lebensgrundlagen des Menschen sollen mit einer *Politik der Nachhaltigkeit* auch zukünftigen Generationen erhalten bleiben *(s. 4)*.

1 Umgebungstemperatur und Atmungsintensität

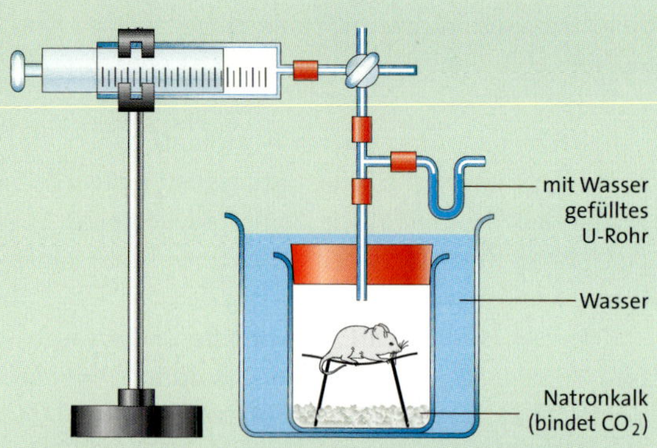

Abb. 132.1: Bestimmung der Atmungsintensität. Natronkalk: Mischung aus $Ca(OH)_2$ (ca. 90 %) und NaOH.

Der O_2-Verbrauch pro Minute wird in Abhängigkeit von der Umgebungstemperatur gemessen (**Abb. 132.1**).

a) Erläutern Sie die Funktion der verschiedenen Teile der Apparatur bei der Messung des O_2-Verbrauchs.

b) Bei 20 °C verbrauchte eine 21,5 g schwere Maus im Durchschnitt 1,06 ml O_2 pro Minute, ein 63,7 g schwerer Wasserfrosch durchschnittlich 0,09 ml O_2 pro Minute. Warum verbraucht die Maus relativ mehr Sauerstoff, welchen ökologischen Vorteil hat dies?

c) Nimmt der O_2-Verbrauch ab oder zu, wenn man zusätzlich bei 5 °C misst? Welche Messergebnisse erwarten Sie bei 32 °C? Begründen Sie.

d) Ändert sich die Aktivität von Maus und Frosch in der Natur, wenn die Temperatur von 20 °C auf 5 °C sinkt?

2 Populationsschwankungen

Paramecium und *Didinium* sind Wimpertierchen. *Paramecium* frisst Bakterien oder Algen, *Didinium* frisst *Paramecien*. *Paramecien* lassen sich über viele Wochen in einer Kultur halten, in der Algen leben.
Versuch 1: Man gibt *Didinien* zu einer *Paramecien*-Kultur mit Versteckmöglichkeiten für die Beutetiere.
Versuch 2: Man gibt *Didinien* zu einer *Paramecien*-Kultur ohne Versteckmöglichkeiten für die Beutetiere.
Versuch 3: Man setzt alle fünf Tage zu einer *Paramecien*-Kultur zehn Didinien sowie zehn *Paramecien* hinzu. Es bilden sich Populationsschwankungen aus, wie man sie auch in der Natur beobachten kann.

a) Welche Entwicklung nehmen jeweils die beiden Populationen in den drei Versuchen? Zeichnen Sie die entsprechenden Wachstumskurven und begründen Sie.

b) Welche Hypothese lag dem Versuch 1 zugrunde? Welchem Phänomen in der Natur entspricht die Zugabe der beiden Wimpertierarten in Versuch 3?

3 Geographische Verbreitung von Wirbeltieren

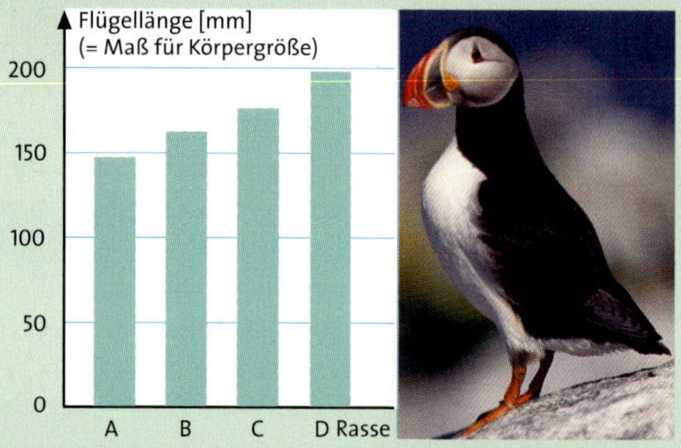

Abb. 132.2: Flügellängen von vier Rassen des Papageitauchers

Rasse	Vorkommen
A	Bretagne (unter 50° nördlicher Breite)
B	Küsten Irlands, Englands und Schottlands (etwa 50°–59° nördlicher Breite)
C	Küsten Südgrönlands, Islands, Norwegens (etwa 60°–70° nördlicher Breite)
D	Nord-Norwegen, Spitzbergen (über 70° nördlicher Breite)

Tab. 132.3: Vorkommen von Papageitauchern

Die Rassen des Papageitauchers sind geografisch unterschiedlich verbreitet und lassen sich vor allem aufgrund ihrer Körpergröße unterscheiden. Stellen Sie die Zusammenhänge zwischen Größenmessungen und geographischer Verbreitung des Papageitauchers her, indem Sie die zugrunde liegenden ökologischen und physikalischen Gesetzmäßigkeiten erklären.

4 Kälteresistenz homoiothermer Tiere

Art	Gewicht [g]	Lebensdauer [Std.]
Ammer	28	19
Wachtel	167	60
Rebhuhn	347	168
Bussard	858	260
Uhu	1735	305
Truthahn	4869	324

Tab. 132.4: Durchschnittliche Lebensdauer hungernder Vögel bei einer Durchschnittstemperatur von −18 °C

a) Welche Gesetzmäßigkeit zeigt sich in der Tabelle?

b) Erklären Sie diese Gesetzmäßigkeit.

5 Gewässeranalyse des Meerfelder Maares

Wassertiefe [m]	Temperatur [°C]	O_2-Gehalt [mg/l]	pH-Wert [pH]	Leitfähigkeit [µS/cm]	Beleuchtungsstärke [kLux]
0	12,5	10,5	9,7	307	25
2	12,6	10,5	9,6	307	1,8
4	12,6	10,7	9,5	307	0,25
6	12,6	10,9	9,5	307	0,05
8	12,5	11,0	9,4	308	0,01
10	6,5	0,4	7,5	313	< 0,01
12	5,5	0,3	7,4	314	< 0,01
15	5,1	0,2	7,2	330	< 0,01
17 (Grund)	4,9	0,2	6,7	588	< 0,01

Tab. 133.1: Kenndaten in Abhängigkeit von der Wassertiefe

Wasserschicht	Eisenionen Fe^{2+}	Fe^{3+}	Phosphat $[PO_4^{3-}]$	Nitrat $[NO_3^-]$	Ammonium $[NH_4^+]$
	[mg/l]	[mg/l]	[mg/l]	[mg/l]	[mg/l]
Schicht 1	2	0	1,68	0,55	0,95
Schicht 2	0,05	0	0,09	0,09	0,18
Schicht 3	0,26	0	0,73	0,35	0,55

Tab. 133.2: Gehalt und Vorkommen bestimmter Ionen. Beachten Sie die Phosphatfalle: Fe^{3+}-Ionen verbinden sich mit Phosphationen zu Eisenphosphat, das sich am Seegrund ablagert und sich erst bei niedrigen pH-Werten wieder auflöst.

a) Die Wasserschichten aus **Tabelle 133.2** sind drei Wassertiefenbereichen aus **Tabelle 133.1** zuzuordnen: 0 bis 9 m, 9 bis 11 m, 11 bis 17 m. Benennen Sie diese Schichten und begründen Sie Ihr Vorgehen.

b) Fassen Sie die Werte der **Tabelle 133.1** in einem Kurvendiagramm zusammen.

c) Werten Sie alle Ergebnisse der Gewässeranalyse aus, indem Sie
- die Änderung des O_2-Gehalts, des pH-Werts und der anorganischen Ionen mit zunehmender Wassertiefe erklären,
- das Überwiegen von Ammonium- gegenüber Nitrationen erläutern,
- begründen, warum am Grund des Maares die Leitfähigkeit relativ hoch ist,
- den Trophiezustand des Gewässers beschreiben.

d) Welche Veränderung der Messwerte ist im folgenden Frühjahr zu erwarten?

6 Aluminiumverwendung und Nachhaltigkeit

Aluminium wird aus Bauxit gewonnen. Die Reinigung des Bauxits hat z. B. zum Absterben vieler Wasserorganismen in weiten Teilen eines großen seeförmigen Seitenarmes des Rio Trombetas im Nordosten Brasiliens geführt. Der Bauxitabbau in der Region zerstört den Regenwald und nimmt den dort ansässigen Indianervölkern ihre Existenzgrundlage; Aufforstungsversuche waren bisher erfolglos, weil auf Bauxit kaum Pflanzen wachsen können. Im zweiten Verarbeitungsschritt wird Bauxit mit konzentrierter Natronlauge in Aluminat, ein weißes Pulver, umgewandelt. Dabei entstehen unlösliche giftige Rückstände, die als Rotschlamm bezeichnet werden. Dieser wird am Trombetas in riesigen Bassins unter freiem Himmel »endgelagert«.

Die Herstellung von metallischem Aluminium aus Aluminat mittels Elektrolyse ist sehr energieaufwändig. Fast die Hälfte des gesamten Stromverbrauchs des verarbeitenden Gewerbes in Hamburg entfällt z. B. auf ein Großunternehmen der Aluminiumindustrie.

Eigenschaften, die Aluminium vielseitig verwendbar machen, sind vor allem die geringe Dichte (geringes Gewicht), die hohe Langlebigkeit verbunden mit hoher Beständigkeit gegen Umwelteinflüsse und die leichte Bearbeitbarkeit.

a) Stellen Sie Argumente für und gegen die Verwendung von Aluminiumprodukten einander gegenüber.

b) In Ihrer Stadt wird die Ansiedlung eines Großunternehmens der Aluminiumindustrie erwogen. Unter welchen Bedingungen und mit welchen flankierenden Maßnahmen bzw. Auflagen wäre Ihrer Meinung nach eine Ansiedlung unter dem Gesichtspunkt der Nachhaltigkeit zu rechtfertigen?

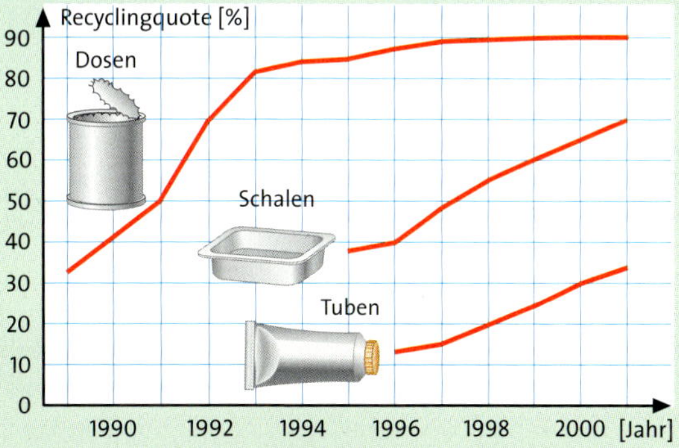

Abb. 133.3: Recyclingquoten (%) von Aluminiumprodukten in den Jahren 1989 bis 2001. Gegenüber der Herstellung von neuem Aluminium werden durch Wiedereinschmelzen bis zu 95 % an Energie eingespart. Mit nur 5 % der ursprünglich für die Gewinnung notwendigen Energie lässt sich Aluminium beliebig oft wieder verwerten.

STOFFWECHSEL UND ENERGIEHAUSHALT

Aufnahme, Umbildung und Abgabe von Stoffen durch den Organismus bezeichnet man als Stoffwechsel (Metabolismus). Er umfasst alle chemischen Vorgänge in Lebewesen. Der Stoffwechsel liefert nicht nur die Bausteine für den Aufbau des Organismus, sondern auch die benötigte Energie und dient der Verarbeitung und Weitergabe von Information.

Die Umwandlung der aufgenommenen körperfremden Stoffe in körpereigene bezeichnet man als **Assimilation.** Assimilationsvorgänge sind aufbauende (= anabolische) Reaktionen und erfordern Energie. Die Umwandlung energiereicher Stoffe in energieärmere unter Freisetzung von Energie, die für Lebensvorgänge des Organismus benötigt wird, nennt man **Dissimilation.** Dissimilationsvorgänge sind abbauende (= katabolische) Reaktionen.

Autotrophe Organismen nehmen anorganische energiearme Stoffe auf und wandeln sie in organische energiereiche Stoffe um. Nutzen sie Lichtenergie, nennt man den Vorgang Fotosynthese, verwenden sie chemische Energie, spricht man von Chemosynthese. Im Gegensatz dazu versorgen sich **heterotrophe Organismen** mit Energie durch organische Nahrung, die energiereiche Verbindungen enthält. Beide Gruppen von Organismen machen die in den Stoffen enthaltene Energie für die Lebensvorgänge nutzbar, indem sie die Stoffe abbauen.

Auch zum Zweck der **Informationsverarbeitung** in der Zelle oder zwischen Zellen werden Stoffe umgewandelt. Dabei frei werdende oder aufgenommene Energie hat keinen Einfluss auf die Informationsübertragung. So ist für die Wirkung eines Hormonmoleküls auf eine Zelle nicht dessen Energiegehalt von Bedeutung, sondern allein die chemische Struktur.

Bei allen Stoffwechselvorgängen wird ein Teil der umgesetzten Energie in Wärme umgewandelt und geht dem Organismus verloren. Dient der Stoffwechsel vor allem dem Neuaufbau von Zellsubstanz und damit dem Wachstum des Organismus, so spricht man von *Baustoffwechsel.* Dient er in erster Linie dem Ersatz von Zellmaterial ohne dessen Vermehrung, so spricht man von *Betriebsstoffwechsel* oder Erhaltungsstoffwechsel. Betriebs- und Baustoffwechsel gehen fließend ineinander über.

1 Grundlagen des Zellstoffwechsels

Die Stoffwechselvorgänge sind chemische Reaktionen, die bei der Temperatur des Organismus extrem langsam ablaufen würden. Sie müssen daher durch Katalysatoren beschleunigt werden. Die Katalysatoren der Stoffwechselreaktionen sind die *Enzyme.* Enzyme sind zumeist Proteinmoleküle (Eiweißstoffe).

Wasserstoffperoxid (H_2O_2) ist in verdünnter Lösung bei Zimmertemperatur relativ stabil; im Verlauf vieler Monate zerfällt es unter Freisetzung von Sauerstoff:

$$2\,H_2O_2 \rightarrow 2\,H_2O + O_2$$

Beim Erhitzen erfolgt der Zerfall viel rascher, wie man am Aufschäumen erkennt. Bei Zimmertemperatur geschieht dasselbe, wenn man einen Platindraht in die Lösung taucht. Platin wirkt als Katalysator der H_2O_2-Spaltung. Statt des Platins kann man auch Kartoffel- oder Leberstückchen verwenden. Diese wirken also ebenfalls als Katalysatoren. Die genauere Untersuchung zeigt, dass sie das Enzym Katalase, ein Protein, enthalten. Wasserstoffperoxid kann in Zellen als Zwischenprodukt entstehen. Es wirkt giftig und wird von der Katalase sofort abgebaut, sodass die Zellen nicht geschädigt werden.

1.1 Proteine

1.1.1 Aminosäuren und Peptide

Proteine gehören zu den Hauptbestandteilen der Zelle. Sie sind Makromoleküle und besitzen Molmassen von 10 000 bis zu mehreren 100 000 g/Mol (g/Mol = Dalton D). Solche Moleküle entstehen durch Verknüpfung kleiner molekularer Bausteine. Bei den Proteinen sind dies die Aminosäuren.

Bei allen Aminosäuren, die in Proteinen vorkommen, ist ein Molekülteil völlig gleich; unterschiedlich ist die Seitenkette, die als »Rest« R bezeichnet wird (**Abb. 135.1 a**).

Da Aminosäuren sowohl eine basische Aminogruppe (NH_2) als auch eine saure Carboxylgruppe (COOH;

s. 1.3.2) tragen, können sie in wässriger Lösung als Kationen oder als Anionen vorliegen. Die Aminosäuremoleküle tragen bei Protonenüberschuss eine H_3N^+-Gruppe, bei Protonenmangel eine COO^--Gruppe. Je nach Säure- bzw. Basenstärke liegt eine Aminosäure bei einem bestimmten pH-Wert vollständig als Zwitterion vor (**Abb. 135.1 b**). Bei diesem pH-Wert wandert die Aminosäure im elektrischen Feld nicht *(s. Exkurs Elektrophorese S. 139)*. Man nennt diesen pH-Wert daher den *isoelektrischen Punkt.*

Die COOH-Gruppe einer Aminosäure kann sich mit der NH_2-Gruppe einer anderen Aminosäure unter Wasseraustritt verbinden; es entsteht ein *Dipeptid* (**Abb. 135.1 c**). Fügt man eine weitere Aminosäure zu, so bildet sich ein *Tripeptid* usw. Setzt sich dieser Vorgang fort, so entstehen lange Ketten von peptidisch verknüpften Aminosäuren: die **Polypeptide.** Erreicht eine Peptidkette eine gewisse Länge, so entstehen innerhalb des Moleküls zusätzliche (schwache) Bindungen; die Kette nimmt eine bestimmte Raumgestalt an. Man spricht von einem *Protein.*

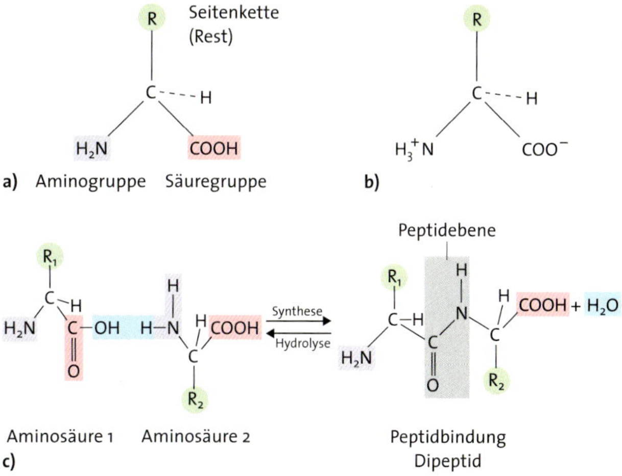

Abb. 135.1: a) Struktur von Aminosäuren. Aminosäuren unterscheiden sich in der Seitenkette, dem Rest R *(s. Abb. 139.1)*; **b)** Zwitterionstruktur einer Aminosäure; **c)** Verknüpfung von zwei Aminosäuren zu einem Dipeptid. Die Atomgruppen der Peptidbindung liegen in einer Ebene (Peptidebene).

Chiralität

Bei den Aminosäuren (außer Glycin) sind an einem bestimmten Kohlenstoffatom vier verschiedene Atomgruppen bzw. Atome gebunden. Ein solches C-Atom bezeichnet man als asymmetrisch. Einfach-Bindungen am C-Atom weisen in die Ecken eines Tetraeders (**Abb. 135.2**). Wenn vier verschiedene Atomgruppen zu den Ecken eines Tetraeders ausgerichtet sind, können diese in zwei verschiedenen Raumstrukturen angeordnet sein, die man nicht zur Deckung bringen kann. Sie entsprechen einander ebenso wie Bild und Spiegelbild oder eine rechte und eine linke Hand (**Abb. 135.3**). Man bezeichnet solche Moleküle daher als *chiral* (gr. *cheir* Hand). Die beiden Molekülformen verhalten sich gegenüber polarisiertem Licht unterschiedlich. Die eine Molekülform dreht die Schwingungsebene des polarisierten Lichts nach rechts, die andere um denselben Betrag nach links: Verbindungen mit dieser Eigenschaft sind *optisch aktiv.* Die beiden spiegelbildlichen Molekülformen sind **optische Isomere;** man unterscheidet sie als D-Form (lat. *dexter* rechts) und L-Form (lat. *laevus* links). Aminosäuren gibt es somit als D- und L-Aminosäuren. Obwohl sich die beiden Molekülformen in ihren chemischen Eigenschaften nicht unterscheiden, findet man als Bausteine von Proteinen nur L-Aminosäuren. – Auch viele andere wichtige Zellinhaltsstoffe sind optisch aktiv. Dazu gehören die Zucker und einige Säuren, z. B. Milchsäure.

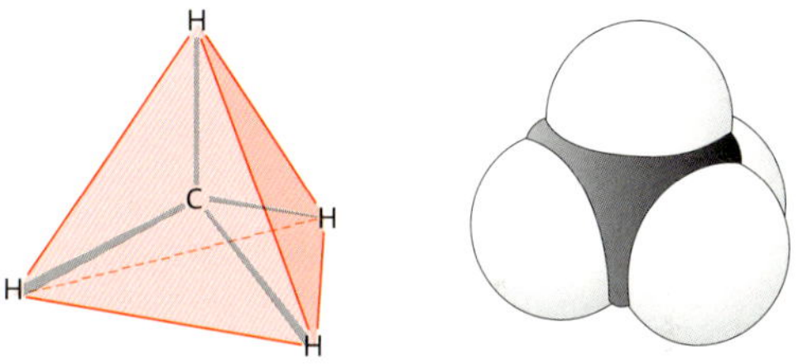

Abb. 135.2: Methan. Raumstruktur und Kalottenmodell

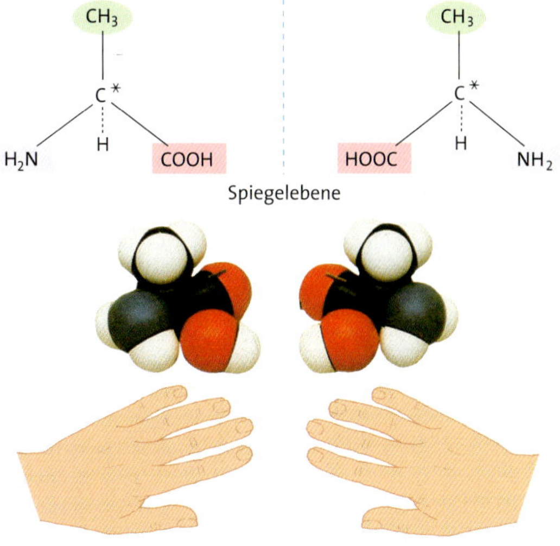

Abb. 135.3: Alanin. Raumstruktur und Kalottenmodell; die Aminosäure existiert in zwei spiegelbildlichen Formen. C*: asymmetrisches C-Atom. Das Kalottenmodell gibt die für biologische Vorgänge wichtige Gestalt des Moleküls an.

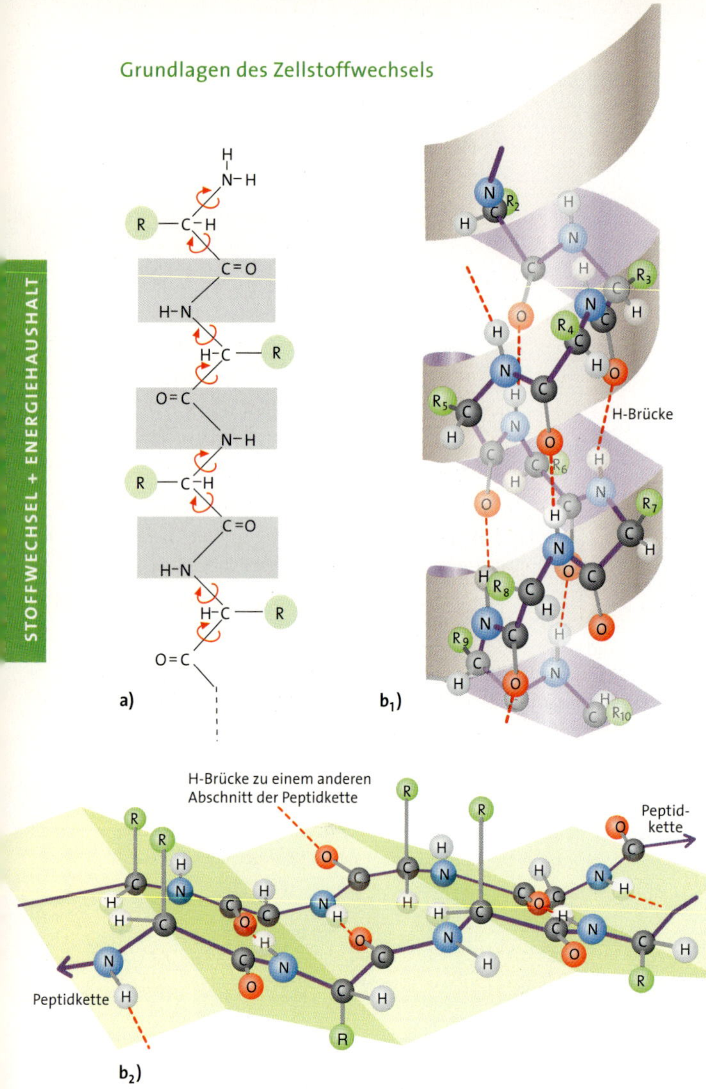

1.1.2 Struktur und Eigenschaften der Proteine

Primärstruktur. In den Proteinen treten 20 verschiedene Aminosäuren auf. Proteine unterscheiden sich in Anzahl und Reihenfolge der verknüpften Aminosäuren. Dabei sind die Möglichkeiten ihrer Anordnungen unvorstellbar groß. Ist ein Protein aus nur 100 der genannten 20 Aminosäuren aufgebaut, so ist in ihm eine von $20^{100} = 10^{130}$ Möglichkeiten verwirklicht. (Zum Vergleich: In den Weltmeeren sind etwa $4 \cdot 10^{46}$ Wassermoleküle enthalten.) Die Reihenfolge der Aminosäuren in der Polypeptidkette heißt Aminosäuresequenz oder *Primärstruktur*. Sie ist durch die Peptidbindungen festgelegt (**Abb. 136.1 a**). Die Polypeptidkette besitzt ein Ende mit freier Aminogruppe und ein Ende mit freier Carboxylgruppe. Die Aminosäuren sind also in gleicher Weise ausgerichtet; man hat festgelegt, dass die freie Aminogruppe als »Anfang« bezeichnet wird. So wurde im Molekül eine Richtung definiert.

Raumstruktur. Für die Ausbildung der Raumstruktur sind schwache Bindungen wichtig *(s. Exkurs Bindungskräfte in Proteinmolekülen)*. Dazu gehören Wasserstoffbrücken, Wechselwirkungen zwischen geladenen Molekülteilen (Ionenbindungen) und Kräfte zwischen neutralen Molekülteilen (zwischenmolekulare Kräfte oder VAN-DER-WAALS-Kräfte).

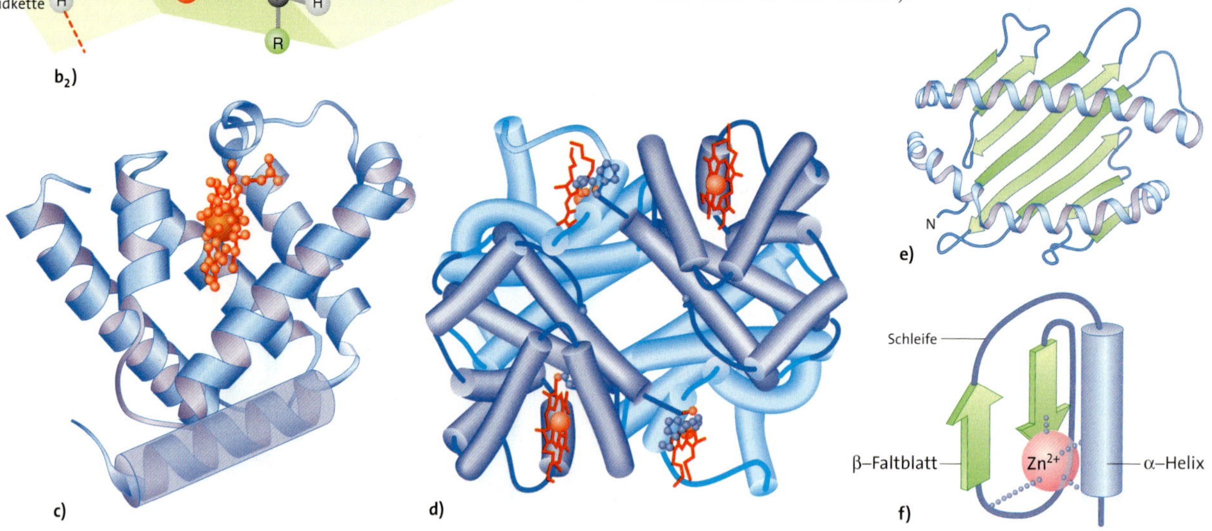

Abb. 136.1: Struktur der Proteine. **a)** Primärstruktur: Reihenfolge der Aminosäuren in einer Polypeptidkette; rote Pfeile geben Drehbarkeit, graue Felder festliegende Strukturelemente an; **b)** Sekundärstruktur: α-Helix-Struktur und β-Faltblatt-Struktur. Bei der Helix-Struktur (b$_1$) sind Wasserstoffbrücken zwischen der CO-Gruppe einer Aminosäure und der NH-Gruppe der dritten in der Helix folgenden Aminosäure ausgebildet; so ist die schraubige Anordnung stabil. Bei der Faltblatt-Struktur (b$_2$) liegen zwei Peptidkettenstücke gegenläufig parallel; zwischen ihnen sind Wasserstoffbrücken ausgebildet; **c)** Tertiärstruktur: Modell der Raumerfüllung der Polypeptidkette von Myoglobin, dem roten Farbstoff des Muskels; Häm-Gruppe rot; **d)** Quartärstruktur am Beispiel von Hämoglobin, dem roten Blutfarbstoff: α-Ketten dunkelblau, β-Ketten hellblau, Häm-Gruppen rot; **e)** Tertiärstruktur eines Proteins mit zahlreichen Faltblatt-Bereichen (grüne Pfeile) und zwei gebogenen Helix-Abschnitten (blau); **f)** Stabilisierung einer Raumstruktur durch ein Metallion (hier Zn^{2+}; Komplexbindung punktiert).

Bindungskräfte in Proteinmolekülen

Die *Peptidbindungen* zwischen den Aminosäuren sind **kovalente Bindungen** (**Abb. 136.1 a**). Die –CO- und –NH-Gruppe der Peptidbindung liegen jeweils in einer Ebene. C- und N-Atom sind nicht gegeneinander drehbar; dadurch wird die Zahl möglicher Raumstrukturen der Proteine begrenzt.

Schwache Bindungen entstehen vor allem durch ungleiche Ladungsverteilungen in Molekülen oder Molekülteilen. Die Atome von Stickstoff und Sauerstoff ziehen Elektronen stärker an als jene von Wasserstoff und Kohlenstoff; sie sind »elektronegativer«. Infolgedessen sind die Elektronen bei einer kovalenten Verknüpfung der Atome im zeitlichen Mittel öfter bei N oder O anzutreffen; diese Atome sind partiell negativ geladen (negativ polarisiert; in Formeln: δ^-). Der Wasserstoff liegt also partiell positiv geladen vor (positiv polarisiert: δ^+). Wenn Stickstoff oder Sauerstoff in einem Molekül freie Elektronenpaare besitzen, so kann ein positiv polarisiertes Wasserstoffatom damit in Wechselwirkung treten, sofern aufgrund der Größe und der Raumstruktur ein geeigneter Bindungsabstand eingehalten werden kann. Diese Wechselwirkungen nennt man *Wasserstoffbrücken*. Im Wasser werden zwischen den Molekülen zahlreiche Wasserstoffbrücken gebildet *(s. 1.3.1)*.

Ionenbindungen kommen zustande, wenn sich ein positiv und ein negativ geladenes Teilchen gegenseitig anziehen. Diese Anziehungskräfte wirken gleichmäßig nach allen Raumrichtungen (elektrostatische Anziehung). In Proteinen sind sie vor allem zwischen negativ geladenen Carboxylgruppen ($–COO^-$) und positiv geladenen Amino-Gruppen ($–NH_3^+$) wirksam.

Die nach ihrem Entdecker benannten schwachen *VAN-DER-WAALS-Kräfte* sind zwischen eng benachbarten Oberflächen von Molekülen oder Molekülteilen wirksam. Die Ausbildung dieser zwischenmolekularen Kräfte hängt davon ab, inwieweit Wassermoleküle mit den organischen Molekülen in Wechselbeziehung treten. Atomgruppen, die eine Wasser-(Hydrat-)hülle um sich herum bilden, heißen *hydrophil* (wasserliebend). Kohlenwasserstoffketten bilden keine Wasserhülle aus und heißen *hydrophob* (wassermeidend). Wenn hydrophobe Aminosäurereste einander benachbart sind, werden zwischenmolekulare Kräfte wirksam; diese Anordnungen sind daher begünstigt.

Die hydrophoben Reste ordnen sich vor allem im Molekülinneren an und treten untereinander in »*hydrophobe Wechselwirkung*«; dabei werden VAN-DER-WAALS-Kräfte wirksam. Wassermoleküle werden so aus dem Inneren des Proteinmoleküls verdrängt.

abnehmende Stärke der Bindungsenergie ↓

nicht kovalente Bindungen

kovalente Bindungen	Peptidbindung zwischen Aminosäuren	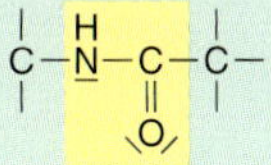	bestimmt Primärstruktur
	Schwefelbrücke zwischen Cystein-Resten	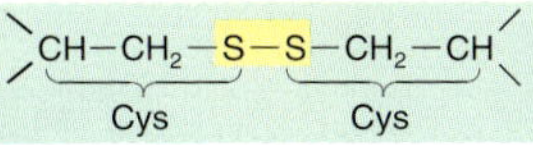	beteiligt an Sekundär- und Tertiärstruktur
elektrostatische Kräfte (Ionenbindung)	Anziehung zwischen positiver und negativer Ladung	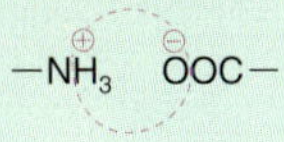	beteiligt an Sekundär- und Tertiärstruktur
Wasserstoffbrücken	Anziehung zwischen partiell positiver und partiell negativer Ladung	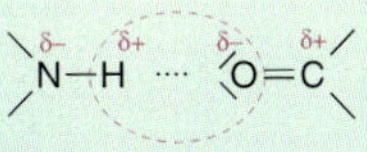	beteiligt an Sekundär- und Tertiärstruktur
hydrophobe Wechselwirkung	hydrophobe Gruppen bilden keine Hydrathülle; sie lagern sich zusammen und schließen Wasser aus (energetisch günstiger); dabei werden VAN-DER-WAALS-Kräfte wirksam	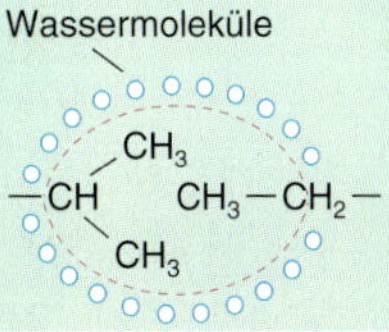	wichtig für Tertiärstruktur
VAN-DER-WAALS-Kräfte	Oberflächenkräfte zwischen Molekülen und Molekülteilen, z. B. infolge wechselnder Ungleichverteilung der Bindungselektronen		beteiligt an Tertiär- und Quartärstruktur

Tab. 137.1: Bindungen und Kräfte in Proteinmolekülen

Vor allem Wasserstoffbrücken führen dazu, dass Abschnitte der Polypeptidketten eine hoch geordnete räumliche Gestalt erhalten. Energetisch bevorzugt sind dabei zwei Raumanordnungen. Ist ein Stück der Polypeptidkette schraubig angeordnet, so nennt man dieses eine *α-Helix-Struktur,* z. B. im Keratin des Haares. Die Schraube wird durch Wasserstoffbrücken stabilisiert. Tritt ein Stück der Polypeptidkette mit einem anderen Teilstück über Wasserstoffbrücken in Wechselwirkung und bildet ein im Zickzack verlaufendes Band, so liegt eine *β-Faltblatt-Struktur* vor, z. B. im Protein der Seidenfaser.

Die Strukturen dieser hochgeordneten Molekülteile bezeichnet man als **Sekundärstruktur** der Polypeptidkette *(s. Abb. 136.1 b).* In den meisten Proteinen sind derartige Teilstücke durch »Schleifen« miteinander verbunden. Daraus ergibt sich dann die Raumgestalt der ganzen Polypeptidkette; sie heißt **Tertiärstruktur** *(s. Abb. 136.1 c).* Für deren Ausbildung sind hydrophobe Wechselwirkungen besonders wichtig, aber auch Ionenbindungen tragen oft zur Stabilisierung bei *(s. Abb. 136.1 f).* Von kovalenten Bindungen ist bei Proteinen nur eine Art von Bedeutung: Kommen die SH-Gruppen von zwei Resten der Aminosäure Cystein einander nahe und erfolgt eine Oxidation unter Abspaltung der Wasserstoffatome, so entsteht eine *Disulfidbrücke.* Die Bildung der richtigen Raumstruktur wird in den meisten Fällen durch die Mithilfe besonderer Proteinaggregate gewährleistet *(Chaperone).*

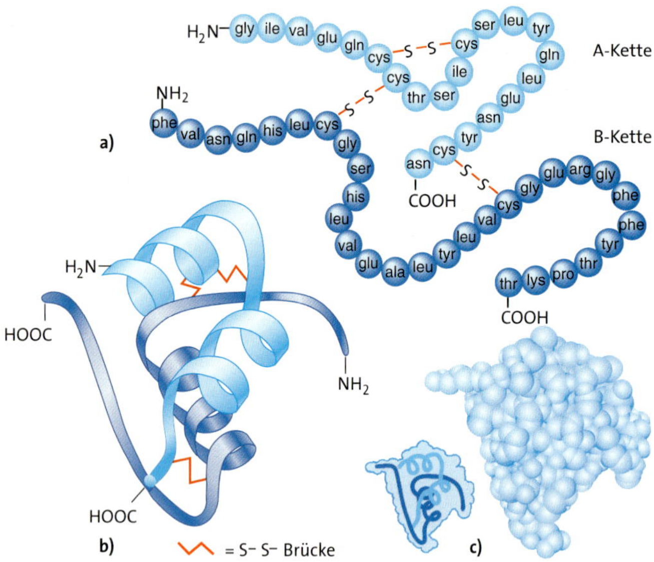

Abb. 138.1: Strukturelemente eines Proteins am Beispiel von Insulin *(s. Hormone 1.4).* **a)** Primärstruktur. Die zwei Peptidketten des Insulins sind durch Disulfid-(Schwefel-)-Brücken verbunden; **b)** Raumstruktur des Insulinmoleküls. Helix-Abschnitte sind erkennbar; **c)** Kalottenmodell des Insulinmoleküls zeigt die vollständige Raumerfüllung.

Viele Proteine bestehen aus mehreren Polypeptidketten. So ist z. B. das Hämoglobin des Menschen aus vier Polypeptidketten aufgebaut, wovon je zwei identisch sind (zwei α- und zwei *β*-Ketten). An jede ist ein Porphyrinring (Häm) gebunden. Die Struktur eines Proteinmoleküls, die durch Wechselwirkung zwischen mehreren Polypeptidketten zustande kommt, bezeichnet man als **Quartärstruktur** *(s. Abb. 136.1 d).*

Die Strukturelemente von der Primär- bis zur Quartärstruktur sind für das Insulin in **Abb. 138.1** dargestellt. Dieses Hormon ist für die Regulation des Blutzuckerspiegels wichtig *(s. Hormone 1.4).* Das Molekül ist ein kleines Protein aus nur 51 Aminosäuren, das aber aus zwei Polypeptidketten (A-Kette, B-Kette) besteht. 57 % der beiden Polypeptidketten bilden als Sekundärstruktur α-Helix-Bereiche aus.

Charakterisierung von Makromolekülen. Makromoleküle sind aus vielen gleichartigen oder ähnlichen Baueinheiten, den Monomeren, aufgebaut (Monomere der Proteine: Aminosäure). Makromoleküle werden deshalb als Polymere bezeichnet. Die Monomeren sind durch einen bestimmten Bindungstypus verknüpft (bei Proteinen: Peptidbindung). Die Struktur eines Makromoleküls ist durch folgende Prinzipien zu beschreiben: 1. Abfolge (Sequenz) der Monomeren: Primärstruktur; 2. geordnete und wiederkehrende Muster der räumlichen Anordnung von Monomeren: Sekundärstruktur; 3. Raumgestalt des ganzen Moleküls: Tertiärstruktur; 4. treten mehrere Makromoleküle zu einem Molekülaggregat zusammen, so besitzt dieses eine Quartärstruktur. Zu den Makromolekülen der Zelle gehören außer den Proteinen vor allem die Nucleinsäuren und langkettigen Kohlenhydrate *(s. 1.3.4* und *1.3.5).* ■

Eigenschaften der Proteine. Proteine haben Bedeutung als Enzyme, sind am Aufbau des Cytoskeletts und der Membranen beteiligt und wirken als Transportmoleküle. Sie enthalten stets die Aminosäuren Glutaminsäure und Asparaginsäure, deren Rest (Seitenkette) eine zusätzliche Carboxylgruppe aufweist und die daher auch in der Peptidkette sauer reagieren *(saure Aminosäuren,* **Abb. 139.1**). Ebenso gibt es in den Proteinen stets Aminosäuren mit einer zusätzlichen Aminogruppe im Rest *(basische Aminosäuren,* z. B. Lysin, Arginin). Durch die sauren und basischen Reste trägt die Oberfläche eines Proteinmoleküls sowohl positive als auch negative Ladungen ($-NH_3^+$, $-COO^-$). Die Zahl der Ladungen hängt vom pH-Wert der umgebenden Lösung ab. Bei einem bestimmten pH-Wert wird die Zahl der positiven und der negativen Ladungen gleich. Dieser Zustand ist daran zu erkennen, dass sich das Protein im elektrischen Feld nicht mehr bewegt *(s. Exkurs Elektrophorese)*. Man bezeichnet diesen pH-Wert wie bei den Aminosäuren als den isoelektrischen Punkt. Proteine mit Überschuss an basischen Aminosäuren nennt man basische Proteine (z. B. Histone, die im Zellkern an Desoxyribonucleinsäure gebunden sind), solche mit einem Überschuss an sauren Aminosäuren saure Proteine (z. B. viele Enzyme).

Wasserlösliche Proteine bezeichnet man als *Albumine* (z. B. Serumalbumine im Blut, Samenalbumine aus Pflanzen), in Wasser unlösliche, aber in verdünnten Lösungen von Salzen lösliche als *Globuline* (z. B. Immunglobuline, Globulin aus Hülsenfrüchten).

Sind Proteine kovalent mit einem anderen Molekül verknüpft, so drückt man dies durch eine entsprechende Vorsilbe aus: die Bindung an ein Kohlenhydrat ergibt ein *Glykoprotein*, jene an ein Lipid ein *Lipoprotein*.

Proteinmoleküle darf man sich nicht als völlig starre Gebilde vorstellen. Infolge der Wärmebewegung verschieben sich Molekülteile fortlaufend geringfügig gegeneinander. Dabei verändern die Helix-Abschnitte infolge ihrer Stabilität ihre Lage nur als Ganzes, während die »Schleifen« größere Beweglichkeit zeigen. Erwärmt man Proteine auf eine Temperatur von über 60 °C, so wird infolge der starken Wärmebewegung die Tertiär- und z. T. auch die Sekundärstruktur zerstört. Das Protein ist damit denaturiert (z. B. gekochtes Ei; »Hautbildung« der Milch).

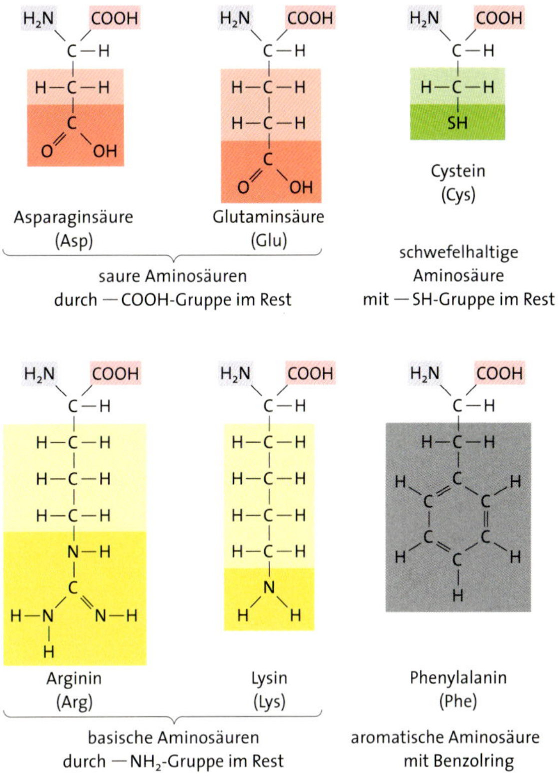

Abb. 139.1: Strukturen verschiedener Aminosäuren. Sie unterscheiden sich im Bau der Reste (Seitenketten) und haben dadurch unterschiedliche Eigenschaften.

Elektrophorese

Proteine sind elektrisch geladen. Deshalb kann man sie mithilfe der Elektrophorese voneinander trennen (**Abb. 139.2**). Bei der *Gel-Elektrophorese* wird ein zu trennendes Proteingemisch in die Mitte eines gequollenen Gelstreifens gebracht und dieser zwischen zwei Elektroden ausgelegt. Nach Anlegen einer Spannung wandern die einzelnen Proteine verschieden schnell, je nach Ladung, Größe und Gestalt der Moleküle. Die Unterschiede in der Wanderungsgeschwindigkeit führen zu einer Trennung der Stoffe, die anschließend durch Farbreaktionen kenntlich gemacht werden (zur Elektrophorese von Nucleotiden *s. Genetik 4.1.8*).

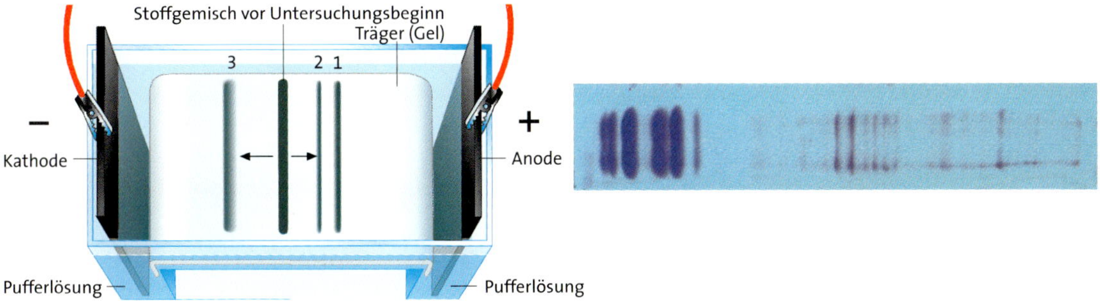

Abb. 139.2: Trennung eines Stoffgemisches durch Elektrophorese. **a)** Stoff 1 und 2 sind negativ geladen und wandern verschieden rasch zur Anode. Stoff 3 ist positiv geladen und wandert zur Kathode; **b)** Gel nach erfolgter Gelelektrophorese und Anfärbung

1.2 Wirkungsweise der Enzyme

1.2.1 Enzyme als Katalysatoren

Organische Verbindungen können in Gegenwart von Sauerstoff zu CO_2 und H_2O umgesetzt, d. h. oxidiert werden. Dennoch sind organische Verbindungen bei natürlichen Umgebungstemperaturen in Gegenwart von Sauerstoff stabil, sonst könnten keine Lebewesen existieren. Ihre Umsetzung erfolgt nämlich extrem langsam: die Reaktionsgeschwindigkeit ist sehr gering. Man bezeichnet die organischen Verbindungen deshalb als metastabil. Erst wenn man einen gewissen Energiebetrag, die *Aktivierungsenergie* zuführt, z. B. durch Anzünden, reagieren mehr Moleküle dieser organischen Stoffe je Zeiteinheit mit Sauerstoff, d. h. die Reaktionsgeschwindigkeit steigt und sie verbrennen.

Aufgabe eines Katalysators, z. B. eines Enzyms, ist die Erhöhung der Geschwindigkeit, mit der die (katalysierte) Reaktion abläuft. Der dabei umgesetzte Energiebetrag ist bei katalysierter und nicht katalysierter Reaktion gleich.

Die Reaktionsgeschwindigkeit chemischer Reaktionen nimmt mit steigender Temperatur zu. Als Faustregel gilt, dass sich der Stoffumsatz je Zeiteinheit bei einer Temperaturzunahme um 10 °C etwa verdoppelt (Reaktionsgeschwindigkeit-Temperatur-Regel: *RGT-Regel*). Die Ursache des Anstiegs ist die zunehmende Wärmebewegung der Teilchen.

Wenn man eine metastabile organische Verbindung in Gegenwart von Sauerstoff örtlich erhitzt (Anzünden), so kommt die Reaktion an dieser Stelle in Gang, weil hier die Wärmebewegung der Teilchen erhöht wird. Da die Reaktion selbst Energie liefert, erhält sie sich und läuft vollständig ab. Die aufgewendete Aktivierungsenergie bestimmt also die Reaktionsgeschwindigkeit. Ist der Bedarf an Aktivierungsenergie so gering, dass die Umgebungstemperatur ausreicht, so läuft die Reaktion sofort ab. Ein Enzym hat die Eigenschaft, die erforderliche Aktivierungsenergie so weit herabzusetzen, dass diese Bedingung erfüllt wird (**Abb. 140.1**).

Enzyme katalysieren jeweils ganz bestimmte Reaktionen des Stoffwechsels. Die von ihnen umzusetzenden Stoffe heißen **Substrate.** Ein einziges Enzymmolekül kann im Mittel in der Minute etwa 100 000 Moleküle seines Substrates umsetzen. Die Anzahl der je Minute von einem Enzymmolekül umgewandelten Substratmoleküle nennt man die molekulare Aktivität oder Wechselzahl des Enzyms.

Da der Katalysator (das Enzym) nach der Umsetzung der Substratmoleküle wieder zur Verfügung steht, können geringe Mengen des Katalysators große Substratmengen umwandeln. So können in dem in der Einleitung *(s. S. 134)* beschriebenen Versuch der Platindraht und ebenso die Katalase das vorhandene Wasserstoffperoxid vollständig spalten.

Enzyme werden durch die Endung *-ase* gekennzeichnet, z. B. Katalase. Für einige seit langem bekannte Enzyme sind oft noch alte Namen im Gebrauch, die meist auf *-in* enden, z. B. Pepsin des Magens, Trypsin der Bauchspeicheldrüse *(s. 4.1)*. Enzyme (und allgemein Proteine) sind unterschiedlich groß (**Abb. 140.2**). Ist das Substrat klein und diffundiert daher rasch, so kann das Enzymmolekül groß sein. Große Substrate werden hingegen oft von kleinen Enzymmolekülen umgesetzt.

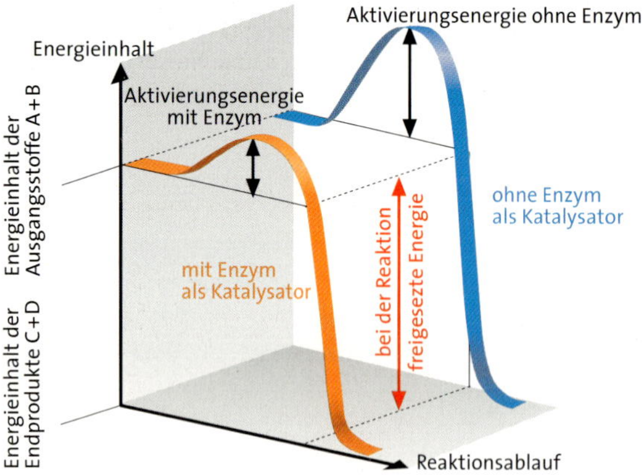

Abb. 140.1: Wirkung eines Enzyms bei einer Stoffwechselreaktion (A + B → C + D): Die Aktivierungsenergie der Reaktion wird so weit verringert, dass die Energie der Molekülzusammenstöße bei Umgebungstemperatur ausreicht, um die Reaktion in Gang zu setzen (exergonischer Vorgang).

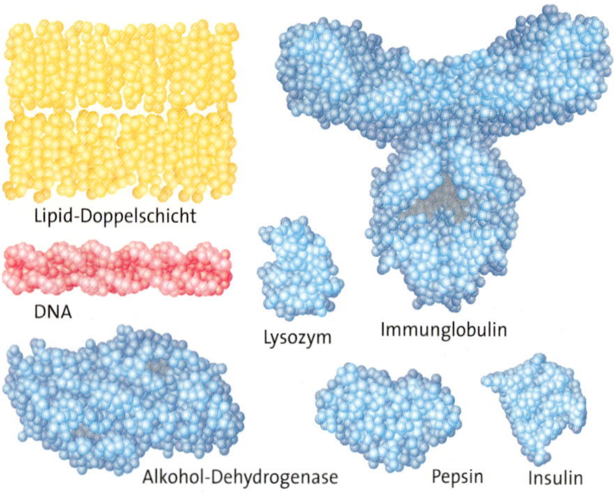

Abb. 140.2: Größe und Gestalt einiger Proteine im Vergleich mit einer Lipiddoppelschicht und eines Ausschnitts aus der DNA-Doppelschraube (zum Immunglobulin *s. Immunbiologie*); Vergrößerung: ca. viermillionenfach

Viele Enzyme haben eine kleinmolekulare Nicht-Proteinverbindung an ihr Molekül gebunden, die bei der Katalyse mitwirkt. Man nennt sie **Coenzym**, wenn die Verbindung nur lose gebunden ist und freigesetzt werden kann (z. B. NAD oder NADP, *s. 2.1.2;* Coenzym A, *s. 3.1.1*). Ist sie dagegen so fest gebunden, dass sie nicht ohne Strukturveränderungen des Enzyms abtrennbar ist, bezeichnet man sie als *prosthetische Gruppe.* Dabei handelt es sich im einfachsten Fall um ein Ion, das an das Enzymprotein gebunden werden muss, um dessen volle Aktivität herzustellen oder dessen Struktur stabil zu halten. Solche aktivierenden Ionen sind je nach Enzym z. B. Ca^{2+}, Mg^{2+}, Fe^{2+}, Zn^{2+}. Die entscheidende katalytische Funktion kommt aber stets dem Protein zu. Enzymkatalysierte Reaktionen im Organismus bilden und lösen kovalente Bindungen. Schwache Bindungen (Ionenbindungen, Wasserstoffbrücken) werden, abgesehen von wenigen Ausnahmen, ohne Mitwirkung von Enzymen ausgebildet oder gelöst. Die meisten Enzyme sind Proteine. Man kennt aber auch einige Enzyme, die aus Ribonucleinsäuremolekülen bestehen. Sie sind z. B. an der Bildung der Peptidbindung im Ribosom beteiligt. Man nennt sie *Ribozyme (s. Genetik 4.2.3).*

Abhängigkeit von Temperatur und pH-Wert. Die Enzyme sind temperaturempfindliche Katalysatoren, denn oberhalb 50 °C setzt allmählich die Protein-Denaturierung ein (**Abb. 141.1**). Daher gehen Zellen der meisten Lebewesen bei längerer Einwirkung von Temperaturen über 60 °C zugrunde. Allerdings leben verschiedene thermophile Prokaryoten mit besonders hitzestabilen Enzymen in vulkanischen Quellen bei 100 °C *(s. Cytologie 2.4).*

Eine Veränderung des pH-Wertes verursacht Änderungen im Ladungsmuster und bei den Ionenbindungen der Proteine, so dass die Tertiärstruktur instabil wird. Dadurch verringert sich die katalytische Fähigkeit eines Enzyms, und schließlich tritt Denaturierung ein. Jedes Enzym hat ein bestimmtes pH-Optimum, bei dem es die höchste Aktivität aufweist (**Abb. 141.2**).

MICHAELIS-MENTEN-Kinetik. Erhöht man bei einer Enzymreaktion die Substratkonzentration (bei konstanter Temperatur), so nimmt zunächst die Menge des je Zeiteinheit umgesetzten Substrats, also die Reaktionsgeschwindigkeit zu – so lange, bis alle Enzymmoleküle dauernd wirksam sind. Dann ist die maximale Geschwindigkeit erreicht (**Abb. 141.3**). Dies wurde erstmals 1913 von LEONOR MICHAELIS und MAUD MENTEN festgestellt. Daher heißt die Abhängigkeit der Reaktionsgeschwindigkeit von der Substratkonzentration MICHAELIS-MENTEN-Kinetik.

Kann ein Enzym verschiedene Substrate umsetzen, z. B. verschiedene Aminosäuren oxidieren, so werden diese nicht gleich gut an das Enzym gebunden. Am schnellsten wird dasjenige Substrat umgesetzt, das am besten gebunden wird. Bei diesem wird bei einer niedrigeren Substratkonzentration die maximale Reaktionsgeschwindigkeit erreicht. Als Maß für die Leistungsfähigkeit verwendet man die Substratkonzentration bei halbmaximaler Reaktionsgeschwindigkeit; sie heißt MICHAELIS-MENTEN-Konstante. ■

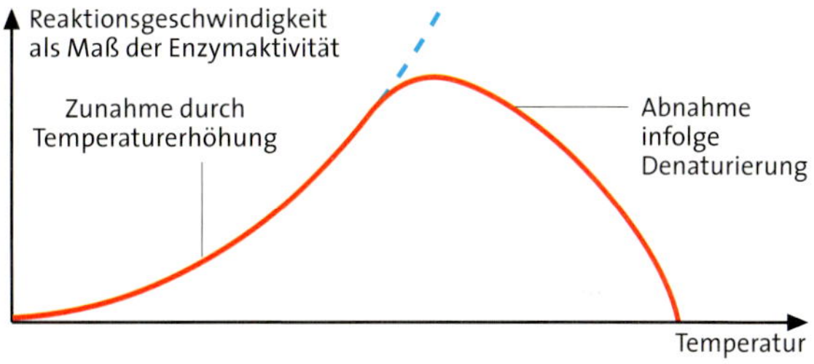

Abb. 141.1: Abhängigkeit der Enzymaktivität von der Temperatur

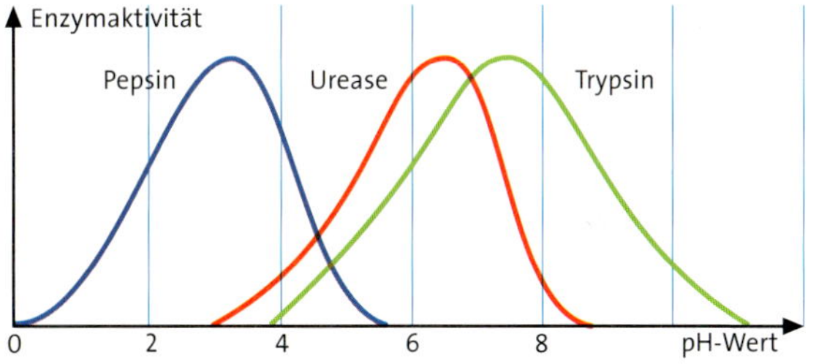

Abb. 141.2: Abhängigkeit der Aktivität von Enzymen vom pH-Wert. Pepsin (aus dem Magen) ist in stark saurem Milieu optimal wirksam, Trypsin (aus dem Bauchspeichel) bei schwach alkalischen Bedingungen. Das Harnstoff spaltende Enzym Urease (aus Pflanzen oder Bakterien) hat sein pH-Optimum im neutralen Bereich.

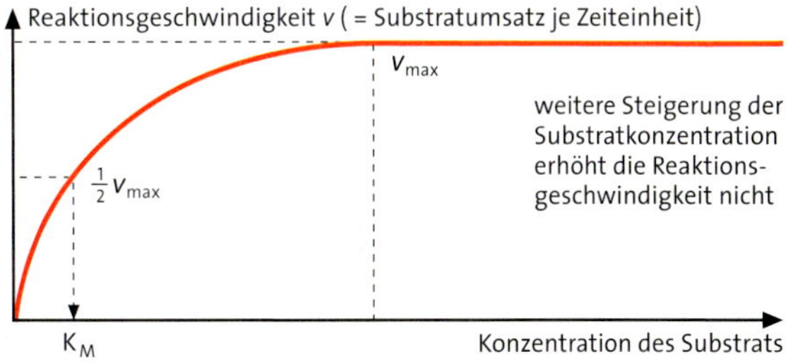

Abb. 141.3: Abhängigkeit der Reaktionsgeschwindigkeit einer Enzymreaktion von der Konzentration des umzusetzenden Substrats. Die Substratkonzentration, bei der die halbmaximale Reaktionsgeschwindigkeit erreicht wird, bezeichnet man als MICHAELIS-MENTEN-Konstante (K_M).

1.2.2 Wirkungsspezifität und Substratspezifität

In einer Zelle laufen oft über 1000 verschiedene Reaktionen gleichzeitig ab, die alle durch Enzyme katalysiert werden. Häufig kann eine bestimmte Verbindung auf verschiedene Weise umgesetzt werden. So kann von einer Aminosäure z. B. NH_3 oder aber CO_2 abgespalten oder ihre NH_2-Gruppe auf eine andere Verbindung übertragen werden, je nachdem, welches Enzym die Umsetzung katalysiert (**Abb. 142.1**). Enzyme sind also *wirkungsspezifisch*, d. h. *reaktionsspezifisch.*

Aminosäure-Decarboxylase und Aminotransferase haben das gleiche Coenzym. Die Wirkungsspezifität hängt also allein vom Enzymprotein ab. Sowohl die Aminosäure-Decarboxylase als auch eine bestimmte Aminotransferase katalysieren die angegebene Reaktion nicht bei allen Aminosäuren. Nur einige Aminosäuren sind für sie Substrate: Enzyme sind auch *substratspezifisch.*

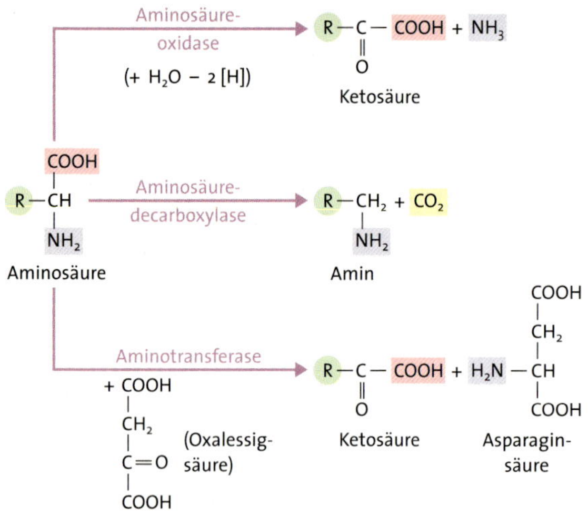

Abb. 142.1: Wirkungsspezifität von Enzymen, die Aminosäuren umsetzen.

Jedes Enzym wird nach dem umgesetzten Substrat benannt und erhält die Endung *-ase;* außerdem wird die Art der katalysierten Reaktion angegeben. Die Aminotransferase überträgt (transferiert) eine Aminogruppe. Andere *Transferasen* übertragen andere Gruppen. Bei Enzymen, die Bindungen hydrolytisch spalten *(Hydrolasen)*, wird die Endung -ase einfach an die Substratbezeichnung angehängt: Proteasen spalten Proteine. Enzyme, die Redoxreaktionen katalysieren, z. B. Aminosäureoxidasen, bilden die Gruppe der *Oxido-Reduktasen.* So lassen sich die vielen tausend Enzyme in wenige Gruppen zusammenfassen.

Bei der Reaktion eines Enzyms mit seinem Substrat tritt ein Teil des Enzymproteins mit dem Substratmolekül in enge Wechselwirkung. Diesen Molekülteil des Enzyms nennt man **aktives Zentrum.** Bei vielen Enzymen liegt das aktive Zentrum in einer Vertiefung des Enzymproteins. In ihr wird das Substratmolekül (oder ein Teil davon) gebunden; es entsteht ein *Enzym-Substrat-Komplex* (**Abb. 142.2**). Die Bindung des Substratmoleküls erfolgt vor allem über Ionenbindungen und Wasserstoffbrücken.

Bei der Enzymreaktion wirken im aktiven Zentrum Reste mehrerer verschiedener Aminosäuren auf das Substrat ein. Dieses gleichzeitige Einwirken mehrerer Aminosäure-Seitenketten ist für die Enzymkatalyse charakteristisch (**Abb. 143.1**). Nur dadurch kann die Aktivierungsenergie so weit herabgesetzt werden, dass die Reaktionen bei Umgebungstemperatur ablaufen. Die räumliche Struktur und das Ladungsmuster des aktiven Zentrums sind typisch für jedes Enzym, dazu passen jeweils nur entsprechend gebaute Substratmoleküle, oft nur eine einzige Molekülsorte. Durch die Gestalt des aktiven Zentrums und sein Ladungsmuster ist daher die Substratspezifität eines Enzyms festgelegt.

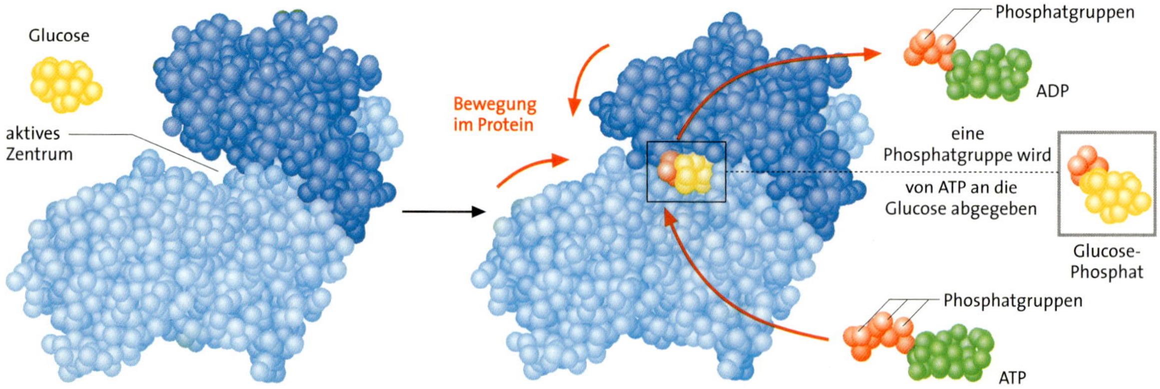

Abb. 142.2: Raumstruktur des Enzyms Hexokinase, Bindung von Glucose im aktiven Zentrum und Reaktion der Phosphatübertragung von ATP auf die Glucose (erster Schritt des Glucose-Abbaus in der Zelle, *s. 3.1.1*).

1.2.3 Hemmung und Regulation der Enzyme

Kompetitive und nicht kompetitive Hemmung. Eine Verbindung, deren Struktur einem Enzymsubstrat sehr ähnlich ist, die aber nicht umgesetzt werden kann, führt zu einer Hemmung der Enzymwirkung. Das »falsche« Molekül bindet an das Enzymmolekül und blockiert es, sodass »richtige« Substratmoleküle nicht ins aktive Zentrum gelangen. Somit sind weniger Moleküle dieses Enzyms in der Zelle aktiv und seine Wirksamkeit ist herabgesetzt. Man spricht von *kompetitiver Hemmung* und meint damit die Hemmung durch eine mit dem Substrat konkurrierende Verbindung, den Inhibitor (**Abb. 143.1**).

Außer solchen spezifischen, nur bei *einem* Enzym wirksamen Hemmstoffen gibt es auch weniger spezifische. Dazu gehören Schwermetall-Ionen (z.B. Hg^{2+}, Pb^{2+}); sie binden an viele Enzymproteine und inaktivieren diese dadurch irreversibel. Dies ist eine *nicht kompetitive Hemmung*. Stoffwechselreaktionen, die von diesen Enzymen katalysiert werden, fallen dann aus. Deshalb sind Schwermetalle für den Organismus giftig.

Allosterische Regulation. Die katalytische Wirkung mancher Enzyme ist regulierbar; sie lässt sich durch Bindung eines bestimmten Stoffes verändern. Dadurch ändert sich bei gleich bleibender Substratkonzentration auch die Reaktionsgeschwindigkeit. Den wirksamen Stoff bezeichnet man als *Effektor*. Er wird im Stoffwechsel gebildet. Wird die Reaktionsgeschwindigkeit durch Bindung von Effektormolekülen herabgesetzt, so spricht man von *Hemmung;* nimmt die Reaktionsgeschwindigkeit dagegen zu, so liegt eine *Aktivierung* vor. Die Effektoren können eine völlig andere Struktur als das Substrat haben. Sie werden nicht am aktiven Zentrum, sondern an einer besonderen Bindungsstelle gebunden, die in ihrer Struktur an den spezifischen Effektor angepasst ist. Diese Bindungsstelle nennt man **allosterisches Zentrum**, d.h. anders gestaltetes Zentrum. In der Regel kommt es dabei zu kleinen Gestaltsveränderungen des Proteinmoleküls und damit auch des aktiven Zentrums. Im Falle einer Hemmung der Enzymwirkung spricht man von *allosterischer Hemmung*. Enzyme mit einem allosterischen Zentrum nennt man allosterische Enzyme. Häufig handelt es sich dabei um Enzyme mit einer »Schlüsselfunktion«, d.h. um solche, mit denen ein ganzer Stoffwechselweg beginnt.

Eine allosterische Regulation zeigt z.B. das Enzym Phosphofructokinase, das am Zuckerabbau in der Zelle (durch Bildung eines Phosphatesters) beteiligt ist *(s. 3.1.1)*. Durch Bindung von ATP *(s. 1.4.3)* wird das Enzym allosterisch gehemmt. Bei ATP-Überschuss in der Zelle wird daher der Zucker-Abbau gehemmt, bei ATP-Mangel dagegen nicht, sodass infolge des Abbaus die ATP-Menge ansteigen kann.

Eine andere Regulationsmöglichkeit beruht darauf, dass Enzyme, die aufeinander folgende Stoffwechselreaktionen katalysieren, sich aneinander binden oder sogar mehrere Enzymfunktionen von einem einzigen Protein ausgeübt werden. Diese Gebilde nennt man **Multienzymkomplexe** *(s. 3.3.1)*. ■

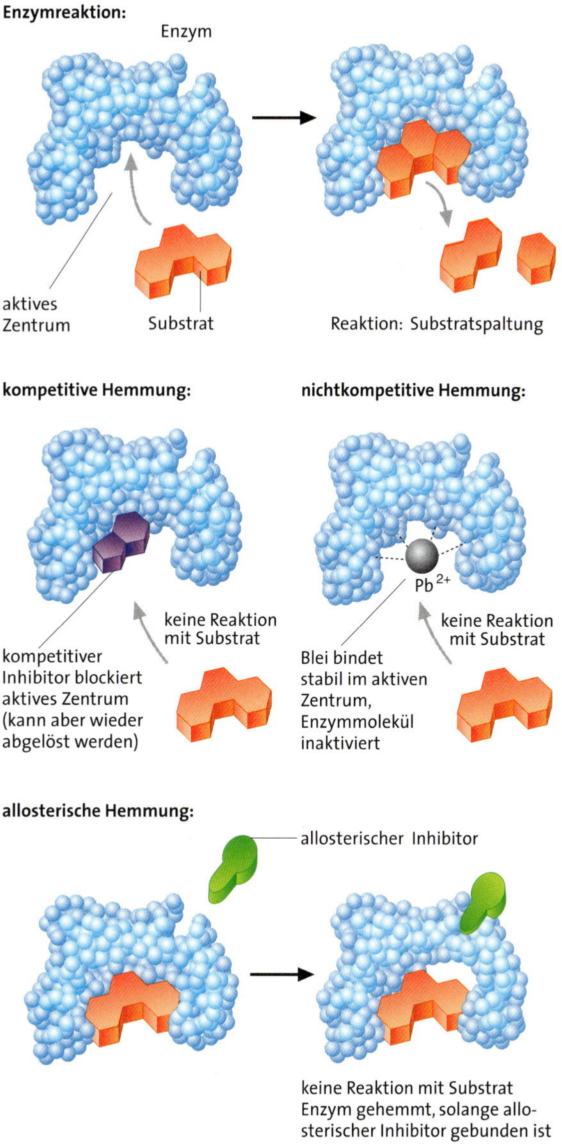

Abb. 143.1: Modell einer Enzymreaktion und Möglichkeiten ihrer Hemmung. Das Substrat wird im aktiven Zentrum gebunden. Dargestellt ist eine Substratspaltung. Eine allosterische Hemmung kommt durch einen Inhibitor zustande, der außerhalb des aktiven Zentrums angreift und die Raumgestalt des Enzymproteins verändert.

Enzymtechnik

Seit langer Zeit werden Enzyme technisch eingesetzt. Ein großer Teil der Biotechnologie umfasst daher die Produktion von Enzymen. Die Lebensmittelindustrie verwendete zunächst Enzympräparate bei der Herstellung von Käse, der Klärung von Obstsäften (Abbau der trübenden Pectine durch Pectinasen) und als Weichmacher von Fleisch (Proteinabbau durch Proteasen). In der Bäckerei wird durch Proteasen die Dehnbarkeit von Teigen erhöht, sodass Brötchen gleichen Gewichts ein größeres Volumen erreichen. Auch Stärke spaltende Amylasen und Fett spaltende Lipasen werden in der Lebensmittelindustrie eingesetzt. Durch Enzymbehandlung werden aus Nebenprodukten wertvolle Stoffe gewonnen, z. B. aus Molke die Galaktose.

In der Waschmittelindustrie dienen Proteasen zum schonenden Abbau von Eiweißresten auf Textilien. Man gewinnt sie aus bestimmten Stämmen des Bakteriums *Bacillus subtilis*, da dessen Proteasen bei Temperaturen bis 60 °C und bei den hohen pH-Werten von Waschmitteln stabil sind. Außerdem besitzen sie eine geringe Substratspezifität. Um die Proteasen noch stabiler gegen Oxidation zu machen, hat man eine Aminosäure (Methionin) des Proteins durch gezielten genetischen Eingriff gegen eine andere ausgetauscht (**Abb. 144.1**). Da die Enzyme bei wiederholter Inhalation bei manchen Menschen allergische Reaktionen auslösen, setzt man sie in verkapselter Form ein. Dazu werden die Enzyme mit einer Wachshülle umgeben.

Die Arzneimittelproduktion nutzt enzymatische Reaktionen, um Verbindungen ganz bestimmter Struktur in reiner Form zu erhalten; z. B. von Cortison oder von halbsynthetischen Penicillinen. Bei der Überprüfung von Lebensmitteln und in der medizinischen Diagnostik werden ebenfalls Enzyme eingesetzt. Zum Beispiel wird die Bestimmung von Zucker im Harn oder im Blut mithilfe von Teststreifen durchgeführt. Der Teststreifen enthält Glucoseoxidase (aus einem Schimmelpilz), Peroxidase (aus Meerrettich) und eine Substanz, die bei Oxidation farbig wird. Bei Gegenwart von Glucose wird diese durch die Glucoseoxidase oxidiert und dabei Wasserstoffperoxid gebildet. Dieses oxidiert durch Wirkung der Peroxidase die Substanz und löst so die Färbung aus. Für die Blutzucker-Bestimmung wird das Verfahren so abgewandelt, dass die Glucoseoxidase-Reaktion mit einer Sauerstoff-Elektrode gemessen wird. Bei Oxidation von Glucose wird Sauerstoff verbraucht. Diese Sauerstoffabnahme wird von der Elektrode in ein elektrisches Signal umgesetzt, verstärkt und so verrechnet, dass auf einer Digitalanzeige der Blutzucker-Wert abzulesen ist. Derartige **Biosensoren**, in denen ein Enzym mit einem elektrischen Messgerät kombiniert wird, dienen zum hochempfindlichen Nachweis verschiedener Stoffe in Medizin und Technik.

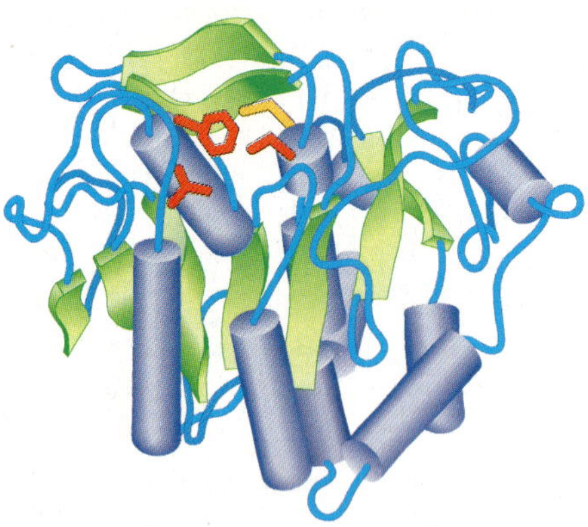

Abb. 144.1: Protease aus *Bacillus subtilis:* α-Helix-Abschnitte blau; β-Faltblatt-Abschnitte grün. Rot eingetragen sind die drei katalytisch wirksamen Aminosäuren-Seitenketten des aktiven Zentrums; gelb gekennzeichnet ist die Seitenkette der Aminosäure, die in dem technisch genutzten Enzym das Methionin ersetzt.

Manche industriell genutzten Enzyme sind in der Herstellung sehr teuer und sollten daher möglichst lange einsetzbar bleiben. Daher bindet man teure Enzyme an einen Träger, z. B. Kunstharz. Diese *Enzym-Immobilisierung* verringert zwar die Aktivität (ein Teil der Enzymmoleküle wird funktionsunfähig), erlaubt aber die mehrfache Verwendung. Bei einem anderen Verfahren werden ganze Zellen vorsichtig abgetötet, sodass die gewünschten Enzyme funktionsfähig bleiben. Anschließend werden die Zellmembranen mit einem Lösungsmittel durchlässig gemacht. Diese »Zellen« werden immobilisiert und nun gewissermaßen als Käfige der gewünschten Enzyme wirksam.

Derzeit werden jährlich über 100 000 t Enzyme vorwiegend aus Mikroorganismen und Pflanzen gewonnen. Thermophile Prokaryoten liefern hitzestabile Enzyme, die bei höheren Temperaturen eingesetzt werden können *(s. Cytologie 2.4)*. Um den Energie- und Zeitaufwand der Herstellung zu verringern, werden zunehmend gentechnisch veränderte Mikroorganismen eingesetzt *(s. Genetik 5.2.2)*. Gentechnische Verfahren erlauben es, derartige Enzyme auch aus solchen nicht hitzestabilen Bakterien zu erhalten, die leichter in Großkulturen zu züchten sind.

1.3 Bau- und Inhaltsstoffe der Zellen

Mit den in den Lebewesen vorkommenden Stoffen und ihren Reaktionen beschäftigt sich die *Biochemie*. Chemische Untersuchungen haben schon früh ergeben, dass in den Zellen unterschiedlicher Pflanzen und Tiere immer wieder gleichartige Stoffe vorkommen. An ihrem Aufbau sind nur relativ wenige chemische Elemente beteiligt: Etwa 99 % der Masse von Organismen entfallen auf nur sechs Elemente (C, H, O, N, S, P).

Zellen bestehen in der Regel zu 60 bis über 90 % aus Wasser. Neben einer großen Zahl von Kohlenstoffverbindungen (in der einfach gebauten Bakterienzelle über 3000!) findet man freie, stets von einer Wasserhülle umgebene Ionen. Wichtig sind vor allem jene von K, Na, Ca, Mg, Fe *(s. Ökologie 1.5)*. Der Kohlenstoff bildet vier Bindungen aus, die als Einfachbindungen zu den Ecken eines Tetraeders ausgerichtet sind *(s. Abb. 135.2)*. Die Bindung zwischen C-Atomen ist sehr stabil, sodass auch lange Ketten und Ringe gebildet werden können. In einer Zelle mittlerer Größe sind etwa $2 \cdot 10^{14}$ Moleküle enthalten.

1.3.1 Wasser

Im Wassermolekül (**Abb. 145.1**) ziehen die Atome des Sauerstoffs die Elektronen stärker an als jene des Wasserstoffs *(s. Exkurs Bindungskräfte in Proteinmolekülen, S. 137)*. Der Sauerstoff ist daher negativ polarisiert (δ^-), der Wasserstoff positiv polarisiert (δ^+). Das Wassermolekül als Ganzes ist elektrisch neutral, aber die elektrische Ladung ist infolge der gewinkelten Molekülstruktur des Wassers ungleichmäßig verteilt; es hat »*Dipol*«-Charakter. Daher können sich Wassermoleküle an Ionen anlagern. Diese sind deshalb in wässriger Lösung stets von einer Wasserhülle umgeben; sie sind *hydratisiert*. Dadurch sind die Anziehungskräfte zwischen den gegensätzlich geladenen Ionen so stark verringert, dass sie sich frei in der Lösung bewegen können. Eine derartige Lösung leitet den elektrischen Strom. Freie Ionen sind durch ihre Hydrathülle sehr viel größer als die gleichen Ionen im Kristall (**Abb. 145.2**).

Am Sauerstoff der Wassermoleküle befinden sich zwei freie Elektronenpaare, mit denen die positiv polarisierten Wasserstoffatome in Wechselwirkung treten. Dadurch bilden Wassermoleküle untereinander Wasserstoffbrücken aus *(s. Exkurs Bindungskräfte in Proteinmolekülen, S. 137)*. So entstehen größere Verbände von Wassermolekülen. Im Eis liegt ein regelmäßiges Kristallgitter mit großen Hohlräumen vor. Wenn dieses beim Schmelzvorgang zusammenbricht, bilden sich die H_2O-Verbände des flüssigen Wassers. Da die Hohlräume zwischen den Molekülen, die im Kristall vorhanden waren, kleiner werden, nimmt die Dichte des Wassers von 0 °C bis + 4 °C zu. Weil die Dichte von Flüssigkeiten normalerweise bei Temperaturerhöhung abnimmt, spricht man von einer *Dichteanomalie* des Wassers. Bei weiterem Temperaturanstieg vergrößert die zunehmende Wärmebewegung der Moleküle die durchschnittlichen Abstände zwischen den Molekülen und die Dichte nimmt ab.

Die Bindung der Wassermoleküle aneinander ist, verglichen mit anderen ähnlich gebauten Molekülen, z. B. NH_3, H_2S, sehr stark. Daher hat Wasser einen höheren Schmelz- und Siedepunkt als diese Stoffe, eine große Oberflächenspannung und eine hohe Schmelzwärme. Auch kann es je Volumeneinheit viel Wärme speichern, besitzt also eine hohe Wärmekapazität.

Die ersten Lebewesen entstanden im Wasser. Bis heute ist jede tätige Zelle auf Wasser angewiesen, insbesondere als Lösungsmittel für Stoffumsetzungen in der Zelle, als Transportmittel für gelöste Stoffe, als Reaktionspartner bei Stoffwechselreaktionen, als Mittel zur Regelung der Temperatur (geeignet infolge der hohen Wärmekapazität).

Infolge der Dichteanomalie des Wassers frieren Gewässer von oben her zu; darunter ist es 4 °C warm. Dies ist für die Lebewesen der Gewässer von großer Bedeutung *(s. Ökologie 3.7.2)*.

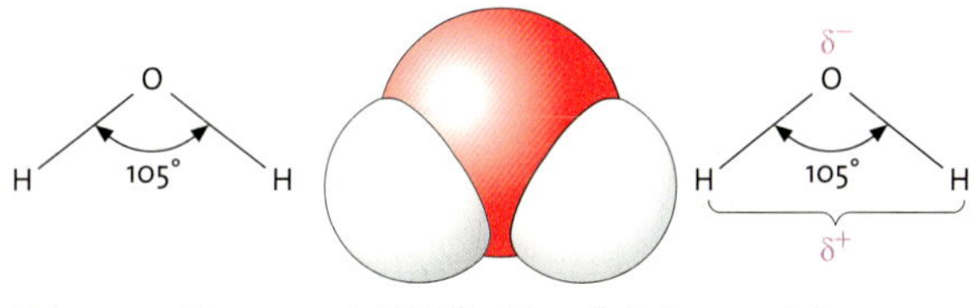

Abb. 145.1: Wassermolekül: Struktur; Kalottenmodell; Ladungsverteilung, die zur Dipol-Eigenschaft führt.

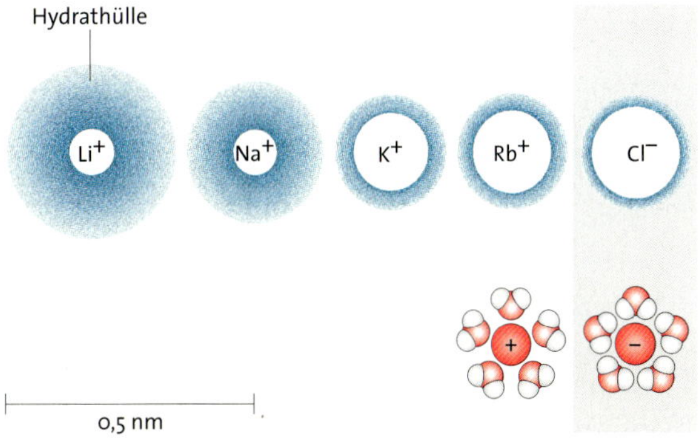

Abb. 145.2: Hydrathülle einiger Ionen (Alkali-Ionen und Chloridion). Die Oberfläche des kleinen Lithiumions hat eine hohe Ladungsdichte und daher eine große Hydrathülle. Mit zunehmendem Ionendurchmesser nimmt bei gleich bleibender Ladung die Ladungsdichte und entsprechend die Größe der Hydrathülle ab. Die Anordnung der Wassermoleküle der Hydrathülle ist unten schematisch angegeben.

1.3.2 Übersicht über die Stoffgruppen

Die Bindungen zwischen Kohlenstoff und Wasserstoff sind wenig reaktionsfähig. Organische Verbindungen können jedoch noch andere Atome enthalten, z. B. Sauerstoff- oder Stickstoffatome. Weil diese im Gegensatz zum Wasserstoff elektronegativer sind als der Kohlenstoff, ziehen sie Elektronen stärker an und bilden daher polare Bindungen aus *(s. Exkurs S. 137)*. Diese Bindungen sind reaktionsfähig, fast stets spielen sich die chemischen Reaktionen solcher Stoffe an ihnen ab. Eine Atomgruppe, aber auch ein einzelnes Atom im Molekül, welche dessen Reaktionen weitgehend bestimmen, nennt man eine *funktionelle Gruppe.* Gleiche funktionelle Gruppen bedingen gleichartige chemische Eigenschaften und Reaktionen. Man teilt deshalb organische Verbindungen danach ein (**Tab. 146.1**).

Alkohole (Alkanole) leiten sich von den Kohlenwasserstoffen ab, indem ein H-Atom oder mehrere durch je eine OH-Gruppe *(Hydroxylgruppe)* ersetzt sind, z. B. Ethanol, Glycerin (**Abb. 147.1**). Sie wirken nicht basisch und bilden in Wasser keine OH^--Ionen. Stoffe mit z. B. zwei alkoholischen OH-Gruppen heißen zweiwertige Alkohole.

Die funktionelle Gruppe der **Carbonsäuren** ist die COOH-Gruppe *(Carboxylgruppe)*. Beispiele sind:

Essigsäure (Ethansäure)	CH_3–COOH
Brenztraubensäure	CH_3–CO–COOH
Milchsäure	CH_3–CHOH–COOH

und die in Fetten vorkommenden höheren Fettsäuren z. B. Palmitinsäure CH_3–$(CH_2)_{14}$–COOH.

Mit Alkoholen bilden Carbonsäuren unter Wasserabspaltung Ester (**Abb. 147.1**). Die meisten Carbonsäuren sind schwache Säuren, d. h. sie haben nur eine geringe Tendenz den Wasserstoff der Carboxylgruppe als Proton (H^+) abzuspalten (Protolyse): $HA + H_2O \rightarrow H_3O^+ + A^-$.

Je ausgeprägter die Protolyse-Reaktion einer Säure ist, umso stärker ist die Säure. Als Maß für die H_3O^+-Ionenkonzentration in wässriger Lösung dient der *pH-Wert* (negativer Zehnerlogarithmus der H_3O^+-Ionen-Konz.).

In reinem Wasser ist die H_3O^+-Ionen-Konzentration 10^{-7} Mol/l, der pH-Wert somit 7 (Neutralität). Ist der pH-Wert niedriger, d. h. die Protonenkonzentration höher, so reagiert die Lösung sauer; ist der pH-Wert höher, so reagiert sie basisch (alkalisch). Um den pH-Wert einer Lösung konstant zu halten, verwendet man *Pufferlösungen.* Man stellt sie z. B. durch Mischen einer schwachen Säure, z. B. Essigsäure, mit deren Alkalisalz, z. B. Natriumacetat, her. Der pH-Wert solcher Lösungen ändert sich bei mäßigem Zusatz von Säuren oder Basen kaum.

Name und Strukturformel	Verbindungsklasse	Eigenschaften und Vorkommen
Hydroxylgruppe (–OH) 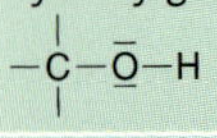	Alkanole (Alkohole)	polare Bindung; reaktionsfähig; z. B. Kohlenhydrate, Glycerin, Sterole
Carbonylgruppe (C = O) = Oxogruppe 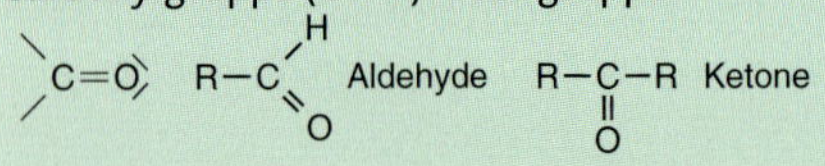	Alkanale (Aldehyde) Alkanone (Ketone)	polare Bindung; sehr reaktionsfähig; z. B. Kohlenhydrate, Ketosäuren
Carboxylgruppe (–COOH) = Säuregruppe 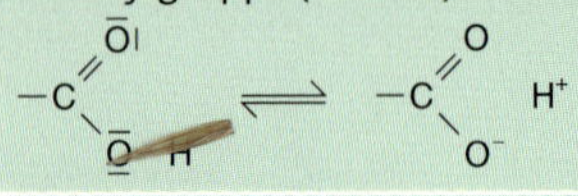	Carbonsäuren	polare Bindungen; ein Proton wird leicht abgegeben (saure Reaktion); z. B. Fettsäuren, Glycerinsäure, Citronensäure
Aminogruppe ($-NH_2$) 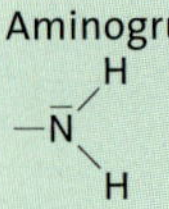	Amine Aminoverbindungen	polare Bindung; freies Elektronenpaar am N reagiert basisch (wie bei NH_3, Ammoniak) und kann daher Protonen binden; z. B. Aminosäuren
Phosphatgruppe ($-PO_4^{2-}$; Kurzsymbol: P) 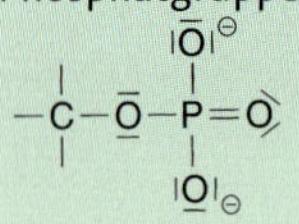	Phosphatester	am Phosphor polare Bindungen; Protonen werden leicht abgegeben: saure Reaktion; z. B. Zuckerphosphate, Nucleinsäuren, Phospholipide, ATP
Zum Vergleich: Methylgruppe ($-CH_3$) 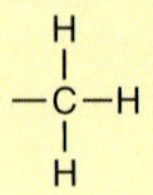	Methylverbindungen, z. B. in Lipiden	unpolar; macht Moleküle hydrophob, wenig reaktionsfähig; z. B. Lipide, Methionin

Tab. 146.1: Wichtige funktionelle Gruppen und Verbindungsklassen

1.3.3 Lipide

Lipide sind strukturell unterschiedliche Stoffe, die in unpolaren Lösungsmitteln, z. B. Benzin und Benzol, löslich sind. Zum Nachweis lassen sie sich mit unpolaren Farbstoffen anfärben. Die wichtigste Gruppe der Lipide sind die polaren Lipide als Bausteine aller biologischen Membranen *(s. Cytologie 2.2)*.

Die **Fette** sind Ester des dreiwertigen Alkohols Glycerin mit verschiedenen Fettsäuren (**Abb. 147.1**). Unter den Fettsäuren gibt es solche, die Doppelbindungen im Molekül aufweisen (ungesättigte Fettsäuren). Eine einfach ungesättigte Fettsäure (mit einer Doppelbindung) ist die Ölsäure. Mehrfach ungesättigte Fettsäuren sind die Linolsäure mit zwei und die Linolensäure mit drei Doppelbindungen. In der langen C-Kette liegen nur C–C- und C–H-Bindungen vor. Diese sind unpolar und bilden somit keine stabile Hydrathülle; daher sind alle längerkettigen Fettsäuren in Wasser unlöslich. Wenn eine Fettsäure Doppelbindungen enthält, wird dadurch die regelmäßige »Zickzack«-Anordnung der C-Atome innerhalb der Fettsäure gestört und andere Fettsäuren können sich nicht unmittelbar parallel anordnen. Daher kristallisieren diese Fette schlechter und bleiben bei Raumtemperatur flüssig, z. B. Speiseöle. Fette sind wichtige Reservestoffe.

In den **polaren Lipiden** ist an einen Glycerinrest eine polare (hydrophile) Atomgruppe gebunden (**Abb. 147.3**). Dabei kann es sich um einen Phosphatrest *(Phospholipide)* oder um einen Zucker *(Glykolipide)* handeln. Die beiden anderen OH-Gruppen des Glycerins sind in die Esterbildung mit zwei langkettigen Fettsäuren einbezogen. Durch einen hohen Anteil an mehrfach ungesättigten Fettsäuren erhalten Lipide in Membranen eine hohe Beweglichkeit.

Sterole gehören auch zu den Lipiden (**Abb. 147.2**). Sie treten ebenfalls als Membranbausteine auf (z. B. Cholesterol, früher Cholesterin genannt), aber auch als Hormone (Nebennierenrinden- und Sexualhormone).

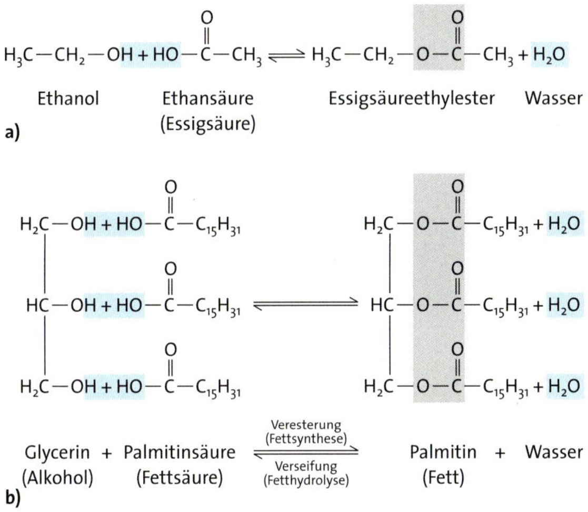

Abb. 147.1: Esterbildung. **a)** allgemein; **b)** Bildung von Fett aus drei Fettsäuremolekülen und Glycerin

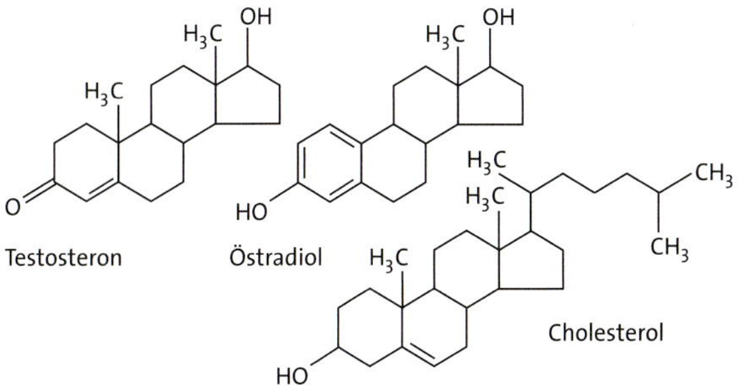

Abb. 147.2: Sterole: Cholesterol ist ein Membranbaustein, Testosteron und Östradiol sind Sexualhormone.

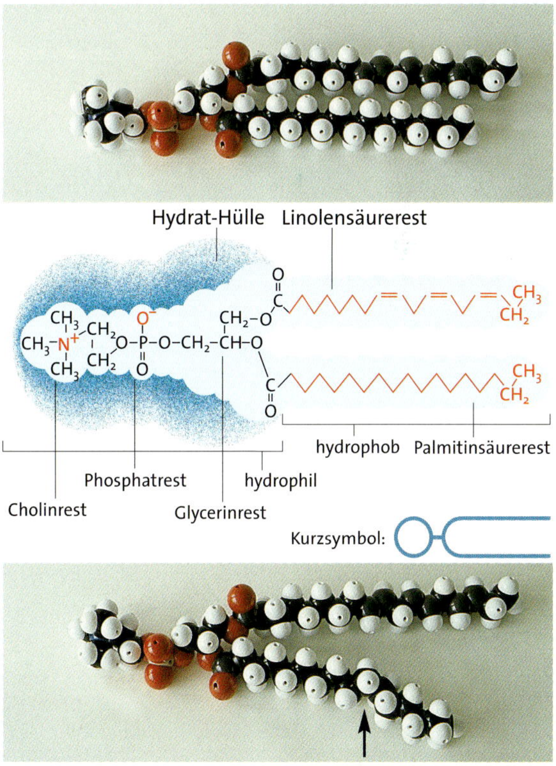

Abb. 147.3: Molekülmodell eines polaren Lipids. Die Molekülgestalt wird durch das Kalottenmodell wiedergegeben; das untere Modell zeigt, wie durch Drehung um eine C–C-Einfachbindung eine Gestalt entsteht, die mehr Platz braucht. Durch solche Drehbewegungen der Moleküle wird die Membran »gelockert«. Besitzen die Fettsäurereste Doppelbindungen, entstehen Strukturen, die noch mehr Platz benötigen.

1.3.4 Kohlenhydrate

Kohlenhydrate sind die wichtigsten Energiequellen der meisten Zellen, ferner dienen sie als Reservestoffe, z. B. Stärke, und als Stützsubstanzen, z. B. Cellulose. Die meisten Kohlenhydrate sind Verbindungen mit der Summenformel $C_x(H_2O)_y$. Die Baueinheiten (Monomeren) aller Kohlenhydrate sind die Monosaccharide (Einfachzucker). Viele der einfachen Kohlenhydrate schmecken süß, sie werden dann auch als »Zucker« bezeichnet.

Monosaccharide sind Verbindungen, die ein Kohlenstoffgerüst von 3, 4, 5, 6 oder 7 C-Atomen enthalten. Sie werden nach der Zahl der C-Atome Triosen, Tetrosen, Pentosen, Hexosen, Heptosen genannt. Es sind Polyalkohole mit einer Aldehyd- oder Ketogruppe, d. h. sie enthalten neben dieser Carbonylgruppe mehrere Hydroxylgruppen im Molekül und sind daher wasserlöslich.

Ein wichtiger Vertreter der Monosaccharide ist der Traubenzucker *(Glucose).* Er hat die Summenformel $C_6H_{12}O_6$, ist also eine Hexose. Das Molekül besitzt fünf Hydroxylgruppen sowie eine Aldehydgruppe und enthält vier asymmetrische C-Atome (C_2–C_5; *s. Exkurs Chiralität S. 135*). Der natürlich vorkommende Traubenzucker ist die D-Glucose. Im Kristall und bei der Verknüpfung mit anderen Zuckern liegt das Glucosemolekül in Form eines Sechserrings vor, der durch Reaktion der Carbonylgruppe mit der OH-Gruppe am fünften C-Atom entsteht (**Abb. 148.1 a**). Dabei sind zwei Ringstrukturen möglich, die α- und β-Glucose, denn beim Ringschluss am ersten C-Atom kann die OH-Gruppe nach »unten« oder nach »oben« weisen (**Abb. 148.1 b**). In Lösung liegen die beiden Ringstrukturen und die Kette im Gleichgewicht vor. Die Hexose Fruchtzucker *(Fructose)* trägt die Carbonylgruppe in der Kettenform am zweiten

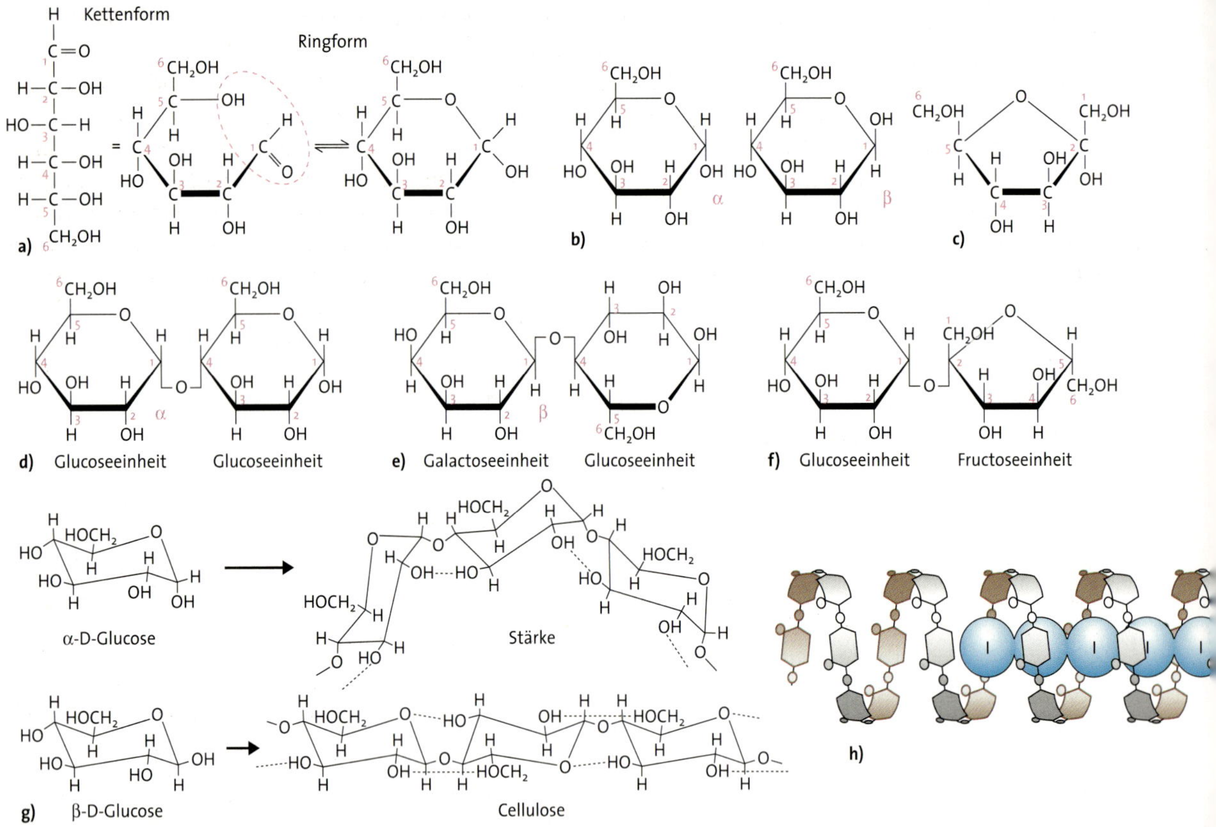

Abb. 148.1: Kohlenhydrate. **a)** Strukturformel der D-Glucose (Traubenzucker); Entstehung der Ringform aus der Kettenform; **b)** Links α- und rechts β-Form der D-Glucose. Die Ringe sind in Wirklichkeit nicht eben, da die Bindungen von jedem C-Atom in Richtung der Ecken eines Tetraeders verlaufen; **c)** Ringform (Fünferring) der D-Fructose; **d)** Maltose (Malzzucker) mit α-1,4-Verknüpfung von zwei Glucose-Molekülen. **e)** Lactose (Milchzucker) mit β-1,4-Verknüpfung zwischen Galactose und Glucose. **f)** Saccharose (Rohr- oder Rübenzucker); besteht aus Glucose und Fructose, die über eine 1,2-Verknüpfung verbunden sind; **g)** Strukturen von Stärke (Amylose) und Cellulose. Die α-1,4-Verknüpfung der Glucose-Einheit führt zu einer schraubigen Struktur (Sekundärstruktur des Kettenmoleküls der Amylose); die β-1,4-Verknüpfung zu einer gestreckten Anordnung (Faser-Struktur der Celluose). Die Raumstrukturen sind durch Wasserstoffbrücken stabilisiert. **h)** Nachweis von Stärke mit Iod: durch Einlagerung von Iodatomen in den Hohlraum der Amylose wird blaue Färbung hervorgerufen.

C-Atom, so entsteht bei der Ringbildung in der Regel ein Fünferring (**Abb. 148.1 c**). Pentosen sind z. B. die *Ribose* und die sauerstoffärmere *Desoxyribose*. Sie sind Bestandteile der Nucleinsäuren.

Disaccharide entstehen durch Zusammenlagerung von zwei Monosaccharid-Molekülen unter Wasserabspaltung. Malzzucker *(Maltose)* besitzt eine Bindung zwischen dem ersten C-Atom des einen Glucosemoleküls und dem vierten C-Atom des anderen Moleküls. Das reagierende erste C-Atom trägt eine α-ständige, nach unten angeordnete OH-Gruppe: Die gebildete Bindung ist somit eine α-1,4-Bindung (**Abb. 148.1 d**).

Rohrzucker *(Saccharose)* (**Abb. 148.1 f**) ist aus einer Glucose- und einer Fructoseeinheit mit 1,2-Verknüpfung aufgebaut und kommt in allen höheren Pflanzen vor.

Polysaccharide (Vielfachzucker) sind polymere, aus zahlreichen Monosacchariden aufgebaute, kettenförmige Moleküle. Sie sind in kaltem Wasser meist nicht löslich, aber quellbar. Alle Polysaccharide können durch Hydrolyse (z. B. durch Enzyme oder mit Säuren) in ihre Bausteine (Monomeren) zerlegt werden. Zu den Polysacchariden gehört die *Stärke*, der wichtigste pflanzliche Reservestoff, der aus Tausenden von Glucosemolekülen aufgebaut ist. Sie besteht aus Amylose (unverzweigte Glucoseketten) und Amylopektin (sehr große, verzweigte Kettenmoleküle) (**Abb. 148.1 g**). Die Glucoseeinheiten der Amylose sind wie bei der Maltose durch α-1,4-Bindung verknüpft. Die Verzweigungen im Amylopektin kommen durch α-1,6-Bindungen zustande. Die Moleküle der Stärke besitzen eine schraubige Sekundärstruktur. Mit Iodlösung färbt sich Stärke durch Einlagerung von Iod ins Innere der Schraube blau (**Abb. 148.1 h**). Der Reservestoff der Pilze und der Tiere, das *Glykogen*, ist ähnlich der Stärke aufgebaut, aber noch stärker verzweigt als Amylopektin.

Das häufigste Polysaccharid und gleichzeitig die häufigste organische Verbindung überhaupt ist die *Cellulose*. Sie ist der Hauptbestandteil der pflanzlichen Zellwand. Die Glucoseeinheiten sind in der Cellulose durch β-1,4-Bindungen verknüpft, dadurch entsteht eine gestreckte Sekundärstruktur. Cellulose bildet daher leicht Fasern aus.

Das *Chitin*, ein stickstoffhaltiges Polysaccharid, bildet die Wand der Pilzhyphen und die Gerüstsubstanz der Gliederfüßler. Sein Aufbau ähnelt dem der Cellulose.

1.3.5 Nucleotide und Nucleinsäuren

Die Nucleinsäuren sind die Träger der Erbinformation. Es handelt sich um unverzweigte, kettenförmige Makromoleküle. Ihre Monomeren sind die Nucleotide; die Nucleinsäuren sind *Polynucleotide*. Den Namen verdanken die Nucleinsäuren ihrem Vorkommen in allen Zellkernen (lat. *nucleus* Kern). Entdeckt wurden sie 1868 von F. MIESCHER in Tübingen bei der Untersuchung von Eiter. **Nucleotide** bestehen aus je einem Molekül einer Pentose, einem Phosphatrest und einer stickstoffhaltigen organischen Ringverbindung, die man wegen ihrer schwach basischen Reaktion auch kurz als Base bezeichnet (**Abb. 149.1**). In Nucleinsäuren finden sich hauptsächlich die folgenden fünf Basen: *Adenin* und *Guanin* mit einem Doppelringsystem (*Purin*-Ring) sowie *Cytosin, Thymin* und *Uracil* mit einem einfachen Ringsystem (*Pyrimidin*-Ring).

Man unterscheidet zwei Arten von **Nucleinsäuren**: die *Ribonucleinsäure* (RNS oder RNA von engl. **r**ibo**n**ucleic **a**cid) mit dem Zucker *Ribose* und die *Desoxyribonucleinsäure* (DNA) mit dem Zucker *Desoxyribose*. DNA enthält die vier Basen Adenin, Guanin, Cytosin und Thymin. Ribonucleinsäuren enthalten statt Thymin fast stets Uracil. Die Verknüpfung der Bausteine zum Nucleotid geschieht immer nach demselben Prinzip: Die Base ist über eines ihrer N-Atome an das erste C-Atom des Zuckers gebunden, das fünfte C-Atom des Zuckers trägt den Phosphatrest. Zu den Nucleotiden gehören auch ATP *(s. 1.4.3)*, GTP *(s. 1.5)* und cAMP *(s. 1.5)*. Bei der Desoxyribose trägt das zweite C-Atom keinen Sauerstoff (daher die Bezeichnung). In den Nucleinsäuren sind die Nucleotide linear in einer Kette angeordnet und durch Phosphatbrücken verknüpft. Base und Zucker ohne Phosphat werden als *Nucleosid* bezeichnet. Die Nucleoside (und ungenauerweise auch die Basen allein) werden mit den Anfangsbuchstaben der jeweils beteiligten Basen: A, C, G, T, U gekennzeichnet.

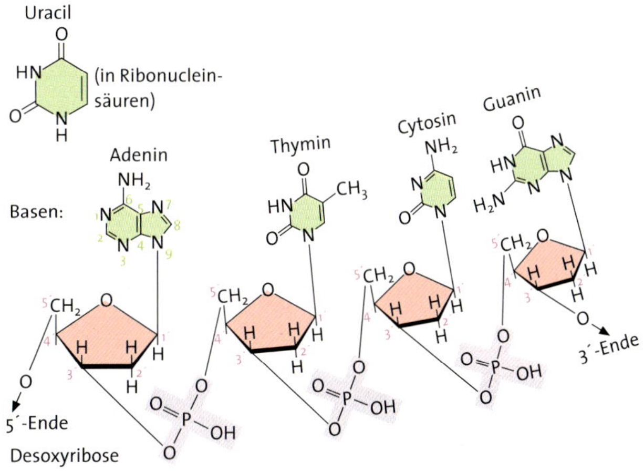

Abb. 149.1: Aufbau einer Polynucleotid-Kette, hier der Desoxyribonucleinsäure (DNA von **D**esoxyribo**n**ucleic **a**cid). Zahlen mit Strich (rot) bezeichnen die C-Atome der Pentose, Zahlen ohne Strich (grün) die Atome des Ringsystems der Base (nur bei Adenin eingetragen). Die Base Uracil, die nur in RNA vorkommt, ist getrennt dargestellt.

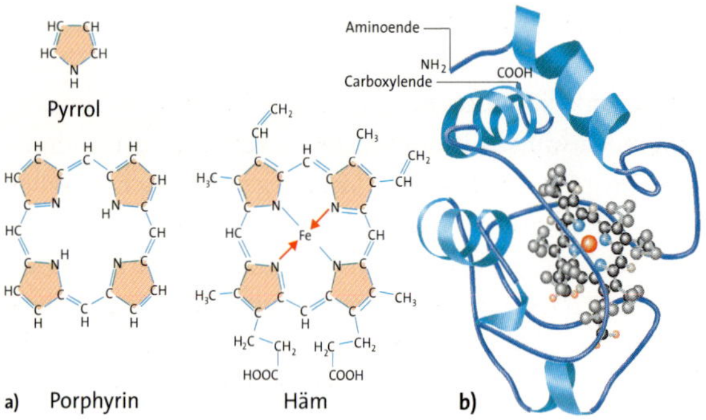

Abb. 150.1: a) das Porphyrin-Ring-System Häm und seine Bausteine Pyrrol und Porphyrin; **b)** das Häm-System im Cytochrom c, einem Protein der Zellatmung (Raumstruktur)

1.3.6 Porphyrine

Die *Porphyrine* sind Farbstoffe, deren Moleküle das aus vier Pyrrolringen zusammengesetzte Porphyringerüst besitzen. Zu ihnen gehören das *Chlorophyll* (Blattgrün) mit dem Zentralatom Magnesium und das *Häm* mit dem Zentralatom Eisen (**Abb. 150.1**). Häm ist der farbige Bestandteil des Hämoglobins in den Roten Blutkörperchen, des Myoglobins in den Muskelzellen und der *Cytochrome*. In den Cytochromen wird das Eisen bei der Elektronenübertragung in der Endoxidation *(s. 3.1.3)* abwechselnd oxidiert und reduziert. Einige Porphyrine sind Bestandteile von Enzymen, z. B. der Katalase. ■

Chromatografie

Zur Untersuchung der einzelnen in den Zellen enthaltenen Verbindungen muss man diese voneinander trennen und reinigen. Lösliche Stoffe können aus dem Gewebe mit einem geeigneten Lösungsmittel herausgelöst und dann durch Chromatografie getrennt und isoliert werden. Ein einfaches Verfahren ist die *Dünnschichtchromatografie*. Dazu wird auf eine Glasplatte oder Kunststoff-Folie eine dünne Schicht, z. B. von Kieselgel oder Cellulose, aufgebracht. Nahe dem Ende der dünnen Schicht wird der Extrakt aufgetropft. Nach dem Trocknen stellt man die Platte in ein geeignetes »Laufmittel«, das in der Schicht wandert und die Stoffe des Extraktes aufgrund ihrer unterschiedlichen Adsorption verschieden weit mit sich führt. Anschließend werden die aufgetrennten Verbindungen durch chemische Reaktionen, bei denen farbige Verbindungen entstehen, sichtbar gemacht. Für alle biologischen Stoffgruppen gibt es solche spezifischen Farbreaktionen. Untersucht man ein unbekanntes Stoffgemisch, so kann man neben dessen Auftropfstelle auch bekannte Substanzen der entsprechenden Verbindungsgruppe, z. B. Aminosäuren, auftragen. Stoffe, die gleich weit wandern wie die bekannten Substanzen, werden als mit ihnen identisch angenommen.

Zur Trennung komplexer Gemische und zur besseren Unterscheidung der Stoffe bedient man sich oft der zweidimensionalen Chromatografie (**Abb. 150.2**).

Die früher viel verwendete *Papierchromatografie* spielt heute keine Rolle mehr. Andere chromatografische Verfahren sind hingegen sehr wichtig geworden; so bestimmt man z. B. verdampfbare Stoffe durch *Gaschromatografie* oder man trennt Stoffe nach der Molekülgröße in einem Polysaccharid-Gel mit feinsten Poren durch *Gelchromatografie*.

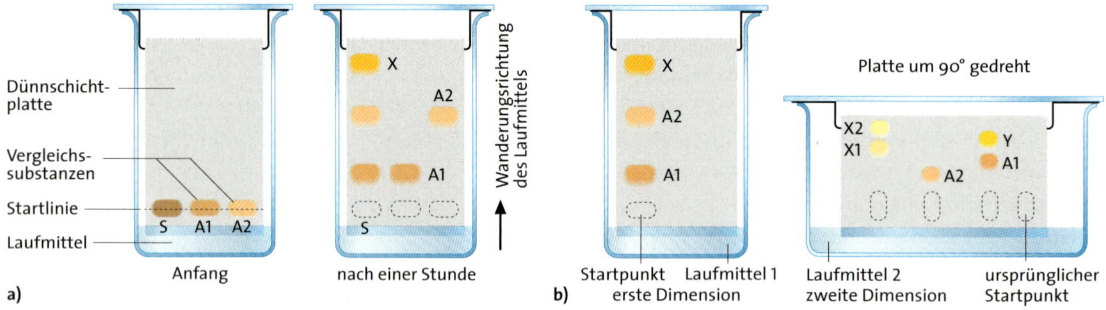

Abb. 150.2: Dünnschichtchromatografie eines Stoffgemisches. **a)** eindimensionale Chromatografie; S: Stoffgemisch am Startpunkt; A_1 und A_2 reine Aminosäuren als Vergleichssubstanzen. Das Stoffgemisch enthält die Aminosäuren A_1, A_2 sowie den nicht identifizierten Stoff X; **b)** zweidimensionale Chromatografie. In der ersten Dimension erhält man bei Verwendung des gleichen Laufmittels das von a) bekannte Ergebnis. In der zweiten Dimension ergibt der Einsatz eines anderen Laufmittels, dass X in zwei Stoffe X_1 und X_2 aufspaltet; ebenso taucht neben der Aminosäure A_1 ein unbekannter Stoff Y auf, der durch eindimensionale Chromatografie nicht nachzuweisen war.

1.4 Energiehaushalt

Für alle Lebensvorgänge braucht die Zelle Energie. Für den Stoffaufbau ist chemische Energie, für die Aufrechterhaltung der Körpertemperatur ist Wärmeenergie notwendig, die Muskelzellen erzeugen mechanische Energie und die Nervenzellen elektrische Energie. Eine Zelle erhält die benötigte Energie durch den Abbau organischer Verbindungen, die ihr mit der Nahrung zugeführt werden (Zellatmung, *s. 3.1*; Gärungen, *s. 3.2*). Zellen, die Chloroplasten besitzen, wandeln Lichtenergie in chemische Energie um (Fotosynthese, *s. 2.1*). Einige Mikroorganismen gewinnen Energie durch Umsetzung anorganischer Stoffe (Chemosynthese, *s. 2.2*).

1.4.1 Chemisches Gleichgewicht

Die Umsetzungen von Stoffen in der Zelle sind chemische Reaktionen. Die meisten chemischen Vorgänge sind umkehrbar. Eine solche umkehrbare Reaktion bei organischen Stoffen ist z. B. die Umsetzung von Säure und Alkohol zum Ester *(s. Abb. 147.1)*. Führt man die Reaktion in einem abgeschlossenen Gefäß aus, so entsteht aus den Ausgangsstoffen unter Wasserbildung eine bestimmte Menge Ester. Daneben bilden sich aber auch Alkohol und Säure aus Ester und Wasser zurück. Nach einer gewissen Zeit werden von jedem Stoff gleich viele Moleküle neu gebildet wie umgesetzt. Wenn sich dieses Gleichgewicht eingestellt hat, liegen alle vier Stoffe in bestimmten Mengen vor. Der gleiche Endzustand lässt sich erreichen, wenn man reinen Ester mit Wasser vermischt. Es werden dann Alkohol und Säure durch Esterspaltung (Hydrolyse) gebildet. Den – bei Verwendung gleicher Konzentration der Ausgangsstoffe und gegebener Temperatur – stets gleichen Endzustand nennt man den Zustand des *chemischen Gleichgewichts*. In diesem Gleichgewichtszustand scheint die Reaktion stillzustehen, weil die Umsetzungen in beiden Richtungen gleich rasch verlaufen. Ein Enzym erhöht (wie jeder Katalysator) die Reaktionsgeschwindigkeit, verändert aber die Gleichgewichtslage nicht *(s. 1.2.2)*.

Wenn man hingegen bei der Esterherstellung das Wasser ständig entfernt, so kann sich das Gleichgewicht nicht einstellen. Die Reaktion läuft immer weiter in Richtung Esterbildung ab bis die Ausgangsstoffe vollständig umgesetzt sind. Infolge der fortgesetzten Entnahme einer Komponente aus der Reaktion (oder der Zuführung) liegt kein geschlossenes System mehr vor, sondern ein offenes System. In offenen Systemen stellen sich chemische Gleichgewichte nicht ein; dies gilt für die Reaktionen im lebenden Organismus. Jede Zelle nimmt fortlaufend Stoffe auf und gibt Stoffe ab.

1.4.2 Energieumsatz

Chemische Reaktionen, also auch Stoffwechselreaktionen, sind mit einem Energieumsatz verbunden. Entweder wird bei der Reaktion Energie freigesetzt oder es muss zum Ablauf der Umsetzung Energie aufgenommen werden. Die Energieveränderungen bei chemischen Reaktionen sind am einfachsten an der *Reaktionswärme* zu erkennen. Sie ist für viele Reaktionen direkt messbar (z. B. im Kalorimeter; *s. Abb. 152.1*). Reaktionen, bei denen Reaktionswärme abgegeben wird, heißen *exotherm;* Reaktionen, bei denen Wärmeenergie zugeführt werden muss, heißen *endotherm.* Die Reaktionswärme bei der Verbrennung von Traubenzucker (Glucose) wird bestimmt, indem man 1 Mol Glucose (180 g) in Gegenwart von reinem Sauerstoff vollständig verbrennt und die freigesetzte Wärmemenge bestimmt. Diese beträgt 2820 kJ:

$$C_6H_{12}O_6 + 6\ O_2 \rightarrow 6\ CO_2 + 6\ H_2O; \quad \Delta H = -2820\ \text{kJ}$$

Stoffwechselketten und Fließgleichgewicht

Der Aufbau, Umbau und Abbau der Stoffe in der Zelle verläuft in Form aufeinander folgender Reaktionsschritte. Dabei können die Produkte einer Reaktion die Ausgangsstoffe für eine oder mehrere anschließende Reaktionen sein. Die Stoffwechselreaktionen bilden also Ketten.

Jedes Produkt in einer Stoffwechselkette wird weiter umgesetzt. Die Reaktionskette beginnt dann, wenn die Zelle aus ihrer Umgebung Stoffe aufnimmt, und sie endet, wenn sie Endprodukte der Reaktionsfolge an die Umgebung abgibt. Soweit die Ausgangsstoffe ständig von außen nachfließen und die Endprodukte andauernd abgegeben werden, entsteht ein Gleichgewichtszustand, der durch die Geschwindigkeit von Zu- und Abfluss der Stoffe und der Geschwindigkeit der Teilreaktionen bestimmt wird. Man nennt diesen Zustand ein *Fließgleichgewicht* (steady state). Im Fließgleichgewicht erreichen die Teilreaktionen nicht den Zustand ihres jeweiligen chemischen Gleichgewichts, weil die Zelle ein offenes System ist.

Einzelne Enzymreaktionen lassen sich mit isolierten Enzymen im Reagenzglas *(in vitro)* untersuchen. Oft gelingt dies auch für ganze Stoffwechselketten. Die Untersuchung von Vorgängen in der lebenden Zelle *(in vivo)* ist dagegen meist schwierig, da infolge der Vernetzung von Stoffwechselketten praktisch »jedes auf alles« wirkt *(s. 3.3.1)*.

Enthalpie und Entropie. Die Wärmeenergie, die bei der Verbrennung von Glucose *(s. Abb. 170.1)* an die Umgebung abgegeben wird, ist gleich der Differenz des Energieinhalts (innere Enthalpie) der Ausgangsstoffe und der Endprodukte der Reaktion. Diese Reaktionswärme wird nur beim Verbrennen als Wärme frei (**Abb. 152.1**). In der Zelle kann sie Nutzarbeit leisten. Daher nennt man sie besser *Enthalpieänderung* ΔH. Die molare Enthalpieänderung der Verbrennung von Glucose beträgt also $\Delta H = -2820$ kJ. Das negative Vorzeichen sagt aus, dass Energie bei der Verbrennung an die Umgebung abgegeben wird. Beim Verbrennen von Glucose verschwindet deren hoch geordnete räumliche Struktur und es entstehen je Glucose zwölf kleine Moleküle (CO_2, H_2O) in Form von Gasen mit geringem Ordnungsgrad. Auch das ist eine Art Energiefreisetzung. Die Entstehung von Ordnung oder von Unordnung bei einer Reaktion muss also bei genauer Betrachtung in die Energieüberlegung mit einbezogen werden. Wird Ordnung hergestellt, so ist dafür Energie aufzuwenden. Entsteht – wie bei der Verbrennung von Glucose – Unordnung, so wird mehr Energie frei, als der im Kalorimeter gemessenen Reaktionswärme (Enthalpieänderung) entspricht. Dem trägt man Rechnung durch Einführung der Größe *Entropie*. Wie bei der Enthalpie kann man aber keinen absoluten Wert, sondern nur eine Differenz, die *Entropieänderung* ΔS angeben. Beim Glucose-Abbau treibt die Zunahme der Entropie die Reaktion zusätzlich in Richtung der einfachen Moleküle. Wenn Wasser verdunstet, gehen Moleküle in die ungeordnete Gasphase über; die Entropie nimmt zu. Daher läuft die Reaktion ab, obwohl die Auflösung der Molekülverbände des flüssigen Wassers Wärmeenergie benötigt. Verdunstung von Wasser führt daher zur Abkühlung (»Verdunstungskälte«).

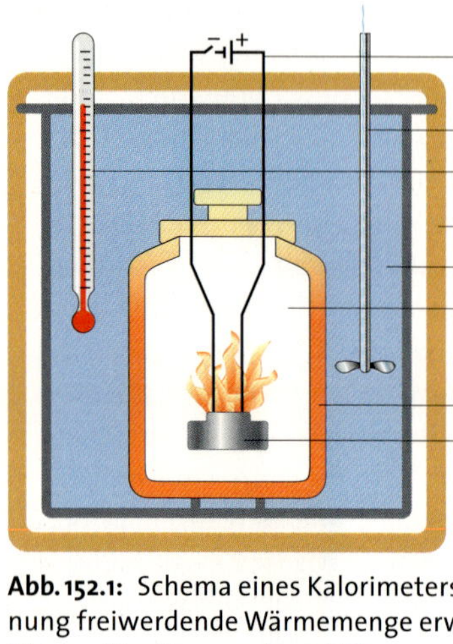

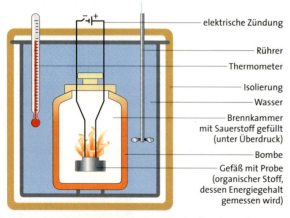

Abb. 152.1: Schema eines Kalorimeters. Die bei der Verbrennung freiwerdende Wärmemenge erwärmt das umgebende Wasser. Eine Temperaturerhöhung um 1 °C je Liter Wasser entspricht 4,19 kJ (= 1 kcal).

Den Energiebetrag, den eine bestimmte Glucosemenge maximal zur Verrichtung von Arbeit zur Verfügung stellen könnte, bezeichnet man als maximale Nutzarbeit. Dieser Wert kann unter tatsächlichen Bedingungen nicht erreicht werden, da stets Wärmeverluste auftreten. Die Enthalpieänderung ΔH einer Reaktion ist zusammengesetzt aus der maximalen Nutzarbeit ΔG und der temperaturabhängigen Entropieänderung:

$$\Delta H = \Delta G + T\Delta S \quad \text{oder:} \quad \Delta G = \Delta H - T\Delta S$$

Beim Glucoseabbau ist ΔH negativ (Freisetzung von Energie, bei vollständigem Abbau von 1 Mol: –2820 kJ) und ΔS positiv (Zunahme der Entropie, $T\Delta S$ bei Zimmertemperatur +55 kJ). Daher ist ΔG negativer als ΔH (–2875 kJ), der Betrag der maximalen Nutzarbeit ist infolge der Entropiezunahme höher als der ΔH-Wert.

Wenn Zellen Arbeit verrichten, z. B. sich bewegen oder Stoffe umsetzen, kann Wärmeenergie nicht genutzt werden. Wärmeenergie kann nur dann Arbeit verrichten, wenn ein Temperatur- und Druckgefälle besteht. Dies zeigen die Wärmekraftmaschinen (Dampfmaschine), bei denen ein Teil der Wärmeenergie in mechanische Arbeit umgewandelt wird.

Bei Reaktionen, die unter Energiefreisetzung ablaufen, erhält ΔG ein negatives Vorzeichen, weil die Energie vom System abgegeben wird. Man nennt solche Reaktionen *exergonische Reaktionen*. Diese laufen »freiwillig« ab. Umsetzungen, die der Energiezufuhr bedürfen, nennt man *endergonisch*; ihr ΔG-Wert ist positiv. Ist die Entropieänderung ΔS positiv, so nimmt die Unordnung zu, ist ΔS negativ, so nimmt der Ordnungsgrad zu. Bringt man zwei Körper verschiedener Temperatur zusammen, so erfolgt ein Temperaturausgleich. Dieser Vorgang ist nicht umkehrbar (irreversibel), d. h. Wärme geht nicht von selbst von einem kälteren auf einen wärmeren Körper über, obwohl dies nach dem Energieerhaltungssatz möglich wäre. Ebenso sind Diffusionsvorgänge irreversibel. Auch der Nichtumkehrbarkeit dieser Reaktionen trägt die Entropiegröße Rechnung; sie nimmt bei irreversiblen Reaktionen zu.

Im Organismus kommt es durch die Stoffwechselreaktionen nicht zu einer Zunahme der Entropie, sondern es wird die Ordnung, z. B. der Zellen, aufrechterhalten. Wenn ein Lebewesen durch Vermehrung der Zahl der Zellen (mit geordneten Strukturen) wächst, wird die Ordnung sogar vermehrt. Die Lebewesen nutzen aber die Energie des Sonnenlichts oder der organischen Nahrung, überführen sie letztlich in die qualitativ »schlechtere« Energieform der Wärme (mit höherer Entropie) und geben sie ab. Lebewesen bauen ihre Ordnung auf, indem sie die Entropie in ihrer Umgebung vermehren. ■

1.4.3 ATP als Energieüberträger

In der Zelle laufen nicht nur Reaktionen ab, bei denen Energie freigesetzt wird, z. B. beim Glucose-Abbau, sondern auch solche, die Energie benötigen, z. B. der Aufbau eines Proteins aus den Aminosäuren. Dies ist möglich, wenn die endergonische Reaktion mit einer exergonischen verknüpft wird, die mehr Energie liefert, als die endergonische benötigt. Dann ist der Energieumsatz beider gekoppelter Reaktionen in der Summe exergonisch. Nun laufen aber endergonische Reaktionen in der Zelle nicht genau dort ab, wo die exergonischen erfolgen. Zwischen dem exergonischen Glucose-Abbau und der endergonischen Reaktion, z. B. Proteinaufbau, lässt sich aber eine Verknüpfung herstellen. Dazu muss beim Abbau der Glucose ein Zwischenprodukt entstehen, das bei seiner Bildung Energie aufnimmt und an die Orte des Bedarfs transportiert werden kann. Dort kann die aufgenommene Energie durch Abbau des energiereichen Stoffes wieder freigesetzt werden. Für diese Kopplungsreaktion benutzt die Zelle in den meisten Fällen das Adenosintriphosphat (ATP). Es wird aus Adenosindiphosphat (ADP) und einem Phosphorsäurerest (P_i, i steht für inorganic = anorganisch) gebildet. ATP ist ein Nucleotid, das aus der Base Adenin, dem Zucker Ribose und drei Phosphorsäureresten aufgebaut ist (**Abb. 153.2**). Die Bildung von ATP ist endergonisch und erfordert die Aufnahme frei werdender Energie. Die umgekehrte Reaktion: ATP $\rightarrow$ ADP + P_i ist nach dem Gesetz der Energieerhaltung exergonisch ($\Delta G = -30$ kJ/mol; Standardwert bei einmolarer ATP-Lösung; unter den tatsächlichen Konzentrationsverhältnissen der Zelle ist ΔG noch stärker negativ).

Die exergonische Reaktion der ATP-Spaltung kann mit irgend einer endergonischen Reaktion, z. B. der Bindung von Phosphat an Glucose, gekoppelt werden und ermöglicht deren Ablauf (**Tab. 153.1**).

Bei der ATP-Bildung wird eine *energiereiche Bindung* hergestellt (Zeichen: ~). Der Begriff energiereiche Bindung bedeutet, dass die gebundene Atomgruppe leicht mit anderen Stoffen unter Freiwerden von Energie reagiert und dabei endergonische Reaktionen ermöglicht. Die Bezeichnung »energiereiche Bindung« bedeutet allerdings nicht, dass die Energie ausschließlich in einer chemischen Bindung stecke und bei der Spaltung dieser Bindung freigesetzt werde. Sie drückt nur aus, dass zwischen dem Energiegehalt der reagierenden Substanz ATP und dem Energiegehalt der Reaktionsprodukte ADP und P_i eine verhältnismäßig hohe Energiedifferenz besteht.

ATP ist in allen Zellen vorhanden; seine Konzentration in der Zelle liegt bei 0,5 bis 2,5 mg/cm³ Gewebe. Die Lebensdauer eines einzelnen ATP-Moleküls ist sehr kurz. Aus der pro Tag im Durchschnitt abgebauten Nahrungsmenge eines Menschen können etwa 50 kg ATP gebildet werden. Da der menschliche Körper zu jedem Zeitpunkt aber nur etwa 35 g ATP enthält, müssen seine ATP-Moleküle täglich etwa 1500-mal aus ADP aufgebaut und wieder zu ADP abgebaut werden. Das ATP hat also eine hohe Umsatzrate (einen hohen turn-over).

Ebenso wie Adenosin werden auch viele andere am Zellstoffwechsel beteiligten Stoffe, z. B. alle Monosaccharide, mit Phosphorsäure verestert; man nennt dies *Phosphorylierung*. Die dafür aufzuwendende Energie macht die phosphorylierten Verbindungen energiereicher und reaktionsbereit. Die Stoffe werden durch Phosphorylierung »aktiviert«. So überträgt ATP durch die Wirkung der Hexokinase einen Phosphatrest auf Glucose; es entsteht das reaktionsfähige Glucosephosphat *(s. Abb. 142.2)*.

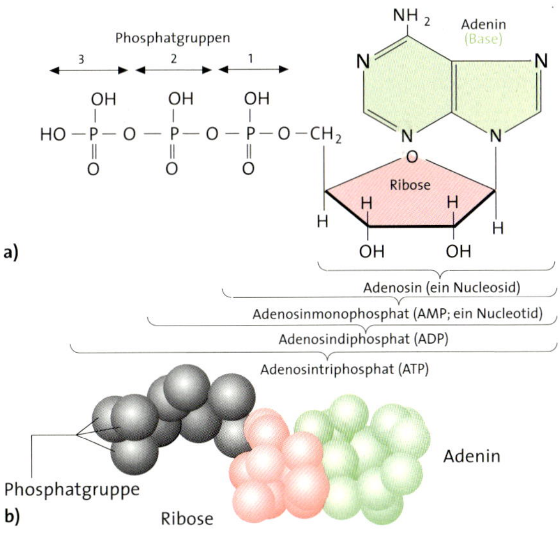

Abb. 153.2: **a)** Struktur von Adenosintriphosphat (ATP) und seinen Bestandteilen; **b)** das ATP-Molekül, 30 millionenfach vergrößert (Kalottenmodell)

(1)	Glucose + Phosphorsäure (P_i)	$\rightarrow$ Glucose ~ Phosphat + H_2O	Energiezufuhr:	ΔG = +13 kJ/mol
(2)	ATP + H_2O	$\rightarrow$ ADP + Phosphorsäure (P_i)	Energieabgabe:	ΔG = −30 kJ/mol
(3)	Glucose + ATP	$\rightarrow$ Glucose ~ Phosphat + ADP	Energieüberschuss (Wärme):	ΔG = −17 kJ/mol

Tab. 153.1: Energieumsatz bei der Bildung von Glucosephosphat

ATP-Bildung. ATP-Bildung erfolgt bei verschiedenen Reaktionen in der Zelle, die sich aber auf nur zwei Grundtypen zurückführen lassen. In einem Fall trägt eine organische Verbindung einen energiereichen Phosphatrest. Dieser wird abgespalten und auf ADP übertragen. Im anderen Fall wird aus ADP und anorganischem Phosphat mithilfe eines membrangebundenen Enzyms ATP gebildet. Die erforderliche Energie stammt aus Redoxreaktionen. Z. B. kann $NADH_2$ ein Membranprotein A reduzieren (**Abb. 154.1**). Dieses nimmt den Wasserstoff auf. Es wird nun seinerseits vom Protein B oxidiert; dieses nimmt dabei nur Elektronen von A auf. Daher wird H^+ (bzw. H_3O^+) freigesetzt, und zwar aufgrund der Struktur von A auf der anderen Membranseite. Das reduzierte Protein B nimmt H^+-Ionen auf, die aufgrund der Dissoziation des Wassers stets vorhanden sind. Wenn B durch C oxidiert wird, wiederholt sich der Vorgang. Nach Ablauf mehrerer solcher Redoxreaktionen werden die Elektronen auf einem nicht zur Membran gehörenden Elektronenakzeptor übertragen, z. B. auf Sauerstoff, der dann mit H^+-Ionen zu Wasser reagiert. Die Folge des H^+-Ionentransports ist der Aufbau einer Ladungsdifferenz und damit eines Potenzials quer zur Membran, und gleichzeitig – da es sich um H^+ handelt – der Aufbau einer pH-Differenz. In der Ladungs- und pH-Differenz steckt Energie; diese wird zu ATP-Bildung genutzt *(s. Abb. 161* und *169.1)*. Das ATP bildende Enzym ist ein Proteinaggregat mit Membranteil und Kopfteil. Der Membranteil ist ein Protonen-Transport-Protein. Treten Protonen ein, so bewirken sie wie Wasser in einer Turbine eine Rotationsbewegung, die im nicht beweglichen Kopfteil des Enzyms zur ATP-Bildung führt. Die elektrochemische Energie der Ladungs- und pH-Differenz wird über die mechanische Energie der Bewegung in chemische Energie des ATP umgewandelt. Bei ATP-Überschuss katalysiert das Enzym die Rückreaktion. ATP-Spaltung führt dann zum Protonentransport (Protonenpumpe).

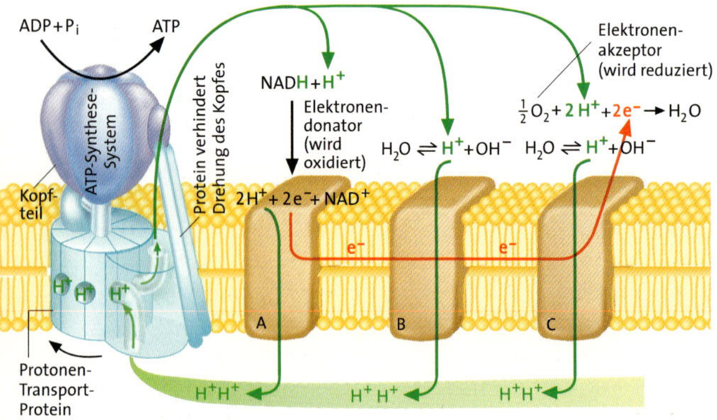

Abb. 154.1: ATP-Bildung an einer Membran *(s. Text)*

1.4.4 Energieumsatz im Organismus

In den Zellen aller Organismen finden fortlaufend Stoffwechselreaktionen statt. Sie sind stets mit einem Energieumsatz verbunden. Die Reaktionen dienen sowohl der Erhaltung von Zellstrukturen und Organfunktionen als auch der Bereitstellung von Energie für die vielen endergonischen Reaktionen, die dem Aufbau körpereigener Stoffe dienen. Bei allen Reaktionen geht ein Teil der Energie als Wärme verloren. Die Energiemenge, die für Stoffwechselreaktionen und zur Verrichtung von Arbeit, z. B. Muskelbewegung, benötigt wird, ist zusammen mit der freigesetzten Wärme nach dem *Energieerhaltungssatz* ebenso groß wie der Energieinhalt der von Tieren aufgenommenen Nahrungsstoffe bzw. des von Pflanzen absorbierten Lichts.

Welcher Nährstoff jeweils bevorzugt zur Energiegewinnung genutzt wird, erkennt man am *Respiratorischen Quotienten.* Dieser gibt das Verhältnis des Volumens des ausgeatmeten Kohlenstoffdioxids zum verbrauchten Sauerstoff an ($CO_2 : O_2$). Bei Oxidation von Kohlenhydraten ist er gleich 1, weil die Kohlenhydrate genau so viel Sauerstoff im Molekül enthalten, wie zur Oxidation ihres Wasserstoffs nötig ist:

$$C_6H_{12}O_6 + 6\,O_2 \rightarrow 6\,CO_2 + 6\,H_2O$$

Fette enthalten weniger Sauerstoff. Bei ihrer Oxidation bindet deshalb ein Teil des eingeatmeten Sauerstoffs an Wasserstoff unter Bildung von Wasser. Der Respiratorische Quotient ist kleiner als 1. So würde die Oxidation von Palmitinsäure den Respiratorischen Quotienten $CO_2 : O_2 = 16 : 23 = 0{,}7$ ergeben:

$$C_{15}H_{31}COOH + 23\,O_2 \rightarrow 16\,CO_2 + 16\,H_2O$$

Weiß man, welche Stoffe oxidiert wurden, kann man aus der Höhe des Sauerstoffverbrauchs oder der CO_2-Bildung den Energieumsatz bestimmen.

Selbst bei völliger Untätigkeit benötigt der Organismus zur Erhaltung des geordneten Zustandes und der Funktionsfähigkeit Energie. Den dafür erforderlichen Energieaufwand nennt man **Grundumsatz.** Er ist beim jugendlichen Organismus höher als beim erwachsenen, bei lebhaften Tieren größer als bei ruhigen, bei Gleichwarmen erheblich größer als bei Wechselwarmen. Für den erwachsenen Menschen beträgt der Grundumsatz etwa 4 kJ je kg Körpergewicht und Stunde. Jede Tätigkeit (Leistung) verlangt einen höheren Energieaufwand. Dieser zusätzliche Energieumsatz heißt **Leistungsumsatz.** Er hängt von der verrichteten Arbeit ab und ist bei Muskelarbeit am größten, bei geistiger Arbeit am geringsten. Leichte körperliche Arbeit erfordert beim Menschen an Leistungsumsatz etwa 200 kJ/h, schwere Arbeit 800 kJ/h.

1.5 Signalketten und deren Vernetzung

Alle Zellen erhalten über die Verhältnisse in ihrer Umgebung fortlaufend Informationen. So kann ein Einzeller Nahrungs- und Giftstoffe der Umgebung unterscheiden und gleichzeitig den pH-Wert des Wassers wahrnehmen. Wenn nun z.B. Nahrung verfügbar, aber der pH-Wert ungeeignet ist, liegen für den Organismus einander widersprechende Informationen vor, die in der Zelle »verrechnet« werden müssen. Die Zellen der Vielzeller erhalten auch Informationen über Vorgänge in anderen zum Teil weit entfernten Zellen. Hier ist ebenfalls eine Verrechnung erforderlich. Bei Vielzellern dienen Botenstoffe (z.B. Hormone) der Informationsübermittlung. Die meisten Botenstoffe und viele Fremdmoleküle werden allerdings nicht in die Zelle aufgenommen, sondern an spezifische Rezeptoren der Zellmembran gebunden. Die *Rezeptoren* sind Membranproteine, die fest in der Membran verankert sind und durch die Zellmembran hindurchreichen. Moleküle, die auf der Membranaußenseite an ihren Rezeptor binden, bezeichnet man als dessen Liganden *(s. Abb. 156.2)*. Durch Anwendung radioaktiv markierter Liganden wurde gezeigt, dass es eine große Zahl unterschiedlicher Rezeptoren in der Zellmembran jeder Zelle gibt und dass von jeder Sorte zwischen 500 und 100 000 je Zelle vorhanden sind.

Die Rezeptoren vermitteln die Information ins Zellinnere. In einfachen Fällen ist der Rezeptor mit einem Ionenkanal verknüpft, oder er aktiviert auf der cytoplasmatischen Seite ein Enzym, das eine Stoffwechselreaktion auslöst. Meist aber setzt der Rezeptor eine ganze Kette von Reaktionen in der Zelle in Gang. In einer solchen Signalkette sind verschiedene Signalmoleküle hintereinander geschaltet. Häufig kommt es bei der Signalweitergabe zu einer lawinenartigen Vermehrung der Signalmoleküle von einem Glied der Kette zum nächsten. Dies bedeutet eine Verstärkung des Informationsflusses; sie ist erforderlich, weil das Cytosol oft eine sirupartige Beschaffenheit hat, sodass der Transport einzelner Signalmoleküle durch die Zelle durch Diffusion zu langsam und unsicher wäre. Wenn hingegen ein Signalmolekül nur eine kurze Strecke zurücklegt, dann seinerseits ein Enzym aktiviert und dieses in kurzer Zeit etwa 100 neue Signalmoleküle der zweiten Stufe produziert, die dann etwa 100 Moleküle eines weiteren Enzyms aktivieren, so ist die Konzentration der nun wirksamen Signalmoleküle viel höher. Dadurch wird die Information sicher zum Empfänger geleitet (**Abb. 155.1**). Anschließend muss die Signalübertragung abgeschaltet werden, um später eine neue Signalübermittlung zu ermöglichen.

Die Signalmoleküle sind spezifisch gebaut, sodass keine Verwechslungen stattfinden. Sie werden in der Zelle aus Vorstufen hergestellt. So entsteht aus dem überall verfügbaren ATP das Signalmolekül *cyclisches Adenosinmonophosphat* (cAMP; ATP dient hier nicht als Energielieferant!). Andere wichtige Signalmoleküle sind cyclisches Guanosinmonophosphat (cGMP) und Inositoltrisphosphat (IP_3).

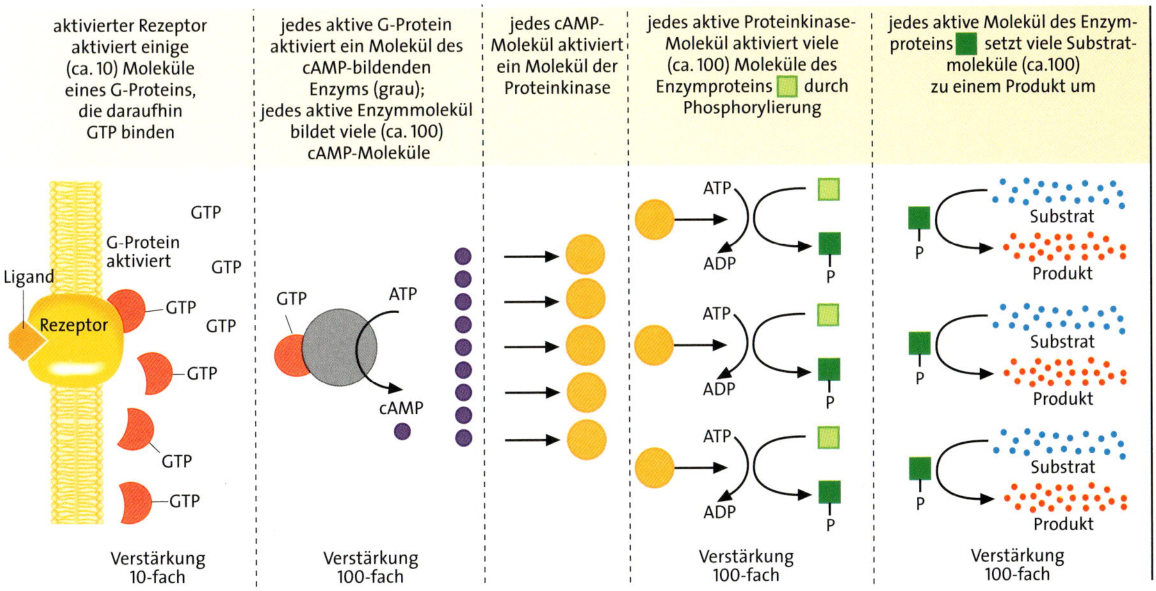

Abb. 155.1: Verstärkung in einer Signalkette. Ein Ligand aktiviert einen Rezeptor in der Zellmembran, dadurch wird die Signalkette in Gang gesetzt.

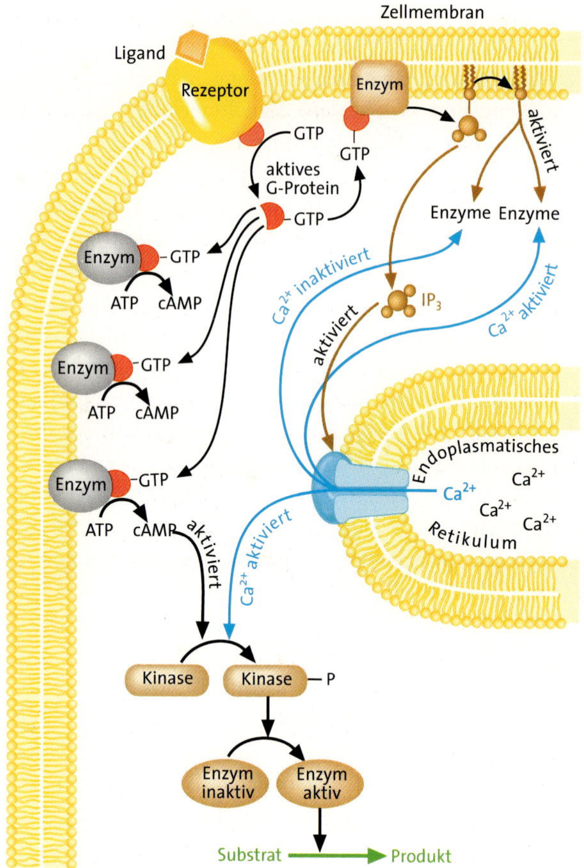

Abb. 156.1: Beispiele für Signalketten in der Zelle und deren Vernetzung; G-Protein: rot

Funktionsweise von Signalketten. Die Rezeptoren treten an ihrer cytoplasmatischen Oberfläche mit Proteinen in Wechselwirkung. Diese Proteine bezeichnet man als *G-Proteine*, weil sie aufgrund der Einwirkung des Rezeptors ein Molekül Guanosintriphosphat (**GTP**) binden und so aktiv werden. GTP ist ähnlich gebaut wie ATP, gestaltlich ist es aber immerhin so verschieden, dass es von Enzymen nicht damit verwechselt wird. Man kennt viele verschiedene G-Proteine. Sie haben unterschiedliche Funktionen: Einige G-Proteine aktivieren das Enzym der cAMP-Bildung, andere hemmen diese Reaktion; wieder andere wirken auf ganz andere Enzyme. Da ein einziges aktiviertes Rezeptormolekül mehrere G-Proteine einer Sorte aktiviert, wird schon bei dieser Reaktion eine Verstärkung erreicht.

Das cAMP reagiert mit Proteinen, die eine Bindungsstelle für dieses Molekül besitzen. Solche Proteine können Ionenkanäle in Membranen sein oder zunächst wenig aktive Enzyme, die dann ihrerseits andere Enzyme aktivieren oder inaktivieren. Wie dadurch eine Verstärkung zustande kommt, lässt sich an einem Beispiel zeigen *(s. Abb. 155.1)*: Angenommen, ein aktives Rezeptormolekül aktiviert in einer bestimmten Zeit zehn G-Protein-Moleküle. Jedes davon setzt ein Molekül des cAMP produzierenden Enzyms in Tätigkeit. Jedes dieser Enzymmoleküle katalysiert die Bildung von 100 cAMP-Molekülen. Jedes cAMP aktiviert nun ein Molekül einer Proteinkinase, und diese Moleküle bringen dann je 100 Enzymmoleküle durch Phosphorylierung in einen aktiven Zustand. Diese

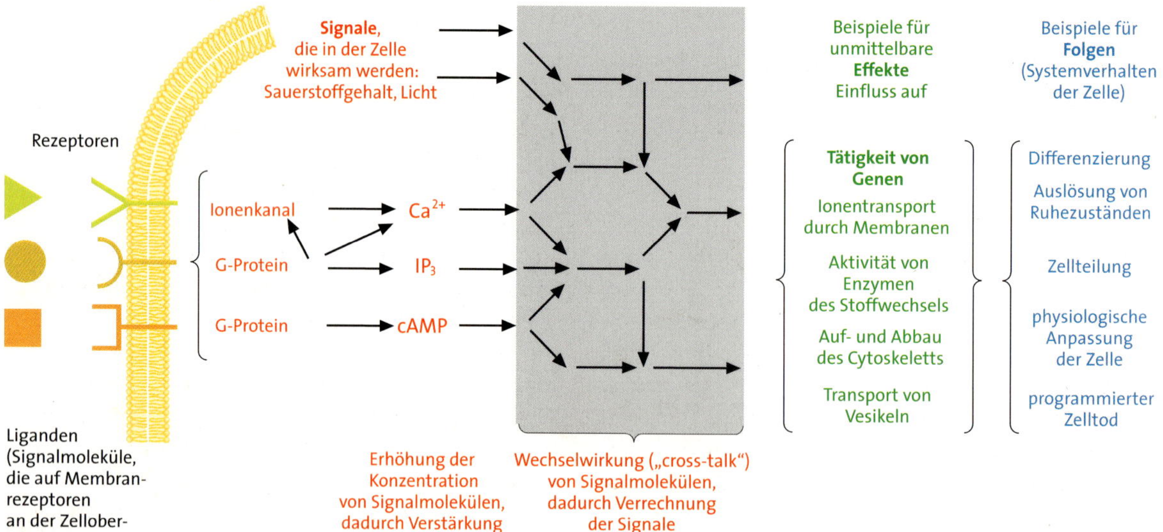

Abb. 156.2: Aufgaben der Signalketten im Zellgeschehen. Die Signale werden in der Zelle verarbeitet, dazu sind die Signalketten in komplexer Weise vernetzt (»zentrales Verrechnungssystem«). So werden spezifische Effekte, vor allem Veränderungen von Gentätigkeiten, ausgelöst.

Enzymmoleküle schließlich setzen z. B. 100 Zuckermoleküle frei. Die Verstärkung ist somit $10 \cdot 100 \cdot 100 \cdot 100 = 10^7$ fach. Durch Einschaltung eines weiteren Proteinkinase-Schrittes (die aktivierte Proteinkinase aktiviert wieder eine Proteinkinase und diese das Enzym des Stoffwechsels) wird eine weitere ca. 100 fache Verstärkung erreicht. Bei der besonders wichtigen Regulation der Zellteilung sind in der Signalkette sogar mindestens drei Proteinkinasen hintereinander geschaltet. Dies bedeutet infolge der zusätzlichen Verstärkung hohe Sicherheit.

Abschaltung von Signalketten. Sie erfolgt häufig dadurch, dass die G-Proteine das GTP langsam spalten und sich so selbst inaktivieren. Eine erneute Aktivierung erfolgt, wenn der Rezeptor ein neues Molekül des Liganden bindet. Dann wird das noch gebundene GDP gegen GTP ausgetauscht. Die GTP-Spaltung wird durch das Gift der Cholerabakterien verhindert; dadurch bleiben Signalketten aufrechterhalten, und in den zuerst betroffenen Darmzellen führt dies zu außerordentlichem Ionen- und Wasserverlust. Auch durch eine kleine Strukturveränderung im G-Protein kann es dazu kommen, dass die Abschaltung unterbleibt. Dann wird z. B. die Zellteilung nicht mehr kontrolliert und es entstehen Tumore *(s. Genetik 4.3.4)*.

Signalketten können auch an anderer Stelle abgeschaltet werden, z. B. durch Abbau von cAMP oder Phosphatabspaltung aus phoshorylierten Proteinen. Die dafür erforderlichen Phosphatasen können ihrerseits durch andere Signalketten reguliert sein.

Vernetzung. Das Signalmolekül Inositoltrisphosphat (IP_3) veranlasst seinerseits z. B. die Freisetzung von Ca^{2+}-Ionen aus dem ER (**Abb. 156.1**). Ca^{2+}-Ionen diffundieren rasch und sind daher sehr geeignete Signalvermittler. Sie binden an Enzyme und aktivieren diese. Andere Enzyme werden durch Ca^{2+} inaktiviert und so Signalketten abgeschaltet. Manche Enzyme und andere regulatorische Proteine werden sowohl durch cAMP wie durch Ca^{2+} reguliert; so werden Signalketten vernetzt. Wird das IP_3 abgebaut, so wird Ca^{2+} wieder ins ER zurückgepumpt. Dieses System und die hintereinander geschalteten Proteinkinasen gehören zu einem *zentralen Verrechnungssystem.* In diesem trifft die Information aus vielen Signalketten zusammen. Auch Informationen, die von anderen Molekülen, z. B. Sauerstoff, übermittelt oder durch absorbiertes Licht geliefert wurden, werden hier durch Protein-Wechselwirkungen mit verrechnet. So reguliert ein komplexes Netzwerk von Signalen das Zellgeschehen (**Abb. 156.2**).

Bei der Bildung von IP_3 aus Membranlipiden werden Fettsäuren freigesetzt. Einige davon reagieren zu Folgeprodukten, die in der Zelle ebenfalls regulatorische Funktionen haben. Zu diesen gehören die *Prostaglandine,* die den cAMP-Gehalt erhöhen und dadurch Entzündungen und damit verbundene Schmerzen auslösen können *(s. Immunbiologie 2)*. Das Arzneimittel Aspirin (Acetylsalicylsäure) hemmt die Prostaglandin-Bildung und greift so in das Signalnetz ein. Auf diese Weise bewirkt es eine Linderung von Schmerzen.

Desensibilisierung und Drogenabhängigkeit

Wenn ein Rezeptor infolge Ligandenüberschuss dauernd aktiv bleibt, so reagiert die Zelle darauf durch Abbau oder Inaktivierung des Rezeptors oder durch Hemmung einer nachfolgenden Reaktion in der Signalkette. Durch einen derartigen Vorgang schützt sich die Zelle vor »Überlastung«; man bezeichnet ihn als Desensibilisierung. So nimmt der Mensch einen üblen Geruch zunächst sehr intensiv, aber bereits nach wenigen Minuten viel schwächer wahr. Die Desensibilisierung greift in den meisten Fällen an den G-Proteinen (oder deren direkter Folgereaktion) an. Dadurch verringert sich auch die Empfindlichkeit gegenüber anderen Stoffen, wenn deren Rezeptoren mit dem gleichen G-Protein in Wechselwirkung treten. Infolge der Vernetzung der Signalketten können unerwartete Folgereaktionen eintreten. Bei verschiedenen Drogenabhängigkeiten, z. B. Opiate, Kokain, kommt es durch die Überlastung zunächst zu einer Hemmung der cAMP-Bildung in Zellen mehrerer Gehirnbereiche. Infolge der Rückkopplungen in den Signalketten wird die cAMP-Konzentration aber wieder hochreguliert und oft sogar höher als zuvor. Dadurch werden Gene zusätzlich tätig und weitere Signalketten aktiviert. Um die cAMP-Konzentration einigermaßen konstant zu halten, muss die erwähnte Hemmung aufrechterhalten werden; dazu sind steigende Drogenmengen erforderlich. Dies erklärt die physiologische Abhängigkeit des Süchtigen. Hört die Drogenzufuhr auf, so steigt der nun nicht mehr kontrollierte cAMP-Spiegel drastisch an und die Aktivität ganzer Gehirnareale wird verändert. So kommt es zu quälenden Entzugserscheinungen, die mit einem starken Verlangen nach weiterer Drogeneinnahme einhergehen und umso ausgeprägter sind, je stärker die vorhergehende Desensibilisierung ist.

2 Energie- und Stoffgewinn autotropher Lebewesen

2.1 Fotosynthese

Grüne Pflanzen besitzen die Fähigkeit, aus Kohlenstoffdioxid und Wasser Kohlenhydrate aufzubauen und dabei Sauerstoff abzugeben. Bei diesem Vorgang dient Licht als Energiequelle; man bezeichnet ihn daher als Fotosynthese. Durch die Fotosynthese wird neue Biomasse gebildet (Primärproduktion, *s. Ökologie 1.2.1*). Summarisch gilt:

$$6\,CO_2 + 6\,H_2O \rightarrow C_6H_{12}O_6 + 6\,O_2; \quad \Delta G = +2875\ \text{kJ}$$

Aufgrund der Untersuchung der Lichtabhängigkeit der Fotosynthese kann man Primärvorgänge (Umwandlung der Lichtenergie in chemische Energie) und Sekundärvorgänge (Aufbau von Kohlenhydraten durch Bindung von Kohlenstoffdioxid) unterscheiden.

2.1.1 Blattfarbstoffe und Lichtabsorption

Wenn Licht als Energiequelle dienen soll, muss es zunächst absorbiert werden. Diese Aufgabe übernehmen bestimmte Farbstoffe. Ihre Bedeutung für die Fotosynthese ergibt sich aus folgendem Versuch: Man belichtet ein panaschiertes (weißgrün geflecktes) Blatt einige Stunden lang und extrahiert anschließend die Blattfarbstoffe. Dann setzt man Iod-Iodkalium-Lösung zu; dadurch färbt sich gebildete Stärke blau *(s. Abb. 52.2)*. Im Versuch stellt man fest, dass sich Stärke nur an den vorher grünen Stellen gebildet hat.

Bau der Chloroplasten. Chloroplasten sind bei den Blütenpflanzen linsenförmige Organellen von 2 bis 8 µm Länge, die oft zahlreich in einer Zelle liegen (**Abb. 158.1 b**). Sie besitzen eine Hülle, die aus zwei Membranen besteht. Die innere Membran schnürt zahlreiche Membransäckchen *(Thylakoide)* in den Innenraum ab (**Abb. 158.1 c, d**). Sie durchziehen zum Teil die Grundsubstanz (Matrix) des Chloroplasten (Matrixthylakoide), zu einem großen Teil sind sie aber wie Münzen in einer Geldrolle gestapelt. Diese Thylakoidstapel heißen *Grana* (Einzahl: *Granum*).

Isolierte Chloroplasten erzeugen bei Belichtung Sauerstoff und Kohlenhydrate. Diese Organellen sind also auch außerhalb der Zelle fotosynthetisch aktiv. Sie enthalten demnach alle für die Fotosynthese benötigten Enzyme.

Lichtabsorption. Das von der Sonne ausgehende Licht lässt sich als eine Menge elektromagnetischer Wellen unterschiedlicher Wellenlänge beschreiben. Die Energie dieser Wellen kann auf die Elektronen von Molekülen übertragen werden. Die Energieübertragung wird leichter verständlich, wenn man das Licht als einen Strom winziger

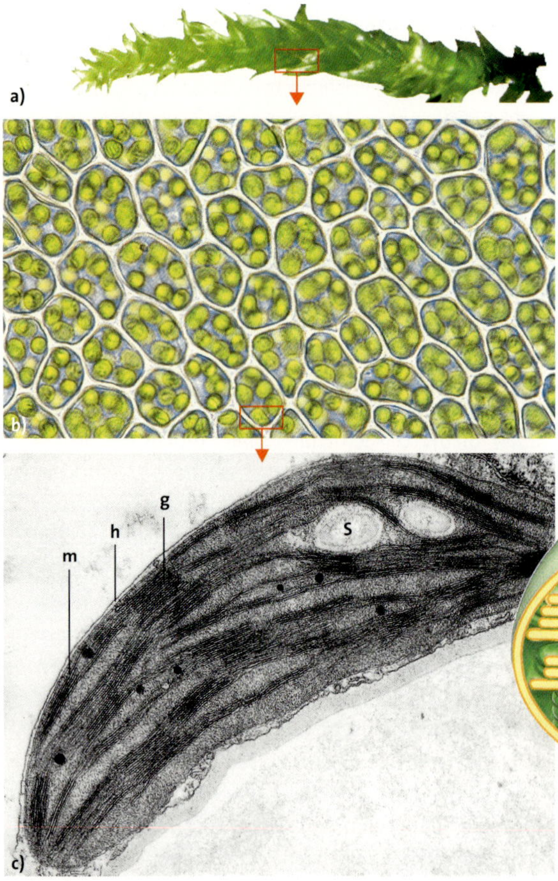

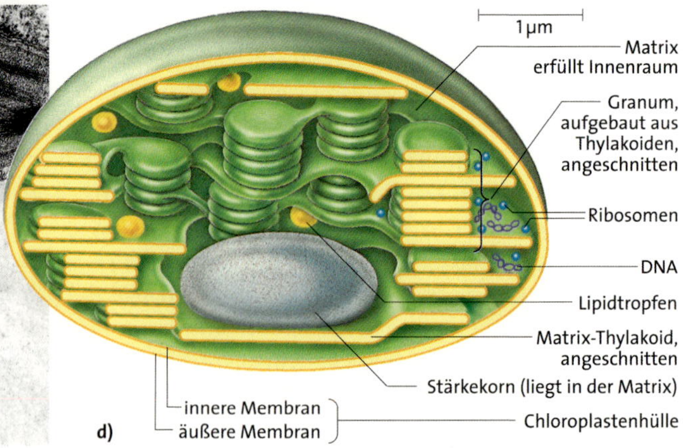

Abb. 158.1: **a)** Moospflänzchen *Mnium;* **b)** Chloroplasten in Blattzellen, Vergrößerung ca. 1000 fach; **c)** Bau eines Chloroplasten, EM-Bild, Vergrößerung ca. 150 000 fach; **h** Hülle, **g** Granum, **s** Stärkekorn, **m** Matrix-Thylakoid; **d)** Schema des Chloroplastenbaus

Energieteilchen betrachtet; man nennt diese Teilchen Lichtquanten oder Photonen. Die Energie eines Lichtquants ist von der Wellenlänge des Lichtes abhängig. Quanten des kurzwelligen Lichtes sind energiereicher als Quanten des langwelligen. Daher ist zu erwarten, dass Licht unterschiedlicher Wellenlänge für die Fotosynthese unterschiedlich wirksam ist. Bereits im 19. Jahrhundert konnte ENGELMANN dies durch einen Versuch mit Bakterien nachweisen (**Abb. 159.1**). Er projizierte ein durch ein Prisma erzeugtes Spektrum auf einen Algenfaden. Je stärker die fotosynthetische Wirksamkeit eines Spektralbereiches war, desto mehr Sauerstoff entstand an diesem Abschnitt der Alge. Hier sammelten sich zugesetzte sauerstoffliebende Bakterien an. Ihre Menge diente somit als Maß für die Fotosynthese. Nun stellt sich die Frage, welche Farbstoffe das wirksame Licht absorbieren.

Absorptions- und Wirkungsspektrum. Zur Untersuchung ihrer Absorptionseigenschaften müssen die Blattfarbstoffe in reiner Form gewonnen werden. Man extrahiert sie mit einem geeigneten Lösungsmittel aus Blättern und trennt sie anschließend durch *Dünnschichtchromatografie*. Im Chromatogramm (**Abb. 159.2**) erkennt man *Chlorophyll a* und *b* sowie mehrere rötlich bis gelb gefärbte *Carotinoide* (Carotine und Xanthophylle). Ihr Absorptionsvermögen bei den verschiedenen Wellenlängen lässt sich ermitteln, indem man das Licht spektral zerlegt und die einzelnen Anteile des Spektrums durch eine Lösung der Blattfarbstoffe schickt. So erhält man ein *Absorptionsspektrum* für die jeweiligen Farbstoffe. Chlorophylle absorbieren vor allem im blauen und roten Bereich und reflektieren grünes Licht. Daher erscheinen Chlorophylle und chlorophyllhaltige Pflanzenteile grün.

Vergleicht man die Bereiche, in denen sich im ENGELMANNschen Versuch die meisten Bakterien sammelten, mit den Absorptionsspektren der Farbstoffe, so erkennt man, dass die Bereiche hoher fotosynthetischer Aktivität mit den Absorptionsmaxima von Chlorophyll im Rot- und Blaubereich zusammenfallen. Bestrahlt man in weiteren Versuchen Pflanzen mit Licht verschiedener Wellenlänge und bestimmt aus der gebildeten Sauerstoffmenge die Fotosyntheserate für jede Wellenlänge, so erhält man das *Wirkungsspektrum der Fotosynthese*. Es stimmt mit dem Absorptionsspektrum der Chlorophylle weitgehend überein. Chlorophylle sind also die wichtigsten Farbstoffe der Fotosynthese. Im Bereich zwischen 450 und 500 nm weichen Wirkungsspektrum der Fotosynthese und Absorptionsspektrum der Chlorophylle voneinander ab. In diesem Bereich absorbieren Farbstoffe aus der Gruppe der Carotinoide. Davon tragen einige zur Fotosynthese bei, indem sie Energie auf Chlorophyll a übertragen. Auch Chlorophyll b kann nur die Energie des absorbierten Lichts auf Chlorophyll a übertragen. Alle Farbstoffmoleküle sind in den Thylakoidmembranen an Proteine gebunden.

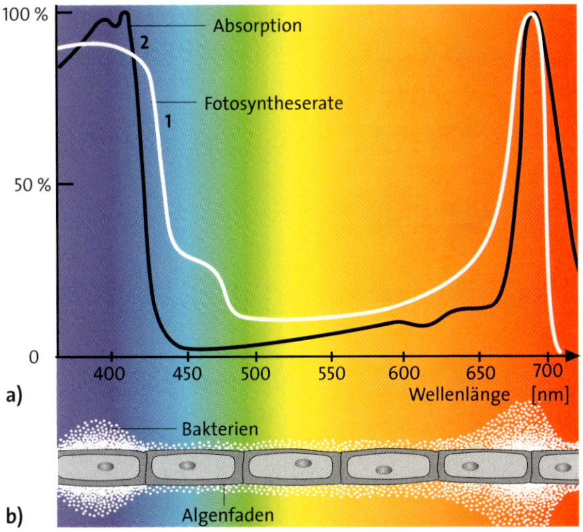

Abb. 159.1: a) Kurve 1 Fotosyntheserate bei den verschiedenen Wellenlängen = Wirkungsspektrum der Fotosynthese (Fotosyntheserate gemessen als Menge freigesetzten Sauerstoffs); Kurve 2 Absorptionsspektrum von Chlorophyll a;
b) ENGELMANNscher Bakterienversuch. Man sieht, dass die Hauptabsorptionsbereiche von Chlorophyll a fotosynthetisch besonders wirksam sind.

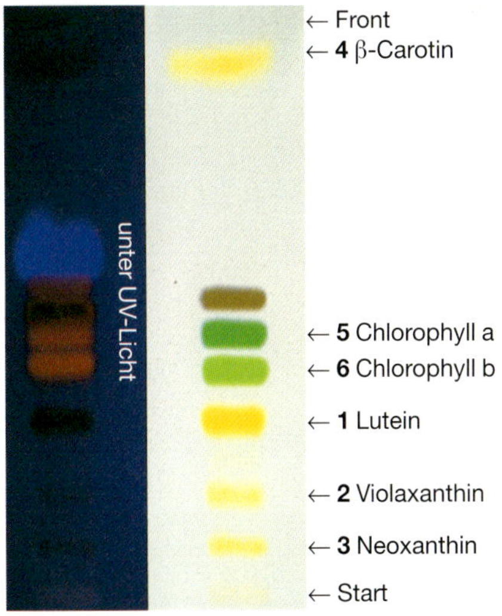

Abb. 159.2: Chromatogramm der Blattfarbstoffe der Erbse. **1** bis **3** sind Xanthophylle. Vorherrschendes Carotin ist das β-Carotin (**4**). Unter UV-Licht ist die Fluoreszenz der Chlorophylle zu erkennen (**5**, **6**). Bräunliche Banden rühren von Abbauprodukten der Chlorophylle her, die am Licht stets gebildet werden. Kieselgel-Dünnschichtplatte; Laufmittel Methanol, Aceton und H_2O (30 : 20 : 1)

2.1.2 Die Primärvorgänge der Fotosynthese

Die Primärvorgänge wandeln Lichtenergie in chemische Energie um. Sie laufen in den Membranen der Thylakoide ab. Bei diesen Vorgängen wird Wasser oxidiert und NADP reduziert sowie ATP gebildet.

Absorption von Licht. Lichtenergie versetzt Chlorophyllmoleküle in einen energiereicheren *angeregten* Zustand. Dabei wird ein Elektron des Moleküls vom energetischen Grundzustand auf ein höheres Energieniveau gehoben. Um den ersten Anregungszustand zu erreichen, genügt die Energie von Rotlicht (**Abb. 160.1**). Die Rückkehr dieses Elektrons in den Grundzustand (innerhalb von 10^{-9} s) setzt die aufgenommene Energie wieder frei. Diese Energie kann für die Fotosynthese genutzt werden. Geschieht dies nicht, so wird die Energie als Wärmeenergie oder aber in Form von rotem Licht (Fluoreszenzstrahlung) frei. Die Energieabgabe durch Fluoreszenzstrahlung kann man bei Belichtung einer Chlorophyll-Lösung mit Blaulicht erkennen; die Lösung erscheint dann rot.

Wird Blaulicht absorbiert, so erreicht das Elektron einen höheren Energiezustand (zweiter Anregungszustand). Der Mehrbetrag an Energie ist aber für die Fotosynthese nicht nutzbar, sondern beim Übergang vom zweiten zum ersten Anregungszustand wird stets Wärme frei. Blaues Licht ist daher, obwohl kurzwelliger und somit energiereicher, fotosynthetisch nicht besser wirksam als rotes Licht. ■

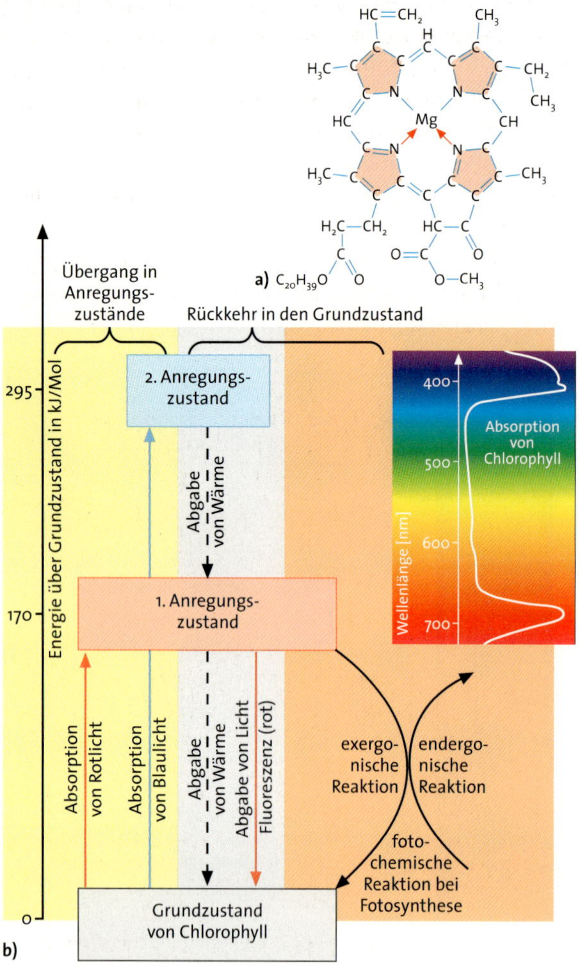

Abb. 160.1: **a)** Struktur von Chlorophyll a. Im Zentrum das komplex gebundene Mg-Ion; **b)** Grundzustand und Anregungszustände von Chlorophyll und die Rückkehr in den Grundzustand. Die Anregungszustände des Chlorophylls entsprechen den Banden des Absorptionsspektrums.

Wasserspaltung und NADPH-Bildung. Bei der Fotosynthese entsteht Sauerstoff. Dieser kann theoretisch aus CO_2 oder aus H_2O stammen. Einen Hinweis auf die Herkunft geben Beobachtungen an purpurfarbenen Schwefelbakterien. Sie verwenden bei der Fotosynthese neben CO_2 nicht H_2O, sondern H_2S als Ausgangssubstanz und bilden Schwefel. Ihre Fotosynthese läuft nach folgender Gleichung ab:

$$6\,CO_2 + 12\,H_2S \rightarrow C_6H_{12}O_6 + 12\,S + 6\,H_2O$$

Hierbei wird H_2S zu Schwefel oxidiert. Man darf daher vermuten, dass grüne Pflanzen entsprechend H_2O spalten und daraus O_2 freisetzen. Um dies zu prüfen, stellte man Pflanzen Wasser mit dem schweren Sauerstoffisotop ^{18}O zur Verfügung, also $H_2{}^{18}O$. Der bei der Fotosynthese ausgeschiedene Sauerstoff wurde analysiert. Er bestand tatsächlich größtenteils aus ^{18}O, stammte also aus dem Wasser. Man nennt diese lichtabhängige Wasserspaltung auch *Fotolyse des Wassers*. Die Fotolyse darf nicht verwechselt werden mit der Dissoziation (Protolyse) des Wassers in H^+- und OH^--Ionen; dieser Vorgang verläuft nämlich ohne nennenswerten Energieaufwand. Hingegen erfordert die Wasserspaltung als Oxidation viel Energie, die aus dem Licht stammt. Durch die Lichtenergie wird eine Abfolge von Redoxreaktionen in Gang gesetzt. Dem Wasser werden Elektronen entzogen (Oxidation); so entsteht Sauerstoff. Die Elektronen gelangen in den Chloroplasten zu dem Molekül **N**ikotinamid-**A**denin-**D**inucleotid-**P**hosphat ($NADP^+$), das dadurch reduziert wird. Es geht in $NADP^-$ über und reagiert sofort mit H^+ zu NADPH. Vereinfachend schreibt man häufig für die oxidierte Form NADP (ohne Ladung); da diese zwei Elektronen aufnimmt, muss die reduzierte Form dann als $NADPH_2$ bezeichnet werden.

Eine Suspension isolierter Chloroplasten kann auch verschiedene von außen zugefügte Stoffe reduzieren, z. B. Chinon oder Eisen(III)-Komplexe *(HILL-Reaktion)*. Weil dabei ohne Vorhandensein von CO_2 Sauerstoff entsteht, beweist auch dieser Versuch, dass der Sauerstoff aus dem Wasser stammt. Die Summengleichung der Fotosynthese muss daher lauten:

$$6\,CO_2 + 12\,H_2O \rightarrow C_6H_{12}O_6 + 6\,H_2O + 6\,O_2$$

Das auf der rechten Seite der Gleichung stehende H_2O wird durch Vorgänge im Rahmen der Sekundärreaktionen gebildet *(s. 2.1.3)*.

Bildung von ATP. Isolierte Chloroplasten häufen bei Belichtung ATP an, wenn der Chloroplastensuspension ADP und anorganisches Phosphat zur Verfügung stehen, Kohlenstoffdioxid aber fehlt. Bei der Fotosynthese wird also mit Hilfe der Energie angeregter Chlorophyllmoleküle auch ATP *(s. 1.4.3)* gebildet. Diesen Vorgang bezeichnet man als *Fotophosphorylierung*. Fügt man zu isolierten Chloroplasten bei Dunkelheit CO_2, ATP und viel NADPH hinzu, so bilden sie Zucker. Fehlt eine von diesen Verbindungen, so entsteht im Dunkeln kein Zucker. Die absorbierte Lichtenergie gelangt also nach Umwandlung in chemische Energie in die Moleküle $NADPH_2$ und ATP. Der Energieinhalt des $NADPH_2$ zeigt sich in seiner Eigenschaft als starkes Reduktionsmittel; ATP besitzt energiereiche Bindungen. Diese Stoffe sind die Endprodukte der Primärreaktionen.

Ablauf der chemischen Primärreaktionen. Deren genaue Untersuchung ist von besonderer Bedeutung, weil man hofft, durch eine technische Nachahmung mit Solarzellen Wasserstoff als Energiequelle herstellen zu können.

Um Wasser durch Elektronenentzug (Oxidation) zu spalten, muss Energie aufgewendet werden. Diese wird vom Licht geliefert, durch das Chlorophyllmoleküle angeregt werden. Im angeregten Zustand gibt ein solches Molekül ein Elektron an ein Elektronenakzeptor-Molekül ab. Dabei wird das Chlorophyllmolekül oxidiert (zu Chlorophyll$^+$) und der Elektronenakzeptor reduziert. Die räumliche Anordnung der Reaktionspartner in der Thylakoidmembran des Chloroplasten verhindert, dass das abgegebene Elektron zum Chlorophyll$^+$ zurückkehrt (**Abb. 161.1**). Damit das Chlorophyllmolekül erneut angeregt werden kann, muss das fehlende Elektron von einem Elektronen liefernden Stoff (Elektronendonator) ersetzt werden. Es handelt sich um ein Protein, das seinerseits dem Wasser Elektronen entzieht und es dadurch spaltet. Die beschriebenen Reaktionen finden stets an Chlorophyll a-Molekülen in einem Reaktionszentrum mit hochgeordneter Struktur statt. Tatsächlich sind an der Abgabe und Aufnahme von Elektronen zwei verschiedenartige Reaktionszentren mit Chlorophyll a-Molekülen beteiligt. Zu dieser Erkenntnis führte die folgende Beobachtung: Bei einer Wellenlänge von 700 nm absorbiert zwar das

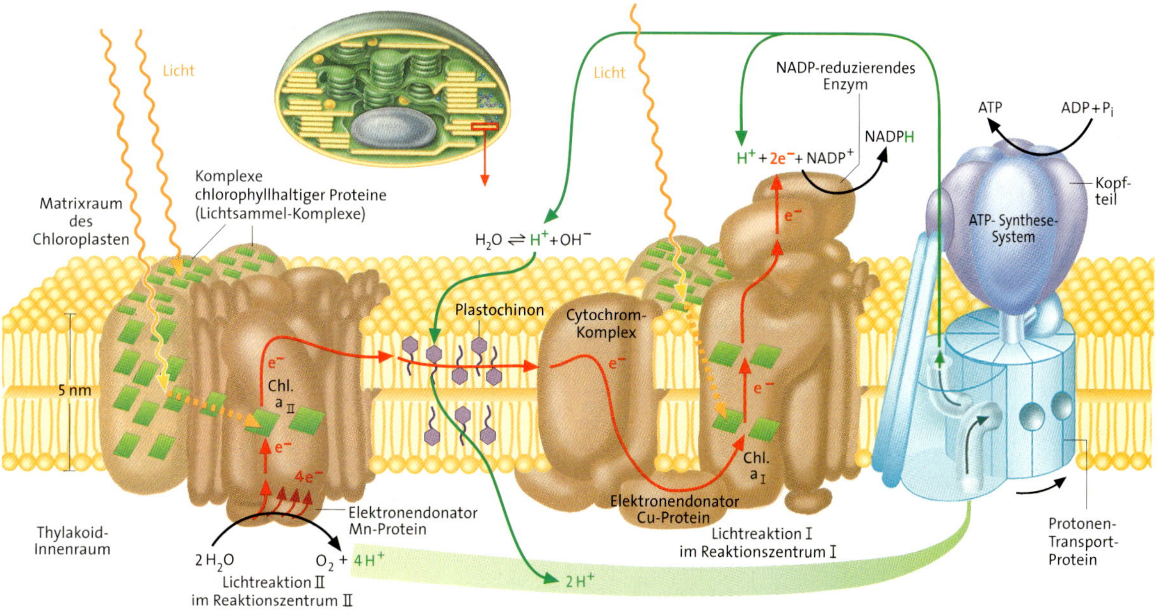

Abb. 161.1: Ausschnitt aus der Thylakoidmembran mit den Vorgängen bei den Primärreaktionen der Fotosynthese. Die Elektronentransportkette führt letztlich zur Reduktion von NADP$^+$ (wobei NADPH entsteht) und zur Oxidation von Wasser (Fotolyse, wobei O_2 entsteht). ATP wird gebildet, wenn ein Protonengradient aufgebaut worden ist *(s. Abb. 154.1)*, dessen Energie durch das ATP-Synthese-System genutzt wird.

Chlorophyll a, die Fotosyntheseleistung ist aber gering. Erst wenn man zusätzlich mit Licht von 680 nm bestrahlt, erhält man die volle Fotosyntheseleistung *(s. Abb. 159.1)*. Man unterscheidet die beiden Chlorophyll -Formen als Chlorophyll a_I (im Reaktionszentrum I) und Chlorophyll a_{II} (im Reaktionszentrum II). Chlorophyll a_I absorbiert maximal bei etwa 700 nm und wird auch als P_{700} bezeichnet. Die maximale Absorption von Chlorophyll a_{II} liegt bei 680 nm, daher nennt man es P_{680}.

Die Wasserspaltung und Weitergabe der Elektronen erfordert demgemäß zwei Lichtreaktionen (**Abb. 162.1**). Am Chlorophyll a_I läuft die Lichtreaktion I ab, am Chlorophyll a_{II} die Lichtreaktion II. Beide Lichtreaktionen sind in Proteinkomplexen der Thylakoidmembranen lokalisert, in deren Reaktionszentren die Chlorophyllmoleküle mit Elektronendonatoren und -akzeptoren in Verbindung treten. Das Protein, das dem Wasser Elektronen entzieht, gibt diese in der Lichtreaktion II an das Chlorophyll a_{II} ab. Der Elektronenakzeptor, der Elektronen von Chlorophyll a_{II} erhält, gibt diese an die Substanz Plastochinon weiter. Von dieser gelangen sie über Zwischenverbindungen zum Elektronendonator der Lichtreaktion I. Vom Chlorophyll a_I der Lichtreaktion I wandern die Elektronen über weitere Zwischenverbindungen zum $NADP^+$, das dadurch reduziert wird und deshalb sofort mit H^+ zu $NADPH+H^+$ reagiert. Dieser Vorgang läuft an der äußeren Membranoberfläche der Thylakoide, also auf der Matrixseite, ab. Dort tritt infolgedessen ein H^+ (Protonen-)Mangel ein. Demgegenüber wird das Wasser an der inneren Membranoberfläche gespalten. Weil dabei Protonen freigesetzt werden, tritt im Thylakoid-Inneren ein Protonenüberschuss auf *(s. Abb. 161.1)*. Auch im Verlauf des Elektronentransportes kommt es zu einer Anreicherung von H^+-Ionen im Thylakoid-Inneren, die letztlich aus dem Matrixraum stammen. So entsteht ein Konzentrationsunterschied an Protonen *(Protonengradient):* Der Außenraum besitzt eine geringe Protonenkonzentration, der Innenraum eine hohe. Gleichzeitig wird ein elektrisches Feld aufgebaut, da Ladungen verschoben werden. Der Protonengradient und das Feld enthalten Energie, die nun zur Bildung von ATP genutzt wird *(s. 1.4.5)*.

Bei jeder erneuten Anregung der Chlorophyllmoleküle durch Licht wiederholen sich diese Vorgänge. Der Elektronentransport verläuft also über eine ganze Kette von Stoffen, die oxidiert und wieder reduziert werden (Elektronentransportkette). Er führt zur $NADPH_2$-Bildung und Wasserspaltung und ist stets mit einer ATP-Bildung verknüpft *(nichtzyklische Fotophosphorylierung)*.

Ein Elektron kann aber vom angeregten Chlorophyll a_I auch über Zwischenverbindungen wieder zum oxidierten Chlorophyll a_I zurückwandern. In diesem Fall läuft nur die Lichtreaktion I ab, eine Wasserspaltung (O_2-

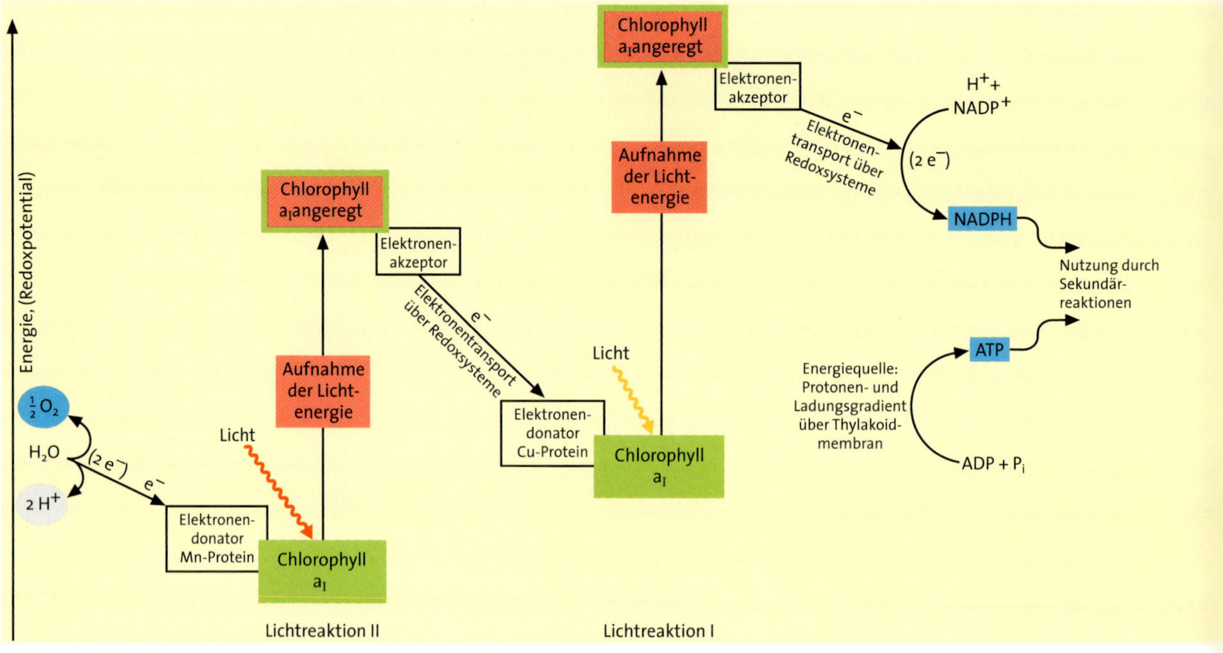

Abb. 162.1: Schema der Primärreaktionen der Fotosynthese. Durch die Lichtabsorption werden Chlorophylle angeregt. Bei der Lichtreaktion II entzieht der Elektronendonator dem Wasser Elektronen; dadurch wird das Wasser gespalten und es entsteht Sauerstoff. Elektronen wandern durch die Elektronentransportkette und reduzieren letztlich $NADP^+$ zu NADPH.

Freisetzung) und somit auch eine NADP-Reduktion unterbleibt. Bei der Rückkehr der Elektronen zum Chlorophyll a_I entsteht ebenfalls ein Protonengradient zwischen dem Matrixraum und dem Thylakoidinneren. Die darin enthaltene Energie kann der ATP-Bildung dienen. Man bezeichnet sie als *zyklische Fotophosphorylierung.* ■

2.1.3 Die Sekundärvorgänge der Fotosynthese

Im Anschluss an die Primärreaktionen werden aus anorganischem Kohlenstoffdioxid Kohlenhydrate aufgebaut. Dazu dienen die in den Primärvorgängen gebildeten Produkte ATP und NADPH (**Abb. 163.1**). Die Sekundärvorgänge wurden durch Markierungsversuche aufgeklärt *(s. Exkurs Markierungsverfahren S. 164).*

Das aufgenommene CO_2 reagiert zunächst mit Ribulosebisphosphat, einer Verbindung des Zuckers Ribulose, an dessen erstem und fünftem C-Atom jeweils ein Phosphatrest gebunden ist (**Abb. 163.1**). Die Ribulose ist eine Pentose, hat also fünf C-Atome (C_5-Körper). Durch die Reaktion mit CO_2 müsste aus dem C_5-Körper ein C_6-Körper gebildet werden. Von dem Enzym, der Ribulosebisphosphatcarboxylase, werden jedoch zwei Moleküle des C_3-Körpers Glycerinsäurephosphat freigesetzt. Diese Verbindung wird anschließend unter Zufuhr von Energie (ATP) mit dem Wasserstoff aus $NADPH_2$ zu Glycerinaldehydphosphat reduziert. Mit diesem Triosephosphat ist die Stufe der Kohlenhydrate erreicht.

Die Triosephosphate werden nun so umgesetzt, dass sowohl Hexose-Einheiten entstehen als auch der C_5-Körper Ribulosebisphosphat zurückgebildet wird. Es läuft ein Stoffwechselzyklus ab, der nach den Entdeckern CALVIN-BENSON-Zyklus genannt wird. Zunächst reagieren zwei Moleküle Triosephosphat zum C_6-Körper Fructosebisphosphat. Von diesem wird ein Phosphatrest abgespalten. Das Fructosephosphat kann dann in mehreren Schritten mit weiteren Triosephosphaten reagieren. Letztlich entstehen C_5-Zucker, die alle durch Einbau eines ATP zu Ribulosebisphosphat umgesetzt werden. Werden sechs Moleküle CO_2 gebunden, so entstehen im Zyklus wieder sechs C_5-Körper: Ein Fructosephosphat bleibt übrig und kann in Glucosephosphat umgewandelt werden.

Die Enzyme der Sekundärvorgänge liegen in der Matrix des Chloroplasten. Das Enzym Ribulosebisphosphatcarboxylase, das die CO_2-Bindung katalysiert, ist das häufigste Enzym auf der Erde. Es kommt in allen grünen Pflanzenzellen in großer Menge vor. Als *Schlüsselenzym* der Sekundärvorgänge vermehrt es durch den CO_2-Einbau die Kohlenhydrate und letztlich die Biomasse der Pflanze. Es unterliegt daher komplexen Regulationsvorgängen, so dass unter verschiedenen Licht- und Temperaturverhältnissen jeweils die günstigste Aktivität eingestellt wird.

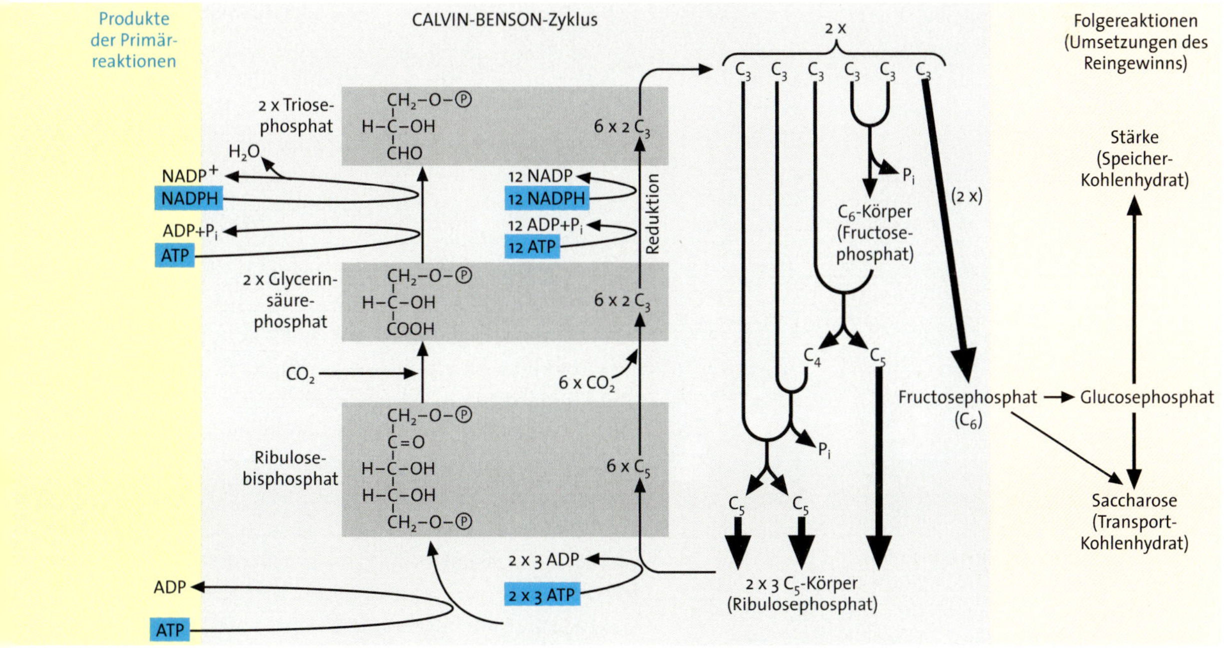

Abb. 163.1: Schema der Sekundärreaktionen der Fotosynthese und der Bildung von Zucker und Stärke; P_i = anorganisches Phosphat. Das entscheidende Enzym bindet CO_2 an Ribulosebisphosphat, wobei zwei Moleküle Glycerinsäurephosphat entstehen.

2.1.4 Fotosyntheseprodukte

Die bei der Fotosynthese entstehenden Zuckerphosphate wie Fructosephosphat, Glucosephosphat und Triosephosphate sind Ausgangsmaterial für die Bildung der anderen organischen Stoffe in der Pflanzenzelle. Für die Bildung vieler dieser Stoffe werden zusätzlich über die Wurzeln aufgenommene Ionen benötigt (für Aminosäuren, z. B. Nitrat oder Ammonium).

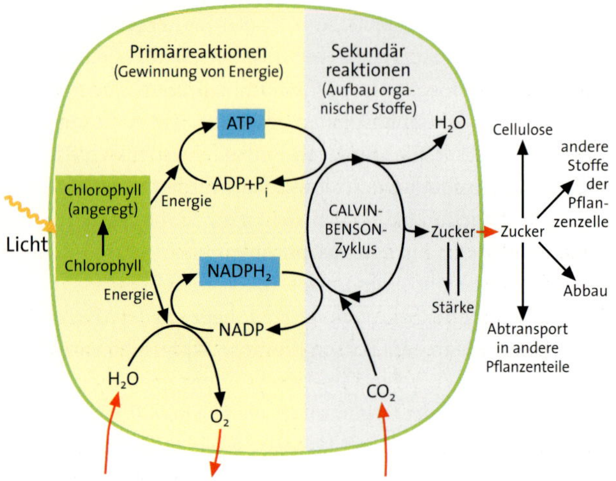

Abb. 164.1: Vereinfachtes Schema der Reaktionsfolge bei der Fotosynthese in Chloroplasten; blau: Produkte der Primärreaktionen; rote Pfeile: Transport. $NADPH_2$ liefert den Wasserstoff für die Reduktion von CO_2 bei den Sekundärreaktionen, ATP liefert die zusätzlich erforderliche Energie.

In den Chloroplasten bildet sich aus Glucosephosphat oft unlösliche *Stärke*, die sich dort als mikroskopisch sichtbare Körnchen ablagert. Nachts wird die Stärke wieder in lösliche Zucker abgebaut, die zu den chlorophyllfreien Zellen sowie zu den Orten starken Wachstums transportiert werden. Der wichtigste Transportzucker ist die *Saccharose* (Rohrzucker). In Speicherorganen wie Wurzeln, Knollen, Früchten und Samen entsteht aus den löslichen Zuckern wieder Stärke. Zuckerrübe und Zuckerrohr speichern Saccharose. Sie wird aus Fructosephosphat und Glucosephosphat im Cytosol der Zellen gebildet, also außerhalb der Chloroplasten. Zum Ausgleich des Phosphatverlustes in den Chloroplasten beim Austreten dieser Stoffe wird anorganisches Phosphat eingeschleust.

Einige Fotosynthese betreibende Bakterien können Elektronen aus der Elektronentransportkette der Primärvorgänge zur Reduktion von H^+ verwenden; es entsteht dann Wasserstoff als Fotosyntheseprodukt. Wasserstoff ist ein umweltschonender Treibstoff, denn er verbrennt zu Wasser. Daher gibt es Forschungsvorhaben, diese Wasserstoffproduktion technisch nutzbar zu machen.

Markierungsverfahren

Ein wichtiges Verfahren zur Aufklärung von Stoffwechselwegen ist die *Isotopenmarkierung (Tracer-Methode)*. So kann man mithilfe des radioaktiven Kohlenstoffisotops ^{14}C feststellen, welche Stoffe bei der CO_2-Assimilation der Pflanze gebildet werden. Dies hat CALVIN als Erster untersucht. Er »fütterte« *Chlorella*-Algen mit $^{14}CO_2$ (»markiertes« CO_2). Die Pflanze nimmt dieses auf, und alle Zwischenprodukte auf dem Weg zum Kohlenhydrat sind durch das ^{14}C markiert und nach chromatografischer Trennung durch Autoradiografie erkennbar. CALVIN startete die Fotosynthese gleichzeitig in verschiedenen Ansätzen und unterbrach sie nach unterschiedlichen Zeiten durch Eingießen in siedenden Alkohol. Dadurch erhielt er *Chlorella*-Extrakte, in denen er die Zwischenprodukte identifizieren konnte (**Abb. 164.2**).

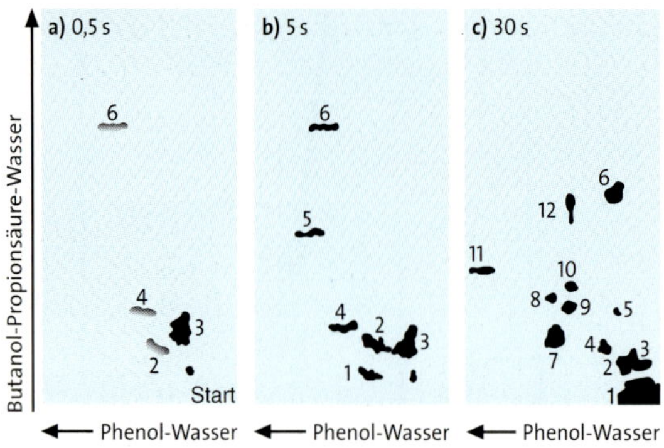

Abb. 164.2: Autoradiogramme von zweidimensionalen Papierchromatogrammen von Chlorella-Extrakten; **a)** 0,5 s, **b)** 5 s, **c)** 30 s nach Beginn der Fotosynthese; Laufzeit bei c) kürzer; 1 + 2 Zuckerphosphate, 3 Glycerinsäurephosphat, 4 Triosephosphate, 5 Asparaginsäure, 6 Äpfelsäure, 7 Saccharose, 8 Glycin, 9 Serin, 11 Alanin, 12 Glykolsäure; (5, 8, 9, 11 sind Aminosäuren).

Wenn es darum geht, sehr geringe Mengen eines Moleküls nachzuweisen, werden heute fast nur noch Verfahren der nichtradioaktiven Markierung mit Fluoreszenzfarbstoffen verwendet, für die es hoch empfindliche Nachweismöglichkeiten gibt *(s. Genetik 4.1.8)*.

2.2 Chemosynthese

Setzt man eine Spur Ackererde zu einer rein anorganischen Nährlösung, die Stickstoff nur in Form von Ammoniumsalzen enthält, und stellt diese Kultur im Dunkeln auf, so wachsen darin Bakterien. Da Licht als Energiequelle nicht in Frage kommt, muss die Energie für die Synthese organischer Stoffe aus anorganischen Stoffen in der Nährlösung gewonnen worden sein. Man kann zeigen, dass jene Bakterien viel Sauerstoff verbrauchen und die Ammoniumionen allmählich verschwinden, dafür aber Nitrationen auftreten. Diese Bakterien gewinnen also offensichtlich Energie durch Oxidation von NH_4^+ zu NO_3. Eine solche Art des Aufbaus organischer Verbindungen bezeichnet man als **Chemosynthese.** Verschiedene Bakterienarten sind zur Chemosynthese befähigt. Sie leben auch im Dunkeln völlig autotroph, d. h., sie ernähren sich selbstständig und brauchen im Gegensatz zu den übrigen Bakterien keine organischen Verbindungen als Nahrung.

Die Chemosynthese verläuft wie die Fotosynthese in zwei Stufen: Zunächst wird durch Oxidation anorganischer Verbindungen Energie gewonnen. Mit dieser Energie wird ATP aus ADP und P_i aufgebaut und NADP zu $NADPH_2$ reduziert. Viele chemosynthetisch tätige Bakterien verwenden NAD statt NADP. Danach erfolgt der Aufbau von Kohlenhydraten durch Reduktion von CO_2. Die verschiedenen chemosynthetisch tätigen Bakterienarten oxidieren unterschiedliche Stoffe zur Gewinnung von Energie (**Tab. 165.1**). Die Nitritbakterien oxidieren Ammoniumionen zu Nitritionen und die Nitratbakterien oxidieren die Nitritionen zu Nitrationen. Die Tätigkeit dieser im Boden weit verbreiteten *»nitrifizierenden Bakterien«* ist für den Kreislauf des Stickstoffs von großer Bedeutung, weil sie das Entweichen des bei der Eiweißzersetzung entstehenden gasförmigen Ammoniaks verhindert. Wirtschaftlich wichtig ist die Tätigkeit der farblosen Schwefelbakterien. Sie oxidieren das bei der Fäulnis von Eiweiß entstehende H_2S zu Sulfat und unterstützen dadurch die Klärung des Abwassers in den Kläranlagen *(s. Ökologie 4.6.2)*.

Von Bakterien kann Wasserstoff produziert werden, z. B. durch Fotosynthese *(s. 2.1.4)* oder unvollständigen Abbau organischer Stoffe *(s. 3.3)*. Dieser wird bei Gegenwart von Sauerstoff durch Knallgasbakterien umgesetzt. Ist kein Sauerstoff vorhanden, so wird von den als Methanbildner bezeichneten Mikroorganismen Methangas gebildet. Sie gehören zu den *Archaea (s. Cytologie 2.4)* und leben in sauerstofffreien Lebensräumen (anaerob), z. B. in besonders großer Zahl in Kläranlagen. Bei Sauerstoffausschluss können also auch Reduktionsreaktionen Energie liefern. Das gebildete Methan kann als *»Biogas«* in die Gasnetze eingespeist werden. Die Kläranlage einer Stadt von 100 000 Einwohnern liefert täglich etwa zwei Millionen Liter Methan, die etwa 20 000 kWh Energie liefern. Weitere *Archaea* leben in heißen vulkanischen Quellen als Chemosynthetiker ebenfalls anaerob *(s. Evolution 3.3)*.

Erzlaugung durch Chemosynthese. Eine Nutzung von armen sulfidischen Erzen, deren direkte Aufarbeitung wegen geringer Gehalte nicht lohnend wäre, gelingt durch Erzlaugung mit farblosen Schwefelbakterien. Diese oxidieren im Erz enthaltene Schwermetall-Sulfide zu löslichen Sulfaten, die konzentriert werden können. Das Verfahren wird bei der Kupfer- und Urangewinnung eingesetzt. Auch eine Entschwefelung von Kohle ist mit Schwefel oxidierenden Bakterien möglich; allerdings muss die Kohle in Pulverform vorliegen. Für Erdöl erwies sich eine bakterielle Behandlung in der Praxis als zu teuer. Erzlaugung ist auch mit Eisenbakterien durchführbar. Schwermetall-Sulfide werden in saurer Lösung durch Fe^{3+} zu Sulfaten oxidiert, und das Eisen wird dabei reduziert. Die Bakterien oxidieren nun das Fe^{2+} wieder zu Fe^{3+}, sodass die Reaktion weiterläuft und lösliche Schwermetallsulfate entstehen.

Bezeichnung der Mikroorganismen	Reaktionsgleichung	Energiegewinn
nitrifizierende Bakterien: Nitritbakterien (im Boden) Nitratbakterien	$2\ NH_4^+ + 3\ O_2 \rightarrow 2\ NO_2^- + 2\ H_2O + 4\ H^+$ $2\ NO_2^- + O_2 \rightarrow 2\ NO_3^-$	– 551 kJ – 151 kJ
farblose Schwefelbakterien (in Schwefelquellen, Kläranlagen usw.)	$2\ H_2S + O_2 \rightarrow 2\ H_2O + 2\ S$ $2\ S + 3\ O_2 + 2\ H_2O \rightarrow 2\ SO_4^{2-} + 4\ H+$	– 420 kJ – 588 kJ
Eisenbakterien (bilden Raseneisenerz)	$4\ Fe^{2+} + O_2 + 6\ H_2O \rightarrow 4\ FeO(OH) + 8\ H^+$	– 182 kJ (bei pH 3)
Methan abbauende Bakterien (oxidieren Methan, das z. B. bei der Cellulosevergärung entsteht)	$CH_4 + 2O_2 \rightarrow CO_2 + 2\ H_2O$	– 892 kJ
Knallgasbakterien (setzen Wasserstoff mit Sauerstoff um)	$2\ H_2 + O_2 \rightarrow 2\ H_2O$	– 472 kJ
Methanbildner (anaerob) *(Archaea)*	$CO_2 + 4\ H_2 \rightarrow CH_4 + 2H_2O$	– 138 kJ

Tab. 165.1: Beispiele für chemosynthetisch arbeitende Mikroorganismen und deren Energieausbeute.

3 Stoffabbau und Energiegewinn in der Zelle

Aus den bei der Fotosynthese neu gebildeten Kohlenhydraten baut die Pflanze eine große Zahl anderer organischer Stoffe auf, z. B. Proteine, Nucleinsäuren und Membranlipide. Die dazu erforderliche Energie gewinnt sie entweder unmittelbar aus der Fotosynthese oder aber, z. B. während der Nacht, durch den Abbau von Kohlenhydraten. Auch Tiere und der Mensch decken ihren Energiebedarf durch den Abbau organischer Stoffe der Nahrung und verwenden organische Stoffe als Bausteine für die Neubildung ihrer eigenen Körpersubstanz. Zum vollständigen Abbau organischer Verbindungen ist Sauerstoff erforderlich; es entstehen Wasser und Kohlenstoffdioxid. Dieser bei allen Lebewesen gleichartige Vorgang findet in den Zellen statt und heißt *Zellatmung*. Neben dieser inneren Atmung gibt es bei Tieren und Menschen eine *äußere Atmung*. Darunter versteht man die Aufnahme von Sauerstoff und die Abgabe von CO_2 durch besondere Atmungsorgane wie Lunge, Kiemen und Haut *(s. 4.3)*.

Abbauvorgänge ohne Beteiligung von Sauerstoff führen zu energieärmeren organischen Verbindungen (unvollständiger Abbau); diese Vorgänge bezeichnet man als *Gärungen* *(s. 3.3)*.

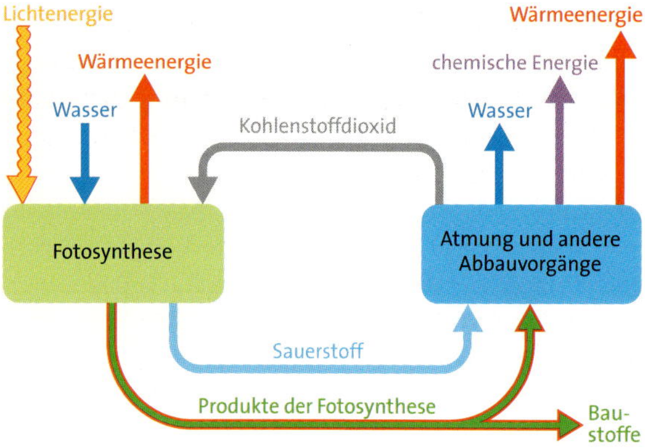

Abb. 166.1: Zusammenhang zwischen Fotosynthese und Atmung. Die grüne Pflanze veratmet Fotosyntheseprodukte; das Tier nimmt Fotosyntheseprodukte als Nahrung auf, die zum Aufbau körpereigener Substanz und zum Energiegewinn durch Atmung dient.

Abb. 166.2: Mangrove (Wald des tropischen Wattenmeers) bei Niedrigwasser. Rechts: *Avicennia*-Baum mit senkrecht in die Luft wachsenden Atemwurzeln. Sie leiten in großen Zwischenzellräumen Luft in die im sauerstoffarmen Schlamm liegenden Wurzeln. Links: *Rhizophora*-Bäume mit Stelzwurzeln zur besseren Verankerung.

3.1 Stoffabbau und Energiegewinn durch Zellatmung

Der Abbau von Zucker durch Atmung in der Pflanzen- oder Tierzelle entspricht der Summengleichung:

$$C_6H_{12}O_6 \rightarrow 6\ CO_2 + 6\ H_2O; \quad \Delta G = -2875\ kJ$$

Je Mol Glucose wird also ein Energiebetrag von 2875 kJ freigesetzt. Davon sind 35 bis 60 % für chemische Umsetzungen verfügbar, der Rest wird als Wärme frei (**Abb. 166.1**). Normalerweise wird bei der Fotosynthese täglich mehr Stoffmasse gebildet als im Verlauf von 24 Stunden veratmet wird. Die Pflanzen legen also in den Fotosyntheseprodukten eine große Energiemenge fest *(s. Ökologie 1.2.1* und *3.2)*. Diese Energie dient sowohl dem Wachstum als auch der Speicherung von Reservestoffen. Dabei gibt es zwei verschiedene Strategien der Pflanzen, die bei einer Art auch zeitlich abwechseln können: Wird bevorzugt das Wachstum gesteigert, so entstehen neue Blätter und die Fotosyntheseleistung nimmt zu, sodass unter günstigen Bedingungen immer mehr produziert wird (*Investitionstypus;* Beispiel: Tomate). Werden viel Reservestoffe gespeichert, so wächst die Pflanze langsamer, kann allerdings ungünstige Zeiten besser überdauern (*Sparertypus;* Beispiel: Kartoffel). Außer Zucker können Pflanzen und Tiere auch andere Stoffe veratmen, insbesondere Stärke und Fette. Auch Proteine werden laufend abgebaut. In großem Umfang erfolgt Proteinabbau jedoch nur bei hungernden Tieren und Menschen, deren Kohlenhydrat- und Fettvorräte erschöpft sind.

Die Pflanze atmet ununterbrochen bei Tag und Nacht, wogegen die Fotosynthese nur bei Tag möglich ist. In Pflanzenorgane, die nicht fotosynthetisch tätig sind, muss Sauerstoff aus der Umgebung aufgenommen werden. Das kleine O_2-Molekül kann durch die Abschlussgewebe diffundieren; die Sauerstoffaufnahme erfolgt daher über die ganze Oberfläche. Nur in dichten, luftarmen Böden kann die Sauerstoffversorgung der Wurzeln schlecht sein. Zum Gedeihen von Pflanzen trägt daher eine Durchlüftung des Bodens durch Auflockern bei. In der Natur spielt dabei die Tätigkeit der Regenwürmer eine wichtige Rolle. Manche Sumpfpflanzen stellen die Sauerstoffversorgung ihrer Wurzeln durch Bildung von besonderen Atemwurzeln sicher (**Abb. 166.2**). Andere bilden große lufterfüllte Hohlräume im Inneren von Wurzeln und Stängeln. Darin diffundieren Sauerstoff und andere Gasmoleküle.

Die Grundvorgänge des Stoffabbaus laufen in den Zellen aller Lebewesen in weitgehend gleicher Weise ab (**Abb. 167.1**). Man kann mehrere aufeinander folgende Prozesse unterscheiden:

a) *Abbau makromolekularer Stoffe* in ihre Grundbausteine (z. B. Stärke in Glucose, Proteine in Aminosäuren).
b) *Glykolyse,* bei der in einer Kette von Reaktionen Zucker (Monosaccharide) abgebaut werden. Zum Schluss entsteht unter Abgabe von CO_2 Acetyl-Coenzym A (»aktivierte Essigsäure«). Im Verlauf dieser Reaktionen wird der Stoff NAD^+ (Nikotinamid-Adenin-Dinucleotid) unter Aufnahme von zwei Elektronen zu NADH reduziert und außerdem ATP gebildet. (Vereinfacht wird für den oxidierten Zustand NAD und für den reduzierten $NADH_2$ geschrieben; *s. 3.1.1.*)
c) *Citronensäurezyklus* oder *Tricarbonsäurezyklus,* in dem die »aktivierte Essigsäure« (C_2-Verbindung) mit einer C_4-Verbindung zu Citronensäure (C_6-Verbindung) umgesetzt wird. Bei den nun folgenden Abbaureaktionen entstehen wiederum CO_2 und $NADH_2$ neben verschiedenen Carbonsäuren. Als Folge einer zweimaligen CO_2-Abspaltung bildet sich die C_4-Verbindung zurück. An sie kann sich neue »aktivierte Essigsäure« anlagern und zu Citronensäure umsetzen, worauf sich die Abbaureaktionen wiederholen. Weil am Ende der Reaktionskette die gleiche C_4-Verbindung wieder entsteht, die am Anfang in die Reaktionskette eingetreten ist, spricht man von einem Zyklus.
d) *Endoxidation,* bei welcher der Wasserstoff des $NADH_2$ durch Sauerstoff zu Wasser oxidiert wird. Der bei der äußeren Atmung aufgenommene Sauerstoff dient also vor allem der Bildung von Wasser. Ein erwachsener Mensch bildet je Tag etwa einen halben Liter Wasser. Mit der bei der Endoxidation frei werdenden Energie wird ATP aufgebaut. Das ATP steht als Energiequelle für weitere Stoffwechselreaktionen zur Verfügung. Der Vorgang der Endoxidation ist neben der Fotosynthese die wichtigste Energiequelle der grünen Pflanzenzelle. In nichtgrünen Pflanzenzellen und in den Zellen der Tiere ist die Endoxidation die hauptsächliche Energiequelle.

Wärmebildung bei der Atmung. Die bei der Atmung nicht im ATP gespeicherte Energie wird als Wärme frei. Sie ist jedoch bei Pflanzen in der Regel nicht fühlbar, da sie rasch an die Umgebung abgegeben wird. Doch können sich Frühjahrspflanzen mithilfe der Atmungswärme einen Weg durch den Schnee schmelzen. Besonders viel Wärme wird von kräftig atmenden Pilzen und Bakterien erzeugt. Darauf beruht die Erwärmung im Komposthaufen und Mistbeet sowie die Selbstentzündung von feuchtem Heu. Die Atmungsintensität ist stark temperaturabhängig. Auch der Wassergehalt der Zellen und der Sauerstoffgehalt der Luft beeinflussen die Atmung. Um bei der Lagerung von Ernteprodukten, wie z. B. Getreide, Kartoffeln und Obst, die Substanzverluste durch Atmung gering zu halten, muss man für niedrige Temperatur und bei Körnerfrüchten auch für niedrigen Wassergehalt sorgen.

Bei Tieren trägt die Atmung zur Erwärmung des Körpers bei. Homoiotherme Tiere nutzen die Wärmeproduktion durch Atmung zur Aufrechterhaltung der konstanten Körpertemperatur *(s. Ökologie 1.8).*

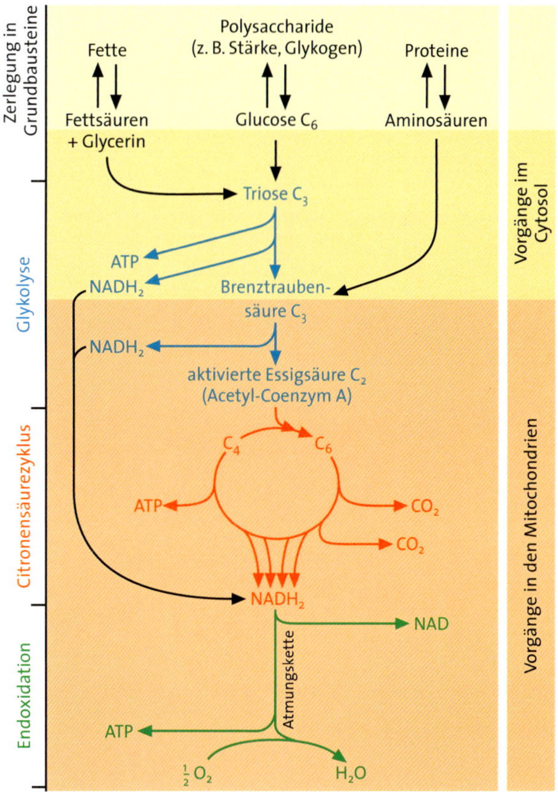

Abb. 167.1: Übersicht über die Vorgänge beim Stoffabbau (Dissimilation). Die Abbauprodukte der Fettsäuren gehen direkt in den Citronensäurezyklus ein. Eine Kette von Reaktionen der Endoxidation (Atmungskette) führt zur Reduktion von Sauerstoff zu Wasser.

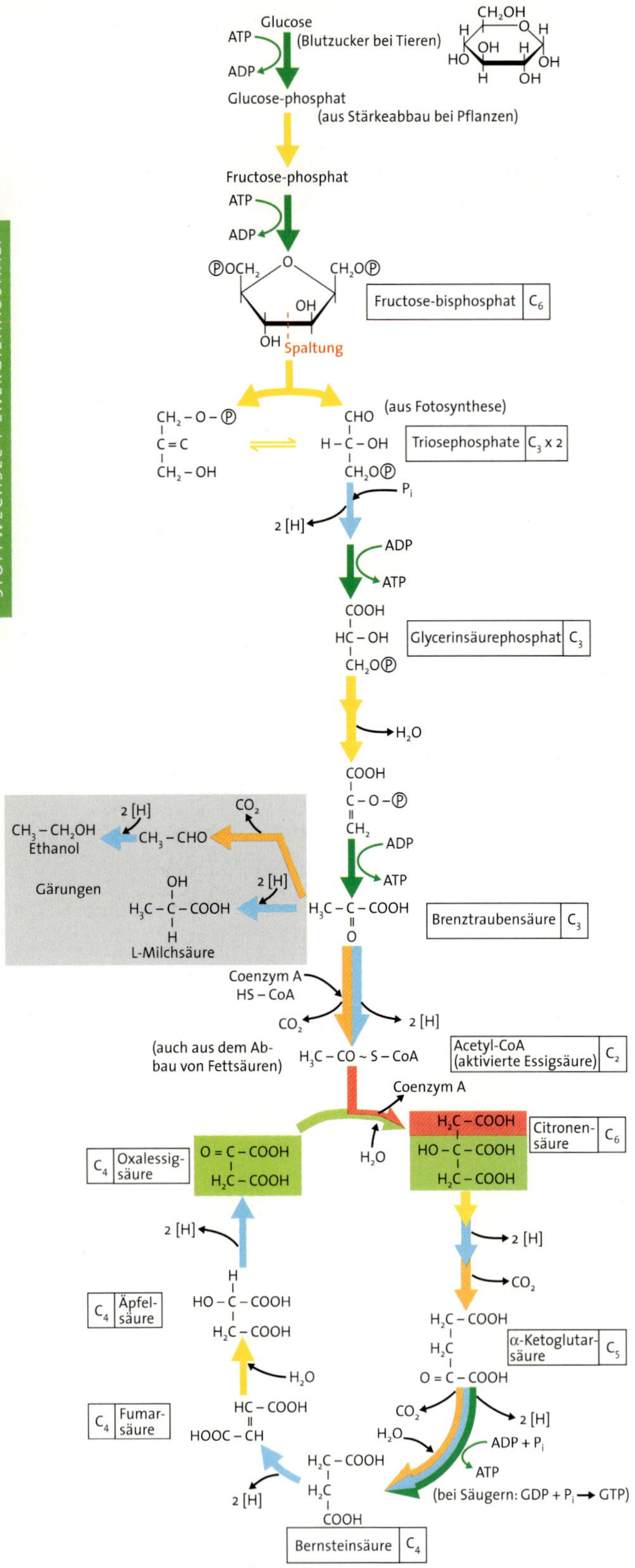

Abb. 168.1: Glykolyse und Citronensäurezyklus. Redoxreaktionen: blau, Decarboxylierungen (CO_2-Abspaltung): braun, Bildung einer C–C-Bindung: grün/rot, Reaktionen unter Beteiligung von ATP bzw. ADP: dunkelgrün, andere Reaktionen: gelb. Gärungsreaktionen: grau unterlegt.

3.1.1 Glykolyse

Der Abbau von Zucker beginnt mit der *Glykolyse* (**Abb. 168.1**). Sie findet im Cytosol statt. Aus den Monosacchariden entstehen zunächst *Zuckerphosphate* durch Bindung von Phosphat, das von ATP geliefert wird. Zuckerphosphate sind energiereicher und damit reaktionsfähiger als freie Zucker. Bei der Spaltung von Saccharose und von Stärke werden ebenfalls Zuckerphosphate (C_6-Verbindungen) gebildet. Alle Zuckerphosphate werden zu Fructosephosphat umgewandelt. Dieses wird in einer weiteren Reaktion mit ATP zu *Fructosebisphosphat* umgesetzt, das dann in zwei *Triosephosphate* (C_3-Verbindungen) aufgespalten wird. Anschließend erfolgt eine Oxidation und mehrere weitere Reaktionen führen zur Bildung von *Brenztraubensäure*. Sauerstoff wird dabei nicht benötigt. Hingegen wird Wasserstoff abgespalten, der an NAD^+ bindet:

$NAD^+ + 2\,[H] \rightarrow NADH + H^+$;
bzw. $NAD + 2\,[H] \rightarrow NADH_2$

Bei der Oxidation wird so viel Energie frei, dass außerdem ATP aufgebaut werden kann. Auch im $NADH_2$ steckt Energie, denn dessen Wasserstoff kann in der Endoxidation zu Wasser oxidiert werden, wobei ATP entsteht. Die im ATP enthaltene Energie wird durch eine Phosphatabspaltung verfügbar. Dagegen kann $NADH_2$ (und $NADPH_2$) nur Energie in Form von ATP liefern, wenn eine Reaktion mit Sauerstoff stattfindet *(s. 3.1.3)*. Die Glykolyse kann nur ablaufen, wenn NAD (oxidierte Form!) zur Aufnahme von Wasserstoff verfügbar ist.

Die gebildete Brenztraubensäure wandert aus dem Cytosol in die Mitochondrien. Dort finden die weiteren Abbauvorgänge statt. Aus der Brenztraubensäure entsteht zunächst unter CO_2-Abspaltung ein C_2-Körper, der nach Oxidation und Reaktion mit *Coenzym A* die energiereiche »aktivierte Essigsäure« *(Acetyl-Coenzym A)* bildet. ■

3.1.2 Citronensäurezyklus

Im Folgenden wird in den Mitochondrien der Acetylrest der aktivierten Essigsäure (C_2-Verbindung) an die Oxalessigsäure (C_4-Verbindung) gebunden; dabei entsteht Citronensäure (C_6-Verbindung) und das Coenzym A wird freigesetzt (**Abb. 168.1**). Bei der Citronensäure handelt es sich um eine Verbindung mit drei Carboxylgruppen (Tricarbonsäure). Aus ihr wird über eine Reihe von Zwischenstufen Kohlenstoffdioxid abgespalten und Wasserstoff entfernt ($NADH_2$-Bildung). Letztlich wird *Oxalessigsäure* zurückgebildet, die damit wieder zu erneuter Reaktion mit Acetyl-Coenzym A zur Verfügung steht.

Dieser Citronensäurezyklus *(Citratzyklus,* Tricarbonsäurezyklus) wurde 1937 von KREBS und HENSELEIT entdeckt. Durch den Zyklus wird ein vollständiger Stoffabbau erreicht, denn ebenso viele C-Atome, wie in Form von aktivierter Essigsäure in ihn eintreten, werden als Kohlenstoffdioxid freigesetzt.

Aus dem Citronensäurezyklus werden für die Bildung anderer Produkte auch Stoffe entnommen *(s. 3.4.1).* Daher könnte schließlich zu wenig Oxalessigsäure zur Verfügung stehen. Diese kann jedoch, wenn nötig, unmittelbar aus Brenztraubensäure synthetisiert werden. ■

3.1.3 **Endoxidation**

Der in der Glykolyse und im Citronensäurezyklus abgespaltene Wasserstoff wird an NAD gebunden. Das so entstandene $NADH_2$ muss nun wieder zu NAD oxidiert werden, da sonst die Oxidationsvorgänge der Glykolyse und des Citronensäurezyklus zum Erliegen kämen. $NADH_2$ gibt seinen Wasserstoff an Enzyme in der inneren Mitochondrienmembran ab. Sie bilden eine Kette hintereinander geschalteter Redoxsysteme, die man als *Atmungskette* bezeichnet – ähnlich der Elektronentransportkette bei der Fotosynthese. In der Elektronentransportkette der Fotosynthese kommt es durch die Lichtreaktionen an Chlorophyll zu einer Energieaufnahme: Die Elektronen werden »bergauf« vom Wasser zum NADP transportiert; Wasser wird dabei gespalten und Sauerstoff freigesetzt. In der Atmungskette kommt es zur Energieabgabe, die Elektronen wandern »bergab« vom $NADH_2$ zum Sauerstoff, der dadurch zu Wasser umgesetzt wird. Bei der Oxidation des an NAD gebundenen Wasserstoffs ($NADH_2$) zu Wasser wird eine beträchtliche Energiemenge frei (Knallgasreaktion!). Durch die Hintereinanderschaltung verschiedener Redoxsysteme, wie z. B. der eisenhaltigen *Cytochrome,* wird die Energie stufenweise freigesetzt. Mithilfe der freigesetzten Energie wird an der inneren Mitochondrienmembran ATP gebildet (**Abb. 169.1**).

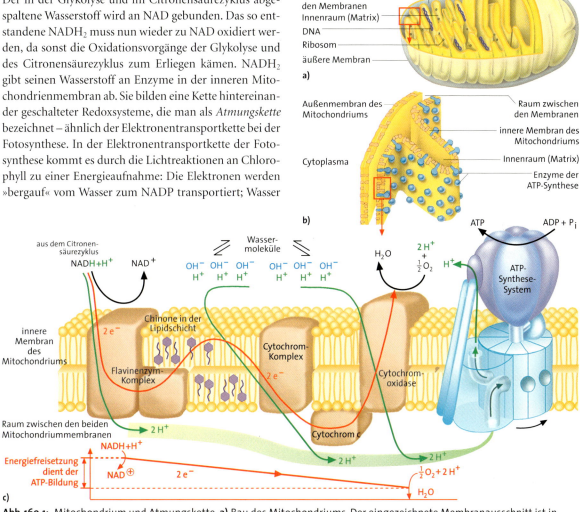

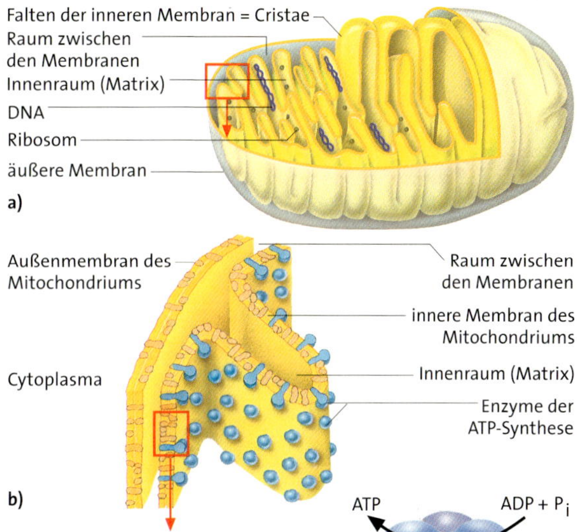

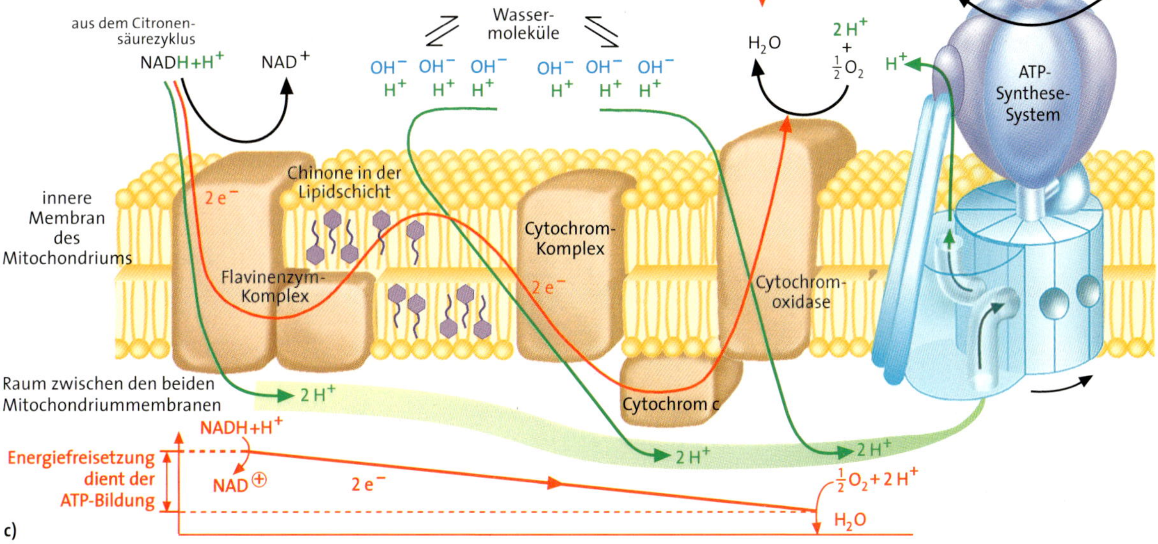

Abb. 169.1: Mitochondrium und Atmungskette. **a)** Bau des Mitochondriums. Der eingezeichnete Membranausschnitt ist in **b)** vergrößert wiedergegeben. Man erkennt hier die in die Matrix hineinragenden Enzyme der ATP-Bildung. **c)** Atmungskette und ATP-Bildung. Die Atmungskette ist eine Folge von Redoxsystemen. Die Elektronen wandern in der inneren Mitochondrienmembran im Energiegefälle zum Sauerstoff. Nimmt dieser Elektronen auf, so entstehen O^{2-}-Ionen, die mit H^+ zu Wasser reagieren. Bei der Wanderung der Elektronen wird H^+ in den Raum zwischen den beiden Membranen transportiert, sodass ein H^+-Konzentrationsgefälle entsteht, das zur ATP-Bildung genutzt wird.

Im Verlauf des Elektronentransports wandern Protonen vom Mitochondrien-Innenraum in den Raum zwischen den beiden Mitochondrienmembranen. So entsteht eine Ladungsdifferenz und eine Differenz des pH-Wertes zwischen diesem Raum und dem Innenraum. Dieser *Protonengradient* wird zur ATP-Bildung genutzt. In der inneren Mitochondrienmembran befinden sich besondere Enzymkomplexe, durch welche die H^+-Ionen wieder in den Matrixraum wandern *(s. 1.4.3)*. Sie sind gleich gebaut wie die entsprechenden Enzymkomplexe in den Chloroplasten. ■

3.1.4 Energiebilanz und Regulation

Die beim Zuckerabbau freigesetzte Energie wird zum Aufbau von ATP aus ADP und anorganischem Phosphat P_i verwendet. Wie viele Moleküle ATP beim Abbau eines Moleküls Glucose gebildet werden, hängt von den Reaktionsbedingungen und Konzentrationsverhältnissen ab. Man kann daher nur einen Mindestwert angeben: vollständige Oxidation eines Moleküls Glucose liefert mindestens 35 Moleküle ATP. Je Mol gebildetes ATP werden mindestens 30 kJ gespeichert; je Mol Glucose also 35 · 30 = 1050 kJ. Der Wirkungsgrad der Atmung, d. h. das Verhältnis zwischen gespeicherter und insgesamt freigesetzter Energie, beträgt daher wenigstens 1050 kJ : 2875 kJ = 0,37 oder 37 %. (Zum Vergleich: Der Wirkungsgrad eines Verbrennungsmotors beträgt etwa 35 %.) Der Rest der Energie wird als Wärme frei (**Abb. 170.1**).

Eine mehrfach abgesicherte *Regulation* der ATP-Bildung sorgt dafür, dass bei hohem ATP-Gehalt der Zelle der Abbau drastisch verringert wird. Das Fructosebisphosphat bildende Enzym (Phosphofructokinase) wird durch ATP allosterisch gehemmt *(s. 1.2.4)*. So wird die Glykolyse und damit der ganze Abbau reguliert. Die Endoxidation benötigt ADP. Steht dieses nicht genügend zur Verfügung, so wird die Zellatmung verringert.

3.1.5 Fettabbau

Der Abbau von Fetten spielt bei der Keimung von Samen eine wichtige Rolle, da diese oft Fett als Speicherstoff enthalten. Auch in Tieren wird bei Energiebedarf gespeichertes Fett abgebaut. Der Abbau beginnt mit einer Spaltung der Fettmoleküle *(s. Abb. 147.1)*; dabei entstehen freie Fettsäuren und Glycerin, das als C_3-Körper in die Glykolyse einbezogen wird. Die Fettsäuremoleküle werden nach Bindung an Coenzym A stufenweise abgebaut. In jeder Reaktionsstufe wird ein Acetyl-Rest abgespalten. Dabei wird die Fettsäure jeweils um zwei C-Atome kürzer, bis sie vollständig zerlegt ist. Die Acetyl-Reste treten dann in den Citronensäurezyklus ein. ■

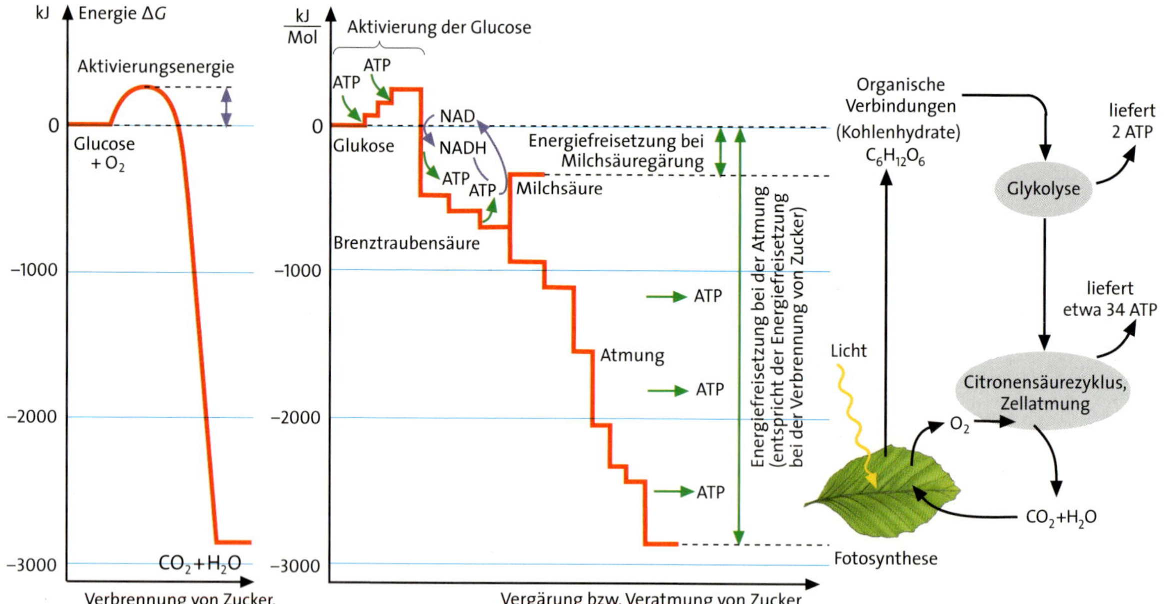

Abb. 170.1: Energieverhältnisse bei der Verbrennung von Zucker sowie bei der Gärung und Atmung. Um die Energieabnahme (negative Werte) oder Energiezunahme (positive Werte) der Glucose bei Aktivierung und Abbau darzustellen, wird der Energieinhalt von Glucose als Bezugspunkt = 0 gesetzt. Bei Gärung und Atmung erfolgt ATP-Bildung.

3.2 Gärungen

Ohne Sauerstoff kann die Zelle organische Verbindungen, z. B. Zucker, nur unvollständig abbauen. Solche Vorgänge nennt man Gärungen. Die entstehenden Produkte enthalten noch relativ viel Energie (**Abb. 170.1**). Der Energiegewinn durch Gärung ist deshalb viel geringer als der durch Atmung, bei der die energiearmen Stoffe Kohlenstoffdioxid und Wasser entstehen.

Alkoholische Gärung. *Hefepilze* gedeihen in verdünnten Zuckerlösungen auch bei Fehlen von Sauerstoff und vermehren sich sogar. Der Zucker wird zu Ethanol und CO_2 umgesetzt; man spricht von *alkoholischer Gärung.*

$$C_6H_{12}O_6 \rightarrow 2\ CH_3-CH_2-OH + 2\ CO_2;$$
$$\Delta G = -234\ \text{kJ}$$

Wenn jedoch die Hefen freien Sauerstoff zur Verfügung haben, können sie, wie die Zellen anderer Organismen, den Zucker auch vollständig zu CO_2 und H_2O abbauen. Sie vermögen also sowohl durch Atmung als auch durch Gärung Energie zu gewinnen. Übersteigt das Ethanol die Konzentration von 15%, gehen die Hefepilze allerdings im eigenen Ausscheidungsprodukt zugrunde.

Die Summengleichung gibt nur die Ausgangs- und Endprodukte der alkoholischen Gärung an. Die dazwischen liegenden Reaktionen sind bis zur Brenztraubensäure identisch mit der Glykolyse. Je Glucosemolekül werden daher zwei Moleküle ATP gebildet. Da kein Sauerstoff zur Verfügung steht, kann der Wasserstoff des $NADH_2$ nicht zu Wasser oxidiert werden. Er geht auf Zwischenprodukte des Stoffabbaus über, die so reduziert werden. Im Fall der alkoholischen Gärung spaltet sich von der Brenztraubensäure CO_2 ab. Das dabei entstandene Ethanal (Acetaldehyd) wird durch $NADH_2$ zu Ethanol (Ethylakohol) reduziert.

Milchsäuregärung. Die Milchsäurebakterien gewinnen Energie durch Abbau von Zucker zu Milchsäure:

$$C_6H_{12}O_6 \rightarrow 2\ CH_3-CHOH-COOH; \quad \Delta G = -218\ \text{kJ}$$

Bei dieser *Milchsäuregärung* wird der bei der Glykolyse freigesetzte Wasserstoff direkt auf Brenztraubensäure übertragen und diese zu Milchsäure reduziert.

Gärungstechnologie

Sie ist der älteste Bereich der wirtschaftlichen Nutzung biologischer Vorgänge. Die Fähigkeit von Hefepilzen, Zucker zu vergären, wird seit vorgeschichtlicher Zeit zur Herstellung von alkoholischen Getränken und Backwaren genutzt. *Bäckerhefe* vergärt im Teig den Zucker; das entstehende CO_2 treibt den Teig auf, das Ethanol verdampft in der Backhitze. Im Sauerteig wirken neben den Hefen auch Milchsäurebakterien. Die gleichen Hefepilze vergären als *Bierhefe* beim Brauen den Zucker im Malz. Malz entsteht aus angekeimten und danach getrockneten Gerstenkörnern, welche die Enzyme zum Stärkeabbau enthalten. Beim Keimen wird die Stärke durch diese in Maltose und Glucose gespalten. In der Weinkellerei vergären *Weinhefen* die Zucker des Traubensaftes. Sprit entsteht durch enzymatischen Abbau von Kartoffel- oder Getreidestärke, anschließende Vergärung mit Hefe und Destillation des Ethanols. Zur technischen Ethanolproduktion wird auch das Bakterium *Zymomonas* eingesetzt. Ausgangsmaterial ist oft Cellulose, die zunächst auf chemischem Weg zu Glucose aufgespalten wird. *Milchsäurebakterien* werden genutzt, um Nahrungsmittel haltbar zu machen, weil Milchsäure die Entwicklung von Fäulnisbakterien hemmt. Sie wirken mit bei der Herstellung von Sauermilch, Käse, Sauerkraut und Silofutter. Für die Lebensmittelindustrie wird mit Bakterien reine Milchsäure produziert. Für die Herstellung von Edelpilz-Käse wird die Gärung mit *Penicillium*-Pilzen fortgesetzt. *Buttersäurebakterien* liefern in der Technik Aceton und Butanol. Manche als Gärungen bezeichneten Vorgänge laufen bei beschränktem Sauerstoffzutritt ab. Dabei entstehen oft mehrere Endprodukte, man spricht von *gemischten Gärungen.* Die so genannte *Essigsäuregärung* ist keine Gärung; bei ihr wird durch Essigbakterien Ethanol zur Essigsäure oxidiert; dazu ist freier Sauerstoff notwendig. Der Vorgang zählt daher zu den *Biotransformationen*:

$$C_2H_5OH + O_2 \rightarrow CH_3-COOH + H_2O;$$
$$\Delta G = -490\ \text{kJ}$$

Auf diesem Weg wird auch Speiseessig gewonnen. In anderen Biotransformationen setzen Schimmelpilze der Gattung *Aspergillus* Kohlenhydrate zu Citronensäure um, die in der Lebensmittelindustrie verwendet wird. Mithilfe von Bakterien werden Aminosäuren hergestellt, die als Lebensmittelzusatzstoffe dienen. So liegt z. B. die Jahresproduktion von Glutaminsäure als Geschmacksverstärker bei ca. 1 Mio. t.

Buttersäuregärung. Für manche Bakterien, die zur Gärung befähigt sind, ist freier Sauerstoff schädlich, sie können nur unter Sauerstoffausschluss leben. Man bezeichnet sie als *Anaerobier.* Dazu gehören die meisten *Buttersäurebakterien,* die Kohlenhydrate zu Buttersäure, Butanol und weiteren Stoffen vergären.

Fäulnis und Verwesung. An der als *Fäulnis* bezeichneten Eiweißzersetzung sind neben atmenden *(aeroben)* auch gärende *(anaerobe)* Mikroorganismen beteiligt. Sie bauen die Aminosäuren, in die Proteine zunächst zerlegt werden, weiter ab. Dabei entstehen CO_2 sowie die übelriechenden Stoffe Ammoniak (NH_3) und Schwefelwasserstoff (H_2S). Die Zersetzung organischer Substanz unter ungehindertem Luftzutritt nennt man *Verwesung.*

Untersuchungsmethoden des Stoffabbaus

Der Abbau von Kohlenhydraten und anderen Stoffen verläuft als eine Kette aufeinander folgender Reaktionen. Jede dieser Reaktionen wird von einem bestimmten Enzym katalysiert:

$$A \xrightarrow{\text{Enzym } 1} B \xrightarrow{\text{Enzym } 2} C \xrightarrow{\text{Enzym } 3} D \xrightarrow{\text{Enzym } 4} E$$

In der schematisch dargestellten Reaktionsfolge wird der Ausgangsstoff A über eine Reihe von Zwischenstufen in das Endprodukt oder die Endprodukte E verwandelt. Um festzustellen, welche Stoffe den Zwischenstufen B, C, D usw. entsprechen, verwendet man folgende Verfahren:

1. Man bietet der Zelle radioaktiv markiertes A an. Alle in der Zelle gefundenen radioaktiven Stoffe müssen dann aus A entstanden sein.
2. Vermutet man ein Zwischenprodukt X, so setzt man einen Stoff zu, der mit X reagiert. Entsteht dabei eine neue Verbindung, die nicht weiter umgesetzt werden kann, dann reichert sie sich an. Das vermutete Zwischenprodukt lässt sich so identifizieren. Dass der gebundene Stoff tatsächlich ein Zwischenprodukt des Stoffwechselweges ist, zeigt sich am Ausfall des Endprodukts.
3. Man hemmt ein bestimmtes Enzym, z. B. Enzym 3, dann häuft sich das Substrat (C) dieses Enzyms an und lässt sich identifizieren.
4. Man isoliert die einzelnen Enzyme aus der Zelle, untersucht deren Funktionen und lässt nach Zusammenfügen der erforderlichen Enzyme ganze Reaktionsketten *in vitro* ablaufen.

3.3 Stoffumwandlung und Stoffspeicherung

3.3.1 Umsetzungen im Intermediärstoffwechsel

Bei der Fotosynthese entstehen zunächst Zucker und Stärke. Davon ausgehend werden die zahlreichen Verbindungen aufgebaut, die in Pflanzenzellen auftreten. Außer weiteren Kohlenhydraten sind dies vor allem Proteine, Nucleinsäuren, Lipide *(s. 1.3)* und die sekundären Pflanzenstoffe *(s. 3.4.5).* Zu deren Aufbau verwenden die Zellen oft Zwischenprodukte, die bei der Glykolyse oder im Citronensäurezyklus entstehen. So werden Bausteine für die Bildung der Aminosäuren, der Cytochrome und anderer Stoffe aus dem Citronensäurezyklus entnommen (**Abb. 173.1**). Der Citronensäurezyklus ist daher ein »zentraler Umschlagplatz des Stoffwechsels«, in den ständig Stoffe aus dem Abbau einströmen und der wiederum Stoffe für Aufbauvorgänge liefert. Stoffaufbau und Stoffabbau sind eng miteinander verknüpft. Die Aufeinanderfolge der Reaktionen bezeichnet man als Stoffwechselweg. Die stets gleichartigen Stoffwechselwege, die dem Umbau der Stoffe dienen, bilden den *Intermediärstoffwechsel.*

Aufbau von Zellbestandteilen. Neben der Stärke spielen unter den pflanzlichen *Polysacchariden* vor allem die Cellulose, Hemicellulosen und Pectinstoffe als Baustoffe der Zellwand eine große Rolle. Die Hemicellulosen sind verzweigtkettige Polysaccharide aus unterschiedlichen Zuckerbausteinen. Die Zuckerbausteine dieser Polysaccharide bilden sich aus Zuckerphosphaten.

Polare Lipide werden als wichtige Bausteine aller Membranen in jeder Zelle gebildet. Sie besitzen stets einen hydrophilen Molekülteil *(s. 1.3.3).* In Form der *Fette* (Triglyceride) sind Lipide wichtige Speicherstoffe. Die Bildung der Fette umfasst die Synthese der Fettsäuren und deren Veresterung mit Glycerin *(s. Abb. 146.1).* Die Vorstufe des Glycerins wird aus der Glykolyse entnommen. Die Fettsäuren entstehen aus C_2-Körpern, die als Acetyl-Coenzym A in energiereicher Form vorliegen. Die Synthese erfolgt an einem *Multi-Enzymkomplex (s. 1.2.3).* In diesem sind die einzelnen Enzyme so angeordnet, dass die entstehende Fettsäure von einem zum anderen weiterwandert, also niemals vor ihrer endgültigen Fertigstellung frei wird. Bei den grünen Pflanzen ist dieser Multi-Enzymkomplex in die Chloroplasten eingeschlossen und besteht aus sieben verschiedenen Proteinen, die sich zusammenlagern. Bei den Säugern befindet sich der Komplex frei im Cytosol, er besteht hier aus einem einzigen Protein, das über alle sieben Enzymfunktionen verfügt. Auch andere Multi-Enzymkomplexe sind in der Zelle nachgewiesen.

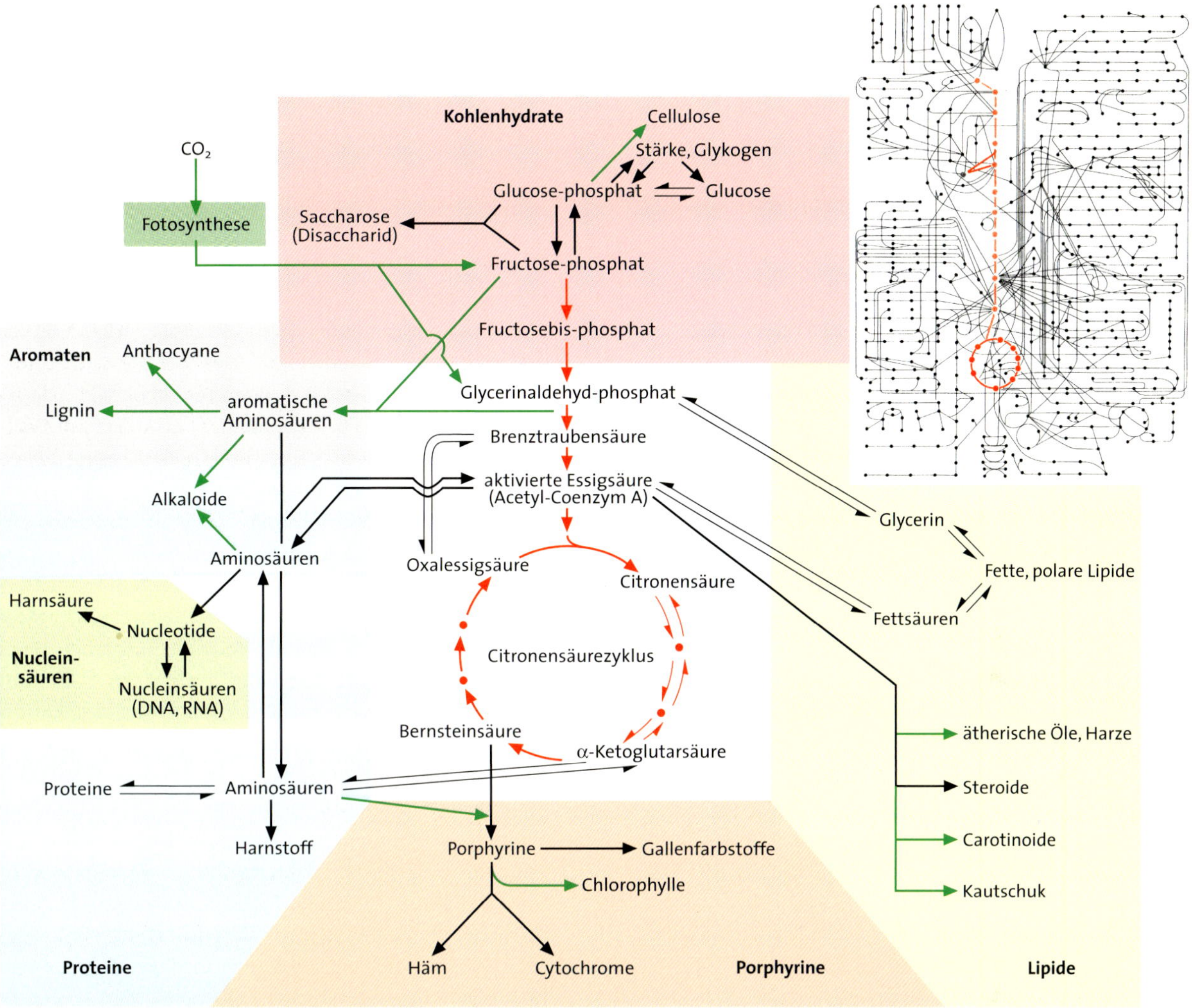

Abb. 173.1: Schema der Stoffwechselwege des intermediären Stoffwechsels und des Zusammenhangs der im Stoffwechsel der Zelle von Tier und Pflanze auf- und abgebauten Stoffe. Der Abbau der Kohlenhydrate durch die Glykolyse und die Umsetzung der aktivierten Essigsäure im Citronensäurezyklus ist mit roten Pfeilen dargestellt. Grüne Pfeile kennzeichnen Reaktionsketten, die nur in Pflanzen ablaufen. Oben rechts: Netzwerk des Primärstoffwechsels; jeder Punkt gibt einen Stoff an.

	Vorgang	Energieliefernde Reaktionen	Produkte	Organismen
Stoffaufbau	Fotosynthese	fotochemische Reaktionen (Nutzung von Lichtenergie)	Kohlenhydrate	grüne Pflanzen, einige Bakterien
	Chemosynthese	anorganische Oxidationsreaktionen	Kohlenhydrate	einige Bakterien
		Reduktion von CO_2 mit H_2	organische Stoffe und Methan	einige *Archaea* (Methanbildner)
	Aufbauvorgänge im intermediären Stoffwechsel	Abbau organischer Stoffe durch Atmung oder Gärung	körpereigene Stoffe	alle Lebewesen
Stoffabbau	Atmung	vollständiger Abbau organischer Verbindungen	CO_2, H_2O	alle Lebewesen außer wenigen Bakterien und *Archaea*
	Gärung	unvollständiger Abbau organischer Verbindungen	organische Gärungsprodukte (Milchsäure, Ethanol u. a.)	einige Bakterien, Hefepilze, vorübergehend auch Mensch (arbeitender Muskel) und andere Organismen

Tab. 173.2: Übersicht über die Vorgänge des Stoffaufbaus (Assimilation) und Stoffabbaus (Dissimilation)

3.3.2 Bildung und Abbau von Aminosäuren

Aus Nitrat- und Ammoniumionen deckt die höhere Pflanze ihren Stickstoffbedarf für die Bildung der Aminosäuren und der daraus aufgebauten Proteine. Auch Nucleotide entstehen aus Verbindungen des Aminosäurestoffwechsels. Ammoniumionen werden über eine Zwischenstufe an α-Ketoglutarsäure gebunden, die im Citronensäurezyklus entsteht. Dadurch wird die Aminosäure Glutaminsäure gebildet *(s. Abb. 139.1)*. Diese kann ihre Aminogruppe auf andere Verbindungen zur Bildung verschiedener Aminosäuren übertragen. Da Ammoniumionen in größerer Menge für die Zelle giftig sind, nehmen viele Pflanzen bevorzugt Nitrationen auf. Sie werden in der Zelle unter Energieaufwand zu Ammoniumionen reduziert und diese sofort zur Bildung von Aminosäuren verwendet.

Tiere müssen Stickstoff in Form organischer Verbindungen aufnehmen, da sie weder Ammonium- noch Nitrationen nutzen können. Sie können aber auch nicht alle Aminosäuren aufbauen. Der Mensch kann nur zwölf der 20 in Proteinen regelmäßig vorkommenden Aminosäuren selbst herstellen. Die übrigen muss er mit der Nahrung aufnehmen. Fehlt auch nur eine dieser unentbehrlichen oder *essentiellen Aminosäuren* auf Dauer, so stellen sich schwere Gesundheitsschäden ein, weil Proteine nicht mehr hergestellt werden können. Wichtige essentielle Aminosäuren sind neben Lysin z. B. Phenylalanin, Tryptophan und Methionin. Beim Abbau von Proteinen durch Hydrolyse entstehen wieder Aminosäuren. Diese werden nach Abspaltung der Aminogruppe NH_2 zu Verbindungen umgesetzt, die sich auch bei der Glykolyse oder dem Citronensäurezyklus bilden. Ihr weiterer Abbau verläuft dann über die dort beschriebenen Reaktionen *(s. 3.1.1* und *3.1.2)*. ■

Abb. 174.1: Wurzelknöllchen der Lupine. Darin befinden sich die Stickstoff bindenden Bakterien.

3.3.3 Stickstoff-Fixierung

Einige Bakterien des Erdbodens, z. B. *Azotobacter*, viele Cyanobakterien (Blaualgen) und z. B. die in Symbiose *(s. Ökologie 1.9.6)* mit Schmetterlingsblütlern lebenden *Knöllchenbakterien* können den Stickstoff der Luft binden. Sie reduzieren ihn zu Ammoniumionen und bauen damit Aminosäuren auf. Beim Absterben der frei lebenden Stickstoff bindenden Bakterien gelangen ihre Stickstoffverbindungen in den Boden.

Die Reduktion des Luftstickstoffs erfordert zur Aktivierung des chemisch trägen N_2-Moleküls einen hohen Energieaufwand, der durch Atmungsvorgänge gedeckt wird. Die in Symbiose lebenden Stickstofffixierer entnehmen ihrer Wirtspflanze daher viel Kohlenhydrate.

Die Knöllchenbakterien *(Rhizobium)* der Schmetterlingsblütler (Erbse, Bohne, Linse, Soja, Lupine, Klee usw.) kommen auch frei im Boden vor, können dann aber keinen Stickstoff reduzieren. Sie dringen in die Rindenzellen der Wurzeln ein und lösen Gewebswucherungen in Form von *Wurzelknöllchen* aus (**Abb. 174.1**). Der von den Knöllchenbakterien gebundene Stickstoff kommt auch der Wirtspflanze zugute. Daher gedeihen Schmetterlingsblütler auch auf ungedüngtem, stickstoffarmem Boden. Durch die Symbiose werden bis zu 300 kg Stickstoff je ha und Jahr gebunden. Man verwendet Schmetterlingsblütler zur Gründüngung auf magerem Boden, indem man ihre oberirdischen Teile in den Boden einpflügt. Infolge der Tätigkeit der Bakterien können die Schmetterlingsblütler proteinreiche Samen bilden, die hochwertige Nahrungs- und Futtermittel liefern. Sanddorn und Erle stehen in einer ähnlichen Symbiose mit Stickstoff bindenden Bakterien aus der Gruppe der sog. *Strahlenpilze (Actinomyceten)*. Die genannten Holzpflanzen dienen ebenso wie Schmetterlingsblütler der Versorgung nährstoffarmer Böden mit Stickstoffverbindungen. Die jährliche Produktion von Stickstoffverbindungen durch N_2 bindende Organismen schätzt man für die Erde auf über 180 Millionen Tonnen; die Weltproduktion von Stickstoffdünger liegt bei über 50 Millionen Tonnen.

3.3.4 Speicherstoffe und ihre Nutzung in der menschlichen Ernährung

Was von den Assimilaten nicht sofort verbraucht wird, speichert die Pflanze. Dazu werden oft besondere Speicherorgane gebildet, z. B. Spross- und Wurzelknollen, Rüben und Zwiebeln. Bei Holzpflanzen erfolgt die Speicherung vor allem in den Markstrahlen und im Rindengewebe *(s. Abb. 63.1)*. Außerdem versehen die Pflanzen ihre

Samen mit einem Nährstoffvorrat, der dem Keimling zur Bildung der Keimwurzel und der ersten Blätter dient.

Viele Samen, Früchte und andere Speicherorgane von Pflanzen nutzt der Mensch für seine Ernährung sowie als *nachwachsende Rohstoffe* und hat sie durch Züchtung ertragreicher gemacht *(s. Genetik 5.1)*. Die Ertragssteigerung wurde durch gentechnische Verfahren noch erfolgreicher. In den USA bestanden im Jahr 2000 40 % der Sojakulturen und 40 % der Baumwollpflanzungen aus gentechnisch veränderten Pflanzen.

Die wichtigste Energiequelle für den Menschen sind die *Kohlenhydrate*. Einer der häufigsten Speicherstoffe ist die *Stärke*. Sie ist in Form von Körnern in Plastiden der Zellen, z. B. der Kartoffelknolle oder der Getreidekörner, eingelagert (**Abb. 175.1**). Gestalt und Schichtung der Körner sind bei jeder Pflanzenart verschieden. *Saccharose* wird insbesondere von Zuckerrübe (bis zu 25 % des Gewichts) und Zuckerrohr gespeichert. Die Zellwände enthalten große Mengen *Cellulose*, die der Mensch nicht verdauen kann. Sie hat in der Ernährung dennoch eine wichtige Aufgabe als »*Ballaststoff*«. Ein kleiner Teil davon wird im Darm durch Mikroorganismen (»Darmflora«) abgebaut. Der Mensch gewinnt daraus noch 7 % seiner verfügbaren Energie. Nachwachsende Rohstoffe sind auch die Faserpflanzen, z. B. Baumwolle und Hanf.

Vor allem in den Samen vieler Pflanzen kommen *Fette* vor. Sie sind die energiereichsten Nahrungsstoffe: Ihr vollständiger Abbau liefert 39 kJ/g, der Abbau von Kohlenhydraten und Proteinen nur um 17 kJ/g. Pflanzliche und tierische Fette werden vom menschlichen Körper gleich gut verwertet; flüssige Fette (Öle) werden besser genutzt als feste. Bei übermäßiger Kohlenhydratzufuhr (Süßspeisen) bildet der Körper Fette und speichert diese. Er kann also Kohlenhydrate in Fette umwandeln. Trotzdem können Kohlenhydrate Fette nicht voll ersetzen, da die fettlöslichen Vitamine A und D nur zusammen mit Fett aufgenommen werden können. Außerdem braucht der Körper einige ungesättigte Fettsäuren, die er nicht selbst herstellen kann *(essentielle Fettsäuren)*. Er nimmt sie vor allem mit Pflanzenfetten auf. Essentielle Fettsäuren sind Vorstufen der Prostaglandine *(s. 1.5)*. Der Fettanteil soll etwa 35 % des Tagesenergiebedarfs decken. Als nachwachsender Rohstoff ist Rapsöl wichtig, weil daraus Treibstoffe (Biodiesel), Schmiermittel und oberflächenaktive Substanzen (Tenside) hergestellt werden. Pflanzenöle mit besonderen Fettsäuren gewinnen an Bedeutung für die Technik. Das Fett aus Samen von *Simmondsia* (nordamerikanische Halbwüste) kann als Rohstoff das Walrat, das aus dem Pottwal gewonnen wurde, vollwertig ersetzen. Walrat wurde zur Herstellung von Industrieprodukten sowie als Salbengrundlage verwendet.

Proteine der Nahrung dienen vor allem zum Aufbau körpereigener Proteine. Pro Tag setzt ein 70 kg schwerer Mensch etwa 400 g Proteine um. Bis zu 100 g der dabei entstehenden freien *Aminosäuren* werden unter Abspaltung des gebundenen Stickstoffs zu CO_2 oxidiert. Im Verlauf eines Jahres werden so die organischen Bestandteile des menschlichen Körpers zu über 90 % erneuert. Beim Erwachsenen soll der Proteinanteil der Nahrung etwa 15 % des Tagesenergiebedarfs ausmachen, bei Kindern und Heranwachsenden mehr. Nahrungseiweiß ist vollwertig, wenn die essentiellen Aminosäuren *(s. 3.4.2)* etwa dieselbe prozentuale Häufigkeit aufweisen wie in den Proteinen des menschlichen Körpers. So sind Proteine aus Fleisch, Fisch, Eiern, Milch und Käse sowie Proteine der Kartoffel und der Sojabohne vollwertig. Weniger wertvoll sind trotz hohem Proteingehalt Hülsenfrüchte, da sie von einigen essentiellen Aminosäuren zu wenig enthalten. Um den Bedarf des Körpers zu decken, muss man also größere Mengen dieser Proteine zu sich nehmen.

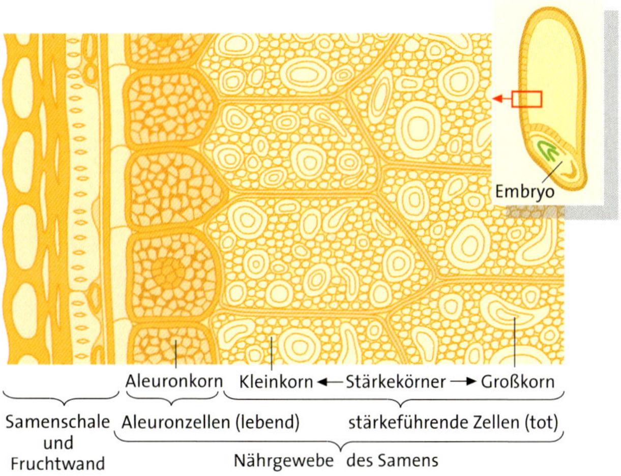

Abb. 175.1: Weizenstärke und ihre Lokalisierung im Weizenkorn. Der Ausschnitt zeigt das Nährgewebe aus vielen mit Stärkekörnern angefüllten, aber toten Zellen (Mehlkörper), eine randliche Reihe von lebenden Zellen mit viel Klebereiweiß (Aleuronzellen) sowie Samenschale und Fruchtwand.

Stärke	Kartoffel	20–25 %
	Weizenkorn	67 %
Fett	Olive, Fruchtfleisch	40–56 %
	Sojabohne	17–19 %
	Rapssamen	30–34 %
	Ölpalme (Fruchtfleisch)	65–72 %
Eiweiß	Kartoffel	2 %
	Weizenkorn	12 %
	Sojabohne	23 %

Tab. 175.2: Gehalt an Speicherstoffen in % des Frischgewichts

3.3.5 Produkte des Sekundärstoffwechsels

Außer den im bisher beschriebenen Grundstoffwechsel gebildeten und in allen Organismen vorkommenden Verbindungen treten in vielen Pflanzen noch zahlreiche andere Stoffe auf. Man nennt sie Sekundäre Pflanzenstoffe und fasst ihre Stoffwechselwege als *Sekundärstoffwechsel* zusammen. Viele davon schützen die Pflanze vor übermäßigem Tierfraß (»Fraßschutzstoffe«), andere vor Befall durch Mikroorganismen, die Bedeutung mancher ist unbekannt. Aus dem Lipidstoffwechsel entstehen ätherische Öle, Harze, Kautschuk und Wachse. Aus dem Aminosäurestoffwechsel stammen die Bausteine der stickstoffhaltigen *Alkaloide.* In diesen Verbindungen ist ein Stickstoffatom in ein Ringsystem eingebaut. Sie reagieren schwach basisch. Vom Kohlenhydratstoffwechsel geht die Bildung *aromatischer Verbindungen* aus. Diese vermag nur die Pflanze aufzubauen. Sogar die aromatischen Aminosäuren *(s. Abb. 139.1)* für den Aufbau von Proteinen müssen Tiere und der Mensch aus Pflanzen über die Nahrungskette beziehen (essentielle Aminosäuren, *s. 3.3.2*). Die Sekundärstoffe werden in den großen Vakuolen der Pflanzenzellen angehäuft. Dazu müssen sie gut wasserlöslich sein. Dies wird bei wenig polaren Stoffen durch Verknüpfung mit Zuckern erreicht; so entstehen *Glykoside.* Glykoside von Aromaten sind z. B. die Anthocyane; sie bilden rote und blaue Blütenfarbstoffe und die Farbstoffe von Rotkohl und Kirschen.

Der Mensch nutzt seit langem viele der Sekundären Pflanzenstoffe. *Kautschuk* wird aus dem Milchsaft des Kautschukbaums gewonnen, der weltweit in den feuchten Tropen angebaut wird. Pflanzen mit ätherischen Ölen liefern *Gewürze* (Petersilie, Kümmel, Anis, Rosmarin, Zimt, Lorbeer, Ingwer und viele andere), *Duftstoffe* (Lavendel) oder *Arzneimittel* (Pfefferminze, Kamille). Als Arzneimittel werden auch zahlreiche Alkaloide verwendet, z.B. Morphin und Codein aus dem Milchsaft des Schlafmohns und Atropin aus der Tollkirsche. Viele *Genuss-* und *Rauschmittel* zählen ebenfalls zu den Alkaloiden: Coffein (Kaffeestrauch), Nikotin (Tabak), Opium (Schlafmohn), Cocain (Cocastrauch), Haschisch und Marihuana (indischer Hanf). Glykoside des Fingerhutes *(Digitalis)* und einiger tropischer Pflanzen sind wichtige Herzarzneimittel.

Nutzpflanzen des Menschen enthalten vielfach Sekundärstoffe, die der menschlichen Gesundheit abträglich sind. Wenn man an »natürliche Nahrungsmittel« dieselben Sicherheitsanforderungen stellen würde wie an künstliche Nahrungsmittel-Zusätze, so wären bei den gegebenen Konzentrationen zu verbieten z.B. Senf und Meerrettich, weil sie chromosomenschädigende Stoffe enthalten, Himbeeren und Waldmeister, weil sie das Lebergift Cumarin enthalten.

3.3.6 Reaktive Formen des Sauerstoffs

Manche Sekundärstoffe, die das Wachstum parasitischer Pilze hemmen, nehmen beim Befall mit diesen Parasiten überall im Blatt rasch zu. Hierfür sind als Signal in der Zelle »reaktive Sauerstoff-Formen« (ROS, reactive **O** species) verantwortlich, insbesondere Peroxid- (O_2^{2-}) und Superoxid (= Hyperoxid)- (O_2^-)-Ionen. Sie entstehen stets in sehr geringer Menge, sobald O_2 am Stoffwechsel beteiligt ist, also bei der Fotosynthese und der Zellatmung. Da die ROS die Zelle schädigen, werden sie normalerweiser rasch durch Enzyme abgebaut. Durch Parasitenbefall werden sie jedoch vermehrt, es kommt zu unkontrollierten Oxidationsreaktionen (»oxidativer Stress«). Für die Parasitenabwehr kann dies von Nutzen sein: die betroffenen Zellen sterben ab, und die Ausbreitung des Parasiten wird dadurch erschwert. In Zellen von Tier und Mensch sind ROS ebenfalls wichtige Signale; ihr Fehlen in Tumorzellen trägt zu deren ungehemmter Teilung bei. ■

3.3.7 Verfahren der Biotechnologie

Zellkulturen. Über 25 % der Arzneimittel werden aus Pflanzen gewonnen. Viele der Lieferanten sind seltene Arten, die sich manchmal auch nur schlecht anbauen lassen. Deshalb werden verstärkte Anstrengungen unternommen, die wertvollen Stoffe aus Zell- oder Gewebekulturen der betreffenden Arten zu gewinnen *(s. Exkurs Methoden der Zellforschung S. 32)*. Nach Anlage der Kultur in Kulturgefäßen werden die Zellen im Großbetrieb in *Bioreaktoren* vermehrt (**Abb. 176.1**). Unter geeigneten Bedingungen erzeugen die Zellen dann die als Arzneimittel verwendeten Inhaltsstoffe. Oft geschieht dies allerdings erst, wenn

Abb. 176.1: **a)** Zellkultur im industriellen Maßstab. Der Behälter der Zellkultur wird als Fermenter bezeichnet; **b)** pflanzliche Zellkultur im Labor (Durchmesser des Kolbens 12 cm)

die Zellen sich in der Kultur stark vermehrt haben und in die stationäre Phase übergegangen sind *(s. Abb. 84.1)*. In diesem Fall sind Dauerkulturen zur Produktgewinnung sehr aufwändig. Ein wichtiges Arzneimittel in der Krebsbekämpfung ist das *Taxol* aus einer seltenen nordamerikanischen Eibenart. Die Gewinnung aus Zellkulturen war hier schon deshalb erforderlich, weil die langsam wachsenden Bäume sonst innerhalb von 20 Jahren ausgerottet worden wären. Günstiger ist mittlerweile die Produktion aus Vorstufen, die in der einheimischen Eibe enthalten sind. Bei der Gewinnung mancher Antibiotika, z. B. der Penicilline, werden den Kulturen geeignete synthetische Bausteine zugesetzt, die dann in das Antibiotikum eingebaut werden. So entstehen »halbsynthetische« Verbindungen. Dadurch wird die Variationsbreite und damit die Wirksamkeit solcher Antibiotika vergrößert. Auch wird der Resistenzbildung von krankheitserregenden Bakterien entgegengewirkt. Bei verschiedenen aus Kulturen von Bakterien *(Actinomyceten)* gewonnenen Breitband-Antibiotika lassen sich neue Stoffe dadurch erhalten, dass man mithilfe der Gentechnik Biosynthesevorgänge aus verschiedenen Arten kombiniert *(s. Genetik 5.2.3)*. Zahlreiche Bakterien produzieren *Polyhydroxyalkansäuren*, z. B. die *Polyhydroxybuttersäure*, als Reservestoffe. Diese Verbindungen sind als biologisch leicht abbaubare Kunststoffe geeignet, aber ihre Gewinnung ist noch immer relativ teuer. Durch Verbesserung der Kulturverfahren und Nutzung gentechnisch veränderter Bakterien oder Pflanzen wird eine Verbilligung erwartet.

Energielieferung. Da die Fotovoltaik bei der Energiegewinnung derzeit nicht konkurrenzfähig ist, beschäftigen sich viele Arbeiten mit einer technischen Nachahmung der Primärvorgänge der Fotosynthese. Dadurch soll eine H_2-Produktion anstelle der NADP-Reduktion ermöglicht werden. Man hat Elektronentransport-Systeme unter Beteiligung von Chlorophyllen entwickelt, die aber noch nicht technisch nutzbar sind. Eine Gewinnung von Energie auf umweltverträglichem Weg ist mithilfe von Grünalgen denkbar, die Wasserstoff bilden können. Das wirksame Enzym *Hydrogenase* arbeitet nur bei Sauerstoff-Ausschluss. Die Algen produzieren aber O_2 bei der Fotosynthese. Zwei Möglichkeiten einer erfolgreichen Manipulation werden diskutiert: eine Trennung von O_2-Bildung und H_2-Produktion oder die Erhöhung der Sauerstofftoleranz der Hydrogenase auf gen- und proteintechnischem Wege.

Simulation von Stoffwechselnetzen. Mittlerweile sind die Reaktionen des Intermediärstoffwechsels, ihre Enzyme und deren Eigenschaften sowie die meisten Regulationsvorgänge bekannt. Daher ist es z. B. möglich, im Computer Hemmstoffe von Enzymreaktionen zu modellieren oder ganze Stoffwechselketten quantitativ zu simulieren. Dann kann man am Modell überprüfen, durch welche Veränderungen bestimmte Stoffe angehäuft werden und auf dieser Grundlage gezielt in den Stoffwechsel eingreifen. Mit diesen Fragestellungen beschäftigt sich die neue Disziplin der **Systembiologie.**

Bionik. Sie befasst sich mit Strukturen von Lebewesen, die besondere Leistungen erbringen, um sie für die Technik nutzbar zu machen. Ein Beispiel ist der »Lotos-Effekt«: die Blätter der Indischen Lotosblume (*Nelumbo;* **Abb. 177.1 a**) besitzen eine Wachsschicht; Wasser perlt ab und nimmt den aufliegenden Staub vollständig mit. Dafür ist die besondere Feinstruktur der Wachsschicht verantwortlich. Man versucht, die Feinstruktur technisch nachzuahmen, um »sich selbst reinigende« Oberflächen herzustellen. Eine andere Oberfläche, die raue Haut von Haien mit ihrer charakteristischen Anordnung der Hautzähnchen, erwies sich als strömungstechnisch besonders günstig. Das Muster wird bereits für die Technik ausgewertet.

Baumartig verzweigte Träger (»Baumstützen«) haben bei einem gegebenen Materialaufwand eine hohe Trageleistung. Sie sind materialsparend und werden beim Bau von Hallen mit großen Dachflächen eingesetzt (**Abb. 177.1 b**).

Abb. 177.1: **a)** Indische Lotosblume *(Nelumbo)* und »Lotos-Effekt«; **b)** baumartig verzweigte Träger, so genannte »Baumstützen« *(s. Text)*

4 Stoffwechsel vielzelliger Tiere und des Menschen

Die Tiere und der Mensch müssen ihren Bedarf an organischen Bau- und Betriebsstoffen sowie an Energie aus den von der Pflanze hergestellten organischen Stoffen decken. Direkt, indem sie sich von Pflanzen ernähren, oder indirekt, wenn sie tierische Nahrung aufnehmen. Die tierischen Zellen können die Stoffe meist nicht unmittelbar der Umgebung entnehmen und Endprodukte nicht an diese abgeben. Aufnahme, Transport und Abgabe sind daher an besondere Organsysteme gebunden. Dabei handelt es sich um die Systeme für die Verdauung, den Stofftransport im Blut, die Atmung sowie die Ausscheidung.

4.1 Verdauung und Resorption beim Menschen

Der Körper kann die aufgenommene Nahrung erst verwerten, wenn die Stoffe durch die Zellmembran in die Zellen gelangen können. Die meisten in der Nahrung enthaltenen Substanzen bestehen aus relativ großen Molekülen und können nicht direkt aufgenommen werden. Durch die *Verdauung* werden Nährstoffe in ihre kleineren Moleküle gespalten (**Abb. 178.1**) und dann von Darmzellen aufgenommen. Die Reaktionen zum Aufspalten der Makromoleküle erfordern Aktivierungsenergie. Deshalb laufen sie nur bei Anwesenheit von Verdauungsenzymen mit nennenswerter Geschwindigkeit ab. Schließlich gelangen die kleineren Moleküle zum Weitertransport in Blut und Lymphe. Wasser, Vitamine und die meisten anorganischen Ionen werden unverändert aufgenommen.

Der vordere Abschnitt des Darmkanals (Mund, Magen) übernimmt die mechanische Zerkleinerung, die Speicherung und die Vorverdauung. Der mittlere Teil (Dünndarm) ist der Ort der Hauptverdauung und der Resorption, während der Endabschnitt (Dickdarm, Enddarm) die Resorption beendet und den Kot formt. Wegen seiner Länge liegt der Darm in Schlingen. Seine resorbierende Oberfläche ist durch Ausbildung von Falten und Zotten beträchtlich vergrößert. Dies gilt nicht nur für den Menschen, sondern für alle Wirbeltiere.

Im **Mund** wird die Nahrung durch Kauen und Einspeicheln für die Verdauung vorbereitet. Die tägliche Menge von etwa 1,5 Liter *Mundspeichel* wird in zahlreichen kleinen Drüsen in den Wänden der Mundhöhle und der Zunge sowie in drei Paar großen Drüsen, den *Ohrspeicheldrüsen*, den *Unterkieferdrüsen* und den *Unterzun-*

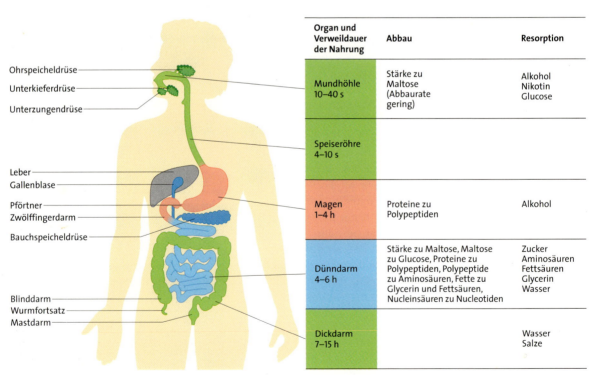

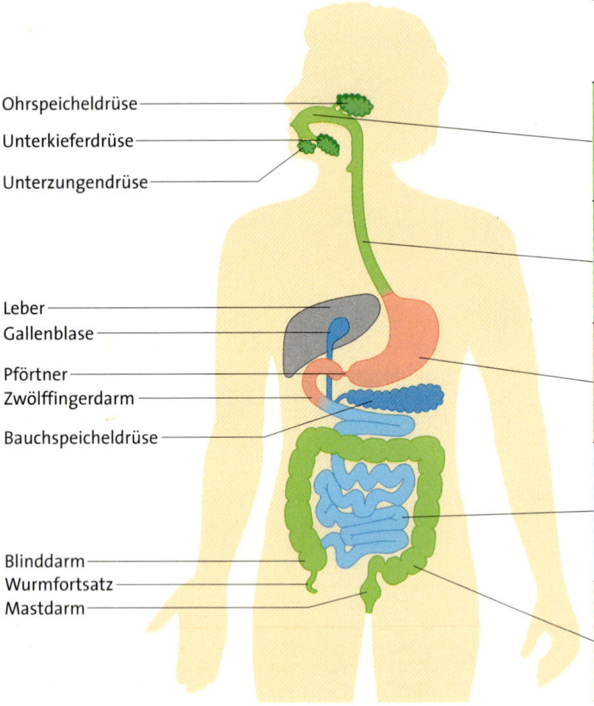

Organ und Verweildauer der Nahrung	Abbau	Resorption
Mundhöhle 10–40 s	Stärke zu Maltose (Abbaurate gering)	Alkohol Nikotin Glucose
Speiseröhre 4–10 s		
Magen 1–4 h	Proteine zu Polypeptiden	Alkohol
Dünndarm 4–6 h	Stärke zu Maltose, Maltose zu Glucose, Proteine zu Polypeptiden, Polypeptide zu Aminosäuren, Fette zu Glycerin und Fettsäuren, Nucleinsäuren zu Nucleotiden	Zucker Aminosäuren Fettsäuren Glycerin Wasser
Dickdarm 7–15 h		Wasser Salze

Abb. 178.1: Verdauung beim Menschen. Die Farben kennzeichnen die Reaktion der Verdauungssäfte: grün: neutral, rot: sauer, blau: basisch.

gendrüsen, bereitet. Der Speichel reagiert neutral. Er enthält Schleim, das Enzym Amylase und Salze. Die Hauptaufgabe des Speichels ist das Durchfeuchten der Speise. Amylase baut einen Teil der Stärke zu Maltose ab; sie arbeitet optimal im neutralen Bereich. Die bearbeitete Nahrung gleitet beim Schlucken portionsweise in die *Speiseröhre.* Durch peristaltische Wellen wird sie an den Mageneingang transportiert und schließlich in den Magen gedrückt. Eine *peristaltische Welle* entsteht, wenn sich die Ringmuskulatur an einer Stelle kontrahiert. Dadurch wird das Innere der Speiseröhre stark eingeengt. Die Kontraktionswelle wandert über die Speiseröhre in Richtung Magen und schiebt dabei den Speisebrei vor sich her. Deshalb kann man sogar im Kopfstand schlucken.

Der **Magen** ist der weiteste Teil des Darmkanals. Er sammelt die Nahrung an und gibt sie allmählich in kleinen Mengen an den Darm ab. Die Magenschleimhaut enthält unzählige kleine *Drüsen* (**Abb. 179.1**). Diese erzeugen in verschiedenartigen Zellen Schleim, *Salzsäure* und *Pepsinogen,* eine Vorstufe des Pepsins. Das Enzym *Pepsin* dient dem Abbau von Proteinen zu Peptiden. Im Pepsinogen ist das aktive Zentrum des Pepsins durch ein Stück der Peptidkette abgedeckt. Dieses Stück wird unter Einwirkung von Salzsäure langsam abgespalten. Bereits gebildetes Pepsin katalysiert diese Abspaltung zusätzlich. Durch die Abgabe von inaktivem Pepsin wird verhindert, dass es schon in der Zelle wirkt und diese zerstört.

Pro Tag werden zwei Liter Magensaft gebildet, der durch seinen Gehalt an freier Salzsäure (0,2 bis 0,5 %) stark sauer reagiert. Diese tötet Bakterien im Nahrungsbrei, denaturiert die darin enthaltenen Proteine und stellt das optimale pH-Milieu für Pepsin *(s. Abb. 141.2)* ein.

Die Selbstverdauung der Magen- und Darmwände durch die Enzyme wird dadurch verhindert, dass die Zellen durch einen Schleimbelag geschützt sind.

Die Schleimhaut auf der Innenseite des Darmes wird ständig erneuert. Die abgestoßenen Zellen bilden einen Teil des Kotes. Querfalten vergrößern die Oberfläche der Darmwand. Im Bereich des **Dünndarmes** ist sie außerdem noch mit *Darmzotten* besetzt (**Abb. 179.2**). Dabei handelt es sich um 1 mm lange zapfenförmige Ausstülpungen der Schleimhaut, die dicht gedrängt beieinander stehen (bis zu 30 je mm^2, insgesamt vier bis sechs Millionen). Jede Zotte enthält ein Lymphgefäß und Blutgefäße sowie Nerven- und Muskelfasern. Die Darmzotten vergrößern die Dünndarmoberfläche auf 40 bis 50 m^2. Feinste Plasmafortsätze *(Mikrovilli)* an der Oberfläche der resorbierenden Zellen (200 Millionen/mm^2) vergrößern sie weiter. Auf diese Weise erreicht die der Stoffaufnahme dienende Oberfläche des Dünndarmes eine Größe von über 2000 m^2.

Abb. 179.1: Magenschleimhaut (REM-Bild, 400fach, koloriert): **MA** Magendrüsenausgang, **ST** Schleimtröpfchen

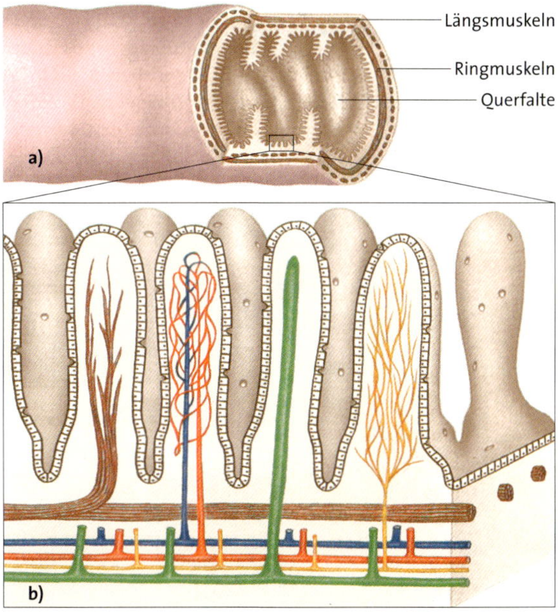

Abb. 179.2: Dünndarm. **a)** Ausschnitt. Die Muskelschicht wird außen vom Bindegewebe umhüllt; **b)** Darmzotten stark vergrößert; braun: glatte Muskelfasern; rot: Arterie und Kapillaren; blau: Vene; grün: Lymphgefäß; gelb: Nervenfasern. Die Vertiefungen der Zottenoberfläche sind die Schleim erzeugenden Becherzellen.

Sobald saurer Speisebrei vom Magen in den *Dünndarm* gelangt, scheidet dessen Schleimhaut den Darmsaft ab. Er reagiert alkalisch und enthält *Exopeptidasen,* die Polypeptidketten von ihren Enden her abbauen. Außerdem besitzt er mehrere Kohlenhydrat spaltende Enzyme und *Enterokinase,* die das Trypsin des Bauchspeichels aktiviert *(s. unten).* Die Bauchspeicheldrüse und die Leber geben ihre Säfte in den Dünndarm ab.

Die hinter dem Magen liegende **Bauchspeicheldrüse** liefert den alkalisch reagierenden Bauchspeichel. Er enthält alle zur Verdauung notwendigen Enzyme und wird von Drüsenzellen abgeschieden (**Abb. 180.1**). Auffällig bei diesen Zellen ist die starke Entwicklung des mit Ribosomen besetzten Endoplasmatischen Retikulums. Die Ribosomen sind allgemein die Orte der Proteinsynthese und damit auch der Synthese von Enzymen. Das Eiweiß spaltende Enzym Trypsin des Bauchspeichels muss durch die Enterokinase des Darmsafts aktiviert werden, ähnlich wie das Pepsin des Magens. Zwischen das Drüsengewebe der Bauchspeicheldrüse eingestreute Zellhaufen, die *LANGERHANS*schen Inseln, sondern die wichtigen Hormone *Insulin* und *Glucagon* in das Blut ab *(s. Hormone 1.3).*

Die **Leber** ist die größte Drüse im menschlichen Körper. Sie wird von feinsten Verzweigungen der Pfortader,

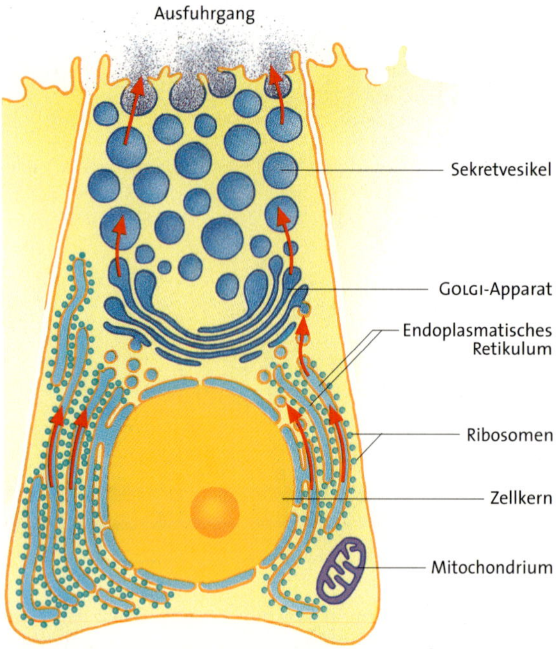

Abb. 180.1: Drüsenzelle der Bauchspeicheldrüse. An den Ribosomen des ER werden die Verdauungsenzyme gebildet, im GOLGI-Apparat gesammelt und in Sekretvesikeln ausgeschieden (Vergrößerung etwa 20 000fach).

einer großen Vene, durchzogen. Die *Pfortader* sammelt das Blut, das von Magen, Darm und Milz kommt und mit Nährstoffen beladen worden ist, und führt es zur Leber *(s. Abb. 183.1).* Ein zweites Netz feinster Verzweigungen, das von der *Leberarterie* ausgehende Kapillarnetz, versorgt die Leberzellen mit Sauerstoff. Ein drittes System, die *Gallenkanälchen,* sammelt *Gallenflüssigkeit,* die in der Leber dauernd neu gebildet wird, und führt sie zur *Gallenblase.* Dort wird sie eingedickt und nach Bedarf in den Darm gepresst. Die in ihr enthaltenen Gallensäuren können Fett in feinste Tröpfchen zerteilen; es entsteht eine Emulsion. (Ein anderes Beispiel für eine Emulsion ist Milch.) Die grünlich gelbe Farbe der Gallenflüssigkeit rührt von den *Gallenfarbstoffen* her, die in den Leberzellen aus dem Farbstoff abgebauter Roter Blutkörperchen gebildet werden, also Ausscheidungsprodukte darstellen. Umgewandelte Gallenfarbstoffe verursachen auch die Braunfärbung des Kotes und die Gelbfärbung des Harns.

Die Leber ist an einer großen Zahl von Stoffwechselvorgängen beteiligt. Sie baut aus Glucose das stärkeähnliche Reservekohlenhydrat Glykogen auf und speichert es; außerdem synthetisiert sie Fett. Beim intensiven Proteinstoffwechsel der Leber entstehen Abbauprodukte, die zu Harnstoff und Harnsäure umgesetzt werden. Dem Blut entzieht die Leber Giftstoffe und baut sie ab; das Gleiche gilt für gealterte Rote Blutkörperchen. Man kann die Leber als »chemische Zentrale« des Körpers bezeichnen.

Der Dünndarm mündet seitlich in den 5 bis 8 cm weiten **Dickdarm** ein. Am Übergang vom Dünndarm in den Dickdarm schließt sich der *Blinddarm* mit dem Wurmfortsatz an. Der *Wurmfortsatz* ist ein Teil des Immunsystems. Er ist einer besonderen Infektionsgefahr ausgesetzt (»Blinddarmentzündung«). Die Drüsen der Dickdarmschleimhaut liefern nur Schleim, aber keine Enzyme. Der Dickdarm ist von zahlreichen Bakterien (z. B. *Escherichia coli, s. Abb. 23.2*) besiedelt, die unter anderem Vitamine erzeugen. Einseitige Ernährung und Arzneimittel, z. B. Antibiotika, können die Zusammensetzung dieser *Darmflora* ungünstig beeinflussen. Dem dünnflüssigen Darminhalt wird im Dickdarm Wasser entzogen, sodass der Körper einen großen Teil der Flüssigkeit wieder zurückgewinnt. Wird zu wenig Wasser entzogen, entsteht der Durchfall (Diarrhoe).

Der Darminhalt gelangt schließlich als Kot in den *Mastdarm.* Der Kot besteht aus unverdaulichen und nicht verdauten Resten der Nahrung sowie aus abgestoßenen Darmzellen und Darmbakterien, die bis zu einem Drittel der Kotmenge ausmachen. Der Mastdarm wird durch die starken Schließmuskeln des Afters abgeschlossen und ist gewöhnlich leer. Tritt Kot in ihn ein, so löst dies das Gefühl des Stuhlgangs aus.

4.2 Blut und Kreislaufsysteme

Das Blut befördert Nährstoffe und Sauerstoff zu den Zellen. Es schafft auszuscheidende Stoffe zu den Ausscheidungsorganen, transportiert Wärme und befördert Hormone. Zu weiteren Aufgaben des Blutes zählen die Herstellung von Abwehrstoffen gegen Infektionserreger *(s. Immunbiologie 1.1)* und die Bildung von Gerinnungsstoffen. Lebewesen benötigen zirkulierende Körperflüssigkeiten wie das Blut immer dann, wenn der Transport von Stoffen, z. B. Sauerstoff, durch reine Diffusion nicht schnell genug erfolgen kann. Weil die Diffusionsgeschwindigkeit mit steigender Entfernung rasch abnimmt *(s. Cytologie 3.1)*, ist dies bei allen größeren Tieren der Fall. Der Stoffaustausch zwischen dem Blut und den Geweben erfolgt über die Lymphe, eine Flüssigkeit, die alle Zellen umspült *(s. 4.2.4)*.

Im Tierreich findet man offene und geschlossene Blutgefäßsysteme. In *offenen Blutgefäßsystemen* (Gliederfüßler, Weichtiere) fließt das Blut, das aus dem Herzen gepumpt wird, nur über eine kurze Strecke in Gefäßen, die offen enden. Es strömt dann in Spalten zwischen den Geweben und Organen weiter, ohne dass es gezielt zum Herzen zurückgeführt würde *(s. Anhang Baupläne)*. In einem *geschlossenen Kreislaufsystem* (z. B. Ringelwürmer, Wirbeltiere) fließt das Blut innerhalb von Gefäßen, die sich in den Geweben fein verzweigen. Der Blutfluss durch den Körper kann in einem solchen System sehr genau gesteuert und ein verstärkt arbeitendes Organ gezielt mit mehr Blut versorgt werden. Ein bauchwärts gelegenes *Herz* treibt das Blut an. Die vom Herzen ausgehenden Gefäße (**Abb. 181.1**) bezeichnet man als *Arterien* (Schlagadern). Ihre starken Wände sind elastisch dehnbar. Glatte Muskelzellen verleihen den Gefäßen die Fähigkeit sich zu verengen. Gefäße, die das Blut wieder dem Herzen zuführen, heißen *Venen*. Sie haben nur wenig Druck auszuhalten, ihre Wände sind dünn und wenig elastisch. Sie kollabieren bei Entleerung. Taschenartige *Klappen* im Innern der Venen verhindern das Zurückfließen des Blutes. Der Stoffaustausch spielt sich in den *Kapillaren* ab, den letzten Verzweigungen der Arterien. Sie bilden ein feinstes Netzwerk sehr enger Röhrchen mit insgesamt sehr großer Oberfläche, das alle Organe und Gewebe durchzieht. Die Kapillaren vereinigen sich wiederum zu den Venen. Die Wände der Kapillaren bestehen nur aus einer einzigen Schicht flacher Zellen und ermöglichen dadurch einen raschen und ausgiebigen Stoffaustausch.

Das Herz der Knochenfische besteht aus einer Vor- und einer Herzkammer. Das CO_2-reiche, O_2-arme Körperblut wird von der Vorkammer angesaugt und von der Herzkammer in die Kiemenschlagader gepumpt. Von dort gelangt es über vier Paar Kiemenarterien (Arterienbögen) in die Kiemenkapillaren. Hier wird dem Wasser O_2 entnommen und CO_2 ins Wasser abgegeben. Dann sammelt sich das sauerstoffreich gewordene Blut in den paarigen Aortenwurzeln, die sich zur großen Körperschlagader (Aorta) vereinigen; sie führt das Blut wieder dem Körper zu (einfacher Kreislauf).

Mit dem Übergang zur Lungenatmung wird der Blutkreislauf umgestaltet. Das Blut fließt von den Atmungsorganen wieder zum Herzen zurück und erhält dort einen neuen Antrieb. So entsteht ein *doppelter Kreislauf*. Die Trennung der beiden Kreisläufe durch Ausbildung einer Scheidewand in der Herzkammer ist bei Lurchen und Reptilien unvollkommen, daher mischen sich sauerstoffarmes und sauerstoffreiches Blut. Erst bei den Vögeln und Säugetieren kommt es zu einer völligen Trennung der beiden Herzhälften und damit der beiden Kreisläufe. So gelangt in den Körper nur sauerstoffreiches, in die Lunge nur sauerstoffarmes Blut.

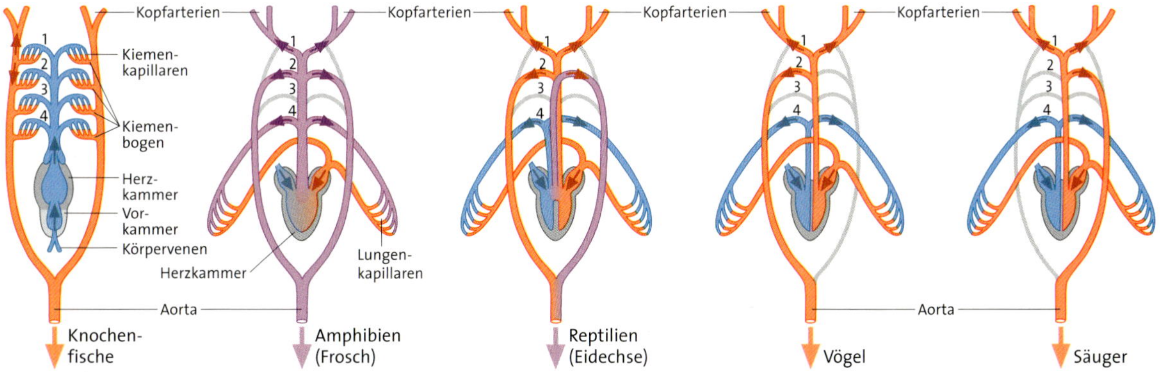

Abb. 181.1: Schematische Darstellung des Herzens und der herznahen Blutgefäße bei den Wirbeltieren; sauerstoffreiches Blut rot, sauerstoffarmes Blut blau, Mischblut violett. Grau dargestellte Gefäße werden bei der Keimesentwicklung angelegt und dann zurückgebildet.

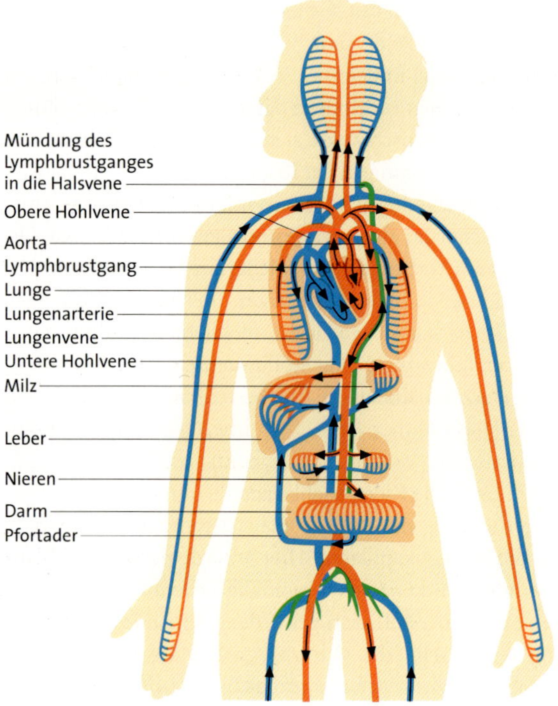

Abb. 182.1: Blutkreislauf beim Menschen, schematisch; sauerstoffreiches Blut: rot; sauerstoffarmes Blut: blau; Lymphe im Lymphbrustgang: grün

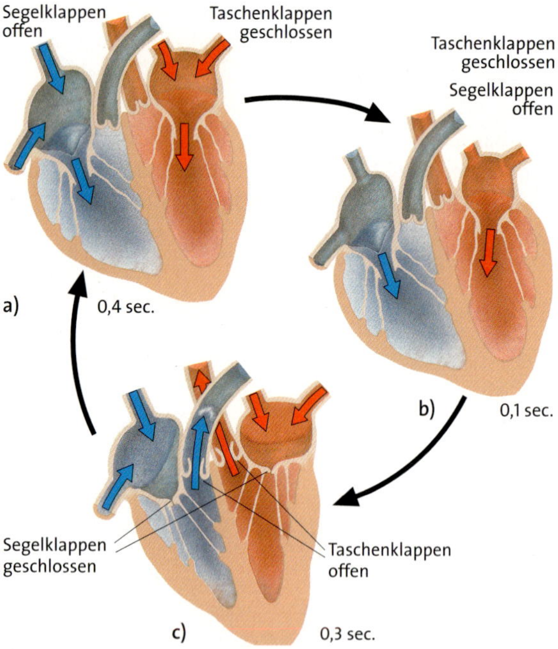

Abb. 182.2: Herzzyklus. Diastole: gesamtes Herz erschlafft **(a)**; Herzkammern weiter erschlafft, Vorkammern kontrahiert **(b)**; Systole: Herzkammern kontrahiert, Vorkammern erschlafft **(c)**

4.2.1 Blutkreislauf beim Menschen

Das **Herz** ist ein kräftiger Hohlmuskel (**Abb. 182.2**). Die beiden Herzhälften sind völlig getrennt, sodass das Herz aus zwei Pumpen besteht. Jede Hälfte ist aus einer *Vor-* und einer *Herzkammer* aufgebaut. Zwischen Vor- und Herzkammer liegen ventilartig wirkende *Segelklappen.* Sie verschließen beim Zusammenziehen der Herzkammer die Öffnung zur Vorkammer. *Taschenförmige Klappen* am Ursprung der aus den Herzkammern abzweigenden Arterien verhindern den Rückfluss des Blutes in die Herzkammern.

Aus der linken Herzkammer entspringt die große Körperschlagader, die *Aorta.* Sie führt den Organen sauerstoffreiches Blut zu (**Abb. 182.1**). Nach dem Durchlaufen der Körperkapillaren wird das sauerstoffarm gewordene Blut wieder gesammelt und der rechten Vorkammer zugeführt *(großer Kreislauf),* die es an die rechte Herzkammer weiterleitet. So sammelt die *Pfortader* aus den Kapillaren des Magen-Darm-Traktes das sauerstoffarm gewordene und mit Nährstoffen beladene Blut und führt es zur Leber. Durch die untere Hohlvene fließt das Blut dann in das Herz zurück. Die rechte Herzkammer pumpt es durch die Lungenarterien in das Kapillarnetz der Lungen. Dort nimmt es Sauerstoff auf und gibt CO_2 ab. Es kehrt durch die Lungenvenen zur linken Vor- und Herzkammer zurück *(kleiner Kreislauf).*

Beide Herzhälften arbeiten im Gleichtakt (**Abb. 182.2**). Zunächst sind Vorkammern und Herzkammern erschlafft *(Diastole).* Gegen Ende der Diastole kontrahieren die Vorkammern und geben ihr Blut an die erweiterten Herzkammern ab. Dann ziehen sich allein die Herzkammern zusammen *(Systole)* und drücken das Blut in die Schlagadern. Gleichzeitig erweitern sich die Vorkammern, und nach der Systole auch wieder die Herzkammern. Während der Systole wird eine Druckerhöhung in der Aorta erzeugt, die sich als Druckwelle fortpflanzt und als *Pulsschlag* fühlbar ist. Sie weitet die elastischen Wände der Arterien. Nach der Systole üben die nun gedehnten Wände der Arterien einen Druck auf das Blut aus. Der Wanddruck bewirkt, dass das stoßweise angetriebene Blut ständig in Bewegung bleibt.

In der Oberarmarterie beträgt der systolische Blutdruck bei Zwanzigjährigen ca. 16 kPa (120 mm Hg) in Ruhe, der diastolische Blutdruck etwa 10,7 kPa (80 mm Hg). Zum Vergleich: Der Luftdruck im Fahrradschlauch beträgt ungefähr 150 kPa. Der Druck, der beim Bluttransport wirksam wird (Mittelwert zwischen systolischem und diastolischem Blutdruck), nimmt von der Aorta (ca. 13,3 kPa, 100 mm Hg) über das Kapillargebiet bis zu den Hohlvenen ab.

Sport und Stoffwechsel

Sportliche Aktivität stellt erhöhte Anforderungen an Stoffwechselvorgänge, etwa an die Versorgung der Muskulatur mit Sauerstoff. Der Körper reagiert während körperlicher Belastungen mit kurzfristigen Umstellungen, z. B. einer Zunahme der Atmungstiefe und -frequenz sowie einer Erhöhung der Schlagfrequenz des Herzens. Außerdem kommt es durch häufiges sportliches Training zu langfristigen Anpassungen an die erhöhte Belastung, vor allem des Herzens, des Kreislauf- und Nervensystems und der Muskulatur. Dadurch steigt die Leistungsfähigkeit (**Tab. 183.1**).

Die erzielbare Leistungssteigerung hängt dabei von zahlreichen Faktoren ab. So nimmt z. B. die Trainierbarkeit der Muskelkraft mit zunehmenden Lebensalter wegen des sinkenden Testosteronspiegels ab, während eine erhebliche Steigerung der Ausdauer bis ins hohe Alter möglich ist. Der erreichte Trainingsgewinn bezieht sich dabei in erster Linie auf die trainierte Sportart, z. B. haben ausdauerstarke Schwimmer im Laufen oft nur eine mäßige Ausdauer und umgekehrt.

Durch regelmäßiges und intensives Ausdauertraining werden die Herzinnenräume und der Durchmesser der Muskelzellen des Herzens allmählich größer (»Sportlerherz«). So liegt das Herzvolumen von Berufsradrennfahrern über 1400 ml, während Nichtsportler einen Wert von etwa 700 ml aufweisen. Das Volumen des pro Herzschlag transportierten Blutes *(Schlagvolumen)* nimmt dadurch zu. Das Herz eines Ausdauersportlers hat ein Schlagvolumen von bis zu 140 ml, das eines Untrainierten ein solches von 70 ml. Um pro Minute das gleiche Blutvolumen *(Herzminutenvolumen)* zu transportieren, benötigt das Sportlerherz nur die Hälfte der Schläge des Herzens eines Untrainierten: Das Herz des Sportlers bewegt mit 40 Schlägen 5,6 l Blut in einer Minute, das Herz des Untrainierten benötigt für das gleiche Herzminutenvolumen dagegen 80 Schläge. Dieser Trainingseffekt ist von Vorteil, denn erstens arbeitet das Herz umso wirkungsvoller, je niedriger die Herzfrequenz und je höher das Schlagvolumen ist. Der Energiebedarf für die Förderung eines bestimmten Herzminutenvolumens wird dadurch geringer. Zweitens wird das Herz umso besser durchblutet, je niedriger die Herzfrequenz ist, also besser mit Nährstoffen und Sauerstoff versorgt. Dies liegt an den längeren Ruhepausen des Herzens. Bei der Kontraktion des Herzens werden nämlich die Kapillaren, die die Muskelzellen des Herzens versorgen zusammengepresst, so dass kein Blut hindurchfließt. Regelmäßiges Ausdauertraining ist daher ein wichtiges Mittel zur Vorbeugung von Erkrankungen des Herzens und des Kreislaufs, z. B. Herzinfarkt, Bluthochdruck.

Ausdauertrainierte Sportler können bei intensiver sportlicher Belastung pro Minute ein weitaus größeres Volumen *(Atemminutenvolumen)* ein- bzw. ausatmen als Nichtsportler. Spitzensportler erzielten bei Untersuchungen auf dem Laufband Atemminutenvolumina von bis zu 200 l/min. Deshalb ist die größtmögliche *Sauerstoffaufnahme* bei Ausdauertrainierten unter Belastung (5,2 l/min) wesentlich höher als bei Untrainierten (2,8 l/min). Außerdem nimmt das Blut von Ausdauertrainierten mehr Sauerstoff als das Blut von Nichtsportlern auf, denn Ausdauertrainierte besitzen ein höheres Blutvolumen und damit eine größere Zahl von Roten Blutkörperchen. Gesteigert wird die Sauerstoffaufnahmefähigkeit des Blutes auch durch Aufenthalt in großer Höhe *(s. Exkurs Atmung in großer Höhe und beim Tauchen, S. 189)*, bei dem sich die Anzahl der Roten Blutkörpechen pro ml Blut (Konzentration) erhöht. Sportliches Training führt auch zu Anpassungen der Muskulatur *(s. Exkurs Energieversorgung bei der Muskelarbeit, S. 253)*: Zellen ausdauertrainierter Muskeln besitzen eine größere Zahl von Mitochondrien und einen höheren Gehalt an Myoglobin. Weiterhin steigt durch sportliches Training die Belastbarkeit von Knochen und Sehnen.

Messgröße	Nichtsportler	Ausdauertrainierter
Herzfrequenz in Ruhe, liegend (min^{-1})	80	40
Herzfrequenz, maximal (min^{-1})	180	180
Schlagvolumen in Ruhe (ml)	70	140
Schlagvolumen, maximal (ml)	100	190
Herzminutenvolumen in Ruhe (l/min)	5,6	5,6
Herzminutenvolumen, maximal (l/min)	18	35
Herzvolumen (ml)	700	1400
Herzgewicht (g)	300	500
Atemminutenvolumen, maximal (l/min)	100	200
Sauerstoffaufnahme, maximal (l/min)	2,8	5,2
Blutvolumen (l)	5,6	5,9

Tab. 183.1: Unterschiede zwischen zwei 25-jährigen, 70 kg schweren Männern (Nichtsportler und Ausdauertrainierter) im Hinblick auf die Werte verschiedener Messgrößen des Stoffwechsels.

4.2.2 Lymphe

Die Wände der Kapillaren sind durchlässig für kleinmolekulare Stoffe und Wasser, aber undurchlässig für die meisten Proteine. Aufgrund des Blutdrucks werden laufend Wasser und darin gelöste Stoffe aus den Kapillaren ausgepresst. Die im Blut enthaltenen Proteine werden von den Kapillarwänden zurückgehalten und fehlen in der ausgepressten Flüssigkeit nahezu völlig. Diese Proteine erzeugen aufgrund ihrer relativ hohen Konzentration im Innern der Kapillare einen gewissen osmotischen Druck, der beim Menschen 3,3 kPa beträgt *(s. Cytologie 3.1)*. Im Anfangsteil der Kapillare ist der Blutdruck noch höher als der von den Proteinen erzeugte osmotische Druck, sodass Flüssigkeit durch die Kapillarwand gepresst wird *(Filtration)*. Im Endabschnitt ist dagegen der osmotische Druck größer als der Blutdruck, und die Kapillare nimmt in diesem Bereich Flüssigkeit aus dem Gewebe auf *(Resorption)*. In der Summe überwiegt der Einfluss des Blutdrucks, sodass etwas mehr Flüssigkeit aus der Kapillare ausgepresst als aufgenommen wird (**Abb. 184.1**). Deshalb führt auch reichliche Wasseraufnahme nur zu einer geringfügigen Zunahme des Blutvolumens. Die Flüssigkeit, die sich in den Gewebespalten sammelt, bezeichnet man als *Lymphe* (= Zwischenzellflüssigkeit, Gewebsflüssigkeit). Ihre Zusammensetzung entspricht derjenigen des Blutes ohne Blutkörperchen und Proteine. Der Austausch zwischen Blut und Lymphe erfolgt sehr rasch; in 1 min werden 70 % der Blutflüssigkeit mit der Lymphflüssigkeit ausgetauscht.

Die Lymphe umspült alle Zellen. Aus ihr entnehmen die Zellen die benötigten Stoffe und scheiden ihre Abfallstoffe dorthin ab. Die Lymphe fließt in Lymphkapillaren ab, die in den Gewebespalten blind enden. Sie vereinigen sich zu Lymphgefäßen und schließlich zum Lymphbrustgang. In diesen münden auch die vom Darm kommenden, mit dem resorbierten Fett beladenen Lymphgefäße *(s. Abb. 179.2)*. Der Lymphbrustgang endet in der linken Halsvene; dort gelangt die Lymphe dann wieder in den Blutkreislauf zurück *(s. Abb. 182.1)*.

Viele in die Lymphgefäße eingebaute Lymphknoten reinigen die Lymphe von Bakterien, Bakteriengiften und anderen Fremdstoffen *(s. Immunbiologie 1.2)*.

4.2.3 Blut

Das Blut der Wirbeltiere besteht aus dem flüssigen Blutplasma und den darin schwimmenden festen Bestandteilen, den *Blutzellen* (**Abb. 184.2**). Beim erwachsenen Menschen, auf dessen Blut sich die folgende Beschreibung bezieht, beträgt die gesamte Blutmenge 5 bis 6 Liter. Das ist verhältnismäßig wenig im Vergleich zur Lymphe (ca. 10 Liter) und zur intrazellulären Flüssigkeit (ca. 30 Liter).

Die **Roten Blutzellen** *(Erythrocyten)* sind scheibenförmige, im Umriss runde, an beiden Flächen eingedellte Zellen (**Abb. 185.1**). Infolge ihrer elastischen Verformbarkeit können sie selbst die engsten Kapillaren passieren. Rote Blutzellen enthalten fast nur Hämoglobin und ein umfangreiches Cytoskelett zur Stabilisierung ihrer Form. Mitochondrien und Zellkern sind im Anfangsstadium der Entwicklung zwar vorhanden, werden aber im Laufe der Reifung abgebaut. Die Roten Blutzellen entstehen im roten Knochenmark. Dieses befindet sich im inneren der meisten Knochen mit Ausnahme der langen Röhrenknochen, die fettreiches gelbes Knochenmark enthalten. Durch Anwendung radioaktiver Markierung *(s. Exkurs Markierungsverfahren, S. 164)* konnte festgestellt werden, dass ihre mittlere Lebensdauer beim Menschen 100 bis 120 Tage beträgt. Sie werden hauptsächlich in der Milz und der Leber *(s. 4.1.2)* abgebaut.

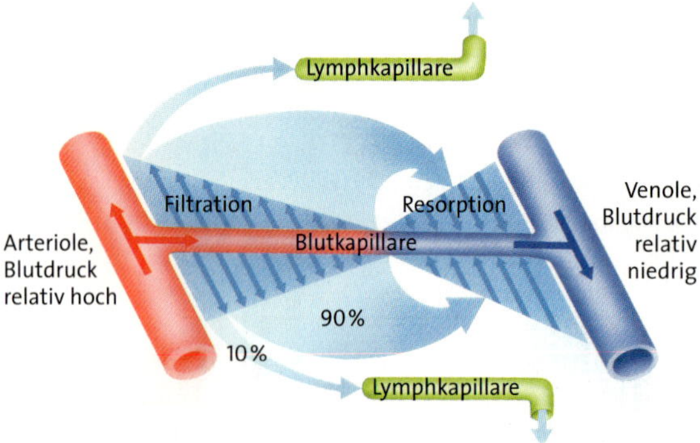

Abb. 184.1: Flüssigkeitsströme durch die Wand von Blut- und Lymphkapillaren

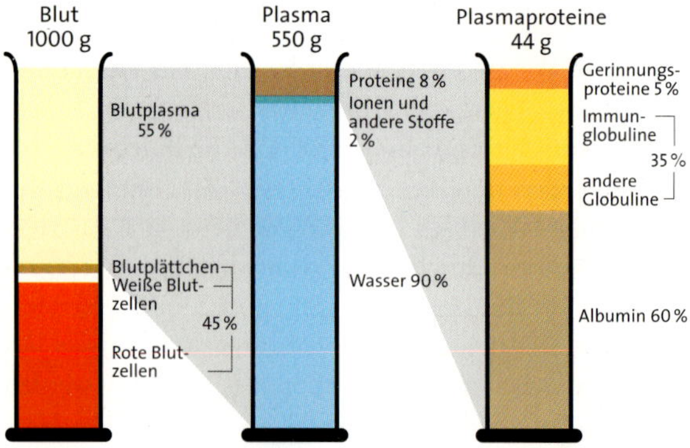

Abb. 184.2: Zusammensetzung des Blutes

Die kernhaltigen **Weißen Blutzellen** *(Leukocyten)* sind zu amöboider Eigenbewegung befähigt. Man kann verschiedene Formen Weißer Blutzellen mit jeweils spezifischer Funktion unterscheiden *(s. Immunbiologie Abb. 1.2)*. Während die Roten Blutzellen nur in den Blutgefäßen fließen, können die Weißen Blutzellen die Adern verlassen und in die Gewebe einwandern. Ihre Hauptbildungsstätten sind Knochenmark und Lymphknoten. Beim Menschen werden pro Sekunde etwa 70 Millionen Blutzellen gebildet.

Die **Blutplättchen** *(Thrombocyten)* sind keine echten Zellen, sondern werden von Knochenmarksriesenzellen abgeschnürt. Sie sind farblos, scheiben- bis spindelförmig und recht klein (0,5 bis 2,5 µm). Ihre Lebensdauer beträgt nur wenige Tage. An Wunden ballen sie sich zusammen. Der dadurch gebildete Pfropf kann zu einem vorläufigen Wundverschluss führen. Die Blutplättchen enthalten außerdem mehrere Enzyme, die wesentlich an der Blutgerinnung beteiligt sind. Beim Verlassen der Blutgefäße zerfallen die Blutplättchen rasch.

Das **Blutplasma** besteht aus 90 % Wasser und 10 % darin gelösten Stoffen. Beim Gerinnen des Blutes bildet sich der Blutfaserstoff, das *Fibrin*. Es entsteht aus einer im Blutplasma gelösten Vorstufe, dem *Fibrinogen*. Gerinnt das Blut in einem Gefäß, so setzt sich das Fibrin mit den Blutzellen am Boden ab. Darüber bleibt eine schwach gelb gefärbte Flüssigkeit stehen: das *Blutserum*. Es entspricht dem Blutplasma ohne Fibrinogen.

Blutgerinnung. Bei Verletzung gerinnt das Blut zu einer gallertartigen Masse, die nach einigen Stunden fest wird. Das Gerinnsel verstopft die Wunde und schützt dadurch den Körper vor übermäßigem Blutverlust. Die **Abb. 185.2** stellt den Ablauf der Blutgerinnung in den Grundzügen dar. Tatsächlich sind viele weitere enzymatisch wirkende Blutfaktoren beteiligt.

Am Ende der komplexen Gerinnungsreaktionen wird das im Blutplasma enthaltene Fibrinogen zum Fibrin umgesetzt. Das Fibrin bildet ein Netzwerk aus feinsten Fäden, das Blutzellen festhält und auch dem Blutserum den Austritt aus der Wunde erschwert. So entsteht eine zusammenhängende Kruste, der Wundschorf, unter dessen Schutz sich dann die Wunde durch Neubildung von Zellen wieder schließt. Bei krankhaften Zuständen oder nach schweren Operationen kann sich ein derartiges Gerinnsel *(Thrombus)* auch innerhalb der Gefäße bilden. Man spricht dann von einer *Thrombose*. Wird ein Thrombus vom Blut weggeführt, so bezeichnet man ihn als *Embolus*. Er kann an einer anderen Stelle des Gefäßsystems zu einer lebensgefährlichen Verstopfung der Blutwege führen *(Embolie)*.

Bei der häufigsten Bluterkrankheit fehlt ein am Gerinnungsprozess beteiligtes Globulin (Faktor VIII), sodass das Blut nur sehr langsam gerinnt. Selbst relativ kleine Wunden können dann schon zum Verbluten führen. Dieses Globulin lässt sich heute sowohl aus Blut gesunder Personen als auch aus gentechnisch veränderten Bakterien *(s. Genetik 5.2.2)* gewinnen.

	Rote Blutzellen	Weiße Blutzellen
Anzahl/mm³	4,5–5 Millionen	5000–10 000
Gesamtzahl	25 Billionen	35 000 Millionen
Gesamtoberfläche	3000–3500 m²	–

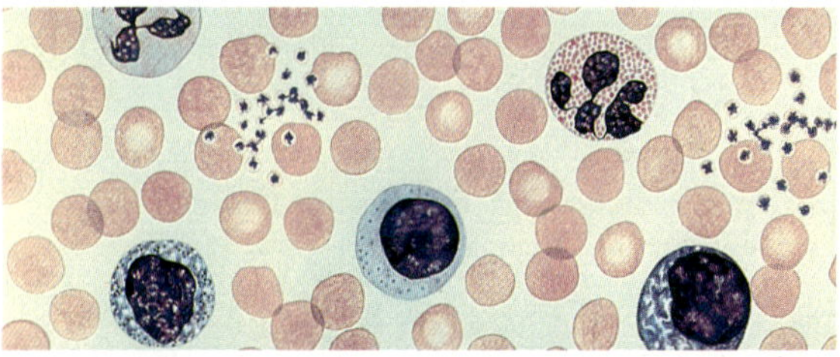

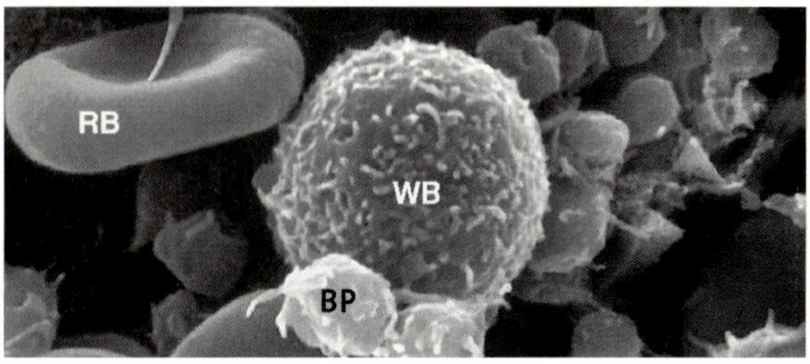

Abb. 185.1: Rote und Weiße Blutzellen sowie Blutplättchen vom Menschen. Oben: Zahlenverhältnisse; Mitte: Ausstrichpräparat, angefärbt; Rote Blutzellen kernlos; verschiedene Weiße Blutzellen, jeweils mit Kern sowie kleine Blutplättchen; unten: REM-Bild, 4000fach; **RB** Rote und **WB** Weiße Blutzelle, **BP** Blutplättchen

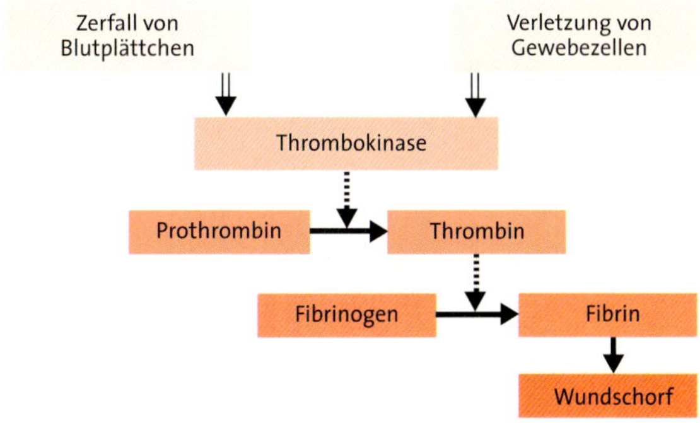

Abb. 185.2: Vereinfachtes Schema der Blutgerinnung. Doppelpfeil: Freisetzung; ausgezogener Pfeil: Umwandlung, gestrichelter Pfeil: Katalyse

4.3 Atmung

Der Mensch kann wochenlang ohne Nahrung existieren, einige Tage lang ohne Wasser, aber nur wenige Minuten ohne Sauerstoff. Mithilfe des Sauerstoffs oxidiert der Körper energiereiche Nahrungsstoffe und gewinnt dabei Energie. Dies erfolgt im Innern der lebenden Zellen und wird als *Zellatmung* oder *innere Atmung* bezeichnet *(s. 3.1)*. Was man gewöhnlich unter Atmung versteht, ist ein äußerer Vorgang, der dazu dient, Sauerstoff in den Körper aufzunehmen und das entstehende Kohlenstoffdioxid daraus zu entfernen *(äußere Atmung)*. Die ausgeschiedene Kohlenstoffdioxidmenge ist ein Maß für die Intensität der Zellatmung eines Organismus.

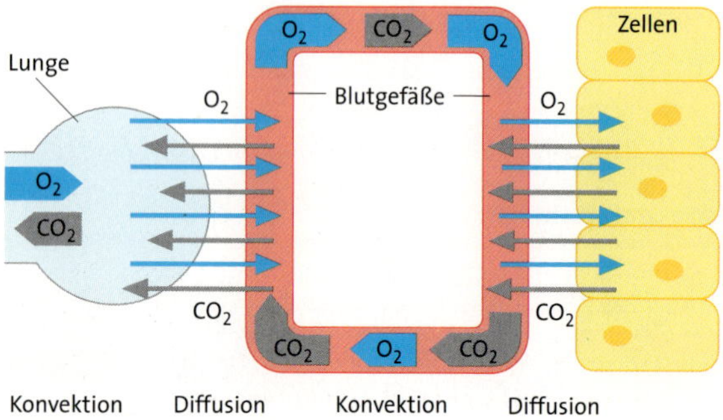

Abb. 186.1: Wechsel von Konvektion und Diffusion beim Transport der Atemgase

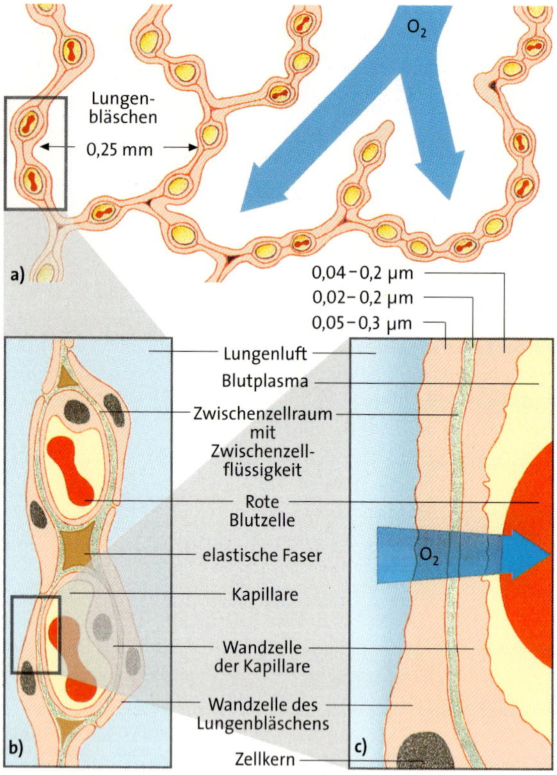

Abb. 186.2: Sauerstofftransport in der Lunge des Menschen. **a)** Schnitt durch einige Lungenbläschen; **b)** Wand eines Lungenbläschens mit Kapillaren; **c)** Weg des Sauerstoffs aus dem Lungenbläschen ins Blut. Die Diffusionsstrecke von der Lunge ins Blutplasma ist sehr kurz.

4.3.1 Gasaustausch

Die Atemgase werden im Körper des Menschen durch *Diffusion* und durch *gerichtete Strömung* (Konvektion) bewegt (**Abb. 186.1**). Sauerstoff gelangt durch Diffusion aus der Luft in den Lungen ins Blut und aus dem Blut in die Gewebezellen (**Abb. 186.2**). Auch der Übertritt von Kohlenstoffdioxid aus den Zellen in das Blut und aus dem Blut in die Lungenluft erfolgt durch Diffusion. Um eine kontinuierliche Diffusion zu ermöglichen, muss das Medium, in dem sich die Gasmoleküle befinden (Atemluft, Blut), ständig transportiert werden; so wird ein Konzentrationsgradient aufrecht erhalten. Der Energieverbrauchende Transport wird von *vier Pumpen* bewerkstelligt: dem Zwerchfell und dem Brustkorb mit der Rippenmuskulatur sowie der linken und der rechten Herzhälfte.

Weil Diffusion nur über Bruchteile eines Millimeters in verhältnismäßig kurzer Zeit abläuft, sind alle größeren Tiere bei der Atmung auf Strömungsvorgänge angewiesen. So benötigt Sauerstoff zur Diffusion im Wasser für 1 µm 0,1 ms, für 1 cm bereits ca. 100 s und für 1 m etwa drei Jahre. Tiere, bei denen Sauerstoff allein durch Diffusion befördert wird, sind entweder sehr klein, z. B. Einzeller, oder aber flach und lang gestreckt, z. B. Plattwürmer. Sie haben also eine große Sauerstoff aufnehmende Oberfläche im Vergleich zur Körpermasse. Tiere mit dünner Haut nehmen Sauerstoff außer über Kiemen, wie z. B. Kaulquappen, oder Lungen, wie z. B. Frösche, stets auch über die Haut auf *(Hautatmung)*. Frösche decken während der Winterruhe im Schlamm der Gewässer den gesamten Sauerstoffbedarf ausschließlich durch die Haut.

Gasdiffusion. Die Atmungsorgane (Lungen, Kiemen) bieten optimale Bedingungen für die Diffusion von Gasen. Die Epithelien des Gasaustausches sind großflächig und dünnwandig. So hat z. B. das Lungenepithel des Menschen mit 50 bis 80 m^2 die Fläche einer Dreizimmerwohnung (Hautfläche: weniger als 2 m^2). Die Wanddicke der Lungenbläschen beträgt nur knapp 1 µm, sodass die Diffusionsstrecke der Atemgase äußerst klein ist. Je größer die Diffusionsfläche und je kleiner die Diffusionsstrecke ist, desto größer ist das Ausmaß der Diffusion.

Transport des Sauerstoffs im Blut. In einem Liter Blutplasma lösen sich maximal 3 ml Sauerstoff. Dennoch transportiert das Blut sehr viel mehr Sauerstoff. Beim Einfließen in die Lunge enthält es pro Liter etwa 150 ml O_2, beim Verlassen der Lunge 200 ml O_2. Dies ist aus folgendem Grund möglich: Der Sauerstoff wird im Blut nicht nur physikalisch gelöst, sondern auch an das Hämoglobin der Roten Blutzellen chemisch gebunden.

Während das Blut durch die Lungenkapillaren fließt, wird das Hämoglobin mit O_2 beladen. Dem Blutplasma wird durch Hämoglobin physikalisch gelöster Sauerstoff entzogen, sodass der Konzentrationsunterschied zwischen Blutplasma und Lungenluft relativ lange erhalten bleibt. Wegen der chemischen Bindung an das Hämoglobin gelangt also viel mehr Sauerstoff in das Blut, als aufgrund reiner Diffusion zu erwarten wäre.

In den Kapillaren der übrigen Körpergewebe, welche aufgrund der inneren Atmung sauerstoffarm sind, überwiegt die Rückreaktion. Bindungen zwischen Sauerstoff- und Hämoglobinmolekülen werden gelöst und Sauerstoff diffundiert in das Gewebe. Das Ausmaß der chemischen Bindung von Sauerstoff an Hämoglobin hängt von der Sauerstoffkonzentration im Blutplasma ab. Die Sauerstoffkonzentration wird als Druck (in Pa) angegeben. Der rechte Teil der *Sauerstoffbindungskurve des Hämoglobins* in **Abb. 187.1** (oberhalb 7 kPa) zeigt, dass auch bei relativ niedrigen O_2-Konzentrationen im Blutplasma fast alle verfügbaren Bindungsorte des Hämoglobins mit Sauerstoff beladen werden. Deshalb führt auch eine verhältnismäßig starke Abnahme des Sauerstoffgehaltes der Lungenluft nicht zu lebensbedrohender Sauerstoffarmut in Geweben. Der Kurvenverlauf links (unterhalb 5 kPa) macht deutlich, dass Hämoglobin schon bei einer geringen Abnahme der O_2-Konzentration in den Körpergeweben relativ viel Sauerstoff abgibt. Die geschwungene Kurvenform wird dadurch erklärt, dass ein von einem Hämoglobinmolekül gebundenes O_2-Molekül die Bindungsfähigkeit der noch freien Sauerstoffbindungsstellen erhöht (vier Bindungsstellen; *s. Hämgruppen in Abb. 136.1*). Die O_2-Bindungskurve des Hämoglobins eines Säugerfetus liegt im Vergleich zur Mutter weiter links (**Abb. 187.1**). So wird die Übernahme des Sauerstoffs vom Blut der Mutter zu dem des Kindes in der Plazenta ermöglicht. Myoglobin, der rote Farbstoff des Muskels, nimmt bei allen Konzentrationen mehr Sauerstoff auf als Hämoglobin, besonders viel aber bei Konzentrationen, wie sie in Körpergeweben (<5 kPa) vorherrschen. Durch die Bindung von Sauerstoff fördert Myoglobin die Diffusion des Sauerstoffs aus dem Blut in das Innere von Muskelzellen. Myoglobin gibt den Sauerstoff schließlich an die Enzyme der Zellatmung in den Mitochondrien ab. Es hat darüber hinaus die Funktion eines *Sauerstoffspeichers.*

Transport des Kohlenstoffdioxids im Blut. Dieser Transport erfolgt zu 10 % in physikalischer Lösung (ca. 40 ml CO_2/l). Etwa 30 % der CO_2-Moleküle im Blut sind an Hämoglobin angelagert. Ungefähr 60 % reagieren mit Wasser unter Bildung von Bicarbonat-Ionen:

$$CO_2 + H_2O \rightarrow H^+ + HCO_3^-$$

Die Erzeugung von Bicarbonat-Ionen erfolgt fast ausschließlich innerhalb der Roten Blutzellen. Diese enthalten das Enzym Carboanhydrase, das die Reaktion stark beschleunigt. Ein großer Teil der Bicarbonat-Ionen diffundiert in das Blutplasma, und zwar im Austausch gegen Cl^--Ionen. H^+-Ionen werden von verschiedenen Puffern des Blutes unter Bildung von Wasser neutralisiert. Dadurch wird eine Übersäuerung des Blutes verhindert. Auch das Hämoglobin bindet einen Teil der H^+-Ionen, wobei allerdings sein O_2-Bindungsvermögen sinkt. Daher fördert das aus den Geweben in das Blut einströmende Kohlenstoffdioxid die Sauerstofffreisetzung aus Hämoglobin. In den Lungen laufen die genannten Reaktionen in umgekehrter Richtung ab. Die CO_2-Konzentration des Blutplasmas steigt und Kohlenstoffdioxid diffundiert in die Lungenluft.

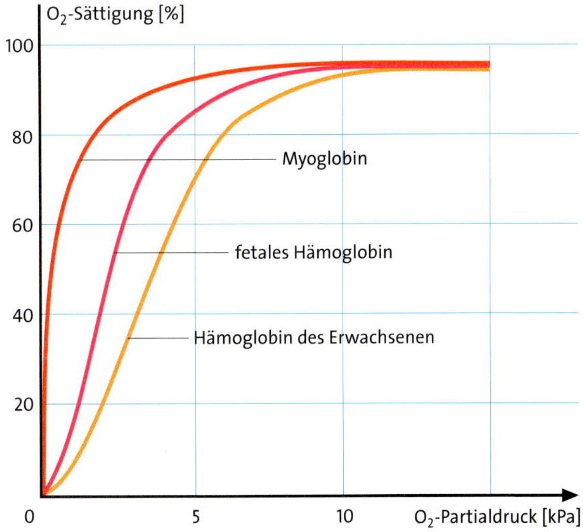

Abb. 187.1: Sauerstoffbindungskurven von Hämoglobin des Erwachsenen und des Fetus sowie von Myoglobin (Normalwerte). Die Sauerstoffkonzentration wird angegeben als Partialdruck. Das ist der Druck, den die jeweilige Sauerstoffmenge ausüben würde, wenn sie in einem gegebenen Raum allein vorhanden wäre, also ohne die anderen Luftgase.

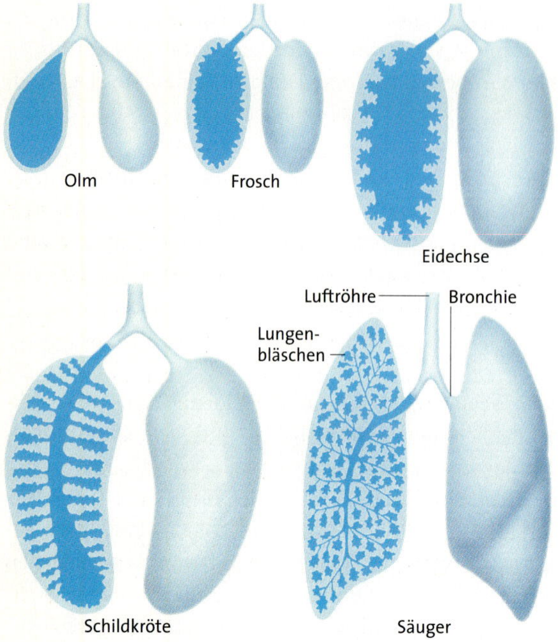

Abb. 188.1: Lungenbau der Wirbeltiere, schematisch. Man erkennt die zunehmende Vergrößerung der inneren Oberfläche.

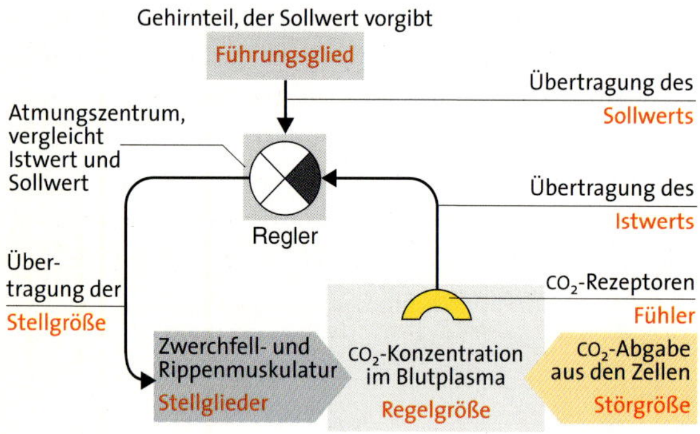

Abb. 188.2: Regelung der äußeren Atmung

	Atmo-sphärenluft (wasserfrei, Meereshöhe)	Lungenluft Meeres-höhe	5330 m über Meereshöhe
O_2	21,22	14,0	6,0
CO_2	0,03	5,3	3,3
N_2 und Edelgase	80,05	75,7	36,0
H_2O		6,3	6,3

Tab. 188.3: Zusammensetzung der Luft in der Atmosphäre und in der Lunge (Partialdrücke in kPa). Normaler Luftdruck auf Meereshöhe: 101,3 kPa, auf 5330 m ü.M.: 51,6 kPa. Volumenanteile (bis auf ca. 25 km ü.M. konstant): O_2: 20,95 %, CO_2: 0,03 %, N und Edelgase: 79,02 %

4.3.2 Lungenatmung der Wirbeltiere

Die Lungen (**Abb. 188.1**) sind bei den *Molchen* noch einfache, glattwandige Säcke. Bei den *Fröschen* ist die Innenwand durch vorspringende Falten wabenartig gekammert und erreicht dadurch zwei Drittel der Körperoberfläche. Bei den *Eidechsen* sind diese Falten in sich noch einmal gefaltet und bei den *Krokodilen* und *Schildkröten* ist der ganze Innenraum in zahlreiche Kammern, Nischen und Bläschen aufgeteilt. Hier bleibt in der Mitte nur noch ein enger Gang übrig, der als Bronchus bezeichnet wird. Durch ihn wird die Luft in die Kammern geleitet. In der *Säugetierlunge* teilt sich dieser Luftweg in mehrere Äste auf. Diese *Nebenbronchien* verzweigen sich weiter. Ihre letzten Verästelungen enden in zahlreichen feinen Bläschen, den *Lungenbläschen.* Diese sind von einem engmaschigen Blutgefäßnetz umsponnen, sodass hier der Gasaustausch vor sich gehen kann *(s. Abb. 186.2).*

Bei *Erneuerung der Atemluft* beim Menschen befördert ein ruhiger Atemzug nur etwa einen halben Liter Luft. Bei stärkster Ein- und Ausatmung können jedoch bis zu sechs Liter gewechselt werden *(Vitalkapazität).* Dabei bleiben noch rund 1,2 Liter Luft in der Lunge zurück, sodass nie die gesamte Luft erneuert wird. Da sich die eingeatmete Luft mit der zurückgebliebenen mischt, hat die Lungenluft einen geringeren Sauerstoffgehalt und einen höheren Kohlenstoffdioxidgehalt als die Frischluft.

Ein Maß für die Belüftung der Lunge ist das *Atemminutenvolumen,* d.h. die pro Minute eingeatmete Luftmenge. Das Atmenzeitvolumen steigt mit der körperlichen Belastung, beim Menschen von 5 bis 8 l/min in Ruhe auf 90 bis 120 l/min bei sportlichen Höchstleistungen; die Atmungstätigkeit wird also geregelt.

4.3.3 Regelung der äußeren Atmung beim Menschen

Die rhythmischen Kontraktionen der Atmungsmuskeln im Zwerchfell und zwischen den Rippen werden von Nervenzellen des Rückenmarks gesteuert. Diese Neuro-

CO_2-Partialdruck der Lungenluft	Atemzeitvolumen
5,3 kPa (normal)	7 l/min
8 kPa (stark CO_2-haltige Luft)	65 l/min
10 kPa	abnehmend bis Atemstillstand

Tab. 188.4: Abhängigkeit der Intensität der Atmung beim Menschen vom Kohlenstoffdioxidgehalt der Lungenluft

nen werden rhythmisch von anderen Nervenzellen erregt, die im Atmungszentrum des Nachhirns liegen *(s. Neurobiologie 5.2.2)*. Die Erregung hängt von verschiedenen Faktoren ab. Die Hauptrolle bei der Regelung der Atmung spielt der Kohlenstoffdioxidgehalt des Blutplasmas (**Abb. 188.2**). Dieser wird von Sinneszellen *(CO_2-Rezeptoren)* in den Halsschlagadern und in der Aorta bestimmt. Steigt der CO_2-Gehalt des Blutplasmas in diesen Arterien, so erhöht das Atmungszentrum die Tätigkeit von Zwerchfell- und Rippenmuskeln. Dadurch wird auch die Ventilation der Lunge verstärkt. Eine extreme Erhöhung der CO_2-Konzentration lähmt das Atmungszentrum (*Atemstillstand*, **Tab. 188.4**). Ein Abfallen des CO_2-Gehaltes hat die gegenteilige Wirkung. Atmet man allerdings längere Zeit so schnell und tief wie möglich ein und aus *(Hyperventilation)*, kann es ebenfalls zum Stillstand der Atmung kommen. In diesem Fall verarmt nämlich das Blut so stark an Kohlenstoffdioxid, dass der Antrieb für das Atmungszentrum fehlt.

Ein weiterer Faktor bei der Regelung der Atmung ist der Sauerstoffgehalt des Blutplasmas. Er wird von *O_2-Rezeptoren*, die sich in der Wand der Halsschlagadern und der Aorta befinden, gemessen. Diese stehen über Nerven ebenfalls mit dem Atmungszentrum in Verbindung.

Zur Verstärkung der Atmung führt Sauerstoffmangel in der Lungenluft, der u.a. beim Aufenthalt in großen Höhen oder bei einer krankhaften Verengung der Luftwege, z.B. bei Asthma, auftritt. Auch andere Faktoren wie Sprechen, Singen und Erregung haben Einfluss auf das Atmungszentrum.

Atmung in großer Höhe und beim Tauchen

In großen Höhen ist der Luftdruck und auch die Sauerstoffmenge in der Luft geringer (**Abb. 189.1**). Daher wird das Hämoglobin nicht mehr in vollem Umfang mit Sauerstoff beladen: den Zellen steht zu wenig Sauerstoff zur Verfügung. Der Körper versucht diesen Sauerstoffmangel zu kompensieren. Dies erfolgt durch verstärkte Atmung, Beschleunigung des Herzschlags, Umstellen sonstiger Tätigkeiten auf »Schongang« und bei längerem Aufenthalt in der Höhe durch Vermehrung der Roten Blutzellen. Trotzdem kann es in Höhen über 3500 m zur *Höhenkrankheit* kommen (Müdigkeit, Schwindel, Entschlussunfähigkeit, Bewusstseinsstörungen); in Höhen um 7000 m geraten alle nicht Akklimatisierten in Lebensgefahr, sie benötigen künstliche Sauerstoffzufuhr.

Die Druckverhältnisse im Wasser setzen dem Menschen beim Tauchen Grenzen. Bei Verwendung eines künstlich verlängerten Schnorchels kann man ab einer Tiefe von 112 cm nicht mehr atmen, weil der Druck des Wassers auf den Brustkorb den Innendruck der Lunge zu sehr übersteigt. Mit Tauchgeräten kann man auch in größere Tiefen vordringen. Sie passen den Druck der eingeatmeten Luft an den Umgebungsdruck unter Wasser an. Bei erhöhtem Luftdruck lösen sich jedoch alle Gase der Luft in größerer Menge im Blutplasma als beim Atmen unter Normaldruck. Bei schnellem Auftauchen bilden sich Gasbläschen aus Stickstoff, ähnlich wie Bläschen von Kohlenstoffdioxid im Mineralwasser beim Öffnen der Flasche. In den Kapillaren versperren diese Gasbläschen dem Blut seinen Weg. Es entsteht die lebensgefährliche *Taucherkrankheit* mit Schmerzen im ganzen Körper und Benommenheit. Die betroffenen Taucher müssen in einer Druckkammer einem höheren Luftdruck ausgesetzt werden, der nach und nach gesenkt wird. Die Taucherkrankheit kann durch sehr langsames Auftauchen (»Austauchen«) vermieden werden, weil dann der überschüssige Stickstoff allmählich mit der Atemluft ausgeschieden wird. Tief tauchende Tiere, z.B. Wale, haben relativ kleine Lungen, deshalb kann sich beim Tauchen nur eine geringe Menge Stickstoff im Blut lösen. Andererseits besitzen sie aber ein großes Blutvolumen, sodass sie eine große Menge Sauerstoff in die Tiefe mitnehmen können.

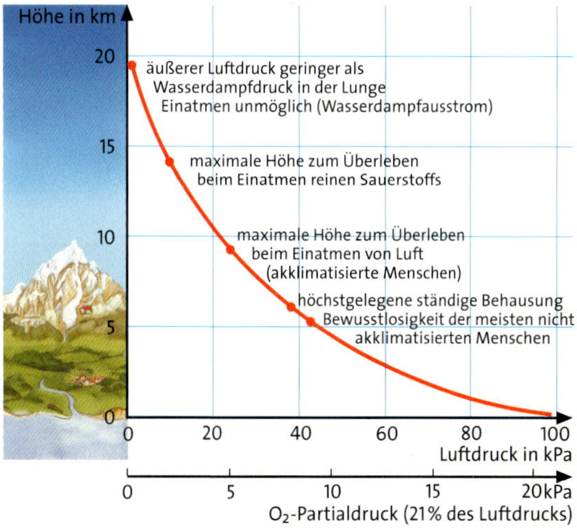

Abb. 189.1: Abnahme des Luftdrucks mit zunehmender Höhe

4.3.4 Kiemenatmung der Fische

Die Kiemen der Fische entziehen dem Atmungswasser etwa 80 bis 90 % des Sauerstoffs. Ein Liter Wasser enthält etwa 10 ml Sauerstoff. Da pro Liter Kiemenblut etwa 15 Liter Wasser durch die Kiemen gepumpt werden, nimmt ein Liter Blut des Fisches

$$10\ \text{ml} \cdot \frac{15\,000\ \text{ml}}{1000\ \text{ml}} \cdot \frac{80}{100} = 120\ \text{ml Sauerstoff auf.}$$

Im Vergleich dazu saugt der Mensch je Liter Lungenblut nur einen Liter Atemluft in die Lunge, d.h. ca. 200 ml Sauerstoff. Bei einer O_2-Aufnahme von 25 % nimmt ein Liter Lungenblut somit nur 50 ml Sauerstoff auf. Die Lunge arbeitet also weniger effektiv als die Fischkieme. Die Kieme erreicht ihren hohen Wirkungsgrad vor allem durch das *Gegenstromprinzip:* Wasser und Blut fließen in entgegengesetzter Richtung aneinander vorbei (**Abb. 190.1**). Beim Einfließen in die Kieme trifft sauerstoffreiches Wasser auf nur wenig sauerstoffärmeres Blut. Doch selbst der geringe Unterschied bewirkt eine Diffusion von Sauerstoff aus dem Wasser ins Blut. Kurz vor dem Verlassen der Kieme hat das Wasser schon sehr viel Sauerstoff abgegeben. Das Blut, an dem es jetzt vorbeifließt, ist aber immer noch sauerstoffärmer und nimmt daher weiter Sauerstoff auf. Das Wasser für die Atmung wird in sehr dünnen Schichten durch die Kieme gepumpt: Die Schlitze zwischen zwei Kiemenlamellen sind nur 20 bis 50 µm breit (**Abb. 190.1**). In den dünnen Wasserfilmen ist der *Diffusionsweg* des Sauerstoffs äußerst kurz. Auch dies erhöht den Wirkungsgrad. Das Wasser wird durch Erweiterung des Mund- und Kiemenraums in den Mund eingesogen und durch Verengung des Mund- und Kiemenraumes durch die Kiemenspalten wieder ausgepresst.

Bei den *Lungenfischen* (**Abb. 190.2**) ist die Innenwand der Schwimmblase wabenartig vergrößert und gut durchblutet. Mit dieser »Lunge« atmen sie Luft und überstehen so das sommerliche Austrocknen der Gewässer im Schlamm; im Wasser atmen sie mit Kiemen.

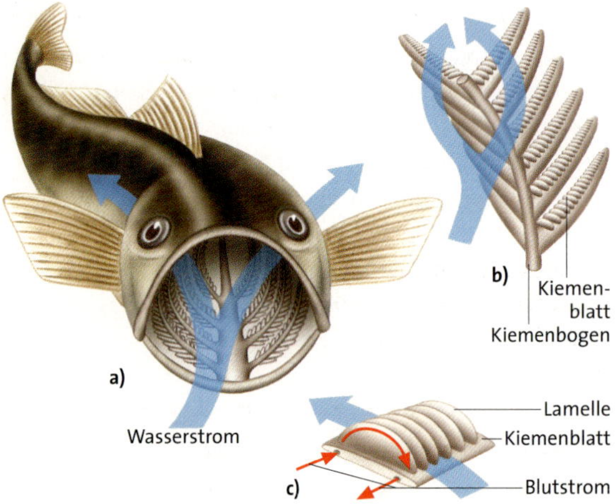

Abb. 190.1: Wasser- und Blutstrom in der Fischkieme. **a)** Lage der Kiemenbögen; **b)** Kiemenbogen mit Kiemenblättern und Kiemenlamellen; **c)** Gegenstrom von Wasser und Blut

4.3.5 Tracheenatmung der Insekten

Insekten führen Luft durch ein weitverzweigtes Röhrensystem unmittelbar den sauerstoffverbrauchenden Zellen zu. Diese Luftröhren oder *Tracheen* beginnen in jedem Körperabschnitt links und rechts mit Atemlöchern oder *Stigmen* (Einzahl *Stigma*). Die Tracheen verzweigen sich stark und umspinnen alle Organe. Ihre blind geschlossenen Verästelungen endigen zwischen den Zellen, zum Teil im Inneren von Zellen (**Abb. 190.3**).

Die Zufuhr von O_2 und die Abgabe von CO_2 erfolgt im einfachsten Fall durch reine Diffusion. Viele Insekten unterstützen die Diffusion durch aktive Atembewegungen der Brust und des Hinterleibs. Dabei werden die relativ starren Tracheen zusammengedrückt (aktives Ausatmen). Der Transport der Atemgase kann auf diese Weise allerdings nur über verhältnismäßig kurze Strecken erfolgen. Deshalb sind alle Insekten relativ klein.

Abb. 190.2: Australischer Lungenfisch *(Neoceratodus)*; Länge bis über 1,5 m

Abb. 190.3: links: Stigmen (weiß) einer Schmetterlingsraupe; rechts: Tracheen im Insektendarm, LM-Bild, gefärbt, 85fach

4.4 Ausscheidung

Die ersten Lebewesen haben sich im Meer entwickelt. Noch heute sind Zellen von Tieren stets auf den Kontakt mit einer wässrigen Salzlösung angewiesen. Bei den meisten vielzelligen Tieren ist diese jedoch auf einen dünnen Flüssigkeitsfilm zwischen den Zellen beschränkt, sie hat eine andere Konzentration und Zusammensetzung als das heutige Meerwasser.

Wenn die Zwischenzellflüssigkeit eine geringere Ionen-Konzentration aufweist als das Zellplasma, dringt durch Osmose Wasser in die Zelle ein. Die meisten tierischen Zellen würden unter diesen Bedingungen platzen. Eine wichtige Ausnahme stellen Einzeller mit pulsierender Vakuole dar. Deshalb ist ein vielzelliges Tier nur lebensfähig, wenn die Salzkonzentration der Zwischenzellflüssigkeit in engen Grenzen konstant gehalten wird. Ausscheidungsorgane wie die Niere der Wirbeltiere tragen dazu wesentlich bei. Sie entfernt außerdem schädliche Abbauprodukte, z.B. Harnstoff, und Giftstoffe. Harnstoff wird u.a. von Säugern und Haien aus Ammoniak (NH_3) gebildet, dem giftigen Endprodukt des Eiweißabbaus. In anderen Tiergruppen, z.B. Vögel, Reptilien, wird aus NH_3 die schwer wasserlösliche Harnsäure erzeugt, die mit dem Kot abgegeben wird (weißlicher Teil des Vogelkotes). Viele Wassertiere, z.B. Knochenfische, geben Ammoniak über Kiemen und Haut ins Wasser ab.

4.4.1 Ausscheidungsorgane der Wirbellosen

Bei den Wirbellosen findet man drei Typen von Ausscheidungsorganen (**Abb. 191.1**). Die *Protonephridien* der Plattwürmer sind ein verzweigtes, blind geschlossenes Röhrensystem. Die einzelnen Röhrchen beginnen mit *Wimpernflammenzellen.* Durch den Schlag entsteht ein leichter Unterdruck, sodass Flüssigkeit aus dem Gewebe durch reusenartige Teile der Zelle angesaugt wird. Über Poren in der Haut des Plattwurmes wird die Flüssigkeit (Harn) abgegeben. Die Konzentration der abgegebenen Flüssigkeit ist niedriger als in den Wimpernflammenzellen; von den Zellen der Röhre werden demnach Ionen zurückgewonnen.

Viele höhere Wirbellose, die eine Leibeshöhle besitzen, haben als Ausscheidungsorgane *Nephridien.* Diese sind ebenfalls röhrenförmig, beginnen aber offen in der Leibeshöhle mit einem Wimperntrichter. Auch der schleifenförmige Ausscheidungskanal ist teilweise bewimpert. In die Nephridien gelangt Leibeshöhlenflüssigkeit. Im ausgeschiedenen Harn sind allerdings nur noch solche Stoffe enthalten, die der Körper nicht mehr verwerten kann. Daraus kann man schließen, dass die Zellen des Ausscheidungskanals der Leibeshöhlenflüssigkeit die noch verwertbaren Stoffe entziehen können.

Die Ausscheidungsorgane der luftlebenden Gliederfüßler, die *Malpighischen Gefäße,* sind dünne, schlauchförmige, geschlossene Nierenorgane, die in den Enddarm münden. Die Wandzellen nehmen aktiv Na^+-, K^+-Ionen und Harnsäure aus der Körperflüssigkeit auf, Wasser strömt aus osmotischen Gründen passiv nach. Im Rektum, dem hinteren Darmteil, werden nur anorganische Ionen rückresorbiert. Wasser folgt passiv nach und Harnsäure wird mit dem Kot abgegeben.

In vielen Tiergruppen dienen die Ausführgänge der Ausscheidungsorgane zusätzlich zur Abgabe der Geschlechtszellen. Solche Tiere, z.B. auch die Wirbeltiere, besitzen ein *Urogenitalsystem.* Eine kleine Zahl von Körperöffnungen bietet Krankheitserregern weniger Möglichkeiten in den Organismus einzudringen.

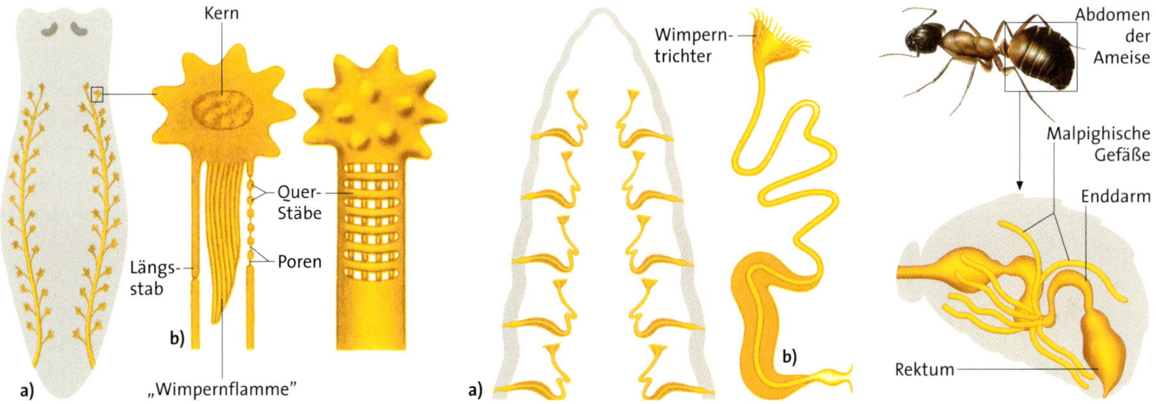

Abb. 191.1: Ausscheidungsorgane. Links: Protonephridien eines Plattwurms *(s. Abb. 119.2, Planaria).* **a)** Lage im Körper; **b)** Anfangszelle eines Protonephridiums mit Reuse im Längsschnitt. Mitte: Nephridien des Regenwurms. **a)** Lage im Körper; **b)** Schema des Baus. Rechts: Malpighische Gefäße der Ameise

4.4.2 Bau und Funktion der Niere des Menschen

Die Nieren liegen zu beiden Seiten der Wirbelsäule an der hinteren Wand der Bauchhöhle (**Abb. 192.1**). Ein langer, enger Schlauch, der *Harnleiter*, führt den Harn zur Harnblase ab. Die Nierenarterien, Abzweigungen der Aorta, versorgen die Nieren reichlich mit Blut: Obwohl die Nieren nur etwa 1 % des Körpergewichts ausmachen, werden sie von 20 bis 25 % des Blutes durchflossen, das aus der linken Herzkammer gepumpt wird.

Aus dem Hohlraum der Niere, dem *Nierenbecken*, entspringt der Harnleiter. Die dicke Wand der Niere besteht aus der gekörnelten *Rindenschicht* und der radial gestreiften *Markschicht*. Aus der Markschicht ragen 10 bis 15 kegelförmige *Nierenpyramiden* in das Nierenbecken hinein. Die eigentliche Ausscheidung besorgen mehr als eine Million *Nephronen*. Sie bestehen aus dem Nierenkörperchen und dem daraus abgehenden Nierenkanälchen; ihre Wand besteht aus nur einer Zelllage (**Abb. 192.2**).

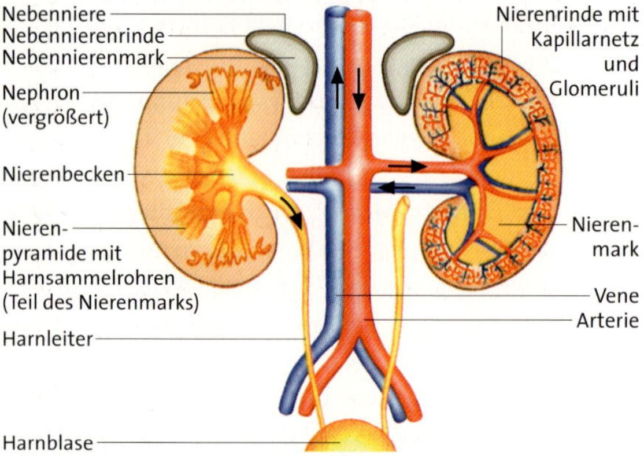

Abb. 192.1: Niere des Menschen *(Nebenniere s. Hormone 1.2)*. Links sind nur Harn ableitende Kanäle dargestellt, rechts nur Blutgefäße.

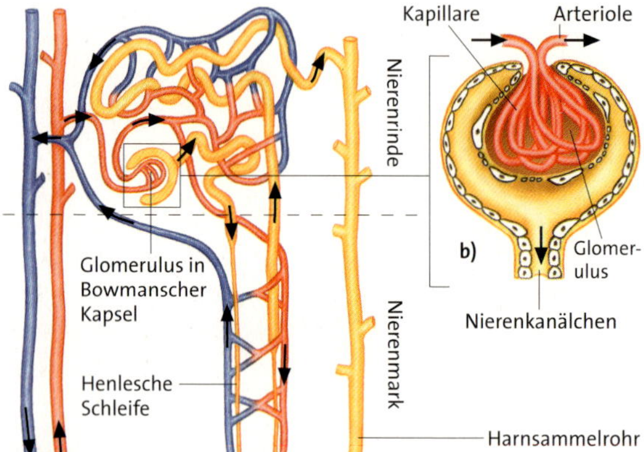

Abb. 192.2: **a)** einzelnes Nephron (gelb); **b)** Nierenkörperchen: BOWMANsche Kapsel mit Kapillaren

In jedes Nierenkörperchen führt eine kleine Arterie *(Arteriole)*. Sie verzweigt sich innerhalb der doppelwandigen BOWMANschen Kapsel zu einem Knäuel von Kapillaren *(Glomerulus)*. Die Kapillaren vereinigen sich wieder zu einer Arteriole, die aus dem Nierenkörperchen herausführt und sich erneut in Kapillaren aufteilt. Diese bis zu 4 cm langen Kapillaren begleiten das Nierenkanälchen und münden in eine kleine Vene *(Venole)*.

Das Nierenkanälchen ist in der Rindenschicht aufgeknäuelt, geht in einer Schleife *(HENLEsche Schleife)* gerade durch die Markschicht und wieder zurück in die Rinde. Dort knäuelt es sich erneut und endet in einem *Harnsammelrohr*, das auf der Spitze der Nierenpyramide in das Nierenbecken mündet.

Durch die Wand der Kapillaren und die angrenzende Wand der BOWMANschen Kapsel wird Flüssigkeit *(Primärharn)* aus dem Blutplasma ins Innere des Nierenkanälchens gepresst. Die Blutzellen und die Proteine sind zu groß, als dass sie durch die feinen Poren dieser Wände gedrückt werden könnten. Der Primärharn enthält aber alle anderen im Blutplasma vorkommenden Stoffe in der dort vorliegenden Konzentration. Erwachsene bilden pro Tag ca. 180 Liter Primärharn. Das entspricht ca. 18 großen Eimern mit Wasser, das insgesamt etwa 1,2 kg Kochsalz enthält. Während des Abflusses durch die erste Aufknäuelung des Nierenkanälchens werden dem Primärharn vor allem durch aktiven Transport die verwertbaren Stoffe wieder entzogen, sie gelangen dadurch in die Gewebeflüssigkeit der Niere. Infolge des Stoffentzugs sinkt der osmotische Druck des Harns unter den des umgebenden Gewebes, sodass auf osmotischem Wege (also passiv) ein großer Teil des Wassers ebenfalls in die Gewebeflüssigkeit ausströmt. Es werden auch Stoffe über die Wandzellen der Nierenkanälchen in den Primärharn abgesondert (u. a. Drogen, Medikamente). Bis zum Erreichen der HENLEschen Schleife verliert der Primärharn bereits 75 % des Wassers. Ein weiterer Wasserentzug findet in der HENLEschen Schleife, in dem geknäuelten Endabschnitt des Nierenkanälchens und in den Sammelrohren statt. Eine wichtige Rolle spielt dabei ein Konzentrationsgefälle im Nierengewebe, von wo das überschüssige Wasser kontinuierlich ins Blut abfließt. Der Wasserentzug aus den Sammelrohren wird durch das Hypophysenhormon Adiuretin gesteuert. Je mehr Adiuretin im Blut zirkuliert, desto mehr Wasser fließt ins Blut zurück. Bei Adiuretinmangel kann ein Erwachsener pro Tag bis zu 20 Liter Endharn ausscheiden. Der Endharn, der aus den Sammelrohren ausfließt, verändert seine Zusammensetzung auf dem Weg durch Harnleiter, Blase und Harnröhre nicht mehr. Bereits bei einem Wasserverlust von 0,5 % des Körpergewichts, z.B. von 250 ml bei 50 kg, wird das *Durstzentrum* im Zwischenhirn erregt. Bei einer Wasserabgabe von 15 bis 20 % des Gewichts verdurstet der Mensch. Ohne Trinken ist dies bei mäßiger Außentemperatur nach 10 bis 20 Tagen der Fall, in der Tropensonne wegen der hohen Schweißabgabe schon nach einigen Stunden.

4.4.3 **Wasser- und Salzhaushalt**

Süßwassertiere. Die Körperflüssigkeiten aller Süßwassertiere haben eine höhere Konzentration an gelösten Stoffen als das Wasser. Deshalb dringt in den Organismus Wasser durch Osmose ein und diffundieren Ionen anorganischer Salze nach draußen (**Abb. 193.1**).

Die Gewebe der Süßwasserfische enthielten zu viel Wasser, wenn diese Tiere nicht ständig große Mengen Urin abgäben (bis zu $^1/_3$ des Körpergewichts täglich). Durch die hohe Urinproduktion gehen Ionen verloren, denn im Urin befinden sich immer gelöste Ionen anorganischer Verbindungen. Soweit sich der Ionenbedarf nicht aus der Nahrung decken lässt, werden aus dem umgebenden Wasser Ionen aktiv aufgenommen. Dies ist bei Knochenfischen und bei Fröschen der Fall: Fische nehmen die Ionen durch aktiven Transport ins Körperinnere über die Kiemen auf, Frösche über die Haut.

Meeresfische. Die Körperflüssigkeiten von Knochenfischen des Meeres weisen eine geringere Ionenkonzentration auf als das umgebende Wasser. Deshalb verlieren diese Tiere ständig Wasser durch Osmose, vor allem über das Kiemenepithel (**Abb. 193.1**). Durch Trinken von Meerwasser verhindern sie die Austrocknung. Sie nehmen dabei aber große Mengen Ionen auf. Die Nieren sind nicht in der Lage, alle überschüssigen Ionen auszuscheiden, denn der Urin von Meeresfischen hat immer eine geringere Salzkonzentration als die Körperflüssigkeiten. So würde bei reiner Nierentätigkeit die Konzentration der Körperflüssigkeiten ständig zunehmen. Dazu kommt es allerdings nicht, weil Ionen durch aktiven Transport über die Kiemen ausgeschieden werden.

Landtiere und Mensch. Bei diesen ist die Wasserverdunstung durch weitgehend wasserundurchlässige Körperbedeckungen gehemmt. Zudem sind die feuchten Flächen des Gasaustausches ins Innere des Körpers (in die Lungen) verlagert. Bei weichhäutigen Tieren finden sich Schleimhüllen um die Haut, Insekten besitzen Chitinpanzer und Landwirbeltiere haben eine verhornende Oberhaut. Bei den Lurchen ist der Verdunstungsschutz noch wenig wirksam (»Feuchtlufttiere«).

Die Landtiere und der Mensch verlieren Salze im Urin und im Schweiß; sie ersetzen diese aus der Nahrung. Meeresvögel nehmen mit der Nahrung Salz im Überschuss auf. Aus Salzdrüsen im Nasenraum scheiden sie eine konzentrierte Salzlösung ab (**Abb. 193.2**).

Würde der Mensch nur Meerwasser trinken, müsste er verdursten: Mit 100 ml Meerwasser nimmt er etwa 3 g Salz auf, in 100 ml stark konzentriertem Urin sind aber höchstens ca. 2 g Salz enthalten. Um das aufgenommene Salz vollständig auszuscheiden, benötigt der Körper mehr Wasser als ihm zugefügt wurde. Das zusätzliche Wasser entnimmt er der Körperflüssigkeit. Daher scheidet er mehr Wasser aus als er getrunken hat.

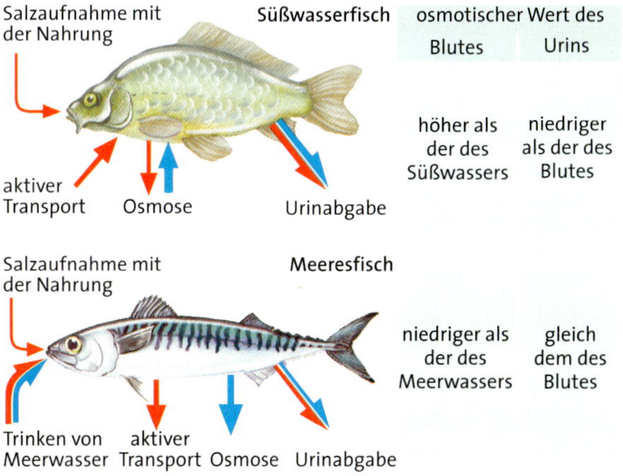

Abb. 193.1: Wasser- und Salzhaushalt bei Süßwasser- und Meeresfischen; blaue Pfeile: Wassertransport; rote Pfeile: Salztransport

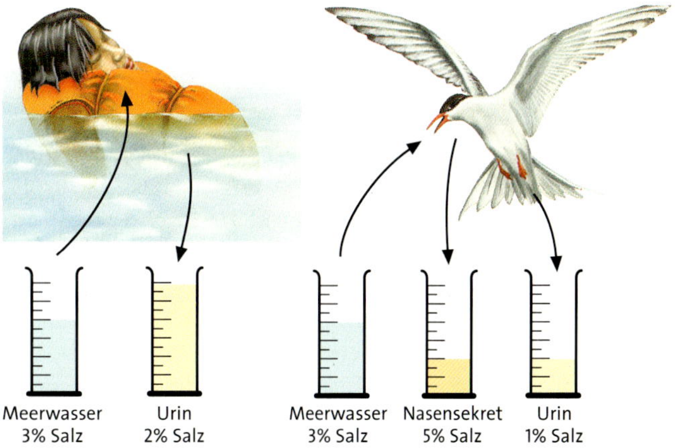

Abb. 193.2: Salz- und Wasserausscheidung bei Meeresvögeln und beim Menschen nach Aufnahme von 100 ml Meerwasser

Grundlagen des Zellstoffwechsels

Stoffwechselvorgänge sind chemische Reaktionen, die durch *Enzyme* als Katalysatoren beschleunigt werden. Bei Enzymen handelt es sich in der Regel um Proteine; diese sind aus Aminosäuren aufgebaut *(s. 1.1)*. Enzyme sind substrat- und wirkungsspezifisch *(s. 1.2)* und werden in großer Menge technisch eingesetzt.

Weitere *Bausteine aller Zellen* sind polare Lipide, Kohlenhydrate und die aus Nucleotiden aufgebauten Nucleinsäuren *(s. 1.3)*.

Jede chemische Reaktion ist mit einem *Energieumsatz* verbunden. Wird nutzbare Energie frei, so ist die Reaktion *exergonisch*. Eine Reaktion, die der Energiezufuhr bedarf, ist *endergonisch*. Sie kann nur in Koppelung mit einer exergonischen stattfinden. Meist ist die energieliefernde Reaktion die Spaltung von *Adenosintriphosphat*, ATP *(s. 1.4)*.

Alle Zellen erhalten fortlaufend Informationen über ihre Umgebung, die von Rezeptoren aufgenommen und über zahlreiche *Signalketten* weitergeleitet werden. Die Signalketten sind vernetzt. Nach Verrechnung der Informationen erfolgt eine spezifische Reaktion der Zelle *(s. 1.5)*.

Energie- und Stoffgewinn autotropher Lebewesen

Durch *Fotosynthese* bauen grüne Pflanzen und manche Prokaryoten mit Hilfe von Licht als Energiequelle aus CO_2 und H_2O Kohlenhydrate auf *(s. 2.1)*. Unmittelbar lichtabhängig sind die *Primärvorgänge* der Fotosynthese. Durch die in den Chloroplasten enthaltenen *Chlorophylle* wird Licht absorbiert und eine Folge von Redoxreaktionen in Gang gesetzt. Dabei wird Wasser gespalten, NADP reduziert und ATP gebildet. Damit ist die Energie für weitere chemische Reaktionen verfügbar. Bei diesen *Sekundärvorgängen* der Fotosynthese wird CO_2 gebunden und reduziert; letztlich entstehen als Produkte Stärke oder Saccharose.

Verschiedene Prokaryoten decken ihren Energiebedarf durch chemische Reaktionen ohne Beteiligung von Licht: *Chemosynthese (s. 2.2)*.

Stoffabbau und Energiegewinn in der Zelle

Tiere und der Mensch gewinnen Energie durch Abbau organischer Stoffe, ebenso die Pflanzen bei Nacht. Der vollständige Abbau erfolgt durch die *Zellatmung* im weiteren Sinn *(s. 3.1)*. Sie beginnt mit der *Glykolyse;* die Spaltprodukte werden im *Citronensäurezyklus* vollständig zu CO_2 umgesetzt; dabei wird NAD reduziert. In der *Endoxidation* wird das reduzierte NAD oxidiert und Wasser gebildet. Mit der verfügbaren Energie wird ATP aufgebaut; außerdem wird Wärme frei.

Steht kein Sauerstoff zur Verfügung, so kommt es zu *Gärungen (s. 3.2)*, bei denen energiehaltige Endprodukte, z. B. Ethanol, angehäuft werden.

Von Zwischenprodukten der Glykolyse und des Citronensäurezyklus aus erfolgt der Aufbau von Aminosäuren, Nucleotiden und Lipiden *(s. 3.3)*. *Speicherstoffe* von Pflanzen wie Kohlenhydrate, Fette und Proteine sind Grundlage der menschlichen Ernährung. Weitere Produkte des Stoffwechsels, die *sekundären* Pflanzenstoffe, sind von Bedeutung z. B. in Form von Gewürzen, als Duftstoffe und als Arzneimittel. Um nutzbare Stoffe im Großbetrieb in Bioreaktoren zu erzeugen, werden zunehmend Zell- und Gewebekulturen eingesetzt.

Stoffwechsel vielzelliger Tiere und des Menschen

Tiere und Mensch decken ihren Bedarf an Bau- und Betriebsstoffen aus den von Pflanzen gebildeten organischen Stoffen. Dem Umsatz dienen bei Vielzellern besondere Organsysteme.

Durch *Verdauung* erfolgt der Abbau aufgenommener Stoffe. In den Verdauungsdrüsen der Verdauungsorgane entstehen Enzyme. Eine besonders wichtige Funktion hat die Leber *(s. 4.1)*.

Das *Blut* befördert Stoffe im Organismus über große Strecken über ein *offenes* oder *geschlossenes* Gefäßsystem. Ein Stoffaustausch zwischen Blut und Gewebe erfolgt über die *Lymphe*. Der geschlossene Kreislauf der Wirbeltiere besitzt ein *Herz* als Pumpsystem. Bei den Landwirbeltieren unterscheidet man einen großen Körper- und einen kleinen Lungenkreislauf. Das Blut besteht aus dem flüssigen *Blutplasma* und den darin befindlichen *Blutkörperchen*. Der Sauerstofftransport erfolgt am *Hämoglobin* der Roten Blutkörperchen *(s. 4.2)*.

Der Körper wird durch die *Atmung* mit Sauerstoff versorgt. Die Gewebe des Gasaustausches sind großflächig und dünnwandig, sodass optimale Bedingungen für den *Gasaustausch* bestehen. Insekten führen die Luft durch das Tracheensystem den Körperzellen zu *(s. 4.3)*.

Die *Ausscheidung* dient der Abgabe von Stoffwechselendprodukten. Bei Wirbeltieren ist die *Niere* das Ausscheidungsorgan, das auch den *Wasser-* und *Salzhaushalt* reguliert *(s. 4.4)*.

AUFGABEN

1 Enzymreaktion und Substratkonzentration

Penicillin wird durch das in einigen Penicillin-resistenten Bakterien vorkommende Enzym Penicillinase hydrolysiert. Es verliert dadurch seine medizinische Wirkung. Man kann die Reaktionsgeschwindigkeit bei einer konstanten Enzymmenge in Abhängigkeit von der Substratkonzentration (C) messen. Dazu bestimmt man die in einer Minute hydrolysierte Menge an Penicillin. Es ergeben sich folgende Werte:

C [mol · 10^{-5}]	0,1	0,3	0,5	1,0	3,0	5,0
hydrol. Menge [mol · 10^{-9}]	0,11	0,25	0,34	0,45	0,58	0,61

a) Fertigen Sie anhand der Daten ein Reaktionsgeschwindigkeits-Konzentrations-Diagramm an.

b) Bestimmen Sie für das Beispiel die Michaelis-Menten-Konstante (K_M-Wert) und den V_{max}-Wert.

c) Welche Ergebnisse sind zu erwarten, wenn vor Versuchsbeginn
- der Lösung Kupfer-(II)-Sulfat zugesetzt wird?
- die Lösung aufgekocht wird?

2 Änderung des Stoffwechsels bei Gichtkranken

Harnsäure entsteht im menschlichen Organismus zum Beispiel beim Abbau von Nucleinsäuren, wobei die Verbindung Hypoxanthin als Zwischenprodukt entsteht. Hypoxanthin wird dann mittels des Enzyms Xanthinoxidase zu Harnsäure abgebaut, die normalerweise über die Nieren ausgeschieden wird. Gichtkranke bilden zu viel Harnsäure. Diese kann nicht mehr komplett ausgeschieden werden, sondern setzt sich in Form von Harnsäurekristallen in den Gelenken der Patienten ab. Dies führt zu schmerzhaften Veränderungen der Gelenke. Eine mögliche medikamentöse Behandlung ist die Verabreichung von Allopurinol. Die Patienten scheiden dann Hypoxanthin aus; die Beschwerden lassen nach.

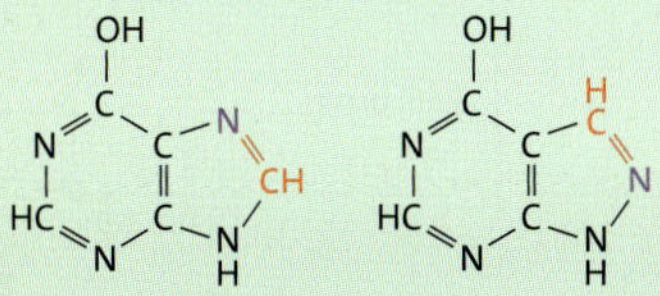

Hypoxanthin   Allopurinol

a) Strukturformeln von Hypoxanthin und Allopurinol legen nahe, worauf die Wirksamkeit des Medikaments Allopurinol beruht. Erläutern Sie den zugrunde liegenden Vorgang.

b) Fertigen Sie zur Erklärung der Wirkung von Allopurinol eine schematische Skizze an.

3 Fettabbau durch Lipasen

250 ml Bechergläser werden zur Hälfte mit Wasser folgender Temperaturen gefüllt: 10 °C, 20 °C, 30 °C, 40 °C, 50 °C, 60 °C, 70 °C. In sieben Reagenzgläser werden zu jeweils 8 ml Milch und drei Tropfen Phenolphthalein so viel verdünnte Kalilauge hinzugeträufelt, dass die Milch deutlich rosa erscheint. Die vorbereiteten Reagenzgläser werden auf die sieben Wasserbäder verteilt. Nach zehn Minuten wird die Wassertemperatur in den Bechergläsern protokolliert und jedem Reagenzglas 0,1 g Pankreatin-Pulver (enthält Lipase) hinzugefügt. Dann wird einmal kurz umgeschüttelt und die Zeit bis zum Verschwinden der Rosafärbung bestimmt.

a) Formulieren Sie die Fragestellung des Versuchs.

b) Erklären Sie das Verschwinden der Rosafärbung.

c) Welche Reaktionszeiten werden vermutlich gemessen?

4 Fotosynthesepigmente

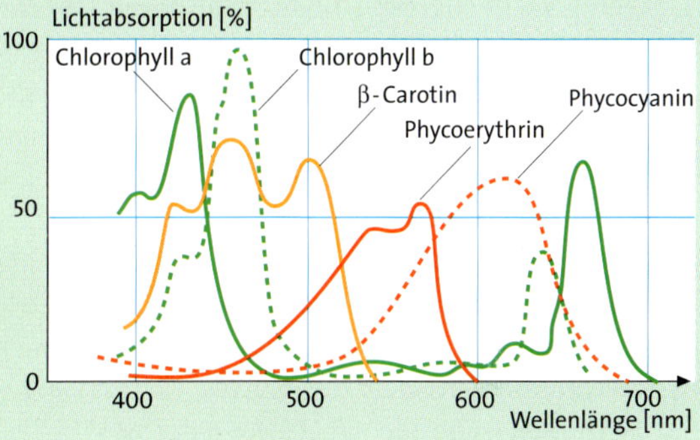

Je weiter das Sonnenlicht in die Meerestiefe eindringt, desto mehr Licht wird von den Wassermolekülen absorbiert, und zwar je nach Wellenlängenbereich in unterschiedlicher Stärke. Bis in eine Tiefe von 6 m dringt noch etwa 80 % des blauen und grünen Lichts, aber nur noch etwa 10 % des roten Lichts. Unter 15 m gibt es kein rotes Licht. Im Meer sind Grün-, Rot- und Braunalgen bis in unterschiedliche Tiefen anzutreffen. **Grünalgen** besitzen die gleiche Zusammensetzung an Fotosynthesepigmenten wie höhere Pflanzen: Chlorophyll a und b sowie β-Carotin. Die wichtigsten Fotosynthesepigmente der **Rotalgen** hingegen sind neben Chlorophyll a, Phycoerythrin und Phycocyanin.

a) Leiten Sie aus den Absorptionsmaxima der Farbstoffe und den gegebenen Informationen ab, welche Algengruppen im flachen (bis 3 m) oder im tiefen Wasser (30 bis 200 m) vorkommen.

b) Erläutern Sie den Unterschied zwischen Absorptions- und Wirkungsspektren und deren Erstellung.

NEUROBIOLOGIE

Das **Nervensystem** bildet zusammen mit den Sinnesorganen und den Muskeln ein schnelles informationsverarbeitendes System. Durch den Besitz eines Nervensystems unterscheidet sich der größte Teil der Tiere von den Pflanzen. Unter den vielzelligen Tieren fehlt es nur bei den Schwämmen. Man kann sagen, dass das Nervensystem das Organsystem ist, das einen vielzelligen Organismus erst zum »typischen« Tier macht.

Das Nervensystem enthält Nervenzellen und Gliazellen. Die Nervenzellen oder **Neurone** sind für die Aufnahme, Weiterleitung und Verarbeitung von Informationen zuständig. Die **Gliazellen** bilden eine Isolationsschicht um Nervenzellen, sorgen für eine gleich bleibende Zusammensetzung der Zwischenzellflüssigkeit, dienen als mechanische Stützelemente und übernehmen zahlreiche weitere Aufgaben, z.B. während der Entwicklung des Nervensystems.

Das Gehirn des Menschen besitzt etwa 100 Milliarden Nervenzellen und 10- bis 50-mal so viele Gliazellen. Zusammen bilden sie das mit Abstand komplexeste Organsystem des Menschen. Aufgabe der Neurobiologie ist es, den Aufbau und die Arbeitsweise der verschiedenen Nervensysteme im Tierreich zu verstehen und herauszufinden, wie beispielsweise das Gehirn Lernvorgänge steuert, Erinnerungen abruft oder Gefühle erzeugt.

1 Bau und Funktion von Nervenzellen

1.1 Bau einer typischen Nervenzelle

Nervenzellen können sehr unterschiedlich aussehen (Abb. 196.1). Bei den meisten Nervenzellen kann man drei Bereiche unterscheiden: Der **Zellkörper** enthält den Zellkern und wichtige Organellen. Er sorgt vor allem für den Stoffwechsel und für die Synthese der von der Zelle benötigten Makromoleküle. Die **Dendriten** sind kurze, meist stark verästelte Fortsätze. Über sie empfängt das Neuron Informationen. Das **Axon** ist ein langer, verzweigter oder unverzweigter Fortsatz, der Informationen aktiv über große Entfernungen weiterleitet und an seinem Ende an andere Zellen übermittelt.

Der Aufbau eines Neurons lässt sich am Beispiel einer *motorischen Nervenzelle* des Rückenmarks *(α-Motoneuron)* beschreiben (Abb. 197.2 und 197.3). Sie steuert die Kontraktion von Skelettmuskeln. Der Durchmesser des Zellkörpers eines α-Motoneurons beträgt bis zu 0,25 mm. Das Axon kann sehr lang sein, beim Menschen über 1 m, z. B. vom Rückenmark zum Fuß. Die Axone im peripheren Teil des Nervensystems *(s. 5.2.3)* sind bei Wirbeltieren oft von bestimmten Gliazellen, den SCHWANN-

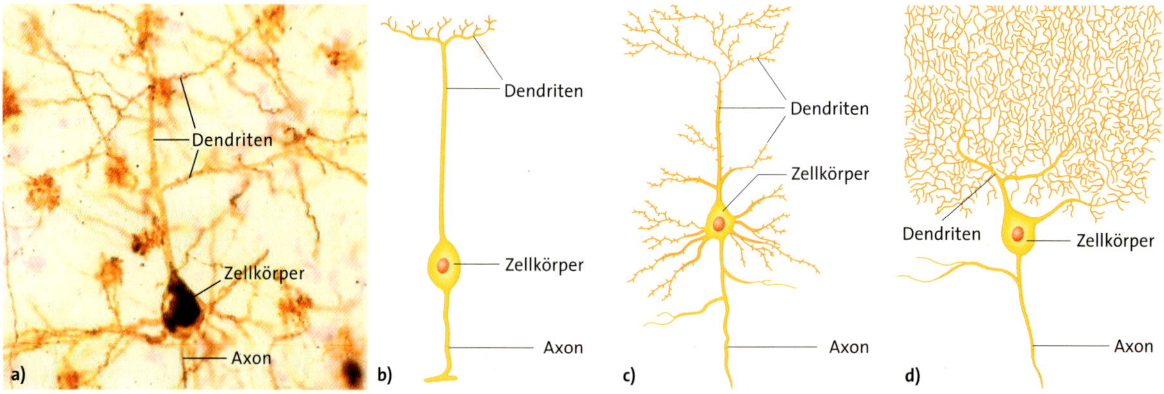

Abb. 196.1: Verschieden gebaute Nervenzellen. **a)** Gefärbte Nervenzelle im Gehirn der Maus; **b)** und **c)** Nervenzellen mit wenigen Dendriten; **d)** Nervenzelle mit vielen, stark verzweigten Dendriten, die die Aufnahme von Informationen von zahlreichen Nervenzellen ermöglichen (b bis d schematisch).

schen Zellen, umgeben. Solche Wirbeltieraxone sind von vielen hintereinander liegenden SCHWANNschen Zellen umhüllt. Diese wickeln sich während der Embryonalzeit mehrmals um die Axone, sodass eine Hülle von lamellenartigem Aufbau entsteht. Man bezeichnet diese als *Myelinscheide* oder *SCHWANNsche Scheide* (**Abb. 197.1** und **197.3**).

An den Stellen, wo zwei SCHWANNsche Zellen zusammentreffen, liegt die Axonmembran über eine kurze Strecke frei. Diese freien Abschnitte tragen nach ihrem Entdecker die Bezeichnung *RANVIERsche Schnürringe*, weil sie im Lichtmikroskop als Einschnürungen der Myelinscheide erkennbar sind. Myelinscheiden gibt es nur bei Wirbeltieren und auch dort nur bei etwa der Hälfte aller Axone. Im Zentralnervensystem *(s. 5.2)* werden die Myelinscheiden von einer anderen Art Gliazellen gebildet.

Ein Bündel parallel laufender Axone bezeichnet man als **Nerv.** Die zahlreichen Berührungsstellen zwischen zusammengeschalteten Nervenzellen sowie zwischen Nervenzellen und Muskelfasern oder Drüsenzellen heißen **Synapsen.** Sie übertragen Informationen von einer Zelle auf die andere. Eine einzelne Nervenzelle kann bis zu 150 000 Synapsen aufweisen.

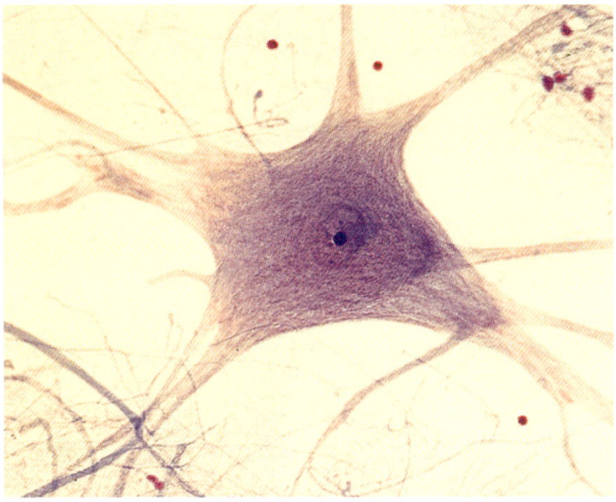

Abb. 197.2: Isolierte motorische Nervenzelle aus dem Rückenmark des Rindes (Vergrößerung 200fach) aus einem mit Methylenblau gefärbten Quetschpräparat.

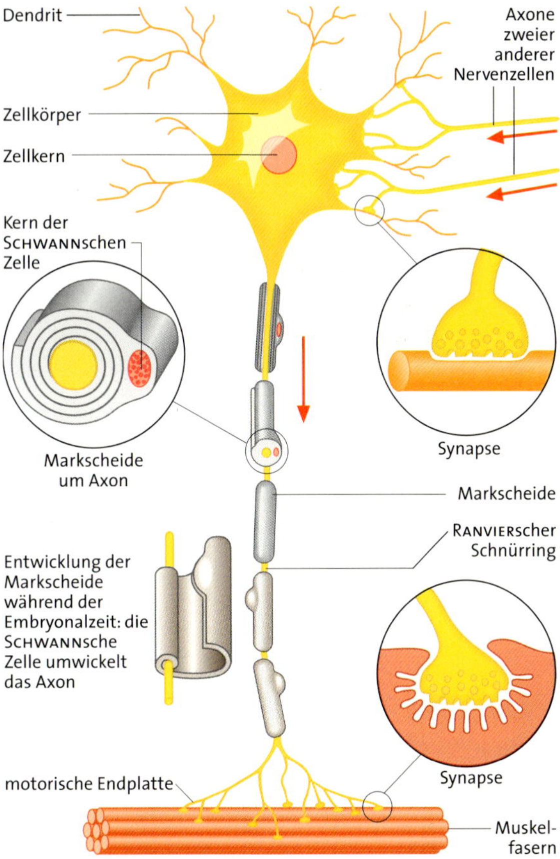

Abb. 197.3: Motoneuron des Rückenmarks, schematisch. Der Durchmesser des Axons beträgt 5 bis 20 µm. Die roten Pfeile zeigen die Richtung des Erregungsflusses an. Aus dem Axon ist in der Mitte ein etwa 70 cm langes Stück herausgeschnitten. Bei dem gewählten Maßstab (1 : 60) wären das etwa 40 m.

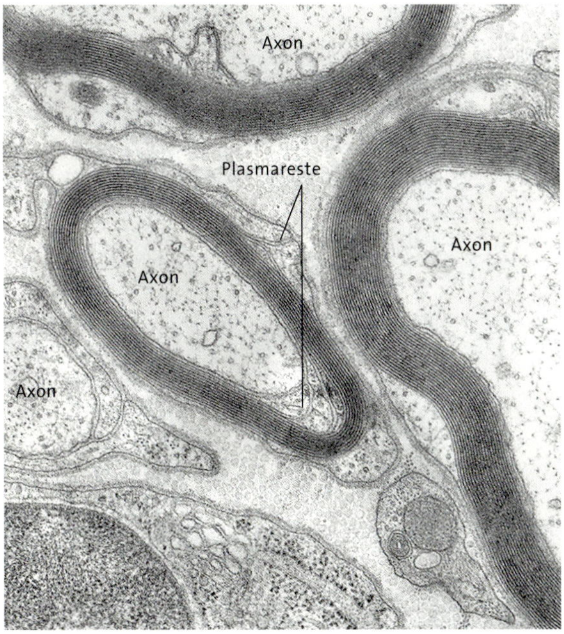

Abb. 197.1: Teil eines Querschnitts durch einen Nerv mit drei Axonen mit Myelinscheide. Am mittleren Axon erkennt man sowohl im Inneren als auch im Äußeren Plasmareste der SCHWANNschen Zelle, welche die Myelinscheide hervorgebracht hat. Links unten ist ein Axon ohne Myelinscheide zu sehen, das in eine SCHWANNsche Zelle eingesenkt ist.

1.2 Ionentransport durch die Zellmembran

1.2.1 Ionen als Ladungsträger

Die Aufnahme, Weiterleitung und Verarbeitung von Information in Nervenzellen ist an elektrische Vorgänge gebunden. Elektrische Vorgänge können nur ablaufen, wenn bewegliche Ladungsträger vorhanden sind. In tierischem Gewebe sind als bewegliche Ladungsträger vor allem die positiv geladenen Kationen Natrium (Na^+), Kalium (K^+), Calcium (Ca^{2+}) und die negativ geladenen Anionen Chlorid (Cl^-) und Hydrogencarbonat (HCO_3^-) von Bedeutung. Diese findet man sowohl innerhalb als auch außerhalb der Zellen. Daneben gibt es innerhalb der Zellen nahezu unbewegliche Ladungsträger, zu denen vor allem die Proteine des Cytoplasmas gehören.

1.2.2 Natrium-Kalium-Pumpe

Bei allen Lebewesen sind die meisten Ionen innerhalb und außerhalb der Zellen in jeweils ganz unterschiedlichen Konzentrationen vorhanden (**Tab. 198.2**). So liegen z. B. die K^+-Ionen im Innern von tierischen Zellen in relativ hoher, in der Zwischenzellflüssigkeit (Außenmedium der Zellen) aber in relativ niedriger Konzentration vor. Die Konzentration der Na^+-Ionen ist dagegen im Außenmedium wesentlich höher als im Innern der Zellen. Die unterschiedliche Verteilung dieser Ionen wird durch einen aktiven Transportmechanismus erzeugt und aufrechterhalten. Man nennt ihn *Natrium-Kalium-Pumpe* (**Abb. 198.1**). Dabei handelt es sich um einen in der Membran liegenden Proteinkomplex, der wahrscheinlich bei allen tierischen Zellen vorhanden ist. Unter ATP-Spaltung werden von der Natrium-Kalium-Pumpe K^+-Ionen

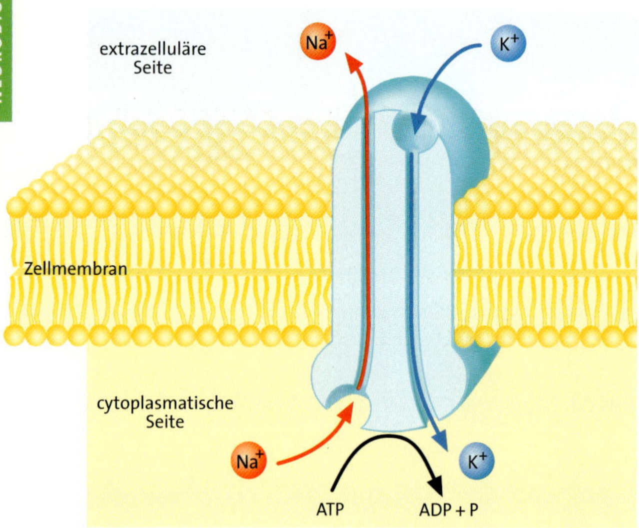

Abb. 198.1: Schema einer Natrium-Kalium-Pumpe. Hierbei handelt es sich um ein Membranprotein, das unter ATP-Verbrauch Na^+ aus der Zelle und K^+ in die Zelle transportiert.

Ionenart	Cytoplasma (mmol/l)	extrazelluläre Flüssigkeit (mmol/l)
K^+	400	20
Na^+	50	440
Cl^-	52	560
A^- (Proteine mit negativer Ladung)	385	–

Tab. 198.2: Konzentrationen wichtiger Ionen im Cytoplasma einer Nervenzelle (Ruhezustand) beim Tintenfisch und in der umgebenden Zwischenzellflüssigkeit.

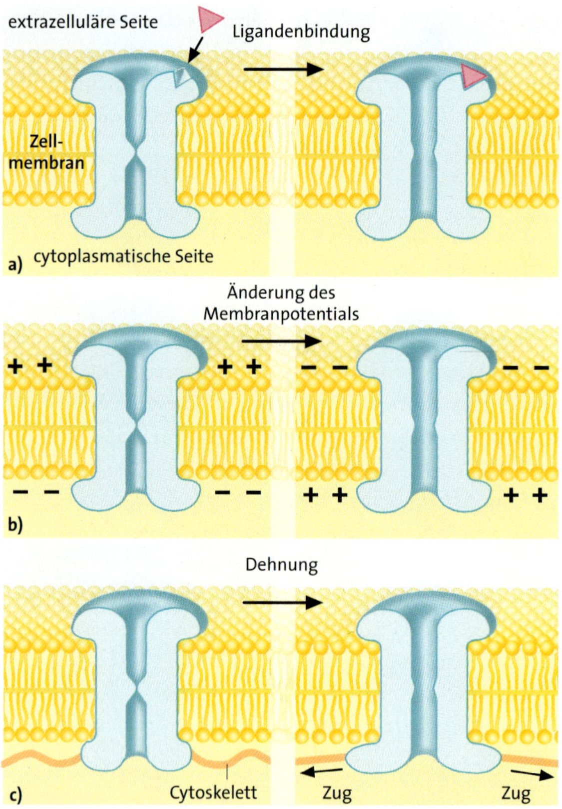

Abb. 198.3: Öffnungsmechanismen von Ionenkanälen in der Zellmembran. **a)** Ligandengesteuerter Ionenkanal. Er öffnet sich, wenn ein bestimmtes Molekül (Ligand) an ihn bindet; **b)** spannungsgesteuerter Ionenkanal. Er öffnet sich bei Änderungen des Membranpotenzials; **c)** mechanisch gesteuerter Ionenkanal. Er öffnet sich bei Dehnung der Zellmembran. Die mechanischen Kräfte werden über das Cytoskelett auf den Kanal übertragen.

nach innen und gleichzeitig Na^+-Ionen nach außen transportiert. Ohne die Natrium-Kalium-Pumpe würde die unterschiedliche Ionenverteilung auf beiden Seiten der Zellmembran allmählich verschwinden, weil die Ionen in sehr geringem Umfang die Membran passieren können. Die Natrium-Kalium-Pumpe ist einer der größten ATP-Verbraucher im tierischen Organismus (20 % des ATP-Umsatzes eines Säugetieres). Die vom ATP gelieferte Energie steckt in der ungleichen Ionenverteilung. Demgemäß ist die ungleiche Ionenkonzentration selbst eine Energiequelle, und zwar für fast alle elektrischen Erscheinungen an Zellen *(s. 1.3 und 1.4)*.

1.2.3 Ionenkanäle

Positiv und negativ geladene Ionen sind in wässriger Lösung von Wassermolekülen eingehüllt, sie sind hydratisiert *(s. Stoffwechsel 1.3.1)*. Demgegenüber ist die Lipid-Doppelschicht der Zellmembran wasserabstoßend (hydrophob). Sie besitzt jedoch Kanäle, die von Proteinmolekülen gebildet werden. Die Ionenkanäle sind unterschiedlich gebaut und lassen daher bevorzugt nur eine Art von Ionen passieren. Daher kann man Na^+-, K^+- und andere Ionenkanäle unterscheiden. Deren Selektivität beruht vor allem auf ihrem Durchmesser und den Ladungsverhältnissen innerhalb des Kanals *(s. Cytologie 3.2)*. Die Ausstattung an Ionenkanälen verleiht der Zellmembran also eine *selektive Permeabilität* für bestimmte Ionen.

Es gibt Ionenkanäle, die immer offen sind, die meisten öffnen und schließen sich jedoch in Abhängigkeit von den Außenbedingungen (**Abb. 198.3**). *Spannungsgesteuerte Ionenkanäle* öffnen sich bei Änderungen des Membranpotenzials *(s. 1.3)*. Sie kommen im Axon jeder Nervenzelle vor. *Ligandengesteuerte Ionenkanäle* öffnen sich, wenn ein bestimmtes, als **Ligand** bezeichnetes Molekül an das Protein bindet. Man findet solche Ionenkanäle an Synapsen, aber auch in Sinneszellen. *Mechanisch gesteuerte Ionenkanäle* öffnen und schließen sich in Abhängigkeit von der mechanischen Belastung der Zellmembran, z. B. von Tastsinneszellen der Haut.

Patch-clamp-Technik

Sie wurde von BERT SAKMANN und ERWIN NEHER entwickelt, die dafür im Jahre 1991 mit dem Nobelpreis ausgezeichnet wurden. Bei dieser Technik wird eine relativ grobe *Kapillarelektrode* mit einem Spitzendurchmesser von 2 bis 5 µm verwendet. Sie wird mithilfe eines Mikromanipulators auf die Zelloberfläche aufgesetzt. Durch leichtes Ansaugen wird eine Abdichtung zur Umgebung erreicht. Deshalb fließt der gesamte Strom, der das Membranfleckchen (engl. *patch* Fleck) unter der Elektrode passiert, durch die Elektrode. Er kann durch ein hoch auflösendes Mikroamperemeter gemessen werden. Die Membranstückchen unter der Elektrode sind so klein, dass sie unter Umständen nur einen einzigen Ionenkanal enthalten, dessen Verhalten man auf diese Weise direkt studieren kann (**Abb. 199.1**). Während die Messung des Membranpotenzials *(s. Abb. 200.1)* eine Spannungsmessung ist, handelt es sich bei der Patch-clamp-Technik um eine Strommessung.

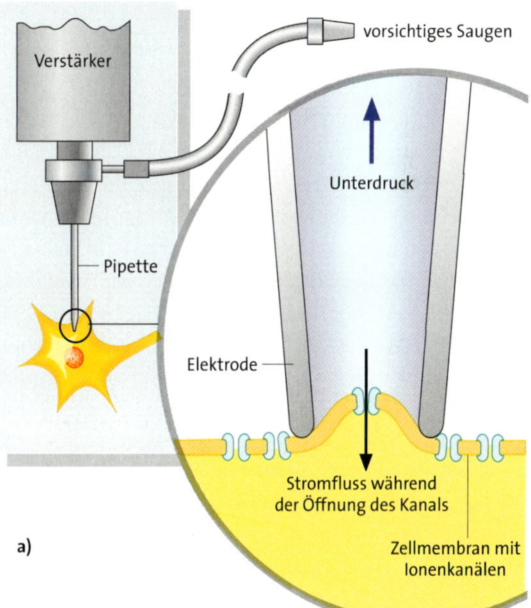

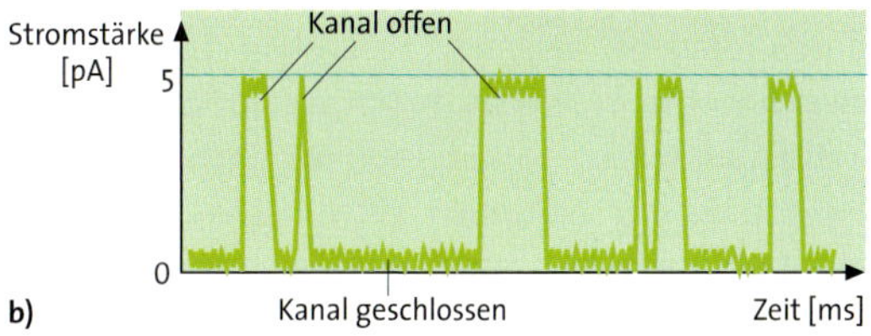

Abb. 199.1: Patch-clamp-Technik. **a)** Eine Kapillarelektrode wird auf die Zellmembran aufgesetzt und durch vorsichtiges Ansaugen daran befestigt. Der Membranfleck unter der Elektrodenspitze enthält nur einen Ionenkanal; **b)** wenn sich der Kanal öffnet, fließt ein konstanter, sehr kleiner elektrischer Strom.

1.3 Membranpotenzial – Ruhepotenzial

In einer Autobatterie sind unterschiedliche elektrische Ladungen zwischen zwei Polen getrennt, dem Pluspol und dem Minuspol; zwischen ihnen besteht also eine **Spannung** oder Potenzialdifferenz. Auch zwischen dem Inneren einer Zelle (Cytoplasma) und dem sie umgebenden Außenmedium (Zwischenzellflüssigkeit) liegt eine elektrische Spannung. Das Cytoplasma der Zelle ist der Minuspol, hier findet sich ein Überschuss an negativ geladenen Ionen. Das Außenmedium enthält dagegen mehr Ionen mit positiver als mit negativer Ladung und bildet den Pluspol. Da die Ladungen nur durch die Zellmembran getrennt werden, bezeichnet man diese Spannung als **Membranpotenzial** (oder Membranspannung), sie wird in der Einheit Volt (V) gemessen. Eine Autobatterie hat normalerweise 12 V, die Spannung über der Zellmembran ist etwa 100-mal geringer.

In Sinnes-, Nerven- und Muskelzellen kann sich das Membranpotenzial ändern, wenn besondere äußere Einflüsse auf sie einwirken, die eine **Erregung** *(s. 1.4)* auslösen. Ihr Membranpotenzial im unerregten Zustand bezeichnet man als **Ruhepotenzial** oder Ruhespannung.

Ursachen des Membranpotenzials. Wie kann aus der ungleichen Ionenverteilung außerhalb und innerhalb der Zelle ein Membranpotenzial, also eine elektrische Spannung, entstehen?

Dazu folgende Überlegung (**Abb. 201.1**): Ein Gefäß sei durch eine dünne Membran unterteilt. In die linke Seite wird eine KCl-Lösung, in die rechte Seite eine NaCl-Lösung gleicher Konzentration eingefüllt. Die Teilchenkonzentration muss auf beiden Seiten gleich sein, um Osmose zu verhindern. Die Membran habe die Eigenschaft, selektiv nur K^+-Ionen durchzulassen. Man bezeichnet eine Membran, die nur bestimmte gelöste Stoffe und Wasser passieren lässt, als *selektiv permeabel.*

Im Experiment diffundieren nun die K^+-Ionen aufgrund des hohen Konzentrationsgefälles durch die selektiv permeable Membran auf die rechte Seite. Dadurch entsteht ein Überschuss an positiver Ladung auf der rechten und ein Überschuss an negativer Ladung auf der linken Seite. Somit baut sich in kurzer Zeit eine elektrische Spannung auf. Da sich Träger unterschiedlicher Ladung anziehen, wird ein Teil der wegdiffundierten K^+-Ionen von den überschüssigen Cl^--Ionen in die linke Seite des Gefäßes zurückgezogen. Wenn sich der vom Konzentra-

Messung des Membranpotenzials

Das Membranpotenzial einer Zelle lässt sich mithilfe zweier Elektroden messen (**Abb. 200.1**). Dabei taucht eine der beiden Elektroden in das Außenmedium ein. Die zweite Elektrode wird mithilfe eines Mikromanipulators in das Innere der Zelle geführt. Diese Elektrode ist sehr fein und besteht normalerweise aus einer Glaskapillare (ausgezogene, starre Glasröhre) mit einem Spitzendurchmesser von weniger als 0,5 µm. Eine solche Kapillarelektrode ist mit einer Salzlösung (oft KCl) gefüllt. Beim Einstechen legt sich die Zellmembran so dicht der Elektrode an, dass kein Stoffaustausch mit der Umgebung durch die Einstichstelle möglich ist. Beide Elektroden sind über einen Verstärker mit einem *Oszilloskop* verbunden, das den Spannungsverlauf aufzeichnet. Solange beide Elektroden in das Außenmedium eintauchen, wird keine Spannung gemessen. Sobald die Kapillarelektrode aber die Zellmembran durchstoßen hat, zeigt das Oszilloskop eine Spannung zwischen den beiden Elektroden an: Sie beträgt je nach Zelltyp zwischen –30 und –100 mV (**Abb. 200.1**). Dem Spannungswert gibt man vereinbarungsgemäß ein negatives Vorzeichen, um deutlich zu machen, dass die Innenseite der Zellmembran negativ geladen ist.

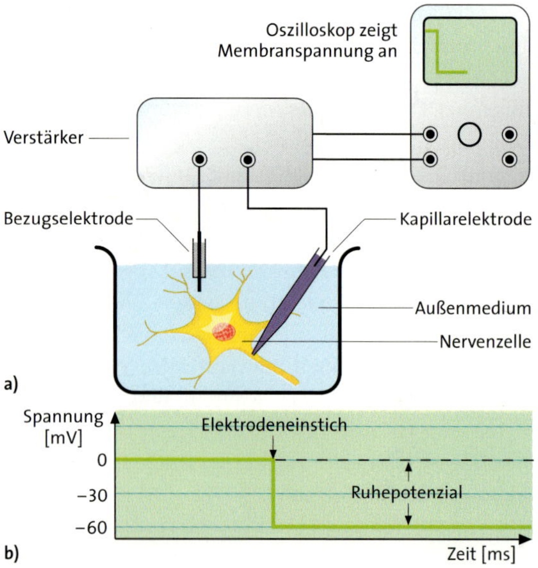

Abb. 200.1: Messung des Membranpotenzials.
a) Versuchsanordnung zur intrazellulären Ableitung;
b) die Spannungsänderung beim Einstechen der Kapillarelektrode in eine Zelle ist zu sehen. Nach dem Elektrodeneinstich wird eine konstante Spannung, das Ruhepotenzial, zwischen beiden Seiten der Zellmembran gemessen.

tionsunterschied erzeugte Ausstrom und der erzeugte Rückstrom die Waage halten, steigt die Spannung nicht weiter.

Im geschilderten Experiment diffundieren nur außerordentlich wenige K^+-Ionen, bis diese *Gleichgewichtsspannung* erreicht ist. Wenn nur 5000 K^+-Ionen pro mm^2 Membranfläche auf die rechte Seite gelangt sind, entsteht eine Spannung von ca. 90 mV über der Membran. Dies entspricht ungefähr der Gleichgewichtsspannung, die sich bei Salzkonzentrationen einstellt, die denen in der Zelle gleichen. Dabei enthält aber jeder mm^3 der KCl-Lösung, wenn sie die gleiche Konzentration aufweist wie die Zellflüssigkeit, mehr als 10^8 K^+-Ionen. An der ungleichen Verteilung der Na^+- und K^+-Ionen, die in der Zelle durch die Natrium-Kalium-Pumpe hergestellt wird, ändert sich also fast nichts.

Die Geschwindigkeit, mit der sich die Spannung nach dem Füllen der beiden Teile des Gefäßes aufbaut, hängt von der Durchlässigkeit der Membran für K^+-Ionen ab. Bei Zellmembranen stellt sich ein solcher Gleichgewichtszustand in nur wenigen Millisekunden auf folgende Weise ein: Die Membran aller Nervenzellen enthält Ionenkanäle, die selektiv für K^+-Ionen durchlässig und immer offen sind. Deshalb können, wie eben geschildert, einige der innen befindlichen K^+-Ionen nach außen diffundieren. Im Inneren sind dann Ionen mit negativer Ladung im Überschuss vorhanden. So entsteht das Membranpotenzial (**Abb. 201.2**). Es beruht vor allem auf der ungleichen Verteilung von K^+-Ionen zwischen dem Inneren der Zellen und ihrem Außenmedium.

Neben K^+-Ionen sind auch Na^+-, Cl- und andere Ionen in der Lage, durch die Membran zu diffundieren und damit einen Einfluss auf das Membranpotenzial auszuüben. So sind im Ruhezustand einige Na^+-Kanäle geöffnet, durch die ein äußerst geringer Einstrom von Na^+-Ionen entsprechend ihrem Konzentrationsgefälle in die Zelle erfolgt. Das Ruhepotenzial ist daher etwas weniger negativ als das Potenzial, das sich einstellen würde, wenn die Membran ausschließlich für K^+-Ionen permeabel wäre. Im Inneren der Zellen befinden sich auch negativ geladene Proteinmoleküle. Sie können nicht durch Ionenkanäle wandern und tragen deshalb dazu bei, dass im Zellinneren ein Überschuss an negativen Ladungen besteht. Das Ruhepotenzial beruht in allen Teilen der Nervenzelle (Zellkörper, Axon, Dendriten) auf den beschriebenen Vorgängen.

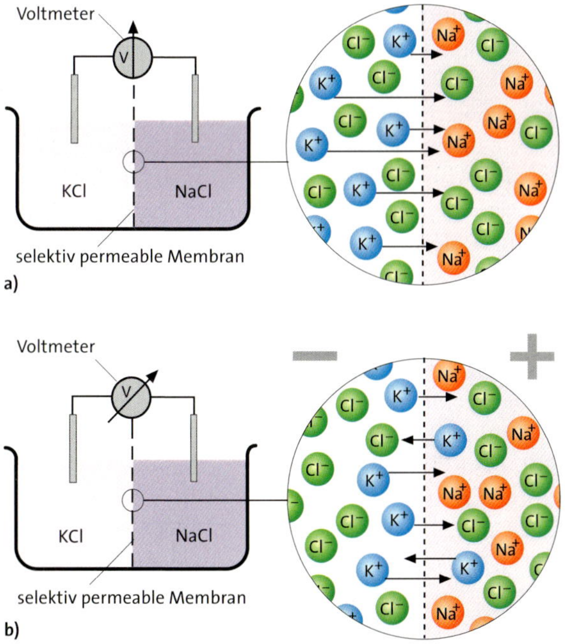

Abb. 201.1: Modell zur Entstehung eines Membranpotenzials. Wegen des hohen Konzentrationsgefälles diffundieren K^+-Ionen durch die selektiv permeable Membran auf die rechte Seite, es baut sich eine elektrische Spannung auf.

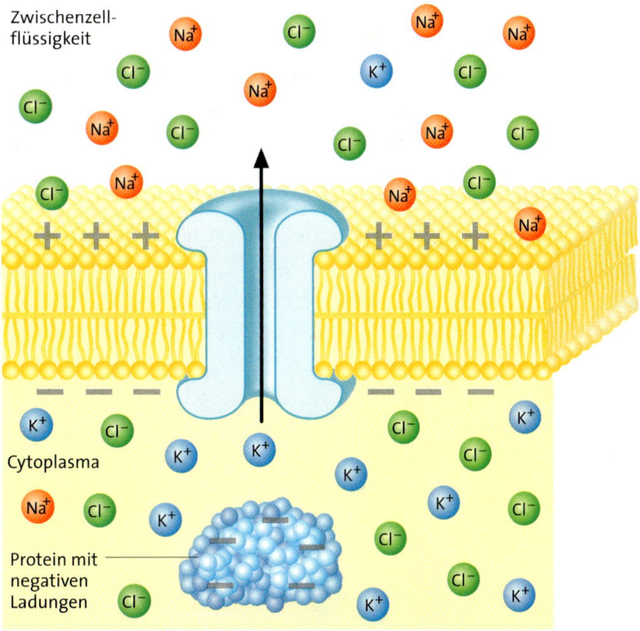

Abb. 201.2 Entstehung des Ruhepotenzials in einer Zelle. K^+-Ionen diffundieren entsprechend ihres Konzentrationsgefälles durch die offenen K^+-Ionenkanäle nach außen. Dadurch entsteht in der Zwischenzellflüssigkeit ein Überschuss an positiven Ladungen. Im Cytoplasma bleibt ein Überschuss an negativen Ladungsträgern (vor allem Cl^--Ionen und Protein-Anionen) übrig.

1.4 Aktionspotenzial

Das Ruhepotenzial einer Nervenzelle kann durch Einwirkung von Reizen verändert werden. Experimentelle Reizung, z. B. durch elektrischen Strom, führt zunächst zu einer langsamen **Depolarisation,** d. h. das Membranpotenzial verändert sich zu Werten, die weniger negativ als das Ruhepotenzial sind. Wird ein bestimmter *Schwellenwert* überschritten, treten kurzzeitige, rasche Änderungen des Membranpotenzials auf, die durch das Öffnen und Schließen von Ionenkanälen hervorgerufen werden. Man bezeichnet sie als **Aktionspotenziale.** Ein Aktionspotenzial dauert 1 bis 2 ms (Millisekunden). Es besteht aus einer schnellen Depolarisation auf etwa +30 mV, der eine genauso schnelle Rückkehr zum Ruhepotenzial folgt. Dabei kann das Membranpotenzial kurzzeitig negativere Werte als das Ruhepotenzial annehmen, man spricht von **Hyperpolarisation.** Werden durch einen Reiz Aktionspotenziale ausgelöst, bezeichnet man diesen Vorgang als **Erregung.** Nerven-, Sinnes- und Muskelzellen verfügen über die Eigenschaft auf Reizeinwirkung Aktionspotenziale auszubilden; sie sind *erregbar.*

Ein Aktionspotenzial bildet sich nur im Axon, nicht aber im Zellkörper und in den Dendriten. Es tritt entweder in voller Höhe auf oder entsteht gar nicht *(Alles-oder-Nichts-Gesetz).* Einmal ausgebildete Aktionspotenziale werden über das gesamte Axon, z. B. zu einer anderen Nervenzelle, fortgeleitet. Auf diese Weise übermitteln Nervenzellen Information.

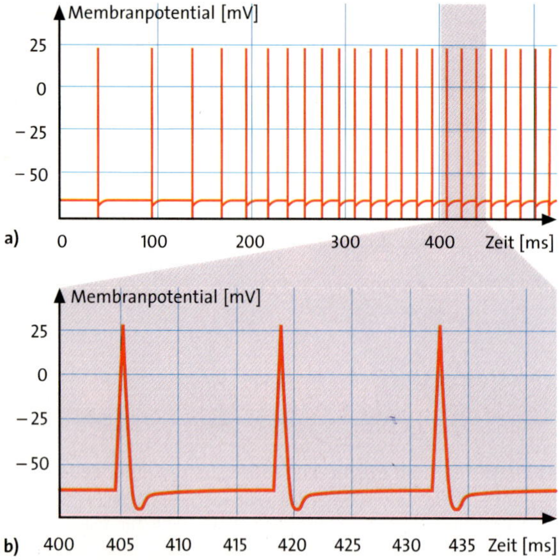

Abb. 202.1: a) Aktionspotenziale in einem Axon (intrazelluläre Ableitung), die Frequenz der Aktionspotenziale nimmt allmählich zu; **b)** Ausschnitt aus a) bei Dehnung der x-Achse.

Wie kann nun aber ein Aktionspotenzial, dessen Form und Größe immer gleich ist, eine Information weitergeben? Messungen zeigen, dass der zeitliche Abstand zwischen zwei Aktionspotenzialen mit zunehmender Erregung der Nervenzelle kleiner wird (**Abb. 202.1**). Demnach ist die Information in der Frequenz der Aktionspotenziale (Zahl der Aktionspotenziale pro Zeiteinheit) verschlüsselt.

Der Begriff »Potenzial« wird in der Neurobiologie nicht nur entgegen der physikalischen Definition, sondern auch doppeldeutig verwendet. Ruhepotenzial bzw. Membranpotenzial bedeuten aus physikalischer Sicht eine Potenzialdifferenz oder Spannung, Aktionspotenzial bezeichnet eine Änderung der Spannung in der Zeit.

Ursachen des Aktionspotenzials. Die Axonmembran enthält sowohl spannungsgesteuerte Na^+-Kanäle, als auch spannungsgesteuerte K^+-Kanäle (zusätzlich zu den immer geöffneten K^+-Kanälen). Beim Ruhepotenzial sind die spannungsgesteuerten Kanäle *(s. 1.3.)* geschlossen. Wird das Axon über einen bestimmten Wert (Schwellenwert) hinaus depolarisiert, öffnen sich Na^+-Kanäle. Die spannungsgesteuerten K^+-Kanäle bleiben zunächst geschlossen, sodass die Zahl der offenen K^+-Kanäle unverändert klein bleibt. Anfänglich öffnen sich nur wenige Na^+-Kanäle. Entsprechend ihres Konzentrationsgradienten strömen Na^+-Ionen in das Axon ein, die das Membranpotenzial weiter depolarisieren und dadurch zusätzliche Na^+-Kanäle öffnen. Diese positive Rückkopplung führt zu einem lawinenartigen Anschwellen der Zahl geöffneter Na^+-Kanäle. Dadurch strömen pro Zeiteinheit mehr Na^+-Ionen nach innen als K^+-Ionen nach außen und im Innern des Axons entsteht ein Überschuss an positiver Ladung. Das Zellinnere ist also während der Anfangsphase eines Aktionspotenzials gegenüber dem Ruhezustand umgekehrt geladen (**Abb. 202.1** und **203.1**).

Die spannungsgesteuerten Na^+-Kanäle bleiben nur 1 bis 2 ms lang geöffnet. Dann schließen sie sich wieder, auch wenn der Auslöser für das Öffnen weiter wirksam bleibt, d. h. die Depolarisation andauert. Nachdem ein Kanal einmal offen war, bleibt er für 1 bis 2 ms geschlossen; auch eine noch so starke Depolarisation ist in dieser Zeit nicht in der Lage, ihn wieder zu öffnen *(absolute Refraktärzeit).* Danach kann eine starke Depolarisation eine Öffnung des Kanals auslösen (*relative Refraktärzeit,* **Abb. 203.1**). Es dauert mehrere Millisekunden, bis er auch wieder durch schwächere Depolarisationen geöffnet werden kann.

Die spannungsgesteuerten K^+-Kanäle werden ebenfalls durch eine Depolarisation geöffnet. Sie öffnen und schließen sich aber sehr viel langsamer als die Na^+-Kanäle. Deshalb öffnen sich die spannungsgesteuerten K^+-Kanäle erst, wenn sich die Na^+-Kanäle zu schließen beginnen. Infolge des erhöhten K^+-Ausstroms kehrt das Membranpotenzial rasch wieder zum Ruhewert zurück. Kurzzeitig wird es sogar stärker negativ (Hyperpolarisation), weil mehr K^+-Kanäle offen sind als im Ruhezustand und alle Na^+-Kanäle geschlossen sind. Die spannungsgesteuerten K^+-Kanäle sind erst mehrere Millisekunden später wieder geschlossen. Erst dann ist der ursprüngliche Zustand wieder hergestellt. Ohne spannungsgesteuerte K^+-Kanäle würde die Rückkehr zum Ruhepotenzial wesentlich langsamer erfolgen.

Der steile Anstieg eines Aktionspotenzials wird also vom lawinenartig wachsenden Na^+-Einstrom, die Rückkehr zum Ausgangszustand vom erhöhten K^+-Ausstrom erzeugt. Es entsteht allein durch passive Diffusion dieser Ionen. Ein aktiver Transport über die Natrium-Kalium-Pumpe ist dafür zwar Voraussetzung, spielt aber beim Aktionspotenzial unmittelbar keine Rolle. Gemessen an der Gesamtzahl der vorhandenen Na^+- und K^+-Ionen fließen bei einem Aktionspotenzial außerordentlich wenige Ionen durch die Zellmembran *(s. 1.3)*. Daher entstehen Aktionspotenziale auch noch längere Zeit nach einer Blockierung der Natrium-Kalium-Pumpe, z. B. durch ATP-Mangel.

Aktionspotenziale sind auf die Axonmembran beschränkt, denn nur dort finden sich spannungsabhängige Na^+-Kanäle in ausreichender Zahl. Lokalanästhetika inaktivieren diese Kanäle und damit die Informationsweitergabe über das Axon. Sie können deshalb, z. B. in der Zahnmedizin, zur lokalen Betäubung eingesetzt werden.

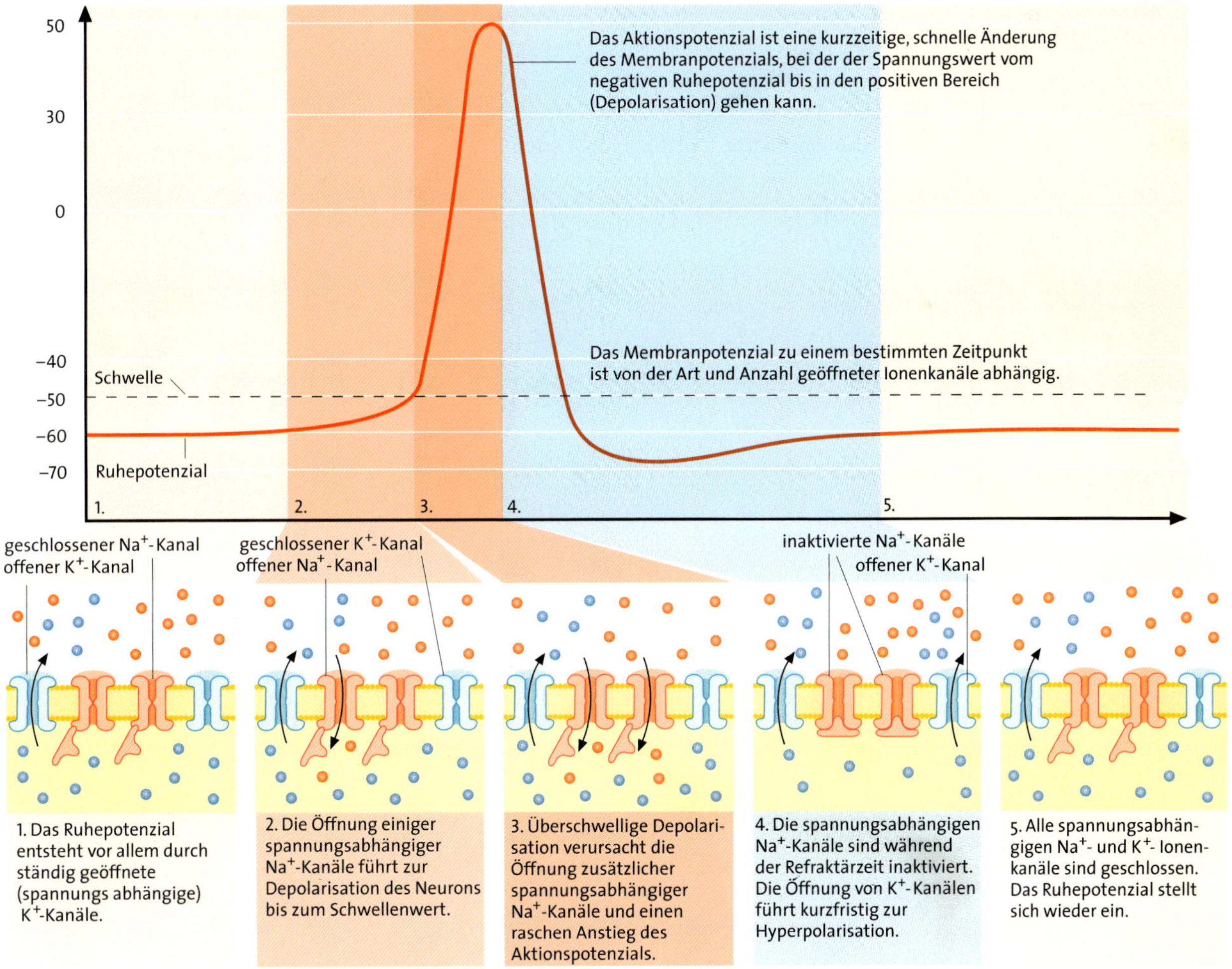

Abb. 203.1: Ionenströme beim Aktionspotenzial, vereinfacht. Die Übergänge zwischen den Phasen 1 bis 5 des Aktionspotenzials sind in Wirklichkeit fließend. Gemessen an der vorhandenen Anzahl, treten nur sehr wenige Ionen durch die Membran hindurch.

1.5 Erregungsleitung im Axon

1.5.1 Erregungsleitung im Axon ohne Myelinscheide

Die Weiterleitung des Aktionspotenzials entlang eines Axons ohne Myelinscheide vollzieht sich folgendermaßen: Wenn an einer bestimmten Stelle (A) ein Aktionspotenzial entsteht, grenzen dort sowohl im Innen- als auch Außenmedium des Axons positive und negative Ladungen ohne trennende Membran aneinander (**Abb. 204.1**). Da sich gegensätzliche Ladungen anziehen, verschieben sich die beweglichen Ionen in der Nachbarschaft. Die negativen Ladungsträger des Außenmediums an der Stelle (A) ziehen Na^+-Ionen aus der Umgebung an und stoßen Cl^--Ionen ab. Demgegenüber werden im Innenmedium K^+-Ionen von den dort zumeist positiven Ladungsträgern abgestoßen, Cl^--Ionen angezogen. Diese Verschiebungen der Ionen kann man auch als schwache elektrische Ströme auffassen. Man nennt sie *Ausgleichsströmchen*. Sie erniedrigen das Membranpotenzial der Nachbarstelle. Ist die Nachbarstelle über den Schwellenwert depolarisiert, entsteht auch dort ein Aktionspotenzial und die Erregung wird fortgeleitet. Die Stelle A wird von der Stelle B aus nicht depolarisiert. Sie ist aufgrund der Refraktärzeit noch unerregbar.

Die Ionenbewegung, die den Ausgleichsströmchen zugrunde liegt, ist langsamer als man es von einem Ionen getragenen elektrischen Strom erwarten würde. Im unerregten Teil des Axons sind positive und negative Ladungen nur durch die äußerst dünne Zellmembran getrennt. Da sich die negativ geladenen und die positiv geladenen Ionen beiderseits der Membran gegenseitig anziehen und die negativ geladenen Proteinmoleküle nicht beweglich sind, behindert dies die Verschiebung der Ionen entlang der Membran.

Im Axon wird der Ionenstrom abgeschwächt, weil die Axonmembran nicht nur für K^+-Ionen, sondern in geringem Maße auch für die anderen beweglichen Ionen durchlässig ist. Wie Wasser aus einem Schlauch mit Leckstellen herausfließt, fließt ein Teil der Strömchen auch durch die Axonmembran ab *(Leckstrom)*. Dieser Teil steht nicht mehr für die Depolarisation der jeweils folgenden Axonabschnitte zur Verfügung.

Bei dicken Axonen wird der Schwellenwert früher erreicht als bei dünnen, weil der elektrische Widerstand des Innenmediums von dicken Axonen geringer ist. Deshalb leiten dicke Axone Aktionspotenziale schneller als dünne.

Wichtige Erkenntnisse zur Entstehung und Weiterleitung von Aktionspotenzialen wurden von HODGIN und HUXLEY (1952) an Riesenaxonen von Tintenfischen (Durchmesser bis zu 0,5 mm) durch *intrazelluläre Ableitung (s. 1.3)* gewonnen. Aktionspotenziale können jedoch nicht nur durch in das Axon eingestochene Kapillarelektroden gemessen werden, sondern auch durch zwei außen in einem gewissen Abstand angelegte Elektroden *(extrazelluläre Ableitung, s. Abb. 210.1)*. Mit dieser Technik können Aktionspotenziale von einem Nerven, also einem

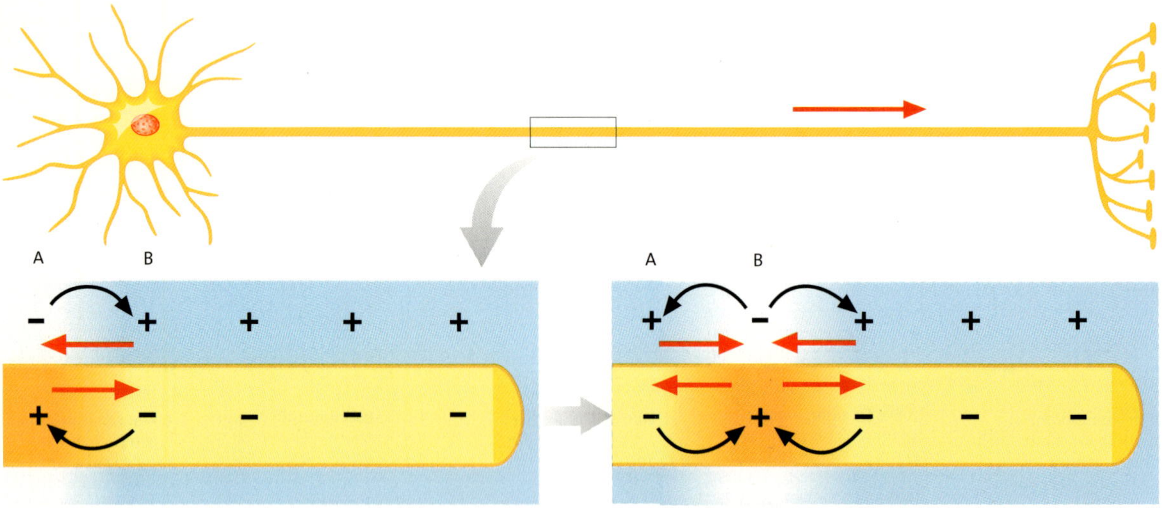

Abb. 204.1: Weiterleitung eines Aktionspotenzials im Axon ohne Myelinscheide, schematisch. Im linken Teil tritt bei A gerade ein Aktionspotenzial auf. Die Tiefe der orangen Farbe symbolisiert die Dichte positiv geladener Ionen (die negativ geladenen sind der Einfachheit halber weggelassen). Rote Pfeile: Bewegungsrichtung der positiv geladenen Ionen; schwarze Pfeile: Richtung des elektrischen Stroms (Ausgleichsströmchen). Rechts: Dasselbe Axon, 2 ms später; Entwicklung eines Aktionspotenzials an Stelle B

Bündel parallel laufender Axone, abgeleitet werden. Laufen Aktionspotenziale über ein solches Axonbündel, erreichen sie zunächst die eine Elektrode, kurze Zeit später die zweite. Die Zeit, die die Erregung zur Überwindung des durch den Elektrodenabstand vorgegebenen Nervenabschnitts benötigt, wird gemessen. Ist der Abstand der Elektroden bekannt, kann daraus die Fortleitungsgeschwindigkeit der Aktionspotenziale berechnet werden.

In der Medizin werden extrazelluläre Ableitungen von Aktionspotenzialen zur Messung von Nervenleitungsgeschwindigkeiten eingesetzt. Mit ihrer Hilfe können Erkrankungen von Nerven, z. B. der Arme oder Beine, festgestellt werden.

1.5.2 Erregungsleitung im Axon mit Myelinscheide

Bei Wirbeltieren und beim Menschen wird eine hohe Leitungsgeschwindigkeit von Erregungen nicht nur mithilfe von Axonen großen Durchmessers erreicht, sondern auch durch zusätzliche Isolation von Axonen gegenüber der Zwischenzellflüssigkeit.

Die Isolation wird durch die Ausbildung einer Myelinscheide durch Gliazellen, z. B. SCHWANNschen Zellen, erzielt *(s. 1.1)*. An den Abschnitten mit Myelinscheide befinden sich keine spannungsgesteuerten Natriumkanäle. An diesen Teilen der Axonmembran können also keine Aktionspotenziale entstehen; sie bilden sich nur im Bereich der Schnürringe (**Abb. 205.1**). Tritt an einem Schnürring ein Aktionspotenzial auf, entstehen Ausgleichsströmchen zum nächstfolgenden, 1 bis 2 mm entfernten Schnürring, sodass auch dieser depolarisiert wird. Erst dort wird ein neues Aktionspotenzial aufgebaut.

An den mit der Myelinscheide umhüllten Stellen ist der Abstand zwischen dem Innenmedium der Zelle und der Zwischenzellflüssigkeit jenseits der Myelinscheide sehr groß, weil sich die Myelinscheide direkt der Axonmembran auflagert. Eine gegenseitige Anziehung von Ionen unterschiedlicher Ladung innerhalb und außerhalb der Faser findet also nicht statt. Die Ionen sind daher leichter beweglich als bei Axonen ohne Myelinscheide. Außerdem dichtet die Myelinscheide die Axonmembran völlig ab, sodass keine Leckströme auftreten, die den Ionenstrom abschwächen würden. Deshalb kommen die Ionen im Cytoplasma von einem Schnürring zum anderen schneller voran als im Cytoplasma eines Axons gleichen Durchmessers ohne Myelinscheide. Die Erregung pflanzt sich daher mit hoher Geschwindigkeit fort (maximal 120 m/s); im Sport wäre ein 100 m-Lauf mit dieser Geschwindigkeit nach weniger als 1 s beendet.

Im Unterschied zu Axonen ohne Myelinscheide »springt« die Erregung im Axon mit Myelinscheide von Schnürring zu Schnürring *(saltatorische Erregungsleitung)*. Sie wird aus diesem Grund sehr rasch fortgeleitet. Ein nur 10 μm dickes Axon eines Frosches mit Myelinscheide erzielt auf diese Weise die gleiche Leitungsgeschwindigkeit (25 m/s) wie das etwa 50-mal so dicke Riesenaxon des Tintenfisches.

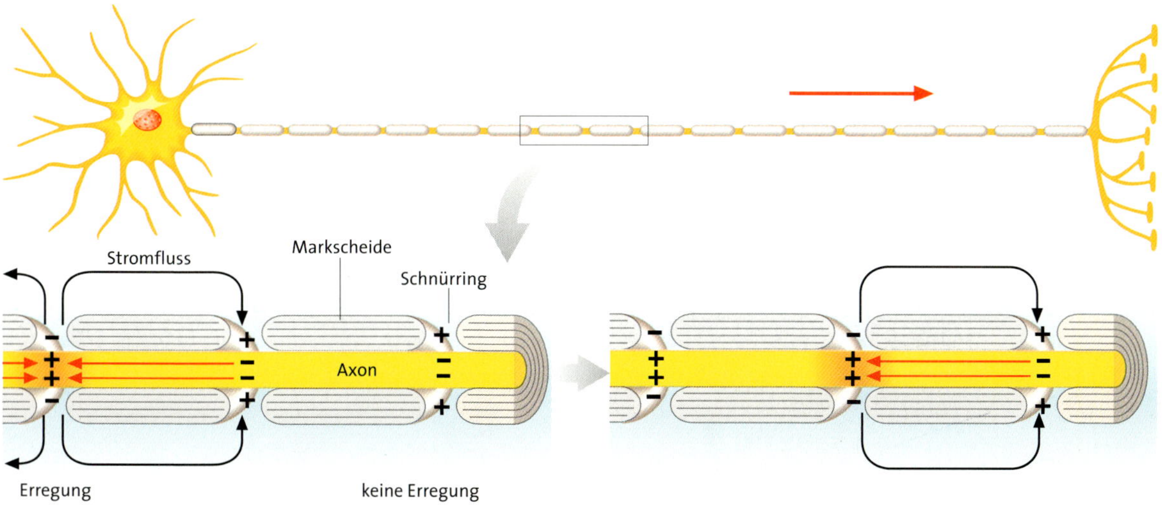

Abb. 205.1: Sprunghafte (saltatorische) Erregungsleitung in einem Axon mit Myelinscheide. An dem Schnürring links ist ein Aktionspotenzial entstanden. Die überschüssigen positiven Ladungen im Inneren des Axons ziehen negative Ladungen vom mittleren Schnürring an. Daher nimmt das Membranpotenzial an dieser Stelle weniger negative Werte an. Sobald es über den Schwellenwert depolarisiert ist, wird am mittleren Schnürring ein Aktionspotenzial ausgebildet. Dieses hat die gleiche Wirkung auf den Schnürring rechts. Die Erregung überspringt also den Bereich zwischen den Schnürringen.

1.6 Vorgänge an den Synapsen

Die Endigungen eines Axons sind zumeist knopfartig erweitert; sie werden deshalb auch als »Endknöpfchen« bezeichnet. Diese befinden sich nahe am Zellkörper oder an den Dendriten eines anderen Neurons oder auch an einer Muskel- oder Drüsenzelle. Sie bilden dort Kontaktstellen aus, die als **Synapsen** bezeichnet werden. In Synapsen befindet sich zwischen dem Endknopf eines Axons und der Membran der folgenden Zelle ein schmaler Spalt *(synaptischer Spalt)* von etwa 20 nm Breite. Man unterscheidet im synaptischen Spalt die *präsynaptische Membran* (diese liegt vor dem Spalt) und die *postsynaptische Membran* (sie liegt hinter dem Spalt).

An einem Neuron enden im Allgemeinen Axone außerordentlich vieler Nervenzellen. Die Anzahl der Synapsen auf den Dendriten einer einzigen Nervenzelle beträgt etwa 1000 bis 10 000, selten bis zu 150 000.

Neuromuskuläre Synapse. Synapsen zwischen dem Axon eines Motoneurons und einer Muskelfaser nennt man *neuromuskuläre Synapsen* oder **motorische Endplatten** (**Abb. 206.1**). Sie sind wesentlich größer als die Synapsen zwischen zwei Neuronen, aber grundsätzlich gleich gebaut. Die Axonendigung enthält viele synaptische Bläschen, in denen **Acetylcholin** gespeichert ist. Da diese Substanz der neuronalen Informationsübertragung innerhalb der Synapse dient, wird sie als **Neurotransmitter** bezeichnet. Erreicht ein Aktionspotenzial den Endknopf, öffnen sich spannungsabhängige Ca^{2+}-Kanäle kurzzeitig, und Ca^{2+}-Ionen strömen in das Zellinnere. Der Anstieg der Ca^{2+}-Ionen-Konzentration bewirkt, dass sich ein Teil der synaptischen Bläschen mit der präsynaptischen Membran verbindet (**Abb. 207.1**). Acetylcholin wird aus den synaptischen Bläschen freigesetzt und diffundiert in der Zwischenzellflüssigkeit in etwa 0,1 ms durch den Spalt. Die Ca^{2+}-Ionen im Endknopf werden aus dem Cytoplasma herausgepumpt, sodass ihre Konzentration rasch wieder absinkt und keine weiteren synaptischen Bläschen mehr ihren Inhalt ausschütten können. Diese Prozesse dauern nur so lange wie die Depolarisation (wenige Millisekunden).

Acetylcholin bindet in der postsynaptischen Membran an besondere Rezeptoren, die mit Ionenkanälen gekoppelt sind *(s. 1.2)*. Diese Acetylcholin abhängigen Ionenkanäle sind u. a. für Na^+- und K^+-Ionen durchlässig. In Abwesenheit von Acetylcholin sind sie geschlossen. Wird Acetylcholin an der Außenseite der Kanäle an Rezeptoren gebunden, öffnen sie sich: Viele Na^+-Ionen strömen ein, relativ wenige K^+-Ionen aus. Die Muskelfaser hat wie die Nervenfaser ein Ruhepotenzial, welches sich durch den Einstrom der positiven Ladungen ändert. Die postsynaptische Membran wird im Bereich der Endplatte depolarisiert und es entsteht ein **Endplattenpotenzial.**

Die Acetylcholinmoleküle bewegen sich im synaptischen Spalt ungerichtet hin und her, sie können mehrere Ionenkanäle hintereinander öffnen. Sobald sie aber an ein Molekül des Enzyms **Cholinesterase** gelangen, werden sie sofort in ein Acetat-Ion und ein Cholin-Molekül gespalten. Dies verhindert eine Dauererregung. Beide Stoffe werden wieder in die Nervenendigung aufgenommen, wo aus ihnen erneut Acetylcholin gebildet wird. Bestimmte Gifte stören die Erregungsübertragung in Synapsen dieses Typs *(s. Exkurs Wirkung von Synapsengiften)*. Erreicht das Endplattenpotenzial den Schwellenwert, so löst es in der Umgebung der Endplatte ein Aktionspotenzial aus. Dieses breitet sich über die Muskelfaser aus und veranlasst sie zur Kontraktion. Das Aktionspotenzial wird in der Muskelfaser auf die gleiche Weise weitergeleitet wie im Axon.

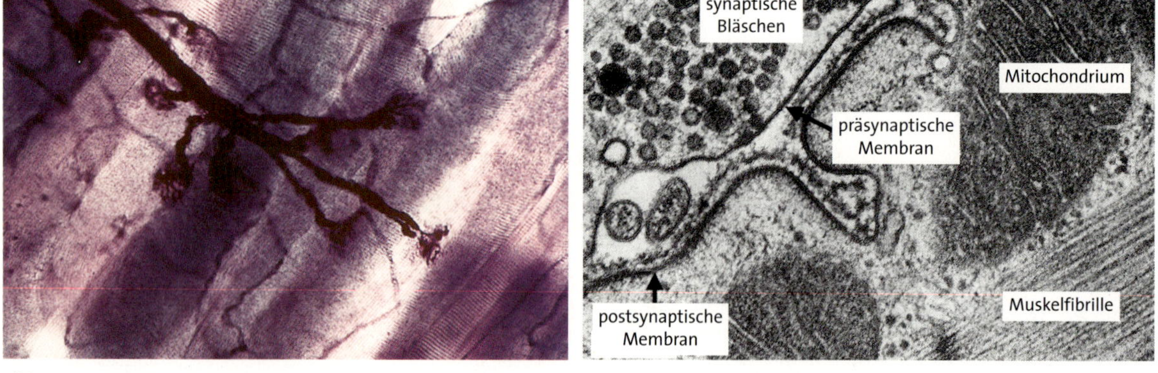

Abb. 206.1: Motorische Endplatte im Lichtmikroskop (links, Vergrößerung 800-fach) und Schnitt durch eine solche Synapse im Elektronenmikroskop (rechts).

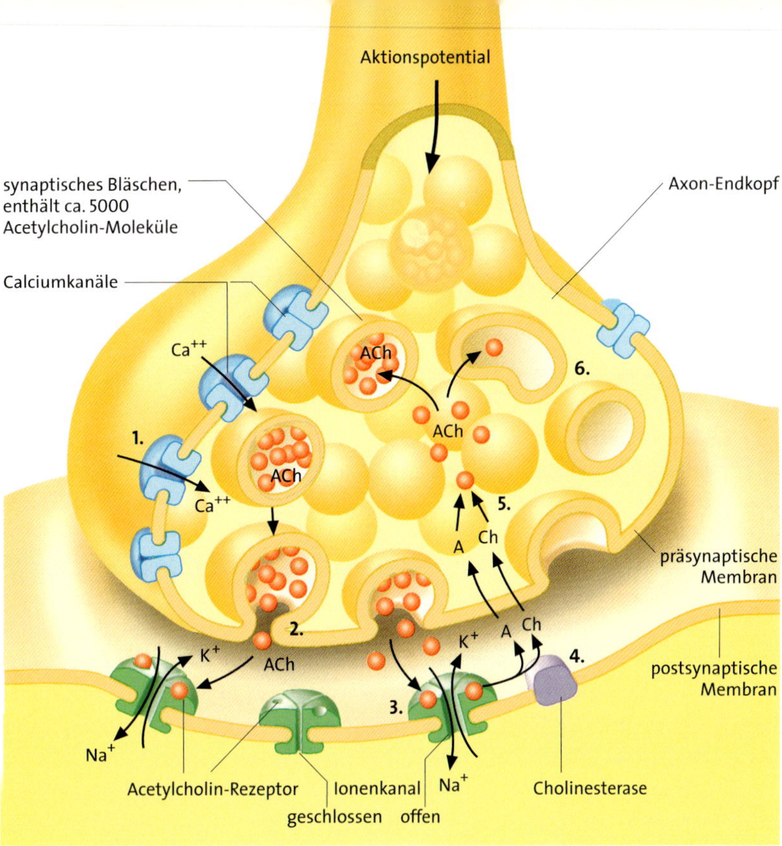

Abb. 207.1: Erregungsübertragung an der motorischen Endplatte einschließlich des Acetylcholinkreislaufs (schematisch). **1.** Ein ankommendes Aktionspotenzial bewirkt den Einstrom von Ca^{2+}-Ionen in den Axon-Endknopf; **2.** Synaptische Bläschen verbinden sich mit der präsynaptischen Membran und Acetylcholin wird in den synaptischen Spalt entleert; **3.** Acetylcholinmoleküle besetzen ca. 1 ms lang Rezeptoren in der postsynaptischen Membran, ebenso lange öffnen sich die zugehörigen Ionenkanäle in der postsynaptischen Membran, Na^+-Ionen strömen ins Zellinnere, vergleichsweise wenige K^+-Ionen nach außen; **4.** Acetylcholinmoleküle reagieren mit dem Enzym Cholinesterase und werden in Acetat-Ionen und Cholin gespalten; **5.** Acetat-Ionen und Cholin werden in den Endknopf aufgenommen; dort wird neues Acetylcholin gebildet; **6.** Acetylcholin wird in Vesikel gepackt; sie werden aus der präsynaptischen Membran gebildet.

Wirkung von Synapsengiften

(an Synapsen mit dem Überträgerstoff Acetylcholin)

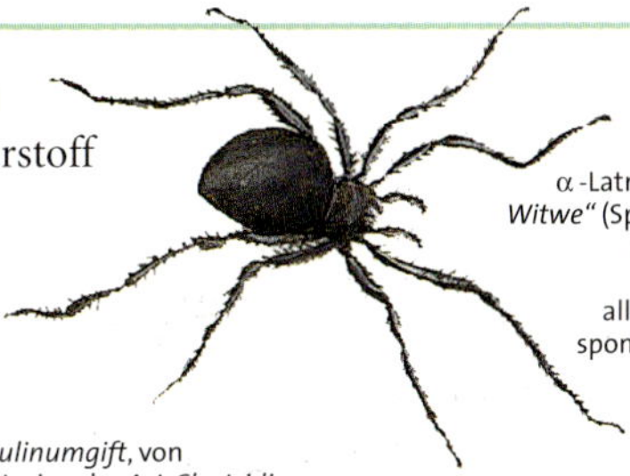

α-Latrotoxin, *„Gift der Schwarzen Witwe“* (Spinne), bewirkt schlagartige und irreparable Entleerung der synaptischen Bläschen aller motorischen Endplatten; spontane Muskelkontraktionen, Kopfschmerzen; Tod oft durch Herzversagen

Curare, Pflanzengift (Pfeilgift der Indianer), blockiert die Acetylcholinrezeptoren der motorischen Endplatten; Tod durch Atemlähmung

Botulinumgift, von Bakterien der Art *Clostridium botulinum* in verderbendem Fleisch erzeugt, hemmt Acetylcholinausschüttung z. B. in Zwerchfell und Rippenmuskulatur; tödliche Atemlähmung durch 0,01 mg; eines der stärksten Gifte

Muskarin, Gift des Fliegenpilzes, wirkt wie Acetylcholin; wird von Cholinesterase nicht abgebaut; Magen-Darm-Krämpfe, Atemlähmung, Pupillenverengung

Nicotin, Gift der Tabakpflanze, wirkt wie Acetylcholin; wird von Cholinesterase nicht abgebaut; tödliche Dosis bei oraler Aufnahme von ca. 1mg/kg Körpergewicht

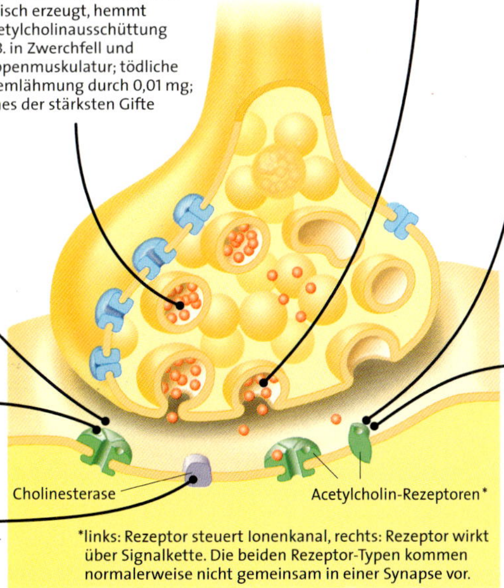

*links: Rezeptor steuert Ionenkanal, rechts: Rezeptor wirkt über Signalkette. Die beiden Rezeptor-Typen kommen normalerweise nicht gemeinsam in einer Synapse vor.

Alkylphosphate, organische Phosphorverbindungen, enthalten in Kampfgasen und Insektenvertilgungsmitteln (E 605 u.a.); Hemmung der Cholinesterase; Tod durch Atemlähmung

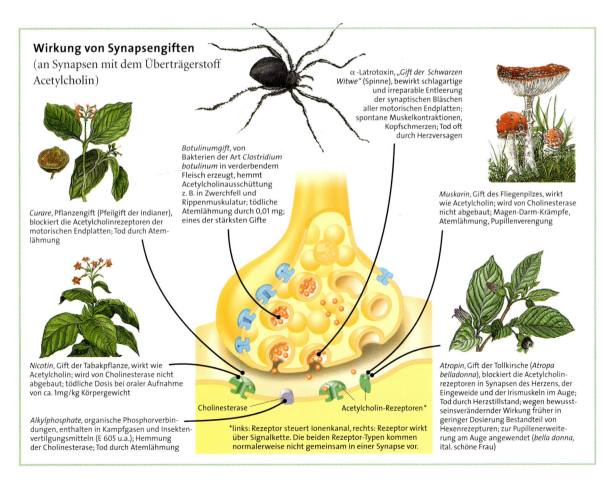

Atropin, Gift der Tollkirsche (*Atropa belladonna*), blockiert die Acetylcholinrezeptoren in Synapsen des Herzens, der Eingeweide und der Irismuskeln im Auge; Tod durch Herzstillstand; wegen bewusstseinsverändernder Wirkung früher in geringer Dosierung Bestandteil von Hexenrezepturen; zur Pupillenerweiterung am Auge angewendet (*bella donna*, ital. schöne Frau)

Synapsen im Zentralnervensystem. Die im Zentralnervensystem zwischen Nervenzellen ausgebildeten Synapsen arbeiten ähnlich wie die neuromuskulären Synapsen. Allerdings findet man neben Acetylcholin viele andere Neurotransmitter, z. B. *Glutamat, Aminobuttersäure, Dopamin, Noradrenalin und Serotonin.* Eine Nervenzelle kann auch mehr als einen Neurotransmitter aus einem Endknöpfchen ausschütten. Durch die große Zahl von Überträgerstoffen ergeben sich vielfältige Möglichkeiten des Informationsaustausches zwischen den Zellen des Zentralnervensystems. Durch Fehlfunktionen der synaptischen Übertragung können Krankheiten, wie die *PARKINSON*-Krankheit, verursacht werden. Sie ist durch schwere Bewegungsstörungen gekennzeichnet, die durch einen Dopaminmangel im Gehirn hervorgerufen werden. Viele Medikamente, aber auch Rauschgifte, die **Sucht** auslösen, verändern die Informationsübertragung durch Neurotransmitter *(s. Exkurs Sucht).* Die Ausschüttung von Neurotransmittern erfolgt im Zentralnervensystem wie bei der motorischen Endplatte aus synaptischen Bläschen, die sich bei einer Erhöhung der Ca^{2+}-Konzentration nach außen entleeren. Die Rezeptoren für diese Überträgerstoffe liegen ebenfalls auf der postsynaptischen Seite. Allerdings unterscheiden sich die Rezeptoren in ihrer Funktionsweise und lassen sich im Wesentlichen zwei verschiedenen Typen zuordnen: Bei Ionenkanal gekoppelten Rezeptoren führt die Bindung eines Neurotransmitters zu einer kurzen Öffnung des Kanals. Die Acetylcholin-Rezeptoren in der motorischen Endplatte gehören zu diesem Typ; sie werden auch durch Nikotin aktiviert. Eine andere Art von Rezeptoren setzt nach der Bindung eines Überträgerstoffs in der Zelle eine Signalkette in Gang *(s. Stoffwechsel 1.6).* Das Signalmolekül, z. B. cyclisches Adenosinmonophosphat cAMP, das am Ende der Kette entsteht, kann in der Zelle viele Wirkungen haben, z. B. Ionenkanäle öffnen. Für Acetylcholin gibt es auch Rezeptoren, die über eine solche Signalkette wirken. Sie werden durch das Gift des Fliegenpilzes *(Muskarin)* und der Tollkirsche *(Atropin)* gestört *(s. Exkurs Wirkung von Synapsengiften, S. 207).*

Die Überträgerstoffe werden in den Synapsen durch Enzyme in sehr kurzer Zeit abgebaut oder durch einen aktiven Transportvorgang wieder in die präsynaptische Endigung und in Gliazellen aufgenommen. So wird eine Dauererregung verhindert. Wird Hirngewebe, z. B. in Folge eines *Schlaganfalls,* nicht ausreichend mit Energie versorgt, ist die Wiederaufnahme von Glutamat, des wichtigsten erregenden Neurotransmitters des Nervensystems, verringert. Die einsetzende Dauererregung zerstört Nervenzellen und kann zu bleibenden Hirnschädigungen führen.

Sucht

Mit dem Begriff Sucht werden verschiedene Arten von Abhängigkeit zusammengefasst, z. B. die Abhängigkeit von *Drogen,* wie *Alkohol (Ethanol), Nikotin, Heroin* oder *Kokain,* von bestimmten Arzneimitteln (v. a. Beruhigungs- und Schlafmitteln), aber auch von Verhaltensweisen, wie Glücksspiel. Das wichtigste Kennzeichen der Drogensucht ist das zwanghafte Verlangen, eine Droge wiederholt zu konsumieren, um deren Rauschwirkungen zu erleben. Bei manchen Suchtmitteln ist es auch der strenge Wunsch die unangenehmen Effekte ihres Fehlens (»Entzugserscheinungen«) zu vermeiden. Süchtige können auf das Suchtmittel nicht mehr verzichten; sie verlieren die Kontrolle darüber, wie oft und in welchen Mengen es zugeführt wird.

Die Entstehung einer Drogensucht hat zahlreiche Ursachen. Eine maßgebliche Rolle spielen die Art der Droge, aber auch individuelle Voraussetzungen wie genetische Faktoren, Persönlichkeit oder Lebensumstände. Nahezu alle Sucht auslösenden Drogen können auch beim Tier süchtiges Verhalten erzeugen. So führen sich Affen und Nagetiere im Tierversuch durch Betätigung eines Hebels Kokain zu (**Abb. 209.1**). Manche Tiere verabreichen sich bis zur völligen Erschöpfung hohe, teilweise lebensbedrohliche Mengen, vernachlässigen ihr Sozialverhalten und verzichten auf Nahrungsaufnahme. Die neurobiologischen Vorgänge der Suchtentstehung sind inzwischen in ersten Ansätzen aufgeklärt: Drogen verändern auf vielfältige Weise die Informationsübertragung durch Neurotransmitter in zahlreichen Bereichen des Gehirns. Die Eigenschaft mancher Drogen Sucht auszulösen, beruht vor allem auf ihren Wirkungen im so genannten **positiven Verstärkersystem,** einem komplexen Netzwerk aus mehreren Hirnstrukturen (**Abb. 209.1** und **209.3**). Es erzeugt normalerweise positive Gefühle (»Freude«), verknüpft sie mit den ursächlichen Verhaltensweisen, z. B. Nahrungsaufnahme, Sexualverhalten, oder Situationen, z. B. Popkonzert, und formt entsprechende Erinnerungen. Die Freisetzung des Neurotransmitters **Dopamin** *(s. 1.6)* im positiven Verstärkersystem ist für diese Lernvorgänge unerlässlich.

Viele süchtig machende Drogen verursachen eine stark überhöhte Dopaminfreisetzung in einer bestimmten Hirnstruktur des positiven Verstärkersystems, dem *Nukleus accumbens* (**Abb. 209.2**). Die Mechanismen, die dazu führen, sind je nach Substanz unterschiedlich. Kokain beispielsweise wirkt direkt auf Neurone, die Dopamin im Nukleus accumbens freisetzen (dopaminerge Neurone). Es blockiert die zelluläre Wiederaufnahme von ausgeschüttetem Dopamin und erhöht so dessen Konzentration in der Zwischenzellflüssigkeit. Andere Drogen, wie z. B. Heroin, aktivieren dopaminerge Neurone indirekt. Heroin bindet an bestimmte Rezeptoren von Nervenzellen, deren hemmende Wirkung auf dopaminerge Neurone dadurch geringer wird. Die dauerhafte und übermäßige Einnahme von Suchtmitteln führt im positiven Verstärkersystem immer wieder zu stark erhöhten Ausschüttungen von Dopamin. Sie verursachen allmählich beständige Veränderungen im Gehirn. Dazu zählen insbesondere Störungen von Lern- und Gedächtnisvorgängen. Durch sie entsteht ein zwanghaftes Verlangen nach der Einnahme der Droge, das lebenslang anhalten kann. Dabei werden der Vorgang der Drogeneinnahme und charakteristische, begleitende Merkmale, z. B. Ort und Situation der Einnahme, mit den durch die Droge ausgelösten, angenehmen Gefühlen ungewöhnlich stark verknüpft und im Gedächtnis dauerhaft gespeichert. In der Folge erfahren Stimuli, wie Orte, an denen üblicherweise Drogen konsumiert werden, eine hohe Anziehungskraft und lösen einen massiven Drang nach den positiven Effekten der Substanzeinnahme aus. Diese »Umprogrammierung« des positiven Verstärkersystems ist ein Schlüsselereignis bei der Entstehung einer Sucht und stellt das größte Problem bei der Suchtbehandlung dar. Denn die Gefahr eines Rückfalls in die Sucht besteht auch nach jahrelangem Drogenverzicht. Eine Reihe von Suchtmitteln, z. B. Alkohol und einige Schlafmittel, wirken nicht (oder nicht nur) auf dopaminerge Neurone, sondern u. a. auf Nervenzellen, die den Neurotransmitter *γ-Aminobuttersäure (GABA)* freisetzen. Man nimmt daher an, dass Suchtmittelwirkung auf dopaminerge Neurone nur *einen* Weg für die genannte Umprogrammierung des positiven Verstärkersystems darstellt.

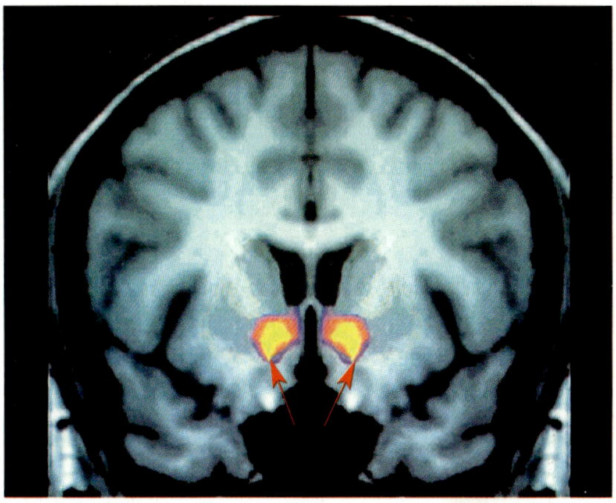

Abb. 209.1: Frontaler »Schnitt« durch das Gehirn einer Kokain abhängigen Testperson mittels Kernspinresonanztomographie. Farbig eingefügt ist die Stärke, mit der eine Kokaingabe die Durchblutung im Bereich des Nukleus accumbens (Pfeile) im Vergleich zum Zustand vor der Gabe verändert. Gelb eingetragen sind die Bereiche mit der stärksten Änderung.

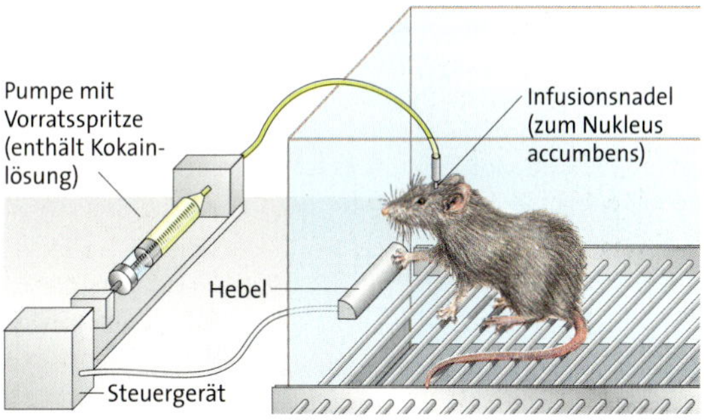

Abb. 209.2: Eine Ratte drückt einen Hebel, wodurch sie sich Kokain direkt in den Nukleus acumbeus verabreicht.

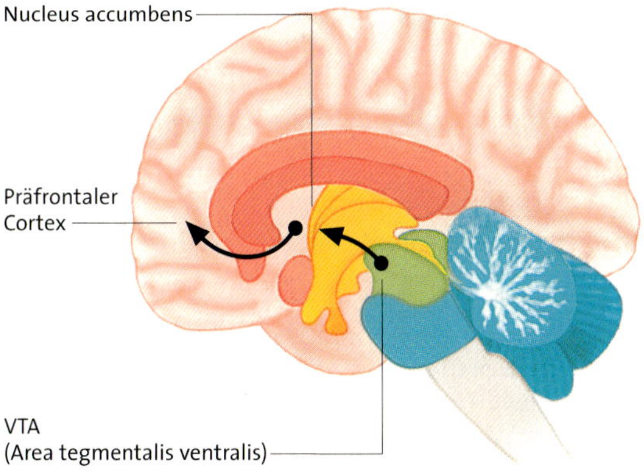

Abb. 209.3: Einige Hirnstrukturen des positiven Verstärkersystems in einer vereinfachten, seitlichen Ansicht des menschlichen Gehirns. In einem Bereich des Zwischenhirns (Area tegmentalis ventralis; VTA) befinden sich die Zellkörper von Nervenzellen, deren Axone zum Nukleus accumbens ziehen und dort Dopamin freisetzen. Der Nukleus accumbens steht u. a. in Verbindung mit Bereichen der vorderen Hirnrinde (Präfrontaler Cortex). Verhaltensweisen, die wie das Sexualverhalten mit positiven Gefühlen einhergehen, oder die Einnahme von Suchtmitteln führen zu einer Übertragung von Informationen von der Area tegmentalis ventralis zum Nukleus accumbens und weiter zum Präfrontalen Cortex.

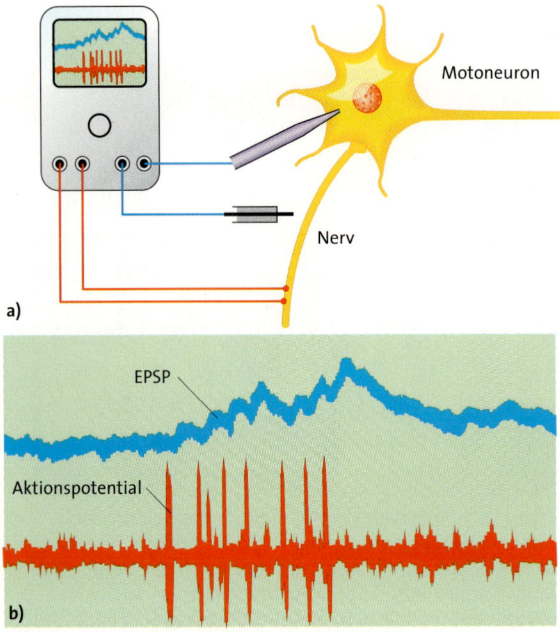

Abb. 210.1: Gleichzeitige Messung von Aktionspotenzialen und den von diesen ausgelösten erregenden postsynaptischen Potenzialen (EPSP). **a)** Versuchsaufbau, schematisch; **b)** Monitor des Oszilloskops: Die obere Linie zeigt die EPSP, die durch intrazelluläre Ableitung von einem Motoneuron gewonnen wurden. Die untere Linie zeigt Aktionspotenziale, die durch gleichzeitige extrazelluläre Ableitung von einem auf dem Motoneuron endigenden Axon gemessen wurden. Jedes Aktionspotenzial des präsynaptischen Neurons erzeugt ein EPSP im Motoneuron. Es ist Summation der EPSP zu beobachten.

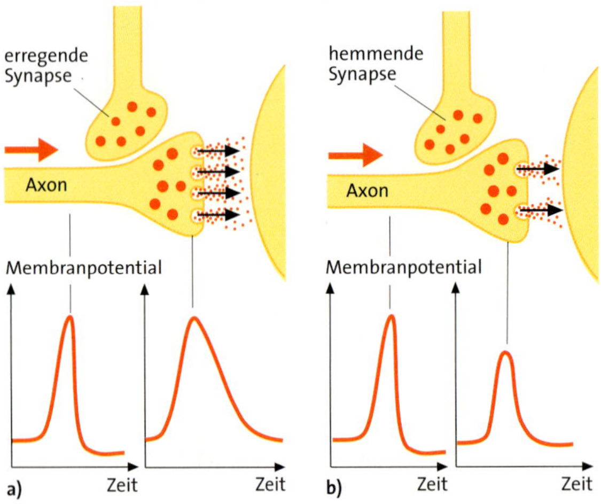

Abb. 210.2: Wirkung von Synapsen am Axon kurz vor dem Endknopf, schematisch. **a)** Erregende Synapse. Das Aktionspotenzial am Axon (roter Pfeil, rote Kurven) fällt langsamer ab, der Endknopf scheidet deshalb mehr Transmitter aus; **b)** hemmende Synapse. Das Aktionspotenzial am Axon (roter Pfeil, rote Kurven) wird kleiner, der Endknopf scheidet weniger Transmitter aus.

Erregung und Hemmung. Im Nervensystem gibt es neben den erregenden Synapsen auch hemmende Synapsen. Die Überträgerstoffe der hemmenden Synapsen hyperpolarisieren die nachfolgende Nervenzelle, indem sie weitere Kaliumkanäle oder Chloridkanäle in der postsynaptischen Membran öffnen. *Tetanustoxin* (Gift des Tetanusbazillus) verhindert die Freisetzung eines Transmitters an bestimmten hemmenden Synapsen im Rückenmark. Dies führt zur Übererregung von α-Motoneuronen und damit zum Starrkrampf.

Postsynaptische Potenziale. Ein Aktionspotenzial, das an einer erregenden Synapse ankommt, erzeugt in der postsynaptischen Zelle eine kurzzeitige Depolarisation *(erregendes postsynaptisches Potenzial = EPSP)*. Das EPSP an der motorischen Endplatte heißt *Endplattenpotenzial.* An einer hemmenden Synapse erzeugt ein Aktionspotenzial dagegen eine kurzzeitige Hyperpolarisation der Folgezelle *(inhibitorisches postsynaptisches Potenzial = IPSP)*. Weil die Transmitterwirkung das präsynaptische Aktionspotenzial überdauert, dauern EPSP und IPSP deutlich länger als ein Aktionspotenzial (**Abb. 210.1**). Ein Neuron besitzt im Allgemeinen nur am Axonende synaptische Endknöpfe, die Informationen auf eine andere Zelle übertragen. Synapsen, über die eine Zelle Informationen erhält, liegen bevorzugt an den Dendriten und oft auch am Zellkörper. Gelegentlich findet man Synapsen auch am Ende des Axons kurz vor den synaptischen Endknöpfchen. Diese Synapsen an Axonendigungen können hemmend oder erregend sein und die Menge des aus dem Endknöpfchen freigesetzten Neurotransmitters beeinflussen: Hemmende Synapsen dieser Art öffnen z. B. zusätzliche Kalium-Kanäle. Dadurch wird die Höhe der entsprechend dem *Alles-oder-Nichts-Gesetz* gebildeten Aktionspotenziale *(s. 1.4)* kleiner, wenn sie diese Stelle des Endknopfs erreichen. Pro Aktionspotenzial wird deshalb weniger Überträgerstoff ausgeschüttet. Demgegenüber können erregende Synapsen dieser Art z. B. die spannungsgesteuerten K^+-Kanäle im Axon-Endknopf inaktivieren. Deshalb verringert sich der Kaliumausstrom am Ende eines Aktionspotenzials und das Aktionspotenzial dauert länger an *(s. 1.4)*. Dadurch wird mehr Überträgerstoff pro Aktionspotenzial ausgeschüttet. Die Stärke des Einflusses einer bestimmten Synapse kann also durch Synapsen kurz vor einer Axonendigung verändert werden (**Abb. 210.2**).

Informationsverarbeitung. In einer Nervenzelle tritt sowohl im Zellkörper und in den Dendriten als auch im Axon ein Ruhepotenzial auf. Aktionspotenziale bilden sich aber nur im Axon, weil nur hier spannungsgesteuerte Natrium- und Kaliumkanäle vorhanden sind *(s. 1.4)*. EPSP oder IPSP, die an einer Synapse gebildet werden, breiten sich von den Dendriten in Richtung des Zellkörpers und des Axonursprungs aus. Sie werden jedoch nicht wie Aktionspotenziale fortgeleitet *(s. 1.5)*; vielmehr nimmt ihre Höhe mit zunehmender Entfernung von der Synapse rasch ab. Daher kann die Tätigkeit einer einzigen erregenden Synapse im Zentralnervensystem das Membranpotenzial von Dendriten und Zellkörper nur geringfügig verändern und auch das Membranpotenzial des Axonursprungs nicht bis zum Schwellenwert depolarisieren. An einer Nervenzelle finden sich jedoch viele erregende Synapsen; wird eine größere Zahl dieser Synapsen gleichzeitig erregt, summieren sich ihre Wirkungen. Beim Erreichen des Schwellenwertes am Axonursprung dieser Nervenzelle entsteht dort ein Aktionspotenzial, das über ihr Axon fortgeleitet wird (**Abb. 211.1**). Jedes Aktionspotenzial, das an einer erregenden Synapse ankommt, erzeugt im Dendriten ein EPSP, das deutlich länger andauert als das Aktionspotenzial selbst. Ist der zeitliche Abstand zwischen zwei Aktionspotenzialen kurz, so ist das vom ersten Aktionspotenzial hervorgerufene EPSP noch nicht völlig abgefallen, wenn das zweite EPSP beginnt. Deshalb überlagern sich die beiden EPSP (Summation). Ist also die Frequenz der Aktionspotenziale hoch, d. h. die Anzahl pro Zeiteinheit, so überlagern sich viele EPSP und die Depolarisation des Axonursprungs hält entsprechend länger an. Die Wirkungen der erregenden Synapsen auf das Membranpotenzial sind gegensinnig zu denen der hemmenden Synapsen. Die Veränderung des Membranpotenzials am Axonursprung ist also eine Art Summe der zu diesem Zeitpunkt »eingelaufenen« Aktionspotenziale an den erregenden (positive Wirkung) und hemmenden Synapsen (negative Wirkung). Diese Summe wird dann am Axonursprung in die Frequenz der auslaufenden Aktionspotenziale übersetzt. Die Frequenz ist umso höher, je stärker der Axonursprung durch EPSP depolarisiert ist. Nach einem Aktionspotenzial ist der Axonursprung zuerst in der absoluten und dann in der relativen Refraktärzeit *(s. 1.4)*. Während der relativen Refraktärzeit sinkt der Schwellenwert für das Auslösen eines Aktionspotenzials allmählich ab. Erreicht er den Wert des gerade vorhandenen Membranpotenzials, entsteht das nächste Aktionspotenzial. Je stärker der Axonursprung also depolarisiert ist, desto früher wird das nächste Aktionspotenzial ausgelöst (**Abb. 211.2**). Da die Diffusion von Neurotransmittern und Neuromodulatoren in Synapsen mit wenigen Ausnahmen *(s. 1.7)* nur in einer Richtung erfolgt, leiten Axone Impulse immer nur in eine Richtung: Synapsen wirken als *Gleichrichter*.

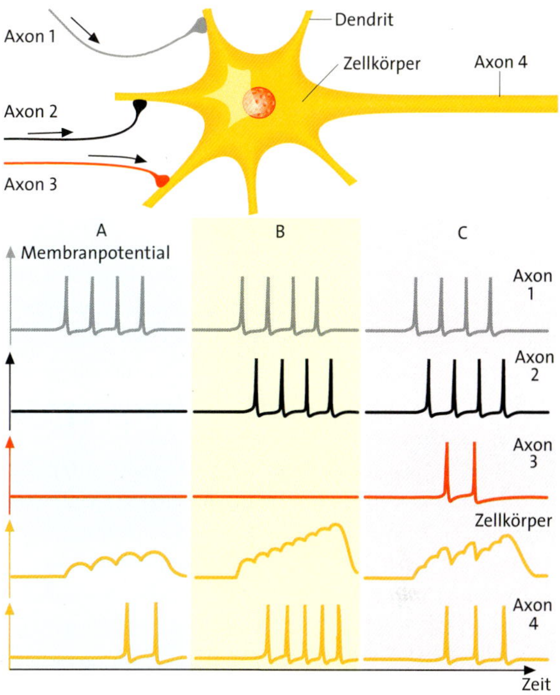

Abb. 211.1: Einwirkung von zwei erregenden Synapsen (grau bzw. schwarz, 1 und 2) und einer hemmenden Synapse (rot, 3) auf die Dendriten eines Neurons (gelb) und die Aktionspotenziale in seinem Axon (gelb), vereinfacht. In den unten stehenden schematisierten Ableitungen sind drei Situationen dargestellt: A: nur das erregende Axon 1 zeigt Aktionspotenziale, B: beide erregende Axone 1 und 2 haben Aktionspotenziale, C: beide erregende Axone 1 und 2 und das hemmende Axon 3 haben Aktionspotenziale. Am Zellkörper überlagern sich EPSP (links, Mitte) bzw. EPSP und IPSP (rechts) und lösen Aktionspotenziale in Axon 4 aus. In Wirklichkeit kann eine einzelne Synapse ein Folgeneuron nicht zur Bildung von Aktionspotenzialen veranlassen.

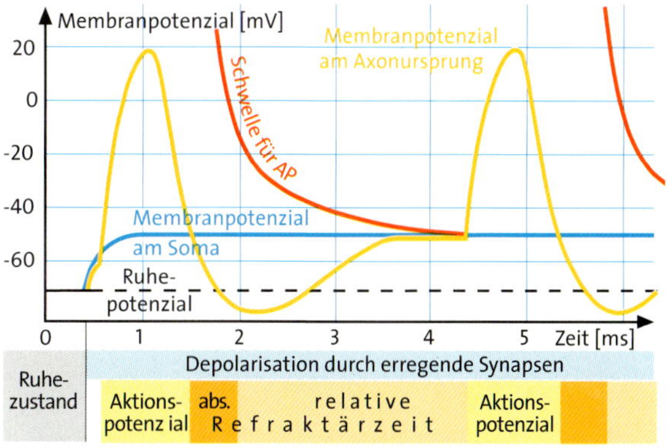

Abb. 211.2: Abhängigkeit der Aktionspotenzialfrequenz vom Membranpotenzial. Dendriten und Soma werden durch erregende Synapsen depolarisiert (blau). Die Depolarisation löst am Axonursprung ein Aktionspotenzial (gelb) aus. Die Schwelle für die Auslösung des folgenden Aktionspotenzials (rot) sinkt danach allmählich ab *(s. Text)*.

1.7 Neuromodulation, Neurosekretion

Synaptische Neurotransmitter sind nicht die einzigen Stoffe, welche die Tätigkeit einer Nervenzelle beeinflussen können. Es gibt zusätzlich hormonartige Stoffe, deren Wirkung nicht auf die Synapsenregion beschränkt ist, sondern sich über größere Bereiche des Neurons erstreckt. Oft werden ganze Gruppen von Nervenzellen gleichzeitig von ihnen beeinflusst. Ihre Wirkung hält zudem oft viele Minuten und länger an. Solche Stoffe heißen **Neuromodulatoren.**

Wahrscheinlich kann ein und dieselbe Substanz sowohl räumlich begrenzt in Synapsen als Neurotransmitter als auch über gewisse Entfernungen als Neuromodulator wirken. Die beiden Begriffe Neurotransmitter und Neuromodulator sind also nicht scharf voneinander abgegrenzt. Ein Neurotransmitter und ein Neuromodulator können auch zusammen in der selben Axonendigung vorkommen und bei Erregung des Neurons gemeinsam freigesetzt werden. Durch gleichzeitige Ausschüttung von Neurotransmittern und Neuromodulatoren erweitern sich die Möglichkeiten einer Nervenzelle, Informationen zu verschlüsseln und an andere Zellen weiterzugeben.

Viele Neuromodulatoren sind Peptide; sie werden als **Neuropeptide** bezeichnet. *Endorphine* und *Enkephaline* werden im Gehirn bei starken Schmerzen ausgeschüttet. Sie vermindern nach Bindung an spezifische Rezeptoren die Schmerzempfindung. Die Tatsache, dass Schwerverletzte unmittelbar nach dem Unfall keine Schmerzen haben, führt man auf die Wirkung dieser Substanzen zurück. *Opiate* (Opium, Morphin, Heroin) binden an die Rezeptoren für die Endorphine und Enkephaline, obwohl sie chemisch mit diesen nicht verwandt sind. Sie wirken daher schmerzstillend.

Adenosin hat ebenfalls neuromodulatorische Wirkungen: Es wird bei Schlafmangel in schlafsteuernden Hirnregionen vermehrt freigesetzt und trägt nach Rezeptorbindung maßgeblich zur Erzeugung eines Schlafbedürfnisses bei. Die aufputschende Wirkung von *Koffein*, z. B. in Kaffee oder Cola, beruht vor allem darauf, dass es Rezeptoren für Adenosin blockiert.

Sowohl Neurotransmitter als auch die meisten Neuromodulatoren können nicht durch die Membran der Zielzelle diffundieren. Im Gegensatz dazu kann der Neuromodulator *Stickoxid (NO)* die Zellmembran passieren und so Stoffwechselprozesse in der Zielzelle direkt beeinflussen. Es wird von vielen Neuronen synthetisiert und über die gesamte Zellmembran abgegeben. Es diffundiert dann in alle benachbarten Zellen. Im Unterschied zu den meisten anderen Überträgerstoffen kann Stickoxid Information somit auch von der post- zur präsynaptischen Seite der Synapse übermitteln (**Abb. 212.1**). Da es chemisch nur sehr kurzlebig ist, hält seine Wirkung nur kurzzeitig an. Bekannt ist seine gefäßerweiternde Wirkung.

Jede Nervenzelle ist in gewisser Hinsicht auch als sekretorische Zelle zu bezeichnen, da sie aus ihren synaptischen Axonendigungen Transmittersubstanzen oder Neuromodulatoren freisetzen kann. Bei manchen Nervenzellen ist diese Eigenschaft besonders entwickelt. Ihre Axone enden dann oft nicht an anderen Nervenzellen, sondern an Blutkapillaren oder frei im Gewebe (**Abb. 212.2**). Man bezeichnet diese Nervenzellen als *neurosekretorische Zellen* und die von ihnen ausgeschiedenen Stoffe als Gewebshormone *(s. Hormone 1)*.

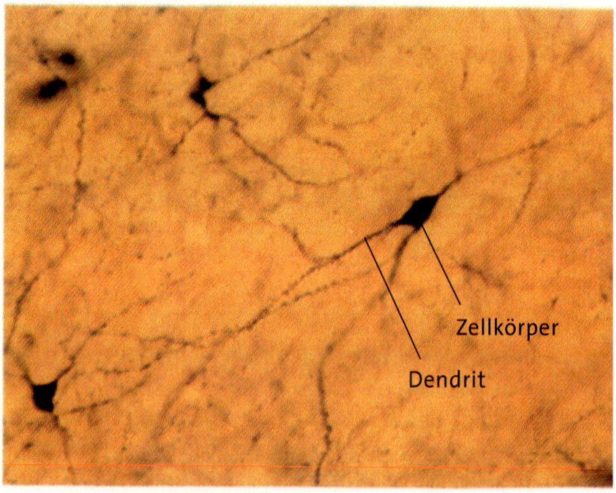

Abb. 212.1: Nervenzellen mit Färbung des NO bildenden Enzyms; es befindet sich auch in Dendriten und Zellkörpern. Das dort gebildete NO übermittelt Signale an Axonendigungen (Endknöpfe) vorgeschalteter Neurone (nicht angefärbt).

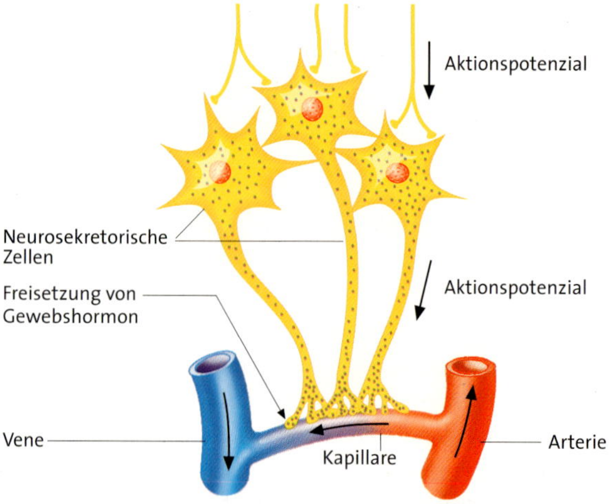

Abb. 212.2: Axone von neurosekretorischen Zellen enden an einer Blutkapillare und setzen dort Gewebshormone frei. Diese diffundieren in die Blutkapillare und gelangen zu den an anderen Stellen im Organismus gelegenen Zielgeweben.

2 Aufnahme und Verarbeitung von Sinnesreizen

Sinnesorgane »informieren« über Vorgänge in der Umwelt und im Körperinneren. Allerdings sind nicht alle Einwirkungen von außen und Prozesse im Inneren in der Lage, **Sinneszellen** zu erregen, d.h. als **Reiz** zu wirken. Dies gilt z.B. für radioaktive Strahlung, die nicht wahrnehmbar ist. Werden Sinneszellen durch Reize erregt, wird die Erregung zum Zentralnervensystem übermittelt und dort verarbeitet. Von diesen Vorgängen weiß man subjektiv nichts. Beim Anblick einer Wiese fällt als Reiz Licht verschiedener Wellenlänge ins Auge. Subjektiv erlebt werden viele *Sinneseindrücke,* z.B. kleine weiße, gelbe und blaue Flecken auf grünem Untergrund. Sie werden aus Erfahrung als blühende Wiese gedeutet; auf diese Weise entsteht eine *Wahrnehmung.* Was man wahrnimmt, ist also nicht einfach das Abbild von Reizen in den Sinnesorganen, sondern das Ergebnis eines Rekonstruktionsprozesses im Gehirn. Dies wird z.B. beim Betrachten eines *Vexierbildes* deutlich: **Abb. 213.1** kann man entweder als Hasen- oder Entenkopf sehen. Die schwarzen Striche und Flecken werden auf der Netzhaut des Auges abgebildet und führen zu einem bestimmten Muster von Sinneseindrücken, können aber unterschiedliche Wahrnehmungen bewirken.

Ein bestimmter Sinneszelltyp spricht nur auf eine ihm gemäße, *»adäquate« Reizart* an. So reagieren die Sinneszellen der Netzhaut auf Licht, Tastsinneszellen der Haut auf Druck und Dehnungsrezeptoren in der Muskulatur auf eine Zunahme der Muskellänge. Wenn Sinneszellen durch andere Reizarten überhaupt erregbar sind, dann nur bei sehr hoher Reizintensität (Lichtsinneszellen z.B. durch einen Schlag auf das Auge, der eine Lichtempfindung auslöst). Wird die Sinneszelle von einem ausreichend starken, adäquaten Reiz getroffen, so wird sie depolarisiert und es entsteht ein **Rezeptorpotenzial:** Je stärker der Reiz, desto höher ist das Rezeptorpotenzial der Sinneszelle. Dieses breitet sich von der gereizten Stelle her über den Zellkörper bis zum Axonursprung aus. Ist es dort noch so hoch, dass der Schwellenwert erreicht wird, entstehen Aktionspotenziale, die über das Axon wandern: Je höher das Rezeptorpotenzial, desto öfter wird ein Aktionspotenzial ausgelöst und weitergeleitet. Die Information über die Reizstärke wird also zunächst in die Höhe des Rezeptorpotenzials und schließlich in die Frequenz der Aktionspotenziale übersetzt (*Codierung,* **Abb. 213.2**).

Alle Reize führen zu gleichartigen Aktionspotenzialen in den weiterleitenden Nervenfasern, völlig unabhängig davon, ob es sich um Licht-, Ton-, Geschmacks- oder andere Reize handelt. Dennoch lösen die Aktionspotenziale verschiedenartige Sinneseindrücke aus. Dies liegt vor allem daran, dass sie an unterschiedlichen Stellen des Gehirns verarbeitet werden. Ein Sinneseindruck entsteht also erst durch das Zusammenwirken der Sinneszellen mit den ihnen zugeordneten Gehirnzentren. Sinnesorgan und die mit ihm verbundenen Gehirnzentren bilden jeweils ein »Sinnessystem«.

Abb. 213.1: Die »Hasenente«, ein Vexierbild von JASTROW, erstmals um 1900 veröffentlicht.

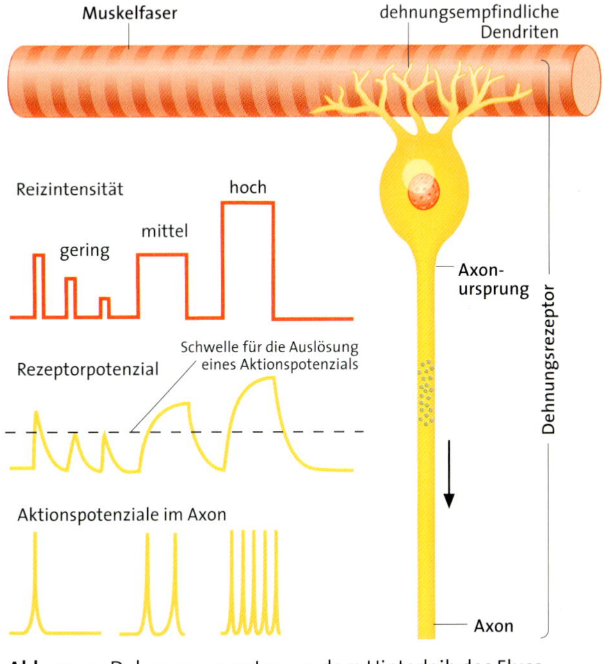

Abb. 213.2: Dehnungsrezeptor aus dem Hinterleib des Flusskrebses. Er besteht aus einer Sinneszelle, deren dehnungsempfindliche Dendriten in den Muskel eingebettet sind. Sie registrieren eine Zunahme der Muskellänge. Dargestellt sind die Intensität und Dauer verschiedener Dehnungsreize, die von den Reizen ausgelösten Rezeptorpotenziale (Schwelle gestrichelt) und die Aktionspotenziale im Axon der Sinneszelle, schematisch.

3 Lichtsinn

Licht wird durch Sehfarbstoffe in **Lichtsinneszellen** *(Sehzellen)* absorbiert. In den meisten Tieren treten Lichtsinneszellen nicht einzeln auf, sondern kommen in Lichtsinnesorganen, den Augen, vor. Besonders leistungsfähige Augentypen sind mit Hilfsstrukturen ausgestattet, die die einfallenden Lichtstrahlen bündeln und auf die Sehzellen lenken. Diese optischen Apparate, z. B. Linsen und Blenden, optimieren die Abbildung der Umwelt auf der Schicht der Lichtsinneszellen.

Den Vorgang des Sehens kann man in drei Teilprozesse aufteilen, die im Folgenden getrennt besprochen werden: Die Abbildung der Umwelt auf den Lichtsinneszellen, die Erregung der Lichtsinneszellen und die Verarbeitung der Erregung im Nervenssystem.

3.1 Augentypen

Einige einfach gebaute Tiere, wie z. B. der Regenwurm, haben keine Augen. Bei ihm sind einzelne Lichtsinneszellen über die ganze Körperoberfläche verstreut. Mit diesen Lichtsinneszellen kann die Richtung einfallender Lichtstrahlen daher nur grob bestimmt werden.

Die *Flachaugen,* z. B. bei manchen Quallen, enthalten relativ wenige Lichtsinneszellen, die an der Körperoberfläche flach ausgebreitet sind (**Abb. 214.1 a**). Solche Augen können nur die ungefähre Richtung des einfallenden Lichtes feststellen. Bei anderen Tieren, wie einigen Schnecken, senkt sich der pigmentumhüllte Sehfleck ein und wird als *Grubenauge* bezeichnet (**Abb. 214.1 b**). Dadurch wird zwar das »Sehfeld« verkleinert, aber dafür kann auch ungefähr die Hell-Dunkel Verteilung in der Umgebung und die Richtung einer Lichtquelle festgestellt werden.

Vom Grubenauge leitet sich das *Lochkameraauge* ab, z. B. bei primitiven Kopffüßern und manchen Schnecken. Es entsteht, wenn die Einsenkung Blasenform annimmt und die Öffnung sich bis auf ein kleines Loch verengt (**Abb. 214.1 c**). Ein solches Auge entwirft dann, wie eine Lochkamera, ein Bild auf dem Augenhintergrund. Das Bild ist lichtschwach und nicht besonders scharf. Je enger das Sehloch, desto lichtschwächer, aber auch schärfer, ist das Bild.

Beim **Linsenauge** befindet sich in der Nähe der Sehöffnung eine Linse, die das Licht bricht und daher eine scharfe Abbildung ermöglicht. Die Sehöffnung ist relativ groß und mit einer lichtdurchlässigen Haut abgeschlossen. Je größer die Sehöffnung, umso mehr Licht kann in das Auge fallen, umso lichtstärker ist also das auf den Sin-

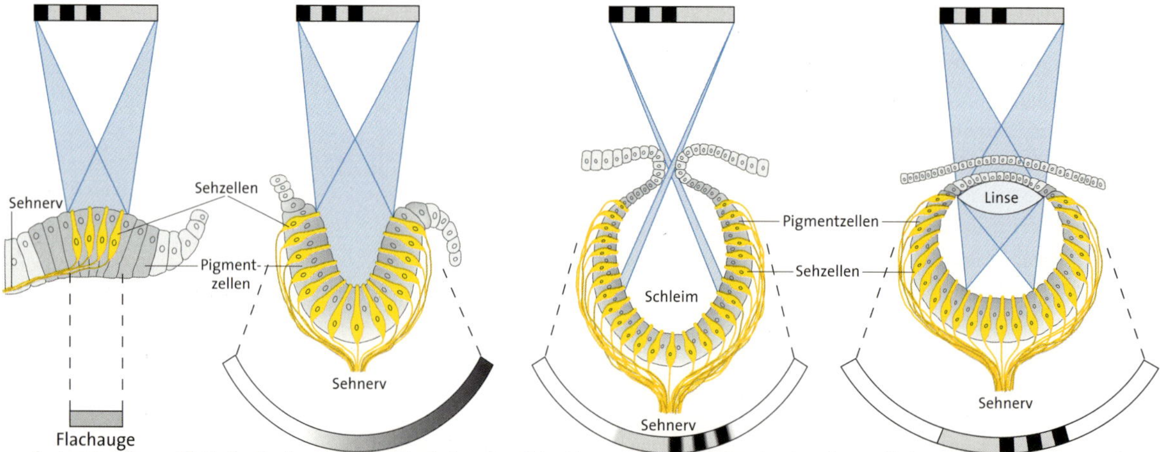

Abb. 214.1: Lichtsinnesorgane wirbelloser Tiere und die Qualität der erzeugten Abbildung. Die Pigmentzellen sind lichtundurchlässig und schirmen die Lichtsinneszellen vor Streulicht ab.

neszellen entstehende Bild. Bei der Höherentwicklung der Augen wurde bis zum Lochkameraauge die Schärfe des Bildes auf Kosten der Lichtstärke erhöht. Erst das Linsenauge, z. B. bei Tintenfischen und Wirbeltieren, erzeugt ein gleichzeitig scharfes und lichtstarkes Bild (**Abb. 214.1 d**).

Das Auflösungsvermögen eines Auges wird nicht nur von der Schärfe der Abbildung der Umwelt auf der Sinneszellschicht, sondern auch von der Dichte der Sinneszellen bestimmt. Je dichter die Sinneszellen stehen, desto feiner wird das Bild aufgerastert, desto mehr Einzelheiten sind also zu erkennen.

Die Lichtintensität kann an einem hellen Sommertag um mehrere Zehnerpotenzen höher sein als in der Dämmerung *(s. Abb. 224.1)*. Wie beim Fotoapparat kann deshalb durch eine veränderliche Blende (Iris, *s. Abb. 216.1*) der Lichteinfall in das Auge so gesteuert werden, dass die Lichtsinneszellen trotzdem in ihrem optimalen Bereich arbeiten.

3.1.1 Facettenauge

Das *Komplexauge* der Gliederfüßler ist aus zahlreichen Einzelaugen zusammengesetzt. Es wird auch als *Facettenauge* bezeichnet, weil die sechseckigen Oberflächen der Einzelaugen an das Muster der geschliffenen Flächen eines Edelsteins erinnern (**Abb. 215.1 a,b**).

Ein Einzelauge *(Ommatidium)* besteht aus einer Linse und einem Kristallkegel zur Lichtbrechung, Pigmentzellen zur Abschirmung von anderen Einzelaugen und Lichtsinneszellen (**Abb. 215.1 c**).

Bei den Insekten hat das Einzelauge meist acht Lichtsinneszellen, die kreisförmig beieinander liegen. Die Membran jeder Lichtsinneszelle besitzt in Richtung Zentrum des Ommatidiums zahlreiche Ausstülpungen (Mikrovilli). Nur dort befindet sich lichtempfindlicher Sehfarbstoff. Die Mikrovilli der Sehsinneszellen eines Ommatidiums bilden gemeinsam einen zentralen Sehstab *(Rhabdom)*. Die optischen Achsen nebeneinander liegender Einzelaugen weichen voneinander ab, d. h. jedes Einzelauge »blickt« in eine andere Richtung. Deshalb bildet jedes Auge auf seinem Sehstab einen anderen Ausschnitt der Umgebung ab; alle Sehzellen des Ommatidiums werden somit von dem Licht, das dieser Ausschnitt abstrahlt, getroffen.

Bei dem Gesamtbild, das im Facettenauge entsteht, handelt es sich demnach um ein Mosaik bestehend aus vielen Bildpunkten. Je mehr Ommatidien ein Facettenauge pro Raumwinkel besitzt, desto feiner ist dieses Mosaik, desto größer ist auch das Auflösungsvermögen des Auges. Gleichzeitig wird der abgebildete Ausschnitt der Umgebung kleiner, sodass jedes einzelne Ommatidium weniger Licht erhält.

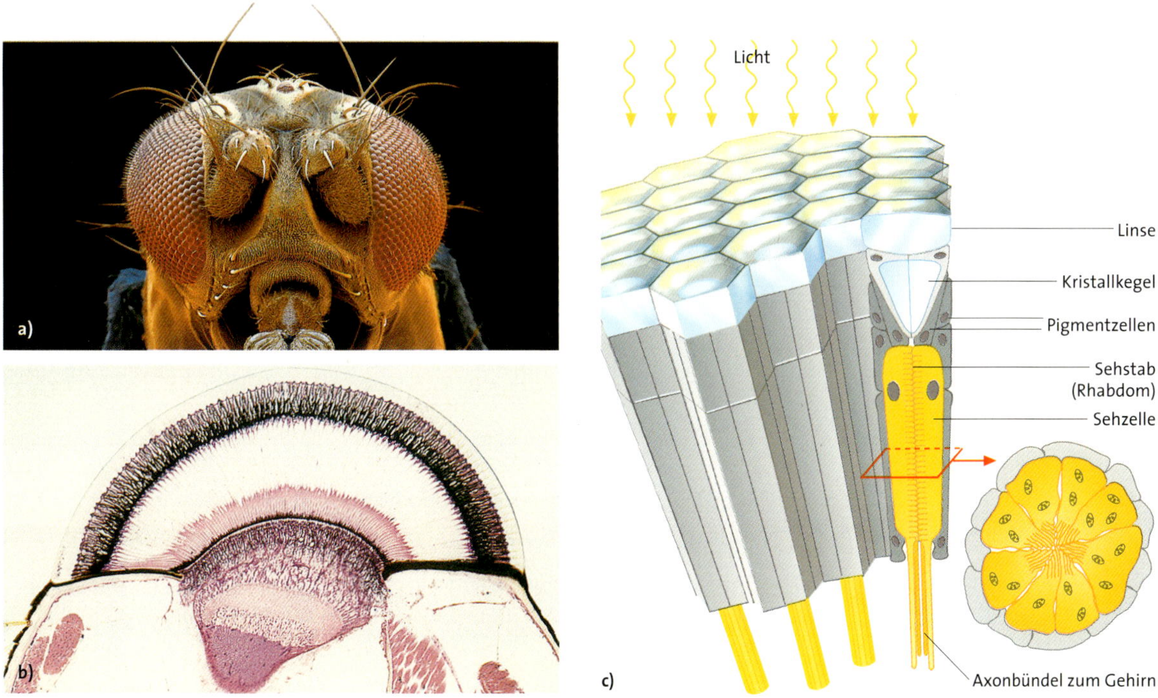

Abb. 215.1: a) Facettenaugen eines Insekts mit Hunderten von Ommatidien; **b)** Längsschnitt durch ein Facettenauge; **c)** Längsschnitt durch ein Ommatidium (links) und Querschnitt auf der Höhe der Sinneszellen (rechts), schematisch.

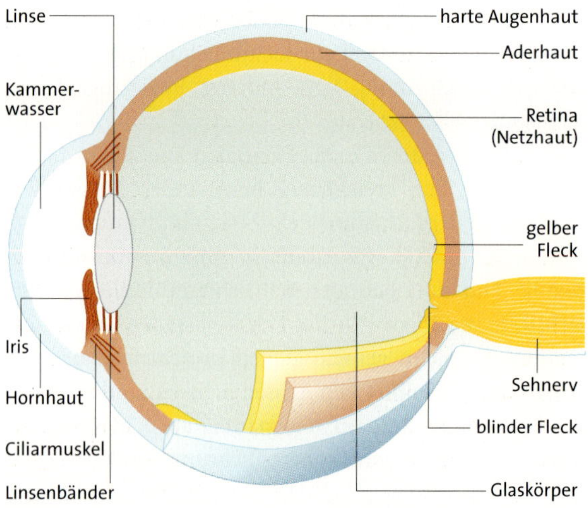

Abb. 216.1: Schnitt durch das Auge des Menschen (Schema)

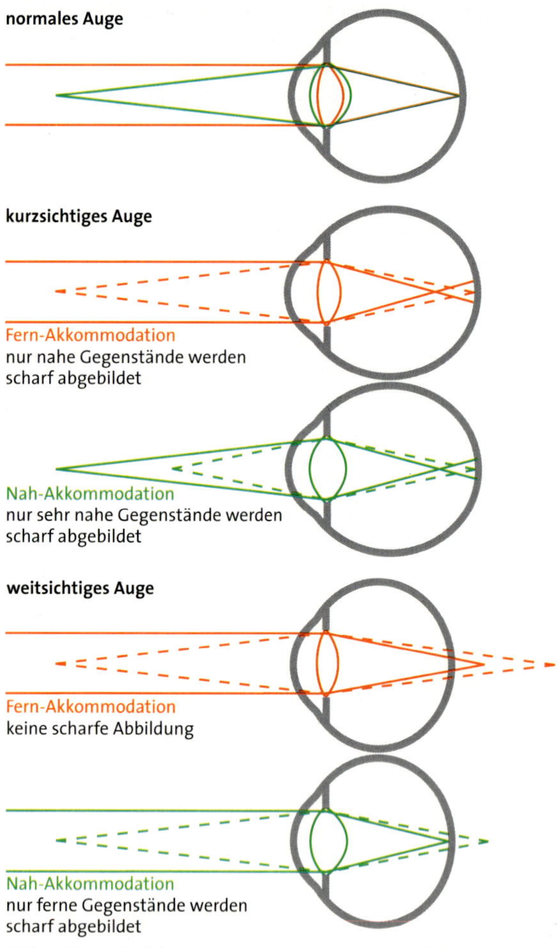

Abb. 216.2: Strahlengang im normalen, kurzsichtigen und weitsichtigen Auge. Rot: Linsenform und Strahlengang bei Fern-Akkommodation, grün: Nah-Akkommodation, Strichelung: Abbildung naher bzw. sehr naher Gegenstände.

3.1.2 Das Auge des Menschen als Beispiel eines Linsenauges

Aufbau des Auges. Die Wand des Auges wird von der harten Augenhaut gebildet (**Abb. 216.1**). Den vorgewölbten und durchsichtigen Teil der harten Augenhaut nennt man *Hornhaut.* Der Hohlraum des Auges wird von dem durchsichtigen *Glaskörper* ausgefüllt. Die *Regenbogenhaut* oder *Iris* liegt vorn der Linse auf. Sie umschließt eine kreisförmige Blendenöffnung, die *Pupille.* Die Pupille wird enger, wenn sich die Lichtintensität erhöht, und sie wird weiter, wenn die Lichtintensität absinkt. Durch die Iris wird also der Lichteinfall in das Auge geregelt.

Die innerste Schicht des Auges ist die *Netzhaut* oder *Retina;* sie enthält die Lichtsinneszellen. Im *gelben Fleck (Fovea centralis)* stehen die Lichtsinneszellen besonders dicht. Er ist deshalb die Stelle des schärfsten Sehens. Axone, die visuelle Information vom Auge zum Gehirn übermitteln, bilden den Sehnerv. Seine Austrittsstelle aus dem Auge bezeichnet man als *blinden Fleck,* weil dort die Lichtsinneszellen fehlen. Trotzdem hat das Gesichtsfeld kein »Loch«, denn der fehlende Bildteil wird durch das Gehirn ergänzt.

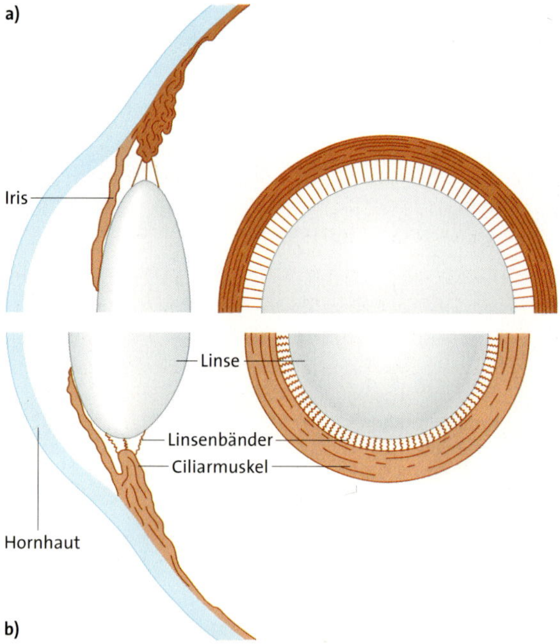

Abb. 216.3: Akkommodation beim Auge des Menschen (Schema). **a)** Beim Sehen in die Ferne ist der Ciliarmuskel erschlafft und auf seinen maximalen Durchmesser gedehnt, die Linsenbänder sind dadurch straff gespannt und ziehen die Linse flach auseinander; **b)** beim Sehen in die Nähe kontrahiert sich der Ciliarmuskel. Die Linsenbänder sind entspannt, dadurch nimmt die elastische Linse eine kugelige Form an. Links: Schnitt durch das Auge, rechts: Aufsicht.

Bildentstehung auf der Netzhaut. Ein Lichtstrahl ändert beim Übergang von Luft in ein dichteres Medium, z. B. eine Glaslinse, seine Verlaufsrichtung. Man sagt, er wird gebrochen. Je stärker die Brechkraft der Linse, desto stärker die Brechung. Eine *Dioptrie* (= 1 dpt) entspricht der Brechkraft einer Linse von 100 cm Brennweite.

Die Lichtstrahlen, die von einem Gegenstand in das Auge einfallen, werden vor allem durch die Hornhaut, aber auch die Linse und den Glaskörper gebrochen, sodass auf der Netzhaut ein verkleinertes Bild entsteht. Die Brechkraft der Linse kann verändert werden, um entweder sehr nahe oder weit entfernte Gegenstände scharf auf der Netzhaut abzubilden. Diesen Vorgang nennt man **Akkommodation.**

Die Brechkraft der Linse wird bei Ferneinstellung erniedrigt, bei Naheinstellung erhöht. Dies geschieht mithilfe des *Ciliarkörpers;* er besteht aus dem Ciliarmuskel und den Linsenbändern. Der *Ciliarmuskel* umgibt die Linse ringförmig. Von seiner Innenseite ziehen feine Fasern, die *Linsenbänder,* zum Rande der Linse. Sie ziehen bei der Fern-Akkommodation des Auges ringsum an der Linse und flachen sie ab. Zur Nah-Akkommodation kontrahiert sich der Ciliarmuskel. Dadurch werden die Linsenbänder entspannt und die Linse kann sich, ihrer natürlichen Elastizität folgend, der Kugelform nähern (**Abb. 216.3**).

Bei Fern-Akkommodation liegt der nächste Punkt (Fernpunkt), den man scharf sieht, 5 bis 6 m vom Auge entfernt. Bei Nah-Akkommodation ist die Lage des nächstgelegenen Punktes, den man scharf sieht (Nahpunkt), altersabhängig. In der Jugend hat er vom Auge einen Abstand von etwa 10 cm. Mit zunehmendem Alter verliert die Linse an Elastizität und damit ihre Fähigkeit, Kugelform anzunehmen. Deshalb rückt der Nahpunkt immer weiter vom Auge ab. Bei Siebzigjährigen ist die Linse meist starr und kann sich nicht mehr auf Nahsehen einstellen. Es kommt zu *Altersweitsichtigkeit;* eine Lesebrille wird benötigt. Bei der angeborenen *Weitsichtigkeit* ist der Augapfel zu kurz. Schon beim Sehen in die Ferne muss nahakkommodiert werden. Für das Nahsehen reicht die Brechkraft dann nicht mehr aus, nahe Gegenstände werden unscharf gesehen. Bei *Kurzsichtigkeit* ist das Auge für die Brechkraft von Hornhaut und Linse zu lang. Deshalb entsteht das Bild entfernter Gegenstände bereits vor der Netzhaut und ist daher unscharf, während das Bild naher Gegenstände auf die Netzhaut fällt (**Abb. 216.2**).

Perimetrie

Das *Gesichtsfeld* eines Auges ist der Teil der Umwelt den es überschaut, wenn sich weder der Kopf noch das Auge selbst bewegt. Es wird mit einem *Perimeter* bestimmt. Dabei sitzt eine Versuchsperson so, dass sich eines ihrer Augen im Zentrum einer halbkugelförmigen Messapparatur befindet (**Abb. 217.1**). Mit diesem Auge (das andere ist geschlossen) wird eine Markierung in der Mitte der Apparatur fixiert. Auf die Wand des Perimeters wird eine kleine farbige Fläche projiziert, die langsam von außen in Richtung Zentrum wandert. Wenn das Bild der Fläche zum erstenmal auf die Netzhaut fällt, hat sie definitionsgemäß den Rand des Gesichtsfelds überschritten. Die Versuchsperson hat dann einen Helligkeitseindruck, aber noch keinen Farbeindruck. Dieser entsteht erst dann, wenn die Farbfläche weiter ins Zentrum gewandert ist: Der Rand der Netzhaut ist also nicht farbempfindlich und die einzelnen Farben werden auch unterschiedlich weit vom gelben Fleck entfernt noch wahrgenommen. Erkrankungen der Netzhaut oder des Sehnervs können zu einem Verlust der visuellen Wahrnehmung aus Teilen des Gesichtsfeldes führen. Diese Ausfälle werden in der Medizin mithilfe der *Perimetrie* erfasst.

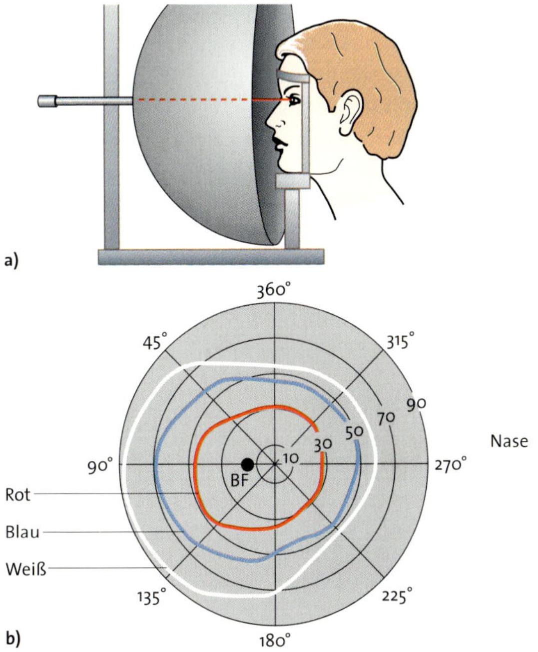

Abb. 217.1: Bestimmung des Gesichtsfeldes. **a)** Messapparatur; **b)** perimetrisch bestimmte Grenze des Gesichtsfelds (weiße Linie) sowie Wahrnehmungsgrenzen des linken Auges für blaues und rotes Licht (BF: Blinder Fleck)

Bau der Netzhaut beim Menschen. Die Netzhaut ist ein 0,2 bis 0,5 mm dickes, aus mehreren Schichten aufgebautes Häutchen, das den größten Teil der Innenfläche des Auges auskleidet. Die innersten Zellschichten der Netzhaut bilden die *Pigmentzellen* und *Sehzellen,* in Richtung Augenmitte folgen mehrere Schichten von Nervenzellen: Die Sehzellen treten mit *Bipolarzellen* in Verbindung, deren Fortsätze ihrerseits mit den *Ganglienzellen* in Kontakt stehen. Die Axone der Ganglienzellen bilden den Sehnerv und verlassen den Augapfel am blinden Fleck. Außerdem bestehen Querverbindungen, die auf der Ebene der Sehzellen über die *Horizontalzellen* und auf der Ebene der Ganglienzellen über die *amakrinen Zellen* gebildet werden (**Abb. 218.1**). (Die Funktion der verschiedenen Neuronentypen wird im Abschnitt 3.3 besprochen). Eine Ganglienzelle erhält zumeist Signale von mehreren Bipolarzellen, im Allgemeinen hat auch jede Bipolarzelle mit mehreren Sehzellen Kontakt. Durch diese Verschaltung empfängt jede Ganglienzelle Meldungen von einer größeren Zahl von Sehzellen. Dementsprechend findet man in der menschlichen Netzhaut etwa 126 Millionen Sehzellen, aber nur eine Million Ganglienzellen. Je mehr Sehzellen auf eine Ganglienzelle geschaltet sind, desto mehr Erregungen laufen in der Ganglienzelle ein, desto lichtempfindlicher ist also die Netzhaut an dieser Stelle. In einem Teil der Netzhaut, dem gelben Fleck, liegen etwa genauso viele Ganglienzellen wie Sehzellen vor. Je weniger Sehzellen zusammengeschaltet sind, desto mehr Bildpunkte werden getrennt wahrgenommen, desto größer ist also das Auflösungsvermögen. Die Art der Verschaltung trägt also dazu bei, dass im gelben Fleck das Auflösungsvermögen größer, die Lichtempfindlichkeit aber geringer ist als an anderen Stellen der Netzhaut. Daher ist der gelbe Fleck der Ort des schärfsten Sehens.

3.2 Lichtabsorption in den Sehzellen

Die Sehzellen bestehen aus dem eigentlichen Zellkörper und dem Außenglied. Dieses besteht aus einem dicht gepackten Stapel von Membranen, der durch zahlreiche Einfaltungen der Zellmembran gebildet wird (**Abb. 219.1**). Das Außenglied liegt in der innersten Schicht der Netzhaut, vom Licht abgewandt.

In der Säugetiernetzhaut gibt es zwei Arten von Sehzellen, die **Stäbchen** und die **Zapfen.** Die Außenglieder der Stäbchen sind lang und zylinderförmig, die der Zapfen kegelförmig und kürzer. In der Netzhaut gibt es ca. 120 Millionen Stäbchen und sechs Millionen Zapfen. Stäbchen und Zapfen sind ungleichmäßig über die Netzhaut verteilt. Im gelben Fleck kommen nur Zapfen vor. In seiner Umgebung sind Stäbchen und Zapfen durchmischt. Die Randteile der Netzhaut enthalten fast nur Stäbchen.

Von den Zapfen gibt es drei verschiedene Typen, die von jeweils unterschiedlichen Wellenlängen des Lichtes erregt werden. Mit den Zapfen kann man also Farben unterscheiden. Die Zapfen sprechen wegen ihrer geringen Lichtempfindlichkeit in der Dämmerung nicht mehr an. Im Mondlicht kann man deshalb keine Farben erkennen. Im hellen Licht sieht man dagegen fast ausschließlich mit den Zapfen. Die Stäbchen sind sehr viel lichtempfindlicher als die Zapfen, aber farbenblind. Mit den Stäbchen wird in der Dämmerung und in der Nacht gesehen.

Die Erregung der Sehzellen erfolgt in mehreren Schritten. Zuerst werden unter der Wirkung von Licht Moleküle eines Sehfarbstoffs gespalten, der sich in den Membranen des Außengliedes befindet (**Abb. 219.1**). Bei den Stäbchen handelt es sich um das rötliche *Rhodopsin,* den *Sehpurpur.* Rhodopsin besteht aus Retinal, einem Aldehyd des Vitamins A, und Opsin, einem Protein (**Abb. 219.1**). Das Mo-

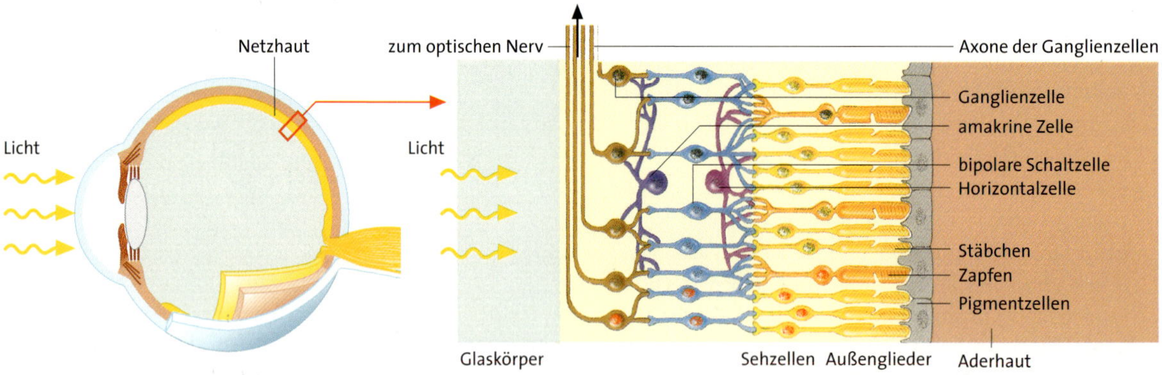

Abb. 218.1: Vereinfachtes Schema vom Bau der Netzhaut. Das Licht muss die Nervenzellschichten durchdringen, bevor es die lichtempfindlichen Außenglieder der Sehzellen erreicht. Auf der unteren Hälfte des Schemas ist dargestellt, wie eine einzelne Ganglienzelle Meldungen von vier Sehzellen erhält (rote Kerne). Auf der oberen Hälfte ist dargestellt, wie eine einzelne Sehzelle Informationen an zwei Ganglienzellen weitergibt (schwarze Kerne).

NEUROBIOLOGIE

lekül Retinal kommt in zwei verschiedenen Raumstrukturen vor. Nur eine dieser Formen, das 11-cis-Retinal, kann sich mit dem Opsin verbinden. Wird Licht absorbiert, so geht das 11-cis-Retinal in das All-trans-Retinal über und wird vom Opsin abgespalten (**Abb. 219.1**). Die Spaltung des Rhodopsins ist eine der schnellsten fotochemischen Reaktionen. Sie läuft in ca. 200 fs (femto Sekunden = 10^{-15} s) ab. Das Rhodopsin wird laufend unter Aufwendung von Stoffwechselenergie neu synthetisiert.

In einem weiteren Schritt zur Erregungsbildung wird durch die Rhodopsinspaltung eine Signalkette ausgelöst *(s. Stoffwechsel 1.5)*. Am Ende der Kette wird ein bestimmtes Enzym aktiviert. Dieses spaltet eine chemische Substanz, die im Dunkeln die Natriumkanäle der Stäbchen offen hält. Bei dieser Substanz handelt es sich um *cyclisches Guanosinmonophosphat (cGMP)*. Der Verstärkungsfaktor dieser Signalkette ist sehr hoch, sodass die Spaltung eines einzigen Rhodopsinmoleküls zur Schließung sehr vieler Natriumkanäle führt. Bei Stäbchen sind im unerregten Zustand viele Natriumkanäle offen. Wird die Zelle belichtet, schließt sich daraufhin ein Teil der Natriumkanäle und es strömen weniger (positiv geladene) Natriumionen ein. Deshalb wird (im Gegensatz zu anderen Sinneszellen) das Membranpotenzial bei Erregung negativer, d. h. es entsteht ein *hyperpolarisierendes Rezeptorpotenzial*. Stäbchen sind also im erregten Zustand hyperpolarisiert. Sie schütten, wenn sie *nicht* erregt sind, an ihren Synapsen mit Nervenzellen laufend Transmittersubstanz aus, durch die nachgeschaltete Nervenzellen gehemmt werden.

Werden die Stäbchen durch überschwellige Lichtreize erregt, bilden sie also keine Aktionspotenziale aus, sondern verringern die Ausschüttung von Neurotransmitter. In anderen Sinneszellen, etwa jenen im Hörorgan *(s. 4.5)*, führt eine Erregung zur Depolarisation. Es entstehen Aktionspotenziale, die über das Axon fortgeleitet werden und an dessen Ende eine Transmitterfreisetzung auslösen.

NEUROBIOLOGIE

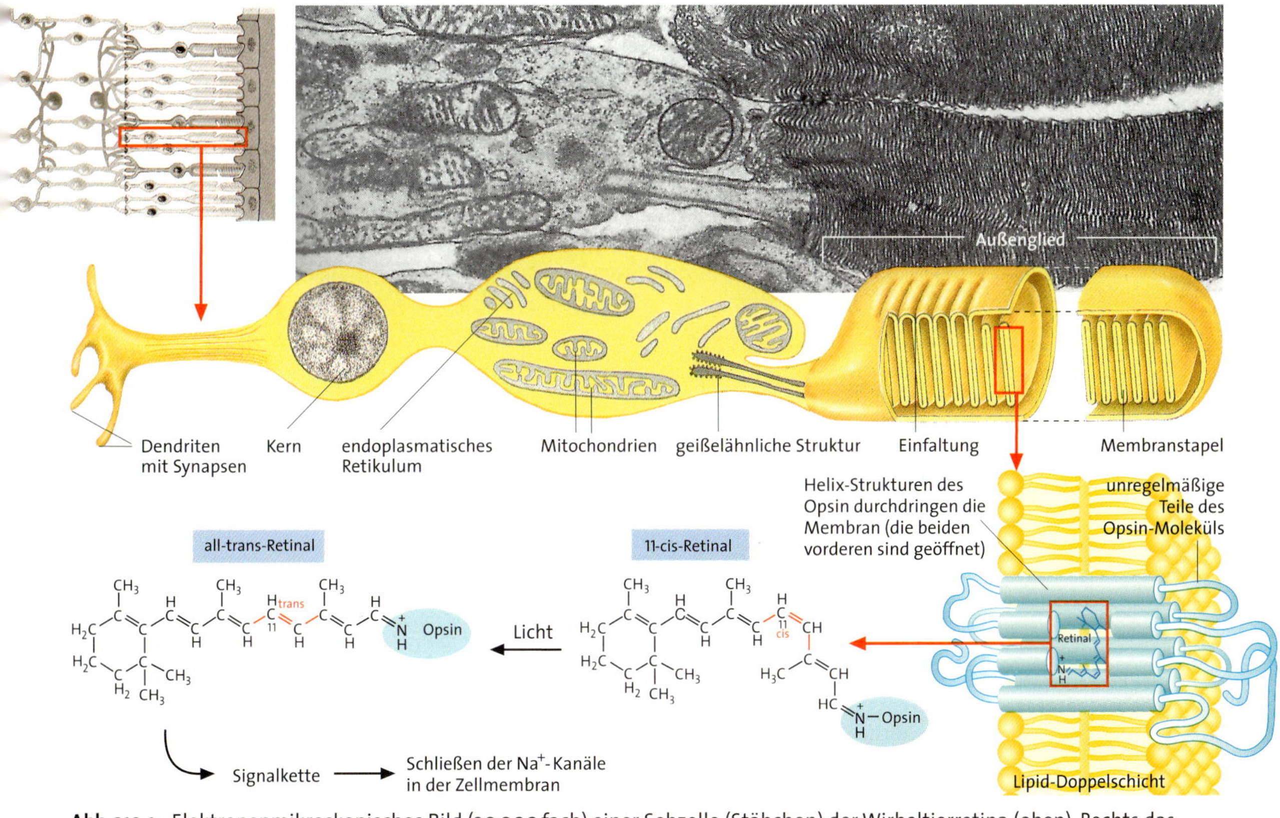

Abb. 219.1: Elektronenmikroskopisches Bild (30 000 fach) einer Sehzelle (Stäbchen) der Wirbeltierretina (oben). Rechts das Außenglied, das in seinen dicht gepackten Membranstapeln den Sehfarbstoff trägt. Das Außenglied ist über eine geißelähnliche Struktur (Bildmitte) mit dem eigentlichen Zellkörper (links) verbunden. Mitte: Schematische Darstellung der Sehzelle, Außenglied räumlich, geöffnet, Zellkörper im Längsschnitt. Die gestapelten Membranen entstehen im unteren Abschnitt des Außengliedes als Einfaltungen der Zellmembran, diese ist übertrieben dick gezeichnet. Unten: Struktur des Rhodopsins, Formel von 11-cis- und all-trans-Retinal und Beginn der Signalkette; G-Protein, *s. Abb. 156.1*

3.3 Signalverarbeitung in der Netzhaut

Sehzellen übertragen die Erregung über Synapsen auf die ihnen nachgeschalteten Nervenzellen der Netzhaut, nämlich die Bipolar-, Horizontal- und amakrinen Zellen. Diese Neurone haben kein Axon und bilden keine Aktionspotenziale. Aktionspotenziale entstehen erst in den nachfolgenden Ganglienzellen. Die Synapsen zwischen Sehzellen und Bipolar- bzw. Horizontalzellen sind teilweise erregend und teilweise hemmend. Die Erregung von Sehzellen führt also zu einem komplexen Muster von Erregung und Hemmung in den Nervenzellen der Netzhaut. Die Verschaltung ist so aufgebaut, dass bestimmte Merkmale der Sinnesinformation bereits in der Netzhaut herausgefiltert und hervorgehoben werden.

3.3.1 Prinzip der lateralen Inhibition

Blickt man auf eine Hell-Dunkel-Grenze, z. B. auf ein Bild in hellem Rahmen, erscheint der helle Teil etwas heller und der dunkle etwas dunkler als die unmittelbare Umgebung. Diese Kontrastverstärkung entsteht durch eine bestimmte Verschaltung von Nervenzellen in der Netzhaut. Dadurch erhält das Gehirn auch beim Betrachten der Einzelheiten des Bildes vor allem Informationen über Helligkeitsunterschiede, also über die Grenzlinien einzelner Bildelemente, weniger jedoch über ihre absoluten Helligkeiten. Die Verschaltung bewirkt, dass sich benachbart (seitwärts) liegende Bipolarzellen über Horizontalzellen gegenseitig hemmen; sie wird deshalb als *laterale Inhibition* bezeichnet. Laterale Inhibition, auch gegenseitige Hemmung genannt, kommt vereinfacht dargestellt auf folgende Weise zustande (**Abb. 220.1**): Fällt ein Lichtstrahl in das Auge, so sind an der Hell-Dunkel-Grenze auf der Netzhaut erregte bzw. unerregte Sehzellen benachbart. In den belichteten Sehzellen wird die ausgelöste Erregung auf die ihnen jeweils nachgeschalteten Bipolarzellen weitergegeben. Die Bipolarzellen erregen wiederum die ihnen nachgeschalteten Ganglienzellen. Neben dieser direkten Signalübermittlung werden von den erregten Sehzellen über die Horizontalzellen und amakrinen Zellen gleichzeitig auch Signale an lateral liegende Bipolar- und Ganglienzellen übermittelt, die zu deren Hemmung führen. Je stärker die Erregung der belichteten Sehzelle, desto stärker ist die durch sie bewirkte Inhibition benachbarter Ganglienzellen. Die Erregung bleibt dadurch auf Ganglienzellen beschränkt, deren zugehörige Sehzellen belichtet werden. Außerdem sind direkt benachbarte Ganglienzellen, auf deren vorgeschaltete Sehzellen kein Licht fällt, besonders stark gehemmt. Durch diese laterale Inhibition wird der Kontrast an den Grenzen von Bereichen unterschiedlicher Helligkeit erhöht und dadurch die Sehschärfe und das Formensehen verbessert.

Netzwerke, die nach dem Prinzip der gegenseitigen Hemmung arbeiten, kommen auch in anderen Sinnesorganen vor und haben dort die gleiche Funktion. So verformt ein auf die Haut aufgesetzter Bleistift einen verhältnismäßig großen Bereich der Haut, reizt also viele Tastsinnesorgane. Trotzdem ist die Tastempfindung wegen der nachgeschalteten gegenseitigen Hemmung auf eine kleine, eng umschriebene Stelle begrenzt.

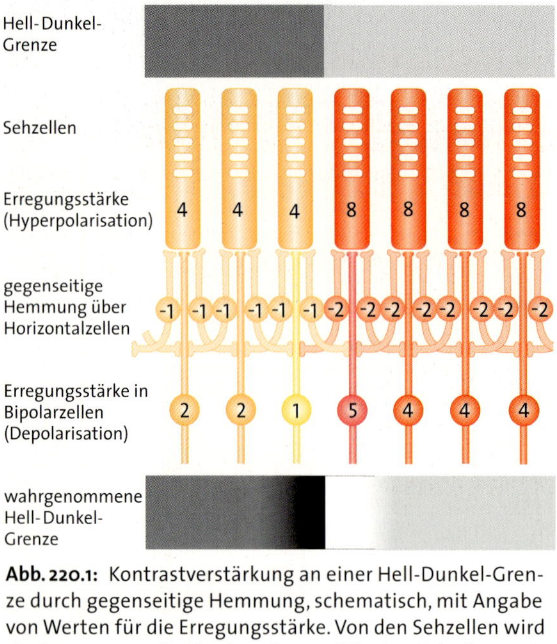

Abb. 220.1: Kontrastverstärkung an einer Hell-Dunkel-Grenze durch gegenseitige Hemmung, schematisch, mit Angabe von Werten für die Erregungsstärke. Von den Sehzellen wird die Erregung an die Bipolarzellen und Horizontalzellen weitergegeben. Die Horizontalzellen wirken hemmend auf benachbarte Bipolarzellen. Dadurch wird der Unterschied der Erregungen der beiden Bipolarzellen an der Hell-Dunkel-Grenze erhöht und der Helligkeitsunterschied verstärkt wahrgenommen. (Hemmung durch amakrine Zellen weggelassen.)

3.3.2 Rezeptives Feld

Die Reaktion einer einzelnen Ganglienzelle wird am besten durch ihr *rezeptives Feld* beschrieben. Darunter versteht man die Gruppe von Sehzellen, die mit einer bestimmten Ganglienzelle verbunden ist. In *Abb. 218.1* bilden vier Sinneszellen (rote Kerne) das rezeptive Feld einer Ganglienzelle. Jede Sinneszelle steht aber meist mit mehreren Ganglienzellen in Verbindung. Deshalb überschneiden sich die rezeptiven Felder benachbarter Ganglienzellen. Im Zentrum des rezeptiven Feldes können Sehzellen liegen, deren Reizung erregend auf die zugehörige

Ganglienzelle wirkt. Sie bilden zusammen einen zentralen erregenden Bereich des rezeptiven Feldes (**Abb. 221.1 a**). Um diesen zentralen Bereich herum liegen Sehzellen, deren Reizung eine hemmende Wirkung auf die zugehörige Ganglienzelle ausübt. Diese Sehzellen bilden den hemmenden Randbereich des rezeptiven Feldes. Die Ganglienzelle spricht dann am stärksten an, wenn der erregende zentrale Bereich ihres rezeptiven Feldes voll ausgeleuchtet ist, der hemmende Randbereich aber dunkel bleibt (heller Punkt auf dunklem Untergrund). Es gibt in der Netzhaut von Säugetieren noch einen anderen Typ von rezeptiven Feldern. Bei diesem findet man umgekehrt einen hemmenden zentralen Bereich und einen erregenden Randbereich (**Abb. 221.1 b**). Die zugehörige Ganglienzelle spricht demgemäss am stärksten auf einen dunklen Punkt auf hellem Untergrund an. Ob das rezeptive Feld einer Ganglienzelle einen erregenden oder einen hemmenden Zentralbereich hat, hängt davon ab, ob die Sinneszellen auf die nachgeschalteten Bipolarzellen erregend oder hemmend wirken. Die jeweils entgegengerichtete Wirkung des Randbereichs des rezeptiven Feldes der Ganglienzelle wird über Horizontalzellen und amakrine Zellen vermittelt. Die Belichtung von Sehzellen im Randbereich eines rezeptiven Feldes mit erregendem Zentralbereich aktiviert nämlich nachgeschaltete Horizontal- und amakrine Zellen. Diese Horizontalzellen hemmen Bipolarzellen, die mit der Ganglienzelle verbunden sind, die amakrinen Zellen hemmen die Ganglienzellen selbst. Die optische Täuschung in **Abb. 221.2** ist durch gegenseitige Hemmung in rezeptiven Feldern erklärbar. Die Kreuzungspunkte sind von mehr hellen Flächen umgeben als die dazwischen liegenden weißen Streifen. Die von den Kreuzungspunkten ausgelösten Erregungen werden also stärker gehemmt als die von den weißen Streifen ausgelösten Erregungen. Die Kreuzungspunkte erscheinen deshalb dunkler. Diese Erscheinung ist im fixierten Punkt nicht zu beobachten. Die gegenseitige Hemmung ist nämlich im Bereich des schärfsten Sehens *(s. 3.1.2)* nur auf wenige, unmittelbar benachbarte Sinneszellen beschränkt.

Die Ganglienzellen der rezeptiven Felder geben Signale über Helligkeitsunterschiede weiter wie sie vor allem an Grenzlinien von gesehenen Gegenständen auftreten. Sie dienen der Formwahrnehmung. Daneben gibt es Ganglienzellen, die der Farbwahrnehmung (**Abb. 221.1 c**, *s. 3.4*) oder der Wahrnehmung von Bewegung dienen.

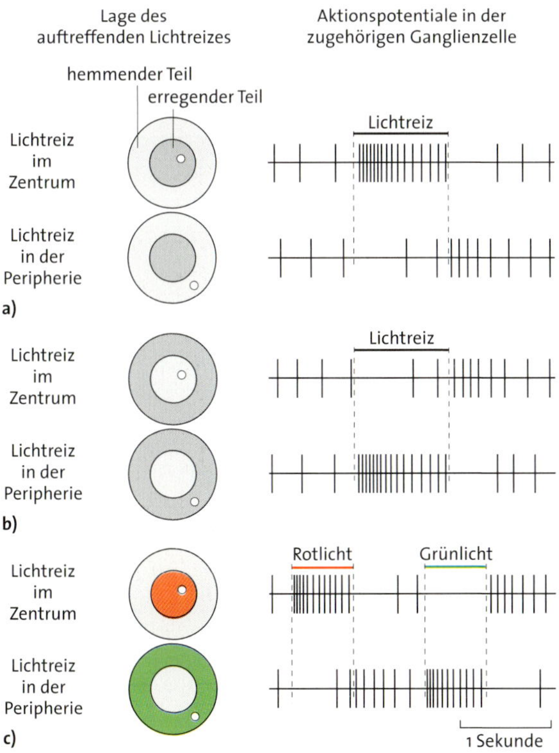

Abb. 221.1: Verschiedene Arten rezeptiver Felder von Ganglienzellen der Retina. **a)** und **b)** dienen der Formwahrnehmung, **c)** der Farbwahrnehmung.

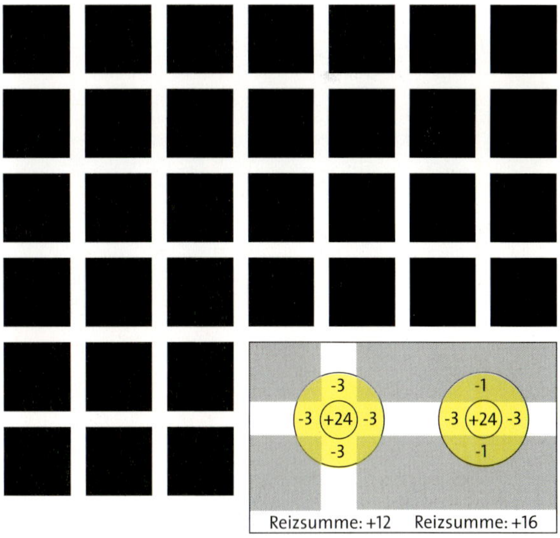

Abb. 221.2: Kontrasterscheinung. Beim Fixieren einer Kreuzungsstelle der weißen Gitterstreifen erscheinen die Kreuzungsstellen dunkler – mit Ausnahme der fixierten Stelle. Ursache ist beim Fixieren der Kreuzungsstellen eine stärkere Reizung des hemmenden Randbereiches (zugeordneter Hemmungswert: –12) eines rezeptiven Feldes mit erregendem Zentralbereich. Die wahrgenommene Helligkeit ist dort geringer als im Bereich der weißen Streifen, wo der erregende Zentralbereich von einem schwächer hemmenden Randbereich (zugeordneter Hemmungswert: –8) umgeben ist. Die angegebenen Werte sind willkürliche Zahlenbeispiele.

3.4 Farbensehen

Weißes Licht, z. B. das Sonnenlicht, lässt sich mithilfe eines Prismas in die *Spektralfarben* zerlegen (**Abb. 222.1**). Eine bestimme Spektralfarbe ist durch ihre Wellenlänge charakterisiert. Das für den Menschen sichtbare *Spektrum* ist der Wellenlängenbereich von etwa 400 nm (Violett) bis 700 nm (Rot). Licht, das nur eine bestimmte Wellenlänge besitzt, bezeichnet man als *monochromatisch.* Wie das Farbsehsystem des Menschen arbeitet, lässt sich aus einfachen Versuchen ableiten. Man kann z. B. monochromatisches Licht verschiedener Farben mischen, indem man sie zusammen auf die gleiche Stelle projiziert (*additive Farbmischung,* **Abb. 222.2**). Solche additiven Farbmischungen führen zu folgenden wichtigen Ergebnissen: Eine Mischung aller Spektralfarben ergibt den Eindruck »Weiß«. Den Eindruck Weiß erhält man aber auch durch die Mischung von nur drei Spektralfarben, nämlich *Rot, Grün* und *Blau.* Man nennt diese Farben *Grund-* oder *Primärfarben.* Die Mischung zweier Grundfarben ergibt eine neue Farbe, die sich mit der dritten Grundfarbe zu Weiß ergänzt.

Zwei Farben, die sich zu Weiß ergänzen, heißen *Ergänzungs-* oder *Komplementärfarben.* So ist zum Beispiel Rot die Komplementärfarbe zu Grün und Gelb zu Blau. Durch Mischung verschiedener Anteile der drei Grundfarben lässt sich jeder beliebige Farbeindruck herstellen. Davon macht beispielsweise das Farbfernsehen Gebrauch.

Aus den geschilderten Versuchen stellte der Physiker YOUNG schon 1801 die Hypothese auf, dass unser Auge alle Farbempfindungen aus drei Grundfarben zusammensetze. Die Theorie wurde von HELMHOLTZ 1852 verfeinert und mündete schließlich in die Theorie, dass in der Netzhaut drei verschiedene Sorten von Zapfen vorhanden sein müssten. Sie ließen sich tatsächlich nachweisen. Außerdem fand man dreierlei Farbstoffe, die bei Belichtung ebenso wie das Rhodopsin der Stäbchen zerfallen. Jede Zapfensorte ist mit einem dieser drei Farbstoffe ausgestattet. Die Farbstoffe sind ähnlich wie Rhodopsin gebaut; sie unterscheiden sich jedoch durch ihr Absorptionsspektrum voneinander (**Abb. 223.1**).

Durch Lichtabsorption wird in den Zapfen eine Signalkette aktiviert. Sie ist vergleichbar mit der Signalkette, die in den Stäbchen ausgelöst wird, allerdings ist der Verstärkungsfaktor geringer. Dies ist *eine* Ursache für die geringere Lichtempfindlichkeit der Zapfen. Dazu kommt, dass die Außenglieder der Zapfen kürzer sind als die der Stäbchen. Deshalb ist für ein Lichtquant die Wahrscheinlichkeit, ein Farbstoffmolekül zu treffen, bei Zapfen geringer als bei Stäbchen.

Monochromatisches Licht von 400 nm Wellenlänge erregt nur die »Blaurezeptoren« unter den Zapfen. Licht von 450 nm erregt die »Blaurezeptoren« stark und die

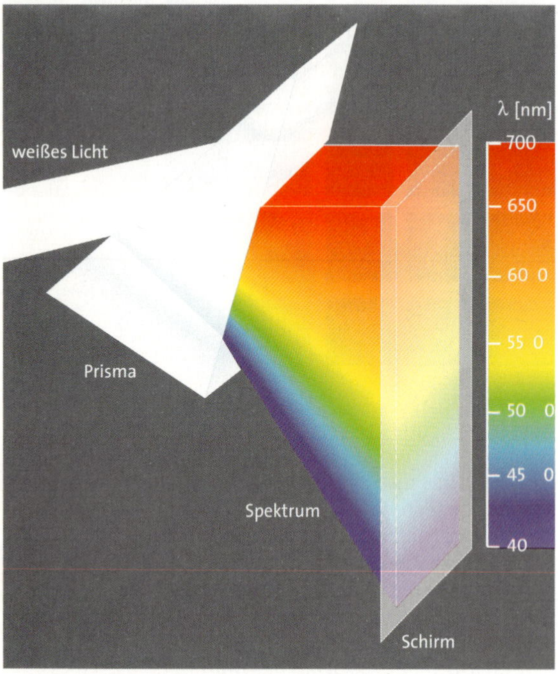

Abb. 222.1: Das Spektrum des sichtbaren Lichts

Abb. 222.2: Additive Farbmischung

»Grünrezeptoren« sehr schwach; Licht von 500 nm Wellenlänge lässt alle drei Zapfensorten ansprechen.

Die einzelnen Farbeindrücke werden also durch das Verhältnis der Erregungsstärken der drei Zapfentypen codiert, die Helligkeit durch die absolute Höhe der Erregung. Die Komplementärfarben Rot und Grün sowie Blau und Gelb werden auch als »Gegenfarben« bezeichnet, weil es kein »grünliches Rot« und kein »bläuliches Gelb« gibt. Das Vorhandensein von Gegenfarben führte HERING 1874 zur Aufstellung der *Gegenfarbentheorie.* Diese Theorie forderte für die Farb- bzw. Helligkeitswahrnehmung drei jeweils antagonistisch organisierte Vorgänge und zwar je einen für die Farbenpaare Blau-Gelb und Grün-Rot sowie einen für Schwarz-Weiß. Solche antagonistischen Prozesse konnten auf der Ebene der Horizontal- und Bipolarzellen bei Affen nachgewiesen werden.

Es gibt demnach Zellen, die bei der Belichtung des Auges mit Grün mit einer Erhöhung des Membranpotenzials, bei Belichtung mit Rot aber mit einer Erniedrigung des Membranpotenzials antworten. Andere Zellen antworten entsprechend auf das Farbenpaar Blau-Gelb. Es gibt auch Ganglienzellen, die z. B. im zentralen Bereich ihres rezeptiven Feldes von Rot erregt und von Grün gehemmt werden, während sie im Randbereich des rezeptiven Feldes von Grün erregt und von Rot gehemmt werden *(s. Abb. 221.1 c)*. Entsprechende Neurone gibt es auch im Gehirn. Die HERINGsche Theorie beschreibt demnach die Vorgänge in den nachgeschalteten Neuronen, die YOUNG-HELMHOLTZsche Theorie aber die Vorgänge in den Lichtsinneszellen selbst.

Farbenblindheit. Die Unfähigkeit, Farben unterscheiden zu können, wird als *Farbenblindheit* bezeichnet. Bei der sehr seltenen totalen Farbenblindheit können Farben überhaupt nicht mehr unterschieden werden. Weniger als 0,01 % der Bevölkerung sind total farbenblind. Die Welt wird in etwa so gesehen wie sie ein normal Farbtüchtiger in einem Schwarzweißfilm wahrnimmt.

Häufig kommt eine teilweise Farbenblindheit, besonders die *Rotgrünblindheit,* vor. Rot bzw. Grün sind dann nur noch an ihrer unterschiedlichen Helligkeit, aber nicht mehr als Farben unterscheidbar. Viel seltener ist die *Blauviolettblindheit.* Farbenblindheit ist zumeist genetisch bedingt *(s. Genetik 3.4.3)*. Sie beruht häufig auf Störungen von einem, zwei oder allen drei Zapfen-Sehfarbstoffen. So kann ein Rotblinder die Farbe Rot nicht wahrnehmen und bezeichnet alle Farben mit größeren Wellenlängen als ca. 520 nm oft als »braun«, weil der »Rotrezeptor« nicht funktionstüchtig ist (**Abb. 223.2**).

Farbensehen tritt nicht bei allen Tieren auf. So ist die Welt der Hunde weitgehend grau. Auch viele andere, vor allem nachtaktive Säugetiere, können Farben nur schwer unterscheiden.

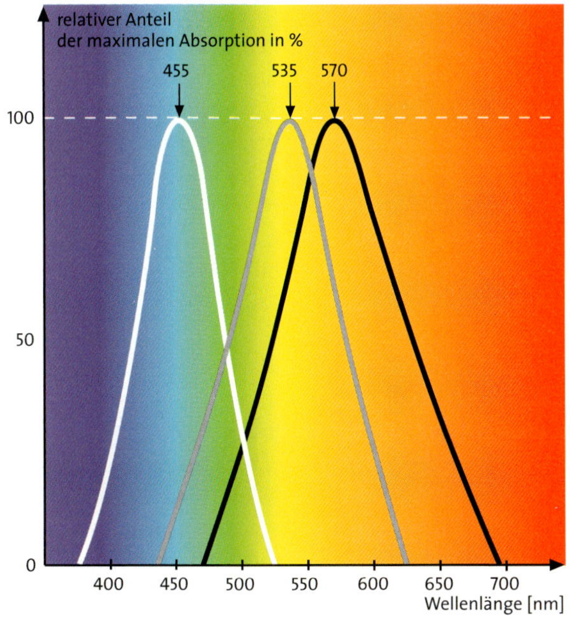

Abb. 223.1: Absorptionskurven der drei Farbstoffe, in denen sich die drei Zapfensorten des Menschen unterscheiden, schematisch (maximale Absorption gleich 100 %).

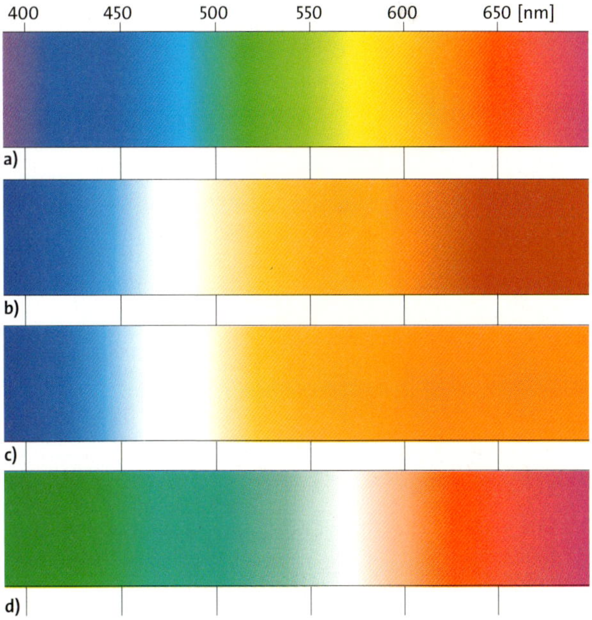

Abb. 223.2: Farbwahrnehmung eines normal Farbtüchtigen **(a)**, nach Ausfall des Rotrezeptors **(b)**, des Grünrezeptors **(c)** und des Blaurezeptors **(d)**.

NEUROBIOLOGIE

3.5 Hell- und Dunkeladaptation

Man erkennt die Buchstaben eines Zeitungstextes sowohl im Mondlicht als auch im Licht der Mittagssonne auf einem Gletscher. Dabei beträgt der Helligkeitsunterschied etwa das 10^9-fache! Das Sehsystem kann sich also auch an große Veränderungen der Umwelthelligkeit anpassen. Man bezeichnet diesen Vorgang als *Hell-* bzw. *Dunkeladaptation.* Daran sind mehrere Mechanismen beteiligt: 1. die Veränderung des Pupillendurchmessers, 2. das Umschalten vom lichtempfindlichen Stäbchen- auf das weniger lichtempfindliche Zapfensehen (oder umgekehrt), 3. die Anpassung der Konzentration des Sehfarbstoffs in den Sehzellen an die jeweilige Beleuchtungsstärke: Viel Licht bringt rasch viele Sehfarbstoffmoleküle zum Zerfall, die Lichtempfindlichkeit nimmt dadurch ab (oder umgekehrt). Dazu kommt 4., dass die erregenden Bereiche der rezeptiven Felder der Ganglienzellen mit abnehmender Lichtintensität größer werden. Der Grund dafür ist, dass die durch amakrine Zellen vermittelte laterale Inhibition von Ganglienzellen geringer wird, wenn die Beleuchtung abnimmt.

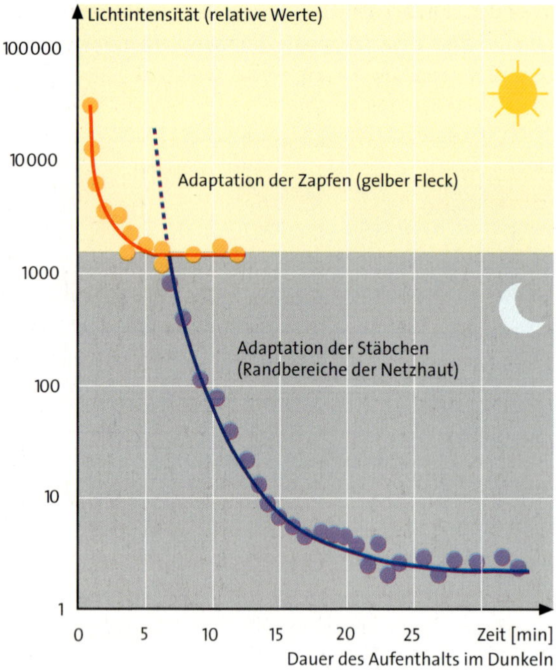

Abb. 224.1: Verlauf der Dunkeladaptation beim Menschen. Angegeben ist jeweils die Schwellenleuchtstärke. Die absolute Sehschwelle (Stäbchen) ist gleich 1 gesetzt. Sie wird erst nach ca. zwei Stunden erreicht. Etwa beim 2000fachen Wert der absoluten Sehschwelle ist die Sehschwelle der Zapfen erreicht. Gelber Bereich: Lichtintensitäten des Tageslichtes; grauer Bereich: Lichtintensitäten der Dämmerung

Dadurch trägt insgesamt ein größerer Teil der Netzhaut zur Aktivierung von Ganglienzellen bei und macht diese so lichtempfindlicher.

Der Verlauf der Dunkeladaptation beim Menschen ist in **Abb. 224.1** dargestellt: Die Versuchsperson bekam nach Abschalten des Lichtes einen aufblitzenden Lichtpunkt zu sehen, dessen Leuchtstärke schrittweise verringert wurde. Es wurde festgestellt, bei welcher Leuchtstärke der Lichtpunkt gerade noch zu sehen war (Schwellenleuchtstärke). Die Ergebnisse sind in zwei Kurven dargestellt. Die Kurve oben links ergab sich, wenn die Lichtpunkte fixiert, d. h. mit dem gelben Fleck betrachtet wurden (Zapfensehen), die zweite Kurve, wenn sie mit der Randzone der Netzhaut angesehen wurden (Stäbchensehen).

Einzelne Bereiche des Auges können getrennt adaptieren. Fixiert man z. B. einen Punkt der Abb. 221.2 einige Sekunden lang, adaptieren die Bereiche der Netzhaut, auf denen die hellen »Straßen« abgebildet werden, stärker als die Bereiche, auf welche die dunklen Quadrate fallen. Schaut man danach auf eine einheitliche Fläche, erkennt man ein *negatives Nachbild:* Es erscheinen helle Quadrate und dunkle »Straßen«. Denn diejenigen Bereiche der Netzhaut, auf denen zuvor die dunklen Quadrate abgebildet waren, sind weniger stark adaptiert. Sie reagieren deshalb stärker auf das Licht, das die gesamte Netzhaut mit gleicher Intensität trifft.

3.6 Zeitliches Auflösungsvermögen

Ein kurzer Lichtblitz erzeugt ein Rezeptorpotenzial, das den Reiz eine Zeit lang überdauert. Werden Lichtblitze in schnellerer Folge dargeboten, verschmelzen die Rezeptorpotenziale sowie die Potenziale der nachgeschalteten Nervenzellen. Die einzelnen Lichtreize werden dann nicht mehr getrennt wahrgenommen. Es entsteht zunächst der Eindruck einer flimmernden Lichtquelle. Wird die Frequenz der Lichtblitze weiter erhöht, scheint die Lichtquelle konstant und ohne Flimmern zu leuchten.

Die Häufigkeit mit der aufeinanderfolgende Lichtblitze pro Sekunde wiederholt werden müssen, damit sie gerade keinen Flimmereindruck hervorrufen, nennt man *Flimmerfusionsfrequenz.* Sie liegt beim Menschen bei Dämmerung oder Dunkelheit (Stäbchensehen) bei etwa 20 Bildern pro Sekunde. Bei einer Film- oder Videovorführung müssen deshalb pro Sekunde mehr als 20 Bilder in einem abgedunkeltem Raum dargeboten werden, damit die Einzelbilder ohne Flimmern verschmelzen. Bei heller Beleuchtung (Zapfensehen) ist die Flimmerfusionsfrequenz und damit das zeitliche Auflösungsvermögen höher. Bei sehr günstigen Beleuchtungsbedingungen können bis zu 90 Bilder pro Sekunde noch einen Flimmereindruck hervorrufen. Visuelle Muster auf Bildschirmen von Fernsehgeräten oder Computern bestehen aus rasch aufeinanderfolgenden Einzelbildern. Damit eine flimmerfreie Wiedergabe gesichert ist, müssen die Einzelbilder in sehr schneller Folge dargeboten werden.

3.7 Auswertung der optischen Informationen im Gehirn

Die Axone der etwa eine Million Ganglienzellen der Netzhaut bilden den Sehnerv. Die Sehnerven der beiden Augen vereinigen sich hinter der Augenhöhle und überkreuzen sich teilweise. Dabei ziehen die Axone aus den äußeren Netzhauthälften ungekreuzt weiter, während die Fasern der inneren, der Nase zugekehrten Netzhauthälften jeweils auf die andere Seite hinüberwechseln. Dadurch gelangt z. B. die Information über einen links aufleuchtenden Punkt von beiden Augen in die rechte Gehirnhälfte. Nach dieser Kreuzung trennen sich die beiden Sehnerven wieder. Sie treten im Bereich des Zwischenhirns ins Gehirn ein und werden umgeschaltet. Von dort ziehen Nervenfasern zur primären Sehrinde im Hinterhauptlappen des Großhirns (**Abb. 225.1**). In der Sehrinde besteht eine genaue Punkt-zu-Punkt-Verbindung zur Netzhaut. Dabei bleiben die relativen Lagebeziehungen erhalten, sodass die Informationen benachbarter Sehzellen auch in benachbarte Regionen der Sehrinde gelangen. Allerdings nimmt die Projektion der Netzhautperipherie auf der primären Sehrinde nur einen kleinen Teil ein. Der größte Teil der Rindenfläche entfällt auf den gelben Fleck und seine unmittelbare Umgebung. Dabei wird eine Fläche von 5 µm Durchmesser auf der Netzhaut auf eine Großhirn-Rindenfläche von etwa 500 µm Durchmesser abgebildet.

Drei verschiedene Kategorien des Bildes, nämlich *Form, Farbe* und *Bewegung*, werden auf getrennten Wegen von der Netzhaut zum Gehirn übertragen: Das Bewegungssehen wird durch großzellige Ganglienzellen der Netzhaut mit großen Dendritenbäumchen und großen rezeptiven Feldern vermittelt, das Form- und das Farbensehen durch kleinzellige Ganglienzellen mit kleinen Dendritenbäumchen und ebenfalls kleinen rezeptiven Feldern. Die Ganglienzellen projizieren getrennt in das Zwischenhirn und in die Sehrinde. In beiden Gehirnteilen werden die Form, die Farbe und die Bewegung eines Gegenstandes getrennt verarbeitet. So findet man in der Sehrinde bestimmte Neurone, die nur dann ihre Aktionspotenzialfrequenz ändern, wenn im entsprechenden Teil des Gesichtsfeldes bewegte Reize dargeboten werden. Diese Zellen reagieren jedoch kaum auf Farbunterschiede der Reize. Andere Neurone sprechen nur auf Kontrastgrenzen in ganz bestimmten Raumorientierungen an, kaum auf ihre Farbe. Bereits auf der Ebene der Netzhaut besteht also eine Spezialisierung der Sinnes- und Ganglienzellen für verschiedene Eigenschaften von Lichtreizen, die in parallelen Bahnen verarbeitet und weitergeleitet werden. Das *Prinzip der parallelen Informationsverarbeitung* wird nicht nur in weiteren Stationen des Sehsystems beibehalten, sondern auch in zahlreichen anderen Bereichen des Zentralnervensystems angewendet, weil es eine besonders schnelle und sichere Informationsübermittlung und -verarbeitung ermöglicht.

Wenn man also den Wurf eines roten Balles mit den Augen verfolgt, wird die Form des Balles, seine Farbe sowie Richtung und Geschwindigkeit der Bewegung von jeweils unterschiedlichen Neuronen repräsentiert. Wie daraus dann der Sinneseindruck »roter, fliegender Ball« wird und wie er von dem gleichzeitig wahrgenommenen Hintergrund getrennt wird, ist noch kaum bekannt. Sicher ist nur, dass Farb-, Form- und Bewegungswahrnehmung zunächst auch in nachgeschalteten Gehirnarealen getrennt bleiben. Nervenzellen, die die verschiedenen Eigenschaften eines Gegenstandes in verschiedenen Gehirnarealen repräsentieren, sind gleichzeitig aktiv. Man vermutet, dass die Gleichzeitigkeit ihrer Aktivität das Bindeglied darstellt, auf dem eine einheitliche Wahrnehmung wie »roter, fliegender Ball« beruht.

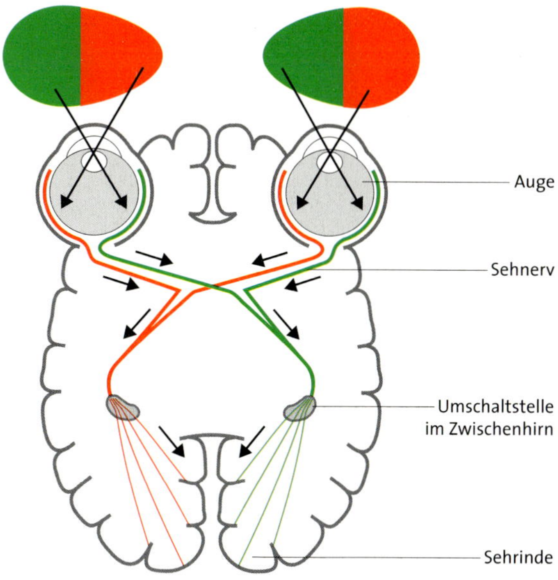

Abb. 225.1: Verlauf der Sehbahn im Gehirn des Menschen

Künstliche neuronale Netze

Mithilfe des Computers wird ein Netz aus künstlichen »Neuronen« erstellt, um die aus Nervenzellen bestehenden Netzwerke in Nervensystemen zu simulieren. Damit wird eine möglichst getreue Wiedergabe der Eigenschaften von Nervennetzen des Gehirns angestrebt. Es kann aber auch zur Lösung technischer Probleme genutzt werden, z. B. zur Rechner gestützten Erkennung von Gesichtern. Ein stark vereinfachtes Beispiel für eine Mustererkennung durch ein künstliches neuronales Netz ist in **Abb. 226.1 a** dargestellt. Angenommen in der Umgebung eines Tieres kommen drei verschiedene visuelle Muster vor, nämlich das Muster eines Fressfeinds (A), eines Beutetiers (B) und eines Artgenossen (C). Jedes soll in der Simulation aus nur drei Bildpunkten bestehen, welche die drei Sehzellen I, II und III (»Eingangsneuronen«) eines »Auges« unterschiedlich aktivieren. Ferner soll die von den Eingangsneuronen übermittelte Erregung ein jeweils anderes von drei »Ausgangsneuronen« 1, 2 und 3 im Gehirn erregen, die verschiedene Reaktionen wie »Weglaufen«, »Hinlaufen« und »Stillstehen« steuern. Das Funktionieren eines solchen Netzes sei an einem der drei Muster erklärt (**Abb. 226.1 b**). Die Eingangsneurone können entweder voll erregt sein (Erregungsstärke 1) oder unerregt (Erregungsstärke 0). Wie stark ein erregtes Eingangsneuron das nachgeschaltete Ausgangsneuron aktiviert, hängt von der *Synapsenstärke* ab. Dabei handelt es sich um eine Übertragungseigenschaft der »synaptischen Verbindung«. Hat die Synapsenstärke z. B. den Wert 0,5 und die Erregungsstärke des Eingangsneurons den Wert 1, so ist die resultierende Erregung des Ausgangsneurons $1 \times 0{,}5 = 0{,}5$.

Bei dem dargestellten Netzwerk sind alle Synapsenstärken bereits voreingestellt. Die Werte werden in einem Lernprozess ermittelt. Dabei wird jedes der drei visuellen Muster dem zunächst untrainierten Netzwerk wiederholt dargeboten. Die produzierten Ausgangssignale werden mit den gewünschten Ausgangssignalen verglichen und die Synapsenstärken schrittweise so verändert, bis das Netz auf jedes der visuellen Muster mit dem gewünschten Erregungsmuster der Ausgangsneurone reagiert. Die Erregungsschwelle jedes Ausgangsneurons ist im Beispiel auf den Wert 0,8 festgelegt. Wenn also die Summe aller seiner Eingangssignale den Wert 0,8 überschreitet, so wird das Ausgangsneuron erregt. Wird das Muster A durch die Eingangsneurone dieses Netzwerks abgebildet, so sind nur die Eingangsneurone I und III erregt. Durch die gegebenen Synapsenstärken erregt Muster A nur das Ausgangsneuron 1. Muster B erregt nur das Ausgangsneuron 2 und Muster C nur das Ausgangsneuron 3. Das Beispiel zeigt, wie ein künstliches neuronales Netzwerk, das nach einfachen neurobiologischen Verarbeitungsprinzipien aufgebaut ist, verschiedene Muster erkennen und mit spezifischen Reaktionen verknüpfen kann. Die Musterverarbeitung ist auf alle Ausgangsneurone *verteilt* und erfolgt dabei *gleichzeitig*. Diese Art der Informationsverarbeitung ist sehr schnell und wenig störungsanfällig, weil nur wenige Verarbeitungsschritte notwendig sind. Dies gilt selbst dann, wenn aus vielen Bildpunkten zusammengesetzte Muster wie Gesichter erkannt werden sollen.

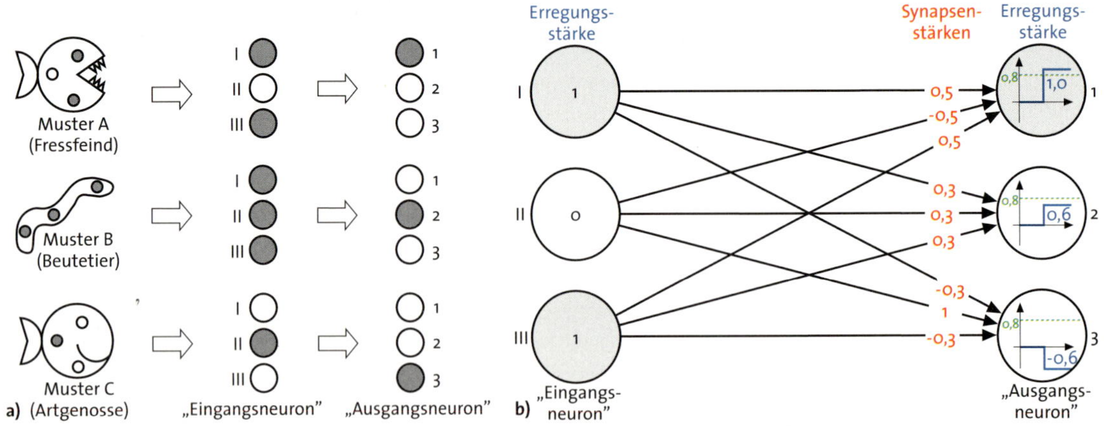

Abb. 226.1: Mustererkennung durch ein künstliches neuronales Netz. **a)** Drei verschiedene Muster mit je drei Bildpunkten sollen auf drei Neuronen der Eingangsschicht abgebildet werden, die je nach Muster ein bestimmtes Ausgangsneuron aktivieren; **b)** Abbildung von Muster A auf der Eingangschicht erregt nur Neuron 1 der Ausgangschicht *(s. Text)*.

3.8 Räumliches Sehen

Eine wichtige Aufgabe des Sehsystems besteht darin, die zweidimensionale Abbildung der Umwelt auf der Netzhaut in eine dreidimensionale Wahrnehmung zu überführen. Erst dadurch wird es möglich, die Entfernung von Gegenständen im Raum abzuschätzen oder die Räumlichkeit von Objekten zu erkennen. Die dreidimensionale Wahrnehmung erfolgt je nach Entfernung des gesehenen Gegenstandes auf unterschiedliche Weise. Bei weiten Entfernungen (>30 m) beruht das räumliche Sehen des Menschen vor allem auf vier Arten von Rauminformationen, die mit nur einem Auge aufgenommen werden können (**Abb. 227.1**): Ist die ungefähre *Größe eines Gegenstandes* aus Erfahrung bekannt, kann seine Entfernung abgeschätzt werden. Wird ein Gegenstand durch einen anderen *verdeckt*, muss der nicht verdeckte von beiden näher sein. Parallele Linien wie Eisenbahnschienen scheinen aufgrund der *perspektivischen Verkleinerung* mit zunehmender Entfernung zusammenzulaufen. Je stärker sie sich annähern, desto größer der Eindruck der räumlichen Tiefe. Perspektivische Zeichnungen können deshalb zumeist nicht anders als räumlich gesehen werden. Dieser Effekt wird bei optischen Täuschungen ausgenutzt (**Abb. 227.2**). Eine weitere Rauminformation ist die *Größenperspektive.* Der größer erscheinende von zwei gleichartigen Gegenständen wird als der nähere aufgefasst. Weitere Rauminformationen liefern z. B. *Bewegungen des Kopfes.* So verändern nahe Gegenstände, etwa der fixierte Daumen, ihre Lage im bewegten Gesichtsfeld viel stärker als entferntere, etwa Bäume im Hintergrund.

Das räumliche Sehen bei Entfernungen von weniger als etwa 30 m beruht nicht nur auf den bisher besprochenen Rauminformationen, sondern auch auf solchen, die nur durch das beidäugige Sehen gewonnen werden. Da die Augen beim Menschen einen seitlichen Abstand von etwa 6 cm haben, sieht jedes Auge die Umgebung aus einer etwas unterschiedlichen Position. So liefert jedes Auge also ein etwas anderes Bild eines gesehenen Gegenstandes. Dies lässt sich überprüfen, wenn man nacheinander erst das eine, dann das andere Auge schließt. Wenn das Sehen vom einem zum anderen Auge wechselt, verschiebt sich die Ansicht nahe gelegener Gegenstände, z. B. des in Armlänge vom Gesicht entfernten Daumens, seitlich (»Daumensprung«). Die Entfernung eines im Nahbereich fixierten Gegenstands ermittelt das Gehirn durch Verrechnung der Bildunterschiede in beiden Augen und der Stellung beider Augen, die umso stärker zur Nase hin ausgerichtet sind, je näher fixiert wird.

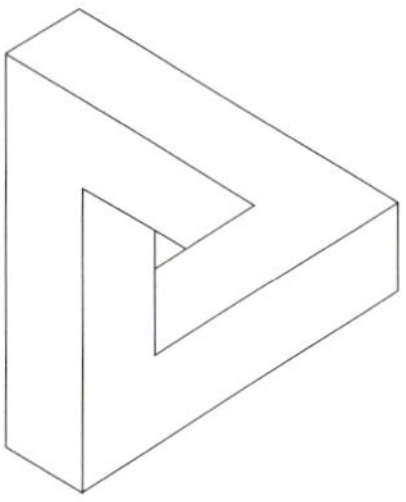

Abb. 227.2: Paradoxe Perspektive. Es entsteht ein räumlicher Eindruck, obwohl das Bild nur als ebene Strichkombination sinnvoll ist.

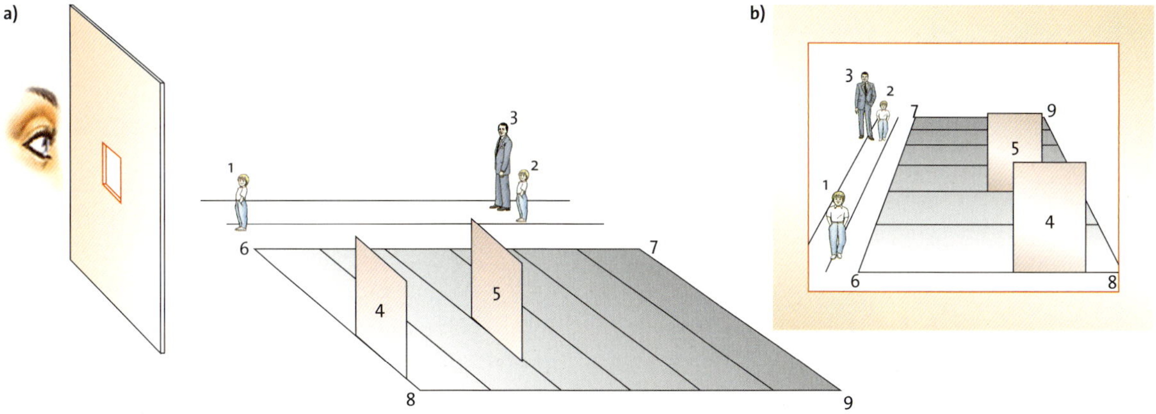

Abb. 227.1: Entfernungssehen mit einem Auge. Das Sehsystem verwendet verschiedene Hinweise, um Entfernungen von Objekten des dreidimensionalen Schauplatzes **(a)** in seiner zweidimensionalen Abbildung in der Netzhaut und im Gehirn **(b)** abzuschätzen. Häufig verwendet das Sehsystem verschiedene Rauminformationen gleichzeitig. *Erfahrung:* In der zweidimensionalen Abbildung besitzt Junge 1 dieselbe Größe wie Mann 3, dennoch wird er größer als Mann 3 gesehen, weil Kinder aus Erfahrung kleiner als Erwachsene sind. *Verdeckung:* Rechteck 4 verdeckt Rechteck 5 und erscheint deshalb näher. *Perspektivische Verkleinerung:* Die in Wirklichkeit parallel verlaufenden Linien 6–7 und 8–9 scheinen zusammenzulaufen und vermitteln so den Eindruck räumlicher Tiefe. *Größenperspektive:* In der zweidimensionalen Abbildung ist Junge 1 größer als Junge 2 und erscheint daher näher, obwohl beide in Wirklichkeit gleich groß sind.

4 Weitere Sinne

4.1 Tastsinn

In der Haut der Säugetiere befinden sich Sinnesorgane, die *Druck, Berührung, Vibration, Wärme, Kälte* und *Schmerzreize* registrieren. Sinnesorgane, die auf Druck, Berührung und Vibration ansprechen, bezeichnet man gemeinsam als **Tastsinnesorgane.** Ihre Struktur ist sehr unterschiedlich wie **Abb. 228.1** zeigt. In den verschiedenen Teilen der Haut liegen diese Sinnesorgane unterschiedlich dicht. Beim Menschen sind Tastsinnesorgane auf dem Rücken am spärlichsten und an den Fingerspitzen am dichtesten. Deshalb können dort feine Strukturen am besten ertastet werden. Beispielsweise lesen Blinde mit den Fingern die aus gewölbten Punkten bestehende Buchstaben der Blindenschrift fast genau so schnell wie Normalsichtige geschriebene Schriftzeichen.

4.2 Schmerzsinn

Akute Schmerzen weisen auf eine drohende oder bereits eingetretene Gewebeschädigung hin, sie haben also eine *Warn-* und *Hinweisfunktion.* Schmerzreize werden von **freien Nervenendigungen** aufgenommen (**Abb. 228.1**). Damit bezeichnet man die Dendriten von Sinnesnervenzellen, sofern sie von keinen erkennbaren Zusatzstrukturen umgeben sind. Sie sind in großer Zahl in der Haut, in der Muskulatur, in Gelenken und in den Häuten des Körperinneren (Bauchfell, Brustfell, Knochenhäute) vorhanden. Unempfindlich sind Lunge und Gehirn, nicht aber die Hirnhäute. Schmerzendigungen reagieren meist auf unterschiedliche Arten von Reizen (mechanische, chemische, Hitzereize), haben aber für alle Reizarten eine ziemlich hohe Schwelle.

Im gesunden Gewebe spricht auch bei starken Reizen nur ein Teil der Schmerzendigungen an. Bei Entzündungen führen die dabei entstehenden Stoffe, z. B. Histamine und Prostaglandine, zu einer Senkung der Reizschwelle der Schmerzendigungen, sodass dann schon schwache Reize eine starke Erregung aller Schmerzendigungen hervorrufen. Deshalb dämpfen Medikamente, die die Prostaglandin-Synthese hemmen, z. B. Aspirin, die Schmerzempfindung. Die Axone der Schmerzendigungen ziehen zum Rückenmark. Sie stehen dort mit Neuronen in synaptischer Verbindung, deren Axone zum Gehirn führen. An der Übertragung von Schmerzsignalen im Zentralnervensystem sind zahlreiche Neurotransmitter, z. B. Glutamat, und Neuromodulatoren wie Endorphine und Enkephaline beteiligt (*s. 1.7*). Endorphine hemmen die Entstehung von Schmerzreaktionen, Stoffe mit ähnlicher Wirkung wie Morphin sind Schmerz hemmend.

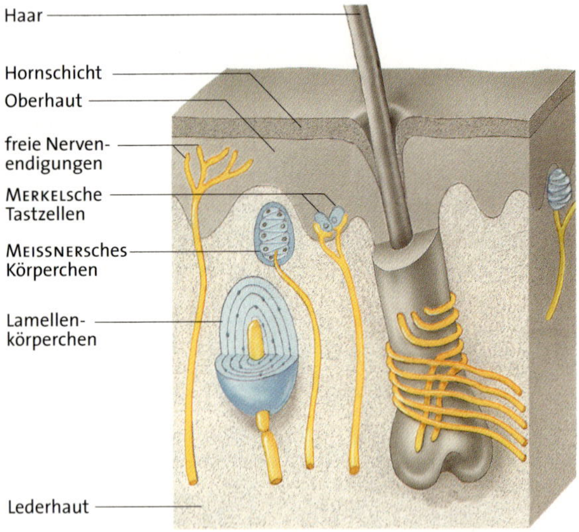

Abb. 228.1: Tastsinnesorgane und freie Nervenendigungen der Haut. Die MERKELschen Tastzellen reagieren auf Druck. Die Nervenfasern an der Basis der Haare reagieren auf Berührung, ebenso die MEISSNERschen Körperchen. Die Lamellenkörperchen (VATER-PACINIsche Körperchen) reagieren auf Vibrationen. Freie Nervenendigungen in der Oberhaut reagieren auf Druck- oder auf Schmerzreize.

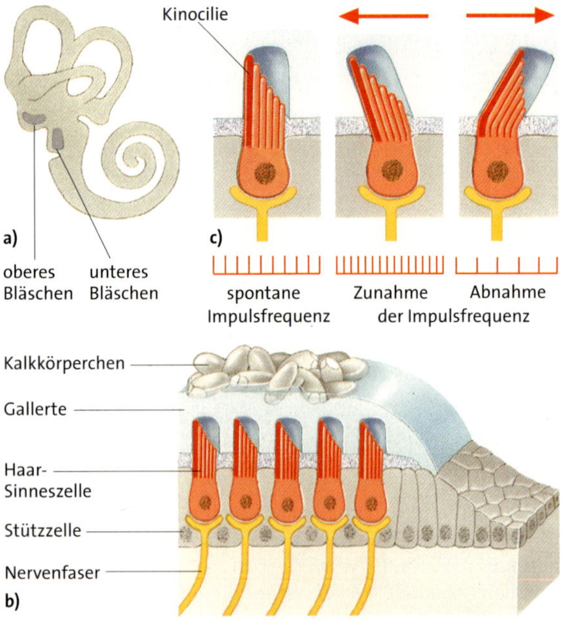

Abb. 228.2: Schweresinnesorgan im oberen und unteren Bläschen. **a)** Lage; **b)** Bau; **c)** Reaktion der Sinneszellen auf Reizung

4.3 Raumlagesinn

Die Schwerkraft ist auf der Erdoberfläche in Stärke und Richtung nahezu konstant und somit eine ideale Bezugsgröße, auf die Organismen ihre Lage im Raum beziehen können. Aufgabe der Schweresinnesorgane des Menschen ist es, Abweichungen des Kopfes von der Senkrechten zu melden sowie lineare Beschleunigungen, z. B. beim Anfahren eines Zuges.

Schweresinnesorgane sind meistens als *Statocysten* ausgebildet, d. h. ein schwerer Körper *(Statolith)* liegt einem Polster von Sinneszellen auf (**Abb. 228.2 b**). Die Schweresinnesorgane der Wirbeltiere liegen in einem mit Flüssigkeit gefüllten Hohlraum, welcher sich durch eine Einschnürung in ein oberes Bläschen *(Utriculus)* und ein unteres Bläschen *(Sacculus)* teilt (**Abb. 228.2** und **229.1**). Am oberen Bläschen entspringen drei halbkreisförmige, in das Bläschen zurücklaufende Kanäle *(Bogengänge)*. Dieses Bogengangsystem wird als *Labyrinth* bezeichnet. Von dem unteren Bläschen zweigt bei Amphibien, Reptilien, Vögeln und Säugern das Hörorgan (Schneckengang) ab. Im oberen und unteren Bläschen befindet sich je ein Schweresinnesorgan.

Jedes Schweresinnesorgan trägt am Boden ein Polster von Sinneszellen. Dabei handelt es sich, wie bei allen Sinneszellen des Labyrinths, um *Haarsinneszellen*. Sie tragen eine größere Zahl von »Härchen«. Eines davon ist wie eine typische Geißel gebaut *(Kinocilie)*. Es steht seitlich an der Haarsinneszelle. Die anderen »Härchen« sind einfacher gebaut *(Stereocilien)*. Abbiegen der Cilien in Richtung Kinocilium erregt (depolarisiert) die Sinneszelle, Abbiegen in die andere Richtung hemmt (hyperpolarisiert) sie. Die Haarsinneszelle schüttet im unerregten Zustand kontinuierlich Transmitter aus. Deshalb zeigt die ableitende Nervenfaser im ungereizten Zustand eine spontane Entladungsfrequenz. Depolarisation erhöht, Hyperpolarisation vermindert die Transmitterausschüttung und verändert entsprechend die Entladungsfrequenz in der ableitenden Nervenfaser (**Abb. 228.2 c**). Die Cilien der Haarsinneszellen tauchen in eine Gallerte ein, in der zahlreiche winzige Kalkkörperchen (Durchmesser 2 bis 5 mm) liegen. Diese Gallertmasse wirkt als Statolith. Die Statolithenmasse lässt sich nur parallel zur Oberfläche des Sinnesepithels bewegen. Dabei werden die Sinneshaare abgebogen. Je stärker also die Schräglage des Sinnesepithels ist, desto größer ist die Erregung oder, bei Schräglage in die andere Richtung, die Hemmung der Sinneszellen.

Im Weltraum verursachen fehlende oder ungewöhnliche Signale u. a. von den Schweresinnesorganen eine Art »Seekrankheit«.

4.4 Drehsinn

Jedes der beiden Labyrinthe eines Wirbeltieres enthält Drehsinnesorgane, die Drehbewegungen des Körpers um alle Raumachsen messen. Sie bestehen aus den drei mit Flüssigkeit gefüllten Bogengängen. Diese liegen in drei zueinander senkrechten Ebenen. Jeder Bogengang hat nahe der Einmündung in das obere Bläschen eine Anschwellung. Ihr Boden ist mit Haarsinneszellen besetzt. Deren Sinneshaare sind in eine Gallertzunge *(Cupula)* eingebettet, welche in die Erweiterung hineinragt (**Abb. 229.1**). Dreht man beispielsweise den Kopf nach rechts, dann bleibt die Flüssigkeit in den waagrechten Bogengängen infolge ihrer Trägheit in Ruhe, während die Wand der Bogengänge mitsamt der Gallertzunge bewegt wird. Die Flüssigkeit bewegt sich also relativ zur Wand und biegt die Gallertzunge ab. Dadurch werden die Sinneszellen gereizt.

Eine bekannte Sinnestäuschung ist der *Drehschwindel*, z. B. nach Drehungen um die Körperlängsachse. Bei dauerndem Drehen in gleicher Richtung macht schließlich auch die Flüssigkeit in den Bogengängen diese Bewegung mit und strömt infolge ihrer Trägheit weiter, wenn die Körperbewegung plötzlich aufhört. Dadurch wird die Cupula in Richtung der strömenden Flüssigkeit abgebogen, was das Gefühl entgegengerichteter Drehbewegung auslöst.

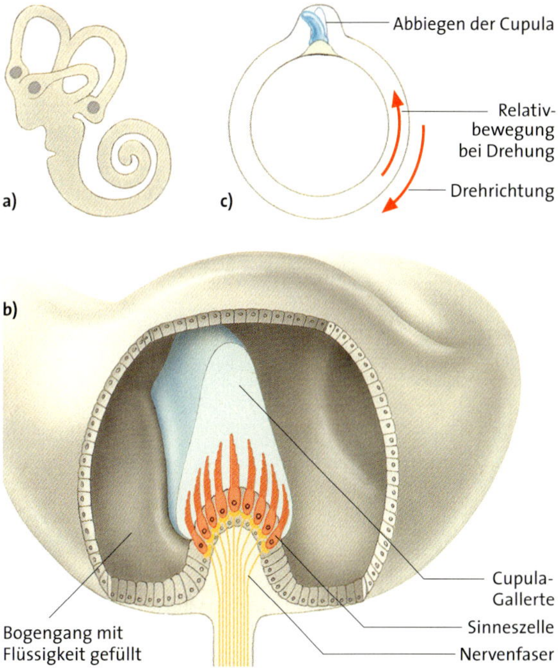

Abb. 229.1: Drehsinnesorgan in der Anschwellung eines Bogengangs. **a)** Lage; **b)** Bau; **c)** Beeinflussung durch Drehung

4.5 Gehörsinn

Da die sprachliche Kommunikation des Hörens bedarf, ist der Gehörsinn für den Menschen besonders wichtig. Das **Ohr** des Menschen besteht aus drei Abschnitten: 1. dem *äußeren Ohr* mit Ohrmuschel, Gehörgang und Trommelfell, 2. dem mit Luft gefüllten *Mittelohr* (Paukenhöhle), welches durch die Brücke der Gehörknöchelchen den Schall zum Hörorgan weiterleitet, 3. dem mit Flüssigkeit gefüllten *Innenohr* mit der Schnecke, dem eigentlichen Hörorgan. Eine Verbindung zwischen der Paukenhöhle und der Mundhöhle, die *Ohrtrompete* oder *Eustachische Röhre,* sorgt für gleichen Druck im äußeren Ohr und Mittelohr. Dadurch wird eine Beschädigung des Trommelfells infolge eines starken einseitigen Drucks verhindert. Drei miteinander verbundene *Gehörknöchelchen,* Hammer, Amboss und Steigbügel, übertragen die durch Schallwellen ausgelösten Trommelfellschwingungen auf das *ovale Fenster* des Innenohres. Sie bilden einen Hebelapparat, der die verhältnismäßig großen, aber mit geringer Kraft geführten Ausschläge des Trommelfells in kleinere, aber kräftigere Ausschläge verwandelt (etwa 20fache Untersetzung). Dies ist notwendig, weil im Innenohr nicht Luft, sondern eine schwer verschiebbare Flüssigkeit bewegt werden muss. Das innere Ohr ist in einen spiralig gewundenen Knochengang des Felsenbeins, die $2^1/_2$ Umgänge umfassende *knöcherne Schnecke,* eingelagert. Zwei fensterartige, durch Häute verschlossene Durchbrechungen des Knochens, das *ovale* und das *runde Fenster,* verbinden die Schnecke mit dem Mittelohr. In der knöchernen Schnecke ist die häutige Schnecke als zartes Gebilde aufgehängt. Die häutige Schnecke ist seitlich an der Wand der knöchernen Schnecke befestigt, lässt aber oben und unten je einen mit Flüssigkeit gefüllten Raum frei. Die Windungen der knöchernen Schnecke sind also in drei Räume geteilt (**Abb. 230.1 b**): den *Vorhofgang* oben, der über den Vorhof an das ovale Fenster grenzt, den mittleren, von der häutigen Schnecke gebildeten *Schneckengang* und den *Paukengang* unten, der zum runden Fenster führt. Der Schneckengang endet blind vor der Spitze der knöchernen Schnecke. Vorhof- und Paukengang gehen dort ineinander über. Der Boden des Schneckengangs wird von der rund 33 mm langen *Basilarmembran* gebildet. Sie wird in Richtung der Schneckenspitze immer breiter. Auf ihr sitzen Haarsinneszellen. Über den Sinneszellen liegt eine diese berührende *Deckmembran.* Der adäquate Reiz besteht in einer Abbiegung der Sinneshaare durch eine Bewegung der Deckmembran relativ zur Basilarmembran. Sie wird durch die am ovalen Fenster ausgelösten Flüssigkeitsbewegungen im Vorhof- und Paukengang verursacht.

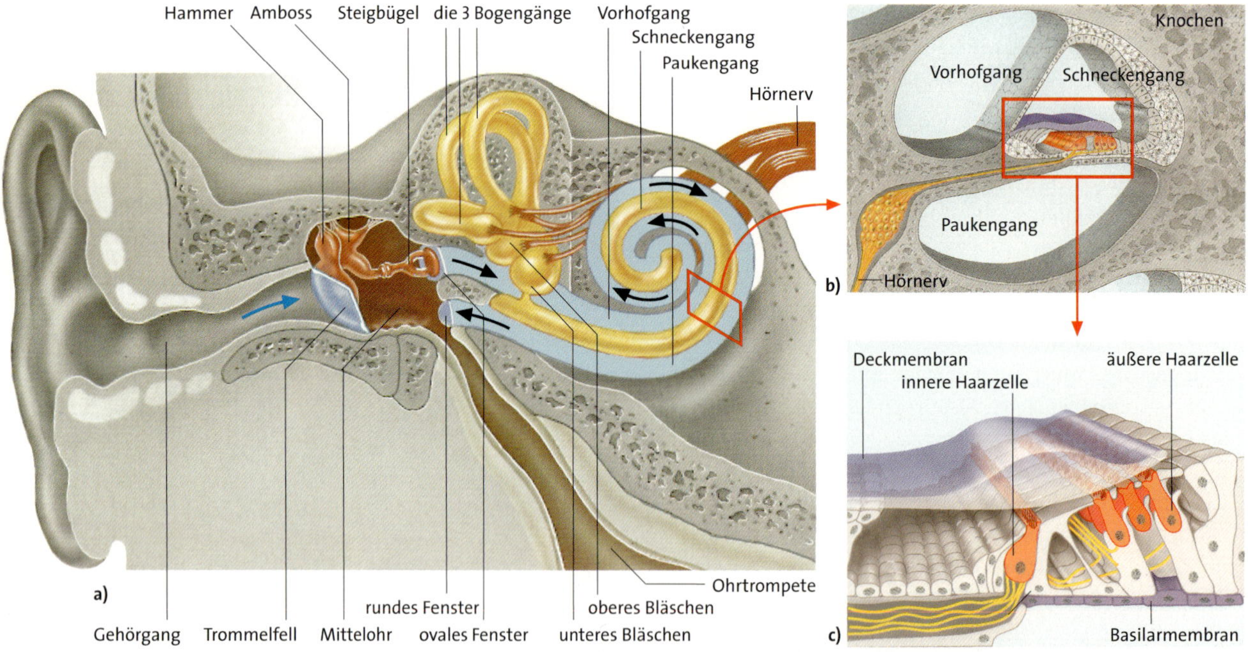

Abb. 230.1: Das menschliche Ohr. **a)** Übersicht über den Bau (die Ohrmuschel ist im Verhältnis zu klein gezeichnet). Blauer Pfeil: Richtung der Schallwellen, schwarze Pfeile: Richtung der Flüssigkeitsbewegungen; **b)** Querschnitt durch einen Umgang der knöchernen Schnecke; **c)** vergrößerter Ausschnitt aus b), Sinneszellen rot

Verschieden hohe Töne bringen unterschiedliche Bezirke der Basilarmembran zum Schwingen. Hohe Töne werden in der Nähe des ovalen Fensters (am schmalen Teil der Basilarmembran), tiefe an der Spitze der Schnecke (am breiten Teil der Basilarmembran) registriert. Die untere Hörgrenze liegt beim Menschen bei 20 Hz (Hertz), die obere zwischen 15 und 20 kHz (1 Kilohertz = 1000 Schwingungen pro Sekunde). Außer dem Hören dient das Ohr auch zur *Orientierung im Schallraum*. Ein von links kommender Schall erreicht zuerst das linke und dann das rechte Ohr. Dieser geringe Zeitunterschied genügt, um die Richtung der Schallquelle festzustellen. Dabei spielen auch die Unterschiede der Schallintensität in beiden Ohren eine Rolle. Zum Richtungshören sind daher beide Ohren notwendig.

4.6 Chemische Sinne

4.6.1 Geschmackssinn

Beim Menschen liegen die Geschmackssinnesorgane auf der Zunge und im Innern der Mundhöhle. 4 bis 100 solcher Schmeckzellen liegen zusammen in einer *Geschmacksknospe*. Die Geschmacksknospen ihrerseits liegen seitlich oder an der Spitze von **Schmeckpapillen.** Eine Geschmacksknospe enthält neben Sinneszellen noch Stützzellen und Basalzellen (**Abb. 231.1**). Die Sinneszellen, die sich laufend aus Basalzellen bilden, ragen in einen mit Flüssigkeit gefüllten Raum hinein. Ihre Oberfläche ist an dieser Stelle durch die Ausbildung von Mikrovilli stark vergrößert. Die Flüssigkeit, in der Geschmacksstoffe diffundieren, steht durch eine Öffnung der Geschmacksknospe mit der Mundhöhlenflüssigkeit in Verbindung. In eine Geschmacksknospe treten etwa 50 Nervenfasern ein und verzweigen sich in ihr. Ein erwachsener Mensch besitzt etwa 2000 Geschmacksknospen.

Der Mensch kann vor allem vier Arten von Geschmacksreizen *(Geschmacksqualitäten)* unterscheiden: salzig, sauer, süß und bitter. Darüber hinaus gibt es noch weitere Geschmacksqualitäten, z. B. »Umami«. Dieses japanische Wort bezeichnet die Hauptkomponente des Fleischgeschmacks, der vor allem durch die Aminosäure L-Glutamat hervorgerufen wird. Die Geschmacksstoffe werden an Rezeptormoleküle in der Membran der Sinneszelle gebunden. Diese sind entweder direkt mit Ionenkanälen verbunden oder sie beeinflussen Ionenkanäle über eine Signalkette *(s. Stoffwechsel 1.5)*. Die Beurteilung des »Geschmacks« von Speisen beruht nicht nur auf Meldungen der Geschmackssinneszellen, sondern auch auf dem Geruchssinn, dem Temperatur-, Tast- und gegebenenfalls dem Schmerzsinn.

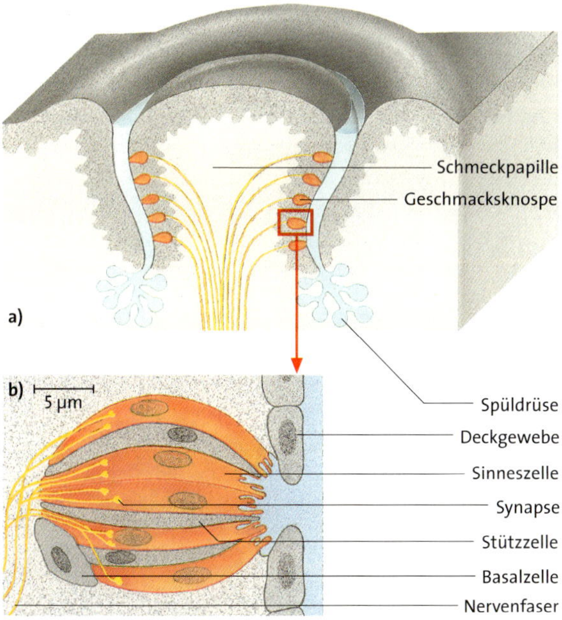

Abb. 231.1: a) Schmeckpapille der Zunge des Menschen. Geschmacksknospen rot, Dendriten von Nervenzellen gelb; **b)** Geschmacksknospe. Nur drei von ca. 50 Nervenfasern mit ihren Verzweigungen sind eingezeichnet.

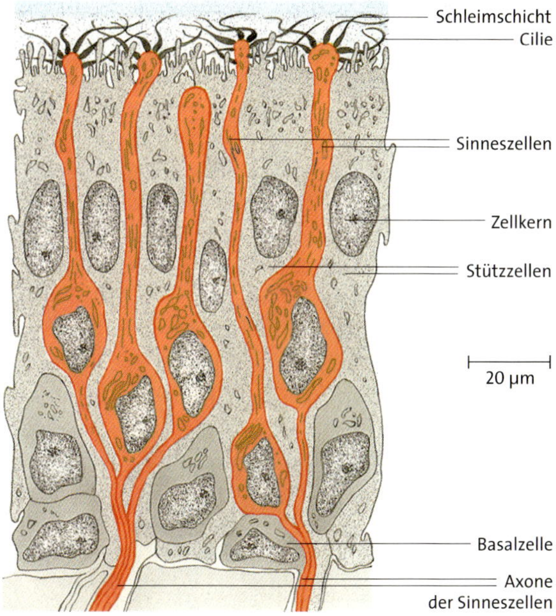

Abb. 231.2: Riechschleimhaut des Hundes. Das Bild wurde nach elektronenmikroskopischen Aufnahmen gezeichnet. Sinneszellen entstehen aus Basalzellen, die mittlere Sinneszelle differenziert sich gerade.

4.6.2 Geruchssinn

In der Nasenhöhle des Menschen liegt die mit Geruchssinneszellen ausgestattete **Riechschleimhaut**. Sie ist beim Menschen etwa 5 cm^2 groß, bei Hunden und anderen Säugetieren mit sehr ausgeprägtem Geruchsvermögen nimmt sie einen wesentlich größeren Raum ein. Die Riechschleimhaut besteht aus dreierlei Zellen, den Sinneszellen, den Stützzellen und den Basalzellen *(s. Abb. 231.2)*. Der Mensch besitzt ca. 30 Millionen Geruchssinneszellen. Sie enden in einem mit Cilien besetzten Sinneskolben, der über die Oberfläche des Epithels hinaus in die Schleimschicht hineinragt. Die Axone der Geruchssinneszellen bilden den Riechnerv, der zum Vorderhirn zieht. Weil Riechsinneszellen schnell adaptieren, werden selbst starke Gerüche nach einiger Zeit kaum noch wahrgenommen *(s. Exkurs Desensibilisierung und Drogenabhängigkeit, S. 157)*.

Beim Menschen ist die *Wahrnehmungsschwelle* für Geruchsreize sehr verschieden und liegt zwischen 10^7 und 10^{17} Molekülen pro cm^3 Reizluft. An dieser absoluten Schwelle hat man nur eine unbestimmte Duftempfindung. Erst eine stärkere Konzentration führt zu einer Identifikation des Duftes, die *Erkennungsschwelle* ist erreicht. Der Mensch kann etwa 10 000 Düfte unterscheiden. Für manche Gerüche ist die Nase des Menschen außerordentlich empfindlich. Beispielsweise erfüllt schon 1 mg des nach Fäkalien riechenden Skatols eine ganze Fabrikhalle von 250 000 m^3 Rauminhalt mit einem für Menschen widerlichen Gestank. Hunde besitzen ein noch wesentlich feineres Riechvermögen; zur Auslösung einer Geruchswahrnehmung genügt bei manchen Duftstoffen ein Molekül pro mm^3 Luft. Der Geruchsinn dient zusammen mit dem Geschmackssinn vor allem der Prüfung der Nahrung auf ungenießbare Inhaltsstoffe sowie der Anregung der Speichel- und Magensaftsekretion.

Erfahrbare Umwelt

In der Ausrüstung der Tiere mit Sinnen und in der Leistung der Sinnesorgane bestehen große Unterschiede. Auch die höchstentwickelten Lebewesen erfassen nur einen Teil der Erscheinungen in ihrer Umgebung. Der Mensch nimmt Schallwellen nur zwischen 20 Hz und 20 kHz wahr. Beim Hund liegt die obere Grenze zwischen 30 und 50 kHz. Der Hund nimmt also auch Töne wahr, die für den Menschen unhörbar sind, z. B. eine Hundepfeife. Die obere Hörgrenze der Fledermäuse (175 kHz) und der Delphine (200 kHz) liegt noch wesentlich höher. Elefanten und einige Wale hören noch unterhalb 20 Hz und verständigen sich auch in diesem für den Menschen unhörbaren Frequenzbereich. Der Sehbereich des Menschen ist auf die Wellenlängen zwischen 400 und 700 nm beschränkt. Viele Insekten nehmen dagegen auch ultraviolettes Licht, nicht aber Rotlicht wahr. Für sie haben manche Blüten völlig andere Farben oder Farbmuster als für den Menschen. Bei manchen Tieren findet man Sinne, die dem Menschen fehlen. So haben die Grubenottern, zu denen die Klapperschlange gehört, am Kopf in Vertiefungen liegende Sinnesorgane, mit denen sie Wärmestrahlen »sehen« können (**Abb. 232.1**). Diese Organe reagieren empfindlich auf Temperaturunterschiede in der Umgebung. Die Tiere sind damit in der Lage, gleichwarme Beutetiere zu orten. Elektrische Fische können Änderungen des elektrischen Feldes, wie sie z. B. von Beutetieren oder Hindernissen erzeugt werden, wahrnehmen. Manche Insekten und Zugvögel können sich am Magnetfeld der Erde orientieren.

Wegen der unterschiedlichen Leistungsfähigkeit von Sinnen und Gehirn sind die »Vorstellungen«, welche die Lebewesen von ihrer Umgebung haben, sehr verschieden. Der Mensch lebt vorwiegend in einer farbigen Sehwelt, der Hund in einer Riechwelt, die Fledermaus in einer Hörwelt, die Spinne in einer Tastwelt. Der Mensch hat es jedoch verstanden, seinen Wahrnehmungsbereich durch die Entwicklung »technischer Sinnesorgane« gewaltig zu erweitern und bisher Unsichtbares sichtbar, Unhörbares hörbar zu machen.

Abb. 232.1: Foto einer Maus, aufgenommen mit einem Infrarotsichtgerät, das die von ihr abgestrahlte Wärme sichtbar macht. Die Wahrnehmung einer Maus durch eine Grubenotter ist vermutlich ähnlich.

5 Nervensysteme

Das Nervensystem verarbeitet die von den Sinneszellen kommenden Informationen und steuert die Tätigkeit der Organe. Denjenigen Teil des Nervensystems, in dem die Hauptmasse der Nervenzellen konzentriert ist, bezeichnet man als **Zentralnervensystem (ZNS)**. Es besteht bei Wirbeltieren aus Gehirn und Rückenmark, bei Gliedertieren aus Gehirn und Bauchmark. Zum peripheren Nervensystem gehören die Gesamtheit aller Nerven, also Bündel von Axonen, welche die Verbindung des ZNS mit der Peripherie des Körpers herstellen, und zwar in beiden Richtungen. Außerdem umfasst es kleinere Ganglien, die vor allem die inneren Organe mit Nerven versorgen. *Ganglien* (Sing. Ganglion) enthalten die Zellkörper der Nervenzellen.

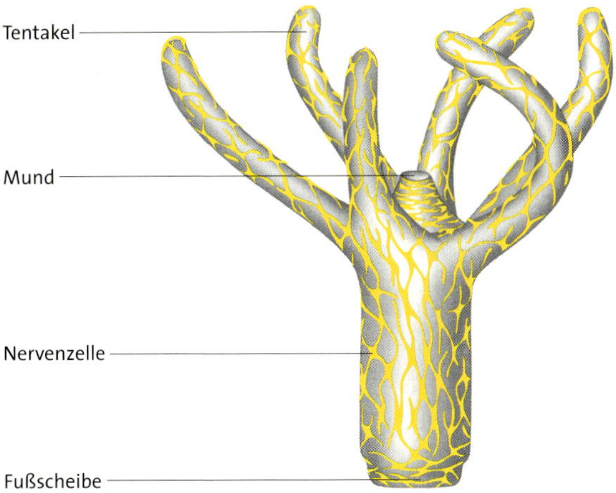

Abb. 233.1: Schema des Nervennetzes eines Polypen

5.1 Nervensysteme verschiedener Tiergruppen

Wirbellose. Das einfachste Nervensystem ist das der Hohltiere. Beim Süßwasserpolypen sind Nervenzellen über den ganzen Körper verteilt (**Abb. 233.1**). Sie sind durch Fortsätze miteinander sowie mit Sinneszellen und Muskelzellen verbunden *(s. Abb. 41.2)*.

Das *Strickleiternervensystem* der Ringelwürmer enthält in jedem Körpersegment auf der Bauchseite ein Ganglienpaar. Die beiden Ganglien eines Segmentes werden durch eine *Kommissur* (Querverbindung) verbunden. Die *Konnektive* (Längsverbindung) verknüpfen die Ganglien der benachbarten Segmente. Bei den *Gliederfüßlern* ist das Strickleiternervensystem vor allem im Bereich der Brust und des Kopfes konzentriert. Bei den Insekten (**Abb. 233.2**) sind mehrere Ganglienpaare über dem Schlund miteinander verschmolzen und bilden das Gehirn. Die Entwicklung des Gehirns steht im Zusammenhang mit der Bildung leistungsfähiger Sinnesorgane des Kopfes.

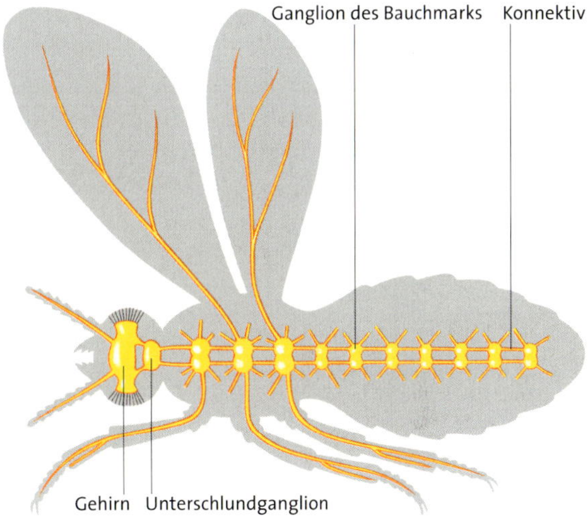

Abb. 233.2: Grundschema des Strickleiternervensystems eines Insekts. Bei den meisten Arten sind Gruppen von Ganglien verschmolzen.

Wirbeltiere. Bei diesen liegt das Zentralnervensystem, das aus Gehirn und Rückenmark besteht, auf der Rückenseite des Körpers. Es entsteht auf der Oberseite des Keimes aus einer rinnenförmigen Einsenkung des Ektoderms, die sich abschnürt und zu einem röhrenförmigen Gebilde *(Neuralrohr)* zusammenschließt *(s. Abb. 420.1 und Entwicklungsbiologie 3.3)*. Aus dem größten Teil des Neuralrohres geht das Rückenmark hervor. An seinem vorderen Ende entwickelt sich das Gehirn aus fünf aufeinander folgenden bläschenförmigen Erweiterungen (**Abb. 233.3**). Daraus entstehen die fünf Abschnitte *Endhirn, Zwischenhirn, Mittelhirn, Hinterhirn* und *Nachhirn.*

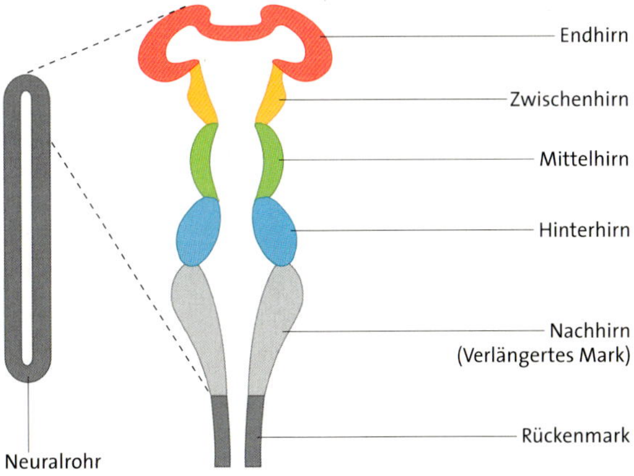

Abb. 233.3: Umbildung des Neuralrohrs (links) zum Gehirn

NEUROBIOLOGIE

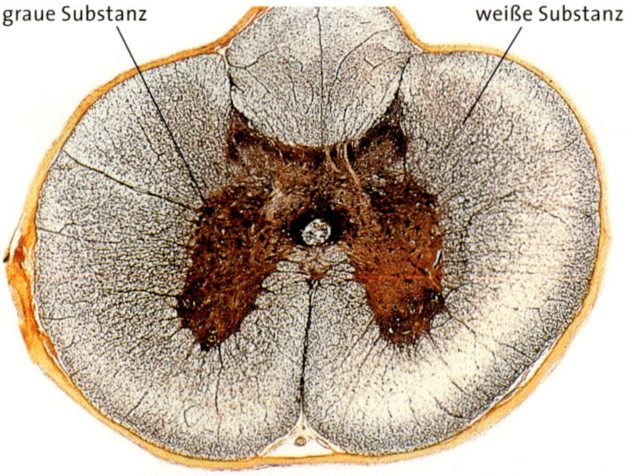

Abb. 234.1: Rückenmark der Katze quer, Vergrößerung: 8 fach

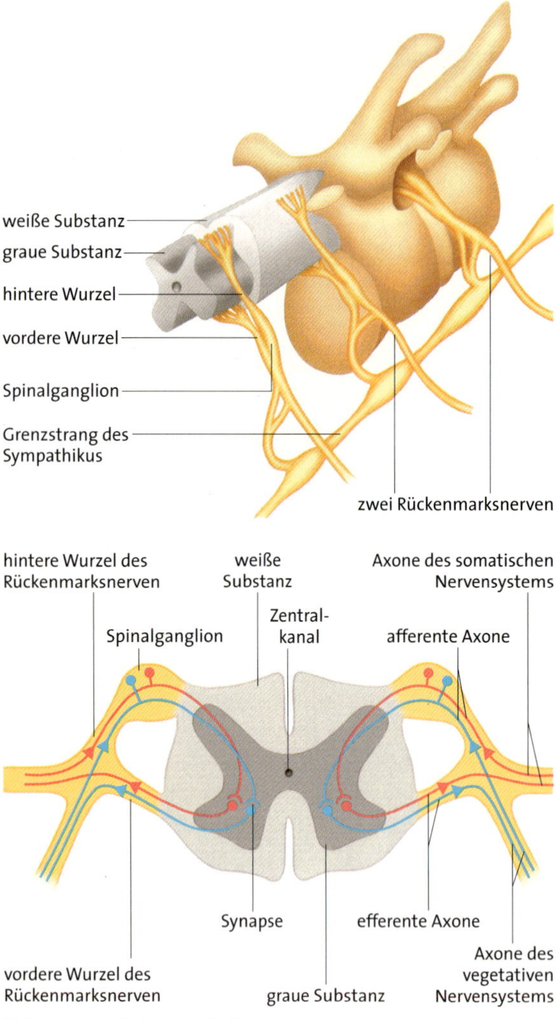

Abb. 234.2: Rückenmark des Menschen. Oben: Bau mit Rückenmarksnerven, weiße Substanz z. T. weggelassen. Unten: Querschnitt durch Rückenmark und Rückenmarksnerven, schematisch

5.2 Nervensystem des Menschen

5.2.1 Rückenmark

Das Rückenmark liegt im Kanal der Wirbelsäule, den es als fingerdicker Strang vom Hinterhauptsloch bis zum ersten Lendenwirbel durchzieht. Es besteht aus grauer und weißer Substanz (**Abb. 234.1**). Die *graue Substanz* enthält die Zellkörper. Die *weiße Substanz* enthält nur Axone und erscheint wegen der fetthaltigen Myelinscheiden heller. Sie umgibt im Rückenmark die graue Substanz.

Zwischen je zwei Wirbeln entspringt beiderseits ein Rückenmarksnerv, zusammen 31 Paare. Die Rückenmarksnerven kommen aus der grauen Substanz, jeder besitzt eine *vordere* und eine *hintere Wurzel* (**Abb. 234.2**). Die vordere, an der Bauchseite austretende Wurzel enthält *motorische Axone*, die hintere *sensorische Axone*. Die motorischen Axone leiten Signale vom Rückenmark weg. Man nennt sie deshalb auch *efferente* Axone (lat. *efferre* wegtragen). Über die sensorischen Axone gelangen Impulse ins Rückenmark hinein, deshalb heißen sie auch *afferente* Axone (lat. *afferre* hineintragen). Die Zellkörper der motorischen Axone liegen im vorderen bauchseitigen Teil der grauen Substanz, die der sensorischen Axone im Spinalganglion. Die beiden Wurzeln vereinigen sich zu einem gemischten Rückenmarksnerv, der afferente und efferente Axone enthält. Diese Nerven versorgen je einen gesonderten Körperbezirk. Sie verzweigen sich unmittelbar nach ihrem Austritt aus der Wirbelsäule in dünnere Nerven.

Eine Rückenmarksverletzung unterbricht Nervenverbindungen zu Sinnesorganen und Muskeln. Unterhalb einer solchen Verletzung ist deshalb jede Sinneswahrnehmung ausgeschaltet. Auch sind willkürliche Bewegungen nicht mehr möglich *(Querschnittslähmung)*.

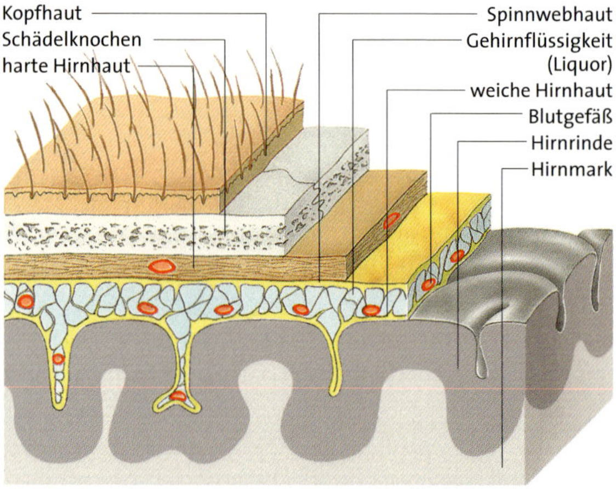

Abb. 234.3: Hirnhäute beim Menschen

5.2.2 Gehirn

Hirnhäute. Das gesamte Gehirn wird von schützenden Hüllen aus Bindegewebe umgeben (**Abb. 234.3**): Unmittelbar auf dem Gehirn liegt die *weiche Hirnhaut.* Sie umschließt mit der transparenten *Spinnwebenhaut* ein lockeres Gewebe, das Gehirnflüssigkeit enthält. Die Spinnwebenhaut liegt der *harten Hirnhaut* an, zwischen beiden liegt ein Film von Gewebeflüssigkeit. Die Hirnhäute sind von Blutgefäßen durchzogen, über die die Hirnrinde mit Blut versorgt wird. An die harte Hirnhaut grenzt der Schädelknochen. Kopfschmerzen gehen von den Hirnhäuten aus, nie vom Gehirn.

Endhirn. Es besteht aus zwei Hälften, der *linken* und der *rechten Großhirnhemisphäre.* Diese bilden den größten Teil des Gehirns. Bei höheren Säugern ist die äußere Schicht des Großhirns, die Großhirnrinde, stark gefurcht. Beim Menschen liegen wegen der großen Zahl von Neuronen sogar zwei Drittel davon in Furchen. Wie alle Abschnitte des ZNS besteht auch das Endhirn aus grauer und weißer Substanz. Die graue Substanz enthält die Zellkörper. In der weißen Substanz im Innern des Großhirns verlaufen Axone. Diese verbinden die einzelnen Teile des Großhirns miteinander und mit anderen Teilen des Nervensystems. Die stärkste Verbindungsbahn zwischen den beiden Großhirnhemisphären bezeichnet man als *Balken.* Dieser enthält beim Menschen etwa 200 Millionen Axone. Graue Substanz findet man in der Großhirnrinde sowie in angrenzenden und darunter liegenden Bereichen (Basalganglien, Hippocampus, Mandelkern). Sie zählen ebenfalls zum Endhirn.

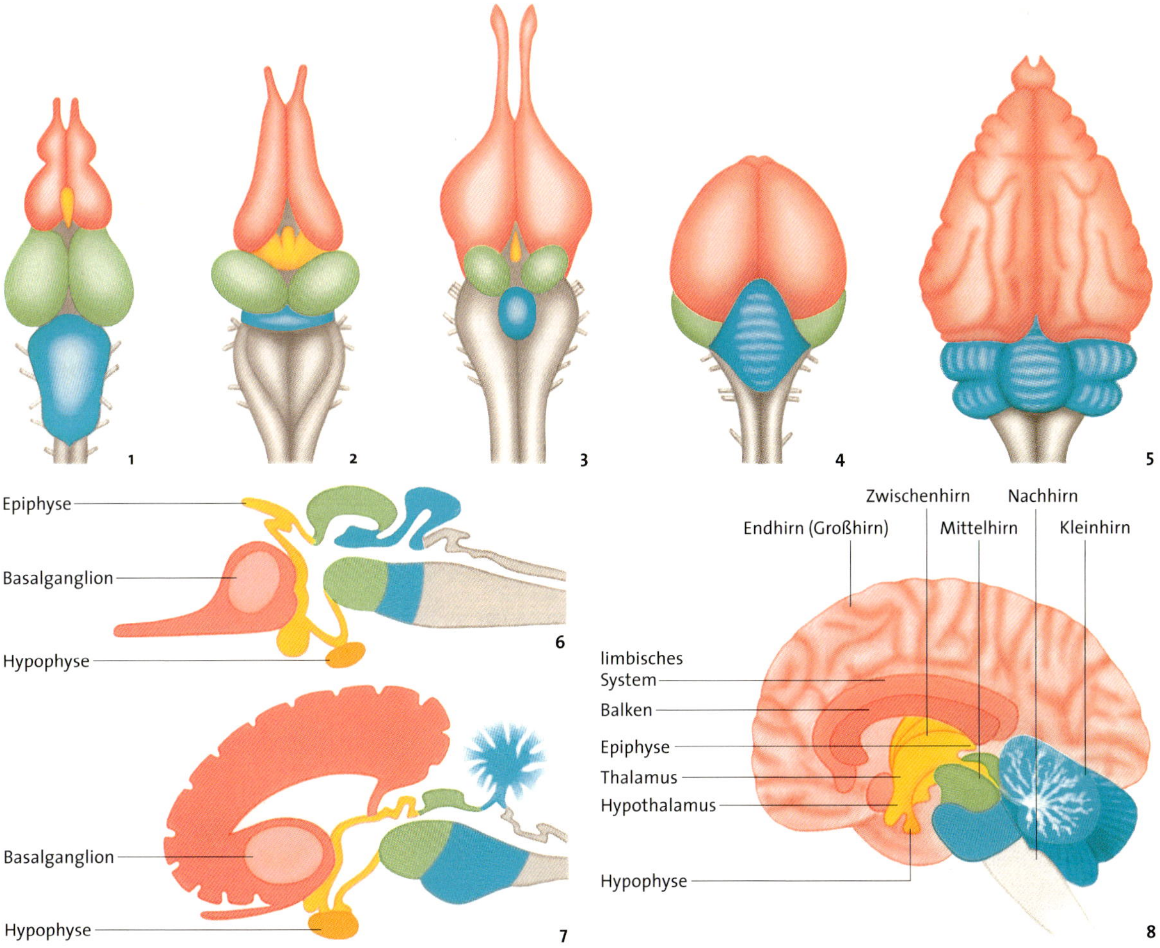

Abb. 235.1: Gehirne der Wirbeltiere und des Menschen. Oben in Aufsicht: 1 Knochenfisch; 2 Lurch (Frosch); 3 Kriechtier (Krokodil); 4 Vogel (Taube); 5 Säuger (Hund). Unten im Längsschnitt: 6 Knochenfisch; 7 Hund; 8 Mensch. Hypophyse relativ zu groß gezeichnet, sie hat beim Menschen Kirschkerngröße. Großhirn (Endhirn) rot, Zwischenhirn gelb, Mittelhirn grün, Hinterhirn (Kleinhirn und Brücke) blau, Nachhirn grau

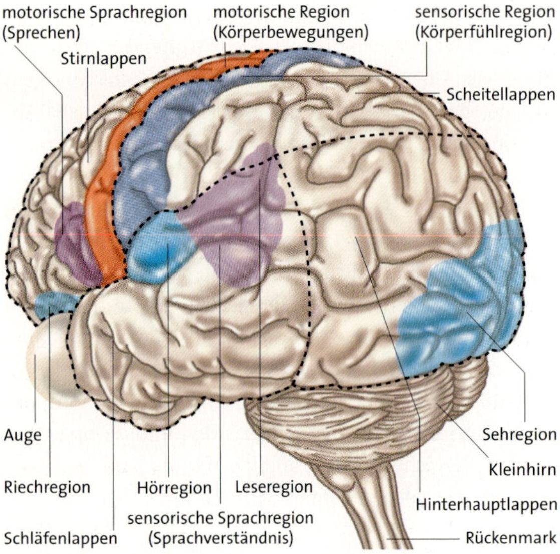

Abb. 236.1: Die wichtigsten sensorischen und motorischen Regionen der Großhirnrinde des Menschen

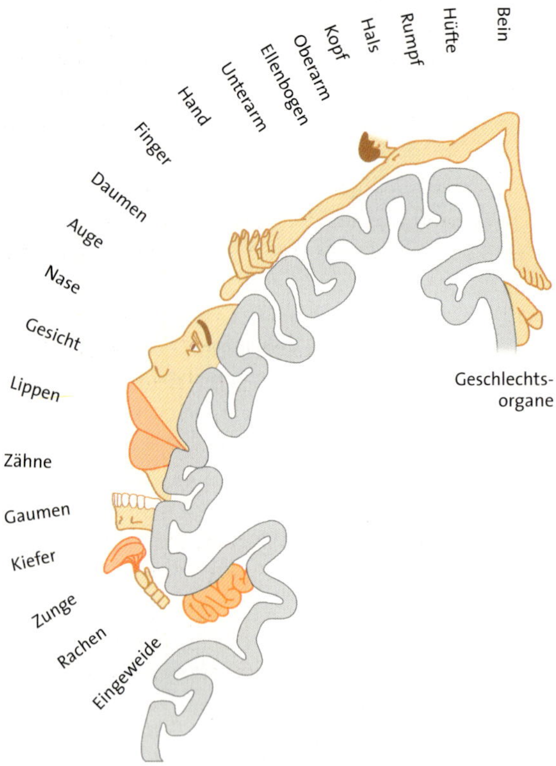

Abb. 236.2: Schnitt durch die sensorische Region der linken Großhirnhälfte. Körperteile, von denen Informationen eingehen, sind entsprechend der Größe der zugehörigen Gehirnteile eingezeichnet. Es entsteht ein verzerrtes Bild von Körperteilen des Menschen.

Die Basalganglien spielen eine wichtige Rolle bei der Steuerung der Körperbewegungen. Der Hippocampus liegt an der Innenseite des Schläfenlappens (**Abb. 236.1**), er ist an der Gedächtnisspeicherung beteiligt. Der Mandelkern beeinflusst Gefühle. Hippocampus und Mandelkern *(s. Abb. 240.2)* sind Teile des *limbischen Systems* (lat. *limbus* Saum).

Das Großhirn verarbeitet in den sensorischen Regionen Informationen aus Sinnesorganen. Seine motorischen Regionen lösen Bewegungen aus. Eine der *sensorischen Regionen* ist die Sehrinde, welche die Informationen aus dem Sehnerv aufnimmt. Fällt diese Region durch Verletzung aus, ist auch bei gesunden Augen Erblindung die Folge (blindsight, Blindsichtigkeit). Die *motorischen Regionen* steuern z. B. die willkürlichen, d. h. dem Willen unterworfenen Bewegungen der Skelettmuskeln. Sie übermitteln ihre Erregung an Nervenzellen des Rückenmarks über absteigende Nervenbahnen *(s. Abb. 255.1 a)*. Hirnnerven, also Nerven, die direkt aus dem Gehirn kommen, steuern z. B. Gesichts-, Augen- und Schluckmuskeln.

Die sensorischen und motorischen Regionen der rechten Körperseite liegen in der linken Hemisphäre (**Abb. 236.2**); die der rechten Hemisphäre sind für die linke Körperseite zuständig. Diese Regionen nehmen bei niederen Säugern einen Großteil der Großhirnrinde beider Hemisphären ein. Mit der Höherentwicklung erfahren die Assoziationsregionen der Großhirnrinde eine Größenzunahme. Die *Assoziationsregionen* verknüpfen (»assoziieren«) Meldungen aus Sinnesorganen miteinander und mit Informationen aus anderen Gehirnteilen. Das ist aber nur ein kleiner Teil ihrer Aufgaben. Sie sind zuständig für alle »höheren« Leistungen des Gehirns *(s. 5.3 bis 5.6)*.

Zwischenhirn. Das Zwischenhirn liegt zwischen Großhirn und Mittelhirn, es umfasst den *Thalamus* und den *Hypothalamus*. An der Unterseite des Zwischenhirns liegt die *Hypophyse*, an der Oberseite die *Epiphyse* (Zirbeldrüse). Der Thalamus (gr. *thalamos* Kammer) ist bei Säugern die Hauptumschaltstelle für die Signale von den Sinnesorganen an das Großhirn.

Der Hypothalamus ist das Steuerzentrum für das vegetative Nervensystem. Ihm ist das limbische System übergeordnet. Er stimmt außerdem die Tätigkeit des vegetativen Nervensystems und des Zentralnervensystems aufeinander ab. Auch wirkt er als Schaltstelle zwischen dem Nervensystem und dem Hormonsystem *(s. Abb. 239.2)*.

Der Hypothalamus, der beim Menschen kaum 1 % des Gehirns ausmacht, dient der Konstanthaltung der inneren Bedingungen des Organismus (Homöostase; *s. Cytologie 5.4*). Von ihm werden viele Körperfunktionen geregelt:

Dazu gehört die Regelung des Wasserhaushalts der Gewebe. Bei zu niedrigem Wassergehalt veranlasst der Hypothalamus die Hypophyse zur Abgabe eines Hormons, das die Wasserabgabe durch die Nieren verringert. Auch wird die Nahrungs- und Flüssigkeitsaufnahme vom Hypothalamus geregelt. Die Zerstörung der entsprechenden Zentren führt zu hemmungslosem Fressverhalten bzw. zu einer erheblichen Verringerung der Flüssigkeitsaufnahme *(s. Verhalten 2.2.3)*. Auch das Sexualverhalten steht unter der Kontrolle dieses Gehirnteils. Bei der Ausschaltung des entsprechenden Zentrums ist die sexuelle Aktivität nahezu aufgehoben. Weiterhin regelt der Hypothalamus die Körpertemperatur. Er gibt außerdem Hormone ins Blut ab, welche auf die Hypophyse einwirken *(s. Hormone 1.4)*.

Mittelhirn. Bei niederen Wirbeltieren ist das Mittelhirn die Hauptumschaltstelle zwischen den Sinnesorganen und der Muskulatur. Bei Säugetieren ist diese Funktion von untergeordneter Bedeutung. Mittelhirn, Verlängertes Mark und die zwischen beiden liegende Brücke bilden den *Hirnstamm*. Er wird auch als Stammhirn bezeichnet. Nervenzellen der Brücke vermitteln den Informationsaustausch zwischen Großhirn und Kleinhirn über die Planung und die Ausführung von Bewegungen. Im Stammhirn liegt auch ein dichtes Netz von Neuronen, die u.a. den Grad der Aufmerksamkeit steuern *(s. 5.5)*. Es heißt *Formatio reticularis* (lat. *reticulum* Netzchen).

Hinterhirn. Zum Hinterhirn zählen das Kleinhirn und die Brücke. Das Kleinhirn umfasst beim Menschen nur 10% des Gehirnvolumens, es enthält aber nahezu die Hälfte seiner gesamten Neuronen. Zu den wichtigsten Aufgaben des Kleinhirns zählt die Koordination der verschiedenen Komponenten einer Bewegungsabfolge, z.B. beim Radfahren oder Schwimmen, und die Kontrolle von zielgerichteten Bewegungen, wie das Greifen eines Gegenstandes. Darüber hinaus ist es am Erlernen komplexer Bewegungsabfolgen und bei der Planung von motorischen Aktionen beteiligt. Hat ein Bewegungsablauf begonnen, so prüft das Kleinhirn laufend, ob dieser auch mit dem Entwurf übereinstimmt. Das gilt etwa für die Feinabstimmung in der Endphase einer langsamen Greifbewegung. Dafür nutzt das Kleinhirn Informationen über die Lage der sich bewegenden Gliedmaßen, die es z.B. aus den Augen, Muskelspindeln oder Tastsinnesorganen erhält. Das Kleinhirn bewirkt somit die Genauigkeit einer Zielbewegung. Ist diese Funktion bei Kleinhirnverletzten gestört, so schießen solche Bewegungen über ihr Ziel hinaus oder geraten zu kurz. So kann die Hand um den Gegenstand pendeln, den sie ergreifen will.

Damit das Kleinhirn diese Aufgaben erfüllen kann, erhält es aus anderen Gehirnteilen umfassende Informationen, die in Zusammenhang mit dem Entwurf und der Ausführung von Bewegungen stehen. Deshalb ist die Zahl der Axone, die zum Kleinhirn ziehen etwa 40 mal höher als die Zahl der Axone, die das Kleinhirn verlassen. Die vom Kleinhirn ausgehenden Axone ziehen vor allem zu den motorischen Bereichen der Hirnrinde und zu jenen Bereichen des Hirnstamms, welche die Motoneurone des Rückenmarks steuern. Die Stärke der synaptischen Verbindungen zwischen Neuronen innerhalb des Kleinhirns ist oft leicht veränderbar, eine Eigenschaft, die bei motorischen Lernvorgängen essentiell ist. Das Kleinhirn ist jedoch nicht nur an motorischen Lernvorgängen beteiligt, sondern wirkt auch an der Aufrechterhaltung der Körperstellung und des Körpergleichgewichts im Schwerefeld der Erde mit. Zu diesem Zweck erhält es Informationen v.a. aus den Schwere- und Drehsinnesorganen des Labyrinths. Fallen diese Funktionen aus, z.B. nach erhöhtem Alkoholkonsum, neigen die Betroffenen dazu, hinzufallen oder torkelnd zu gehen. Auch leiden sie an Übelkeit und Schwindelgefühlen. Bei Organismen, die oft im labilen Körpergleichgewicht sind, ist das Kleinhirn relativ groß. Das gilt z.B. für Fische oder Vögel und für viele Säuger, wie den auf Bäumen lebenden Orang-Utan *(s. Abb. 235.1)*. Dagegen ist es verhältnismäßig klein bei Lurchen und Kriechtieren, deren Körper meist in stabilem Gleichgewicht auf den Beinen ruht. Das Kleinhirn steuert Bewegungsabläufe nur indirekt *(s. 6.5)*. Deshalb führt sein Ausfall nicht zu Lähmungen, sondern allein zu einer Störung der Bewegungskoordination bzw. des Gleichgewichtes.

Kleinhirnverletzungen können auch zur Beeinträchtigung der Funktion des assoziativen Lernens, des Sprechens, der Entfernungs- und der Geschwindigkeitsabschätzung sowie zum Auftreten spezifischer Störungen beim Wahrnehmen und Denken führen. Vom Kleinhirn wird der Ablauf solcher kognitiver Prozesse überwacht.

Nachhirn oder Verlängertes Mark. Das Nachhirn verbindet Rückenmark und Mittelhirn. Von hier entspringen mehrere Hirnnerven, welche die Kopfregion motorisch und sensorisch innervieren. Das Nachhirn steuert viele lebenswichtige Reflexe wie Kauen, Speichelfluss, Schlucken, Erbrechen, Husten, Niesen und Tränenfluss. Hier liegt auch das Kreislaufzentrum, das den Blutdruck und die Herzfrequenz regelt. Außerdem enthält es das Atmungszentrum. Von diesem wird der Grundrhythmus des Ein- und Ausatmens vorgegeben, der allerdings durch andere Teile des Gehirns beeinflusst werden kann, z.B. beim Sprechen und Singen.

5.2.3 Steuerung vegetativer Funktionen

Das **vegetative Nervensystem** steuert u. a. die glatte Muskulatur im Darm und in den Blutgefäßen, das Herz und die Drüsen. Es gleicht deren Funktionen an den jeweiligen Bedarf an. So schlägt das Herz eines fliehenden Tieres oder eines Dauerläufers relativ schnell, die Atemfrequenz ist erhöht. Dagegen sind in diesem Fall die Darmbewegungen verlangsamt und die Ausscheidung ist blockiert. Das vegetative Nervensystem und das **somatische Nervensystem**, das die Skelettmuskeln steuert, sind aufeinander abgestimmt. Die Koordination erfolgt durch den Hypothalamus im Zwischenhirn (**Abb. 239.1**).

Wie beim somatischen Nervensystem kann man auch beim vegetativen einen peripheren und einen zentralen Anteil unterscheiden. Zum peripheren vegetativen Nervensystem zählen die Nerven des *Sympathicus* und *Parasympathicus* sowie das Darmnervensystem. *Sympathicus* und *Parasympathicus* (gr. *sympathien* mitleiden) enthalten einerseits efferente, vom ZNS zu den inneren Organen ziehende Axone und andererseits afferente Axone, die von den Eingeweiden ins ZNS führen.

Das *Darmnervensystem* enthält zahlreiche Nervenzellen, etwa so viele wie das Rückenmark (10^8). Es steuert die Funktionen von Magen und Darm, vor allem die Bewegungen, die dem Transport und der Vermengung des Inhaltes dienen. Das Darmnervensystem wird von Sympathicus und Parasympathicus beeinflusst.

Die Axone der sympathischen und parasympathischen Neurone des Rückenmarks führen nicht direkt zu den Zielorganen, sondern zu weiteren Nervenzellen in der Peripherie. Erst das Axon eines solchen nachgeschalteten Neurons endet an dem zugehörigen Organ. Die Zellkörper der nachgeschalteten Neurone des Sympathicus befinden sich in Ganglien, die v.a. im Grenzstrang des Sympathicus liegen *(s. Abb. 234.2, oben)*. Die Zellkörper der nachgeschalteten Neurone des Parasympathicus findet man in Ganglien nahe dem Zielorgan.

Der Überträgerstoff der im Rückenmark liegenden Neurone von Sympathicus und Parasympathicus ist Acetylcholin. Dagegen bilden die nachgeschalteten Neurone des Sympathicus Noradrenalin, die des Parasympathicus ebenfalls Acetylcholin. An vielen inneren Organen enden Axone sowohl des Sympathikus als auch des Parasympathikus. Die beiden Systeme haben dann meist eine entgegengesetzte Wirkung (**Abb. 239.1**).

Die Hormon bildenden Zellen des Nebennierenmarks *(s. Hormone 1.2)* sind umgewandelte (nachgeschaltete) sympathische Neuronen. Diese geben bei Erregung entweder Noradrenalin oder das gleichartig wirkende Adrenalin ins Blut ab (**Abb. 239.1**; Sympathicus).

Für Noradrenalin und Adrenalin existieren auf der postsynaptischen Seite zwei verschiedene Arten von Rezeptormolekülen (α- und β-Rezeptoren). In einem Organ ist in aller Regel nur ein Typ von Rezeptormolekülen vorhanden. Manche Pharmaka blockieren selektiv die α- oder die β-Rezeptoren (so genannte α- und β-Blocker). So kann die Wirkung des Sympathicus auf bestimmte Organe, z. B. die Steigerung der Herztätigkeit, gehemmt werden, ohne dass Organe mit dem anderen Rezeptortyp beeinträchtigt werden. Wenn zwei Organe die gleichen Rezeptoren besitzen, gilt dies jedoch nicht. So werden manche β-Blocker eingesetzt, um einen zu hohen Blutdruck zu senken. Sie vermindern die Herzfrequenz und die Schlagintensität des Herzens. Bei Menschen, die unter *Asthma bronchiale* leiden, können β-Blocker unerwünschte Wirkungen haben: Sie bewirken eine weitere Verkleinerung des krankhaft engen Durchmessers der Bronchien, denn die glatten Muskelfasern der Bronchien besitzen ebenfalls β-Rezeptoren. Diese Muskelfasern erschlaffen, wenn sie durch Noradrenalin aktiviert werden. Darauf hin erweitern sich die Bronchien. β-Blocker hemmen die Erschlaffung der glatten Muskelzellen, sodass sich der Durchmesser der Bronchien weiter verkleinert.

Zum vegetativen Nervensystem gehören auch Teile des limbischen Systems, des Stammhirns und des Rückenmarks. Vom Hypothalamus, der dem limbischen System untergeordnet ist, wird das Zusammenspiel von vegetativem Nervensystem, somatischem Nervensystem und Hormonsystem koordiniert (**Abb. 239.2**). Der Hypothalamus ist auch an der Steuerung von Verhalten beteiligt *(s. 5.2.2)*. Beim Abwehr- und Fluchtverhalten aktiviert der Hypothalamus den Sympathicus. Bei der Nahrungsaufnahme aktiviert er den Parasympathicus. In diesen Fällen stimuliert er außerdem die Hypophyse, die daraufhin Hormone ins Blut abgibt. Dadurch wird der Stoffwechsel der jeweiligen Verhaltenssituation angepasst. Zur Ausführung solcher Verhaltensweisen ist auch eine Kontraktion von Skelettmuskeln erforderlich, die mit dem vegetativen Nervensystem abgestimmt wird. Im limbischen System erhalten Sinneseindrücke eine affektive (gefühlsmäßige) Tönung. Löst das Verzehren einer bestimmten Speise eine Ekelreaktion aus, so ist daran das limbische System beteiligt. Auch bewirkt es, dass man später eine solche Speise vermeidet *(s. 5.3)*.

Das Rückenmark steuert über den Parasympathicus die Urinabgabe und die Darmentleerung. Nach dem Kleinkindalter werden diese Funktionen von übergeordneten Zentren im Großhirn mit kontrolliert. Ihre Auslösung unterliegt dann normalerweise dem Willen. Im Falle großer Angst kann die Kontrolle durch das Großhirn jedoch ausgeschaltet werden.

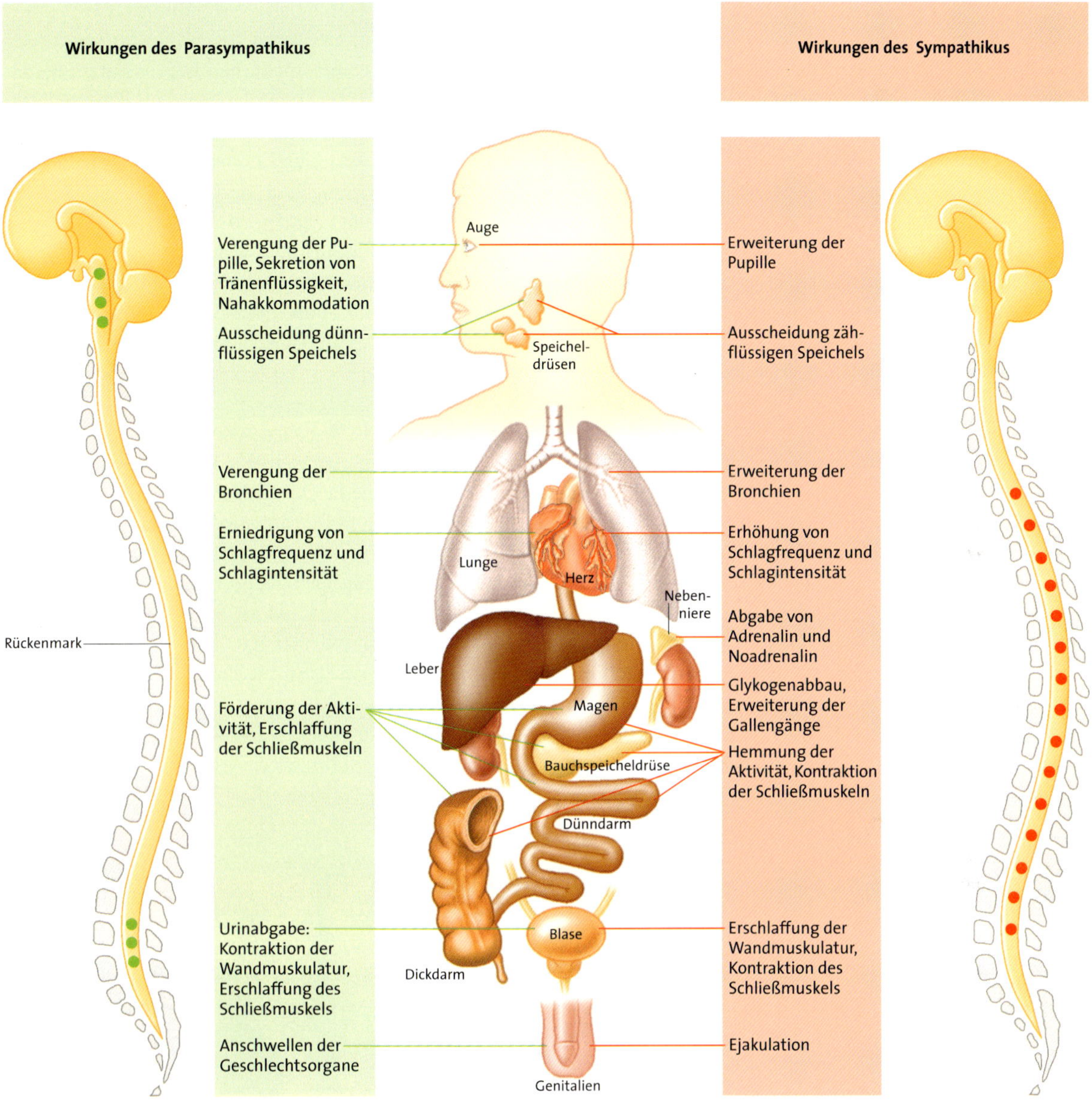

Abb. 239.1: Funktionen von Parasympathicus und Sympathicus. Grüne Punkte: Bereiche des Rückenmarks, in denen die ersten Neurone des Parasympathicus liegen; rote Punkte: Bereiche der ersten Neuronen des Sympathicus.

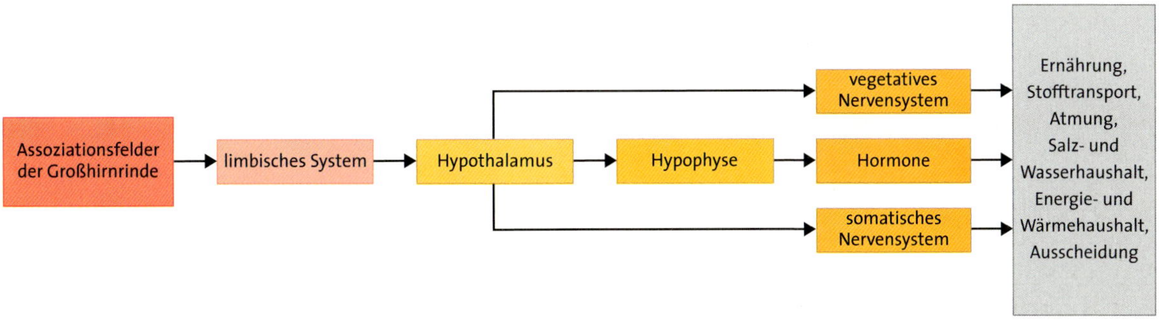

Abb. 239.2: Steuerung von vegetativen Funktionen durch den Hypothalamus

5.3 Emotion und Motivation

Emotion. Die Wahrnehmungen und Handlungen des Menschen können von Freude, Furcht, Wut, Ekel, Scham und anderen Gefühlen begleitet sein. Derartige *Emotionen* werden individuell entweder als angenehm oder unangenehm erfahren. Das *subjektive Erleben* von Emotionen ist nur durch Selbstbeobachtung (Introspektion) zu erfassen. Die neuronale Basis von subjektivem Erleben kann ausschließlich am Menschen untersucht werden, da nur er sich sprachlich äußern kann.

Emotionen treten zusammen mit physiologischen Reaktionen auf, die vom vegetativen Nervensystem oder auch vom Hormonsystem gesteuert werden. Dazu gehören beispielsweise das Feuchtwerden der Hände, das Trockenwerden des Mundes, die Beschleunigung der Atmung oder die Erhöhung der Herzschlagfrequenz bei Aufregung und Furcht.

Die Verarbeitung der Emotionen erfolgt durch mehrere Gehirnteile. Die wichtigste Struktur für die emotionale Bewertung von Reizen und die Auslösung von vegetativen und motorischen Reaktionen ist der *Mandelkern (Amygdala)*. Er erhält vom Thalamus und von zahlreichen Regionen der sensorischen Hirnrinde Signale. Über vielfältige Verbindungen steht er in Kontakt mit den Hirnregionen für die Steuerung des vegetativen Nervensystems, des Hormonsystems und des motorischen Systems (**Abb. 240.1**). Durch diese Verbindungen werden auch motorische Reaktionen ausgelöst, die Emotionen begleiten. Sie werden vom somatischen Nervensystem gesteuert. So drückt ein Schlag mit der Faust auf den Tisch Wut aus; der Gesichtsausdruck kann Freude oder Furcht signalisieren (**Abb. 240.2**). Furcht oder Schreck, können auch bestimmte Verhaltensweisen begünstigen oder hemmen, wie z. B. Angriff oder Flucht. So können sie zum Überleben eines Individuums beitragen *(s. Exkurs Mandelkern und emotionale Reaktionen)*. Ein von starken Emotionen begleitetes Ereignis kann unter Beteiligung des Mandelkerns im Gedächtnis verankert werden (emotionales Gedächtnis, *s. 5.2.5*).

Motivation. Viele Verhaltensweisen, wie z. B. Nahrungssuche und -aufnahme, werden häufig nur dann in Gang gesetzt, wenn eine bestimmte Bereitschaft dazu vorhanden ist. Diese Bereitschaft wird *Handlungsbereitschaft* oder *Motivation* genannt, man bezeichnet sie auch als Trieb. *Hunger, Durst* und *Paarungsbereitschaft* sind Beispiele für verschiedene Motivationszustände. Sie sind meistens nicht direkt messbar; ein Anzeichen für eine stärkere Motivation kann die längere Ausführung einer Verhaltensweise sein, beispielsweise des Trinkverhaltens *(s. Verhaltensbiologie 2.2.3)*. Die Motivationsstärke hängt von Faktoren im »Inneren« des Körpers ab. So wird Hunger v.a. durch die Abnahme der Glukosekonzentration im

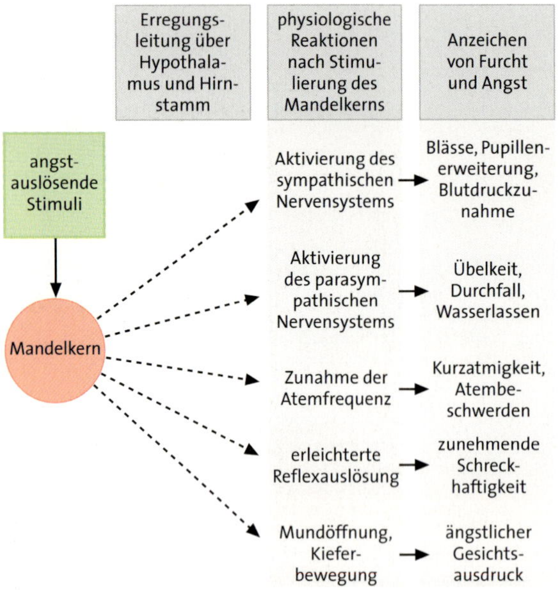

Abb. 240.1: Anzeichen von Furcht und Angst bewirkenden physiologischen Reaktionen werden vom Mandelkern ausgelöst. Die Erregung wird über efferente Bahnen zunächst zu Regionen des Hirnstamms und zum Hypothalamus geleitet.

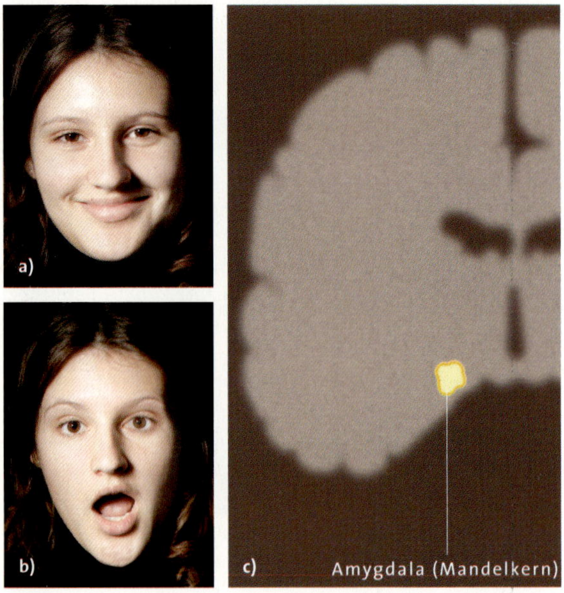

Abb. 240.2: Mienenspiel und Aktivität des Mandelkerns. Das Betrachten eines fröhlichen **(a)** oder eines ängstlichen Gesichts **(b)** aktiviert Neuronen des Mandelkerns (**c**, gemessen anhand der auftretenden Durchblutungsänderung).

Blut ausgelöst *(s. Hormone 1.4)*. Am Beispiel der Nahrungsaufnahme wird deutlich, dass auch äußere Einflüsse Handlungsbereitschaften beeinflussen. So kann das Angebot einer attraktiven Mahlzeit beim Menschen Regelkreise überspielen, welche die Nahrungsaufnahme hemmen. Vollkommen satte Ratten beginnen zu fressen, wenn man ihnen einen Lichtreiz zeigt, der in vorherigen Lernversuchen die Gabe von Futter anzeigte. Die Motivation für ein Verhalten beruht also auch auf äußeren, erlernten Signalen, welche z. B. eine Belohnung erwarten lassen. Die Wirkung solcher Stimuli erfolgt über Verbindungen des Hypothalamus zu Hirnbereichen, die Lernen und Gedächtnis steuern sowie zum limbischen System. Diese Systeme speichern Verhaltensweisen, die zu Belohnungen führen, sowie den Anreiz der zu erwartenden Belohnungen *(s. Exkurs Sucht, S. 209)*.

Mandelkern und emotionale Reaktionen

Ein Mann wandert im Moor und sieht plötzlich hinter einem Strauch eine Schlange liegen (**Abb. 241.1**). Die Information »Schlange« wird von der Netzhaut des Auges zunächst zu einer Zwischenstation der Sehbahn im Thalamus geleitet und von dort zur Sehrinde. In der Sehrinde und mit ihr verbundenen Arealen erfolgt die detailgetreue, aber zeitaufwändige Identifikation des Objekts, z. B. der Art der betreffenden Schlange. Das Ergebnis wird an den Mandelkern weitergegeben. Ein zusätzlicher Übermittlungsweg verläuft vom Thalamus direkt zum Mandelkern. Dank der schnelleren Informationsübertragung über diesen direkten Weg kann der Mandelkern eine Fluchtreaktion rascher vorbereiten, also z. B. Puls, Blutdruck und Muskelspannung steigern. Die Einleitung und Ausführung dieser Reaktion läuft automatisch und sehr schnell ab und kann so das Überleben des Organismus sichern. Die visuelle Information wird über den direkten Weg zwar schnell, aber nur ungenau übermittelt. Daher kann es sein, dass eine Fluchtreaktion auch auf harmlose, schlangenähnlich gewundene Objekte, z. B. Wurzelteile, einsetzt. Von der Sehrinde wird erst kurze Zeit später die zutreffende Identität des Objektes an den Mandelkern übermittelt. Die vegetativen Reaktionen, z. B. erhöhter Puls, sind zu diesem Zeitpunkt bereits eingeleitet. Das Organisationsprinzip des direkten Schaltkreises dient dem Überleben: Besser einen Stock versehentlich für eine Schlange halten, als auf eine Schlange zu spät zu reagieren.

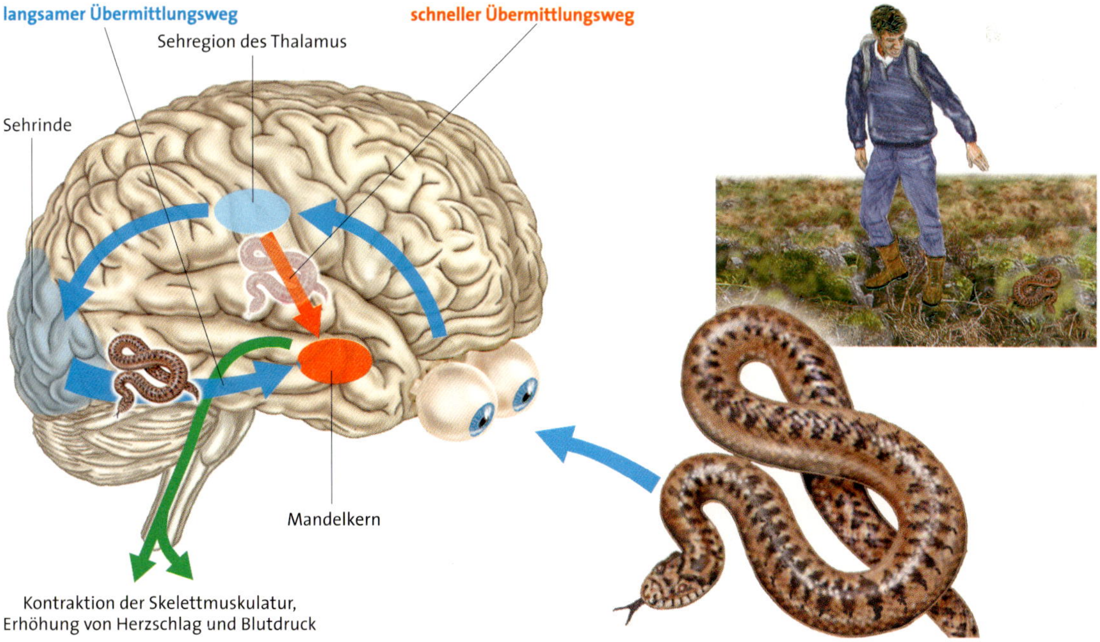

Abb. 241.1: Fluchtreaktion durch Wahrnehmung einer Schlange. Ein direkter und ein indirekter Übertragungsweg übermitteln die Information »Schlange« zum Mandelkern, welcher die Fluchtreaktion einleitet.

NEUROBIOLOGIE

5.4 Lernen und Gedächtnis

Den Vorgang, mit dem ein Organismus Informationen aus der Umwelt aufnimmt und in abrufbarer Form im Gedächtnis speichert, bezeichnet man als *Lernen*. Dazu zählt beim Menschen der Erwerb neuen Wissens, z. B. englischer Vokabeln, oder neuer Fertigkeiten wie Rad fahren oder die Anwendung mathematischer Regeln.

Kurz- und Langzeitgedächtnis. Es gibt unterschiedliche Formen des Gedächtnisses. Man kann sie nach der Dauer, mit der Gedächtnisinhalte gespeichert werden, in Kurz- und Langzeitgedächtnis unterteilen. Das *Kurzzeitgedächtnis* speichert Informationen für Sekunden bis wenige Minuten. Seine Speicherkapazität ist äußerst begrenzt. So können im Kurzzeitgedächtnis nur etwa sieben Elemente gleichzeitig behalten werden. Dabei kann es sich z. B. um Einzelelemente wie Ziffern oder Buchstaben handeln oder auch um zusammengesetzte Elemente wie z. B. Zahlen, Wörter oder Reime. Vom Kurzzeitgedächtnis werden sie in das *Langzeitgedächtnis* übertragen, ein Speichersystem mit großer Kapazität, aus dem Informationen über viele Jahre abrufbar sind. Eine besondere Art des Kurzzeitgedächtnisses bezeichnet man als *Arbeitsgedächtnis*. Die dort vorübergehend bereitgehaltenen Informationen können bearbeitet werden. So erfordert das Kopfrechnen das Arbeitsgedächtnis, z. B. wenn eine Zwischensumme kurzzeitig behalten werden muss, während man die nächste Zwischensumme ermittelt. Eine wichtige Rolle für die Funktion des Arbeitsgedächtnisses spielt der *präfrontale Cortex*. In dieser Region des Stirnlappens gibt es u. a. Neurone, die während jener Zeiträume aktiv sind, in denen Informationen im Arbeitsgedächtnis bereit gehalten werden.

Gedächtnisformen lassen sich auch nach der Art der gespeicherten Inhalte einteilen. Man unterscheidet z. B. Fakten, emotionale Ereignisse und motorische Fertigkeiten, die in verschiedenen Lern- und Gedächtnissystemen bearbeitet werden (**Abb. 242.1**). Diese arbeiten oft parallel. Sie ergänzen sich jedoch gegenseitig, so dass ihre Abgrenzung bei manchen Lernvorgängen oft nur schwer möglich ist. Inhalte des deklarativen Gedächtnisses des Menschen (engl. *declare* bekannt geben), können bewusst werden und sprachlich wiedergegeben werden. Für Inhalte des nicht-deklarativen Gedächtnisses gilt dies nicht.

Deklaratives Gedächtnis oder Wissensgedächtnis. Im *Wissensgedächtnis* sind Informationen über Episoden (»Letzten Sommer besuchte ich meine Großeltern in ihrer Ferienwohnung«) sowie über Fakten, Begriffe, Aussagen (»Blei ist schwerer als Wasser«) oder Bilder gespeichert.

Eine für das Wissensgedächtnis wichtige Gehirnstruktur ist der Hippocampus. Dies zeigte erstmals der Fall des Amerikaners Henry M. Ihm wurde diese Struktur im Jahr 1953 beiderseits entfernt, um seine von dort ausgehenden epileptischen Anfälle zu stoppen. Die Anfälle blieben danach aus, der Eingriff führte jedoch zu einem spezifischen Gedächtnisverlust. H. M. kann nur solches

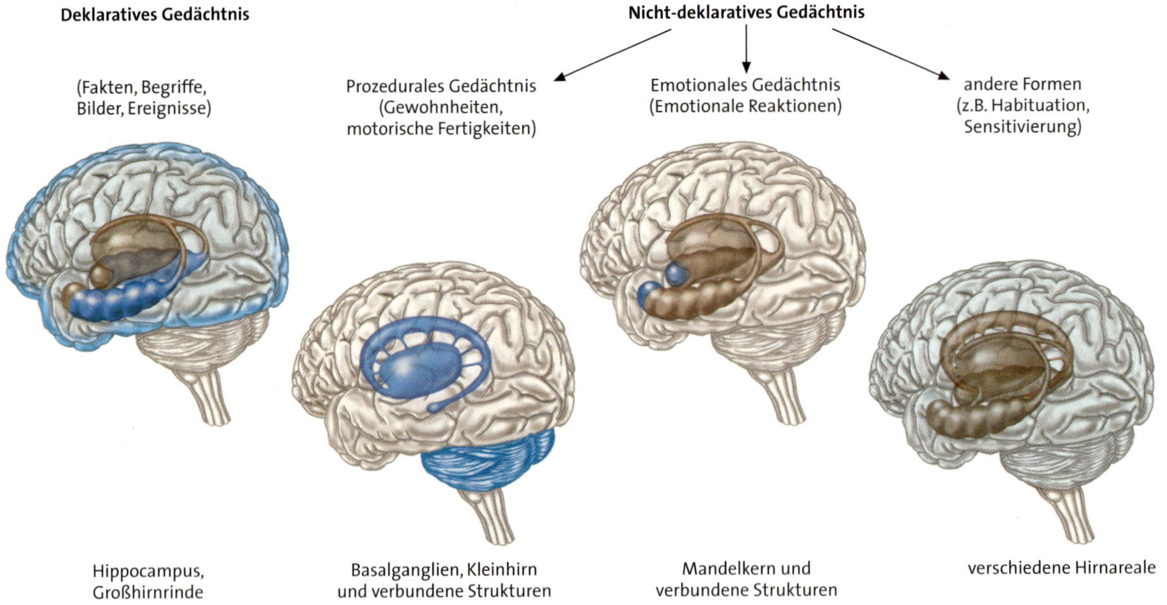

Abb. 242.1: Verschiedene Lern- und Gedächtnissysteme und einige der beteiligten Gehirnstrukturen

Wissen aus dem Gedächtnis abrufen, das er vor der Operation aufgenommen hat. Alle Informationen, die er danach erhalten hat, sind nicht längerfristig gespeichert. So erkennt er niemanden wieder, dem er nach der Operation erstmals begegnet ist, selbst wenn er ihn täglich trifft. Über den gleichen Witz kann er jeden Tag neu lachen. H. M. ist nicht fähig, Informationen ins Langzeitgedächtnis zu übertragen. Diese Funktion erfordert den Hippocampus und Gebiete in dessen unmittelbarer Umgebung. Die dauerhafte Speicherung erfolgt schließlich in anderen Teilen des Gehirns, insbesondere in der Großhirnrinde. Der Eingriff führte bei H. M. jedoch zu keinerlei Störungen des Kurzzeitgedächtnisses oder des nicht- deklarativen Gedächtnisses und minderten seine Intelligenz nicht.

Nicht-deklaratives Gedächtnis. Im *nicht-deklarativen Gedächtnis* sind Inhalte gespeichert, die oft durch klassische und operante Konditionierung bedingt sind oder auf Lernvorgängen zurück gehen, die zu Habituation oder Sensitivierung führen *(s. Verhaltensbiologie 3.2)*. Die gespeicherten Erfahrungen wirken sich auch ohne bewusstes Erinnern auf das Verhalten aus. Eine Form des nicht-deklarativen Gedächtnisses ist das *Verhaltensgedächtnis* oder *prozedurale Gedächtnis*. Darin sind gelernte Verhaltensweisen, Gewohnheiten oder motorische Fertigkeiten, wie z. B. Schwimmen oder Knoten knüpfen, gespeichert. Bei den zugrunde liegenden prozeduralen Lernvorgängen stellt sich der Fortschritt nach und nach ein, und man kann nicht sagen, was den Lernerfolg ausmacht. Beispielsweise erwirbt man beim Erlernen des Radfahrens die Fertigkeit, gegen das Umkippen Ausgleichsbewegungen zu machen schrittweise und unbewusst.

Der Inhalt des prozeduralen Gedächtnisses ist dem Bewusstsein nicht oder nur sehr schwer zugänglich. Will man wissen, ob man eine bestimmte, schon lange nicht mehr ausgeübte Fertigkeit noch beherrscht, ist das Ausprobieren der einzige Weg, diese Frage zu beantworten. Das prozedurale Gedächtnis codiert v.a. Bewegungsfolgen. Während bei der Wiedergabe aus dem Wissensgedächtnis der Zusammenhang mit auftauchen kann, in dem das Gelernte steht, erfolgt die Aktivierung von Bewegungsfolgen weitgehend unabhängig von dem Kontext, in dem diese erworben wurden. Prozedurales Wissen wird sehr viel langsamer vergessen als deklaratives. Wichtige Strukturen des prozedurale Gedächtnisses sind die *Basalganglien* und das *Kleinhirn*.

Das *emotionale Gedächtnis* ist eine andere Form des nicht-deklarativen Gedächtnisses. Noch mehr als das prozedurale Gedächtnis ist es dem bewussten Zugriff entzogen, es beruht z. T. auf klassischer Konditionierung (**Abb. 243.1**). In ihm sind, weitgehend unabhängig vom deklarativen Gedächtnis, Ereignisse und damit verbundene angenehme oder unangenehme Gefühle gespeichert, z. B. die Abneigung gegen bestimmte Speisen. Es bewirkt erlernte Furchtreaktionen, z. B. auf das entfernte Bellen eines Hundes, die auf unangenehme Begegnungen mit einem Hund zurückgehen. Das emotionale Gedächtnis beruht v. a. auf dem *Mandelkern (s. 5.3)*.

NEUROBIOLOGIE

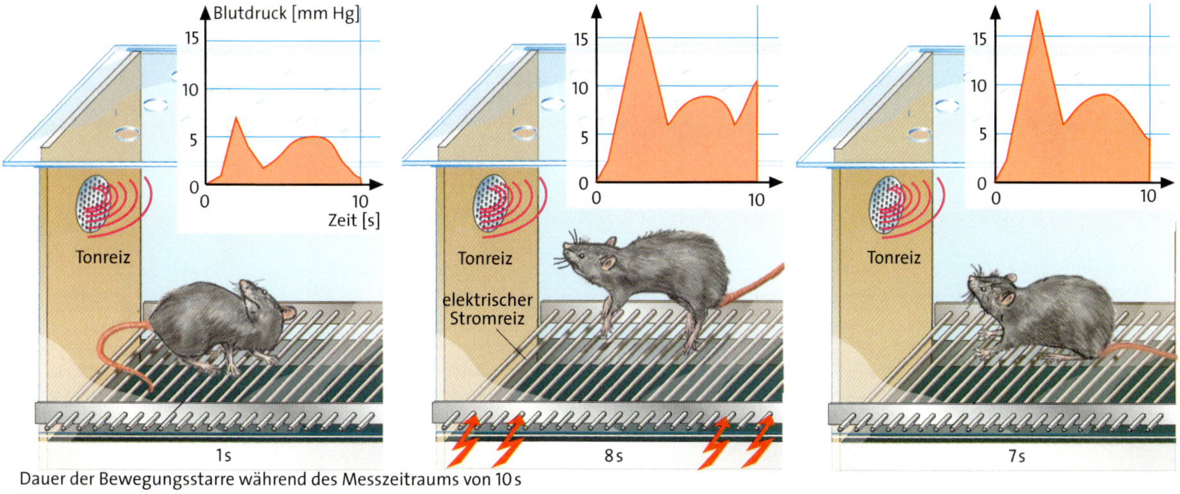

Abb. 243.1: Emotionales Gedächtnis. **a)** Präsentation eines Tonreizes für 10 s hat geringe Wirkungen auf Blutdruck und Bewegungsaktivität einer Ratte; **b)** mehrmalige, gepaarte Darbietung eines Tonreizes und eines elektrischen Stromreizes auf die Pfoten steigert den Blutdruck des Tieres, eine relativ lang anhaltende Bewegungsstarre setzt ein; **c)** spätere, alleinige Darbietung des Tonreizes löst eine erlernte Furchtreaktion aus; sie wird vom emotionalen Gedächtnis gesteuert und bleibt nach Entfernung des Mandelkerns aus.

NEUROBIOLOGIE

Zelluläre Mechanismen von Lernen und Gedächtnis

Die Übertragungsstärke mancher Synapsen, z. B. zwischen Neuronen des Hippocampus oder der Hirnrinde, kann im Experiment verändert werden. Reizt man das präsynaptische Axon einer solchen Synapse kurzzeitig, sodass nur einige wenige Aktionspotenziale entstehen, bewirken diese am postsynaptischen Neuron ein relativ kleines EPSP. Stimuliert man anschließend das präsynaptische Axon länger, sodass eine ganze Serie von Aktionspotenzialen gebildet wird, erhöht dies die Übertragungsstärke der Synapse mehrere Tage lang. Dies bezeichnet man als *Langzeitpotenzierung*. Wird der anfängliche, kurzzeitige Reiz erneut gegeben, bewirken die ausgelösten Aktionspotenziale ein sehr viel höheres EPSP (**Abb. 244.1**). An der Synapse laufen dabei, sehr vereinfacht dargestellt, folgende Prozesse ab: Die Aktionspotenziale setzen präsynaptisch den Neurotransmitter Glutamat frei, welcher an Glutamat-Rezeptoren bindet. Durch Rezeptor-gekoppelte Ionenkanäle strömen Ca^{2+}-Ionen in das postsynaptische Neuron.

Die Serie von Aktionspotenzialen bewirkt eine relativ hohe intrazelluläre Ca^{2+}-Ionenkonzentration und dadurch die Aktivierung Ca^{2+}-abhängiger, intrazellulärer Signalketten. In der Folge werden neue Glutamat-Rezeptoren gebildet, und auf die Präsynapse zurückwirkende Signalstoffe bewirken, dass bei eintreffenden Aktionspotenzialen eine höhere Glutamatmenge aus Vesikeln in den synaptischen Spalt freigesetzt wird.

Langzeitpotenzierung ist ein Beispiel dafür, wie die intensive Nutzung von Synapsen ihre Übertragungseigenschaften für längere Zeit verändert. Solche Vorgänge sind vermutlich bei zahlreichen Lernvorgängen beteiligt.

Eine langandauernde Verstärkung der synaptischen Erregungsübertragung findet auch dann statt, wenn zwei verschiedene präsynaptische Neurone, die am selben postsynaptischen Neuron enden, häufig gleichzeitig aktiv sind. In den betreffenden Synapsen findet dann eine *assoziative Langzeitpotenzierung* statt. Das heißt, wenn beide präsynaptische Neurone gleichzeitig feuern, ist die resultierende Aktivität des postsynaptischen Neurons sehr viel höher als aufgrund der Summation der Einzelaktivitäten zu erwarten wäre. Das postsynaptische Neuron reagiert also auf die Gleichzeitigkeit zweier präsynaptischer Ereignisse dauerhaft stärker. Man nimmt an, dass diese Form der Langzeitpotenzierung bei assoziativen Lernvorgängen eine Rolle spielt, bei denen zwei gleichzeitig auftretende Reize wie z. B. ein Tonreiz und Futter, verknüpft werden *(s. Verhaltensbiologie 3.3.2)*.

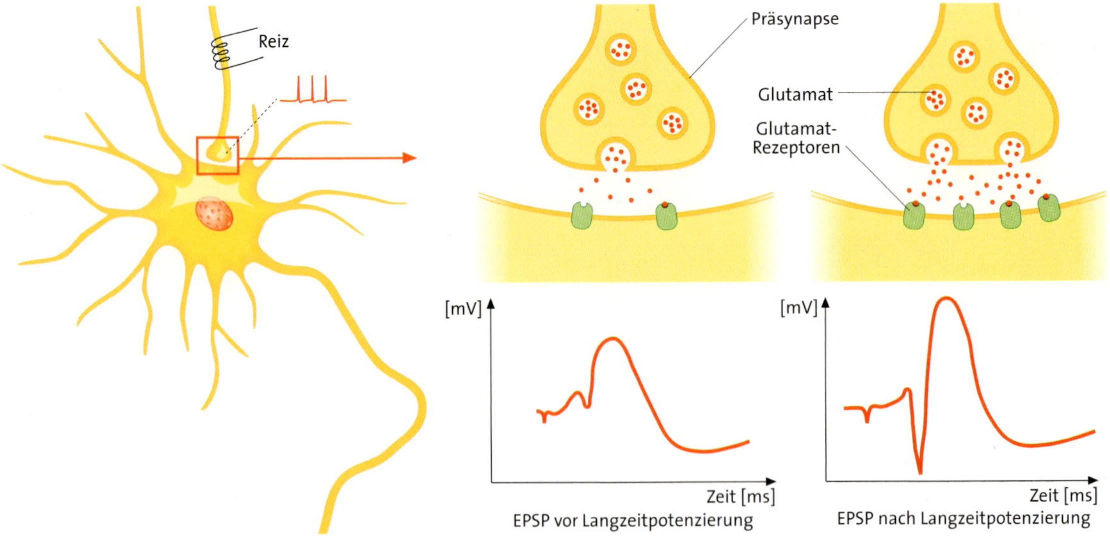

Abb. 244.1: Langzeitpotenzierung. Ein kurzzeitiger Reiz erzeugt präsynaptisch einige Aktionspotenziale, die im postsynaptischen Neuron ein kleines EPSP auslösen. Durch erneute anhaltende Reizung des Axons (nicht dargestellt) wird Langzeitpotenzierung der synaptischen Übertragung ausgelöst. Eine weitere kurzzeitige Reizung des Axons bewirkt dann ein großes EPSP. In Folge der Langzeitpotenzierung wird in der Synapse mehr Glutamat freigesetzt, die Anzahl der Glutamat-Rezeptoren ist vergrößert, die Übertragungsstärke der Synapse höher.

5.5 Aufmerksamkeit, Wachheit, Bewusstsein, Schlaf

Aufmerksamkeit und Wachheit. Man unterscheidet zwei Formen der Aufmerksamkeit, die automatisierte und die kontrollierte. Die *automatisierte Aufmerksamkeit* begleitet gut geübte motorische Fertigkeiten, z. B. das Radfahren. Auch spielt sie eine Rolle bei der Steuerung von Reaktionen auf häufig auftretende Reize, z. B. die Lichtsignale von Verkehrsampeln. Diese Reaktionen erfolgen weitgehend unbewusst. Unerwarteten Reizen, z. B. einem Verkehrshindernis, wendet sich die Aufmerksamkeit gezielt zu. Diese *kontrollierte Aufmerksamkeit* wird bewusst erlebt. Sie wird durch ein Gehirnsystem gesteuert, welches man als »*limitiertes Kapazitätskontrollsystem*« bezeichnet. Der Name beruht auf seiner geringen Verarbeitungskapazität, denn die bewusste Aufmerksamkeit kann sich immer nur einem oder sehr wenigen Reizen zuwenden. Das limitierte Kapazitätskontrollsystem wird von mehreren Regionen der Großhirnrinde, wie dem vorderen Teil des Stirnlappens (»präfrontaler Cortex«), den Basalganglien sowie Teilen des Thalamus und des Hirnstamms gebildet.

Kontrollierte Aufmerksamkeit ist nur im Zustand der *Wachheit* möglich, der maßgeblich unter Beteiligung der *Formatio reticularis* aufrechterhalten wird. Dieses dichte Netz von Neuronen durchzieht das Nachhirn bis zum Mittelhirn *(s. Abb. 235.1)*. Dabei erregen Teile der *Formatio reticularis* ständig den Thalamus, von dem aus die Großhirnrinde aktiviert wird.

Bewusstsein. Der Begriff *Bewusstsein* bezieht sich auf unterschiedliche Zustände und Vorgänge. So kann man sich seiner selbst bewusst sein oder bewusst Willensentscheidungen treffen. Außerdem kann man sich wahrgenommene oder erinnerte Ereignisse sowie Gefühle oder Wissensinhalte bewusst machen, auf welche die kontrollierte Aufmerksamkeit gerichtet ist. Auch unbewusst Wahrgenommenes kann, wenn es neu ist oder als wichtig bewertet wird, ins Bewusstsein gelangen. Wenn man sich z. B. inmitten einer größeren Gruppe unterhält, hört man zwar, was in der Nachbarschaft gesagt wird, nimmt dies aber nicht bewusst wahr. Wird aber in der Nachbargruppe der eigenen Name erwähnt, schwenkt die kontrollierte Aufmerksamkeit sofort um *(Cocktail-Party-Phänomen)*. Treten bei gewohnten Handlungen Schwierigkeiten auf, werden (neue) Lösungsmöglichkeiten bewusst durchgespielt. Dies gilt z. B. dann, wenn sich eine Videokassette plötzlich nicht aus dem Abspielgerät entfernen lässt.

Elektroencephalogramm (EEG)

Aufmerksamkeitsänderungen sind von messbaren Veränderungen der Großhirntätigkeit begleitet. Von der Kopfhaut der Schädeldecke lassen sich mit Elektroden Spannungsschwankungen ableiten. Deren Aufzeichnung nennt man *EEG*. Ihre Frequenzen betragen bis zu 80 Hz, die Amplituden liegen zwischen 1 und etwa 100 µV. Im EEG kommt vor allem die Summe der erregenden postsynaptischen Potentiale (EPSP; *s. 1.7)* zum Ausdruck, die gemeinsam in unzähligen Synapsen an den ausgedehnten Dendritenbäumen von Neuronen der Großhirnrinde entstehen; Aktionspotentiale werden bei dieser Art Messung nicht erfasst. **Abb. 245.1** zeigt das EEG eines wachen Menschen mit geschlossenen bzw. mit offenen Augen, also in Zuständen relativ niedriger bzw. verhältnismäßig hoher Aufmerksamkeit. Bei geschlossenen Augen treten die EPSP überwiegend gleichzeitig auf. Ihre Summation ergibt daher eine relativ hohe Amplitude der Spannungsschwankungen, ihre Frequenz ist verhältnismäßig niedrig. Nach dem Öffnen der Augen treten die EPSP unregelmäßiger auf, deshalb ist die Amplitude der Wellen geringer, die Frequenz höher.

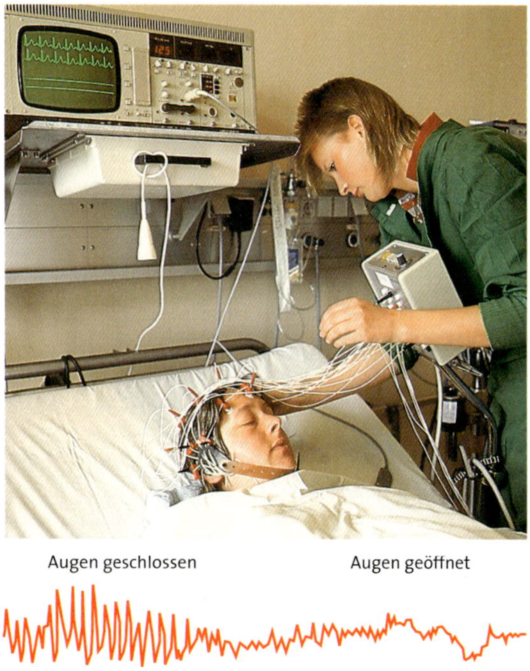

Abb. 245.1: EEG (Elektroencephalogramm) bei geschlossenen bzw. offenen Augen

Bewusstsein ist an Vorgänge in der Hirnrinde gebunden, vor allem in den *assoziativen Regionen der Hirnrinde.* Im Zusammenwirken mit weiteren Strukturen, wie dem *Thalamus,* erzeugen sie Bewusstsein *(s. S. 518).* Muss eine Versuchsperson eine Aufgabe lösen, die einen hohen Grad von Aufmerksamkeit und Bewusstsein erfordert, z. B. Wortbedeutungen rasch erfassen, ist die Durchblutung der genannten Strukturen besonders hoch. Schädigungen, beispielsweise von Bereichen der Sehrinde, können begrenzte Bewusstseinsausfälle (engl. *blindsight* Blindsichtigkeit) verursachen: Bei einer betroffenen Person gelangen gesehene Dinge nicht ins Bewusstsein. Dennoch stößt sie z. B. beim Gehen nicht gegen im Weg liegende Hindernisse. Auch ist sie sich ihrer sonstigen Erlebnisse und Tätigkeiten bewusst.

Das Gehirn eines Menschen kann mit Messverfahren der Hirnforschung sehr genau bei der Arbeit beobachtet werden. Mit ihrer Hilfe versucht man u. a. herauszufinden, wie bewusst ablaufende Vorgänge, die nur subjektiv erlebt werden können, mit den neuronalen Aktivitätsänderungen zusammenhängen. Dabei hat man z. B. festgestellt, dass bei einer willentlichen Handlung, z. B. einer Fingerbewegung, die handlungsauslösende Hirnaktivität unbewusst bereits mehr als 400 ms andauert, bevor der bewusste Wunsch zum Handeln auftritt. Offenbar gelangt mancher Willensakt erst ins Bewusstsein, *nachdem* die handlungsauslösende Aktivität der Nervenzellen bereits begonnen hat. Dies widerspricht dem subjektiven Eindruck des Menschen, willentliche Handlungen bewusst in Gang zu setzen.

NEUROBIOLOGIE

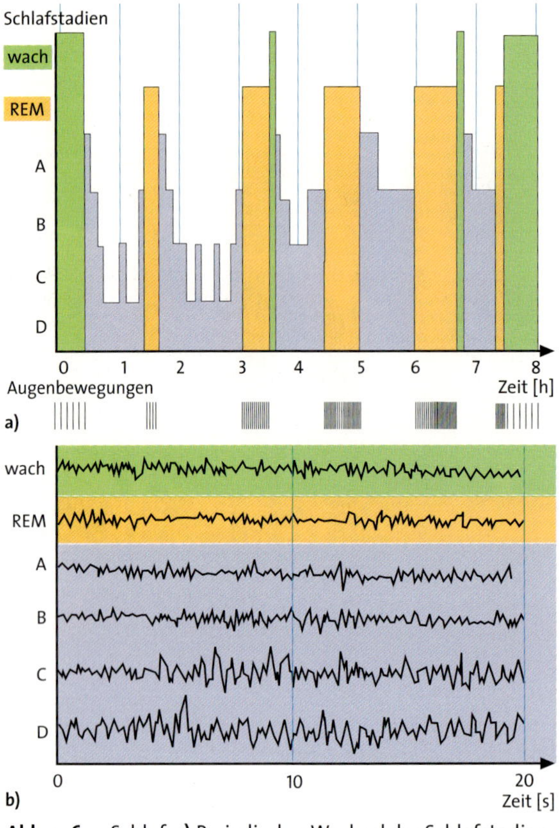

Abb. 246.1: Schlaf. **a)** Periodischer Wechsel der Schlafstadien in einer Nacht; **b)** EEG in den verschiedenen Schlafstadien

Schlaf. Schlaf ist nicht lediglich das Fehlen von Wachheit und keineswegs ein Zustand der neuronalen Inaktivität. Er beruht vielmehr auch auf der Aktivität bestimmter Nervenzellgruppen, vor allem solcher des Zwischenhirns und des Hirnstamms.

Durch EEG-Ableitung während des Schlafes konnten unterschiedliche *Schlafstadien* ermittelt werden, erkennbar an den verschiedenen Formen des EEG. Der Schlaf beginnt mit dem Einschlafstadium, ihm folgen verschiedene Schlafstadien zunehmender Schlaftiefe. Diese Stadien, außer dem Einschlafstadium, wiederholen sich periodisch während der Gesamtschlafzeit (**Abb. 246.1**). Die Perioden von 90 bis 120 Minuten Dauer beenden normalerweise ein Schlafstadium, das von schnellen Bewegungen des Augapfels *(rapid eye movements)* begleitet ist. Deshalb wird es *REM-Schlaf* genannt. Man bezeichnet es auch als *Traumschlaf,* jedoch wird in anderen Schlafphasen ebenfalls geträumt. Während des REM-Schlafs ist die neuronale Aktivität in vielen Hirnarealen hoch, das EEG daher dem des Wachzustands ähnlich. Eine REM-Schlafperiode kann 10 bis 60 min andauern.

Über die Funktionen des Schlafs ist noch wenig Gesichertes bekannt. Schlaf dient offenbar der *Regeneration* von Zellen. Dafür spricht z. B., dass nach Schlafentzug bei Ratten eine Schädigung von Nervenzellmembranen auftritt, vermutlich aufgrund gestörter Reparaturprozesse. Schlaf unterstützt außerdem *Lern- und Gedächtnisvorgänge.* So wird während des REM-Schlafs der Hippocampus aktiviert. Offenbar wird tagsüber Gelerntes, das im Hippocampus gespeichert ist, von dort nochmals in die Langzeitspeicher der Hirnrinde übertragen. Dadurch wird wahrscheinlich die Abspeicherung des Gelernten verbessert.

Schlafentzug über längere Zeit führt beim Menschen zu Aufmerksamkeits- und Wahrnehmungsstörungen bis hin zu halluzinatorischen Zuständen. Bei Ratten wirkt dauerhafter Schlafentzug nach 10 bis 20 Tagen tödlich. Schlafmittel und übermäßiger Genuss von Alkohol verändern den Schlafverlauf und können schon allein deswegen die Gesundheit des Menschen beeinträchtigen.

5.6 Sprache

Wenn Menschen nonverbal miteinander kommunizieren, tauschen sie Nachrichten durch Mimik, Gestik oder Körperhaltung aus. Diese Informationen haben stets eine konkrete Bedeutung und sind situationsgebunden. Im Unterschied dazu können mithilfe der Sprache abstrakte und komplexe Informationen übermittelt werden. Dafür stehen im Gedächtnis sowohl ein »Lexikon« mit Wörtern als auch eine Grammatik zur Verfügung. Gemäß den grammatikalischen Regeln werden Klänge zu Wörtern und diese zu Sätzen kombiniert. Beispiele für Klänge *(Phoneme)* sind »m« und »b«, die z. B. die Wörter »Mutter« bzw. »Butter« einleiten und allein den Unterschied in der Bedeutung bewirken.

Säuglinge unterscheiden und bilden 40 bis 50 solcher Klänge. Deren Bandbreite wird im Laufe der Entwicklung eingeschränkt, wenn bestimmte Phoneme in der Muttersprache nicht vorkommen. So können japanische Kleinkinder die Klänge »r« und »l« unterscheiden, die meisten erwachsenen Japaner dagegen nicht; deutschsprachige Kinder müssen im Englischunterricht das »th« neu erlernen, das sie als Babys schon einmal beherrschten. Die Grammatik der Muttersprache eignen sich Kinder in den ersten Lebensjahren an. Dies geschieht auf der Basis eines erblichen Grundmusters der Satzbildung, das in allen Sprachen genutzt wird.

Die Sprachproduktion und das Sprachverstehen erfolgen in verschiedenen Gehirnregionen. Wird ein entsprechender Bereich durch Verletzung zerstört, so kommt es zu einer typischen Sprachstörung, die als *Aphasie* bezeichnet wird. In den sechziger Jahren des 19. Jahrhunderts beschrieb PAUL BROCA Patienten, die Sprache zwar verstehen, aber kaum mehr sprechen konnten, obwohl weder Zunge noch Gaumenmuskeln oder Stimmbänder geschädigt waren. Nach deren Tod hatte BROCA festgestellt, dass die motorische Sprachregion am unteren Teil des Stirnlappens der linken Hemisphäre verletzt war (**Abb. 247.1**). Diese steuert die *Sprachproduktion*. Solche Schädigungen kommen z. B. durch das Reißen von Blutgefäßen bei einem Schlaganfall zustande. Man bezeichnet die so entstandene Sprachstörung als *motorische Aphasie*. Die Betroffenen reden kaum, nach Aufforderung sprechen sie mühsam und schwerfällig im Telegrammstil, und das ohne Nutzung grammatikalischer Formen. Beispielsweise sagen sie »sehen gelb Blume« statt »Ich sehe eine gelbe Blume«. Manchmal können die sprachlichen Fertigkeiten durch Monate dauerndes Sprechtraining wiedererlangt werden. Die motorische Sprachregion steht in enger räumlicher Verbindung mit den motorischen Regionen für Körperbewegungen beider Gehirnhälften. Von diesen werden auch die Muskeln von Gesicht, Zunge, Gaumen und Kehlkopf gesteuert, welche beim Sprechen aktiv sind.

Wenige Jahre nach BROCAS Publikationen beschrieb CARL WERNICKE eine Form von Aphasie, bei der die Betroffenen zwar sprechen, aber kaum mehr verstehen, was sie hören, und kaum mehr die Bedeutung der eigenen Worte erfassen. Sie leiden an *sensorischer Aphasie.* Bei ihnen ist ein Gebiet im linken hinteren Schläfenlappen geschädigt, die sensorische Sprachregion. Sie sprechen viel und flüssig, jedoch oft grammatikalisch falsch und unverständlich. Beispielsweise ist der Satz »Ich kam hierher bevor hier und kehrte dorthin zurück« eine Antwort auf die Frage »Wo wohnen Sie?«. Die sensorische Sprachregion nach WERNICKE dient dem *Sprachverstehen*, d. h. dort werden die Codes der gehörten Wörter als Sprache erkannt und mit bestimmten Bedeutungen versehen. Die weitere Bearbeitung des Gehörten erfolgt unter Beteiligung anderer Gebiete der Großhirnrinde.

Die Gehirnaktivität lässt sich bildlich darstellen *(s. Exkurs Bildliche Darstellung der Gehirnaktivität, S. 248)*. Es zeigt sich, dass Gesehenes und Gehörtes an unterschiedlichen Orten verarbeitet wird. Während beim Hören, z. B. von Tönen, ein kleines Gebiet im Schläfenlappen beider Hirnhälften aktiv ist, so ist es beim Sehen ein breites Areal, das sich über beide Seiten des Hinterhauptes erstreckt. Die Verarbeitung von Sprache aktiviert zusätzliche Gebiete der Großhirnrinde. Wird eine Versuchsperson aufgefordert, sich einzelne Sätze anzuhören, sind die WERNICKE-Region sowie Teile des Scheitellappens beider Hemisphären aktiv.

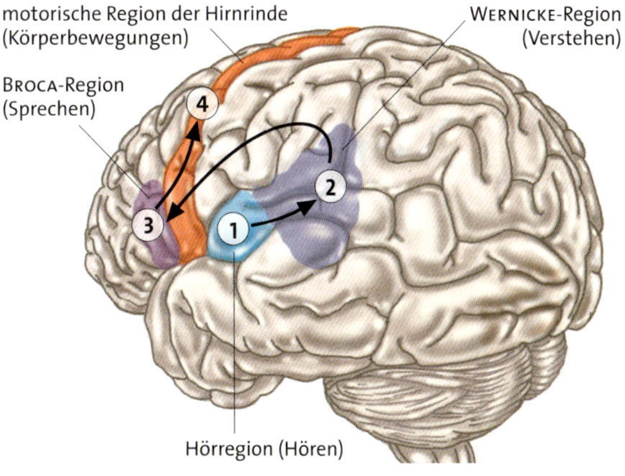

Abb. 247.1: Aktivierung der Sprachzentren beim Nachsprechen eines gehörten Wortes (vereinfacht, schematisch). Beim Hören wird die Hörregion aktiviert (1). Ein Verständnis des gehörten Wortes erfolgt unter Beteiligung der WERNICKE-Region (2). Für das Nachsprechen des Wortes werden die BROCA-Region (3) und die motorische Region der Hirnrinde (4) aktiviert.

NEUROBIOLOGIE

Split brain. Eine Vorherrschaft der linken Hirnhälfte bei sprachlichen Leistungen zeigt sich besonders deutlich an Menschen, bei denen aufgrund schwerer, unheilbarer Epilepsie die Verbindung zwischen den beiden Hemisphären operativ durchtrennt wurde *(»split brain«)*. Sie verhalten sich in einer natürlichen Umgebung völlig normal, obwohl bei ihnen alle Informationen aus den rechten Netzhauthälften der Augen nur in die rechte Großhirnhälfte gelangen und alle Meldungen aus den linken Netzhauthälften nur in die linke Großhirnhälfte. Mit Split-brain-Patienten wurde das folgende Experiment durchgeführt: Man bildete einen Apfel nur auf den rechten Netzhauthälften der Versuchsperson ab (**Abb. 249.1**). Von der Person verlangte man, den gezeigten Gegenstand mit der linken Hand zu ertasten und anschließend zu benennen. Sie war in der Lage, den Apfel mit der linken Hand aus mehreren Gegenständen herauszusuchen, konnte aber den Gegenstand nicht benennen. Die Information über den gefühlten Gegenstand wird wegen der durchtrennten Verbindung nicht von der rechten zur linken Hemisphäre übertragen, in der sich die Sprachzentren befinden. Projizierte man in die beiden Gesichtshälften die Bilder verschiedener Gegenstände, benannte die Versuchsperson mit getrennten Hirnhemisphären nur den rechts gezeigten Gegenstand. Forderte man sie dann auf, den gesehenen Gegenstand mit der linken Hand aus einer Reihe von Gegenständen herauszusuchen, so griff sie immer nach dem links projizierten Objekt. Sollte sie schließlich den durch Betasten gefundenen Gegenstand benennen, wurde der Name des rechts gezeigten Objektes genannt.

Die rechte Hemisphäre zeigt sich der linken Hemisphäre bei sprachlichen Leistungen also unterlegen, sie steuert vorwiegend das Erkennen von Formen, die räumliche Vorstellung und das Musikverständnis. So erledigten die Versuchspersonen die Aufgabe, farbige Holzklötze zu einem vorgegebenen Muster zusammenzustellen, mit der linken Hand erfolgreicher als mit der rechten.

Bildliche Darstellung der Gehirnaktivität

Mithilfe der *funktionellen Magnetresonanztomographie (fMRT)* können diejenigen Gebiete des Gehirns bildlich dargestellt werden, die z. B. beim Sehen, Hören, Sprechen oder Erinnern aktiv sind. Im Gegensatz zum EEG hat die fMRT eine hohe räumliche Auflösung, sodass wenige Millimeter voneinander entfernte Hirnstrukturen unterschieden werden können. Sie hat jedoch eine viel geringere zeitliche Auflösung. Das bedeutet, dass die Aktivität einige Zehntel Sekunden andauern muss, bis man sie messen kann.

Bei fMRT-Untersuchungen liegt die Versuchsperson in einem Gerät, welches ein starkes homogenes Magnetfeld erzeugt. Den Kern des Wasserstoffatoms bildet das Proton; durch ihre positive Ladung erzeugen sie jeweils ein Magnetfeld. Die Ausrichtung der Magnetfelder der Wasserstoffatome ist im Normalfall ungeordnet. Unter dem Einfluss des äußeren Magnetfeldes richten die Protonen ihr eigenes Magnetfeld, den Kernspin, in eine Richtung aus. Zusätzlich werden dann für kurze Zeit Radiowellen hoher Frequenz eingestrahlt. Die durch das Magnetfeld herbeigeführte Ausrichtung der Kernspins verändert sich dadurch vorübergehend. Bei dieser Änderungen geben die Kerne der Wasserstoffatome elektromagnetische Wellen ab, die durch das Gerät gemessen werden. Besonders stark ist das gemessene Signal in sauerstoffreichem Blut. Solches Blut wird verstärkt in diejenigen Hirnregionen transportiert, in denen viele Nervenzellen aktiv sind. Mithilfe des Computers werden die Stellen mit den stärksten Signalen ermittelt, und die Signalstärke wird in Farbwerte umgesetzt (**Abb. 249.2 a**).

Auch durch die Positronenemissionstomographie (PET) kann man jene Gehirnregionen des Menschen erfassen, in denen Neurone z. B. während einer geistigen Tätigkeit stärker aktiv sind und daher mehr Glukose aufnehmen. Dazu spritzt man einer Versuchsperson radioaktiv markierte Desoxyglukose ins Blut, die in den Zellen nur langsam abgebaut wird. Diese Markierungssubstanz reichert sich dann vor allem in jenen Neuronen an, die bei der untersuchten Tätigkeit, wie z. B. Lesen, vermehrt aktiv sind. Bei Zerfall setzt sie Positronen frei, die in der unmittelbaren Umgebung γ-Strahlen erzeugen. Den Ursprungsort der γ-Strahlen ermitteln kreisförmig um den Kopf angeordnete Detektoren. Die so gesammelten Daten werden im Computer zu Bildern verarbeitet, welche die Orte hoher Glucoseaufnahme im Gehirn angeben. Auf diese Weise lässt sich beispielsweise zeigen, dass visuelle und akustische Reize an verschiedenen Orten im Gehirn verarbeitet werden (**Abb. 249.2 b bis d**). Die zeitliche und räumliche Auflösung der PET ist etwas geringer als die der fMRT und das Verfahren ist wegen der Anwendung radioaktiv markierter Substanzen nicht belastungsfrei.

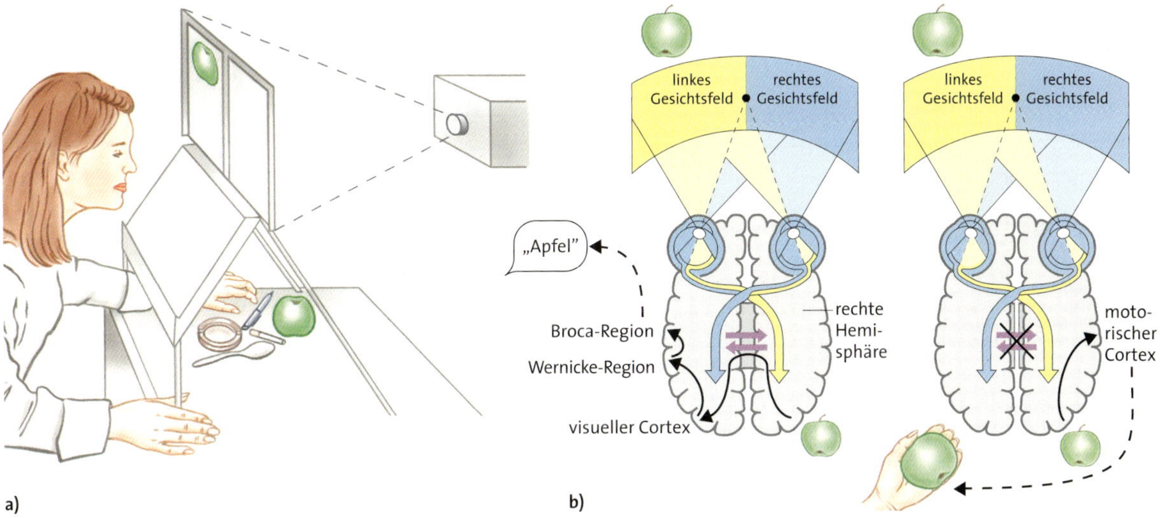

Abb. 249.1: Versuch mit einer Split-Brain-Patientin. **a)** Die Versuchsperson fixiert einen Punkt zwischen zwei Projektionsflächen, sodass das Bild eines Apfels in die rechten Netzhauthälften fällt; **b)** Informationsübertragung im normalen Gehirn (links) und in einem Gehirn der Split-Brain-Patientin mit durchtrennter Verbindung der Gehirnhemisphären (rechts, *s. Text*)

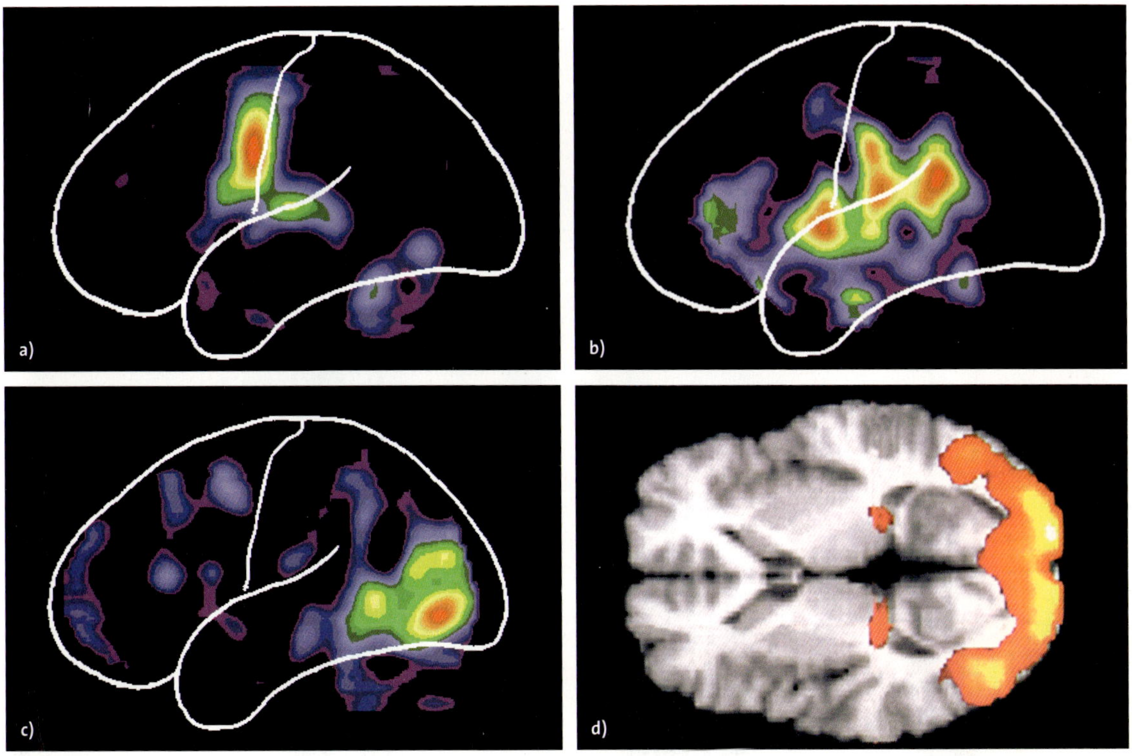

Abb. 249.2: Darstellung der Gehirnaktivität. **a)** Beim Sprechen werden die Broca-Region und die motorische Region der Hirnrinde aktiviert; **b)** das Hören eines Tones/Wortes ruft eine Aktivierung im Schläfenlappen hervor; **c)** das Sehen eines Wortes aktiviert das Sehzentrum (a bis c: PET-Bilder der linken Großhirnrinde); **d)** beim Sehen sind die Sehrinde (rechts) und die Umschaltstellen im Zwischenhirn (Mitte) aktiv (fMRT-Bild, Horizontalschnitt durch das Gehirn).

6 Muskelbewegung

6.1 Bau der Muskeln

Bei Wirbeltieren unterscheidet man drei Typen von Muskeln: Die Skelettmuskeln, den Herzmuskel und die glatten Muskeln der inneren Hohlorgane wie Magen oder Blutgefäße. Sie sind entweder aus Muskelzellen oder aus Muskelfasern aufgebaut. Die **Muskelzellen** sind spindelförmig und meist nur Bruchteile eines Millimeters lang. Ihr Cytoplasma besteht zum großen Teil aus Actin- und Myosinfilamenten *(s. Cytologie 2.3.3)*. Sie liegen in Bündeln zusammen und werden als Muskelfibrillen bezeichnet. Eine Muskelzelle enthält nur einen einzigen Kern. Eine **Muskelfaser** ist ein vielkerniges Gebilde *(Syncytium)*. Sie besitzt mehr Fibrillen als die Muskelzelle. Die Muskelfasern erreichen eine Länge von 10 und mehr cm. Sie sind zwischen 10 und 100 μm dick und durchziehen meist den ganzen Muskel. Die **Fibrillen** können sowohl in den Muskelzellen als auch in den Muskelfasern in zwei Ausbildungsformen auftreten. Entweder zeigen die Fibrillen im LM über ihre ganze Länge eine gleichmäßige Struktur, dann nennt man Muskelzellen bzw. Muskelfasern *glatt*. Oder die Fibrillen weisen eine regelmäßige Bänderung auf, dann heißen diese Bauelemente des Muskels *quer gestreift* (**Abb. 250.1**). Die quer gestreifte Muskulatur arbeitet viel rascher als die glatte.

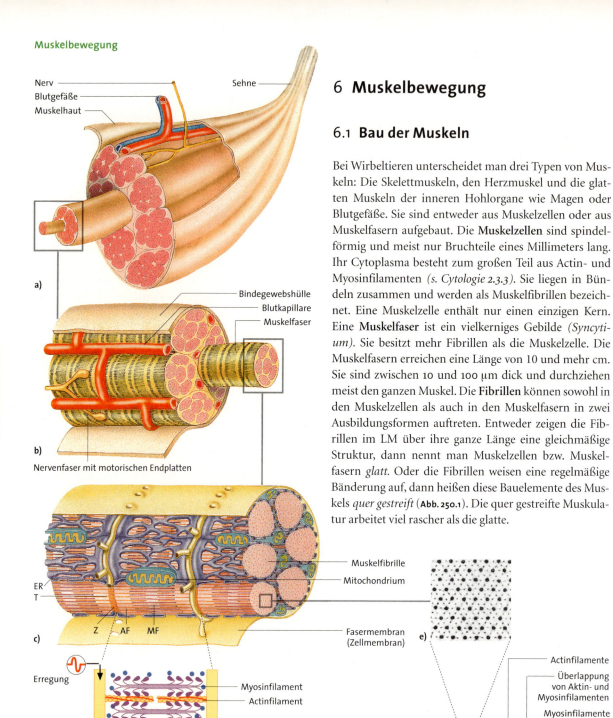

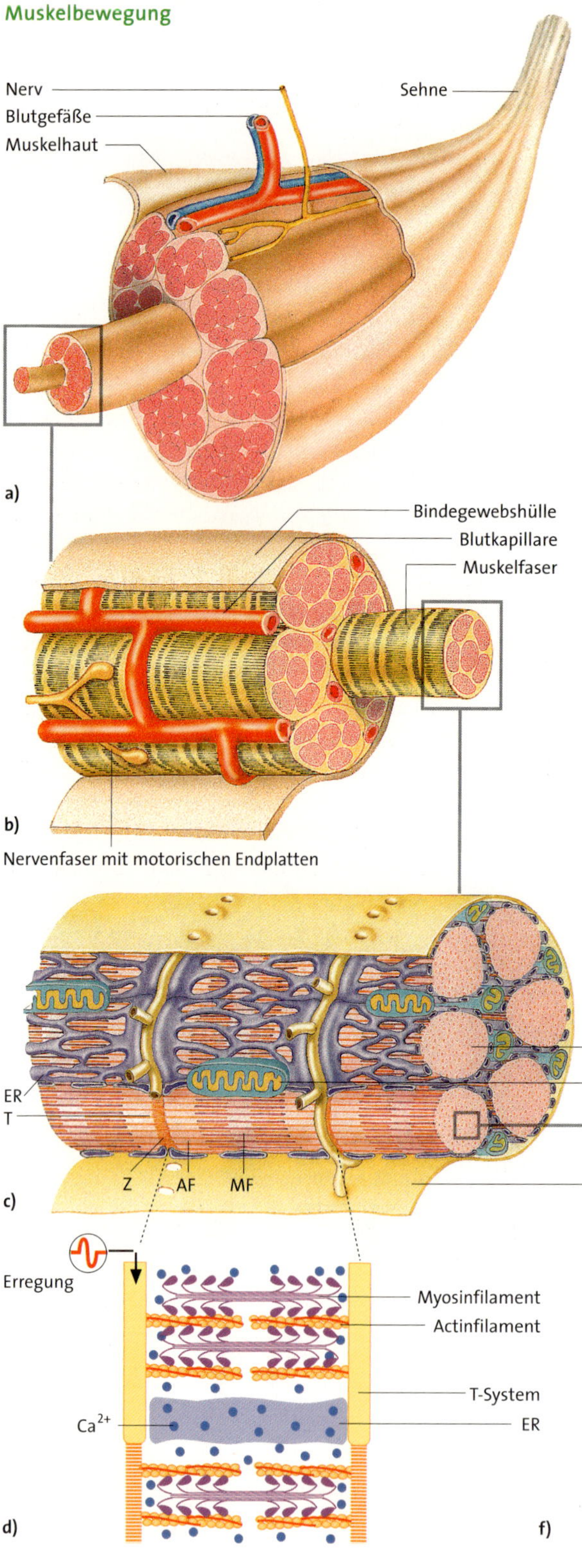

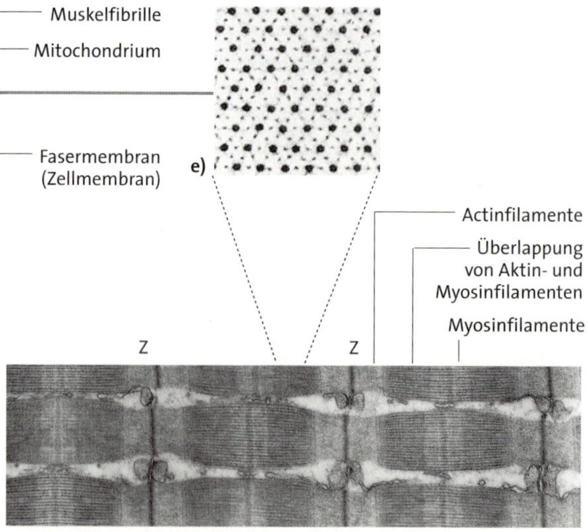

Abb. 250.1: Bau und Funktion eines quer gestreiften Muskels. **a)** Stück eines Muskels, z. B. vom Arm; **b)** Bündel von quer gestreiften Muskelfasern; **c)** Ausschnitt aus einer Muskelfaser: Muskelfibrillen rot; zwischen den Muskelfibrillen liegen zwei Kanalnetze: das Endoplasmatische Retikulum (blau) sowie das T-System (gelb): AF Actinfilamente, MF Myosinfilamente, Z Z-Scheibe; **d)** kontrahiertes Sarkomer: die Myosinköpfchen banden an die Actinfilamente und haben diese zur Sarkomer-Mitte hin verschoben; **e)** Querschnitt im Bereich der Überlappung von Actin- (dünn) und Myosinfilamenten (dick) (EM-Bid, 36 000 fach); **f)** Ausschnitt aus einer Muskelfibrille (Längsschnitt) mit hintereinander liegenden Sarkomeren (EM-Bild, 15 000 fach)

Beim Menschen kommen glatte Muskelzellen z. B. im Darm und in den Blutgefäßen vor, quer gestreifte Muskelzellen im Herzen und quer gestreifte Muskelfasern in der *Skelettmuskulatur*.

Die Fibrillen der quer gestreiften Muskulatur bestehen aus den *Sarkomeren*. Ein Sarkomer wird durch zwei *Z-Scheiben* begrenzt (**Abb. 250.1** und **251.1**). Im EM-Bild erkennt man innerhalb der Sarkomere regelmäßig angeordnete Filamente: dünne Filamente aus Actin und dickere aus Myosin. Die im mittleren Abschnitt liegenden *Myosinfilamente* überlappen an beiden Enden mit den Actinfilamenten. Im Kontraktionszustand ist die Überlappung deutlich stärker als bei Erschlaffung des Muskels: Die Actinfilamente werden bei der Kontraktion zwischen die Myosinfilamente hineingezogen. Die Filamente sind regelmäßig angeordnet, und einander entsprechende Abschnitte aller Fibrillen einer Muskelfaser liegen auf gleicher Höhe. Dadurch entsteht der Eindruck der Querstreifung. In der glatten Muskulatur sind die Actin- und Myosinfilamente unregelmäßig angeordnet.

Gruppen von Muskelfasern sind von Bindegewebe umhüllt, sie bilden je ein **Faserbündel**. Viele Faserbündel bilden den **Muskel**. Er ist von der dehnbaren Muskelhaut umgeben. Die Muskelfibrillen und -fasern setzen sich in Sehnenfibrillen und -fasern fort. Die Sehnenfaserbündel vereinigen sich zur *Sehne*, welche den Muskel am Knochen befestigt. Mit jedem Muskel tritt mindestens ein Nerv in Verbindung.

6.2 Kontraktion der quer gestreiften Muskelfasern

Quer gestreifte Muskelfasern oder auch ganze Muskeln kann man elektrisch reizen, indem man zwei Elektroden in den Muskel einsticht. Ein einzelner elektrischer Reiz löst eine *Zuckung* aus. Dabei werden die Muskelfasern verkürzt, außerdem werden sie bei der Zuckung dicker. Unmittelbar danach erschlaffen sie jedoch wieder (**Abb. 251.2**).

Bei einer einzelnen Muskelfaser ist die Stärke einer Zuckung unabhängig von der Stärke des auslösenden Reizes. Die Reizintensität muss nur ausreichen, die Faser zu erregen *(Alles-oder-Nichts-Gesetz)*. Die Stärke der Kontraktion des ganzen Muskels ist dagegen von der Stärke des Reizes abhängig; denn mit steigender Reizintensität werden zunehmend auch Muskelfasern erregt, die von den Elektroden weiter entfernt sind. Die Dauer der Zuckung ist bei den einzelnen Tierarten sehr verschieden. Sie kann mehrere Sekunden oder nur wenige Hundertstel Sekunden dauern. Folgen auf den ersten Reiz weitere Reize so rasch, dass dem Muskel keine Zeit bleibt zu erschlaffen, führt dies zu einer Dauerverkürzung, die man als *Tetanus* bezeichnet. Für eine tetanische Muskelkontraktion sind bei den Skelettmuskeln des Menschen zwischen 50 und 150 Reize in der Sekunde notwendig. Mit der Beendigung der Erregung erschlafft der tetanisch verkürzte Muskel wieder.

NEUROBIOLOGIE

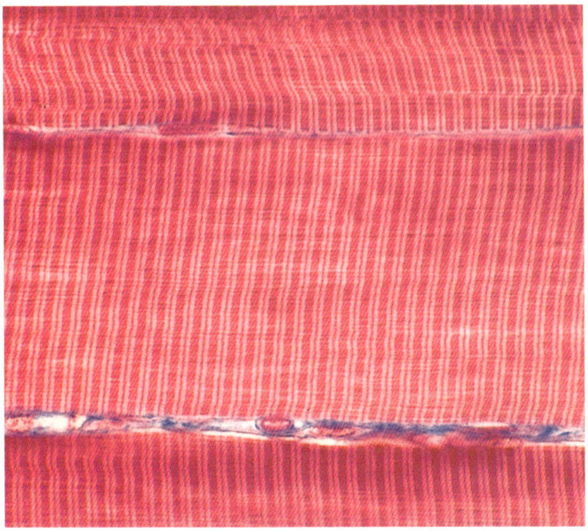

Abb. 251.1: Drei Muskelfasern eines quer gestreiften Muskels. Jede ist 50 bis 100 mm und aus einer Vielzahl von 1 bis 2 mm dicken Muskelfibrillen aufgebaut (sind hier nicht zu unterscheiden). Die Z-Scheiben verlaufen in schmalen roten Streifen von oben nach unten. In den breiten dunkelroten Streifen zwischen den Z-Scheiben liegen die Myosinfilamente.

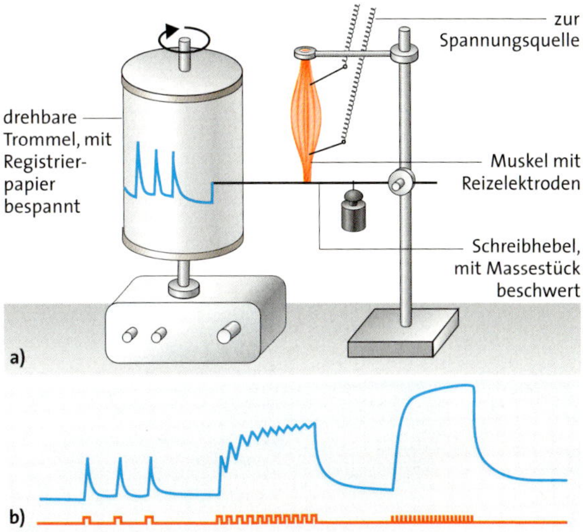

Abb. 251.2: Elektrische Muskelreizung. **a)** Versuchsapparatur; **b)** Registrierstreifen (blau), auf dem zusätzlich die Reizfrequenz (rot) eingezeichnet ist. Ein einzelner Reiz löst eine Zuckung aus, bei ca. 20 Reizen pro Sekunde (mittlere Aufzeichnung) tritt unvollständiger, bei ca. 50 Reizen pro Sekunde (rechte Aufzeichnung) vollständiger Tetanus auf.

6.3 Molekulare Grundlagen der Muskelkontraktion

An der Kontraktion sind Myosin- und Actinfilamente beteiligt. Ein *Myosinfilament* besteht aus etwa 150 Myosinmolekülen. Jedes Molekül besteht aus zwei verdrillten Polypeptidketten. Es besitzt einen »Schaft«, einen »Hals« und einen »Kopf«. Die Schäfte sind chemisch fest aneinander gebunden und bilden das eigentliche Filament, aus dem die Myosinköpfe seitlich herausragen (**Abb. 252.1 a**). Jedes *Actinfilament* ist aus zwei umeinander gewundenen, perlschnurartig aussehenden Ketten von kugeligen Actinmolekülen aufgebaut. Zwei lange *Tropomyosinmoleküle* laufen schraubig an dem Actinfilament entlang. In regelmäßigen Abständen sind die Actinfilamente mit kugeligen *Troponinmolekülen* besetzt. Sie binden mit je einer Bindungsstelle an Actin, Tropomyosin und Ca^{2+}.

Indem die dünnen Actinfilamente zwischen die Myosinfilamente gezogen werden, kontrahiert der Muskel. Dabei verändert sich die Länge der Filamente nicht. Die Muskelkontraktion läuft im Einzelnen folgendermaßen ab: Nach Reizung einer Muskelfaser über einen Nerven *(s. Abb. 197.3)* breitet sich die Erregung über die gesamte Zellmembran und deren fingerförmige Einstülpungen ins Innere der Faser (T-System) aus. Dann werden den *Calciumionen* (Ca^{2+}-Ionen) aus dem Endoplasmatischen Retikulum (ER) der Muskelfaser freigesetzt. Das wird durch die enge räumliche Nachbarschaft von T-System und Endoplasmatischem Retikulum ermöglicht. Die Ca^{2+}-Ionen gelangen durch Diffusion an das Troponin und werden von diesem gebunden. Die Troponinmoleküle verändern daraufhin ihre Form. Dadurch drängen sie die Tropomyosinmoleküle aus ihrer Lage, sodass Bindungsstellen auf den Actinfilamenten freigelegt werden, an welche dann Myosinköpfe binden können.

Die Myosinköpfe klappen nach ihrer Bindung an ein Actinfilament um. Dadurch ziehen sie das Actinfilament entweder ca. 10 nm weit am Myosinfilament vorbei oder sie dehnen das elastische Halsstück (**Abb. 252.1 b**). Im ersten Fall verkürzt sich der Muskel, die Muskelspannung (»Tonus«) bleibt gleich *(isotonische Kontraktion)*. Im zweiten Fall erhöht sich die Muskelspannung, die Länge des Muskels bleibt praktisch gleich *(isometrische Kontraktion)*. Dies gilt z.B. für den vergeblichen Versuch, einen zu schweren Koffer anzuheben.

Die Bindung eines Myosinkopfes an Actin dauert je nach Muskelfaser 10 bis 100 ms. Anschließend löst sich die Bindung unter Spaltung von ATP. Der abgeknickte Myosinkopf richtet sich dabei auf und bindet danach erneut an das Actinfilament. Durch dieses wiederholte Abknicken und Aufrichten der Myosinköpfe werden die beiden Filamente aneinander vorbei gezogen. Die Myosinköpfe arbeiten ähnlich wie eine Seilmannschaft, die ein langes Stück Seil durch wiederholtes Nachgreifen an sich vorbei zieht.

Die Energie für die Ruderbewegungen der Myosinköpfe wird also vom ATP geliefert. Wahrscheinlich wird pro Ruderbewegung eines Myosinkopfes ein Molekül ATP gespalten. Das ATP wird allerdings nicht direkt für den Ruderschlag eingesetzt, sondern dient zur Lösung der Bindung des Myosinkopfes an das Actinfilament. Beim Fehlen von ATP in der Zelle bleiben alle Myosinköpfe fest am Actin haften. Der Muskel wird starr: ATP-Mangel ist die Ursache der Totenstarre. Eine lebende Muskelfaser enthält immer ATP. Trotzdem kontrahiert sie sich nicht dauernd, denn die Ruderbewegung findet nur bei Anwesenheit von ausreichend viel Ca^{2+}-Ionen statt. Das Zurückpumpen der Ca^{2+}-Ionen in das ER beendet die Kontraktion.

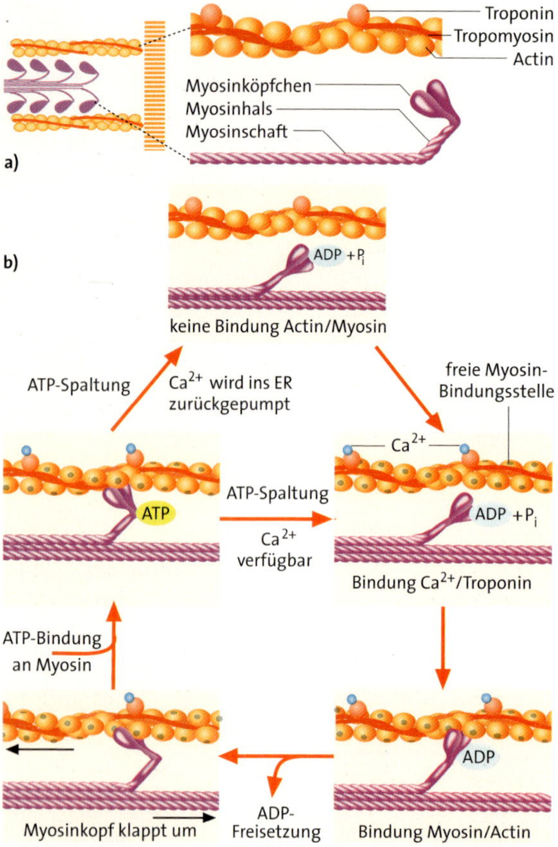

Abb. 252.1: Bau und Funktion von Actin- und Myosinfilamenten. **a)** Feinbau eines Actinfilaments und eines Myosinmoleküls; **b)** Interaktion von Actin und Myosin bei der Muskelkontraktion *(s. Text)*

NEUROBIOLOGIE

Energieversorgung bei der Muskelarbeit

Energielieferant für die Muskelarbeit ist das ATP. Bei hoher körperlicher Beanspruchung reicht der ATP-Vorrat der Muskelfaser nur für ein bis zwei Sekunden. ATP muss also schnell durch andere Prozesse bereitgestellt werden. Zunächst geht das im Muskel reichlich vorhandene *Kreatinphosphat* unter Aufbau von ATP in freies Kreatin über:

Kreatinphosphat + ADP ⇔ Kreatin + ATP.

Der Kreatinphosphat-Vorrat der Muskelfaser reicht bei starker körperlicher Aktivität für etwa 20 bis 30 Sekunden. Durch die Zellatmung, also unter Sauerstoffverbrauch *(aerob)*, entsteht reichlich ATP, und Kreatinphosphat wird wieder aufgebaut. Die *Zellatmung* liefert das meiste ATP *(s. Stoffwechsel 3.1)*. Dabei wird Glucose oxidiert, die aus dem im Muskel gespeicherten Reservestoff Glykogen gebildet wird. Außerdem werden Fettsäuren oxidiert, die mit dem Blut zum Muskel gelangen. Der benötigte Sauerstoff wird dem Blut entzogen und im Muskel durch ein Sauerstoff bindendes Protein, den roten Farbstoff *Myoglobin*, transportiert. Myoglobin ist ähnlich gebaut wie eine Untereinheit des Hämoglobins *(s. Abb. 136.1 d)*. Es hat eine höhere Affinität zu Sauerstoff als Hämoglobin und entzieht diesem deshalb den Sauerstoff.

Die Farbe eines Muskels ist weitgehend durch seinen Gehalt an Myoglobin bedingt. Man unterscheidet weiße und rote Muskeln. Der Anteil weißer Muskeln ist z. B. in der Wadenmuskulatur hoch. Sie sind arm an Myoglobin und bestehen vorwiegend aus Muskelfasern, die rasch aber wenig ausdauernd kontrahieren. In roten Muskeln (häufig z. B. in der Rückenmuskulatur) liegt Myoglobin in hoher Konzentration vor. Sie bestehen größtenteils aus Muskelfasern, die langsam und ausdauernd kontrahieren. Wenn bei einer starken Beanspruchung des Muskels die Sauerstoffzufuhr durch das Blut nicht ausreicht, wird zusätzlich Glucose durch *Gärung*, also ohne Sauerstoffverbrauch *(anaerob)*, zu Milchsäure abgebaut *(s. Stoffwechsel 3.2)*. Die ATP-Ausbeute ist dabei viel geringer als bei der Zellatmung. Aus Milchsäure wird später in der Leber wieder Glykogen aufgebaut. Die Milchsäuregärung überbrückt bei plötzlichen Höchstleistungen die Zeit zwischen dem Erschöpfen des Kreatinphosphat-Vorrats und dem vollen Einsetzen der ATP-Bildung durch Atmung. Die Milchsäuregärung kann die volle ATP-Versorgung allerdings nur für wenige Sekunden übernehmen.

Auch bei sehr intensiven Belastungen fällt der durch Gärung erzeugte Anteil des gebildeten ATP bereits nach wenigen Minuten auf weniger als 10 % ab. Die Ermüdung der Muskulatur hat mehrere Ursachen: Weil während der Muskelarbeit vermehrt Milchsäure in der Zelle angehäuft wird sinkt der pH-Wert. In Folge dessen ist u. a. die Kontraktionsfähigkeit der Myofibrillen geringer, der ermüdete Muskel entwickelt wenig Kraft. *Muskelkater*, d. h. Muskelschmerzen nach anstrengender Muskelaktivität, wird nicht durch eine Ansammlung von Milchsäure im Muskelgewebe, sondern durch zahlreiche kleinste Risse in Muskelfasern verursacht. Eine langsamer einsetzende Form der Muskelermüdung bei stundenlangen Belastungen wie Langstreckenlauf ist durch die zunehmende Entleerung der Glykogenspeicher in Muskel und Leber bedingt. Um dieser Form der Ermüdung entgegenzuwirken, nehmen Ausdauersportler vor Wettkämpfen oft Mahlzeiten hohen Kohlenhydratgehaltes zu sich.

Training. Die Leistungsfähigkeit der Muskulatur kann auf unterschiedliche Weise durch Training gesteigert werden. Durch bestimmte Formen des Krafttrainings, z. B. Gewichtheben, wird die Muskelmasse vergrößert und es erhöht sich die maximal erzeugte Kraft. Der Zuwachs an Muskelmasse beruht auf einer Dickenzunahme der Muskelfasern durch Vermehrung von Myofibrillen. Eine Vergrößerung der Muskelmasse reduziert allerdings die Dauerleistung, weil die Durchblutung nicht im gleichen Maße gesteigert wird. Ausdauertraining, z. B. durch Langstreckenschwimmen, bewirkt Veränderungen von Stoffwechselvorgängen, die eine möglichst hohe ATP-Bildung durch Zellatmung garantieren. Dazu gehören erhöhte Blutversorgung des Muskels, gesteigerte Leistungsfähigkeit von Blutkreislauf und Atmung *(s. Exkurs Sport und Stoffwechsel S. 183)*, vermehrte Glykogen-Einlagerung in die Muskelfaser, verstärkter Stoffabbau in den Mitochondrien und Zunahme des Myoglobingehalts der Muskulatur. Das Training in Sportdisziplinen mit kurzen und intensiven Belastungen, z. B. Kurzstreckenlauf, erhöht dagegen die Speicherfähigkeit für Kreatinphosphat und den Stoffumsatz bei der Milchsäuregärung. Training steigert nicht nur die Stoffwechselleistungen, es sorgt auch für einen rationellen Bewegungsablauf, sodass eine bestimmte Bewegung mit möglichst geringem Aufwand an Muskelkraft durchgeführt wird.

6.4 Regelung der Muskellänge

Schlägt man auf die Sehne des Kniegelenkstreckmuskels am Oberschenkel (Kniesehne, unterhalb der Kniescheibe), so wird dieser Muskel dadurch kurz gedehnt. Unmittelbar darauf kontrahiert er sich und löst so ein leichtes Vorschnellen des Unterschenkels aus *(»Kniesehnenreflex«)*. Entsprechende Muskeldehnungsreflexe gibt es auch in anderen Skelettmuskeln *(s. Verhaltensbiologie 2.1.1)*. Sie dienen der Regelung der Muskellänge. Folgende Vorgänge laufen dabei ab: In allen Skelettmuskeln der Wirbeltiere liegen Sinnesorgane, welche die Muskellänge messen. Sie heißen *Muskelspindeln*, sind maximal 3 mm lang und mit ihrer Bindegewebshülle fest mit den umgebenden Muskelfasern verbunden (**Abb. 254.1**). Im Innern der Muskelspindel liegen einige dünne Muskelfasern (Spindelmuskeln), deren Kontraktionszustand vom Zentralnervensystem über eigene motorische Nervenfasern (γ-Motoneurone) verändert werden kann. Die Spindelmuskelfasern können sich nur an ihren beiden Endabschnitten kontrahieren. Der mittlere, nicht kontraktile Teil wird von Endigungen einer Sinneszelle umschlungen, welche die Spannung dieses Teils der Spindelmuskeln misst. Die Zellkörper dieser Sinneszellen liegen in Spinalganglien des Rückenmarks.

Bei der Regelung der Muskellänge muss man zwischen dem Kontraktionszustand des Skelettmuskels (ohne die Spindelmuskeln) und dem Kontraktionszustand der

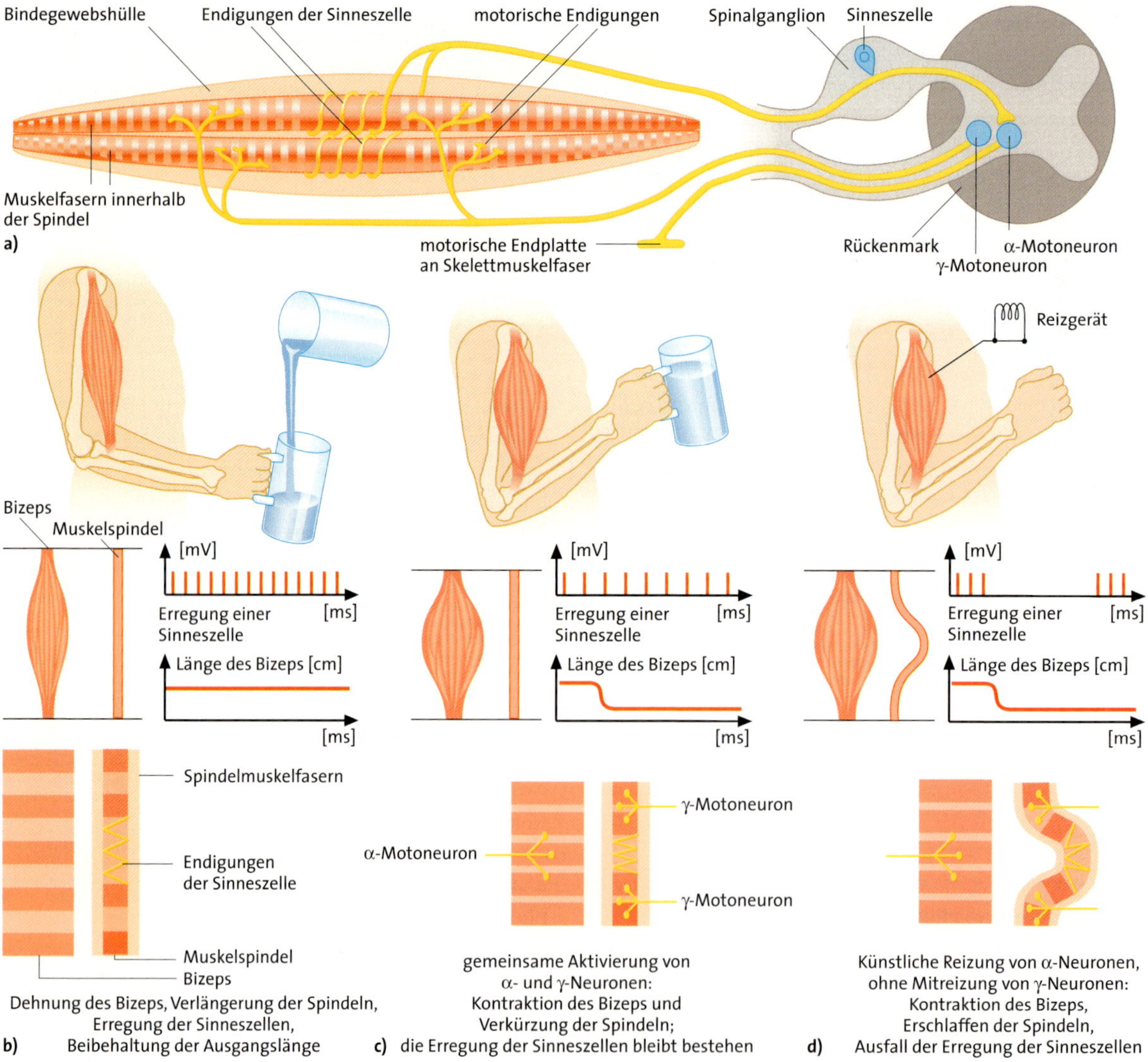

Abb. 254.1: Bau und Funktion der Muskelspindeln (schematisch). **a)** Struktur und Innervation einer Muskelspindel; **b)** Regelung der Länge eines Skelettmuskels; **c)** Regelung der Länge einer Muskelspindel; **d)** Verhinderung der Regelung gemäß c)

Spindelmuskelfasern unterscheiden. Wird der Muskel passiv gedehnt, so wird die Muskelspindel ebenfalls passiv in die Länge gezogen. Dies erhöht die Spannung im Mittelteil der Spindelmuskelfasern. Die sensorischen Endigungen der Sinneszellen werden also durch eine Verlängerung des Muskels erregt. Die Muskelspindel misst demnach über die Spannung der Spindelmuskeln die Länge des Muskels. Sie bewirkt immer dann eine Verkürzung, wenn der Muskel gedehnt wird, wie z.B. nach einem Schlag auf die Kniesehne oder beim Aufspringen auf den Boden. Die Axone der Sinneszellen laufen zum Rückenmark. Sie bilden dort erregende Synapsen mit den α-Motoneuronen, die den Muskel innervieren, in der die erregte Muskelspindel liegt *(motorische Nervenzellen, s. 1.1)*. Diese veranlassen den Muskel zur Kontraktion, und zwar immer dann, wenn sich die Frequenz der Aktionspotentiale in den Axonen der Sinneszellen der Spindeln erhöht. Dadurch verkürzt sich der Muskel aktiv und mit ihm verkürzen sich seine Muskelspindeln passiv. Die Verkürzung des Muskels erfolgt so lange, bis die Muskelspindel ihre frühere Länge erreicht hat. So wird die Muskellänge konstant gehalten (**Abb. 254.1 b**).

Eine aktive Kontraktion der Spindelmuskelfasern durch die γ-Motoneurone zieht ebenfalls eine Kontraktion des Muskels nach sich. In diesem Fall wird eine Veränderung des Sollwerts (Muskellänge) durch eine Änderung der Länge des Fühlers (Muskelspindel) erzielt.

Bei einer aktiven Bewegung werden α- und γ-Motoneurone eines Muskels gleichzeitig erregt. Die Erregung der α-Motoneurone bewirkt die Kontraktion des Muskels. Bei der Verkürzung des Muskels würden jedoch die Muskelspindeln erschlaffen, wenn die Endabschnitte der Muskelfasern nicht gleichzeitig kontrahiert würden (**Abb. 254.1 d**). Dies geschieht durch die Aktivität der γ-Motoneurone. Sie bewirken, dass die Länge des mittleren Teils der Spindelmuskelfasern, an denen die Sinneszellen enden, gleich bleibt (**Abb. 254.1 c**). Auf diese Weise bleiben die Muskelspindeln dauernd in der Lage die jeweilige Muskellänge zu messen. Dadurch wird erreicht, dass der Muskel auf unvorhersehbare Störungen auch während einer Bewegung richtig reagiert.

Die Muskelspindeln wirken bei einer Bewegung auch auf die Motoneurone des antagonistischen Muskels ein. Die Einwirkung ist allerdings nicht direkt, sondern erfolgt über ein zwischengeschaltetes Interneuron. Das Interneuron bildet mit dem α-Motoneuron des Antagonisten hemmende Synapsen. Deshalb erschlafft beim schnellen Heben eines Trinkgefäßes der Antagonist des Bizeps, nämlich der Armstrecker. Andernfalls würde im Armstrecker ein Dehnungsreflex ausgelöst, welcher der Beugung des Armes entgegen wirkte.

6.5 Steuerung von Bewegungen

Das motorische System des Zentralnervensystems des Menschen umfasst mehrere Untereinheiten, die hierarchisch strukturiert und für verschiedene Aspekte der Bewegungssteuerung zuständig sind (**Abb. 255.1 a**). Der höchsten Ebene gehören Gehirnareale an, welche das Bewegungsziel festlegen, z.B. einen Gegenstand zu ergreifen. Mit dieser Aufgabe befassen sich die *Assoziationsregionen* der vorderen Großhirnrinde. Sie stehen in enger Verbindung mit nachgeschalteten Gehirnarealen, die den Bewegungsplan entwerfen, d.h. eine konkrete Abfolge der erforderlichen Teilbewegungen. Die betreffenden Gehirnareale bezeichnet man als *prämotorische Regionen*

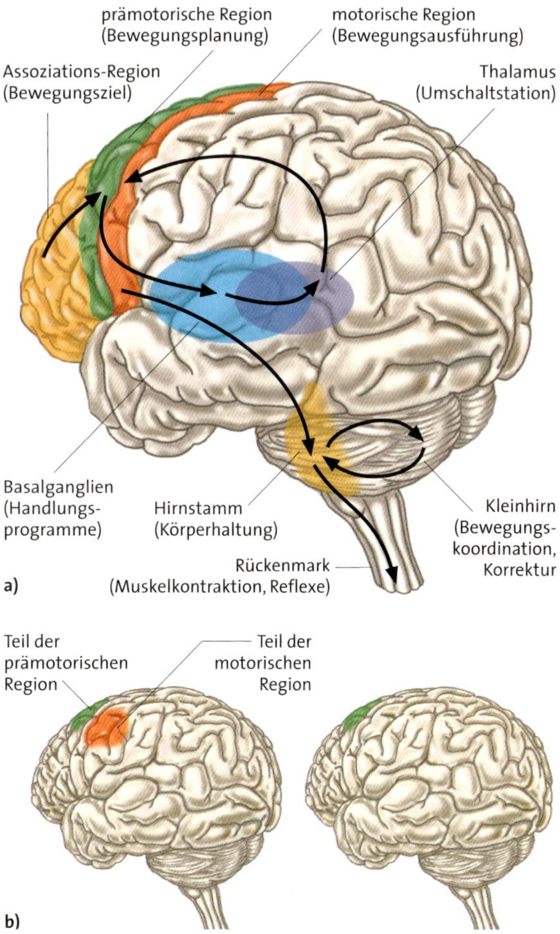

Abb. 255.1: Steuerung von Bewegungen. **a)** Zusammenarbeit vieler Teile des Gehirns (vereinfacht); **b)** Steuerung einer komplexen Fingerbewegung. Die Planung und Ausführung aktiviert sowohl die motorischen als auch prämotorischen Regionen der Hirnrinde (links). Die Planung und gedankliche Ausführung derselben Fingerbewegung aktiviert nur die prämotorischen Regionen (rechts).

NEUROBIOLOGIE

der Großhirnrinde. Sie legen z. B. die Winkelbeträge fest, um welche die einzelnen Gelenke zu bewegen sind, sowie die zeitliche Abfolge der Gelenkbewegungen. Dazu verwendet die prämotorische Region Informationen aus sensorischen Regionen der Hirnrinde, beispielsweise über die Lage des Körpers im Raum oder die Stellungen der Gelenke von Arm und Hand. Die prämotorische Region arbeitet mit den Basalganglien zusammen, in denen u. a. *gelernte Bewegungsprogramme* abrufbereit sind, die eine schnelle Umsetzung des Bewegungssplans in einen konkreten Bewegungsablauf ermöglichen. Ohne solche Bewegungsprogramme, z. B. für Schwimmen oder Radfahren, wären die Bewegungen langsamer oder weniger gut koordiniert, weil die prämotorische Region jedes Detail der Bewegung festlegen müsste. Die in den Basalganglien abgerufenen Bewegungsprogramme werden über den Thalamus zu der eigentlichen motorischen Region der Großhirnrinde geleitet *(s. Abb. 255.1 b)*. Von dieser werden sie in Bewegungsbefehle für einzelne Muskeln oder Muskelgruppen umgesetzt. Wenn z. B. ein Gegenstand zu ergreifen ist, handelt es sich um jene Muskeln, welche die Arm- und Fingergelenke aktivieren, damit eine in Raum und Zeit koordinierte Bewegung entsteht *(s. Exkurs Steuerung der Bewegungsrichtung)*. In der motorischen Region der Großhirnrinde besteht eine genaue Zuordnung bestimmter Bereiche zu bestimmten Muskeln oder Muskelgruppen. Dabei sind benachbarte Großhirnbereiche auch benachbarten Muskeln zugeordnet, ähnlich wie in den sensorischen Bereichen der Großhirnrinde *(s. 5.2.2)*. Reizt man einzelne Gebiete der motorischen Region der Großhirnrinde elektrisch, treten in der Regel Bewegungen einzelner Gelenke auf, aber keine koordinierten Bewegungen mehrerer Gelenke.

Axone aus der motorischen Region der Großhirnrinde ziehen ins Rückenmark und beeinflussen dort α- und γ-Motoneurone. Andere Axone dieser Region enden schon im Stammhirn an Neuronen, deren Axone ebenfalls ins Rückenmark ziehen. Über Abzweigungen von Axonen aus der motorischen Region der Großhirnrinde wird das Kleinhirn über die auslaufenden Bewegungsbefehle informiert. Es vergleicht diese mit dem ursprünglichen Bewegungsprogramm und wirkt, falls notwendig, korrigierend ein *(s. 5.2.2)*.

Steuerung der Bewegungsrichtung

Die Richtung einer Armbewegung wird gemeinsam durch eine Vielzahl von »Armneuronen« der motorischen Region der Großhirnrinde bestimmt. Ihre Aktivität nimmt etwa 100 bis 200 ms vor Bewegungsbeginn zu. Jedes Armneuron besitzt eine etwas andere »Lieblingsrichtung«; es ist maximal aktiv, wenn die auszuführende Bewegung genau in seiner Lieblingsrichtung erfolgt. Je stärker die Richtung der geplanten Bewegung davon abweicht, desto geringer ist seine neuronale Aktivität. Eine Gruppe von Armneuronen mit unterschiedlichen Lieblingsrichtungen können gemeinsam Armbewegungen in verschiedene Richtungen codieren (**Abb. 256.1**). Jedes Armneuron leistet dabei einen Beitrag zur Festlegung der Bewegungsrichtung. Es sind jeweils jene Armneurone maximal erregt, deren Lieblingsrichtung mit der beabsichtigten Bewegungsrichtung übereinstimmt, andere Neurone weniger. Eine Population von Neuronen verschlüsselt also gemeinsam eine Information, wie z. B. den Befehl für eine Bewegungsrichtung. Man spricht daher von einem *Populationscode*. Ist dieser bekannt, so kann man die Richtung der Armbewegung vorhersagen.

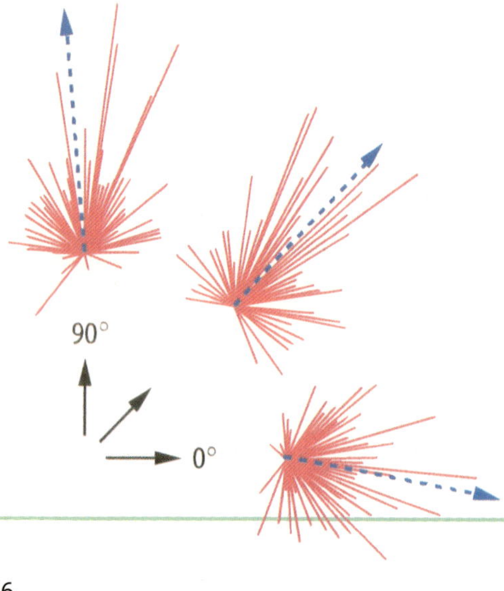

Abb. 256.1: Aktivität von »Armneuronen«, während ein Affe Armbewegungen in die in der Mitte dargestellten Richtungen ausführt. Jedes Neuron ist durch einen roten Strich dargestellt, der in jene Richtung zeigt, für die das betreffende Neuron codiert. Je länger der Strich, desto höher die Aktivität des Neurons. Fasst man Länge und Richtung jedes Strichs als Vektor auf und addiert diese, erhält man den Summenvektor (blau). Er repräsentiert die durch alle Armneurone verschlüsselte Bewegungsrichtung; sie stimmt mit der tatsächlichen Bewegungsrichtung (schwarz) sehr genau überein.

Bau und Funktion von Nervenzellen

Nervenzellen oder Neuronen bestehen zumeist aus *Dendriten, Zellkörper* und *Axon.* Sie sind für die Aufnahme, Verarbeitung und Weiterleitung von Informationen zuständig *(s. 1.1).* Dies ist an elektrische Vorgänge an der Nervenzelle gebunden, bei denen bestimmte Ionen die Zellmembran über *Ionenkanäle* passieren *(s. 1.2).* Zwischen dem Inneren einer unerregten Nervenzelle und dem sie umgebenden Medium liegt eine elektrische Spannung, ein *Membranpotenzial,* welches man auch als *Ruhepotenzial* bezeichnet *(s. 1.3).* Durch Einwirkung von Reizen können kurzzeitige rasche Änderungen des Ruhepotenzials hervorgerufen werden. In der Frequenz solcher *Aktionspotentiale* sind Informationen verschlüsselt. Die Fortleitung von Aktionspotentialen erfolgt über das Axon *(s. 1.5).* Ein Axon kann *Synapsen,* z. B. mit anderen Neuronen oder Muskelzellen, bilden. In den Synapsen wird Information durch chemische Botenstoffe übertragen. Solche *Neurotransmitter* wirken erregend oder hemmend auf die nachgeschaltete Zelle, man unterscheidet daher zwischen *erregenden* und *hemmenden Synapsen (s. 1.6).* Bestimmte Nervenzellen können auch Hormone abgeben.

Aufnahme und Verarbeitung von Sinnesreizen

Sinneszellen informieren über Vorgänge in der Umwelt und im Körperinneren. Sie werden durch *adäquate Reize,* wie z. B. Licht oder Schall, erregt: Es entsteht ein *Rezeptorpotential,* welches Aktionspotentiale auslöst, wenn seine Höhe den *Schwellenwert* übersteigt *(s. 2).*

Lichtsinn und weitere Sinne

Die Evolution hat verschiedene *Augentypen* hervorgerbacht, die sich vor allem im Hinblick auf die Schärfe und Lichtstärke der erzeugten Bilder unterscheiden. Erst die *Linsenaugen* liefern ein gleichzeitig scharfes und lichtstarkes Bild und haben ein hohes *Auflösungsvermögen.* Der erste Schritt des Sehvorgangs umfasst die Abbildung der Umwelt auf der *Netzhaut.* Durch *Akkommodation* können auf der Netzhaut entweder sehr nahe oder sehr weit entfernte Gegenstände scharf abgebildet werden *(s. 3.1).* In der Netzhaut befinden sich die *Lichtsinneszellen.* Unter ihnen dienen die relativ lichtempfindlichen *Stäbchen* dem Sehen in der Nacht, die weniger lichtempfindlichen *Zapfen* dem *Farbensehen* am Tage *(s. 3.2).* Die Verarbeitung der Lichtreize beginnt bereits in der Netzhaut und wird in den *Sehzentren* des Zentralnervensystem fortgesetzt *(s. 3.3).* Außer dem *Sehsinn* existieren weitere Sinne, wie z. B. der *Tastsinn,* der *Gehörsinn* und der *Geruchsinn (s. 4).*

Nervensysteme

Bei den Gliedertieren besteht das *Zentralnervensystem* aus *Gehirn* und *Bauchmark,* bei den Wirbeltieren und beim Menschen aus Gehirn und *Rückenmark.* Das *periphere Nervensystem* stellt die Verbindung zwischen dem Zentralnervensystem und der Peripherie des Körpers her *(s. 5.1).* Das Gehirn des Menschen besteht aus fünf Teilen: *Endhirn, Zwischenhirn, Mittelhirn, Hinterhirn, Nachhirn.* Das *somatische Nervensystem* steuert die Skelettmuskeln, das *vegetative Nervensystem,* zu dem der *Sympathikus* und *Parasympathikus* gehören, die übrigen Organe *(s. 5.2).* Die Steuerung höherer Hirnfunktionen erfolgt zumeist durch mehrere, in komplexen Netzwerken angeordneten Gehirnregionen. So werden *Motivationszustände* v.a. im *limbischen System* erzeugt, *Emotionen* durch den *Mandelkern* und mit ihm verbundenen Gehirnstrukturen hervorgebracht *(s. 5.3).* Man unterscheidet verschiedene Formen des Gedächtnisses. Das *Kurzzeitgedächtnis* speichert Informationen für Sekunden bis wenige Minuten, das *Langzeitgedächtnis* über viele Jahre. Im *deklarativen Gedächtnis (Wissensgedächtnis)* sind u. a. Fakten und Episoden gespeichert, im nicht-deklarativen Gedächtnis z. B. gelernte Bewegungsabläufe. Das Wissensgedächtnis ist v. a. an den Hippocampus gebunden, wichtige Strukturen des nicht-deklarativen Gedächtnisses sind die Basalganglien und das Kleinhirn. *Lernvorgänge* gehen u. a. mit langanhaltenden Änderungen der elektrischen Eigenschaften von Neuronen, wie z. B. *Langzeitpotenzierung,* einher *(s. 5.4). Wachheit* und *Aufmerksamkeit* wird maßgeblich durch die *Formatio reticularis* gesteuert, *Schlaf* u. a. durch das Zwischenhirn, *Bewusstsein* ist an Vorgänge in der *Hirnrinde* gebunden *(s. 5.5). Sprachproduktion* und *Sprachverstehen* werden von verschiedenen Zentren in der Hirnrinde gesteuert *(s. 5.6).*

Muskelbewegung

Bei Wirbeltieren findet man *glatte* und *quer gestreifte Muskeln.* Sie sind aus *Muskelzellen* oder *Muskelfasern* aufgebaut *(s. 6.1).* Die *Muskelkontraktion* kann durch elektrische Signale ausgelöst werden *(s. 6.2).* An der Kontraktion sind *Myosin-* und *Actinfilamente* beteiligt *(s. 6.3). Muskelspindeln* dienen der Regelung der Muskellänge *(s. 6.4).* Die Planung und Steuerung einer Bewegung bewirken mehrere Gehirnteile *(s. 6.5).*

1 Die individuelle Faserverteilung im Muskel

In der quer gestreiften Muskulatur des Menschen kommen drei Typen von Muskelfasern vor. Die roten sind langsam, ermüdungsresistent und stark myoglobinhaltig, die weißen sind schnell und erzeugen nur kurzfristig eine hohe Leistung, die intermediären sind schnell und ermüdungsresistent (**Abb. 258.1**). Die Myofibrillen der langsamen Muskelfasern enthalten einen größeren Anteil an Mitochondrien als die Myofibrillen schneller Muskelfasern (**Abb. 258.2**). Entscheidend für die Geschwindigkeit der Kontraktion ist, wie schnell ATP am Myosinfilament gespalten wird. Der Anteil schneller und langsamer Muskelfasern ist von Muskel zu Muskel unterschiedlich. Die Verteilung der Fasertypen ist vermutlich genetisch festgelegt und individuell verschieden. Innerhalb eines Muskels lagern sich Muskelfasern vom gleichen Fasertyp in vari-abler Zahl in Gruppen zusammen. Es ist kein Muskel bekannt, in dem ausschließlich ein Fasertyp vorkommt. So sind im äußeren Oberschenkelstreckmuskel normalerweise etwa gleich viele schnelle und langsame Fasern vorhanden, während in Haltemuskeln, wie dem Rückenstrecker, der Anteil der langsamen Fasern bis zu 95 Prozent betragen kann. Untersuchungen zeigen, dass Athleten je nach Sportart einen unterschiedlichen Anteil an weißen Muskelfasern besitzen (**Abb. 258.4**). Bis heute ist nicht bekannt, ob sich durch spezielles Training der Anteil eines Fasertyps steigern lässt. Man hat bisher nur feststellen können, dass der Myoglobin- und Mitochondrienanteil in den beiden extremen Fasertypen beeinflusst werden kann. Die Umwandlung des Intermediärtyps in die eine oder andere Richtung wäre allerdings eine mögliche Erklärung für spezielle Trainingswirkungen.

a) Beschriften Sie die Strukturen a bis f der **Abb. 258.2**. Zeichnen Sie die Einzelheiten des Ausschnitts f im Detail und erklären Sie daran die Vorgänge, die zu einer Muskelkontraktion führen.

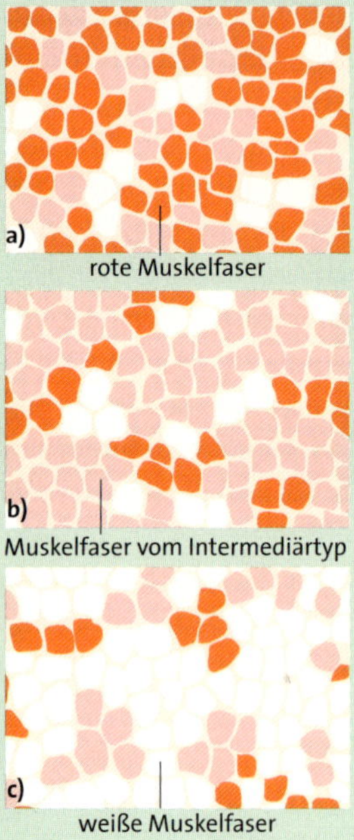

Abb. 258.1: Ausschnitte aus Muskelquerschnitten. **a)** Hoher Anteil an roten Muskelfasern, d. h. langsamen, ermüdungsresistenten Fasern; **b)** hoher Anteil an Muskelfasern vom Intermediärtyp, d. h. schnellen, ermüdungsresistenten Fasern; **c)** hoher Anteil an weißen Muskelfasern, d. h. schnell arbeitenden Fasern mit kurzfristiger hoher Kraftentwicklung schon innerhalb der ersten 20 Sekunden.

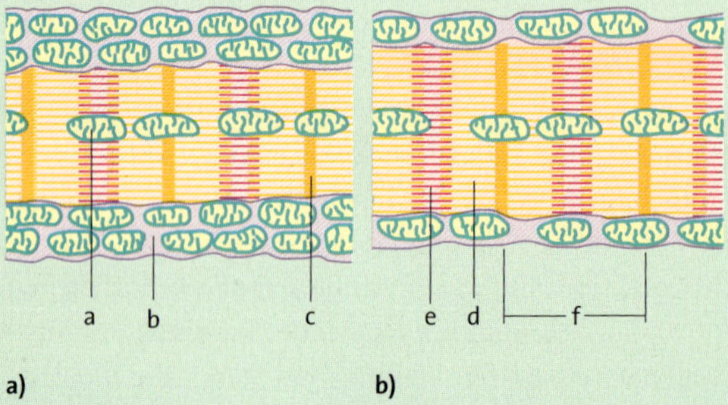

Abb. 258.2: Ausschnitte aus Myofibrillenlängsschnitten mit hohem **(a)** und niedrigem **(b)** Gehalt an Mitochondrien

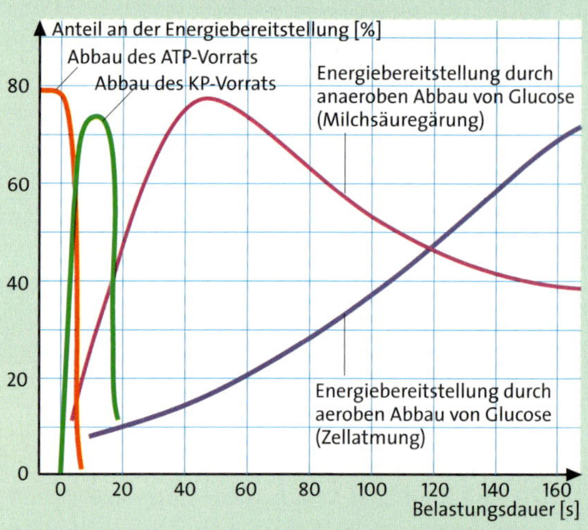

Abb. 258.3: Energiebereitstellung bei maximaler körperlicher Belastung. Je nach Dauer der Belastung tragen unterschiedliche Prozesse zur Energielieferung bei (KP: Kreatinphosphat).

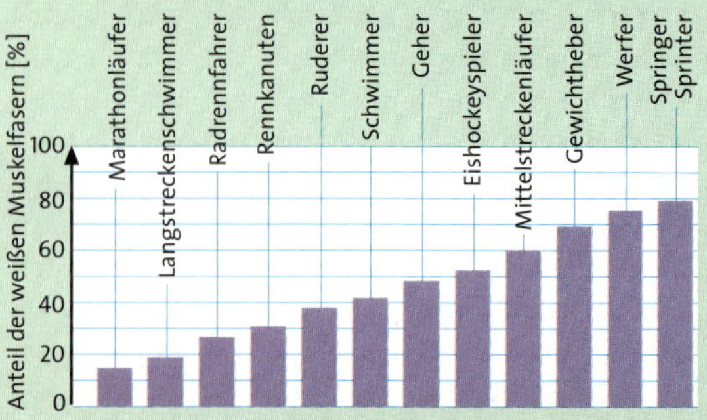

Abb. 258.4: Anteil der weißen Muskelfasern im Oberschenkel unterschiedlicher Athleten

b) Beschreiben Sie die Unterschiede der drei Muskeltypen der **Abb. 258.1** auch mithilfe des Textes.

c) Beschreiben Sie die Energieversorgung der roten und der weißen Muskelfasern. Begründen Sie Ihre Aussagen auch mithilfe der **Abb. 258.2** und **258.3**.

d) Vergleichen Sie die Anteile der weißen Muskelfasern im Oberschenkelmuskel unterschiedlicher Athleten (**Abb. 258.4**) und erläutern Sie die Unterschiede bezüglich der Sportarten Marathonlauf und Sprint. Beziehen Sie sich dabei auf alle Abbildungen.

e) Welche Schlussfolgerungen können Sie hinsichtlich der Förderung des Leistungssports aus den Materialien und Befunden ziehen? Ist Talentsuche zweckmäßig? Warum ist ein spezifisches Training für die verschiedenen Sportarten sinnvoll?

2 Modellversuch zur Entstehung einer Potenzialdifferenz

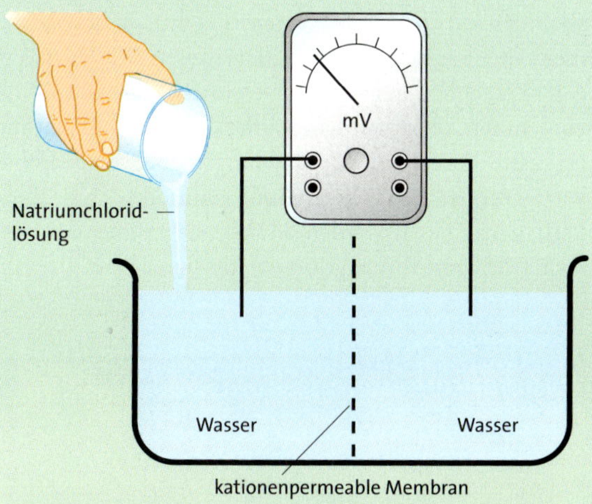

Abb. 259.1: Versuchsaufbau zum Modellversuch »Membranpotenzial«. Zwei Versuchsräume (Halbzellen), in denen sich Wasser befindet, sind durch eine Membran getrennt, die nur Kationen passieren lässt. In einen der Versuchsräume wird eine Kochsalzlösung geschüttet.

a) Welche Fragestellung liegt diesem Versuchsansatz zugrunde?

b) Formulieren Sie eine Hypothese zur Spannungsänderung nach Zugabe der Natriumchlorid-Lösung. Begründen Sie die Hypothese anhand des Diffusionsverhaltens der Na^+- und Cl^--Ionen.

c) Vergleichen Sie die beiden Halbzellen sowie die kationenpermeable Membran mit den Verhältnissen in der Nervenzelle: Worin bestehen die Gemeinsamkeiten und Unterschiede? Welche Ionen in den Halbzellen entsprechen den organischen Anionen, welche den Kaliumionen in der Nervenzelle?

3 Erregungsübertragung an Synapsen

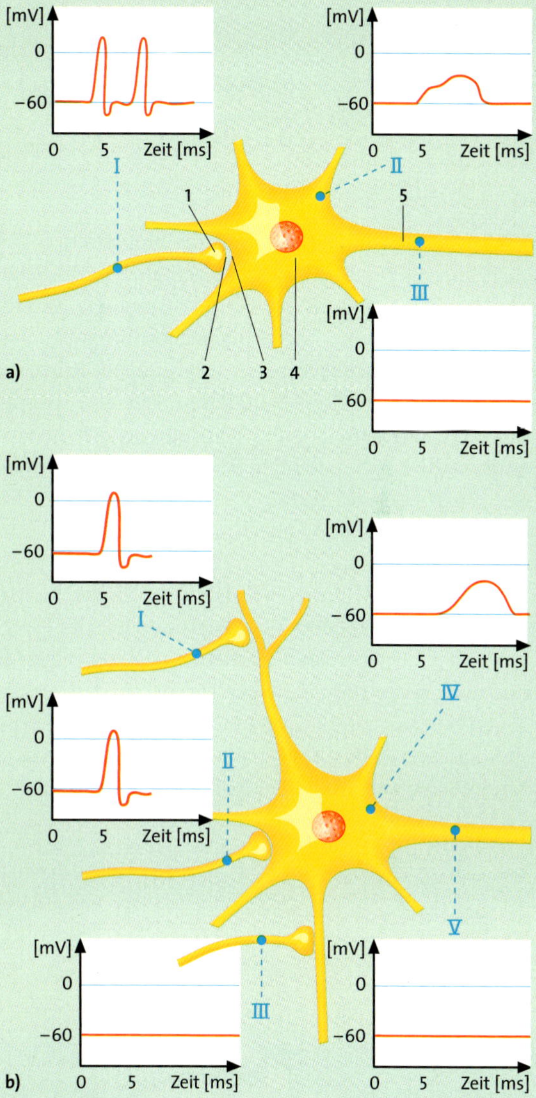

Abb. 259.2: Schematische Zeichnungen synaptischer Verknüpfungen. Den Stellen I bis V sind verschiedene Membranpotenziale zugeordnet.

a) Benennen Sie sowohl die Zellstrukturen 1 bis 5 als auch die unterschiedlichen Membranpotenziale an den Stellen I bis III in **Abb. 259.2a**.

b) In **Abb. 259.2** ist weder in a) an der Stelle III noch in b) an der Stelle V eine Erregung festzustellen. Stellen Sie Vermutungen an, wie es an den beiden Stellen auf der Basis der vorgegebenen synaptischen Verschaltungen zu einer Erregung an der Nervenmembran kommen kann. Begründen Sie Ihre Vermutungen, und stellen Sie die wesentlichen Unterschiede zwischen a) und b) heraus.

VERHALTENSBIOLOGIE

Die Verhaltensbiologie erforscht die biologischen Ursachen und die Konsequenzen des Verhaltens. Mit **Verhalten** bezeichnet man in der Verhaltensbiologie Aktionen und Reaktionen eines Tieres und weiterführend auch des Menschen, alle beobachtbaren Bewegungen, Körperhaltungen sowie sämtliche Lautäußerungen und sonstigen Kommunikationsweisen. Für Tiere und den Menschen ist es unmöglich, sich »nicht zu verhalten«. Auch Zustände wie Schlaf oder das regungslose Einnehmen einer Körperposition etwa beim Lauern auf Beute wird als Verhalten aufgefasst.

Verhaltensforschung wird nicht nur in der Biologie, sondern auch in anderen Wissenschaften wie der Psychologie oder der Soziologie betrieben. Die jeweiligen Betrachtungsweisen von Verhalten weichen in den verschiedenen Wissenschaften voneinander ab. So können in psychologischen Untersuchungen des Menschen sowohl das von außen objektiv beobachtbare Verhalten als auch innere, im Bewusstsein des einzelnen Menschen ablaufende Prozesse, z. B. die ein Verhalten begleitenden Gefühle, beschrieben werden. Solche subjektiven Vorgänge bei Tieren sind der biologischen Verhaltensforschung jedoch nicht zugänglich. Sie können nur vom Menschen durch Introspektion (»In-sich-Hineinschauen«) erfasst und mitgeteilt werden. Dies muss auch hinsichtlich des Bedeutungsgehaltes von manchen in der Verhaltensforschung verwendeten Termini, wie z. B. »aggressives Verhalten« oder »Fluchtverhalten«, bedacht werden. Sie stammen oft aus der Umgangssprache, in der sie sich meist auf menschliche Verhaltensweisen beziehen. Umgangssprachlich angewandt, beschreiben sie sowohl den von außen objektiv beobachtbaren Vorgang als auch bewusste Vorgänge, z. B. das Empfinden von Gefühlen wie Wut oder Furcht, die damit verbunden sind. In der Verhaltensbiologie werden sie aber nur auf die von außen beobachtbaren Vorgänge bezogen.

a)

b)

1 Grundlagen der Verhaltensbiologie

Die biologische Analyse des Verhaltens vollzieht sich vor allem auf drei verschiedenen Ebenen, für die folgende Fragestellungen kennzeichnend sind:

1. Wie wird das Verhalten *gesteuert?* Mit dieser Frage beschäftigt sich die *Verhaltensphysiologie* oder *Neuroethologie.* Sie versucht herauszufinden, wie ein Verhalten ausgelöst, durchgeführt und beendet wird, beispielsweise auf welche Weise eine Beutefangbewegung vom Nervensystem gesteuert wird (**Abb. 260.1 a**). Dabei gilt es, alle Faktoren zu analysieren, die ein bestimmtes Verhalten erzeugen, wie z. B. den Aufbau und die Funktionsweise der beteiligten Netzwerke von Nervenzellen und die Leistungen der beteiligten Sinnesorgane.

2. Wie *entwickelt* sich das Verhalten eines Tieres im Laufe seines Lebens? Die *Verhaltensontogenese* widmet sich der Frage nach der Ausbildung einzelner Verhaltensweisen, die oft mit einem komplexen Zusammenwirken von Erbgut und Umwelt einhergeht. Dabei stellt sich auch die Frage, wie stark die Entwicklung von Verhaltensweisen durch *Lernprozesse* bestimmt wird (**Abb. 260.1 b**).

3. Warum hat sich das Verhalten im Laufe der *Evolution* herausgebildet? Das heißt, welche Funktionen erfüllt eine Verhaltensweise in der Auseinandersetzung des Lebewesens mit der Umwelt? Auf welche Weise trägt es dazu bei, beispielsweise den Fortpflanzungserfolg der Individuen einer Art zu sichern? Die *Verhaltensökologie* und eines ihrer wichtigsten Teilgebiete, die *Soziobiologie,* sucht Antworten auf solche Warum-Fragen. Sie analysiert die Evolutionsfaktoren, die die phylogenetischen Entwicklung bestimmter Verhaltensweisen der betreffenden Art bedingen, z. B. die Tötung von Nachkommen (**Abb. 260.1 c**). Außerdem untersucht die Verhaltensökologie, wie Verhaltensweisen einer Art zur Anpassung an die Umwelt beitragen. Für die Beantwortung dieser Fragen wird ein breites Spektrum wissenschaftlicher Methoden verwendet, die vielfach aus anderen Teilgebieten der Biologie stammen, wie etwa der Neurobiologie oder der Genetik. Darüber hinaus hat die Verhaltensbiologie spezifische Methoden entwickelt *(s. Exkurs Atrappenversuch, S. 266)*, um Verhaltensweisen in Laborversuchen und im Freiland zu untersuchen.

Proximate und ultimate Verhaltensursachen. Die Ursachen der Verhaltensweisen lassen sich in zwei Kategorien einteilen. Man kann zum einen die *aktuellen Ursachen* betrachten, die das Auftreten und die Art der Ausführung eines Verhaltens unmittelbar, d. h. hier und jetzt, bewirken. Die aktuellen Ursachen umfassen sowohl die verhaltensphysiologischen als auch die verhaltensontogenetischen Mechanismen, die eine bestimmte Verhaltensweise bedingen. Man bezeichnet sie zusammen auch als **proximate Ursachen** (lat. *proximus* der Nächste, Unmittelbarste). Fragt man nach der Funktion eines Verhaltens in der Auseinandersetzung mit der Umwelt bzw. nach dessen Beitrag zum Fortpflanzungserfolg der Individuen einer Art, dann betrachtet man **ultimate Ursachen** des Verhaltens (lat. *ultimus* der Letzte).

In diesem Kapitel liegt der Schwerpunkt auf proximaten Ursachen von Verhalten. Ultimate Ursachen werden im Abschnitt 4 und im Kapitel Evolution *(s. 2.5)* besprochen.

Abb. 260.1: Beispiele für verhaltensbiologische Fragestellungen. **a)** Löwen beim Beutefang: Die Verhaltensphysiologie fragt, wie das Nervensystem diese komplexe Verhaltensweise steuert; **b)** spielende Löwenjunge: Die Verhaltensontogenese fragt, inwieweit Spielverhalten zur Entwicklung von Verhaltensweisen wie dem Beutefang beiträgt; **c)** ein Löwenmännchen, das ein Rudel übernommen hat, tötet das Kind seines Vorgängers. Die Soziobiologie fragt, aus welchen Gründen sich dieses Verhalten im Laufe der Evolution herausgebildet hat.

1.1 Einteilung von Verhalten

Spontanes und reaktives Verhalten. Ein Verhalten kann ohne einen äußeren Anlass auftreten; es wird dann also nur von inneren Bedingungen ausgelöst. So erwacht der Mensch auch ohne äußere Weckreize aus dem Schlaf. Man nennt ein solches Verhalten *spontan.* Ein Verhalten kann auch ausschließlich eine Reaktion auf äußere Reize sein (*reaktives* Verhalten). So zieht der Mensch seinen Arm zurück, wenn die Hand einen heißen Gegenstand berührt. Das Auftreten der meisten Verhaltensweisen ist aber sowohl von inneren als auch von äußeren Ursachen abhängig. So antwortet ein Raubtier auf den Anblick einer Beute oft besonders leicht mit Beutefangverhalten, wenn es längere Zeit keine Nahrung zu sich genommen hat und die Attraktivität des Beutetieres hoch ist.

Abb. 262.1: Starrer Verhaltensablauf beim Beutefang der Erdkröte. Bewegt sich die Fliege nach Beginn der Zungenbewegung fort (rechts), schlägt die Zunge daneben.

Abb. 262.2: Bedeutung von Lernen bei der Gesangsentwicklung des Buchfinkenmännchens. Sonagramme der Strophe **(a)** eines frei aufgewachsenen Buchfinken und **(b)** eines isoliert aufgezogenen im Vergleich. Das isoliert aufgezogene Männchen hat vor allem den Endschnörkel nicht gelernt. Auch unterscheiden sich die Elemente von (b) in ihrer Zahl, Dauer und Frequenz von denen in (a).

Das Auftreten des Verhaltens wird also dann sowohl vom inneren Zustand als auch von der Stärke des äußeren Reizes beeinflusst.

Es gibt aber auch Verhaltensweisen, deren Auslösbarkeit fast immer gleich hoch liegt, das gilt z. B. für Flucht- oder Abwehrverhalten.

Starres und flexibles Verhalten. Außerdem kann ein Verhalten entweder starr ablaufen oder sich an unterschiedliche Erfordernisse anpassen. Ein *starr* ablaufendes Verhalten wird in seiner Form auch durch Sinnesmeldungen nicht verändert, die Bewegungen laufen immer gleich ab. So fängt die Erdkröte ihre Beute, z. B. eine Fliege, indem sie ihre klebrige Zunge blitzartig vorschnellt und wieder in den Mund zurückzieht. Bewegt sich die Beute nach dem Beginn der Zungenbewegung fort, schlägt die Zunge daneben, weil ihre Bewegungsrichtung nicht mehr korrigiert werden kann (**Abb. 262.1**).

Bei *flexiblem* Verhalten kann der Bewegungsablauf von dem zugehörigen Steuerungsprogramm durch Sinnesmeldungen laufend an Änderungen der Umgebung angepasst werden. Beispielsweise setzt der Mensch die Beine beim Gehen auf ebener Fläche anders als beim Gehen über ein Geröllfeld, obwohl in beiden Fällen das gleiche Steuerungsprogramm zugrunde liegt.

Genetisch bedingtes und erlerntes Verhalten. Eine bestimmte Verhaltensweise bezeichnet man als genetisch bedingt (angeboren), wenn an ihrer Ausbildung keine Lernvorgänge beteiligt sind. So führen Insekten und Vögel korrekte Flugbewegungen aus, ohne dies vorher gelernt zu haben. Entenküken setzen sofort die richtigen Schwimmbewegungen ein. Eine angeborene Verhaltensweise muss nicht gleich von Geburt an vorhanden sein, sondern sie kann auch erst später auftreten, wie z. B. das Fliegen von Vögeln und Insekten oder das Sexualverhalten. Andere Verhaltensweisen bilden sich fast ausschließlich durch Lernen aus, wie z. B. der Werkzeuggebrauch bei Schimpansen *(s. Abb. 276.1)*. Viele Verhaltensweisen liegen zwischen diesen beiden Extremen. Dann bestimmt das Erbgut, in welcher Weise sich das Verhalten unter dem Einfluss von Lernen entwickeln kann. So ist bei vielen Singvögeln nur die grobe Struktur des arttypischen Gesanges ererbt. Zur Ausbildung der vollen Gesangsstruktur müssen die Tiere in ihrer Jugendzeit den Gesang eines Artgenossen gehört haben (**Abb. 262.2**). Dabei dient aber bei den meisten Arten nur der arteigene Gesang, nicht aber die Gesänge anderer Vogelarten als Vorbild. Einige Arten können auch Nicht-Artgenossen für einen Teil ihres Gesangsrepertoires zum Vorbild nehmen (so genannte Spötter, z. B. Star).

Geschichte der Verhaltensforschung

Die wissenschaftliche Verhaltensforschung wurzelt in Arbeiten von Naturforschern des achtzehnten und neunzehnten Jahrhunderts. Unter ihnen war insbesondere DARWIN *(s. Evolution 1.2)* für die Entwicklung der modernen Verhaltensforschung wegweisend. Denn mit seiner Theorie der natürlichen Auslese schuf er die Grundlage für die Betrachtung von Verhalten nach evolutiven Gesichtpunkten. Anfang des zwanzigsten Jahrhunderts entwickelten sich unterschiedliche Ansätze zur Untersuchung des Verhaltens von Tieren und Mensch.

Der *Behaviorismus* (amerik. *behavior* Verhalten), vertreten z.B. durch SKINNER (1904–1990), beschäftigte sich mit Verhaltensweisen, die hauptsächlich auf Lernvorgängen beruhen. In dieser vor allem in Amerika beheimateten Forschungsrichtung wurden in erster Linie Zusammenhänge von beobachtbaren Verhaltensweisen und Umweltreizen beschrieben. Verhalten wurde vorrangig als eine erlernte Reaktion auf Umweltreize angesehen. Diese Vorstellung hatte starken Einfluss auf Psychologie und Pädagogik.

Die *klassische Ethologie* (gr. *ethos* Gewohnheit) entwickelte sich in Europa parallel zum Behaviorismus. Als Hauptvertreter sind LORENZ (1903–1989) und TINBERGEN (1907–1988) zu nennen. Sie untersuchten vorwiegend angeborene Verhaltensweisen und solche, deren Auslösbarkeit stark von inneren Bedingungen abhängt. Durch die Betrachtung auch innerer Ursachen von Verhalten, z.B. der Motivation, unterschied sich die klassische Ethologie vom Behaviorismus im strengen Sinne; denn dieser vermied bei der Interpretation von Verhalten jeden Bezug zu inneren Prozessen. Ein weiterer Unterschied zum Behaviorismus bestand hinsichtlich der verwendeten Methoden zur Verhaltensbeobachtung: Der Behaviorismus untersuchte die Tiere meist in unnatürlicher Laborumgebung. Demgegenüber verwendeten die klassischen Ethologen möglichst natürliche, artgerechte Beobachtungssituationen. Darüber hinaus waren sie nicht nur an den aktuellen, proximaten Ursachen, sondern auch an den evolutiven, ultimaten Ursachen von Verhaltensweisen interessiert.

Die *Neuroethologie* oder *Verhaltensphysiologie* versucht herauszufinden, wie das Nervensystem Verhalten erzeugt, d.h. auf welchen neurobiologischen Mechanismen ein beobachtetes Verhalten beruht. Als frühe Vertreter seien HESS (1871–1973), von HOLST (1908–1962) und von FRISCH (1886–1982) genannt.

Während die klassische Ethologie ihre Wurzeln in der vergleichenden Anatomie und der Evolutionsforschung hat und wie diese Disziplinen vorwiegend beschreibt und vergleicht, steht die Neuroethologie der Neurobiologie nahe, vor allem ihren Teilgebieten Nerven- und Sinnesphysiologie. Neuroethologen wie der Nobelpreisträger HESS nahmen gezielte Eingriffe in bestimmte Gehirnareale vor und untersuchten, wie sich durch solche Manipulationen Verhaltensweisen von Tieren verändern.

Der Behaviorismus, die klassische Ethologie und die Neuroethologie untersuchen hauptsächlich ontogenetische und physiologische Aspekte des Verhaltens, Demgegenüber betrachtet die *Soziobiologie* evolutive Ursachen sozialer Verhaltensweisen. Dazu gehören Brutpflege, gegenseitige Hilfe zur Abwehr von Fressfeinden, auch das Teilen von Nahrung. Der Name *Soziobiologie* wurde 1975 von WILSON (*1929) geprägt.

Abb. 263.1: K. LORENZ und K. VON FRISCH, zwei Begründer der Ethologie

VERHALTEN

2 Verhaltensphysiologie

2.1 Grundelemente des Verhaltens

2.1.1 Reflexe

Als **Reflexe** bezeichnet man automatische, relativ stereotyp ablaufende Bewegungen, die durch bestimmte Reize hervorgerufen werden. Die Aufgaben von Reflexen sind sehr unterschiedlich. So verhindern *Schutzreflexe,* die durch Schmerzreize ausgelöst werden, Verletzungen. Dies geschieht z. B. beim Wegziehen der Hand, die eine heiße Herdplatte berührt. *Gleichgewichtsreflexe,* die durch Sinnesreize aus den Schwere- und Drehsinnesorganen ausgelöst werden, dienen der Erhaltung des Gleichgewichts.

Reflexen liegt eine Verbindung zwischen Sinneszellen und Motoneuronen zugrunde. Eine solche Verbindung bezeichnet man als *Reflexbogen.* Ist das Axon der Sinneszelle direkt mit dem Motoneuron verbunden, handelt es sich um einen *monosynaptischen Reflexbogen.* Denn zwischen Sinneszelle und Motoneuron ist nur eine Synapse vorhanden, wie beispielsweise beim »Kniesehnenreflex« *(s. Neurobiologie 6.4).* Dieser *Dehnungsreflex* wirkt einer von außen aufgezwungenen Längenänderung des Muskels entgegen, indem die Muskelspannung reflektorisch erhöht wird. Dadurch wird die ursprüngliche Muskellänge wieder hergestellt. Weil in diesem Fall das gereizte Organ und das Erfolgsorgan identisch sind, spricht man von einem *Eigenreflex.* Die Reflexzeit, d. h. die Zeitspanne vom Beginn der Reizeinwirkung bis zum Einsetzen der motorischen Reaktion, ist dabei mit 20 ms besonders kurz. Im Unterschied zu Eigenreflexen ist bei *Fremdreflexen* das gereizte Organ und das Erfolgsorgan verschieden. Wird beispielsweise die Hornhaut eines Auges, etwa durch einen kurzen Luftstrom, mechanisch gereizt, schließen sich die Augenlider durch Kontraktion bestimmter Muskeln reflektorisch. Dieser Lidschlussreflex zählt, wie Husten und Nießen, zu den Fremdreflexen mit Schutzfunktion. Fremdreflexe, die der Ernährung dienen, sind z. B. Schlucken oder Speichelsekretion. Der Reflexbogen typischer Fremdreflexe umfasst zumeist mehrere Synapsen, er ist *polysynaptisch.* Zwischen den Sinneszellen und den Motoneuronen sind in der Regel einige Interneurone eingeschaltet. Durch diese Verschaltung können durch einen Reiz komplexere Bewegungen ausgelöst werden. Dies ist an einem Schutzreflex der Beinmuskulatur ersichtlich. Ein Schmerzreiz an der linken Fußsohle, etwa beim Treten auf einen Nagel, löst eine Beugung in allen Gelenken dieses Beines aus. Durch den polysynaptischen Reflexbogen werden Beugemuskeln kontrahiert, die Streckmuskeln erschlaffen. Gleichzeitig wird die Streckmuskulatur des rechten Beines aktiviert, um den Körper im Gleichgewicht zu halten (**Abb. 264.1**). Die Reflexzeit polysynaptischer Reflexe ist wegen der mehrfachen synaptischen Umschaltungen länger als die von Eigenreflexen. Man unterscheidet Reflexe auch danach, ob sie erfahrungsbedingt (bedingt) oder nicht erfahrungsbedingt (unbedingt) sind. *Unbedingte Reflexe* sind genetisch vorprogrammiert, d. h. ein bestimmter Reiz löst eine bestimmte Reaktion hervor, die nicht erlernt werden muss. Sie beruhen auf einer vorgegebenen Verschaltung von Sinneszelle und Erfolgsorgan. Zu den unbedingten Reflexen gehört der Lidschlussreflex. Bei *bedingten Reflexen* werden Verbindungen zwischen Sinneszelle und Erfolgsorgan durch Lernvorgänge neu ausgebildet. Ertönt in einem Versuch regelmäßig etwa eine halbe Sekunde vor einem Luftstrom auf das Auge ein Summton, so verursacht dieser nach einiger Zeit allein das Schließen der Augenlider.

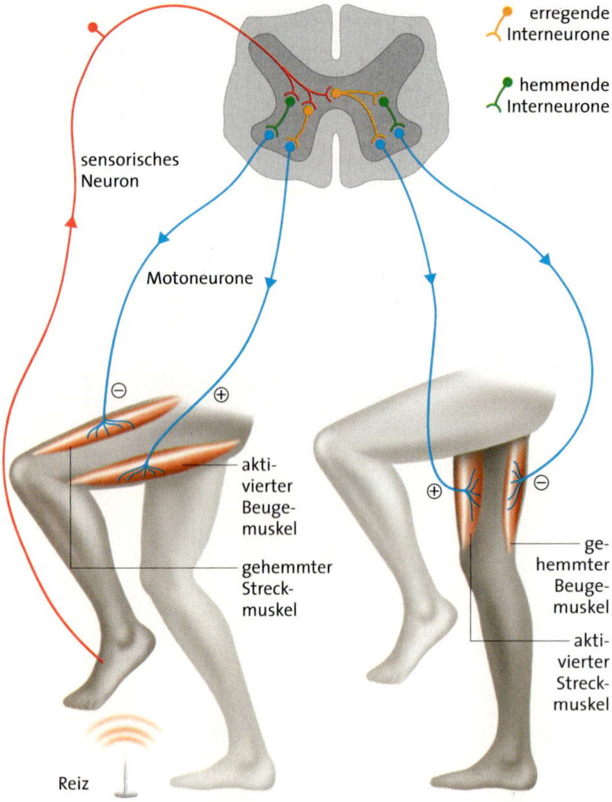

Abb. 264.1: Schutzreflex auf einen Schmerzreiz an der linken Fusssohle. Er besteht aus einem Beuge- (links) und Streckreflex (rechts). Bei beiden Reflexbögen sind die Axone der Sinneszellen im Rückenmark über mehrere Synapsen mit den motorischen Neuronen verbunden, die die Skelettmuskeln innervieren.

2.1.2 Erbkoordination

Mit *Erbkoordination* bezeichnet man eine relativ starre, in ihrer Form konstante Abfolge von Bewegungen, die weitgehend genetisch vorgegeben (ererbt) ist. Sie tritt daher bei allen Tieren einer Art oft in gleicher Weise auf. Erbkoordinationen sind beispielsweise isolierte Balzbewegungen von Vögeln oder Eirollbewegungen, mit denen am Boden brütende Vögel Eier in das Nest zurückholen (**Abb. 265.1**) Auch das Saugen eines Neugeborenen an der Brust der Mutter ist eine Erbkoordination (**Abb. 265.2**). Sie wurden früher auch als Instinktbewegungen bezeichnet, weil man »Instinkte« als ihre Ursache annahm. Damit wurden z. B. innere lebenserhaltenden Kräfte, angeborene Auslöser von Verhalten oder durch innere Energien aktivierte Triebe bezeichnet. Der Begriff »Instinkt« wird in der Verhaltensbiologie wegen seiner Vieldeutigkeit kaum mehr verwendet.

Im Gegensatz zu Reflexen ist die Auslösung von Erbkoordinationen stark vom inneren Zustand des Tieres abhängig, der als Handlungsbereitschaft oder Motivation *(s. 2.2.3)* bezeichnet wird. Oft wird vor einer Erbkoordination eine Orientierungsbewegung ausgeführt, deren Form und Ablauf variabel sein kann. Beispielsweise richtet sich eine Erdkröte beim Beutefang zunächst auf das Beutetier aus. Die hierfür erforderliche Bewegung ist je nach Position der beiden zueinander unterschiedlich. Anschließend wird die Beute fixiert. Erst dann wird die Erbkoordination, nämlich die Beutefangbewegung der Zunge *(s. Abb. 262.1)*, ausgeführt.

2.2 Mechanismen der Verhaltenssteuerung

2.2.1 Appetenzverhalten

Einer Erbkoordination kann ein Suchverhalten vorausgehen. So wird z. B. ein hungriges Raubtier, das nicht sofort Beute findet, zunächst sein Jagdrevier durchstreifen. Entdeckt es ein Beutetier, nähert es sich ihm gezielt, fängt, tötet und frisst es. Das Such- und Annäherungsverhalten wird als *Appetenzverhalten* bezeichnet. Die Erbkoordination, die auf das Appetenzverhalten folgt und ein Verhalten beendet, nennt man auch *Endhandlung*, wie z. B. den Tötungsbiss. Die Endhandlung senkt in der Regel die Bereitschaft, die entsprechende Verhaltenssequenz nochmals auszuführen. Ob und wonach ein Tier sucht, lässt sich aber erst erkennen, wenn das Appetenzverhalten in eine Endhandlung übergeht.

Häufig besteht das Appetenzverhalten zunächst aus einer ungerichteten Phase, die dazu dient, das Objekt der Endhandlung erreichbar zu machen, z. B. die Suche der Beute oder des Sexualpartners. Nach dem Auffinden folgt in der zweiten, gerichteten Phase die direkte Annäherung an das Objekt. Ein Beispiel für ein Appetenzverhalten des Menschen ist die *Kontaktappetenz* des Kleinkindes. Bei aktivierter Kontaktbereitschaft beginnt das Kleinkind die Suche nach der Bezugsperson, z. B. durch Umherlaufen und Schreien (ungerichtete Phase). Beim Wahrnehmen der gesuchten Bezugsperson erfolgt die gezielte Annäherung, um den Kontakt herzustellen (gerichtete Phase).

Abb. 265.1: Erbkoordinationen. **a)** Eine Küstenseeschwalbe rollt ein Ei zurück ins Nest (Eirollbewegung); **b)** das Säugeverhalten eines Neugeborenen

2.2.2 Schlüsselreize und Auslösemechanismen

Eine Erbkoordination wird im Allgemeinen von einem bestimmten Außenreiz ausgelöst, der als *Schlüsselreiz* oder *Auslöser* bezeichnet wird. Man nimmt an, dass Schlüsselreize bei Tieren und beim Menschen über einen *angeborenen auslösenden Mechanismus (AAM)* wirken und dadurch ein Verhalten in Gang setzen. Der Begriff Schlüsselreiz beruht auf der Modellvorstellung, dass ein bestimmter Reiz wie ein Schlüssel in ein Schloss passt und es öffnet.

Das Erkennen eines Schlüsselreizes ist oft das Ergebnis eines komplexen Mustererkennungsvorgangs im Zentralnervensystem. Welche Hirnareale zum Erkennen von Schlüsselreizen beitragen, ist daher nur in wenigen Fällen genauer bekannt. So fand man beispielsweise bei Erdkröten im Mittelhirn ein Hirnareal, welches dem Erkennen von Beutetieren dient. Schädigt man dieses Hirnareal, kann eine Erdkröte Beutetiere nicht mehr von Nichtbeutetieren unterscheiden.

Ein Schlüsselreiz ruft immer eine bestimmten Handlung hervor. Diese Verknüpfung ist genetisch determiniert, muss also nicht erworben werden. So lösen einige Aminosäuren das Beutefangverhalten und Fressen bei Süßwasserpolypen aus. Eine Zecke sticht in alles, was warm ist und nach Buttersäure riecht. Buttersäure ist im Schweiß von Säugetieren enthalten. Die Erkennung dieses einfachen Schlüsselreizes genügt, um mit hoher Wahrscheinlichkeit einen geeigneten Wirt zu finden.

Ein AAM kann durch Lernvorgänge modifiziert werden; man bezeichnet ihn dann als einen *durch Erfahrung veränderten angeborenen Auslösemechanismus (EAAM)*. So reagieren unerfahrene Küken im Verhaltensversuch zunächst auf viele Flugtierattrappen mit Warnlauten und Fluchtverhalten, mit der Zeit jedoch nicht mehr auf Attrappen von für sie harmlosen Vögeln wie Tauben. Der Auslösemechanismus wurde also durch Lernen verfeinert und wird nur noch durch die für die Küken gefährlichen Greifvögel aktiviert.

Erlernte Auslösemechanismen (EAM) entstehen hingegen vollkommen neu und beruhen ausschließlich auf Lernvorgängen *(s. 3.1)*. Dazu zählt z. B. die Reaktion von Möwen auf Unterwasserexplosionen, die früher von Fischern in Küstenbereichen regelmäßig zum Fischfang eingesetzt wurden. Die Möwen lernten auf diese zunächst bedeutungslosen Geräusche zu reagieren: Sie suchten die Wasseroberfläche nach getöteten Fischen ab.

Schlüsselreize beim Menschen. Beim Menschen gibt es ebenfalls AAM und dazu passende Schlüsselreize, wie z. B. das Kindchenschema. Damit bezeichnet man eine Kombination von Körpermerkmalen, die für Kleinkinder typisch ist. Kennzeichen des Kindchenschemas sind ein großer Kopf mit ausgeprägter Stirnwölbung und deutlich

Attrappenversuche

Abb. 266.1: Attrappenversuch. Die Attrappe eines heranwachsenden männlichen Rotkehlchens ohne rote Brustfedern (links) ruft kein Kampfverhalten hervor. Dagegen löst ein formloses Büschel roter Federn bei erwachsenen Tieren starkes Kampfverhalten aus.

Die Eigenschaften und Wirkungen von Schüsselreizen werden oft mithilfe von *Attrappenversuchen* bestimmt. Zunächst entwickelt man hierfür eine Attrappe, d. h. eine künstliche Nachbildung eines natürlichen Reizes. Dabei kann es sich z. B. um das Modell eines Artgenossen handeln. Wenn sich mit dieser Attrappe eine angeborene Verhaltensweise wie Droh- oder Kampfverhalten auslösen lässt, wird sie schrittweise abgeändert. Dadurch soll festgestellt werden, welche Einzelmerkmale oder Merkmalskombinationen der Attrappe unverzichtbar sind, damit sie als Schlüsselreiz für die Auslösung eines Verhaltens wirksam ist. Beispielsweise greifen während der Paarungszeit erwachsene männliche Rotkehlchen nur erwachsene männliche Artgenossen an, nicht aber heranwachende männliche Tiere. Durch Attrappenversuche wurde festgestellt, dass der Auslöser für das Droh- und Kampfverhalten die roten Federn sind, die nur erwachsene männliche Tiere im Bereich der Brust tragen (**Abb. 266.1**).

vorgewölbten Hinterkopf, große Augen, kleiner Nasen- und Kinnbereich (**Abb. 267.1**).

Das Kindchenschema ist ein Schlüsselreiz, der über einen auslösenden angeborenen Mechanismus (AAM) Brutpflegeverhalten beim Menschen auslöst. Menschen der verschiedensten Kulturkreise reagieren darauf meist mit betreuender Zuwendung und einer positiven Gefühlsreaktion. Es wird oft in der Werbung, bei der Herstellung von Spielzeug und bei Comic-Zeichnungen eingesetzt, um eine positive Gefühlsreaktion oder Kaufbereitschaft auszulösen.

Auch die Geschlechtszugehörigkeit Erwachsener wird wahrscheinlich anhand von Schlüsselreizen erkannt, z. B. anhand des Verhältnisses von Schulter- und Hüftbreite. Im Unterschied zu Tieren kann der Mensch die Wirkung von Schlüsselreizen eher kontrollieren und verändern. Z. B. beruht die Auslösung sexueller Verhaltenstendenzen teilweise auf Schlüsselreizen *(s. 4.5)*. Welche dieser Schlüsselreize als sexuell besonders aufreizend empfunden werden, hängt auch von der jeweiligen kulturellen Zugehörigkeit und damit von Lernvorgängen ab. So spielt die weibliche Brust als sexueller Reiz in Europa eine größere Rolle als in Schwarzafrika oder Ozeanien.

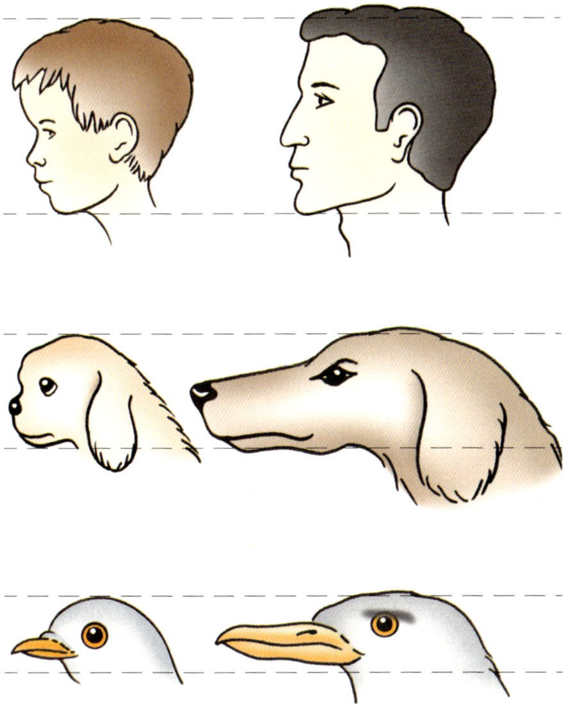

Abb. 267.1: Kindchenschema. In der linken Spalte sind Kopfformen abgebildet, die dem Kindchenschema entsprechen. Sie werden als »herzig« empfunden, auch wenn es sich um Kopfformen von erwachsenen Tieren handelt.

Messung der sexuellen Motivation

Rhesusaffen können lernen, einen Hebel 250-mal zu drücken, um Zugang zu einem Sexualpartner zu erhalten. Ein Maß der sexuellen Handlungsbereitschaft ist dabei die Dauer, die für das 250-malige Hebeldrücken benötigt wird.

Bei weiblichen Tieren hängt sie von der Phase des Menstruationszyklus ab; die Dauer ist während der Ovulationsphase am kürzesten. Begleitende Messungen der Bluthormonwerte ergaben, dass die Estrogen-Werte kurz vor der Ovulation ein Maximum aufweisen. Daraus wurde abgeleitet, dass Estrogene möglicherweise Änderungen der sexuellen Motivation der Weibchen bewirken. Diese Annahme wurde durch die Untersuchung weiblicher Tiere ohne Ovarien bestätigt: Werden ihnen künstlich Estrogene zugeführt, kann die sexuelle Motivation ausgelöst bzw. verstärkt werden.

Hormone nehmen nicht nur starken Einfluss auf das Fortpflanzungsverhalten, sondern auch auf andere Verhaltensweisen, z. B. Kampf- oder Fluchtverhalten *(s. Exkurs Stress, S. 298)*.

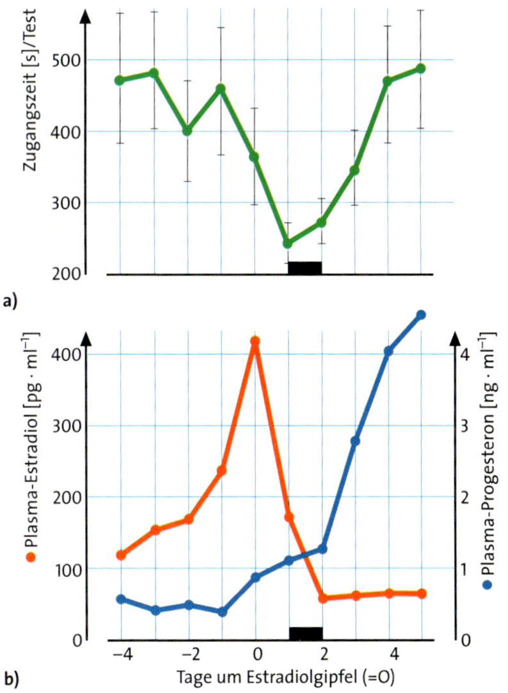

Abb. 267.2: Messung der sexuellen Motivation. **a)** Zeit, die ein Rhesusaffen-Weibchen braucht, um einen Hebel 250-mal zu drücken, damit es Zugang zu einem männlichen Tier bekommt; **b)** Änderung der Bluthormonwerte (schwarzer Balken: Ovulationszeitpunkt)

2.2.3 Handlungsbereitschaft (Motivation)

Die meisten komplexeren Verhaltensweisen werden ebenso wie die Erbkoordinationen nur dann von einem Auslösereiz gestartet, wenn im Tier eine bestimmte Bereitschaft dazu vorhanden ist. Diese *Handlungsbereitschaft* oder *Motivation* (manchmal auch Antrieb genannt, *s. Neurobiologie 5.3*) bezeichnet die inneren Ursachen einer Handlung. Ihre Stärke hängt von inneren Faktoren, oft aber auch von äußeren Reizen, ab. So wird die Handlungsbereitschaft, Verhaltensweisen des Nahrungserwerbs auszuführen, einerseits stark vom Grad der Sättigung bzw. des Hungers beeinflusst. Sie hängt aber auch von äußeren Bedingungen ab. Denn ein Tier, das eine Gefahr wahrnimmt, hat nur eine geringe Bereitschaft zum Nahrungserwerb, auch wenn es sehr hungrig ist. Die Handlungsbereitschaft für eine bestimmte Verhaltensweise ist nicht direkt messbar, sondern kann nur indirekt erschlossen werden. Eine raschere Ingangsetzung, eine häufigere Ausführung oder eine erhöhte Intensität einer Verhaltensweise in vergleichbaren Situationen sind Anzeichen für eine stärkere Handlungsbereitschaft *(s. Exkurs Messung der sexuellen Motivation, S. 267)*. Bereitschaften für Handlungen, die das Überleben sichern, sind von äußeren Bedingungen oft wenig beeinflusst. Dazu gehören Nahrungsaufnahme oder Wasseraufnahme und Handlungen, die der Temperaturregulation dienen, z. B. das Aufsuchen kühler oder warmer Plätze. Dagegen ist beispielsweise die Bereitschaft zum Erkundungs- und Spielverhalten sehr stark vom »Neuigkeitswert« der Umgebung abhängig.

Oft sind in der Umgebung eines Tieres gleichzeitig mehrere Auslösereize für unterschiedliche Verhaltensweisen vorhanden. Das Tier reagiert aber in der Regel nur auf *einen* der auslösenden Reize. Es setzt sich nur jene Verhaltensweise durch, für die die höchste Handlungsbereitschaft besteht. Überwiegt der Durst, trinkt das Tier zunächst, überwiegt der Hunger frisst es zuerst, usw. Ein noch weitgehend unerforschter Auswahlmechanismus des Gehirns setzt offenbar Prioritäten, er legt fest, welche Verhaltensweisen bevorzugt ausgeführt werden. Dadurch kann sich ein Tier in einer komplexen Umwelt zweckmäßig, d. h. gemäß den physiologischen Bedürfnissen, wie z. B. Hunger oder Durst, verhalten.

Manchmal beginnen beispielsweise kämpfende Hähne, die gleichzeitig den Gegner fürchten, plötzlich auf dem Boden nach Futter zu picken. Dieses Verhalten wird als *Übersprungsverhalten* bezeichnet. Man nimmt an, dass zwei starke Handlungsbereitschaften wie Kampf- und Furchtverhalten sich gegenseitig hemmen. Dann kommt eine dritte, der Situation nicht angepasste Handlungsbereitschaft zum Zug, z. B. diejenige für Pickverhalten. Ob diese einleuchtend erscheinende Erklärung zutrifft, ist bislang nicht gesichert.

Mithilfe von verhaltensphysiologischen Experimenten konnten einige der Gehirnareale identifiziert werden, die bestimmte Handlungsbereitschaften steuern. Eine besondere Bedeutung hat dabei der Hypothalamus *(s. Neurobiologie 5.2.2)*. So liegt z. B. im äußeren (lateralen) Teil des Hypothalamus bei Säugetieren ein »Zentrum« für Hunger und im zur Mitte des Gehirns hin gelegenen (medialen) Teil ein »Zentrum« für Sättigung. Andere Teile des lateralen Hypothalamus bilden ein »Durstzentrum«. Elektrische Reizung des »Hungerzentrums« löst die Nahrungssuche und -aufnahme aus. Seine operative Zerstörung oder die Inaktivierung durch direkte Infusion von Hemmstoffen unterdrückt das Fressverhalten (**Abb. 268.1**). Demgegenüber wird durch die elektrische Reizung des »Sättigungszentrums« das Fressverhalten gehemmt, während seine Zerstörung Überessen und Fettsucht verursacht. Wird das »Durstzentrum« elektrisch gereizt, so trinken Tiere übermäßig, wird es gehemmt, wird das Trinken unterdrückt. Die Steuerung der Nahrungs- und Wasseraufnahme wird nicht allein von den genannten Teilgebieten des Hypothalamus vermittelt, sondern erfordert die Beteiligung zahlreicher weiterer Hirnareale.

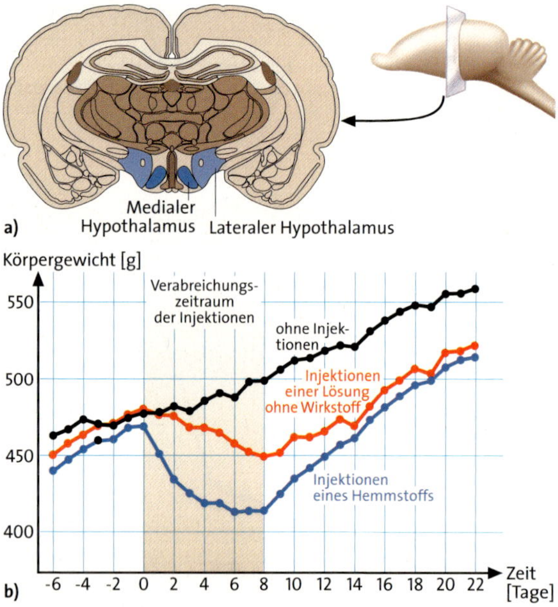

Abb. 268.1: Bedeutung des Hypothalamus bei der Steuerung von Handlungsbereitschaften. **a)** Lage des lateralen und medialen Hypothalamus im Frontalschnitt des Rattengehirns; **b)** direkte Infusion eines Hemmstoffs in den lateralen Hypothalamus unterdrückt das Fressverhalten und damit den Körpergewichtszuwachs von Ratten wesentlich stärker als die Infusion einer Lösung ohne Wirkstoff.

3 Verhaltensontogenese

3.1 Angeborenes und erlerntes Verhalten

Die Verhaltensontogenese befasst sich mit der Entwicklung und den Veränderungen von Verhaltensweisen eines Individuums während dessen gesamten Lebens. In früheren Untersuchungen stand dabei oft die Frage im Mittelpunkt, ob eine Verhaltensweise angeboren oder erworben sei. Inzwischen ist klar geworden, dass nur wenige Verhaltensweisen ausschließlich durch das Erbgut bedingt sind, keine allein auf die Wirkung der Umwelt zurückzuführen ist. Vielmehr werden die allermeisten Verhaltenweisen wie andere biologische Merkmale während der Individualentwicklung eines Organismus in einem komplexen Zusammenspiel von ererbten und umweltbedingten Faktoren ausgebildet. Die Gene liefern Informationen, die aufgrund von evolutiven Anpassungen auf die wahrscheinlichsten Umweltsituationen abgestimmt sind, denen ein Tier der betreffenden Art im Laufe seines Lebens ausgesetzt sein wird. Informationen über die tatsächlichen Umweltbedingungen nimmt ein Tier mit den Sinnesorganen auf. Dadurch erfolgen erfahrungsbedingte Anpassungen von Verhaltensweisen an die Umwelt. Sie beruhen vor allem auf Lernvorgängen. Mit **Lernen** bezeichnet man den Vorgang, mit dem ein Organismus Informationen aus der Umwelt aufnimmt sowie im Gedächtnis speichert und dadurch sein Verhalten ändert. Diese auf Erfahrung beruhende, adaptive Veränderung von Verhalten kann mehr oder weniger lange andauern. Sie geht mit zahlreichen Modifikationen in der Struktur und Funktion von Nervenzellen und ihren Verbindungen einher. Beispielsweise werden neue Synapsen gebildet. Das Zusammenspiel von angeborenen und erlernten Faktoren wird beim Sprechenlernen deutlich. So ist die grundlegende Fähigkeit des Menschen zu sprechen bzw. Sprachen zu erlernen, angeboren. Der Erwerb der Muttersprache und von Fremdsprachen erfordert indessen geeignete Umweltbedingungen, z. B. in Familie und Schule.

Verhaltensweisen, bei denen individuelle Lernvorgänge nachweislich keine Rolle spielen, nennt man *angeboren.* So schwimmt ein Entenküken sofort koordiniert, wenn es erstmals ein Gewässer aufsucht, dazu ist kein Ausprobieren und keine Nachahmung von Artgenossen erforderlich.

Viele Verhaltensweisen sind bei verschiedenen Individuen einer Tierart trotz unterschiedlicher individueller Umwelteinflüsse einheitlich ausgebildet. Man nimmt daher an, dass solche *artspezifischen Verhaltensweisen* weitgehend angeboren sind (**Abb. 269.1**).

Oft ist es allerdings schwierig, einen Einfluss von Lernvorgängen bei der Ausbildung einer Verhaltensweise sicher auszuschließen. Dies kann mit der Hilfe von *Erfahrungsentzugsexperimenten* erfolgen. Solche Versuche werden nach dem Findelkind KASPAR HAUSER auch als *KASPAR-HAUSER-Experimente* bezeichnet. KASPAR HAUSER tauchte 1828 in Nürnberg auf und wuchs bis dahin angeblich ohne Kontakt zu Menschen auf. Er wurde 1831 ermordet. Bei einem Kaspar-Hauser-Experiment werden einem Tier während der Entwicklung eines Verhaltens bestimmte Erfahrungsmöglichkeiten gezielt vorenthalten, von denen man annimmt, dass sie lernbedingte Verhaltensanpassungen bewirken. Beispielsweise müssen Gesänge von Vögeln immer in der gleichen Form erfolgen, damit sie von Artgenossen verstanden werden. Will man herausfinden, ob eine Vogelart Gesänge durch Nachahmung von Artgenossen oder durch Ausprobieren lernt, zieht man frisch geschlüpfte Tiere isoliert in schalldichten Kammern auf. Bei der Dorngrasmücke wurde durch solche Versuche festgestellt, dass sie den Gesang auch nach isolierter Aufzucht in artgemäßer Form ausführen kann. Diese Fähigkeit ist also bei dieser Vogelart im Unterschied zu anderen Arten, z. B. dem Buchfinken *(s. Abb. 262.2)*, angeboren.

Oft sind angeborene Verhaltensweisen nach der Geburt noch nicht ausgebildet. Sie sind zu einem späteren Zeitpunkt ohne zwischenzeitliche Lernvorgänge abrufbar. So treten Verhaltensweisen aus dem Bereich der Fortpflanzung unter dem Einfluss von Geschlechtshormonen erst nach Eintritt der Geschlechtsreife auf.

Abb. 269.1: Artspezifisches Verhalten. Die Struktur und damit das Spinnen eines Spinnennetzes ist charakteristisch für eine Spinnenart.

3.2 Nicht-assoziatives und assoziatives Lernen

Ein *nicht-assoziativer Lernvorgang* bewirkt eine Verhaltensänderung als Reaktion auf einen sich häufig wiederholenden Reiz, der weder positive noch negative Konsequenzen hat. So nimmt die Reaktion eines Tieres auf ein sich oft wiederholendes Geräusch, welches ohne Folgen bleibt, zunehmend ab (**Abb. 270.1**). Ein *assoziativer Lernvorgang* liegt vor, wenn ein Tier eine Verbindung *(Assoziation)* zwischen zwei verschiedenen Reizen, einem neutralen Reiz und einem zweiten Reiz herstellt, der entweder positive oder negative Auswirkungen auf den Organismus hat und sein Verhalten ändert.

Abb. 270.1: Habituation. Topfschlagen erschreckt die Katze, sie hört auf zu trinken. Nachdem die Schreckreaktion habituiert ist, trinkt das Tier weiter.

3.2.1 Nicht-assoziatives Lernen

Eine wichtige Form des nicht-assoziativen Lernens nennt man *Gewöhnung* oder *Habituation.* So nimmt man das Geräusch regelmäßig vorbeifahrender Züge mit der Zeit nicht mehr wahr, nachdem man in ein Haus nahe an einer Bahnlinie eingezogen ist. Die Reaktion wird nach wiederholter Wahrnehmung abgeschwächt, weil das Geräusch weder positive noch negative Folgen hat. Die Gewöhnung ist reizspezifisch, d. h. nur Geräusche vorbeifahrender Züge werden nicht wahrgenommen. Ferner ist sie spezifisch für die Umgebung, in der die Gewöhnung erfolgt ist: Geräusche vorbeifahrender Züge werden in anderen Wohnungen als der eigenen sehr wohl wahrgenommen. Habituation bewirkt also, dass wiederholt auftretende Reize, die keine positiven oder negativen Folgereize ankündigen, durch das Tier oder den Menschen nicht mehr beachtet werden. Sie erleichtert dadurch die Auswahl der bedeutsamen Reize aus der Flut der von den Sinnesorganen aufgenommenen Informationen. Die neuronalen Mechanismen dieses einfachen Lernvorgangs wurden inzwischen v.a. an wirbellosen Tieren weitgehend aufgeklärt *(s. Exkurs Habituation bei Aplysia).*

Eine andere Form des nicht-assoziativen Lernens ist die *Sensitivierung.* Sie ist z. B. nach wiederholter Einwirkung eines Schmerzreizes einer bestimmten Stärke zu beobachten: Die durch den Reiz ausgelöste Vermeidungsreaktion wird rasch stärker. Auch ein schwacher Schmerzreiz, der vor dem Einsetzen der Sensitivierung unterschwellig ist, ruft danach eine Vermeidungsreaktion hervor.

Abb. 270.2: Die Meeresschnecke *Aplysia* (»Seehase«), Länge bis 40 cm. Seehasen kommen im Flachwasser der Küsten vor, sie fressen Algen.

Habituation bei *Aplysia*

Als besonders geeignet für die Untersuchung der neuronalen Mechanismen der Habituation erwies sich die Meeresschnecke *Aplysia* (**Abb. 271.1 a**). Diese Schnecke verfügt über ein sehr einfach aufgebautes Nervensystem mit nur etwa 20 000 Neuronen. Ein wichtiger Schutzreflex von *Aplysia* ist der Kiemenrückziehreflex. Auf mechanische Reizung der Atemröhre hin werden die Kiemen vom Ort des roten Kreises in die Mantelhöhle zurückgezogen (**Abb. 271.1 b**). Eine einmalige mechanische Reizung der Atemröhre (links) erregt die Sinneszelle, die an ihren synaptischen Endigungen den Neurotransmitter Glutamat freisetzt. Dadurch werden nachgeschaltete Motoneurone so stark erregt, dass sich bestimmte Muskeln kontrahieren und die Kieme eingezogen wird. Wiederholte mechanische Reizung (rechts) bewirkt Habituation des Kiemenrückziehreflexes. Der Ca^{++}-Einstrom in die synaptischen Endknöpfe der Sinneszellaxone ist vermindert. Deshalb wird weniger Transmitter ausgeschüttet, und die in den Motoneuronen entstehenden, erregenden postsynaptischen Potentiale (EPSP, *s. Neurobiologie 1.6*) werden kleiner und verschwinden schließlich. Folglich verringert sich die Reflexantwort immer mehr und hört nach 10 bis 15 Berührungsreizen ganz auf. In einem nicht-habituierten Kontrolltier bewirkt die mechanische Reizung der Atemröhre eine Erregung sowohl des sensorischen als auch des motorischen Neurons. In einem Tier, dessen Kiemenrückziehreflex Habituation aufweist, verursacht eine mechanische Reizung nur im sensorischen Neuron eine Erregung, nicht dagegen im motorischen Neuron (**Abb. 271.1 c**). Habituierte haben im Vergleich zu nicht-habituierten Tieren auch eine geringere Zahl von Synapsen an den Motoneuronen. Bleibt die mechanische Reizung aus, wird mit der Zeit die ursprüngliche Zahl der Synapsen wieder ausgebildet (**Abb. 271.1 d**).

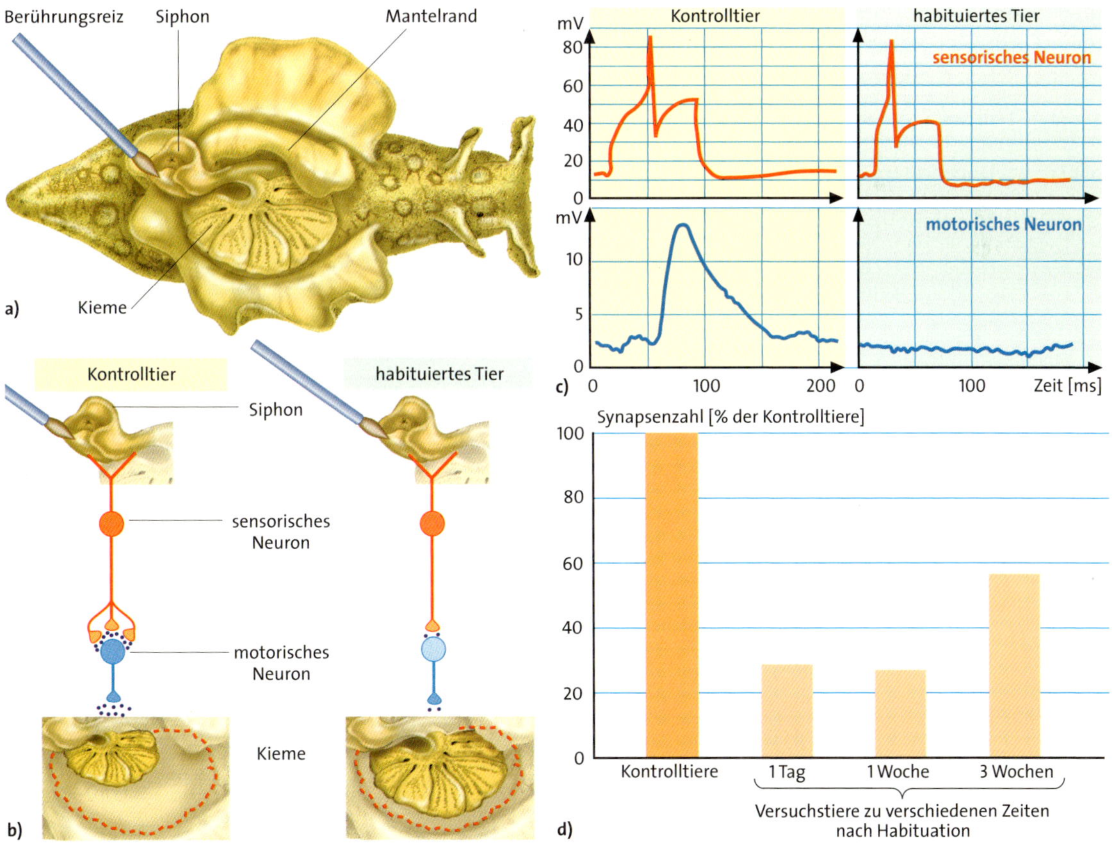

Abb. 271.1: Kiemenrückzieh-Reflex und Habituation bei *Aplysia*. **a)** *Aplyisa*, schematisch; **b)** Reflexbogen des Kiemenrückziehreflexes ohne und mit Habituation; **c)** Auswirkungen der Habituation des Kiemenrückziehreflexes auf intrazellulär abgeleitete Aktionspotenziale; **d)** Verminderung der Synapsenzahl durch Habituation

3.2.2 Assoziatives Lernen

Beim *assoziativen Lernen* wird eine Verbindung *(Assoziation)* zwischen einem neutralen Reiz und einem zweiten Reiz hergestellt, der entweder positive oder negative Konsequenzen für den Organismus hat. Es kann auch ein Reiz und ein Verhalten verknüpft werden.

Verursacht z. B. das Fressen bestimmter Beeren bei einem Vogel Übelkeit, lernt das Tier diesen Zusammenhang zwischen beiden Reizen. Es reagiert dann bereits auf den ersten Reiz in der Erwartung des zweiten. Die Regel »Beeren jener Art erzeugen Übelkeit« wird im Gehirn gespeichert, die Nahrung künftig gemieden. Das Tier hat also aufgrund dieses assoziativen Lernvorgangs sein Verhalten geändert.

Zwei der vielfältigen Formen des assoziativen Lernens werden in Laborexperimenten intensiv untersucht, die klassische und die operante Konditionierung.

Klassische Konditionierung. Man bezeichnet die *klassische Konditionierung* nach ihrem Entdecker I. PAVLOV auch als PAVLOVsche Konditionierung. Kennzeichnend für diese Form des Lernens ist, dass eine Assoziation zwischen zwei Reizen gebildet wird. Ein typisches Beispiel ist der von PAVLOV untersuchte Reflex der Speichelsekretion des Hundes. Normalerweise wird dieser Reflex nur durch einen Nahrungsreiz ausgelöst, im Experiment beispielsweise durch das Einblasen von Fleischpulver ins Maul. Wenn unmittelbar vor dem Reiz, der den Speichelreflex auslöst, regelmäßig ein anderer Reiz, z. B. ein Ton, gegeben wird, löst nach einigen Wiederholungen die alleinige Darbietung dieses Zusatzreizes den Speichelreflex aus (**Abb. 272.1**). Weil der neutrale Zusatzreiz seine Wirkung aufgrund von Erfahrungen entfaltet, bezeichnet man ihn auch als erfahrungsbedingten oder konditionierten Reiz (lat. *conditio* Bedingung). Ein konditionierter Reiz, der ein positives Ereignis ankündigt, wird auch als *appetitiver Reiz* bezeichnet. Der Lernvorgang bei der klassischen Konditionierung wird also dadurch bewirkt, dass der vorangehende Zusatzreiz gleichsam den nachfolgenden reflexauslösenden Reiz ankündigt. Es ist deshalb verständlich, dass der Lernerfolg nur eintritt, wenn die beiden Reize zeitlich unmittelbar aufeinander folgen. Auch bei den meisten anderen Formen assoziativen Lernens tritt ein Lernerfolg nur ein, wenn die beiden Reize unmittelbar aufeinander folgen. Die zeitliche Nähe von zwei Reizen ist allerdings keine hinreichende Bedingung, dass zwischen beiden eine Assoziation entsteht. Vielmehr muss der Zusatzreiz den reflexauslösenden Reiz auch *zuverlässig* ankündigen. Wird nämlich der reflexauslösende Reiz hin und wider ohne vorherigen Zusatzreiz dargeboten, so verringert sich die durch den Zusatzreiz ausgelöste Reaktion, z. B. die Speichelsekretion. Der Lernerfolg bei der klassischen Konditionierung hängt zudem von der Motivation des Tieres ab. Beispielsweise reagiert nur ein hungriges Tier auf den Nahrungsreiz. Typisch ist außer-

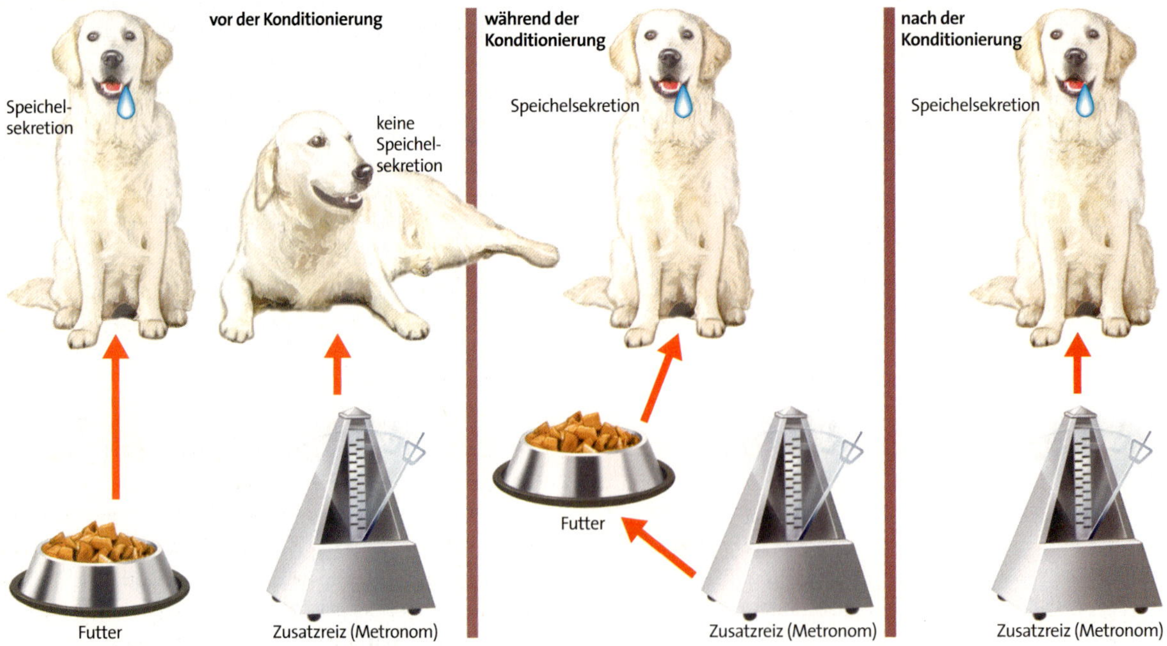

Abb. 272.1: Klassische Konditionierung beim Hund

dem, dass sich die klassische Konditionierung unabhängig vom Verhalten des Tieres ausbildet. So muss keine bestimmte Verhaltensweise ausgeführt werden, um den Nahrungsreiz auszulösen, der dann die Speichelsekretion herbeiführt. Die funktionellen Veränderungen, die im Verlauf von einfachen klassischen Konditionierungen wie der konditionierten Lidschlussreaktion in Nervenzellen auftreten, wurden in ihren Grundzügen aufgeklärt. Bei dieser Form der Konditionierung wird unmittelbar vor dem reflexauslösenden Reiz, einem Luftstrom auf das Auge, regelmäßig ein Tonreiz gegeben. Bereits nach einigen Wiederholungen bewirkt die alleinige Darbietung des Tonreizes das Schließen der Augenlider. Beim Menschen bewirkt klassische Konditionierung z. B., dass einem bereits das Lesen der Speisekarte im einem Restaurant, das Geklapper der Teller oder der Anblick eines schön gedeckten Tisches »das Wasser im Mund zusammenlaufen« lässt.

Klassische Konditionierung wird auch durch Reize hervorgerufen, die beispielsweise eine Schmerzerfahrung ankündigen. Diese bezeichnet man als *aversive Reize.* So genügt bei manchen Menschen bereits der Anblick einer Spritze in der Hand des Arztes, um eine Furchtreaktion auszulösen.

Erfolgt auf einen konditionierten Reiz das vorhergesagte Ereignis, z. B. ein Nahrungsreiz, nur selten oder nicht mehr, so wird die klassische Konditionierung wieder gelöscht.

Operante Konditionierung. Bei der *operanten* oder *instrumentellen Konditionierung* lernt ein Tier oder der Mensch nach dem Prinzip von Versuch und Irrtum, wie durch das Ausführen einer bestimmten Verhaltensweise eine Aufgabe zu lösen ist. Das gelernte Verhalten ist also ein Mittel zum Zweck, d. h. ein *Instrument,* mit dem ein bestimmtes Ergebnis (ein Reiz) herbeigeführt wird. Sperrt man beispielsweise eine Katze in einen Käfig, aus dem sie durch Drücken eines Hebels entkommen kann, probiert sie viele verschiedene Verhaltensweisen aus, um sich zu befreien. Irgendwann wird sie zufällig den Öffnungsmechanismus durch Drücken des Hebels betätigen. Setzt man das Tier wiederholt in den geschlossenen Käfig zurück, gelingt es ihm, sich zunehmend rascher durch Drücken des Hebels zu befreien. Bei dieser Form des assoziativen Lernens hat das Tier also eine Verknüpfung gebildet zwischen dem eigenen Verhalten (Drücken des Hebels) und dem damit bewirkten Ergebnis (Entkommen aus dem Käfig). Diese Form des Lernens wird in der Forschung v.a. in speziellen Versuchskäfigen, so genannten SKINNER-Boxen (**Abb. 273.1**), untersucht. Sie sind nach ihrem Erfinder, dem amerikanischen Verhaltensforscher E. SKINNER, benannt. In einer einfachen Aufgabe bekommt z. B. eine Ratte immer dann ein Futterstück als Belohnung, wenn sie einen Hebel drückt. Die ersten Male drückt das Tier den Hebel zufällig. Aber schon nach kurzer Zeit lernt sie den Hebel in rascher Folge zu betätigen, um Futterstücke zu erhalten.

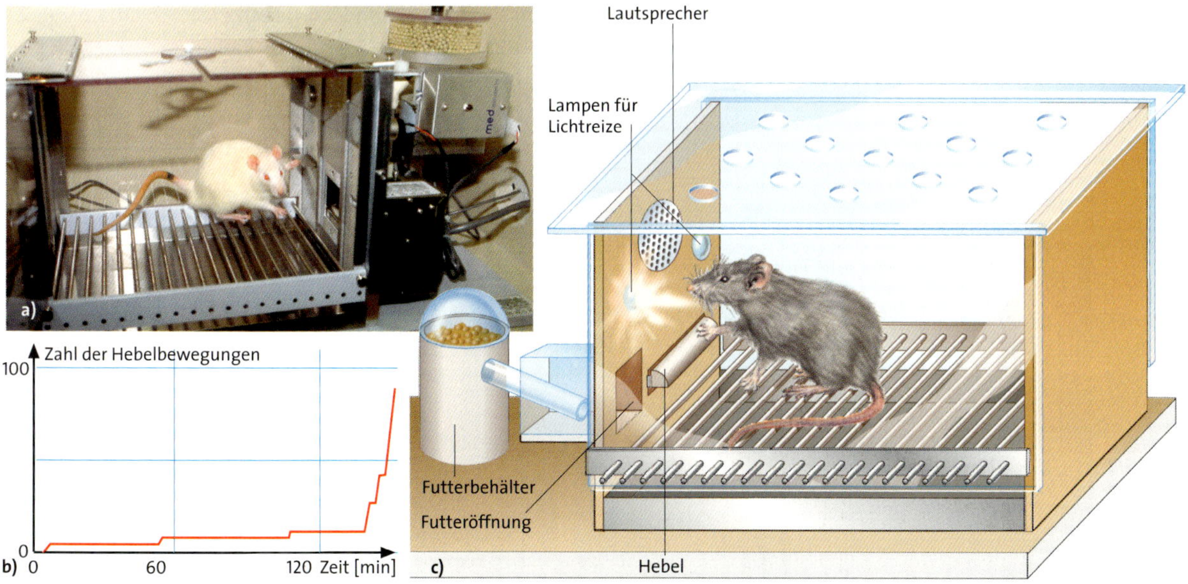

Abb. 273.1: Operante Konditionierung bei der Ratte. **a)** SKINNER-Box; **b)** Lernkurve. Für eine Hebelbewegung erhält eine Ratte ein Futterstück in der Futteröffnung. Das Tier betätigt den Hebel mit zunehmender Lerndauer immer häufiger; **c)** Elemente einer SKINNER-Box, schematisch

In einer anderen Versuchssituation muss ein Hamster den Weg zum Futter durch ein Labyrinth finden. Er lernt durch Versuch und Irrtum den richtigen Weg und gelangt zunehmend schneller zum Ziel (**Abb. 274.2**). Damit sich eine operante Konditionierung ausbildet, muss zwischen dem Verhalten des Tieres und dem Ergebnis (Futteraufnahme) ein enger zeitlicher und ein zuverlässiger Zusammenhang bestehen. Im Unterschied zur klassischen Konditionierung setzt die operante Konditionierung voraus, dass das Tier ein bestimmtes Verhalten ausführt, damit das vorhergesagte Ergebnis eintritt. Wenn auf ein bestimmtes Verhalten eine negative Erfahrung folgt, bewirkt dies Vermeidungsverhalten. Löst etwa die Aufnahme einer giftiger Nahrung Übelkeit aus, wird das Tier die betreffenden Nahrung nicht mehr zu sich nehmen. Typisch für diese Form der operanten Konditionierung ist, dass bereits eine einzige Erfahrung ausreicht, um ein Nahrungsvermeidungsverhalten auszubilden, auch wenn zwischen Aufnahme der Nahrung und dem Auftreten von Übelkeit Stunden liegen. Viele Verhaltensweisen von Mensch und Tieren werden durch operante Konditionierung erworben. So beruht bei Primaten das Erlernen des Werkzeuggebrauchs, z. B. das Einsetzen von Steinen zum Öffnen von Nüssen, auf operanter Konditionierung. Durch Geben bzw. Vorenthalten von Futter können einem Tier viele Verhaltensweisen andressiert und andere abdressiert werden. Das wird bei Zirkusdressuren, aber auch bei der »Erziehung« von Haustieren vielfach angewandt. Wichtig ist dabei, dass entsprechend den angeführten Konditionierungsregeln die Bestrafung oder Belohnung unmittelbar auf das Verhalten folgt und dass während der Lernphase jedes entsprechende Verhalten auch konsequent belohnt bzw. bestraft wird.

Komplexe Lernvorgänge. Klassische und operante Konditionierung spielt bei zahlreichen komplexen Lernvorgängen eine wichtige Rolle. Diese werden z. T. in mehrteiligen Aufgaben in SKINNER-Boxen untersucht.

So lernen z. B. Ratten, dass das Drücken eines Hebels mit einem Futterstück, das Ziehen an einer in die Box hineinhängenden Leine jedoch mit einigen Tropfen einer Zuckerlösung belohnt wird. Nach dieser instrumentellen Konditionierung betätigen die Tiere den Hebel und die Leine etwa gleich häufig. Anschließend erfolgt eine klassische Konditionierung außerhalb der SKINNER-Box: Nach Aufnahme der Zuckerlösung wird den Tieren eine Substanz gespritzt, die Übelkeit auslöst. Als Folge dieser aversiven Konditionierung vermeiden sie daraufhin die Zuckerlösung. Nun werden die Tiere wieder in der SKINNER-Box getestet. Sie drücken jetzt nur noch den Hebel für Futterstücke, die Leine für Zuckerlösung wird dagegen nicht mehr gezogen. Ratten sind also in der Lage zwei verschiedene, nacheinander gelernte Assoziationen sinnvoll miteinander zu verknüpfen. Sie kombinieren offenbar die Verbindungen Leine ziehen-Zuckerlösung und Zuckerlösung-Übelkeit zu der Beziehung Leine ziehen-Übelkeit, so dass das Ziehen der Leine unterbleibt.

Die Tatsache, dass ein Tier unabhängige Assoziationen miteinander verbinden kann, wird oft als Zeichen von *Kognition* angesehen. Damit sind u. a. »höhere« geistige Prozesse, wie z. B. Denken und Problemlösen gemeint. Die Hirnforschung untersucht mit der Hilfe solcher und weiterer Versuchsanordnungen, welche Bereiche des Zentralnervensystems auf welche Weise zur Steuerung von kognitiven Prozessen beitragen. Häufig werden hierfür genetisch veränderte Mäuse oder Ratten mit chirurgischer Ausschaltung bestimmter Hirngebiete eingesetzt.

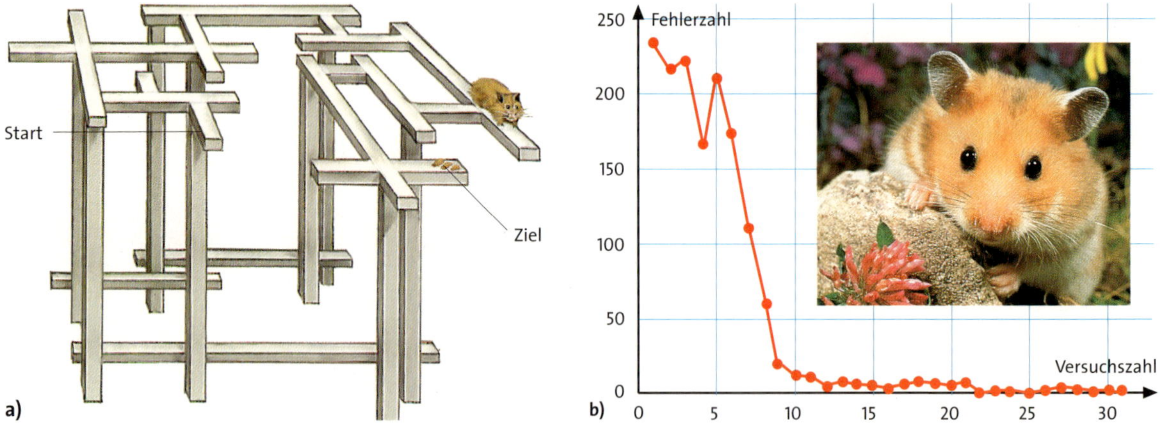

Abb. 274.1: Operante Konditionierung beim Hamster. **a)** Hochlabyrinth; **b)** Lernkurve. Ein Hamster wird auf den Startplatz gesetzt und muss das Futter am Ziel erreichen. Es wird gezählt, wie oft er pro Versuch einen falschen Weg einschlägt.

VERHALTEN

3.3 Prägung

Mit *Prägung* bezeichnet man einen Lernvorgang, der dem Erwerb sozialer Verhaltensweisen dient, wie z. B. der arteigenen Kommunikation oder dem Nachlaufen der Eltern. So folgen Gänse- oder Entenküken kurz nach dem Schlüpfen dem ersten Objekt, das sich bewegt und Laute von sich gibt. Unter natürlichen Umständen ist dies die eigene Mutter, deren individuelles Aussehen zugleich erlernt wird.

Wird im Experiment aber einem im Brutkasten geschlüpften Küken zuerst ein lebloses Objekt präsentiert, dann folgt das Küken fortan nur noch diesem Gegenstand (**Abb. 275.1**). Prägung tritt auch ein, wenn ein Mensch das frisch geschlüpfte Küken von Hand aufzieht. Das so geprägte Tier folgt dem Mensch, auch in Gegenwart erwachsener Artgenossen (**Abb. 275 2**).

Allgemein ist Prägung meist nur in einer zeitlich begrenzten Phase des Lebens, der *sensiblen Phase*, möglich. Ihr Resultat hält aber normalerweise lebenslang an. Die sensible Phase muss nicht unbedingt in der Kindheit liegen. So werden die Elterntiere bei vielen Herdentieren oder bei in Kolonien brütenden Vögeln auf ihre eigenen Jungen geprägt. Weibliche Ziegen lassen z. B. nur solche Jungtiere am Euter trinken, deren Geruch sie in einem Zeitraum von etwa einer Stunde nach dem Gebären wahrgenommen haben. Sie nehmen in diesem Zeitraum auch fremde Jungtiere an.

3.4 Lernen durch Nachahmung

Werden bei anderen Individuen beobachtete Verhaltensweisen in das eigene Verhaltensrepertoire aufgenommen, spricht man von *Lernen durch Nachahmung*. Besonders höhere Primaten einschließlich des Menschen sind zu Lernen durch Nachahmung befähigt. Hat ein Individuum durch Versuch und Irrtum die Verwendung eines Zweiges zum Jagen von Termiten *(s. 4.4)* gelernt, so können Artgenossen diese Technik nachahmen. Auf diese Weise wird z. B. der richtige Gebrauch von Werkzeug zum Nahrungserwerb weitergegeben.

Aber auch bei anderen höheren Säugetieren werden zahlreiche Details des Verhaltens von einem Vorbild erworben. Das macht in vielen Fällen das Wieder-Aussetzen (Auswildern) in Menschenobhut großgezogener Wildtiere schwierig, oft scheitert es. Denn diese Tiere müssen in der freien Natur sehr viele Teile ihres Verhaltensrepertoires erst durch Versuch und Irrtum erlernen, was sehr viel risikoreicher ist, als Verhaltensweisen von den Eltern zu übernehmen.

Neugier- und Spielverhalten

Für Tiere und den Menschen macht Erlerntes einen hohen Anteil am Verhaltensrepertoire aus. Dabei ist es wichtig, beim Lernen auch negative Erfahrungen sammeln, beispielsweise in einer Situation auch »falsches«, d. h. nicht angepasstes Verhalten ausführen zu können, ohne dass dies zu einer ernsthaften Schädigung führt. So wird verständlich, dass viele höhere Säuger und auch einige Vögel während ihrer Jugend eine Phase intensiven *Neugier- und Spielverhaltens* durchlaufen. Dabei wird die Umgebung erkundet, und Teile des Verhaltensrepertoires werden in ungefährlichen, oft von den Eltern beschützten Situationen, durchgespielt. Die gewonnenen Erfahrungen lassen später in ernsten Situationen das betreffende Verhalten optimal ablaufen. Da das Ergebnis dieser Lernvorgänge nicht unmittelbar an Verhaltensänderungen erkennbar ist, spricht man von **latentem Lernen** (lat. *lateus* verborgen). In dieser Phase der Jugendentwicklung werden wahrscheinlich auch Verhaltensweisen der Eltern nachgeahmt und spielerisch eingeübt.

VERHALTEN

Abb. 275.1: Apparatur zur Prägung eines Entenkükens auf einen Ball. Der Ball muss sich bewegen und Lockrufe abgeben.

Abb. 275.2: Fehlgeprägte junge Gans folgt K. Lorenz.

3.5 Lernen durch Einsicht

Viele Vögel und Säugetiere, insbesondere Menschenaffen, spielen eine neuartige Handlungsabfolge »in Gedanken« planend durch und führen diese ohne vorheriges Ausprobieren anschließend zusammenhängend aus. Versuch und Irrtum werden dabei in der Überlegung vollzogen, ohne die Risiken, die mit einem realen Irrtum verbunden sind. Diese Form des Lernens nennt man **einsichtiges Lernen.** Voraussetzung dafür ist ein inneres Modell der Wirklichkeit. Beispielsweise muss das Tier Ursache-Wirkungs-Beziehungen sowie räumliche und zeitliche Beziehungen im Gehirn repräsentieren. Nur unter dieser Bedingung kann es die Konsequenzen seiner Handlungen im Voraus richtig einschätzen.

Verhalten dieser Art wurde zuerst von W. KÖHLER an gefangenen Schimpansen untersucht. Die Tiere benutzten Stöcke zum Herbeiholen von Bananen, die außerhalb des Käfigs lagen. Auch türmten sie Kisten aufeinander, die zufällig in ihrem Käfig herumlagen, oder steckten Stöcke mit hohlen Enden zusammen, um eine an der Käfigdecke aufgehängte Banane herunterzuholen (**Abb. 276.1**). Sie hatten vorher nie Gelegenheit, diese Aktionen durchzuführen. Die Leistungen der Affen sind nur verständlich, wenn man annimmt, dass sie die Erfolg versprechende Handlung zunächst »in Gedanken« vorentworfen und dann ohne Zögern oder Probieren ausgeführt haben.

Ein sicherer Nachweis für Lernen durch Einsicht ist nur zu erbringen, wenn man ausschließen kann, dass kein Lernen nach Versuch und Irrtum und kein Imitieren eines anderen Tieres oder des betreuenden Menschen stattgefunden hat. Beides wurde von KÖHLER ausgeschlossen. Im Fall der in **Abb. 276.1** gezeigten Leistungen heißt das auch, dass nur die erste Ausführung einen Rückschluss auf Einsicht erlaubt. Wiederholungen des Verhaltens durch das gleiche Tier könnten auf assoziativem Lernen beruhen.

Abb. 276.1: Lernen durch Einsicht bei Schimpansen (Originalaufnahmen von KÖHLER, 1914, *s. Text*). Die Lernversuche wurden von W. KÖHLER in einer Forschungsstation auf Teneriffa durchgeführt (oben; Zustand 2003).

4 Verhaltensökologie

4.1 Anpassungswert von Verhaltensweisen

Nur solche Verhaltensweisen erweisen sich im Laufe der Evolution als beständig, die das Überleben und den Fortpflanzungserfolg eines Individuums sichern. So begünstigt die natürliche Selektion z. B. Tiere, die sich bei der Brutpflege oder beim Nahrungserwerb besonders erfolgreich verhalten. Eine bestimmte Verhaltensweise ist demnach an die gegebenen ökologischen Bedingungen angepasst. Die Verhaltensökologie beschäftigt sich mit diesen ultimaten Ursachen von Verhalten. Zur ihrer Klärung führt man häufig *Kosten-Nutzen-Analysen* durch. Dabei müssen die Kosten, d. h. die Nachteile, die das Tier unmittelbar hat, dem Nutzen, d. h. den Vorteilen, die es meist indirekt hat, gegenübergestellt werden. So ist der Nahrungserwerb nur effektiv, wenn der Aufwand, also die Kosten für die Nahrungsbeschaffung in Beziehung zum Nutzen, z. B. dem Energiegehalt der Nahrung, vergleichsweise gering ist *(s. Ökologie 1.9.2)*. Besonders interessant sind Fälle, bei denen Tiere Verwandten bei der Brutpflege helfen und dabei eigene Nachteile in Kauf nehmen *(s. 4.2.2)*. Hier ist die übergeordnete Frage, welcher Vorteil sich für die Fortpflanzung in der Verwandtschaftsgruppe ergibt und welcher Aufwand dafür erforderlich ist. Derartige Fragen, die sich mit den ultimaten Ursachen und Auswirkungen sozialen Verhaltens beschäftigen, beantwortet die Soziobiologie *(s. Evolution 2.5)*.

Elterliche Fürsorge bei Vögeln und Säugetieren

Den Eltern entsteht bei der Aufzucht von Nachkommen ein erheblicher Energieaufwand und ihre Lebenserwartung wird im Mittel herabgesetzt. Dieser Nachteil wird dadurch aufgewogen, dass die Wahrscheinlichkeit der Nachkommen erhöht wird, ihrerseits zur Fortpflanzung zu gelangen und so die Verbreitung des elterlichen Erbgutes zu fördern. Dann setzen sich die der Jungen-Fürsorge zugrundeliegenden Gene zwangsläufig durch. Mit zunehmendem Alter der Jungen steigen die »Kosten« der Eltern und der »Nutzen« der Brutpflege nimmt ab. Je älter z. B. ein noch gesäugtes Jungtier wird, desto höher wird nämlich auch sein Nahrungsbedarf, dementsprechend steigen die »Kosten« der Milchproduktion. Ab einem bestimmten Zeitpunkt ist es für die Mutter vorteilhaft, die verfügbare Energie in weitere Nachkommen zu investieren. Auch der Aufwand, den männliche Tiere beim Werben um Weibchen oder beim Umgang mit schon vorhandenen Jungen übernommener Weibchen leisten, könnte sich bei einer Kosten-Nutzen-Analyse als eigennützig herausstellen. So steht den nicht unerheblichen »Kosten« von Kämpfen um Weibchen der »Nutzen« des eigenen Fortpflanzungserfolges gegenüber. Dieser würde gemindert, wenn nach Übernahme eines oder mehrerer Weibchen auch Nachkommen des im Kampf Unterlegenen mit versorgt würden. So überrascht es nicht, dass z. B. bei Löwen die Lebenserwartung der bereits vorhandenen Jungen sinkt, wenn Weibchen von einem neuen Männchen übernommen werden *(s. Abb. 260.1 c)*.

4.2 Kooperation und Konkurrenz

4.2.1 Soziale Verbände

Viele Tierarten leben mit Artgenossen zeitweise oder ständig in *sozialen Verbänden*. Ein wichtiges Merkmal solcher Verbände ist das kooperative Verhalten ihrer Mitglieder, welches für die Gruppe Überlebensvorteile bringt (**Abb. 277.1**). Man unterscheidet zwischen *individualisierten Verbänden*, z. B. Wolfsrudel, in denen die Individuen einander kennen, und *anonymen Verbänden*, z. B. Fischschwarm. Eine Tiergruppe kann man auch aufgrund eines gemeinsam ausgeführten Verhaltens z. B. als Jagd- oder Wandergruppe bezeichnen. In *Tierstaaten* verzichtet ein Teil der Mitglieder auf die Fortpflanzung, unterstützt aber die wenigen fortpflanzungsfähigen Tiere bei der Brutfürsorge. Derartige Verbände gibt es bei Termiten, Bienen oder Ameisen sowie bei einigen Säugerarten.

Abb. 277.1: Kooperatives Jagen

VERHALTEN

4.2.2 Uneigennütziges Verhalten

Bestimmte Formen der Kooperation kann allen Tieren eines sozialen Verbandes Vorteile erbringen, wie z. B. das gemeinsame Jagen. Bei vielen sozial lebenden Tieren findet man auch Verhaltensweisen, die zwar für die Gemeinschaft Gewinn bringend sind, für das ausführende Individuum aber auf den ersten Blick Nachteile haben. Solche Verhaltensweisen bezeichnet man als **altruistisch** (lat. *alter* ein anderer), d. h. uneigennützig. Wenn z. B. bei Pflanzen fressenden Säugetieren ein einzelnes Tier auf mögliche Feinde achtet und ihr Nahen durch einen Ruf ankündigt, so hat dieser Wächter zwei Nachteile: Er kann sich nicht so gut ernähren wie die anderen und er macht durch das Rufen den Feind besonders auf sich aufmerksam. Eine andere Form altruistischen Verhaltens liegt vor, wenn ein Tier auf eigene Nachkommen verzichtet und stattdessen andere Artgenossen bei der Aufzucht ihrer Jungen unterstützt, z. B. die Arbeiterinnen in Insektenstaaten *(s. Evolution 2.5)*.

Wie konnte sich altruistisches Verhalten in der Evolution bilden und erhalten, obwohl es für den Ausführenden mit Nachteilen verbunden ist? In der Evolution wird nicht das Verhalten bevorzugt, das dem betreffenden Individuum nützt, sondern dasjenige, das für eine möglichst hohe Zahl von Nachkommen sorgt. Das müssen nicht unbedingt eigene Kinder sein. Es genügt, wenn die geförderten Nachkommen relativ eng verwandt sind, also ein ähnliches Erbgut besitzen.

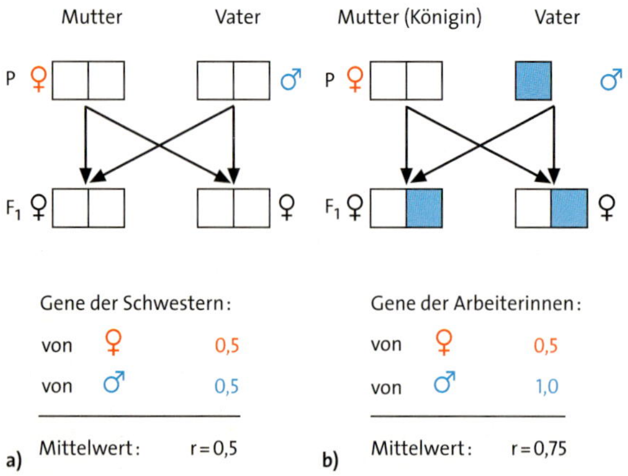

Abb. 278.1: Genetische Verwandtschaftsgrade (jedes Kästchen ≙ haploider Chromosomensatz). **a)** Verwandtschaftskoeffizienten r bei Schwestern, deren Eltern diploid sind. Ihr durchschnittlicher Verwandtschaftsgrad beträgt r = 0,5, d. h. die Hälfte ihrer Gene sind im Mittel identisch. Zwischen Eltern und Kindern gilt stets r = 0,5; **b)** Verwandtschaftskoeffizient von Schwestern in Staaten bildenden Insekten; Vater haploid, Mutter (Königin) diploid

Tatsächlich bestehen die Gruppen von Tieren, in denen altruistisches Verhalten auftritt, oft aus nahe Verwandten. Der Wächter verringert seine eigene Überlebenschance, erhöht aber die der anderen Gruppenmitglieder. Diese Form des altruistischen Verhaltens hat dann einen Selektionsvorteil, wenn die dem Wächterverhalten zugrundeliegenden Gene des warnenden Tieres an genügend Nachkommen weitergegeben werden, sodass sie im Genpool zunehmen.

Die Bedingungen dafür kann man mithilfe populationsbiologischer Überlegungen angeben. Kinder haben die Hälfte der Gene mit einem Elter gemeinsam. Ein uneigennütziges Verhalten gegenüber Nachkommen, das den Tod des betreffenden Elters zur Folge hat, setzt sich durch Selektion zwangsläufig durch, wenn im Durchschnitt der Population mehr als zwei Nachkommen dadurch überleben können, dass sich der uneigennützige Elter opfert. Neffen haben im Mittel noch ein Viertel der Gene gemeinsam, es müssen also im Durchschnitt mehr als vier Neffen überleben, damit ein Selektionsvorteil auftritt. Entsprechendes gilt für den Verzicht auf eigene Nachkommen bei Arbeiterinnen Staaten bildender Insekten. Bei Ameisen und Bienen kommt hinzu, dass die Weibchen einer Generation mehr gleichartige Gene besitzen als ein Weibchen und seine Kinder. Wegen der besonderen Chromosomenverhältnisse bei diesen Arten haben Schwestern durchschnittlich drei Viertel der Gene gemeinsam. Ihre eigenen Kinder bekommen aber nur die Hälfte ihrer Gene. Wird ein Weibchen zur Arbeiterin, so hat es keinen eigenen Nachwuchs. Stattdessen wird es dafür sorgen, dass eine größere Anzahl ihrer Geschwister aufwachsen kann und so ein größerer Anteil ihrer Gene in die folgende Generation gelangt (**Abb. 278.1**). Die dargestellte Erklärung altruistischen Verhaltens aus soziobiologischer Sicht ist zwar einleuchtend, in vielen Fällen aber schwer nachzuweisen.

Wenn die Verwandtschaftsverhältnisse nicht so ausgebildet sind wie bei Bienen oder Ameisen, ist die *Kosten-Nutzen-Analyse* komplexer. Oft sind sowohl Kosten wie Nutzen nicht quantitativ zu ermitteln. Im Falle des oben erwähnten Wächters ist z. B. die Verringerung seiner Lebenserwartung nur durch eine große Serie von Freilandbeobachtungen zu ermitteln.

Die Tendenz, altruistisches Verhalten auszuführen, ist angeboren, oft auch durch Lernvorgänge modifiziert. Das Verhalten selbst läuft ohne Berücksichtigung möglicher Folgen zwangsläufig ab. Der Wächter erfüllt also diese Aufgabe, ohne dass ihm die damit verbundenen individuellen Nachteile einsichtig sind. Man kann also nicht von moralischem, allenfalls von »moralanalogem« Verhalten sprechen.

4.2.3 Aggressives Verhalten

Zur Sicherung seines Überlebens und seines Fortpflanzungserfolgs nutzt jedes Tier seine Umwelt auf vielfältige Weise. Da aber z. B. Nahrung oder Fortpflanzungspartner nur in begrenztem Maße verfügbar sind, besteht zwischen Artgenossen *Konkurrenz.* Die sich daraus ergebenden *Konflikte* werden oft durch Kämpfe ausgetragen. Dabei zeigen Tiere *aggressives Verhalten,* d. h. Verhaltensweisen mit denen der Gegner bedroht, zurückgedrängt, verletzt, oder sogar getötet wird. So wird ein Revier durch aggressive Verhaltensweisen erkämpft und verteidigt *(s. 4.2.5).* Aggressives Verhalten kann also ganz unterschiedliche Ursachen haben *(s. Exkurs Proximate Ursachen von aggressivem Verhalten, S. 280).*

Eine aggressive Auseinandersetzung beginnt meist mit *Drohen* bzw. *Imponieren.* Dabei wird häufig der Körperumriss durch Sträuben der Haare oder Federn bzw. durch entsprechende Körperhaltungen vergrößert, z. B. durch Aufrichten oder Katzenbuckel. Oder es werden Angriffswaffen gezeigt, wie z. B. Zähne oder Hörner (**Abb. 279.1**). Manchmal treten zu den optischen auch akustische Signale, wie das Knurren oder Fauchen bei Raubtieren. Die Auseinandersetzung wird häufig schon auf dieser Stufe beendet, indem einer der Partner aufgibt.

Kommt es zum Kampf, werden bei manchen Arten die gefährlichen »Waffen« der Tiere eingesetzt. So liefern sich Wölfe eine regelrechte Beißerei. Dabei können sich die Tiere gegenseitig verletzen *(Beschädigungskampf).* Häufig besteht die Auseinandersetzung aber aus einem Kampf, der nach festen Regeln abläuft und bei dem gefährliche Waffen nicht oder nur in nicht verletzender Weise eingesetzt werden *(Kommentkampf).* So bekämpfen Giraffen ihre Rivalen mit den Hörnern, setzen aber die weit gefährlicheren Hufe nicht ein. Männliche Hirsche und Rehe kämpfen untereinander, indem sie zuerst ihre Geweihe aneinander stoßen und dann versuchen den Gegner fortzuschieben. Den Abschluss eines Kampfes bildet bei vielen Arten eine *Demutshaltung* des Unterlegenen. Der Sieger bricht daraufhin normalerweise den Kampf ab. Die Demutshaltung besteht oft aus dem Darbieten verletzlicher Körperstellen oder dem Gegenteil der Drohgebärde, also z. B. aus Sich-klein-machen oder Sich-auf-den-Boden-legen. Der Sieger im Kampf ist im Allgemeinen das kräftigere und gewandtere Tier. Daneben spielt aber auch das Ausmaß der Kampfbereitschaft eine wichtige Rolle. Alle Verhaltensweisen, die während Auseinandersetzungen zwischen Artgenossen auftreten und dem Angriff, dem Beharren oder der Flucht dienen, werden gemeinsam auch als *agonistische Verhaltensweisen* (gr. *agonistes* Streiter) bezeichnet.

Übertrieben aggressives Verhalten beim Menschen scheint in manchen Fällen mit Störungen des Stirnlappens der Großhirnrinde *(s. Abb. 236.1)* zusammenzuhängen. Dieser hemmt normalerweise starke und impulsive Emotionen und Verhaltensweisen. Bei Personen mit starken Aggressionen ist die Aktivität des Stirnlappens oft verändert. Möglicherweise besteht deshalb eine verringerte Selbstkontrolle, die zu übertriebener Gewalt führt.

Kindstötung

Eine Form von aggressivem Verhalten gegen Artgenossen ist die *Kindstötung (Infantizid).* Sie wird bei einigen gruppenlebenden Säugetieren oder Vögeln beobachtet. Kindstötung kann beispielsweise auftreten, wenn ein Löwenmännchen eine Gruppe von Weibchen neu übernimmt *(s. Abb. 260.1 c).* Er tötet dann oft jene Jungen seines Vorgängers, die noch gesäugt werden. Dadurch wird bei den Weibchen der Gruppe die bis zu zwei Jahre dauernde Stillzeit beendet und eine erneute Paarungsbereitschaft ausgelöst. Das neue Rudelmännchen bringt auf diese Weise seine Gene sehr viel rascher in die nächste Generation ein.

Die früher vertretene Auffassung, Tiere hätten eine angeborene, generelle Tötungshemmung gegenüber Artgenossen, trifft also nicht zu.

Abb. 279.1: Drohgebärde

4.2.4 Rangordnung

Bei vielen Wirbeltierarten gibt es Verbände mit Rangordnung. Dies gilt z. B. für Hühner, Wölfe und Primaten. Bringt man beispielsweise Haushühner, die sich nicht kennen, zu einer Schar zusammen, fangen sie zu kämpfen an. Jedes Huhn ficht nach und nach mit jedem anderen und merkt sich, wen es besiegte und gegen wen es verlor. In der Folgezeit hackt es die Unterlegenen, wenn sie ihm nicht Platz machen, den Siegern weicht es aus. Das ranghöchste Tier bezeichnet man als α-Tier. Es hat innerhalb des Verbandes freien Zugang zu Nahrung, Fortpflanzungspartnern oder Ruheplätzen.

Die Ausbildung einer relativ stabilen Rangordnung hat Vorteile: Kräftezehrende Kämpfe um Nahrung, Geschlechtspartner oder Nistplatz sind selten. Die soziale Stellung des Mitgliedes eines Verbandes kommt z. B. in dessen Körperhaltung zum Ausdruck (**Abb. 281.1**). Eine solche soziale Rangordnung, die in der Hühnerschar auch »Hackordnung« genannt wird, ist nicht auf Dauer festgelegt. Insbesondere junge Gruppenmitglieder versuchen immer wieder, die Rangordnung zu ihren Gunsten zu verändern und beginnen Rangordnungskämpfe.

Die Rangordnung wird aber nicht nur durch Auseinandersetzungen zwischen einzelnen Tieren festgelegt. In vielen Fällen spielen auch andere Faktoren eine Rolle. So verbessern rangniedere Pavian-Weibchen ihren sozialen Rang, wenn sie Junge haben. Bei Dohlen und Rhesusaffen erhält ein rangniederes Weibchen, das sich mit einem ranghöheren Männchen paart, die soziale Stellung des Männchens. Bei Tüpfelhyänen, in deren Rudeln die Weibchen dominanter sind als die Männchen, »erben« sowohl männliche als auch weibliche Nachkommen den sozialen Rang der Mutter.

Bei Affen sind die ranghöchsten Tiere oft erfahrene Alttiere, die trotz verminderter Körperstärke ihren Status behalten. Sie sind durch ein »Alterssprachtkleid« ausgezeichnet. Dadurch wird die Erfahrung der älteren Tiere zum Nutzen der ganzen Gruppe eingesetzt. Der Aufbau einer stabilen Rangordnung setzt individuelles Erkennen der Mitglieder eines Verbandes voraus.

VERHALTEN

Proximate Ursachen von aggressivem Verhalten

Aggressives Verhalten hat viele Ursachen. Ein Grund kann die Bereitschaft sein, sich selbst oder seinen Nachwuchs bei einem Angriff eines Fressfeindes zu verteidigen. Auch sexuelle Rivalität kann eine Ursache für aggressives Verhalten sein: Das Sexualhormon Testosteron steigert nicht nur die sexuelle Motivation *(s. Exkurs Messung der sexuellen Motivation, S. 267)*, sondern auch die Aggressivität. Daher werden männliche Rivalen beim Werben um weibliche Artgenossen bekämpft. Aggressives Verhalten kann ebenso auf Angst in einer ausweglosen Situation beruhen. So kommt es manchmal nach einer vergeblichen Flucht zu einem plötzlichen Gegenangriff eines Tieres. Diese Aggression aus Angst kann eine biologisch sinnvolle Notfallreaktion sein. Schließlich kann sich Aggressivität in bestimmten Situationen erhöhen, ohne dass sie gleichzeitig auch in anderen ansteigt. Beispielsweise werden säugende Muttertiere nur bei der Annäherung potentieller Feinde ihrer Jungen aggressiv (**Abb. 280.1**).

Abb. 280.1: Aggressivität einer Affenmutter

Aggressive Verhaltensweisen dienen also unterschiedlichen Zwecken. Daher ist es unwahrscheinlich, dass ihnen ein gemeinsamer Antrieb zugrunde liegt. Wenn es keinen einheitlichen Aggressionstrieb gibt, kann man auch nicht davon ausgehen, dass ein solcher Trieb mit der Zeit anwächst. Die früher geäußerte Annahme, ein Aggressionstrieb staue sich auch beim Menschen allmählich an und müsse dann durch entsprechende Verhaltensweisen abgebaut werden, ist somit überholt.

4.2.5 Revierverhalten (Territoriales Verhalten)

Die meisten Tiere leben dauernd in einem bestimmten Gebiet. Ein Ausschnitt dieses Gebietes, in welchem sie ihre Nahrung erwerben, ihr Nest bauen, schlafen und sich fortpflanzen, wird bei höheren Tieren häufig gegen Artgenossen abgegrenzt und verteidigt. Man nennt solche Zonen *Reviere* oder *Territorien*. Angehörige von Arten, die einzeln leben, wie z. B. Dachs und Hamster, bilden Einzelreviere. Wölfe oder Paviane leben in Gruppen, sie bilden Gruppenreviere. Amseln leben paarweise in ihrem Brutrevier.

Säugetiere grenzen ihre Reviere oft durch *Duftmarken* aus Drüsensekreten ab, die sie an bestimmten Stellen des Reviers anbringen (**Abb. 281.2**). Der Wolf markiert durch Harn, Dachs und Marder mit dem Sekret einer Drüse an ihrer Schwanzwurzel. Der Gesang der Singvögel zeigt das betreffende Brutrevier an.

Der Besitzer signalisiert innerhalb seines Reviers Kampfbereitschaft. Diese ist umso ausgeprägter, je näher er dem Zentrum seines Reviers ist. Selbst ein schwächeres Tier kann im Zentrum seines Reviers einen stärkeren Artgenossen besiegen, an dessen Peripherie aber vielfach nicht mehr. Die Kampfstärke eines Tieres drückt sich häufig in der Größe seines Reviers aus.

Die biologische Bedeutung des Revierverhaltens liegt in der Sicherung des Lebensraumes für die Besitzer und ihre Jungen sowie in der gleichmäßigen Verteilung der Individuen einer Art innerhalb eines Verbreitungsgebietes.

Werden Reviere von Tieren durch Überbevölkerung eingeengt, dann treten oft körperliche Störungen und Verhaltensänderungen auf, welche die Vermehrungsrate verringern. Hält man z. B. Spitzhörnchen (Tupajas) in zu großer Zahl in einem Gehege, ist bei den Weibchen die Funktion der Milchdrüsen und damit die Fähigkeit zum Säugen gestört. Außerdem scheidet die Duftdrüse zum Markieren der Jungen kein Sekret mehr ab und die nicht duftmarkierten Jungen werden von Artgenossen getötet. Oft tragen trächtige Weibchen ihre Jungen nicht mehr aus. Bei den Männchen verzögert sich die Entwicklung der Hoden. Bei erwachsenen Tieren tritt häufig Nierenversagen als Todesursache auf. Diese Vorgänge verringern die Anzahl der Tiere so weit, bis jedes Tier wieder die erforderliche Reviergröße hat.

Abb. 281.2: Ein Leopard markiert sein Territorium.

Abb. 281.1: Körperhaltung als Zeichen des Ranges bei Affen. **a)** Berberaffenmännchen (vorne) droht einem niederrangigen Tier; **b)** Dscheladamännchen (links) droht einem Weibchen seines Harems

4.3 Kommunikation

4.3.1 Formen der Verständigung von Tieren

Mit Kommunikation (lat. *communicatio* Mitteilung) bezeichnet man in der Verhaltensbiologie den Austausch von Informationen zwischen Tieren, in der Regel zwischen Artgenossen. Zur Kommunikation gehören ein Sender der Information, ein Weg der Informationsübertragung und ein Empfänger. Je nach dem verwendeten Weg der Informationsübertragung spricht man z. B. von akustischer oder chemischer Kommunikation. Mithilfe der übertragenen Signale kann ein Tier das Verhalten eines anderen Tieres beeinflussen. Dazu müssen die Signale des Senders sowie die Vorgänge der Signalaufnahme und -beantwortung durch den Empfänger wechselseitig aufeinander abgestimmt sein.

Chemische Kommunikation. Kommunikation kann mithilfe chemischer Signale erfolgen. Diese Substanzen bezeichnet man als *Pheromone*. Sie werden in geringer Konzentration, z. B. an die Luft bzw. das Wasser, abgegeben und lösen bei Artgenossen bestimmte Verhaltensreaktionen aus. Viele Insekten verständigen sich mithilfe von Pheromonen. So werden von den Weibchen vieler Schmetterlinge Sexuallockstoffe abgegeben. Sie bestehen meist aus einem artspezifischen Gemisch verschiedener leicht flüchtiger Stoffe. Der Lockstoff kann die Männchen aus sehr großen Entfernungen anlocken, weil deren Geruchsorgane für dieses Substanzgemisch besonders empfindlich sind. Der Mensch setzt künstlich hergestellte Pheromone zur Schädlingsbekämpfung ein *(s. Ökologie 4.3.4)*. Auch viele Säugetiere verständigen sich mit Duftsignalen und markieren mit Duftstoffen z. B. ihr Territorium *(s. 4.2.5)*. Es ist unklar, ob auch Menschen über Pheromone Signale austauschen, z. B. solche, die dazu beitragen, ob man einander »riechen« kann, d. h. Sympathie für einander empfindet.

Viele Pheromone werden über ein besonderes Riechorgan wahrgenommen, das *vomeronasale Organ*. Es liegt bei Säugetieren in der Nasenscheidewand und dient nicht der sonstigen Geruchswahrnehmung. Eine solche Struktur ist auch beim Menschen ausgebildet, ihre Funktionstüchtigkeit ist aber nicht gesichert.

Visuelle Kommunikation. Sehr häufig werden *visuelle Signale* für die Verständigung zwischen Artgenossen verwendet. So dienen z. B. bestimmte Körperhaltungen, Bewegungen oder Gesten zur Verständigung.

Das Auftreten einer Katze mit Katzenbuckel, gesträubten Haaren und gefletschten Zähnen ist eine bekannte Drohgebärde. Auch der Mensch besitzt solche Ausdrucksbewegungen, die in allen Kulturen die gleiche Bedeutung haben und auch in gleicher Weise ausgeführt werden. Weil die ausgetauschten Signale nicht durch die Wortsprache verschlüsselt sind, spricht man auch von *nonverbaler Verständigung*. Dazu gehören Zornes- und Drohgebärden, Lächeln, Gesichtsbewegungen beim Erstauntsein oder beim Grüßen (**Abb. 282.1**). Sie werden von taubblinden Kindern in gleicher Weise ausgeführt, sind also weitgehend ererbt. Trotzdem können sie willentlich unterdrückt werden (»Pokerface«) oder ohne die zugehörigen Emotionen ausgeführt werden, z. B. von guten Schauspielern.

Sprachähnliche Formen der Kommunikation. Daneben gibt es weitere Signalübertragungswege, die für die innerartliche Kommunikation genutzt werden. So tauschen z. B. Menschenaffen akustische, sprachähnliche Signale aus *(s. 4.3.3)*. Bestimmte Fischarten verwenden schwache elektrische Signale, um sich zu verständigen.

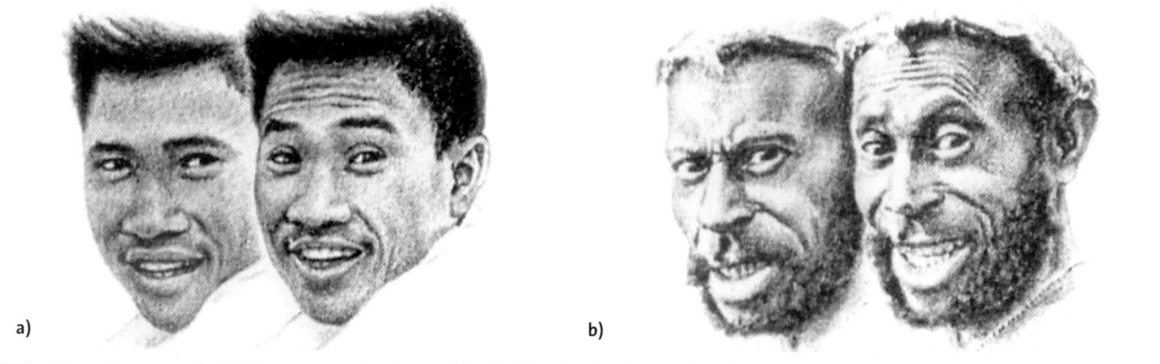

Abb. 282.1: Augengruß. Die Brauen werden kurzzeitig für Bruchteile einer Sekunde angehoben, gleichzeitig lächelt die Person. Die Bilder zeigen jeweils den Gesichtsausdruck kurz vor dem Augengruß bei Aufnahme des Blickkontakts (links) und beim Augengruß selbst (rechts). **a)** Balinese; **b)** Angehöriger einer kleinen Bevölkerungsgruppe in Neuguinea

4.3.2 Kommunikation bei Honigbienen

Eine Honigbiene verwendet eine besondere Form der Kommunikation, um ihren Artgenossen die Richtung und die Entfernung mitzuteilen, in der sich eine Futterquelle befindet. In der Dunkelheit des Stockes signalisiert sie deren Lage mithilfe von Körperbewegungen, dem »*Bienentanz*«. Liegt sie in unmittelbarer Nähe des Stocks (< 100 m), so zeigt eine heimkehrende Sammlerin auf einer senkrecht hängenden Wabe einen *Rundtanz* (**Abb. 283.2 a**). Er signalisiert lediglich: »Sucht in nächster Umgebung«.

Befindet sich die Futterquelle mehr als 100 m vom Stock entfernt, wird ihre Entfernung und Richtung durch einen *Schwänzeltanz* angezeigt (**Abb. 283.2 b**). Der Schwänzeltanz hat die Form einer Acht. Im Mittelstück der Tanzfigur bewegt die Tänzerin dabei den Hinterleib heftig hin und her, d. h. sie schwänzelt. Ein im Stock senkrecht nach oben durchgeführter Schwänzeltanz heißt, dass die Futterquelle in Richtung zur Sonne liegt, ein senkrecht nach unten durchgeführter Schwänzeltanz, dass sie in genau entgegengesetzte Richtung liegt. Weicht das Mittelstück des Tanzes nach links oder nach rechts von der vertikalen Richtung ab, bedeutet dies, dass sich die Futterquelle in einer entsprechenden Winkelabweichung links bzw. rechts zur Richtung der Sonne befindet (**Abb. 283.2 c**). Der Schwänzeltanz wird auf einer vertikalen Wabenfläche ausgeführt. Seine Richtung relativ zur Erdschwerkraft gibt demnach die Richtung zur Futterquelle relativ zur Sonneneinstrahlung an.

In der Zahl der Umläufe je Zeiteinheit ist die Entfernung zur Futterquelle verschlüsselt. Mit zunehmender Entfernung zur Futterquelle wird das Schwänzeln im Mittelstück immer länger, die Umläufe werden dadurch langsamer (**Abb. 283.1**).

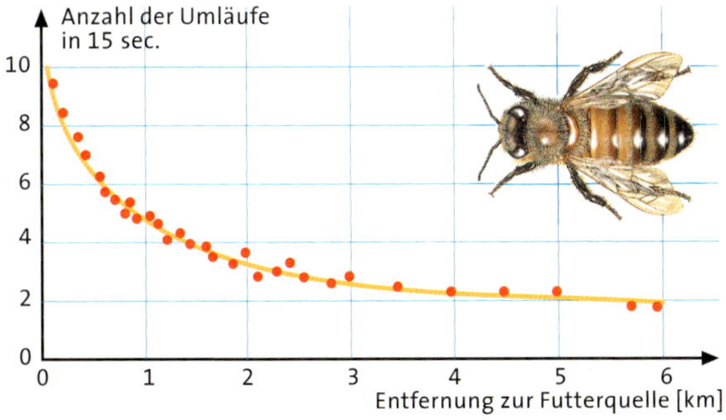

Abb. 283.1: Angabe der Entfernung einer Futterquelle vom Stock. Die Häufigkeit des Durchlaufens der Tanzfigur pro Zeiteinheit sinkt mit zunehmender Entfernung der Futterquelle.

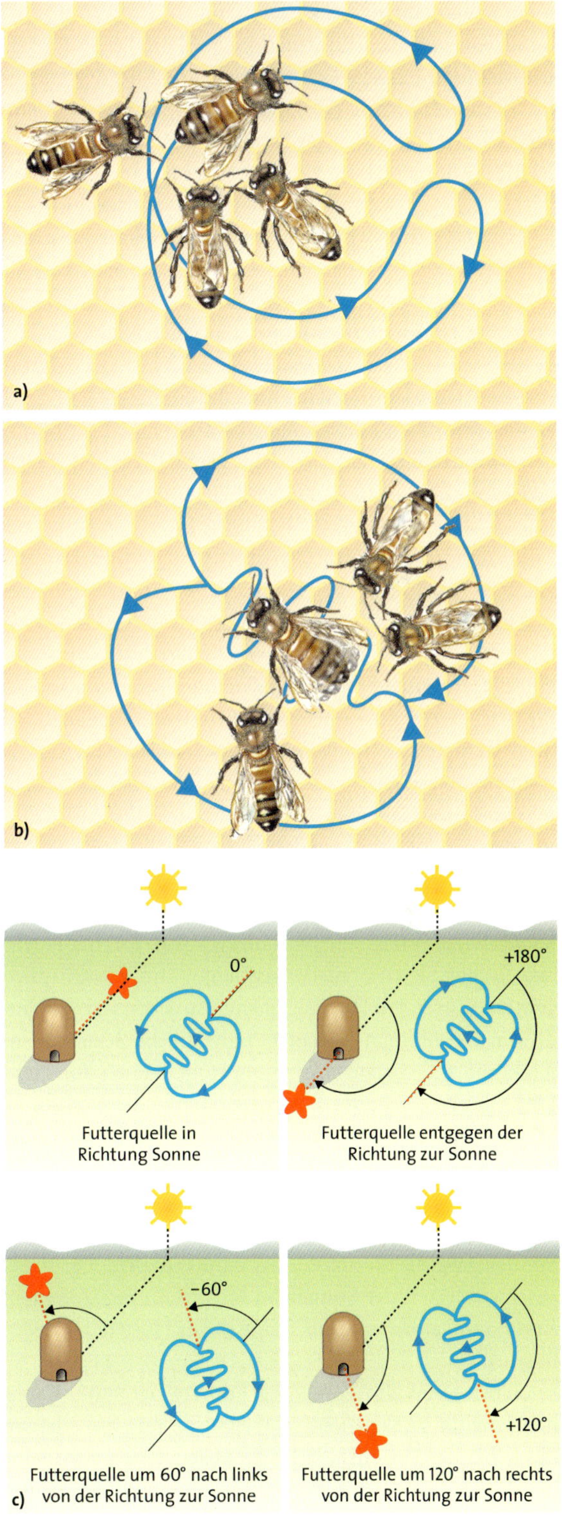

Abb. 283.2: Kommunikation bei Bienen: **a)** Rundtanz; **b)** Schwänzeltanz. Die tanzende Biene hat jeweils drei Nachfolgerinnen; **c)** Richtungsweisung der Bienen durch unterschiedliche Ausführung des Schwänzeltanzes.

Die Honigbiene berechnet die geflogene Entfernung anhand von visuellen Informationen. Sie nutzen offenbar das während des Fluges vorbeiziehende Bild der Umgebung, den *optischen Fluss*, als »Kilometerzähler«: Beim Flug fließen Objekte in der Landschaft seitlich vorbei und werden wahrgenommen. Dabei vergrößern sich frontal voraus gelegene Gegenstände optisch, weiter entfernt gelegene Strukturen bewegen sich kaum. Solche Informationen werden auf bislang nicht näher bekannte Weise für die Entfernungsmessung verwendet. Dies wurde z. B. durch Versuche nachgewiesen, bei denen Bienen durch einen Tunnel flogen, dessen Innenwand nur Streifen parallel zur Flugrichtung hat. Dieses Streifenmuster erzeugt keinen optischen Fluss. Unter diesen Versuchbedingungen konnte die zurückgelegte Entfernung von den Tieren im Bienentanz nicht weitergegeben werden. Aus diesen Ergebnis zog man den Schluss, dass die Honigbiene zur Entfernungsmessung auf den optischen Fluss angewiesen ist.

Die Bienensprache bedient sich also bestimmter Zeichen oder Begriffe (»Symbole«), z. B. Bewegungen, die in einer bestimmten Form, Richtung oder Intensität ausgeführt werden. Diese müssen nicht erlernt werden, sondern werden durch angeborene Mechanismen »gesprochen« und »verstanden«.

Wie übernehmen Bienen, die im dunklen Stock der Vortänzerin folgen, die in den Bewegungen der Vortänzerin enthaltene Information? Sie erfassen die Bewegungen durch direkte Tastwahrnehmungen. Inzwischen ist auch nachgewiesen, dass die Vortänzerin mit ihren Flügeln akustische Signale, niederfrequente Laute von etwa 300 Hz, aussendet. Die Folgebienen strecken ihre Fühler, die ein Gehörorgan enthalten, nahe an die Schallquelle. Sie hören die Vortänzerin ab und folgen auch auf diese Weise ihren Bewegungen.

Eine Biene, die am Morgen eine Futterquelle gefunden hat und anschließend bis zum Nachmittag im Stock geblieben ist, findet sie auch nach dieser Zeit wieder. Das Tier nutzt für das Wiederfinden der Futterquelle den Sonnenstand als Kompass. D.h. es muss die Wanderungsgeschwindigkeit der Sonne von 15° pro Stunde auf einer Kreisbahn kennen und über eine präzise innere Uhr verfügen.

Selbst wenn die Sonne z. B. durch Gebäude, Berge oder dichte Wolken verdeckt ist und nur ein kleiner Fleck blauen Himmels sichtbar bleibt, kann die Biene den Sonnenstand erkennen, und zwar an der Schwingungsrichtung des polarisierten Himmelslichtes. Darüber hinaus verfügt sie in ihrem Gedächtnis über eine Landkarte der Umgebung des Stockes, die sie zur Orientierung einsetzt.

4.3.3 Sprachähnliche Kommunikation bei Tieren

Kommunikation mithilfe von akustischen Signalen ist bei Tieren weit verbreitet. So signalisieren Meerkatzen (**Abb. 284.1**) bestimmte Gefahren mit Alarmrufen. Durch unterschiedliche Rufe zeigen sie an, ob sich ein Raubvogel oder eine Schlange nähert. Die gewarnten Meerkatzen reagieren entsprechend der Art der Ankündigung. Erfolgt der Warnruf für einen Bodenfeind, klettern die Tiere auf Bäume, wird der Warnruf für Raubvögel gegeben, blicken sie zum Himmel.

Diese Signale ähneln in mancher Hinsicht der menschlichen Sprache. Meerkatzen sind allerdings nicht in der Lage, Laute *(Phoneme)* frei zu Wörtern, Sätzen und Geschichten zu kombinieren. Mit diesen Elementen der Sprache kann der Mensch demgegenüber eine nahezu unbegrenzte Zahl von Aussagen erzeugen. Darüber hinaus verständigen sich Menschen mit der Sprache auch über abstrakte Dinge, über Ereignisse in der Vergangenheit und Zukunft oder über Objekte, die nicht im Blickfeld, also räumlich entfernt sind. Menschenaffen sind außerdem nicht in der Lage, so vielfältige Laute zu bilden wie der Mensch, da ihnen die komplexen Strukturen im Bereich von Kehlkopf und Mund fehlen, die beim Menschen die Lautbildung beim Sprechen ermöglichen. Will man also feststellen, ob Menschenaffen die geistigen Fähigkeiten zur Nutzung einer einfachen Sprache besitzen, kann man nicht die gesprochenen Wörter verwenden, sondern muss andere Formen der Sprache benutzen. Bei solchen Untersuchungen ist zu prüfen, ob die Tiere

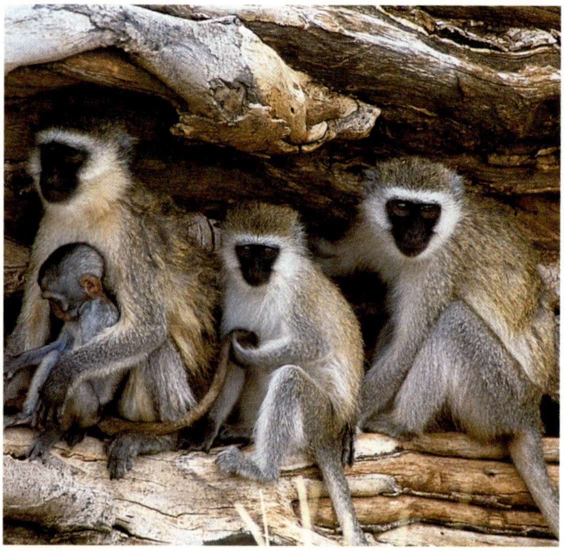

Abb. 284.1: Gruppe von Meerkatzen

sowohl die Bedeutung von Wörtern verstehen (semantischer Aspekt von Sprache) als auch die Regeln der Kombination von Wörtern anwenden (syntaktischer Aspekt).

Tatsächlich gelang es, einzelnen Schimpansen über 100 Zeichen der Taubstummensprache beizubringen, mit denen sie sogar Sätze bilden konnten. Die Eheleute B. und A. GARDNER brachten dem Schimpansenweibchen *Washoe* in vier Jahren Zeichen für 160 Wörter bei. Diese Wörter konnte das Tier auch selbst durch Zeichen mitteilen. Der Begriff »süß« wurde durch das Berühren der wackelnden Zungenspitze mit dem Zeigefinger dargestellt. Er wurde von Washoe immer dann benützt, wenn sie nach der Mahlzeit einen Nachtisch haben wollte oder ein Bonbon begehrte. Trinken wurde durch Berühren des Mundes mit dem von der Faust abgespreizten Daumen angedeutet (**Abb. 285.1**). Washoe verwendete diese Geste für die Begriffe Wasser, Arznei oder Limonade. Limonade verband sie oft mit »süß«. Einem Beobachter konnte Washoe durch gelernte Zeichen mitteilen, was sie auf einem Bild sah. Sie kombinierte auch selbständig Zeichen, z. B. Öffnen-Essen-Trinken, wenn sie andeuten wollte, dass der Kühlschrank geöffnet werden sollte. Auch Delfine und Papageien sind sehr wahrscheinlich in der Lage, einfache Sprachsymbole zu verstehen und richtig anzuwenden.

Während bei den Arbeiten der GARDNERS die Vermittlung von Wortbedeutungen im Vordergrund stand, ging es D. PREMACK vor allem um die Frage, ob Affen bei der Kombination von Wörtern auch Regeln anwenden. Er lehrte die Schimpansin *Sarah*, dass Plastikstücke von bestimmter Form und Farbe (Symbole für Wörter) ein bestimmtes Objekt (ein Substantiv), eine Tätigkeit (Verb) oder eine Eigenschaft (Adjektiv) bedeuten. Mit solchen Plastikfiguren, von denen jede einem bestimmten Wort entsprach, konnte z. B. folgender Satz gelegt werden: Sarah-legen-Banane-Schüssel-Apfel-Eimer (**Abb. 285.2**). Die Schimpansin verstand den Sinn der Kombination der Plastikfiguren, legte den Apfel in den Eimer und die Banane in die Schüssel. Ihre eigenen Wünsche konnte sie auf die gleiche Weise äußern. S. SAVAGE-RUMBAUGH untersuchte Zwergschimpansen, die sich hinsichtlich des Spracherwerbs als besonders fähig erwiesen, und verglich sie mit Kindern. Sie analysierte das Verständnis für gesprochene englische Sprache. Es ergab sich, dass junge Zwergschimpansen und Menschen bis zum Alter von etwa zweieinhalb Jahren ungefähr gleich weit waren, und zwar sowohl in semantischer (400 bis 500 Wörter) als auch in syntaktischer Hinsicht. Von da ab erwarben die Zwergschimpansen weder weitere Vokabeln noch zusätzliches syntaktisches Wissen. Dagegen nimmt beim Menschen der sprachliche Wissenserwerb danach fortlaufend zu.

Vielfältige weitere Versuche mit Menschenaffen belegen, dass diese Tiere über beeindruckende sprachähnliche Kommunikationsmöglichkeiten verfügen. Einzigartig ist die Fähigkeit des Menschen, sich durch eine Sprache zu verständigen, deren Elemente (Laute) sich zu einer großen Zahl von Wörtern kombinieren lassen und die nach grammatikalischen Regeln zu mannigfaltigen Aussagen verbunden werden können.

Abb. 285.1: Ein Schimpansenweibchen signalisiert »Trinken« in der Zeichensprache.

Abb. 285.2: Sprachähnliche Kommunikation. Die Schimpansin Sarah handelt gemäß der Anweisung *(s. Text)*.

4.4 Verhalten von Primaten

Primaten sind die mit dem Menschen am engsten verwandten Säugetiere mit zumeist großen, komplex gebauten Gehirnen. Sie verfügen über ein großes Repertoire verschiedener Verhaltensweisen und leben häufig in Verbänden, in denen sie intensiv miteinander kommunizieren. Aus evolutiven Gründen ist es wahrscheinlich, dass manche geistigen Fähigkeiten des Menschen in einfacher Form bei Primaten auftreten. Über ihre Fähigkeit zu denken oder sich z. B. in Vorstellungen ihrer Artgenossen hineinzuversetzen, ist jedoch noch wenig bekannt. Auch die Frage, ob Primaten z. B. Wissen durch Lernen von Generation zu Generation weitergeben, ist nicht leicht zu beantworten, weil hierfür meist langwierige Freilanduntersuchungen notwendig sind. Nachfolgend werden einige Verhaltensweisen von Menschenaffen erörtert, die im Labor oder im Freiland untersucht wurden, und die durch beachtliche kognitive Fähigkeiten bzw. der Fähigkeit zur sozialen Interaktion bedingt sind.

Abb. 286.1: Selbstkenntnis bei Menschenaffen. Der Schimpanse bemerkt eine Veränderung in seinem Spiegelbild.

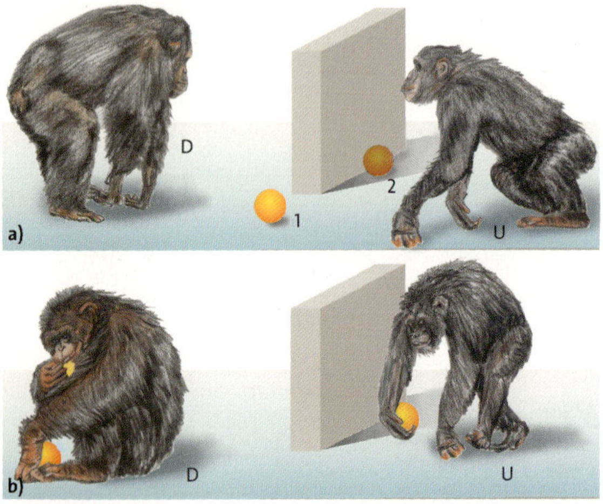

Abb. 286.2: Vorstellungsvermögen von Menschenaffen. **a)** Der dominante Schimpanse D sieht Futterstück 1, der untergeordnete U die Futterstücke 1 und 2. Beide Tiere erhalten Zugang zu dem Gehege; **b)** U wartet bis sich D Futter 1 genommen hat und sichert sich dann Futter 2.

Selbstkenntnis. Menschenaffen und ebenso auch Delfine, sind im Stande sich im Spiegel selbst zu erkennen. Dies ergaben z. B. Versuche mit Schimpansen, die mit ihrem Spiegelbild vertraut waren und denen man unter Narkose Farbtupfer ins Gesicht malte. Nachdem man überprüft hatte, dass ein Tier die angebrachten Farbmarkierungen nicht spürte, wurde es vor einen Spiegel geführt. Es betrachtete sein Spiegelbild und berührte danach die Farbtupfer wiederholt. (**Abb. 286.1**). Diese Reaktion auf Veränderungen an eigenen, im Spiegelbild sichtbaren Körperteilen deutet auf *Selbstkenntnis* hin. Allerdings ist ungeklärt, ob die Fähigkeit, sein Spiegelbild zu erkennen, auch ein Zeichen von *Bewusstsein seiner Selbst* (Ich-Bewusstsein) ist. Denn das Ich-Bewusstsein des Menschen beinhaltet auch das Bewusstsein, dass *ich* es bin, der fühlt, denkt und sich beispielsweise im Spiegel wahrnimmt. Inwieweit ein Bewusstsein seiner Selbst in dieser Form bei Primaten auftritt, ist strittig.

Vorstellungsvermögen. Menschenaffen können sich zumindest in manchen Situationen in einen Artgenossen hineinversetzen. Sie haben z. B. eine Vorstellung und ein Verständnis dessen, was der andere sieht oder nicht sieht. Dies machen folgende Versuche deutlich. Ein dominanter und ein untergeordneter Schimpanse aus dem gleichen sozialen Verband *(s. 4.2.1)* erhalten Zugang zu einem Gehege, in dem ein Futterstück liegt. In der Regel nimmt sich das dominante Tier das Futter. Nun wird im Gehege eine Sichtblende angebracht. Hinter ihr befindet sich ein Futterstück, welches nur vom Startplatz des untergeordneten Tieres wahrnehmbar ist. Ein weiteres Futterstück im Gehege ist sowohl vom Startplatz des untergeordneten, als auch des dominanten Tieres sichtbar. Danach wird zuerst die Glastür vor dem Startplatz des untergeordneten, einige Sekunden später die vor dem Startplatz des dominanten Schimpansen geöffnet. Der untergeordnete Schimpanse wählt meist das für den dominanten nicht sichtbare Futterstück (**Abb. 286.2**). Er weiß also, was der Artgenosse sieht bzw. nicht sieht. Dafür spricht auch folgende Beobachtung: Der Versuchsleiter versteckt ein Futterstück hinter der Sichtblende so, dass nur das untergeordnete Tier ihn dabei beobachten kann. Betreten beide Tiere das

Gehege, sichert sich das untergeordnete das Futterstück bei einer günstigen Gelegenheit.

Darüber hinaus gibt es Hinweise darauf, dass Menschenaffen manche *Handlungsabsichten* verstehen. In einer Testsituation zeigt beispielsweise der Versuchsleiter einem Schimpansen ein Futterstück. Macht der Versuchsleiter durch sein Verhalten deutlich, dass er das Futterstück keinesfalls abgeben will und neckt das Tier sogar damit, reagiert es aggressiv oder wendet sich rasch ab. Dieses Verhalten ist weitaus weniger stark ausgeprägt, wenn der Versuchsleiter den Anschein erweckt, er könne das Futter nicht abgeben, z. B. weil sich die Futterverpackung nicht öffnen lässt.

Traditionsbildung und Kultur. Primaten müssen wie viele andere Säugetiere und Vögel einen Teil ihres Verhaltensrepertoires in der Jugend erlernen. Das geschieht weitgehend durch das Nachahmen von Verhaltensweisen ihrer Eltern oder anderer erwachsener Artgenossen *(s. 3.4)*. So wurde in einer Population von Rotgesichtsmakaken auf der japanischen Insel Koshima 1953 folgendes beobachtet: Das Affenmädchen Imo begann die auf dem Sandstrand als Futter ausgelegten Süßkartoffeln in einem nahen Bach vor dem Verzehr zu waschen. Diese Erfindung wurde zunächst innerhalb der eigenen Familie durch Nachahmung von den Eltern auf die Kinder weitergegeben. Im Lauf von zehn Jahren wandten 75 % der Gesamtpopulation dieses Verfahren an. Durch Nachahmung können also verschiedenartige *Traditionen* entstehen. In Afrika verglich man Verhaltensweisen von sieben räumlich voneinander getrennten Schimpansenverbänden. Dazu wurde von Individuen jedes Verbandes jeweils ein *Ethogramm* angefertigt, d. h. eine systematische Sammlung und Beschreibung aller beobachteten Verhaltensweisen. Insgesamt entdeckte man mehr als drei Dutzend verschiedener Verhaltensweisen, die durch Nachahmung übernommen wurden. Dazu zählt die Versorgung von Wunden mit Blättern und der *Gebrauch von Werkzeugen*, z. B. von Steinen zum Knacken von Nüssen, oder von Zweigen zum «Angeln« von Termiten (**Abb. 287.1**). In den jeweiligen Verbänden wurden die beobachteten Verhaltensweisen unterschiedlich häufig ausgeführt. So war die Wundversorgung mit Blättern in einigen Verbänden üblich, bei anderen nur gelegentlich zu bebachten, bei manchen fehlte dieses Verhalten ganz. Jeder Verband verfügte also über ein ihm eigenes Repertoire tradierter Verhaltensweisen. Die nichterbliche Weitergabe von tradierten Verhaltensweisen, Fähigkeiten und Wissen durch soziales Lernen in einer Population über Generationen hinweg ist ein wichtiges Kennzeichen von *Kultur*. Man kann deshalb die Weitergabe von Traditionen durch Nachahmung, z. B. bei Menschenaffen und Vögeln, aber auch bei manchen Fischen, als einfache Form von Kultur ansehen. Beim Menschen umfasst Kultur darüberhinaus die Pflege und Weitergabe von Wissenschaften und Künsten sowie die Orientierung an Weltanschauungen und Moralsystemen.

Abb. 287.1: Beispiele für durch Nachahmung in die Folgegeneration weitergegebene Verhaltensweisen bei Schimpansen

Kognitive Leistungen

Menschenaffen verfügen über hoch entwickelte Gehirne und meistern viele komplexe Testaufgaben. Sie können z. B. wahrgenommenen Objekte kategorisieren. Beispielsweise sind sie imstande, verschiedene Gesichter nach bestimmten Merkmalen wie Augenform oder Augenabstand einzuteilen. Auch unterscheiden sie ähnlich rasch wie der Mensch, ob zwei gleichzeitig dargebotene, dreidimensionale Gegenstände spiegelbildlich zueinander sind oder nicht. Diese und weitere Verhaltensbeobachtungen sprechen für »höhere« *kognitive Fähigkeiten* von Menschenaffen. Dazu gehören z. B. Denken, Vorstellungsvermögen und Problemlösen.

Allerdings bewältigen nicht nur Primaten, sondern auch Tiere von Arten mit einfacher gebauten Gehirnen anspruchsvolle Aufgaben. So absolvieren Hunde Tests, bei denen die Bedeutung menschlicher Blicke oder Gesten verstanden werden muss, sogar wesentlich besser als Menschenaffen. Gradschnabelkrähen benutzen Drähte als Werkzeuge, um an Futter zu gelangen. Auch wirbellose Tiere wie der *Octopus* (Krake) lernen durch Beobachtung von Artgenossen *(s. 3.4)*, wie folgendes Beispiel zeigt: Ein *Octopus* fand nach einigen Versuchen durch Ausprobieren heraus, hinter welchem von zwei verschiedenfarbigen Gegenständen im Aquarium eine Futterbelohnung versteckt war. Ein anderer *Octopus* schaute ihm dabei aus einem Nachbaraquarium zu. Wurde das Tier, welches den Lernvorgang beobachtete, danach selbst getestet, löste es dieselbe Aufgabe auf Anhieb.

Aus diesen Beispielen geht hervor, dass ein großes und hoch entwickeltes Gehirn, wie jenes von Primaten, nicht immer eine notwendige Voraussetzung für die Lösung komplexer Aufgaben ist. Ein direkter Vergleich der kognitiven Leistungen von Tieren verschiedener Arten ist allerdings nur schwer möglich, denn die Problemlösefähigkeiten von Tieren unterschiedlicher Arten stehen in enger Wechselbeziehung zu den Anforderungen ihrer jeweiligen Lebensräume *(s. Exkurs Erfahrbare Umwelt, S. 232)*. Darüber hinaus sind z. B. ihre motorischen und sensorischen Fähigkeiten oft sehr unterschiedlich. So erfasst ein Primat allein wegen seines besser entwickelten Lichtsinns die Bedeutung unterschiedlicher visueller Muster sehr viel besser als eine Ratte oder eine Maus.

4.5 Biologische Grundlagen des menschlichen Verhaltens

Viele Verhaltensweisen des Menschen sind wie bei den Tieren durch das Zusammenwirken von Erbgut und Umwelt bedingt. Allerdings verfügt der Mensch durch sein Lernvermögen über eine verhältnismäßig große Anpassungsfähigkeit. Dazu trägt auch die *Wortsprache* bei, die nur der Mensch besitzt. Sie gehört zu den unverzichtbaren Bedingungen der Kulturentwicklung beim Menschen.

Merkmale der Kulturen werden über Lernvorgänge in der Erziehung weitergegeben. Bestimmte Verhaltensweisen findet man allerdings in allen Kulturen, obwohl sich die Erziehungseinflüsse oft grundlegend unterscheiden. Solche Verhaltensweisen bilden sich demnach weitgehend unabhängig von Erziehungseinflüssen aus, sie werden überwiegend vom Erbgut gesteuert. Durch die Methode des *Kulturenvergleichs* wurde z. B. festgestellt, dass sich die Fremdenfurcht bei Säuglingen aller Kulturen entwickelt, unabhängig von der Erziehung oder konkreten negativen Erfahrungen mit Fremden. Dies weist auf angeborene Verhaltensdispositionen hin.

Eine zweite Methode, um genetische Wurzeln des menschlichen Verhaltens aufzudecken, besteht im *Vergleich des Verhaltens mit nahe verwandten Arten.* Dabei wurde deutlich, dass verschiedene Verhaltensweisen, die zunächst als typisch menschlich angesehen wurden, in einfacherer Form auch bei Primaten ausgebildet sind. In einem Versuch wurden z. B. einige Kapuzineräffchen für die Herausgabe von Steinchen aus ihrem Käfig mit einem Stück Gurke belohnt. Dann konnten sie jedoch beobachten, wie andere Kapuzineräffchen im Nachbarkäfig attraktivere Weintrauben erhielten, ohne Steine herausgeben zu müssen. Daraufhin verweigerten die meisten Tiere die mit einem Stück Gurke belohnte Tätigkeit. Man nimmt an, dass dieses Verhalten, ähnlich wie bei Kleinkindern, eine Reaktion auf ungleiche Behandlung darstellt.

Menschen und Primaten zeigen auch im Ausdrucksverhalten weitreichende Ähnlichkeiten. So signalisieren Kinder und Schimpansen, die mit ihresgleichen spielen wollen, die Bereitschaft zum Spielen durch einen charakteristischen Gesichtsausdruck (»Spielgesicht«). Diese Gesichtsausdrücke ähneln einander bei Schimpanse und Mensch so weitgehend, dass junge Schimpansen und Menschenkinder sogar miteinander spielen können, da sie einander verstehen. Selbst blind geborene Kinder zeigen den Gesichtsausdruck Spielgesicht (**Abb. 289.1**). Auch andere mimische Ausdrucksbewegungen wie Lachen, Weinen, Lächeln und Ärgermiene werden von taub oder blind geborenen und normal heranwachsenden Kindern in vergleichbarer Weise ausgeführt. Demnach sind verschiedene *non-verbale Verständigungsmittel,* d. h. Mimik oder Gesten, offenbar weitgehend angeboren.

Aggressives Verhalten. Menschliche Gruppen sind relativ stabile Einheiten; die Zugehörigkeit zu ihnen wird z. B. durch Dialekte, Kleidung oder Verhaltensregeln deutlich. Individuen innerhalb der Gruppe oder Gruppenfremde, die diese Merkmale nicht zeigen, werden oft angefeindet und sind *aggressivem Verhalten* ausgesetzt. Die *Aggression gegen Gruppenfremde* tritt nicht nur bei Tiergruppen auf: Eine Gruppe von Menschen, die ein bestimmtes Gebiet besiedelt, sieht dieses als ihr Territorium an und schützt es z. T. durch aggressives Verhalten. Wie bei anderen Säugetieren kann man aggressives Verhalten beim Menschen bereits früh in der Entwicklung beobachten. Dies spricht für eine biologische Grundlage. Beim Erwachsenen wird sie durch kulturelle Normen stark überformt. Für die Entwicklung der menschlichen Gesellschaft sind nicht nur aggressive, sondern auch kooperative Verhaltensweisen maßgeblich, z. B. *altruistisches Verhalten (s. 4.4.2).*

Rangordnungsverhalten. In allen menschlichen Gruppen tritt eine *Rangordnung* auf, auch in solchen, die das Ideal der Gleichheit aller zu verwirklichen suchen. In kleinen Gruppen, bei denen sich alle Mitglieder persönlich kennen, drückt sich die Rangordnung z. B. in Körperhaltungen aus; äußere »Abzeichen« des Ranges sind nicht nötig. Je größer und anonymer eine Gruppe wird, desto wichtiger werden solche Statussymbole.
Durch sie wird häufig der soziale Rang zur Schau gestellt; demonstriert wird z. B. das Einkommen durch Auto, Kleidung oder Schmuck. Statussymbole ersetzen also in einer großen anonymen Gesellschaft das individuelle Kennen der Rangfolge.

Ritualisierung

Damit Verhaltensweisen von Artgenossen als eindeutige Signale, z. B. für bestimmte Handlungsabsichten, erkannt werden können, müssen sie sich deutlich vom sonstigen Verhalten unterscheiden und unverwechselbar sein. Manche Verhaltensweisen wurden im Verlauf eines stammesgeschichtlichen Prozesses abgewandelt, beispielsweise übertrieben stark ausgeführt, sodass ihr Signalcharakter deutlich erkennbar wurde. Beispielsweise entwickelten sich manche Bewegungen, die einem Angriff vorangehen, zu Drohbewegungen. So wurde aus dem Öffnen des Maules vor dem Zubeißen das drohende Zähnezeigen und Zähnefletschen vieler Säugetiere. Es zeigt die Kampfbereitschaft eindeutig an. Solche Verhaltensweisen, die zur Verdeutlichung ihres Signalcharakters verändert wurden, nennt man in der Biologie *ritualisiert.* So ist das zornige Aufstampfen des Menschen mit dem Fuß wohl ebenfalls eine ritualisierte Angriffsbewegung. Auch der Augengruß und das Lächeln gelten als stammesgeschichtliche Ritualisierung beim Menschen: Der Augengruß *(s. Abb. 282.1)* signalisiert freundliche Kontaktaufnahme. Lächeln zeigt ebenfalls Freundlichkeit an und wirkt beschwichtigend. Davon abzugrenzen sind menschliche Verhaltensweisen, die im Verlauf einer kulturellen Entwicklung einen Signalcharakter erhielten. So hat sich das Heben des Hutes zur Begrüßung aus dem Abnehmen des Helmes entwickelt. Diese Grußform ist weitgehend ritualisiert, ihre ursprüngliche Bedeutung als Vertrauensbezeugung ist kaum bekannt.

VERHALTEN

a)

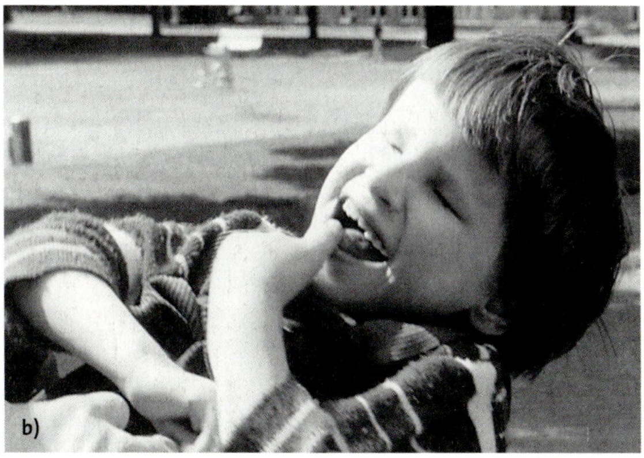
b)

Abb. 289.1: Spielgesicht. **a)** Der Schimpanse und das Kind zeigen ein Spielgesicht, dadurch wird ein zwischenartliches Spiel ermöglicht **b)** Spielgesicht eines taub und blind geborenen Mädchens.

Geschlechtsunterschiede im Verhalten. »Männliches« und »weibliches« Verhalten unterscheidet sich in vieler Hinsicht. So haben Jungen und Mädchen meist typische Spielzeugpräferenzen. Jungen bevorzugen oft technisches Spielzeug, Mädchen Puppen. Auch das Problemlöseverhalten von Frauen und Männer unterscheidet sich in vielen Testaufgaben voneinander. So schneiden Frauen bei Aufgaben zur visuellen Wahrnehmung besser ab, bei denen es auf das detailgetreue Erinnerungsvermögen oder die Entscheidungsschnelligkeit ankommt. Ob solche Unterschiede biologisch angelegt oder eine Folge der unterschiedlichen Erziehung sind, kann nicht mit Sicherheit entschieden werden. Für ererbte Anteile spricht, dass *geschlechtsspezifische Verhaltensunterschiede* auch bei Menschenaffen auftreten und derartige Verhaltensunterschiede beim Menschen selbst bei gleicher Erziehung von Mädchen und Jungen vorhanden sind. Beispielsweise erziehen !Ko-Buschleute im südwestlichen Afrika Kinder beiderlei Geschlechts gleichartig. Dennoch entwickelten sich unter diesen Bedingungen z. B. geschlechtstypische Spielpräferenzen. Allerdings kann nicht ausgeschlossen werden, dass unbewusste Nachahmung der geschlechtsspezifischen Rollenverteilung von Erwachsenen sich prägend auf das Verhalten auswirkt. In vielen Gehirnarealen von Säugetieren einschließlich des Menschen gibt es eine Reihe geschlechtsspezifischer Unterschiede, z. B. in Größe und Form mancher Areale. Sie sind an der Ausbildung geschlechtsspezifischen Verhaltens beteiligt und v. a. durch Wirkungen von Geschlechtshormonen bedingt.

Sexualverhalten. Die Auslösung sexueller Verhaltenstendenzen des Menschen beruht teilweise auf *Schlüsselreizen*, die über *angeborene auslösende Mechanismen* wirken *(s. 2.2.2)*. Männer sprechen bevorzugt auf das Frau-Schema an, Frauen auf das Mann-Schema. Das Frau-Schema enthält weiche Gesichtszüge, Brüste, schmale Schultern, enge Taille, breite Hüften. Das Mann-Schema ist durch breite Schultern, schmale Hüften, hervortretende Muskeln und Bartwuchs gekennzeichnet (**Abb. 290.1**). Das unbewusste Ansprechen auf solche Schlüsselreize zeigt sich an der Veränderung der Pupillenweite bei Aufmerksamkeitsänderungen (**Abb. 290.2**).

Das menschliche *Sexualverhalten* steht nicht nur im Dienste der Fortpflanzung, sondern stabilisiert zusätzlich die Bindung zwischen Partnern und dient der sexuellen Befriedigung. Auch bei Zwergschimpansen dient das Sexualverhalten nicht nur der Fortpflanzung, sondern auch dem Erhalt des sozialen Gefüges der Gruppe, insbesondere für die Vermeidung von Aggressionen. So werden Konfliktsituationen, z. B. beim Nahrungserwerb, durch sexuelle Aktivitäten zwischen männlichen und weiblichen, oder auch zwischen gleichgeschlechtlichen Zwergschimpansen entschärft.

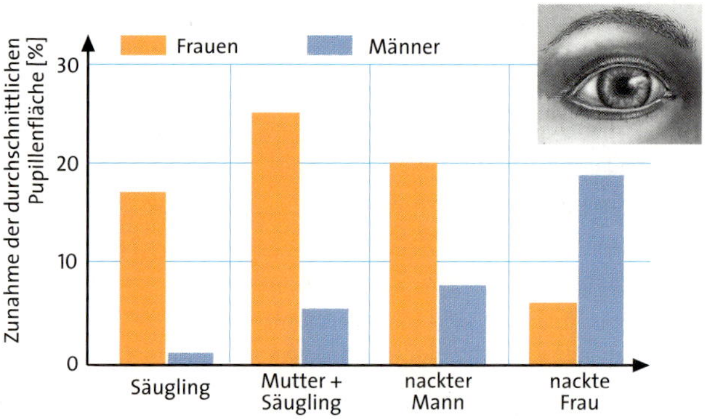

Abb. 290.2: Zunahme der Pupillenweite bei Männern und Frauen, die auf Bilder von Säuglingen bzw. von nackten Erwachsenen blicken.

Abb. 290.1: Mann-Schema/Frau-Schema und entsprechende Betonung typisch männlicher oder typisch weiblicher Merkmale durch die Kleidung. Die Merkmalskombinationen »männlich« und »weiblich« wirkten auch im Altertum als Schlüsselreiz.

VERHALTEN

ZUSAMMENFASSUNG

Grundlagen der Verhaltensbiologie

Die Ursachen eines beobachteten Verhaltens kann man zwei verschiedenen Kategorien zuordnen. Die *proximaten* Ursachen einer Verhaltensweise sind jene, die das Auftreten und die Art der Ausführung eines Verhaltens unmittelbar bewirken. Dazu gehören z. B. Vorgänge im Gehirn eines Organismus, die den Ablauf des Verhaltens steuern, oder Faktoren des Erbguts und der Umwelt, welche die Verhaltensentwicklung während der Ontogenese bedingen. Demgegenüber handelt es sich bei den *ultimaten* Ursachen einer Verhaltensweise um die *Evolutionsfaktoren*, auf denen ihre phylogenetische Entwicklung beruht *(s. 1)*.

Verhaltensphysiologie

Wichtige Grundelemente des Verhaltens sind relativ starre, in ihrer Form konstante Bewegungsfolgen, die weitgehend ererbt sind. Dazu zählen *Reflexe* und *Erbkoordinationen (s. 2.1)*. Einer Erbkoordinationen, z. B. dem Beutefangverhalten, kann ein Such- und Annäherungsverhalten (Beutesuche) vorausgehen, welches als *Appetenzverhalten* bezeichnet wird. Erbkoordinationen werden im Allgemeinen durch *Schlüsselreize* ausgelöst, die über *angeborene auslösende Mechanismen* wirken. Wie zahlreiche komplexere Verhaltensweisen werden auch Erbkoordinationen nur dann von einem Auslösereiz in Gang gesetzt, wenn im Tier eine entsprechende *Handlungsbereitschaft* oder *Motivation* vorhanden ist. Der *Hypothalamus* ist ein Gehirnareal, welches Handlungsbereitschaften wie Hunger oder Durst steuert *(s. 2.2)*.

Verhaltensontogenese

Die meisten Verhaltensweisen werden, wie andere biologische Merkmale, während der Individualentwicklung eines Organismus im Zusammenspiel von ererbten und umweltbedingten Faktoren ausgebildet. Verhaltensweisen, bei denen individuelle Lernvorgänge nachweislich keine Rolle spielen, nennt man *angeboren*. Verhaltensweisen, die bei verschiedenen Individuen einer Art einheitlich ausgebildet sind, bezeichnet man als *artspezifisch (s. 3.1)*.

Man unterscheidet verschiedene Formen des Lernens: *Assoziatives Lernen* liegt vor, wenn ein Tier eine Verbindung zwischen zwei Reizen herstellt, einem neutralen Reiz und einem zweiten Reiz, der positive oder negative Auswirkungen auf den Organismus hat. Beispiele für assoziative Lernvorgänge sind die *klassische* und die *operante Konditionierung*. Bei *nicht-assoziativen Lernvorgängen* tritt eine Verhaltensänderung auf sich wiederholende Reize hin ein, die weder positive noch negative Konsequenzen haben. Die *Habituation* ist ein nicht-assoziativer Lernvorgang *(s. 3.2)*. Mit *Prägung* bezeichnet man einen irreversiblen Lernvorgang, der dem Erwerb sozialer Verhaltensweisen dient *(s. 3.3)*. *Lernen durch Nachahmung* oder *Lernen durch Einsicht* sind weitere Formen des Lernens *(s. 3.4, 3.5)*.

Verhaltensökologie

Nur solche Verhaltensweisen erweisen sich im Verlauf der Evolution als beständig, die das Überleben und den Fortpflanzungserfolg eines Individuums sichern *(s. 4.1)*. Dazu zählt das *aggressive Verhalten* eines Tieres, das der Verteidigung des *Reviers* dient.

Viele Tiere leben in *sozialen Verbänden*, in denen sie *kooperieren* und dadurch Überlebensvorteile haben. Vor allem in Gruppen von nahe miteinander verwandten Tieren kann *altruistisches*, d. h. uneigennütziges Verhalten auftreten *(s. 4.2)*.

Tiere *kommunizieren* in vielfältiger Weise miteinander und bedienen sich dazu z. B. *visueller* oder *chemischer Signale*. Bienen kommunizieren darüber hinaus mithilfe einer *Symbolsprache* miteinander. Durch Körperbewegungen *(»Bienentanz«)*, die in einer bestimmten Form, Richtung und Intensität ausgeführt werden, verständigen sich die Tiere über die Lage von Futterquellen. Auch *akustische Signale* werden zur Kommunikation eingesetzt, z. B. Warnrufe von Primaten, die bestimmte Fressfeinde ankündigen. Diese Signale ähneln der *Wortsprache* des Menschen. Die Wortsprache des Menschen ist jedoch schon deshalb einzigartig, weil sich mit ihr eine nahezu unbegrenzte Zahl von Aussagen erzeugen lässt *(s. 4.3)*.

Verhalten von Primaten

Menschenaffen verfügen über erhebliche *kognitive Fähigkeiten*, sie können z. B. ihr Spiegelbild erkennen und sich teilweise in Artgenossen hinein versetzen, so dass sie manche Handlungsabsichten verstehen. Darüber hinaus gebrauchen sie z. B. Steine als *Werkzeuge*. Fähigkeiten und Wissen werden durch Lernen bzw. Nachahmung über Generationen hinweg weitergegeben, d. h. Primaten verfügen über eine einfache Form von *Kultur (s. 4.4)*. Auch beim Menschen gibt es viele Beispiele für *angeborene Verhaltensdispositionen*, z. B. beim Sexualverhalten *(s. 4.5)*.

AUFGABEN

1 Schlüsselreize
Die Nektarsuche der Insekten lässt sich in folgende Teilhandlungen untergliedern: Anfliegen der Blüte, Suche nach Nektar in der Blüte, Aufnahme des Nektars. Um die dabei wirksamen Reize zu erforschen, führte KNOLL die in **Abb. 292.1** beschriebenen Experimente durch.

a) Werten Sie die drei Versuche aus. Fassen Sie Ihre Ergebnisse in einer Tabelle zusammen.

b) Wie würden sich vermutlich Bienenwölfe und Samtfalter in Versuch 3 anstelle der Bienen verhalten?

2 Bomba, der Tigersohn
Langsam schob sich Bomba am großen Baumstamm entlang, der auf dem Boden lag. Da! In etwa zwei Metern Entfernung bewegte sich etwas. Bomba duckte sich, dass seine Schulterblätter hervortraten. Er war erst drei Monate alt und weich, mit dickem Kopf und runden Ohren. Aber er wusste natürlich schon, dass das da vorn ein Blatt war, das vom Wind bewegt wurde. Oder war es vielleicht doch eine Maus oder ein fetter Käfer? Bomba warf einen kurzen Blick zurück auf seine träge ruhende Mutter, dann schob er sich weiter vor, dicht an den Boden gepresst. Die kleinen Ohrmuscheln ganz nach vorn gedreht, das gestreifte Plüschfell mächtig gesträubt, stellte er lautlos stapfend eine dicke Pfote vor die andere. Seine Gesichtsmuskeln waren gespannt und die Schwanzhaare vor Erregung abgespreizt. Noch ein halber Meter. Bomba zog die Hinterpfoten vor und stemmte sie ein, bereit zum todbringenden Sprung.
Da sah er das Gitter und gleich dahinter die Zuschauer, eine dichte Menschenmenge. Und da war ja auch gar keine Beute, sondern nur ein Blatt. Er wusste es, aber wussten die Zuschauer, dass er es wusste? Die Mutter war weit weg, gute fünf Meter. Was tun? Den Sprung ausführen und den Zuschauern zeigen, welch kleines Kind er ist und daher ein Blatt nicht von einem Käfer unterscheiden kann? Kam nicht in Frage, nein. Sein Gesicht war kurz von Verlegenheit überzogen, jetzt spannte er es wieder entschlossen. Und er sprang. Voll von bösartiger Aggression, deren ein kleiner dreimonatiger Tiger fähig ist, sprang er möglichst

Versuch 1	Versuch 2	Versuch 3
Samtfaltern, Bienenwölfen (eine Grabwespenart) und Bienen wurden Papierblüten angeboten, die in Farbe und Form denjenigen ihrer Futterpflanzen glichen.	Wie Versuch 1, nur wurde in die Nähe der Papierblüten noch ein farbloses Gazekissen mit dem Duft der entsprechenden Pflanzenblüten gehängt.	Es wurden gleichzeitig parfümierte und geruchlose Papierblüten nebeneinander angeboten.

Versuch 1	Versuch 2	Versuch 3
Samtfalter: beachteten Papierblüten nicht	**Samtfalter:** landeten auf den Blüten und untersuchten sie, bevor sie wegflogen	**Samtfalter:** ?
Bienenwölfe: beachteten Papierblüten nicht	**Bienenwölfe:** landeten auf dem Duftkissen und untersuchten es	**Bienenwölfe:** ?
Bienen: landeten auf den Papierblüten, flogen bald darauf fort	**Bienen:** landeten auf den Papierblüten, flogen bald darauf fort	**Bienen:** landeten auf beiden Papierblütensorten, liefen aber nur auf denen mit Duft unruhig umher, bevor sie abflogen

Abb. 292.1: Attrappenversuche zur Nektarsuche bei Insekten

weit am Blatt vorbei, jenem lächerlichen Kleinkinderkram; er sprang auf die gaffende Menge zu, und mit mannhaftem Fauchen zeigte er, was für ein Kerl er wirklich war – jawohl! –, durch und durch gefährlich und sehr ernst zu nehmen: Dann legte sich sein Fell, und rasch rannte er weg, um sich hinter seiner Mutter zu verstecken.

a) Welche Sätze der Schilderung sind wissenschaftlich unzulässig, weil sie eine vermenschlichende Interpretation enthalten?

b) Welche weiteren Sätze enthalten ebenfalls Annahmen, die aber wissenschaftlich vertretbar sind?

c) Welchen biologischen Zweck hat das Spiel?

d) Nennen Sie einen äußeren und einen inneren Faktor, der bei einem Tigerkind in freier Wildbahn das Spielen verhindern kann.

e) Welchen biologischen Zweck hat das Fellsträuben? In welchen Situationen geschieht es?

f) Aus welchem Grund führte Bomba den Sprung in Richtung Zuschauer aus? Formulieren und begründen Sie eine Hypothese.

g) Schreiben Sie die geschilderten Beobachtungen als Protokoll, welches keine Annahmen über innere Beweggründe des Tigerkindes enthält.

3 Verhalten bei Hühnerküken

Bei Hühnerküken wurde die Reaktion gegen Außenseiter erkundet:

Versuch 1: Unmittelbar nach dem Schlüpfen wurden zehn Hühnerküken in nebeneinander gestellte blickdichte Käfige gesetzt. Die Küken wurden von oben mit einer Wärmelampe bestrahlt und mit Wasser und Futter versorgt. Sie blieben so für einige Tage optisch, aber nicht akustisch voneinander isoliert (ohne Stimmfühlungslaute zu hören würden sie nicht fressen und sterben).

Nun malte man einem von diesen KASPAR-HAUSER-Küken den Schnabel blau an, die gelben Schnäbel der anderen neun änderte man nicht. Man setzte die Küken zusammen auf eine 1 m^2 große und nach außen abgegrenzte Fläche. Dort bot man den Küken Futterkörner an. Das Küken mit blauem Schnabel wurde immer wieder durch Pickschläge gegen den Kopf attackiert und vom Futter verdrängt.

Zur weiteren Erforschung dieses aggressiven Verhaltens zog man zusätzliche Gruppen von je zehn Hühnerküken in der gleichen Weise wie in Versuch 1 auf und führte mit ihnen jeweils folgenden Versuch durch:

Versuch 2: Von zehn Küken erhielten neun einen blauen Schnabel, eins wurde nicht angemalt. Innerhalb von einer Stunde zählte man alle Pickschläge der Hühnerküken, die ausschließlich auf den Kopf eines Artgenossen gerichtet waren.

Abb. 293.1: Hühnerküken

Auf folgende Köpfe wurden in einer dieser Gruppen Pickschläge ausgeführt:

gelb gegen blau	blau gegen blau	blau gegen gelb
2	22	0

a) Wieso kann man die Versuchstiere als KASPAR-HAUSER-Küken bezeichnen, und warum verwendete man derartige Versuchstiere in beiden Versuchen?

b) Formulieren Sie die Fragestellung der Versuche.

c) Berechnen Sie die Zahl der Pickschläge, die in Versuch 2 pro Küken mit gelbem bzw. mit blauem Schnabel in einer Stunde gegen Artgenossen gerichtet sind.

d) Welche Schlussfolgerungen lassen sich aus den Ergebnissen der beiden Versuche über die Reaktion gegen anders aussehende Hühnerküken ziehen? Begründen Sie Ihre Versuchsauswertung.

e) Warum war es zur Absicherung der Ergebnisse nötig, einen zweiten Versuch durchzuführen?

4 Lernverhalten

Das folgende Schema gibt die Ergebnisse eines Experiments wieder, das man mit einer Taube in einem Käfig durchführte. Der Käfig enthielt einen Automaten, über den der Taube einzelne Futterkörner angeboten wurden. Außerdem waren auf einer Scheibe, die beleuchtet werden konnte, Futterkörner abgebildet.

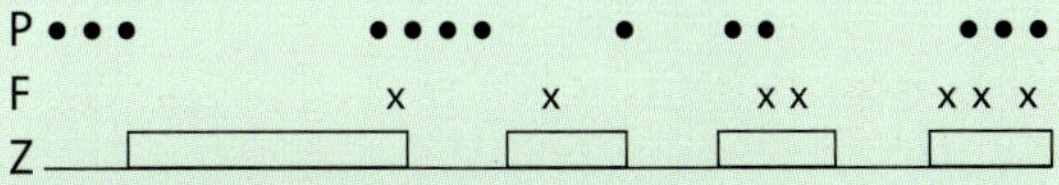

P: Pickschläge der Taube gegen ein Futterkorn auf der Scheibe; F: Futterkorn fällt zum Zeitpunkt x aus dem Automaten; Z: Zeitachse; ▭: Scheibe beleuchtet.

Schildern Sie das Verhalten der Taube in dem beschriebenen Versuchskäfig aufgrund des Schemas; erklären und charakterisieren Sie es.

HORMONE

Ein Wasserfrosch, der am Ufer eines Weihers sitzt, ist grasgrün wie seine Umgebung. Begibt er sich auf dunklen Grund, so färbt er sich blaugrün: Frösche gleichen ihre Farbe dem Untergrund an. Den Farbwechsel ermöglichen besondere Hautzellen (Melanocyten), die dunkle Pigmentkörner aus Melanin enthalten. Solange der Farbstoff in der Mitte der Zellen konzentriert ist, erscheint die Haut hell, ist er über das Innere der Zellen verteilt, wirkt sie dunkel. Injiziert man einem Frosch mit heller Farbe einen Extrakt aus Frosch-Hypophyse, so färbt sich das Tier ebenfalls blaugrün. Daraus schloss man, dass die Bewegung der Pigmentkörner von einem Hormon der Hirnanhangsdrüse *(Hypophyse, s. 1.1)* gesteuert wird. Es handelt sich um das *Melanocyten stimulierende Hormon (MSH)*. Die beiden Frösche in der **Abb. 294.1** hatten längere Zeit auf hellem Untergrund gesessen, bevor dem Frosch im Vordergrund Hypophysenextrakt injiziert wurde. 15 Minuten später war dieses Tier dunkel gefärbt. MSH und viele andere Hormone kommen bei allen Wirbeltieren vor, wirken in den verschiedenen Klassen aber meist unterschiedlich. So stimuliert z. B. *Prolactin (s. 1.1)* beim Frosch die Wanderung zum Laichgewässer, bei der Glucke das Locken der Küken und bei Säugern die Milchproduktion und -sekretion.

Abb. 294.1: Dunkelfärbung eines Wasserfrosches nach Hormoninjektion *(s. Text)*

1 Hormone bei Mensch und Tier

Der Organismus steht in beständigem Stoff- und Energieaustausch mit der Umgebung, dabei besteht ein Fließgleichgewicht *(s. Exkurs Stoffwechselketten und Fließgleichgewicht, S. 151)*. Hormone sind an dessen Erhaltung maßgeblich beteiligt. Außerdem beeinflussen sie sowohl die Anpassung von Lebewesen an ihre Umgebung als auch das Sozialverhalten. Ähnlich wie beim Nervensystem wird auch vom Hormonsystem Information übertragen. Von beiden Systemen werden bestimmte Moleküle abgegeben, die an spezifische Rezeptormoleküle von Zielzellen binden. Die Rezeptormoleküle übernehmen die weitere Steuerungsfunktion in der Zelle. Im Nervensystem dienen Transmittersubstanzen als Signalstoffe *(s. Neurobiologie 1.6)*. Diese diffundieren über den synaptischen Spalt zur jeweiligen Zielzelle. Viele Hormone werden demgegenüber ins Blut abgegeben und mit diesem zu ihren oft entfernt liegenden Zielzellen transportiert. Dennoch besteht zwischen neuronaler und hormonaler Signalübertragung ein fließender Übergang: So dient Adrenalin im sympathischen Nervensystem als Transmittersubstanz, von der Nebenniere wird es als Hormon abgegeben. Darüber hinaus gibt es besondere Nervenzellen, die Hormone erzeugen. Diese Hormone heißen *Neurohormone (s. 1.1)*.

Die Informationsübertragung durch Hormone erfolgt viel langsamer als die neuronale Erregungsleitung; Ausschüttung und Transport benötigen Minuten bis Stunden. Anders als die neuronale Signalübertragung ist die hormonale daher nicht dazu geeignet, schnelle Aktionen zu steuern, etwa den Sprung eines Frosches ins Wasser. Hormone kontrollieren vielmehr längerfristige Prozesse, z. B. der Fortpflanzung oder der Ernährung. Nach dem Bildungsort unterscheidet man zwei große Gruppen:

Drüsenhormone werden in Drüsen gebildet (innersekretorische oder *endokrine Drüsen;* **Abb. 295.1**). Sie diffundieren aus den sie bildenden Zellen über die Zwischenzellflüssigkeit ins Blut. Dagegen geben die *exokrinen Drüsen* ihre Sekrete über einen Ausführgang entweder an die Körperoberfläche, z. B. Schweißdrüsen, oder in den Magen-Darm-Trakt ab, z. B. Speicheldrüsen.

Gewebshormone werden in Geweben gebildet, die primär eine andere Aufgabe haben als die Hormonproduktion. Beispiele sind das *Gastrin* der Magenschleimhaut, das die Salzsäurebildung im Magen anregt, und das *Sekretin* des Dünndarms, das sowohl die Abgabe des Bauchspeichels stimuliert als auch die Salzsäurebildung im Magen hemmt.

Manche Gewebshormone wirken nur in der unmittelbaren Umgebung der Zellen, in denen sie gebildet werden. Sie binden dort an Rezeptoren und werden schnell abgebaut oder in so geringen Mengen abgegeben, dass sie nicht vom Blut wegtransportiert werden. Man bezeichnet die Funktion solcher Hormone als *parakrine* Funktion und die Hormone selbst als *parakrine Hormone* (gr. *para* in der Umgebung von; *krinein* aussondern). *Histamin* ist ein Beispiel für ein parakrines Hormon. Es ist an der Entstehung von Entzündungen beteiligt *(s. Immunbiologie 2).*

Manche Hormone wirken auch auf die Zelle zurück, von der sie gebildet werden. Dies kann dazu dienen, die Produktion bzw. Ausscheidung des entsprechenden Hormons in Grenzen zu halten. Es liegt also negative Rückkopplung vor. Dementsprechend werden sie *als autokrine* Hormone bezeichnet. Solche Hormone üben eine *autokrine* Funktion aus (gr. *autos* selbst).

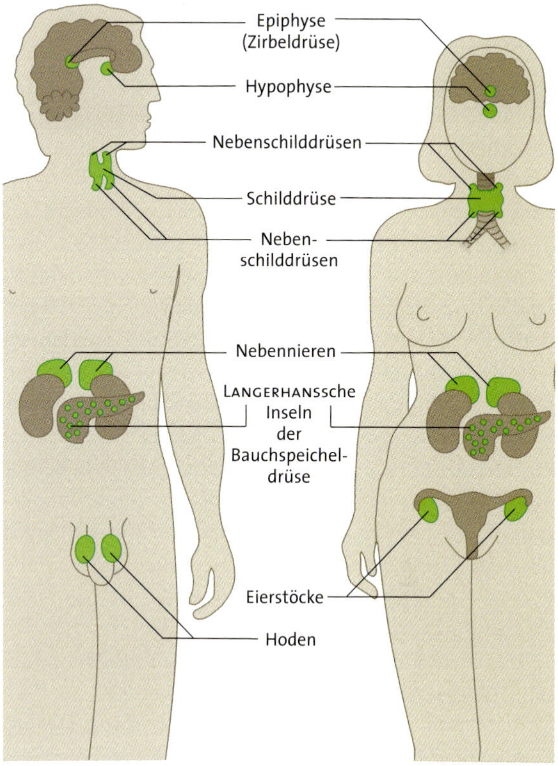

Abb. 295.1: Lage der Hormondrüsen beim Menschen

Drüse	Hormon	chemische Struktur	gesteuerte Funktion
Hypophysen-vorderlappen	Prolactin Wachstumshormon Steuerungshormone	Protein Protein Proteine	Milchsekretion Körperwachstum Tätigkeit anderer Hormondrüsen
Hypophysen-hinterlappen	Adiuretin Oxytozin	Peptid Peptid	Salz-, Wasserhaushalt Milchsekretion, Wehen
Epiphyse	Melatonin	Aminosäureabkömmling	tagesperiodische Rhythmen (zus. mit Hypothalamus)
Schilddrüse	Thyroxin Calcitonin	Aminosäureabkömmling Peptid	Stoffwechsel, Körperwachstum Ca^{++}-Stoffwechsel
Nebenschilddrüse	Parathormon	Peptid	Ca^{++}-Stoffwechsel
Pankreas-Inseln β-Zellen α-Zellen	 Insulin Glucagon	 Peptid Peptid	 Blutzuckergehalt
Nebennierenmark	Adrenalin, Noradrenalin	Aminosäureabkömmling	Blutzuckergehalt, Durchblutung
Nebennierenrinde	Mineralocorticoide Glucocorticoide	Steroide (Lipidabkömmlinge) Steroide	Salzhaushalt Blutzuckergehalt, Immunreaktion
Keimdrüsen	Sexualhormone	Steroide	Sexualität

Tab. 295.1: Hormondrüsen und deren wichtige Hormone beim Menschen

1.1 Die Hypophyse

Die Hypophyse (Hirnanhangsdrüse) liegt als kirschkerngroßes Gebilde an der Unterseite des *Hypothalamus*, des Zwischenhirnbodens. Sie steht mit anderen Hormondrüsen in Wechselbeziehung *(s. Abb. 261.1)*. Ihre Hormone sind Proteine oder Peptide. Die Hypophyse besteht aus Vorder- und Hinterlappen.

Adiuretin und Oxytozin, zwei Hormone des Hinterlappens, werden im Zellkörper von Neuronen des Hypothalamus gebildet, in den Axonen zum Hinterlappen transportiert und dort abgegeben. Es handelt sich also um Neurohormone. *Adiuretin* fördert in der Niere die Rückgewinnung von Wasser: Ist die Ionenkonzentration des Blutes zu hoch, geben Neuronen des Hypothalamus dieses Hormon ins Blut ab. Zugleich entsteht Durstgefühl. Fehlt Adiuretin im Blut, scheidet der Körper täglich bis zu 20 Liter sehr verdünnten Harns aus. *Oxytozin* bewirkt die Kontraktion des Uterus beim Geburtsvorgang (Wehen) und die Milchabgabe beim Stillen.

Das Wachstumshormon *Somatotropin* des Hypophysenvorderlappens stimuliert das Wachstum z. B. von Muskeln und steigert den Stoffwechsel *(s. Exkurs Doping, S. 300)*. Wird davon zuviel ins Blut abgegeben, kommt es beim Jugendlichen zu Riesenwuchs, beim Erwachsenen zu abnormer Vergrößerung von Händen und Füßen. Eine unternormale Abgabe verursacht Zwergwuchs. Dieser kann durch Verabreichung des Hormons verhindert werden. Das *Prolactin* fördert bei Frauen die Milchproduktion und -sekretion.

Vier weitere Hormone des Vorderlappens stimulieren andere Hormondrüsen: Das *thyreoideastimulierende Hormon* (TSH) regt die Tätigkeit der Schilddrüse an, das *adrenocorticotrope Hormon* (ACTH) die der Nebennierenrinde. Die Keimdrüsen beider Geschlechter werden durch je zwei Hormone, das *follikelstimulierende* (FSH) und das *luteinisierende Hormon* (LH), gesteuert *(s. Abb. 263.2 b)*. Je höher die Konzentration eines solchen Hormons im Blut ist, desto weniger wird von ihm abgegeben und umgekehrt. Es liegt ein Regelkreis vor *(s. Abb. 261.2)*. Die Hormonabgabe aus Zellen des Vorderlappens wird vom Hypothalamus durch *Releasing-Hormone* (engl. *to release* freisetzen) stimuliert oder durch *inhibierende Hormone* (engl. *inhibit* hemmen) gehemmt. So stimuliert das *ACTH-Releasing-Hormon* die Abgabe von ACTH und das *TSH-Releasing-Hormon* (TRH) die Ausschüttung von TSH. Das inhibierende Hormon *Somatostatin* hemmt die Freisetzung des Wachstumshormons *(s. Genetik 5.2.2)*.

0,1 µg des ACTH-Releasing-Hormons setzen in der Hypophyse 1 µg ACTH frei; eine solche Menge führt zur Bildung von 40 µg Glucocorticoid, dieses bewirkt in den Zellen den Umsatz von 5,6 mg (= 56 000 µg) Glucose. Es besteht also eine erhebliche Verstärkerwirkung.

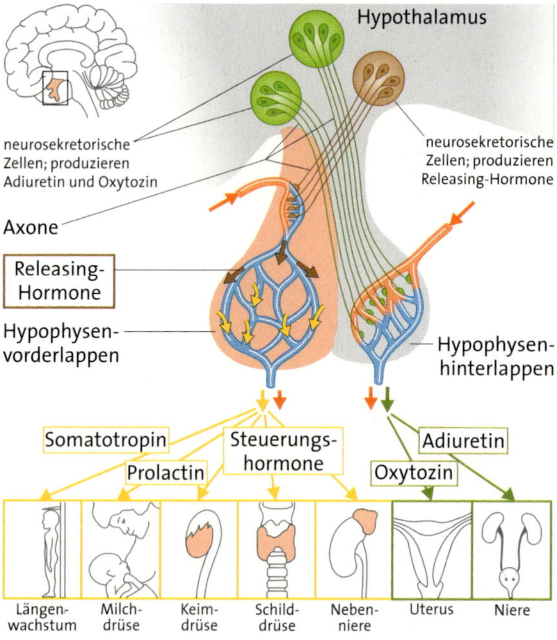

Abb. 296.1: Die Hypophyse, ihre Lage im Gehirn und ihre Hormone

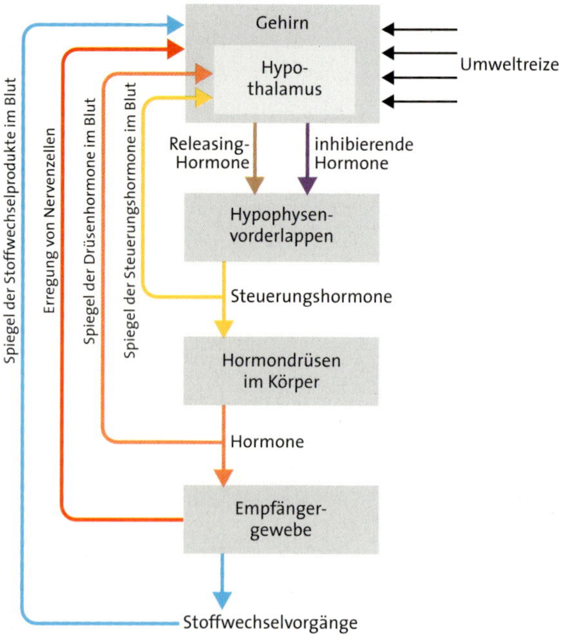

Abb. 296.2: Regelung der Hormonabgabe der Hypophyse

1.2 Die Schilddrüse

Diese Drüse liegt als zweilappiges, etwa 20 g schweres Gebilde vor dem Schildknorpel des Kehlkopfes. Ihr wichtigstes Hormon ist das iodhaltige *Thyroxin*, ein Abkömmling der Aminosäure Tyrosin. Pro Tag gibt die Schilddrüse beim Erwachsenen etwa 0,2 mg dieses Hormons ins Blut ab. Thyroxin regt den Stoffwechsel aller Zellen an. Bei einer Überfunktion der Schilddrüse ist der Grundumsatz verstärkt *(s. Stoffwechsel 1.4.4)*. Die Betroffenen neigen zum Schwitzen und wirken nervös, bei manchen quellen die Augen hervor (BASEDOWkrankheit). Dabei liegt meist eine Autoimmunerkrankung vor *(Immunbiologie 4)*: Es werden Antikörper gegen den Rezeptor des thyreoideastimulierenden Hormons der Hypophyse *(s. 1.1)* gebildet. Die Antikörper binden an die Rezeptoren und stimulieren die Zellen Thyroxin ungehemmt zu produzieren und auszuschütten. Die andauernde Stimulation der Rezeptoren kann zur Vermehrung von Schilddrüsengewebe und damit zu Kropfbildung führen.

Bei Schilddrüsenunterfunktion im Erwachsenenalter ist der gesamte Stoffwechsel verlangsamt und es kommt zu Fettansatz. Die Betroffenen fühlen sich schlapp, sind wenig leistungsfähig und reagieren relativ langsam auf äußere Reize. Mit der Zeit schwillt ihre Haut schwammig auf (»Myxödem«). Bei regelmäßiger Einnahme von Schilddrüsenhormon verschwinden diese Symptome. Ein unerkannter Thyroxinmangel im frühen Kindesalter führt dagegen zu bleibenden körperlichen und geistigen Schäden. Da das Wachstumshormon *(s. 1.1)* nur dann das Längenwachstum der Knochen anregt, wenn genügend Thyroxin vorhanden ist, bleibt der Körper klein. Weiterhin kommt es zu Schwachsinn und die Entwicklung der Geschlechtsorgane verzögert sich (*Kretinismus*, **Abb. 297.1**). Diese Krankheit trat früher in Gebieten mit iodarmem Trinkwasser auf (v. a. in Gebirgsgegenden); denn in das Molekül des Schilddrüsenhormons ist Iod eingebaut. Wenn Iod nicht in ausreichender Menge im Körper vorhanden ist, wird zu wenig Thyroxin gebildet. Dann wird auch die Ausschüttung von stimulierenden Hormonen des Hypothalamus (TRH) und der Hypophyse (TSH) *(s. 1.1)* nur unzureichend gehemmt. Diese aktivieren andauernd die Schilddrüse, ohne dass die erforderliche Thyroxinmenge ins Blut abgegeben wird. Daher kann es auch bei Unterfunktion der Schilddrüse zu Kropfbildung kommen. Zur Vorbeugung verwendet man Kochsalz, dem eine kleine Menge Iodid zugesetzt ist. Bei angeborener Schildrüsenunterfunktion muss gleich nach der Geburt regelmäßig Thyroxin gegeben werden, um das Entstehen dieser Symptome zu vermeiden.

Ein weiteres Schilddrüsenhormon ist das *Calcitonin*. Es fördert bei einer hohen Calciumkonzentration im Blut den Einbau von Ca^{2+}-Ionen in die Knochen. Calcitonin ist ein Gegenspieler des *Parathormons*. Dieses wird von der *Nebenschilddrüse* gebildet, die aus vier etwa linsengroßen, in die Schilddrüse eingebetteten Gebilden *(Epithelkörperchen)* besteht. Das Parathormon stimuliert bei niedrigem Ca^{2+}-Spiegel den Abbau von Knochensubstanz. Gleichzeitig hemmt es die Ausscheidung von Ca^{2+}-Ionen in der Niere. In Folge dessen steigt die Ca^{2+}-Konzentration des Blutes. Weiterhin stimuliert das Parathormon die Synthese eines bestimmten Enzyms in den Zellen der Niere. Das Enzym aktiviert eine Vorstufe des Vitamins D. Dieses Vitamin fördert die Aufnahme von Ca^{2+}-Ionen aus der Nahrung im Darm. Auch diese indirekte Wirkung des Parathormons führt zur Erhöhung der Calciumkonzentration im Blut.

Die Nebenschilddrüse ist während der Schwangerschaft und in der Stillzeit besonders aktiv, weil der Fetus wegen des Knochenwachstums einen relativ hohen Calciumbedarf hat. Früher hieß es, jede Schwangerschaft koste die Mutter einen Zahn. Die Abnahme der Estrogenproduktion *(s. 1.5)* in den Wechseljahren kann ebenfalls zum Abbau von Knochensubstanz führen, ein Teil der Frauen leidet dann an Knochenbrüchigkeit *(Osteoporose)*, weil der Proteingehalt des Knochens abnimmt. Dies kann durch Estrogengaben verhindert werden.

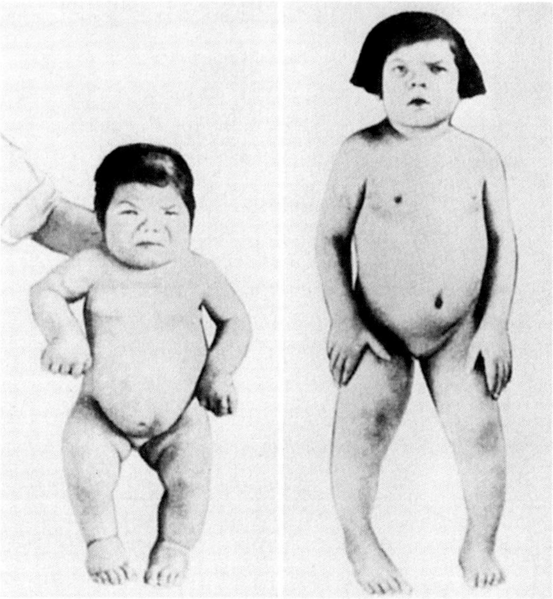

Abb. 297.1: Links: 17 Monate altes Mädchen mit Schilddrüsenunterfunktion; rechts: dasselbe Kind nach 13-monatiger Thyroxinbehandlung

1.3 Die Nebennieren

Die Nebennieren sitzen wie Kappen auf den Nieren. Sie bestehen jeweils aus Nebennierenrinde und Nebennierenmark. Diese Untereinheiten bilden zwei eigenständige Hormondrüsen. Sie sind verschiedenartig aufgebaut und haben unterschiedliche Funktionen. Im Mark entstehen *Adrenalin* und *Noradrenalin*, die Rinde (lat. cortex) erzeugt die *Corticosteroide (Rindenhormone)*.

Die Hormone **Adrenalin** und **Noradrenalin** tragen zur Mobilisierung von Glucose bei, indem sie in der Leber den Abbau der Speichersubstanz Glykogen bewirken. Im Fettgewebe verursachen sie den Abbau von Fett. Sie stimulieren die Verengung von Blutgefäßen des Darmes und der Haut (Blässe) sowie eine Erweiterung von Gefäßen der Skelettmuskeln. Durch die Erhöhung der Herzfrequenz und der Herzschlagintensität bewirken sie Blutdrucksteigerung. Unter ihrem Einfluss erhöht sich die Atmungsfrequenz und die Bronchiolen in der Lunge erweitern sich. Zudem bewirken sie Schweißabgabe. Auf diese Weise reagiert der Körper auf Stressreize *(s. Exkurs Stress)*.

Die **Corticosteroide** (Rindenhormone) werden in zwei Gruppen unterteilt: die Mineralcorticoide und die Glucocorticoide. Sie werden alle aus dem Lipid Cholesterol (früher Cholesterin) gebildet. Charakteristisch ist ihr molekulares Grundgerüst, ein Sterolringsystem mit vier Ringen. Cholesterol ist bis zu 1 % in den meisten tierischen Fetten enthalten. Die *Mineralcorticoide* steuern in den Nieren die Rückgewinnung von Na^+-Ionen aus dem Primärharn *(s. Stoffwechsel 4.4.2)* sowie die Ausscheidung von K^+-Ionen. Ihr wichtigster Vertreter ist das *Aldosteron*. Ohne dessen Wirkung würde der Körper große Mengen Kochsalz (NaCl) verlieren, das für die Erhaltung des osmotischen Werts der Körperflüssigkeiten besonders wichtig ist. Aus osmotischen Gründen würde Wasser ausgeschieden, sodass das Blutvolumen abnehmen und der Blutdruck sinken würde. Die *Glucocorticoide*, beispielsweise Cortisol, greifen bei großer körperlicher Anstrengung und im Hungerzustand in den Zuckerstoffwechsel ein. In Leberzellen bewirken sie die Bildung derjenigen Enzyme, die der Umwandlung von Aminosäuren in Glucose dienen. Als Voraussetzung dafür verursachen sie in Muskelzellen den Abbau von Muskelprotein zu Aminosäuren, die mit dem Blut in die Leber transportiert werden. Die Konzentration von Glucocorticoiden im Blut nimmt auch als Reaktion auf Stresssituationen innerhalb weniger Minuten zu. In Organen, die für Kampf oder Flucht nicht unmittelbar wichtig sind, hemmen sie den Abbau von Glucose und fördern die Nutzung von Fetten und Proteinen zum Energiegewinn. Außerdem hemmen sie Entzündungsvorgänge sowie die Immunreaktion und wirken beim *Allgemeinen Anpassungssyndrom (AAS)* mit *(s. Exkurs Stress)*.

Die Nebennierenrinde erzeugt in beiden Geschlechtern auch männliche und weibliche **Geschlechtshormone.** Entscheidend für die Entwicklung zum Mann oder Frau ist das Mengenverhältnis von weiblichen zu männlichen Hormonen, das durch die Keimdrüsen bestimmt wird.

Stress

Unter Stress versteht man die gleichartige Reaktion des Organismus auf verschiedenartige belastende Reize wie Infektionen, Verletzungen, Lärm, Bedrohung oder zwischenmenschliche Konflikte.

Kurzfristige Stressreaktionen sind aus physiologischer Sicht zweckmäßig und notwendig. Weil sie u. a. im Falle von Kampf und Flucht auftreten, bezeichnet man sie als *Flucht oder Kampf Syndrom (flight or fight response)*. Den Muskeln wird bevorzugt Sauerstoff und Glucose zugeführt, sodass sie ausreichend Energie umsetzen können. Diese kurzfristigen Reaktionen werden von Adrenalin, Noradrenalin und Corticosteroiden ausgelöst.

Auf lang anhaltende Stressreize reagiert der Körper mit dem *Allgemeinen Anpassungssyndrom (AAS)*, u. a. mit Vergrößerung der Nebenniere und bleibendem Bluthochdruck. Zur Entwicklung des AAS tragen Glucocorticoide, u. a. das Cortisol, bei. Cortisol beendet eine Stressreaktion normalerweise dadurch, dass es die Abgabe von ACTH-Releasing-Hormon hemmt. Dadurch wird sein eigener Blutspiegel erniedrigt *(s. 1.1)*. Zur Vermeidung des AAS ist diese Funktion besonders wichtig. Versuche mit Ratten ergaben dazu Folgendes: Erstens beendeten alte Tiere eine Stressreaktion deutlich langsamer als junge, auch zeigten die alten schneller Anzeichen des AAS. Zweitens nahm die hemmende Wirkung des Cortisols ab, wenn sie lange Zeit immer wieder erfolgte. Der Mensch kann zur Beendigung bestimmter Stressreaktionen durch Entspannungsübungen beitragen. In manchen Fällen schützt aber nur die Änderung der Lebensumstände vor negativen Folgen des AAS.

Hormonwirkung in der Zelle. Die (hydrophilen) Moleküle von Adrenalin und Noradrenalin können aufgrund ihres stark polaren Baus die (aus Lipiden aufgebaute) Membran ihrer Zielzellen nicht passieren. Die Hormonmoleküle binden außen an der Zellmembran an Rezeptorproteine, die bis ins Zellinnere reichen und dort eine Signalkette auslösen *(s. Stoffwechsel 1.5)*. An deren Ende steht die eigentliche Antwort der Zelle auf die Bindung des Hormonmoleküls. Adrenalin und Noradrenalin binden an zwei verschiedenartige Rezeptorproteine, die Alpha- und Beta-Rezeptoren. Diese Rezeptoren lösen unterschiedliche Signalketten aus, die stimulieren oder hemmen können. So aktivieren die *Beta-Rezeptoren* der Leberzellen nach Bindung des Hormonmoleküls ein G-Protein. Im weiteren Verlauf entsteht cAMP, am Ende ist eine Vielzahl von Molekülen eines Enzyms (Phosphorylase) aktiv, das den Abbau von Glykogen in Glucose katalysiert (**Abb. 299.1**). Beta-Rezeptoren von Fettzellen lösen die gleiche Signalkette aus, durch die jedoch andere, dem Abbau von Lipiden dienende Enzyme stimuliert werden. Demgegenüber hemmen Beta-Rezeptoren in der Wand der Bronchiolen der Lunge sowie der Arteriolen der Skelettmuskeln mittels einer solchen Signalkette die Kontraktion von Muskelzellen. Daraufhin erschlaffen diese Muskelzellen und die feinsten Verzweigungen der Luftröhre bzw. der Arterien der Skelettmuskeln erweitern sich. Obwohl also Beta-Rezeptoren die Information stets über eine cAMP-Signalkette ins Zellinnere übertragen, reagieren die verschiedenartigen Zellen unterschiedlich. *Alpha-Rezeptoren* starten eine Signalkette, die über Moleküle von Inositoltrisphosphat (IP3) eine Ausschüttung von Ca^{2+} aus dem Endoplasmatischen Reticulum ins Cytoplasma auslöst. Dieses aktiviert bestimmte Proteine, von denen letztlich die Hormonwirkung hervorgerufen wird. Das gilt z. B. für die Kontraktion von Muskelfasern in den Arteriolen der Haut und des Magen-Darm-Traktes. Durch die Kontraktion wird eine Verengung dieser Gefäße bewirkt (**Abb. 299.2**).

Corticosteroide sind Abkömmlinge des Lipids Cholesterol. Sie diffundieren daher durch die Lipiddoppelschicht der Zellmembran und gelangen ins Cytoplasma aller Zellen. Auch sie benötigen ein Rezeptorprotein. Der Protein-Rezeptor-Komplex beeinflusst direkt die DNA und damit die Proteinsynthese der Zelle (**Abb. 299.3**). ■

Regelung der Hormonabgabe. Die Abgabe der Corticosteroide erfolgt im Zusammenspiel von Nebennierenrinde, Hypophyse und Hypothalamus *(s. 1.1)*. Die Sekretion von Adrenalin und Noradrenalin ins Blut wird vom sympathischen Nervensystem gesteuert *(Neurobiologie 5.2.3)*, das dabei vom Hypothalamus kontrolliert wird.

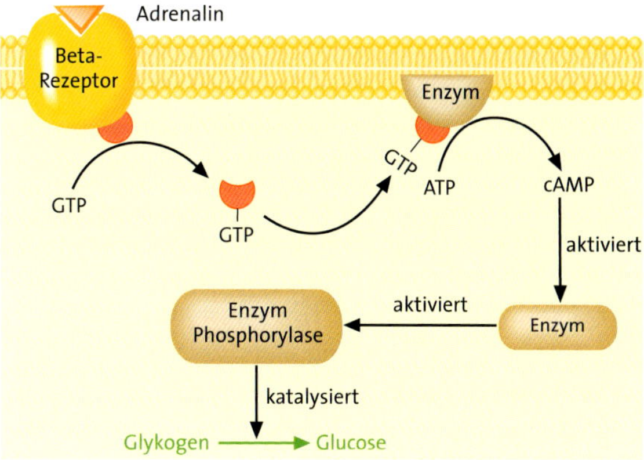

Abb. 299.1: Wirkung von Adrenalin auf Leberzellen. Über eine cAMP-Signalkette verursacht es Glykogenabbau.

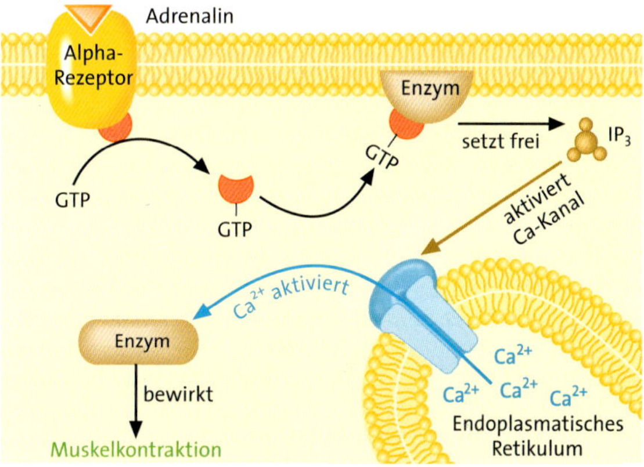

Abb. 299.2: Wirkung von Adrenalin auf Muskelzellen von Arteriolen (Haut, Magen-Darm-Trakt). Über eine IP_3-Signalkette verursacht es Muskelkontraktion.

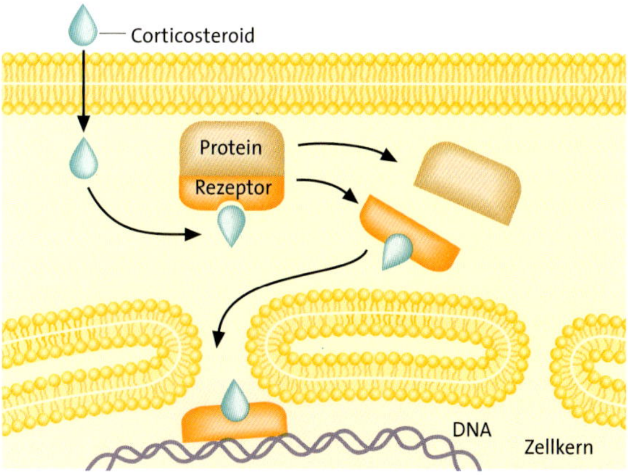

Abb. 299.3: Wirkung von Corticosteroiden in der Zelle. Über ein Rezeptorprotein beeinflussen sie die DNA und führen so zur Aktivierung von Genen. Der Rezeptor wird zunächst von einem Protein (Chaperon) im inaktiven Zustand gehalten.

Doping
Verschiedene Hormone werden als Dopingmittel missbraucht. Dazu gehören das Wachstumshormon und männliche Geschlechtshormone.

Seit das *Wachstumshormon (Somatotropin)* mithilfe von Bakterien gentechnisch hergestellt wird, steht es unbegrenzt zur Verfügung. Früher gewann man es mühsam aus der Hypophyse menschlicher Leichen: Zur Behandlung eines Zwergwüchsigen beispielsweise benötigte man pro Jahr 50 Hypophysen; es bestand stets ein großer Bedarf an diesem Medikament. Das Hormon stimuliert sowohl das Wachstum von Knorpel und Knochen als auch die Aufnahme von Aminosäuren aus dem Blut in die Zellen. Diese Verbindungen werden u.a. zum Aufbau von Muskeln benötigt. Sportler oder Bodybuilder nehmen das Hormon, um die Vergrößerung von Skelettmuskeln anzuregen. Es wird sogar von Eltern berichtet, die ihren Kindern verbotenerweise Wachstumshormon geben, weil sie aus ihnen z.B. große Basketballspieler machen wollen. Die Einnahme von Wachstumshormon kann allerdings schlimme Nebenwirkungen haben. So kann es unter anderem zu Herzvergrößerung, Herzversagen, Bluthochdruck und abnormer Knochenentwicklung an Händen und Füßen kommen.

Männliche Geschlechtshormone werden von Sportlerinnen und Sportlern missbraucht. Diese Steroidhormone fördern in beiden Geschlechtern das Muskelwachstum. Sie werden in diesem Zusammenhang auch als *anabole Steroide* bezeichnet, weil sie den Aufbaustoffwechsel (Anabolismus) fördern. Durch diesen werden Zellbestandteile, z.B. Proteine der Muskelfasern, aus einfachen Bausteinen (im Beispiel Aminosäuren) synthetisiert. Auch die Einnahme von Androgenen zu Dopingzwecken ist gefährlich: Männer können steril werden, ihre Hoden können sich verkleinern und es kann bei ihnen zu Haarausfall kommen. Bei Frauen können sich Brüste und Uterus verkleinern und die Clitoris kann größer werden. Weiterhin können Unregelmäßigkeiten beim weiblichen Zyklus auftreten, und die Frauen können ebenfalls steril werden. Außerdem kann bei den Frauen Bartwuchs und eine stärkere Körperbehaarung auftreten, und ihre Stimme kann tiefer werden. In beiden Geschlechtern steigt das Risiko für Herzinfarkt, Krebs oder ein Nierenleiden an, darüber hinaus können psychische Krankheiten, vor allem Depressionen, entstehen.

1.4 Die Bauchspeicheldrüse

Die Bauchspeicheldrüse (das Pankreas) liegt hinter dem Magen. Sie erzeugt alle für die Verdauung im Darm erforderlichen Enzyme. Diese gelangen über einen Ausführgang in den Dünndarm *(s. Stoffwechsel 4.1)*. Innerhalb der Bauchspeicheldrüse sind zahlreiche, nur je 0,3 mm große Zellgruppen inselartig verteilt.

Dieses von LANGERHANS schon 1869 entdeckte zusätzliche Drüsengewebe bildet Hormone. Die LANGERHANSschen Inseln bestehen aus zwei Arten von Zellgruppen: *Alphazellen* bilden das Hormon Glucagon, *Betazellen* das Hormon Insulin. Bei beiden Hormonen handelt es sich um Peptide. Sie werden in die Zwischenzellflüssigkeit abgegeben und gelangen von dort in die Blutkapillaren. *Insulin* und *Glucagon* dienen dazu, die Konzentration von Glucose (Traubenzucker) im Blut zu regeln (**Abb. 301.1 b**). Glucose ist für Zellen eine wichtige Energiequelle und Ausgangssubstanz für den Aufbau weiterer Stoffe *(s. Stoffwechsel 3.3.1)*. Durch das Zusammenspiel der beiden Hormone wird der Blutzuckergehalt bei ca. 90 mg Glucose/100 ml Blut (= 0,9 %) konstant gehalten. Steigt der Blutzuckerspiegel über diesen Sollwert hinaus an, dann scheiden die Betazellen Insulin aus. Dieses bewirkt die Aufnahme von Zucker in die Zellen. In Leber und Muskeln wird daraus die Speichersubstanz Glykogen synthetisiert (Glykogen ist ausschließlich aus Glucose aufgebaut). Weiterhin veranlasst Insulin die Zellen, nur Glucose zum Energiegewinn zu nutzen, nicht aber Fette oder Proteine, zudem stimuliert es die Synthese von Fetten und Proteinen unter Glucoseverbrauch. Ist der Sollwert der Blutzuckerkonzentration erreicht, kommt die Insulinabgabe zum Erliegen. Sinkt die Blutzuckerkonzentration jedoch weiter ab, z.B. im Hungerzustand oder bei starker körperlicher Anstrengung, geben die Alphazellen Glucagon ab. Dieses Hormon wirkt nur auf Leberzellen und veranlasst diese dazu, die Speichersubstanz Glykogen abzubauen und die dabei entstehende Glucose ins Blut abzugeben. Unter der Wirkung von Glucagon stellen Leberzellen außerdem Glucose aus Fettsäuren und Aminosäuren her. Glucocorticoide stimulieren ebenfalls die Zuckerneubildung aus Aminosäuren *(s. 1.3)*.

Die Leber spielt also eine wichtige Rolle bei der Blutzuckerreglung. Sie wird vom gesamten Blut durchflossen, das vom Darm zum Herzen zurück strömt und mit Nährstoffen, u.a. Glucose, Aminosäuren, Fettsäuren, reich beladen ist. Das Blut aus dem Darm gelangt durch die Pfortader in die Leber. Die Zellen der Leber sind durch eine besondere Vielfalt von Stoffwechselprozessen ausgezeichnet. Ihr Zuckerstoffwechsel wird zusätzlich durch Hormone der Nebennierenrinde gesteuert (Glucocorticoide, *s. 1.3*).

Glucagon und Insulin durchdringen als wasserlösliche Substanzen die Lipidmembran ihrer Zielzellen nicht, sondern binden außen an Rezeptorproteine der Zellmembran. Dabei setzt Glucagon eine Signalkette in Gang, in der wie beim Adrenalin ein G-Protein aktiviert wird und cAMP entsteht *(s. Abb. 299.1)*. Dagegen überträgt der Insulinrezeptor zum Start einer Signalkette direkt je eine Phosphatgruppe auf bestimmte Proteinmoleküle des Cytoplasmas. Diese werden daraufhin als Enzym aktiv. In der Signalkette werden weitere Enzyme aktiviert, bis vom letzten Glied der Kette die Zellantwort bewirkt wird.

Diabetes mellitus. Gibt die Bauchspeicheldrüse zu wenig Insulin ab oder funktionieren die Insulinrezeptoren ungenügend bzw. überhaupt nicht, so liegt Zuckerkrankheit *(Diabetes mellitus)* vor. Da Zellen ohne den Stimulus des Insulins keine Glucose aufnehmen, steigt die Glucosekonzentration des Blutes nach einer kohlenhydratreichen Mahlzeit so stark an, dass Traubenzucker über die Niere ausgeschieden wird. Der Harn schmeckt dann süß (lat. *mellitus* süß). Aus osmotischen Gründen diffundiert Wasser aus der Zwischenzellflüssigkeit in das glucosereiche Blut. Deshalb scheiden die Betroffenen große Mengen Urin aus (gr. *diabetes* Harnruhr) und sind ständig durstig. Da in den Zellen Glucose fehlt, nutzen diese zum Energiegewinn Fette und Proteine. Folglich magern die Betroffenen ab und sterben ohne Behandlung mit Insulin.

Zuckerkrankheit erscheint in zwei Formen. *Diabetes mellitus Typ I* ist eine Autoimmunerkrankung *(s. Immunologie 4.1 und Genetik 3.5.3)*. Der Körper bildet Antikörper gegen die Betazellen des Pankreas, die fälschlicherweise als körperfremd angesehen werden. Diese Form der Zuckerkrankheit tritt schon bei Jugendlichen auf. Insulinzufuhr beseitigt die Krankheitserscheinungen für die Dauer der Insulinwirkung. Zuviel Insulin lässt den Blutzuckergehalt rasch absinken, sodass es zu schweren Krämpfen, Bewusstlosigkeit und Atemlähmung (Koma) kommen kann. Die Disposition für die Krankheit ist erblich. Sie kann dann durch äußere Einflüsse, wie z. B. besonders belastende Erlebnisse, ausgelöst werden.

Bei *Diabetes mellitus Typ II* weist die vom Insulin ausgelöste Signalkette der Zellen, die letztlich die Aufnahme von Glucose bewirkt, einen Defekt auf: Eines der Enzyme wird in zu geringer Menge aktiviert. Die Betazellen des Pankreas funktionieren vorerst normal. Auch zeigen sich in jungen Jahren keine Krankheitssymptome. Vor allem bei Übergewichtigen entsteht jedoch mit zunehmendem Alter immer weniger von dem Enzym, und die Betroffenen erkranken. Eine fettreiche Ernährung beschleunigt den Prozess. Der hohe Blutzuckerspiegel bewirkt zunächst eine erhöhte Insulinausschüttung. In der Folge gehen laufend Betazellen zugrunde, sodass Insulin gespritzt werden muss. Körperliche Betätigung und eine ausgewogene Kost dienen der Vorbeugung.

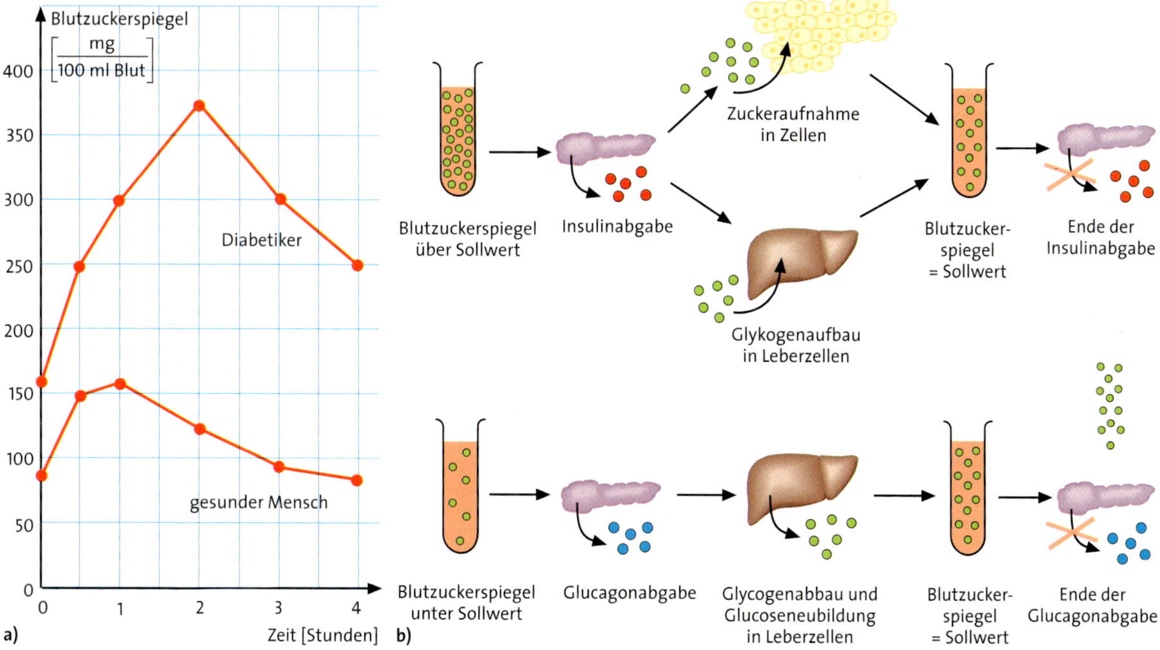

Abb. 301.1: Blutzuckerspiegel und dessen Regelung. **a)** Blutzuckergehalt nach Einnahme von Glucose: Gesunde Person und Diabetiker im Vergleich; **b)** Regelung des Blutzuckerspiegels durch Insulin und Glucagon

1.5 Die Keimdrüsen

In ihnen werden außer den Eizellen bzw. Spermien männliche und weibliche Geschlechtshormone gebildet. Diese bewirken während der Entwicklung die Ausbildung der primären und der sekundären Geschlechtsmerkmale. Nach der Geschlechtsreife stimulieren sie die Produktion von Geschlechtszellen und wirken bei der Steuerung des Sexualverhaltens mit. Der Mensch bildet drei Gruppen von **Geschlechtshormonen:** *Androgene, Estrogene* (früher Östrogene) und *Gestagene*, die alle in beiden Geschlechtern vorkommen. Bei Frauen überwiegen allerdings die Estrogene gegenüber den Androgenen, Männer bilden mehr Androgene als Estrogene. Geschlechtshormone werden von den Keimdrüsen, aber auch von der Nebennierenrinde erzeugt (zur Wirkung von Steroidhormonen in der Zelle *s. Abb. 299.2*).

Das wichtigste Sexualhormon beim Mann ist das *Testosteron*. Zusammen mit anderen Androgenen führt es in der Pubertät zur Reifung des Hodengewebes, veranlasst die fortgesetzte Bildung von Spermien und beendet in höherer Konzentration das Wachstum in der Pubertät. Außerdem fördern Androgene das Muskelwachstum und werden deshalb als Dopingmittel missbraucht *(s. Exkurs Doping, S. 300)*. Das *luteinisierende Hormon (LH)* der Hypophyse veranlasst die Zwischenzellen des Hodengewebes zur Bildung von Testosteron und anderer Androgene, das *Follikel stimulierende Hormon (FSH)* fördert die Bildung von Spermien in den Hodenkanälchen (**Abb. 302.1**). LH und FSH tragen ihre Bezeichnungen aufgrund der Funktionen im weiblichen Geschlecht. Die Freisetzung von LH und FSH wird durch ein Releasing-Hormon des Hypothalamus stimuliert *(Gonadotropin-Releasing-Hormon, GnRH)*. Androgene hemmen die Ausschüttung dieser drei Hormone. Der Androgenspiegel wird durch einen Regelkreis weitgehend konstant gehalten *(s. Abb. 296.2)*.

Estrogene stimulieren die Bildung von Eizellen. Das Progesteron, ein Gestagen, bereitet den Uterus auf die Einnistung einer befruchteten Eizelle vor und trägt dazu bei, eine eingetretene Schwangerschaft zu erhalten. Die Konzentrationen dieser Hormone bleiben im Blut der Frau nicht konstant, sondern ändern sich zyklisch.

Weiblicher Zyklus. Dieser beginnt übereinkunftsgemäß mit dem ersten Tag der Monatsblutung (Menstruation). Schon ein paar Tage zuvor nimmt die Konzentration des Follikel stimulierenden Hormons (FSH) und des luteinisierenden Hormons (LH) im Blut zu (**Abb. 303.1**). Daraufhin reift ein Follikel (Eibläschen) heran (**Abb. 302.2**). Der heranwachsende Follikel bildet mehr und mehr Estrogene, vor allem *Estradiol*. Diese Hormone stimulieren u. a. das Wachstum der Uterusschleimhaut.

An den meisten Tagen des weiblichen Zyklus hemmen die Estrogene die Ausschüttung von FSH und LH (negative Rückkopplung). Ab einer bestimmten Konzentration, drei Tage vor dem Eisprung, stimulieren sie jedoch die Freisetzung der beiden Hormone (positive Rückkopp-

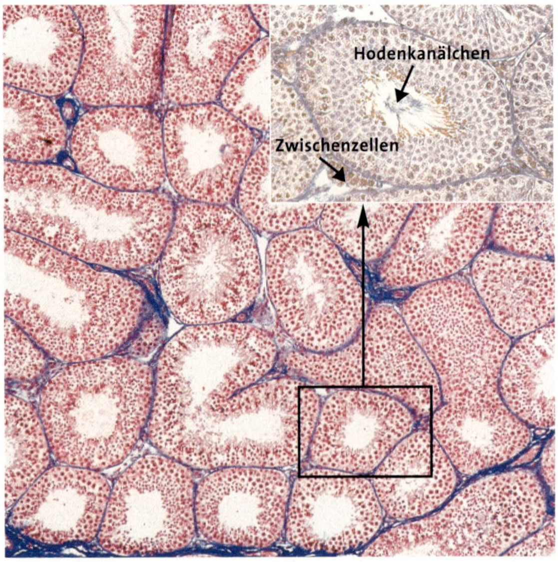

Abb. 302.1: Schnitt durch Hodengewebe. In den Hodenkanälchen bilden sich Spermien. Zwischen den Hodenkanälchen liegen die Zwischenzellen.

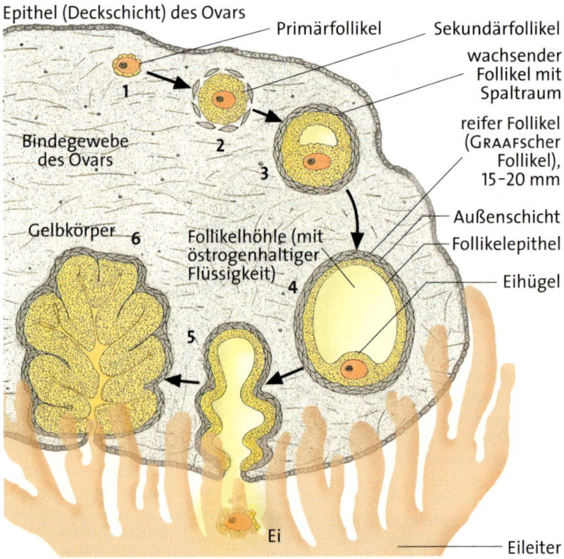

Abb. 302.2: Follikelreifung **(1–4)**, Eisprung **(5)** und Gelbkörperbildung **(6)**; Eizellen rot, Follikelepithel und Flüssigkeit in der Follikelhöhle gelb

lung). LH aktiviert dann u. a. die Enzyme, die das Platzen des Follikels auslösen. Außerdem bewirkt es die Bildung des Gelbkörpers (lat. *Corpus luteum*) aus dem Epithel des geplatzten Follikels. Der Gelbkörper bildet seinerseits Estrogene und Gestagene, darunter v. a. das Progesteron (Gelbkörperhormon). Diese Hormone hemmen die Reifung weiterer Follikel; durch die Progesteronbildung steigt die Körpertemperatur nach der Ovulation um 0,3 bis 0,5 °C an.

Wird die Eizelle nicht befruchtet, stirbt sie innerhalb weniger Stunden ab. Außerdem degeneriert der Gelbkörper. Wegen der Abnahme der Konzentration seiner Hormone im Blut wird die Uterusschleimhaut abgestoßen (Menstruation), die Körpertemperatur sinkt (**Abb. 303.1 a**).

Schwangerschaft. Die Einnistung des Embryos wird durch das Gelbkörperhormon ermöglicht. Der sich einnistende Embryo signalisiert durch Bildung eigener Hormone dem mütterlichen Organismus seine Anwesenheit. Dazu gehört das humane Choriongonadotropin (HCG). Es wirkt wie LH und hält den Gelbkörper in Funktion. Dieser bildet weiterhin Progesteron und Estrogene. Die Uterusschleimhaut wird daher nicht abgestoßen. HCG lässt sich ab zwei Wochen nach der Befruchtung im Blut und später auch im Urin nachweisen. Darauf beruhen viele Schwangerschaftstests. Die Bildung von Progesteron und Estrogenen wird schließlich von der Plazenta übernommen; etwa zwei Monate nach der Befruchtung ist sie die Hauptquelle dieser Hormone. Sie regen nun das Wachstum von Uterus und Brustdrüsen an.

Empfängnisverhütung mit der »Pille«. Die »Pille« enthält normalerweise Estrogene, die die Abgabe von FSH und LH aus der Hypophyse und damit das Follikelwachstum hemmen; außerdem Progesteron, das den Anstieg der LH-Konzentration zusätzlich hemmt, sodass der Eisprung unterbleibt (Ovulationshemmung). Zudem erhöht es die Zähigkeit des Schleims am Eingang zum Uterus, der von Spermien dann weniger leicht durchdrungen wird. Die *Minipille* enthält nur Progesteron. Sie hemmt die Ovulation nicht, sondern bewirkt nur eine Erhöhung der Schleimviskosität (hohe »Versagerrate«). Die »*Pille danach*« verhindert die Einnistung des Embryos in die Uterusschleimhaut.

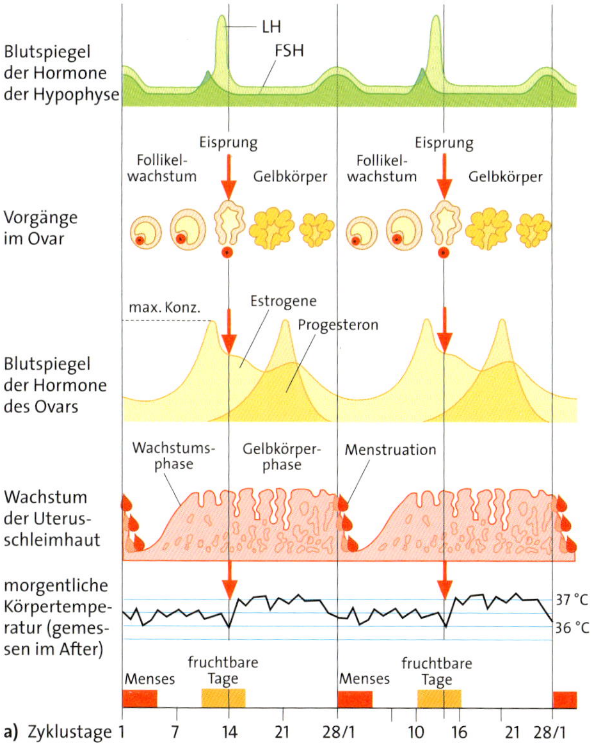

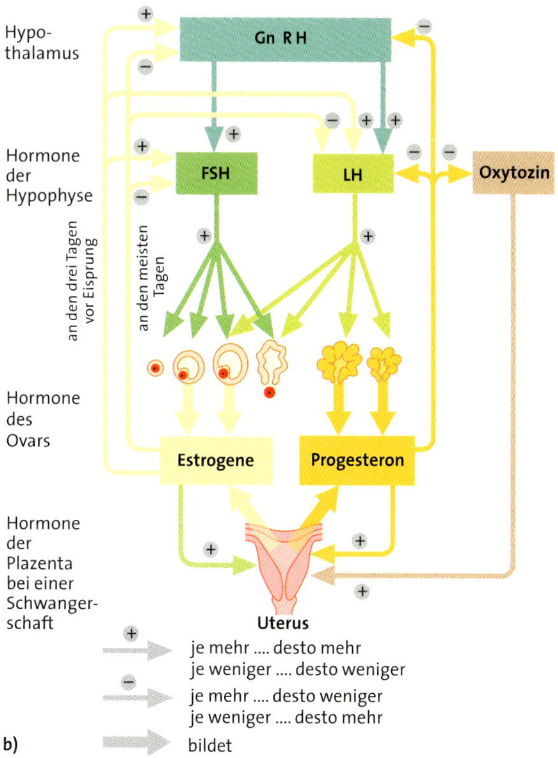

Abb. 303.1: **a)** Anatomische und physiologische Veränderungen während des Menstruationszyklus; **b)** Zusammenspiel von Hormonen bei diesem Zyklus und in der Schwangerschaft. FSH Follikel stimulierendes Hormon, LH luteinisierendes Hormon, GnRH Gonadotropin-Releasing-Hormon. Im Vergleich mit den Estrogenen wird etwa 100 mal mehr Progesteron produziert. Die Progesteronkonzentration ist nicht maßstabsgerecht wiedergegeben.

2 Pflanzenhormone

Hormone findet man in geringen Mengen in allen Teilen der Pflanze. Sie werden zum Teil in wachsenden Geweben, zum Teil in der Wurzel gebildet und vom Bildungsort wegtransportiert. Pflanzenhormone sind Gewebshormone. **Auxine** regulieren das Streckungswachstum, **Gibberelline** fördern Keimung, Wachstum und Blütenbildung; **Cytokinine** regen die Teilung junger Zellen an und hemmen Alterungsvorgänge. **Abscisinsäure** und **Jasmonsäure** wirken hemmend auf Stoffwechsel und Entwicklung. Im Spätjahr vermehrt sich die Abscisinsäuremenge während der Ruhepause der Pflanze und nimmt schließlich wieder ab. Erst dann kann man abgeschnittene Zweige von Bäumen und Sträuchern, z. B. Kirsche und Flieder, durch Warmstellen vorzeitig zum Blühen bringen. Durch das gasförmige **Ethen** (»Reifungshormon«) werden Fruchtreifung, Alterung und Blattfall gefördert, Keimung und Knospenaustrieb hingegen gehemmt.

Keimung von Getreidekörnern. Unter dem Einfluss von Gibberellin, das der Embryo abgibt, werden Gene für Stärke abbauende und Protein spaltende Enzyme *aktiviert (s. Genetik 4.3.3, Regulation)*. Die Enzyme bauen dann die Reservestoffe im keimenden Getreidekorn ab, vor allem die Stärke im Mehlkörper, und machen sie dem Stoffwechsel des wachsenden Keimlings verfügbar (**Abb. 304.1**). Wenn man ein Getreidekorn quer teilt, tritt der Stärkeabbau nur in der embryohaltigen Hälfte ein. In der embryolosen Hälfte kann er aber durch Zugabe von Gibberellin-Lösung ausgelöst werden.

Anwendung von Wuchsstoffen im Gartenbau. Bei der Stecklingsvermehrung wird die Wurzelbildung am abgeschnittenen Sprossstück beschleunigt, wenn man es vor dem Einpflanzen in Auxinlösung taucht; Apfel- und Citrusbäume werfen die Früchte später ab, wenn sie mit Auxinlösung besprüht werden. Synthetische Stoffe mit auxinartiger Wirkung verwendet man z. B. im Getreidefeld oder im Rasen als Unkrautvertilgungsmittel *(Herbizide)*, weil sie die wuchsstoffempfindlicheren zweikeimblättrigen Pflanzen zu einem schnellen, krankhaften und zum Absterben führenden Wachstum veranlassen. Einkeimblättrige Pflanzen wie Getreide und andere Gräser reagieren viel schwächer auf das Herbizid.

Polarität. Hängt man zwei Stücke eines Weidenzweiges in einen feuchten Raum, das eine in normaler Lage, das andere aber umgekehrt, so treiben Wurzeln nur am ursprünglich unteren Ende der Zweigstücke aus (**Abb. 304.2**). Die Polarität entwickelt sich in den Zellen ohne Einfluss von Hormonen, sie wirkt sich aber auf die spätere Hormonbildung aus: Entfernt man die Sprossspitze einer Pflanze, so wachsen die obersten Seitenknospen aus, deren Austrieb zuvor gehemmt war. Hierbei wirkt Auxin mit: Sprossspitzen bilden Auxin, das im Spross abwärts wandert und in Seitenknospen die Bildung hemmender Stoffe auslöst. Diese verhindern das Austreiben der Knospen. Hört die Auxinzufuhr von oben her auf, so treibt die höchstgelegene Seitenknospe aus und übernimmt die Funktion der Sprossspitze.

Signalstoffe. An Stellen, die von Krankheitserregern befallen wurden, z. B. durch Bakterien und Pilze, bildet die Pflanze Signalstoffe, z. B. Salicylsäure. Diese werden wegtransportiert und lösen andernorts Schutzreaktionen aus. So können Nachbarblätter Stoffe produzieren, die für die Krankheitserreger giftig sind. Pflanzenfressende Insekten lösen an den von ihnen befallenen Stellen bei vielen Arten die Bildung flüchtiger Stoffe aus. Von diesen werden Raubinsekten angelockt. Dazu gehören Schlupfwespen, die ihre Eier in pflanzenfressende Schmetterlingsraupen legen, sodass diese schließlich zugrunde gehen.

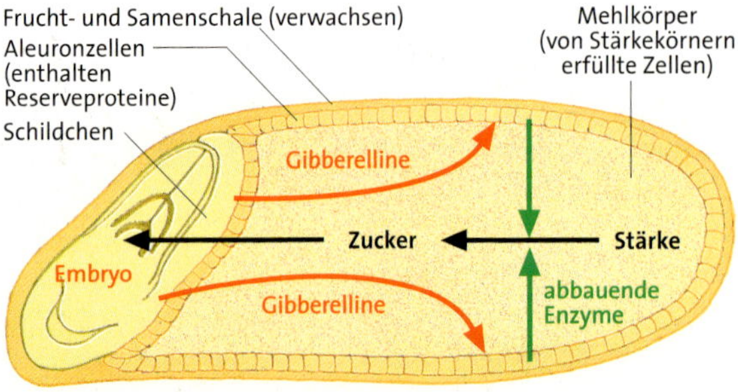

Abb. 304.1: Wirkung der Gibberelline bei der Keimung von Getreide

Abb. 304.2: Auswirkung der Polarität beim Weidenzweig *(s. Text)*

ZUSAMMENFASSUNG

Allgemeine Eigenschaften von Hormonen

Hormone dienen der Informationsübertragung im Organismus. Beim Menschen und bei Wirbeltieren werden sie entweder in Drüsen produziert und ins Blut abgegeben oder in Geweben gebildet, wo sie auf Zellen in der Umgebung einwirken. Stofflich gesehen können Drüsenhormone Proteine, Peptide, Amniosäureabkömmlinge oder Steroide sein *(s. 1)*. Sie wirken verschiedenartig auf die Zelle ein *(s. 1.3)*.

Hormone bei Mensch und Tier

Die *Hypophyse* steht mit der Schilddrüse, den Nebennieren und den Keimdrüsen sowie mit dem Gehirn in Regelkreisbeziehungen. Dadurch werden die Konzentrationen der Hormone der anderen Drüsen weitgehend konstant gehalten. Weiterhin tragen Hormone der Hypophyse zur Steuerung des Geburtsvorganges, des Stillens, des Längenwachstums und des Wasser- und Salzhaushaltes bei *(s. 1.1)*.

Die *Schilddrüse* beeinflusst durch Thyroxin den Zellstoffwechsel und durch Calcitonin den Calciumgehalt des Blutes. Letzterer wird durch das Parathormon der Nebenschilddrüse mit gesteuert. Fehlfunktionen können zu Kropfbildung führen *(s. 1.2)*.

Die Hormone des *Nebennierenmarkes*, Adrenalin und Noradrenalin, lösen Reaktionen des Organismus auf Stress aus. Außerdem beeinflussen sie den Zuckerstoffwechsel. Das Gleiche gilt für eine Gruppe der Hormone der *Nebennierenrinde*, die Glucocorticoide. Die andere Gruppe, die Mineralcorticoide, sind an der Steuerung des Wasser- und Mineralhaushaltes beteiligt *(s. 1.3)*.

Die Hormone der *Bauchspeicheldrüse*, Insulin und Glucagon, dienen dazu, den Glucosegehalt des Blutes weitgehend konstant zu halten. Bei Fehlfunktionen dieser Hormondrüse kommt es zu Zuckerkrankheit. Diese tritt in zwei unterschiedlichen Formen auf, Diabetes mellitus Typ I und Typ II *(s. 1.4)*.

Die *Keimdrüsen* bilden Geschlechtshormone. Diese bewirken die Ausbildung der sekundären Geschlechtsmerkmale und die Produktion von Geschlechtszellen, zudem sind sie an der Steuerung des Sexualverhaltens beteiligt *(s. 1.5)*.

Pflanzenhormone

Pflanzenhormone sind Gewebshormone, die u. a. an Keimung, Wachstum und Blütenbildung mitwirken. Sie werden im Gartenbau und in der Landwirtschaft eingesetzt *(s. 2)*.

AUFGABEN

1 Nebennieren

Es gibt Pharmaka, mit denen man die Beta-Rezeptoren des Adrenalins blockieren kann (Beta-Blocker). Derartige Medikamente werden eingesetzt, um einen zu hohen Blutdruck zu senken. Bei Patienten mit *Asthma bronchiale* ist der Durchmesser der Bronchiolen der Lunge krankhaft verkleinert.
Warum dürfen Beta-Blocker bei diesen Patienten nicht angewandt werden?

2 Nebennieren

Wie ist zu erklären, dass Adrenalin in Zellen der Leber den Abbau von Glykogen und in Fettzellen den Abbau von Lipiden fördert, obwohl beide Zelltypen Beta-Rezeptoren für Adrenalin tragen, die die gleiche cAMP-Signalkette auslösen? Beachten Sie hierzu auch die Abb. 156.1 und 156.2.

3 Bauchspeicheldrüse

1889 führten Forscher an Hunden folgende Versuche zur Funktion des Pankreas durch: (a) sie entfernten die Bauchspeicheldrüse; (b) sie spritzten dem drüsenlosen Tier Extrakt der Bauchspeicheldrüse; (c) sie banden den Ausführgang der Bauchspeicheldrüse ab. Von welchen Hypothesen waren die Forscher bei den drei Eingriffen geleitet und welche Ergebnisse konnten sie aus den Hypothesen vorhersagen?

4 Diabetes mellitus

a) Warum haben Zuckerkranke, so lange sie nicht behandelt werden, ständig Durst?

b) Warum tragen Zuckerkranke in der Regel Traubenzucker bei sich?

5 Keimdrüsen

Androgene fördern das Muskelwachstum. Aus diesem Grund werden synthetische Androgene als Dopingmittel missbraucht. Dadurch können sich bei Frauen u. a. die Brüste und der Uterus verkleinern, und der Zyklus kann unregelmäßig auftreten. Bei Männern können sich u. a. die Hoden verkleinern und es kann zu Sterilität kommen.
Wie lassen sich diese Nebenwirkungen erklären?

6 Keimdrüsen

Erklären Sie mithilfe der Abb. 301.1, warum es während einer Schwangerschaft nicht zu Menstruation und Ovulation kommt?

GENETIK

Die Nachkommen von Lebewesen zeigen Merkmale ihrer Eltern. Die Weitergabe von Merkmalen auf die Nachkommen bezeichnet man als **Vererbung** und die Erforschung ihrer Gesetzmäßigkeiten als Vererbungslehre oder **Genetik.** Den Erbmerkmalen liegen Erbanlagen oder **Gene** zugrunde. Allerdings können bei den Nachkommen die Elternmerkmale in unterschiedlicher Weise auftreten. Hält man z. B. einen Teil von Pflanzenkeimlingen dunkel, so bleiben diese bleich, während die anderen den Farbstoff Chlorophyll ausbilden. Bringt man die bleichen Keimlinge ans Licht, so bilden auch sie Chlorophyll und ergrünen. Also legt eine Eigenschaft der Umwelt – Anwesenheit oder Abwesenheit von Licht – fest, ob die einzelne Pflanze von ihrer erblichen Fähigkeit Chlorophyll zu bilden Gebrauch macht oder nicht. Das Erscheinungsbild eines Lebewesens, sein *Phänotyp,* wird also nicht nur von seinen Genen bestimmt, sondern auch von der Umwelt. Die Phänotypen einer Art unterscheiden sich. Man bezeichnet die Fähigkeit einer Art, unterschiedliche Phänotypen auszubilden, als *Variabilität.* Die Gesamtheit der Gene, welche die betrachteten Merkmale bestimmen, heißt *Genotyp.* Er ist bereits im *Genom* (Gesamtheit der Gene einer Zelle) der befruchteten Eizelle enthalten.

Um die Gesetzmäßigkeiten der Vererbung zu erforschen, wurden Kreuzungsversuche durchgeführt. Ihre Ergebnisse und die Beobachtung der Phänotypen in den nachfolgenden Generationen erlaubten es, Aussagen über die beteiligten Anlagen zu machen. Aus den Erkenntnissen der Zellforschung und der Genetik ergab sich, dass die Gene auf den Chromosomen lokalisiert sind. Die DNA (**d**esoxyribo**n**ucleic **a**cid) – Bestandteil der Chromosomen – wurde als der eigentliche Träger der Erbinformation erkannt. Die Aufklärung der DNA-Struktur und Entschlüsselung des genetischen Codes öffneten den Weg zur Gentechnik.

Die Erkenntnisse der Genetik sind von größter Bedeutung für die Tier- und Pflanzenzucht, für die Diagnose und Heilung von Krankheiten bei Menschen, Tieren und Pflanzen sowie für die Produktion von Medikamenten und anderen Substanzen durch Mikroorganismen in der pharmazeutischen und chemischen Industrie.

1 Variabilität von Merkmalen

Mit Löwenzahn wurde folgender Versuch durchgeführt: Man teilte eine Jungpflanze und pflanzte die eine Hälfte im Tiefland, die andere im Hochgebirge an. Die beiden erbgleichen Pflanzen entwickelten sich deutlich verschieden (**Abb. 306.1**). Bestimmte Umwelteinflüsse hemmen oder fördern offenbar die Ausprägung einzelner Merkmale, sodass die Ausbildung des Phänotyps variiert.

Chinesische Primeln sind beliebte Zimmer- und Gartenpflanzen. Zieht man genetisch gleiche Individuen einer Sorte der Chinesischen Primel bei einer Temperatur von über 30 °C heran, so blühen sie weiß; hält man sie bei niedrigerer Temperatur, so blühen sie rot (**Abb. 307.1**). Die Ausbildung der Blütenfarbe ist hier also von der Temperatur abhängig. Es wird demnach nicht das Merkmal »Blütenfarbe« vererbt, sondern die Möglichkeit, einen bestimmten Blütenfarbstoff in Abhängigkeit von der Temperatur zu bilden. Bei der Chinesischen Primel liegen alternative Ausbildungsmöglichkeiten des Merkmals vor. Man nennt dies eine *diskontinuierliche Variabilität* des Merkmals. Bei vielen anderen Merkmalen gibt es *fließende* Übergänge: So variieren z. B. die erbgleichen Samen ei-

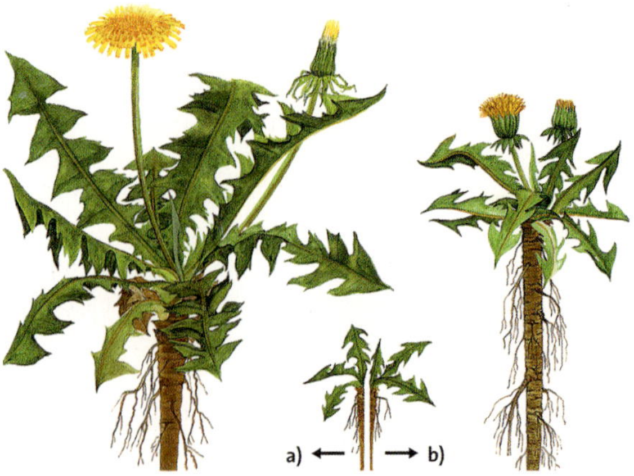

Abb. 306.1: Umwelteinwirkung beim Löwenzahn. Teilung einer Jungpflanze in zwei Hälften. Eine Hälfte bildet im Tiefland die Form **a)**, die andere im Hochgebirge die Form **b)** aus.

ner Erbsen- oder Bohnenpflanze in der Größe. Und die Nachkommen eines Pantoffeltierchens, die durch Teilung entstehen und daher ebenfalls erbgleich sind, weisen unterschiedliche Längen auf. In diesen Beispielen liegt eine *kontinuierliche Variabilität* vor. Stellt man die Anzahl der erbgleichen Individuen in Abhängigkeit von ihrer Länge grafisch dar, so erhält man eine Variationskurve mit typischer Glockenform (GAUSSsche Verteilung, benannt nach dem Mathematiker C. F. GAUSS; **Abb. 307.2**). Die kontinuierliche Größenverteilung der Pantoffeltierchen ist ein besonders gut untersuchtes Beispiel. Hierbei spielt eine erhebliche Zahl wachstumsfördernder oder wachstumshemmender Faktoren, wie z. B. Nahrung, Licht, Temperatur und Sauerstoff eine Rolle. Am wahrscheinlichsten und damit am häufigsten sind diejenigen zufälligen Kombinationen, in denen sich die fördernden und hemmenden Faktoren die Waage halten. Ausschließlich hemmende oder fördernde Faktorengruppen treten dagegen seltener auf. Daher kommen Pantoffeltierchen mit einer mittleren Größe am häufigsten vor, ganz gleich, ob als Ausgangsform ein großes oder ein kleines Pantoffeltierchen gewählt wurde.

Untersucht man die Variabilität eines Merkmals bei einer größeren Anzahl Individuen einer Art, die für dieses Merkmal nicht erbgleich sind, so ergibt sich eine Variationskurve, die keine regelmäßige Glockenform aufweist. Eine solche größere Gruppe artgleicher Individuen, also eine Population, kann aus mehreren Gruppen reiner Linien oder Sorten bestehen *(s. Exkurs Sorte, reine Linie, Rasse, S. 308)*. Für jede reine Linie lässt sich eine Glockenkurve bezüglich des beobachteten Merkmals aufstellen. Die Populationskurve entspricht damit der Summe der einzelnen Variationskurven (**Abb. 307.3**).

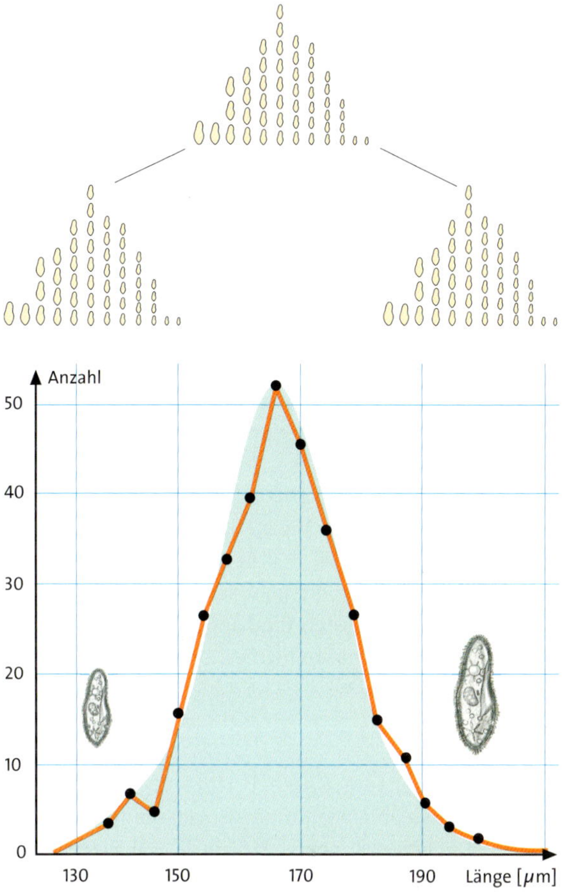

Abb. 307.2: Oben: Variabilität beim Pantoffeltierchen. Die Unterschiede bei den Zellgrößen sind zur Verdeutlichung übertrieben. Unten: Längenunterschiede bei 300 erbgleichen Pantoffeltierchen; die so ermittelte Variationskurve ist rot gezeichnet. Bei erheblich größerer Individuenzahl entsteht das Bild einer Glockenkurve (GAUSSsche Verteilung).

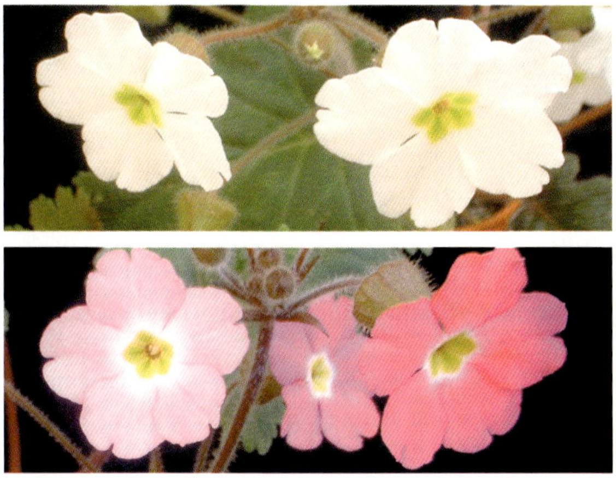

Abb. 307.1: Diskontinuierliche Variabilität bei der Chinesischen Primel. Oben: Aufzucht bei über 30 °C, unten: Aufzucht bei Temperaturen unter 30 °C.

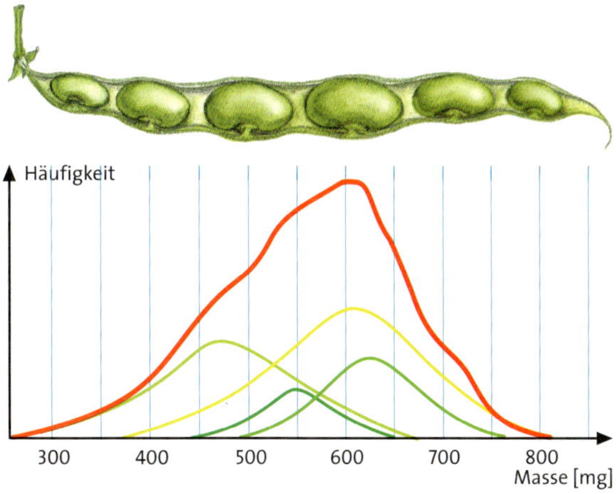

Abb. 307.3: Oben: Bohnenhülse mit unterschiedlich großen Samen. Unten: Summenkurve der Variationskurven von vier reinen Linien (Gewicht von Bohnensamen)

Unterscheidung von Einflüssen des Erbguts und der Umwelt. Im Gegensatz zu den rot oder weiß blühenden Chinesischen Primeln ist die Blütenfarbe bei gelb blühenden Sorten von Einflüssen der Umwelt unabhängig, also ausschließlich genetisch festgelegt. Die Ausprägung eines Merkmals kann somit auch ausschließlich erblich verursacht sein. Meist hängt sie jedoch sowohl von genetischen Faktoren als auch von Umweltfaktoren ab: Gene können sich nur so weit auswirken, wie es die Umwelt zulässt. Umgekehrt begrenzen auch die Gene die Reaktionsmöglichkeiten eines Organismus auf Umwelteinflüsse: Die erblich festgelegte Bandbreite von Reaktionen auf Umwelteinflüsse bei der Merkmalsausprägung bezeichnet man als **Reaktionsnorm**. Die umweltbedingten Varianten einer Population nennt man **Modifikationen**. Beispiele dafür sind die verschiedenen Formen der Pantoffeltierchen *(s. Abb. 307.2)*. Die in den Populationen einer Art in unterschiedlichem Maß realisierte Bandbreite ist die *Modifikationsbreite*, im Beispiel der Bereich von 130 bis 200 µm, innerhalb dessen die Längen der Pantoffeltierchen schwanken. Die Modifikationsbreite ist somit durch die Reaktionsnorm festgelegt. Es ist also nicht die Modifikation erblich, sondern die Modifikationsbreite.

Um den Einfluss der Umwelt zu bestimmen, setzt man erbgleiche Individuen einer Art verschiedenen Umweltbedingungen aus. Zur Analyse des genetischen Anteils an der Variabilität hält man die Umwelteinflüsse auf nicht erbgleiche Individuen konstant und untersucht deren Nachkommen über viele Generationen hinweg.

Um erbgleiche Individuen zu erzeugen, kann man folgende Verfahren wählen:
1.) *Vegetative Vermehrung* führt zu erbgleichen Individuen; es entsteht ein *Klon (s. 5.1)*;
2.) *Selbstbefruchtung* kommt bei vielen zwittrigen Pflanzen vor. Über viele Generationen wiederholt, entstehen dadurch Nachkommen, die in zunehmend mehr Merkmalen erbgleich sind. Es ist aber kaum möglich, durch fortgesetzte Selbstbefruchtung Erbgleichheit für *alle* Merkmale zu erreichen.

Bei allen Untersuchungen müssen altersbedingte Verschiedenheiten aus der Betrachtung ausgeschlossen werden; es dürfen daher nur gleichaltrige Individuen verglichen werden. So besitzen viele Vögel im ersten Jahr eine andere Gefiederfärbung als in den späteren Jahren. Zudem kann es bei Tieren große Unterschiede zwischen den Geschlechtern geben *(Geschlechtsvariabilität)*. Als Beispiele sind die Mähne des männlichen Löwen, das Geweih des Rothirschbullen sowie das Prachtgefieder vieler Vogelmännchen zu nennen. ■

Sorte, reine Linie, Rasse, Unterart

Die Individuen einer Kulturpflanze, die bezüglich mehrerer gut erkennbarer Merkmale erbgleich sind und diese bei Vermehrung beibehalten, werden als **Sorte** bezeichnet. Sofern diese erbliche Gleichheit für alle gerade interessierenden Merkmale gegeben ist, spricht man von einer **reinen Linie.** Neu gezüchtete Sorten unterliegen dem Sortenschutzgesetz, nach ihm hat der Züchter das Verwertungsrecht.

Bei vielen Pflanzen- und Tierarten leben Teile einer Population geografisch getrennt voneinander. Die Individuen dieser Teilpopulationen weisen häufig eine Reihe unterschiedlicher Merkmale auf, die eine Zuordnung zur jeweiligen Teilpopulation erlauben. Man bezeichnet eine Teilpopulation, die sich von einer anderen gut unterscheiden lässt, als **Rasse.** Dabei gilt folgende Regel: Wenn mindestens 75 % der Individuen einer Teilpopulation von jenen anderer Teilpopulationen zu unterscheiden sind, darf von einer Rasse gesprochen werden. Der Übergang von Sorte zu Rasse ist bei Kulturpflanzen fließend; Neuzüchtungen sind jedoch stets Sorten.

Sind Rassen an nicht sehr leicht erkennbaren Merkmalen zu unterscheiden, so werden sie oft als **Unterart** bezeichnet.

Variabilität beim Menschen. Die *Altersvariabilität* des Menschen ist durch Vergleich der Individuen in verschiedenen Altersphasen zu erkennen. Man unterscheidet Kindheits-, Jugend-, Reife- und Erwachsenenstadien sowie das Stadium höheren Alters (**Abb. 309.2**). Vom Neugeborenen- bis zum Reifestadium nimmt z. B. die relative Beinlänge zu und es kommt zu Proportionsverschiebungen. Die Wachstumsfugen der Knochen von Armen und Beinen schließen sich in bestimmten Lebensaltern, daher ist das biologische Alter eines Menschen am Skelett erkennbar. Diese Tatsache ist für die Kriminalbiologie von Bedeutung. Die Schädelknochen verwachsen erst im Laufe der Kindheit; beim Säugling sind noch längere Zeit Knochenlücken, die so genannten Fontanellen, festzustellen. Auch die Beschaffenheit der Zähne ändert sich mit zunehmendem Alter.

Die *Geschlechtsvariabilität* des Menschen beruht vor allem auf der Ausbildung der sekundären Geschlechtsmerkmale (**Abb. 309.1**). Jedoch tragen auch andere Merkmale, z. B. die Körperhöhe, zum *Geschlechtsdimorphismus* bei, dessen Ausmaß aber in Abhängigkeit von der jeweiligen Population unterschiedlich ist. Die Variationsbereiche beider Geschlechter überlappen sich erheblich. In unmittelbarem Zusammenhang mit der Fortpflanzung stehen der größere Beckenraum und Beckenausgang (Geburtskanal) der Frau *(s. Abb. 497.2)*. Ein Stabilitätsausgleich ist durch eine stärkere Biegung der Wirbelsäule gegeben, was aber die Gefahr einer Bandscheibenschädigung erhöht. Das Wachstum wird bei der Frau früher abgeschlossen. Im Verhältnis zum Körper ist daher der weibliche Kopf größer als der männliche. Auch in der Schädelgestalt bestehen kleine Unterschiede, die für die Kriminalbiologie von Bedeutung sind.

Die geografischen Varianten des Menschen sind traditionell als Rassen bekannt, man spricht daher auch von *Rassenvariabilität.* Die Zuordnung zu einer Rasse kann nicht aufgrund eines einzigen Merkmals erfolgen. So ist die Hautfarbe mancher »Weißen«, z. B. der Südinder, viel dunkler als mancher Afrikaner (**Abb. 309.3**). Man muss möglichst viele solcher Merkmale heranziehen, die mit hoher Wahrscheinlichkeit gemeinsam auftreten. Mit der erwähnten »75%-Regel« *(s. Exkurs Sorte, reine Linie, Rasse, Unterart)* lassen sich die meisten Menschen einer der drei Großrassen – Kaukaside, Mongolide oder Negride – oder einer Reliktgruppe zuordnen. Allerdings ist für das Zusammenleben in der globalen Gesellschaft die Rasse, zu der ein Mensch gehört, von weitaus geringerer Bedeutung als der Kulturkreis. ■

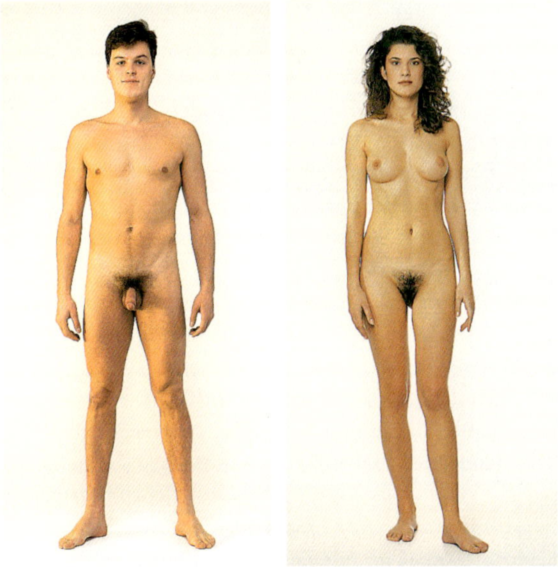

Abb. 309.1: Geschlechtsvariabilität beim Menschen

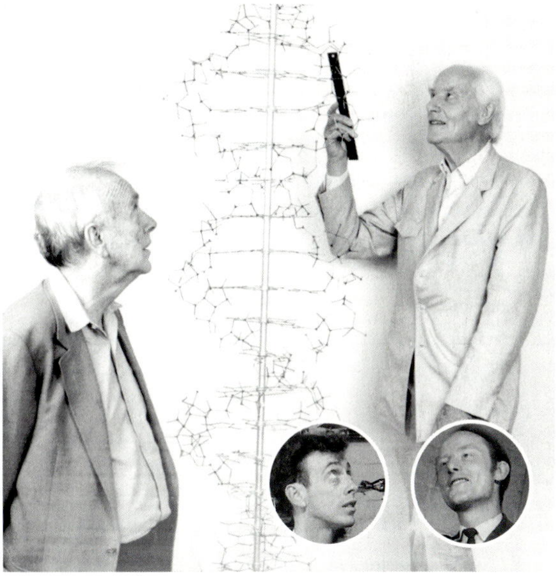

Abb. 309.2: Altersvariabilität *(vgl. Abb. 347.2: 50 Jahre früher)*

Abb. 309.3: Rassenvariabilität: Hautfarbe zweier Kaukasider (Europäerin, Südinderin) und einer Negriden

2 MENDELsche Gesetze

JOHANN GREGOR MENDEL war zwischen 1853 und 1868 Lehrer für Naturwissenschaften an der Staats-Realschule in Brünn. 1868 wurde er zum Abt im Augustinerkloster Brünn gewählt. Bereits 1854 begann MENDEL mit der Auswahl geeigneter Sorten der Gartenerbse für Kreuzungsexperimente. Im Jahr 1865 veröffentlichte er die Arbeit »Versuche über Pflanzenhybriden«, in welcher er seine Kreuzungsversuche an verschiedenen Erbsensorten beschrieb und die Gesetzmäßigkeiten darstellte, welche er aus diesen Versuchen ableitete. Die Versuche führte er im Garten seines Klosters durch. Die Merkmale, welche er an der Erbse untersuchte, bezogen sich auf folgende Eigenschaften:

1. *Gestalt der reifen Samen.* Diese sind entweder kugelrund, oder sie sind kantig und tief runzelig.
2. *Farbe der Samen.* Sie sind entweder gelb oder grün gefärbt.
3. *Blütenfarbe.* Erbsenblüten sind entweder weiß oder violett-rot.
4. *Form der reifen Hülse.* Die Hülse ist entweder einfach gewölbt, oder sie ist zwischen den Samen tief eingeschnürt.
5. *Farbe der unreifen Hülse.* Diese ist entweder grün oder gelb gefärbt.
6. *Stellung der Blüten.* Sie sind entweder längs der ganzen Blütenachse verteilt, oder am Ende der Achse gehäuft.
7. *Länge der Blütenachse.* Sie beträgt entweder 15 bis 18 cm oder nur 2 bis 4 cm.

MENDEL kreuzte je zwei Sorten, indem er Pollen der einen Sorte auf die Narben der anderen Sorte brachte. Neu war an seinem Ansatz nicht die Kreuzungstechnik, sondern die Berücksichtigung einer sehr großen Anzahl von Versuchspflanzen: Aus 355 künstlich befruchteten Blüten zog er 12980 Bastardpflanzen. Damit wurde eine quantitative und statistische Auswertung der Versuchsergebnisse möglich. Die Art und Weise dieser Auswertung war in besonderem Maße wegweisend für die genetische Forschung.

Darüber hinaus verfolgte MENDEL die Verteilung der Merkmale auf die Nachkommen der Bastardpflanzen über mehrere Generationen hinweg.

Der Erfolg der MENDELschen Versuchsmethodik beruht darüber hinaus in Folgendem:

- Die Erbse ist ein günstiges Versuchsobjekt. Sie ist Selbstbestäuber, doch ist Fremdbestäubung möglich. Außerdem hat sie eine kurze Generationsdauer sowie eine große Zahl von Nachkommen.
- MENDEL wählte sein Ausgangsmaterial sorgfältig aus; zwei Jahre lang führte er Vorzuchten durch, um reine Linien bezüglich der untersuchten Merkmale zu erhalten.
- Er beschränkte sich auf das Erbverhalten von nur ein oder zwei sich klar unterscheidenden Merkmalen (s. o.).
- Er führte Kontrollexperimente zur Bestätigung oder Widerlegung der bisherigen Ergebnisse durch.

Obwohl MENDELS Arbeit in 120 Universitäten gelangte und obwohl Mendel 40 Sonderdrucke an ihm bekannte Fachleute versandte, erkannte die wissenschaftliche Welt die Bedeutung seiner Forschung nicht. Erst um die Jahrhundertwende, also 16 Jahre nach seinem Tod, wurden die Vererbungsgesetze gleichzeitig und unabhängig voneinander durch drei Botaniker von Neuem entdeckt, dem Holländer H. DE VRIES (1848–1935), dem Deutschen C. CORRENS (1864–1933) und dem Österreicher E. TSCHERMAK (1871–1962). Die drei Botaniker führten Kreuzungsversuche mit Sorten verschiedener Pflanzenarten durch.

Der Begriff **Gen** für die schon von MENDEL angenommene **Erbanlage** (verkürzt: Anlage) wurde 1909 von dem Dänen W. L. JOHANNSEN eingeführt.

Abb. 310.1: JOHANN GREGOR MENDEL (1822–1884)

Experimentator	gelb	grün	Verhältnis
MENDEL 1865	6022	2001	3,01 : 1
CORRENS 1900	1394	453	3,077 : 1
TSCHERMARK 1900	3580	1190	3,008 : 1
HURST 1904	1310	445	2,944 : 1
BATESON 1905	11903	3903	3,049 : 1
LOCK 1905	1438	514	2,797 : 1
DARBISHIRE 1905	109060	36186	3,014 : 1
WINGE 1924	19195	6553	2,929 : 1
zusammen	153902	51245	3,003 : 1

Tab. 310.2: Zahlenverhältnis der Nachkommen (F_2) bei der Kreuzung von Erbsen mit gelben und grünen Samen

GENETIK

2.1 Monohybrider Erbgang

2.1.1 Dominant-rezessiver Erbgang

Eine bestimmte rot blühende Sorte der Pflanzenart Gartenerbse bringt, unter sich vermehrt, in jeder Generation nur rot blühende Pflanzen hervor, entsprechend eine weiß blühende Sorte nur weiß blühende Pflanzen. Man nennt Pflanzen mit diesem Erbverhalten *reinerbig* in Bezug auf das betrachtete Merkmal. Kreuzt man die beiden Sorten und sät die entstehenden Samen aus, so erhält man in der ersten Tochtergeneration nur rot blühende Pflanzen. Dabei erwies es sich als gleichgültig, ob man den Pollen der rot blühenden Sorte auf die Narbe der weiß blühenden brachte oder den Pollen der weiß blühenden auf die Narbe der rot blühenden Sorte *(reziproke Kreuzung)*. Die Ausgangsformen der zur Kreuzung verwendeten Pflanzen heißen Elterngeneration (*Parentalgeneration*, abgekürzt P), die erste Tochtergeneration nennt man *1. Filialgeneration*, F_1. Bei der Kreuzung der rot blühenden Pflanzen der F_1-Generation untereinander entstehen in der nächsten Generation (F_2) $^3/_4$ rot blühende und $^1/_4$ weiß blühende Pflanzen (**Abb. 311.1**). Das Zahlenverhältnis 3:1 wird erst bei einer großen Zahl von Nachkommen deutlich (**Tab. 310.2**).

Vermehrt man die weiß blühenden Erbsenpflanzen der F_2 unter sich, so erhält man in der F_3 und den weiteren Generationen stets nur weiß blühende Nachkommen. Diese sind also reinerbig. Auch $^1/_3$ der rot blühenden F_2-Pflanzen liefert reinerbige rot blühende Nachkommen; die übrigen $^2/_3$ der rot blühenden Pflanzen der F_2-Generation hingegen ergeben in der F_3-Generation wieder rot blühende und weiß blühende Pflanzen im Verhältnis 3:1. Da in der F_1-Generation ausschließlich rot blühende Erbsen auftreten, in der F_2-Generation aber auch wieder weiß blühende, muss man Folgendes annehmen:

1. Die Anlage für weiße Blütenfarbe muss in der F_1-Generation neben der Anlage für Rot vorhanden sein, aber unterdrückt werden. Man nennt die Anlage für Weiß *rezessiv* (zurücktretend) und die für Rot *dominant* (beherrschend). Im Folgenden wird zur sprachlichen Vereinfachung auch das jeweilige Merkmal dominant bzw. rezessiv genannt.
2. Erbsen mit weißen Blüten fehlt die Anlage für Rot, sie sind rezessiv-reinerbig. Erbsen mit roten Blüten hingegen können reinerbig oder mischerbig sein.
3. Die Anlagen werden auf die nächste Generation über Keimzellen *(Gameten)* übertragen, welche die jeweilige Anlage nur einmal enthalten (Rot oder Weiß).
4. Bei der Befruchtung treffen zwei Keimzellen zusammen; es entsteht eine *Zygote* mit doppelter Anlagenausstattung. Die Anlagen liegen dann entweder reinerbig *(homozygot)* oder mischerbig *(heterozygot)* vor.
5. Alle aus der Zygote hervorgehenden Zellen der neuen Erbsenpflanze sind damit *diploid* (doppelte Anlagenausstattung) und enthalten denselben Genotyp wie die Zygote. Erst die Keimzellen dieser Pflanze sind erneut *haploid* (einfache Anlagenausstattung).

Allele

Im Anfang des Kapitels wurden die Begriffe *Erbanlage* und *Gen* gleichgestellt und als Grundlage für ein *Erbmerkmal* bezeichnet. Bei der Betrachtung des Merkmals Blütenfarbe sieht man aber, dass dieser zwei alternative Anlagen zugrunde liegen können, nämlich die Anlage für Weiß und die für Rot. Man nennt diese alternierenden Anlagen allele Gene oder kurz **Allele.** Auch die anderen von Mendel untersuchten Merkmale bei Erbsen beruhen auf der Auswirkung von je zwei Allelen, so z.B. die Farbe der Samen auf dem Allel für Gelb und dem Allel für Grün. Gene können also in verschiedenen Ausbildungsformen, Allelen, vorliegen. Im Erbschema (**Abb. 311.1**) verwendet man für allele Gene stets den gleichen Buchstaben und unterscheidet sie durch Groß- und Kleinschreibung oder durch andere Kennzeichnungen *(s. 3.2.1)*.

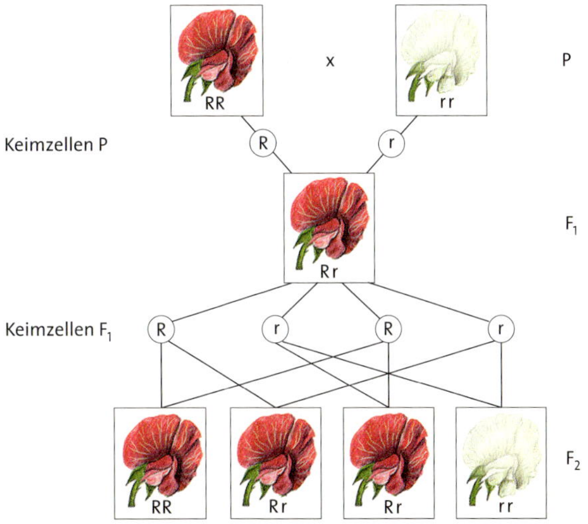

Abb. 311.1: Kreuzungsexperiment mit Erbsen, die sich in einem Merkmal unterscheiden. Im Erbschema wird die dominante Erbanlage für rote Blütenfarbe mit dem Großbuchstaben R, die rezessive Erbanlage für weiße Blütenfarbe mit r bezeichnet.

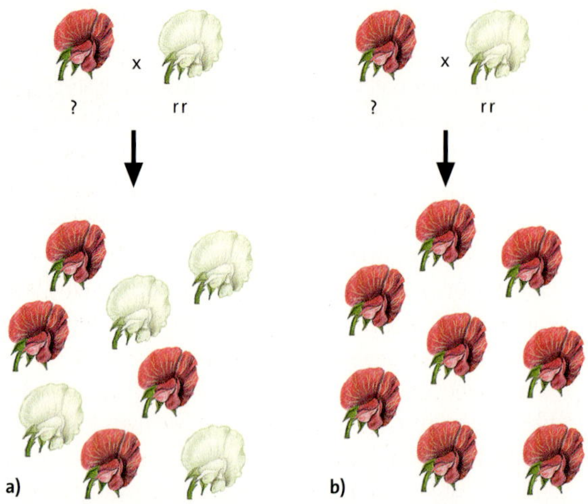

Abb. 312.1: Testkreuzung von Erbsen mit roter Blütenfarbe mit reinerbig rezessiven Erbsen mit weißer Blütenfarbe. In **a)** zeigt die Aufspaltung der Nachkommen (1:1), dass die rot blühende Ausgangsform den Genotyp Rr besitzen muss; in **b)** sind die Nachkommen uniform, somit ist die rot blühende Ausgangsform reinerbig RR.

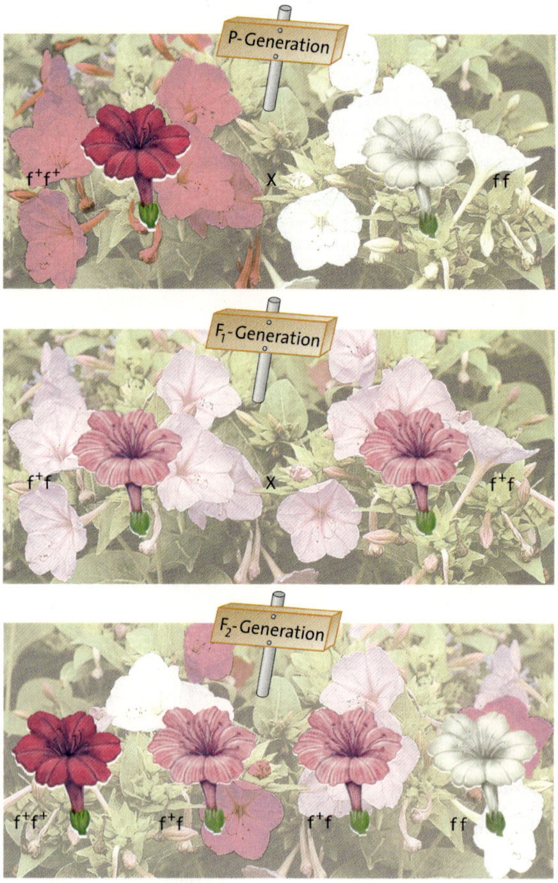

Abb. 312.2: Unvollständige Dominanz der Erbanlagen bei der Wunderblume

2.1.2 Rückkreuzung, 1. und 2. MENDELsches Gesetz

Um seine Annahmen zu überprüfen, führte MENDEL u.a. *Rückkreuzungen* durch: Er kreuzte die F_1-*Hybriden* (Mischlinge, Bastarde) mit weiß blühenden Erbsen, die in Bezug auf die Blütenfarbe homozygot rezessiv sind. Wie erwartet ergaben diese Rückkreuzungen rot blühende und weiß blühende Nachkommen im Verhältnis 1:1 (**Abb. 312.1**).

Die Rückkreuzung mit der homozygot rezessiven Sorte ist grundsätzlich ein Mittel, die Mischerbigkeit oder Reinerbigkeit eines beliebigen Individuums festzustellen. Sie ist damit eine *Testkreuzung*. MENDEL hat seine Ergebnisse in zwei Gesetzen zusammengefasst:

1. MENDELsche Gesetz *(Uniformitätsgesetz):* Kreuzt man zwei Individuen einer Art, die sich in einem Merkmal unterscheiden, das beide Individuen reinerbig aufweisen, so sind die Individuen der F_1-Generation im betrachteten Merkmal gleich. Uniformität der F_1-Individuen tritt auch dann auf, wenn bei der Kreuzung das Geschlecht der Eltern vertauscht ist (reziproke Kreuzung).

2. MENDELsche Gesetz *(Spaltungsgesetz):* Kreuzt man diese Mischlinge unter sich, so spalten in der Enkelgeneration (F_2) die Merkmale im durchschnittlichen Zahlenverhältnis 3:1 wieder auf.

2.1.3 Unvollständige Dominanz

Die dominant-rezessive Vererbung ist die weitaus häufigste Form der Vererbung. So dominiert z.B. beim Mais die Anlage für blaue (dunkle) Farbe der Körner über die Anlage für gelbe Farbe, die für glatte Oberfläche über runzelige; beim Meerschweinchen die Anlage für Kurzhaarigkeit über Langhaarigkeit und beim Hund die für Dackelbeinigkeit über Normalbeinigkeit.

Daneben gibt es eine Form der Vererbung, bei der die F_1-Hybriden eine Mittelstellung zwischen den Merkmalen der reinerbigen Eltern zeigen (intermediäre Phänotypen, **Abb. 312.2**). In der F_2-Generation spalten dann die Merkmale im Verhältnis 1:2:1 auf. In vielen Fällen hat aber das Merkmal in F_1 nicht genau Mittelstellung. Daher spricht man verallgemeinernd von *unvollständiger Dominanz.* Die vollständige Dominanz bei der Ausbildung von Merkmalen ist nur ein Grenzfall der Wirkung von Erbanlagen. Bei manchen Lebewesen wird selbst bei Dominanz im heterozygoten Zustand eine rezessive Erbanlage gelegentlich realisiert; ihr Vorhandensein ist an kleinen Unterschieden gegenüber der homozygot dominanten Form zu erkennen. Darauf beruhen Testverfahren zum Nachweis von heterozygoten Individuen *(Heterozygoten-Test,* *s. 3.5.3).*

GENETIK

2.2 Dihybrider Erbgang

Kreuzungen von reinen Linien, die sich in zwei Erbmerkmalen unterscheiden, bestätigen MENDELS 1. und 2. Gesetz: Mendel kreuzte Erbsen zweier Sorten mit gelb-runden und grün-kantigen Samen, wobei gelb über grün und rund über kantig dominierte. Er erhielt nach dem Uniformitätsgesetz in der F_1-Generation ausschließlich runde gelbe Erbsen (Dihybride). In der F_2-Generation dagegen Erbsen mit den Merkmalen gelb und rund, gelb und kantig, grün und rund sowie grün und kantig im Verhältnis 9:3:3:1.

Ein Beispiel aus dem Tierreich ist die Kreuzung von zwei Rinderrassen, die sich in der Fellfarbe und der Musterung unterscheiden; die eine Rasse ist schwarz und gescheckt und die andere rotbraun und ungescheckt (**Abb. 313.1**). Die Tiere der F_1-Generation sind durchweg schwarz und ungescheckt, daraus lässt sich folgern, dass schwarz über rot und ungescheckt über gescheckt dominiert. In der F_2-Generation treten vier Phänotypen auf: Schwarz und ungescheckt, schwarz und gescheckt, rot und ungescheckt sowie rot und gescheckt im durchschnittlichen Verhältnis 9:3:3:1. Dies ist folgendermaßen zu erklären: Der Fellfarbe liegt ein Gen zugrunde, welches entweder als dominantes Allel A (für schwarz) oder als rezessives Allel a (für rot) ausgebildet ist. Entsprechend gibt es ein Gen für Fellmusterung in den allelen Ausbildungen B (für ungescheckt) und b (für gescheckt). Die reinerbigen Eltern besitzen damit die Genotypen AAbb (schwarz gescheckt) und aaBB (rot ungescheckt) in ihren Körperzellen. Ihre Keimzellen sind haploid und besitzen die Genotypen Ab und aB. Daher entsteht in der F_1-Generation der Genotyp AaBb. Da in der F_2-Generation vier Phänotypen auftreten, muss angenommen werden, dass vier verschiedene Keimzellen in der F_1-Generation gebildet werden, nämlich mit den Allelen AB, Ab, aB und ab. Bei der Befruchtung gibt es 16 Kombinationsmöglichkeiten (*Kombinationsquadrat*, **Abb. 313.1**). Es entstehen neun verschiedene Genotypen, die wegen der dominanten Allele A und B als vier Phänotypen auftreten. Diese treten im Kombinationsquadrat im Zahlenverhältnis 9:3:3:1 auf.

Da diese Aufspaltung tatsächlich gefunden wird, ist zum einen die Annahme bestätigt, dass die Allelenpaare AB, Ab, aB und ab unabhängig voneinander bei der Keimzellenbildung entstehen. Zum anderen ist auch die stillschweigenden Voraussetzung des Kombinationsquadrats bestätigt, dass nämlich alle 16 Kombinationsmöglichkeiten verwirklicht werden.

Aus diesen Annahmen und Beobachtungen folgt das **3. MENDELsche Gesetz** *(Gesetz von der Unabhängigkeit der Allele)*: Die einzelnen Erbanlagen sind frei kombinierbar, d. h. sie werden unabhängig voneinander vererbt und bei der Keimzellenbildung neu kombiniert *(s. aber 3.2.1, Kopplung von Genen)*. Den Vorgang, durch den neue Allelenkombinationen entstehen, nennt man *Rekombination* und die betreffenden Nachkommen *Rekombinanten*.

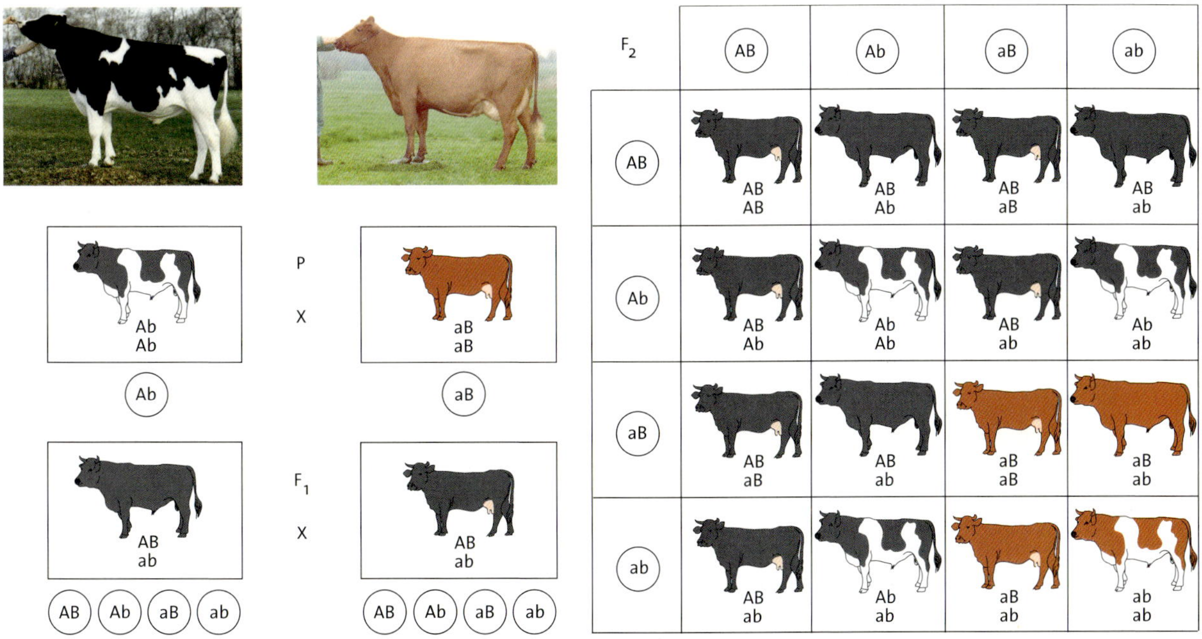

Abb. 313.1: Dihybrider Erbgang bei Rindern

2.3 Populationsgenetik

Die Genetik untersucht auch die Verteilung der Allele in der Nachkommenschaft ganzer Populationen. Zu einer Population gehören alle artgleichen Individuen eines Gebietes, die sich miteinander fortpflanzen, z. B. die Roggenpflanzen eines Feldes. Den Gesamtbestand aller in einer Population vorhandenen Gene und deren Allele bezeichnet man als *Genpool* und die Häufigkeit eines Gens (genauer: Allels) in einer Population als *Genhäufigkeit* (Häufigkeit eines Allels).

Als Beispiel für eine Population soll ein Roggenfeld dienen, auf dem nur Pflanzen mit grünlichen Samen und solche mit hellen Samen auftreten. Die folgenden Überlegungen gelten genauso für Populationen anderer Pflanzen und Tiere, wenn die Paarungswahrscheinlichkeit beliebiger Partner gleich groß ist. Das Allel für die Ausbildung grünlicher Samen sei A, das für die Ausbildung heller Samen a. Da im genannten Beispiel keine weiteren Allele zur Ausbildung der Samenfarbe beitragen, müssen sowohl die Pollenkörner als auch die weiblichen Keimzellen mit A oder a ausgestattet sein. Der jeweilige Anteil der männlichen bzw. weiblichen Keimzellen mit dem Allel A sei p und der Anteil der Keimzellen mit dem Allel a sei q; p und q werden in relativen Häufigkeiten (Wahrscheinlichkeiten) angegeben. Wählt man als Beispiel für p 0,8 (= 80 %), so muss für q 0,2 (= 20 %) gelten, da keine weiteren Allele zur Ausbildung der Samenfarbe vorliegen. Allgemein gilt damit **$p + q = 1$.**

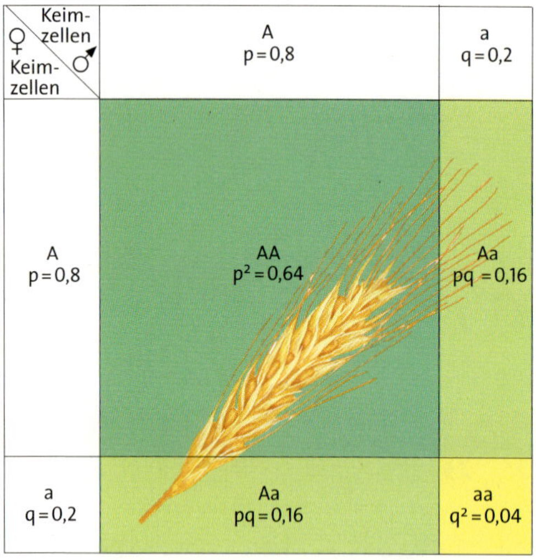

Abb. 314.1: Population, in der sowohl weibliche wie männliche Keimzellen mit dem Allel A die Häufigkeit p = 0,8 besitzen; weibliche und männliche Keimzellen mit dem Allel a treten somit in der Häufigkeit q = 0,2 auf. Die Häufigkeiten der entstehenden Genotypen entsprechen zusammen 100 %.

Unter der Voraussetzung, dass die Wahrscheinlichkeit für das Zusammentreffen beliebiger Keimzellen gleich groß ist, kann man für eine große Population ein Kombinationsquadrat (**Abb. 314.1**) aufstellen. Aus ihm ersieht man die Häufigkeit der Genotypen, die durch Befruchtung (Verschmelzung zweier Keimzellen) entstehen. Die Häufigkeit der Individuen mit dem Allelenpaar AA ist also $p \cdot p = p^2$, die der Individuen mit der Kombination Aa ist 2pq, und die der Individuen mit der Kombination aa beträgt q^2. Alle Individuen mit den Genotypen AA, Aa und aa zusammen entsprechen 100 %; damit gilt für die Summe ihrer Einzelhäufigkeiten **$p^2 + 2pq + q^2 = 1$.**

Wenn die drei Genotypen (AA, Aa und aa) gleiche Nachkommenzahlen haben, bilden sich auch in der Tochtergeneration wieder die Allele A und a in den gleichen Häufigkeiten, nämlich p und q. Das Verhältnis der Häufigkeiten der Allele p : q bleibt dann in allen Folgegenerationen konstant. Diesen Sachverhalt der Erbkonstanz bezeichnet man als Hardy-Weinberg-Gesetz. Der Engländer G. Hardy und unabhängig von ihm der Stuttgarter Arzt W. Weinberg hatten es 1908 gefunden. Das Hardy-Weinberg-Gesetz gilt nur für *ideale Populationen*, für die folgende Voraussetzungen erfüllt sein müssen:

1. Die Träger der verschiedenen Genotypen haben alle die gleiche Eignung für die Umwelt.
2. Es treten keine Erbänderungen auf.
3. Die Individuen können sich beliebig paaren.
4. Die Population ist so groß, dass ein zufälliges Ausscheiden einiger Träger eines Allels das Verhältnis p : q nicht ändert.
5. Es dürfen keine Individuen zuwandern oder abwandern.

Unter diesen fünf Voraussetzungen bleibt die Häufigkeit der Allele jedes Gens in einer Population gleich. In natürlichen (realen) Populationen ändert sich das Allelen-Verhältnis jedoch mit der Zeit.

Wenn die homozygot rezessiven Individuen aa einer Population durch Beobachtung erfasst werden, errechnet sich die Häufigkeit der Heterozygoten Aa folgendermaßen: Die Häufigkeit von aa ist q^2. Aus $p + q = 1$ ergibt sich die Häufigkeit der Heterozygoten Aa: $p = 1 - q$ und daher $2pq = 2\,(1 - q)\,q$. Die Häufigkeit der Homozygoten AA ist $p^2 = 1 - 2pq - q^2$.

Bei einer rezessiv vererbten menschlichen Erbkrankheit, der Phenylketonurie *(s. 3.5.3)*, kommt auf zehntausend gesunde Kinder ein krankes Kind. Daher ist $q^2 = 0{,}0001$ und $q = 0{,}01$. Die Häufigkeit der Heterozygoten Aa beträgt dann:

$2\,(1 - q)\,q = 2\,(1 - 0{,}01)\,0{,}01 = 0{,}0198$ (1,98 %). Das bedeutet, dass etwa jeder Fünfzigste die Anlage der Krankheit trägt.

3 Vererbung und Chromosomen

Gegen Ende des 19. Jahrhunderts wurden auf dem Gebiet der Zellforschung bedeutende Arbeiten durchgeführt. Grund dafür waren unter anderem Verbesserungen der Mikroskope und der Färbetechniken. So konnte man während der Kernteilungen fadenförmige Gebilde erkennen, die 1888 den Namen Chromosomen (»färbbare Körper«) bekamen. Genauere Untersuchungen führten C. CORRENS, einen Wiederentdecker der MENDELschen Gesetze, zu der Vermutung, dass die Chromosomen Träger der Gene seien. Dies wurde durch folgende Beobachtungen gestützt:

1. Jeder Organismus besitzt in seinen Körperzellen eine konstante Anzahl von Chromosomen (**Tab. 315.1**).
2. Diese Konstanz wird bei der Vermehrung von Zellen durch die Mitose gewährleistet *(s. Cytologie 4)*.
3. Die Keimzellen enthalten genau halb so viele Chromosomen wie die Körperzellen.

Diese Beobachtungen stimmen mit MENDELS Befunden überein: Die Erbanlagen sind in den Körperzellen je doppelt und in den Keimzellen jeweils einfach vorhanden.

Damit waren Kreuzungsforschung und Zellforschung, zwei bis dahin getrennt verlaufende Forschungsrichtungen, zu übereinstimmenden Ergebnissen gekommen. Diese Ergebnisse verbanden TH. BOVERI und W. SUTTON 1903 zur *Chromosomentheorie der Vererbung.* Eine weitere Bestätigung dieser Theorie erbrachten später TH. MORGANS Untersuchungen an der Fruchtfliege *Drosophila (s. 3.2)*. Aus ihnen ging hervor, dass die zahlreichen untersuchten Gene von *Drosophila* zum großen Teil nicht frei kombinierbar sind, sondern als so genannte Kopplungsgruppen vorliegen.

Art und Chromosomenzahl		Art und Chromosomenzahl	
Pferdespulwurm	2	Champignon (Pilz)	8
Drosophila	8	Arabidopsis	10
Honigbiene	32	Erbse	14
Hauskatze	38	Mais	20
Mensch	46	Gartenbohne	22
Schimpanse	48	Weizen	42
Hund	78	Kartoffel	48
Graugans	80	Natternzunge (ein Farn)	480
Karpfen	104		

Tab. 315.1: Chromosomenzahlen von einigen Tier- und Pflanzenarten

Ergebnisse der Kreuzungsforschung	Ergebnisse der Zellforschung

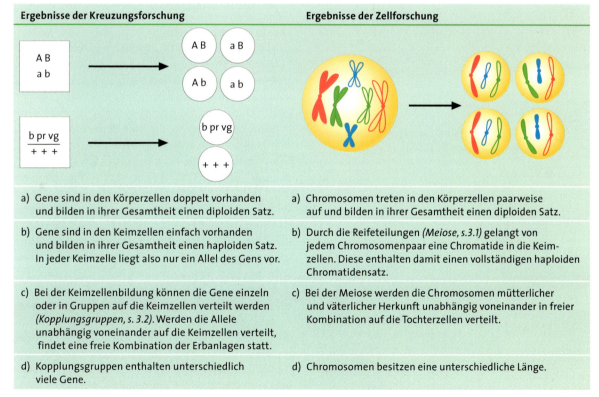

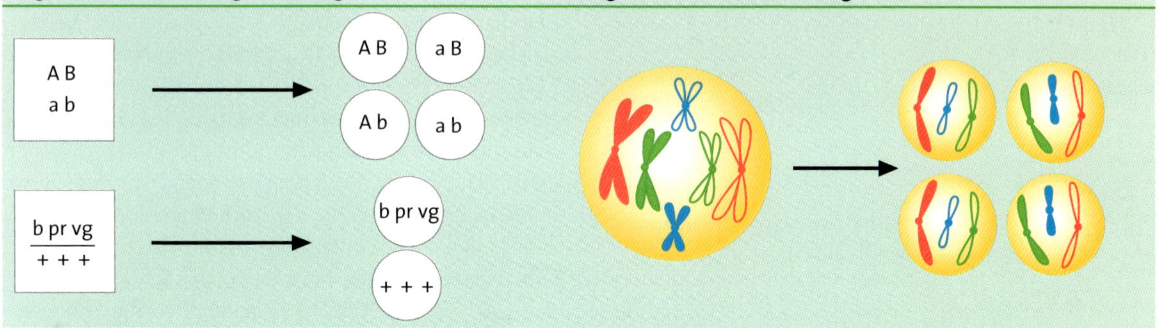

Ergebnisse der Kreuzungsforschung	Ergebnisse der Zellforschung
a) Gene sind in den Körperzellen doppelt vorhanden und bilden in ihrer Gesamtheit einen diploiden Satz.	a) Chromosomen treten in den Körperzellen paarweise auf und bilden in ihrer Gesamtheit einen diploiden Satz.
b) Gene sind in den Keimzellen einfach vorhanden und bilden in ihrer Gesamtheit einen haploiden Satz. In jeder Keimzelle liegt also nur ein Allel des Gens vor.	b) Durch die Reifeteilungen *(Meiose, s. 3.1)* gelangt von jedem Chromosomenpaar eine Chromatide in die Keimzellen. Diese enthalten damit einen vollständigen haploiden Chromatidensatz.
c) Bei der Keimzellenbildung können die Gene einzeln oder in Gruppen auf die Keimzellen verteilt werden *(Kopplungsgruppen, s. 3.2)*. Werden die Allele unabhängig voneinander auf die Keimzellen verteilt, findet eine freie Kombination der Erbanlagen statt.	c) Bei der Meiose werden die Chromosomen mütterlicher und väterlicher Herkunft unabhängig voneinander in freier Kombination auf die Tochterzellen verteilt.
d) Kopplungsgruppen enthalten unterschiedlich viele Gene.	d) Chromosomen besitzen eine unterschiedliche Länge.

Tab. 315.2: Ergebnisse der Kreuzungsforschung und der Zellforschung im Vergleich

GENETIK

Erste Reifeteilung

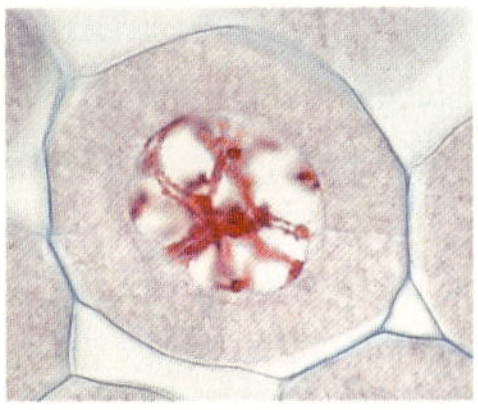

Im Zellkern werden die bereits gepaarten Chromosomen sichtbar.
Die Chromosomenpaare verschrauben sich; an zahlreichen Stellen erkennt man Chiasmata.

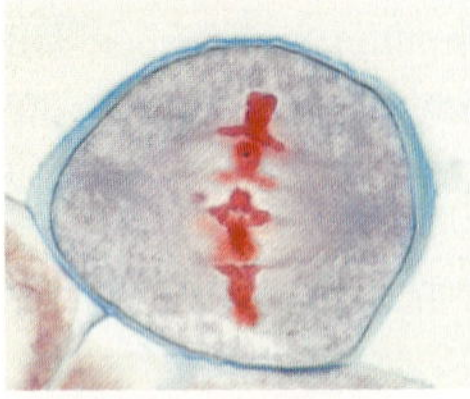

Die Chromatidentetraden ordnen sich in der Äquatorialebene an. Nicht sichtbar: Ihre Centromeren werden mit Spindelfasern (Mikrotubuli) verknüpft.

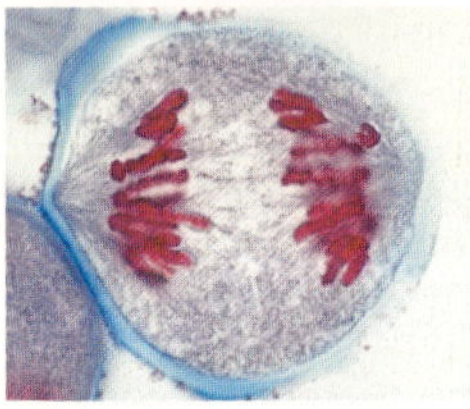

Die Chromosomenpaare trennen sich, indem die homologen Chromosomen jeweils zum entgegengesetzten Pol befördert werden.

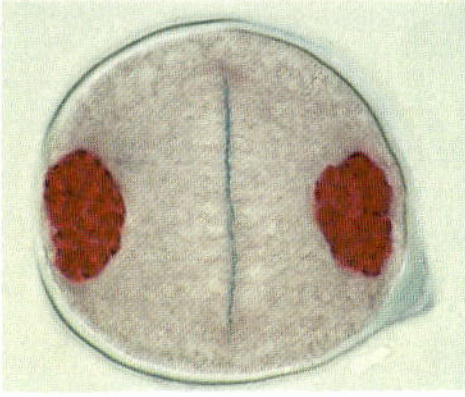

An jedem Pol befindet sich ein haploider Chromosomensatz, und die Zelle teilt sich. Die Chromosomen haben sich nur unvollständig entschraubt.

Zweite Reifeteilung

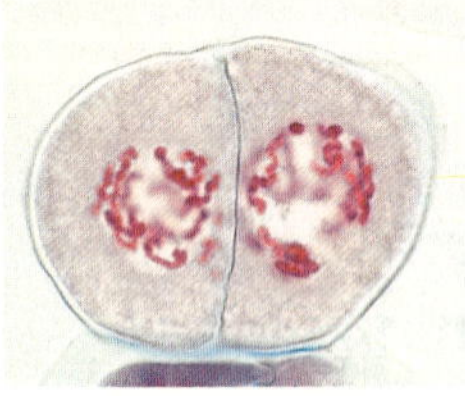

Die Chromosomen beider Zellen verschrauben sich erneut und ordnen sich in den Äquatorialebenen an.

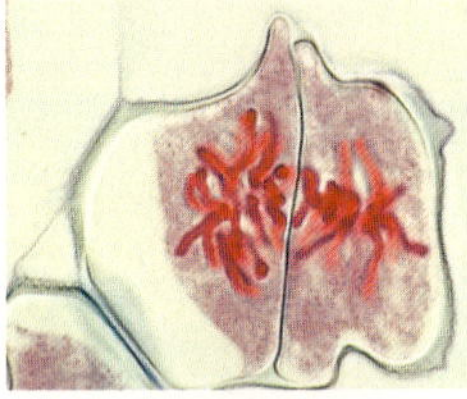

Die Chromosomen werden in ihre beiden Chromatiden getrennt, die jeweils zu entgegengesetzten Polen befördert werden.

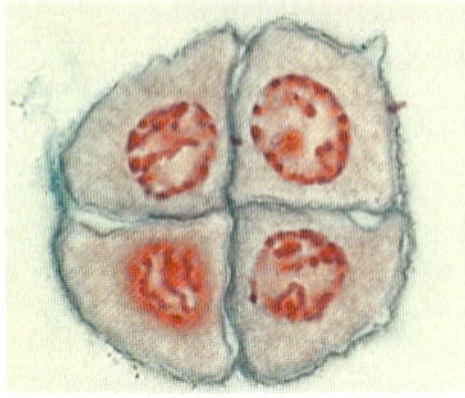

Die Chromatiden entschrauben sich; es bilden sich vier Kerne mit Kernmembran, und die Zellen teilen sich. So entstehen aus einer diploiden Pollenmutterzelle vier haploide Pollenkörner.

Abb. 316.1: Meiose in den Pollenmutterzellen der Königslilie

3.1 Meiose und Keimbahn

Bei der Befruchtung vereinigen sich zwei Geschlechtszellen und damit auch deren Chromosomensätze. Daher muss im Verlauf der Entwicklung der Lebewesen die Chromosomenzahl wieder halbiert werden, andernfalls würde sich die Chromosomenzahl von Generation zu Generation verdoppeln. Die Halbierung der Zahl der Chromosomen muss so erfolgen, dass die vollständige genetische Information in jedem Individuum erhalten bleibt. Der Vorgang, durch den dies erreicht wird, ist die **Meiose** (**Abb. 316.1** und **317.1**).

Die Meiose verläuft in zwei Schritten, den beiden Reifeteilungen. Vor der Meiose besitzt die Zelle einen doppelten Chromosomensatz. Das bedeutet, je zwei Chromosomen sind in Form und Größe gleich *(homologe Chromosomen)*. Jedes Chromosom besteht aus zwei identischen Strängen, den Chromatiden. Diese Schwesterchromatiden hängen nur an einer einzigen Stelle, dem *Centromer*, zusammen.

Zu Beginn der ersten Reifeteilung verkürzen sich die Chromosomen durch Verschraubung ihrer Chromatiden. Während dieses Vorgangs lagern sich die homologen Chromosomen paarweise zusammen. Im Mikroskop erscheinen daher Komplexe aus je vier Chromatiden, die *Chromatidentetraden*, in denen sich die Chromatiden an vielen Stellen umwinden *(s. Chiasma, 3.2.1)*. Die Chromatidentetraden ordnen sich schließlich in der Äquatorialebene der Zelle an. Mittlerweile hat sich eine Kernteilungsspindel ausgebildet. Sie besteht aus Mikrotubuli, die als Spindelfasern bezeichnet werden. Jedes Centromer wird mit einer Spindelfaser verknüpft *(s. Mitose, Cytologie 4)*. Dann trennen sich die homologen Chromosomen: Je zwei Chromatiden werden zum einen Spindelpol, die zwei anderen zum entgegengesetzten Pol transportiert. Nun teilt sich die Zelle. Bei dieser **ersten Reifeteilung** werden also homologe Chromosomen auf Tochterzellen verteilt. Hierbei bleibt es dem Zufall überlassen, welches der beiden homologen Chromosomen – das vom mütterlichen oder das vom väterlichen Organismus stammende – in welche Tochterzelle gelangt. Infolge dieser ersten Reifeteilung *(Reduktionsteilung)* besitzen die beiden Tochterzellen nur noch einen haploiden Chromosomensatz.

In der Regel schließt sich unmittelbar die **zweite Reifeteilung** an, bei der die beiden Schwesterchromatiden voneinander getrennt werden; sie verläuft ähnlich einer Mitose. Damit führt die Meiose zur Bildung von vier haploiden Zellen, deren Chromosomen nur aus einer Chromatide bestehen. Kurz vor oder nach der Befruchtung entstehen wieder Chromosomen mit zwei Schwesterchromatiden.

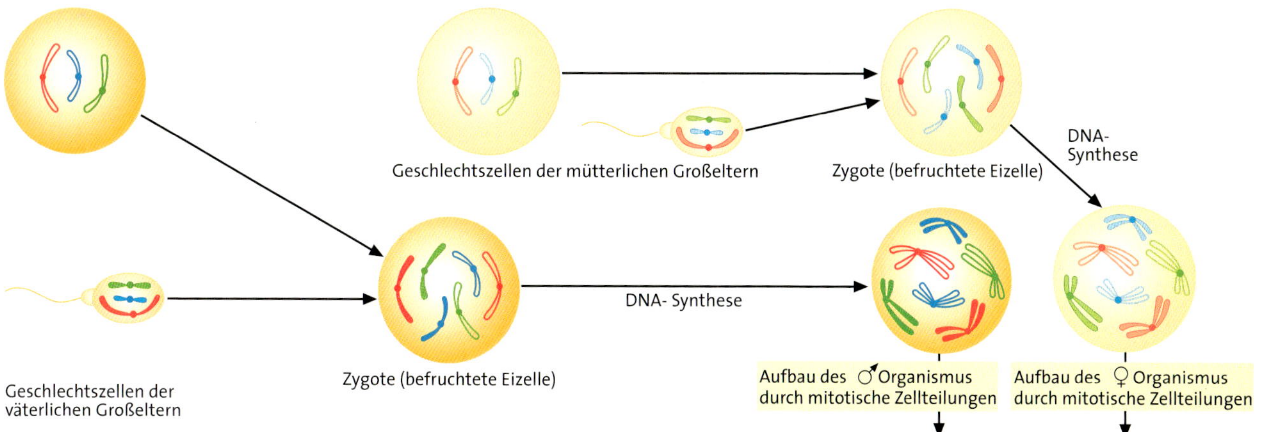

Bei der Spermienbildung entstehen vier gleich große haploide Zellen, die zu je einem Spermium heranreifen. Bei der Bildung der Eizellen hingegen wird das Plasma ungleich geteilt: Die Eimutterzelle teilt sich bei der ersten Reifeteilung asymmetrisch. Es entstehen eine große plasmareiche und eine sehr kleine Zelle; beide enthalten die Hälfte des diploiden Chromosomensatzes. Die kleine plasmaarme Zelle heißt *Polkörperchen* (oder *Richtungskörperchen*). Dieser asymmetrische Teilungsvorgang wiederholt sich bei der zweiten Reifeteilung, wobei sich auch das Polkörperchen teilt. Es entstehen somit vier haploide Zellen: eine große plasmareiche Eizelle und drei kleine Polkörperchen, die später zugrunde gehen.

Bei allen vielzelligen Tieren erfolgt die Meiose bei der Bildung der Keimzellen, bei vielen Algen und anderen niederen Pflanzen findet sie in einem anderen Entwicklungsstadium statt *(s. Entwicklungsbiologie 1.3)*. Die Pollenkörner der höheren Pflanzen werden ebenfalls durch Meiose in den Staubblättern gebildet.

Während der ersten Reifeteilung werden – wie oben beschrieben – die homologen Chromosomen zufallsgemäß auf die Tochterzellen verteilt. Normalerweise unterscheiden sich auch die homologen Chromosomen in mindestens einem Allel, sodass zwischen allen Keimzellen genetische Unterschiede bestehen. Eine Fruchtfliege mit vier Chromosomenpaaren kann also $2^4 = 16$ unterschiedliche Keimzellen herstellen. Der Mensch besitzt 23 Chromosomenpaare und kann somit $2^{23} = 8{,}4 \cdot 10^6$ verschiedene Spermien, bzw. Eizellen bilden. Bei der Befruchtung verschmelzen eine Eizelle und ein Spermium zur Zygote. Die Anzahl möglicher Kombinationen ist bei einem einzigen Menschenpaar $(8{,}4 \cdot 10^6)^2 = 7 \cdot 10^{13}$ (Zahl der Menschen auf der Erde etwa $7 \cdot 10^9$!). Die genetische Vielfalt der Keimzellen ist eine wichtige Grundlage für die Variabilität und Individualität der Organismen einer Art *(s. 1)*.

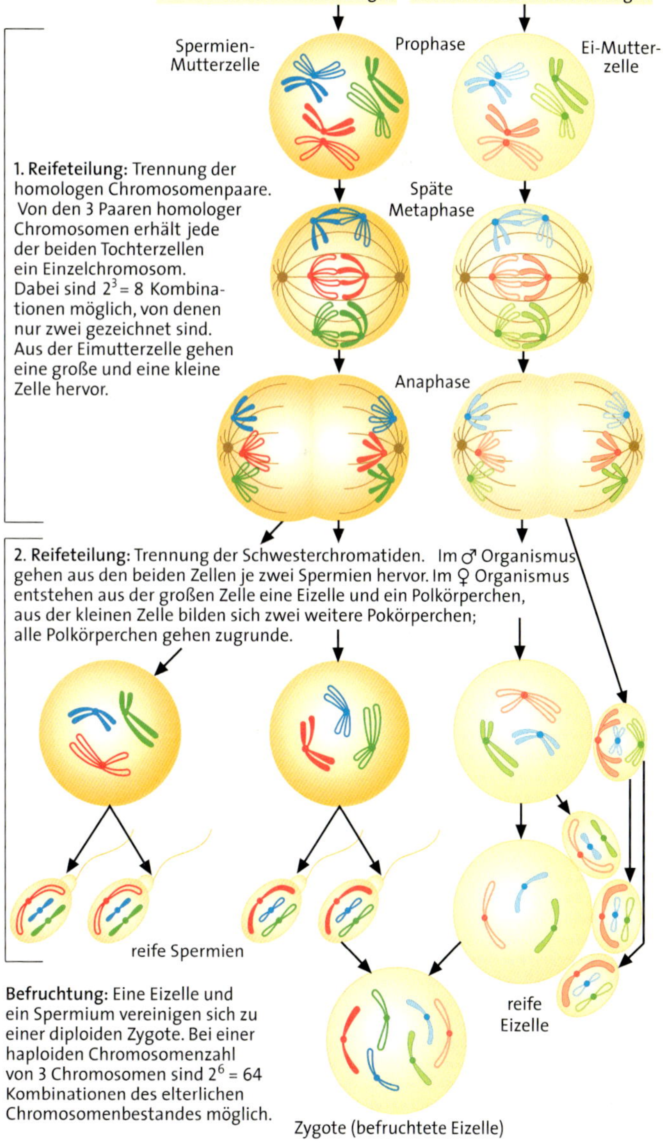

Abb. 317.1: Schematische Darstellung der Meiose mit Geschlechtszellenbildung. Die Zahl der Chromosomen ist willkürlich gewählt.

Keimbahn. Bei den meisten Tierarten und beim Menschen lassen sich schon in einem sehr frühen Embryonalstadium diejenigen Zellen, aus denen sich im Laufe der Weiterentwicklung die Keimzellen bilden, von den späteren Körperzellen unterscheiden. Die Abfolge der Zellen, die von einer Zygote zur Zygote der nächsten Generation führt, wird als *Keimbahn* bezeichnet (**Abb. 318.1**). Bei Pflanzen ist eine solche Unterscheidung nicht möglich *(s. 3.3)*.

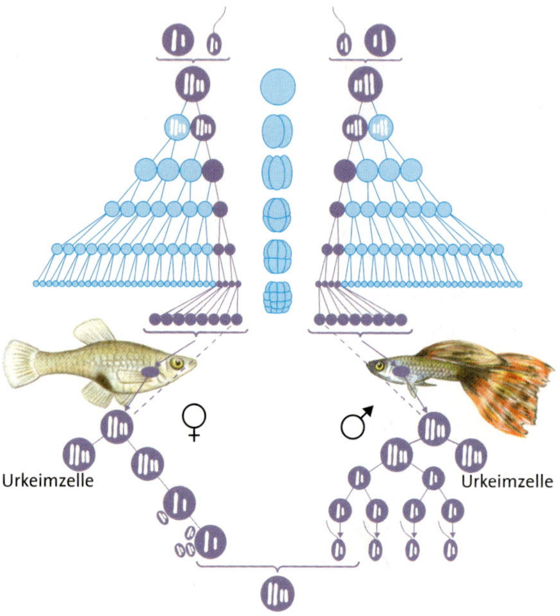

Abb. 318.1: Schematische Darstellung der Keimbahn. Dunkelblau: Abfolge der Zellen, die von einer Zygote zur Zygote der nächsten Generation führen. Hellblau: Abfolge der Zellen, die zu Körperzellen führen.

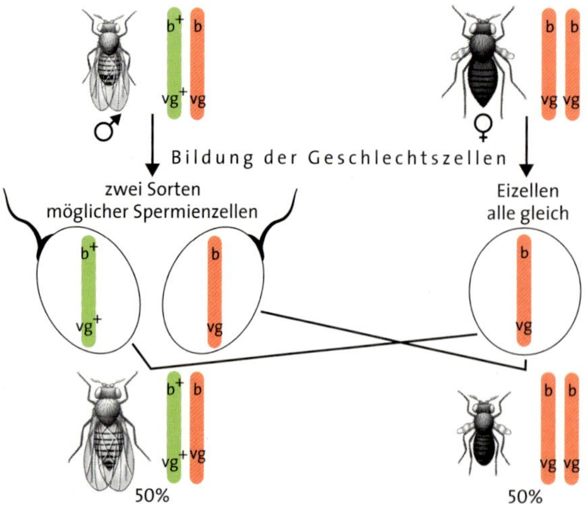

Abb. 318.2: Nachweis der Genkopplung bei *Drosophila*

3.2 Kopplung von Genen

3.2.1 Kopplungsgruppen und Crossing-over

Da die Zahl der Gene sehr viel höher ist als die haploide Chromosomenzahl, müssen viele Gene gemeinsam in einem Chromosom liegen; sie bilden eine *Kopplungsgruppe*. Den Nachweis einer solchen *Kopplung von Genen* erbrachten die Forschungen von MORGAN und seinen Mitarbeitern an der Fruchtfliege *Drosophila melanogaster*. Bei *Drosophila* handelt es sich um eine kleine Fliege, die im Sommer auch in der Wohnung häufig an reifen Früchten zu finden ist.

Seit der *Drosophila*-Forschung hat sich eine neue Schreibweise für Allele durchgesetzt: Man verwendet für die Allele und ebenso für die einzelnen Merkmale die Abkürzungen englischer Bezeichnungen, z. B. b von *black* (schwarzer Körper) und vg von *vestigial* (Stummelflügel). Die Allele, die Wildtypmerkmale bestimmen, kennzeichnet man mit einem hochgestellten Pluszeichen, z. B. b^+ und vg^+. Als Wildtyp bezeichnet man die in der Natur häufigste Form einer Art. Die Verwendung von Groß- und Kleinbuchstaben zur Kennzeichnung von Dominanz und Rezessivität ist nicht immer zweckmäßig: Wenn es z. B. von einem Gen drei Allele gibt, kann sich nämlich das Wildallel a^+ dominant gegenüber dem Allel a, jedoch rezessiv gegenüber dem Allel a^* erweisen. Bei Kopplung von Genen schreibt man die Allele mütterlicher Herkunft über einen Strich, die Allele väterlicher Herkunft darunter. So lässt sich die Herkunft der Allele eindeutig angeben.

Der Wildtyp (grauer Körper, normale Flügel) von *Drosophila* hat bei Homozygotie den Genotyp $\frac{b^+ vg^+}{b^+ vg^+}$, und eine schwarze Form mit Stummelflügeln besitzt den Genotyp $\frac{b\ vg}{b\ vg}$. Bei der Kreuzung beider Formen entstehen in der F_1 Bastarde mit dem Aussehen der Wildform. Die Allele b^+ und vg^+ verhalten sich also dominant gegenüber den Allelen b und vg. Der Genotyp der Bastarde ist $\frac{b^+ vg^+}{b\ vg}$ oder $\frac{b\ vg}{b^+ vg^+}$.

Diese F_1-Bastarde wurden nun mit schwarzen stummelflügeligen (homozygoten) Tieren gekreuzt. Die Ergebnisse waren verschieden, wenn MORGAN weibliche oder männliche Tiere für diese Rückkreuzung nahm:

1. Kreuzte er männliche Bastarde mit den schwarzstummelflügeligen Weibchen, so erhielt er als Nachkommen nur die Ausgangsphänotypen (Elterntypen) grau normalflügelig und schwarz stummelflügelig im Verhältnis 1:1. Demnach sind die Gene für Körperfarbe und Flügelform nicht frei kombinierbar, sondern gekoppelt; sie müssen auf einem Chromosom liegen (**Abb. 318.2**).

2. Bei der reziproken Kreuzung (weibliche Bastarde mit schwarz-stummeflügeligen Männchen) traten ebenfalls Elterntypen auf, aber nur zu je 41 % (**Abb. 319.1**). Die weiteren 18 % waren Rekombinanten, je zur Hälfte mit einem grauen Körper und Stummelflügeln und mit einem schwarzen Körper und normalen Flügeln. Das bedeutet, dass die Bastardweibchen vier verschiedene Eizellen produziert haben: Eizellen mit b vg, b^+ vg^+, b vg^+ und b^+ vg (die Spermien der männlichen Kreuzungspartner enthalten alle b vg).

Es muss also eine Entkopplung der Gene stattgefunden haben. Diese ist so zu erklären: In einem frühen Stadium der ersten Reifeteilung paaren sich die homologen Chromosomen, und die Chromatiden umschlingen sich. Dabei kommt es vor, dass Chromatiden zerbrechen. Diese Brüche werden durch ein Enzym wieder verheilt. Wenn dieses Enzym bei der Reparatur *Nicht*-Schwesterchromatiden verbindet, so erfolgt die Verknüpfung »über Kreuz«, und zwei neu kombinierte Chromatiden entstehen (**Abb. 319.1**). Man nennt diesen Vorgang *Crossing-over* (*engl.* überkreuzen). Die Überkreuzungsstellen von Nicht-Schwesterchromatiden sind auch unter dem Mikroskop zu beobachten und heißen *Chiasmata* (Kreuze, Singular *Chiasma*).

Mit Crossing-over bezeichnet man also den Vorgang des Genaustausches während einer Überkreuzung der Nicht-Schwesterchromatiden und mit Chiasma eine mikroskopisch sichtbare Überkreuzungsstelle.

Die Ergebnisse der unter erstens und zweitens beschriebenen Kreuzungsexperimente lassen darauf schließen, dass Crossing-over bei *Drosophila* nur bei der Eizellenbildung, nicht aber bei der Bildung von Spermien vorkommen. Dies bestätigt auch die Beobachtung, dass Chiasmata nur bei der Eizellbildung auftreten. Durch Crossing-over findet genetische Rekombination innerhalb homologer Chromosomen statt. Diese liefert neue Genkombinationen. Da Crossing-over-Vorgänge häufig sind, wird die genetische Variabilität dadurch stark erhöht.

3.2.2 Klassische Genkartierung

In weiteren Versuchen fand MORGAN für jedes gekoppelte Genpaar einen charakteristischen Prozentsatz von Rekombinanten, die durch Crossing-over entstanden waren. Diesen Prozentsatz der Entkopplung zweier Gene nennt man deren *Austauschwert*. Für die Gene b und vg beträgt er 18 % (*s. 3.2.1*). In zwei weiteren Kreuzungen fand er für die Gene b und pr (purpurne Augen) einen Austauschwert von 6 % und für die Gene pr und vg 12 %. Die Wahrscheinlichkeit für einen Chromatidenbruch zwischen zwei Genen und damit für ein Crossing-over wächst mit dem Abstand der Gene voneinander. Damit ist der Austauschwert ein relatives Maß für den Abstand der Gene auf dem Chromosom. Eine Häufigkeit von 1 % Crossing-over wird als eine Austauscheinheit (*1 centi-Morgan*) bezeichnet. Der Genabstand von b und vg beträgt 18 centi-Morgan. Die Gene b und pr liegen 6 centi-Morgan und die Gene pr und vg 12 centi-Morgan voneinander entfernt.

$$\underbrace{b \overbrace{\qquad}^{6} pr \overbrace{\qquad\qquad}^{12} vg}_{18}$$

Die gleichen Austauschwerte lieferte die Kreuzung des Wildtyps mit einer *Drosophila*-Form mit schwarzem Körper, purpurnen Augen und Stummelflügeln (b pr vg). Die einzelnen Abstandswerte lassen sich also addieren, somit müssen die Gene linear angeordnet sein. Durch den Vergleich der erhaltenen Genabstände innerhalb einer Kopplungsgruppe lässt sich auch die Reihenfolge der Gene ermitteln: Es entsteht eine Genkarte des Chromosoms. Da die Crossing-over-Vorgänge nicht an allen Orten eines Chromosoms gleich häufig ablaufen, entsprechen diese genetisch ermittelten Abstände nicht genau den tatsächlichen Genabständen.

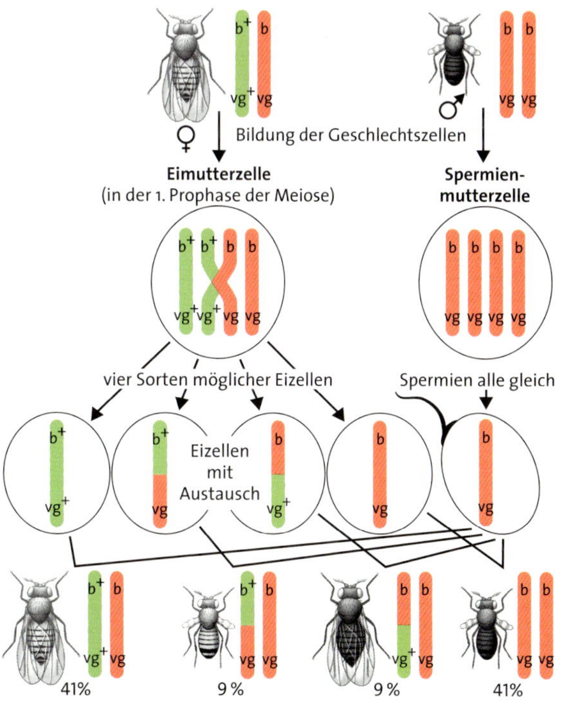

Abb. 319.1: Genaustausch durch Crossing-over und Bestimmung der Austauschwerte. Die untersuchten Gene liegen bei *Drosophila* im Chromosom 2. Dargestellt ist nur dieses Chromosom.

Riesenchromosomen

Zur stärksten Stütze der MORGANschen Theorie von der Kopplung und linearen Anordnung der Gene wurden die Untersuchungen an *Riesenchromosomen* von *Drosophila.* Riesenchromosomen entstehen in den Speicheldrüsen der Larven dadurch, dass sich die Chromatiden der gepaarten homologen Chromosomen vervielfachen, ohne dass Kernteilungen stattfinden. So bilden sich im Laufe der Larvalentwicklung kabelartige Bündel mit über 1000 Chromatiden. An ihnen lassen sich im mikroskopischen Bild Querscheiben erkennen (**Abb. 320.1**). Sie bestehen aus färbbaren Abschnitten der Chromatiden, die hier tausendfach nebeneinander liegen. In diesen Abschnitten liegen jeweils mehrere Gene. In einem *Drosophila*-Ei lassen sich durch Röntgen- oder Laserstrahlen Stücke von einem Chromosom abtrennen. Dies verursacht den Verlust von Genen und damit den Ausfall bestimmter Merkmale. An Riesenchromosomen sind diese Defekte am Fehlen bestimmter Querscheiben zu beobachten. So kann die Stelle im Chromosom aufgefunden werden, an der sich Gene für ein bestimmtes Merkmal befinden (tatsächliche Genorte).

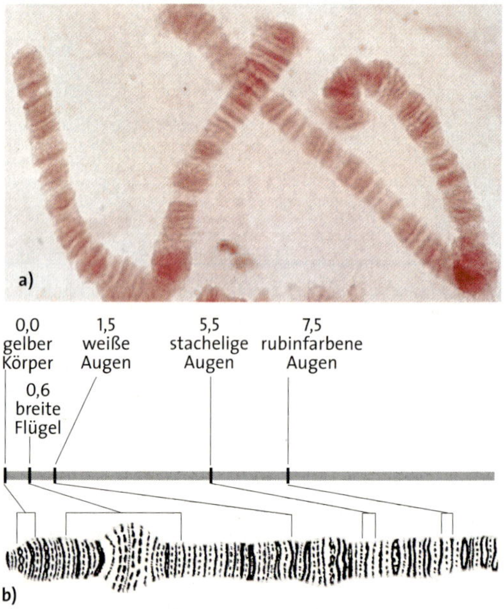

Abb. 320.1: Riesenchromosomen von *Drosophila.*
a) LM-Bild; **b)** Genkarte vom Ende des X-Chromosoms. Oben: Auf der Basis von Austauschwerten ermittelte Genabstände; unten: Zuordnung der so ermittelten Genabstände zur cytologisch gewonnenen Karte des Riesenchromosoms

3.2.3 Untersuchung menschlicher Chromosomen

Identifizierung von Chromosomen. Mithilfe der *cytologischen Methode* lassen sich Chromosomen im Metaphasestadium der Mitose untersuchen. Behandelt man die entsprechenden Chromosomenpräparate mit bestimmten Farbstoffen, so färben sich einzelne Chromosomenabschnitte verschieden. Es entsteht ein für jedes Chromosom spezifisches Bandenmuster, mit dem man die Chromosomen des Menschen sicher unterscheiden kann. Diese lassen sich dann als *Karyogramm* nach Größe und Form anordnen kann (**Abb. 321.1**). Auch Veränderungen der Chromosomen (Mutationen, *s. 3.4.2*) lassen sich auf diese Weise erfassen.

Für ein Chromosomenpräparat verwendet man z. B. Weiße Blutzellen oder Zellen aus dem Fruchtwasser; sie teilen sich in einer Blutplasma-Kultur mit ausreichender Häufigkeit. Durch Colchicin *(s. 3.3.3)* wird zunächst die Kernteilung im Metaphasestadium gehemmt, sodass sich viele dieser Stadien anreichern. Danach bringt man die Zellen auf dem Objektträger in destilliertes Wasser, worin sie platzen (Osmose, *s. Cytologie 3.1*). Anschließend können die Chromosomen gefärbt werden. Neue Verfahren verwenden eine spezifische Färbung der einzelnen Chromosomen mit Fluoreszenzfarbstoffen *(s. Abb. 326.1).*

Cytogenetische Genlokalisierung. Zur Lokalisierung menschlicher Chromosomen und Genorte nutzt man heute üblicherweise molekulargenetische Methoden *(s. 4.4)*. Zuvor wurde eine cytogenetische Methode angewandt, bei der man eine Kultur menschlicher Zellen mit der einer anderen Zellart, z. B. von der Maus, mischt. Dies führt vereinzelt zur Verschmelzung von menschlichen Zellen und Mauszellen. Die Hybriden enthalten zwei Kerne, einen von der menschlichen Zelle und einen von der Mauszelle. Die beiden Kerne können sich vereinigen. Im Laufe der mitotischen Teilungen der Hybridzellen treten starke Verluste an Chromosomen auf. Welche Chromosomen dabei verloren gehen, hängt vom Zufall ab. So entstehen auch Hybridzellen, die neben den Maus-Chromosomen nur noch ein einziges menschliches Chromosom aufweisen. Durch Verdünnen der Zellkultur lassen sich diese Hybridzellen isolieren und getrennt weiter vermehren. Lässt sich in einer solchen Zellkultur ein menschliches Enzym nachweisen, so muss das Gen für dieses Enzym auf dem noch vorhandenen menschlichen Chromosom liegen. Dieses Chromosom kann man durch Vergleich mit einem Karyogramm identifizieren. Durch künstlich ausgelöste Verluste von Chromosomenstücken lässt sich der Chromosomenabschnitt bestimmen, in dem das Gen liegt.

3.2.4 Nichtchromosomale Vererbung

CORRENS machte 1909 folgende Beobachtungen an Wunderblumen mit panaschierten (grün weiß gescheckten) Blättern: Bei der Übertragung von Pollen einer grünen Pflanze auf die Narbe einer panaschierten Pflanze entstehen grüne, panaschierte und farblose Nachkommen. Ihre Häufigkeitsverteilung entspricht jedoch keiner Mendelspaltung. Bei der reziproken Kreuzung, d. h. beim Aufbringen von Pollen einer panaschierten Pflanze auf die Narbe einer grünen, erhält man nur grüne Nachkommen. CORRENS schloss daraus, dass das Merkmal Blattfarbe nicht über ein Chromosom weitergegeben wird. Der Phänotyp (grüne, panaschierte und farblose Nachkommen) wird offenbar ausschließlich durch die weibliche Keimzelle bestimmt. Der Grund dafür ist, dass auch in Chloroplasten und Mitochondrien DNA vorkommt, die für diese *nichtchromosomale Vererbung* verantwortlich ist. Da Mitochondrien und (bei Pflanzen) Chloroplasten bei den meisten Arten nur über die Eizelle in die nächste Generation gelangen, erklärt sich damit das Phänomen der rein mütterlichen Vererbung.

Weitere Beispiele sind die Pollensterilität bei Getreidearten sowie einige Formen von Epilepsie beim Menschen, die nur durch die Mutter übertragen werden *(s. 3.5.3)*.

Weil die Eizelle den Hauptteil der Zellorganellen in die Zygote liefert, ähneln bei manchen Arten die Nachkommen mehr dem mütterlichen Elter. So führt die Kreuzung von Eselhengst mit Pferdestute zum Maultier, das dem Pferd ähnlicher ist als dem Esel. Bei der Kreuzung von Pferdehengst mit Eselstute erhält man den der Eselin ähnlicheren Maulesel. Entsprechende Unterschiede findet man bei den seltenen Kreuzungen von Löwen und Tigern (bei den *Ligern* ist der Vater ein Löwe, bei den *Tigons* der Vater ein Tiger). ■

Abb. 321.2: Pflanze mit panaschierten Blättern

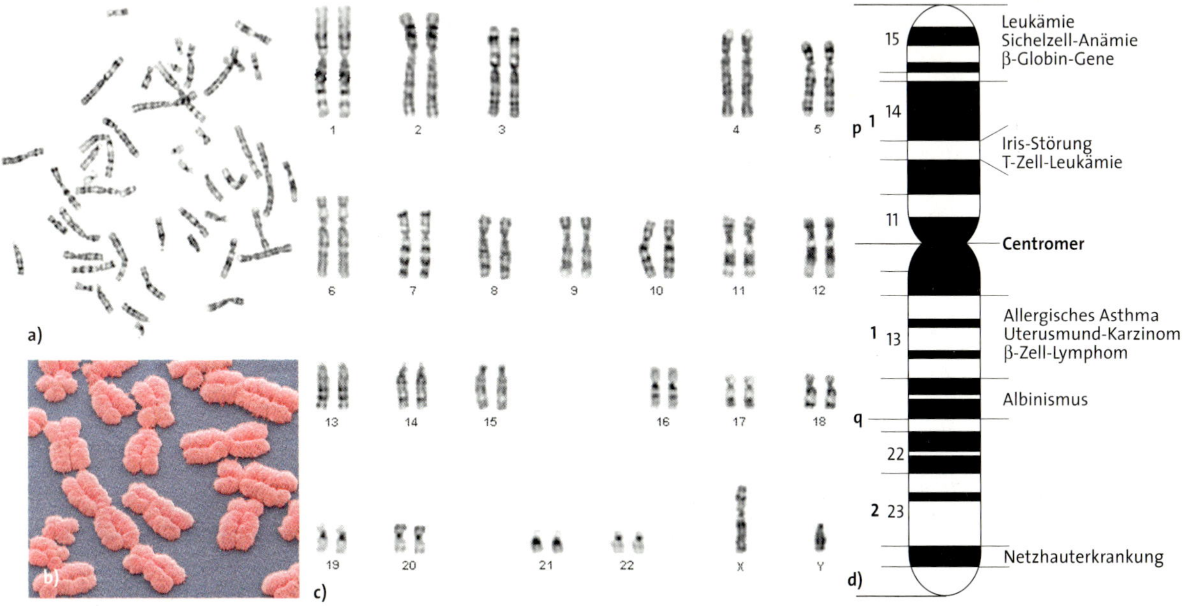

Abb. 321.1: Chromosomen des Menschen. **a)** Foto des menschlichen Chromosomensatzes (männlich); **b)** Chromosomen im Metaphase-Stadium (REM-Bild, koloriert); **c)** Karyogramm des Menschen und Charakterisierung der Chromosomen mit der Bandentechnik. Die Chromosomen wurden im Metaphase-Stadium fotografiert. Beispiele für Genorte in folgenden Chromosomen: **1** Rhesusfaktor, **2, 9, 11, 15** verschiedene Genorte für Albinismus, **4** CHOREA HUNTINGTON, **9** Blutgruppen ABo, **11** β-Globingene, **12** Phenylketonurie, **13, 14, 15, 21, 22** rRNA-Gene, **15** MARFAN-Syndrom, **21** ALZHEIMER-Krankheit; **d)** Chromosom 11 vergrößert mit einigen Genorten

Versuchsobjekte in der Genetik

Dass die Wahl geeigneter Forschungsobjekte und Untersuchungsverfahren für die Erkenntnisgewinnung sehr wichtig ist, zeigen schon die Forschungen von MENDEL und MORGAN. *Drosophila* ist im Labor leicht zu züchten, die Generationsdauer beträgt nur 14 Tage, und die Nachkommenzahl ist groß. Bereits im Puppenstadium lassen sich die Geschlechter unterscheiden, sodass die zu kreuzenden Tiere in diesem Stadium zusammengebracht werden können. Zahlreiche leicht erkennbare Erbmerkmale, nur vier Chromosomen, und das Auftreten von Riesenchromosomen zeigen die besondere Eignung von Drosophila in der klassischen Genetik. Ähnliche Bedeutung wie *Drosophila* besitzt in der Pflanzengenetik *Arabidopsis,* die Ackerschmalwand. *Arabidopsis* ist ein bis 30 cm hoher Kreuzblütler, der auf Brachäckern und Schuttplätzen wächst. Auch *Arabidopsis* zeigt viele gut erkennbare Erbmerkmale. Sie ist im Gewächshaus leicht zu kultivieren, und ihre Generationsdauer beträgt nur vier Wochen. *Arabidopsis* wird besonders häufig in der gentechnischen Grundlagenforschung eingesetzt, um beispielsweise Vorgänge der Pflanzenentwicklung zu untersuchen.

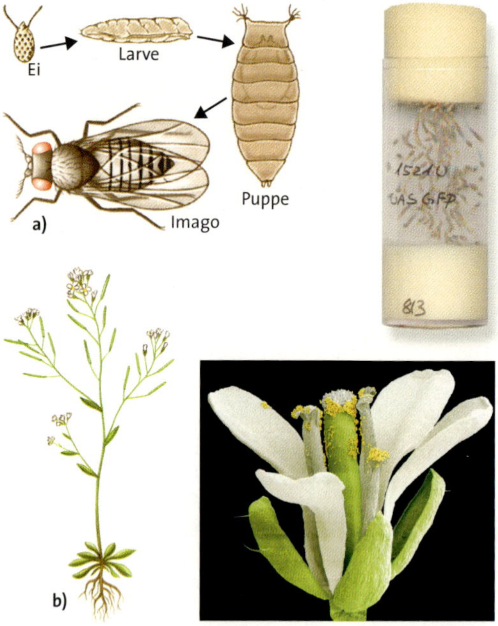

Abb. 322.1: a) Zucht von *Drosophila melanogaster.* Das Futter besteht z.B. aus Bananenbrei mit etwas Hefe; **b)** *Arabidopsis thaliana* (Ackerschmalwand), ein in Mitteleuropa seltener Kreuzblütler auf Äckern.

3.3 Mutationen

Die verschiedenen Rassen der Haustiere und Kulturpflanzen haben sich aus Wildformen entwickelt. Zur Bildung dieser Vielfalt mussten Änderungen im Genom der Wildform aufgetreten sein, die dann weitervererbt wurden. Solche Änderungen im Erbgut nennt man **Mutationen.** Die Organismen mit verändertem Erbgut, also die Träger der Mutationen, heißen **Mutanten.** Bei *Drosophila* sind in den Zuchten durch Mutationen über 1000 Formen entstanden (**Abb. 323.2**). Bei Sträuchern und Bäumen sind schlitzblättrige Formen sowie »Blut«- und »Trauerformen« als Mutanten relativ häufig (**Abb. 323.1** und **323.3**). Auch zahlreiche Zierpflanzen gehen auf Mutationen zurück, die z. B. zu neuen Blütenfarben führten.

Erbliche Änderungen können einzelne Gene betreffen *(Genmutation)* oder einzelne Chromosomen in ihrer Struktur verändern *(Chromosomenmutation).* Es kann aber auch der gesamte Chromosomenbestand und somit das Genom verändert werden *(Genommutation).*

Mutationen sind in jeder Zelle des Körpers möglich. Bei geschlechtlicher Fortpflanzung werden an die Nachkommen jedoch nur solche Mutationen weitergegeben, die in der Keimbahn *(s. 3.1)* entstanden sind. Bei Pflanzen gibt es keine Keimbahn. Daher kann aus einer mutierten Zelle des Vegetationskegels ein Spross mit anderen Erbeigenschaften hervorgehen. Eine solche Mutante lässt sich durch Pfropfen der mutierten Sprosse oder durch Samen von diesen Sprossen vermehren.

Experimente haben eine Reihe von möglichen Ursachen für Mutationen aufgedeckt. H. J. MULLER konnte 1927 in den Keimzellen von *Drosophila* durch Röntgenstrahlen Mutationen hervorrufen, die den in der Natur vorkommenden entsprachen. Das Gleiche gelingt mit ultravioletter und radioaktiver Bestrahlung. Der Prozentsatz der auftretenden Mutationen ist der angewandten Strahlenmenge (Produkt aus Strahlungsintensität und Strahlungsdauer) proportional. Auch chemische Substanzen sowie extrem hohe und tiefe Temperaturen können Mutationen verursachen. So steigt bei *Drosophila* durch Erhöhung der Zuchttemperatur von 30 °C auf 40 °C die Zahl der Mutanten auf das 3- bis 5fache an. Faktoren, die Mutationen auslösen, bezeichnet man als *Mutagene.* Mit keinem Mutagen lassen sich gezielt bestimmte Mutationen auslösen, Mutationen sind richtungslos. Mutagene erhöhen lediglich die Wahrscheinlichkeit für das Eintreten von Mutationen. Allerdings verfügt die Molekulargenetik heute über Verfahren, um bei Genen, deren Aufbau bekannt ist, gezielt Mutationen herbeizuführen. Mutationen, die ohne erkennbare Mutagene ausgelöst werden, nennt man *Spontanmutationen.*

3.3.1 Genmutationen

Die häufigsten Mutationen sind Genmutationen. Da sie zufällig erfolgen, kann man nicht vorhersagen, welches Gen mutieren wird und wann dies stattfindet. Es lässt sich auch nicht angeben, auf welche Weise ein mutiertes Gen das von ihm bestimmte Merkmal verändern wird. Die *Mutationsrate,* d.h. die Häufigkeit, mit der sich Gene im Laufe des Lebens verändern, ist sehr unterschiedlich; sie liegt etwa zwischen 10^{-4} und 10^{-9} *(s. 4.2.7).* Verschiedene Tier- und Pflanzenarten, auch verschiedene Gene einer Art, weisen eine unterschiedliche Mutationsrate auf.

Durch Genmutationen entstehen neue Allele mit meist rezessiver Wirkung, doch treten auch dominant wirkende Allele neu auf. Für ihre Träger sind neue Allele in vielen Fällen ohne nennenswerte Auswirkung, z.B. Allele für Schlitzblättrigkeit und Hängeformen. In manchen Fällen sind Genmutationen im Phänotyp nur schwer oder gar nicht zu erkennen. Selten sind neue Allele von Vorteil, sondern sehr oft nachteilig, z.B. verkrüppelte Flügelformen bei *Drosophila.* Bei Reinerbigkeit sind sie manchmal tödlich (letal). Im zuletzt genannten Fall bezeichnet man das Allel als einen *Letalfaktor.* Ein Beispiel für einen Letalfaktor ist das Gen (d) für Kurzbeinigkeit bei irischen *Dexter*-Rindern. Tritt es homozygot auf (dd), so stirbt das Tier schon als Fetus. Die kurzbeinigen Dexter-Rinder sind daher alle heterozygot (d^+d). Bei Kreuzungen untereinander entstehen 25 % homozygote Totgeburten.

Abb. 323.1: Gleich gerichtete Mutationen. Schlitzblättrigkeit bei **a)** Schöllkraut; **b)** Hasel; **c)** Rotbuche; **d)** Walnuss.
Links ist jeweils die Normalform, rechts die Mutante dargestellt (a bis c $^1/_3$ der natürlichen Größe, d $^1/_{10}$ der natürlichen Größe).

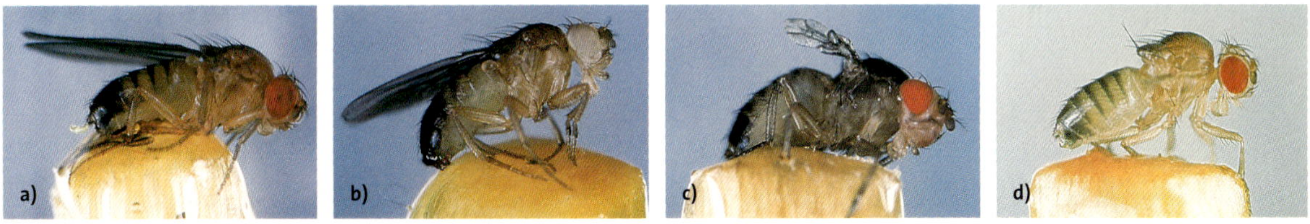

Abb. 323.2: *Drosophila.* **a)** Normalform; **b)** bis **d)** Mutanten; **b)** weiße Augen; **c)** Stummelflügel; **d)** flügellos; c und d sind durch verschiedene Mutationen des Gens vg (vestigial = stummelflügelig) entstanden; es liegt multiple Allelie vor; b geht auf die Mutation eines anderen Gens zurück.

Abb. 323.3: Blutbuche. Mutante der Rotbuche, bei der das Chlorophyll durch rotes Anthocyan überdeckt ist.

Abb. 323.4: Albino-Mutante vom Gorilla und normal gefärbtes Tier.

Multiple Allelie. Mutiert ein Gen im Laufe der Generationen mehrfach, so entstehen voneinander verschiedene Allele (**Abb. 324.1** und **Tab. 324.2**). Auch diese können erneut mutieren. Bei *Drosophila* kann durch wiederholte Mutation desselben Gens eine stufenweise Flügelverkümmerung bis zu gänzlichem Flügelverlust eintreten. Beim Löwenmäulchen kennt man mehr als zehn Allele eines Gens für die Blütenfarbe, die Abstufungen von Rot über eine Reihe von Zwischenstufen bis Weiß verursachen. Ein diploider Kern kann jedoch immer nur zwei Allele eines Gens enthalten.

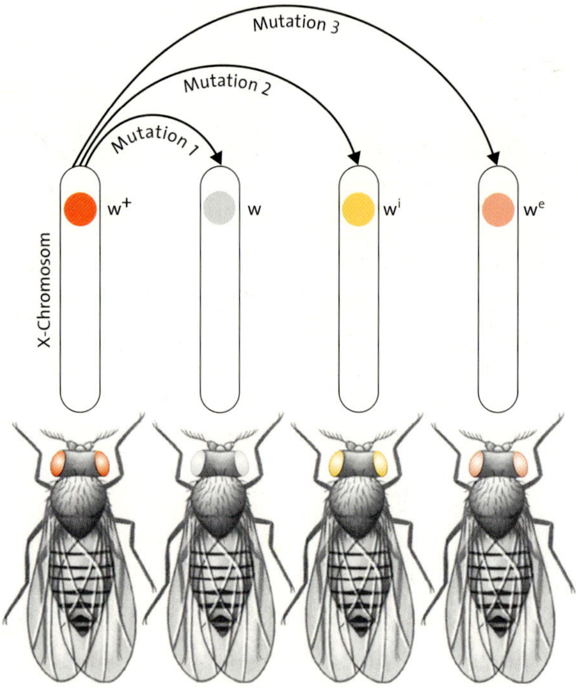

Abb. 324.1: Entstehung verschiedener Allele eines Gens für die Augenfarbe von *Drosophila* durch Mutationen.
w^+: rote Augenfarbe des Wildtyps; w: weiße Augenfarbe; w^i: elfenbeinfarbene Augen; w^e: eosinfarbene Augen

Blutgruppe	Phänotyp	Genotyp
A	Blutgruppensubstanz A	i^Ai^A oder i^Ai
B	Blutgruppensubstanz B	i^Bi^B oder i^Bi
AB	Blutgruppensubstanz A und Blutgruppensubstanz B	i^Ai^B
0	keine Blutgruppensubstanz	ii

Tab. 324.2: Genotyp und Phänotyp bei den Blutgruppen des Menschen. Blutgruppensubstanzen sind Kohlenhydratketten von Glykolipiden bzw. Glykoproteinen.

Die **Blutgruppen A, B, AB, 0** werden durch drei Allele bestimmt, i^A, i^B und i. Die Allele i^A und i^B verhalten sich dominant gegenüber dem Allel i und steuern die Synthese der Blutgruppensubstanzen A bzw. B. Diese kommen in der Membran der Roten Blutzellen vor. Es handelt sich dabei um zwei verschiedene Kohlenhydratketten von Glykolipiden bzw. Glykoproteinen. Sie können bei Blutübertragung als Antigene wirksam werden (**Tab. 324.2**; *s. Exkurs Blutgruppen und Rhesusfaktor, S. 405*). Die Blutgruppe AB wird durch die beiden dominanten Allele i^A und i^B bestimmt. Da hier beide Blutgruppensubstanzen A und B auftreten, spricht man von *Kodominanz*. Diese darf nicht verwechselt werden mit der unvollständigen Dominanz, bei der ein »mittleres« Erscheinungsbild durch die Wirkung zweier verschiedener Allele eines Allelenpaares zustande kommt (*s. Abb. 312.2*).

Jeder Mensch bekommt von beiden Eltern je ein Blutgruppen-Allel. Die Blutgruppen von Mutter und Kind erlauben deshalb Rückschlüsse auf die Blutgruppe des Vaters. So lässt sich klären, ob ein bestimmter Mann als Vater eines Kindes ausgeschlossen werden kann. Haben z. B. Mutter und Kind die Blutgruppe 0 (ii), kann der Vater nicht die Blutgruppe AB (i^Ai^B) besitzen.

Neben den i-Blutgruppen kennt man die Erbgänge von weiteren Blutgruppen, sodass die Blutgruppenzugehörigkeit zuverlässige Aussagen über Vaterschaften und andere Verwandtschaftsbeziehungen erlaubt.

3.3.2 Chromosomenmutationen

Änderungen in der Struktur einzelner Chromosomen nennt man *Chromosomenmutationen* (**Abb. 325.1**). Chromosomen können auseinanderbrechen und dabei Stücke verlieren, die anschließend abgebaut werden *(Deletion)*. Ein solches Stück kann auch in die Schwesterchromatide eingegliedert *(Duplikation)* oder an eine Chromatide eines nicht homologen Chromosoms angeheftet werden *(Translokation)*. Innerhalb eines Chromosoms kann sich ein Chromosomenstück auch umgekehrt wieder einfügen *(Inversion)*. Chromosomenmutationen bewirken also entweder einen Verlust oder eine veränderte Reihenfolge von Genen. Bei Inversionen und Translokationen hat sich gezeigt, dass die Wirkungsweise eines Gens oft von dem Ort abhängt, den es innerhalb des Chromosoms einnimmt *(Positions-Effekt)*. Für die Eigenschaften eines Organismus ist also nicht allein der Genbestand, sondern auch die Anordnung der Gene auf dem Chromosom maßgebend.

Das *Katzenschrei-Syndrom* beim Menschen beruht auf einer Deletion. Kennzeichen sind helles katzenartiges Schreien des Säuglings und weit auseinander stehende

Augen sowie geistige Defekte. Diese Erbkrankheit beruht auf dem Verlust eines kleinen Stücks des 5. Chromosoms. Ein Beispiel für eine Translokation ist eine bestimmte Form von Leukämie (**Abb. 325.2**). Bei Leukämie oder »Blutkrebs« sind die Weißen Blutzellen bis auf das 20fache vermehrt.

3.3.3 Genommutationen

Bei Genommutationen verändert sich die Anzahl der Chromosomen. Wenn im diploiden Chromosomensatz einzelne Chromosomen ausfallen oder vermehrt werden, entsteht Aneuploidie. Wird der ganze Chromosomensatz halbiert oder vervielfacht, liegt Euploidie vor.

Aneuploidie. Sie ist auf Unregelmäßigkeiten während der Kernteilungen zurückzuführen. Werden z. B. einzelne Chromosomenpaare bei der Meiose nicht getrennt (*nondisjunction,* **Abb. 325.3**), so entstehen Geschlechtszellen mit überzähligen oder fehlenden Chromosomen. Die befruchtete Eizelle enthält dann ebenfalls einzelne Chromosomen zu viel oder zu wenig. Beim Menschen ist vor allem die *Trisomie 21* bekannt *(s. Exkurs DOWN-Syndrom, S. 326)*. Bei dieser Erbkrankheit liegt das Chromosom 21 dreifach vor, sodass alle Körperzellen 47 Chromosomen besitzen. Dazu kommt es, wenn sich die beiden homologen Chromosomen 21 bei der Meiose nicht trennen. Es kann sich auch ein großes Stück des Chromosoms 21 an ein anderes Chromosom, meist an Chromosom 14, anhängen. Die Störung der Chromosomenverteilung in der Meiose als Ursache der Trisomie 21 wird mit zunehmendem Alter der Eltern, vor allem der Mütter, häufiger. Bei Müttern unter 30 Jahren liegt die Wahrscheinlichkeit der Geburt eines davon betroffenen Kindes bei 0,04 % und steigt bei Müttern über 45 Jahren auf 6 % an. Bei den meisten Trisomien anderer Chromosomen sind die Störungen so stark, dass die Kinder vor oder kurz nach der Geburt sterben.

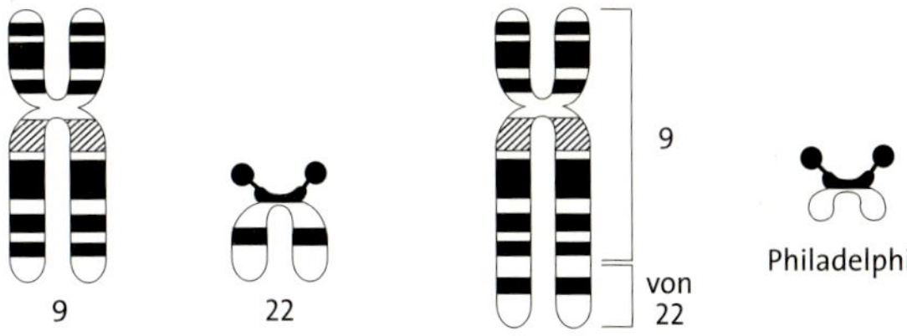

Abb. 325.2: Translokation zwischen den Chromosomen 9 und 22 bei einer Form von Leukämie. Links: die normalen Chromosomen (je zwei Chromatiden); rechts ist ein Stück des langen Arms von Chromosom 22 auf Chromosom 9 transloziert. Das Rest-Chromosom 22 wird als Philadelphia-Chromosom bezeichnet (nach dem Entdeckungsort benannt).

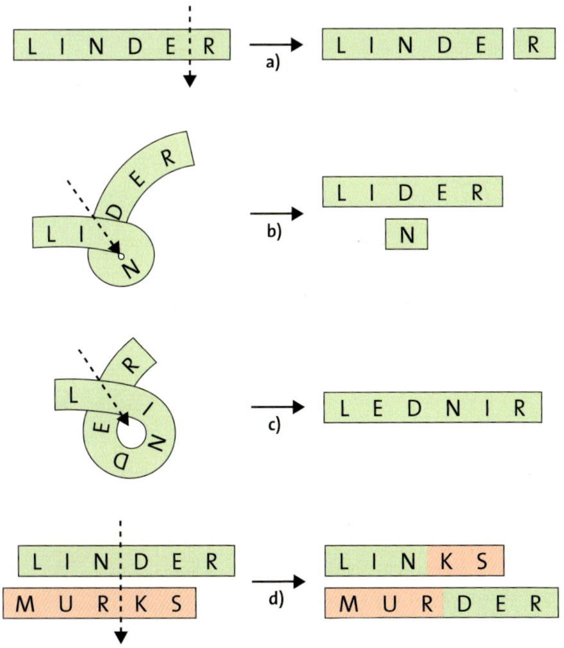

Abb. 325.1: Schema von Chromosomenmutationen.
a) Verlust eines Endstücks; **b)** Verlust eines Zwischenstücks; **c)** Inversion; **d)** Translokation

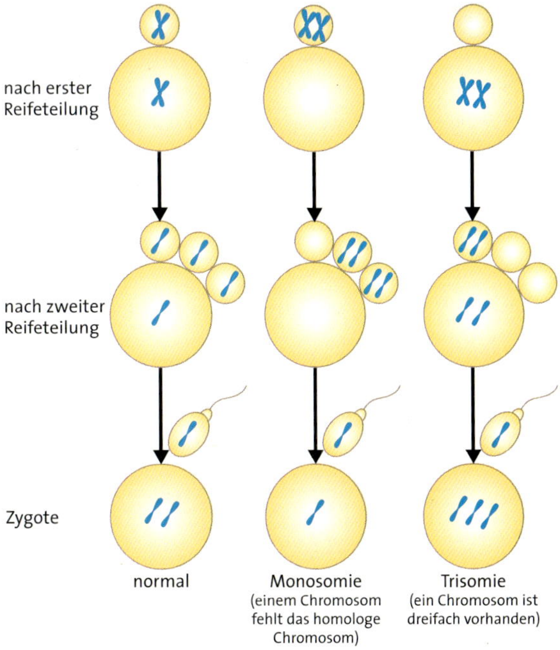

Abb. 325.3: Abweichung der Chromosomenzahl durch Nichttrennen der Chromosomen (nondisjunction) während der Meiose bei der Bildung der Eizelle

GENETIK

Down-Syndrom

Die phänotypische Auswirkung der Trisomie 21 wird nach dem englischen Arzt J. L. DOWN als DOWN-Syndrom (früher: *Mongolismus*) bezeichnet. Symptome der Krankheit sind körperliche Anomalien wie kleiner Kopf, flaches Gesicht mit mongoliden Zügen, kurzes Genick und flacher Hinterkopf; die Intelligenz kann stark vermindert sein. Auch angeborene Herzfehler können auftreten.

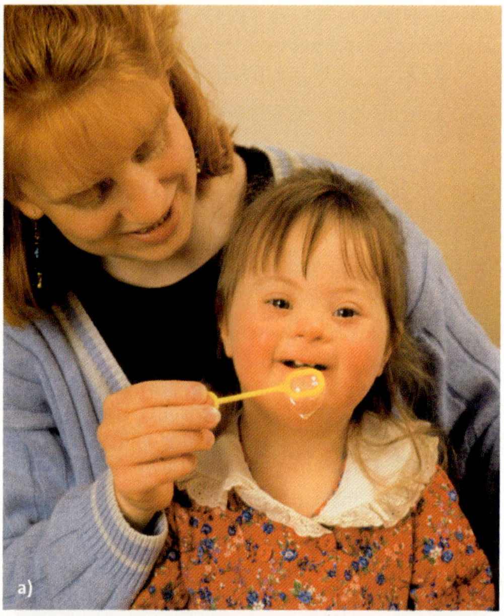

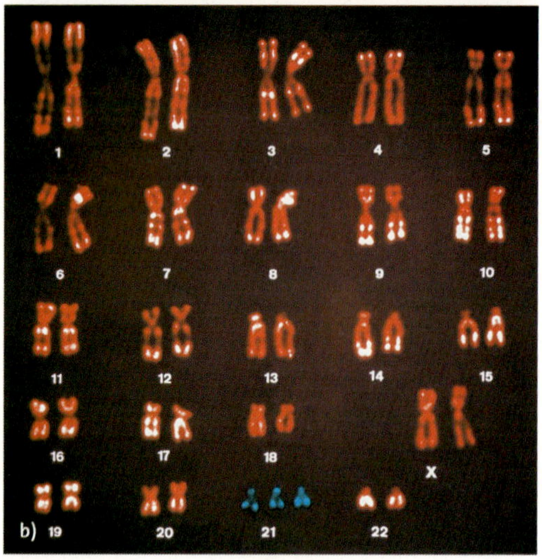

Abb. 326.1: a) Kind mit Down-Syndrom (Trisomie 21); **b)** Karyogramm mit dreifach vorhandenen Cromosom 21, die Chromosomen sind mit Fluoreszenzfarbstoffen behandelt.

Polyploidie. Sie entsteht, wenn Chromosomensätze vervielfacht werden. Dies kann dadurch zustande kommen, dass bei der Meiose die Chromatidenpaare nicht getrennt werden. Dann entstehen statt haploider Keimzellen (1 n) diploide (2 n). Diese ergeben bei der Befruchtung mit einer haploiden Keimzelle einen dreifachen Chromosomensatz (triploid, 3 n). Beim Zusammentreten zweier diploider Keimzellen entsteht ein vierfacher Chromosomensatz (tetraploid, 4 n). Auf diese Weise können bis zu 16-fache Chromosomensätze entstehen. Fortpflanzungsfähig sind nur geradzahlige Polyploide; bei ungeradzahligen treten in der Meiose Störungen bei der Reduktionsteilung auf. Bei vielen Nutz- und Zierpflanzen liegt Polyploidie vor. Man kann sie durch Behandlung von Keimlingen mit Colchicin, einem Alkaloid, auslösen.

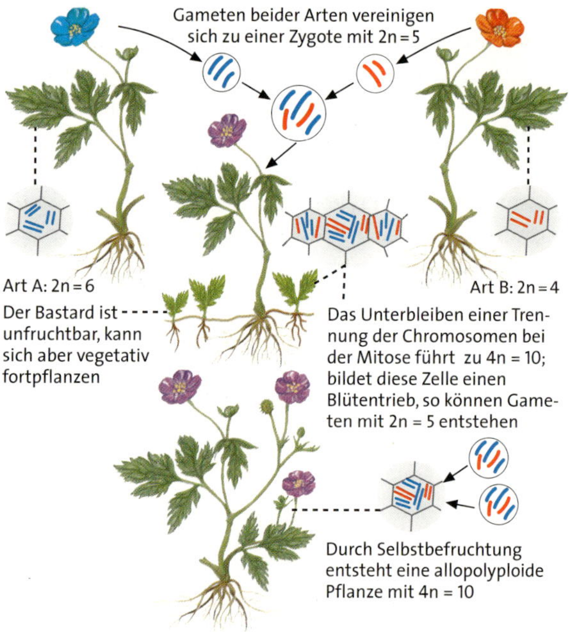

Abb. 326.2: Entstehung einer allopolyploiden Pflanze

Abb. 326.3: Polyploidie bei der Erdbeere

Colchicin ist ein giftiger Inhaltsstoff der Herbstzeitlose, der die Ausbildung der Kernspindel hemmt. Die Zellteilung bleibt nach dieser Mitose aus. In der folgenden S-Phase werden die Chromatiden verdoppelt, was zur Polyploidisierung dieser Zelle führt. Polyploide Pflanzen bilden meist größere Zellen. Sie zeichnen sich daher durch üppigeren Wuchs vor den diploiden Pflanzen aus und werden bevorzugt in Kultur genommen. Die Gartenerdbeere (8 n) bildet deutlich größere Früchte aus als die diploide Wildform (**Abb. 326.2**). Auch die großen Früchte anderer Obstsorten, wie Apfel und Birne, verdanken diese Eigenschaft der Polyploidie. Bei der Rose (7 n) sind Formen mit 14, 28, 42, 56, 70, 84 und 112 Chromosomen, also bis zum 16-fachen Satz, bekannt. Auch bei zahlreichen Wildpflanzen gibt es polyploide Arten.

In der Natur und in der Pflanzenzüchtung hat die **Allopolyploidie** große Bedeutung, bei der sich die Chromosomensätze zweier Pflanzenarten vereinigen (**Abb. 327.1**). Ein Bastard aus zwei verschiedenen Pflanzenarten ist steril, weil sich die Chromosomensätze der Eltern unterscheiden und eine Paarung der Chromosomen in der Meiose nicht möglich ist. Es kann aber bei einer Mitose eine Chromatidenverdopplung eintreten, sodass die betroffene Zelle und das aus ihr hervorgehende Gewebe tetraploid wird. Ein solches Gewebe kann bei einer Meiose Gameten bilden, da jedes Chromosom einen homologen Partner findet. Der Bastard ist dann fortpflanzungsfähig und zu einer neuen Art geworden. Viele Kulturpflanzen sind auf diese Weise entstanden, wie z. B. der Weizen *(s. Exkurs Abstammung des Kulturweizens).*

Abstammung des Kulturweizens

Die heutigen Weizensorten stammen von drei Wildgrasarten ab, die miteinander Bastarde gebildet haben. Eine Ausgangsform ist das Wildeinkorn mit 14 Chromosomen (7 n). Früheste Funde des Kultureinkorns stammen aus Vorderasien (um 7500 v. Chr.). Wildeinkorn bastardisierte mit dem Wildgras *Aegilops* zum allo-tetraploiden Emmer mit 28 Chromosomen. Emmer wurde bereits um 7000 v. Chr. in Vorderasien angebaut. Aus ihm ist der heutige Hartweizen hervorgegangen, dessen Mehl z. B. zur Nudelherstellung geeignet ist. Die Keimzellen des Wildemmers (14 n) bastardisierten mit den Keimzellen einer weiteren *Aegilops*-Art (7 n), und durch anschließende Genomverdopplung entstand der allo-hexaploide Dinkel mit 42 Chromosomen. Dieser wurde schon um 4500 v. Chr. in der Westukraine kultiviert. Aus Dinkel gingen die heutigen Weizensorten mit ebenfalls 42 Chromosomen hervor. Weizenähren enthalten 60 bis 70 Körner, jedes mit dem 2- bis 3-fachen Gewicht des Korns von Einkorn, dessen Ähren nur etwa 20 Körner besaßen. Das wilde Einkorn hat brüchige Ährenspindeln. Der heutige Weizen hat feste Ähren, die beim Erntevorgang nicht zerbrechen. An den Ertragssteigerungen der Hochzuchtsorten ist nicht nur die Züchtung beteiligt, auch verbesserte Anbaumethoden und die Düngung der Böden haben dazu beigetragen.

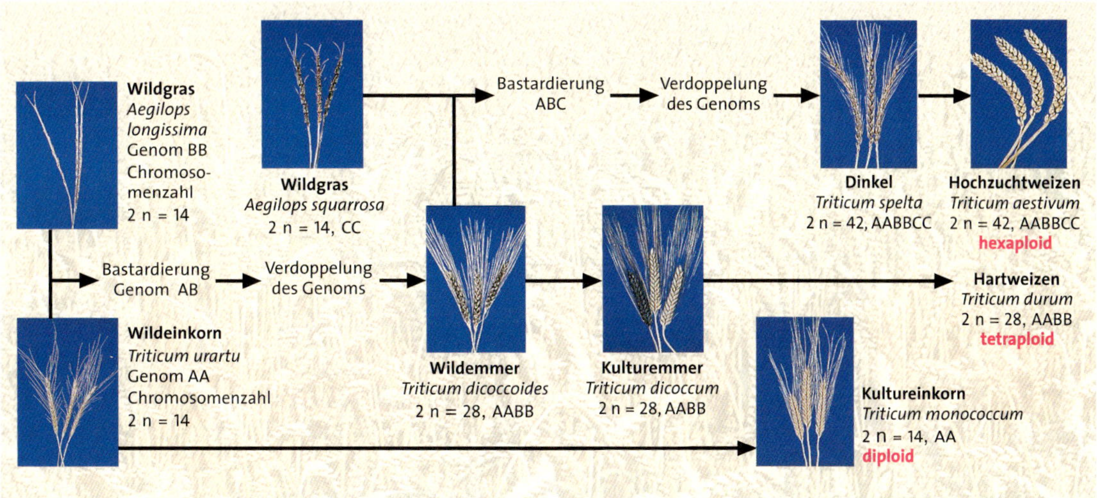

Abb. 327.1: Entstehung des Kulturweizens durch Kreuzung, Polyploidisierung und Auslese

GENETIK

3.4 Geschlechtschromosomen

3.4.1 Geschlechtsbestimmung

Bei den meisten Tierarten ist das Zahlenverhältnis von Weibchen und Männchen etwa 1:1. Im gleichen Verhältnis treten die Nachkommen bei einer Rückkreuzung auf *(s. 2.1.2)*. Daher lässt sich vermuten, dass Gene, die das Geschlecht bestimmen, in dem einen Geschlecht homozygot und im anderen heterozygot vorliegen. Die Untersuchung der Metaphase-Chromosomen von *Drosophila* und anderen Tierarten lieferte Hinweise auf die Richtigkeit dieser Annahme. *Drosophila* besitzt vier Chromosomenpaare. Eines von diesen besteht beim Weibchen aus zwei stabförmigen Chromosomen (X-Chromosomen), beim Männchen aus einem X-Chromosom und einem hakenförmigen Chromosom, dem Y-Chromosom (**Abb. 328.1**). Da diese Chromosomen in Beziehung zur Ausbildung des Geschlechts stehen, werden sie als *Geschlechtschromosomen (Gonosomen)* bezeichnet. Weil sie von unterschiedlicher Gestalt sind, heißen sie auch *Heterosomen* (gr. *heteros* verschiedenartig). Die drei anderen Paare sind in beiden Geschlechtern völlig gleich gestaltet, es handelt sich um die *Autosomen.*

Bei der Reduktionsteilung der Meiose werden die Partner eines jeden Chromosomenpaares getrennt. Daher besitzen alle Eizellen neben einem Satz Autosomen ein X-Chromosom. Dagegen erhält die eine Hälfte der Spermien ein X-Chromosom, die andere aber ein Y-Chromosom. Die Vereinigung der Geschlechtszellen bei der Befruchtung ergibt dann je zur Hälfte die Kombination XX und XY, was dem beobachteten Zahlenverhältnis von ca. 1:1 von Weibchen und Männchen entspricht. Im Allgemeinen trifft es zu, dass beide Geschlechter in gleicher Zahl auftreten. Bei einzelnen Arten treten aber deutliche Abweichungen von dem Geschlechtsverhältnis 1:1 auf. So werden beim Menschen auf 100 Mädchen 106 bis 107 Jungen geboren. Auch bei verschiedenen Haustierarten sind Abweichungen zu beobachten. Bei ihnen stellte man fest, dass sich die Y-Spermien schneller bewegen als die X-Spermien und daher häufiger eine Eizelle zuerst erreichen können.

Bei den meisten Tierarten mit gonosomaler Geschlechtsbestimmung und beim Menschen ergibt die Kombination XX das weibliche Geschlecht, XY das männliche. Bei den Vögeln, einigen Reptilien und bei Schmetterlingen ist es dagegen umgekehrt: Hier hat das weibliche Geschlecht den Genotyp XY, das männliche XX. Auch bei einigen Blütenpflanzen wird das Geschlecht genetisch festgelegt, z. B. Salweide, Sanddorn, und Große Brennnessel. Man nennt diese Arten zweihäusig, da bei ihnen jedes Individuum entweder nur männliche oder nur weibliche Blüten trägt.

Beim Menschen und bei den Säugetieren bestimmt das Y-Chromosom die Ausbildung männlicher Geschlechtsmerkmale. Bei *Drosophila* hingegen ist das Verhältnis der Autosomenzahl zu der Zahl der X-Chromosomen für die Geschlechtsausbildung verantwortlich. Bezeichnet man einen Autosomensatz mit den drei Autosomen mit A, so ergibt sich der diploide Chromosomensatz zu AAXX oder AAXY. Im ersten Fall ist das Verhältnis A:X = 1, und es handelt sich um Weibchen; im zweiten Fall liegt das Verhältnis 2:1 vor, welches das männliche Geschlecht bestimmt. Danach ist die Genommutante AAXXY ebenfalls ein Weibchen, während die Mutanten AAXYY oder AAX als Männchen ausgebildet werden.

Inaktivierung von Genen. Bei weiblichen Embryonen des Menschen wird am 16. bis 18. Tag nach der Befruchtung in allen Zellen eines der beiden X-Chromosomen durch starke Kontraktion und Verknüpfung mit Proteinen zufallsgemäß inaktiviert. Das »stillgelegte« X-Chromosom ist nach Anfärbung lichtmikroskopisch als Barr-Körperchen sichtbar. In einem Teil der Zellen wird das X-Chromosom vom Vater, in einem anderen Teil das X-Chromosom von der Mutter inaktiviert. Deshalb können die Allele beider X-Chromosomen im Organismus wirksam werden. Ist die Inaktivierung erfolgt, so bleibt sie bei allen Tochterzellen gleichartig. Die Information für die Stilllegung ist in einer kleinen Gengruppe des X-Chromosoms selbst lokalisiert, diese Gene sind von der Stilllegung ausgenommen. Nach der Inaktivierung des einen X-Chromosoms kann das andere nicht mehr stillgelegt werden. Werden Gene auf einem von zwei homologen Chromosomen nicht zufallsgemäß inaktiviert, sondern entweder das väterliche oder das mütterliche Gen, so spricht man von *genetischer Prägung*. Diese ist von Tieren und dem Menschen bekannt.

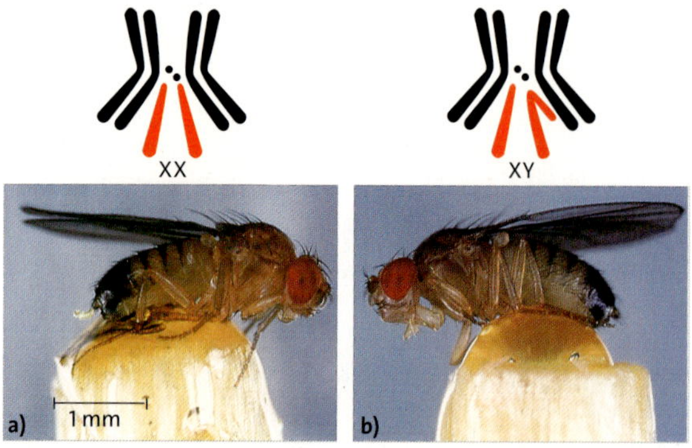

Abb. 328.1: Die beiden Geschlechter von Drosophila und ihr Chromosomensatz. **a)** Weibchen; **b)** Männchen

GENETIK

Am Vorhandensein oder Fehlen des BARR-Körperchens lässt sich bei Scheinzwittern *(s. 3.4.2)* das erblich angelegte Geschlecht eindeutig erkennen. Die Geschlechtsbestimmung durch Untersuchung der Zellkerne von Blutzellen, Zellen der Mundschleimhaut oder der Haarwurzeln spielt bei der Zulassung zu Wettkämpfen des Hochleistungssports eine Rolle.

Festlegung der Geschlechtsmerkmale beim Menschen. Die Festlegung der männlichen Geschlechtsmerkmale erfolgt durch das Y-Chromosom. Auf diesem liegt das *Sry*-Gen für das Protein »Hoden determinierender Faktor«. Dieses Protein bewirkt, dass die noch undifferenzierten Keimdrüsen im Embryo Hodengewebe entwickeln (**Abb. 329.1**). Im Hodengewebe des Embryos wird männliches Sexualhormon gebildet, das über eine Signalkette die Ausdifferenzierung der Geschlechtsorgane veranlasst. Ist der Hoden determinierende Faktor nicht vorhanden, so werden die undifferenzierten Keimdrüsen zu Ovarien umgebildet und weibliche Geschlechtsorgane entwickelt.

3.4.2 Störungen der Geschlechtsentwicklung beim Menschen

Aufgrund einer Fehlentwicklung können Menschen entstehen, die je zur Hälfte XX- und XY-Zellen besitzen. Man nennt diese Menschen, die Anlagen und Merkmale beider Geschlechter aufweisen, *echte Zwitter (Hermaphroditen)*. Im Gegensatz zu ihnen besitzen *Scheinzwitter* entweder keine eindeutigen Geschlechtsmerkmale oder ihre Geschlechtsmerkmale stimmen nicht mit dem genetischen Geschlecht überein. So können bei einem Menschen, dessen Genotyp männlich ist (XY), weibliche Körpermerkmale ausgebildet werden, obwohl Hoden vorhanden sind; sie befinden sich allerdings dort, wo bei einer Frau die Ovarien liegen. Dieser Defekt ist auf ein Gen des X-Chromosoms zurückzuführen. Dieses ist zuständig für den Rezeptor des männlichen Sexualhormons Testosteron, das vom Hodengewebe gebildet wird. Es handelt sich um ein Membranprotein, das Signalketten in den Zellen auslöst, wenn Testosteron bindet. Von diesen Signalketten wird die Ausbildung männlicher Körpermerkmale gesteuert. Ist das Gen mutiert und daher der Rezeptor für Testosteron nicht funktionsfähig, so sind alle Geschlechtsorgane außer den Hoden und der Körperbau weiblich.

Aufgrund von Störungen während der Meiose können Geschlechtschromosomen fehlen oder in Überzahl vorliegen (**Abb. 329.2**). Menschen, die nur ein X-Chromosom aufweisen, haben einen weiblichen Körper; sie sind außerdem relativ klein und haben funktionslose Geschlechtsorgane (TURNER-Syndrom). Beim XXY-Typ sind die Geschlechtsmerkmale männlich, es treten aber auch eunuchoide Züge mit hoher Stimme und geringem Bartwuchs auf (KLINEFELTER-Syndrom). Von Männern des XYY-Typs (Diplo-Y-Männer) sind keine phänotypischen Anomalien bekannt.

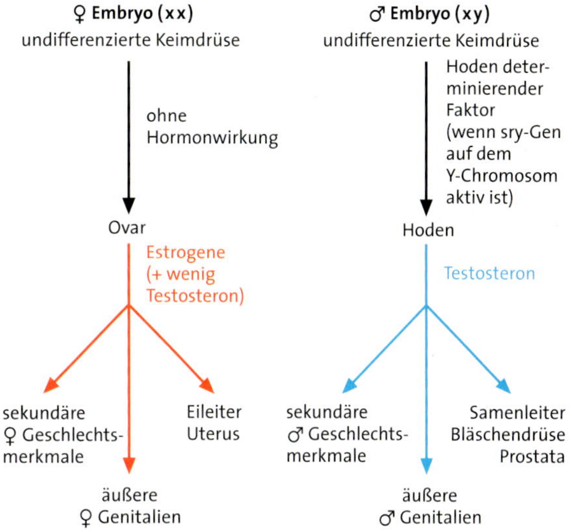

Abb. 329.1: Festlegung des Geschlechtsphänotyps beim Menschen

Keimzelle		normal			
normal (X)	X Frau mit Turner-Syndrom	XX normale Frau	XXX Poly-X-Frauen zunehmend schwachsinnig	XXXX	XXXXX
normal (Y)	Y letal	XY normaler Mann	XXY Männer mit Klinefelter-Syndrom	XXXY zunehmend schwachsinnig	XXXXY
(Y)	YY letal	XYY Diplo-Y-Mann	XXYY zunehmend schwachsinnig	XXXYY	XXXXYY

Abb. 329.2: Abweichungen von der Geschlechtschromosomenzahl. Sowohl bei überzähligen X- wie Y-Chromosomen kommt es zu verringerter Intelligenz. Häufigkeitsangaben für mitteleuropäische Bevölkerungen: X 1 : 2500, XXY 1 : 400, XXX 1 : 2500, XYY 1 : 1000

GENETIK

3.4.3 Geschlechtschromosomen gebundene Vererbung

Im Jahr 1910 veröffentlichte MORGAN Untersuchungen über die Vererbung der Rotäugigkeit bei *Drosophila.* Er kreuzte reinerbig rotäugige Weibchen mit weißäugigen Männchen und erhielt in der F1 ausschließlich rotäugige Nachkommen, d.h. das Allel für rote Augenfarbe ist dominant gegenüber dem Allel für weiße Augenfarbe. In der F2 traten sowohl rotäugige als auch weißäugige Nachkommen auf. Allerdings fanden sich ausschließlich rotäugige Weibchen; die Männchen hingegen waren zur Hälfte weißäugig (**Abb. 330.1 a**). Die reziproke Kreuzung von weißäugigen Weibchen mit rotäugigen Männchen erbrachte schon in der F1 eine Aufspaltung der rot- und weißäugigen Tiere im Verhältnis 1:1, wobei alle Weibchen rote Augen und alle Männchen weiße Augen hatten. Auch in der F2 besaßen 50 % der Tiere rote und 50 % weiße Augen; allerdings bei beiden Geschlechtern im Verhältnis 1:1 (**Abb. 330.1 b**). Offenbar liegen die Allele für die Augenfarbe auf dem X-Chromosom. Neben den Genen für die Geschlechtsausbildung tragen die X-Chromosomen demnach noch andere Gene. Das väterliche Allel für die Augenfarbe wird mit dem X-Chromosom auf die weiblichen Tiere übertragen, die Männchen erhalten das Augenfarben-Allel von der Mutter. Man nennt Gene, die auf einem Geschlechtschromosom lokalisiert sind, *Geschlechtschromosomen gebunden (gonosomal).* Gonosomale Erbgänge beim Menschen gelten für z.B. Bluterkrankheiten und Rot-Grün-Sehschwäche (**Abb. 330.2** und **331.1**).

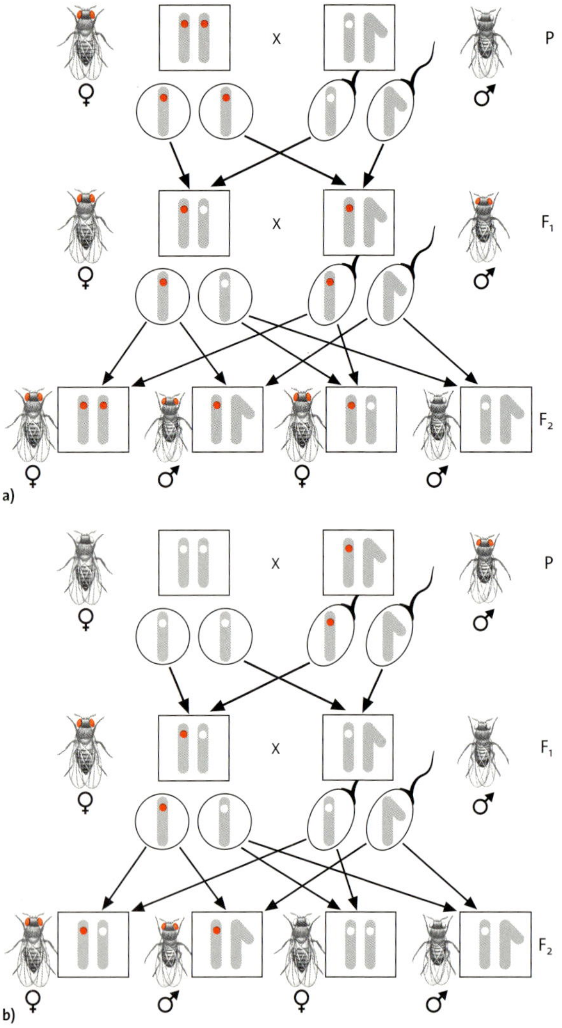

Abb. 330.1: Schema der Vererbung eines x-chromosomalen rezessiven Allels (reziproke Kreuzung)

Bluterkrankheiten. Bei Blutern ist die Blutgerinnung stark verlangsamt. Daher kommt es bei größeren Wunden zu starkem Blutverlust, sodass der Tod eintreten kann. Kleinere Blutungen kommen durch die Kontraktion der verletzten Gewebe langsam zum Stillstand, z.B. bei der Menstruationsblutung von bluterkranken Frauen. Es gibt mindestens zwei verschiedene Bluterkrankheiten,

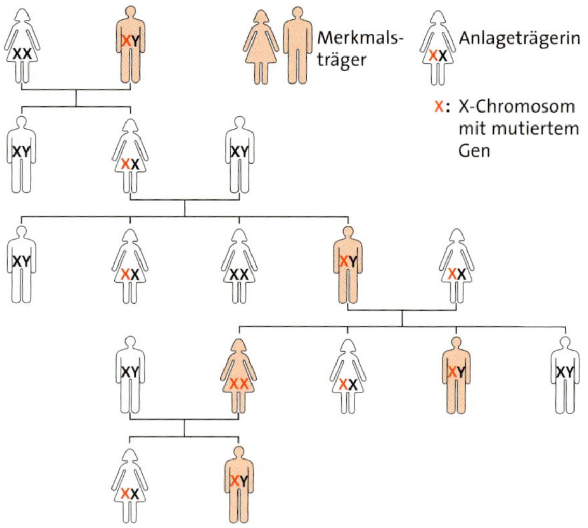

Abb. 330.2: Schema für x-chromosomal-rezessive Erbgänge. Merkmalsträger sind alle Männer mit dem mutierten Allel im X-Chromosom sowie Frauen, die homozygot bezüglich des mutierten Allels sind. Heterozygote Frauen nennt man Anlageträgerinnen; sie zeigen das Merkmal nicht, können es jedoch weitervererben. Beispiele: Rotgrünsehschwäche (in Europa bei 8 % der Männer und 0,5 % der Frauen); Bluterkrankheit A (1:10 000 bei Männern und 1:100 Millionen bei Frauen); Fischschuppenhaut (1:100 000, Haut mit rauen dicken Hornplatten bedeckt, ist homozygot letal); Mangel an Gamma-Globulin (hohe Infektionshäufigkeit durch mangelnde Bildung von Antikörpern).

bei denen das Krankheitsbild unterschiedlich schwer sein kann. Menschen, die an der Bluterkrankheit A leiden, fehlt der Gerinnungsfaktor VIII *(s. 5.2.2)*. Dabei handelt es sich um ein Protein; das für seine Synthese zuständige Gen liegt auf dem X-Chromosom. Aus der Partnerschaft zwischen einem bluterkranken Mann und einer Frau ohne Bluterallel gehen gesunde Söhne und gesunde Töchter hervor (**Abb. 330.2**). Die Töchter sind heterozygot, nur *ein* X-Chromosom trägt das intakte Allel für den Faktor VIII. Bei etwa der Hälfte der Zellen, zu deren Aufgabe die Synthese dieses Faktors gehört, liegt das intakte Allel im BARR-Körperchen; die Zellen können diese Funktion daher nicht erfüllen. Bei der anderen Hälfte der Zellen liegt das intakte Allel jedoch im nicht »stillgelegten« X-Chromosom. Diese Zellen produzieren genügend Faktor VIII; sie reicht für eine fast normale Blutgerinnung aus. Eine Anlageträgerin *(Konduktorin)* und ein gesunder Mann können gesunde oder kranke Söhne zeugen. Ihre Töchter sind nie bluterkrank, sie können homozygot (ohne Bluterallel) oder heterozygot sein. Eine Konduktorin und ein bluterkranker Mann können kranke Töchter, mischerbige Töchter (Anlageträgerinnen), sowie kranke und gesunde Söhne haben (**Abb. 331.1**).

Rot-Grün-Sehschwäche. Sie ist eine Störung des Farbsehens. Für das Farbsehen sind in der Netzhaut des Auges drei verschiedenartige Sehzellen zuständig *(s. Neurobiologie 3.4)*. Diese enthalten unterschiedliche Farbstoffe (Rezeptorproteine). Das Gen für den Farbstoff des Rot-Rezeptors und drei identische Gene für den Farbstoff des Grün-Rezeptors befinden sich auf dem X-Chromosom nahe beieinander. Daher ergibt sich bei Crossing-over gelegentlich eine ungleiche Rekombination zwischen diesen vier Genen. Es entstehen dann falsch zusammengesetzte Gene, sodass z. B. ein Sehfarbstoff entsteht, dessen Empfindlichkeitsmaximum zwischen Grün und Rot liegt. Auch kann ein Sehfarbstoff völlig ausfallen. Derartige Vorgänge sind die Ursache der Rot-Grün-Sehschwäche. Weil das Gen für den Farbstoff des Grünrezeptors dreifach vorliegt, tritt die Sehstörung mit unterschiedlicher Stärke auf.

Es gibt auch X-chromosomale Erbgänge, bei denen sich die mutierten Allele dominant verhalten. In diesen Fällen sind sämtliche Allelträger auch Merkmalsträger. Beispiele dafür sind: Nystagmus (ständiges Zittern der Augen) und gelbbrauner Zahnschmelz (Schmelzschicht sehr dünn, daher früher Zahnverfall).

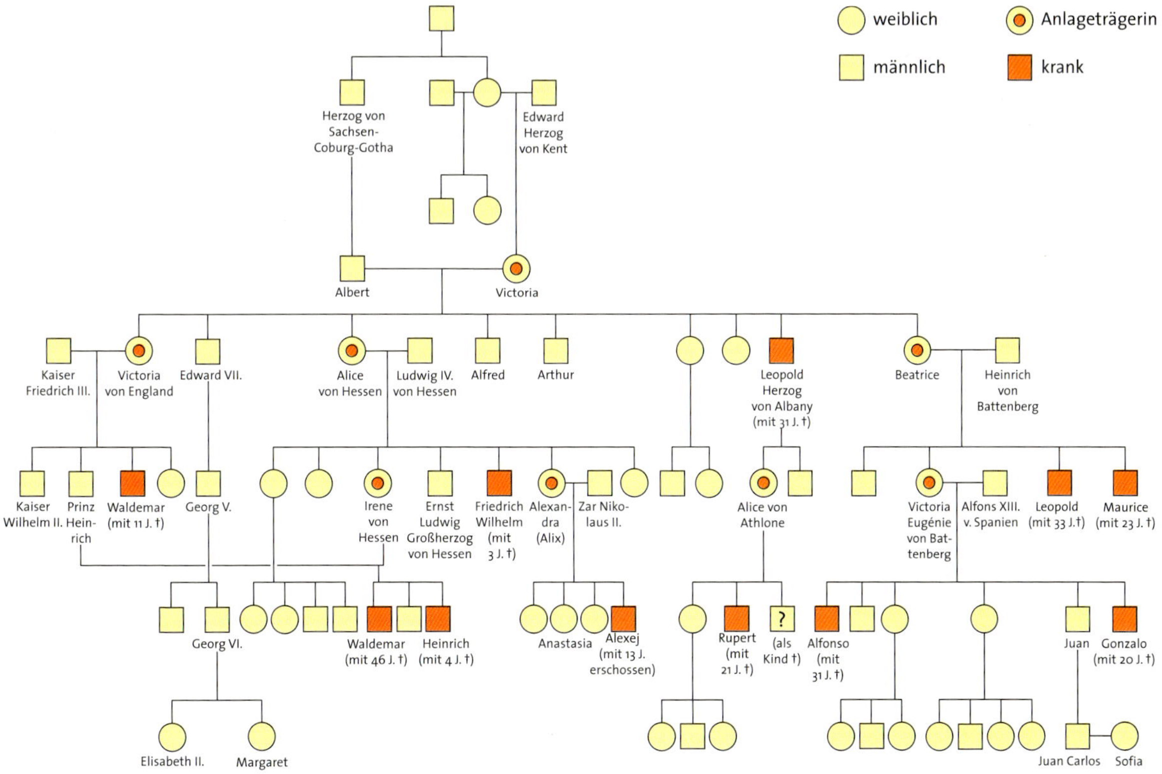

Abb. 331.1: Stammbaum europäischer Fürstenhäuser mit Bluterkrankheit A. Die ersten Erkrankungen wurden bei Nachkommen von Königin Viktoria beobachtet (?: nicht bekannt, ob mutiertes Allel vorlag).

GENETIK

3.5 Aspekte der Humangenetik

Die Humangenetik erforscht Erbkrankheiten und entwickelt Therapiemöglichkeiten. Die Kartierung und Sequenzierung des menschlichen Genoms gehört ebenfalls dazu, sie wurde 2003 abgeschlossen. In der heutigen Humangenetik werden vor allem molekulargenetische und biochemische Methoden verwendet *(s. 4.4)*.

3.5.1 Klassische Methoden der humangenetischen Forschung

Beim Menschen entfallen Kreuzungsexperimente. Man ist bei ihm auf die **Familienforschung** angewiesen. Sie geht auf den englischen Psychologen und Anthropologen F. GALTON (1822–1911) zurück. Man verfolgt den Erbgang eines Merkmals, z. B. einer Erbkrankheit, indem man von den Nachkommen eines Merkmalträgers einen *Stammbaum* aufstellt. Die Entwicklung von *Ahnentafeln* dient dazu, die Vererbung eines Merkmals bei den Vorfahren eines Merkmalsträgers zurückzuverfolgen. Die nötigen Informationen lassen sich z. T. aus Geburts-, Heirats- und Sterberegistern entnehmen. *Sippentafeln,* die auch die Seitenglieder der Familien einbeziehen, ergänzen Stammbäume und Ahnentafeln bei der Bestimmung der Art des Erbgangs.

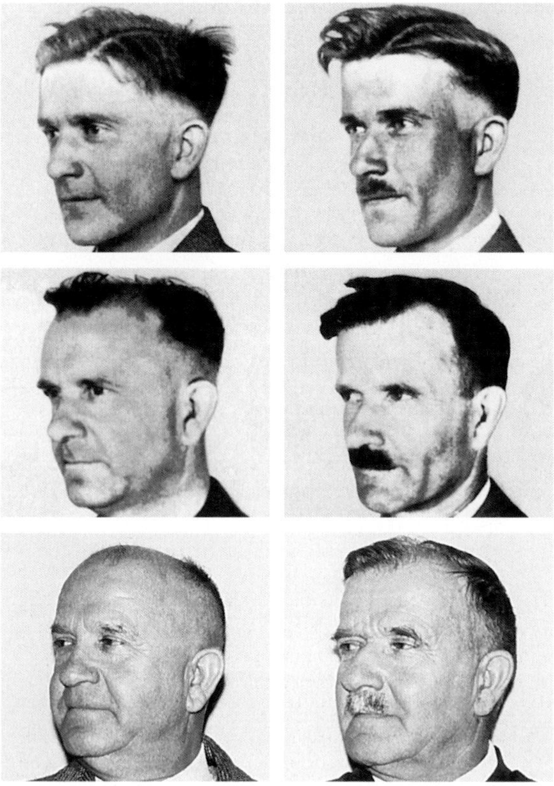

Abb. 332.1: Eineiige Zwillingsbrüder. Oben im Alter von 23 Jahren, in der Mitte von 48 Jahren und unten 63 Jahre alt. Der Zwilling links war Elektriker und arbeitete in der Stadt, sein Bruder rechts war Landwirt. Trotz jahrzehntelanger erheblicher Umweltunterschiede ist die Ähnlichkeit in den einzelnen Merkmalen des Gesichts sehr groß geblieben.

Vielfach kann man aus einer großen Zahl untersuchter Individuen Allelenhäufigkeiten und Erbgänge erkennen. Dazu macht man Gebrauch von populationsgenetischen Untersuchungen *(s. 2.4)*, die statistisch gesichert werden. Man bezeichnet dies als **massenstatistisches Verfahren.**

Ein weiterer wichtiger Zweig der menschlichen Erbforschung ist die **Zwillingsforschung** (**Abb. 332.1**). Es gibt zwei Arten von menschlichen Zwillingen: Zweieiige Zwillinge (ZZ) entstehen durch Befruchtung zweier Eizellen. Da die beiden Zygoten verschiedene Genome enthalten, ähneln sich ZZ nicht stärker als andere Geschwister; sie können gleichen oder verschiedenen Geschlechts sein. Eineiige Zwillinge (EZ) entstehen, wenn sich der Keim bei den ersten Zellteilungen in zwei gleiche Teile spaltet, die sich getrennt entwickeln. Da diese Zwillinge auf dieselbe Zygote zurückgehen, haben sie das gleiche Erbgut. Deshalb sind EZ viel ähnlicher als andere Geschwister. In Mitteleuropa kommt auf etwa 95 Geburten eine Zwillingsgeburt, auf etwa 340 Geburten eine EZ-Geburt.

Die Frage, ob es sich bei gleichgeschlechtlichen Zwillingen um EZ oder ZZ handelt, wird durch *molekulargenetische Methoden* oder durch die *Ähnlichkeitsdiagnose* beantwortet. Bei der Ähnlichkeitsdiagnose wird der Grad der Übereinstimmung in solchen Merkmalen überprüft, die erblich stark variieren, aber sehr umweltstabil sind. Dazu gehören die Blutgruppe, die Pigmentierung und Struktur der Iris, die Farbe und Form der Haare sowie die Form der Ohrmuschel. Stimmen diese Merkmale bei Zwillingen überein, so handelt es sich um EZ.

Wegen der völligen Gleichheit ihres Erbguts müssen die Unterschiede, die EZ aufweisen, von Einflüssen der Umwelt herrühren. Die Zwillingsforschung vergleicht EZ gleicher Umwelt, EZ verschiedener Umwelt und ZZ gleicher Umwelt. Der Merkmalsvergleich von EZ gleicher Umwelt mit EZ verschiedener Umwelt ergibt Hinweise auf die Wirkung der Umwelteinflüsse. Am aufschlussreichsten sind EZ-Paare, die vom frühesten Kindesalter an in verschiedenen Umwelten herangewachsen sind. In manchen Eigenschaften, z. B. den Gesichtszügen, stimmen sie dennoch weitgehend überein. Solche Merkmale werden also nur wenig von der Umwelt beeinflusst *(umweltstabile Merkmale)*. Andere Eigenschaften wie das Körpergewicht sind stärker umweltabhängig *(umweltlabile Merkmale)*.

GENETIK

Heritabilität. Bei Merkmalen, die auf mehreren Genen beruhen, besteht fast immer auch ein Einfluss der Umwelt auf die Merkmalsausbildung. Das heißt, dass sich Individuen mit gleichem Erbgut in ihrer Merkmalsausbildung unterscheiden können. Diese Unterschiede werden größer, wenn sich auch die Genome unterscheiden. Die beobachtete (phänotypische) Variabilität einer Population hat also einen genetisch bedingten und einen umweltbedingten Anteil. Den Anteil genetisch bedingter Variabilität an der Gesamtvariabilität bezeichnet man als *Heritabilität.* Bei EZ, die in verschiedener Umwelt aufgewachsen sind, lässt sich der Anteil der umweltbedingten und somit auch der genetisch bedingten Variabilität unmittelbar erkennen: Wegen der Gleichheit des Erbguts sind bei EZ-Paaren alle phänotypischen Unterschiede auf die Wirkung der Umwelt zurückzuführen. Wenn sich bei allen geprüften EZ-Paaren z. B. kein Unterschied in der Körpergröße ergäbe, so wäre die maximale Übereinstimmung (Korrelation) gegeben. Man schreibt dem Merkmal dann den Korrelationskoeffizienten oder Heritabilitätswert H = 1 zu. Für die Körpergröße ermittelt man tatsächlich H = 0,93. Dies bedeutet, dass 93 % der beobachteten (phänotypischen) Variabilität genetisch bestimmt sind. Bei H < 0,5 ist der Einfluss der Umwelt größer als der des Erbguts. ■

3.5.2 Monogene und polygene Merkmale

Merkmale des Menschen können durch *ein* Gen (monogen) oder durch mehrere Gene (polygen) festgelegt werden. Sie können dominant oder rezessiv sein. In der Humangenetik heißen Merkmale auch dann dominant, wenn sie bei Heterozygoten schwächer als bei Homozygoten ausgeprägt sind *(s. Sichelzellanämie, 4.2.7).* Autosomal-rezessive Merkmale können viele Generationen überspringen, bis sie durch Verbindung zweier heterozygoter Anlagenträger, z. B. Verwandtenehe, wieder in Erscheinung treten.

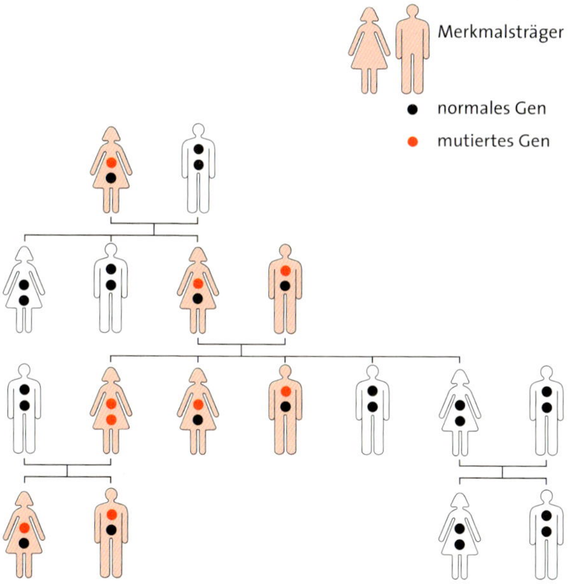

Abb. 333.1: Autosomal-dominanter Erbgang. Der Merkmalsträger kann bezüglich des mutierten Gens homozygot oder heterozygot sein. Beispiele: Uringeruch nach Spargelgenuss, Kurzfingrigkeit (1 : 170 000); Vielfingrigkeit (1 : 5000, überzählige Finger oder Zehen); Spalthand, Spaltfuß (1 : 100 000, Missbildung durch Verwachsen von Fingern oder Zehen); erbliche Knochenbrüchigkeit (spröder Knochenbau); HUNTINGTONsche Krankheit (1 : 15 000, Veitstanz, Nervenkrankheit mit Muskelkrämpfen); chondrodystropher Zwergwuchs (1 : 50 000, durch mangelhafte Knorpelbildung sind Arme und Beine extrem kurz); erbliche Nachtblindheit (1 : 100 000); erblicher Augenkrebs (1 : 20 000, Retinazerfall = Retinablastom); Schielen (1 : 75); Marfan-Syndrom (Spinnenfingrigkeit, *s. Abb. 337.1*)

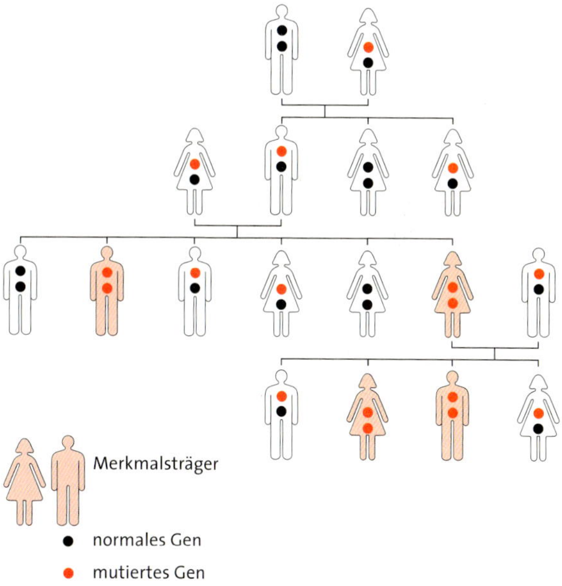

Abb. 333.2: Autosomal-rezessiver Erbgang. Die Erbkrankheiten treten nur bei Homozygotie auf und daher nicht in jeder Generation. Beispiele: Albinismus (1 : 15 000, *s. Abb. 334.1*); Kretinismus (1 : 50 000); Phenylketonurie (1 : 10 000); Alkaptonurie (äußerst selten); Galactosämie (1 : 20 000, Galactose, ein Baustein des Milchzuckers, wird nicht in Glucose umgewandelt; führt zu Leber- und Gehirnschäden und Schwachsinn); Fructose-Intoleranz (1 : 50 000, Unfähigkeit zur Fructose-Verwertung; führt zu Schwachsinn und Linsenstar); Sichelzellanämie *(1 : 10 000–1 : 20 000, s. 4.2.7)*; Taubstummheit (1 : 3000); Hasenscharte (1 : 1000, Oberlippe gespalten); Mucoviscidose (1 : 5000, Drüsenzellen sondern zähflüssigen Schleim ab, der u. a. die Funktion von Darm und Lunge beeinträchtigt)

Monogene Merkmale. Ein Beispiel für ein monogen vererbtes Merkmal ist die Fähigkeit **Phenylthioharnstoff (PTC)** zu schmecken, sie wird dominant vererbt. Merkmalsträger empfinden diese Substanz als bitter, für die anderen ist sie ohne Geschmack. In einer Population kann trotz der Dominanz die Zahl der »Nicht-Schmecker« viel höher sein als die Zahl der »Schmecker«. Dominanz hat nichts mit der Häufigkeit eines Allels zu tun (*s. 2.4*, Berechnung von Allelenhäufigkeiten in einer Population). Eine Abnormität in Bezug auf die Haut- und Haarpigmentierung ist der **Albinismus**, der rezessiv vererbt wird (**Abb. 334.1 a**). Ein Albino kann den Farbstoff *Melanin* nicht (aus Aminosäuren) aufbauen. Die Haare sind weißlich, die Haut ist ganz blass und die Augen bekommen wegen des durchscheinenden Bluts eine rote Farbe. Bei Kleinkindern kann es auch zur Ausbildung von Albino-Merkmalen kommen, wenn sie unter extremem Proteinmangel leiden (Proteinmangel-Krankheit Kwashiorkor). Dann steht zu wenig Tyrosin für die Pigmentbildung zur Verfügung. Bei der **Kurzfingrigkeit** ist ein Fingerglied sehr kurz oder fehlt (**Abb. 334.1 b**); dies wird dominant vererbt. Der Stammbaum einer Großfamilie mit Kurzfingrigkeit, von dem englischen Arzt W. FARABEE 1905 aufgestellt, war der erste Beweis dafür, dass die MENDELschen Gesetze auch für den Menschen gelten. In den Ehen dieser Großfamilie traten merkmalstragende und normale Kinder im Verhältnis 36 : 33, also etwa 1 : 1 auf (*s. 2.1.2*, Rückkreuzung).

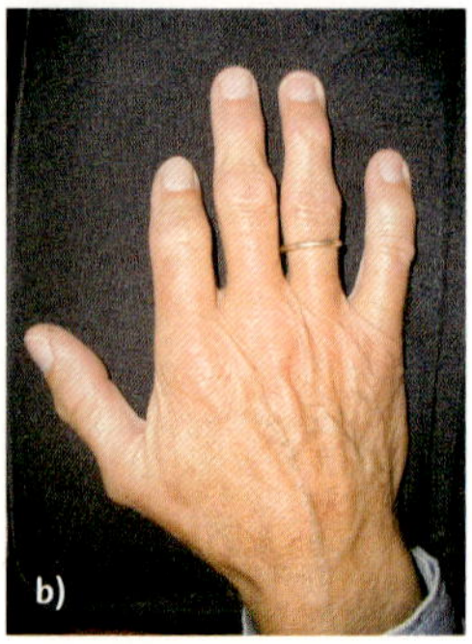

Abb. 334.1: Monogene Erbdefekte. **a)** Negriden-Albino; **b)** Kurzfingrigkeit, hier des Zeigefingers

Polygene Merkmale. Eine große Zahl von erblichen Merkmalen wird nicht durch ein einziges Gen (bzw. Allelenpaar) bestimmt, sondern durch mehrere Gene. Polygene Erbgänge sind schwerer zu verfolgen als monogene. Folgende Schwierigkeiten ergeben sich bei der Analyse polygener Erbgänge:

1. Die an der Bildung des Merkmals beteiligten Gene unterliegen bei der Weitergabe an die nächste Generation der Rekombination. Dass sie in der Folgegeneration wieder gemeinsam vorhanden sind, ist nur in Verwandtenehen wahrscheinlich.
2. Auch wenn nicht alle Gene im Genom der nächsten Generation wieder zusammentreffen, kann im Phänotyp bereits ein Effekt festzustellen sein.
3. Viele polygene Merkmale sind umweltlabil.
4. In bestimmten Fällen kann sich die Wirkung mehrerer Gene addieren, z. B. bei der Pigmentierung.

Der **Pigmentierung** von Iris, Haaren und Haut liegen mehrere Gene zugrunde. Im Allgemeinen dominiert die Erbausstattung für Dunkel über Hell; bei der Iris Braun bzw. Grün über Blau (blaue Augen sind pigmentärmer als grüne oder braune). Vermutlich sind bei der Hautfarbe vier Allelenpaare für die Pigmentierung zuständig. Je mehr Pigmentallele bei Mischlingen zwischen Schwarz und Weiß vorhanden sind, um so dunkler ist die Haut, weil sich die Allele in ihrer Wirkung addieren. Allerdings kann als Folge einer Mutation in einem bestimmten Gen jegliche Farbbildung unterbleiben (Albinismus).

Dem **Rhesusfaktor**, der bei 82 % der Europäer auftritt, liegen die vier Gene C, D, E und F zugrunde. Die Genprodukte sind bestimmte Proteine der Roten Blutzellen, die auch beim Rhesusaffen zu finden sind (Namengebung). Probleme können in den Partnerschaften auftreten, in denen der Mann Rhesus-positiv und die Frau Rhesus-negativ ist. Wenn nämlich eine werdende Mutter Rhesus-negativ ist, ihr Kind aber Rhesus-positiv, so kann *Erythroblastose* auftreten. Bei dieser schweren Krankheit werden Rote Blutzellen des Kindes zerstört und so der Sauerstofftransport verringert (*s. Abb. 405.2*). Der Fetus kann im Mutterleib absterben oder nach der Geburt an einer schweren Blutarmut leiden.

Im 20. Jahrhundert hat die durchschnittliche **Körpergröße** in Europa um über 10 % zugenommen. Die Gründe sind nicht vollständig bekannt, beteiligt sind Umweltfaktoren, wie bessere Hygiene und bessere Eiweißernährung. Trotzdem ist die Körpergröße ein relativ umweltstabiles Merkmal, wie Untersuchungen an eineiigen Zwillingen belegen. Hingegen können die **Körpergewichte** von eineiigen Zwillingen sehr unterschiedlich sein; dieses Merkmal ist also umweltlabil.

Besondere Begabungen. Die Fähigkeit des Menschen zu kulturellen Leistungen ist durch psychische Merkmale bedingt. Die psychischen Unterschiede zwischen den Menschen sind nicht weniger auffallend als die körperlichen, und sie haben ebenfalls erbliche Grundlagen (**Abb. 335.1**). Die Häufung Begabter in bestimmten Familien ist zwar noch kein Beweis, aber ein Hinweis für die erbliche Grundlage der Begabung. Aus der Familienforschung weiß man, dass die schwäbischen Dichter und Philosophen SCHILLER, UHLAND, MÖRIKE, HÖLDERLIN, HAUFF, KERNER, VISCHER, GEROK, HEGEL, SCHELLING und PLANCK miteinander verwandt und sämtlich Nachkommen des im 15. Jahrhundert in Stuttgart-Zuffenhausen lebenden Bürgermeisters JOHANNES VAUT waren. Eindrucksvoll ist auch die Häufung der musikalischen Begabung in der Familie BACH (**Abb. 335.2**). Über eine lange Reihe von Generationen traten in ihr hervorragende Musiker auf. Die Beobachtung der Häufung begabter Nachkommen in Begabtenfamilien kann jedoch zu einem erheblichen Teil auch auf fördernde Einflüsse des Elternhauses zurückzuführen sein. In jedem Fall übertragen Eltern ihren Kindern nicht nur Gene, sondern schaffen in der Regel auch die Umwelt, in der die Kinder aufwachsen. Wie die Verhaltensforschung zeigt, ist gerade die Umwelt in der frühen Kindheit von größtem Einfluss auf die psychische Entwicklung. Es ist deshalb schwierig, genetische Wirkungen und Umwelteinflüsse bei der Ausbildung geistig-seelischer Merkmale zu trennen. Für die genetische Untersuchung psychischer Eigenschaften wirkt erschwerend, dass sie polygene Grundlagen haben und dass Begabungen und Fähigkeiten quantitativ schwer zu messen sind.

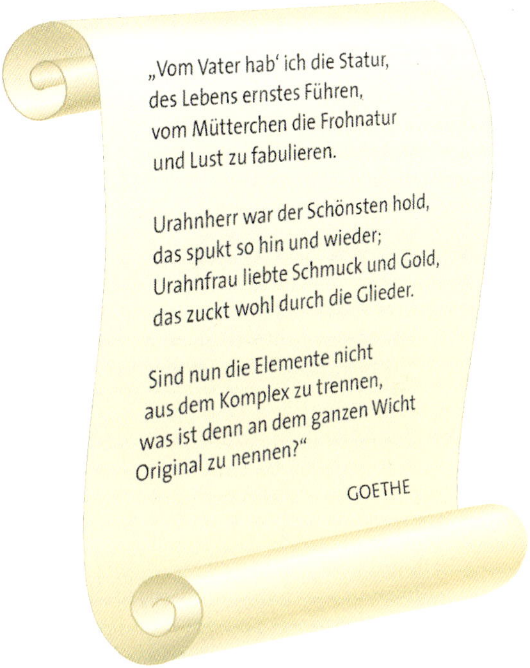

Abb. 335.1: Gedicht von J. W. GOETHE

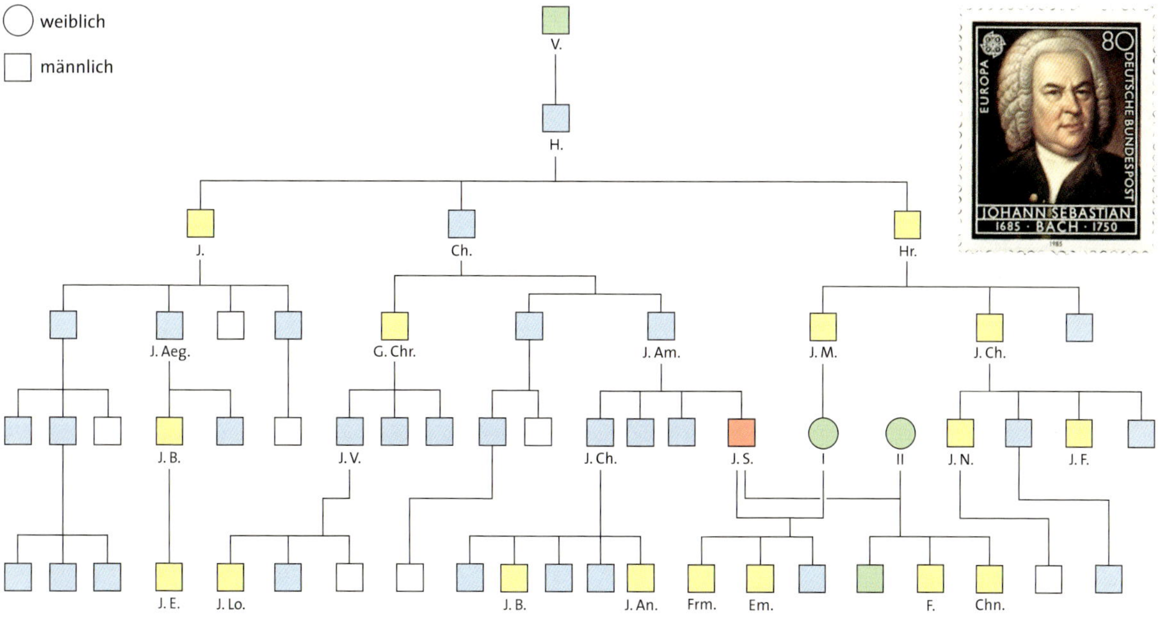

Abb. 335.2: Stammbaum des Geschlechts der BACHS. Rot: JOHANN SEBASTIAN BACH; blau: Berufsmusiker; grün: Komponist(in); gelb: Berufsmusiker und Komponist

Intelligenz

Der Intelligenzbegriff wird verschieden definiert, doch ist allen Definitionen gemeinsam, dass sie Denkfähigkeit als Wesensmerkmal der Intelligenz hervorheben. Dabei werden u.a. unterschieden: Verstehen, Urteilen, Schließen, Zusammenhänge erfassen, Kombinationsfähigkeit, Abstraktionsvermögen, Einfallsreichtum, Raumvorstellungsvermögen, Konzentrationsfähigkeit. Intelligenz ist auf jeden Fall das Ergebnis einer Vielfalt von geistigen Einzelleistungen. Zu deren Bestimmung benutzt man die Intelligenztests, die den *Intelligenzquotienten (IQ)* liefern. Dieser wird als Maß der Intelligenz verwendet, denn nur wenn eine quantitativ messbare Größe vorliegt, lassen sich populationsgenetische Untersuchungen anstellen. Intelligenztests sind nie völlig unabhängig vom kulturellen Hintergrund. In der Psychologie geht man willkürlich davon aus, dass bezüglich des IQ Normalverteilung in der Population vorliegt; der Durchschnittswert der Intelligenz in der Population wird als IQ = 100 festgelegt.

Aus Zwillingsuntersuchungen erhielt man unter den Umweltbedingungen des europäischen Kulturkreises Heritabilitätswerte *(s. 3.5.1)* des IQ von 0,6 bis 0,8. (Für Schulleistung erhält man deutlich niedrigere Werte von H = 0,2 bis 0,4). Offensichtlich wirken sich sowohl das Erbgut als auch die Umwelt auf die Intelligenzentwicklung aus. Da der Heritabilitätswert ein Variabilitätsmaß ist, gilt er nur für Populationen und darf nicht auf den Anteil des Erbguteinflusses bei der Entwicklung der Intelligenz eines Individuums übertragen werden. Man kann aus einem speziellen IQ-Wert daher nicht die Anteile des Erbgut- bzw. Umwelteinflusses ableiten.

Aus Heritabilitätswerten ist nichts darüber zu entnehmen, wie weit im Einzelfall durch gesundheitsfördernde oder erzieherische Mittel die geistige Leistung gesteigert werden kann. Zu den wirksamen Umweltfaktoren gehört z.B. die Proteinernährung der Säuglinge. Proteinmangel, wie er in Entwicklungsländern vorkommt, führt zu verminderter Intelligenz.

Auch hoch intelligente junge Menschen können sich nur dann zu Experten auf einem Fachgebiet entwickeln, wenn sie in der Umwelt die erforderlichen Bedingungen, z.B. eine entsprechende Ausbildung, vorfinden.

3.5.3 Erbkrankheiten

Die Zahl der beim Menschen bekannten Erbkrankheiten ist außerordentlich groß. Vererbt werden defekte Gene und Chromosomen-Anomalien, die eine Krankheit oder Missbildung verursachen. Ob diese wirklich auftreten, hängt in unterschiedlichem Ausmaß von Umwelteinflüssen ab. Beim Menschen sind über 2000 monogene Erbleiden bekannt geworden. Davon wird etwa die eine Hälfte dominant und die andere rezessiv vererbt. Stoffwechselkrankheiten, die auf Enzymdefekten beruhen, sind in der Regel monogen verursacht.

Von ca. 10 000 Neugeborenen leidet eines an **Phenylketonurie**. Bei dieser Stoffwechselkrankheit wird infolge eines Enzymdefekts die Aminosäure Phenylalanin nicht in Tyrosin, sondern z.T. in giftige Phenylbrenztraubensäure umgewandelt *(s. 4.2.5)*. Diese wird mit dem Urin ausgeschieden. In selteneren Fällen kann Phenylketonurie auf das Fehlen des Coenzyms des Enzyms zurückgehen, das Phenylalanin umsetzt. Sie kann dann durch regelmäßige Gaben des Coenzyms verhindert werden. Das Allel für Phenylketonurie wird heute, auch bei Heterozygoten, molekulargenetisch festgestellt. Früher wurde es bei Heterozygoten am erhöhten Phenylalanin-Gehalt im Blut ermittelt *(Heterozygoten-Test)*. Auch für viele andere erbliche Stoffwechselkrankheiten gibt es Methoden zur Erkennung von Heterozygoten, weil sie so genannte »Mikrosymptome« der Krankheit zeigen.

Das **Marfan-Syndrom** *(Spinnenfingrigkeit)* ist ein Beispiel für *Polyphänie* beim Menschen, einem Krankheitsbild mit mehreren Symptomen (Merkmalen), denen aber dieselbe Ursache zugrunde liegt (**Abb. 336.1**). Ein sol-

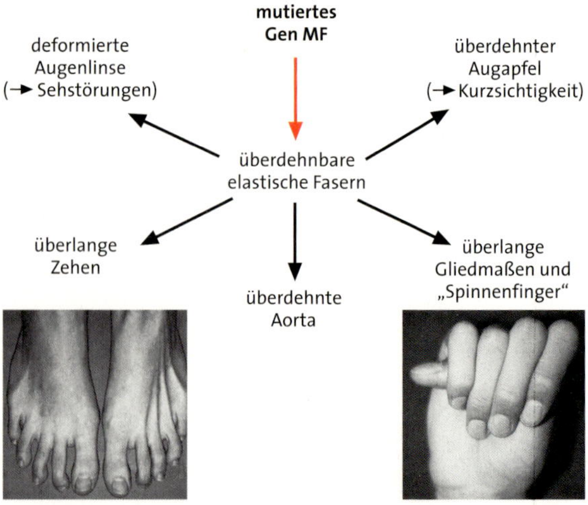

Abb. 336.1: Das Marfan-Syndrom in seinen möglichen Ausprägungen

ches Krankheitsbild wird auch als Syndrom bezeichnet. Das MARFAN-Syndrom geht auf ein dominantes Defekt-Allel zurück. Dieses bewirkt, dass die elastischen Fasern des Bindegewebes überdehnbar sind. Die zu starke Dehnbarkeit führt zu Skelettveränderungen, fehlerhafter Ausbildung der Herzklappen und Aorta-Erweiterung sowie verschiedenen Augenfehlern; homozygot ist dieses Erbleiden tödlich. **Diabetes mellitus 1** (»Jugenddiabetes«, *s. Hormone 1.4*) kann durch Mutationen in zwölf verschiedenen Genen verursacht sein. Am häufigsten ist eine Mutation eines Gens auf dem p-Arm von Chromosom 6, das an der Steuerung von Immunreaktionen beteiligt ist (35 % der Fälle). Die Folge ist ein Abbau der Insulin bildenden Zellen *(s. Immunbiologie 4.1)*. Auch **Bluthochdruck** wird polygen vererbt. Das Gleiche gilt für verschiedene Geisteskrankheiten. So werden **Schizophrenie** und **depressive Erkrankung** von mehreren Genen mitverursacht. An der Entstehung der **ALZHEIMER Erkrankung** im Alter sind mindestens vier Gene beteiligt. **Infektionskrankheiten** erscheinen zunächst rein umweltbedingt. Es zeigt sich aber, dass bei EZ wesentlich häufiger beide Zwillinge von solchen Krankheiten betroffen werden, als dies bei ZZ der Fall ist: Das Immunsystem reagiert aufgrund genetischer Disposition unterschiedlich.

Zahlreiche Krankheitsbilder können durch Mutationen in jeweils verschiedenen Genen verursacht sein. Ein derartiger Fall liegt bei der **Epilepsie** vor. Es sind 24 monogene Erbleiden bekannt, zu deren Symptomen epileptische Anfälle gehören. Diese können z. B. mit einer Muskelkrankheit verknüpft auftreten. Diese Form der Epilepsie ist durch eine Mutation eines Gens der Mitochondrien-DNA verursacht *(nichtchromosomale Vererbung, s. 3.2.4)*. Daher wird die Erkrankung nur über die Mutter vererbt, denn die Mitochondrien der Spermazelle gehen in der Eizelle zugrunde. Epilepsie kann auch als Folge einer vorgeburtlichen Schädigung auftreten, ist dann also keine Erbkrankheit. Die zahlreichen Ursachen der Epilepsie lassen verstehen, warum sie in manchen Fällen mit geistiger Unterentwicklung einhergeht, aber auch bei Hochbegabten auftritt (z. B. JULIUS CAESAR, SPINOZA).

Pränatale Diagnose

Diese dient dem vorgeburtlichen Nachweis von Erbkrankheiten oder anderen fetalen Schädigungen. Hierzu finden vor allem drei Verfahren Anwendung: Die Chorionbiopsie, die Amnionpunktion und die Nabelschnurpunktion. Bei der *Chorionbiopsie* werden fetale Zellen entnommen, und zwar aus dem Choriongewebe des Trophoblasten *(s. Entwicklungsbiologie 3.3)*. Dies ist bereits in der 7. bis 12. Schwangerschaftswoche möglich. Bei der *Amnionpunktion* wird in der 14. bis 20. Woche durch die Bauchdecke hindurch aus der Fruchtblase eine geringe Menge Fruchtwasser abgesaugt (**Abb. 337.1**). In diesem sind stets Zellen vom Fetus enthalten, die dann wie die Zellen aus dem Choriongewebe in Zellkulturen vermehrt werden. Daran lassen sich viele Chromosomen-Anomalien und Hinweise auf Stoffwechselkrankheiten erkennen. So gewinnt man eine Grundlage für die Entscheidung, ob ein Schwangerschaftsabbruch *(medizinische Indikation)* angebracht ist, um die Entwicklung schwer erbkranker Kinder zu verhindern. Der Eingriff durch die Bauchdecke ist mit einem geringen Infektionsrisiko verbunden und kann daher zu einer Fehlgeburt führen. Deshalb wird die Amnionpunktion nur bei begründetem Verdacht auf angeborene Erkrankungen (wie etwa bei Erbkrankheiten in der Familie) oder fortgeschrittenem Lebensalter der Mutter angewendet.

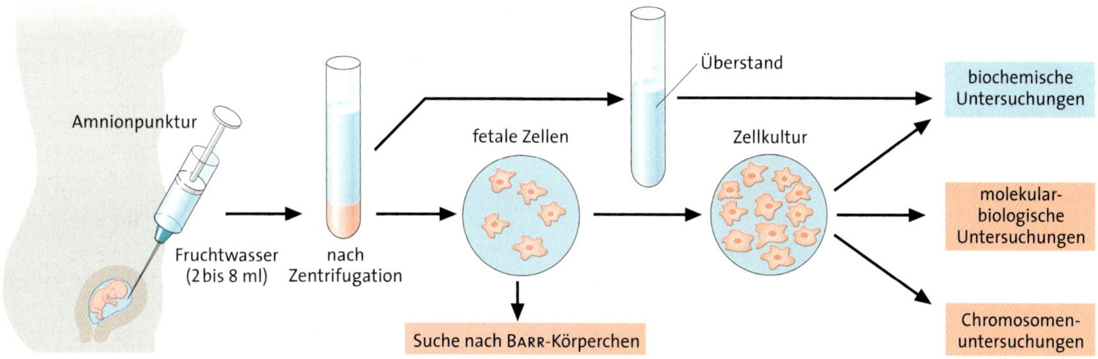

Abb. 337.1: Pränatale Diagnose aus dem Fruchtwasser

GENETIK

3.5.4 Penetranz und Expressivität

Von *vollständiger Penetranz* spricht man, wenn sich ein dominantes Allel in der Generationenfolge ohne Unterbrechung ausprägt (»Durchschlagskraft« des Gens). Wenn bei Trägern des gleichen Allels, z. B. in einer Geschwisterreihe, das Merkmal quantitativ verschieden ausgeprägt ist, liegt unterschiedliche *Expressivität* (Ausprägungsgrad) vor. So kann bei Angehörigen derselben Familie, die alle am *MARFAN-Syndrom* leiden, die Länge der Gliedmaßen oder der Fingerglieder zwischen extrem lang und normal schwanken *(s. 3.5.3)*.

Auch geschlechtsabhängige Unterschiede der Expressivität sind bekannt. So ist das Verhältnis der Längen des Zeigefingers und des Ringfingers durch ein autosomales Gen beeinflusst. Das Allel, das zu einem relativ kürzeren Zeigefinger führt, verhält sich beim Mann dominant und bei der Frau rezessiv (**Abb. 338.1**). Wenn ein erwartetes Merkmal bei manchen Trägern des entsprechenden Allels gar nicht ausgeprägt wird, nennt man dies *unvollständige Penetranz* des Allels.

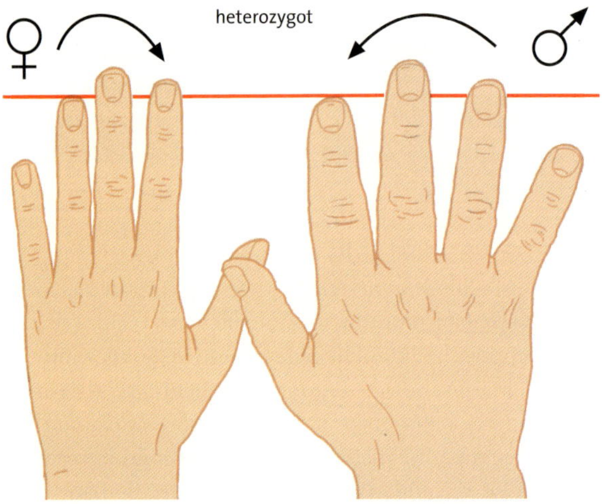

Abb. 338.1: Unterschiedliche Expressivität eines Merkmals. Das Verhältnis der Längen von Zeigefinger zu Ringfinger wird durch ein Gen bestimmt, dessen Allel S' beim Mann dominant ist und zu einem kürzeren Zeigefinger führt, während es bei der Frau rezessiv ist und nur bei Homozygotie einen kürzeren Zeigefinger ergibt.

Zu den Merkmalen, die bei den Trägern unvollständige Penetranz zeigen, gehört die *Prognathie*. Es handelt sich um eine Vergrößerung des Unterkiefers, die diesen im Gesicht vorstehen lässt und gleichzeitig zu einer starken Vergrößerung der Unterlippe führt. Dieses Körpermerkmal ist in der Familie der Habsburger seit dem 15. Jahrhundert nachzuweisen, zumindest von Kaiser Maximilian I. (1493–1519) an, und hat sich infolge häufiger Verwandtenehen bei den Kaisern aus dem Haus Habsburg bis zu Leopold I. (1658–1705), bei anderen Nachkommen bis ins 20. Jahrhundert erhalten (**Abb. 338.2**). So tritt die Prognathie im Haus der Bourbonen (Könige von Spanien) noch bei Alfons XIII. (1836–1931), dem Großvater von Juan Carlos, auf. Die Familienforschung, die hier mit den Bildnissen arbeiten konnte, legt nahe, dass es sich um ein monogenes Merkmal mit dominanter Vererbung handelt. Dass es gelegentlich nicht auftritt, liegt an unvollständiger Penetranz. Unvollständige Penetranz kann ebenso wie unterschiedliche Expressivität durch die Wirkung anderer Gene und durch Umwelteinflüsse während der Entwicklung zustande kommen. Bei der genetischen Analyse verursachen Allele wechselnder Expressivität und unvollständiger Penetranz große Probleme.

Monogene Erbleiden zeigen häufig eine vollständige Penetranz und nur geringe Beeinflussbarkeit durch die Umwelt. Im Gegensatz dazu wirken bei polygenen, multifaktoriellen Erbkrankheiten mehrere defekte Gene mit Umweltfaktoren, z. B. Ernährung oder Pharmaka, zusammen (unvollständige Penetranz, Umweltlabilität).

Kaiser Maximilian I. | Ferdinand II. | Kaiser Karl V. | Kaiser Leopold I. | Philipp IV., König von Spanien

Abb. 338.2: Fünf Angehörige des Hauses Habsburg. Auf den Bildnissen ist die Prognathie gut zu erkennen.

3.5.5 Die genetische Zukunft des Menschen

Der Kulturmensch ist nicht mehr in dem Maße dem Einfluss der Selektion unterworfen wie etwa Naturvölker oder gar Tiere in ihrem natürlichen Lebensraum. Durch natürliche Selektion werden Erbkrankheiten also kaum mehr beseitigt. Eine wachsende Abhängigkeit von medizinischer Hilfe ist die Folge. Röntgenstrahlung, radioaktive Strahlung und mutationsauslösende chemische Stoffe bergen eine Gefahr für das Erbgut.

Die *genetische Bürde (s. Exkurs Fitness und genetische Bürde, S. 443)* einer Generation wird durch folgende Faktoren bestimmt: Bei der *genetischen Mitgift* handelt es sich um mutierte Allele, welche über die Keimzellen von den Eltern übernommen werden. Unter dem *genetischen Zufluss* versteht man zusätzliche Mutationen, die im Verlauf des individuellen Lebens in der Keimbahn entstehen. Ein *genetischer Ausfall* ergibt sich bei Kinderlosigkeit, und dann, wenn bestimmte Mutationen zu verringerter Fruchtbarkeit oder Unfruchtbarkeit führen.

Unter den heutigen Lebensbedingungen steigt der genetische Zufluss, sodass im Erbgut eines jeden Menschen neue (rezessive) Erbdefekte angenommen werden können. Die genetische Bürde nimmt allerdings nur langsam zu. Nah verwandte Ehepartner besitzen mit größerer Wahrscheinlichkeit gleiche Defekt-Allele als nicht verwandte Partner. Da sich die Bevölkerungen aber immer stärker durchmischen, wird die Wahrscheinlichkeit, dass zwei rezessive defekte Anlagen zusammentreffen, jedoch im Mittel geringer.

Genetische Beratung

Die Kenntnis über die Vererbungsweise von Erbleiden und die Verfügbarkeit von Gentests *(s. 5.2)* erlaubt warnende oder beruhigende Voraussagen über die Krankheitswahrscheinlichkeit künftiger Kinder. Gentests ermöglichen Ratschläge bei der ärztlichen Überwachung der Schwangerschaft oder können Anlass sein zum Schwangerschaftsabbruch oder Verzicht auf eigene Kinder.

Genetische Beratung wird empfohlen z. B. für Paare, in deren Verwandtschaft Erbkrankheiten auftreten oder bei denen selbst eine Erbkrankheit vorliegt; Partner, die miteinander verwandt sind; Paare, bei denen die Frau mehrere ungeklärte Fehlgeburten hatte; Frauen, die mutagene Medikamente eingenommen haben; schwangere Frauen ab 35 Jahren; psychisch belastete Frauen, die befürchten, ein krankes Kind zur Welt zu bringen; Männer ab 50 Jahren.

Dass mit genetischer Beratung schwerwiegende Probleme verbunden sein können, zeigt folgendes Beispiel: Eine dominant vererbte Krankheit mit geringer Neu-Mutationsrate ist die *HUNTINGTONsche Erkrankung.* Diese unheilbare Erkrankung tritt bei den Trägern des Defektallels mit Sicherheit auf, meist zwischen dem 35. und 55. Lebensjahr. Sie beginnt mit Bewegungsstörungen (»Veitstanz«), führt meist zu schwerer Geisteskrankheit und endet nach etwa 15 Jahren mit dem Tod. Seit 1983 kann man durch einen Gentest mit sehr hoher Sicherheit feststellen, ob jemand das Defektallel besitzt. Was soll nun ein Arzt den Eltern sagen, wenn bei der vorgeburtlichen Diagnose das mutierte Allel gefunden wurde? Da ein Elternteil das Allel übertragen hat, wird auch bei ihm die Krankheit ausbrechen. Sollen die Eltern nun ihrerseits durch einen Gentest Gewissheit erlangen, oder können sie die Ungewissheit bis zum Krankheitsausbruch gemeinsam ertragen? Auf diese Fragen gibt es keine »richtigen« Antworten. Daher muss die Entscheidung, ob überhaupt ein Gentest durchgeführt wird, bei den Betroffenen liegen. Bei der Abschätzung der Folgen der genetischen Beratung sind drei Ebenen zu unterscheiden.

Ebene des Individuums: Es sind viele Erbkrankheiten heute schon vorgeburtlich zu erkennen; für alle häufigen Erbkrankheiten wird dies in wenigen Jahren mithilfe gentechnischer Verfahren möglich sein. In manchen Fällen ist eine Therapie möglich (vgl. Phenylketonurie, *s. 3.5.3*), in anderen Fällen aber nicht. Die Medizin bietet dann nur die Möglichkeit des Schwangerschaftsabbruchs. Diese Entscheidung kann allein von den Eltern getroffen und verantwortet werden.

Ebene der Gesellschaft: Bei Erbkrankheiten mit Behandlungsmöglichkeit sind die Kosten für die Frühdiagnose und anschließende Therapie im Allgemeinen niedriger als eine spätere Langzeitbehandlung.

Ebene der Evolution: Durch verbesserte Therapie kann die Häufigkeit von Defektallelen zunehmen. Dieser Vorgang dauert bei seltenen Allelen aber Hunderte von Jahren. Die Zunahme der genetischen Mitgift ist damit geringfügig. Von Therapien unbeeinflusst ist der genetische Zufluss. Da also die genetische Bürde nicht abnehmen wird, kann es den genetisch gesunden Menschen nie geben.

4 Molekulare Grundlagen der Vererbung

Die Merkmale eines Organismus bilden sich im Wechselspiel von Einflüssen der Erbanlagen und der Umwelt aus. Für die Ausbildung der Merkmale müssen die Gene selbst bestimmte Eigenschaften aufweisen. So müssen Gene in der Lage sein, eine bestimmte Informationsmenge zu speichern und sich identisch zu verdoppeln, sodass bei der Teilung jede Tochterzelle dieselbe Information erhält. Zudem muss die Möglichkeit bestehen, dass die genetische Information durch Mutationen verändert wird. Weil die Chromosomen aus Nucleinsäuren und Proteinen aufgebaut sind, kommen als Träger der genetischen Information nur diese beiden Stoffe in Frage.

4.1 Nucleinsäuren

4.1.1 Übertragung von Nucleinsäuren durch Bakterien und Viren

Transformation. Im Jahr 1928 führte der englische Bakteriologe F. GRIFFITH Versuche mit *Pneumokokken*-Stämmen durch. Diese Bakterien sind Erreger der Lungenentzündung; ihre Zellen sind normalerweise durch eine Polysaccharidkapsel vor dem Angriff durch Weiße Blutzellen geschützt. Es gibt aber einen Stamm, der die Fähigkeit zur Kapselbildung infolge einer Mutation verloren hat und deshalb von den Weißen Blutzellen angegriffen wird. Dieser Stamm ist daher nicht krankheitserregend. Wenn man Mäusen Kapsel bildende *Pneumokokken* injiziert, so erkranken sie und sterben. Tötet man die *Pneumokokken* vor der Injektion ab, werden die Mäuse nicht krank. Auch die Injektion lebender kapselloser *Pneumokokken* führt nicht zur Erkrankung der Mäuse. Werden aber lebende kapsellose *Pneumokokken* zusammen mit abgetöteten Kapsel bildenden *Pneumokokken* injiziert, sterben die Mäuse und im Blut lassen sich lebende Kapsel bildende Bakterien nachweisen. Es ist also die erbliche Eigenschaft »kapselbildend« der abgetöteten *Pneumokokken* auf die harmlosen Formen übertragen worden. Diese bildeten nun Kapseln und wurden dadurch krankheitserregend. Man bezeichnet die Veränderung von Zellen durch Übertragung genetischer Information als *Transformation.* GRIFFITH konnte das Ergebnis dieser Transformationsversuche allerdings noch nicht richtig deuten. Erst dem amerikanischen Chemiker O. AVERY und seinen Mitarbeitern gelang es 1944 nachzuweisen, dass die erbliche Eigenschaft zur Kapselbildung durch Übertragung von Desoxyribonucleinsäure (desoxyribonucleic acid oder DNA) übermittelt wird. Er übertrug isolierte DNA, die er aus kapselbildenden Stämmen gewonnen hatte, in Kulturen von kapsellosen Stämmen (**Abb. 340.1**). Einige Bakterien bildeten danach Kapseln aus, sie waren transformiert worden. Spaltet man die DNA von Spender-Bakterien vor der Übertragung mit Desoxyribonuclease, so findet keine Transformation statt. Die DNA enthält also die Information für die Kapselbildung und ist für die Transformation verantwortlich.

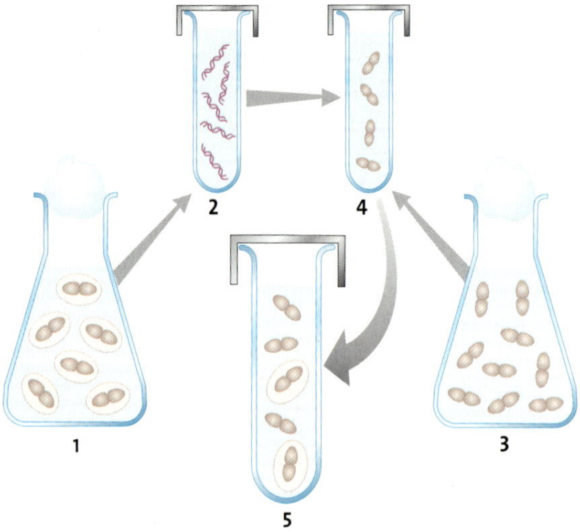

Abb. 340.1: Transformationsexperiment bei *Pneumokokken.* **1** kapselbildende Form; **2** DNA-Extrakt von Stamm 1; **3** kapsellose Form; **4** Zellen der kapsellosen Form werden mit isolierter DNA von 1 gemischt; **5** einzelne Zellen haben durch DNA-Aufnahme die Fähigkeit zur Kapselbildung erhalten.

Die Versuche zeigen, dass die Vererbung auf stofflichen Vorgängen, d. h. auf der Umsetzung von Molekülen beruht. Das Forschungsgebiet der Genetik, das sich mit diesen Vorgängen beschäftigt, bezeichnet man daher als *Molekulargenetik.*

Konjugation. Bakterienzellen können DNA auf Zellen der gleichen Art oder anderer Arten mithilfe einer Plasmabrücke *(Sexpilus)* übertragen. Das Gen für die Bildung einer solchen Plasmabrücke heißt Fertilitätsfaktor (F-Faktor) und liegt in einem Plasmid *(s. Exkurs Bakterien als Untersuchungsobjekte und 5.2.2).* Plasmide enthalten nur wenige Gene, z. B. Resistenzgene gegen Antibiotika und können sich wie das Bakterienchromosom replizieren. Ein Bakterium mit einem F-Faktor (eine F^+-Zelle) kann mit einem Sexpilus an eine Zelle ohne F-Faktor (eine F^--Zelle) andocken und zuvor gebildete Kopien des Plasmids in die Empfängerzelle übertragen. Dieser Vorgang heißt *Konjugation.* Die Empfängerzelle besitzt dann ebenfalls den F-Faktor und alle anderen Gene des Plasmids (**Abb. 341.1**). Von Bedeutung für den Menschen ist die Konjugation dann, wenn sie zwischen harmlosen Bakterien, z. B. Darmbakterien wie *Escherichia coli,* und krankheitserregenden Bakterien stattfindet. Die Darmbakterien besitzen gelegentlich Plasmide mit Resistenzgenen gegen Antibiotika. Werden Kopien dieser Plasmide auf die krankheitserregenden Arten übertragen, so bleibt eine Therapie mit dem Antibiotikum, gegen das nun eine Resistenz vorliegt, wirkungslos.

Das Plasmid mit dem F-Faktor kann auch in das Bakterien-Chromosom eingebaut sein. Man nennt die Bakterienzelle dann eine *Hfr-Zelle* (High-frequency of recombination). Bei der Konjugation wird dann eine Kopie von der Ringchromosomen-DNA übertragen. Diese DNA ist sehr viel länger als die Plasmid-DNA; in der Regel trennen sich daher die beiden Zellen, bevor die gesamte DNA-Kopie in die Empfängerzelle gelangt ist. Die DNA-Kopie wird dort zum Teil in das Chromosom eingebaut. So kommt es zur genetischen Rekombination und in der F^--Zelle (Empfängerzelle) können Eigenschaften verändert werden. Der Rest sowie das dort ausgetauschte DNA-Stück werden im Cytoplasma abgebaut.

Man bezeichnet diese Form von Rekombination, bei der nur in einer Empfängerzelle DNA ersetzt wird, als *parasexuellen* Prozess. Von sexuellen Vorgängen spricht man, wenn gesamte Genome bei der Meiose rekombiniert werden *(s. 3.1)*. Dies ist nur bei Eukaryoten der Fall.

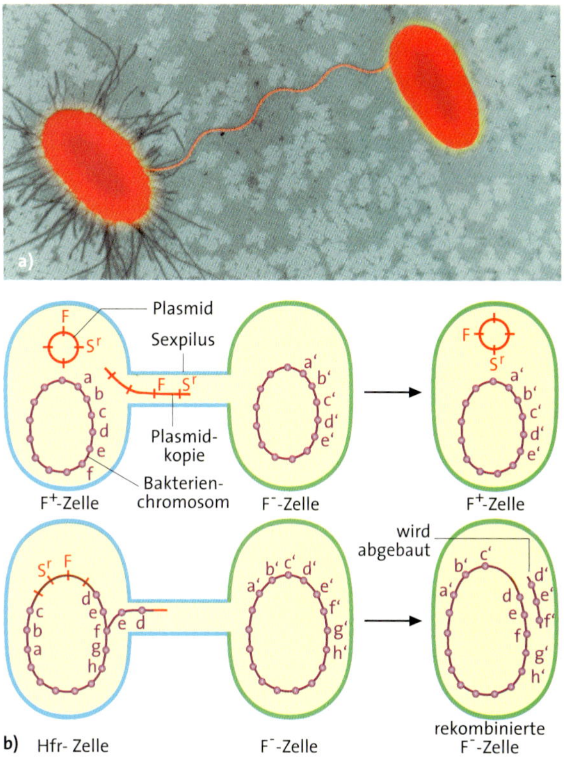

Abb. 341.1: Konjugation bei Bakterien. **a)** Foto (EM-Bild, koloriert); **b)** Schema. Oben: Übertragung einer Plasmid-Kopie durch eine F^+-Zelle; unten: Übertragung einer Kopie eines Teils des Chromosoms durch eine Hfr-Zelle. Buchstaben: Gene; s^r: Resistenzgen; F: F-Faktor

Bakterien als Untersuchungsobjekte

Bakterien, z. B. *Escherichia coli,* dessen Wildform im Darm von Säugetieren und Mensch lebt, haben für molekulargenetische Untersuchungen folgende Vorzüge:

- In kleinen Gefäßen lassen sie sich unter sterilen Bedingungen mit wenig Aufwand in größeren Mengen züchten *(s. Cytologie 2.4)*. Wenige Milliliter einer *Escherichia-coli*-Kultur können so viele Zellen enthalten, wie es Menschen auf der Erde gibt.
- Sie haben eine sehr kurze Generationsdauer. Unter günstigen Bedingungen teilen sie sich alle 20 bis 30 Minuten *(s. Ökologie 2.2)*.
- Bei den häufigen Teilungen einer riesigen Zahl von Zellen nimmt auch die Zahl von Mutanten zu.
- Sie besitzen einfach gebaute Zellen mit nur einem einzigen Chromosom; dieses ist ringförmig gebaut.
- Sie sind haploid. Ein mutiertes Gen wirkt sich sofort aus, da es nicht durch ein zweites Allel in seiner Wirkung überdeckt werden kann.
- Gene können bei vielen Bakterien von einem Individuum zum anderen übertragen werden *(s. 4.1.1)*.
- Viele Bakterienstämme besitzen außer dem Chromosom ringförmige DNA-Moleküle (Plasmide), die sich an der Genübertragung beteiligen *(s. 5.2)*.

Allerdings fehlen den Bakterien Strukturen der Eucyte *(s. Cytologie 2)*; nicht alle Ergebnisse lassen sich deshalb auf Enkaryoten übertragen.

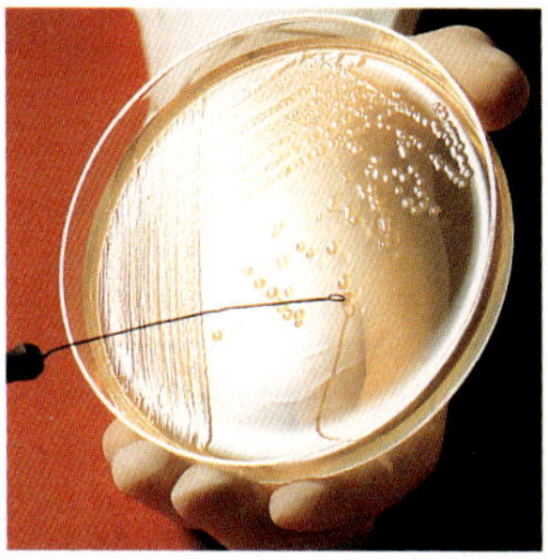

Abb. 341.2: Kultur von *Escherichia coli* auf Festagar. Mit Impföse werden Bakterien entnommen.

Mangelmutanten. In der *Bakteriengenetik* werden bevorzugt physiologische Erbmerkmale untersucht, so z. B. die Fähigkeit bzw. Nichtfähigkeit zur Synthese bestimmter Stoffe oder die Sensibilität oder Resistenz gegenüber einem bestimmten Antibiotikum *(s. Exkurs Wirkungsweise von Antibiotika, S. 360)*. Antibiotika, wie z. B. Penicillin, Streptomycin, Ampicillin und Tetracyclin, werden bevorzugt aus Bakterien, aber auch aus niederen Pilzen gewonnen. Diese Substanzen töten Bakterien oder verhindern deren Vermehrung.

Antibiotika werden auch in der Bakteriengenetik eingesetzt, z. B. bei der Suche nach *Mangelmutanten.* Während die Wildform einer Bakterienart alle 20 Aminosäuren selbst aufbauen kann, gibt es Mutanten, denen die Fähigkeit zur Synthese einzelner Aminosäuren fehlt. Diese Mangelmutanten kann man z. B. durch Bestrahlung eines Wildstammes erzeugen. Die bestrahlten Bakterien werden in eine Nährflüssigkeit gebracht, die keine Aminosäuren enthält, aber ein Antibiotikum, z. B. Penicillin, welches nur die sich teilenden Bakterien tötet. Die Mangelmutanten teilen sich nicht und überleben. Durch mehrfaches Verdünnen und Zentrifugieren der Nährflüssigkeit wird das Antibiotikum ausgewaschen. Anschließend wird die Kultur so weit verdünnt, dass die Zellen einzeln auf einem festen Nährboden ausgestrichen werden können; dieser enthält alle Aminosäuren (Vollmedium). Die Bakterien teilen sich rasch und bilden ein Muster von Kolonien. Jede Kolonie geht auf ein einziges Bakterium zurück, besteht also aus erbgleichen Individuen. Nun drückt man auf den Nährboden einen sterilen Samtstempel. An seinen Samthaaren bleiben Bakterien jeder Kolonie hängen. Dieses Kolonie-Muster überimpft man auf andere Nährböden, denen jeweils eine ganz bestimmte Aminosäure fehlt (Replica-Platten, engl. *replication* Kopie, **Abb. 342.1**). Auf diesen Nährböden können sich diejenigen Mutanten nicht vermehren, welche die im Nährboden fehlende Aminosäure nicht selbst synthetisieren können. Sie bilden keine neue Kolonie. Durch Vergleich mit dem Ausgangsnährboden lassen sich die Mangelmutanten lokalisieren.

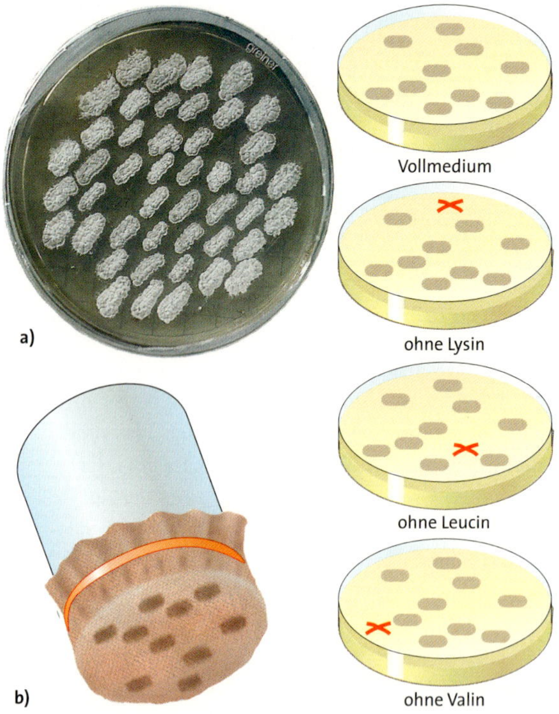

Abb. 342.1: Suche nach Mangelmutanten. **a)** Bakterienkolonien auf einer Agarplatte; **b)** Schema der Stempeltechnik. Ein mit Samt überzogener Stempel überträgt das Muster der Bakterienkolonien von der Ausgangsplatte auf die Replica-Platten, denen jeweils eine ganz bestimmte Aminosäure fehlt. Markierung X bedeutet keine Koloniebildung, weil diese Mutante nicht die Fähigkeit zur Synthese der fehlenden Aminosäure hat.

Viroide und Prionen

Viroide sind infektiöse Partikel, die Pflanzenkrankheiten hervorrufen, z. B. bei der Kartoffel. Sie bestehen aus einem kleinen RNA-Molekül ohne Proteinhülle und sind damit einfacher gebaut als Viren.

Prionen verursachen bei Rindern BSE (*Spongioforme Encephalitis,* »Rinderwahnsinn«), bei Schafen Scrapie und beim Menschen die neue Variante der Creutzfeldt-Jakob-Erkrankung. Ein Prion entsteht durch Veränderung eines bestimmten Proteins. Das veränderte Protein (*pathogenicity related protein,* PrP) ist ein Glykoprotein der Zellmembran, das vor allem in Nervenzellen von Bedeutung ist. Nach seiner Veränderung besitzt es eine falsche Raumstruktur und wird durch Proteasen nicht mehr abgebaut. Die Struktur ist sehr stabil, sodass bei den üblichen Erhitzungsmethoden der Desinfektion keine Denaturierung erfolgt. Gelangt ein solches Prion in eine andere Nervenzelle, so bewirkt es, dass alle neu synthetisierten Proteine des entsprechenden Gens dort ebenfalls die falsche Raumstruktur bilden. Da die Prionen nicht abgebaut werden und andere Zellen befallen, reichern sie sich lawinenartig an, sodass die Zellen degenerieren und es schließlich zum Ausbruch der Krankheit kommt. Prionen besitzen als einzige Krankheitserreger keine Nucleinsäure.

Mit diesem Verfahren findet man jeweils nur die Mangelmutanten, nach denen man gezielt sucht: Im Beispiel solche mit gestörter Bildung einer Aminosäure. Mangelmutanten finden in der bakteriengenetischen Grundlagenforschung Verwendung. Man benutzt sie auch in der Gentechnik *(s. 5.2.1)*, da sie sich außerhalb der Laboratorien nicht vermehren können.

Viren. Bei einem Virus handelt es sich nicht um eine Zelle, sondern um ein Partikel. Viren bestehen lediglich aus einem oder mehreren Nucleinsäure-Molekülen, die von einer Proteinhülle umgeben sind. Manche Viren wie HIV haben eine vom Wirt gebildete Lipidmembran *(s. Abb. 408.1)*. Viren besitzen nicht alle Kennzeichen des Lebendigen und zählen daher nicht zu den Lebewesen (**Tab. 343.1**). Ein eigener Stoffwechsel ist nicht vorhanden. Viren können sich deswegen nicht selbst vermehren, sondern befallen Zellen und veranlassen diese, Virus-Nucleinsäure und Virus-Protein zu bilden. Diese Substanzen lagern sich zu neuen Viren zusammen. Die Wirtszellen gehen dabei oft zugrunde. Viele Viren sind Krankheitserreger von Mensch, Tier oder Pflanze. Beim Menschen verursachen sie z. B. Aids, Windpocken, Grippe, Masern, Pocken, Kinderlähmung (**Abb. 343.2**) oder bestimmte Arten von Krebs *(s. 4.3.4)*. Viruskrankheiten der Haustiere sind Maul- und Klauenseuche, Kuhpocken und Tollwut. Bei fast allen Pflanzen treten Viruskrankheiten auf, so z. B. die Tabakmosaikkrankheit (**Abb. 343.3**) und Kartoffelviruskrankheiten. Die Größe der Viren liegt zwischen derjenigen der größten Proteinmoleküle (20 nm) und der kleinsten Bakterien (300 nm). Man unterscheidet zwischen DNA- und RNA-Viren, je nachdem, welche Art Nucleinsäure sie enthalten *(s. 4.1.3)*.

Den Weg eines Virus in eine Wirtszelle und ihren Zellkern hinein kann man mit hochempfindlichen Mikroskopen verfolgen, wenn man an das Viruspartikel ein Fluoreszenzfarbstoff-Molekül bindet (**Abb. 343.4**).

	Virus	Zelle
Nucleinsäuren	DNA oder RNA	DNA und RNA
Fähigkeit zur Mutation	vorhanden	vorhanden
Stoffwechsel	fehlt	vorhanden
Vermehrung	nur in Wirtszellen möglich	durch Teilung
begrenzende Membran	fehlt oder wird vom Wirt geliefert	vorhanden

Tab. 343.1: Vergleich von Viren und Zellen

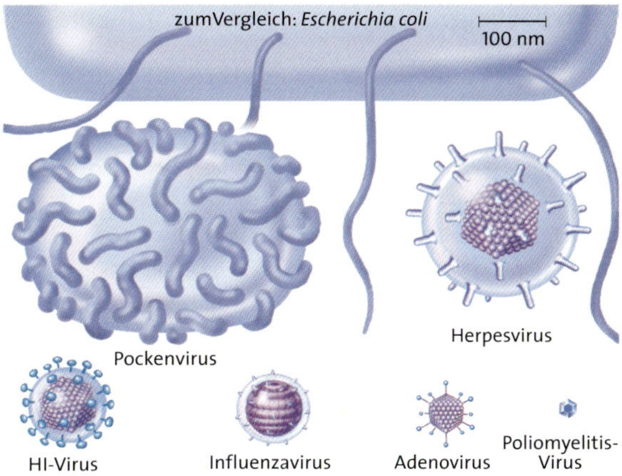

Abb. 343.2: Schematische Darstellung verschiedener Viren; Adeno-Viren verursachen Krankheiten der Atemwege, Poliomyelitis-Viren die Kinderlähmung.

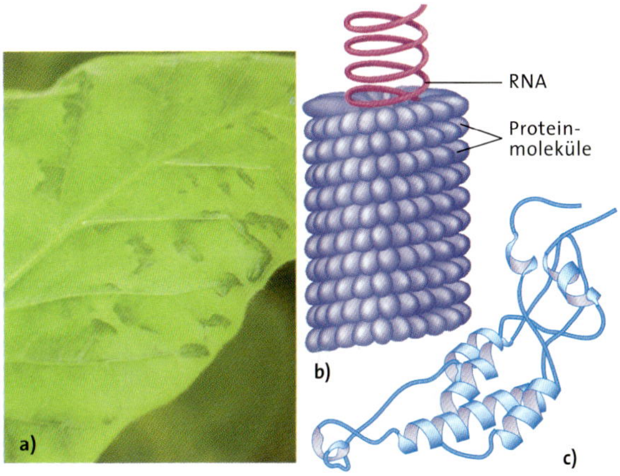

Abb. 343.3: Tabakmosaik-Virus. **a)** Befallenes Blatt einer Tabakpflanze; **b)** Schema; **c)** Proteinmolekül

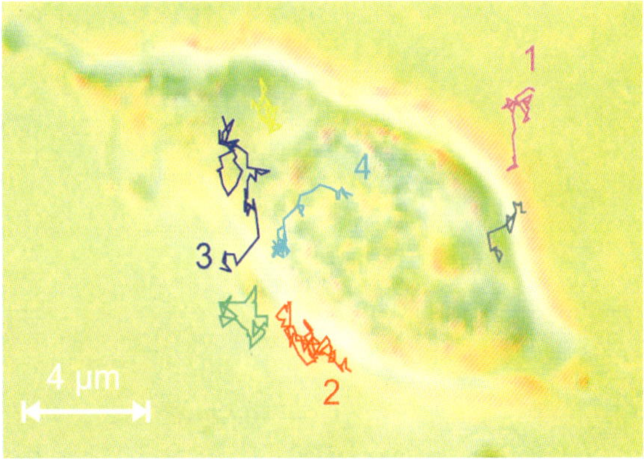

Abb. 343.4: Bahnen einzelner Viren auf ihrem Weg zum Zellkern. **1** Virus diffundiert zur Zelle; **2** Virus in mehrfachem Kontakt mit der Zellmembran; **3** Virus durchdringt die Zellmembran und diffundiert im Cytoplasma; **4** Virus durchdringt die Kernmembran und diffundiert im Kernplasma.

GENETIK

Bakteriophagen. Viren, die Bakterien befallen, heißen *Bakteriophagen* (kurz *Phagen,* **Abb. 344.1 a**). Bringt man Phagen mit dem Wirtsbakterium zusammen, so heften sich die Phagen an bestimmte Stellen der Zellwand an. Durch ein Enzym *(Lysozym)* der Phagenhülle wird örtlich die Bakterienwand aufgelöst und durch das entstandene Loch die Nucleinsäure in die Bakterienzelle injiziert (**Abb. 344.1 c**). Die Proteinhülle bleibt auf der Oberfläche des Bakteriums zurück. Dies konnte man durch Infektion von Bakterien mit Phagen beweisen, bei denen nur die Proteinhülle radioaktiv markiert war. Die Aktivität war nur außen an der Bakterienwand nachzuweisen. In der infizierten Bakterienzelle wird der Stoffwechsel so verändert, dass diese die einzelnen Phagenbestandteile bildet, die sich dann zu kompletten Phagen zusammenlagern. Etwa 20 bis 30 Minuten nach der Injektion wird die Wand der Bakterienzelle aufgelöst und es werden 30 bis 200 neue Phagen freigesetzt. Das Bakterium geht dabei zugrunde.

Transduktion. Manche Phagen bilden in der befallenen Bakterienzelle keine neuen Phagen-Partikel, sondern bauen ihre DNA in das Bakterien-Chromosom ein. Dadurch wird bei jeder Zellteilung die Phagen-DNA an die Tochterzellen weitergegeben. Man nennt diese Phagen *temperente* (gemäßigte) Phagen. Ihre in das Bakterien-Chromosom eingebaute DNA heißt *Prophage.* Bestimmte Umstände, wie z. B. ein Temperaturschock, können bewirken, dass der Prophage aus der Bakterien-DNA wieder ausschert und aktiv wird. Dann entstehen neue Phagen, und die Bakterienzelle wird zerstört. Gelegentlich kommt es vor, dass beim Ausscheren angrenzende Bakterien-DNA mit der Phagen-DNA verknüpft bleibt. Verhalten sich solche »bereicherten« Phagen temperent, so kann die mitgebrachte Bakterien-DNA in der neuen Wirtszelle wirksam werden. Diese zeigt dann Merkmale des früheren Wirtsbakteriums. Die Übertragung von Genen mithilfe temperenter Phagen heißt *Transduktion.* Sie wird gelegentlich in der Gentechnik verwendet *(s. 5.2.1).*

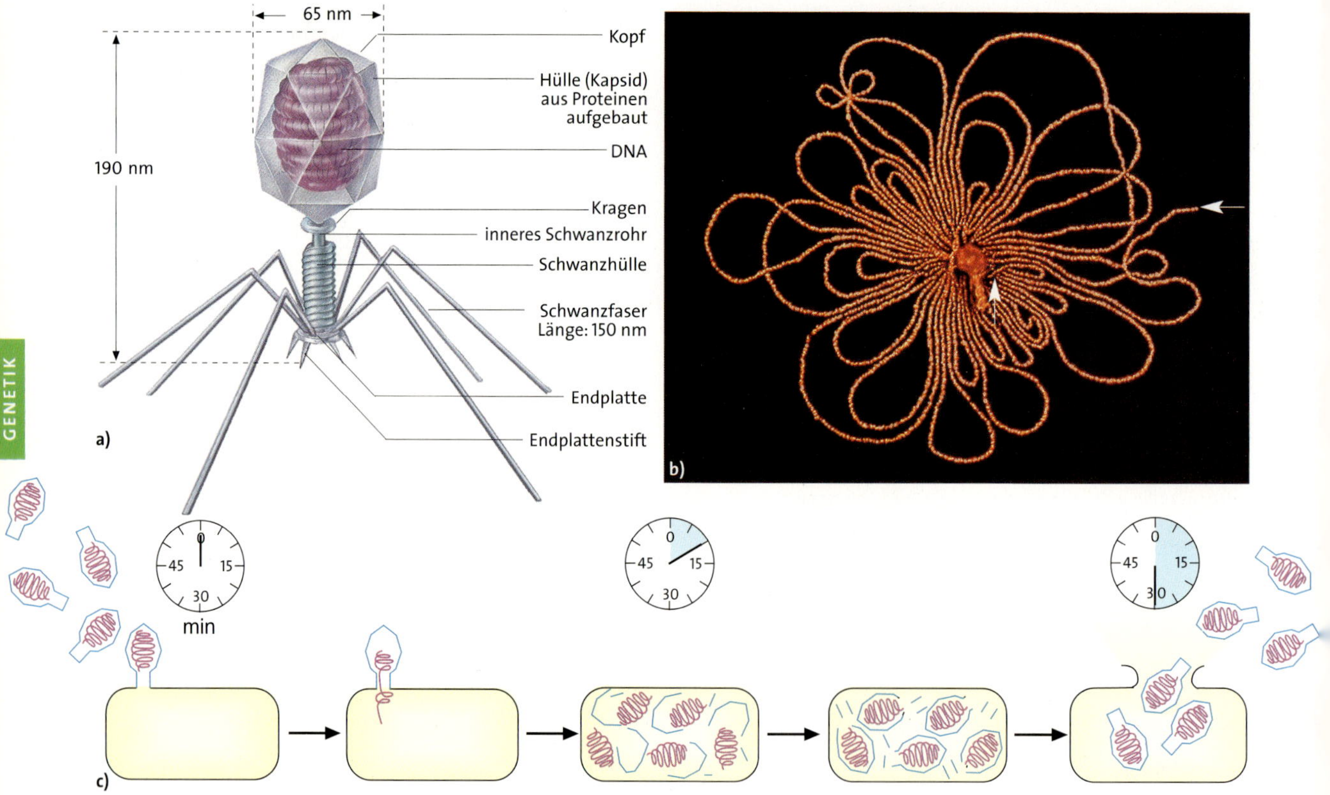

Abb. 344.1: Bakteriophagen und deren Vermehrung. **a)** Bakteriophage T4. Er besteht aus einem Kopf, der in der Proteinhülle die DNA enthält, einem schmalen Kragen und dem Schwanzstück. Die Proteinhülle des Schwanzstücks ist kontraktil. Durch das innere Schwanzrohr kann die DNA in das Bakterium injiziert werden. Die Endplatte mit Stacheln und die Schwanzfasern dienen dem Festhalten an der Zellwand des Bakteriums; **b)** Elektronenmikroskopische Aufnahme eines Nucleinsäurefadens, der aus einem Bakteriophagen ausgestoßen wurde. Der Nucleinsäurefaden hat eine Länge von 56 µm. Pfeile: Anfang und Ende des Fadens; **c)** Vermehrung eines Bakteriophagen *(s. Text)*

4.1.2 Desoxyribonucleinsäure (DNA) als Träger der genetischen Information

Den ersten Nachweis, dass die DNA Träger der genetischen Information ist, lieferten die Experimente von AVERY *(s. 4.1.1)*; aus weiteren Untersuchungen erhielt man folgende Erkenntnisse:

1. Gibt man isolierte Phagen-DNA in eine Kultur von Bakterien, so bilden sich Phagen wie beim Befall durch vollständige Viren. Die genetische Information zur Erzeugung von kompletten Tochter-Phagen muss also allein in der Phagen-DNA enthalten sein.

2. UV-Strahlen lösen Mutationen aus. Die Mutationsrate hängt von der Wellenlänge des UV-Lichts ab. Licht verschiedener Wellenlänge wird von der DNA unterschiedlich stark absorbiert. Je stärker die Absorption der UV-Strahlen durch die DNA ist, desto höher ist auch die Mutationsrate. Offenbar ist es also die DNA, deren Veränderung zu Mutationen führt.

3. Dass auch bei Eukaryoten die DNA Träger der genetischen Information ist, wird durch die DNA-Gehalte der Zellkerne nahegelegt: Misst man diese in verschiedenen Geweben bei einer Tierart, so findet man im Allgemeinen den gleichen Wert (Ausnahmen sind Gewebe mit polyploiden Kernen, *s. 3.4.3*). Spermien und Eizellen besitzen nur die halbe DNA-Menge (**Tab. 345.1**). Dieser Befund stimmt mit den Aussagen MENDELS überein, dass nämlich die Körperzellen die doppelte Menge an Erbanlagen besitzen, die Keimzellen dagegen nur die einfache. *(s. Tab. 315.2)*. Andere Stoffe der Zelle zeigen diese Mengenverhältnisse nicht.

4.1.3 Vorkommen und Struktur der Nucleinsäuren

Die Zellen der Organismen enthalten zwei Arten von Nucleinsäuren. *Ribonucleinsäure* (RNA) findet sich sowohl im Zellkern als auch außerhalb des Kerns, in den Ribosomen, den Mitochondrien und den Plastiden sowie frei im Cytosol. *Desoxyribonucleinsäure* (DNA) ist Bestandteil der Chromosomen, kommt aber auch in Chloroplasten und Mitochondrien vor *(s. 3.2.4)*.

Nucleinsäuren sind Ketten aus Nucleotiden. Man bezeichnet sie deshalb als Polynucleotide *(s. Stoffwechsel 1.3.5)*. Jedes *Nucleotid* besteht aus drei Teilen: aus einer Base (stickstoffhaltiges Ringmolekül), einem Zucker und dem Phosphatrest. Der Zuckerbaustein ist bei der RNA die Ribose, bei der DNA die Desoxyribose; darauf beruht die Namengebung der beiden Polynucleotide. In der DNA treten als Basen Adenin, Cytosin, Guanin und Thymin auf; in der RNA kommt statt Thymin die Base Uracil vor. Der Phosphatrest verknüpft jeweils das dritte C-Atom eines Zuckers mit dem fünften C-Atom des nächsten Zuckers (**Abb. 345.1**).

	Huhn	Rind
Leberzelle	25	64
Nierenzelle	24	64
Pankreaszelle	26	66
Milzzelle	26	68
Spermien	13	33

Tab. 345.1: DNA-Menge in Zellkernen verschiedener Zellen von Huhn und Rind; Einheit: 10^{-13} g

a)

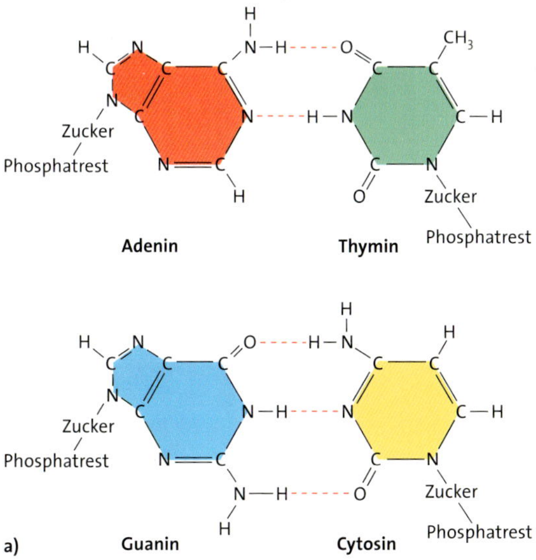

b)

Nucleinsäure	DNA	RNA
Zucker	Desoxyribose	Ribose
Phosphorsäure	Phosphorsäure	Phosphorsäure
Basen	Adenin A Cytosin C Guanin G Thymin T	Adenin A Cytosin C Guanin G Uracil U
Nucleotid		

Abb. 345.2: Grundbausteine der DNA bzw. RNA. Die getrichelten Linien stellen Wasserstoffbrücken dar.

Spezifische Basenpaarung. In der DNA sind Adenin und Thymin stets in gleicher Häufigkeit vorhanden, ebenso Cytosin und Guanin. Mit dieser Regel des Biochemikers E. CHARGAFF kann man die prozentuale Basenzusammensetzung einer DNA angeben, wenn der Prozentgehalt nur einer Base bekannt ist. Liegt z. B. Adenin zu 17 % vor, dann gilt dies ebenfalls für Thymin, und Cytosin und Guanin müssen zu je 33 % enthalten sein. Aufgrund dieser chemischen Befunde und aus physikalischen Daten über die Raumerfüllung des Moleküls entwickelten die Biochemiker J. WATSON und F. CRICK 1953 ein Modell der DNA-Struktur *(s. Exkurs Modellvorstellungen, S. 347)*, das durch die Untersuchungen von ROSALIND FRANKLIN mit Röntgenstrahlen gestützt wurde. Danach besteht die DNA aus zwei langen Polynucleotidsträngen, die über die Basen der Nucleotide strickleiterartig zu einem Doppelstrang verknüpft sind (**Abb. 346.1**). Dieser Doppelstrang ist schraubig gedreht, wobei zehn Nucleotidpaare auf eine Windung kommen. Man bezeichnet diesen Molekülaufbau als *Doppelhelix-Struktur.* Die vier Basen der DNA ordnen sich einander gegenüber immer so an, dass sie räumlich zusammenpassen und zwischen ihnen Wasserstoffbrücken optimaler Länge und in höchstmöglicher Zahl ausgebildet werden. Guanin paart deshalb mit Cytosin unter Ausbildung von drei Wasserstoffbrücken und Adenin mit Thymin unter Bildung von zwei Wasserstoffbrücken *(Regel der spezifischen Basenpaarung).* Die beiden zusammengehörigen Stränge der Doppelhelix sind daher nicht identisch, sondern *komplementär* gebaut, sodass durch jede Base des einen Stranges der zu ihr gehörende Partner des anderen Stranges festgelegt ist. Jeder Strang kann damit als Bauvorlage für den anderen dienen. Die Reihenfolge der Nucleotide in einem Strang der DNA ist unregelmäßig. Die beiden Stränge der Doppelhelix laufen einander entgegen wie die Verkehrsströme auf den beiden Fahrstreifen einer Landstraße; sie sind *antiparallel.* Im DNA-Molekül lassen sich demnach zwei Richtungen benennen, die 3' → 5'-Richtung und die 5' → 3'-Richtung (**Abb. 346.1 a**). Jede der beiden Chromatiden eines Chromosoms enthält eine DNA-Doppelhelix. Diese ist in regelmäßigen Abständen um Proteinpartikel *(Nucleosomen)* herumgewunden (**Abb. 347.1**). Sie besitzt daher »Überschrauben-Struktur« ähnlich einer Glühlampenwendel. Nur so ist es möglich, die sehr langen DNA-Moleküle im kleinen Zellkern unterzubringen (DNA des Menschen: ca. 2 m). Die RNA ist einsträngig, bildet aber innerhalb des Stranges Schleifen aus und weist dadurch gepaarte Abschnitte auf. Das Uracil, das hier an die Stelle von Thymin tritt, bildet mit Adenin die gleiche Zahl von Wasserstoffbrücken wie Thymin.

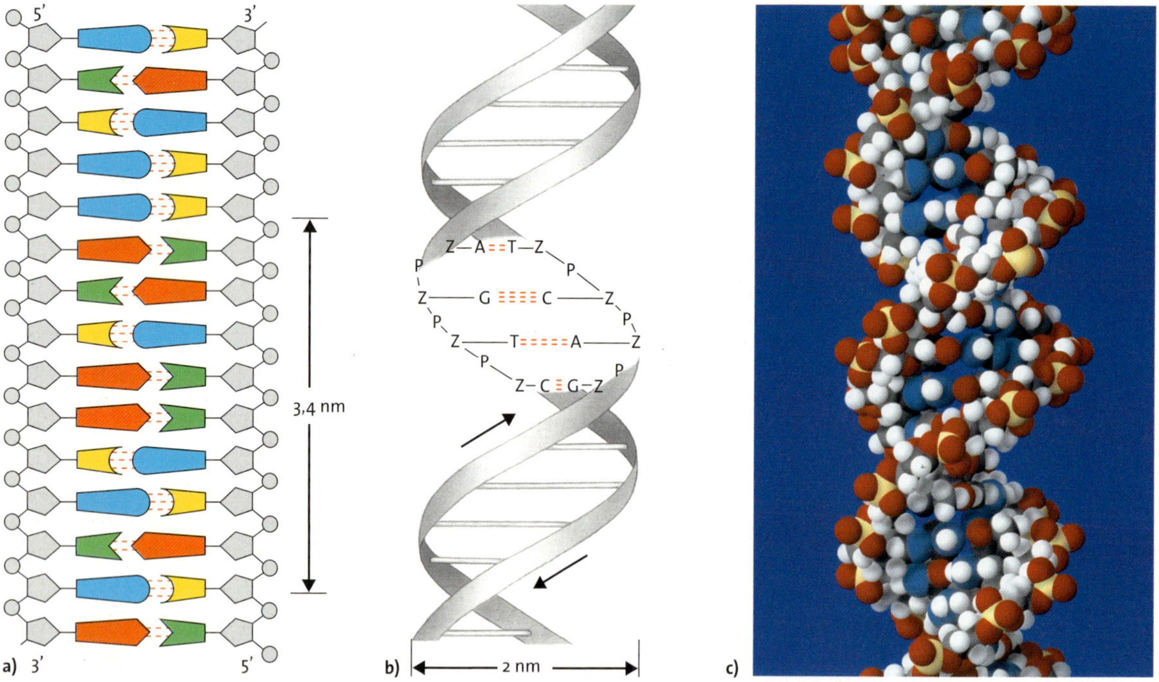

Abb. 346.1: Bau der DNA. **a)** Zwei komplementäre Polynucleotidstränge sind durch Wasserstoffbrücken zu einem Doppelstrang verbunden; **b)** schraubige Struktur der DNA-Doppelhelix, die Pfeile kennzeichnen die Antiparallelität; **c)** Kalottenmodell eines DNA-Ausschnitts (H weiß, C schwarz, O rot, N blau, P orange); die Stickstoff-Atome zeigen die Lagen der Basen an.

4.1.4 DNA als Speicher der genetischen Information

Aufgrund der unregelmäßigen Abfolge der vier Basen ist in den Polynucleotidsträngen Information gespeichert. In dieser Hinsicht ist ein Polynucleotidstrang einem Morsetext vergleichbar, bei dem durch freie Kombination der drei Zeichen Punkt, Strich, Pause-Zeichen alle möglichen Nachrichten verschlüsselt sein können. Je länger die DNA ist, desto mehr verschiedene Basenabfolgen sind möglich und desto größer ist die Informationsmenge. Läge nur ein Nucleotid vor, so gäbe es 4^1 Variationsmöglichkeiten, weil es vier verschiedene Nucleotide gibt; bei zwei verknüpften Nucleotiden sind es 4^2 und in einer DNA von 300 Nucleotiden 4^{300} Möglichkeiten. Da aber die DNA bei allen Lebewesen aus mindestens einer Million Nucleotidpaaren (oder vereinfacht *Basenpaaren*) besteht, besitzt sogar jedes Individuum auf der Erde seine eigene Basen-Abfolge.

Die DNA von *Escherichia coli* ist etwa 1 mm lang, also 1000-mal so lang wie der Durchmesser dieser Bakterienzelle. Die DNA-Moleküle aus den Chromosomen einer menschlichen Zelle ergeben aneinander gereiht eine Länge von ungefähr zwei Metern mit einem Gewicht von etwa 3 pg (1 Picogramm = 10^{-12} Gramm). Ihr Informationsgehalt entspricht etwa dem von 500 Büchern mit je 1500 Seiten. Verglichen damit erreicht die genetische Information der DNA von *Escherichia coli* nur die Größenordnung des Buches, in dem Sie gerade lesen.

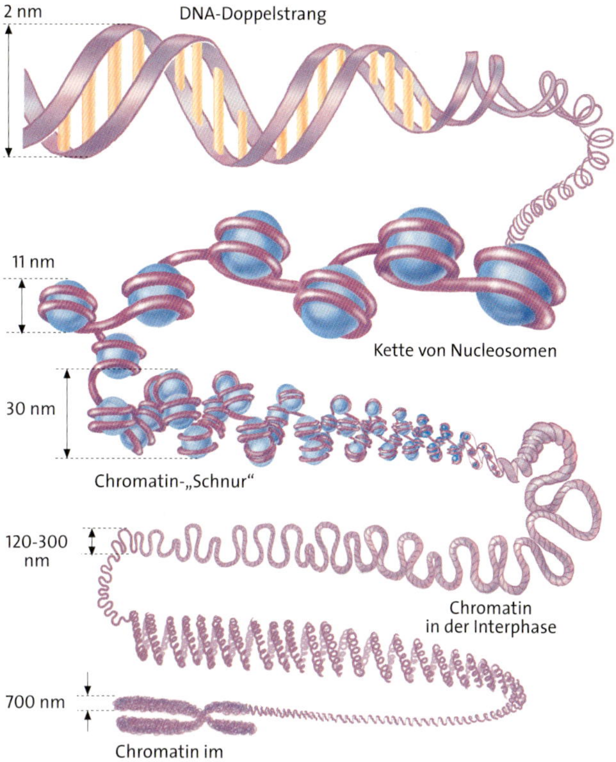

Abb. 347.1: Modell der Feinstruktur einer Chromatide. Die perlschnurartig aufgebaute Chromatide besteht aus einem DNA-Faden, der regelmäßig mit linsenförmigen Nucleosomen verknüpft ist. Ein Nucleosom wird aus acht Molekülen von Histon-Proteinen gebildet.

Modellvorstellungen

Das WATSON-CRICK-Modell ist ein Beispiel für den Wert von Modellen in der wissenschaftlichen Forschung. Es gibt hypothetische Antworten auf offene Fragen und macht damit prüfbare Voraussagen. Dieses Modell erlaubt sogar Aussagen über die genaue räumliche Struktur und darüber, wie vermutlich die Bildung neuer DNA durch identische Verdoppelung stattfindet. Es sind unzählige verschiedene Nucleotidsequenzen denkbar, die zur Codierung von Informationen dienen können. Gemäß dem Modell kann die DNA also Träger der genetischen Information sein.

Während WATSON und CRICK ihr Raummodell der DNA-Doppelhelix noch aus Metallbausteinen zusammensetzten, entstehen heutige Molekülmodelle, insbesondere von Proteinen, mithilfe des Computers.

Abb. 347.2: WATSON (links) und CRICK vor ihrem DNA-Modell

4.1.5 Replikation der DNA

Damit Vererbung möglich ist, muss die Erbsubstanz identisch reproduziert werden können. Während der Kern- und Zellteilung erhält jede Tochterzelle von jedem Chromosom eine der beiden identischen Chromatiden *(s. Cytologie 4)*. Darin ist ein vollständiges DNA-Molekül enthalten. Um daraus wieder ein Chromosom mit zwei Chromatiden zu bilden, muss sich das DNA-Molekül verdoppeln. Diesen Vorgang bezeichnet man als *Replikation* (Selbstverdopplung). Sie findet in der S-Phase des Zellzyklus statt.

Die von WATSON und CRICK gefundene Struktur der DNA ließ bereits vermuten, dass die Replikation folgendermaßen abläuft: Zunächst wird der Doppelstrang reißverschlussartig an den Wasserstoffbrücken zwischen den Basen geöffnet. An die frei werdenden Basen binden komplementäre Nucleotide. Diese werden durch das Enzym *DNA-Polymerase (Replikase)* zu einem neuen Strang (Tochterstrang) verknüpft. Dieser ist zu dem alten Strang komplementär. So entstehen nach völliger Auftrennung des alten Doppelstrangs zwei, mit diesem identische Doppelstränge (**Abb. 348.1**). Da beide aus einem alten und einem neu gebildeten Teilstrang bestehen, nennt man diese Form der Replikation *semikonservativ* (halb-bewahrend, *s. Exkurs Beweis für die semikonservative Replikation der DNA*).

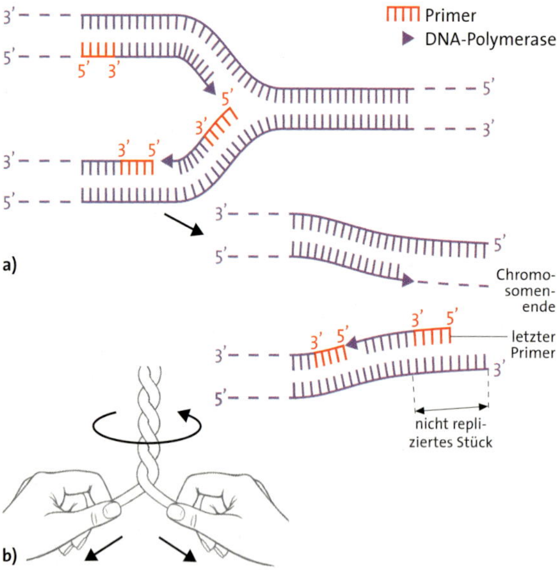

Abb. 348.1: Replikation der DNA. **a)** Die Replikation erfolgt in 5'→3'-Richtung und damit am 3'→5'-Strang kontinuierlich, am gegenläufigen komplementären Strang stückweise. Am Ende der Telomeren kann kein Primer mehr gebildet werden; **b)** beim Auftrennen muss eine Kordel um ihre Achse rotieren.

Vorgänge bei der Replikation. Die DNA-Doppelhelix ist wie eine Kordel verschraubt, und die beiden Teilstränge können nicht ohne weiteres voneinander getrennt werden. Eine Rotation des gesamten DNA-Moleküls, wie sie beim Auftrennen einer Kordel stattfindet (**Abb. 348.1 b**), ist aber wegen der Länge des Moleküls nicht möglich. Statt dessen wird einer der beiden Teilstränge in bestimmten Abständen nach und nach durchtrennt. Nach der Entschraubung muss jede Trennstelle wieder verknüpft werden.

Die Auftrennung der DNA beginnt an mehreren Stellen der Chromatide; von jeder Startposition aus erfolgt die Synthese zu beiden Chromatiden-Enden hin (**Abb. 348.1 a**). Jede DNA-Polymerase benötigt zur Synthese eine Start-Nucleotidsequenz (einen *Primer*), an die sie die weiteren Nucleotide knüpft. Als Primer dient eine kurze RNA-Sequenz, die durch ein besonderes Enzym gebildet wird.

An das 3'-Ende des Primers kann die DNA-Polymerase DNA-Nucleotide knüpfen. Die Verknüpfung der Nucleotide kann nur von 5' nach 3' erfolgen. Aus diesem Grund kann an dem Strang, der von 3' nach 5' verläuft, die Synthese kontinuierlich erfolgen. Am gegenläufigen Strang hingegen kann die Synthese nur stückweise stattfinden. Die DNA-Polymerase arbeitet hier »rückwärts« und beginnt nach Synthese eines Teilstücks immer wieder an anderer Stelle zu arbeiten. Mit der Fertigstellung eines Teilstücks erreicht die DNA-Polymerase den Primer der vorangegangenen Teilstück-Synthese. Dieser Primer wird nun abgelöst und durch DNA-Nucleotide ersetzt. Die Teilstücke werden anschließend durch das Enzym *DNA-Ligase* verknüpft.

An den Enden des Chromosoms liegen gleichartige kurze Nucleotidsequenzen in zahlreicher Wiederholung vor. Diese *Telomeren* (Endstücke) verhindern die Verknüpfung des DNA-Endes mit der DNA eines anderen Chromosoms. Erreicht die DNA-Replikation ein Chromatiden-Ende, so kann dort kein Primer mehr gebildet werden, da das Enzym nicht mehr am 5'→3'-Strang andocken kann. Der neu gebildete 3'→5'-Strang ist also um das Stück bis zum letzten gebildeten Primer kürzer als der Matrizenstrang.

In der Folge der weiteren Teilungen entstehen auf diese Weise immer kürzere Tochterchromatiden, bis der Telomeren-Vorrat verbraucht ist. Danach kann der Zelltod eintreten. Daher haben Körperzellen nur eine begrenzte Teilungsfähigkeit. Dies ist ein genetisches Merkmal der Alterung des Organismus. Nur in embryonalen Zellen und in Keimbahnzellen ergänzt ein spezifisches Enzym, die Telomerase, die Telomeren wieder *(s. Entwicklung 3)*.

4.1.6 Reparatur und Spaltung der DNA

Reparatur der DNA. Die Struktur der DNA ist sehr stabil und wird deshalb über viele Generationen hinweg unverändert weitergegeben. Fehler, die bei der Replikation auftreten, werden durch Reparaturenzyme sofort beseitigt. Durch UV-, Röntgen- und radioaktive Strahlung sowie durch Chemikalien entstehen weitere Schäden. Auch diese werden rasch behoben, solange nur einer der beiden Stränge im DNA-Molekül betroffen ist. Bei der DNA-Reparatur wird das beschädigte Strangstück durch ein DNA spaltendes Enzym, eine *Nuclease,* herausgeschnitten und dann abgebaut. Das fehlende Stück wird neu gebildet, wobei der komplementäre, unbeschädigte Strang als Bauvorlage dient. Die durchschnittlich von einem Menschen während seines Lebens aufgenommene natürliche Strahlendosis würde zu so vielen Veränderungen der DNA führen, dass der Mensch schon früh nicht mehr lebensfähig wäre, wenn nicht fortgesetzt Reparaturen der Schäden stattfänden. Auch der eingeatmete Rauch einer einzigen Zigarette erfordert im Lungengewebe etwa 30 000 Reparaturvorgänge an DNA-Molekülen.

Bleibende Veränderungen der DNA (Mutationen) sind zu erwarten, wenn im selben DNA-Abschnitt beide Stränge geschädigt werden. Für die Nachkommen sind nur Mutationen in den Zellen der Keimbahn von Bedeutung. Die Mutationen in den Körperzellen *(somatische Mutationen)* werden nicht an die Nachkommen weitergegeben, können aber z. B. zu Krebs führen.

Wenn es durch UV-Strahlung in der menschlichen Haut zu Sonnenbrand kommt, werden stets DNA-Schäden verursacht. Das kurzwellige Blaulicht aktiviert allerdings gleichzeitig Reparaturenzyme. Verbleibende DNA-Schäden sind die Ursache von Hautkrebs. Je häufiger die Haut ungeschützt der Sonnenstrahlung ausgesetzt wird, um so größer ist die Wahrscheinlichkeit, an Hautkrebs zu erkranken. Die zeitweilige Verringerung der Ozonschicht vor allem auf der Südhalbkugel trägt zu einer Zunahme der UV-Strahlung auf der Erdoberfläche bei und erhöht somit dort ebenfalls das Hautkrebsrisiko *(s. Ökologie 4.6.3)*.

Nachweis der semikonservativen Replikation der DNA

Den experimentellen Nachweis für die semikonservative Replikation der DNA lieferten MESELSON und STAHL: Bakterien können ihren Stickstoffbedarf aus Ammoniumchlorid (NH_4Cl) decken. Gewöhnliches Ammoniumchlorid enthält das Stickstoff-Isotop ^{14}N. Es lässt sich aber auch NH_4Cl mit dem schwereren Isotop ^{15}N herstellen. Die beiden Forscher gaben $^{15}NH_4Cl$ in das Nährmedium einer Kultur von *Escherichia coli,* deren Zellen alle gleich alt waren und die sich gleichzeitig teilten. Da keine andere Stickstoffquelle zur Verfügung stand, bauten die Bakterien in der Folge nur noch DNA auf, deren Basen das schwerere Isotop ^{15}N enthielt (»schwere DNA«). Eine Probe wurde entnommen und die DNA im Dichtegradienten zentrifugiert *(s. Abb. 32.2)*. Nun wurden die Bakterien wieder in normales Medium mit $^{14}NH_4Cl$ überführt. Die danach neu gebildete DNA musste ^{14}N enthalten. Nach der nächsten Verdoppelung der Bakterienkultur, der eine einzige DNA-Replikation vorausging, wurde wieder eine DNA-Probe zentrifugiert: Die neue DNA erwies sich als »halbschwer«, d.h. die Doppelhelix enthielt einen Strang mit ^{15}N in den Basen und einen Strang mit ^{14}N. Nach der nächsten Verdoppelung der Bakterien fanden MESELSON und STAHL halbschwere und normale Doppelstränge (die nur ^{14}N enthielten) im Verhältnis 1 : 1. Die Replikation erfolgt also semikonservativ.

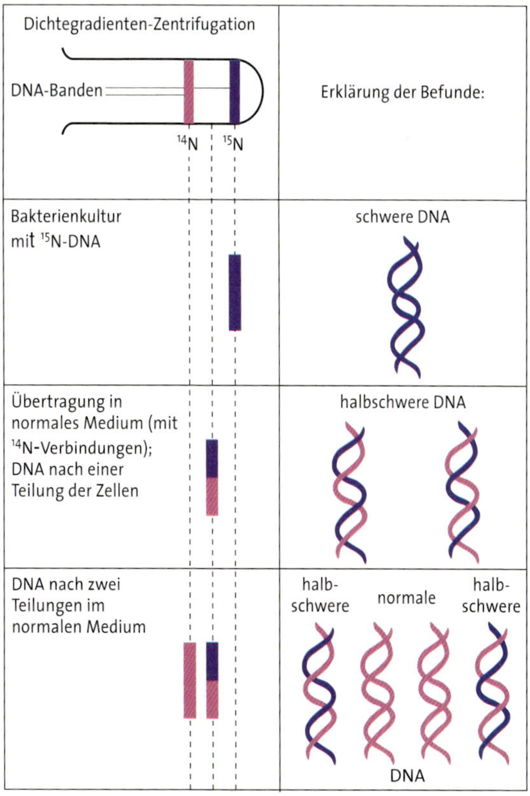

Abb. 349.1: Versuch von MESELSON und STAHL

DNA-Spaltung. Zu den DNA spaltenden Nucleasen gehören auch die in Bakterien vorkommenden *Restriktionsenzyme.* Sie vermögen DNA-Stränge aufzuschneiden, und zwar an einer für jedes Restriktionsenzym spezifischen Abfolge von meist vier bis sechs Basen, die sie erkennen. Da diese Sequenz in einem DNA-Doppelstrang an unterschiedlichen Stellen immer wieder auftritt, zerlegt das Restriktionsenzym ein großes DNA-Molekül in eine Vielzahl kleiner, unterschiedlich langer Spaltstücke mit gleichartigen Enden. Auf diese Weise bauen Restriktionsenzyme Phagen-DNA ab, die in eine Bakterienzelle eingedrungen ist und machen sie unschädlich. Die bakterieneigene DNA wird nicht abgebaut, weil an die Nucleotide im Bereich ihrer Erkennungssequenz Methylgruppen gebunden sind, die das Schneiden durch Restriktionsenzyme verhindern. Treten diese Gruppen auch bei der Phagen-DNA auf, wird sie ebenfalls nicht gespalten. Dadurch sind bestimmte Phagen an spezielle Wirtsbakterien angepasst. Von dieser Ausnahme abgesehen spalten Restriktionsenzyme jede DNA, gleich welcher Herkunft. Restriktionsenzyme sind in der Gentechnik erforderlich *(s. 5.2.1)*.

Polymerase-Ketten-Reaktion (PCR)

Will man einen bestimmten DNA-Abschnitt genauer untersuchen, z.B. zur Herstellung eines genetischen Fingerabdrucks, so reicht die vorliegende Menge an DNA oft nicht aus. Vor einer Analyse ist dann eine Vervielfältigung des genetischen Materials erforderlich. Die Methode der Polymerase-Ketten-Reaktion (**p**olymerase-**c**hain-**r**eaction = PCR) erlaubt die unbeschränkte Replikation von DNA-Stücken, ausgehend von einem einzigen Molekül. Zunächst wird der DNA-Doppelstrang durch Erhitzen auf 94 °C aufgetrennt (Denaturierung). Setzt man die vier Nucleotidbausteine und DNA-Polymerase zu, so kann an jedem der beiden Einzelstränge ein komplementärer Strang aufgebaut werden. Die neuen Doppelstränge lassen sich erneut auftrennen und wieder replizieren. So lässt sich ein DNA-Molekül sehr rasch vervielfältigen. Zur Replikation benötigt man eine hitzestabile Polymerase. Sie wird aus *Thermus **a**quaticus*, einer *Archaea*-Art aus heißen Quellen, gewonnen. Diese *Taq-Polymerase* synthetisiert nach Abkühlen auf 70 °C die neuen Stränge. Zum Start der Synthese werden für beide Strang-Enden kurze, chemisch hergestellte DNA-Primer verwendet. Nach einiger Synthesezeit erhitzt man wieder auf 94 °C, um die neu gebildeten Doppelstränge aufzutrennen. Nach erneuter Abkühlung auf 70 °C lagern die Einzelstränge wieder Primer-Moleküle an, und es erfolgt die Synthese der komplementären Stränge (**Abb. 350.1**). Diesen PCR-Zyklus lässt man in automatischen Geräten etwa 25- bis 50-mal ablaufen. Nach 30 Zyklen sind 2^{30} ($= 1{,}07 \cdot 10^9$) Kopien einer Ausgangssequenz entstanden. Die Kopien werden nun isoliert und dienen zu weiteren Untersuchungen.

Mit dieser Methode lassen sich Infektionen durch Viren oder Bakterien anhand geringer DNA-Mengen sicher nachweisen. Beispielsweise ist eine HIV-Infektion erkennbar, lange bevor die Virusvermehrung im Organismus einsetzt. In der genetischen Beratung kann PCR beim Nachweis von Erbkrankheiten helfen. Darüber hinaus ermöglicht die Vermehrung und Sequenzierung der DNA von gleichartigen Genen bei verschiedenen Arten von Lebewesen die Aufstellung eines molekularbiologischen Stammbaums dieser Gene *(s. Evolution 3.3.2)*.

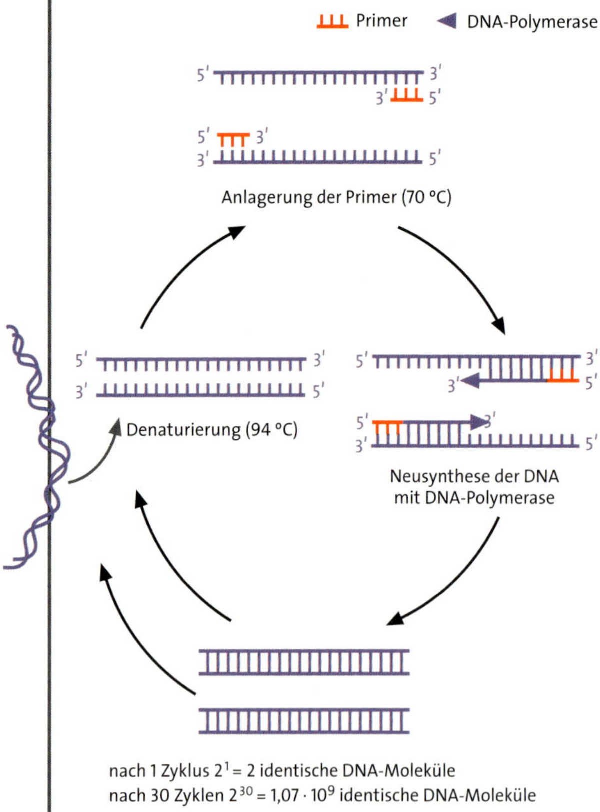

Abb. 350.1: Polymerase-Ketten-Reaktion

4.1.8 Genetischer Fingerabdruck und DNA-Hybridisierung

Genetischer Fingerabdruck. Beim Menschen befinden sich in der Nachbarschaft fast aller Gene lange Nucleotidsequenzen ohne genetische Information. Da sie sich von Mensch zu Mensch unterscheiden, sind sie für das Individuum so charakteristisch wie dessen Fingerabdruck. Man kann sie somit dazu verwenden, eine Person zu identifizieren. Dieser »genetische Fingerabdruck« *(DNA-Fingerprinting)* kann beispielsweise zur Bestimmung einer Vaterschaft oder zur Überführung eines kriminellen Täters dienen: Werden am Tatort Reste von Blut, Speichel, Sperma oder Hautzellen eines Täters sicher gestellt, so vermehrt man zunächst die darin enthaltene DNA durch PCR *(s. Exkurs Polymerase-Ketten-Reaktion)* und lässt dann unterschiedliche Restriktionsenzyme einwirken. Das Gleiche geschieht mit der DNA von Tatverdächtigen. Die erhaltenen Fragmente unterscheiden sich in ihrer Länge. Sie werden durch Gelelektrophorese getrennt; je kürzer ein DNA-Stück, desto schneller wandert es im elektrischen Feld. Auf diese Weise entsteht für das Fragmentgemisch jeder untersuchten Person ein typisches Bandenmuster (**Abb. 351.1**). Stimmt das Bandenmuster mehrerer Nucleotidsequenzen der DNA vom Tatort und der DNA eines Verdächtigen überein, so ist dieser mit sehr hoher Wahrscheinlichkeit als Täter identifiziert.

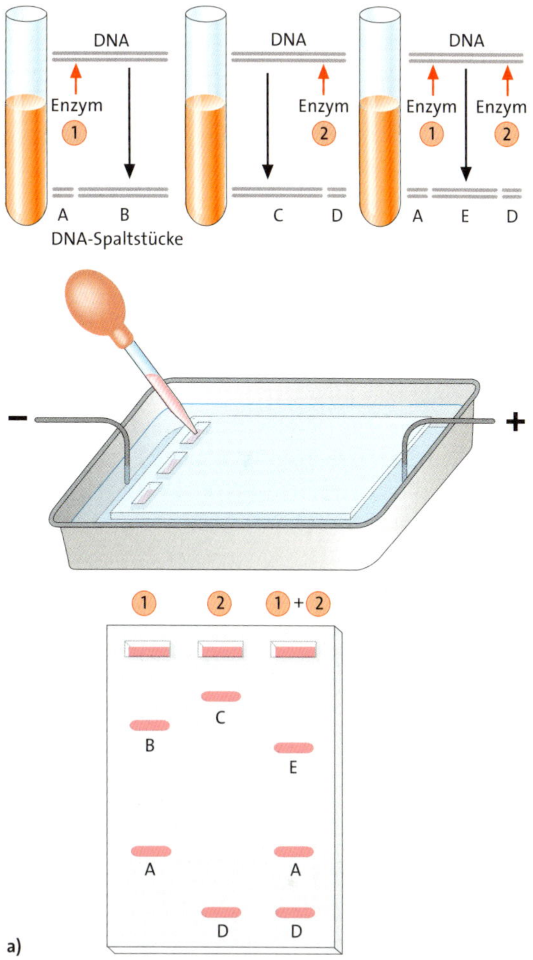

a)

Festnahmen im Mordfall

Die Obduktion einer weiblichen Leiche ergab, dass die junge Frau vergewaltigt und durch mehrere Messerstiche getötet worden war. Unter den Fingernägeln der Toten wurden Hautreste gefunden, und die Kleidung des Opfers war mit Blut getränkt. Offenbar war dem Mord ein schwerer Kampf vorausgegangen.

Als Tatverdächtige wurden drei junge Männer F.A., G.S. und H.N. vorläufig festgenommen. Zum DNA-Vergleich mit den Spuren am Opfer wurde ihr Blut gerichtsmedizinisch untersucht. Dabei stellte sich heraus, dass der Verdächtige F.A. an der Tat unbeteiligt war. Hingegen stammte das Blut an den Strümpfen des Opfers, wie auch das gefundene Sperma, vom Tatverdächtigen G.S. Das Blut an der Bluse der Toten und die Hautreste unter den Fingernägeln identifizierten H.N. als weiteren Täter. Bei dem Blut am Rock handelte es sich um das Blut vom Opfer selbst.

b)

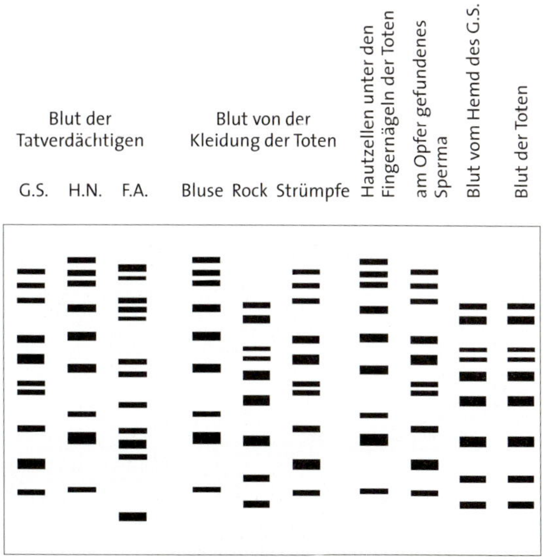

c)

Abb. 351.1: Genetischer Fingerabdruck. **a)** Verfahren zur Erstellung eines genetischen Fingerabdrucks; **b)** »Fallbeispiel«; **c)** dazugehörige genetische Fingerabdrücke aufgrund je einer Nucleotidsequenz.

DNA-Hybridisierung. Ein weiteres Verfahren zur Identifizierung von unbekannter DNA ist die *Hybridisierungstechnik.* Mit ihr können z. B. Verunreinigungen von Lebensmitteln mit krankheitserregenden Mikroorganismen nachgewiesen werden. Aus einer Probe gewinnt man DNA und spaltet diese bei 94 °C in die beiden Einzelstränge auf. Nun lässt man markierte einsträngige DNA-Fragmente von dem Mikroorganismus einwirken, den man in der Probe vermutet. Die Markierung dieser DNA-Sonden erfolgt mit Fluoreszenzfarbstoffen. Binden alle DNA-Sonden an die Einzelstränge der Probe, so ist der verunreinigende Mikroorganismus identifiziert. Findet keine oder nur eine teilweise Hybridisierung statt, so liegt der vermutete Mikroorganismus in der Probe nicht vor.

Durch dieses Verfahren lassen sich auch Mutationen leicht nachweisen. So können z. B. bei der Chorionbiopsie oder Amniozentese *(s. 3.5.3)* verschiedene Erbkrankheiten erkannt werden. Ebenso können fremde Gene nachgewiesen werden, z. B. in Nahrungsmitteln, die aus gentechnisch veränderten Lebewesen hergestellt wurden.

Erweitert wurde das Verfahren durch Anwendung von *DNA-Microarrays.* Sie erlauben die parallele Bestimmung einer großen Zahl von Hybridisierungs-Ereignissen bzw. deren Ausbleiben. Auf einer Platte aus Kunststoff oder Glas werden auf 1 cm^2 Testplatte etwa 20 000 einsträngige DNA-Fragmente angeordnet (engl. *array* Anordnung, **Abb. 352.1**). Auf die einsträngigen Fragmente der DNA lässt man DNA-Sonden einwirken, die mit Fluoreszenzfarbstoff-Molekülen verknüpft sind. DNA-Sonden, die nicht hybridisieren, werden entfernt. Die Messung der Fluoreszenz dient anschließend der Analyse der Hybridisierung. Die quantitative Auswertung erfolgt mit Rechnern.

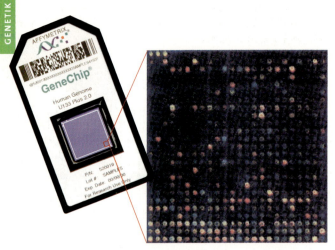

Abb. 352.1: DNA-Chip und DNA-Microarray. Die farbigen Punkte auf der Testplatte zeigen, dass DNA-Hybridstränge vorliegen. Der Chip links enthält die gesamte DNA des Menschen.

GENETIK

Sequenzanalyse der DNA

Von zahlreichen Organismen, so auch vom Menschen, sind heute die DNA-Sequenzen bekannt. Um neue Therapien entwickeln zu können, werden zunehmend auch die DNA-Sequenzen von Krankheitserregern bestimmt. Zur Feststellung der Nucleotidabfolge der DNA wird überwiegend das *Kettenabbruchverfahren* von SANGER eingesetzt. Dazu benötigt man einsträngige DNA, an welcher die komplementären Stränge aufgebaut werden. Weiterhin sind dazu DNA-Polymerase, die vier Nucleotidbausteine sowie ein Primermolekül nötig. Abweichend von der PCR werden in vier Untersuchungsansätzen so genannte *Abbruchnucleotide* eingesetzt. Dabei handelt es sich um Nucleotide mit einem veränderten Zucker, der am C_3-Atom keine OH-Gruppe besitzt, sodass dort keine Bindung mit Phosphat möglich ist *(s. Abb. 149.1)*. An diesen Nucleotiden kann keine Kettenverlängerung mehr erfolgen. So benötigt man für den ersten Ansatz zusätzlich ein abgewandelt gebautes Adenin-Nucleotid und für die weiteren drei Ansätze jeweils die Abbruchnucleotide mit Thymin, Guanin und Cytosin.

Den vier Ansätzen werden diese Abbruchnucleotide in kleiner Menge zugegeben. Die Synthese der komplementären Stränge durch PCR läuft in den vier Ansätzen nur so lange weiter, bis ein Abbruchnucleotid eingebaut wird. Da nur wenige dieser Nucleotide zugesetzt werden, werden nicht alle neuen DNA-Stränge schon nach der ersten Einbaumöglichkeit eines derartigen Nucleotids abbrechen. So findet man nach einiger Zeit im ersten Ansatz verschieden lange komplementäre Stränge, die jeweils mit Adenin enden. Denn an allen möglichen Einbaustellen für Adenin war durch Zufall ein falsches Adenin eingebaut worden. Vergleichbares gilt für die anderen drei Ansätze.

Die Einzelstränge werden durch Elektrophorese getrennt, dabei wandern die neu gebildeten Stränge um so rascher, je kürzer sie sind. Setzt man radioaktiv markierte Abbruchnucleotide ein, so lässt sich die Lage der getrennten Stränge an der Schwärzung eines aufgelegten Films erkennen. Die Einzelstrang-Gruppen der vier Ansätze wandern in der Elektrophorese nebeneinander. So sieht man auf dem Filmstreifen anhand der sortierten Einzelstränge die Folge aller Adenin-Einbaustellen (erster Versuchsansatz) und daneben die Folgen der anderen Nucleotid-Einbaustellen. Damit lässt sich eine Basensequenz direkt ablesen, die der Nucleotidabfolge der zur Untersuchung eingesetzten

DNA komplementär ist (**Abb. 353.1 c**). Statt der radioaktiven Marker verwendet man heute in der Regel Fluoreszenzmarker an den vier Abbruch-Nucleotiden und analysiert die jeweils erhaltenen Sequenzen mithilfe des Lasers (**Abb. 353.1 b**). Lange DNA-Stücke müssen zunächst geteilt werden, da nur Stücke bis zu 600 bis 900 Nucleotiden Länge direkt sequenziert werden können.

Die Sequenzanalyse ist heute weitgehend automatisiert; dabei lassen sich etwa 40 000 Nucleotide je Tag bestimmen. Mittlerweile sind die Genome zahlreicher Prokaryoten und etlicher Eukaryoten vollständig sequenziert. Dabei stellte man fest, dass bei Eukaryoten die Gene stets durch lange DNA-Stücke ohne Informationswert getrennt sind. Beim Menschen enthält eine Sequenz von 1 Million Nucleotiden nur ungefähr 12 bis 20 funktionsfähige Gene aus etwa 300 bis 5000 Nucleotiden. Die durch diese Verfahren gewonnene Genkarte gibt die Abstände der Gene in Anzahl der Nucleotide und somit in einem absoluten Längenmaß wie eine Landkarte an; sie ist eine »physikalische« Genkarte. Demgegenüber liefert die klassische Genkartierung eine »genetische« Genkarte *(s. 3.2.2)*.

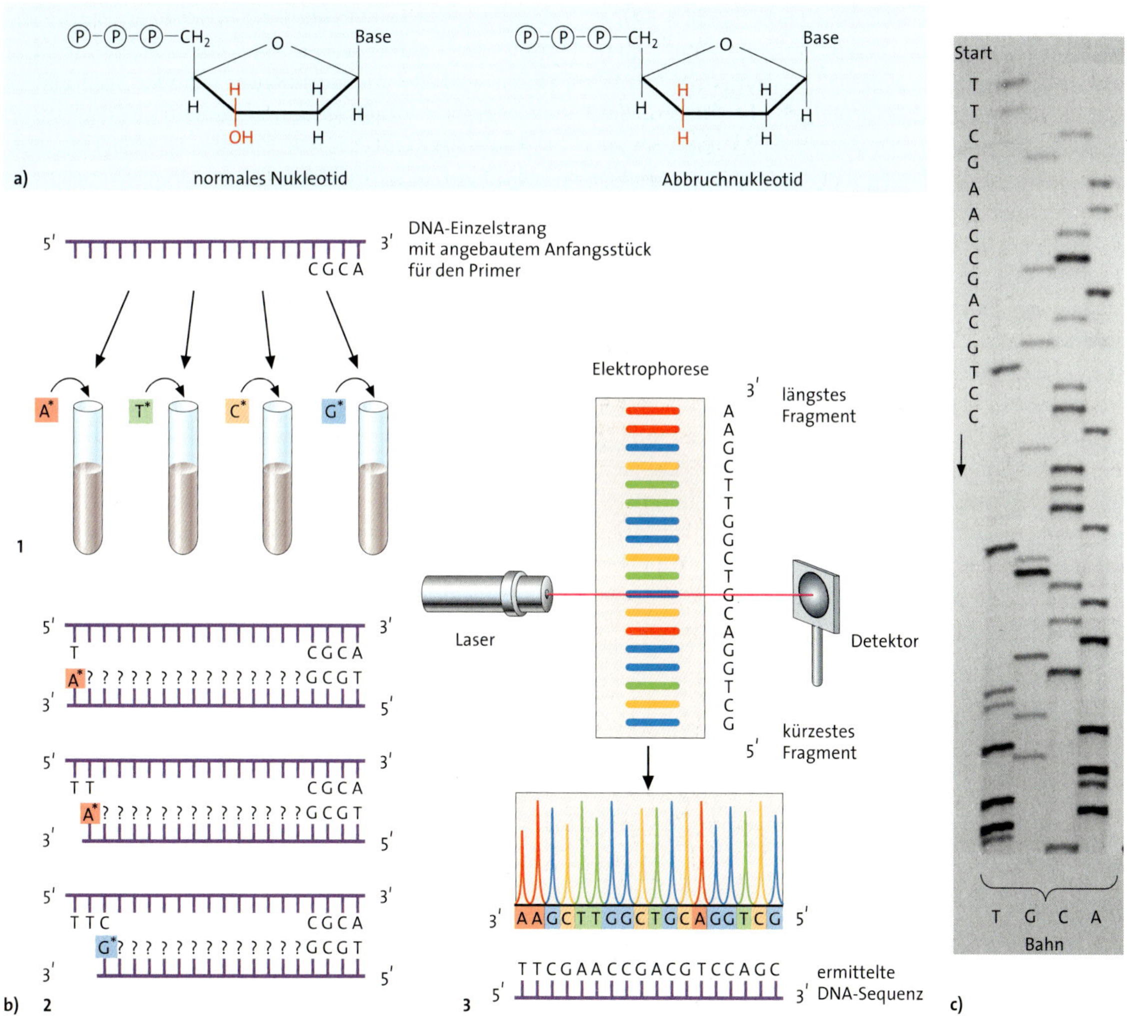

Abb. 353.1: DNA-Sequenzanalyse. **a)** normales Nucleotid und Abbruchnucleotid; **b)** Fluoreszenzfarbstoff-Markierung der Abbruchnucleotide; **1** Ansatz mit vielen DNA-Einzelsträngen, DNA-Polymerase, Primer-Molekülen, DNA-Nucleotiden und wenigen Abbruchnucleotiden (A*, T*, C*, G*); **2** synthetisierte Sequenzen; **3** DNA-Sequenz als Ergebnis der Laser-Detektion nach Elektrophorese fluoreszenzmarkierter Sequenzen (mit Abbruchnucleotid); **c)** Ergebnis der Sequenzierung bei Verwendung von radioaktiv markierten Abbruchnucleotiden

4.2 Realisierung der genetischen Information

4.2.1 Der Weg vom Gen zum Merkmal

Bei der Ausprägung von Merkmalen eines Organismus wirken in der Regel Gene und Umwelt zusammen *(s. 1)*. Manche Merkmale, wie z. B. die Blütenfarbe des Klatschmohns, werden allerdings nur durch die Wirkung von Genen bestimmt. Unabhängig davon ist die Ausprägung eines Merkmals stets das Ergebnis von Stoffwechselprozessen. Die Gene steuern dabei allein die Synthese von Proteinen, z. B. Enzymen.

Zunächst wird an der DNA ein RNA-Molekül gebildet, welches die genetische Information eines DNA-Abschnitts übernimmt. Diesen Vorgang nennt man **Transkription** (engl. *transcription* Umschreibung); er findet im Zellkern statt. Die dabei gebildete RNA heißt *messenger-RNA* oder *mRNA* (Boten-RNA). Ein anderer Typ von RNA-Molekülen befindet sich im Cytoplasma und bindet spezifisch an Aminosäuren; er wird als *transfer-RNA* oder *tRNA* bezeichnet (Transport-RNA).

Die Synthese der Proteine findet außerhalb des Zellkerns an den Ribosomen statt. Hier bestimmt die Nucleotidsequenz der mRNA die Reihenfolge der Aminosäuren, die von den tRNA-Molekülen zum Ribosom gebracht werden. Diese Übersetzung der Basen-Abfolge der mRNA in die Abfolge der Aminosäuren des Proteins heißt **Translation** (lat. *translatio* Übersetzung). Das neu synthetisierte Protein kann nun als Enzym die Entstehung von bestimmten Stoffwechselprodukten katalysieren. Im einfachsten Fall stellen die Endprodukte eines Stoffwechselweges selbst das Merkmal dar, wie z. B. die Farbstoffmoleküle der Klatschmohnblüte (**Abb. 354.1**).

4.2.2 Transkription und Genetischer Code

Ähnlich wie bei der Replikation der DNA paaren sich bei der Transkription die Nucleotide des einen DNA-Strangs mit komplementären Ribonucleotiden. Diese werden anschließend durch das Enzym *RNA-Polymerase* miteinander zur mRNA verknüpft (**Abb. 355.2**). Die mRNA löst sich von der DNA und wandert als einsträngiges Molekül zu einem Ribosom, bei den Eukaryoten aus dem Kern ins Cytoplasma *(s. Abb. 357.1)*. Die Nucleotidsequenz der mRNA enthält die an der DNA »abgelesene« Information.

In den Proteinen der Lebewesen treten in der Regel 20 verschiedene Aminosäuren auf. Deren Reihenfolge liegt in der Nucleotidsequenz der mRNA und somit in der Nucleotidsequenz der DNA *codiert* vor. Würde eine Aminosäure durch ein einziges Nucleotid bestimmt, so ließen sich den vier Nucleotiden nur vier Aminosäuren zuordnen (4^1 Möglichkeiten). Würde eine Folge aus jeweils zwei Nucleotiden, z. B. GT oder AC eine Aminosäure festlegen, so ergäben sich $4^2 = 16$ Möglichkeiten. Auch diese Zahl reicht zur Codierung von 20 Aminosäuren nicht aus. Erst bei der Kombination von drei Nucleotiden, etwa dem Triplett AGT oder CTA, ergeben sich genügend viele, nämlich $4^3 = 64$ Möglichkeiten zur Bestimmung der 20 Aminosäuren. Damit liegt die Vermutung nahe, dass einem bestimmten Nucleotid-Triplett eine Aminosäure zugeordnet ist. Diese Annahme lässt sich mithilfe von Mutationen bestätigen, bei denen bestimmte Moleküle, z. B. Acridin, zwischen zwei Nucleotide »eingeschoben« werden. Bei der Replikation der DNA wird dann an dieser Stelle am komplementären Strang irgendein Nucleotid neu eingesetzt, sodass von dort an die Tripletts in der DNA verändert sind (**Abb. 355.3**). Damit wird auch eine veränderte RNA abgelesen, sodass sich ein

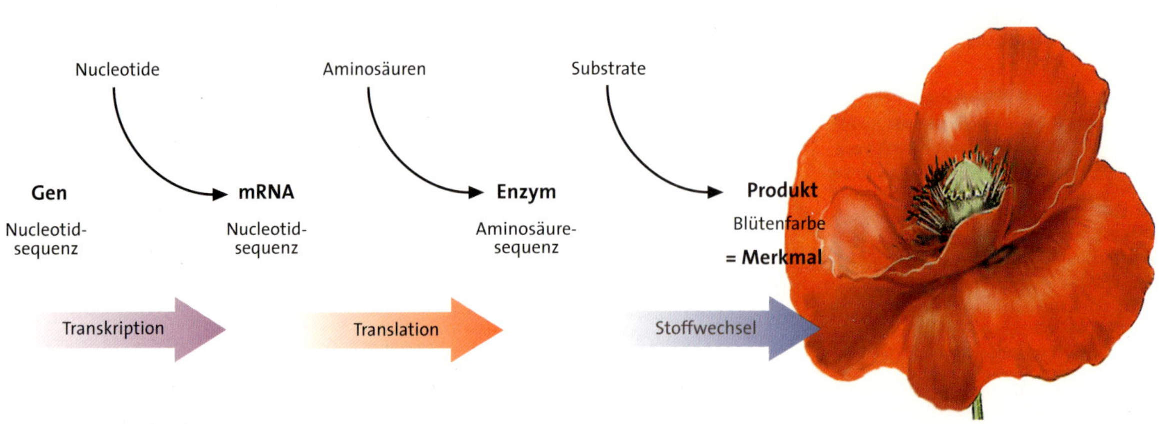

Abb. 354.1: Schema der Informationsübertragung vom Gen zum Merkmal. Das Schema berücksichtigt nicht, dass das Merkmal Blütenfarbe durch mehrere Gene bedingt ist. Ihre Genprodukte (Enzyme) katalysieren eine Kette von Reaktionen, an deren Ende die Bildung der Blütenfarbe steht.

GENETIK

anderes Protein bildet. Dies könnte z. B. ein nicht funktionsfähiges Enzym sein. Das Hinzufügen von zwei Nucleotiden führt ebenfalls zu einem veränderten Protein. Werden hingegen im Anfangsbereich der DNA-Sequenz *drei* aufeinander folgende Nucleotide eingefügt, so bleiben im darauf folgenden Teil der DNA die ursprünglichen Tripletts und damit die genetische Botschaft erhalten. Die entstehenden Proteine sind nur geringfügig in ihrem Bau verändert. Dies beweist, dass drei Nucleotide die Einheit der genetischen Information sind: *Ein* Triplett codiert für *eine* Aminosäure.

Diese Mutationen, bei denen Nucleotide eingeschoben werden, zeigen weiterhin, dass die Codierung keine »Pausenzeichen« zur Unterscheidung der Tripletts aufweist. Außerdem konnte nachgewiesen werden, dass jedes Nucleotid nur an jeweils *einem* Triplett beteiligt ist. Wird ein einzelnes Nucleotid durch ein anderes ersetzt, führt dies höchstens zur Änderung *einer* Aminosäure im zugehörigen Protein. Die Ablesung des Codes erfolgt demnach »ohne Überlappung«. Es liegt also ein Leseraster vor, welches die Nucleotide beim Ablesen zu Dreiergruppen zusammenfasst. Werden ein oder zwei Nucleotide zusätzlich eingebaut, so werden jeweils andere Dreiergruppen gebildet. Man nennt diese Punktmutationen, anhand derer die Beweise geführt wurden, daher *Raster-Mutationen.*

Die Nucleotid-Tripletts der DNA, die für Aminosäuren codieren, bezeichnet man als *Codogene.* Dem Codogen entspricht nach der Transkription ein *Codon* auf der mRNA. An die Codons der mRNA lagern sich jeweils spezifische Tripletts der tRNA an, die man als *Anticodons* bezeichnet (**Abb. 355.1**). Die Gesamtheit der Codons bezeichnet man als *genetischen Code (s. Abb. 356.1).*

Zahlreiche Untersuchungen an Viren, Prokaryoten- und Eukaryoten-Zellen lieferten den Beweis, dass alle Organismen gleiche Codons für gleiche Aminosäuren benutzen. Der genetische Code ist also universell. Es gibt allerdings einige Abweichungen. So ist z. B. bei etlichen Einzellern das Codewort für die Aminosäure Tryptophan abweichend. Bei der Proteinsynthese in den Mitochondrien ist das Tryptophan ebenfalls abweichend codiert, bei manchen Organismen trifft dies auch für Methionin zu.

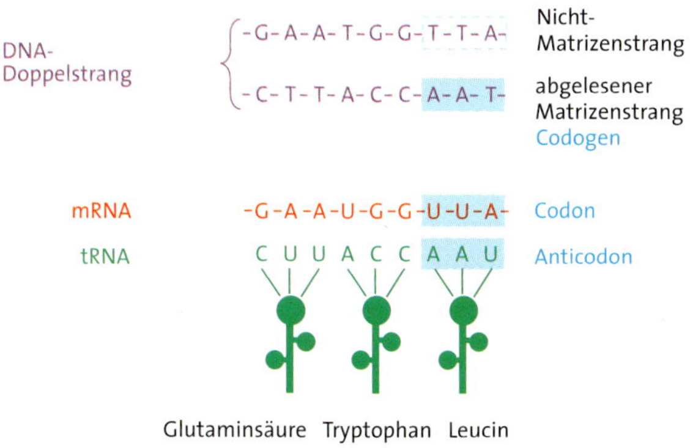

Abb. 355.1: Transkription und Translation übertragen die Triplett-Folge des Gens (DNA-Abschnitt) in die Aminosäureabfolge einer Polypeptidkette; diese bildet ein Protein, z. B. ein Enzym. Der Nicht-Matrizenstrang zeigt die Codons (T ≙ U).

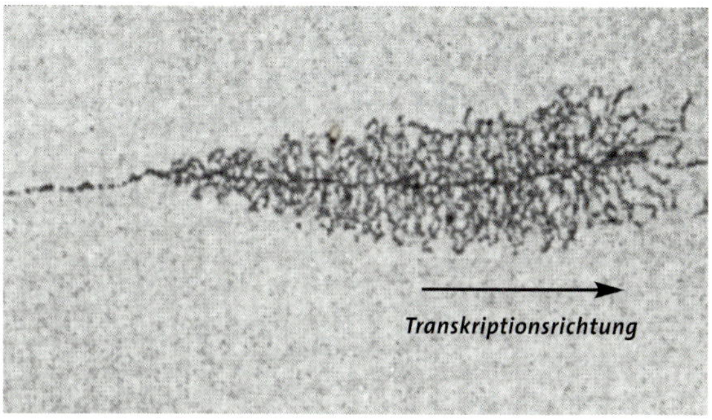

Abb. 355.2: Transkription bei Eukaryoten (EM-Bild, ca. 27 000fach). Durch das Bild verläuft fast horizontal der DNA-Doppelstrang. An einem der Stränge bilden sich von links nach rechts zahlreiche mRNA-Moleküle (die Anlagerung der Ribosomen findet bei Eukaryoten erst im Cytoplasma statt).

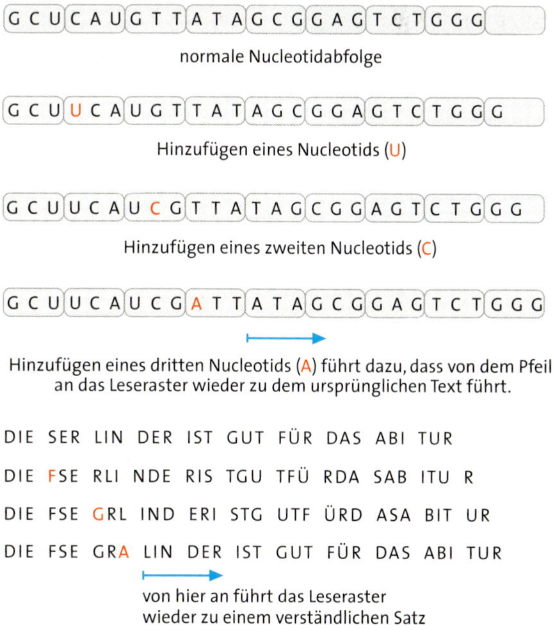

Abb. 355.3: Nachweis für das Vorliegen von Triplett-Codewörtern durch Einschieben von Nucleotiden (blau unterlegt) und erläuterndes Beispiel mit einem Satz aus Silben mit nur drei Buchstaben.

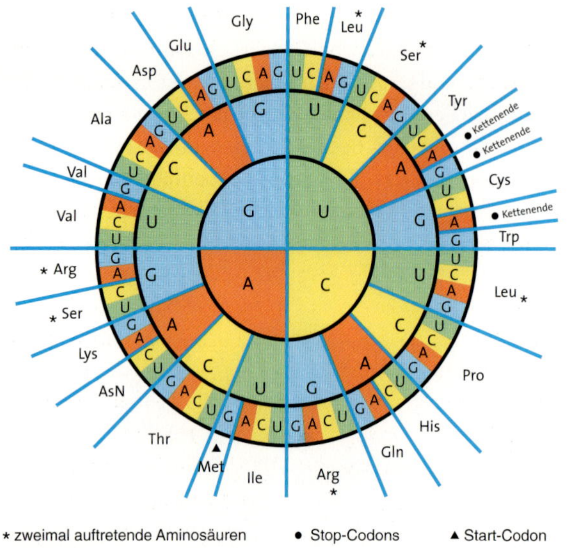

Abb. 356.1: Der Genetische Code. Die Codons sind von innen nach außen zu lesen, z. B. wird die Aminosäure Glycin *Gly* - bestimmt durch die Tripletts GGU, GGC, GGA und GGG. *Phe* Phenylalanin, *Leu* Leucin, *Ser* Serin, *Tyr* Tyrosin, *Cys* Cystein, *Trp* Tryptophan, *Pro* Prolin, *His* Histidin, *Gln* Glutamin, *Arg* Arginin, *Ile* Isoleucin, *Met* Methionin, *Thr* Threonin, *Asn* Asparagin, *Lys* Lysin, *Val* Valin, *Ala* Alanin, *Asp* Asparaginsäure, *Glu* Glutaminsäure

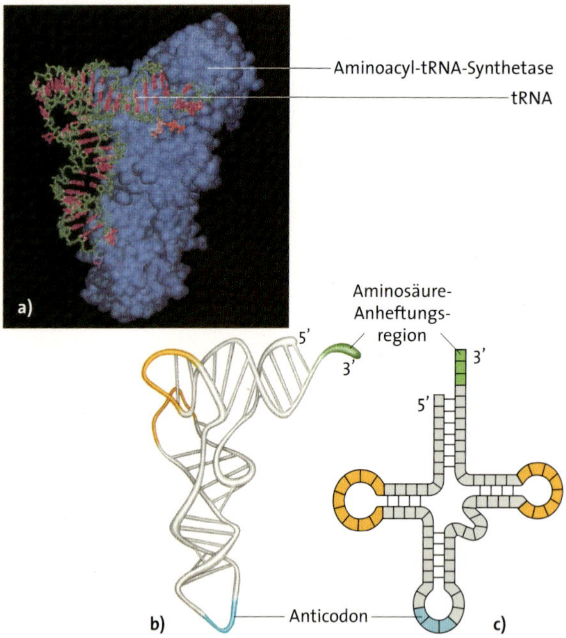

Abb. 356.2: tRNA. **a)** tRNA gebunden an das Enzym Aminoacyl-tRNA-Synthetase, das die spezifische Aminosäure an die tRNA bindet; **b)** räumliches Modell der tRNA, welches Basenpaarungen als Querbänder und Schleifen zeigt; **c)** auf die Ebene projizierte Struktur, die eine kleeblattartige Form aufweist.

Entschlüsselung des Genetischen Codes. Die Frage, welches Triplett für welche Aminosäure codiert, konnte *in vitro* (»im Reagenzglas«) geklärt werden. Dazu stellte man zellfreie Extrakte her, die alle für die Proteinsynthese erforderlichen Bestandteile enthielten: tRNA-Moleküle, Ribosomen, Aminosäuren, energiereiche Phosphate und Enzyme. Weiterhin fügte man den Extrakten noch kleine, künstlich hergestellte mRNA-Moleküle mit bekannter Basenabfolge hinzu. Damit ließen sich Peptidketten synthetisieren.

Eine erste künstliche mRNA enthielt an Basen nur das Uracil (U). Als man diese mRNA für die Proteinsynthese einsetzte, entstand eine Polypeptidkette, die nur aus Phenylalanin besteht. Damit war das erste Codewort gefunden: das Triplett UUU bestimmt die Aminosäure Phenylalanin. Dann verwendete man künstliche mRNA-Moleküle mit anderen periodischen Trinucleotidabfolgen, z. B. CUACUACUA.... Da in diesem Fall die Ablesung bei C, U oder A begann, erhielt man drei verschiedene Peptidketten aus je einer der drei Aminosäuren Leucin, Tyrosin bzw. Threonin. Weitere Untersuchungen ergaben, dass Leucin durch das Triplett CUA, Tyrosin durch UAC und Threonin durch ACU codiert werden. Die Proteinsynthese mit weiteren periodischen mRNA-Molekülen ergab schließlich die eindeutige Zuordnung von 61 Basentripletts der mRNA zu den 20 Aminosäuren der Proteine. Da der Genetische Code mit mRNA-Molekülen aufgeklärt wurde, verwendet man als Codewörter die RNA-Basentripletts.

Der Codesonne (**Abb. 356.1**) lässt sich entnehmen, dass es für die meisten Aminosäuren mehrere (zwischen zwei und sechs) Codewörter gibt. Man sagt, der Genetische Code sei »*degeneriert*«, weil man zwar eindeutig von der Nucleotidsequenz auf die Aminosäure, nicht aber umgekehrt von der Aminosäure auf die Nucleotidsequenz schließen kann.

Wenn die eingesetzten RNA-Moleküle mit den Tripletts UAG, UAA oder UGA begannen, erfolgte keine Proteinsynthese. Traten diese Tripletts innerhalb des Moleküls auf, wurde eine bereits begonnene Proteinsynthese abgebrochen. Diese drei Tripletts liefern demnach die Information »Ende der Polypeptidkette«; sie sind *Stop-Codons*. Bei einem anderen Codon, dem Triplett AUG, handelt es sich um ein *Start-Codon*, das für die Aminosäure Methionin codiert. Beim Start der Proteinsynthese innerhalb der Zelle wird stets mit der Aminosäuren Methionin begonnen, nach Fertigstellung der Peptidkette wird sie jedoch wieder abgetrennt. In vitro ist allerdings ein Start ohne dieses Start-Codon möglich, sonst würde z. B. die mRNA, die die Tripletts UUU enthält, nicht abgelesen.

4.2.3 Translation

Die Translation, also die Biosynthese der Proteine, findet an den Ribosomen statt. Zunächst bindet das mRNA-Molekül an das Ribosom. Doch wie wird nun die Triplettabfolge der mRNA in die Aminosäuresequenz der Proteine übersetzt? Als Dolmetscher dienen die tRNA-Moleküle. Ein tRNA-Molekül übt dabei folgende Funktionen aus: Es ist spezifisch für eine bestimmte Art von Aminosäure und bindet diese; es transportiert die Aminosäure zum Ribosom; es erkennt »sein« spezifisches Triplett der mRNA und bindet an dieses; dabei bindet das tRNA-Molekül an das Ribosom. Diesen Funktionen entspricht die Struktur der tRNA-Moleküle (**Abb. 356.2**). Ihre räumliche Gestalt ist etwa »hinkelsteinartig«. Am 3'-Ende des Moleküls findet sich stets das Triplett CCA, an das die Aminosäure bindet. Etwa in der Mitte des Moleküls ist das Triplett lokalisiert, das spezifisch an ein bestimmtes Codon der mRNA bindet (Anticodon). So entspricht dem Codon AUG der mRNA das Anticodon UAC einer tRNA.

Die Bindung der Aminosäuren an die tRNA-Moleküle wird durch besondere Enzyme katalysiert (**Abb. 356.2**). Jedes dieser Enzyme reagiert nur mit einer Aminosäure und der zugehörigen tRNA. Die tRNA wird dabei am räumlichen Bau erkannt. Wenn bei der Beladung der tRNA ein Fehler geschieht, kann dieser nicht mehr korrigiert werden: Die falsche Aminosäure wird in die Polypeptidkette eingebaut. Diese Enzyme haben also für die Übersetzung des genetischen Codes eine entscheidende Funktion. Auch für die Bindung an das Ribosom ist die räumliche Struktur der tRNA von Bedeutung.

Ein Ribosom besteht aus zwei Untereinheiten, die erst beim Start der Proteinsynthese zu einem funktionsfähigen ganzen Ribosom zusammentreten. Während der Proteinsynthese wird die mRNA zwischen den beiden Untereinheiten hindurchbewegt. Die Reihenfolge der Aminosäuren in der Polypeptidkette ist durch die Triplettsequenz der mRNA festgelegt. Schon während der Synthese des Polypeptids beginnt sich dessen Raumstruktur auszubilden (**Abb. 357.1**); sie ist eine Folge von Bindungskräften zwischen den Seitenketten der verknüpften Aminosäuren. Die Raumstruktur wird nach Ablösung vom Ribosom vollendet, sie ist also nicht gesondert in der DNA verschlüsselt. Fast immer wirken bei der Ausbildung der Raumstruktur Hilfsenzyme mit, vor allem die Chaperone *(s. 4.2.4)*.

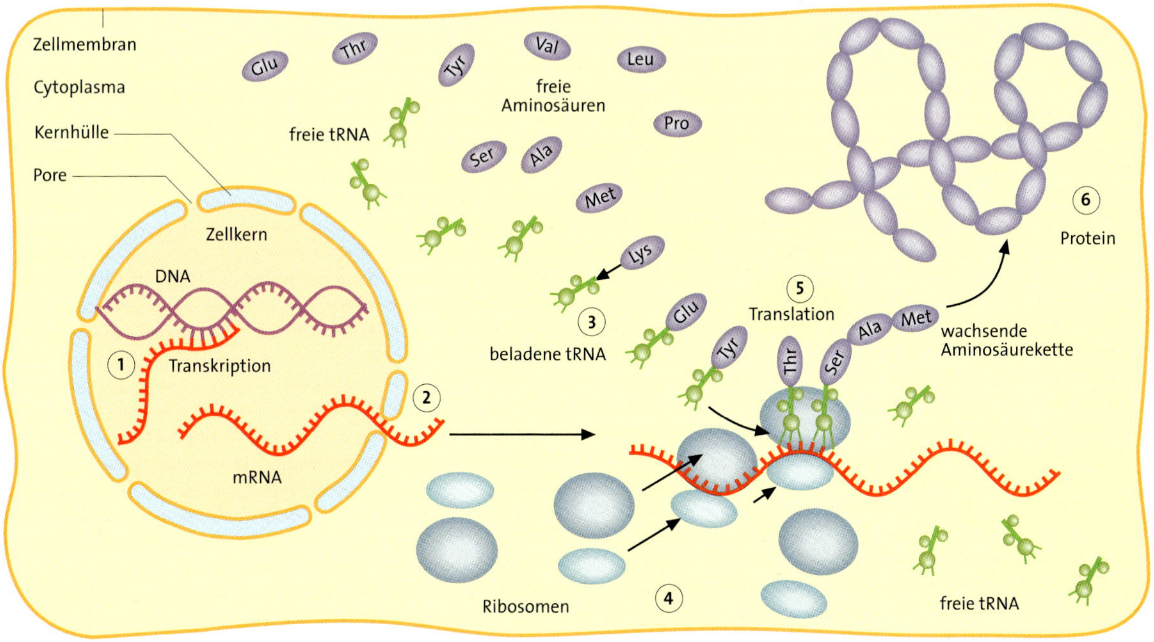

Abb. 357.1: Übersicht über Transkription und Translation. **1** mRNA bildet sich an der DNA im Kern. Dabei wird die in der Basenfolge der DNA enthaltene Information auf die mRNA übertragen (Transkription); **2** die mRNA gelangt durch eine Kernpore ins Cytoplasma; **3** an eine tRNA wird eine spezifische Aminosäure gebunden; **4** die beiden Untereinheiten eines Ribosoms binden an die mRNA und setzen sich zum funktionsfähigen Ribosom zusammen; **5** die von den tRNA mitgebrachten Aminosäuren werden am Ribosom enzymatisch zu einer Polypeptidkette verknüpft; dabei wird die Basenfolge der mRNA in die Aminosäurefolge des Polypeptids übersetzt (Translation); **6** das fertige Polypeptid hat sich vom Ribosom abgelöst und bildet seine endgültige Struktur aus. (Größenverhältnisse nicht maßstabsgerecht)

Reverse Transkription

Manche RNA-Viren lösen in der Wirtszelle die Bildung eines Enzyms aus, das an der Virus-RNA eine komplementäre DNA bildet. Man nennt das Enzym *reverse Transkriptase* (engl. *reverse* umkehren) und die Viren *Retroviren* (lat. *retro* zurück). An der so gebildeten DNA wird dann neue Virus-RNA hergestellt. Solche DNA kann gelegentlich auch ins Genom der Wirtszelle eingebaut werden und darin als »Provirus« verbleiben. Alle untersuchten Genome von Wirbeltieren enthalten Proviren. Ca. 8 % des menschlichen Genoms sind so entstanden.

Mit isolierter reverser Transkriptase lässt sich experimentell an jeder beliebigen RNA eine einsträngige komplementäre DNA *(complementary DNA = cDNA)* aufbauen. So werden DNA-Sonden hergestellt, mit denen man die Lage eines Gens im Chromosom bestimmen kann.

Reverse Transkriptasen werden auch verwendet, um festzustellen, welche Gene in einem Gewebe aktiv sind. Hierbei bedient man sich der Microarray-Technik *(s. 4.1.8)*. Auf einer Microarray-Platte ist dafür die gesamte DNA der betreffenden Art in Form von vielen kurzen einsträngigen DNA-Stücken aufgebracht. Man isoliert aus den betreffenden Geweben die mRNA, stellt die cDNA her und markiert sie mit unterschiedlichen Fluoreszenzfarbstoffen. Aus der Hybridisierung der cDNA mit der DNA der Microarray-Platte lässt sich erkennen, an welchen Genen mRNA gebildet wurde.

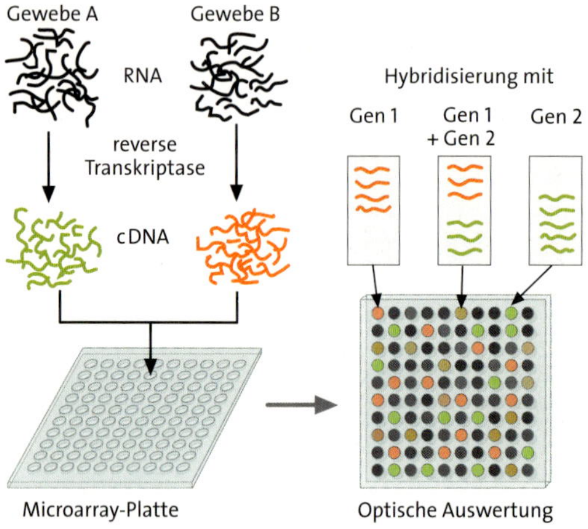

Abb. 358.1: Feststellung der Aktivität von Genen in verschiedenen Geweben mit der Microarray-Technik. Jede Stelle der Microarray-Platte trägt 100 bis mehr als 1000 gleiche DNA-Stücke.

Vorgang der Translation. Bevor die Proteinsynthese starten kann, müssen sich die beiden Untereinheiten des Ribosoms an die mRNA anlagern. Die kleinere Untereinheit bindet dabei an die Nucleotidsequenz der mRNA, die dem Startcodon vorangeht. Anschließend lagert sich die große Untereinheit an. Die Proteinsynthese beginnt damit, dass sich eine mit der Aminosäure Methionin beladene tRNA an das Startcodon der mRNA anlagert (**Abb. 359.1 a**). Auf dem Ribosom befinden sich zwei Bindungsstellen für beladene tRNA-Moleküle, die als *P-* und *A-Bindungsstelle* bezeichnet werden. Die Start-Methionin-tRNA wird an der P-Bindungsstelle (P = Peptid) gebunden. An der noch freien A-Bindungsstelle (A = Aminosäure) bindet eine weitere beladene tRNA, ihr Anticodon passt zu dem Codon an der A-Bindungsstelle. Nun erfolgt unter Energieeinsatz die Verknüpfung der beiden Aminosäuren durch eine Peptidbindung. Diese Reaktion wird durch die RNA des Ribosoms katalysiert, die RNA wirkt dabei als *Ribozym (s. Stoffwechsel 1.2.1)*. Gleichzeitig wird das Methionin von seiner tRNA abgetrennt, und die tRNA löst sich von der P-Bindungsstelle. In diese wird nun die tRNA mit den beiden verknüpften Aminosäuren unter Energieeinsatz verschoben; gleichzeitig rückt die mRNA im Ribosom um ein Codon weiter (**Abb. 359.1 b**). In der A-Bindungsstelle liegt jetzt das nächste Codon. An dieses Codon bindet eine neue beladene tRNA, und die nächste Peptidbindung wird ausgebildet. Dieser Vorgang läuft so lange weiter, bis auf der mRNA ein Stop-Codon in der A-Bindungsstelle liegt; dann bricht das Wachstum der Polypeptidkette ab (**Abb. 359.1 c**).

Die Peptidkette wandert während ihres Wachstums durch einen »Tunnel« in der großen Untereinheit des Ribosoms. Sobald die Peptidkette aus dem Tunnel in das Cytoplasma hineinragt, lagert sich in der Regel ein Hilfsprotein an *(Chaperon, s. 4.2.4)*, das den Aufbau der Raumstruktur des Peptids unterstützt.

Normalerweise ist eine mRNA sehr lang, und so treten mehrere Ribosomen mit ihr in Wechselwirkung und lesen die Information ab (**Abb. 359.2**). Man bezeichnet die Gesamtheit aller an einem mRNA-Molekül sitzenden Ribosomen als *Polysom*. Da an jedem Ribosom eines Polysoms die gleichen Polypeptidmoleküle aufgebaut werden, entsteht eine größere Zahl gleicher Proteine, bevor der Abbau der mRNA durch Ribonucleasen einsetzt. Dieser beginnt mit der Entfernung der Poly-A-Kette *(s. 4.2.6)*.

In einer Zelle gibt es stets sehr viele verschiedene mRNA-Moleküle. An ihnen bilden Tausende von Ribosomen Polypeptidmoleküle. Es entstehen damit gleichzeitig sehr viele verschiedene Proteinmoleküle in jeweils hoher Stückzahl.

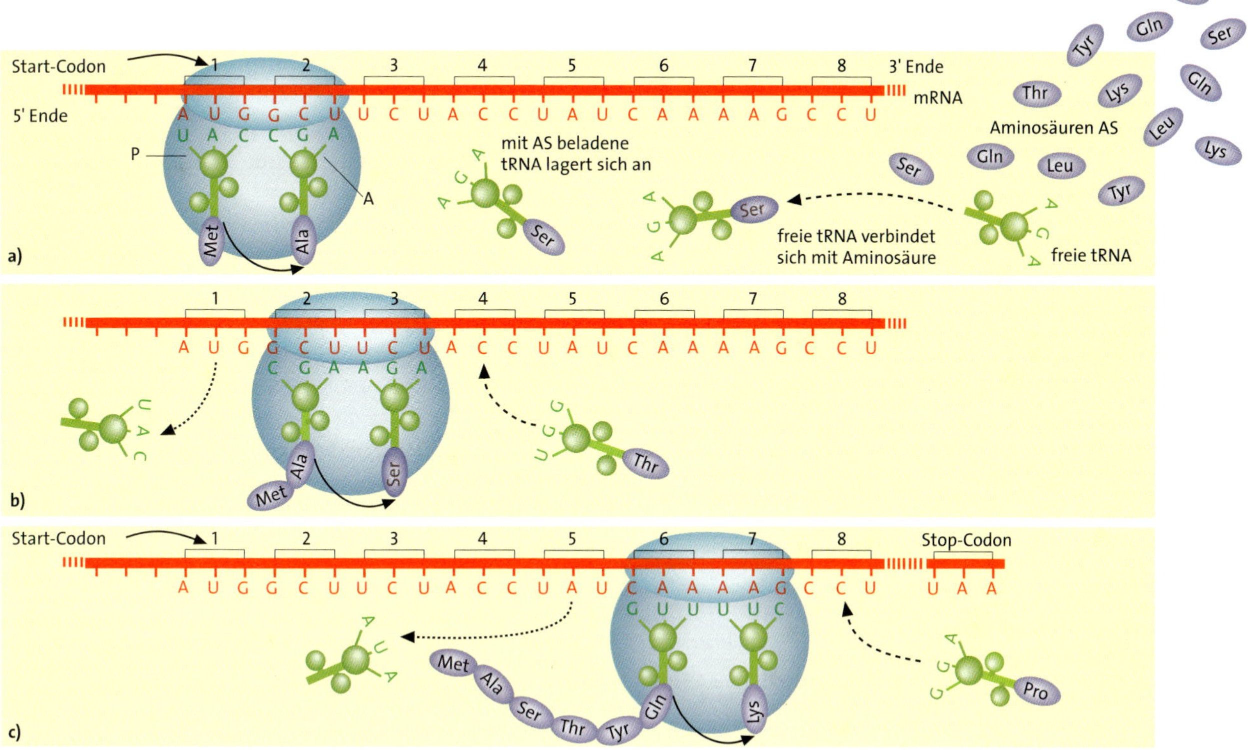

Abb. 359.1: Entstehung der Peptidkette am Ribosom; A und P: Bindungsstellen; **1** bis **8**: Codons

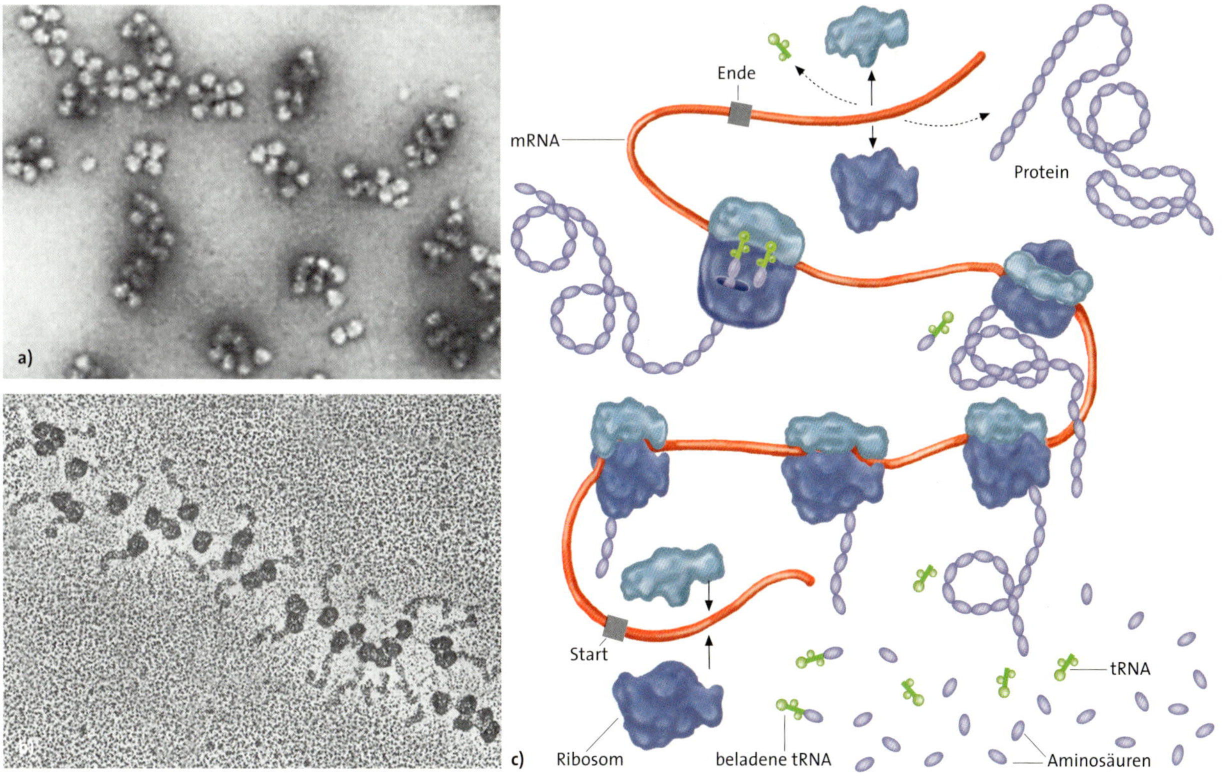

Abb. 359.2: Synthese mehrerer gleicher Polypeptidketten an einer mRNA durch einen Ribosomenverband (Polysom). **a)** Isolierte Polysomen (EM-Bild); **b)** ausgebreitetes einzelnes Polysom (EM-Bild; **c)** Schema eines ausgebreiteten Polysoms

Wirkungsweise von Antibiotika

Viele Antibiotika verursachen eine Hemmung von Transkription oder Translation und hemmen damit die Vermehrung von Bakterien. So verhindert Chloramphenicol die Peptidbindung am Ribosom, während Makrolid-Antibiotika, wie z. B. Erythromycin, den Ribosomentunnel blockieren und damit die Translation verhindern. Puromycin hemmt die Translation bei Prokaryoten und Eukaryotenzellen. Penicilline verhindern den Aufbau der Bakterienzellwand.

Antibiotika werden als Medikamente gegen bakterielle Erkrankungen eingesetzt. Bakterien können allerdings gegen Antibiotika Resistenzen besitzen *(s. Exkurs Antibiotika, S. 33)*. Die Bakterien sind dann in der Lage, die Antibiotikum-Moleküle rasch über die Zellwand auszuschleusen oder innerhalb der Zelle abzubauen. Dafür sind oft auf Plasmiden lokalisierte Gene verantwortlich, die bei der Konjugation auf weitere Stämme übertragen werden können. Folge davon sind die Ausbreitung resistenter Stämme und die Entwicklung von Mehrfach-Resistenzen. Deshalb müssen immer wieder neue Antibiotika entwickelt werden.

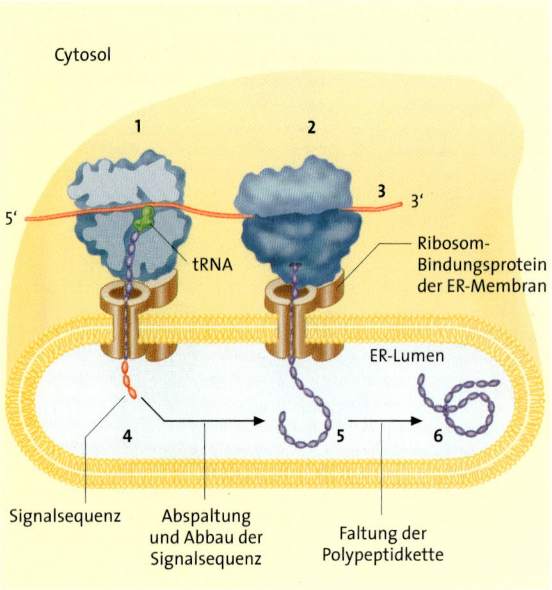

Abb. 360.1: Synthese von Proteinen in das ER hinein. **1:** Ribosom (vergrößert) im Längsschnitt mit erkennbarem Tunnel; **2:** vollständiges Ribosom; **3:** mRNA; **4:** Polypeptidkette mit Signalsequenz; **5:** wachsende Polypeptidkette; **6:** fertiges Protein

4.2.4 Faltung, Lokalisierung und Abbau der Proteine

Die Bildung der Raumstruktur der Proteine bezeichnet man als *Faltung*. Dabei entstehen die Sekundärstruktureinheiten und die Tertiärstruktur *(s. Stoffwechsel 1.1.2)*. Da je Primärstruktur mehrere Tausend Raumstrukturen möglich sind, ist es wichtig, dass nur die eine funktionsfähige und damit richtige ausgebildet wird. Bereits während der Synthese der Polypeptidkette am Ribosom binden bestimmte Proteine, die Chaperone (engl. *chaperon* Begleiter), an die wachsende Polypeptidkette und verhindern die Ausbildung einer falschen Raumstruktur. Die Chaperone sind jeweils für viele Proteine zuständig. Zusammen mit spezifischen Enzymen der Proteinfaltung lösen sie unmittelbar nach der Synthese die Bildung der richtigen Raumstruktur aus. Dafür benötigen sie weniger als eine Sekunde. Sehr große Proteinmoleküle falten sich oft in verschiedenen Teilbereichen getrennt, die man als *Domänen des Proteins* bezeichnet. Diese übernehmen häufig unterschiedliche Teilfunktionen des Proteins *(s. 4.2.6)*.

Zellorganellen enthalten spezifische Enzyme. Es muss also sichergestellt werden, dass diese an den richtigen Ort gelangen. Die Sortierung erfolgt ähnlich wie bei einer Briefverteilungsanlage: Die Proteine besitzen eine Abfolge von Aminosäuren, die als Erkennungsbereich (Signalsequenz) dient und die gewissermaßen die Funktion einer Postleitzahl ausübt. So gibt es spezifische Signalsequenzen für den Transport in die unterschiedlichen Zellorganellen. Die jeweilige Signalsequenz wird von Membranproteinen des betreffenden Organells erkannt. Dadurch wird ein Aufnahmesystem aktiv, das auch die Signalsequenz abspaltet, sodass ein Rücktransport nicht erfolgen kann.

Proteine, die z. B. für das ER oder für die Dictyosomen bestimmt sind, werden in das ER hinein synthetisiert. Dazu bindet die Signalsequenz, die hier am Anfang der Polypeptidkette liegt, an einen Proteinkomplex der Membran des ER (**Abb. 360.1**). Dadurch lagern sich die Ribosomen an das ER an, wodurch raues ER gebildet wird *(s. Cytologie 2.3.2 und Abb. 23.2)*. Das neu gebildete Protein gelangt unter Abspaltung der Signalsequenz in das ER. Von hier kann es über Vesikel zu den Dictyosomen transportiert werden *(s. Exkurs Vesikeltransport in der Zelle; S. 37)*.

Proteine, die außerhalb von Zellen ihre Funktion ausüben, wie Verdauungsenzyme und Hormone, dürfen nicht vorzeitig in der Zelle tätig werden. Von diesen Proteinen werden zunächst Vorstufen gebildet und in Vesikeln zur Zellmembran transportiert; erst bei oder nach Ausschleusung aus der Zelle werden sie durch die Abspaltung eines Stücks der Polypeptidkette zum funktionsfähigen Hormon oder Enzym.

Die Gesamtheit der verschiedenen Proteine einer Zelle wird einerseits durch die Regulation der Genaktivität, also durch die Proteinsynthese bestimmt. Sie wird andererseits aber ebenso durch die Regulation des Proteinabbaus beeinflusst. Der Proteinabbau erfolgt an verschiedenen Orten in der Zelle: In Lysosomen und in *Proteasomen (s. Cytologie 2.3.3)*. Der Abbau in Lysosomen erfordert einen aktiven Transport des Proteins in dieses Organell. Proteasomen gibt es sowohl im Cytosol wie im Zellkern. Diese sehr kleinen Zellorganellen enthalten im Inneren Proteasen. Im Kern bauen sie Transkriptionsfaktoren ab.

4.2.5 **Genwirkketten**

Um festzustellen, wie die genetische Information letztlich in die Merkmale des Phänotyps umgesetzt wird, führte man Experimente an der Mehlmotte und an *Drosophila* durch. Diese gaben Aufschluss über die Synthese des Augenfarbstoffs Ommochrom, der bei Wildformen zu braunen Augen führt. Eine Mangelmutante der Mehlmotte besaß rote Augen, sie konnte Ommochrom nicht herstellen. Verfütterte man ihr den zur Ommochromsynthese notwendigen Ausgangsstoff Kynurenin, so färbten sich ihre Augen normal braun. Bei Untersuchungen an *Drosophila*-Mutanten zeigte sich, dass das Fehlen noch weiterer Stoffe die Ommochromsynthese verhindern kann. Dabei handelt es sich um Stoffe, die aus Kynurenin entstehen. Die Ommochromsynthese verläuft damit von Kynurenin über mehrere Schritte zum Ommochrom, wobei jeder Schritt durch ein Enzym katalysiert wird. Ein Zwischenprodukt fällt immer dann aus, wenn das zuständige Enzym nicht synthetisiert wird. Die Befunde an den Mangelmutanten lassen vermuten, dass Mutationen Enzymverluste zur Folge haben können und dass somit für die Bildung jedes Enzyms ein Gen verantwortlich ist. Diese Annahme führte zur *Ein-Gen-ein-Enzym-Hypothese (s. Exkurs Bedeutungswandel des Genbegriffs, S. 364)*. Die durch Zusammenwirken mehrerer Gene ausgelöste Stoffwechselkette bezeichnet man auch als *Genwirkkette* (**Abb. 361.1**). Erst an ihrem Ende steht das phänotypisch erkennbare Merkmal.

Mehrere Stoffwechselwege beginnen mit der Aminosäure Phenylalanin, das als Proteinbaustein mit der Nahrung aufgenommen wird (**Abb. 361.2**). Aus Phenylalanin wird die Aminosäure Tyrosin hergestellt. Ist das dazu notwendige Enzym defekt, so reichert sich Phenylalanin im Blut an, und es entsteht daraus giftige Phenylbrenztraubensäure (frühere Bezeichnung: Phenylketon). Man nennt diese angeborene Stoffwechselstörung *Phenylketonurie (s. 3.5.3)*. Die Wirkung zeigt sich vor allem an einer Schädigung der Gehirnzellen, die zu Schwachsinn führt. Eine andere Stoffwechselkette läuft vom Tyrosin zum Hautpigment Melanin. Fehlt eines der Enzyme dieser Kette, entsteht *Albinismus*. Ein genetisch bedingter Enzymausfall in der Stoffwechselkette vom Tyrosin zum Schilddrüsenhormon Thyroxin führt zu angeborenem *Kretinismus (s. 3.5.2)*. Bei normalem Abbau des Tyrosins bildet sich als Zwischensubstanz Homogentisinsäure (früher: Alkapton). Fehlt das zu ihrem Abbau erforderliche Enzym, wird sie im Urin ausgeschieden. Diese oft harmlose Störung äußert sich in einer Dunkelfärbung des Urins an der Luft infolge Oxidation der Homogentisinsäure (*Alkaptonurie*, Schwarzharn).

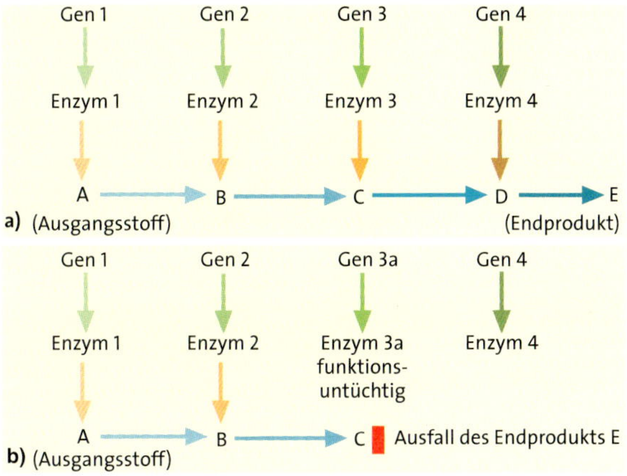

Abb. 361.1: Genwirkketten. **a)** Schema der Steuerung einer Stoffwechselkette durch Enzyme; **b)** Abbruch der Stoffwechselkette infolge einer Mutation von Gen 3

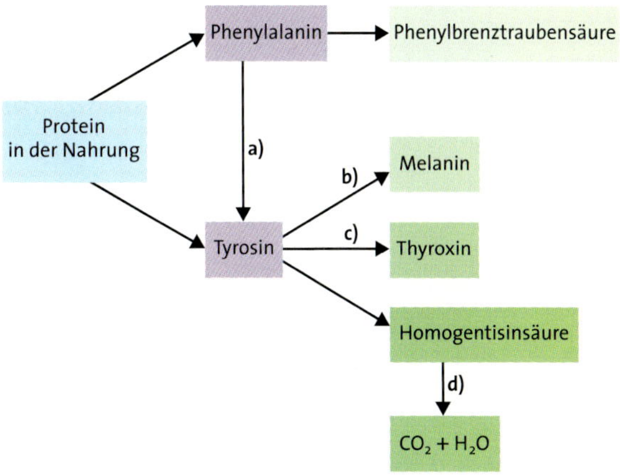

Abb. 361.2: Phenylalaninstoffwechsel. Bei Störung der Wege a) bis d) treten folgende Krankheiten auf: **a)** Phenylketonurie; **b)** Albinismus; **c)** Kretinismus; **d)** Alkaptonurie

4.2.6 Molekularer Bau von Genen bei Eukaryoten

Bei den Eukaryoten sind die mRNA-Sequenzen in den meisten Fällen kürzer als die DNA-Abschnitte. Diese enthalten nämlich Nucleotidabfolgen, die in der mRNA nicht vorhanden sind. Elektronenmikroskopische Beobachtungen bestätigen dies: Wenn man einsträngige DNA mit der an ihr gebildeten mRNA hybridisiert, so weist der DNA-Strang Schleifen auf. Daraus ergibt sich, dass sich ein Teil der DNA nicht paart. Nur diejenigen DNA-Abschnitte, deren Information in die fertige mRNA eingegangen ist, hybridisieren mit dieser RNA. Diese DNA-Abschnitte heißen **Exons**, weil sie *exprimiert* (ausgedrückt) werden. Die dazwischen liegenden Teilstücke des Gens nennt man **Introns**; sie liefern keine Information für die mRNA bzw. für die Polypeptidkette.

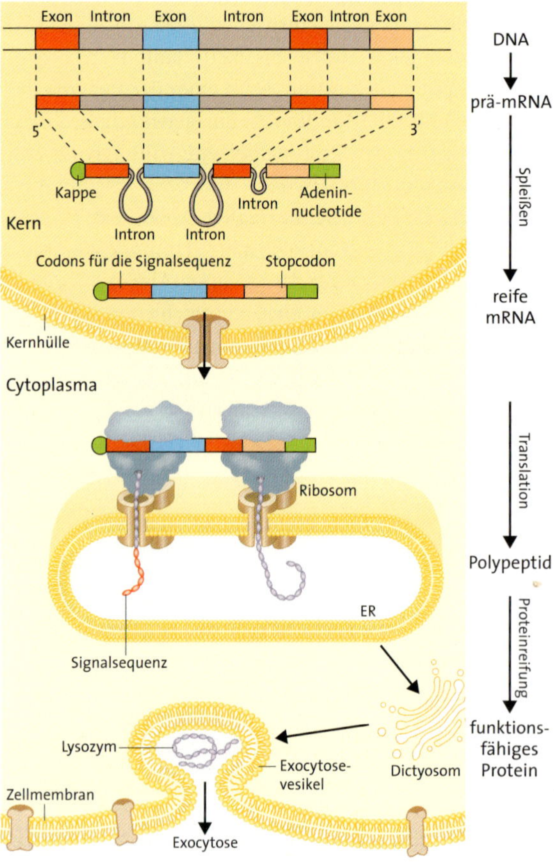

Abb. 362.1: Struktur des Lysozym-Gens, Reifung der mRNA und Synthese des Enzyms. Das Polypeptid besitzt zunächst noch eine Signalsequenz, die dem Einschleusen ins ER dient; durch deren Abspaltung entsteht das funktionsfähige Enzym, das aus der Zelle hinaustransportiert wird.

Die Introns werden dennoch mit den Exons transkribiert, wobei sich eine Vorstufe der mRNA, die *prä-mRNA* bildet. Aus ihr entsteht die fertige mRNA über einen Reifungsprozess, der aus drei Teilvorgängen besteht: Als erstes wird am 5'-Ende der prä-mRNA ein besonderes Nucleotid als »Kappe« *(cap)* angebaut, das die mRNA vor enzymatischem Abbau schützt. Anschließend werden die mRNA-Teile enzymatisch herausgeschnitten, die den Introns entsprechen (**Abb. 362.1**). Diesen Vorgang und die anschließende Verknüpfung der Exons nennt man **Spleißen** *(splicing)*. Dabei wirken kleine RNA-Moleküle mit, die aus 20 bis 30 Nucleotiden bestehen. Manche Introns der prä-mRNA katalysieren als Ribozyme *(s. Stoffwechsel 1.2.1)* das Spleißen selbst. Schließlich wird das 3'-Ende mit einer größeren Zahl von Adenin-Nucleotiden aus ATP blockiert. Auf diese Weise wird verhindert, dass die Molekül-Enden mit weiteren RNA-Stücken reagieren.

Die fertige mRNA enthält nur die Information der Exons. In einigen Fällen haben die auf einzelne Exons zurückgehenden Teile der Polypeptidkette ganz bestimmte Teilfunktionen im Protein; dabei handelt es sich um die Domänen des Proteins *(s. 4.2.4)*. So dient bei den MHC-Proteinen *(s. Abb. 400.1)* eine bestimmte Domäne der Bindung an die Zellmembran, eine andere als Antigen-Bindungsort. Die Anzahl der Introns je Gen ist unterschiedlich. Ihre Bedeutung lässt sich aus evolutionsbiologischer Sicht beschreiben *(s. Evolution 3.3.2)*.

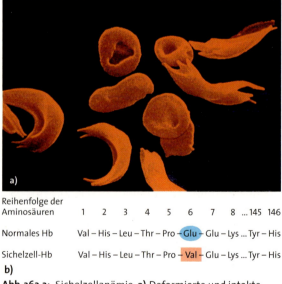

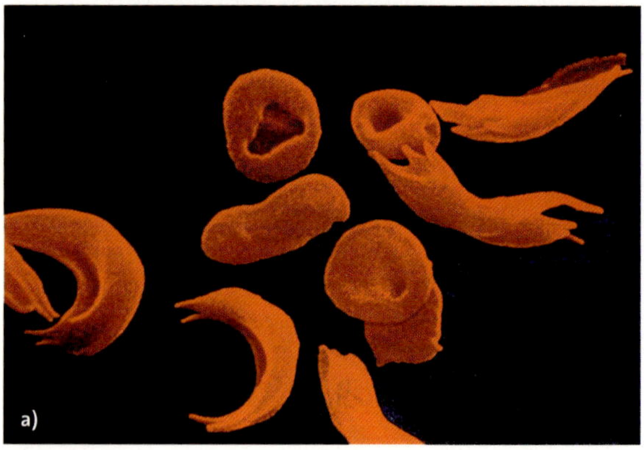

Reihenfolge der Aminosäuren	1	2	3	4	5	6	7	8 ... 145	146
Normales Hb	Val –	His –	Leu –	Thr –	Pro –	Glu –	Glu –	Lys ... Tyr –	His
Sichelzell-Hb	Val –	His –	Leu –	Thr –	Pro –	Val –	Glu –	Lys ... Tyr –	His

b)

Abb. 362.2: Sichelzellanämie. **a)** Deformierte und intakte Rote Blutzellen im Blutausstrich (REM-Bild). Bei O_2-Mangel, z. B. bei körperlicher Anstrengung, werden defekte Blutzellen sichelförmig; **b)** Sequenz des Anfangs der β-Polypeptidkette von normalem und Sichelzell-Hämoglobin

4.2.7 Molekulare Grundlage der Genmutation

Ein gut untersuchtes Beispiel für die Wirkung einer Genmutation ist die *Sichelzellanämie*, bei der die Betroffenen abnormes Hämoglobin bilden. Ihre dadurch veränderten Roten Blutzellen werden von Leukocyten aufgenommen und abgebaut. Die Folge ist bei homozygoten Trägern des Allels eine schwere Anämie (»Blutarmut«), die zum Tode führt. Heterozygote leiden darunter in geringem Maße (unvollständige Dominanz). Im Gegensatz zu den homozygoten Trägern des Normalallels sind sie außerdem Malaria resistent, was für Bewohner von Malaria-Gebieten von Vorteil ist. Eine Untersuchung des Sichelzell-Hämoglobins ergab, dass nur dessen β-Ketten verändert sind und diese sich in einer einzigen Aminosäure von den normalen β-Ketten unterscheiden: Von den insgesamt 146 Aminosäuren ist die sechste Aminosäure, die Glutaminsäure, durch Valin ersetzt (**Abb. 362.2**). Diese Veränderung ist durch einen einzigen Basenaustausch in der RNA bzw. in der DNA verursacht. Eine Genmutation liegt also bereits vor, wenn in der DNA nur eine Base verändert, entfernt oder hinzugefügt ist. Man spricht dann von einer *Punktmutation (s. 4.2.2)*, der häufigsten Form der Genmutationen. Sie tritt bei Eukaryoten einmal je 10^{11} bis 10^{10} Basenpaare und Replikationsvorgang auf. Bezogen auf die ca. $3 \cdot 10^9$ Basenpaare des menschlichen Genoms entspricht das einer Mutations-Wahrscheinlichkeit von 3 bis 30 %.

Eine Punktmutation kann zu einer veränderten Enzymstruktur führen, sodass ein bestimmter Stoffwechselschritt nicht mehr katalysiert wird. Wenn als Folge davon z. B. ein Blütenfarbstoff ausfällt, kann eine weiß blühende Mutante entstehen *(s. Erbse, 2.1.1)*. Beim Ausfall eines lebenswichtigen Stoffs führt die Mutation zum Tod (Letal-Mutation).

Bei der Bluterkrankheit A ist das Gen des Blutgerinnungsfaktors VIII verändert. Die molekulargenetische Untersuchung von über 1000 Patienten mit unterschiedlicher Schwere der Krankheit zeigte folgende Ergebnisse: Bei leichteren Fällen lag meist ein einziger Nucleotidaustausch vor. In schweren Fällen handelte es sich entweder um einen Nucleotidverlust (Rastermutation, *s. 4.2.2*), wodurch ein funktionsloses Protein entsteht, oder um die Inversion einer kurzen Nucleotidsequenz innerhalb des Gens.

Eine weitere Form einer Genmutation wurde für die HUNTINGTON-Erkrankung gefunden *(s. Exkurs Genetische Beratung, S. 339)* sowie für einige andere Erbkrankheiten: Das Gen enthält normalerweise eine Abfolge von 20 bis 35 CAG-Tripletts. Durch eine Störung bei der DNA-Replikation kann die Zahl dieser Tripletts auf über 40 ansteigen *(Expansionsmutation)*. Je größer die Anzahl, um so schwerer ist die Erkrankung.

Fragiles-X-Syndrom. Das Fragile-X-Syndrom ist ein weiteres Beispiel für eine Triplett-Expansion. Es ist häufig die Ursache genetisch bedingten Schwachsinns bei Männern. Das verantwortliche Gen liegt im X-Chromosom. Da das Chromosom bei der Präparation häufig zerbricht, erhielt die Krankheit ihren Namen. Im normalen Allel liegt eine Folge von 6 bis 54 CGG-Tripletts vor; im Allel Erkrankter sind diese auf über 200 vermehrt. Bei etwa 20 % der Männer mit fragilem X-Chromosom fehlen jedoch die Krankheitssymptome. In diesen Fällen liegen nur 60 bis 200 CGG-Tripletts vor. Bei einer Weitergabe des Allels über eine Tochter an einen Enkelsohn erfolgt zumeist eine weitere Triplett-Expansion, und die Krankheit bricht aus. ■

Transposons

Bei Prokaryoten und Eukaryoten können sich bestimmte DNA-Stücke von selbst aus dem Verband lösen und sich an anderer Stelle wieder in ein Chromosom einfügen. Diese Stücke bezeichnet man als *Transposons*. Ihr Einbau in ein Gen führt zu einer Veränderung der Nucleotidsequenz und daher zur Inaktivierung des Gens. Treten sie wieder aus, wird die Funktion des Gens in der Regel wiederhergestellt. Solche beweglichen DNA-Stücke wurden zuerst von BARBARA MCCLINTOCK bei Maissorten mit farbigen Körnern entdeckt (**Abb. 363.1**). Wird durch den Einbau des Transposons die Ausbildung der Kornfarbe verhindert, so entstehen helle Körner. Tritt das Transposon aus dem Gen aus, so kommt es wieder zu Kornfärbung. Erfolgt dies während der Kornentwicklung, so entstehen gefleckte Körner. Entsprechende Vorgänge können zu gesprenkelten Blüten von Löwenmäulchen, Petunien usw. führen.

Abb. 363.1: Gefleckte Maiskörner (↑) infolge Transposon-Wirkung

GENETIK

Bedeutungswandel des Genbegriffs

Der Begriff *Gen*, der 1909 durch JOHANNSEN eingeführt wurde, bezeichnet nach klassischer Auffassung zunächst eine *Funktionseinheit*, durch die ein Merkmal bestimmt wird. Später wurde das Gen als eine *Austauscheinheit* beim Crossing-over betrachtet und ebenso als eine *Mutationseinheit*.

Die Molekularbiologie hat zu einem mehrfachen Bedeutungswandel des Genbegriffs geführt: Ein Gen galt zunächst als der *DNA-Abschnitt*, der für ein bestimmtes Protein bzw. Enzym codiert. Weil Proteine aber aus mehreren Polypeptiden bestehen können, wurde jeder DNA-Abschnitt, der für ein Polypeptid codiert, als Gen angesehen. Möglich ist auch, dass ein Gen mehrfach unterschiedlich abgelesen wird; dann codiert ein Gen für mehrere Polypeptide. Da Gene nicht nur Polypeptide als Produkte liefern, sondern auch rRNA und tRNA, wird als Gen auch der Abschnitt auf einem Chromosom definiert, der für die Bildung eines bestimmten funktionellen Produkts verantwortlich ist. Wegen der unterschiedlichen Typen von Genprodukten verwendet man heute einen allein auf die DNA bezogenen Genbegriff: Demnach wird als Gen ein DNA-Abschnitt betrachtet, der durch ein Start- und ein Stop-Codon begrenzt ist. Ein solcher DNA-Abschnitt wird auch als ein *open reading frame (ORF)* bezeichnet. Ein ORF ist nur dann funktionsfähig, wenn ihm Regulationsabschnitte der DNA zugeordnet sind. Fehlen diese, so liegt ein *Pseudogen* vor *(s. 4.3.3)*.

Wegen der unterschiedlichen molekularbiologischen Begriffsdefinitionen kann für eine Art eine bestimmte Zahl von Genen nicht angegeben werden, selbst wenn das Genom dieser Art vollständig sequenziert ist. Je nach Gendefinition ergibt sich eine unterschiedliche Zahl von Genen.

4.3 Regulation der Genaktivität

4.3.1 Genetische Totipotenz und unterschiedliche Genaktivität

Die verschiedenartigen Leistungen der Zellen aus verschiedenen Organen können theoretisch folgende Ursachen haben: Das Genom könnte jeweils so weit reduziert sein, dass nur noch die spezifischen Funktionen gesteuert werden, oder das Genom ist zwar in vollem Umfang vorhanden, aber lediglich die für die spezifischen Funktionen zuständigen Gene sind aktiv. Folgendes Experiment verschafft Klarheit: Aus dem Leitbündel der Möhre kann man einzelne Zelle kultivieren. Bei geeigneter Versorgung mit Nährstoffen und Wachstumshormonen lassen sich aus dieser Zellkultur fortpflanzungsfähige Möhrenpflanzen regenerieren. Daraus ergibt sich, dass in den Zellen aus dem Leitbündel das ganze Genom vorhanden ist.

Bei Tieren ließ sich die Fähigkeit zur Regeneration ganzer Lebewesen beim südamerikanischen Krallenfrosch *(Xenopus)* nachweisen (**Abb. 364.1**). Verpflanzt man Kerne aus Darmepithelzellen von Kaulquappen des Krallenfrosches in kernlos gemachte Eizellen dieser Froschart, so entstehen daraus normale Frösche. Bei ihrer Entwicklung müssen Gruppen von Genen aktiv geworden sein, welche in den Darmzellen, also in differenzierten Zellen, inaktiv waren. Zugleich aber mussten die für die spezifische Funktion der Darmepithelzellen tätigen Gene in der Eizelle abgeschaltet worden sein *(s. Entwicklung 4.1.1)*. Das beweist, dass auch im Kern differenzierter Zellen noch alle für eine vollständige Entwicklung des Tieres notwendigen Gene vorhanden sind, und dass das Cytoplasma der Eizelle Stoffe enthält, welche die Tätigkeit der Gene regulieren.

Bei Säugetieren gelangen entsprechende Versuche erstmals 1996 bei Schafen. Aus Zellen einer Zellkultur entnahm man Kerne und übertrug sie in kernlos gemachte Eizellen. Aus 277 Versuchen erhielt man ein gesundes Tier (»Dolly«, *s. Abb. 380.1*). Inzwischen gelangen derar-

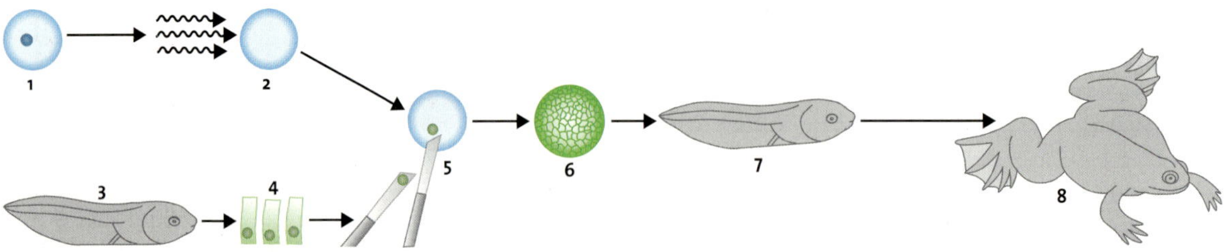

Abb. 364.1: Kerntransplantation beim Krallenfrosch. **1** Unbefruchtete Eizelle; **2** Zerstörung des Eizellkerns durch UV-Strahlen; **3** Kaulquappe; **4** isolierte Darmepithelzellen der Kaulquappe; **5** Übertragung des Zellkerns einer Epithelzelle mit einer Mikropipette; **6** Weiterentwicklung der Eizelle nach der Kernverpflanzung zur Blastula, **7** zur Kaulquappe und **8** zum fertigen Frosch

tige Versuche auch bei vielen anderen Säugetieren, z. B. bei Mäusen, Schweinen und Rindern.

Weil Zellen im differenzierten Zustand die gesamte genetische Information enthalten, spricht man von der genetischen *Totipotenz der Zellen.* Während der Entwicklung eines Organismus spezialisieren sich allmählich seine Zellen. Dabei werden jeweils unterschiedliche Gene oder auch Gruppen von Genen in entwicklungsgerechter Reihenfolge aktiv, während alle anderen Gene inaktiv bleiben *(differentielle Genaktivierung).* Die realisierbare Potenz wird zunehmend eingeschränkt: Aus embryonalen Stammzellen kann noch eine Vielzahl unterschiedlicher Zelltypen entstehen, hingegen geht aus adulten Stammzellen meist nur noch jeweils ein Zelltyp hervor *(s. Entwicklung 5).*

Man kann die differentielle Genaktivierung an Riesenchromosomen von Insektenlarven mikroskopisch beobachten *(s. 3.2.2)*: Bestimmte Abschnitte sind wulstartig aufgebläht, man nennt diese Abschnitte des Chromosoms *Puffs* (engl. *to puff* sich aufblähen; **Abb. 365.1**). Mit *Toluidinblau* kann man DNA und RNA nachweisen. Es färbt DNA blau und RNA rotviolett. Die ungepufften Abschnitte erscheinen blau, und an den Puffs lässt die zusätzliche Rotviolett-Färbung die RNA-Bildung und ihre unterschiedliche Größe deren Intensität erkennen. Während der weiteren Larvalentwicklung verschwinden manche Puffs und neue treten an anderen Orten der Chromosomen auf (**Abb. 365.2**).

4.3.2 Regulation der Genaktivität bei Bakterien

Die Frage, wie Gene in der Zelle aktiviert oder gehemmt werden, wurde zunächst beim Bakterium *Escherichia coli* untersucht. Die Franzosen F. JACOB und J. MONOD fanden 1961 zwei Möglichkeiten zur Regulation der Genaktivität: die *Substratinduktion* bei abbauenden und die *Endprodukt-Repression* bei aufbauenden Stoffwechselraktionen.

Substratinduktion. Normalerweise wird in einer Kultur von *Escherichia coli* der Energiebedarf der Zellen durch Glucose gedeckt. Ersetzt man die Glucose im Nährmedium durch Lactose (Milchzucker, eine Verbindung aus Glucose und Galaktose), so bilden die Bakterien verstärkt die Enzyme Lactose-Permease und β-Galactosidase (früher: Lactase), welche vorher nur in Spuren vorhanden waren. Die Permease bewirkt den Transport von Milchzucker aus dem Medium in das Zellinnere (lat. *permeare* eindringen), und die Galactosidase katalysiert die Spaltung von Lactose in Glucose und Galaktose. Die für die Synthese der beiden Enzyme zuständigen Gene liegen auf dem Chromosom von *E. coli* unmittelbar nebeneinander, zusammen mit einem dritten Gen, das in diesem Zusammenhang keine Rolle spielt. Man bezeichnet sie als *Strukturgene.* Die beiden Enzyme werden stets gemeinsam und in gleicher Menge hergestellt, da ihre Gene gemeinsam abgelesen werden, wobei nur eine mRNA entsteht.

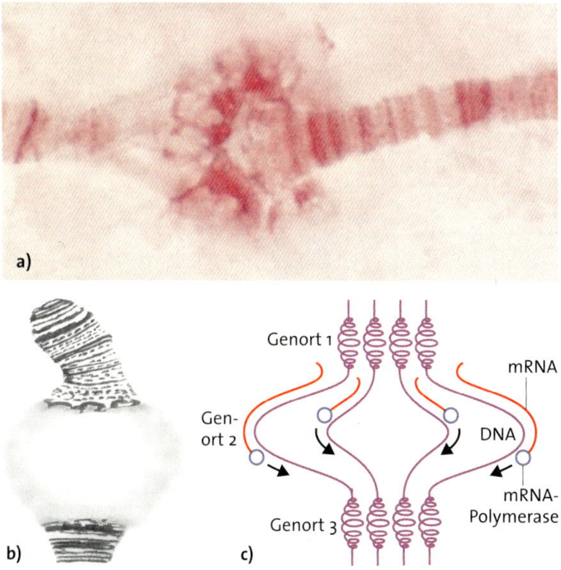

Abb. 365.1: Puff eines Riesenchromosoms. **a)** LM-Bild; **b)** Zeichnung nach einem LM-Bild; **c)** Schema, am entknäuelten Genort 2 findet die Transkription statt.

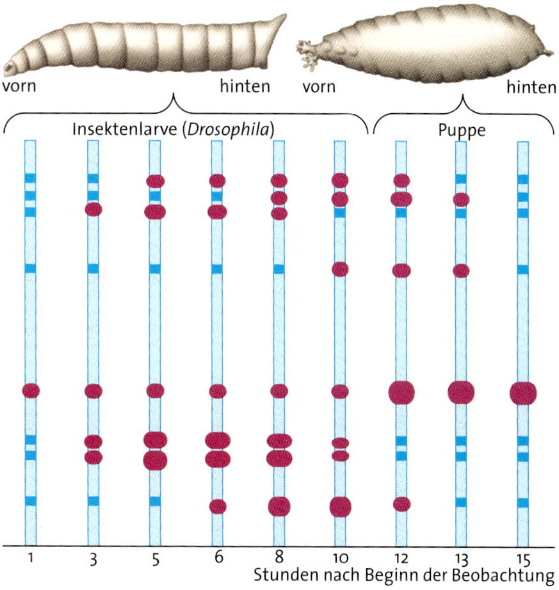

Abb. 365.2: Differentielle Genaktivität. Bei der Entwicklung von *Drosophila* ändert sich im selben Abschnitt das Aktivitätsmuster; rotviolett: Puffs, blau: inaktive Gengruppen

GENETIK

Eine Mutante von *E. coli* produziert Permease und Galactosidase auch dann, wenn keine Lactose im Nährmedium vorhanden ist. Eine andere Mutante bildet trotz Anwesenheit von Lactose keines der Enzyme, obwohl die zuständigen Gene nicht mutiert sind. Es muss daher wenigstens einen weiteren DNA-Abschnitt geben, der die Aktivität der Strukturgene reguliert. Bei den Mutanten ist offenbar dieser regulierende DNA-Abschnitt verändert. Er befindet sich vor den Strukturgenen und heißt **Operator.** Vor ihm liegt ein weiterer kurzer DNA-Abschnitt, der **Promotor.** Er bindet die RNA-Polymerase und stellt die eigentliche Startstelle für die Transkription der Strukturgene dar. Der Start kann allerdings nicht erfolgen, wenn am Operator ein so genanntes *Repressor-Protein* gebunden ist. Dieses blockiert das Weiterwandern der RNA-Polymerase und damit das Ablesen der Strukturgene. Das Repressor-Protein selbst wird durch das so genannte Regulator-Gen codiert, das sich auf einem anderen Abschnitt des Bakterienchromosoms befindet. Bindet jedoch Lactose an den Repressor, verliert dieser dadurch seine Bindungsfähigkeit an den Operator. Der Operator-Abschnitt wird nun frei, und die Transkription der Strukturgene kann erfolgen (**Abb. 366.1 a**).

Die Funktionseinheit von Promotor, Operator und Strukturgenen nennt man **Operon.** In diesem beschriebenen Fall handelt es sich um das *Lactose-Operon.*

Wenn das Substrat die Genaktivität und damit die Enzymsynthese auslöst, spricht man von Substratinduktion. Man findet sie vor allem bei der Synthese von Enzymen für *abbauende* Stoffwechselreaktionen.

Endprodukt-Repression. Bei *aufbauenden* Stoffwechselreaktionen wird die Genaktivität häufig anders reguliert. *E. coli* kann z. B. die Aminosäure Histidin selbst synthetisieren. Fügt man aber reichlich Histidin zur Nährlösung hinzu, so nimmt die Menge der an der Histidin-Synthese beteiligten Enzyme in den Bakterien ab. Die Bildung dieser Enzyme wird nämlich durch die Zuführung von Histidin gehemmt, und die bereits vorhandenen Enzyme werden allmählich abgebaut. Man nennt diese Erscheinung *Endprodukt-Repression,* weil das Endprodukt der Reaktionskette die weitere Synthese der daran beteiligten Enzyme hemmt. Auch daran ist ein Repressor-Protein beteiligt. Im Falle des Histidin-Stoffwechsels liegt das Repressor-Protein zunächst inaktiv vor. Durch Bindung von Histidin wird der Repressor aktiviert, lagert sich an den Operator an und verhindert so die weitere Transkription der Strukturgene des Operons (**Abb. 366.1 b**).

Die Regulation der Genaktivität bei der Substrat-Induktion und bei der Endprodukt-Repression verhindert eine überflüssige Synthese von Enzymen und damit unnötigen Energieaufwand *(s. 4.3.3).*

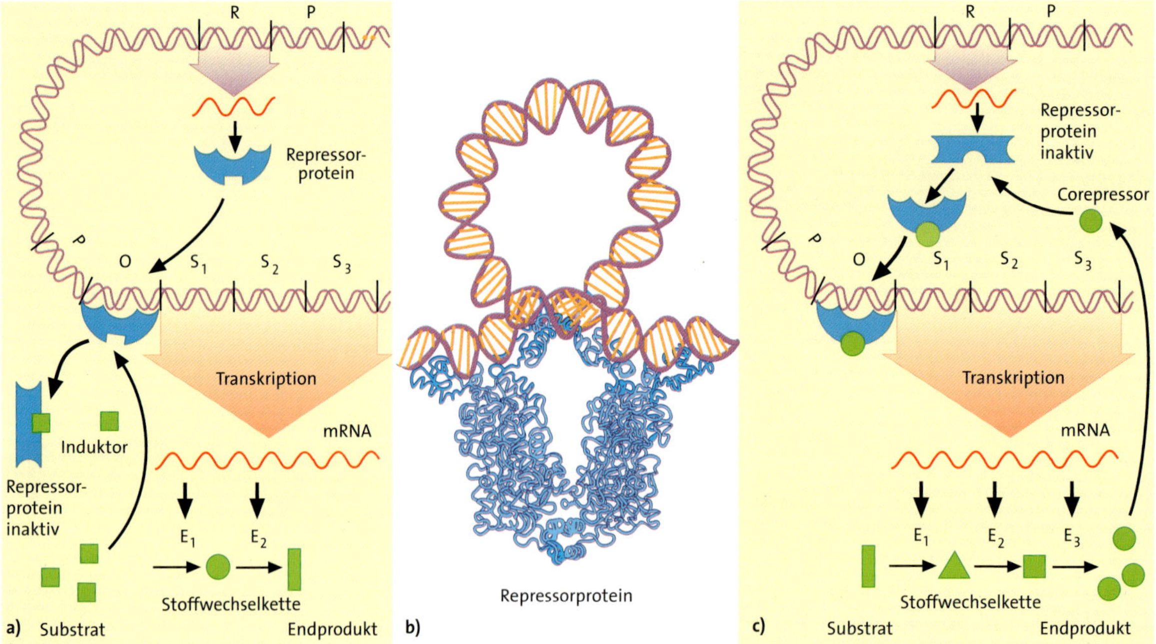

Abb. 366.1: Regelung der Genaktivität bei Bakterien. **a)** Substratinduktion. Als Induktor wirkt das Substrat eines der Enzyme, die von den Strukturgenen codiert werden; **b)** Computermodell des Repressor-Proteins, das an den Operator des Lac-Operons bindet; **c)** Endprodukt-Repression. **R** Regulator-Gen, **O** Operator, **S_1–S_3** Strukturgene, **P** Promotor, **E_1–E_3** Enzyme

GENETIK

4.3.3 Aufbau des Genoms und Regulation der Genaktivität bei Eukaryoten

Aufbau. Die Eukaryotenzellen enthalten größere DNA-Mengen als die Prokaryoten. Zum einen sind die Gene durch relativ lange funktionslose DNA-Stücke getrennt. Zum anderen können die Introns, die ebenfalls keine Information für das Protein enthalten, sehr lang sein. Manche Nucleotidabfolgen wiederholen sich im Genom mehr als 10 000-fach. Sie bilden z. B. das Centromer oder befinden sich als Telomere an den Chromosomen-Enden *(s. 4.1.5)*. Schließlich binden bestimmte Nucleotidsequenzen innerhalb eines Chromosoms dieses an das Cytoskelett des Zellkerns und geben ihm so im Kern einen festen Platz.

Regulation. Bei den Eukaryoten gibt es viel mehr Regulationsmöglichkeiten der Genaktivität als bei den Bakterien. So kann eine Regulation während der Transkription oder beim Spleißen der mRNA erfolgen. Ebenso ist Regulation möglich beim RNA-Transport aus dem Kern ins Cytoplasma, bei der Translation am Ribosomen und beim RNA-Abbau vor der Translation. Auch eine Inaktivierung der mRNA kann der Regulation dienen. Alle diese Regulationsvorgänge werden durch Multiprotein-Komplexe gesteuert, die bei Bedarf entstehen und nach Beendigung ihrer Tätigkeit wieder in die einzelnen Proteine zerfallen.

Die Regulation der Transkription ist am besten verstanden: Die Gene der Eukaryoten enthalten keine Operons wie die der Bakterien. Ihre Regulationsbereiche sind oft weit von der Startstelle für die mRNA-Synthese entfernt. Um die Transkription zu ermöglichen, muss zunächst das Chromatin entschraubt werden, sodass die RNA-Polymerase und die regulatorischen Proteine an die beteiligten DNA-Abschnitte binden können. Der Bindungsort der RNA-Polymerase heißt auch hier Promotor, er bildet den Transkriptionsstart. Jedoch kann die Polymerase erst dann tätig werden, wenn ein Komplex von etwa 50 Proteinen aufgebaut ist; dazu gehören zahlreiche **Transkriptionsfaktoren** (**Abb. 367.1**). Im menschlichen Genom sind über 2000 verschiedene Transkriptionsfaktoren nachgewiesen. Da diese sich jeweils unterschiedlich kombinieren, könnte im Prinzip für jedes Gen eine eigene Kombinationsmöglichkeit bestehen.

Die Transkriptionsfaktoren werden ihrerseits durch Aktivatorproteine beeinflusst. Diese binden an so genannte Verstärkerelemente; das sind oft vom Transkriptionsort weit entfernte Stellen der DNA. Die Bindung wird aufgehoben und das Aktivatorprotein damit inaktiviert, wenn an einen anderen DNA-Abschnitt, das so genannte Drosselelement, ein hemmendes Protein bindet. Andere Proteine wirken als Vermittler, indem sie sowohl an Transkriptionsfaktoren als auch an Aktivatorproteine binden. Diese Proteine mit Brückenfunktion bezeichnet man als Coaktivatoren. Ihre Fähigkeit zur Bindung kann wiederum durch hemmende Proteine aufgehoben werden. Ein Teil der Transkriptionsfaktoren ist stets in der Zelle vorhanden. Andere werden nur in bestimmten Entwicklungsphasen oder nach der Aktivierung von Signalketten *(s. Stoffwechsel 1.5)* gebildet.

Zur Regulation der Transkription gehört auch der Abbau von Transkriptionsfaktoren *(s. 4.2.4)*. Für die Förderung und Hemmung des Abbaus sind spezielle Proteine zuständig. Auch deren Bildung ist von der Aktivität bestimmter Gene abhängig. Ebenso kann der Ablauf von Signalketten von spezifischen Genen gefördert oder gehemmt werden. Es liegt also ein komplexes Netzwerk der Weitergabe und Verrechnung von Information vor.

Bei den Prokaryoten ist der entscheidende Regulator ein inaktivierendes Protein, das Repressor-Protein. Aus diesem Grund spricht man von *negativer Kontrolle*. Bei den Eukaryoten erfolgt die Regulation vielfach über aktivierende Transkriptionsfaktoren und Coaktivatoren, d. h. durch eine *positive Kontrolle*. Allerdings können diese Faktoren ihrerseits z. T. durch hemmende Proteine inaktiviert werden (**Abb. 367.1**).

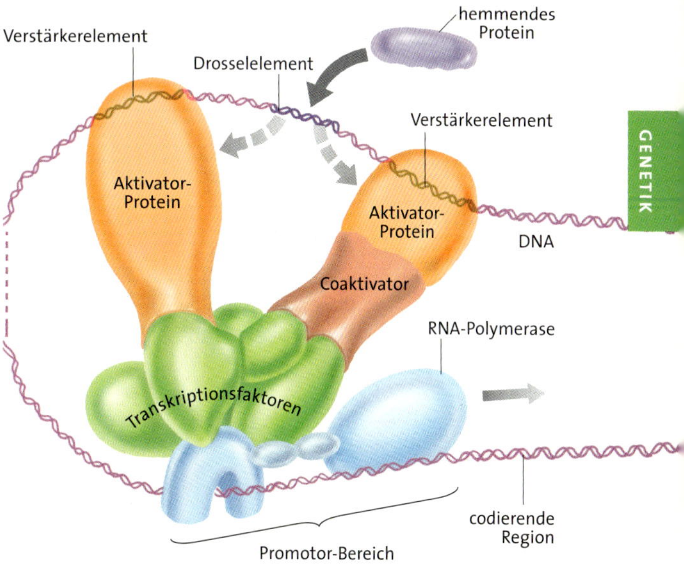

Abb. 367.1: Transkriptionsstartregion und Regulation der Transkription bei Eukaryoten. Die RNA-Polymerase kann erst tätig werden, wenn mehrere Transkriptionsfaktoren im Promotorbereich gebunden sind. Einige von ihnen werden durch Aktivatorproteine aktiv, wenn diese an Verstärker-Bereiche der DNA gebunden sind.

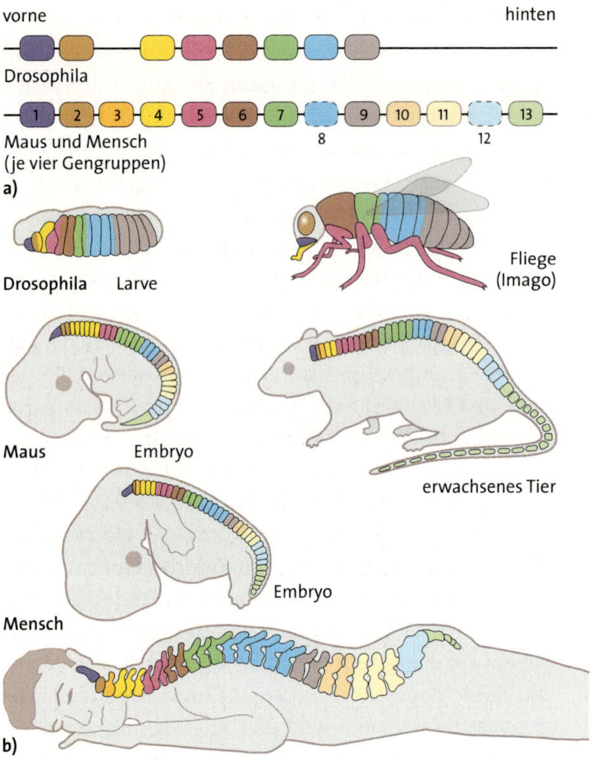

Abb. 368.1: HOX-Gene bei *Drosophila*, Maus und Mensch. **a)** Abfolge der Gene auf je einem Chromosom; einander entsprechende Gene sind durch gleiche Farben gekennzeichnet; **b)** Körperbereiche, in denen bestimmte Gene aktiv sind, sind in der gleichen Farbe gehalten wie die Gene in a).

Homöobox-Gene. Eine besondere Gruppe von Transkriptionsfaktoren ist für Entwicklungsvorgänge von großer Bedeutung. Sie besitzen innerhalb ihres Moleküls eine stets gleichartige α-Helix von etwa 60 Aminosäuren. Die zugrunde liegenden Gene weisen bei allen Eukaryoten im entsprechenden Bereich eine ähnliche Basensequenz auf, die man als *Homöobox* (griech. *homoios*, ähnlich) bezeichnet. Viele dieser *Homöobox-Gene* haben einen bestimmten Wirkungsbereich im Körper; ihre Genprodukte aktivieren dort in einem bestimmten Entwicklungsstadium weitere Gene, welche die Ausbildung von Körpersegmenten oder Organen steuern. Dazu gehören z. B. diejenigen Gene, die bei *Drosophila* für die Ausbildung von Fühlern am Kopf oder für die Entwicklung von Beinen an den entsprechenden Segmenten zuständig sind. Beim Menschen und bei Tieren steuern sie Gene, welche die Anordnung der Extremitäten sowie der inneren Organe entlang der Körperachse bewirken. Bei diesen Organismen sind viele Homöobox-Gene hintereinander angeordnet und werden dann als *HOX-Gene* bezeichnet (**Abb. 368.1**). Bei Blütenpflanzen sind Homöobox-Gene an der Ausbildung der Blütenorgane beteiligt.

Mutationen von Homöobox-Genen führen beispielsweise dazu, dass Organe am falschen Ort entstehen. So können bei *Drosophila* Beine anstelle der Fühler wachsen oder es kann ein zweites Flügelpaar auftreten; bei Blütenpflanzen können sich Blüten mit Blättern anstelle von Staubgefäßen entwickeln. ■

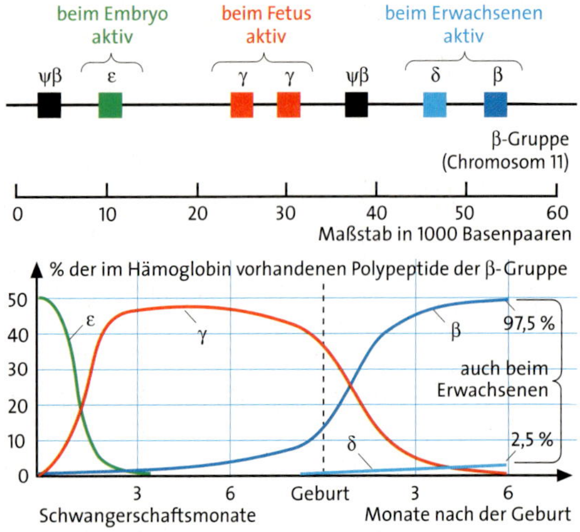

Abb. 368.2: Oben: Multigen-Familie der Gene für die β-Kette des Hämoglobins auf Chromosom 11 des Menschen; unten: zeitlicher Verlauf der Bildung der einzelnen Polypeptide der β-Kette. $\Psi\beta$: Pseudogene

Multigenfamilie

Die Nucleotidabfolgen mancher Gene wiederholen sich und bilden eine *Multigen-Familie.* Sind diese identisch, kann bei ihrer Transkription sehr rasch viel mRNA entstehen. Sind die Nucleotidabfolgen der Genfamilie ein wenig voneinander verschieden, so haben ihre Produkte etwas unterschiedliche Aufgaben. Z. B. liegen beim Menschen auf Chromosom 11 verschiedene Gene für die β-Kette des roten Blutfarbstoffs Hämoglobin *(s. Abb. 136.1 d).* Eines davon enthält die Information für die β-Hämoglobin-Kette des Menschen nach der Geburt, andere codieren für ähnliche Hämoglobine, die vor der Geburt im fetalen Blut vorhanden sind (**Abb. 368.2**). (Das Gen für die α-Hämoglobin-Kette liegt auf einem anderen Chromosom). In einer Multigenfamilie kann es weiterhin funktionslose Sequenzen geben. Sie entsprechen den aktiven Sequenzen in ihrer Basenabfolge weitgehend, weisen aber keine Transkriptionsstart-Region auf *(Pseudogene).*

GENETIK

4.3.4 Regulation der Zellvermehrung, Tumorbildung

Eine ungesteuerte Zellvermehrung kann tödliche Organveränderungen verursachen. Entstünden beispielsweise bei der Anlage des Darms im Embryo wenige Prozent mehr neue Zellen pro Zeiteinheit als normal, so würde der Darmhohlraum völlig ausgefüllt. Die Regulation der Zellvermehrung bei der Organbildung erfolgt durch Wachstumsfaktoren *(Cytokine, s. Immunbiologie 2 und Entwicklungsbiologie 4.1.1)*. Diese Proteine binden an Rezeptoren der Zellmembran. Sie setzen so in den Zellen Signalketten in Gang, welche den Zellzyklus steuern *(s. Cytologie 4)*. So wird z. B. bei Schädigung der DNA das Protein p21 vermehrt gebildet. Es unterbricht den Zellzyklus, während die Reparatur der DNA erfolgt. Durch die Steuerung des Zellzyklus wird die Zellteilungsrate sehr genau kontrolliert. An dieser Regulation sind über 50 Proteine mit sich überschneidender Funktion beteiligt, sodass bei Ausfall nur eines Proteins der Zellzyklus trotzdem ungestört bleibt.

Teilen sich Zellen völlig ungehemmt und damit gewebszerstörend, so bildet sich ein bösartiger (maligner) **Tumor**, eine Form von Krebs. Bei der Umwandlung von Zellen zu Tumorzellen verändert sich das Cytoskelett, sodass die Zellen eine andere Gestalt annehmen (**Abb. 369.1**). Sie werden in der Regel durch die Immunabwehr beseitigt. Bei Tumorzellen ändern sich auch bestimmte Proteine der Zellmembran, gegen die der Organismus Antikörper bildet. Die Bildung der Tumorzellen geht von adulten Stammzellen oder deren noch undifferenzierten Tochterzellen aus *(s. Entwicklungsbiologie 5)*. Bösartige Tumore können daher in allen erneuerungsfähigen Geweben entstehen.

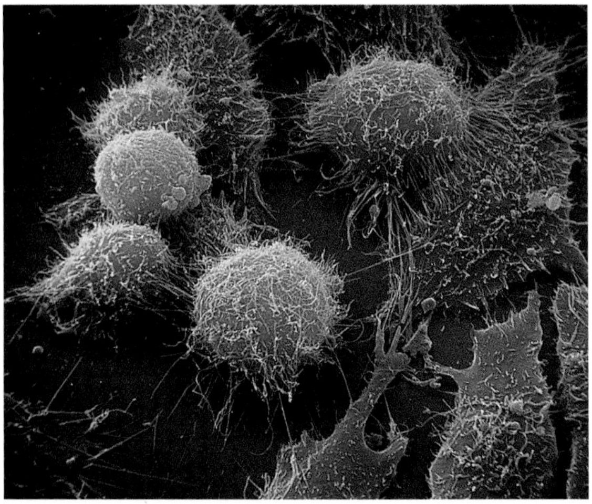

Abb. 369.1: Krebszellen des Menschen (REM-Bild, 2200 fach)

Epigenetik

Die Base Cytosin kann eine Methylgruppe ($-CH_3$) binden. Die Methylierung vieler Basen eines Gens führt zu dessen Inaktivierung. Bei einer Mutante des Leinkrauts entstehen durch eine solche Stilllegung eines Gens radiäre Blüten statt der dem Löwenmäulchen ähnlichen Blüten. Das Methylierungsmuster wird auf die Nachkommen weitergegeben und bleibt im Erbgang stabil erhalten. Eine derartige Veränderung der Gentätigkeit, die nicht auf eine Änderung der Basensequenz zurückgeht, bezeichnet man als *epigenetisch.*

Auch durch Umwelteinflüsse können epigenetische Phänomene auftreten, die dann allerdings nur die nächste Generation betreffen: Setzt man dem Futter trächtiger Mäuseweibchen reichlich Vitamin B_{12} zu, das relativ viele Methylgruppen enthält, so wird ein Gen stillgelegt, das erstens Fettleibigkeit verhindert und zweitens die Fellfarbe beeinflusst. Die Mäuseweibchen, die aus genetischen Gründen fettleibig sind und ein gelbes Fell tragen, gebären braune und schlank bleibende Junge. Vitamin B_{12} überträgt Methylgruppen auf Cytosin. Methyliertes Cytosin kann bei der Transkription nicht wie unmethyliertes Cytosin abgelesen werden. Auch die genetische Prägung kommt durch Inaktivierung von Genen infolge von Cytosin-Methylierung zustande *(s. 3.4.1)*.

Tiermodelle

Viele Untersuchungen zur Tumorentwicklung und zu menschlichen Erbkrankheiten erfolgen heute an Versuchstieren, die ein Gen für eine solche Krankheit besitzen. Mithilfe dieser Tiermodelle kann die Wirksamkeit therapeutischer Verfahren, z. B. von Arzneimitteln, genau geprüft werden, bevor zu klinischen Tests übergegangen wird. Das mutierte Gen des Menschen wird heute bevorzugt gentechnisch eingebaut. Sofern ein gleichartiges intaktes Gen im Tier vorhanden ist, muss dieses zuvor stillgelegt werden. An den durch Stilllegung erhaltenen »Knockout-Tieren« *(s. Abb. 434.2)* lässt sich zunächst prüfen, wie sich der Verlust eines Gens auswirkt. Heute dienen in erster Linie transgene Mäuse als Tiermodelle für Krankheiten wie Krebs, Alzheimer, Parkinson, Mucoviszidose und andere mehr.

GENETIK

Entstehung von Krebs. Krebs auslösende Faktoren heißen *Cancerogene* (lat. *cancer* Krebs). Dabei handelt es sich z. B. um Substanzen wie Nitrosamine, die bei Nitritzusatz zur Konservierung von Fleischwaren entstehen, um Aflatoxine aus dem Schimmelpilz *Aspergillus* in verschimmelten Nahrungsmitteln oder um zahlreiche andere Mutagene *(s. Ökologie 4.4.2)*.

Die Tumorentwicklung ist ein zeitabhängiger Vorgang mit mehreren Teilschritten: Nach einer ersten somatischen Mutation teilt sich die betroffene Zelle wiederholt. Es entsteht jedoch noch kein bösartiger Tumor, da die Teilungsrate niedrig ist und die Immunabwehr neu gebildete mutierte Zellen zerstört. Ein zweiter Mutationsschritt in einer der nicht von der Immunabwehr vernichteten Zellen erhöht deren Teilungsrate, sodass viel schneller Tochterzellen entstehen als nach der ersten Mutation. Kann die Immunabwehr diese nicht mehr zerstören, kommt es zum Wachstum eines Tumors, einer gutartigen Geschwulst. Wenn eine weitere somatische Mutation das Gen *p53* inaktiviert, ist die Entstehung eines *Karzinoms* (gr. *karkinos* Krebs) unausweichlich, einer bösartigen Geschwulst, die Metastasen bildet. Zu einem Karzinom kommt es immer dann, wenn *p53* inaktiviert wird, auch wenn die genannten Teilschritte nach Cancerogeneinwirkung nicht vorausgehen. Das Gen *p53* wird auch »Wächter des Genoms« genannt, da sein Produkt die Tumorentwicklung unterdrückt *(Tumor-Suppressor-Gene, s. unten)*. Dabei handelt es sich um ein DNA bindendes Protein, das die Aufgabe hat, Zellen mit genetischen Schäden von der Zellteilung abzuhalten. Bei großen genetischen Schäden löst das Protein das Absterben der Zelle aus (Apoptose, *s. Entwicklungsbiologie 4.2*). Ist *p53* nicht mehr funktionsfähig, so teilen sich mutierte Zellen ungehemmt, und die Bildung eines Karzinoms kommt in Gang (**Abb. 370.1**). In Tumorzellen wird häufig die Telomerase aktiviert *(s. 4.1.5)* und so die Teilungsfähigkeit der Zellen aufrecht erhalten.

Onkogene. Der Amerikaner ROUS zeigte 1911, dass das nach ihm benannte ROUS-Sarkom-Virus Zellen zu Krebszellen umwandeln kann. Mittlerweile sind viele weitere Tumorviren gefunden worden; dabei handelt es sich stets um Retroviren *(s. Exkurs Reverse Transkription, S. 358)*. Oft reicht ein einziges Gen des Virus-Genoms zur Umwandlung der Wirtszellen in Krebszellen aus. Beim Sarkom-Virus ist dieses Gen nahezu identisch mit einem Strukturgen der Wirtsorganismen und kann auch durch Mutation aus diesem entstehen.

Krebs kann also auch durch Virus-RNA ausgelöst werden, nachdem diese in DNA umgeschrieben und in das Wirtsgenom eingebaut wurde. Andererseits können auch RNA-Kopien mutierter Strukturgene in Retroviren eingebaut werden und auf diese Weise in anderen Organismen Krebs auslösen. Krebs auslösende Gene bezeichnet man allgemein als *Onkogene* (Krebsgene). Auch solche

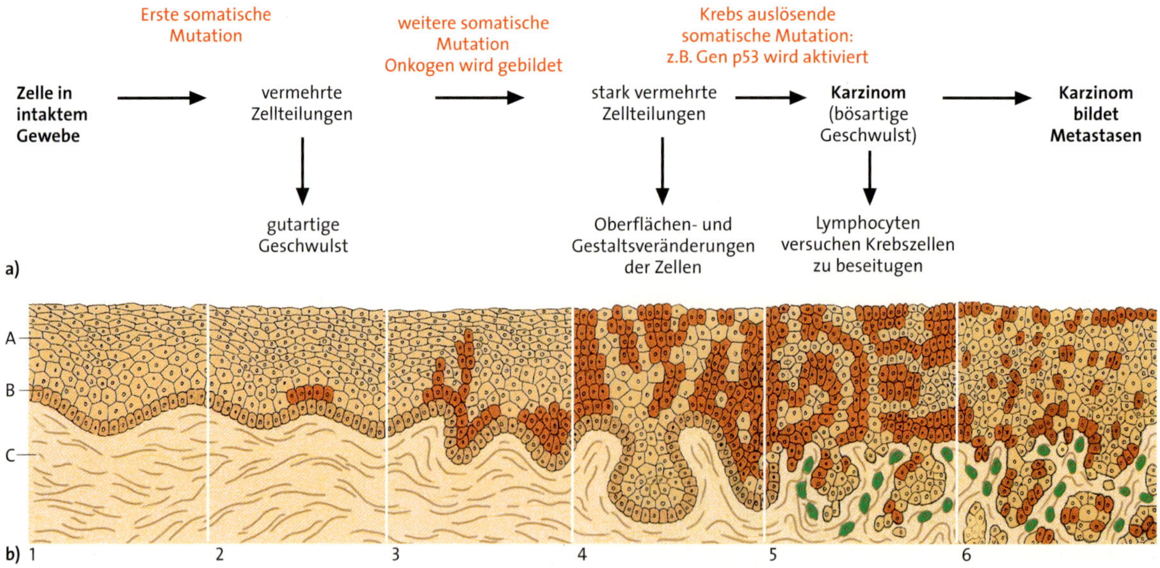

Abb. 370.1: Entstehung eines Karzinoms am Beispiel des Gebärmuttermund-Krebses. **a)** Teilschritte bei der Entwicklung des Karzinoms; **b)** Schema. **1** Normaler Zustand des Schleimhautepithels (**A** obere Zellschichten der Schleimhaut, **B** Basalzellen der Schleimhaut, **C** Bindegewebe); **2** Basalzellen mehrschichtig; **3** Basalschicht wuchert, zahlreiche Mitosen von Basalzellen in A; **4** Geschwulst noch beschränkt auf die Schleimhaut; **5** Karzinom; die bösartige Geschwulst dringt ins Bindegewebe ein, Lymphocyten (grüne Zellen) versuchen die Krebszellen zu beseitigen; **6** wucherndes Epithelgewebe wächst verstärkt ins Bindegewebe, losgelöste Krebszellen können über die Blutbahn zu anderen Körperstellen gelangen und Metastasen bilden.

Gene, die für regulatorische Proteine der Zellteilung codieren, können zu Onkogenen mutieren. Durch die Mutation zum Onkogen werden mehr regulatorische Proteine gebildet, die dauernd aktiv bleiben. Dadurch wird die Zellteilungsrate stark erhöht. Die entsprechenden Gene (»Proto-Onkogene«) sind gewissermaßen das »Gaspedal« für die Zellteilung; werden sie zu Onkogenen, wird fortlaufend »Gas gegeben«.

Tumor-Suppressor-Gene. Die Inaktivierung bestimmter Gene kann ebenfalls zur Umwandlung einer Zelle in eine Krebszelle führen. Solange diese Gene aktiv sind, verhindern ihre Genprodukte die ungehemmte Zellteilung und damit auch die Bildung eines Tumors. Solche Gene nennt man *Tumor-Suppressor-Gene.* Sie verursachen die Tumorbildung also durch Funktionsverlust, während Onkogene durch verstärkte Aktivität die Tumorbildung auslösen. Die Inaktivierung eines bestimmten Tumor-Suppressor-Gens verursacht z. B. den Krebs der Netzhaut des Auges *(Retinoblastom).* Die Inaktivierung muss bei beiden Allelen erfolgen: Tumor-Suppressor-Gene sind rezessiv. Das Protein des Retinoblastom-Suppressor-Gens ist ein wichtiger Regulator des Zellzyklus, man spricht von einem *checkpoint-Regulator;* der Funktionsverlust löst ungehemmte Zellteilungen aus. Daher ist das inaktivierte Retinoblastom-Suppressor-Gen auch an der Entstehung anderer Tumoren beteiligt. Der wichtigste *checkpoint-Regulator* ist jedoch das Tumor-Suppressor-Gen *p53*.

Krebsbehandlung. Befindet sich das Karzinom noch in der Anfangsphase, so können *Tumor-Nekrose-Faktoren (TNF, s. Immunbiologie 2)* sein Wachstum oftmals verhindern. TNF werden von Zellen des Immunsystems gebildet. Sie stimulieren bestimmte Weiße Blutzellen. Es handelt sich um Makrophagen, die Tumorzellen phagocytieren. Auch künstliche Telomerase-Hemmer können das Tumorwachstum drastisch reduzieren *(Telomerase, s. 4.1.5).* Örtlich begrenzte Karzinome werden häufig operativ entfernt oder durch radioaktive Strahlung (γ-Strahlen) zerstört. Sind allerdings bereits Metastasen vorhanden oder werden diese vermutet, so werden Stoffe eingesetzt, welche die Zellteilung hemmen *(Cytostatika).* Diese Behandlung bezeichnet man als **Chemotherapie**. Cytostatika wirken zwar hauptsächlich auf die sich teilenden Zellen im Tumorgewebe, beeinträchtigen aber auch die Teilungsaktivität anderer Gewebe: So wird die Blutzellenbildung gehemmt und damit die Immunabwehr stark geschwächt. Wunden in der Haut heilen schlecht oder gar nicht, und die Haare fallen aus; sie wachsen erst nach Ende der Chemotherapie wieder nach.

Die Innere Uhr – ein rückgekoppeltes System

Die Mimose schließt abends ihre Fiederblätter und öffnet sie wieder am nächsten Morgen, wenn es hell wird. Bereits im 18. Jahrhundert stellte man fest, dass diese Blattbewegung auch bei Dauerverdunklung etwa tagesrhythmisch weiterläuft, also nicht durch den Licht/Dunkel-Wechsel hervorgerufen sein kann. Offensichtlich verfügt die Mimose über eine innere, genetisch gesteuerte Rhythmik. Gleiches gilt für die Tiere mit tages- bzw. nachtaktiven Phasen.

In allen Fällen, in denen sich eine derartige Tagesrhythmik feststellen lässt, zeigt sich bei konstanten Lichtverhältnissen, dass die Periodenlänge nur ungefähr bei 24 Stunden liegt. Beispielsweise kann sie bei Dauerdunkel je nach Art zwischen 21 und über 27 Stunden betragen. Der normale Tag-Nacht-Wechsel wirkt als »Zeitgeber« wie ein Funksignal auf eine ungenau gehende Funkuhr: Es erfolgt eine Synchronisierung mit dem äußeren Tagesablauf. Die erblich angelegte Tagesrhythmik nennt man die **Innere Uhr.** Sie ist eine Eigenschaft aller eukaryotischen Zellen. Bei Wirbeltieren dient ein bestimmter Gehirnbereich als übergeordnetes »Schrittmacherzentrum«.

Auch beim Menschen zeigen u. a. Körpertemperatur, Stoffwechsel, Schlafzeiten und Konzentrationsfähigkeit eine deutliche Tagesrhythmik. Zahlreiche Arzneimittel sind tageszeitlich unterschiedlich stark wirksam. Die Rhythmik wird auch nach einer Verschiebung des natürlichen Tag-Nacht-Wechsels aufrecht erhalten. Durch künstliches Licht während der Nacht, z. B. bei Schichtarbeit, wird der natürliche Tag/Nacht-Wechsel aufgehoben, und es kommt zu Störungen der Tagesrhythmik. Auch Interkontinentalflüge, bei denen Zeitzonen überflogen werden, führen zu Störungen (»Jetlag«).

Untersuchungen bei *Drosophila*, beim Pilz *Neurospora* und bei Mäusen ergaben, dass die innere Uhr auf einem genetischen Rückkopplungsprinzip beruht: Ein Gen der Inneren Uhr wird aktiv und produziert mRNA. Das mit ihr gebildete Protein wandert in den Kern und hemmt Transkriptionsfaktoren, die für die Transkription des Gens der Inneren Uhr erforderlich sind. Durch allmählichen Abbau des Proteins im Laufe von ca. 24 Stunden wird die Hemmung aufgehoben und das Gen der Inneren Uhr wieder abgelesen. Da es im Genom mehrere solcher Gene gibt, die miteinander vernetzt sind, ist das System gegen Störungen einigermaßen abgesichert.

4.4 Genkartierung beim Menschen

Das menschliche Genom enthält etwa 31 500 Gene (ORFs, *s. Exkurs Bedeutungswandel des Genbegriffs, S. 364*). Deren ungefähre Lage auf den 23 Chromosomen kann man anhand von Stammbaumuntersuchungen *indirekt* ermitteln oder mithilfe von DNA-Sonden *direkt* bestimmen. Eine exakte Lokalisierung von Genen setzt allerdings die Sequenzierung der DNA des jeweiligen Chromosoms voraus *(s. Exkurs Sequenzanalyse der DNA, S. 352)*. Im Jahr 1988 begann man mit der vollständigen Sequenzierung der menschlichen DNA *(Human-Genom-Projekt)*. Mittlerweile wurde die Abfolge der Nucleotide der DNA aller Chromosomen ermittelt und damit eine genaue Genkarte des menschlichen Genoms erstellt.

Indirekte Genkartierung. Mit dieser Methode wird die Häufigkeit des Genaustausches durch Crossing-over bestimmt *(s. 3.2.2)*. Um die Lage eines Gens auf dem Chromosom indirekt zu bestimmen, muss man die Lage desjenigen Gens bereits kennen, von dem das gesuchte Gen im Crossing-over entkoppelt wird. Sind zu wenige Genorte bekannt, kann man sich auch mit nicht codierenden DNA-Sequenzen behelfen, also mit DNA-Stücken, die außerhalb von Genen liegen. Diese sind für die Kartierung deshalb brauchbar, weil sie in vielen Varianten vorliegen, man bezeichnet sie daher als polymorphe Sequenzen (gr. *polys* viel, *morphe* Gestalt). Der Austausch gleichartiger Sequenzen zwischen zwei homologen Chromosomen im Crossing-over wäre nämlich gar nicht festzustellen. In den polymorphen Sequenzen weisen nicht verwandte Menschen große Unterschiede auf, denn diese Sequenzen unterlagen in der Evolution nicht der Auslese, weil sie sich nicht auf den Phänotyp auswirken. Deshalb erhielten sich alle Mutationen in der Generationenfolge. In **Abb. 372.2** ist dargestellt, wie sich polymorphe Sequenzen identifizieren lassen. Ist eine DNA-Sequenz, die in zwei Varianten vorliegt, identifiziert, so lassen sich die relativen Abstände zu Genen durch Crossing-over ermitteln. Die dabei entstehende Genkarte bezeichnet man als biologische Genkarte. Demgegenüber enthält eine physikalische Genkarte die genauen Abstände zwischen Genen, gemessen in Basenpaaren (s. u.).

Direkte Genkartierung. Zunächst muss das zu lokalisierende Gen einem bestimmten Chromosom zugeordnet werden. Dafür muss von dem Gen wenigstens eine kurze Basensequenz bekannt sein. Man stellt eine entsprechende DNA-Sonde her und markiert diese mit einem Fluoreszenzfarbstoff. Die Sonde lässt man auf einem Objektträger auf die Chromosomen einwirken, die sich in der Metaphase befinden. Zuvor wird die DNA dieser Chromosomen durch Erhitzen in Einzelstränge gespalten. Die Sonde bindet nun an die komplementäre DNA-Sequenz im Chromosom (Hybridisierung). Der Bindungsort wird durch Fluoreszenz-Mikroskopie nachgewiesen (**Abb. 372.1**). Die Lokalisierung eines Gens an Ort und Stelle wird als *In-situ-Hybridisierung* bezeichnet (lat. *in situ* in natürlicher Lage).

Sequenzierung. Im Human-Genom-Projekt wurde die Sequenz der gesamten chromosomalen DNA des Menschen ermittelt (physikalische Genkarte). Es wurde also nicht nur die DNA von Genen analysiert, sondern auch

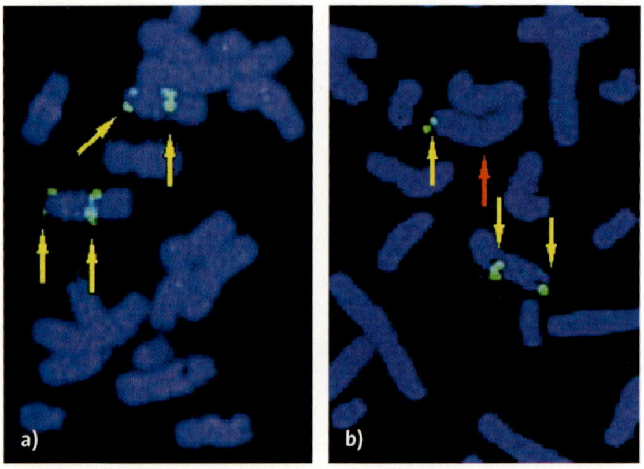

Abb. 372.1: Darstellung von zwei DNA-Abschnitten auf Chromosom 7 durch Hybridisierung mit zwei unterschiedlichen DNA-Sonden, die mit einem grün fluoreszierenden Farbstoff markiert sind. **a)** Normalbefund; **b)** auf einem Chromosom 7 fehlt ein Doppelsignal, hier liegt eine Deletion vor.

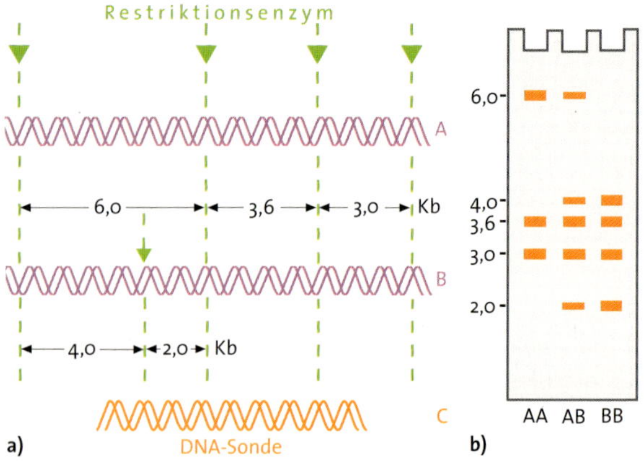

Abb. 372.2: Identifizierung polymorpher Sequenzen bei drei Personen. **a)** Zerlegung der allelen Sequenzen A und B, kb: Kilobasen; **b)** Trennung der Fragmente der drei Personen durch Gelelektrophorese und anschließende Hybridisierung mit der DNA-Sonde (AA/BB: Homozygotie; AB: Heterozygotie).

die der regulatorischen und der nicht codierenden Bereiche. Das Genom des Menschen umfasst $3 \cdot 10^9$ Basenpaare (bp), ein Chromosom im Durchschnitt 10^8 bp. Zur Sequenzierung eignen sich jedoch nur Stücke mit einer Länge von ca. 700 bp, daher wurde das gesamte Genom in Fragmente dieser Länge zerlegt. Damit ergab sich das Problem, die Teile dieses Riesen-Puzzles wieder richtig zusammenzusetzen. Aus diesem Grund wird die DNA mehrfach auf verschiedene Weise geschnitten. Dabei entstehen Fragmente, die mit anderen überlappen und die sich somit zur gesamten DNA jeweils eines Chromosoms anordnen lassen. Voraussetzung dafür ist die Kenntnis der Grobstruktur der Chromosomen: Mithilfe von DNA-Sonden hatte man festgestellt, in welchen Chromosomenabschnitten bestimmte Gene liegen. Von diesen Genen kannte man demnach auch die Sequenz wenigstens kurzer DNA-Abschnitte. Auch die Schnittstellen bestimmter Restriktionsenzyme stellen Marker für die Kartierung der DNA der Chromosomen dar. Die Sequenz solcher Erkennungsregionen war ebenfalls bekannt, und ihr Ort auf dem Chromosom war mit DNA-Sonden bestimmt worden. Zur Gewinnung sequenzierbarer Fragmente dienen zwei verschiedene Methoden *(s. Exkurs Methoden zur Genomsequenzierung)*.

Methoden zur Genomsequenzierung

Bei der *Klon-für-Klon-Methode* wird zunächst die DNA eines Chromosoms mit einem Restriktionsenzym in längere Fragmente aufgespalten. Diese werden in Bakterien vermehrt (kloniert). Danach werden die Fragmente mit weiteren Restriktionsenzymen in kleinere Stücke zerlegt und erneut kloniert. Nun erst erfolgt die Sequenzierung und anschließend die Einordnung überlappender Fragmente (**Abb. 373.1**).

Bei der *Schrotschuss-Methode* wird aus der DNA eines Chromosoms ein Abschnitt mit mehreren Markern herausgeschnitten und kloniert. Solche Abschnitte werden dann auf mechanischem Weg zerstückelt. Da die Brüche durch Zufall jedes Mal an anderen Stellen erfolgen, erhält man von jedem DNA-Abschnitt unterschiedlich lange Fragmente, die sich überlappen. Den jeweils zufälligen Bruchstellen verdankt das Verfahren seinen Namen. Die Längen der Fragmente liegen zwischen 2000 und 3000 bp; sie werden vermehrt. Anschließend sequenziert man von beiden Enden her je 500 bis 700 Basenpaare. Mithilfe des Rechners werden die überlappenden Fragmente zusammengesetzt. Die Einordnung in das jeweilige Chromosom erfolgt mithilfe von Markern, also von bekannten Genorten oder Erkennungsregionen von Restriktionsenzymen.

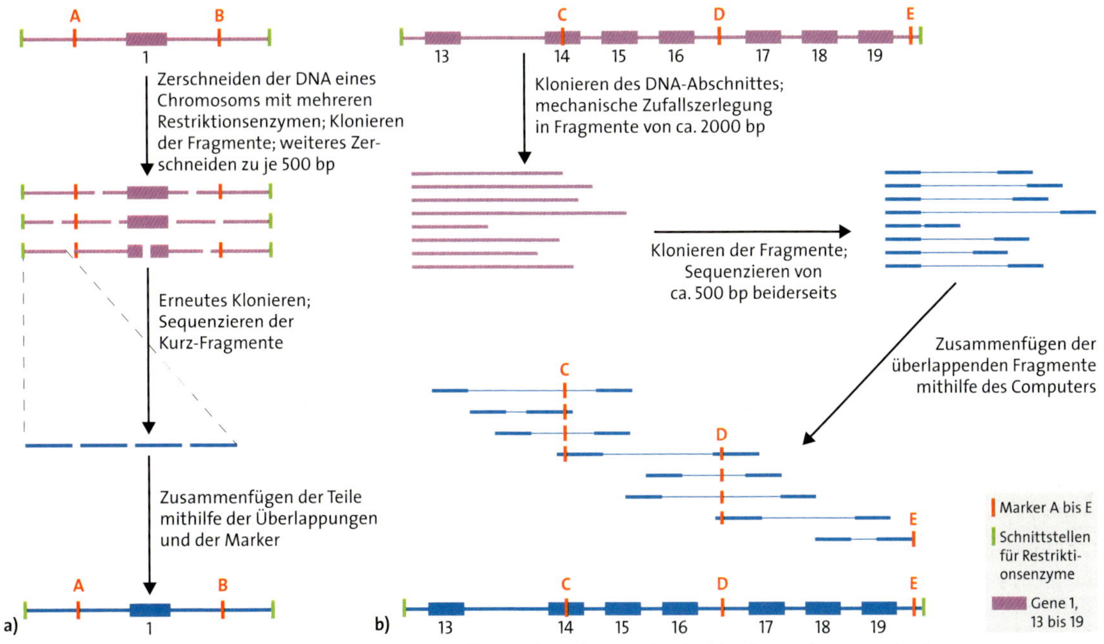

Abb. 373.1: Methoden zur Genom-Sequenzierung. **a)** Klon-für-Klon-Methode; **b)** Schrotschuss-Methode

GENETIK

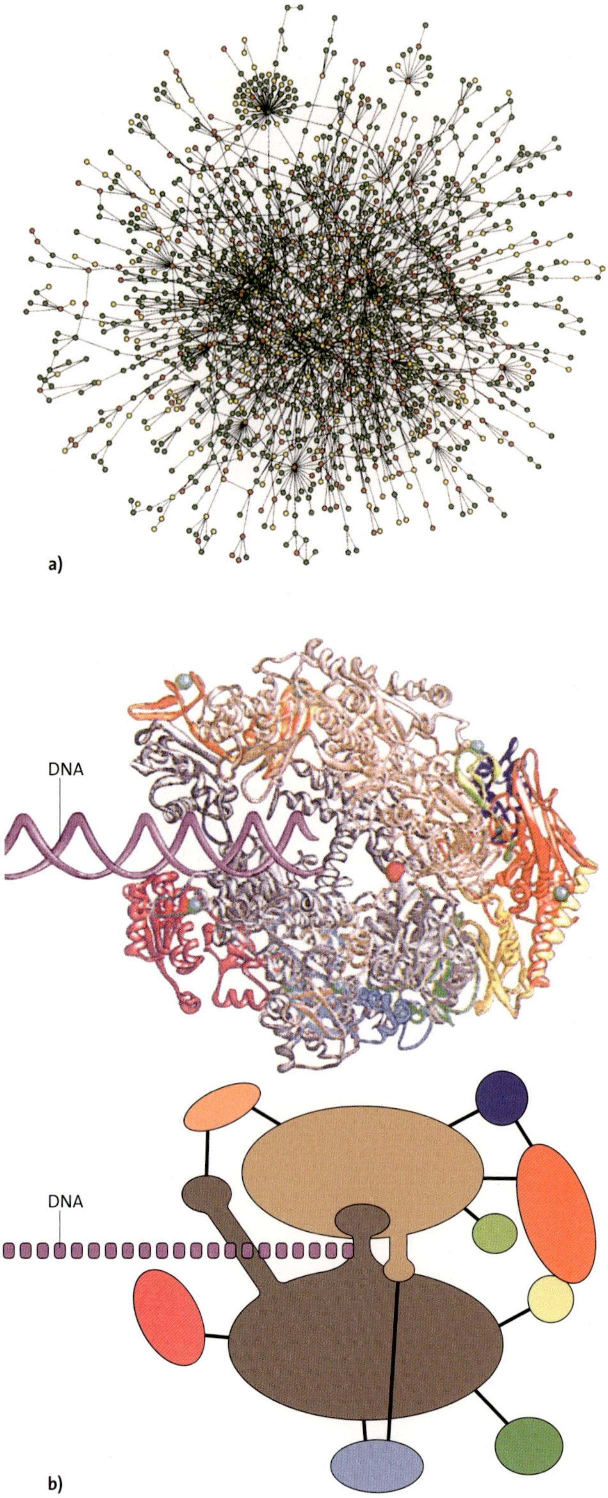

Abb. 374.1: Proteom der Hefe. **a)** »Karte« der Wechselwirkungen der Proteine einer Hefezelle; **b)** ein kleiner Ausschnitt aus dem Proteom ist der RNA-Polymerase-Komplex. Oben: Modell des Komplexes, unten: schematische Darstellung der Wechselwirkungen der beteiligten Proteine

4.5 Genomik und Proteomik

Die *Genomik* befasst sich mit der systematischen Analyse ganzer Genome; 1995 war das erste Genom vollständig sequenziert. Mit dem Einsatz der Schrotschuss-Methode war es möglich, eine physikalische Karte der DNA des Menschen zu erstellen. Dabei zeigte sich, dass nur etwa 3 % für Proteine codieren (**Abb. 374.2**).

Der Untersuchung der Struktur eines Genoms dienen die Sequenzierung der DNA und die Entwicklung von Genkarten. Um die Genorte zu identifizieren, vergleicht man die Sequenzen der Gene (ORFs, *s. Exkurs Bedeutungswandel des Genbegriffs, S. 364*) mit den in Genbanken vorliegenden Sequenzen. So können diese Gene bestimmten Orten zugeordnet werden. In der Genomik ist man auf die Automatisierung von Analysenmethoden wie Sequenzierung oder Elektrophorese angewiesen. Die anfallende Datenflut ist nur mithilfe leistungsfähiger Computer zu bewältigen. Die Kenntnis eines Genoms erleichtert das Verständnis von Stoffwechsel- und Entwicklungsvorgängen.

Vergleiche verschiedener Genome dienen dem Verständnis der Stammesgeschichte auf molekularer Ebene. So sind bei Mensch und Maus über 90 % der Gene homolog und liefern gleiche Genprodukte *(s. Evolution 3.1.3)*. Wegen dieser Übereinstimmung ist die Maus auch als Tiermodell für menschliche Krankheiten geeignet *(s. Exkurs Tiermodelle S. 369)*. Beim Menschen gibt es etwa

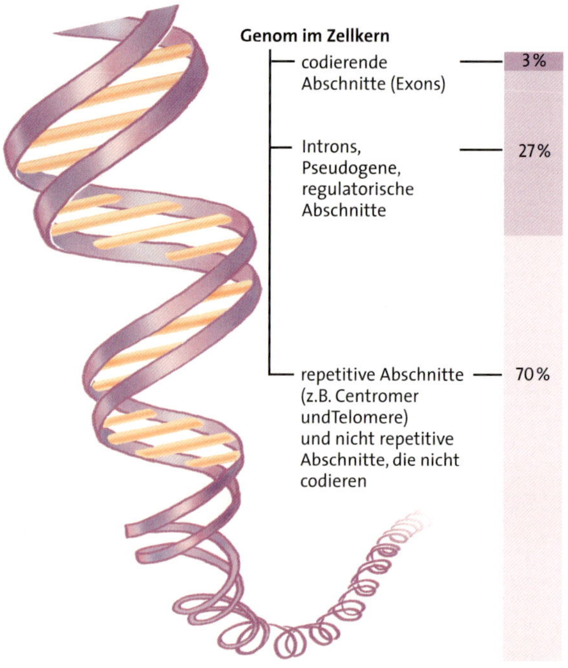

Abb. 374.2: Einteilung der DNA und ihrer Funktionen

300 Gene, die keine Entsprechung in der Maus haben, und umgekehrt in der Maus 118 Gene ohne Homologe beim Menschen, darunter befinden sich z. B. Gene für die Schwanzausbildung. Auch ganze Gengruppen sind homolog. Die Gene und Gengruppen sind jedoch auf den Chromosomen verschieden angeordnet, daher findet sich bei Mensch und Maus kein einziges homologes Chromosom. Bei Pflanzen sind bei den entfernt verwandten Blütenpflanzen *Arabidopsis (s. Exkurs Versuchsobjekte in der Genetik, S. 322)* und Reis immerhin noch 85 % der Gene homolog und selbst bei Mensch und Bäckerhefe noch 20 % der Gene.

Die *Proteomik* befasst sich mit der Analyse der Gesamtheit der Proteine einer Zelle oder des Organismus, des **Proteoms.** Im Gegensatz zum Genom ist das Proteom variabel, denn sowohl die Proteinsynthese als auch der Abbau von Proteinen hängen von den jeweiligen Stoffwechselbedingungen ab, wie z. B. Temperatur, Nährstoffversorgung oder Konzentration eines Arzneimittels. Die Proteomik erfasst nicht nur die vorhandene Menge aller Proteine unter exakt definierten Bedingungen, sondern untersucht auch die zahlreichen Wechselwirkungen der Proteine (**Abb. 374.1**). Die Untersuchung von Proteomen erlaubt Aussagen über die molekulare Wirkung von Medikamenten, Giften und anderen Fremdstoffen im Zellgeschehen.

Will man z. B. die Auswirkung von Medikamenten auf die Proteine von Leberzellen untersuchen, so muss man deren Proteome vor und nach der Medikamentenzufuhr vergleichen. Das Proteom einer Zelle wird ermittelt, indem man die Proteine extrahiert und durch zweidimensionale Gel-Elektrophorese trennt. Man erhält so bis zu 10 000 Proteine, manchmal sogar mehr. In diesem Fall werden die in größerer Menge vorhandenen Proteine isoliert und anschließend teilsequenziert. Das genügt zur Identifizierung durch einen Vergleich mit Aminosäuresequenzen von bekannten Molekülen in Datenbanken. Für die in geringerer Menge vorhandenen Proteine wird die Massenspektrometrie eingesetzt. Durch diese Methode erhält man Informationen über die Molmasse von Protein-Bruchstücken. Da in Datenbanken Fragmentmuster vieler bekannter Proteine auch anderer Organismenarten zur Verfügung stehen, kann man nun nach entsprechenden Bruchstücken suchen. Der Vergleich führt schließlich zur Identifizierung der Proteinmoleküle.

Vernetzung von Genom und Proteom. Die Analyse ganzer Genome und Proteome hat Einblicke in das komplexe Zusammenspiel von Proteinen und Genen ermöglicht: Die DNA bewirkt – über die Vermittlung von RNA – die Synthese von Proteinen. Signalproteine *(s. Stoffwechsel 1.5)* und Regulatorproteine *(s. Abb. 367.2)* wirken wiederum auf Transkription und Translation ein. Es besteht zirkuläre Kausalität: Nicht nur die Gene wirken auf die Proteine, sondern auch die Proteome und andere Eigenschaften der Zelle wirken auf die Realisierung genetischer Information zurück (**Abb. 375.1**).

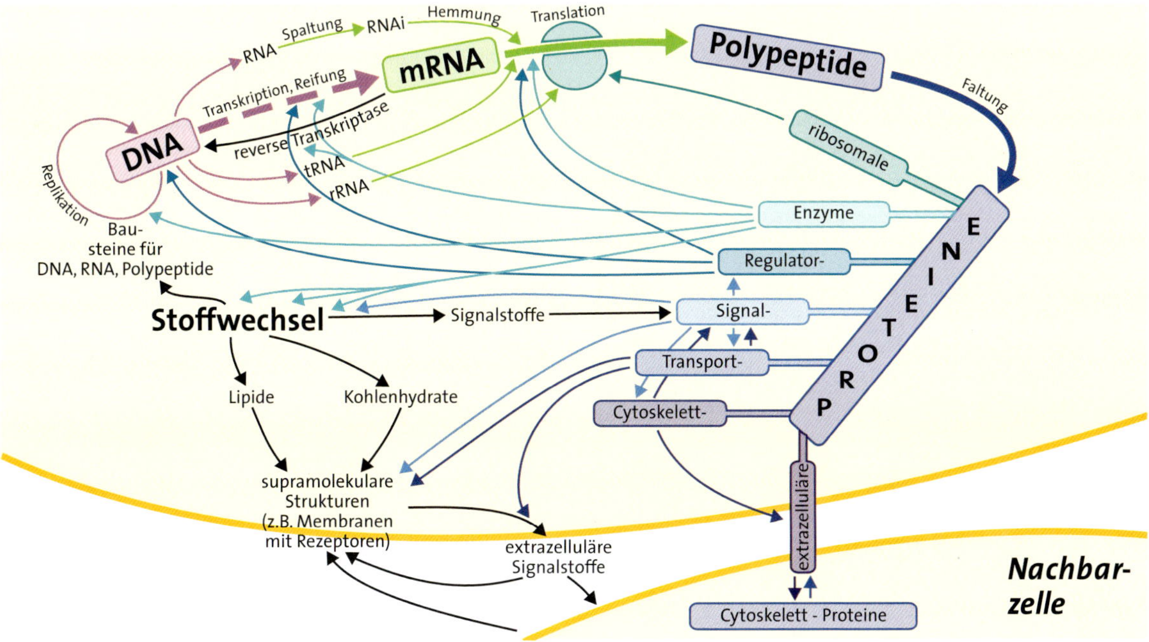

Abb. 375.1: Vernetzung von Genom und Proteom. Die Pfeile stellen Beziehungen im Zellgeschehen dar.

5 Anwendung der Genetik

5.1 Pflanzen- und Tierzüchtung

Schon seit vorgeschichtlicher Zeit hat der Mensch Pflanzen in Kultur genommen und Wildtiere zu Haustieren gemacht. In höchstens 10 000 Jahren ist dabei durch künstliche Zuchtwahl *(s. Abb. 441.1)* aus verhältnismäßig wenigen Wildformen die Fülle der heutigen Kulturpflanzen und Haustiere entstanden. Dieser Übergang wird als *Domestikation* bezeichnet (lat. *domus* Haus). In Kulturen, in denen die Menschen als Jäger und Sammler leben, sind pro Mensch etwa 20 km^2 Lebensraum erforderlich. Wird die gleiche Fläche mit Kulturpflanzen bebaut, kann sie heute bis zu 6000 Menschen ernähren. Den Beginn des Nutzpflanzenanbaus kennzeichnet man als Übergang von der Mittel- zur Jungsteinzeit. Ohne diesen Anbau und ohne die Pflanzen- und Tierzüchtung, die nicht nur ertragreiche Rassen, sondern auch solche für klimatisch weniger günstige Gebiete geschaffen hat, hätte sich die Menschheit nicht so stark vermehren können. Heute bestimmen die Kenntnisse der genetischen Gesetzmäßigkeiten die Züchtungsmethoden. Neben den klassischen Züchtungsmethoden auf der Grundlage von Mutationen und Kreuzungen verwendet man Verfahren der Gentechnik.

Ziele der Pflanzenzüchtung am Beispiel von Getreide

Bei Getreide soll die Qualität verbessert und der Ertrag gesteigert werden. Zur Qualitätsverbesserung gehört die Erhöhung des Eiweiß- und Fettgehalts sowie die Steigerung der Backfähigkeit oder des Vitamingehalts. Der Ertragssteigerung dienen die Erhöhung der Schädlings- und der Krankheitsresistenz. Standfestigkeit und eine bruchfeste Ähre sind wichtige Voraussetzungen für den Einsatz des Mähdreschers. Um Getreide auch unter ungünstigen Klima- und Bodenverhältnissen anbauen zu können, müssen Sorten entwickelt werden, die an die neuen Standorte angepasst sind *(s. Ökologie 4.2)*.

Die Qualität von Hochzuchtformen vermindert sich laufend, indem leistungsschwächere Einzelpflanzen auftreten. Dies liegt an Fremdbestäubung oder an spontanen Mutationen. Durch Massenauslese wird dieser Verschlechterung von Hochzuchtformen entgegengewirkt.

5.1.1 Klassische Pflanzenzüchtung

Auslesezüchtung. In den Anfängen der Landbebauung säte der Mensch wahrscheinlich Samen derjenigen Wildpflanzen aus, die vorteilhafte Eigenschaften hatten. Damit begann vermutlich die künstliche Zuchtwahl. Auch die heutige Züchtung neuer Pflanzensorten geht nach diesem Prinzip vor. Dazu gibt es verschiedene Verfahrensweisen: Bei der *Massenauslese* bringt man Organismen einer Population zur Fortpflanzung, die gewünschte Eigenschaften besitzen, die übrigen Individuen hindert man daran. Bei der *Individualauslese* sät man die Samen von Pflanzen mit gewünschten Eigenschaften aus. Für die Samen jeder Mutterpflanze sieht man dabei ein eigenes Beet vor und sorgt in allen Fällen für möglichst gleiche Wachstumsbedingungen. In den Folgegenerationen werden die ertragreichsten Pflanzen selektiert und für die Weiterzucht verwendet. Bei Selbstbefruchtern wie Bohne, Erbse, Weizen und Gerste führt dieses Verfahren meist rasch zum Ziel. Bei Fremdbefruchtern, wie z. B. beim Roggen, wird eine Anzahl Ähren mit den eigenen Pollen künstlich bestäubt. Ist vegetative Vermehrung möglich, so ist die Individualauslese rasch erfolgreich. Vegetative Vermehrung führt zu erbgleichen Nachkommen; die Individuen bilden einen *Klon*. Die Pflanzenzüchtung wendet die *Klonung* z. B. bei der Kartoffel an: Von einer besonders ertragreichen Mutterpflanze wählt man die Knollen als »Saatgut« und erhält so ebenfalls ertragreiche Nachkommen. Da bei der Individualauslese die Pflanzen eines Beetes von derselben Mutterpflanze abstammen, bleiben bei der wiederholten Anwendung des Verfahrens reine Linien mit den gewünschten Eigenschaften übrig *(s. Exkurs Sorte, reine Linie, Rasse, Unterart, S. 308)*.

Auch die Kohlrassen Kohlrabi, Blumenkohl, Rosenkohl, Wirsing (**Abb. 377.1**) sowie Rund- und Spitzkohl, die alle auf Mutanten der wilden Stammform *Brassica oleracea* zurückgehen, sind Beispiele für Produkte der Auslesezüchtung.

Kreuzungszüchtung. Durch die Kreuzung von Individuen verschiedener Sorten einer Art werden Gene neu kombiniert. Auf diese Weise werden neue phänotypische Eigenschaften hervorgebracht. So lassen sich Gene erwünschter Eigenschaften, die auf zwei Eltern verteilt waren, in einem Genotyp vereinigen. Durch Kreuzungszüchtung entstand z. B. der *Panzerweizen*, der Winterhärte mit hoher Ertragsfähigkeit verbindet. Gekreuzt wurde eine frostresistente, aber wenig ertragreiche schwedische Weizensorte mit dem reich tragenden, aber kälteempfindlichen englischen *Dickkopfweizen*.

Diejenigen Pflanzen, die nach zahlreichen Kreuzungen die vorteilhaftetste Eigenschaften-Kombination aufwiesen, wurden als neue Weizensorte weitervermehrt.

Durch Kreuzungszüchtung können aber auch ganz neue Eigenschaften auftreten, wenn die Gene beider genotypisch verschiedenen Eltern entsprechend zusammenwirken. Manchmal können auch bereits vorhandene günstige Merkmale verstärkt oder unerwünschte zurückgedrängt werden. Ziel der Kreuzungszüchtung ist es, Populationen zu erzeugen, die im Hinblick auf die Gene erwünschter Eigenschaften homozygot sind.

Heterosiszüchtung. Bei vielen Fremdbefruchtern wie Mais und Roggen erreicht man Verbesserungen mit Hybridformen. Kreuzt man zwei reine Linien, tritt bei den F_1-Hybriden oft eine auffallende Mehrleistung gegenüber der Leistung der beiden Elternformen auf. Man nennt diese Erscheinung *Heterosis-Effekt.* Die Heterosis äußert sich, z. B. bei Getreide, in einem gesteigerten Kornertrag (**Abb. 377.2**). Sie kann sich bei Pflanzen und Tieren auch in einer höheren Resistenz gegen Krankheiten zeigen. Bei Hühnern kann sie in verbesserter Legeleistung zum Ausdruck kommen. Die Heterosis ist um so deutlicher ausgeprägt, je größer der genetische Unterschied zwischen den Elternlinien ist, je mehr Gene also in unterschiedlichen Allelen vorliegen. Heterosis kann zwei Ursachen haben. In Inzuchtlinien liegen die Allele homozygot vor. Bestimmte Allele können bei Homozygotie unerwünschte Eigenschaften hervorrufen. Durch Kreuzung der reinen Linien kommt es zur Heterozygotie. Dadurch kann eine Leistungsminderung beseitigt werden. Zu Heterosis kann es weiterhin dadurch kommen, dass die Anzahl aktiver Gene bei den Hybriden vergrößert ist. So ist es bei Getreide möglich, dass z. B. die beiden Allele eines Gens je ein Enzym gleicher Wirkung, aber mit unterschiedlichem Temperaturoptimum bestimmen. Die heterozygote Hybride vermag dann die betreffende Stoffwechselreaktion in einem breiten Temperaturbereich optimal auszuführen, die Elternformen können dies jedoch nur in einem jeweils schmalen Temperaturbereich. Bei wechselhafter Witterung und Tagesschwankungen der Temperatur ist dann die Hybride mit ihrem breiten Temperaturoptimum im Vorteil. Die gemeinsame Wirkung zweier Allele ist bei unvollständiger Dominanz möglich *(s. 2.1).* Bei den Nachkommen der F_1-Hybriden treten auch die weniger günstigen Eigenschaften der reinen Linien wieder auf, da Homozygote entstehen. Man gewinnt Hybrid-Saatgut oder Hybrid-Nutztiere deshalb unmittelbar aus der Kreuzung von zwei Inzuchtlinien.

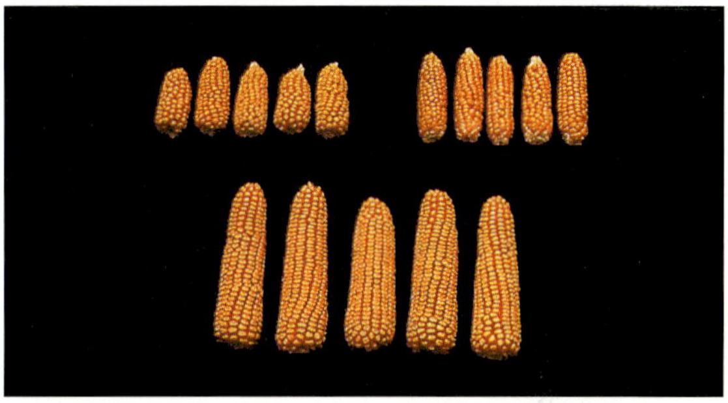

Abb. 377.2: Heterosis beim Mais. Je fünf Kolben von zwei reinen Linien (oben) und ihre Kreuzungsprodukte (unten)

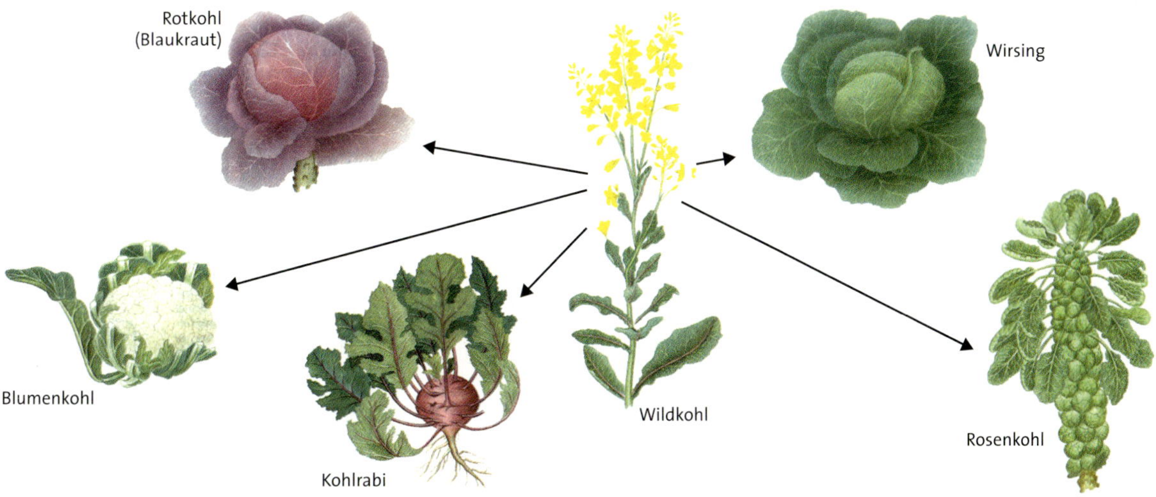

Abb. 377.1: Abänderung des Kohls durch Auslesezüchtung. Wildkohl, Blumenkohl mit fleischig gezüchtetem Blütenstand, Kohlrabi mit knolliger Verdickung des Stängels, Rosenkohl mit gestauchten dickfleischigen Seitenknospen, Wirsing und Rotkohl mit gestauchten Stängeln und großen, dicken und gefalteten Blättern

Schutz der Wildpflanzen

Eine Folge des Bedarfs an ertragreichen Hochzuchtformen ist die Verdrängung ursprünglicher Sorten von Nutzpflanzen und von wild wachsenden Verwandten der Kulturpflanzen *(s. Ökologie 4.1)*. Dabei spielt auch die Ausweitung von Anbauflächen und von Bauland eine Rolle. Gerade die Wildformen und bestimmte Ursprungssorten können aber Eigenschaften besitzen, die für die Weiterführung der Züchtung wertvoll sind. Dazu gehört die Widerstandsfähigkeit gegen Kälte, Trockenheit oder Schädlinge. Mit dem Verschwinden von Wildpflanzen und Sorten verringern sich die Genbestände für die weitere Züchtung. Der Genbestand der Hochzuchtsorten reicht für die Vielzahl der heute angestrebten Zuchtziele nicht mehr aus, von möglichen weiteren Zuchtzielen der Zukunft ganz abgesehen. Unvorhersehbar ist auch der Bedarf an weiteren Nutzpflanzen, wie z. B. Arzneipflanzen, die durch Kultivierung von Wildpflanzen erst noch zu gewinnen sind. Deshalb ist der Fortbestand dieser Lebewesen bzw. deren Schutz notwendige Voraussetzung für die Züchtung.

Um die negativen Folgen der laufenden Verdrängung abzumildern, werden Samen möglichst vieler Wildpflanzenarten in flüssigem Stickstoff aufbewahrt. Sie bleiben dadurch fast uneingeschränkt keimfähig, sodass jederzeit wieder Pflanzen herangezogen werden können. Derartige »Genbanken« hat man auch für ursprüngliche Sorten zahlreicher Nutzpflanzen angelegt.

Mutationszüchtung. Zur Auslösung von Mutationen bestrahlt man Samen mit Röntgen- und Neutronenstrahlen, setzt sie Kälte- bzw. Wärmeschocks aus oder behandelt sie mit chemischen Stoffen wie *Ethylimin* oder *Ethylmethansulfat*. So wurde durch Bestrahlung eine Maismutante gewonnen, deren Eiweiß mehr *Lysin* (eine essentielle Aminosäure) enthält und die daher für die menschliche Ernährung eine höhere biologische Wertigkeit besitzt. Da die meisten dieser Mutanten jedoch Defekte aufweisen, ist nur ein verschwindend kleiner Teil für die Weiterzucht geeignet.

Züchtung höherer Pflanzen aus Einzelzellen. Aus Pollenkörnern oder Samenanlagen kann man in Nährmedien vollständige haploide Pflanzen heranziehen (**Abb. 378.1 a, b**). Die sich teilenden Zellen der jungen Pflänzchen lassen sich mit Colchicin diploidisieren *(s. 3.3.3)*. Die aus diesen Zellen entstehenden Pflanzen sind homozygot, daher wirken sich ihre rezessiven Allele phänotypisch aus, und man kann brauchbare und weniger brauchbare Eigenschaften sofort erkennen. Auch einzelne Blattzellen lassen sich zu vollständigen Pflanzen entwickeln. In Kulturen solcher Zellen lassen sich viele Mutanten erzeugen und auf verschiedene Nährböden übertragen. Setzt man Schädlingsgifte zu, so kann man die resistenten Formen auslesen. Zellwandlose Protoplasten einiger Pflanzenarten können sogar miteinander verschmolzen werden (**Abb. 378.1 c, d**). Auch daraus lassen sich ganze Pflanzen entwickeln. So wurden auch die beiden Nachtschattengewächse Tomate und Kartoffel bastardisiert *(Tomtoffel)*. Praktischen Nutzen hat dieser Bastard nicht, da die Produktionsleistung nicht größer ist.

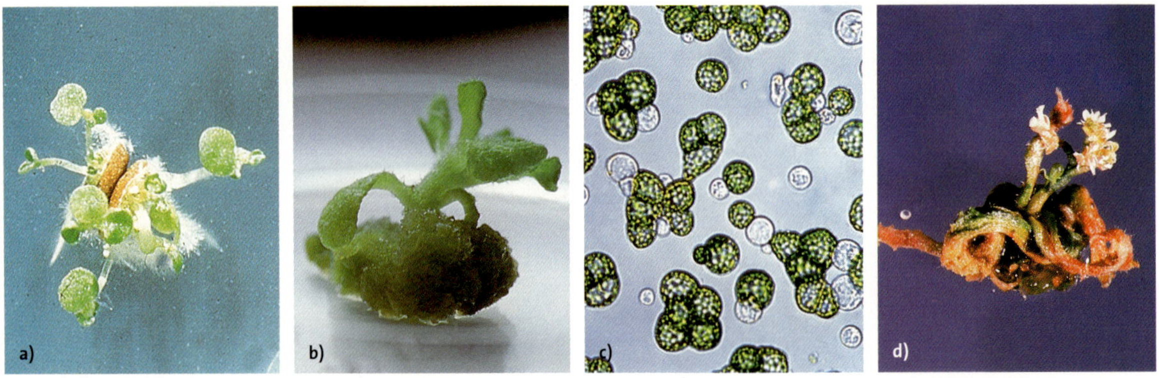

Abb. 378.1: Züchtung von Pflanzen aus Einzelzellen und Zellkulturen (a, b, d natürliche Größe, c 200 fach). **a)** Tabakpflänzchen, die aus Pollenkörnern entstanden sind; **b)** Bildung einer Rapspflanze aus einer Gewebekultur; **c)** Verschmelzung (Fusion) von grünen Blattzell-Protoplasten mit farblosen Protoplasten aus embryonalem Gewebe (es fusionieren auch gleichartige Protoplasten); **d)** ein durch Protoplastenfusion erzeugter Bastard von Raps und *Arabidopsis*. Da die Genome der Eltern teilweise nicht zusammenpassen, kommt es zu Entwicklungsstörungen, sodass missgebildete und sterile Pflanzen entstehen.

GENETIK

5.1.2 Klassische Tierzüchtung

Aufgrund archäologischer Befunde weiß man, dass der Hund das älteste Haustier ist (mindestens seit 12 000 bis 14 000 Jahren). Er stammt vom Wolf ab und hatte zunächst vermutlich in erster Linie Jagd- und Wächterfunktion. Durch künstliche Zuchtwahl *(s. Abb. 441.1)* sind die etwa 400 Hunderassen mit ganz unterschiedlichen Aufgaben und Gestalten entstanden. Auf den Hund folgten Schaf und Ziege, dann Rind und Schwein vor 8000 bis 9000 Jahren. Erst vor 7000 Jahren kamen Pferd und Katze hinzu, wenig später Taube und Huhn.

Nutztiere dienen heute vor allem der Nahrungsproduktion. Ihre Bedeutung als Arbeitstiere ist als Folge der Motorisierung mittlerweile weitgehend auf die Länder der dritten Welt beschränkt. Wolle und Leder werden zum Teil durch synthetische Stoffe ersetzt. Andererseits ist die Bedeutung von Haustieren als Gefährten des Menschen gewachsen: Hauskatzen mit ca. 40 Rassen und Haushunde sind heute in vielen Ländern die beliebtesten tierischen Freunde des Menschen.

Die Nutztierzüchtung arbeitet mit Auslese und Kreuzung; auch nutzt sie den Heterosiseffekt (**Abb. 379.1**). Zur Auswahl stehen ihr jedoch längst nicht so viele Individuen zur Verfügung wie dem Pflanzenzüchter. Kreuzungen von Großtieren erfordern wegen der langen Entwicklungszeit und der geringen Zahl der Nachkommen einen relativ hohen Aufwand. In Stammtafeln und Zuchtbüchern vermerken die Züchter alle wichtigen Merkmale der Tiere, sodass sie diese bei der weiteren Züchtung berücksichtigen können. Beim Huhn wurde z. B. die durchschnittliche Jahreslegeleistung auf etwa 300 Eier erhöht; bei Rindern stieg die jährliche Milchleistung auf ca. 5000 Liter, bei Hochleistungskühen sogar auf ca. 10 000 Liter (**Abb. 379.2**).

Neben der Steigerung gewünschter Eigenschaften spielt die Wirtschaftlichkeit der Tierproduktion eine wichtige Rolle in der Züchtung. Vor allem die Kosten der Züchtung müssen bedacht werden. So sind die Arbeits- und Stallkosten bei Heterosiszüchtung von besonderer Bedeutung, weil mindestens zwei Reinzuchtlinien gehalten werden müssen, die der Zucht dienen (**Abb. 379.1 a, b**).

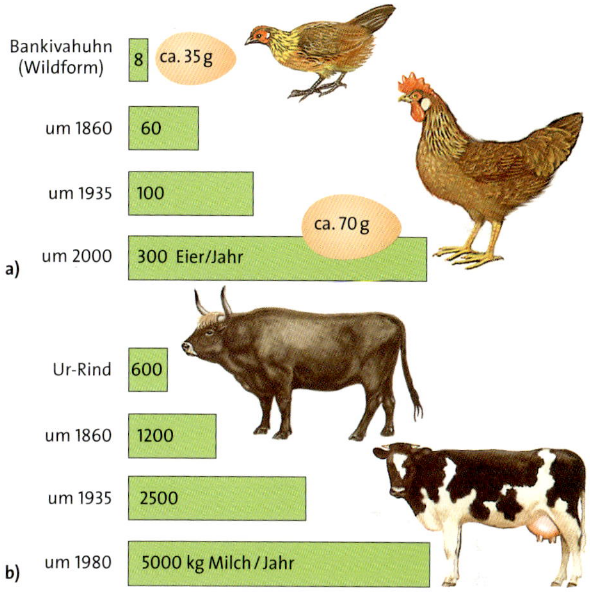

Abb. 379.2: Jahresleistung von Nutztieren. **a)** Je Huhn im Jahr gelegte Eier; **b)** Jahresmilchertrag je Kuh in kg. Die Leistungen der Tiere schwanken sowohl individuell als auch nach Rasse, Futter und Haltung.

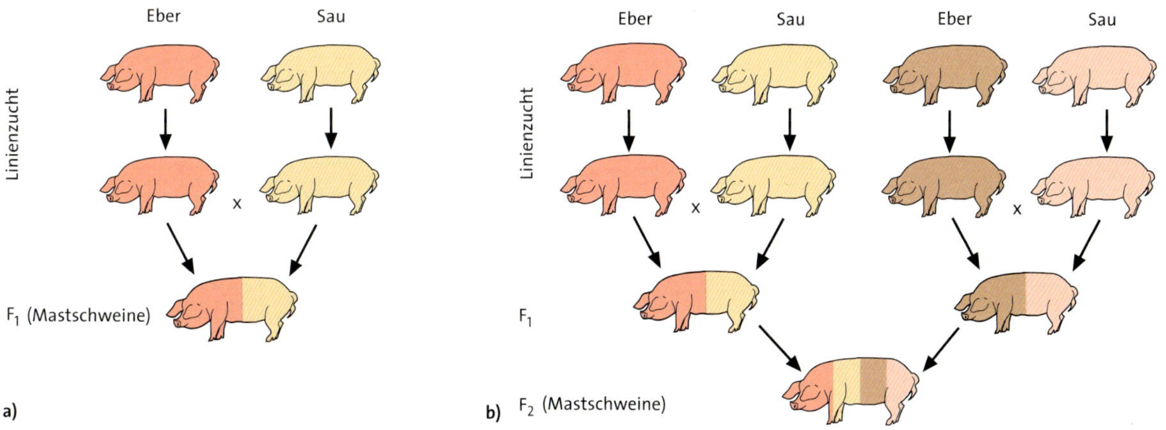

Abb. 379.1: Kreuzungsverfahren bei der Schweinezucht. Es können sich Heterosiseffekte in den Merkmalen Fruchtbarkeit, Vitalität, Zuwachs und Futterverwertung ergeben. **a)** Einfachkreuzung mit vollem Heterosiseffekt; **b)** Vierwegkreuzung; der Heterosiseffekt ist höher als bei a, da im Mastschwein die Merkmale von vier Rassen vereinigt sind.

Neue Formen der Tierzucht. In der Nutztierzucht wendet man in großem Umfang die **künstliche Besamung** an. Dafür steht zu jeder Zeit eine sehr große Anzahl von Spendern zur Verfügung. Die Spender der Spermien werden nach Eigenschaften ausgewählt, welche die Nachkommen haben sollen. So werden neben zahlreichen anderen Haustierarten heute etwa 95 % der Kühe wie auch der Zuchthennen künstlich besamt.

Um die Erbanlagen hochleistungsfähiger Kühe rascher zu vermehren, entwickelte man die Methode der **Embryo-Übertragung** von der Zuchtkuh auf Ammenkühe: Vor der künstlichen Besamung einer Hochleistungs-Zuchtkuh wird bei dieser mittels einer Hormoninjektion ein mehrfacher Eisprung (eine so genannte *Superovulation)* ausgelöst, der 8 bis 25 Eizellen gleichzeitig freisetzt. Nach einer Woche werden die stecknadelkopfgroßen Embryonen aus dem Uterus gespült, einzeln in je eine Ammenkuh eingesetzt und von dieser ausgetragen.

Auch die Befruchtung außerhalb des Körpers, in einer Glasschale unter mikroskopischer Kontrolle, wird zur Embryonen-Produktion angewendet. Man nennt dieses Verfahren **In-vitro-Fertilisation** (»Im-Reagenzglas-Befruchtung«), kurz *IVF.* Die dazu benötigten Eizellen gewinnt man nach hormonal herbeigeführten Eisprüngen durch Punktion direkt aus dem Ovar oder mithilfe von Eileiterspülungen. Nach der künstlichen Befruchtung und den ersten Zellteilungen kann der Embryo unter dem Präparationsmikroskop in zwei oder vier Teile zerlegt werden. Diese Teile entwickeln sich in Ammentieren zu vollständigen und erbgleichen Tieren, einem Klon. Bei einer anderen Form der Klonierung verwendet man entkernte Eizellen, in die diploide Kerne aus Embryonen von Hochleistungseltern eingesetzt werden. Die sich entwickelnden Tiere sind mit den Kernspendern erbgleich. Dieses Verfahren wird bei Rindern seit 1986 mit großem Erfolg angewendet. Die Verwendung von bereits differenzierten Zellen zur Kernspende führte zum Schaf »Dolly« (**Abb. 380.1**). Zu dessen Erzeugung wurden in 277 entkernte Eizellen Kerne aus Euterzellen eines sechs-jährigen Schafs eingesetzt; lediglich ein Embryo entwickelte sich bis zur Geburtsreife. Da Dolly Chromosomen mit Telomerenlängen *(s. 4.1.5)* wie bei der Spenderin der Eizelle bekommen hatte, war sie vermutlich genetisch betrachtet auch so alt wie diese.

Die Möglichkeit sowohl Spermien wie Embryonen in flüssigem Stickstoff einzufrieren und bis zur Weiterverwendung aufzubewahren, ist eine wichtige Hilfe bei den beschriebenen Verfahren zur Embryonen-Produktion. Die Embryonen von Rindern werden auch häufig in verschlossenen Eileitern von Schaf oder Kaninchen zwischengelagert.

Abb. 380.1: Klonen durch Übertragen von Zellkernen aus einem erwachsenen Tier. **a)** Schema; **b)** das Schaf *Dolly* mit Ammentier

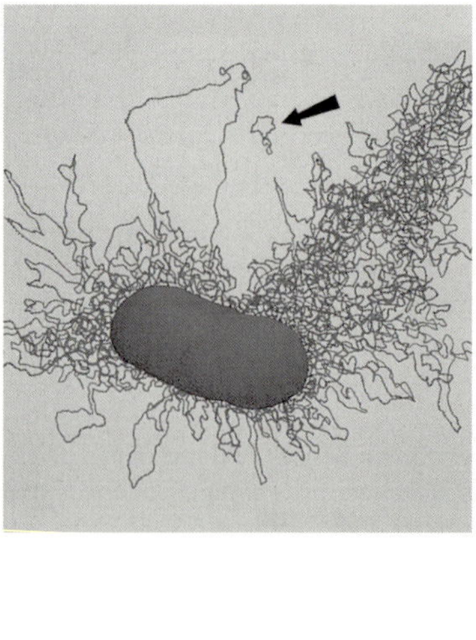

Abb. 380.2: Elektronenmikroskopische Aufnahme einer aufgebrochenen *Escherichia-coli-*Zelle. Neben der aus der Zellhülle herausquellenden chromosomalen DNA ist auch ein Plasmid zu erkennen (Pfeil).

GENETIK

5.2 Gentechnik

5.2.1 Methoden der Gentechnik

Unter *Gentechnik* versteht man die gezielte Ausschaltung bestimmter Gene oder die Übertragung fremder Gene in den Genbestand einer Zelle bzw. eines Organismus. Die dadurch veränderten Organismen nennt man **transgen.**

Um fremde DNA in einen Organismus einzubauen, muss sie zunächst in dessen Zellen transportiert und darin an DNA gebunden werden. Dazu wird die DNA in der Regel zunächst an ein Transportsystem geknüpft. Die wichtigsten Transportsysteme sind **Vektoren**. Dabei handelt es sich um andere DNA-Moleküle, in welche die gewünschte Fremd-DNA eingebaut wird. Zur Übertragung von fremder DNA in Bakterien werden Plasmide (**Abb. 380.2**) oder auch Phagen-DNA als Vektoren verwendet. Um Fremd-DNA in Zellen von Eukaryoten einzuschleusen, benutzt man Viren.

Die zu übertragenden Gene müssen zunächst aus ihrem Herkunfts-Genom isoliert werden. Dazu verwendet man Restriktionsenzyme, die den DNA-Doppelstrang an bestimmten Stellen versetzt spalten *(s. 4.1.6)*. Dadurch entstehen Spaltstücke, die an den Enden eine kurze einsträngige Nucleotidsequenz tragen (**Abb. 381.1**). Da diese Endgruppen an komplementäre Nucleotide über Wasserstoffbrücken binden, nennt man sie *sticky ends* (»klebrige Enden«).

Für den Einbau der Fremd-DNA in ein Plasmid verwendet man ein Restriktionsenzym, dessen Erkennungssequenz nur einmal im Plasmid vorkommt und das daher den Plasmidring nur an dieser Stelle öffnet. Man verwendet das gleiche Restriktionsenzym wie bei der Isolation des Gens, sodass die klebrigen Strang-Enden der Fremd-DNA und der Wirts-DNA gleich sind. Danach mischt man die Suspension der geöffneten Plasmide mit der Suspension der einzubauenden Fremd-DNA. Nach Zugabe eines Verknüpfungsenzyms, der *DNA-Ligase*, kommt es zum Einbau in das Plasmid. Neben den Plasmiden mit Fremd-DNA entstehen auch wieder ursprüngliche Plasmide sowie Ringe, die nur aus der Fremd-DNA bestehen.

Die Suspension aller dieser Moleküle vermischt man anschließend mit plasmidfreien Bakterien, deren Zellwände zuvor durch chemische Behandlung durchlässig gemacht wurden. Auf diese Weise erhält man Zellen mit Plasmiden mit Fremd-DNA, mit Plasmiden ohne Fremd-DNA und mit Plasmiden, die ausschließlich aus Fremd-DNA bestehen. Daneben gibt es zahlreiche Bakterien, die keinen dieser DNA-Ringe aufgenommen haben. Die anschließende Selektion der Bakterien erfolgt mithilfe von Resistenzgenen.

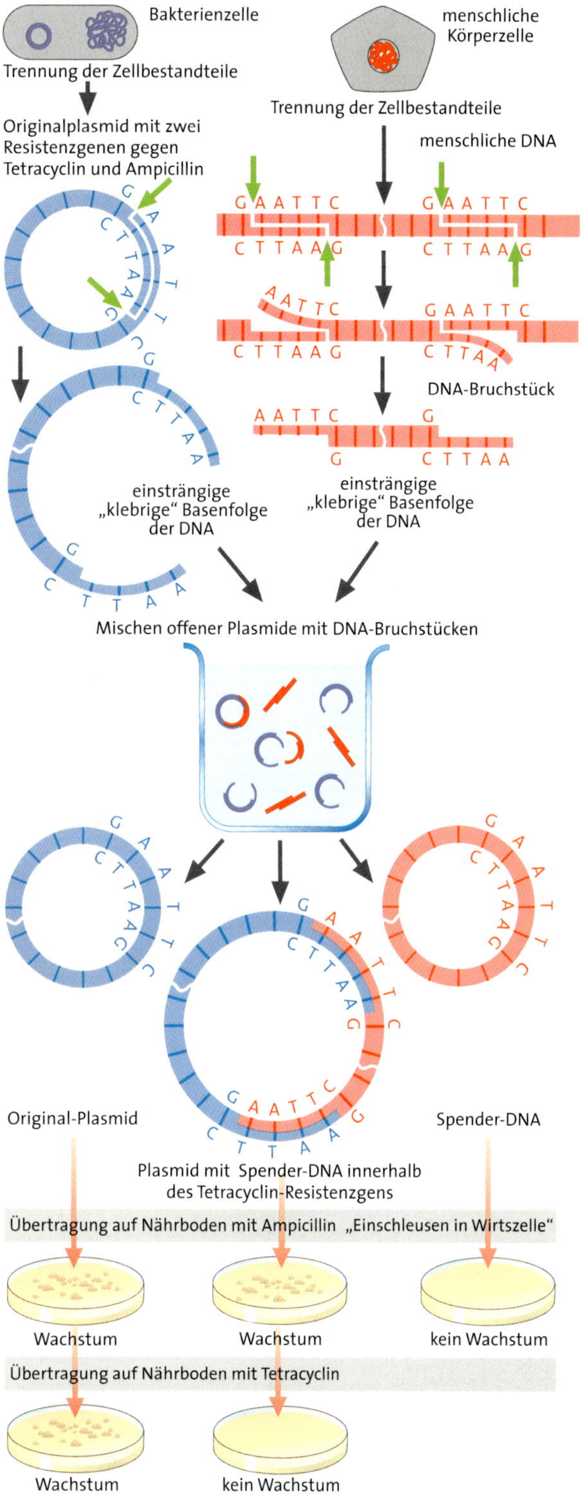

Abb. 381.1: Prinzip des Verfahrens der Genübertragung zur Synthese eines Proteins des Menschen in Bakterienzellen. Es ist nur eines der vielen ungleich großen DNA-Spaltstücke gezeichnet, die bei der Aufspaltung eines DNA-Doppelstrangs entstehen.

Ziele der Gentechnik in Landwirtschaft und Industrie

Zur Herstellung transgener Organismen kann man prinzipiell alle Lebewesen und Viren als Gen-Ressourcen verwenden, da bei der Übertragung einzelner Gene Artgrenzen keine Rolle spielen. Ziele der landwirtschaftlichen und industriellen Verwendung transgener Organismen sind eine Verbesserung der Nahrungsmittelproduktion, die Erzeugung wirtschaftlich und medizinisch wichtiger Stoffe sowie die Optimierung des Einsatzes von Mikroorganismen beim Stoffabbau. Bei Enzymen kann der Austausch einzelner Aminosäuren im aktiven Zentrum die Substratspezifität verändern *(s. Stoffwechsel 1.2.2)*. Solche »maßgeschneiderten« Enzyme sind dann technisch vielfältig einsetzbar.

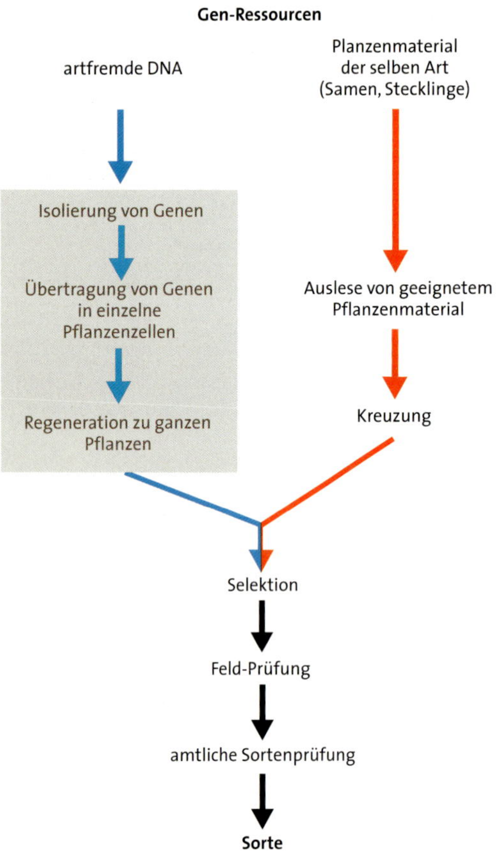

Abb. 382.1: Vergleich der Vorgehensweise bei gentechnischer (links) und klassischer (rechts) Pflanzenzüchtung. Nur in dem unterlegten Segment unterscheidet sich die gentechnische von der klassischen Züchtung. Die zeitintensiven Schritte wie die Feldversuche oder die amtliche Sortenprüfung sind gleich.

Selektion von transgenen Bakterien. Die Vektorplasmide tragen Resistenzgene gegen zwei Antibiotika, z. B. Ampicillin und Tetracyclin. Innerhalb des Resistenzgens gegen Tetracyclin befindet sich die Schnittstelle des verwendeten Restriktionsenzyms; hier wird also die fremde DNA eingebaut. Dadurch wird das Tetracyclin-Resistenzgen inaktiv. Die Zellen, welche das Plasmid mit Fremd-DNA aufgenommen haben, sind also gegen Tetracyclin empfindlich und können sich auf einem Tetracyclin-haltigen Nährboden nicht vermehren. Sie sind aber unempfindlich gegen Ampicillin. Alle Bakterien, die auf einem Nährboden mit Ampicillin wachsen, enthalten also entweder Plasmide mit Fremd-DNA oder solche ohne Fremd-DNA *(s. Abb. 381.1)*. Bakterien, die nur Fremd-DNA-Ringe aufgenommen haben, wachsen auf keinem der Nährböden mit Antibiotikum. Man überträgt nun Zellen aus den Klonen, die auf dem Nährboden mit Ampicillin wachsen, auf einen solchen, der Tetracyclin enthält; dabei bedient man sich der Stempeltechnik *(s. Abb. 342.1)*. Auf dem Tetracyclin haltigen Nährboden vermehren sich nur die Bakterien, die ein Plasmid ohne Fremd-DNA aufgenommen haben und damit ein aktives Tetracyclin-Resistenzgen besitzen. Diejenigen Zellen, die auf der Tetracyclin-Platte nicht gedeihen, stammen aus Klonen mit der eingebauten fremden DNA. Diese Klone werden von der Ampicillin-Platte auf ein geeignetes Nährmedium übertragen und so vermehrt.

Vom Spenderorganismus zur Genbibliothek. Das Gen, das übertragen werden soll, muss zunächst aus dem Genom eines Spenderorganismus isoliert werden. Dazu vermehrt man Zellen des Spenderorganismus in einer Zellkultur. Da man in den meisten Fällen die genaue Lage des gewünschten Gens im Genom nicht kennt, gewinnt man zunächst aus vielen Zellen der Zellkultur die gesamte DNA. Diese wird dann mit Restriktionsenzymen in zahllose kleine Fragmente gespalten. Die verschiedenen Spaltstücke werden in Vektor-Plasmide oder Vektor-Phagen eingebaut. Die Vektoren werden von Wirtsbakterien aufgenommen und mit diesen vermehrt. Dabei entstehen so viele verschiedene Zellklone von Wirtsbakterien, wie unterschiedliche Fremd-DNA-Stücke vorliegen. Alle diese Zellklone zusammen bilden eine *Genbibliothek*. Eine vollständige Genbibliothek des menschlichen Genoms umfasst ungefähr eine Million verschiedener Klone mit einer Gesamtzahl von ca. $3 \cdot 10^9$ Basenpaaren.

Screening. Hat man von der gesamten DNA eine Genbibliothek hergestellt, beginnt die mühsame Suche nach dem gewünschten Gen. Sie wird als *screening* (Siebung) bezeichnet. Wenn das gesuchte Gen in einem Klon von

Wirtsbakterien abgelesen wird und ein Genprodukt entsteht, so kann dieses Gen anhand dieses Produktes in dem betreffenden Klon nachgewiesen werden. Das ist aber nur sehr selten der Fall. Wird kein Genprodukt gebildet, so muss man das Gen mithilfe einer markierten *Gensonde* direkt nachweisen. Dazu müssen viele Kulturen der Genbibliothek durchsucht werden. Von jeder Kultur gewinnt man die DNA, bindet sie an ein geeignetes Filter (meist ein Gel) und macht sie durch Erhitzen einsträngig. Dann lässt man die Gensonde in das Filter eindiffundieren. Sie bindet nur an die DNA der Bakterien desjenigen Klons, in denen sich das gesuchte Gen befindet. Die Markierung der Gensonde lässt dann erkennen, welche Kolonien das gesuchte Gen enthalten (**Abb. 383.1**).

Gewinnung von Genen für Vektoren. Um ein Protein eines Eukaryoten gentechnisch herzustellen, baut man das zuständige Gen nicht in voller Länge in den Vektor ein. Vielmehr beschränkt man sich dabei auf diejenigen Abschnitte des Gens, deren Information in die mRNA eingeht (Exon-Abschnitte); denn nur die Exons sind für die Synthese des gewünschten Proteins von Bedeutung. Die DNA mit den Exon-Abschnitten stellt man mithilfe reverser Transkriptase aus reifer mRNA her *(s. Exkurs Reverse Transkription, S. 358)*. Man gewinnt so eine DNA-Kopie (cDNA), an die man auf chemischem Weg sticky ends anfügt. Dann lässt sie sich in einen Vektor einbauen. Transkribiert man die gesamte in einer Zelle enthaltene mRNA, so lässt sich aus den Produkten eine cDNA-Bibliothek aufbauen. Sie dient z.B. der Untersuchung der Genaktivitäten in bestimmten Entwicklungsstadien.

Liegt keine reife mRNA vor, muss man die Aminosäureabfolge eines gewünschten Proteins kennen. Man kann dann mithilfe des genetischen Codes *(s. Abb. 356.1)* eine mögliche Nucleotidsequenz für das dazugehörige Gen ermitteln. Aus Nucleotidbausteinen lässt sich DNA dieser Sequenz auf chemischem Weg synthetisieren. Nach dem Anfügen von sticky ends ist ein Einbau in einen Vektor möglich.

Will man sicherstellen, dass das Gen auch abgelesen wird, so muss man anschließend ein Regulationssystem einbauen. In Plasmide, die auf Bakterienzellen übertragen werden sollen, kann das Regulationssystem des Lactose-Abbaus eingefügt werden *(s. 4.3.2)*. Danach können die Plasmide in Bakterienzellen eingebracht werden. Bei der hohen Vermehrungsrate von Bakterien erhält man große Mengen von Zellen mit dem gewünschten Gen. Diese bilden das gewünschte Genprodukt, wenn man der Kultur Milchzucker (Lactose) zuführt *(s. 5.3.2)*. Das Genprodukt lässt sich anschließend aus der Bakterienkultur isolieren. Auf diesem Weg wird seit 1982 Humaninsulin hergestellt.

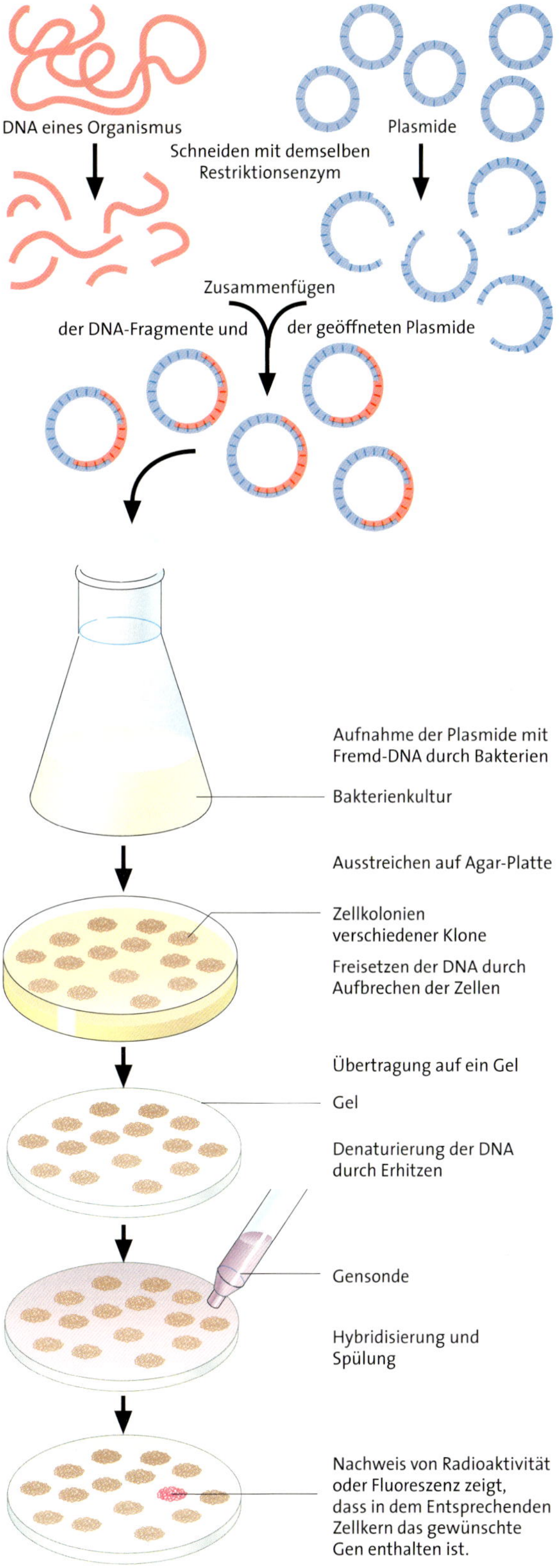

Abb. 383.1: Auswahl von Zellklonen (screening) mithilfe einer markierten Gensonde

5.2.2 Anwendung der Gentechnik bei Mikroorganismen und Zellkulturen

Produktion von Somatostatin. Somatostatin ist ein Hormon des Hypothalamus, das die Bildung des Wachstumshormons Somatropin in der Hypophyse hemmt *(s. Hormone 1.1)*; bei Riesenwuchs kann es therapeutisch eingesetzt werden. Somatostatin ist ein Peptid aus 14 Aminosäuren; es wird gentechnisch aus Bakterien gewonnen. Da die Aminosäuresequenz des Somatostatins bekannt ist, kann der entsprechende DNA-Abschnitt anhand der Code-Sonne auf chemischem Weg aufgebaut werden. Vor das erste Codogen dieses künstlichen Somatostatin-Gens wird die Erkennungssequenz für das Restriktionsenzym Eco R1 angebaut und nach dem letzten Codogen diejenige für das Restriktionsenzym Bam H1 (**Abb. 384.1**). Das so ergänzte Gen wird nun in ein Plasmid aus *E. coli* eingebaut. Dieses enthält die beiden Resistenzgene für Tetracyclin und Ampicillin. Im Resistenzgen für Tetracyclin befindet sich je eine Schnittstelle für Eco R1 und Bam H1. Lässt man beide Enzyme einwirken, so wird ein Stück aus dem Resistenzgen herausgeschnitten; an dessen Stelle wird das Somatostatin-Gen mit festgelegter Richtung eingesetzt. Bakterien, welche diesen Vektor aufnehmen, lassen sich aufgrund der Ampicillin-Resistenz und der Tetracyclin-Empfindlichkeit selektieren *(s. 5.3.1)*.

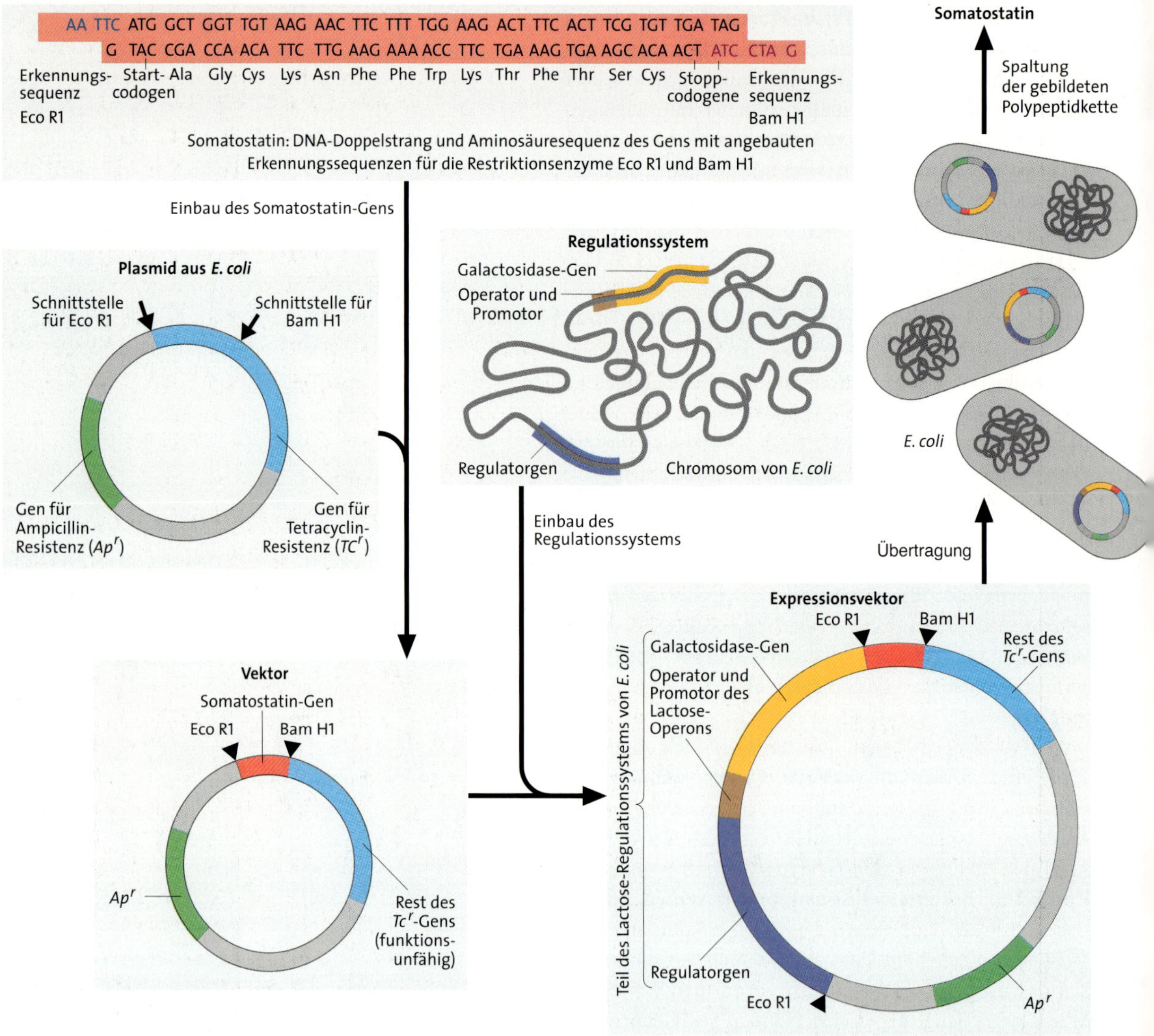

Abb. 384.1: Herstellung des Expressionsvektors für das Somatostatin des Menschen. Eco R1: Restriktionsenzym aus *Escherichia coli*, Stamm R1; Bam H1: Restriktionsenzym aus *Bacillus amyloliquefaciens*, Stamm H1

Damit das Somatostatin-Gen in Bakterien tätig wird, muss zunächst ein Regulationssystem in das Plasmid eingebaut werden. Dazu wird ein Teil des Vektors, der unmittelbar vor dem Somatostatin-Gen liegt, herausgeschnitten. Das verwendete Restriktionsenzym schneidet unmittelbar vor dem Startcodogen. Für das ausgeschnittene Stück werden das Regulator-Gen, der Promotor, der Operator und das Galactosidase-Gen (Struktur-Gen 1) des Lactose-Regulationssystems eingesetzt. Daran schließt sich jetzt ohne Stop-Codogen das Somatostatin-Gen als neues »Strukturgen 2« an. Weil das Lactose-Regulatorgen in den Vektor eingebaut ist, kann man die Somatostatinbildung über die Zugabe des Induktors Lactose regulieren. Aktiviert man dieses künstliche Operon durch Milchzucker, so entsteht ein Polypeptid aus Galactosidase und daran hängendem Somatostatin. Dieses Polypeptid wird durch Aufbrechen aus den Bakterienzellen gewonnen. Das Somatostatin lässt sich anschließend auf chemischem Weg abspalten und isolieren.

Weitere Produkte aus transgenen Mikroorganismen und Zellkulturen. Viele Enzyme, die in der Lebensmittel- und Waschmittelindustrie eingesetzt werden, stellt man heute gentechnisch in Bakterien her. Transgene Bakterien dienen auch zur Produktion von Human-Insulin und von Impfstoff gegen Hepatitis B. Jedoch lassen sich nicht alle gewünschten Arzneimittel aus Bakterienzellen gewinnen. Der Blutgerinnungsfaktor VIII, den viele Bluterkranke benötigen, ist ein Glykoprotein; nur eine Eukaryotenzelle kann das Protein richtig mit dem Zuckerrest verknüpfen. Daher muss man in diesem Fall Kulturen von transgenen Säugerzellen oder transgenen Hefezellen einsetzen.

Da Säugerzellen keine Plasmide enthalten, muss man hier andere Verfahren der Genübertragung anwenden: So kann man die zu übertragende DNA im Überschuss in zahlreiche Zellkerne injizieren; in einem Teil der Zellen wird diese DNA ins Genom eingebaut. Weiterhin kann man durch Anlegen einer hohen Spannung die Zellmembran lokal öffnen und so in Zellen DNA einbringen; auch die auf diese Weise transferierte DNA wird gelegentlich ins Genom eingefügt, wenn sie den Kern erreicht. Diese und andere Methoden haben den Nachteil, dass eine große Zahl von Zellen eingesetzt werden muss, um die eine oder andere transgene Zelle zu erhalten. Damit das eingebaute Gen tätig wird, muss es mit einem Regulationssystem verknüpft eingebracht werden. Ein geeignetes Regulationssystem besitzt z. B. das Affenvirus SV 40, aus dem man die Gene für den Aufbau der Virusteilchen entfernt hat. An ihrer Stelle kann die Fremd-DNA eingebaut werden.

5.2.3 Transgene Pflanzen

Bei Pflanzen gelingt die Einführung fremder Gene in den meisten Fällen mithilfe eines Plasmids aus dem Bodenbakterium *Agrobacterium tumefaciens.* Die Pflanzenzelle selbst besitzt keine Plasmide. *Agrobacterium tumefaciens* dringt in zweikeimblättrige Pflanzen ein, wenn bei ihnen der Stängel in Bodennähe kleine Verletzungen aufweist, vermehrt sich und führt zu Gewebswucherungen (Tumoren). Diese werden durch ein Plasmid verursacht, von dem ein Teilstück in den Zellkern der Wirtszellen wandert und in ein Chromosom eingebaut wird (**Abb. 386.1**).

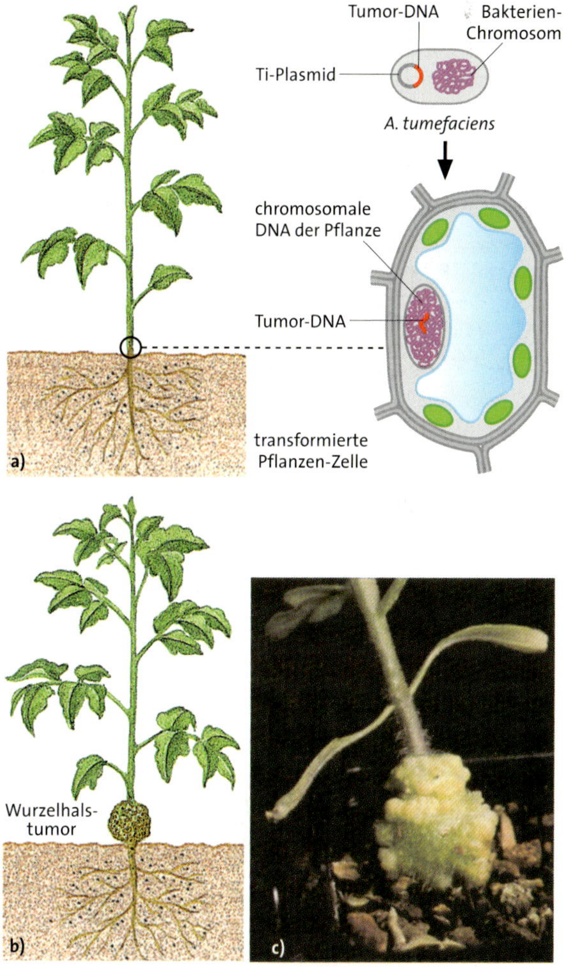

Abb. 385.1: Bildung von Wurzelhalstumoren bei Pflanzen durch Infektion mit *Agrobacterium tumefaciens.*
a) Über Verletzungsstellen erhält das Bakterium engen Kontakt zu Pflanzenzellen; das Plasmid gelangt in das Innere einer Zelle, und der für die Tumorerzeugung entscheidende DNA-Abschnitt wird in das Pflanzengenom eingebaut;
b) die transformierten Zellen bilden den Wurzelhalstumor;
c) Wurzelhalstumor bei einer Tomatenpflanze

Freisetzung von transgenen Pflanzen
Bevor transgene Pflanzen in der Praxis verwendet werden können, müssen sie zunächst einen dreistufigen Test durchlaufen: Nach der Prüfung im Sicherheitslabor erfolgt ein Anbau im geschlossenen Gewächshaus und dann unter kontrollierten Bedingungen im Freiland. Dabei existiert eine genaue Liste von Eigenschaften, die zu prüfen sind, um Gefährdungen auszuschließen.

Die Mehrzahl der bisher getesteten transgenen Nutzpflanzen ist gegen Viruskrankheiten oder Insektenfraß resistent. Von praktischer Bedeutung ist auch eine Herbizidresistenz: Ein Herbizid beeinträchtigt die Nutzpflanze nicht, aber verhindert das Wachstum aller anderen Pflanzen. Ein Massenanbau solcher herbizidresistenter Pflanzen hat jedoch auch Nachteile: Wenn nämlich aus Wirtschaftlichkeitsgründen nur noch diese angebaut werden und alle anderen Sorten der gleichen Nutzpflanze verschwinden, kommt es zu einer Verarmung des Genpools. Diese wirkt sich auf die Variationsbreite der Population und auf die weitere Züchtung nachteilig aus. Die Anpassungsfähigkeit der betreffenden Kulturpflanzen bezüglich anderer Faktoren wird geringer. Die dauernde Anwendung von Herbiziden führt schließlich auch bei »Unkrautarten« zur Entwicklung von Resistenz, und zwar durch Selektion entsprechender natürlicher Mutanten. Dies hat man beim Einjährigen Rispengras bereits beobachtet.

Manche Proteine in Lebensmitteln können allergische Reaktionen auslösen. Dabei weisen z. B. Reis, Paranuss und Erdnuss ein erhöhtes Risiko auf. Werden zur Optimierung des Eiweißgehalts Gene aus Pflanzen mit allergischen Potenzial in andere Pflanzen übertragen, so kann nicht ausgeschlossen werden, dass damit auch die Allergie induzierende Wirkung übertragen wird. Schon aus diesem Grunde ist es zweckmäßig, Produkte transgener Pflanzen zu kennzeichnen. Allerdings ist in manchen Fällen eine entsprechende Kennzeichnung gar nicht sinnvoll. So gibt es eine Kartoffelsorte, die üblicherweise reichlich Viren enthält, wodurch der Ertrag vermindert wird. Man hat nun das Gen eines Virushüllproteins in das Genom dieser Sorte eingebaut. Da die Kartoffeln nun selbst ein Virusprotein bilden, ist die Regulation des Virenaufbaus gestört und es entstehen kaum mehr vollständige Viren. Daher ist bei dieser Sorte nun die Gesamtmenge an Virusprotein geringer und der Ertrag höher.

Einführung von Fremd-DNA in Pflanzenzellen. Um fremde Gene in Pflanzenzellen einzubringen, verwendet man Plasmide von *Agrobacterium*. Man entfernt aus diesen die Tumor induzierenden Gene und baut statt dessen die gewünschten Gene ein. Anschließend kann dieser Vektor in den Zellkern pflanzlicher Protoplasten eingeschleust werden. Dafür eignen sich alle Arten, bei denen sich aus Protoplasten ganze Pflanzen entwickeln. Das Fremdgen befindet sich dann im Genom aller Zellen der Pflanze und kann aktiv werden. So gelang es in der Grundlagenforschung zunächst, Tabakpflanzen herzustellen, die gegen Antibiotika resistent sind oder ein Kaninchen-Globin produzieren.

Der Einbau des Fremdgens bewirkt in den Pflanzen zusätzliche Stoffwechselleistungen; sie sind ansonsten unverändert. Bei der geschlechtlichen Fortpflanzung dieser transgenen Pflanzen vererbt sich das Fremdgen entsprechend den MENDELschen Gesetzen.

5.2.4 Transgene Tiere

Bisher wurden die meisten transgenen Tiere dadurch gewonnen, dass man mithilfe einer Kapillare DNA in den Kern der Eizelle injizierte. Auf diese Weise wurde bei Mäusen die DNA des Gens für das Wachstumshormon der Ratte übertragen, und zwar zusammen mit den DNA-Sequenzen, die der Regulation dieses Gens dienen. Die so behandelte Eizelle wurde zusammen mit unbehandelten Eizellen in die Muttermaus implantiert. Die Maus mit dem Rattengen wurde etwa doppelt so groß und auch doppelt so schwer wie ihre Zwillingsgeschwister, da die ebenfalls eingebauten Regulationssequenzen einen Wachstumshormonspiegel wie bei der Ratte bewirkten (**Abb. 387.1**). Die Genübertragung durch Injektion von DNA in den Kern einer Eizelle ist allerdings nur bei einem kleinen Teil der durchgeführten Versuche erfolgreich. Die fremde DNA wird nämlich nur mit einer geringen Wahrscheinlichkeit eingebaut, und ob das Gen wirklich tätig wird, hängt von seinem nicht vorhersehbaren Einbauort ab. Deshalb wird das Verfahren bei der landwirtschaftlichen Tierzüchtung nicht eingesetzt. Es wird aber dazu genutzt, Kühe und Schafe zu gewinnen, die wertvolle Arzneimittel produzieren und mit der Milch abgeben. Aus der Milch sind Arzneimittel dann leicht zu isolieren. Dieses Verfahren nennt man *Gene Pharming*.

Die Nutzung transgener Tiere kann ökologische Probleme der Tierzüchtung verschärfen. Beispielsweise gibt es transgene Karpfen, die besonders schnell wachsen. Entweichen solche Tiere in die Natur, so kann dort die natürliche Population verdrängt werden. Dies hätte eine Verringerung der genetischen Vielfalt zur Folge. Beim Norwegischen Lachs haben sich die aufgrund klassischer Züchtung entstandenen raschwüchsigen Formen bereits überall ausgebreitet und durch Verdrängung der Wildlachse eine Verarmung des Genpools bewirkt.

5.2.5 Anwendung der Gentechnik beim Menschen

Gentechnische Verfahren haben beim Menschen bisher zwei Anwendungsbereiche: Den Nachweis von mutierten Genen, die Erbkrankheiten auslösen können *(Gendiagnose)* und die Heilung erblicher Leiden beim Individuum *(somatische Gentherapie)*. Die Gendiagnose kann z. B. im Rahmen der vorgeburtlichen Diagnostik stattfinden *(s. 3.5.3)*. Man arbeitet dabei mit Gensonden.

Zu den monogenen Erbdefekten, bei denen man sich durch somatische Gentherapie Heilerfolge erhofft, gehören vor allem Krankheiten des Blut- und Immunsystems. Z. B. wird bei verschiedenen genetisch bedingten Formen der Blutarmut zu wenig Hämoglobin erzeugt. Zur Heilung wird folgendes Verfahren angewendet (**Abb. 387.2**): Man baut das entsprechende intakte und vorher klonierte Gen in ein Virus ein, welches nicht mehr vermehrungsfähig ist. Dem Patienten entnimmt man Gewebe aus dem Knochenmark; dieses Gewebe enthält die Stammzellen, aus welchem die Blutzellen entstehen. Die Stammzellen werden mit dem Virus infiziert und auf geeigneten Nährböden vermehrt. Die Stammzellen mit eingebautem Virusgenom werden selektiert. Nachdem man die verbliebenen defekten Stammzellen durch Bestrahlung abgetötet hat, werden die Stammzellen mit Virusgenom durch Injektion eingepflanzt. Bisher führten aber solche Therapien beim Menschen nicht zu dauerhaftem Erfolg. Oft wird das eingebrachte Gen nämlich nicht tätig. Dies ist häufig auf einen besonderen Vorgang der Stilllegung von Genen zurückzuführen: In den Zellen lassen sich kleine freie RNA-Moleküle nachweisen, die zu einem Stück der mRNA des betreffenden Gens komplementär sind und an diese binden. Dadurch wird die Translation dieser mRNA verhindert. Dies ist auch von der Gentechnik bei Pflanzen und Tieren gut bekannt. Die kleinen RNAs von 20 bis 22 Nucleotiden Länge werden als RNAi bezeichnet (engl. *interfere* eingreifen). Mit RNAi-Molekülen kann man gentechnisch fast jedes beliebige Gen ausschalten. Wahrscheinlich sind sie auch an der normalen Regulation der Genaktivität beteiligt.

Die Gentherapie an Keimbahnzellen erfolgt über den Einbau von Fremdgenen in die Eizelle. Sie ist beim Menschen derzeit aus biologischer Sicht unmöglich. In Deutschland wäre sie auch aus rechtlichen Gründen nicht durchführbar, sie ist aber in anderen Ländern wie den USA und Großbritannien nicht verboten.

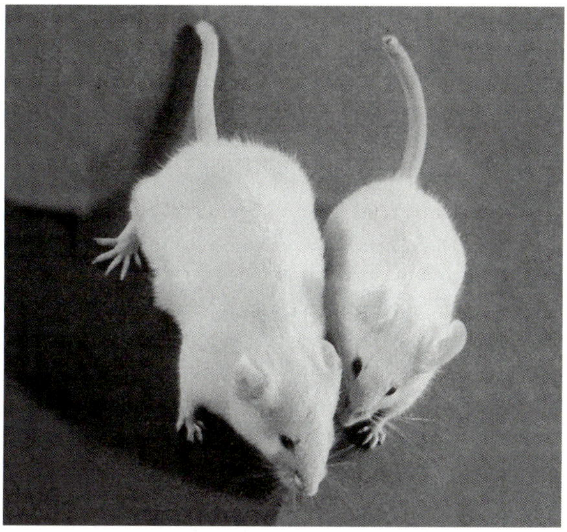

Abb. 387.1: Ergebnis der Übertragung des Gens für das Wachstumshormon mit den Regulationsbereichen bei der Maus. Die beiden Mäuse sind zehn Wochen alt; die linke (transgene) Maus wiegt 41 g, die rechte 21 g.

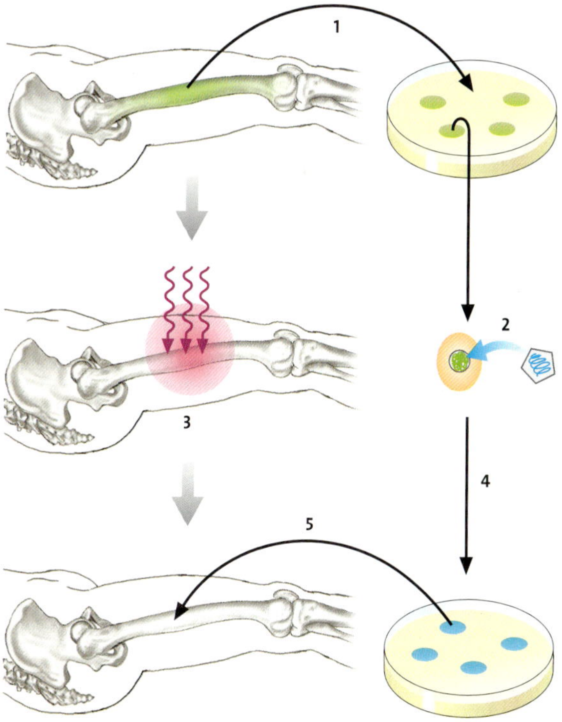

Abb. 387.2: Somatische Gentherapie, schematisch. **1** Entnahme von Stammzellen mit Defektgenen aus dem Knochenmark und Kultivierung; **2** Übertragung intakter Gene durch Virusvektoren in Stammzellen; **3** Abtöten verbliebener Stammzellen durch Bestrahlung; **4** Klonierung der umgewandelten Stammzellen; **5** Re-Implantation der umgewandelten Zellen in das Knochenmark

Risiken und ethische Fragen der Gentechnik

Die Gentechnik eröffnet neue Möglichkeiten der Veränderung von Lebewesen, die z. B. zu einer Steigerung der wirtschaftlichen Produktionsleistung führen. Stellt man diese über den Artenschutz, so kann dies dazu führen, dass eine Vielzahl natürlicher Allele verschwindet. Ist eine bestimmte Sorte einer Nutzpflanze standardisiert und werden andere Sorten nicht mehr angebaut, so kann ein Störfall, z. B. das Auftreten eines schwer bekämpfbaren Parasiten, riesige Schäden verursachen. Eine gentechnische Veränderung zur Standardisierung ist nur gerechtfertigt, wenn zugleich Voraussetzungen für den Ausgleich von Störungen aufrechterhalten werden. Die angewandten Techniken und Verfahren müssen Fehler erlauben. Diese Forderung nach *Fehlerfreundlichkeit* gilt für jede Art von Technik als Anwendung wissenschaftlicher Forschungsergebnisse. Entsprechende ethische Überlegungen gehen von folgender Zielvorstellung aus: Die vorhersehbaren Folgen einer Handlung sind abzuschätzen und müssen von den Handelnden bezogen auf das allgemeine Wohl verantwortet werden.

Wissenschaftler, die auf dem Gebiet der Gentechnik arbeiten, tragen besondere Verantwortung: Sie haben durch Einsatz ihres Wissens dafür Sorge zu tragen, dass das von der Gesellschaft akzeptierte Risiko der Gentechnik nicht steigt. Lässt sich feststellen, dass dies doch der Fall ist, müssen sie die Öffentlichkeit darüber informieren (Präventionsverantwortung). Kommt es dennoch zu Schäden, so sind Wissenschaftler moralisch nicht dafür verantwortlich; sie tragen keine Universalverantwortung. Voraussetzung für entsprechende Überlegungen sind *Risikoabschätzungen.* Risiko ist die Möglichkeit, durch menschliche Handlungen Schaden zu nehmen; seine Größe wird beurteilt nach Eintrittswahrscheinlichkeit (in %) und Schadensausmaß. Eintrittswahrscheinlichkeiten werden oft falsch eingeschätzt: Ein Flugzeug ist objektiv sicherer als ein Auto. Subjektiv gilt vielen aber Auto fahren als sicherer, weil der Einzelne Einfluss auf die Gefährdung zu haben glaubt. Auch das objektiv festgestellte Risiko erweist sich als problematisch, da das mögliche Schadensausmaß oft nicht genau abzuschätzen ist.

In der öffentlichen Diskussion spielt die Verringerung der Eintrittswahrscheinlichkeit von Schäden eine viel größere Rolle als die Verkleinerung von Schadensausmaßen. Zahlreiche gesetzliche Regelungen dienen dazu, die Eintrittswahrscheinlichkeit eines Schadens durch gentechnische Verfahren möglichst klein zu halten. Dazu gehören Vorschriften über technische und biologische Maßnahmen. Technische Vorkehrungen sind besonders konstruierte Laboranlagen, welche die Freisetzung transgener Lebewesen in die Umwelt verhindern sollen. Spezielle Labortechniken sollen bewirken, dass die dort tätigen Menschen nicht mit transgenen Mikroorganismen in Berührung kommen.

Die gentechnisch veränderten Mikroorganismen ihrerseits gelten dann als biologisch sicher, wenn sie außerhalb des Labors nicht lebensfähig und auch nicht imstande sind, ihre DNA auf andere Organismen zu übertragen. Darüber hinaus ruft ein solcher Sicherheitsstamm weder beim Menschen noch bei Tieren oder Pflanzen Krankheiten hervor. Ein Beispiel für ein sicheres Bakterium, das in vielen Fällen als Empfänger für Fremd-DNA verwendet wird, ist *Escherichia coli* K12. Diesem Stamm fehlen die Gene zur Herstellung fädiger Zellanhänge, mit denen sich Bakterien des Wildstamms, der im Darm von Mensch und Säugetieren vorkommt, an die Zellen der Darmwand festheften. Daher kann *E. coli* K12 den Darm von Säugern nicht besiedeln.

Verantwortliches Handeln ist nicht allein durch die Vermeidung von Risiken bestimmt. Dazu gehört auch, sorgfältig zu prüfen, welche Versäumnisse in Kauf genommen werden, wenn auf die Gentechnik verzichtet wird, z. B. in der Landwirtschaft.

Zur Diskussion ethischer Probleme der Gentechnik tragen die Genetiker die naturwissenschaftlichen Tatsachen bei. Die Begründung der Normen ist Angelegenheit der Ethiker. In einer pluralistischen Gesellschaft gibt es aber kein einheitliches Normensystem, und der Naturwissenschaftler sieht sich unterschiedlichen ethischen Argumentationen gegenübergestellt *(s. S. 521)*. So kann man bestimmte Handlungsweisen zu unterschiedlichen ethischen Prinzipien in Beziehung setzen. Beispiel: Der Mensch besitzt gemäß dem Prinzip der Würde des Menschen absoluten Wert und darf daher nicht zum Objekt gemacht werden, etwa durch einen Eingriff in sein Erbgut. Geht man dagegen vom Nützlichkeitsprinzip aus, wonach möglichst vielen Menschen zum größtmöglichen Glück verholfen werden soll, wird eine Handlung auf Grund ihrer Folgen beurteilt: Handlungen, die dem allgemeinen Wohl dienen und andere Menschen nicht schädigen, gelten als richtig und jene, die Schäden auslösen, als falsch. Bei dieser Argumentation spielt die Risikoabschätzung eine wichtige Rolle.

Variabilität von Merkmalen

Die Genetik untersucht die Gesetzmäßigkeiten der Vererbung. Die Gesamtheit der Gene, die die betrachteten Erbmerkmale bestimmen, bezeichnet man als *Genotyp*, das Erscheinungsbild eines Lebewesens als *Phänotyp*. Dieser wird vom Genom und von der Umwelt bestimmt. Die Fähigkeit einer Art, verschiedene Phänotypen auszubilden, bezeichnet man als *Variabilität*. Die umweltbedingten Varianten der Individuen einer Population heißen *Modifikationen (s. 1)*.

MENDELsche Gesetze

Kreuzungsversuche gaben Aufschluss über die Gesetzmäßigkeiten bei der Weitergabe von Merkmalen bzw. Genen *(s. 2.1, 2.2)*.

Gene können in verschiedenen Ausbildungsformen, den *Allelen*, auftreten. Die Gesamtheit aller in einer Population vorhandenen Gene und deren Allele bezeichnet man als *Genpool*. Die Häufigkeit bestimmter Allele in Populationen entspricht dem HARDY-WEINBERG-Gesetz *(s. 2.3)*.

Vererbung und Chromosomen

Chromosomen sind die Träger der Gene. Die Keimzellen enthalten bei vielzelligen Tieren und Blütenpflanzen halb so viele Chromosomen wie die Körperzellen. Dies wird durch die Meiose gewährleistet *(s. 3.1)*.

In den Chromosomen sind die Gene gekoppelt, durch *Crossing-over-Vorgänge* während der Meiose kann es zum Genaustausch zwischen homologen Chromosomen kommen. Diese neuen Genkombinationen sowie die Neuverteilung homologer Chromosomen bei der Gametenbildung sind die Grundlage für die individuelle genetische Vielfalt der Organismen. Durch die Ermittlung von Crossing-over-Häufigkeiten lassen sich Genkarten der Chromosomen erstellen *(s. 3.2)*.

Änderungen im Erbgut heißen *Mutationen*. Sie können innerhalb von Genen stattfinden und zu neuen Allelen führen oder auch längere Chromosomenabschnitte sowie das ganze Genom betreffen *(s. 3.3)*.

Das Geschlecht des Menschen und vieler Tiere wird durch Gene der *Geschlechtschromosomen* festgelegt, diese können außerdem noch weitere Gene enthalten *(s. 3.4)*. Die übrigen Chromosomen bezeichnet man als *Autosomen*.

Auch bei der Entstehung zahlreicher Krankheiten wirken Gene und Umweltfaktoren zusammen *(s. 3.5)*.

Molekulare Grundlagen der Vererbung

Träger der genetischen Information ist die *Desoxyribonucleinsäure (DNA)*. Sie besteht aus zwei langen Polynucleotidsträngen, die zu einem schraubig gedrehten Doppelstrang verknüpft sind *(Doppelhelix-Struktur)*. Durch ihren spezifischen Bau kann die DNA nicht nur *Information speichern*, sondern auch identisch reproduziert werden *(Replikation)*. Mithilfe der *Polymerase-Ketten-Reaktion (PCR)* lässt sich DNA vermehren. Dies ist z. B. für die Erstellung eines *genetischen Fingerabdrucks* notwendig; bei diesem Verfahren schneiden *Restriktionsenzyme* die DNA an spezifischen Erkennungssequenzen und liefern beim Menschen für jedes Individuum charakteristische Fragmente. Die Nucleotidabfolge von DNA-Sequenzen wird durch das *Kettenabbruchverfahren* bestimmt *(s. 4.1)*.

Die Realisierung der genetischen Information führt über *Transkription* und *Translation* zu einem Protein, wobei die Abfolge der Basentripletts der DNA mithilfe von mRNA und tRNA in die Aminosäure-Sequenz des Proteins übersetzt wird *(s. 4.2)*.

In den Zellen von Organen ist jeweils nur ein bestimmtes Genmuster aktiv *(differentielle Genaktivität)*. Bei Prokaryoten sind zwei Möglichkeiten zur Regulation der Genaktivität besonders wichtig: Die *Substrat-Induktion* und die *Endprodukt-Repression (JACOB-MONOD-Modell)*. Bei Eukaryoten sind zahlreiche *Transkriptionsfaktoren* an der Regulation beteiligt. Fehler bei der Regulation der Zellvermehrung können zur *Tumorbildung* führen *(s. 4.3)*.

Durch *Genkartierung* und anschließende *Sequenzierung* wurden die Genome zahlreicher Organismen identifiziert *(s. 4.4)*. Die *Genomik* befasst sich mit der Analyse ganzer Genome, die *Proteomik* mit der Abhängigkeit des Proteinmusters von den Eigenschaften der Zelle *(s. 4.5)*.

Anwendung der Genetik

Es werden klassische und neuere Verfahren in der Pflanzen- und Tierzüchtung unterschieden. Die *Gentechnik* bietet die Möglichkeit, artfremde Gene mithilfe von Vektoren einzuschleusen und als Ressourcen zu nutzen. So produzieren *transgene Mikroorganismen*, aber auch *transgene Nutztiere* Arzneimittel; *transgene Nutzpflanzen* werden in Bezug auf Qualität und Anbaufähigkeit optimiert. Ziele der Gentechnik beim Menschen sind Diagnose und Therapie von Erbkrankheiten. Mit der Gentechnik sind neue Risiken verbunden, die es abzuschätzen und zu begrenzen gilt *(s. 5)*.

1 Variabilität

Die Abb. 307.3 zeigt die Gewichtsverteilung von Bohnensamen aus vier reinen Linien.

a) Welche durch die Summenkurve dargestellten Samen kann man einer der reinen Linien zuordnen?

b) Auf welche Faktoren sind die unterschiedlichen Massen innerhalb einer reinen Linie zurückzuführen?

c) Wie könnte man feststellen, zu welcher der vier reinen Linien ein Same mit dem Gewicht 600 mg gehört?

2 Kreuzungsanalyse

Bei Hunden wird die Ausbildung der Haarform und der Haarfarbe genetisch gesteuert. Die Tabelle zeigt vier Hundepaare mit ihrem Nachwuchs. Die verschiedenen Phänotypen kommen durch die Wirkung von zwei Genen mit je zwei Allelen zustande (Symbole: L, l für die Haarform; W, w für die Farbe).

Phänotypen der Eltern	Phänotypen der Nachkommen dunkel kurz	dunkel lang	weiß kurz	weiß lang
1 dunkel kurz × dunkel kurz	10	4	4	1
2 dunkel kurz × dunkel lang	5	6	0	0
3 dunkel lang × dunkel lang	0	14	0	5
4 dunkel kurz × dunkel lang	9	8	2	1

a) Welche Allele verhalten sich dominant, welche rezessiv? Begründen Sie.

b) Geben Sie die möglichen Genotypen der vier Elternpaare an.

c) Weshalb können in den vorliegenden Fällen die von den Eltern abweichenden Phänotypen nicht durch Neumutationen erklärt werden?

3 Replikation der DNA

WATSON und CRICK schrieben 1953: »*It has not escaped our notice that the specific pairing we have postulated immediately suggests a possible copying mechanism for the genetic material.*«

Diese Aussage spielt auf die Möglichkeit einer semikonservativen Replikation der DNA an. Es ist denkbar, dass an jedem Teilstrang der DNA-Doppelhelix die Neusynthese der DNA stattfindet. Andererseits wäre es auch möglich, dass die DNA-Synthese einen DNA-Doppelstrang als Bauvorlage nutzt. TAYLOR prüfte 1958 diese Hypothesen an *Vicia faba* (Saubohne): Er ließ Bohnen in einem Nährmedium keimen, das Thymin mit radioaktivem ^{3}H (Tritium) enthielt. Die Zellen nahmen das markierte Thymin auf und bauten es in ihre Chromosomen ein. Die Keimlinge wurden in normales Nährmedium überführt, und die Chromosomen nach mehreren Zellteilungen jeweils auf Radioaktivität überprüft. Nach der ersten Mitose waren alle Chromosomen der Tochterzellen radioaktiv. Eine Tochterzelle zeigte jedoch nur die Hälfte der Radioaktivität der Chromatiden der Mutterzelle. Nach der zweiten Mitose waren zwei der vier Enkelchromosomen unmarkiert, die anderen zeigten erneut die Hälfte der Radioaktivität der Ausgangschromosomen.

a) Zeichnen Sie ein Schema der Untersuchung.

b) Welche der beiden oben erwähnten Hypothesen stützt die TAYLOR-Untersuchung? Begründen Sie.

c) Weshalb markierte TAYLOR Thymin und nicht z. B. Adenin?

4 Sichelzellanämie

Die Sichelzellanämie ist auf eine Mutation des Gens für die β-Kette des Hämoglobins (aus 146 Aminosäuren) zurückzuführen. Diese Mutation zeigt sich schon am 3'- Ende des entsprechenden Gens:

Hämoglobin A-Allel (normal):

. . .CAC/GTG/AAT/TGA/GGA/**CTC**/CTC/TTC

Position: 1 2 3 4 5 6 7 8

Hämoglobin S-Allel (macht krank):

. . .CAC/GTG/AAT/TGA/GGA/**CAC**/CTC/TTC

Das Allel für die Sichelzellanämie lässt sich mithilfe bestimmter Restriktionsenzyme identifizieren.

Mst II und Dde I schneiden z. B. an folgenden Stellen:

Mst II: G↑GANTCC und Dde I: G↑ANTC

CCTNAG↓G CTNA↓G.

N/N steht für ein beliebiges Basenpaar.

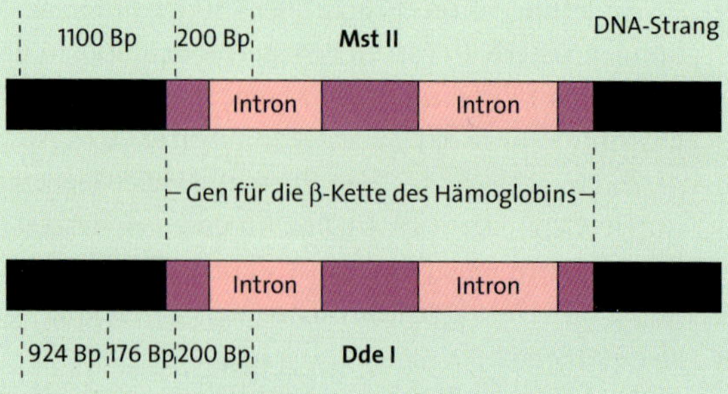

Abb. 390.1: Schnittstellen der Restriktionsenzyme Mst II und Dde I an einem Abschnitt der DNA im Chromosom 11 des Menschen (Bp bedeutet Basenpaare)

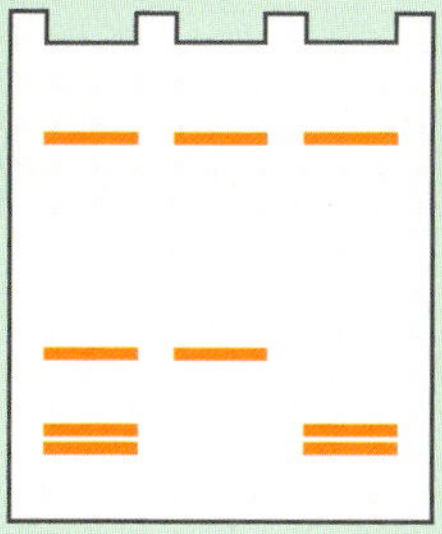

Abb. 391.1: Autoradiogramm von DNA-Proben, die mit Dde I geschnitten wurden *(s. Abb. 390.1)*

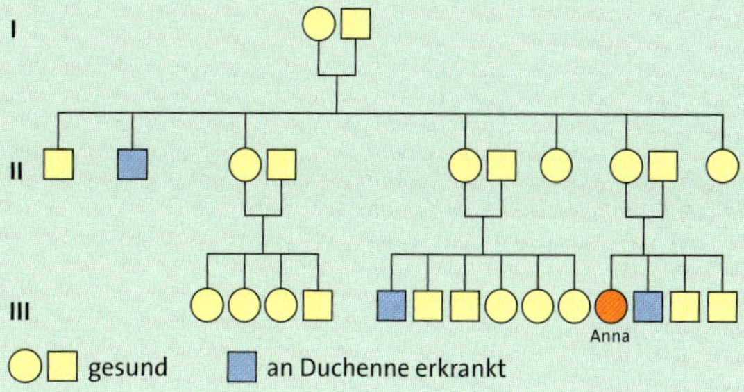

Abb. 391.2: Stammbaum einer Familie mit Muskeldystrophie Duchenne

a) Benennen Sie die ersten acht Aminosäuren der β-Kette des Hämoglobins A mithilfe der Code-Sonne *(s. Abb. 356.1)* und stellen Sie den Unterschied zum analogen Abschnitt der β-Kette des Hämoglobins S heraus. Um welche Art von Mutation handelt es sich?

b) Zeichnen Sie die Schnittstelle(n) von Dde I in die vorgegebenen Nucleotidsequenzen des Hämoglobins ein.

c) Ordnen Sie den Proben A bis C aus dem Radiogramm der **Abb. 391.1** drei Genotypen (bezogen auf die Sichelzellanämie) zu und begründen Sie ihre Entscheidung. Berücksichtigen Sie dabei auch **Abb. 390.1**. Worauf beruht diese Nachweismethode für das Sichelzellgen?

d) Zeichnen Sie das Radiogramm, das sich ergeben würde, wenn die DNA-Proben A, B und C mit dem Restriktionsenzym Mst II geschnitten worden wären. Weshalb wird heute bei diesem Verfahren bevorzugt mit Mst II geschnitten?

5 Muskeldystrophie Duchenne, ein Fall für den Bundestag?

Annas Bruder kam zur Welt, als sie vier Jahre alt war. Er litt, wie ca. 2000 andere Jungen in der Bundesrepublik, an der Muskeldystrophie Duchenne, einer bestimmten Form von Muskelschwund. Die Betroffenen können ein bestimmtes Muskelprotein, das Dystrophin, nicht bilden. Bei ihnen fehlt im entsprechenden Gen ein besonders langer Nucleotidabschnitt von über 100 000 Basenpaaren. Wegen der zeitaufwendigen Betreuung des Bruders gab die Mutter ihren Beruf auf. Mit der Krankenkasse, die an diesem Kind sparen wollte, weil es nicht mehr lange leben würde, führte sie einen Rechtsstreit um Unterstützung. Zunächst stürzte der Bruder häufiger, dann konnte er keine Treppen mehr steigen. Heute ist er 18 Jahre alt, er wiegt nur noch 28 kg. Nachts benutzt er ein Beatmungsgerät. Links und rechts der Wirbelsäule wurden ihm zwei Teleskopstangen eingesetzt, damit die inneren Organe nicht gequetscht werden. Er sitzt im Rollstuhl, muss gewindelt und gefüttert werden. Leben wird er noch zwei bis vier Jahre, so sagen die Ärzte, denn auch der Herzmuskel schwindet. Nun möchte die Schwester heiraten und eigene Kinder haben. Mit ihrem Partner hat sie sich entschieden, die PID (Präimplantationsdiagnostik) in Anspruch zu nehmen: Ihre Kinder werden im Reagenzglas gezeugt, die Embryonen werden am dritten oder vierten Entwicklungstag auf Duchenne untersucht. Sie werden nur dann in die Gebärmutter implantiert, wenn sie die Anlage für diese Krankheit nicht besitzen. »Ich will unbedingt *diese* Krankheit ausschließen. Hat mein Kind eine andere Krankheit, ist das Schicksal. Meine Eltern wussten nichts von Duchenne, aber ich weiß es. Jetzt, wo mein Bruder da ist, machen wir ihm das Leben natürlich so schön, wie wir nur können«, sagt sie. Die PID lässt sie in Maastricht durchführen. In der Bundesrepublik ist sie verboten. Wenn bei einer pränatalen Untersuchung Duchenne diagnostiziert würde, so wäre es in Deutschland erlaubt, den Embryo abzutreiben, denn es läge eine »schwerwiegende Beeinträchtigung des körperlichen und seelischen Gesundheitszustands der Mutter« vor.

a) Bestimmen Sie die Art des Erbgangs der monogenen Erbkrankheit Duchenne aufgrund des vorliegenden Stammbaums (**Abb. 391.2**).

b) Ist die Befürchtung der 22jährigen berechtigt, ein Baby mit Muskeldystrophie Duchenne zu bekommen? Berechnen Sie die Wahrscheinlichkeit dafür mithilfe eines Erbschemas.

c) Auf welche Weise könnte Ihrer Meinung nach Duchenne diagnostiziert werden: Schildern Sie eine mögliche Methode. Stellen Sie in einer Skizze dar, wie man gentechnisch verfahren müsste, um die Krankheit beim Embryo auszuschließen.

d) Nehmen Sie an, Sie wären Bundestagsabgeordnete/-abgeordneter und müssten über ein Gesetz abstimmen, das die Einführung von PID in Deutschland vorsieht. Listen Sie alle Gründe für und gegen das Gesetz auf, und begründen Sie Ihre Entscheidung.

IMMUNBIOLOGIE

Alle Lebewesen werden ständig durch zahlreiche Krankheitserreger, vor allem Bakterien und Viren, bedroht. Auch Giftstoffen sind sie, z. B. über die Atemluft und die Nahrung, fortwährend ausgesetzt. Gegen diese Bedrohungen haben Organismen schon früh im Laufe der Evolution Abwehrmechanismen entwickelt. Eine solche »angeborene Abwehr« ist bereits bei Pflanzen und Wirbellosen zu finden. Mit der Evolution der Wirbeltiere kam darüber hinaus eine spezifische Immunabwehr zustande. Diese wird erst beim Kontakt des Organismus mit einem bestimmten Fremdstoff oder Krankheitserreger aktiviert. Von da an bietet sie einen dauerhaften Schutz gegen eine erneute Infektion durch diesen speziellen Stoff oder Erreger. Wird die »erworbene Immunabwehr« gestört, so kann das lebensbedrohliche Folgen für den Organismus haben, wie z. B. bei der Immunschwäche Aids. Auch Allergien sind auf Funktionsstörungen des Immunsystems zurückzuführen. Erkenntnisse der immunologischen Forschung finden Anwendung in der Medizin: Bei der Schutzimpfung wird die Immunantwort gezielt stimuliert; um Organtransplantationen zu ermöglichen, wird die Immunantwort unterdrückt.

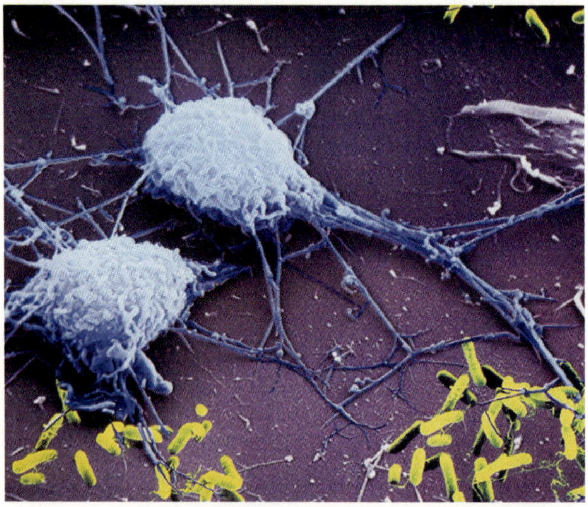

Abb. 392.1: Makrophagen, die stäbchenförmige Bakterien festhalten, aufnehmen und verdauen (REM-Bild, koloriert).

1 Die Bestandteile des Immunsystems beim Menschen

1.1 Das Immunsystem im Überblick

Die Fähigkeit zur Immunabwehr ist dem Menschen angeboren. Sie beruht auf einem komplexen Netzwerk aus Geweben, vielen verschiedenen Weißen Blutzellen und Proteinen. Dieses Netzwerk bildet das Immunsystem. Teile des Immunsystems sind von Geburt an unveränderlich festgelegt. Sie bewirken die **angeborene Immunabwehr.** Diese richtet sich generell gegen körperfremde Stoffe und wird deshalb *unspezifisch* genannt. Sie stellt die erste Barriere für jeden Stoff oder Krankheitserreger dar, der in den menschlichen Körper einzudringen droht. Zur angeborenen Immunabwehr tragen Haut und Schleimhäute bei. Die Schleimhäute sondern Fettsäuren, Proteine und Peptide ab, die Mikroorganismen abtöten. Eine große Zahl verschiedenartiger Proteine, die Mikroorganismen unschädlich machen, befinden sich auch im Blut der Säuger und des Menschen. Derzeit sind davon ca. 30 bekannt. Diese Proteine werden in ihrer Gesamtheit als *Komplementsystem* bezeichnet. Abgetötete Mikroorganismen werden durch Phagocytose entfernt (**Abb. 392.1**). Dazu sind bestimmte Weiße Blutzellen, die Makrophagen und die Neutrophilen, in der Lage. Haut, Schleimhäute, Komplementsystem und die genannten Weißen Blutzellen bewirken also zusammen die angeborene Immunabwehr.

Wird die Infektion, d. h. die Vermehrung eines Erregers im Körper, durch die angeborene Immunabwehr nicht vollständig verhindert, dann wird die **erworbene Immunabwehr** wirksam. Im Gegensatz zur angeborenen Immunabwehr reagiert diese zweite Barriere *spezifisch.* Beim ersten Kontakt mit einem Krankheitserreger (**Abb. 393.1**) entwickelt sie sich gezielt gegen diesen. Das dauert jedoch mindestens vier Tage. In dieser Zeit wird der Erreger von der angeborenen Immunabwehr »in Schach gehalten«. Die erworbene Abwehr besorgen verschiedene Weiße Blutzellen, insbesondere die *Lymphocyten (s. 1.2).* Weiterhin sind an der erworbenen Immunabwehr bestimmte Proteine *(Immunglobuline,* *s. Stoffwechsel 1.1.2)* maßgeblich beteiligt. Diese werden *Antikörper* genannt. Jeder Mensch kann theoretisch 10^{20} verschiedene Arten von Antikörpern bilden. Darüber hinaus spielt auch das Komplementsystem bei der erworbenen Immunität eine Rolle.

Bei einer erneuten Infektion mit dem gleichen Erreger wird die erworbene Immunabwehr sofort aktiviert. Das wird durch *Gedächtniszellen* ermöglicht. Diese werden bei der ersten Infektion mit gebildet, und zwar zusätzlich zu denjenigen Weißen Blutzellen, die die Immunreaktion ausführen. Die Gedächtniszellen wirken ebenfalls spezifisch gegen den Erreger, werden aber erst bei einer Folgeinfektion aktiv. Sie bleiben über Jahre hinweg erhalten. Diese, durch die erworbene Immunabwehr herbeigeführte dauerhafte Abwehrfähigkeit des Organismus gegen den gleichen Erreger wird *Immunität* genannt.

Die verschiedenen Bestandteile des Immunsystems arbeiten in genauer Abstimmung miteinander. Voraussetzung dafür ist der Austausch von Informationen zwischen ihnen aber auch mit anderen Körperzellen. Dieser erfolgt durch eine Gruppe hormonartiger Substanzen, die *Cytokine*.

Lymphocyten kommen in großer Zahl in bestimmten Organen vor, die deshalb auch als lymphatische Organe bezeichnet werden. Das Rote Knochenmark (engl. *bone marrow*) und die Thymusdrüse sind die Entstehungsorte der Lymphocyten. Sie werden zentrale lymphatische Organe genannt. Entsprechend ihrem jeweiligen Entstehungsort werden B-Lymphocyten und T-Lymphocyten voneinander unterschieden. In den peripheren lymphatischen Organen werden die Reaktionen der erworbenen Immunabwehr eingeleitet. Dieses sind die im ganzen Körper verteilten Lymphknoten, die Milz und verschiedene andere Organe wie die Mandeln und der Wurmfortsatz des Blinddarms (**Abb. 393.2**).

Typ von Krankheitserreger	**Vertreter**	**Krankheit**
Viren	Hepatitis-B-Virus	Hepatitis B,
DNA-Viren	Herpes-simplex-Virus	z. B. Lippenherpes, Hornhautherpes
	Pockenvirus	Pocken
RNA-Viren	Grippevirus	Grippe
	Mumpsvirus	Mumps
	Viren von Erkältungskrankheiten	Erkältung
Bakterien	*Staphylococcus aureus*	Hauterkrankungen
	Diplococcus pneumoniae	Lungenentzündung
	Clostridium tetani	Wundstarrkrampf (Tetanus)
	Salmonella typhi	Typhus
	Mycobacterium tuberculosis	Tuberkulose
Pilze	*Candida* (Hefe)	Soor Geschwüre an Lunge, Lymphknoten, Haut und Schleimhäuten
Protozoen	*Entamoeba histolytica*	Amöbenruhr
	Trypanosoma gambiense	Schlafkrankheit
	Plasmodium	Malaria
Würmer	Peitschenwurm	Durchfall, Anämie
	Spulwurm	Übelkeit, Erbrechen

Tab. 393.1: Die Haupttypen von Krankheitserregern beim Menschen und die von ihnen ausgelösten Krankheiten

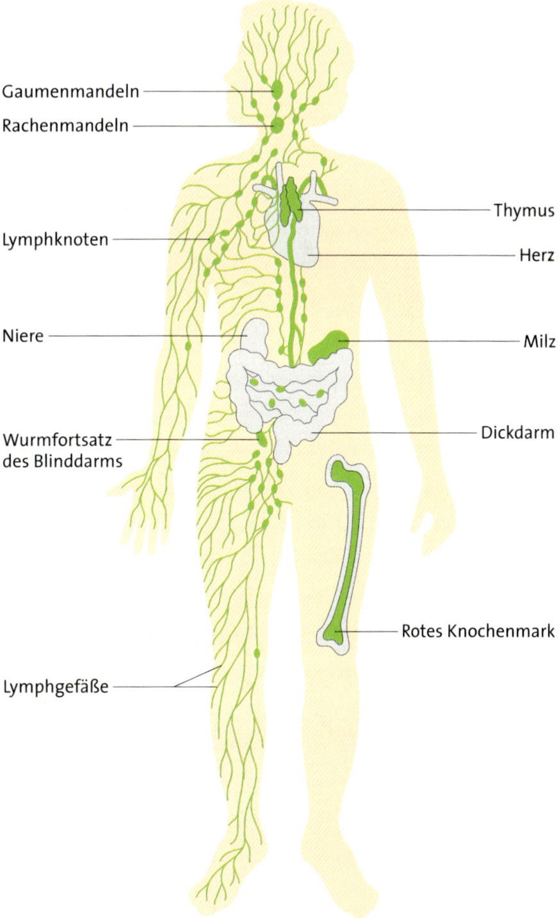

Abb. 393.2: Übersicht über die lymphatischen Organe und Lymphbahnen des Menschen (grün)

IMMUNBIOLOGIE

1.2 Die Weißen Blutzellen des Immunsystems

Die Weißen Blutzellen, genannt **Leukocyten**, leiten sich wie alle anderen Blutzellen von multipotenten Stammzellen ab (**Abb. 395.1**). Diese Stammzellen gehen auf Zellen zurück, die beim Fetus aus der Leber ins Knochenmark wandern. Von den Weißen Blutzellen sind die **Lymphocyten** nur an der erworbenen Immunabwehr beteiligt. Die anderen Arten von Weißen Blutzellen dienen sowohl der angeborenen als auch der erworbenen Immunabwehr.

Die Differenzierung der T-Lymphocyten und die der B-Lymphocyten erfolgt schrittweise. Bereits im Fetus entstehen in der Thymusdrüse T-Lymphocyten und im Knochenmark B-Lymphocyten. Diese Zellen wandern in die peripheren lymphatischen Organe. Nach der Geburt finden dann weitere Differenzierungsschritte statt, die letztlich zu *reifen* T- bzw. B-Zellen führen *(s. 3)*. Wenn keine akute Infektion vorliegt, besitzt ein erwachsener Mensch etwa 10^{12} Lymphocyten. Diese wiegen zusammen etwa 1 kg. Lymphocyten erkennen bestimmte in den Körper eingedrungene Stoffe und Krankheitserreger als körperfremd. Solche Stoffe und spezielle Moleküle in der Oberfläche der Erreger nennt man **Antigene.**

Ein reifer B-Lymphocyt besitzt in seiner Zellmembran etwa 100 000 Rezeptormoleküle für *ein und dasselbe* Antigen. Nur auf dieses eine Antigen kann der B-Lymphocyt spezifisch reagieren. Wenn bei einer Infektion das entsprechende Antigen an den Rezeptor bindet, beginnt die B-Zelle sich zu teilen. Es entsteht ein *Zell-Klon* aus identischen Nachkommenzellen, deren Rezeptoren alle dasselbe Antigen binden können. Der größte Teil der Zellen des Klons differenziert sich weiter zu *Plasmazellen;* nur diese bilden die Antikörper. Jede Plasmazelle gibt pro Sekunde etwa 2000 gleiche Antikörpermoleküle an die Körperflüssigkeit ab. Die Plasmazellen leben nur wenige Wochen. Diejenigen Zellen des Klons, die nicht zu Plasmazellen werden, bleiben hingegen über Jahre hinweg im Körper erhalten. Sie werden als *Gedächtniszellen* bezeichnet. Trifft eine Gedächtniszelle später erneut auf das gleiche Antigen, reagiert sie schneller als die B-Zelle beim ersten Kontakt mit dem Antigen. Deshalb werden dann in der gleichen Zeit viel mehr Plasmazellen – und demzufolge auch Antikörper – gebildet als beim ersten Kontakt. Die zweite Immunreaktion verläuft daher viel wirksamer, sodass dann gar keine Krankheitssymptome auftreten. Mithilfe der Gedächtniszellen bleibt der Organismus unter Umständen Jahrzehnte bis lebenslang immun. Dies gilt unter anderem für die Immunität gegen die Erreger vieler Kinderkrankheiten, wie z. B. Windpocken.

Im Gegensatz zu den B-Lymphocyten erzeugen T-Lymphocyten keine Antikörper; sie besitzen aber ebenfalls Membranrezeptoren für *ein* bestimmtes Antigen. Ein T-Lymphocyt wird nicht durch ein *freies* Antigen zur Teilung angeregt. Er muss zuerst mit einer körpereigenen Zelle, einer so genannten *Antigen präsentierenden Zelle* in Kontakt kommen. Eine solche Zelle trägt Teile desjenigen Antigens in der Zellmembran, für das die T-Zelle selbst Rezeptoren besitzt *(s. 3)*. Erst dann bildet sich der T-Zell-Klon. Ein Teil der Zellen des Klons fungiert auch hier als Gedächtniszellen. Die übrigen T-Lymphocyten des Klons differenzieren sich zu zwei verschiedenen Arten von T-Zellen. Die eine Art sind die *T-Killerzellen.* Diese erkennen und vernichten körpereigene Zellen, die von Viren befallen worden sind, Tumorzellen und körperfremde Zellen. T-Zellen der anderen Art beeinflussen durch die Ausschüttung verschiedener Cytokine den weiteren Verlauf der Immunreaktion. Die Cytokin ausschüttenden T-Lymphocyten lassen sich unterscheiden in die *T-Helferzellen* und die *T-Unterdrückerzellen.* T-Helferzellen tragen dazu bei, dass sich B-Zellen nach Erkennung eines Antigens teilen und Antikörper bilden. Die T-Unterdrückerzellen hemmen die Teilung der B-Zellen und die Bildung von T-Killerzellen.

Die reifen B- und T-Lymphocyten, die im Knochenmark und im Thymus gereift sind, aber noch keinen Kontakt mit einem Antigen hatten, wandern ständig zwischen dem Blut und den peripheren lymphatischen Organen hin und her. In diese dringen sie ein, indem sie

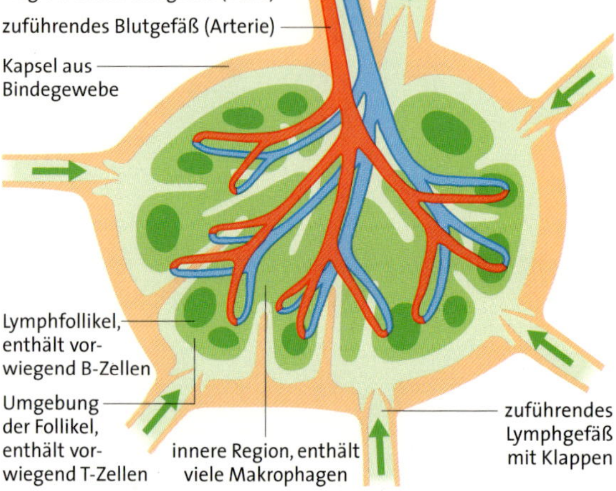

Abb. 394.1: Bau eines Lymphknoten (schematisch)

IMMUNBIOLOGIE

sich zwischen den Zellen der Kapillarwände hindurchzwängen. Über die Lymphgefäße oder über die Milz gelangen sie zurück in das Blut. Bei einer Infektion nehmen Antigen präsentierende Zellen große Mengen des Antigens auf und wandern vom Infektionsherd zu den Lymphknoten. Dort präsentieren diese Zellen das Antigen den zirkulierenden Lymphocyten. Der Lymphocyt, der den »passenden« Rezeptor für das vorhandene Antigen besitzt, wird im Lymphknoten »festgehalten« und »aktiviert«. Er teilt sich vielfach und die Tochterzellen differenzieren sich – je nachdem ob es sich um eine B- oder um eine T-Zelle handelt – zu Plasmazellen bzw. zu T-Killerzellen und Cytokin ausschüttenden T-Zellen. In den Lymphknoten sitzen die B-Zellen im äußeren Rindenbereich in so genannten Follikeln. Die T-Zellen sind unregelmäßig in den darunter liegenden Bereichen des Lymphknotens verteilt (**Abb. 394.1**). Durch die extrem hohe Teilungsaktivität der Lymphocyten bei einer Infektion dehnen sich die Gewebe des Lymphknotens aus und der gesamte Lymphknoten vergrößert sich. Solche Lymphknoten werden umgangssprachlich als »geschwollene Drüsen« bezeichnet.

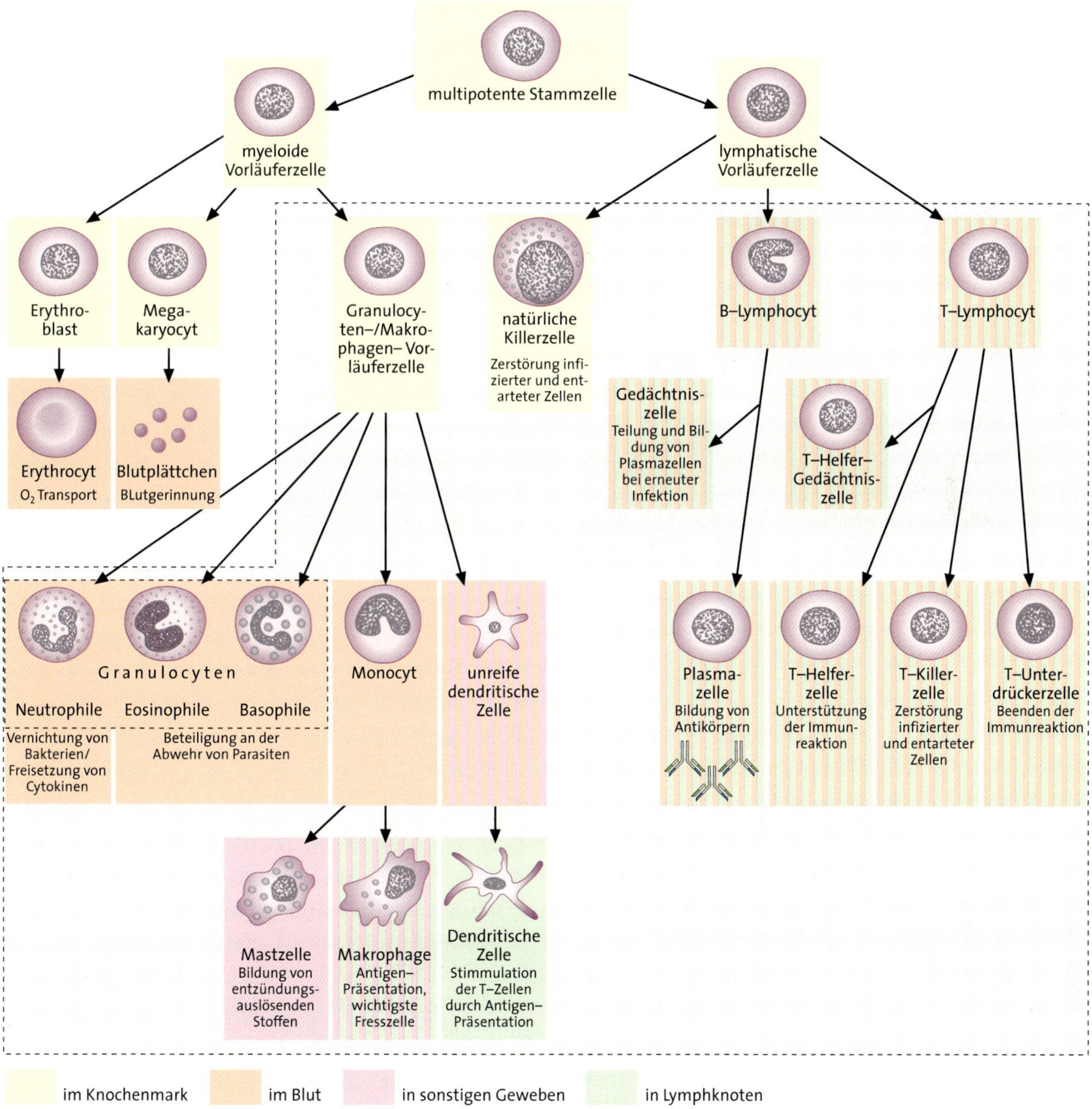

Abb. 395.1: Übersicht und Herkunft der Zellen des Immunsystems (Kasten) und anderer Blutbestandteile (Erythrocyten, Blutplättchen). Gedächtniszellen entstehen aus sich differenzierenden Lymphocyten.

IMMUNBIOLOGIE

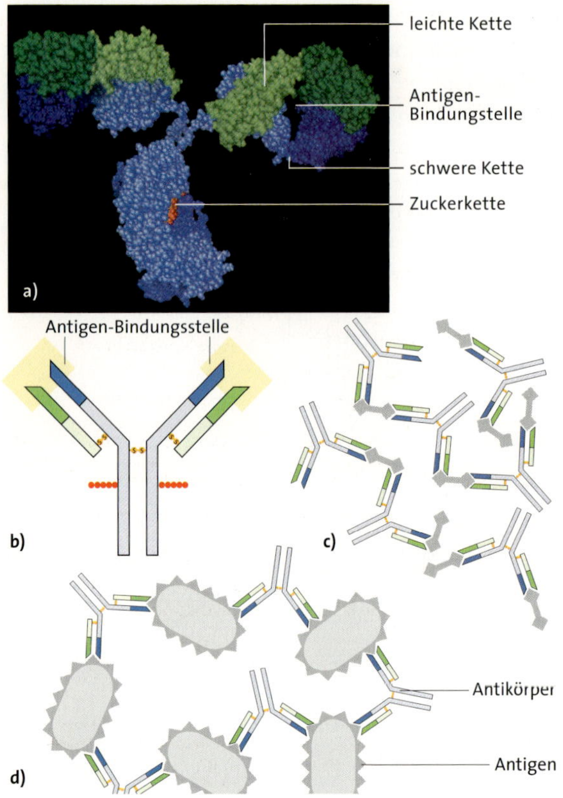

Abb. 396.1: Bau und Funktion der Immunglobulin-G-Moleküle (IgG-Moleküle). **a)** Kalottenmodell, jeder Kettenteil in besonderer Farbe; **b)** stark vereinfachtes Schema; rot: Zuckerketten, orange: S-S-Brücken; **c)** Reaktion zwischen IgG-Molekülen und löslichen Antigenen; **d)** Reaktion zwischen IgG-Molekülen und Antigenen auf der Oberfläche von Zellen

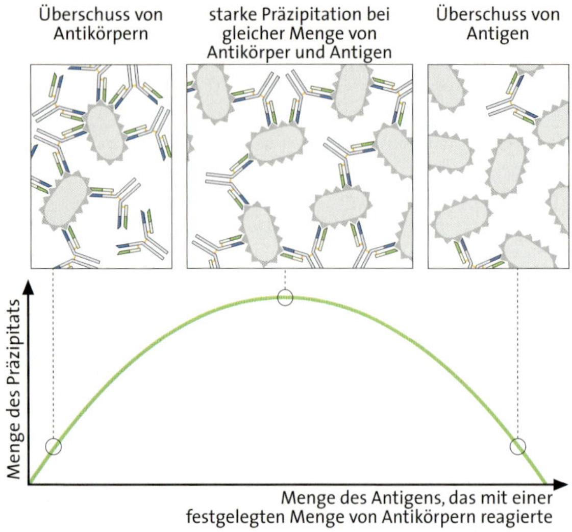

Abb. 396.2: Die Konzentrationen von Antikörper und Antigen beeinflussen die Größe der entstehenden Immunkomplexe.

1.3 Antikörper

Antikörper werden von speziellen B-Lymphocyten gebildet. Diese werden Plasmazellen genannt. Antikörper sind Proteine, die man als Immunglobuline (Abkürzung: Ig) bezeichnet. Der häufigste und am besten untersuchte Typus sind die *Immunglobuline G (IgG)*. Bei 70 bis 80 % der Immunglobuline im gesunden, erwachsenen Organismus handelt es sich um IgG-Moleküle. 80 g Blutserum enthalten etwa 1 g IgG. Jedes IgG-Molekül hat zwei spezifische Bindungsstellen für dasjenige Antigen, welches die Bildung des betreffenden Antikörpers bewirkt hat. Es besteht aus vier Untereinheiten: zwei identischen schweren und zwei identischen leichten Polypeptidketten (**Abb. 396.1**). Die schweren Ketten tragen kurze Zuckerseitenketten; die IgG-Moleküle sind somit Glykoproteine.

Die Analyse der Aminosäuresequenzen von Immunglobulin-G-Molekülen des Menschen ergab, dass die Stamm-Abschnitte der leichten und schweren Ketten in allen Molekülen nahezu gleich gebaut sind (konstante Regionen). Diejenigen Teile des Moleküls, die als Antigen-Bindungsstellen wirken, unterscheiden sich bei den verschiedenen IgG-Molekülen jedoch (variable Regionen). Eine Antigen-Bindungsstelle wird jeweils gemeinsam von je einer variablen Region der leichten und der schweren Kette gebildet. Durch die räumliche Anordnung der vier Ketten entsteht eine etwa Y-förmige Molekülgestalt. Die Antigen-Bindungsstellen liegen in den beiden »Armen« des Y.

Ein IgG-Molekül kann sich also mit zwei Antigen-Molekülen der selben Struktur verbinden. Besitzt ein Antigen mehr als eine Bindungsstelle für ein IgG-Molekül, so können größere Komplexe *(Immunkomplexe)* entstehen. Deren Größe hängt von den relativen Konzentrationen von Antigen und Antikörper ab (**Abb. 396.2**). Die Komplexe können so groß werden, dass sie nicht mehr löslich sind und dann ausfallen *(Präzipitation)*. Wenn Antikörper an Zellen binden und diese miteinander verkleben, spricht man von *Agglutination*.

Neben den IgG-Molekülen unterscheidet man vier weitere Klassen von Immunglobulinen (**Abb. 397.1**). Diese bestehen ebenfalls aus leichten und schweren Ketten. Sie unterscheiden sich von den IgG-Molekülen jedoch sowohl im Aufbau und in der Größe als auch in der Art der Verknüpfung der schweren Ketten. Darüber hinaus bilden Immunglobuline A Doppelmoleküle (Dimere). Die Immunglobuline M stellen sogar Aggregate aus fünf gleichen Einzelmolekülen (Pentamere) dar.

Jeder B-Lymphocyt erzeugt durch die von ihm gebildeten Plasmazellen jeweils nur *eine* ganz bestimmte Art von Antikörpern einer Ig-Klasse. Diese Eigenschaft erwirbt die B-Zelle während ihrer Differenzierung. Der Mensch kann etwa 10^{20} Arten von Antikörpern bilden.

IgA-Moleküle werden von B-Lymphocyten abgegeben, die im Schleim der Schleimhäute vorkommen. Diese Antikörper binden Bakterien, die dann die Schleimhautzellen nicht mehr angreifen können. IgA-Moleküle treten auch in der Muttermilch auf; sie werden von B-Zellen gebildet, die in den Lymphknoten der Brustdrüse liegen. Wahrscheinlich schützen sie den Säugling vor Krankheitserregern, die über die Schleimhaut seines Magen-Darm-Traktes in den Körper eindringen könnten.

Bei der Immunabwehr können Antikörper hauptsächlich auf drei Arten wirksam werden. Erstens binden Antikörper Bakteriengifte, wodurch diese unwirksam werden. Auch Viruspartikel können so unschädlich gemacht werden. Die Antigen-Antikörper-Komplexe werden von Makrophagen oder anderen Weißen Blutzellen als fremd erkannt und phagozytiert. Zweitens binden Antikörper an Bakterien, die sich außerhalb der Blutbahn befinden. Dadurch können die Bakterien von den Makrophagen besser aufgenommen und abgebaut werden. Drittens bekämpfen Antikörper zusammen mit dem Komplementsystem Bakterien innerhalb der Blutbahn. Proteine des Komplementsystems öffnen die Wand von Bakterien, die durch Antikörper gebunden sind und töten sie so. Anschließend erfolgt ihr Abbau durch Makrophagen (**Abb. 397.2**).

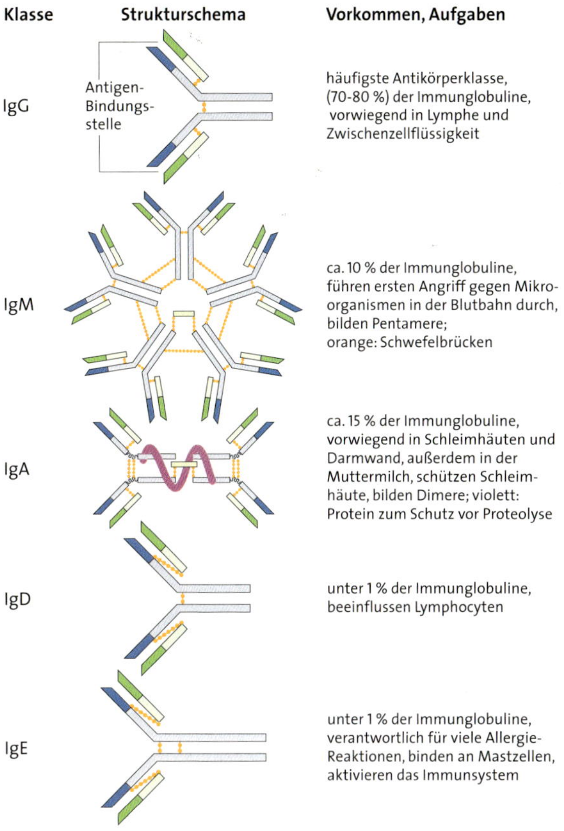

Abb. 397.1: Aufbau und Einteilung der Immunglobuline

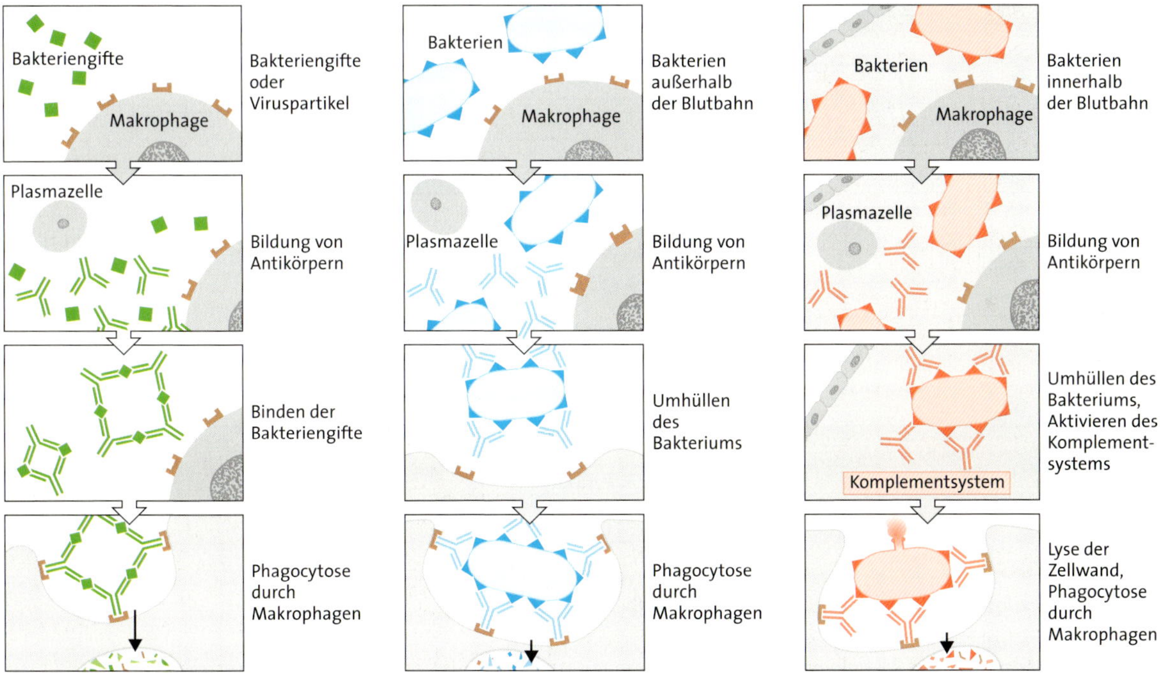

Abb. 397.2: Wirkung der Antikörper auf Bakteriengifte und Viruspartikel sowie auf Bakterien außerhalb und in der Blutbahn

1.4 Gene der Antikörper

Das Immunsystem des Menschen kann ca. 10^{11} verschiedene Antikörper-Proteine bilden. Da der Mensch aber nur etwa 30 000 Gene besitzt, kann nicht jedem dieser verschiedenen Immunglobuline ein gesondertes Gen zugrunde liegen. Die große Zahl verschiedener Antikörper kommt durch einen besonderen Vorgang auf DNA-Ebene zustande, die *intramolekulare Rekombination.* Bei diesem Vorgang werden bestimmte DNA-Abschnitte innerhalb des Chromosoms neu kombiniert. Dadurch erhält jeder B-Lymphocyt im Laufe der Differenzierung ein eigenes Kombinationsmuster dieser Abschnitte.

Die meisten Immunglobuline bestehen aus je zwei identischen leichten und schweren Aminosäureketten. Jede dieser Ketten ist aus einer variablen und einer konstanten Region aufgebaut. Die Bildung der Ketten wird durch bestimmte DNA-Abschnitte gesteuert, die als *Gensegmente* bezeichnet werden (**Abb. 398.1**). Für die Bildung der variablen Region einer leichten Kette sind zwei Segmente verantwortlich, nämlich ein *variables* Gensegment *(V-Gensegment)* und ein *verbindendes* Gensegment *(J-Gensegment, J* engl. *join).* Die variable Region einer schweren Kette wird von drei Segmenten codiert: einem V-, einem J- und einem *D-Gensegment (D* engl. *divers).* Die konstante Region der leichten und der schweren Kette entsteht aus einem *konstanten* Gensegment *(C-Gensegment)* bzw. aus mehreren *konstanten* Gensegmenten. Die Segmente der Gene für die leichten und die schweren Ketten liegen auf verschiedenen Chromosomen.

Das Gen für eine leichte Kette wird also aus je einem V-, J- und C-Segment gebildet. Aus der DNA wird zuerst ein DNA- Abschnitt entfernt, der sich vom Ende irgend eines V-Segments bis zum Anfang irgend eines J-Segments erstreckt. So wird das entsprechende V-Segment (zum Beispiel V_2) neben das J-Segment gebracht Das herausgeschnittene DNA-Stück wird abgebaut. Die Segmente V_2, J und C sowie das Intron zwischen dem J- und dem C-Segment werden transkribiert. Durch Reifung der entstandenen mRNA wird nun das C-Segment mit dem Exon der variablen Region verknüpft. Durch Translation der reifen mRNA entsteht ein Polypeptid, die leichte Kette des Antikörper-Moleküls. Die schwere Kette des Immunglobulins wird nach dem gleichen Prinzip gebildet wie die leichte Kette.

Durch die Vielzahl von Kombinationsmöglichkeiten der verschiedenen bekannten V- und J- bzw. der V-, J- und D-Segmente sowie durch die freie Kombinierbarkeit von schwerer und leichter Kette in einem »Y-Arm« des Antikörpermoleküls ergibt sich bereits eine Variabilität von 30 Millionen unterschiedlichen Antikörpertypen beim Menschen. Diese Variabilität wird durch Mutationen in den Gensegmenten auf schätzungsweise 10^{11} Möglichkeiten erhöht. Diese Zahl ist so groß, dass jeder Mensch seine individuellen Antikörper besitzt. ■

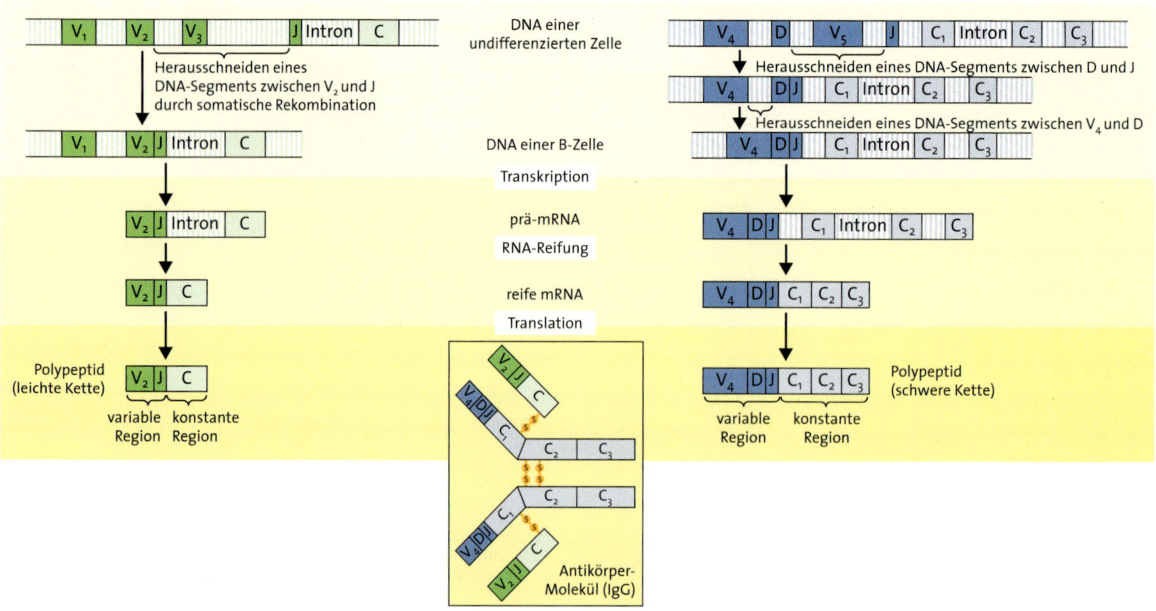

Abb. 398.1: Intramolekulare Rekombination und Bildung der leichten Kette (links) und der schweren Kette (rechts) eines Antikörpers (schematisch). Alle senkrecht gestrichelten Kästchen stellen Introns dar.

2 Die angeborene Immunabwehr

Ein fremder Stoff oder ein Mikroorganismus, der in den Körper des Menschen eingedrungen ist, wird sofort durch angeborene Abwehrmechanismen bekämpft. Diese werden bereits innerhalb von Minuten nach einer Infektion aktiv. Die erste Barriere der angeborenen Immunabwehr sind die Haut und die Schleimhäute. Die Zellen der Schleimhäute bilden schleimige Sekrete, die z. B. Mikroorganismen einhüllen. Diese werden dann zusammen mit dem Schleim aus dem Körper entfernt. Eine chemische Abwehr erfolgt durch Säuren und durch Enzyme. So misst man an der Hautoberfläche und in der Scheide pH-Werte von 3 bis 5, im Magen pH-Werte von 1 bis 2. Im Nasenschleim und in der Tränenflüssigkeit ist das Enzym Lysozym enthalten, das die Zellwände eindringender Bakterien zerstört.

Die zweite Barriere der angeborenen Immunabwehr bilden Weiße Blutzellen *(s. Abb. 395.1)*. Wenn ein Mikroorganismus in den Körper eingedrungen ist und beginnt, sich in den Geweben des Wirts zu vermehren, wird er zunächst von *Makrophagen* erkannt. Diese Zellen halten sich in allen Geweben auf. Die Makrophagen, die sich am Infektionsherd befinden, setzen *Chemokine*, eine bestimmte Gruppe von *Cytokinen*, frei. So starten die Makrophagen eine **Entzündungsreaktion** (**Abb. 399.1**). Die Chemokine leiten nun bestimmte Granulocyten, nämlich *neutrophile Zellen*, und weitere Makrophagen aus der Blutbahn in das infizierte Gewebe. Makrophagen und neutrophile Zellen erkennen Krankheitserreger durch Rezeptoren auf ihrer Zelloberfläche. Mithilfe dieser Rezeptoren können sie zwischen den Oberflächenmolekülen von Pathogenen und körpereigenen Zellen unterscheiden. Die erkannten Fremdkörper werden phagocytiert und abgebaut. Im Gegensatz zu den langlebigen Makrophagen gehen die neutrophilen Zellen dabei meist selbst zu Grunde und werden im Eiter ausgeschieden. *Mastzellen*, die sich am Infektionsherd befinden und dort auf Fremdstoffe oder Krankheitserreger treffen, setzen Histamin und das Cytokin *TNF-α* frei. Für diese Stoffe besitzen z. B. Zellen der Blutgefäßwände spezifische Rezeptoren. An diese Rezeptoren gebunden erhöhen Cytokine die Durchlässigkeit der Gefäßwände, sodass Proteine und Flüssigkeit aus den Blutgefäßen in das umliegende Gewebe gelangen können. So kommt es bei Entzündung zur Schwellung, die Schmerzen verursacht, zur Rötung und zur Erwärmung der entzündeten Stelle.

Auch die *natürlichen Killerzellen* sind an der angeborenen Immunabwehr beteiligt. Sie greifen sogar körpereigene Zellen an, wenn deren Oberfläche verändert ist. Gelangt der Krankheitserreger oder der fremde Stoff bis in die Blutbahn, so trifft er auf das Komplementsystem. Die Proteine des Komplement-Systems zerstören Membranen von Mikroorganismen, spalten Proteine und bereiten Bakterien für den Zugriff von Weißen Blutzellen vor.

Die Cytokine spielen bei der Immunabwehr eine vielseitige Rolle. Sie beeinflussen beispielsweise die Regulierung der Körpertemperatur durch den Hypothalamus *(s. Neurobiologie 5.2.2)* und können dadurch Fieber auslösen. Bei höherer Temperatur werden viele Erreger in ihrer Aktivität gehemmt, Immunzellen hingegen gefördert. Andere Cytokine, die *Interferone*, wirken gegen virusbefallene Zellen. Die Cytokine *Interferon* γ und ein *Tumor-Nekrose-Faktor (TNF)* stimulieren die Makrophagen und führen zu verstärkter Phagocytose. TNF erhielt seinen Namen, weil es die Phagocytose erkannter Tumorzellen auslöst.

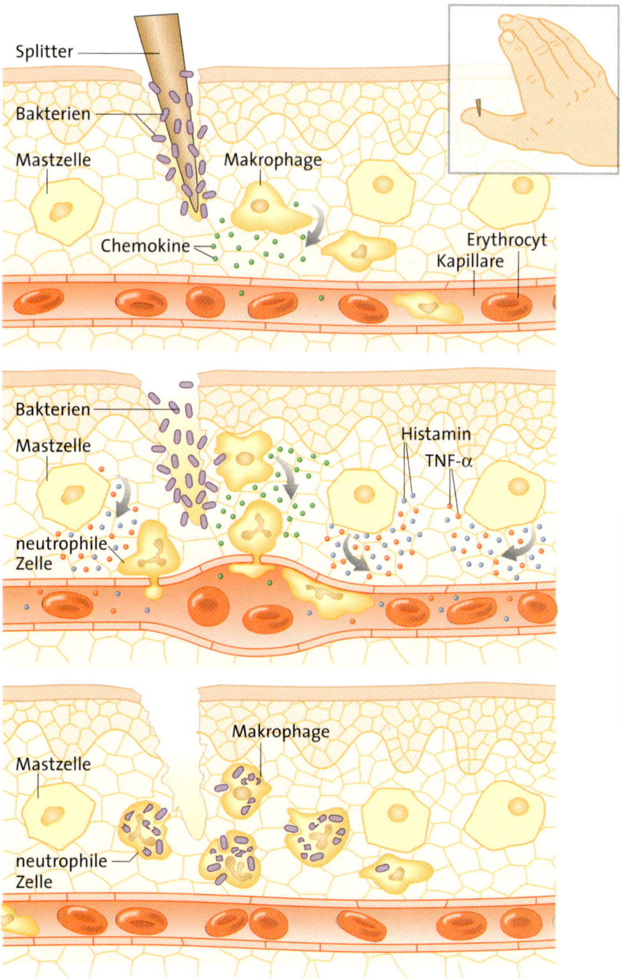

Abb. 399.1: Ablauf einer Entzündungsreaktion (schematisch)

IMMUNBIOLOGIE

3 Die erworbene Immunabwehr

Die erworbene Immunantwort wird ausgelöst, wenn die angeborene Immunantwort eine Infektion nicht rasch beseitigen kann. Dann gelangen das Antigen sowie aktivierte Antigen präsentierende Zellen in das lymphatische System. Im Lymphknoten präsentieren diese Zellen das Antigen den zirkulierenden Lymphocyten.

3.1 Klonale Selektion und MHC-Proteine

Klonale Selektion. Die Lymphocyten besitzen jeweils nur eine bestimmte Art von Rezeptor auf ihrer Zelloberfläche und erkennen dementsprechend jeweils nur ein bestimmtes Antigen. Die anderen Weißen Blutzellen besitzen mehrere verschiedene Rezeptoren auf ihrer Zelloberfläche, mit deren Hilfe sie verschiedene Antigene erkennen können. Ausschließlich die Lymphocyten, die auf das Antigen treffen, das an ihren speziellen Rezeptor bindet, werden aktiviert und teilen sich. Durch die Bindung seines spezifischen Antigens an seinen Rezeptor wird also der für das jeweilige Antigen passende Lymphocyt heraus selektiert. Durch die Teilung entsteht dann ein Zell-Klon aus identischen Nachkommenzellen, die alle dasselbe Antigen binden können. Dieser Vorgang heißt *Klonale Selektion*. Die Vielfalt der Rezeptoren auf der Zelloberfläche der Lymphocyten eines einzelnen Menschen entsteht, wie die der Antikörpermoleküle, durch intramolekulare Rekombination von DNA-Abschnitten. Zu der Vielfalt tragen weiterhin Mutationen bei, die ständig in den V-Segmenten erfolgen *(s. 1.4)*. Dabei werden auch Lymphocyten gebildet, deren Rezeptoren körpereigene Moleküle als Antigene erkennen. Solche Lymphocyten werden bereits durch Apoptose *(s. Entwicklungsbiologie 4.2)* beseitigt, wenn sie im Thymus bzw. im Knochenmark reifen.

MHC-Proteine. Jedes Individuum besitzt spezifische Moleküle, an denen das Immunsystem körpereigene von körperfremden Zellen unterscheiden kann. Zu diesen gehört eine Gruppe von Glykoproteinen, die in der Zellmembran vorkommen (**Abb. 400.1 a**). Es handelt sich um den *Haupthistokompatibilitätskomplex (MHC,* engl. ***major** **h**isto**c**ompatibility complex)*. Für diese Gruppe von Proteinen codiert eine einzige Genfamilie. Da es mindestens 20 MHC-Gene und mindestens 100 Allele von jedem Gen gibt, ist es praktisch unmöglich, dass zwei Menschen genau die gleichen MHC-Proteine besitzen – mit Ausnahme von eineiigen Mehrlingen.

Man unterscheidet zwei Hauptgruppen von MHC-Proteinen, genannt MHC-I- bzw. MHC-II-Proteine.

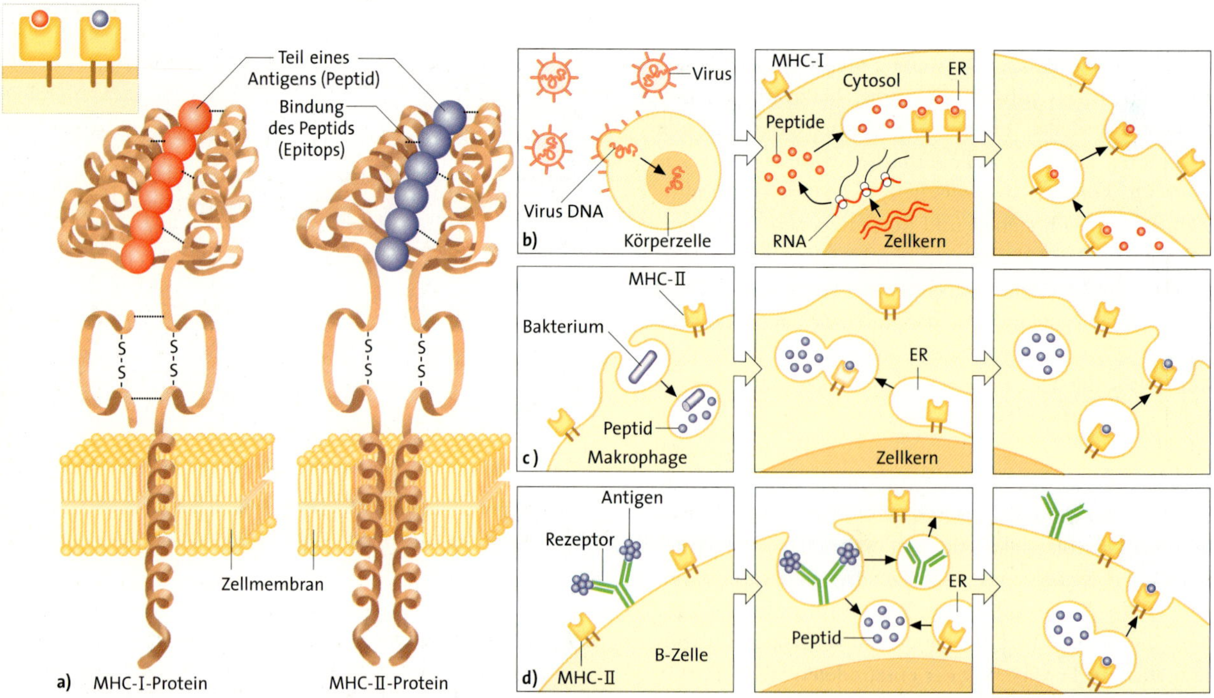

Abb. 400.1: MHC-Proteine. **a)** Schematische Darstellung; **b)** Präsentation viraler Peptide durch MHC-I- Proteine; **c)** Präsentation von Peptiden von Bakterien, die in intrazellulären Vesikeln abgebaut werden, durch MHC-II- Proteine; **d)** Präsentation von Peptiden, die von einem B-Zell-Rezeptor gebunden und in intrazelluläre Vesikel aufgenommen wurden, durch MHC-II-Proteine

MHC-I-Proteine befinden sich auf fast jeder Körperzelle mit Ausnahme der Roten Blutzellen. MHC-II-Proteine sind auf einige wenige Zelltypen des Immunsystems beschränkt. Sie kommen auf der Zellmembran von Makrophagen, B-Lymphocyten und aktivierten T-Lymphocyten vor.

Die MHC-Proteine spielen auch eine wichtige Rolle bei der Zusammenarbeit zwischen Zellen des Immunsystems. Sie sind maßgeblich an der Präsentation von Antigenen durch Makrophagen und andere Antigen präsentierende Zellen des Immunsystems beteiligt (**Abb. 400.1 a**). MHC-I-Proteine präsentieren Antigene, die aus Proteinen im Cytosol einer körpereigenen Zelle stammen. In Zellen, die von Viren infiziert sind, werden im Cytosol virale Proteine synthetisiert. Sie werden in den Proteasomen zu Peptiden abgebaut. Diese werden dann in das Endoplasmatische Reticulum transportiert, wo sie an die MHC-I-Proteine binden. Von diesen werden sie dann an die Zelloberfläche transportiert und präsentiert (**Abb. 400.1 b**). MHC-II-Proteine binden Peptide, die in Vesikeln innerhalb der Zelle vorliegen. Sie präsentieren Peptide von Bakterien, die sich in Vesikeln von Makrophagen befinden (**Abb. 400.1 c**) oder die von B-Lymphocyten nach Bindung des Antigens an den Rezeptor durch Endocytose in Vesikel aufgenommen wurden (**Abb. 400.1 d**).

3.2 Humorale und zellvermittelte Immunabwehr

Bei der erworbenen Immunabwehr unterscheidet man zwischen der humoralen und der zellvermittelten Abwehr. Die *humorale Immunabwehr* (lat. *humor* Flüssigkeit) richtet sich gegen Fremdstoffe und Krankheitserreger, die im Blut oder in der Lymphflüssigkeit vorkommen. Dies können körperfremde Moleküle, freie Bakterien oder Viren sein. An der humoralen Immunabwehr wirken Plasmazellen mit. Sie bekämpfen das eingedrungene Antigen mit Antikörpern. Die Antikörper werden schließlich von den Plasmazellen gebildet und schließlich ins Blutplasma sowie in die Lymphflüssigkeit abgegeben. Auch T-Lymphocyten sind an der humoralen Immunabwehr beteiligt.

Die *zellvermittelte Immunabwehr* verläuft ohne den Einsatz von Antikörpern. Ausschließlich Weiße Blutzellen, insbesondere T-Lymphocyten, sind an ihr beteiligt. Die Koordination der beteiligten Lymphocyten erfolgt über verschiedene Cytokine. Die zellvermittelte Immunabwehr richtet sich gegen körpereigene Zellen, in die Krankheitserreger eingedrungen sind. Dieses können Viren, intrazelluläre Bakterien oder andere Parasiten sein.

Humorale und zellvermittelte Immunabwehr arbeiten in enger Abstimmung miteinander (**Abb. 401.1**).

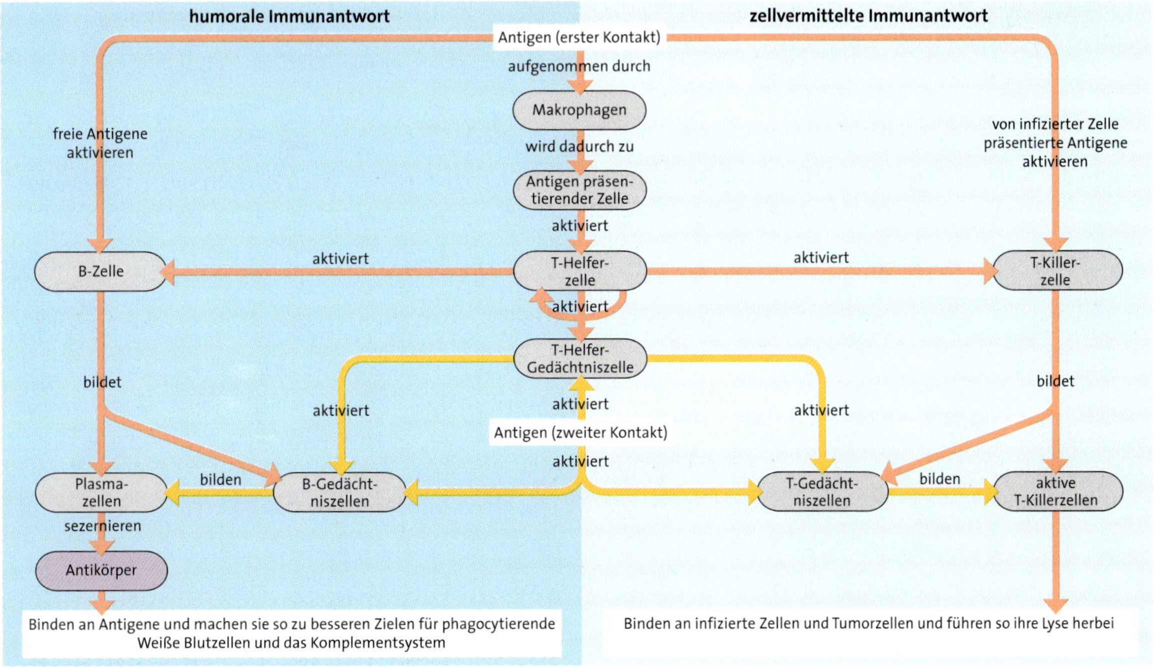

Abb. 401.1: Vereinfachte Übersicht über die Verknüpfung von humoraler und zellvermittelter Immunabwehr. Rote Pfeile: Primäre Immunantwort; gelbe Pfeile: Sekundäre Immunantwort

Antigen-Antikörper-Reaktion der humoralen Immunabwehr. Kommt ein Antigen zum ersten Mal in den Körper, so gibt es zwei Möglichkeiten, wie die humorale Immunabwehr in Gang gesetzt werden kann. Die eine ist die, dass das Antigen direkt B-Zellen aktiviert, die daraufhin Plasmazellen und in Folge Antikörper bilden. Die andere Möglichkeit ist, dass das Antigen zunächst von einem Makrophagen oder einer B-Zelle aufgenommen und teilweise abgebaut wird (**Abb. 402.1 a**). Die Abbauprodukte werden an MHC-Proteine der Klasse II gebunden und präsentiert. Durch diese Präsentation werden T-Zellen zur Teilung angeregt. Neben T-Killerzellen entstehen vermehrt T-Helferzellen, die bei denjenigen B-Lymphocyten Teilung auslösen, die Abbauprodukte des Antigens präsentieren. Alle diese Vorgänge werden über Cytokine reguliert und als **Aktivierungsphase** zusammengefasst.

In der **Differenzierungsphase** vermehren sich die B-Lymphocyten weiter und differenzieren sich zu Plasmazellen. Einige der B-Zellen und der T-Zellen entwickeln sich zu Gedächtniszellen.

In der folgenden **Wirkungsphase** werden allmählich T-Unterdrückerzellen vermehrt, und es werden von den Plasmazellen Antikörper gebildet. Es erfolgt die Antigen-Antikörper-Reaktion. Als Antigene können Peptide, Proteine, Polysaccharide und Polynucleotide wirken. Die Antigen-Wirkung geht allerdings nur von bestimmten Atomgruppen an der Oberfläche dieser Moleküle aus. Eine solche Atomgruppe heißt *Epitop*. Die Antikörper

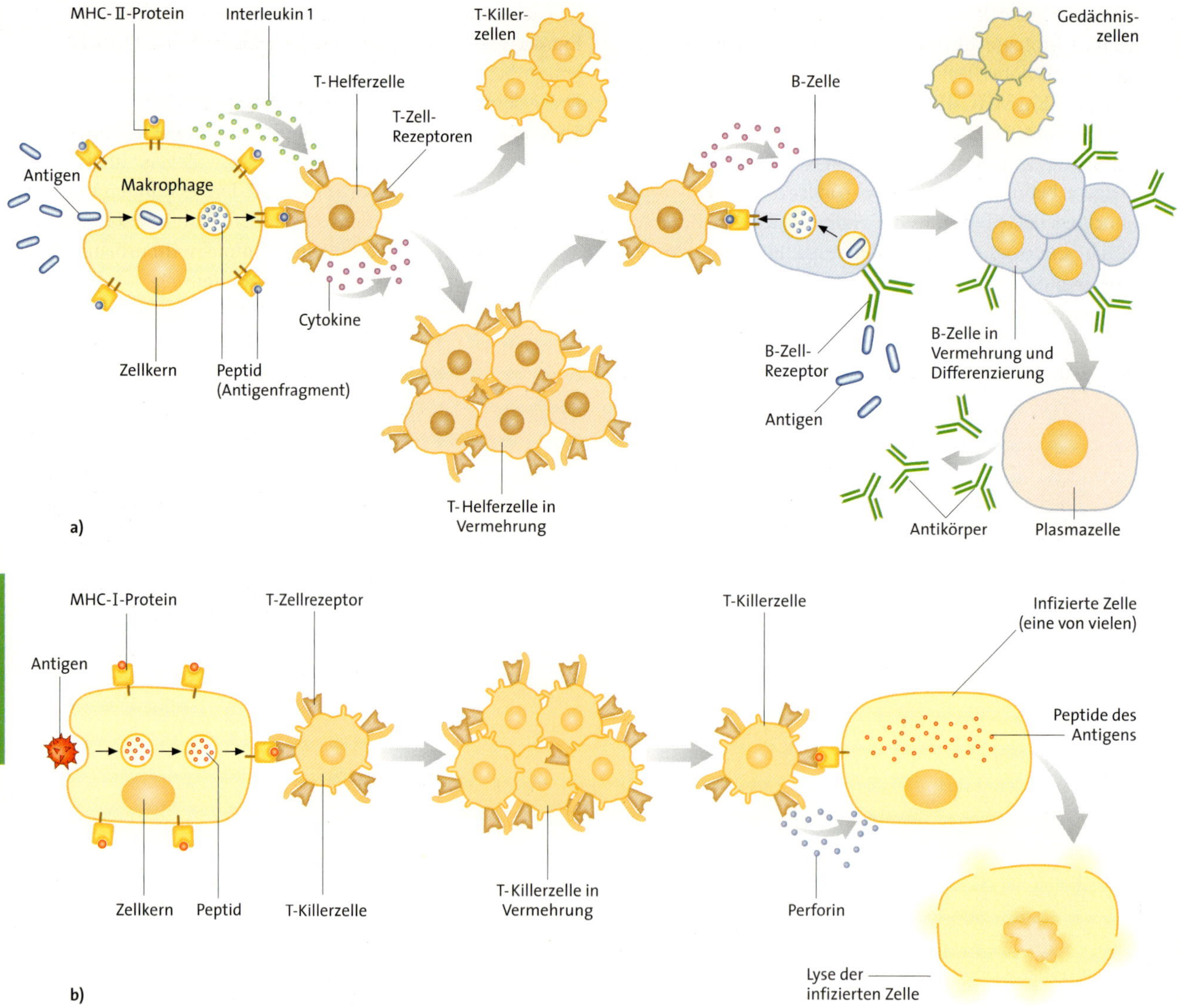

Abb. 402.1: Schematische Darstellung der humoralen **(a)** und der zellvermittelten **(b)** Immunabwehr

reagieren ausschließlich mit dem Epitop des Antigens, das die Bildung des betreffenden Antikörpers verursacht hat. Eine fremde Zelle und sogar ein Makromolekül kann verschiedene Antigene mit jeweils unterschiedlichen Epitopen besitzen.

Durch die Antigen-Antikörper-Reaktion entstehen Komplexe aus Antikörper- und Antigenmolekülen. Diese Immunkomplexe aktivieren das Komplement-System, dessen Proteine eine ganze Abfolge von Reaktionen auslösen. Dazu gehört der enzymatische Abbau von Fremdproteinen, die Stimulierung phagocytierender Zellen und eine chemotaktische Anlockung weiterer solcher Zellen. Diese nehmen die Immunkomplexe auf und bauen sie ab. Ist der Abbau verzögert, verursachen die Immunkomplexe Störungen in Form von Allergien *(s. 4.1)*.

In der **Abschaltphase** kommen die Immunreaktionen durch die Wirkung der *T-Unterdrückerzellen* allmählich zum Stillstand. Wenn kein Antigen mehr vorhanden ist, werden auch keine neuen Antikörper mehr gebildet.

Funktion von T-Zellen. Die Aktivierung von T-Zellen spielt sowohl bei der humoralen als auch bei der zellvermittelten Immunabwehr eine zentrale Rolle: T-Zellen regen einerseits B-Zellen zur Bildung von Antikörper produzierenden Plasmazellen an; andererseits vernichten sie körperfremde Zellen sowie körpereigene Zellen, die von Viren befallen sind (**Abb. 402.1 b**). Um diese zwei Aufgaben zu lösen, treten zwei Gruppen von T-Zellen mit den Antigen darbietenden Immunzellen auf unterschiedliche Weise in Kontakt.

Die eine Gruppe von T-Zellen besitzt in ihrer Membran Rezeptoren, die nur Antigenteile erkennen, die von den MHC-Proteinen der Klasse II präsentiert werden (**Abb. 403.1**). Zusätzlich verfügen sie über einen Corezeptor. Ein Corezeptor ist wie der T-Zell-Rezeptor ein Membranprotein; er leistet gewissermaßen Hilfestellung bei der Wechselwirkung zwischen dem Rezeptor und dem an ihn bindenden Molekül. Der Corezeptor dieser Gruppe von T-Zellen wird mit CD4 bezeichnet; er rastet nur in die MHC-II-Proteine ein und stabilisiert so die Bindung zwischen der Antigen präsentierenden Zelle und der T-Zelle. Eine andere Gruppe von T-Zellen besitzt Rezeptoren, die nur an Antigen beladene MHC-Proteine der Klasse I binden (**Abb. 403.2**). Hier wird der Zusammenhalt der Zellen durch den Corezeptor CD8 stabilisiert. Diese Wechselwirkungen führen in beiden Fällen zur Cytokinbildung der T-Zellen, durch die sie ihre eigene Teilung stimulieren. Dabei entstehen aus der ersten Gruppe T-Helferzellen und T-Unterdrückerzellen, aus der zweiten Gruppe von T-Zellen die T-Killerzellen. Die T-Helferzellen aktivieren schließlich Antigen präsentierende B-Zellen zur Teilung; es entstehen Plasmazellen (humorale Immunabwehr). Die T-Killerzellen geben letztendlich ein Protein (Perforin) ab, das die Lyse der infizierten Zellen bewirkt (zellvermittelte Immunabwehr, **Abb. 402.1 b** und **403.2**). T-Unterdrückerzellen geben spezielle Cytokine ab und beenden die Immunreaktion.

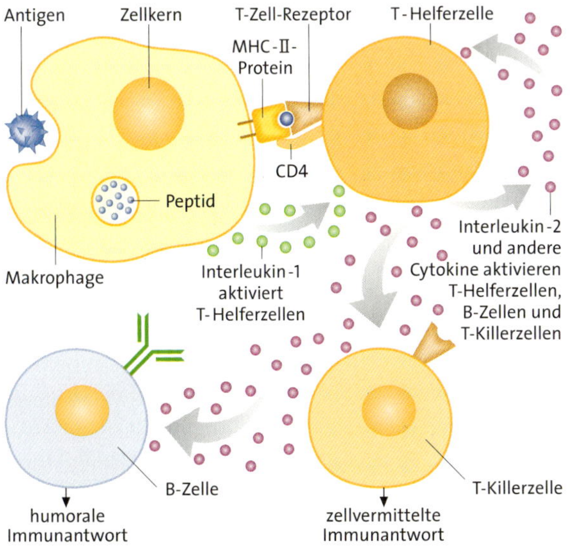

Abb. 403.1: Funktion der T-Helferzellen bei der Immunabwehr; Rezeptoren und MHC-Proteine sind stark vergrößert dargestellt

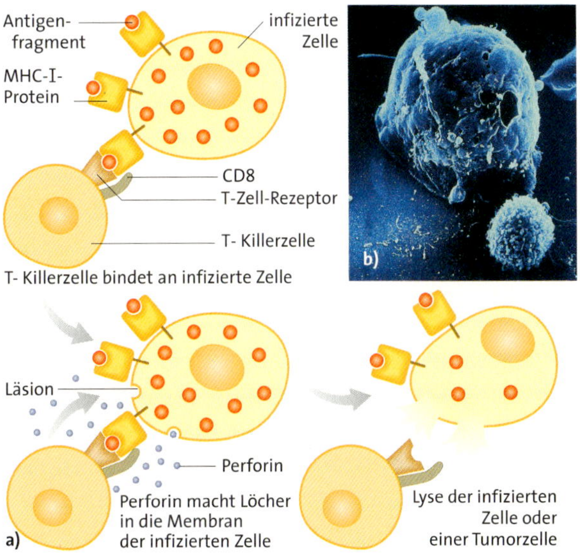

Abb. 403.2: **a)** Funktion der T-Killerzellen bei der Immunabwehr; Rezeptoren und MHC-Proteine stark vergrößert; **b)** Killerzelle bei Abwehr einer Tumorzelle (REM-Bild)

Schutzimpfung

Überstand ein Mensch eine Pockenerkrankung, dann war er in der Regel sein Leben lang vor einem neuen Ausbruch dieser Krankheit bewahrt. Gedächtniszellen gegen die Pockenviren bleiben also lange erhalten und geben dadurch Schutz vor einer neuen Ansteckung: Der Körper ist gegen diese Krankheit immun geworden. Auf dieser Tatsache beruht die erstmals 1796 von dem englischen Arzt JENNER angewandte Schutzimpfung zur Immunisierung des Körpers. Er übertrug harmlose Kuhpockenviren in die Haut von einigen Menschen und von sich selbst. Dadurch erreichte er, dass die Behandelten während einer Pockenepidemie gesund blieben. Die Pocken gelten heute als vollständig ausgerottet. Bei dieser **aktiven Immunisierung** regt man den Körper auf eine für ihn ungefährliche Weise zur Bildung der Antikörper an. Dazu injiziert man abgetötete oder abgeschwächte Krankheitserreger oder wie bei JENNER ähnliche, aber harmlose Erreger. Auch gentechnisch lassen sich Impfstoffe gewinnen: Dazu verpflanzt man z. B. das Gen des Oberflächenproteins vom Hepatitis-B-Virus in Hefe. In den Hefezellen wird dann nur das Hüll-Protein des Virus gebildet. Dieses wird anschließend als Impfstoff eingesetzt. Die Impfstoffe rufen keine Krankheit hervor, veranlassen aber den Körper zu einer Immunreaktion. Tritt einige Zeit später eine natürliche Infektion durch den gleichen Erreger ein, erfolgt sofort eine heftige Reaktion, die den Erreger unschädlich macht. Da Gedächtniszellen sehr langlebig sind, wirkt eine aktive Immunisierung jahrelang vorbeugend, in manchen Fällen sogar lebenslang.

Bei der **passiven Immunisierung** erfolgt die Bildung der Antikörper durch ein anderes Lebewesen. Dessen Serum, in dem die Antikörper enthalten sind, wird in den Körper des Erkrankten übertragen. Die passive Immunisierung dient zur Heilung bereits ausgebrochener Infektionskrankheiten. Durch die von außen zugeführten, fertig gebildeten Antikörper wird der Organismus in seinem Kampf gegen die Erreger unterstützt. Andererseits bildet der menschliche Körper gegen das Antikörpergemisch des Lebewesens, dessen Serum ihm injiziert wurde, seinerseits verschiedene Antikörper. Wird das Serum ein zweites Mal verabreicht, kann die Immunreaktion so heftig ausfallen, dass sie zum Tode des Kranken führt.

Nachweis der ersten und zweiten Immunreaktion. Im Experiment lässt sich zeigen, dass der Verlauf der Immunreaktion sowohl beim ersten als auch beim zweiten Kontakt mit einem Antigen jeweils in bestimmter Weise abläuft (**Abb. 405.1**). Wird einem Testtier ein Antigen A injiziert, so ist in den folgenden Tagen eine Zunahme der Antikörper im Blutserum zu beobachten, denn es entstehen viele Plasmazellen, die Antikörper erzeugen. Außerdem werden Gedächtniszellen gebildet. Mit dem Absterben der Plasmazellen geht die Antikörperbildung zurück. Wird nun das gleiche Antigen A erneut injiziert, so entstehen durch rasche Teilung der Gedächtniszellen die Antikörper früher und in größerer Menge; die zweite Immunreaktion ist heftiger. Dies wird bei der Schutzimpfung ausgenutzt *(s. Exkurs Schutzimpfung)*.

Blutgruppen und Rhesusfaktor

Bringt man Blut verschiedener Personen zusammen, kann es sich entweder einfach vermischen oder die Roten Blutzellen werden verklumpt. Ursache dieser Verklumpung oder *Agglutination* sind zwei Glykolipide und Glykoproteine mit den gleichen Kohlenhydratketten, genannt A bzw. B, in der Membran der Roten Blutzellen, die als Antigene wirken. Es gibt Menschen, deren Erythrocyten nur einen dieser Stoffe besitzen. Bei anderen kommen beide gemeinsam vor und bei wieder anderen fehlen beide. Die Verklumpung selbst wird durch zwei verschiedene Antikörper, Anti-A und Anti-B, hervorgerufen. Diese erkennen die Kohlenhydratketten der Glykolipide, die von der Zellmembran der Erythrocyten nach außen ragen. Die Antikörper sind im Blutserum gelöst. Erythrocyten der Gruppe A werden nur von Anti-A, solche der Gruppe B nur von Anti-B verklumpt. Die Antikörper können daher im Serum nur vorhanden sein, wenn die entsprechenden Blutzellen fehlen. Nach der Verteilung dieser Stoffe unterscheidet man beim Menschen vier verschiedene Blutgruppen (**Abb. 405.2**). So besitzen Angehörige der Blutgruppe A Erythrocyten mit dem Glykolipid A und im Blutserum den Antikörper Anti-B *(s. Genetik 3.3.1)*. Neben dem A/B/0-System gibt es weitere Blutgruppeneinteilungen, z. B. das M/N-System.

Ein besonders wichtiges Blutmerkmal ist ein Antigen genannt **Rhesusfaktor.** Es ist ebenfalls an die Oberfläche der Roten Blutzellen gebunden. Menschen mit diesem Antigen bezeichnet man als *Rh-positiv* (Rh^+), die übrigen als *Rh-negativ* (Rh^-). Antikörper gegen das Antigen bilden sich erst Monate nach einer Blutüber-

IMMUNBIOLOGIE

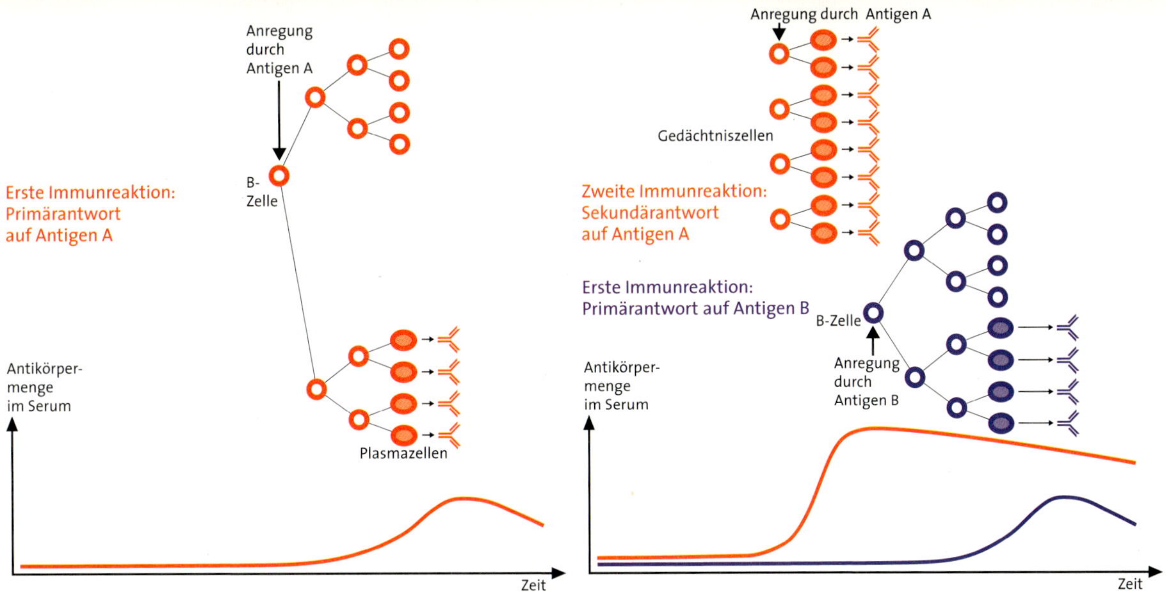

Abb. 405.1: Verlauf der ersten und zweiten Immunreaktion; ein weiteres Antigen (B) löst die übliche Primärantwort aus.

tragung von Rh^+-Erythrocyten in Rh^--Personen. Deshalb schadet einem Rh^--Menschen die erstmalige Übertragung von Blut mit Rh^+-Erythrocyten nicht. Die gebildeten Antikörper und vor allem die Gedächtniszellen bleiben aber lange Zeit erhalten, daher können weitere Übertragungen von Blut mit Rh^+-Erythrocyten zur Verklumpung und damit zu schweren Schädigungen bis zum Tode führen. Eine schwere Krankheit, die hiermit im Zusammenhang steht, ist die *Erythroblastose*. Bei der Geburt eines Kindes von einem Rh^+-Vater und einer Rh^--Mutter, können Erythrocyten des Rh-positiven Kindes in das mütterliche Blut mit Rh^--Erythrocyten übergehen und dort die Bildung von Antikörpern bewirken. Bei einer erneuten Schwangerschaft gelangen diese Antikörper von der Mutter durch die Plazenta in das Blut des Kindes. Ist dieses ebenfalls Rh^+, so binden die Antikörper an die Roten Blutzellen des Kindes, die dann anschließend zerstört werden (**Abb. 405.2**). Dadurch verringert sich der Sauerstofftransport, und aus dem freigesetzten Hämoglobin entstehen Abbauprodukte, die die Leber schädigen und Gelbsucht hervorrufen. Weitere Rh^+-Kinder werden daher entweder tot geboren oder sind nur kurze Zeit lebensfähig. Verhindert man die Bildung von Antikörpern im Blut der Mutter, so tritt diese Schädigung nicht ein. Man injiziert daher der Rh-negativen Mutter gleich bei der Geburt des ersten Rh-positiven Kindes Antikörper gegen das Rhesusfaktor-Antigen. Die Antikörper lagern sich an die eingedrungenen Blutzellen des Kindes an, die dann in der Mutter keine Immunreaktion mehr auslösen können. Die mit Antikörpern besetzten Blutzellen und die injizierten Antikörper werden abgebaut.

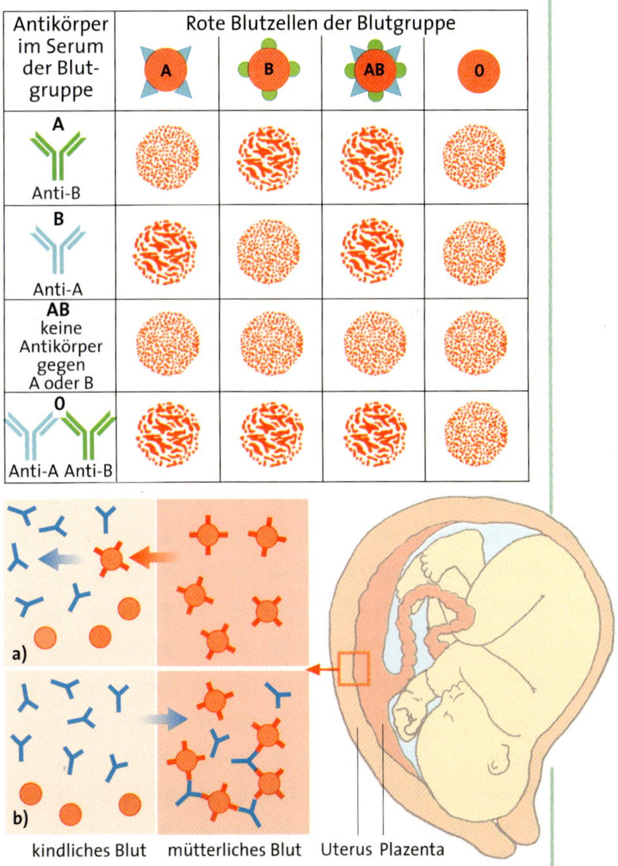

Abb. 405.2: Oben: Blutgruppen-Bestimmung nach dem A/B/O-System; unten: Auswirkungen des Rhesusfaktors bei einer ersten **(a)** und einer zweiten Schwangerschaft **(b)**, wenn Kind und Vater jeweils Rh^+, die Mutter Rh^- ist.

4 Störungen des Immunsystems

Auch beim Immunsystem kommen Funktionsstörungen vor. Diese bestehen darin, dass entweder übermäßige bzw. ungeeignete Immunreaktionen auftreten, oder dass diese zu schwach ausfallen oder sogar ganz ausbleiben. Man nennt alle diese Störungen *Allergien* (gr. *allos ergos* fremde Tätigkeit). *Übermäßige Reaktivität* kann sich gegen solche Antigene richten, die normalerweise vom Immunsystem für »harmlos erachtet« werden und keine Immunantwort auslösen; dies sind die Allergien im herkömmlichen Sinn. Die verantwortlichen Antigene heißen *Allergene.*

Richtet sich die Über-Reaktivität gegen Strukturen körpereigener Zellen, werden diese also als Antigene erkannt, so kommt es zu *Autoimmunerkrankungen.*

Bei zu geringer Reaktivität des Immunsystems kann es vorkommen, dass Immunkomplexe zu langsam abgebaut und dann als Antigene bekämpft werden; es liegt eine *Immunkomplex-Überreaktion* vor.

Überreaktionen gegen äußere Antigene. In der Wand von Pollen (**Abb. 406.1**) kommen Stoffe vor, die an bestimmte Rezeptoren von B-Zellen binden; es sind meist Proteine. Durch die Bindung kann die B-Zelle zur Teilung und zur Differenzierung in Plasmazellen angeregt werden. Dies unterbleibt normalerweise, da T-Unterdrückerzellen mit entsprechender Spezifität diese unangebrachte Immunantwort unterbinden. Bei Menschen, die gegen Pollen allergisch sind, findet jedoch eine Immunantwort statt; bei ihnen ist aus noch unbekannten Gründen die Tätigkeit dieser T-Unterdrückerzellen gestört. Deshalb entstehen vermehrt Antikörper gegen das Allergen. Es handelt sich um Antikörper der Klasse E *(s. Abb. 397.1).* Diese binden an Rezeptoren von Mastzellen (**Abb. 406.2**). Dringt das als Allergen wirkende Antigen ein zweites Mal in den Körper, so bindet es an die IgE-Antikörper auf der Mastzellmembran. Mastzellen enthalten Vesikel, in denen Stoffe, wie z. B. Histamin, Serotonin oder Prostaglandine, enthalten sind. Die Bindung des Allergens an den IgE-Antikörper auf der Mastzellmembran hat zur Folge, dass die Vesikel ihren Inhalt nach außen abgeben. Diese Stoffe bewirken die typischen Symptome einer *Pollenallergie:* Sie wirken auf Drüsenzellen und die glatte Muskulatur der Atemwege ein, und es entsteht Heuschnupfen oder allergisches Asthma.

Eine ähnliche allergene Wirkung können auch Sporen von Pilzen, z. B. Schimmelpilze, und Proteine der Haut sowie der Haare von Haustieren haben. Ein häufig anzutreffendes Allergen ist der Kot der *Hausstaubmilbe,* einer etwa 0,3 mm großen Milbe, die in vielen Wohnungen vorkommt (**Abb. 407.1**). Sie lebt von menschlichen Hautschuppen. Häufig sind Allergien gegen eingeatmete Partikel; sie sind bei mehr als 10 % der Bevölkerung anzutreffen. Aber auch Allergien gegen Arzneimittel und Insektengifte sowie gegen Bestandteile von Nahrungsmitteln sind bekannt. So gibt es allergische Reaktionen gegen Milch, Erdbeeren und Fischeiweiß. Symptome sind Durchfälle oder Hautausschläge, wie z. B. »Nesselfieber« mit Hautrötung und Wasseransammlungen. Manchmal tritt eine schwere Kreislaufstörung auf; es kommt zu Blutdruckabfall, Schwäche und Pulsbeschleunigung. Man nennt dies den *anaphylaktischen Schock;* dieser ist stets lebensgefährlich. Besonders leicht tritt der anaphylaktische Schock bei Allergie gegen Insektengift ein. Er ist auf die Stimulierung übermäßig vieler Mastzellen zurückzuführen.

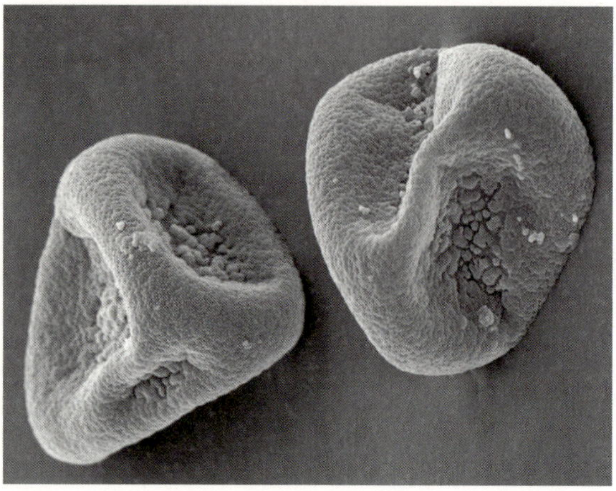

Abb. 406.1: Graspollen (REM-Bild, Vergrößerung: 1700 fach)

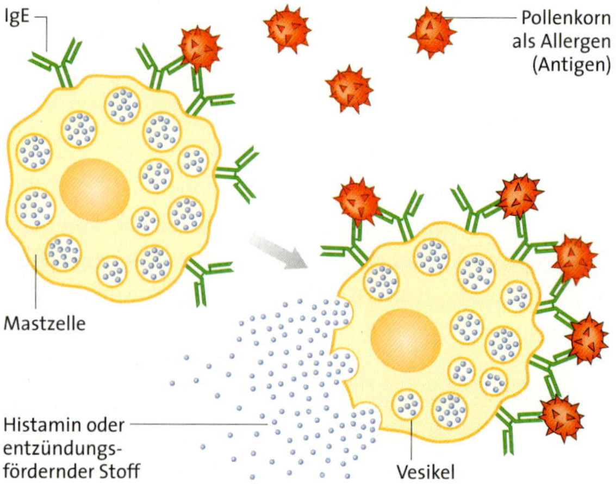

Abb. 406.2: Mastzellen und die allergische Reaktion

Autoimmunerkrankungen. Mitunter werden Antikörper auch gegen normale körpereigene Gewebe gebildet; dies führt zu Autoimmunerkrankungen. Die Ursachen dafür sind nur teilweise bekannt. Eine bestimmte schwere Form der Zuckerkrankheit *(Diabetes mellitus, s. Hormone 1.4)*, die schon bei Jugendlichen auftritt, ist eine solche Autoimmunerkrankung. In diesem Fall werden Inselzellen des Pankreas als körperfremd »erkannt« und abgebaut.

In anderen Fällen werden normale Membranproteine bestimmter Zellen als fremd angesehen. Bei einer Form von Muskelschwund werden dadurch die Acetylcholin-Rezeptoren der Muskelfasern *(s. Abb. 207.1)* zerstört. Aus diesem Grund ist der Neurotransmitter Acetylcholin nicht mehr wirksam, die dadurch »stillgelegten« Muskeln verkleinern sich und werden funktionsuntüchtig.

Immunkomplex-Überreaktion. Immunkomplexe werden normalerweise rasch abgebaut. Tritt eine Verzögerung ein, so kommt es zu einer heftigen Entzündung *(s. 2)*, die bis zur Gewebsschädigung führen kann. In manchen Fällen werden dann sogar Antikörper gegen die Immunkomplexe gebildet. Die Immunkomplexe können auch im Körper wandern, sich vorübergehend festsetzen und vielerorts Entzündungen auslösen. Dies ist z. B. bei der Allergie gegen Penicillin der Fall; es kommt dann zu Nesselfieber und zu Gelenk- und Muskelschmerzen. Immunkomplexe, die sich in den Nieren-Glomeruli *(s. Stoffwechsel 4.2.4)* festsetzen, führen zu einer Nierenentzündung. Daher können Nierenentzündungen z. B. in der Folge von Mandelvereiterungen auftreten. In Gelenken verursachen Immunkomplexe arthritische Entzündungen, die oftmals im Körper »wandern«. Viele rheumatische Erkrankungen gehen auf Immunkomplex-Überreaktion oder Autoimmun- Reaktionen zurück.

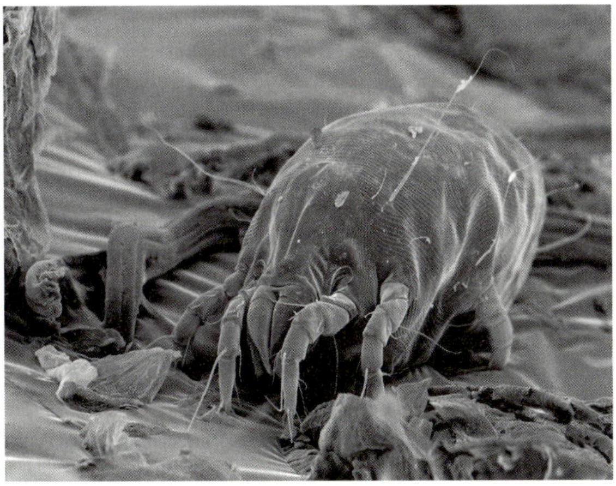

Abb. 407.1: Hausstaubmilbe (REM-Bild, Vergr.: 325 fach)

Organtransplantation

Verpflanzt man ein Organ eines Menschen in einen anderen Körper, so bildet dieser Antikörper gegen das fremde Gewebe. Einige der Proteine des transplantierten Gewebes sind nämlich mit dem Immunsystem des für sie fremden Körpers nicht verträglich; sie wirken als Antigene. Vor allem sind dies die MHC-Proteine *(s. 3)*. Wenn eine Reaktion der als Antigene wirkenden MHC-Proteine mit Antikörpern eingetreten ist, werden die T-Killerzellen und die Makrophagen tätig und zerstören das transplantierte Gewebe.

Die Transplantation eines Gewebes oder Organs von einem Körper in einen anderen ist dann erfolgreich, wenn beide genau die gleichen MHC-Proteine besitzen, was bei der großen Variationsbreite nur bei eineiigen Mehrlingen mit Sicherheit der Fall ist. In allen anderen Fällen tritt eine Immunreaktion ein. Je nach dem Grad der Übereinstimmung der MHC-Proteine von Spender und Empfänger fällt die Reaktion stärker oder schwächer aus. Deshalb ist eine nahe Verwandtschaft von Spender und Empfänger günstig. Die Immunreaktion muss durch Stoffe unterdrückt werden, die Lymphocyten funktionsunfähig machen. Zu solchen *immunsuppressiven Stoffen* gehören zellteilungshemmende Substanzen, die die Vermehrung der Lymphocyten verhindern, und Corticosteroide (Hormone der Nebennierenrinde; *s. Hormone 1.3*), die die Wirkung von Cytokinen verändern. Diese Substanzen führen demzufolge gleichzeitig zu einer Verringerung anderer Immunreaktionen. Spezifischer wirkt das aus einem Pilz gewonnene *Cyclosporin*, das die Aktivierung von T-Zellen hemmt, ohne die B-Zellen zu beeinflussen.

Nicht jedes Organ hat bei Verpflanzung die gleiche Wirkung auf das Immunsystem des Empfängers; die Hornhaut des Auges und die Gehörknöchelchen lösen bei einer Verpflanzung normalerweise keine Immunreaktion aus. Sie zeigen Immuntoleranz, da die Membranen ihrer Zellen keine MHC-Proteine aufweisen. Auch ist die Transplantation einer Niere immunologisch viel leichter zu beherrschen als eine Verpflanzung von Herz oder Leber.

Abstoßungsreaktionen des Körpers auf ein transplantiertes Organ beruhen also nicht auf einer Fehlfunktion des Immunsystems, sondern sie sind normale Reaktionen eines gesunden Immunsystems, das mit fremden Antigenen konfrontiert wird.

Immunschwäche. Ist das Immunsystem unzureichend entwickelt oder wird es stark gestört, so bleibt die Immunreaktion aus oder ist mangelhaft. Eine derartige Immunschwäche oder Immundefizienz kann angeboren sein, z. B. bei fehlender Ausbildung des Thymus. Sie kann aber auch als Folge einer Infektion auftreten. Die weitaus häufigste Immunschwäche ist **Aids**, das erworbene (Aquired) Immun-Defizienz-Syndrom. Aids wird durch ein Virus hervorgerufen. Es schädigt in der Regel das Immunsystem so sehr, dass die infizierten Personen z. B. einer sonst harmlosen Infektionskrankheit erliegen. Häufig ist auch eine Tumorerkrankung die Todesursache, weil neu gebildete Krebszellen vom Immunsystem nicht mehr zerstört werden. Aids trat zuerst in Afrika auf, wurde ab 1979 in den USA nachgewiesen und ist heute über die ganze Erde verbreitet. Das Aids-Virus wurde 1983 entdeckt und *Human Immunodeficiency Virus (HIV)* benannt (**Abb. 408.1**). Das HI-Virus gehört zu den RNA-Viren, die ihre genetische Information in einer Wirtszelle zunächst mithilfe der reversen Transkriptase in DNA umschreiben (Retroviren, s. *Genetik 4.2.2*). Die DNA wird dann in das Genom der Wirtszelle eingebaut. Bevor das Virus in der Wirtszelle vermehrt wird, vergehen oft Jahre.

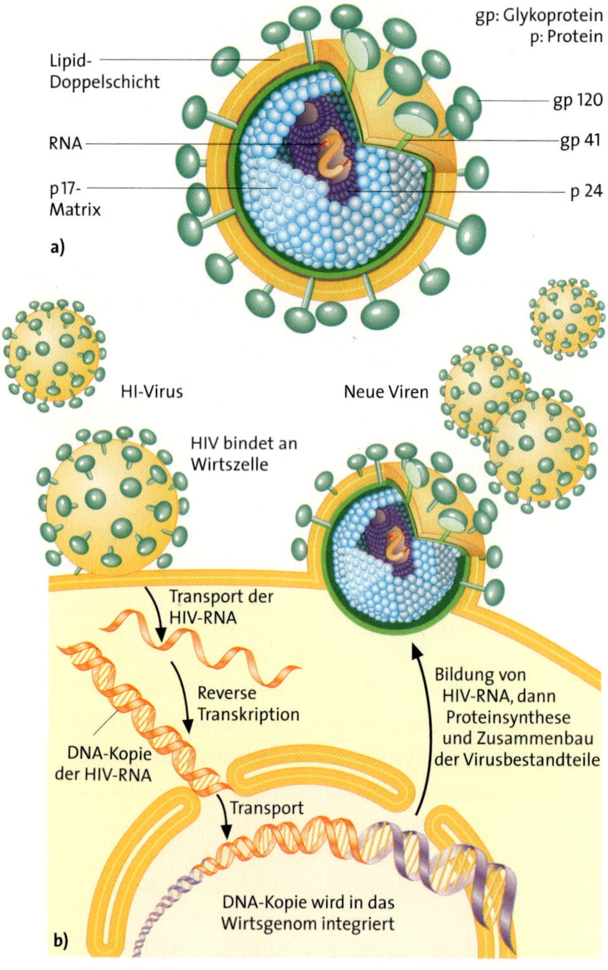

Abb. 408.1: HI-Virus. **a)** Schema; **b)** Vermehrungszyklus

Mehrere Eigenschaften machen das HIV besonders gefährlich: Seine Wirtszellen sind T-Helferzellen, die gerade zur Teilung angeregt wurden. Diese werden, da sie nun Viren tragen, von den Killerzellen abgebaut, wobei die Viren selbst freigesetzt werden. So zerstört sich das Immunsystem allmählich selbst. Die Zahl der Helferzellen nimmt ab und der prozentuale Anteil der T-Unterdrückerzellen, die von den Viren nicht angegriffen werden können, steigt daher an. Dadurch wird die Immunreaktion vorzeitig abgeschaltet. Gegen die freien Viren werden Antikörper gebildet. Sie sind aber nicht lange wirksam, weil die Oberfläche der Viren sich in Folge von Mutationen immer wieder ändert. Allerdings lässt sich anhand der Antikörper eine Infektion schon im Frühstadium nachweisen, nämlich etwa drei Monate nach dem Kontakt mit einem infizierten Menschen. Jeder, der das Virus trägt, kann andere infizieren. Nach einer Ansteckung treten außer kurzzeitigem Fieber jahrelang keine Krankheitssymptome auf. Diese Zeit wird als Latenzphase bezeichnet. Erst danach kommt es zu Schwellungen der Lymphknoten und Gewichtsabnahme; in der Folgezeit wird der Immundefekt wirksam.

Aids-Viren findet man in den Körperflüssigkeiten. Am höchsten ist die Konzentration im Blut und im Sperma. Eine Infektion ist nur möglich bei Übertragung von Körperflüssigkeit eines infizierten Menschen in die Blutbahn eines anderen, beispielsweise bei Blutübertragungen und bei der Anwendung nicht steriler Injektionsnadeln, z. B. durch Heroinabhängige. Infizierte Mütter können das Virus vor oder während der Geburt auf das Kind übertragen. Auch durch kleine Verletzungen, wie sie z. B. bei Sexualkontakten auftreten können, kann das Virus in die Blutbahn eindringen. Außerhalb des menschlichen Körpers geht es sehr rasch zugrunde. Daher besteht bei den alltäglichen Kontakten keine Ansteckungsgefahr, auch nicht über Essgeschirr, Anhusten oder Anniesen und bei gemeinsamem Benutzen von Duschen oder Toiletten. Die Bekämpfung von Aids ist derzeit noch sehr schwierig, da aufgrund der langen Latenzzeit die Ansteckungswege nur selten zurückverfolgt werden können und noch keine sehr wirksamen Impfstoffe und nur wenige Pharmazeutika zur Verfügung stehen. Eine Übertragung des Virus lässt sich nur durch eigenverantwortliches Handeln verhindern. Solange in einer Partnerschaft nicht feststeht, dass beide Partner frei von Aids-Viren sind, müssen Kondome als Schutz verwendet werden.

5 Anwendungen der Immunreaktion

5.1 Identifizierung von Proteinen durch Immundiffusion

Die Reaktion zwischen Antigen und Antikörper wird in der Biochemie wegen ihrer hohen Empfindlichkeit und Spezifität zur Identifikation von Proteinen verwendet. Es gibt mehrere Techniken; die gebräuchlichste ist die *Immundiffusions-Methode* (*Ouchterlony-Technik*, **Abb. 409.1**). Man gießt in eine Petrischale eine Agarschicht und stanzt drei Löcher aus. In eines der Löcher wird die Lösung eines bekannten Proteins (Antigen) gefüllt, in ein zweites Loch Serum eines Kaninchens, das man vorher gegen dieses Protein immunisiert hatte. In das verbleibende Loch wird die zu testende Lösung gegeben. Die in den Lösungen enthaltenen Substanzen diffundieren in die Agarschicht. Treffen ein Antigen und ein dazugehöriger Antikörper zusammen, fällen sie sich aus. Deshalb entsteht zwischen dem Serum und der bekannten Proteinlösung allmählich eine deutlich sichtbare Bande des gefällten Antigen-Antikörper-Komplexes. Entsteht auch zwischen der Testlösung und dem Serum eine Bande, muss die Testlösung das gleiche Protein enthalten wie die Proteinlösung bekannter Zusammensetzung.

5.2 Serumreaktion

Die Serumreaktion beruht auf der Bildung spezifischer Antikörper gegen artfremde Proteine. Da jede Tierart arteigene Proteine besitzt, veranlasst eingespritztes Serum von Fremdblut den Organismus zur Bildung von Antikörpern, welche artfremde Proteine ausfällen. Bringt man im Reagenzglas Blutserum des Empfängerblutes mit dem zur Einspritzung verwendeten Serum zusammen, so kann man die Ausfällung unmittelbar beobachten. Die Antikörper sind nur gegen die Bestandteile des Blutes voll wirksam, welche ihre Bildung veranlasst haben *(s. Evolution 3.1.3)*.

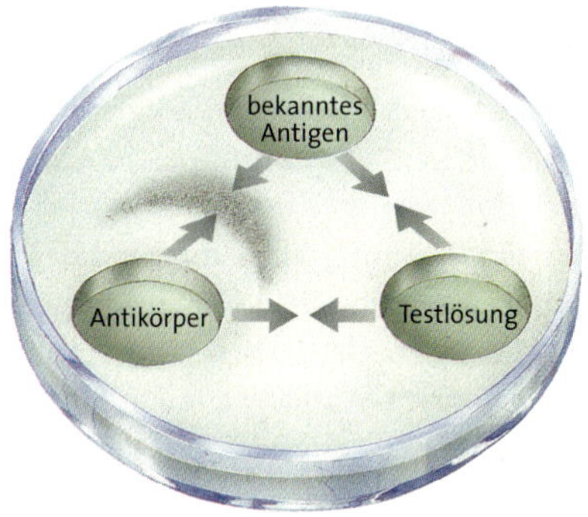

Abb. 409.1: Die Immundiffusions-Methode (schematisch)

Gewinnung monoklonaler Antikörper

Man lässt zunächst von einem Kaninchen durch Injektion des Antigens Antikörper bilden. Dann isoliert man Antikörper bildende B-Zellen aus der Milz dieses Kaninchens und mischt sie mit Zellen aus einem Myelom, einer besonderen Tumorart. Diese Krebszellen zeichnen sich durch eine unbegrenzte Teilungsfähigkeit aus. Bestimmte Chemikalien lösen in der Mischkultur Zellverschmelzungen aus. So entstehen Hybridzellen mit unbegrenzter Teilungsfähigkeit, die Antikörper erzeugen. Die Mischkultur bringt man auf Nährmedien auf, auf denen nur die Hybridzellen wachsen. Anschließend werden die Hybridzellen einzeln in je einen Behälter mit Kulturflüssigkeit überführt, in der sie sich vermehren (**Abb. 409.2**). Jede Hybridzelle erzeugt nur eine einzige Sorte von Antikörpern. Einige Zellen jeder Kultur werden in flüssigem Stickstoff eingefroren; sie sind so fast unbegrenzt haltbar und können jederzeit wieder in Kultur genommen werden.

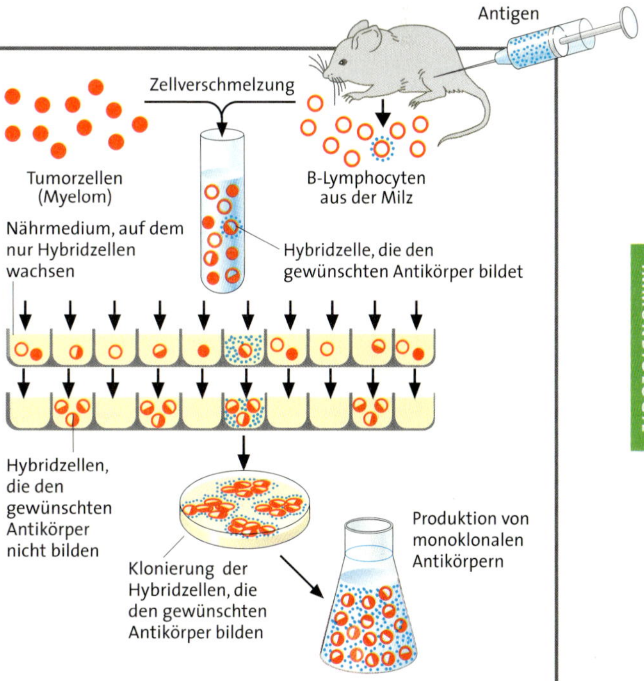

Abb. 409.2: Gewinnung monoklonaler Antikörper

5.3 Verwendung monoklonaler Antikörper

Werden Antikörper nach herkömmlichen Verfahren zur passiven Immunisierung *(s. Exkurs Schutzimpfung, S. 404)* oder für die Serumreaktion *(s. 5.1)* gewonnen, so erhält man ein Gemisch verschiedener Antikörper, weil unterschiedliche Bestandteile einer Bakterienzellwand, einer Virushülle oder einer Proteinoberfläche als Antigene wirken. Deshalb werden verschiedene B-Zellen aktiviert *(klonale Selektion, s. 3)*. Es entstehen damit auch mehrere Klone von Plasmazellen und diese erzeugen jeweils die entsprechenden Antikörper. Ausgehend von einem einzigen Lymphocyten kann man allerdings auch identische Antikörper in großer Zahl herstellen. Antikörper, die auf diese Weise erzeugt wurden, nennt man *monoklonal (s. Exkurs Gewinnung monoklonaler Antikörper, S. 409)*. Monoklonale Antikörper sind in Medizin und Biochemie unentbehrliche Hilfsmittel. So kann man gegen viele Substanzen spezifische Antikörper erzeugen und mit ihnen z. B. Tumorzellen aufgrund der veränderten Zelloberfläche nachweisen. Viren können auch in sehr geringer Menge nachgewiesen werden.

Mit monoklonalen Antikörpern können auch neue Impfverfahren eingeführt werden. Will man gegen ein bestimmtes Virus impfen, so lässt man von einer Maus Antikörper gegen dieses Virus erzeugen und gewinnt dann monoklonale Antikörper. Diese lässt man bei anderen Mäusen durch Injektion als Antigene einwirken. So werden nun Antikörper gegen die Antikörper gebildet; diese haben dann als »Negativ vom Negativ« teilweise ähnliche Moleküloberflächen wie das Virus. Solche Antikörper kann man einem Menschen injizieren. Sie verursachen nun ihrerseits als Antigene eine Bildung von weiteren Antikörpern. Diese sind in bestimmten Bereichen der Moleküloberfläche dem ursprünglichen Virus-Antikörper ähnlich und erkennen deshalb ebenfalls das Virus.

In der Forschung werden monoklonale Antikörper häufig zur Mengenbestimmung von Stoffen verwendet, die als Antigene wirksam werden können. Man bindet diese an einen Festkörper und lässt dann das Antigen einwirken (**Abb. 410.1**). Außerdem werden gleichartige Antikörpermoleküle mit einem Enzym verknüpft, dessen Reaktion leicht messbar ist. Diese an das Enzym gekoppelten Antikörper lässt man mit dem am Festkörper gebundenen Antikörper-Antigen-Komplex reagieren. Eine Reaktion erfolgt nur dort, wo das Antigen gebunden ist. Anschließend wird das Substrat des Enzyms zugesetzt und die Intensität der Enzymreaktion bestimmt; sie ist ein Maß für die Menge gebundenen Antigens.

Auch in der *Immunhistochemie* spielen monoklonale Antikörper eine wichtige Rolle: Bindet man z. B. an Antikörper gegen den Acetylcholin-Rezeptor einen Farbstoff, kann man gezielt Nervengewebe anfärben, in dem Acetylcholin als Transmitter verwendet wird. Andere Gewebe lassen sich so ebenfalls spezifisch färben. Für elektronenmikroskopische Untersuchungen werden Antikörper mit winzigen Goldpartikeln markiert.

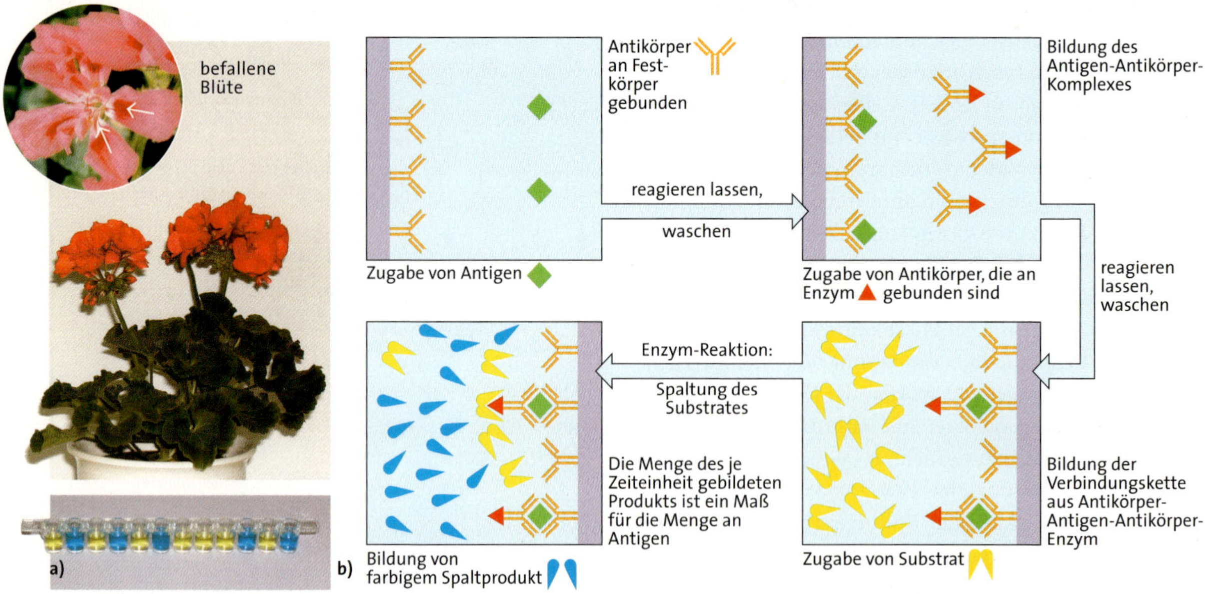

Abb. 410.1: Verfahren zur Mengenbestimmung von Stoffen, die als Antigene wirken, mithilfe von monoklonalen Antikörpern. **a)** Nachweis des Blütenbrechungs-Virus (Blaufärbung) der Pelargonie, Kreis: Virusbefall bewirkt fleckige Blüten; **b)** Schema

ZUSAMMENFASSUNG

Bestandteile des Immunsystems

Lymphatische Gewebe, Weiße Blutzellen, Antikörper, Komplementsystem und *Cytokine* bilden das Immunsystem. Man unterscheidet die *angeborene* und die *erworbene Immunabwehr (s. 1).*

Die angeborene Immunabwehr

Haut und Schleimhäute bilden die erste, Weiße Blutzellen wie *Makrophagen* und *Granulocyten* die zweite Barriere der angeborenen Immunabwehr. Über Rezeptoren auf ihrer Zellmembran erkennen diese Zellen eingedrungene Partikel als Fremdstoffe, genant *Antigene*, und lösen eine *Entzündungsreaktion* aus. Diese endet letztendlich mit der Phagocytose und dem Abbau des Fremdstoffes *(s. 2).*

Die erworbene Immunabwehr

B- und T-Lymphocyten sind die wichtigsten Zelltypen der erworbenen Immunabwehr. Jeder B- und jeder T-Lymphocyt besitzt individuelle *Rezeptoren* für ein einziges, bestimmtes Antigen, auf das er spezifisch reagiert. In der Zellemembran jeder Körperzelle eines Individuums sind *MHC-Proteine* enthalten, die die Zellen als »körpereigen« kenntlich machen und vor einer Attacke der Lymphocyten schützen. Außerdem haben diese Proteine die Aufgabe der *Antigen Präsentation.* Durch die Präsentation wird die erworbene Immunabwehr eingeleitet. Dazu gehört die *Antigen-Antikörper-Reaktion* der *humoralen Immunabwehr* und die mithilfe der T-Zellen ablaufende *zellvermittelte Immunabwehr.* Durch die Bildung von Gedächtniszellen wird bei einer erneuten Infektion mit dem selben Erreger die erworbene Immunabwehr rascher aktiv als bei der ersten. Dieses wird bei der *Schutzimpfung* ausgenutzt *(s. 3).*

Störungen des Immunsystems

Allergien, Autoimmunerkrankungen und *Immunkomplex-Überreaktionen* sind die Folge von Störungen des Immunsystems. *Aids* ist eine durch das *HI-Virus* hervorgerufene Immunschwäche. Bei *Organtransplantationen* muss die Immunantwort unterdrückt werden *(s. 4).*

Anwendungen der Immunreaktion

Die Immunreaktion wird heute u. a. in der Medizin, bei der Herstellung *monoklonaler Antikörper* sowie bei der Identifizierung von Proteinen und anderer Moleküle genutzt *(s. 5).*

AUFGABEN

1 Aktive Immunisierung

Welche der im folgenden beschriebenen vier Situationen ist nicht die Folge einer aktiven Immunisierung? Begründen Sie ihre Antwort.

a) Ein Erwachsener erkrankt an Hepatitis B und wird nach völliger Ausheilung der Krankheit nicht mehr krank, auch wenn er dem Erreger später erneut ausgesetzt ist.

b) Hunde sind gegen eine bestimmte virale Hundekrankheit geschützt, wenn man ihnen ein Fragment der Proteinhülle dieses Virus injiziert.

c) Ein Säugling, dessen Mutter selbst als Kind Windpocken hatte und die ihren Säugling stillt, ist während der ersten Zeit nach der Geburt widerstandsfähig gegen diese Krankheit.

d) Eine Krankenschwester sticht sich aus Versehen mit einer Injektionsnadel in den Finger, die dazu benutzt wurde, einem Patienten mit Tuberkulose (TBC) Blut abzunehmen. Sie bekommt etwas Fieber, und ein Test einige Jahre später weist in ihrem Blut Antikörper gegen den TBC-Erreger nach.

2 Organtransplantation bei Mäusen

a) Mit Mäusen zweier Inzuchtstämme A und B sowie einer Maus eines weiteren Stammes, die von Geburt an Thymus los war, werden Versuche (V1 bis V4) zur Transplantation durchgeführt. Der Erfolg wird nach zwei Wochen geprüft.
V1: Der Thymus losen Maus wird Haut einer Maus von Stamm A eingepflanzt.
V2: Einer Maus des Stammes A wird Haut einer anderen Maus des gleichen Stammes A transplantiert.
V3: Einer Maus von Stamm B wird Haut einer Maus von Stamm A eingepflanzt.
V4: Zwei Monate später überträgt man auf die Maus von Stamm B aus V3 erneut Haut einer Maus von Stamm A.
Geben Sie an, in welchen der vier Versuche Abstoßungsreaktionen auftreten und in welchen nicht. Erklären Sie die zu erwartenden Ergebnisse.

b) In einem fünften Versuch werden Mäuse der Inzuchtstämme A und B gekreuzt. Anschließend wird Haut eines Tieres von Stamm B auf eine Maus der F_1-Generation übertragen. Man beobachtet hier keine Abstoßungsreaktion. Erklären Sie dieses Ergebnis mithilfe eines Kreuzungsschemas.

c) In Versuch sechs wird Haut eines Tieres aus der Kreuzung der Stämme A und B auf eines der Elterntiere transplantiert. Welches Ergebnis erwarten Sie? Begründen sie ihre Vermutung.

ENTWICKLUNGSBIOLOGIE

Der Entwicklung eines jeden Organismus geht die Fortpflanzung voraus. Bei der *ungeschlechtlichen Fortpflanzung* bildet ein Organismus ohne Beteiligung eines zweiten genetisch identische Nachkommen. Diese entstehen bei Vielzellern aus Körperzellen oder aus besonderen Fortpflanzungszellen (Sporen). Einzeller teilen sich in zwei oder mehrere Teile. Bei der *geschlechtlichen Fortpflanzung* verschmelzen bestimmte Fortpflanzungszellen (Keimzellen, Gameten) paarweise zu einer Zygote. Aus dieser Vereinigung entstehen Organismen, deren Erbgut meist nicht identisch ist.

Die Zygote teilt sich wiederholt, und die neu entstehenden Zellen differenzieren sich hinsichtlich Bau und Funktion. Sie bilden unterschiedliche Gewebe und Organe. Dabei wird auch das Grundmuster des späteren Organismus angelegt, auf dessen Basis sich die Körpergestalt entwickelt. Die Entwicklungsbiologie beschreibt und erklärt die Vorgänge der Entwicklung *(Ontogenese)*, die von der Bildung von Fortpflanzungszellen zum erwachsenen Organismus und schließlich zum Tod führen.

1 Fortpflanzung

1.1 Ungeschlechtliche Fortpflanzung

Die Zellfäden vieler Algen und Pilze können in Teile zerfallen und dann zu vielen neuen Organismen heranwachsen. Andere Algen bilden durch Mitose Sporen (**Abb. 412.2 a**). Bei der Hefe erfolgt die Vermehrung durch Sprossung und Abschnürung von Zellen (**Abb. 412.1 b**). Ungeschlechtliche Fortpflanzung kommt auch bei vielen Blütenpflanzen vor. So entstehen beim Scharbockskraut in den Blattachseln Brutknospen, die abfallen und zu neuen Pflanzen heranwachsen (**Abb. 412.2 b**). Erdbeere und Kriechender Hahnenfuß erzeugen oberirdische, Quecke und Taubnessel unterirdische Ausläufer. Dahlien und Scharbockskraut vermehren sich durch Wurzelknollen, die Kartoffel durch Sprossknollen *(s. Abb. 526.2 und 526.3)*. Alle auf ungeschlechtlichem Wege von einer Mutterpflanze abstammenden Nachkommen sind unterei-

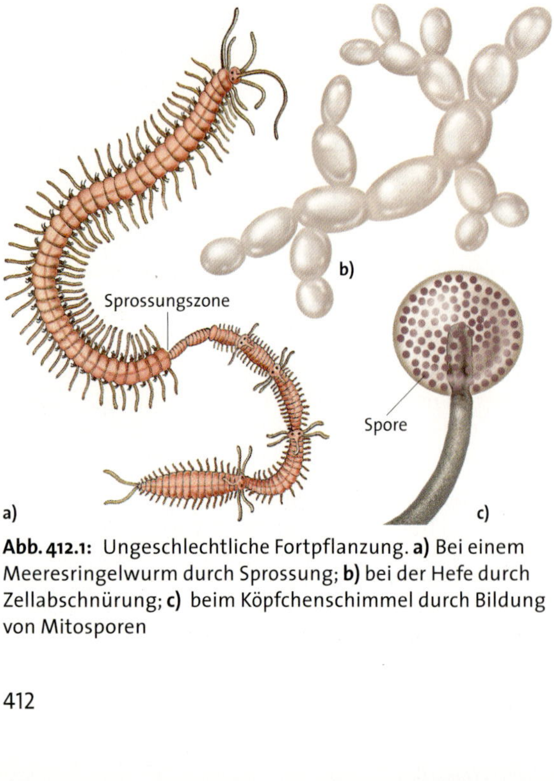

Abb. 412.1: Ungeschlechtliche Fortpflanzung. **a)** Bei einem Meeresringelwurm durch Sprossung; **b)** bei der Hefe durch Zellabschnürung; **c)** beim Köpfchenschimmel durch Bildung von Mitosporen

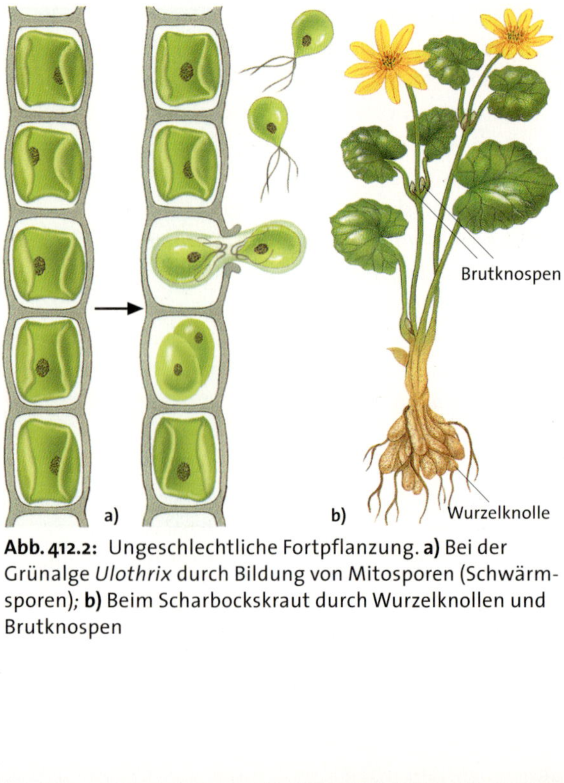

Abb. 412.2: Ungeschlechtliche Fortpflanzung. **a)** Bei der Grünalge *Ulothrix* durch Bildung von Mitosporen (Schwärmsporen); **b)** Beim Scharbockskraut durch Wurzelknollen und Brutknospen

nander erbgleich. Sie bilden einen Klon *(s. Genetik 1)*. Bei Pflanzen kann man Klone auch mithilfe von Stecklingen erzeugen. Beispielsweise werden Pappeln und Weiden ausschließlich durch abgeschnittene Zweigstücke fortgepflanzt *(s. Abb. 302.2)*. Das gilt auch für viele Zier- und Nutzpflanzen. Um Geranien, Fuchsien, Chrysanthemen, Johannisbeeren und andere Pflanzen zu vermehren, bringt man Sprossstecklinge in die Erde. Viele Pflanzen können verloren gegangene oder fehlende Teile neu bilden *(Regeneration)*. Wird ein Begonienblatt mit Einschnitten versehen und auf feuchten Sand gelegt, wächst an jedem Einschnitt eine neue Pflanze (**Abb. 413.1**). Vegetative Vermehrung liegt auch beim *Pfropfen* von Obstbäumen sowie bei der Produktion von Pflanzen aus Zell- oder Gewebekulturen vor *(s. Genetik 5.1.1)*.

Einige Arten von Ringelwürmern pflanzen sich ungeschlechtlich durch Querteilung des Körpers fort (**Abb. 412.1 a**). Zuvor werden die Segmente, die den neu entstehenden Würmern fehlen, durch Sprossung ersetzt. Bei den stockbildenden Korallen und Moostierchen *(Bryozoen)* bleiben die durch Knospung erzeugten Nachkommen mit dem Muttertier verbunden; auf diese Weise entstehen Tierstöcke *(s. Ökologie 1.10)*.

Schimmel- und Mehltaupilze schnüren an Enden ihrer Zellfäden zahlreiche Einzelzellen *(Sporen)* ab, die der Vermehrung dienen (**Abb. 412.1 c**). Sie werden durch den Wind wie Staub verbreitet und sind daher überall anzutreffen. Diese Sporen entstehen durch Mitose und werden daher als *Mito-Sporen* bezeichnet.

1.2 Geschlechtliche Fortpflanzung

Bei der geschlechtlichen Fortpflanzung vereinigen sich zwei Gameten zur einer einzigen Zelle. Dieser Vorgang heißt *Befruchtung*, die daraus hervorgehende Zelle *Zygote*. Die Gameten enthalten einen einfachen Chromosomensatz, sie sind *haploid*. Die Zygote besitzt folglich einen doppelten Satz, sie ist *diploid*. Vor einer erneuten Gametenbildung wird der doppelte Chromosomensatz in der Meiose halbiert *(s. Genetik 3.1)*. Die Meiose erfolgt bei den Tieren und einigen Pflanzen, z. B. Kieselalgen, bei der Gametenbildung selbst; die Gameten werden in diesen Fällen von diploiden Organismen gebildet. Bei vielen anderen Algen, z. B. Chlamydomonas *(s. Abb. 40.1)*, erfolgt die Meiose schon bei der Teilung der Zygote. Dabei entstehen haploide Sporen – Meio-Sporen –, die zu ebenfalls haploiden Pflanzen heranwachsen. Diese bilden Gameten durch Mitose *(Mito-Gameten)*.

Man unterscheidet drei Formen geschlechtlicher Fortpflanzung: Bei der *Isogamie* verschmelzen zwei gleich große Gameten *(Isogameten)*, die beide beweglich sind (**Abb. 413.2 a**). Sind die beweglichen Gameten ungleich groß, liegt *Anisogamie* vor. Der größere Gamet, der *Megagamet*, enthält mehr Nährstoffe als der kleinere, der *Mikrogamet*. Bei der *Oogamie* wird ein großer unbeweglicher Gamet, die Eizelle, von einem kleinen beweglichen, der Spermazelle (Spermium), befruchtet (**Abb. 413.2 b**). Viele Gameten geben Lockstoffe ab. Dies gilt z. B. für Braunalgen, Moose und Seeigel.

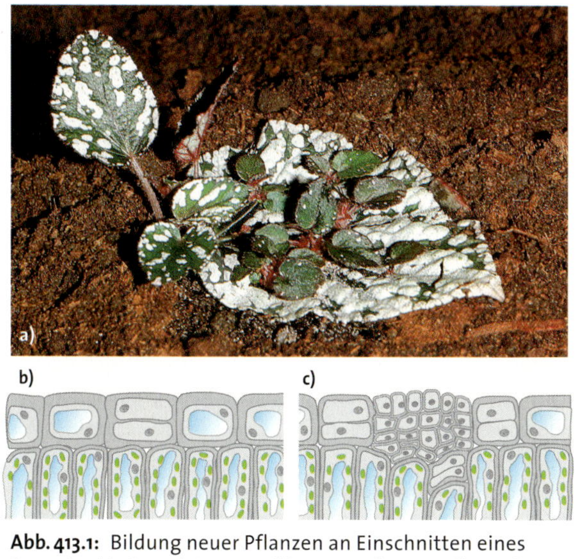

Abb. 413.1: Bildung neuer Pflanzen an Einschnitten eines Begonienblattes. **a)** Begonie; **b)** eine Epidermiszelle an der Schnittstelle hat sich geteilt; **c)** durch vielfache Teilungen hat sich schließlich eine Knospe gebildet.

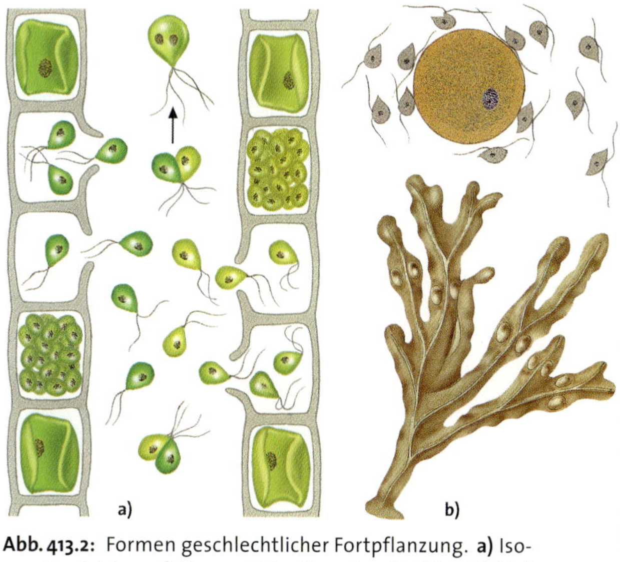

Abb. 413.2: Formen geschlechtlicher Fortpflanzung. **a)** Isogamie: gleich große bewegliche Gameten der Alge *Ulothrix*; **b)** Oogamie: große unbewegliche Eizelle und kleine bewegliche Spermazellen des Blasentangs *Fucus*.

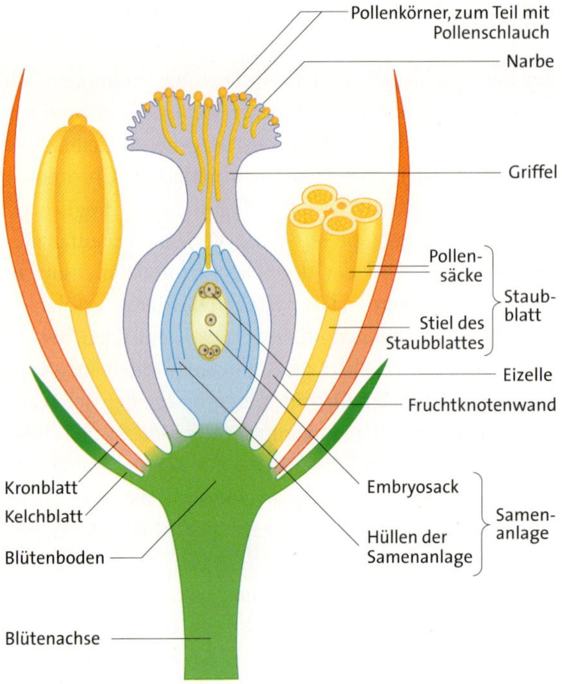

Abb. 414.1: Schnitt durch eine Blüte von Bedecktsamern. Im Fruchtknoten ist nur eine einzige Samenanlage eingezeichnet. Dies gilt z. B. für die Getreidearten, die Einzelblüte der Sonnenblume, Eiche, Buche und Knöterich.

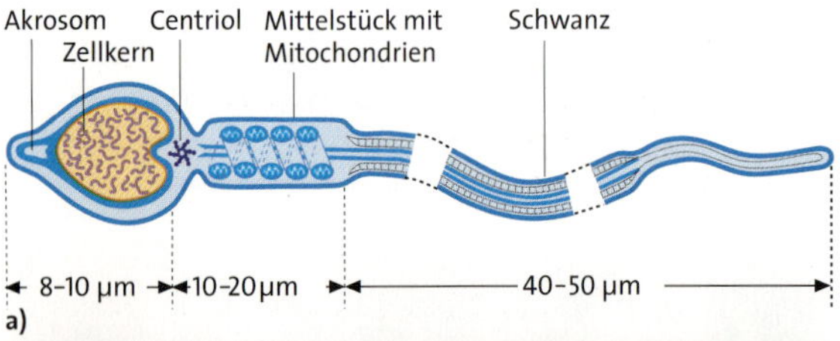

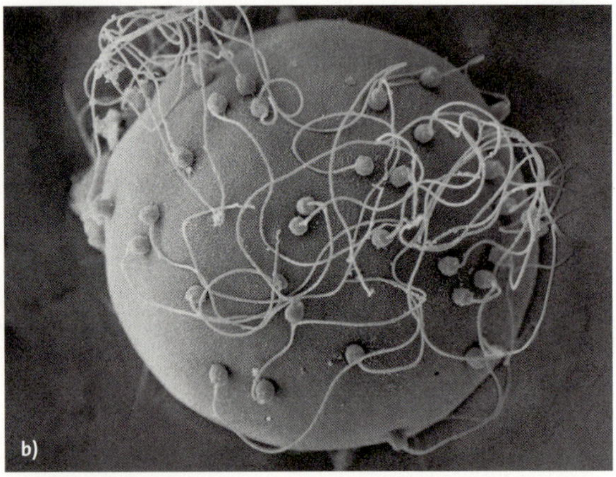

Abb. 414.2: Spermium und Eizelle. **a)** Schematische Darstellung eines Spermiums; **b)** Eizelle einer Muschel, an deren Oberfläche sich zahlreiche Spermien befinden (REM-Bild, 1900 fach).

1.2.1 Geschlechtliche Fortpflanzung bei Samenpflanzen

Bei den Samenpflanzen entstehen in den Pollensäcken der *Staubblätter* Pollen, die vor allem durch Tiere oder den Wind auf die Narbe, einen Teil der *Fruchtblätter*, übertragen werden *(Bestäubung)*. Ein Pollenkorn wächst zu einem Pollenschlauch aus. In diesem entstehen die unbegeißelten Spermazellen, die über den Pollenschlauch zur Eizelle gelangen (**Abb. 414.1**). Die Eizelle findet man bei den Samenpflanzen innerhalb der *Samenanlage* im Embryosack. Bei den Nacktsamern, z. B. Ginkgo und Nadelbaum, liegen die Samenanlagen frei auf dem Fruchtblatt *(s. Abb. 416.1 d)*. Bei den Bedecktsamern, d. h. den anderen Samenpflanzen, sind die Fruchtblätter stets zu einem oder mehreren *Fruchtknoten* verwachsen und schließen so die Samenanlagen ein. Griffel, Narbe und Fruchtknoten zusammen werden als *Stempel* bezeichnet. Ein Fruchtknoten kann entweder eine oder mehrere Samenanlagen enthalten.

1.2.2 Geschlechtliche Fortpflanzung bei Tieren und Mensch

Bei mehrzelligen Tieren und beim Menschen entstehen die Eizellen in den weiblichen Keimdrüsen *(Eierstöcke, Ovarien)* und die Spermien in den männlichen Keimdrüsen *(Hoden)*. Die Individuen mancher Tierarten sind Zwitter, sie besitzen sowohl Ovarien als auch Hoden. Die meisten höheren Tierarten sind aber getrenntgeschlechtlich. Auch bei zwittrigen Tierarten erfolgt meist Fremdbefruchtung: zwei Tiere begatten sich wechselseitig, z. B. Weinbergschnecke, Regenwurm.

Bau der Geschlechtszellen. Die menschliche Eizelle hat einen Durchmesser von etwa 0,2 mm und ist eben noch mit bloßem Auge sichtbar. Ihr Volumen beträgt das 200 000fache des Spermiums (**Abb. 414.2 a**). Eier von Vögeln und Reptilien haben an Reservestoffen reiche, große Eizellen (Entwicklung außerhalb des Körpers). Säugetiere haben dotterarme bzw. dotterlose kleine Eizellen (Entwicklung im Mutterleib).

Das Spermium besteht aus dem Kopfstück, einem kleinen Mittelstück und einem als Geißel ausgebildeten Schwanz, der durch peitschenartige Bewegungen die Zelle vorwärts treibt (**Abb. 414.2 b**). Das Kopfstück enthält vor allem den Zellkern; am hinteren Ende liegt das Centriol *(s. Cytologie 2.3.3 und 4)*. Am Vorderende des Kopfstückes befindet sich das vom GOLGI-Apparat gebildete *Akrosom*. Es ist reich mit Enzymen ausgestattet und wirkt beim Eindringen des Spermiums in die Eizelle und bei den darauf folgenden Vorgängen mit.

Befruchtungsvorgang. Dieser soll am Beispiel des Seeigels erläutert werden. Der Seeigel gibt die Geschlechtszellen ins Wasser ab. Die beweglichen Spermien schwimmen, von *Lockstoffen* angezogen, auf die in eine Gallerthülle eingeschlossene Eizelle zu und heften sich mit dem Akrosom an die Gallerthülle an (**Abb. 414.2 b** und **415.1**). Ein Enzym des Spermienkopfes verflüssigt lokal die Gallerthülle. Gleichzeitig wird vom Akrosom ein fadenförmiges Gebilde *(Akrosomfaden)* auf die Eirinde geschleudert. Es bildet sich ein *Befruchtungshügel* und die Eirinde lockert sich auf. Das Spermium dringt mit Kopf und Mittelstück in das Cytoplasma der Eizelle ein und wirft den Schwanzteil ab *(Besamung)*. An der Eindringstelle des Spermiums hebt sich innerhalb einer Minute die durchsichtige *Befruchtungsmembran* von der Eioberfläche ab. Diese Membran trägt mit dazu bei, dass keine weiteren Spermien in die Eizelle hineingelangen. Nachdem das Spermium eingedrungen ist, treten aus dem Kopfstück das Centriol und aus dem Mittelstück die Mitochondrien aus. Diese werden innerhalb der Eizelle in aller Regel abgebaut. Der durch Flüssigkeitsaufnahme vergrößerte Kern des Spermiums bewegt sich auf den Eikern zu. Erst bei der ersten Teilung vereinigen die beiden Kerne sich. Damit ist die Befruchtung vollzogen. Währenddessen hat sich am Centriol ein zweites Centriol gebildet. Beide rücken auf gegenüberliegende Seiten. Dann beginnt die *Teilung* der Zygote.

Auch bei Fischen und Lurchen erfolgt die Befruchtung im Wasser, bei höheren Wirbeltieren dagegen im Ausführgang der weiblichen Keimdrüsen, dem Eileiter, wohin die Spermien nach der Begattung gelangen.

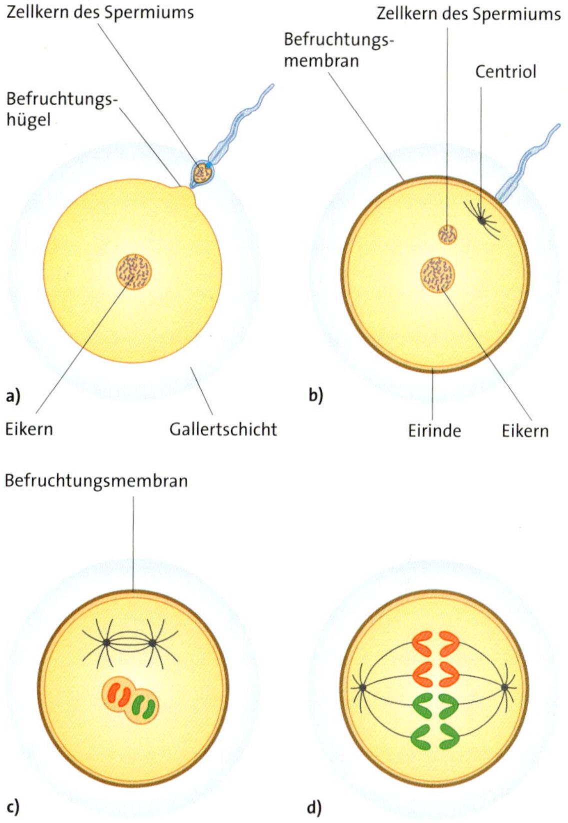

Abb. 415.1: Schema der Befruchtung. **a)** Anheftung des Spermiums an die Eizelle; **b)** Besamung und Bildung der Befruchtungsmembran; **c)** Verschmelzung der Kerne und Erscheinen der Chromosomen (Prophase der ersten Zellteilung); **d)** Trennung der zwischenzeitlich ausgebildeten Schwesterchromatiden (Anaphase der ersten Zellteilung)

Parthenogenese

Es gibt Eizellen, die sich ohne Verschmelzung mit einem Spermium entwickeln. Da der neue Organismus aus einem Gameten entsteht, handelt es sich um einen Spezialfall der geschlechtlichen Fortpflanzung. Man bezeichnet diesen als *Parthenogenese (Jungfernzeugung)*. So pflanzen sich z. B. Stabheuschrecken, Rädertierchen sowie einige Regenwurm- und Fadenwurmarten fort. Bei der Honigbiene entwickeln sich aus unbefruchteten Eiern die Männchen (Drohnen). Die (weiblichen) Arbeitsbienen und die Königinnen entstehen aus befruchteten Eizellen. Bei Blattläusen wechseln Parthenogenese und Entwicklung aus befruchteten Eizellen ab *(s. 1.3)*. Bei den Pflanzen vermehrt sich der Löwenzahn parthenogenetisch. Nicht alle durch Parthenogenese entstehenden Organismen sind haploid; denn bei vielen dieser Arten findet zu Anfang der Entwicklung eine Verdoppelung der Chromosomenzahl statt.

Abb. 415.2: Parthenogetisch erzeugte junge Blattläuse

1.3 Generationswechsel

Bei vielen Braunalgen und Grünalgen bildet eine diploide Pflanze unter Reduktionsteilung Meio-Sporen. Aus den Meio-Sporen wachsen haploide Pflanzen heran. Die Haploiden bilden durch Mitose Mito-Gameten. Gametenbildung und Reduktionsteilung sind also zeitlich getrennt. Durch Befruchtung entstehen wieder diploide Algenpflanzen. Die haploiden und die diploiden Pflanzen unterscheiden sich bei bestimmten Arten in Größe und Gestalt, bei anderen sehen sie völlig gleich aus. Die Gameten bildende Pflanze heißt *Gametophyt,* die Sporen bildende *Sporophyt.* Pflanzen sich zwei Generationen einer Art unterschiedlich fort, liegt ein **Generationswechsel** vor.

Landpflanzen. Bei den Moosen ist der Gametophyt das assimilierende grüne Pflänzchen (**Abb. 417.1**). Es ist haploid und bildet Mito-Gameten: In getrennten Behältern entstehen Eizellen oder Spermatozoiden (begeißelte männliche Gameten). In einem Wassertropfen (Tau, Regenwasser) bewegen sich die Spermatozoiden fort, er ermöglicht somit die Befruchtung. Mit einem solchen Tropfen können Spermatozoiden, z. B. bei starkem Wind, auch auf andere Pflanzen gelangen. Aus der Zygote entwickelt sich die gestielte braune Sporenkapsel. Sie sitzt auf dem Gametophyten und wird von diesem ernährt. Die Kapsel und der Stiel sind diploid, in der Kapsel entstehen durch Meiose die Meio-Sporen. Diese werden durch den Wind verbreitet. Die gestielte Sporenkapsel ist somit der Sporophyt.

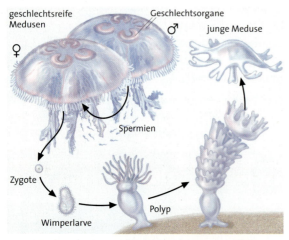

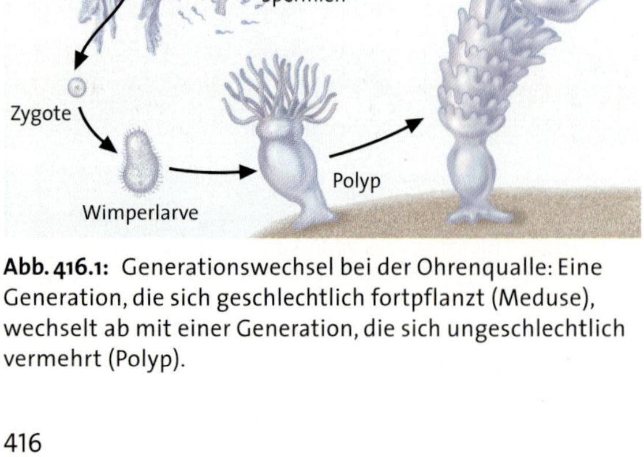

Abb. 416.1: Generationswechsel bei der Ohrenqualle: Eine Generation, die sich geschlechtlich fortpflanzt (Meduse), wechselt ab mit einer Generation, die sich ungeschlechtlich vermehrt (Polyp).

Farne erzeugen auf der Unterseite der Wedel in Sporenkapseln Meio-Sporen. Die Farnpflanze ist also der diploide Sporophyt. Die Sporen entwickeln sich auf feuchtem Boden zu kleinen grünen Vorkeimen. Diese bilden ähnlich wie die Moospflänzchen Eizellen und Spermatozoiden; die Spermatozoiden schwimmen in einem Wassertropfen zur Eizelle. Der Vorkeim ist der (haploide) Gametophyt. Bei Farnen entwickeln sich die beiden Generationen voneinander getrennt.

Auch die Blütenpflanzen haben einen Generationswechsel. Die grüne Pflanze ist der Sporophyt; er bildet in den Blüten durch Meiose Meio-Sporen. Die in den Staubblättern gebildeten Pollenkörner entstehen aus Kleinsporen; sie entwickeln sich zum Pollenschlauch, dem männlichen Gametophyten. Im Pollenschlauch entstehen durch Mitose die Spermazellen, das sind unbegeißelte männliche Gameten. In jeder Samenanlage bildet sich eine Großspore. Diese bringt den weiblichen Gametophyten hervor, in dem durch Mitose eine Eizelle entsteht. Wenn ein Pollenkorn bei der Bestäubung auf die Narbe gelangt, kann der Pollenschlauch ins Griffelgewebe wachsen. Ein Wassertropfen ist zur Befruchtung nicht erforderlich. Diese Unabhängigkeit vom Wasser ist eine wichtige Anpassung an das Leben an Land. Aus der befruchteten Eizelle entwickelt sich in der Samenanlage ein *Embryo.* Aus ihm geht später die Pflanze hervor; der Embryo ist also der junge Sporophyt.

Tiere. Im Unterschied zu den Pflanzen wechseln bei Tieren nicht Gameten- und Sporenbildung ab. So vermehrt sich bei der Ohrenqualle eine Generation geschlechtlich, die andere ungeschlechtlich. In getrennt geschlechtlichen Medusen (Quallen) entstehen Eizellen bzw. Spermatozoiden. Aus der befruchteten Eizelle bildet sich über eine Larvenform ein festsitzender Polyp. Die freischwimmende Meduse entsteht durch Querteilung eines Polypen (**Abb. 416.1**). Es wechseln also nicht eine diploide und eine haploide Generation ab, allein die Gameten sind haploid. Bei Blattläusen, Gallwespen und Wasserflöhen wechseln sich zwei Formen geschlechtlicher Fortpflanzung ab. Die diploide Generation, die sich aus befruchteten Eizellen entwickelt hat, erzeugt ihrerseits haploide Nachkommen aus unbefruchteten Eizellen *(s. Exkurs Parthenogenese, S. 415)*. Bei dieser Form des Generationswechsels werden aus befruchteten Eizellen Wintereier gebildet. Sie überdauern die kalte Jahreszeit, entwickeln sich langsam und müssen befruchtet werden. Bei guten Lebensbedingungen werden in großer Zahl Sommereier gebildet. Diese beginnen ohne Befruchtung mit der Keimesentwicklung *(s. 2.1)* und tragen so zu einer schnellen Vergrößerung der Population bei *(s. Ökologie 2.3, Pilzmücken)*.

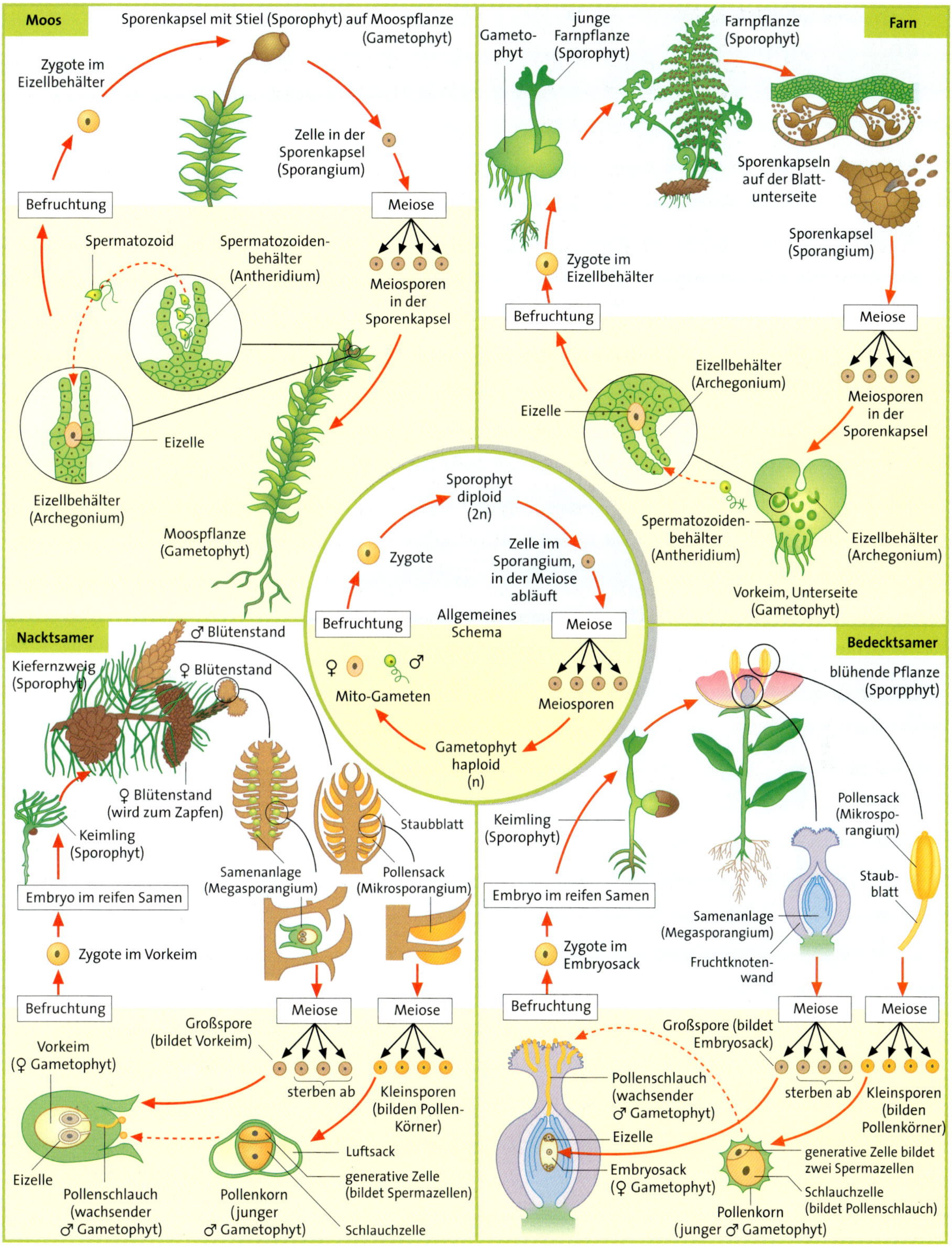

Abb. 417.1: Generationswechsel bei Pflanzen. Spermazelle: Unbegeißelter Gamet; Spermatozoid (gr. *zooeides* tierähnlich): Begeißelter männlicher Gamet. Bei Nackt- und Bedecktsamern bleibt nur eine von vier durch Meiose entstehende Großsporen (Megasporen) erhalten, die Kleinsporen (Mikrosporen) erzeugen Pollenkörner; die generative Zelle des Pollenkorns bildet Spermazellen, die Schlauchzelle den Pollenschlauch.

2 Keimesentwicklung der Samenpflanzen

Bei zweikeimblättrigen Bedecktsamern entsteht nach den ersten Teilungen der befruchteten Eizelle eine stielförmige Zellreihe *(Embryoträger)*, deren Endzelle sich zu einem Embryo umbildet. Der in der Samenanlage entstandene Embryo gliedert sich im weiteren Verlauf der Entwicklung in die Anlage der Wurzel und in zwei lappenförmige Anlagen der *Keimblätter* (**Abb. 418.1**), die von einem kurzen Sprossteil getragen werden. Die Keimblätter erscheinen bei der Keimung vieler Arten als erste Blätter über dem Erdboden. Zwischen den beiden Keimblättern liegt die Anlage des *Sprossvegetationspunktes*, welcher später die Sprossachse bildet. Die einkeimblättrigen Bedecktsamer, z. B. die Gräser, bilden nur ein Keimblatt aus.

Viele Samen, z. B. die Bohne, speichern Nährstoffe in den Keimblättern andere wie das Getreidekorn oder Pfeffer in einem besonderen Nährgewebe. Die Hüllen der Samenanlagen bilden sich zu einer festen Samenschale um. Damit ist der **Samen** fertig ausgebildet. Zugleich entsteht aus der Wand des Fruchtknotens die **Frucht.**

Keimung und Wachstum. Bei vielen Pflanzen sind die ausgereiften Samen sofort keimfähig. Andere Samen keimen erst nach einer Ruhezeit. Die Samen der *Frostkeimer*, darunter viele Alpenpflanzen, werden durch Frost zur Keimung angeregt, die Samen der *Lichtkeimer*, z. B. Tabak, Mistel, durch Licht. Bei den *Dunkelkeimern*, z. B. Kürbis, Stiefmütterchen, hemmt Licht die Keimung.

Beim Keimungsvorgang werden die im Samen gespeicherten Nährstoffe unter der Mitwirkung von Hormonen in lösliche Stoffe umgewandelt und dem Embryo zugeführt *(s. Abb. 304.1)*. Dann beginnt sein Wachstum.

Die Zellen des Keimlings differenzieren sich in die drei Grundorgane Wurzel, Sprossachse und Blatt. Entsprechend ihrer unterschiedlichen Funktion sind diese Zellen verschiedenartig gebaut *(s. Abb. 38.2 und 53.1)*.

Längenwachstum. Es geht von dauernd teilungsfähigen Zellen an den Wurzel- und Sprossenden und in den Blattachseln aus. Stängel mit äußerlich sichtbaren Knoten wie die der Gräser wachsen auch oberhalb der Knoten. Das Längenwachstum der Wurzel ist auf eine kurze Strecke hinter der Wurzelspitze beschränkt (**Abb. 418.2 a**); anschließend daran bilden sich die Seitenwurzeln. Die wachsende Spitze des Sprosses, der *Wachstumskegel*, ist von älteren Blattanlagen schützend umhüllt (**Abb. 418.2 b**). Die Sprossachse wächst in größerer Entfernung vom Vegetationspunkt durch *Zellstreckung* in die Länge. Blätter und Seitenzweige entstehen aus Auswölbungen des Wachstumskegels. Kürbispflanzen können bis zu 1 mm in 10 min, Bambussprosse 10 mm in 10 min wachsen.

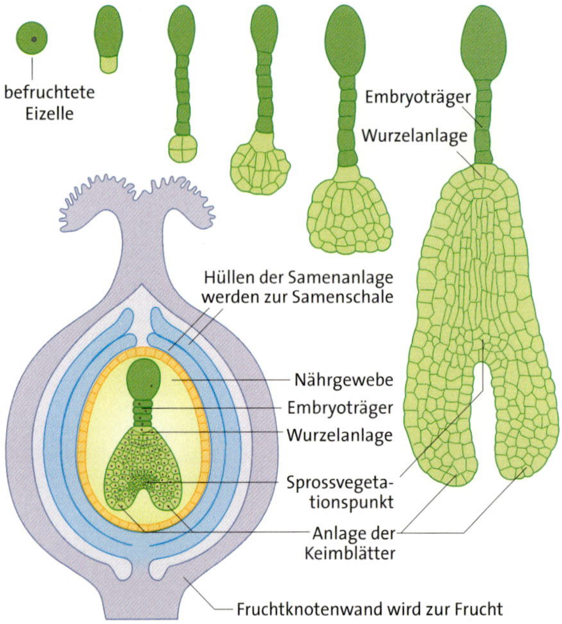

Abb. 418.1: Keimesentwicklung einer zweikeimblättrigen Pflanze. Im Fruchtknoten ist nur eine einzige Samenanlage eingezeichnet *(s. Abb. 414.1)*

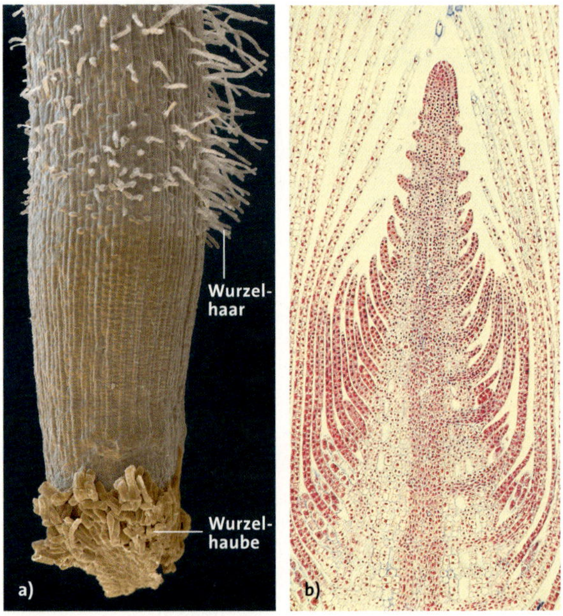

Abb. 418.2: **a)** Wurzelspitze (Rem-Bild); **b)** Schnitt durch den Wachstumskegel (Vegetationskegel) der Wasserpest mit Blattanlagen (LM-Bild, gefärbt)

ENTWICKLUNGSBIOLOGIE

3 Keimesentwicklung von Tieren und Mensch

Aus der befruchteten Eizelle entsteht zunächst eine Vielzahl undifferenzierter Zellen (Furchung). Diese bilden im zweiten Abschnitt die Keimblätter, drei unterschiedliche Zellschichten *(Keimblätterbildung)*. Darin formen sich die Anlagen der Organe. So drückt sich bereits in der Anordnung der Keimblätter das Grundmuster des künftigen Organismus aus. Der dritte Abschnitt ist durch die *Sonderung der Organanlagen* gekennzeichnet. Dabei setzt sich die Musterbildung fort. So wird z. B. die Voraussetzung dafür geschaffen, dass im Arm Muskeln, Knochen, Blutgefäße und die Haut ein spezifisches räumliches Muster bilden. Der vierte Abschnitt ist die Gewebedifferenzierung der Organe, die *Organbildung*. Diese ist eng verknüpft mit der Differenzierung der Zellen in Bau und Funktion sowie mit der Herausbildung der Körpergestalt *(Morphogenese)*. So sind sich die frühen Embryonen von Säugern z. B. von Spitzmaus, Elefant, Gorilla und Mensch in ihrer Gestalt zum Verwechseln ähnlich, erst später nach der Morphogenese unterscheiden sie sich grundlegend.

Neben *Zellteilung, Zelldifferenzierung, Musterbildung* und *Morphogenese* spielt auch das *Wachstum* in der Keimesentwicklung eine entscheidende Rolle.

3.1 Keimesentwicklung der Amphibien

Bei der befruchteten Eizelle eines Lurchs lassen sich verschiedene Plasmabezirke unterscheiden. Der dotterarme Teil ist dunkel gefärbt, der dotterreiche hell. Zwischen beiden liegt eine graugefärbte Zone, der *graue Halbmond* (**Abb. 419.1**). Diese Bereiche werden im Verlauf der Teilungen auf verschiedene Zellen verteilt, die unterschiedliche Organe liefern.

Furchung. Zu Beginn der ersten Teilung beobachtet man in der Peripherie der Zygote eine schmale »Furche«, die die Teilungsebene markiert (**Abb. 419.2**). Die erste Furchung liefert zwei Zellen *(Blastomeren)*. Die zweite, deren Teilungsebene senkrecht zur ersten verläuft, ergibt vier Zellen. Die dritte lässt zwei Zellkränze zu je vier Zellen entstehen. Die Zellen des oberen Zellkranzes sind kleiner *(Mikromeren)* und enthalten weniger Dotter als die des darunter liegenden Zellkranzes *(Makromeren)*. Es entsteht ein beerenförmiger Zellhaufen *(Maulbeerkeim* oder *Morula)*. Dieser besteht nach ca. zwölf Teilungsschritten, zwischen denen die Zellen nicht wachsen, aus mehreren Tausend (ca. 2^{12}) Zellen.

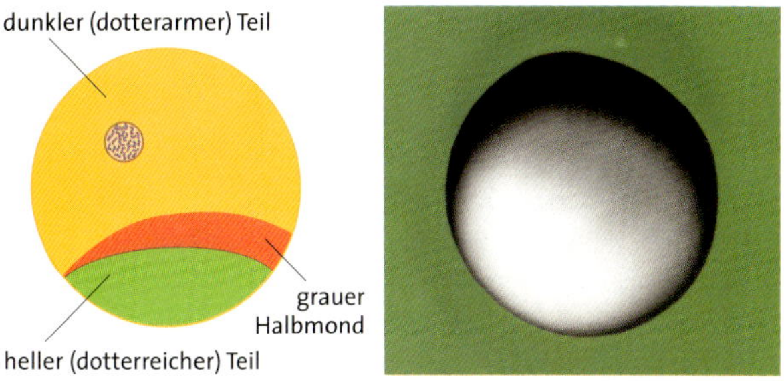

Abb. 419.1: Plasmabezirke der Zygote der Amphibien; links Schema, rechts LM-Bild

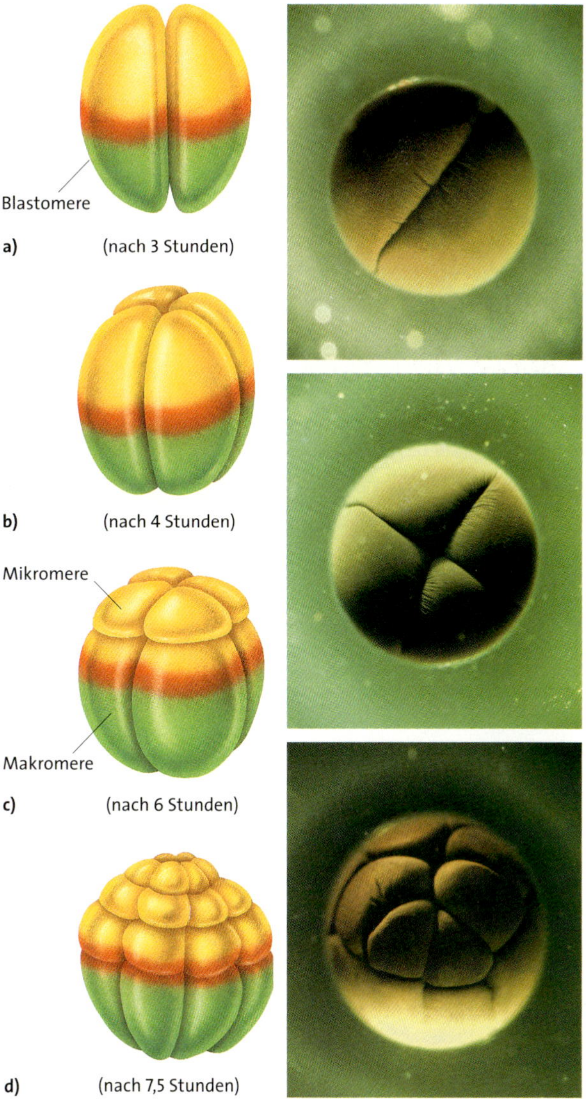

Abb. 419.2: Entwicklung der Amphibien. **a)** bis **d)** Furchung bis zur Bildung der Morula (**d**); links Schemata, rechts LM-Bilder von Entwicklungsstadien des Grasfrosches; Ektoderm gelb, Mesoderm rot, Entoderm grün

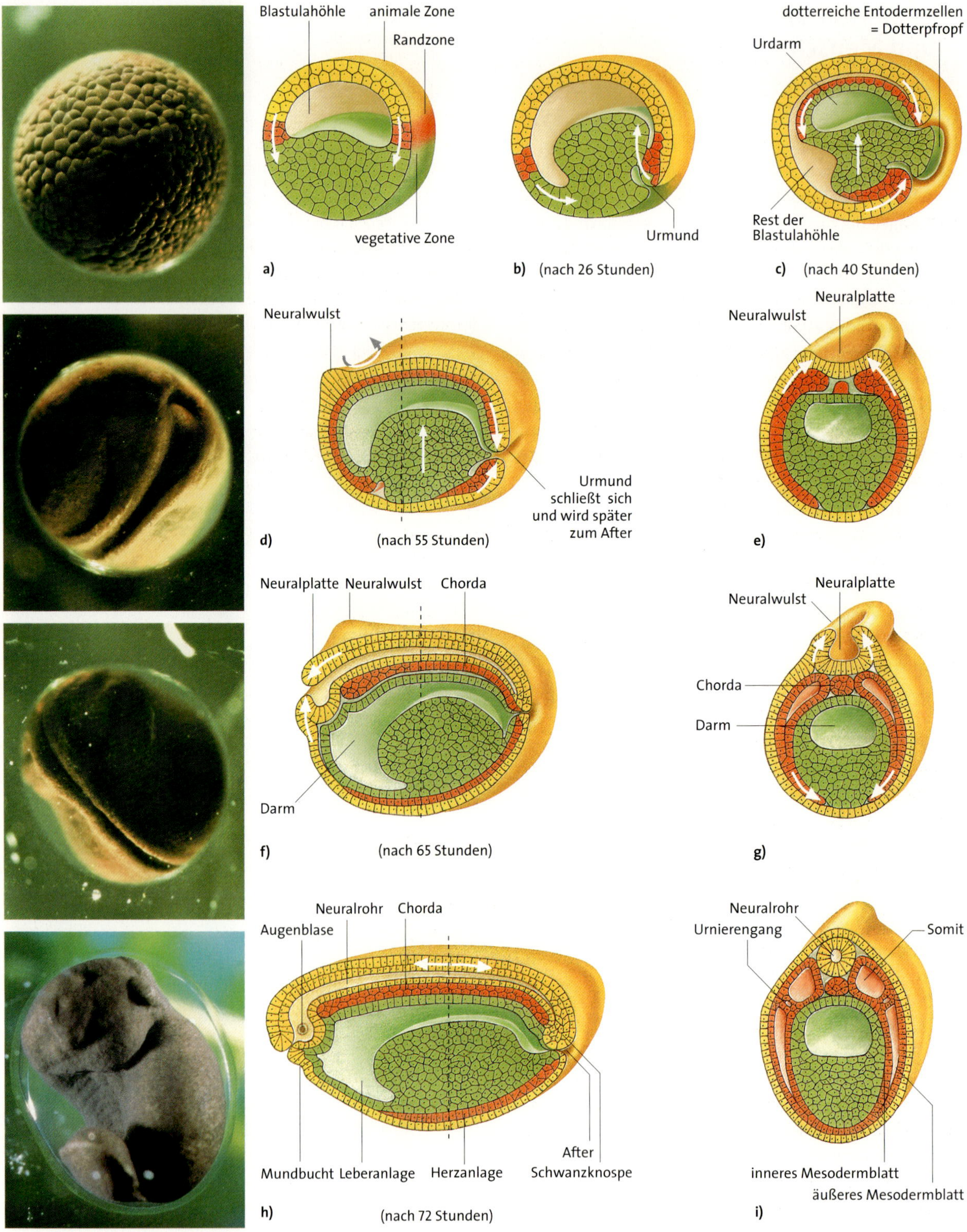

Abb. 420.1: Entwicklung der Amphibien von der Blastula bis zur jungen Larve; links LM-Bilder von Entwicklungsstadien des Grasfrosches, rechts Schemata. **a)** Blastula; **b)** bis **c)** Bildung der Gastrula (Längsschnitt); **d)** bis **g)** Bildung der Neurula; **d)** und **f)** Längsschnitt; **e)** und **g)** Querschnitt; **h)** junge Larve im Längsschnitt; **i)** junge Larve und im Querschnitt; Ektoderm gelb, Mesoderm rot, Entoderm grün

Die Furchung bei Amphibien heißt *total inäqual.* Als total wird sie bezeichnet, weil die befruchtete Eizelle vollständig geteilt wird. Darin unterscheidet sich diese Art Furchung z. B. von derjenigen der Vögel *(s. 3.2).* Inäqual wird sie genannt, weil durch den ungleichen Dottergehalt der beiden Eihälften unterschiedlich große Zellen entstehen.

Aus der Morula formt sich eine Hohlkugel, *Blasenkeim* oder *Blastula* genannt, mit mehrschichtiger Wand und Blastulahöhle *(primäre Leibeshöhle).*

In diesem Stadium sind die in der Eizelle unterschiedlich gefärbten Zonen noch zu erkennen; eine obere *animale Zone,* eine mittlere *Randzone* und eine untere *vegetative Zone.* Bei der weiteren Entwicklung gehen aus diesen verschiedenen Blastulabezirken verschiedene Keimteile hervor.

Keimblätterbildung. An einer Stelle wandern Zellen der vegetativen Zone in die Blastulahöhle ein. Auf diese Weise entwickelt sich der *Urdarm.* Auch die Zellen der Randzone werden ins Innere des Blasenkeims verlagert. Durch diese Vorgänge wird die Blastulahöhle verdrängt, und es entsteht ein neuer Hohlraum, die *Urdarmhöhle,* die über den *Urmund* mit der Außenwelt in Verbindung steht. Dieses Keimstadium heißt *Becherkeim* oder *Gastrula.* Die Gastrula ist schließlich aus drei Zellschichten, den *Keimblättern,* aufgebaut.

Die Zellen der animalen Zone breiten sich über die Außenseite der Gastrula aus, sie bilden das *Ektoderm.* Die Urdarmhöhle ist von Zellen der vegetativen Zone umschlossen *(Entoderm).* Dem Urdarm aufgelagert sind Zellen der Randzone, die damit eine Schicht zwischen Ektoderm und Entoderm bilden, die als *Mesoderm* bezeichnet wird. Derjenige Bereich, in dem das Mesoderm dem Entoderm aufliegt, heißt Urdarmdach; darunter liegt der Urdarmboden. In der Anordnung der drei Keimblätter Ektoderm, Mesoderm und Entoderm ist das Grundmuster des Organimus festgelegt.

Sonderung der Organanlagen. Im weiteren Verlauf der Entwicklung grenzen sich die Anlagen der Organe ab. Der bisher kugelförmige Keim streckt sich in die Länge und beginnt die spätere Körpergestalt zu entwickeln. Auf seiner Rückenseite entsteht in dem Bereich des Ektoderms, dem das Urdarmdach unterlagert ist, eine schuhsohlenförmige Aufwulstung. Die Wulstränder laufen aufeinander zu und bilden schließlich eine Rinne, die sich zu einem Rohr, dem *Neuralrohr,* schließt. Durch diesen Vorgang der *Neurulation* entsteht bei Wirbeltieren die Anlage des Zentralnervensystems. Am Vorderende dieses als *Neurula* bezeichneten Keimstadiums wird der Mund angelegt. Aus dem Urmund wird bei den Wirbeltieren der After, bei den meisten Wirbellosen bildet er den Mund. Tiere, bei denen der Urmund zum After wird und der Mund sich neu bildet, heißen Neumundtiere *(Deuterostomier).* Tiere, deren Urmund zum Mund wird und deren After sich neu bildet, nennt man Altmünder *(Protostomier).*

Auf der Oberseite des Mesoderms formt sich eine Ausstülpung, die sich als solider elastischer Strang abschnürt und zur *Chorda,* der Vorläuferin der Wirbelsäule, wird. Bei allen Wirbeltieren wird sie embryonal angelegt und später durch die Wirbelsäule ersetzt. Die Seitenteile des Mesoderms umwachsen das Entoderm vollständig und gliedern sich im oberen Teil des Keims in eine Reihe hintereinander liegender Abschnitte (Ursegmente oder *Somiten*). Aus ihnen geht u. a. die Körpermuskulatur hervor. Der untere Teil des Mesoderms gliedert sich in ein inneres und äußeres Mesodermblatt, die einen Hohlraum, die sekundäre Leibeshöhle *(Coelom),* umschließen.

Welche Organe in den drei Keimblättern angelegt werden, zeigt **Abb. 421.1.** Die Geschlechtszellen gehen aus Zellen hervor, die keinem Keimblatt zugeordnet sind; sie sondern sich schon frühzeitig während der Embryonalentwicklung ab *(s. Keimbahn, Genetik 3.1).*

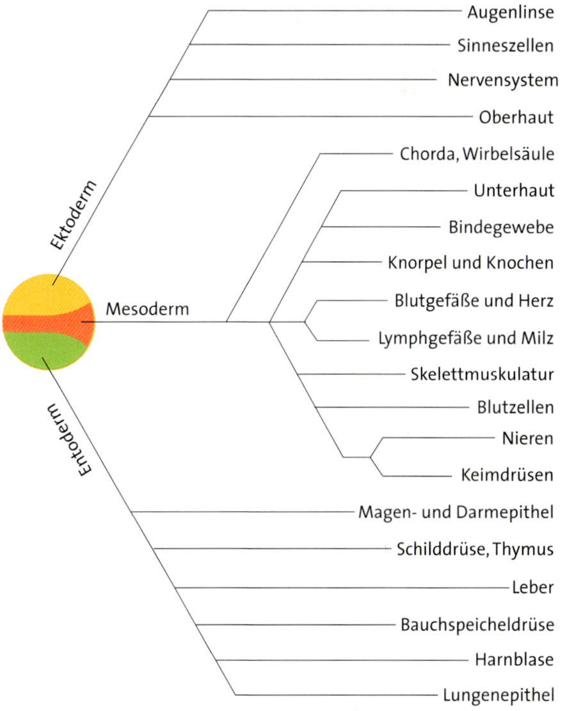

Abb. 421.1: Bedeutung der Bezirke des Eicytoplasmas für die Entwicklung der Keimblätter und der Organe; gelb dotterarmer Teil, rot grauer Halbmond, grün dotterreicher Teil

Gewebedifferenzierung der Organe (Organbildung). In den Organanlagen entstehen durch Differenzierung der Zellen Gewebe, die eine spezifische Funktion besitzen. Diese vereinigen sich dann zu Organen. Bestimmte Zellen eines jeden Gewebes, die Stammzellen, behalten dabei ihre Teilungsfähigkeit, die ausdifferenzierten Zellen verlieren sie in der Regel.

Metamorphose. Die Keimesentwicklung der Amphibien führt zu einer wasserlebenden, fischähnlichen Larve (Kaulquappe). Der Gasaustausch erfolgt über Kiemen und Haut. Durch komplexe Umwandlungsprozesse, die Metamorphose, entsteht nach etwa 16 Wochen aus der Larve das am Land lebende Amphibium. Es atmet über Lungen, aber auch durch die Haut.

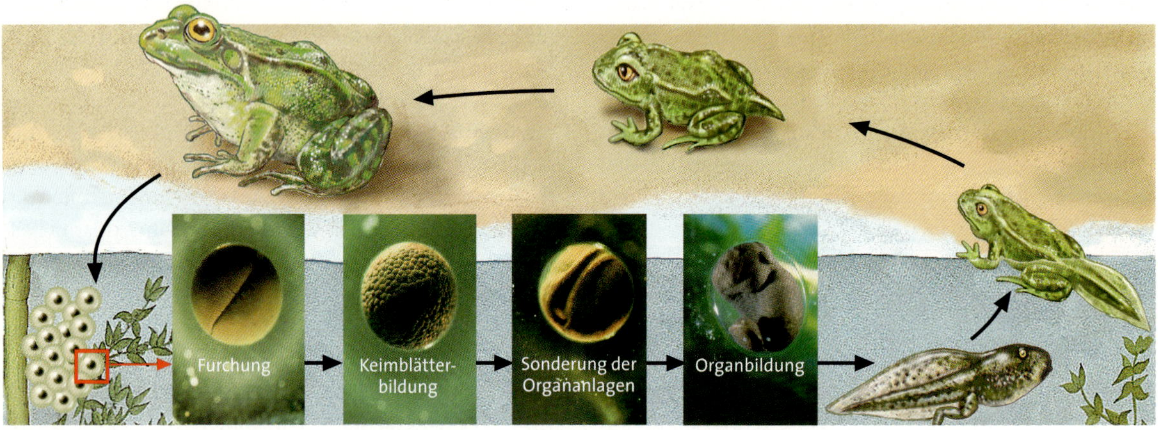

Abb. 422.1: Übersicht über die Keimesentwicklung und die Metamorphose des Grasfrosches

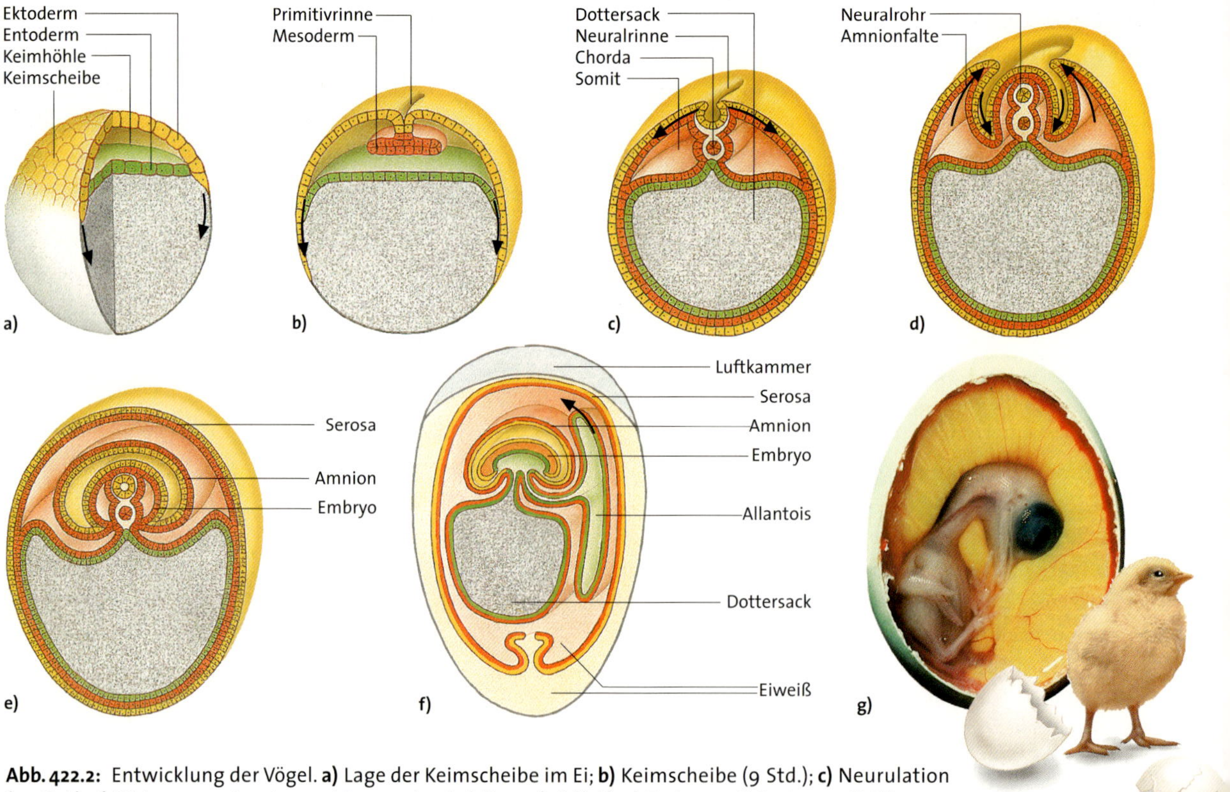

Abb. 422.2: Entwicklung der Vögel. **a)** Lage der Keimscheibe im Ei; **b)** Keimscheibe (9 Std.); **c)** Neurulation (30 Std.); **d)** Bildung von Amnion und Serosa durch Faltung (48 Std.); **e)** Embryo mit Embryonalhüllen (60 Std.); **f)** Hühnerembryo im Ei (8 Tage); **g)** Foto eines Hühnchens im Ei

3.2 Keimesentwicklung der Reptilien und der Vögel

Die Entwicklung der Reptilien und der Vögel verläuft sehr ähnlich. Ihre Eizellen sind relativ groß und mit reichlich Nährmaterial versehen. Was etwa beim Hühnerei im Alltag als »Dotter« bezeichnet wird, ist in Wahrheit eine vergleichsweise riesige Eizelle, die eine große Menge Reservestoffe, nämlich viel Lipide und Proteine enthält.

Bei der Furchung wird die Dotterkugel nicht auf die Tochterzellen aufgeteilt. Diese entstehen am animalen Pol der Eizelle an einer eng umgrenzten Stelle, der *Keimscheibe* (**Abb. 422.2**). Die Zellen sind im Vergleich zur Eizelle winzig *(diskoidale Furchung,* gr. *diskos* Scheibe*)*. Die Blastomeren der entstehenden Keimscheibe heben sich unter Bildung einer Keimhöhle von der Dotteroberfläche ab und bilden das Ektoderm. Die Keimhöhle wird gegen die Dotteroberfläche von Zellen des Entoderms abgegrenzt. Auf einer Verdickung des Ektoderms bildet sich eine Rinne *(Primitivrinne)*. Von ihr wandern Zellen in das Innere der Keimhöhle und ordnen sich zum Mesoderm. Ektoderm, Mesodern und Entoderm umwachsen schließlich den gesamten Dotter. Aus dem Entoderm bildet sich der Dottersack. Zusätzlich bilden sich weitere *Embryonalhüllen* aus.

Ektoderm und Mesoderm umschließen die Embryonalanlage in Form von zwei Häuten, dem *Amnion* und der *Serosa*. In der mit Flüssigkeit gefüllten Amnionhöhle erfolgt die Entwicklung. Die Serosa dient der Versorgung. An sie legt sich eine Ausstülpung des embryonalen Darms an, die *Allantois*. Sie nimmt zunächst die Stoffwechselprodukte des Embryos auf und unterstützt nach ihrer Verbindung mit der Serosa deren Aufgabe, den Embryo zu versorgen und Atemgase auszutauschen. Die Entwicklungszeit beträgt 21 Tage.

3.3 Embryonalentwicklung des Menschen

Befruchtung und Einnistung. Die Keimesentwicklung des Menschen verläuft ähnlich wie bei allen Säugetieren. Die etwa 0,2 mm messende Eizelle ist dotterlos; nach dem Eisprung (**Abb. 423.1**) ist sie nur 8 bis 12 Stunden befruchtungsfähig. Die Befruchtung findet im Anfangsteil des Eileiters statt. Erst nach dem Eindringen des Spermiums wird in der Eizelle die zweite Reifeteilung durchgeführt *(s. Meiose, Genetik 3.1)*. Für ihre Wanderung in den *Uterus* (Gebärmutter), in dem die Einnistung erfolgt, benötigt die befruchtete Eizelle 4 bis 5 Tage. Während des Transports furcht sich die Zygote anfänglich total-äqual. Es entsteht eine Morula, und im 32-Zellstadium liegt eine *Blastocyste* vor. Diese Hohlkugel ist ein spezielles Entwicklungsstadium bei Säugern und entspricht nicht dem Blastulastadium. Die Blastocyste besteht aus einer Epithelschicht, dem *Trophoblast*, aus einer Gruppe von 10 bis 15 Zellen im Innern, dem *Embryoblast*, und der mit Flüssigkeit gefüllten *Keimhöhle*. Aus dem Trophoblast (gr. *tropheus* Ernährer/in) gehen die Gewebe hervor, die für die Einnistung der Blastocyste in den Uterus wichtig und an der Entwicklung der Plazenta beteiligt sind. Da die Eizelle dotterlos ist, ist der Säugerembryo ganz auf die Nährstoffversorgung durch die Mutter angewiesen. Das Kind entsteht nur aus Zellen des Embryoblasten, er entwickelt sich ganz ähnlich wie der Embryo von Reptilien und Vögeln. Die Einnistung der Blastocyste in den Uterus wird durch das Gelbkörperhormon Progesteron ermöglicht. Der Embryo erzeugt nach der Einnistung Gonadotropin, das den Gelbkörper in Funktion hält. Dadurch wird die Abstoßung der Uterusschleimhaut (Regelblutung) mit der eingenisteten Blastocyste verhindert *(s. Hormone 1.5)*.

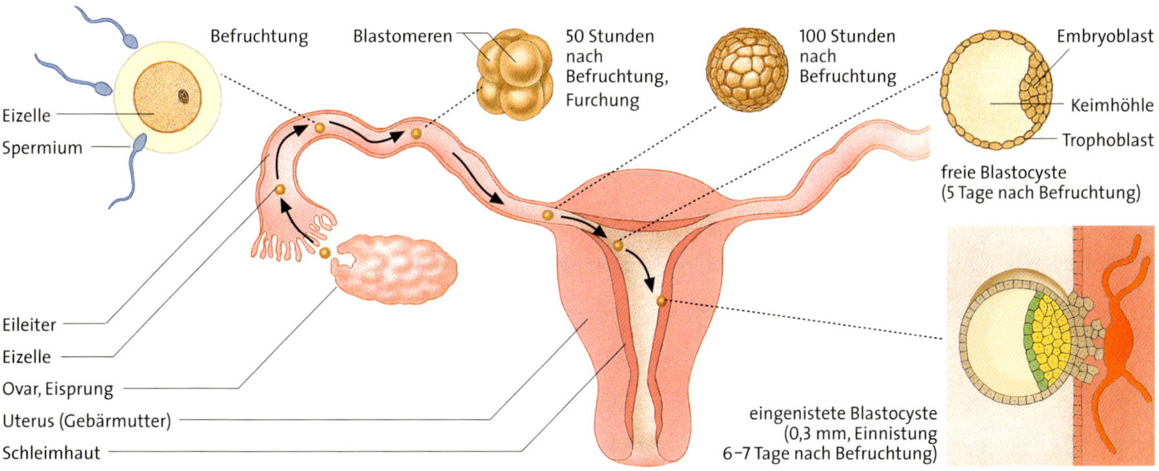

Abb. 423.1: Befruchtung, Frühentwicklung des Keimes und dessen Einnistung in die Schleimhaut des Uterus beim Menschen.

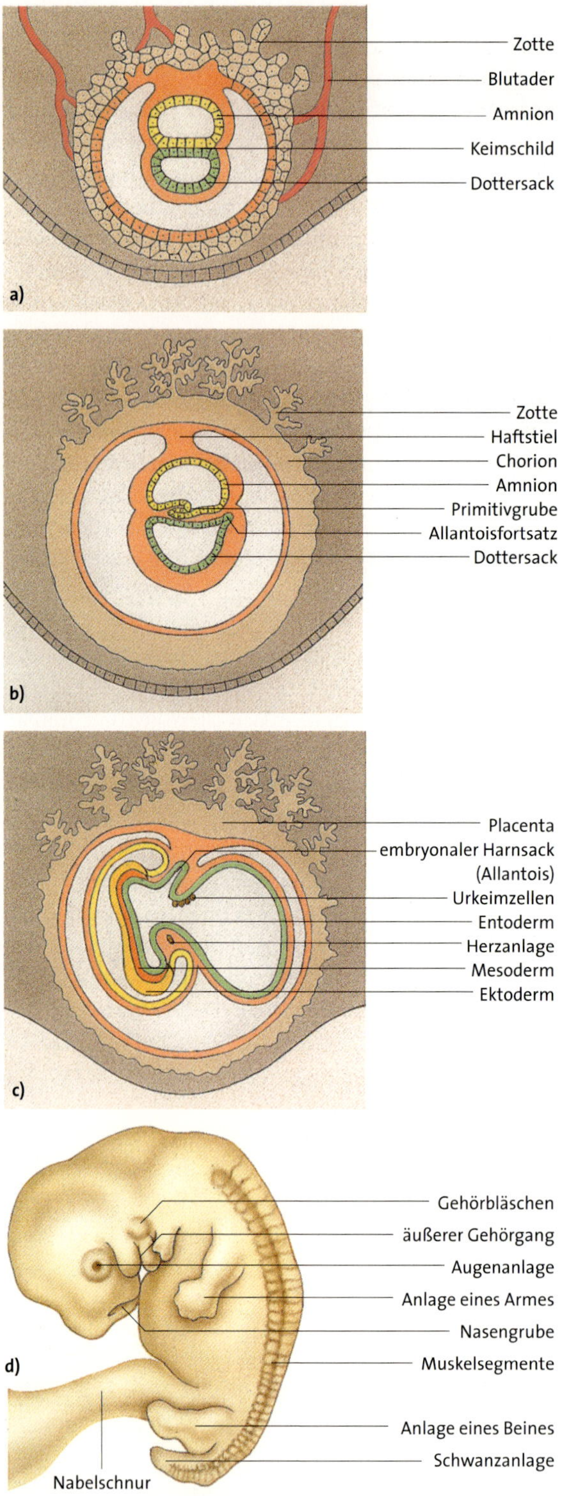

Abb. 424.1: Keimesentwicklung des Menschen; Zeitangabe in Tagen nach der Befruchtung. **a)** Differenzierung der Blastocyste (12 Tage, 0,8 mm); **b)** Bildung des Mesoderms (16 Tage, 1,2 mm); **c)** Embryo (21 Tage, 2 mm); **d)** Körpergrundgestalt des Embryos (35 Tage, 8 mm)

Entwicklung nach der Einnistung. Bis zum 12. Tag nach der Befruchtung entsteht im Embryoblast das *Amnion* mit der Amnionhöhle und daran angrenzend der Dottersack mit der Dottersackhöhle (**Abb. 424.1**). Das Amnion entwickelt sich zur flüssigkeitsgefüllten *Fruchtblase,* der *Dottersack* liefert die Stammzellen des Knochenmarks und außerdem Urkeimzellen. Zwischen Amnion und Dottersackhöhle liegt der zweischichtige *Keimschild.* Aus ihm geht der kindliche Organismus hervor. Die amnionseitige Schicht ist das Ektoderm, die darunterliegende das Entoderm.

Auf der Außenseite des Trophoblasten, jetzt als *Chorion* (Zottenhaut) bezeichnet, bilden sich wurzelartige Ausstülpungen, die *Chorionzotten.* Sie eröffnen im Uterusgewebe Blutgefäße. Es entstehen blutgefüllte Räume (Blutlakunen), in denen die Zotten vom mütterlichen Blut umspült werden. Dabei erfolgt ein Stoffaustausch zwischen Mutter und Embryo, ohne dass sich das Blut beider vermischt. Der Haftstiel als Verbindung zwischen Trophoblast und Embryo wird später zur *Nabelschnur.*

Etwa zwei Wochen nach der Befruchtung bildet sich aus Ektodermzellen des etwa 1 mm großen Keimschildes eine verdickte Zellplatte aus. Darin entsteht eine säckchenförmige Einstülpung (Chordaanlage) sowie eine Längsrinne, die *Primitivrinne,* die in die *Primitivgrube* ausläuft. Durch die Längsrinne wandern Zellen ein und bilden zwischen Ektoderm und Entoderm das Mesoderm. Aus dem Dottersack stülpt sich die beim Menschen funktionslose Allantois (*s. 3.2*) in den Haftstiel aus. Nach etwa drei Wochen beginnt das zunächst ungekammerte, schlauchförmige Herz zu schlagen. Bis Ende der vierten Woche nach der Befruchtung entsteht das Neuralrohr. Außerdem bilden sich die Anlagen für Augen, Ohren, Geruchsorgan, Leber, Lunge, Darm und Extremitäten.

Zwischen der vierten und achten Woche nach der Befruchtung werden an der Kopfregion vier Wülste sichtbar, die den Anlagen der *Kiemenbögen* bei Fischen entsprechen. Die Wülste sind durch blind geschlossene Einbuchtungen (bei Fischen *Kiementaschen*) voneinander getrennt. Aus dem ersten Kiemenbogen entwickeln sich später Ober- und Unterkiefer, aus der dahinter liegenden Kiementasche der Gehörgang und die Eustachische Röhre. Am Hinterende des Embryos ist vorübergehend eine Schwanzwirbelsäule ausgebildet. Nach acht Wochen hat der Embryo eine Scheitel-Steiß-Länge von etwa 3 cm.

Während der Ausgestaltung reagieren die Organanlagen sehr empfindlich auf schädliche Einflüsse von außen, wie z. B. Sauerstoffmangel, chemische Stoffe, Strahlen sowie Viren- und Bakteriengifte. Solche Einflüsse führen oft zu bleibenden Organschäden, Mißbildungen oder Fehlgeburten (**Abb. 425.2**).

Fetalzeit. Ab dem 4. Schwangerschaftsmonat wird der Embryo beim Menschen auch als Fetus bezeichnet. Die Organbildung ist dann abgeschlossen (**Abb. 425.1**). In der Fetalzeit werden die Funktionen der Organe bis zur Geburt so verfeinert, dass das Kind nach der Abnabelung lebensfähig ist. Das Fruchtwasser der Fruchtblase ermöglicht ein gleichmäßiges Wachstum und schützt gegen mechanische Einwirkungen.

Als Ernährungsorgan für den Fetus bildet sich die scheibenförmige *Plazenta* aus fetalem Gewebe, der Zottenhaut, und einem Teil der Uterusschleimhaut. Über die Plazenta gelangen Nährstoffe, aber auch Gifte in den Fetus und umgekehrt Abfallstoffe des Fetus in den mütterlichen Körper. Außerdem bildet die Plazenta Hormone *(s. Hormone 1.5)*. In der 9. bis 12. Woche nach der Befruchtung formt sich das Gesicht aus. Auch die Gliederung des Gehirns in fünf Abschnitte (8. bis 12. Woche) kommt zum Abschluss *(s. Abb. 233.3 und 335.1)*. Der Fetus ist jetzt 6 bis 8 cm groß, und das Geschlecht ist äußerlich erkennbar. Verstärkt treten Körperbewegungen auf. Im 5. Schwangerschaftsmonat (gerechnet ab der letzten Menstruation) ist der Herzschlag des jetzt 20 cm großen Fetus von außen zu hören, ebenso kann die Mutter seine Bewegungen wahrnehmen. Zwischen dem 6. und 9. Monat wächst der Fetus von 35 cm Kopf-Fersen-Länge auf etwa 50 cm heran. Dabei werden durch unterschiedlich starkes Wachstum von Kopf, Rumpf und Extremitäten die Körperproportionen eines Neugeborenen erreicht. Nach etwa 280 Tagen (40 Wochen nach der letzten Menstruation) erfolgt durch hormonal ausgelöste Kontraktionen des Uterus die Geburt. Der Fetus ist in der Regel ab der 29. Woche als Frühgeburt lebensfähig.

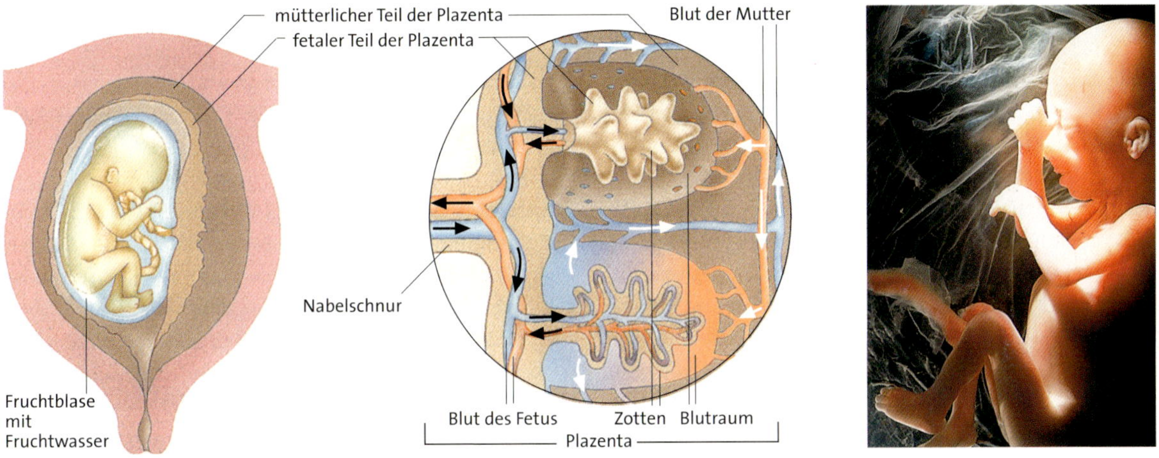

Abb. 425.1: Lage des Fetus im Uterus und Struktur der Plazenta (3 Monate, 9 cm) sowie Bild eines Fetus im Mutterleib (4 Monate, 15 cm)

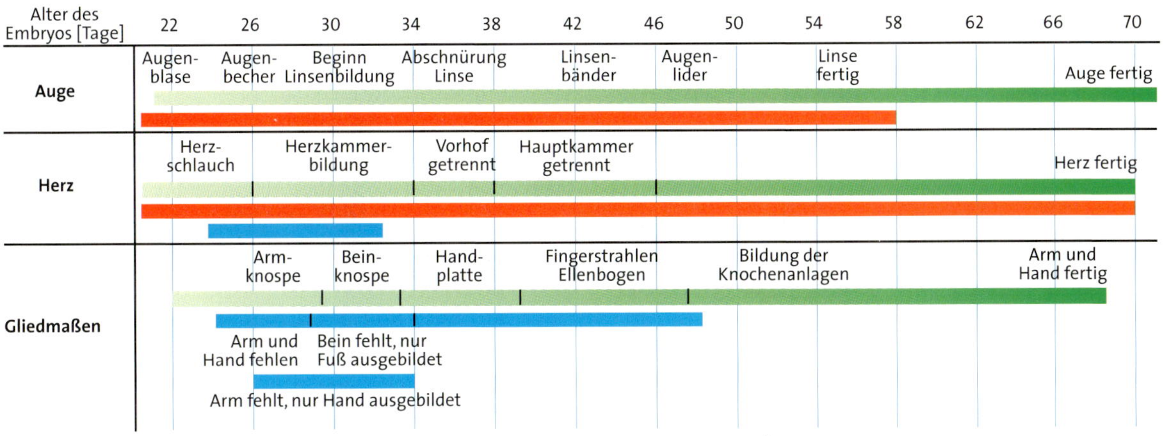

Abb. 425.2: Phasen der Entstehung von Missbildungen an Organen durch das Beruhigungsmittel *Thalidomid* (blau) und das Virus der Röteln (rot). Sie werden im Entwicklungsabschnitt »Organbildung« verursacht.

4 Entwicklungsphysiologie

4.1 Determination und Differenzierung

Beim Menschen kann man mindestens 250 verschiedene Zelltypen unterscheiden, z. B. Nervenzellen, Muskelzellen, Spermien *(s. Abb. 42.1)*. Alle Zellen gehen auf die befruchtete Eizelle zurück. In einer Reihe von Teilungen haben sie sich in Bau und Funktion spezialisiert. Diesen schrittweisen Prozess bezeichnet man als **Differenzierung.** Der Differenzierung geht die **Determination** voraus, d. h. die Festlegung der Entwicklungsrichtung einer noch undifferenzierten Zelle.

4.1.1 Determination

Die Keimblätter eines Lurchs lassen sich bestimmten Plasmabezirken der befruchteten Eizelle zuordnen *(s. Abb. 421.1)*. Wird demnach das Entwicklungsschicksal der Zellen doch schon in der Zygote festgelegt? Der Zoologe WEISMANN (1834–1914) ging davon aus, dass im Zellkern der befruchteten Eizelle in einem dreidimensionalen Muster spezifische entwicklungssteuernde Einheiten *(Determinanten)* liegen, die das spätere Schicksal der Blastomeren bestimmen (Determinantenhypothese). Bei der Furchung sollten die verschiedenen Determinanten ungleich auf die Blastomeren verteilt werden und die Differenzierung steuern. Da WEISMANN sich die Determinanten im Zellkern ähnlich starr angeordnet vorstellte wie die Steinchen in einem Mosaik, wurde sein Entwicklungsmodell auch als Mosaikentwicklung bezeichnet.

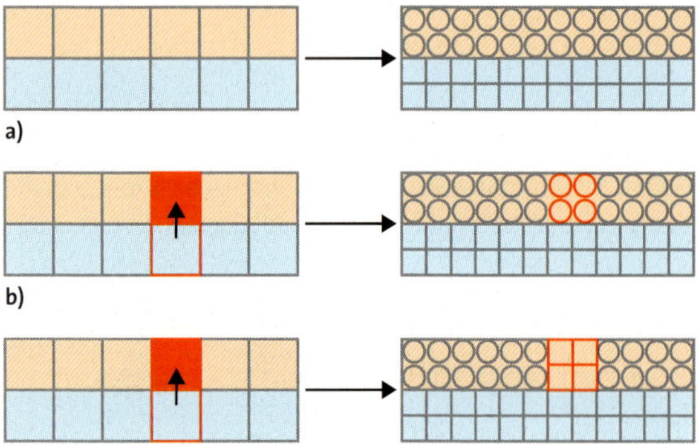

Abb. 426.1: Nachweis der Determination durch Transplantation (schematisch). **a)** Die Zellen links entwickeln sich zu verschiedenen Gewebezellen (»Quadrate«, »Kreise«); **b)** Die verpflanzte Zelle (rot) entwickelt sich ortsgemäß, sie ist noch nicht determiniert; **c)** Die verpflanzte Zelle entwickelt sich herkunftsgemäß, sie ist determiniert.

Die Determinantenhypothese WEISMANNS wollte der Zoologe HANS SPEMANN (1869–1941) experimentell prüfen. Wenn sie richtig ist, so folgerte er, müssen die bei der Furchung entstehenden Blastomeren qualitativ verschieden sein. Auch müsste eine experimentelle Störung der normalen Furchung zu einer abnormen Verteilung der Determinanten und damit auch zu einer Abnormität in der Entwicklung führen. Außerdem dürften sich dann Blastomeren, die künstlich von einem Teil des Keimes in einen anderen übertragen werden, nicht in gleicher Weise weiter entwickeln wie die Zellen in ihrer neuen Umgebung. Vielmehr müssten sie an dieser Stelle ebenfalls eine Störung der normalen Entwicklung hervorrufen. Zur Prüfung dieser Hypothesen wählte SPEMANN zwei verschiedene experimentelle Ansätze: Er trennte Blastomeren ganz oder teilweise voneinander (Schnürungsexperimente) und er verpflanzte Stücke eines Keimbereiches in einen anderen Keim (Transplantationsexperimente). SPEMANN wählte als Versuchsobjekte Molcheier bzw. Molchkeime; denn die Entwicklung dieser Tiere war gut bekannt, und die Eier mit einem Durchmesser von 1 bis 2 mm hatten für experimentelle Eingriffe eine geeignete Größe.

Bei seinen Schnürungsexperimenten trennte SPEMANN die Blastomeren eines Molchkeims im Zweizellstadium mithilfe einer Schlinge aus feinem Säuglingshaar (**Abb. 427.1**). Aus jeder der beiden Blastomeren entwickelte sich ein ganzes Tier. Wurden bei der Schnürung die beiden Blastomeren nicht vollständig getrennt, entstanden Doppelwesen mit teilweisen Verwachsungen ähnlich wie bei »siamesischen Zwillingen« (**Abb. 427.2**).

Diese Versuche zeigten, dass eine Blastomere, die im Zellverband einen halben Embryo ausgebildet hätte, als isolierte Blastomere noch die Fähigkeit besitzt, sich zu allen Zelltypen des Molchs zu entwickeln *(Totipotenz)*. Die gesamte Entwicklungsmöglichkeit einer isolierten Blastomere ist also größer als diejenige, die im Zellverband realisiert wird. Diese Ergebnisse sind mit der Determinantenhypothese nicht vereinbar.

Voraussetzung der Totipotenz einer Blastomere ist allerdings, dass diese im Schnürungsversuch einen bestimmten Anteil am Grauen Halbmond *(s. Abb. 421.1)* zugeteilt bekommt. Aufgrund der Lage der Teilungsebene der ersten Furchungsteilung gilt dies unter natürlichen Bedingungen für beide Blastomeren. Wenn im Experiment nur eine der beiden Blastomeren den Grauen Halbmond enthält, so entwickelt sich nur diese zu einer vollständigen Larve. Die andere liefert dagegen eine undifferenzierte Gewebemasse.

Demnach sind bestimmte Stoffe des Cytoplasmas der Zygote des Molchs zwar eine notwendige Bedingung für

Determination und Differenzierung, sie legen aber nicht das Entwicklungsschicksal einer Blastomere fest. Allerdings gilt dies nur mit Ausnahmen: Die Bildung weniger Zelltypen, z. B. die der Urkeimzellen, erfolgt durch determinierend wirkende Stoffe der Eizelle.

Regulationsentwicklung und Mosaikentwicklung. Die Blastomeren der Säuger bleiben totipotent, bis sich der Embryo in Trophoblast und Embryoblast aufspaltet *(s. 3.3)*. Wegen der Totipotenz der Blastomeren sind eineiige Mehrlinge möglich. Deshalb kann z. B. aus jeder Blastomere einer Morula des Rindes ein gesundes Kalb heranwachsen. Totipotente Zellen sind in der Lage, Störungen der normalen Entwicklung auszugleichen. Sie sind also zur Regulation fähig. Eizellen, aus denen totipotente Blastomeren hervorgehen, bezeichnet man als *Regulationseier*, die Art ihrer Entwicklung als *Regulationsentwicklung*. Diese ist durch intensive Wechselwirkung zwischen den Blastomeren gekennzeichnet. So wird bei der natürlichen Entwicklung durch Austausch von Signalstoffen verhindert, dass sich jede Blastomere einer Säugermorula zu einem individuellen Organismus entwickelt.

In manchen Tiergruppen, z. B. bei Fadenwürmern, Rädertierchen und Manteltieren ist bereits das Entwicklungsschicksal der Furchungszellen determiniert. Die gesamte Entwicklung läuft nach einem relativ starren Programm ab. Isolierte Blastomeren oder Blastomerengruppen entwickeln sich nicht zu vollständigen lebensfähigen Individuen. Entfernt man eine Blastomere in einem frühen Entwicklungsstadium, dann fehlt dem Organismus am Ende das, was aus der entnommenen Blastomere geworden wäre und zwar aus folgendem Grund: In der Zygote sind bestimmte Stoffe mosaikartig an verschiedenen Stellen lokalisiert. Die Stoffe werden bei der ersten Furchungsteilung nicht gleichmäßig auf die Tochterzellen verteilt. Bei den folgenden Teilungen setzt sich die ungleiche Weitergabe von Stoffen fort, die die Aktivität von Genen beeinflussen und dadurch eine unterschiedliche Determination bewirken. Eizellen, aus denen derartige nicht totipotente Blastomeren hervorgehen, nennt man *Mosaik*eier, ihre Art der Entwicklung *Mosaikentwicklung*. Die Mosaikentwicklung erfolgt im Prinzip gemäß der WEISMANNschen Determinantenhypothese. Bei den »Determinanten« handelt es sich zwar nicht um Teile des Zellkerns, sondern um entwicklungssteuernde Stoffe des Cytoplasmas, deren Synthese wird jedoch letztlich von der DNA des Zellkerns gesteuert. Die stoffliche Wechselwirkung zwischen den Blastomeren ist gering.

Ein Beispiel der Mosaikentwicklung ist die Ontogenese des 1 mm langen Fadenwurmes *Caenorhabditis elegans*, der aus genau 959 Zellen besteht. Jede dieser Zellen entsteht durch eine festgelegte Zahl von Teilungsschritten. Dabei entstehen insgesamt 131 Zellen mehr als für den Aufbau der Körperteile gebraucht werden. Diese sterben dann ab *(s. 4.2; Apoptose)*. Der Vorteil der relativ starr ablaufenden Mosaikentwicklung ist der schnelle Hergang der Embryonalentwicklung (weniger als 24 Stunden).

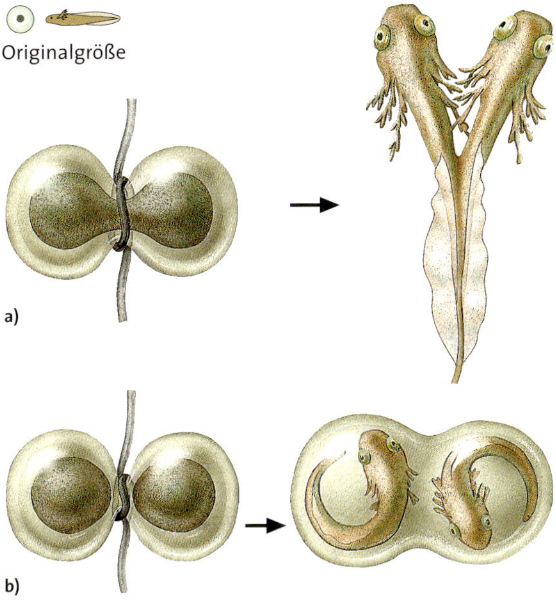

Abb. 427.1: Schnürungsversuch mit Molchzygoten auf der Zweizellenstufe (Durchmesser des Molcheis ca. 2 mm).
a) Bei unvollständiger Durchschnürung entsteht eine zweiköpfige Larve; **b)** Die vollständige Durchschnürung ohne Durchtrennung der Eihülle ergibt eineiige Zwillinge.

Abb. 427.2: Die siamesischen Zwillinge CHANG und ENG, sie hatten eine thailändische (siamesische) Mutter.

Phase der Determination. Nachdem SPEMANN geklärt hatte, dass die beiden ersten Blastomeren des Molchkeims noch nicht determiniert sind, stellte er sich die Frage, in welcher Phase der Entwicklung die Determination erfolgt. Um sie zu beantworten, führte er mit Stücken der frühen Gastrula Transplantationen durch. Er nahm folgendes an: Solange der Keim noch nicht determiniert ist, entwickeln sich die transplantierten Stücke in der neuen Umgebung *ortsgemäß*, d. h. sie differenzieren sich in gleicher Weise wie die Zellen in ihrer neuen Umgebung. Bereits determinierte Teile des Keims entwickeln sich dagegen *herkunftsgemäß*, stören also die normale Entwicklung am neuen Platz.

SPEMANN transplantierte ein Stück Molchgastrula, das später zur Bauchhaut werden würde, auf einen anderen Keim, und zwar in die Region, aus der später die Neuralplatte hervorgeht. (Diese liefert künftig das Nervensystem). Das transplantierte Stück entwickelte sich hier ortsgemäß, nämlich zu Nervengewebe. Das gleiche Ergebnis hatte die umgekehrte Verpflanzung. Die umgepflanzten Stücke können also zu diesem Zeitpunkt noch nicht endgültig darauf festgelegt sein, sich zu einem bestimmten Gewebe zu entwickeln; ihr Entwicklungsschicksal wird vielmehr durch die neue Umgebung bestimmt.

Wenn die Versuche erst im Stadium der beginnenden Neurula ausgeführt werden, verhalten sich die verpflanzten Stücke nicht mehr ortsgemäß, sondern nur noch herkunftsgemäß (**Abb. 428.1**). Demnach erfolgt die Determination der verpflanzten Keimteile in der Zeit zwischen dem frühen Gastrula- und dem beginnenden Neurulastadium. Um nachzuweisen, zu welchen Organen sich die verschiedenen Bezirke des Keims entwickeln, wurden Teile der Blastula mit verschiedenen Vitalfarbstoffen angefärbt und in ihrer Entwicklung verfolgt.

Induktion. Die Regulationsentwicklung erfordert eine intensive Wechselwirkung zwischen den Zellen des frühen Embryos. Nur so können die Blastomeren eine ebenso unterschiedliche wie geordnete Entwicklung nehmen, deren Ergebnis ein lebensfähiger Organismus mit vielen unterschiedlichen Geweben und Organen ist. Eine entscheidende Rolle bei der Interaktion der Zellen spielt die *Induktion.* In diesem Prozess beeinflusst eine Gruppe embryonaler Zellen die Determination einer anderen Zellgruppe durch Signalübertragung. Das bahnbrechende Experiment führten HANS SPEMANN und HILDE MANGOLD im Jahre 1924 durch.

Bei der Keimblätterbildung *(s. Abb. 420.1 b bis c)* wandern Zellen der vegetativen Zone und der Randzone am Urmund in die Blastula ein. Zellen im Bereich oberhalb des Urmundes, der dorsalen Urmundlippe, haben an der weiteren Entwicklung entscheidenden Anteil. Sie werden bei der Gastrulation zu Mesoderm. SPEMANN und MANGOLD verpflanzten aus einer Blastula am Beginn der Gastrula ein Stück der dorsalen Urmundlippe, aus dem sich später Chordagewebe bildet, in eine andere frühe Gastrula. Unter anderem transplantierten sie ein solches Stück an eine Stelle, aus der später Bauchhaut hervorgeht (**Abb. 428.2**). Damit sollte allein festgestellt werden, ob sich diese Stelle zu Chordagewebe oder Bauchhautgewebe um-

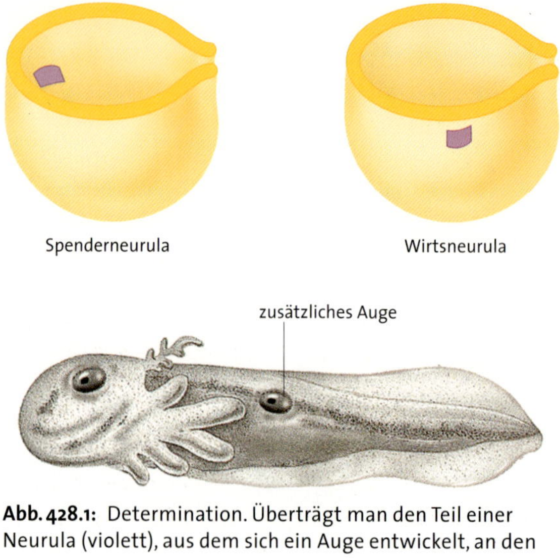

Abb. 428.1: Determination. Überträgt man den Teil einer Neurula (violett), aus dem sich ein Auge entwickelt, an den Ort einer Wirtsneurula, aus dem Somiten hervorgehen, entsteht dort ein Auge. Der übertragene Teil ist determiniert.

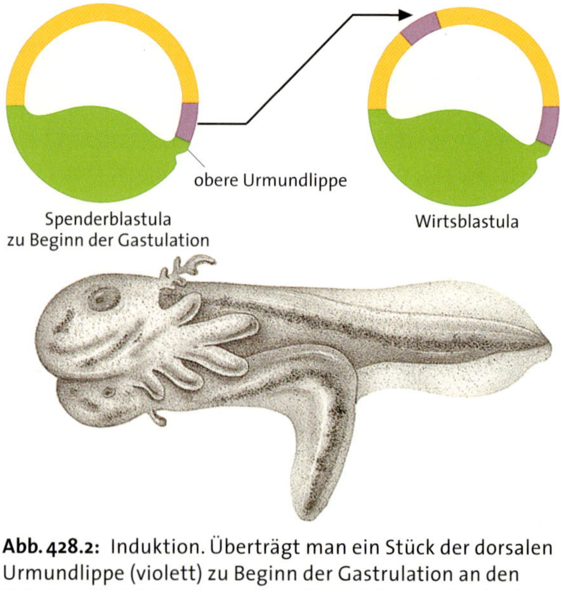

Abb. 428.2: Induktion. Überträgt man ein Stück der dorsalen Urmundlippe (violett) zu Beginn der Gastrulation an den Ort einer Wirtsblastula, der Bauchhaut bildet, entsteht eine zweite Embryoanlage (gelb: Ektoderm, grün: Entoderm).

bildet, d. h. ob sie bereits determiniert oder noch umbildungsfähig ist. Das Experiment brachte ein überraschendes Ergebnis: Nach der Transplantation senkten sich nämlich das verpflanzte Stück aus der dorsalen Urmundlippe und ein Teil seiner neuen Umgebung ein. Dabei unterlegte sich der verpflanzte Bereich den Zellen, aus denen später Bauchhaut wird. Es bildete sich dann ein zweites *Achsensystem,* bestehend aus Neuralohr, Chorda und Ursegmenten (Somiten). Damit entstand die *Anlage eines zweiten Embryos,* dessen Gewebe großenteils von Zellen des Wirtes und nicht vom transplantierten Gewebe herstammte. Aus den verpflanzten Zellen der dorsalen Urmundlippe selbst entwickelte sich die Chorda, sie waren also bereits determiniert. Diese Zellen induzierten außerdem die Bildung der übrigen Teile des Achsensystems aus den über ihnen liegenden Ektodermzellen. Da die dorsale Urmundlippe in der Steuerung der Entwicklung des ganzen Embryos offenbar eine entscheidende Rolle spielt, wurde sie von SPEMANN als *Organisator* des Embryos bezeichnet.

Die Induktion erfolgt mithilfe von Signalstoffen. Für die Übertragung eines induzierenden Signals von Zelle zu Zelle gibt es folgende Möglichkeiten:

1. Ein Signalstoff wird von einer (oder mehreren) Zellen abgegeben, diffundiert in der Zwischenzellflüssigkeit und bindet schließlich an einen Rezeptor in der Membran einer anderen Zelle. Dort löst er eine Signalkette aus. In diesem Fall erfolgt die Signalübertragung über eine größere Strecke, maximal 0,5 mm.
2. Ein Signalstoff wird von Zelle zu Zelle weitergegeben; bei Zellen der Tiere durch aneinander schließende Poren der Zellmembran *(s. Abb. 31.1c).*
3. Zellen treten über Proteine der Zellmembranen direkt in Kontakt.

Ob eine Zelle allerdings auf ein induzierendes Signal reagiert, hängt von ihrem jeweiligen Zustand ab, z. B. davon, ob sie einen geeigneten Rezeptor für den Signalstoff besitzt.

Letztlich steuern Signalstoffe die Aktivität von Genen: Alle Zellen des frühen Embryos sind durch mitotische Teilungen aus einer einzigen Zelle, der Zygote, hervorgegangen. Aus diesem Grund besitzen sie das gleiche Erbgut. Dennoch führen Determination und Differenzierung zu unterschiedlichen Zellfunktionen, die nur durch die Aktivität unterschiedlicher Gene erklärt werden kann. Im Laufe der Entwicklung müssen daher in den Zellen ganz bestimmte Gene aktiviert und z. T. wieder abgeschaltet werden *(s. Genetik 4.3.1).* Dies muss außerdem zu ganz bestimmten Zeitpunkten geschehen. An der *differentiellen Genaktivierung* haben induzierende Signalstoffe einen entscheidenden Anteil.

Induktionsketten. Zellen, die durch Induktion determiniert wurden, können ihrerseits wiederum neue Determinationsvorgänge auslösen. Eine solche Induktionskette findet sich z. B. bei der Augenentwicklung des Grasfroschs (**Abb. 429.1**): Nach der Induktion des Gehirns am Vorderende des Neuralrohres bildet sich dort beiderseits eine kleine Blase. Diese Augenblasen schieben sich unter das Ektoderm und stülpen sich dann zu Augenbechern ein. Signalmoleküle des Augenbechers führen zur Abgliederung eines Ektodermbläschens, in dem dann durch Aktivierung bestimmter Gene Linsenproteine entstehen, so dass sich das Bläschen zur Linse umbildet.

Das über der Becheröffnung liegende Ektoderm wird unter dem Einfluss der Augenlinse zur Hornhaut: Entfernt man das Ektodermbläschen, das sich zur Linse umbildet, so wandern Ektodermzellen aus der Umgebung an seine Stelle. Sie treten in Kontakt mit den Zellen des Augenbechers. Letztere veranlassen dann eine Linsenbildung durch die eingewanderten Zellen, die normalerweise eine andere Funktion im Organismus übernehmen würden. Die Augenentwicklung ist also ein sehr komplexes Wechselspiel von fördernden und hemmenden Wirkungen.

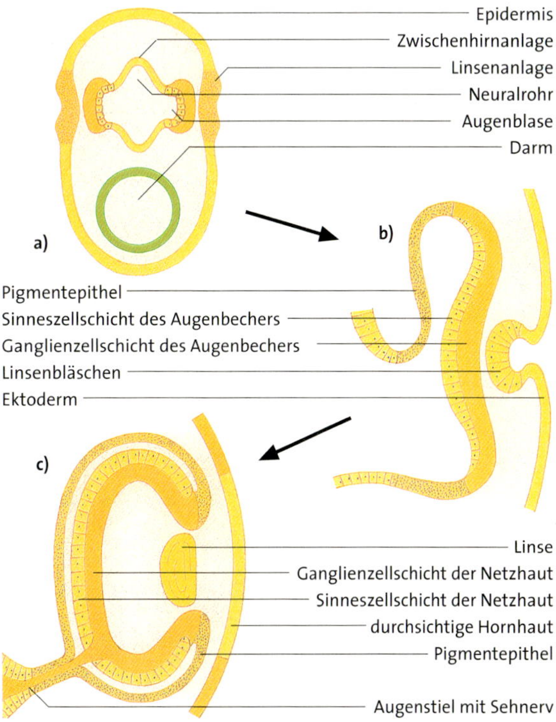

Abb. 429.1: Schema der Augenentwicklung beim Grasfrosch. **a)** Querschnitt durch den Kopfteil des Embryos; **b)** Bildung von Augenbecher und Linsenbläschen; **c)** fertig angelegtes Auge

4.1.2 Differenzierung

Im Prozess der *Differenzierung* spezialisieren sich Zellen in Bau und Funktion. So entstehen aus embryonalen Zellen z.B. Knochen-, Haut-, Blut- oder Nervenzellen *(s. Abb. 42.1 und 42.2)*. Später werden abgestorbene oder durch Verletzung verloren gegangene Zellen durch Zellen ersetzt, die aus undifferenzierten Stammzellen hervorgegangen sind. Verschiedenartig ausdifferenzierte Zellen unterscheiden sich in ihrem Proteinmuster *(Proteom; s. Genetik 4.5)*. So enthalten Muskelzellen reichlich Actin- und Myosinmoleküle, die die Kontraktion ermöglichen, und Rote Blutzellen Hämoglobin, das dem Sauerstofftransport dient. Die Unterschiede im Proteinmuster kommen durch unterschiedliche Genaktivitäten zustande. Es stellt sich daher die Frage, ob im Laufe der Differenzierung ein Teil der Gene verloren geht oder nur stillgelegt wird. Um sie zu beantworten, führte man das folgende Experiment durch: Man entfernte den Zellkern einer befruchteten Eizelle des Krallenfrosches und ersetzte ihn durch den Kern einer Hautzelle eines erwachsenen Krallenfrosches. Die derart veränderte Eizelle entwickelte sich zur Kaulquappe und weiter zum Frosch *(s. Abb. 364.1)*. Auch bei anschließenden Experimenten mit Säugern, z. B. Schaf, Rind und Ratte, führte der Transfer des Kerns einer ausdifferenzierten Zelle in eine entkernte Eizelle zur Entwicklung lebensfähiger Tiere *(s. Abb. 380.1)*. Im Kern der differenzierten Zellen waren also noch alle Gene vorhanden. Vor der Entdifferenzierung in der Eizelle war nur ein Teil der Gene aktiv, die anderen waren stillgelegt. Die Aktivität von Genen wird durch Transkriptionsfaktoren und andere regulatorische Proteine beeinflusst. Stoffe, die von außen auf die Zellen einwirken und Signalketten auslösen *(s. Stoffwechsel 1.5)*, beeinflussen die Funktion dieser regulatorischen Proteine.

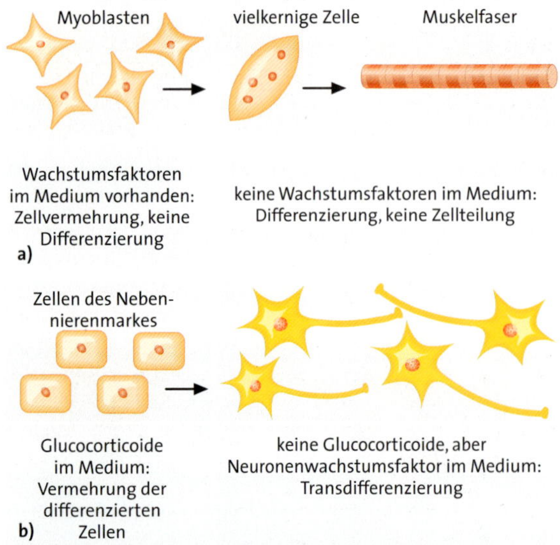

Abb. 430.1: Differenzierung und Transdifferenzierung. **a)** Differenzierung von Myoblasten; **b)** Transdifferenzierung von Zellen des Nebennierenmarkes zu Nervenzellen *(s. Text)*

Das zeigt ein Experiment mit Myoblasten, also mit Stammzellen von quergestreiften Muskelfasern *(s. Abb. 251.1)*. In Zellkultur vermehren sich Myoblasten, solange dem Kulturmedium Wachstumsfaktoren zugegeben werden. Erst wenn diese Proteine fehlen, beginnen sie mit der Differenzierung: Sie beenden die Vermehrung, fusionieren zu vielkernigen Gebilden und synthetisieren spezifische Proteine, u. a. Actin und Myosin. Anschließend entwickeln sie sich weiter zu Muskelfasern, die zu spontanen Kontraktionen fähig sind (**Abb. 430.1 a**). Der Differenzierungsvorgang wird durch das Hauptkontrollgen der Bildung von Muskelfasern gestartet. Dessen Produkt bindet an ein Verstärkerelement weiterer Gene der Muskeldifferenzierung und fördert deren Transkription *(s. Abb. 367.1)*. Wachstumsfaktoren unterdrücken als hemmende Proteine die Transkription.

Während der gesamten Entwicklung eines Organismus werden nach und nach verschiedene Gene und Gengruppen in unterschiedlichen Geweben aktiviert oder ausgeschaltet *(differentielle Genaktivierung; s. Genetik 4.3.1)*. Der Zustand der Differenzierung bleibt normalerweise stabil, sodass die differenzierte Zelle ihre Aufgabe im Organismus dauerhaft erfüllen kann. Auch bei dieser Aufrechterhaltung des Differenzierungszustandes spielen Stoffe ein Rolle, die von außen auf die Zelle einwirken. Dies legen Experimente mit Zellen des Nebennierenmarkes nahe, die das Hormon Adrenalin bilden *(s. Hormone 1.3)*. Diese Zellen behalten in Zellkultur ihre Struktur und Funktion bei, sofern im Kulturmedium Glucocorticoide, z.B. Cortisol, enthalten sind. Dabei handelt es sich um Hormone der Nebennierenrinde. Diese beeinflussen Regulationsbereiche der DNA und fördern oder hemmen dadurch die Transkription von Genen *(s. Abb. 367.1)*. Ersetzt man nun die Glucocorticoide durch den Nervenwachstumsfaktor, so bilden sich die Zellen zu Nervenzellen um, die wie Neuronen des sympatischen Nervensystems jetzt Noradrenalin produzieren (*Transdifferenzierung;* **Abb. 430.1 b**).

Auch innerhalb des Organismus kann Transdifferenzierung erfolgen. So regeneriert sich die zerstörte Linse eines Molchauges, indem Pigmentzellen *(s. Abb. 218.1)* zu Linsenzellen umgebildet werden. Auch gehen bei der Regeneration der Gliedmaßen eines Molchs neue Knorpelzellen aus Muskelzellen hervor.

4.2 Musterbildung und Morphogenese

Schon in der frühesten Phase der Individualentwicklung entsteht ein Muster unterschiedlicher Zellaktivitäten. Dieses Muster bestimmt den späteren Aufbau des Organismus. Zunächst werden die Körperachsen festgelegt; die Aufteilung der Zellen auf Keimblätter ist ein weiterer Schritt der *Musterbildung*.

Bei Säugern entspricht die spätere Rückenseite dem Bereich, an dem Embryoblast und Trophoblast verbunden sind *(s. Abb. 424.1)*. Die Achse Kopf-Hinterende wird bei der Einnistung festgelegt, und zwar durch Wechselwirkung zwischen den Zellen des Embryoblasten. Zur Musterbildung im Embryo trägt weiterhin die Determination der Zellen innerhalb der Keimblätter bei. Dabei wird z. B. festgelegt, aus welchen Zellen des Ektoderms Zellen des Magenepithels, der Lunge oder der Harnblase hervorgehen werden. Diese Zellen bilden ein räumliches Vormuster der späteren Organstruktur.

Mit dem Beginn der Gastrulation entwickelt sich die räumliche Gestalt des Organismus. Diese Entwicklungsphase, die *Morphogenese* (gr. *morphe* Form, Gestalt), führt z. B. dazu, dass sich die Körperformen der Säuger Zwergmaus und Blauwal so grundlegend unterscheiden, oder dass Arme und Beine des Menschen eine unterschiedliche Form aufweisen. Dabei ist ein Arm aus den genau gleichen Typen von Zellen aufgebaut wie ein Bein.

Positionsinformation. Als Bedingung der Musterbildung muss jede Zelle eines Embryos darüber informiert sein, an welcher Stelle des Grundbauplans sie sich befindet. Diese Information erhält die Zelle durch Stoffe, die in bestimmten Zellen gebildet werden und dann über relativ große Strecken, d. h. über mehr als 100 µm, diffundieren. Da dieser Transport ungerichtet erfolgt, nimmt dabei die Stoffkonzentration ab. Zellen, die Rezeptoren für solche Stoffe besitzen, können deren Konzentration messen: Je mehr Rezeptoren besetzt werden, desto näher liegt die Zelle an der »Quelle«. Die besetzten Rezeptoren lösen Signalketten aus *(s. Stoffwechsel 1.5)*. Durch diese werden Gene, die die Entwicklung steuern, stark oder weniger stark aktiviert bzw. blockiert. Daraus resultiert eine klare und eindeutige Anordnung von Zellen unterschiedlicher Aktivität (**Abb. 431.1**). Da die diffundierenden Stoffe also an der Musterbildung und letztlich an der Morphogenese beteiligt sind, werden sie *Morphogene* genannt.

Morphogene steuern die Entwicklung der Gesamtstruktur des Organismus. Dagegen wirken induzierende Signalstoffe *(s. 4.1.1, Induktion)* lokal: Durch sie determiniert eine Gruppe von Zellen die Entwicklungsrichtung einer benachbarten Gruppe von Zellen. Es gibt allerdings fließende Übergänge. Alle bekannten Morphogene und Induktionsstoffe sind Proteine. Es handelt sich um Transkriptionsfaktoren oder Stoffe, die über Signalketten deren Bildung auslösen *(s. Abb. 367.1)*. Stets beeinflussen sie also die Aktivität von Genen.

Die Herausbildung eines Musters kann auch durch Hemmung einer spezifischen Determination erfolgen. Dies gilt z. B. für das Muster der Federanlagen in der Vogelhaut oder der Spaltöffnungen im Laubblatt: Eine Gruppe von Zellen, die gerade determiniert wurde, gibt einen Hemmstoff ab, der in der Umgebung die gleiche Determination verhindert (Sperreffekt). Auf diese Weise entstehen Muster gleichartig determinierter Zellgruppen, deren Abstände praktisch identisch sind (**Abb. 431.2**).

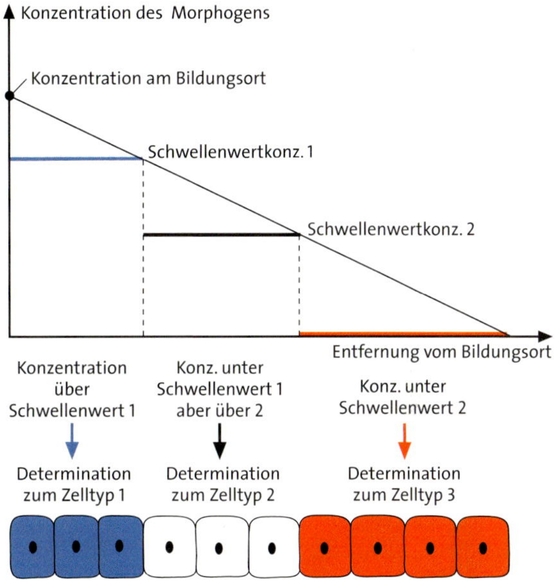

Abb. 431.1: Übertragung von Positionsinformation durch ein Morphogen gemäß dem »Modell der französischen Flagge«

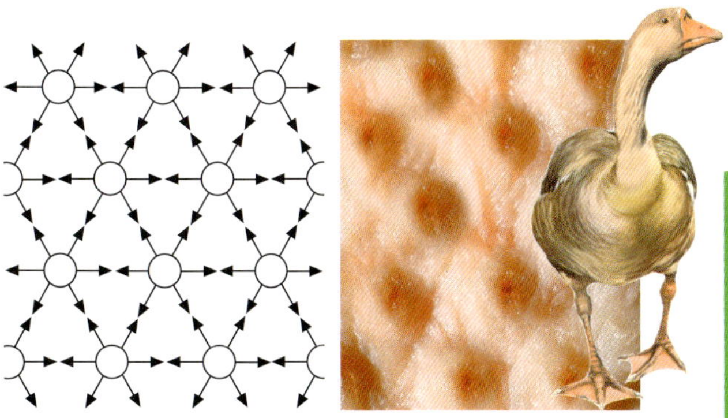

Abb. 431.2: Musterbildung durch Hemmstoffe (links) und Muster der Stellen auf der Vogelhaut, an denen sich Federn bilden (rechts; *s. Text und Abb. 464.1*)

ENTWICKLUNGSBIOLOGIE

Gestaltbildung bei Hydra. Beim Süßwasserpolypen wird ein Morphogen, ein kopfbildender Stoff, in der Mundfeldregion synthetisiert. Er wandert von dort in andere Teile der *Hydra,* wo er nach und nach abgebaut wird. Seine höchste Konzentration hat er also im Kopfbereich, die geringste im Fußbereich. Für die Konzentration eines fußbildenden Stoffes gilt das Umgekehrte. Der kopfbildende Stoff löst außerdem die Erzeugung eines Hemmstoffes gegen die Bildung weiterer Köpfe aus. Dadurch wird verhindert, dass nebeneinander zwei Köpfe entstehen. Dasselbe gilt entsprechend für die Fußbildung.

Zerschneidet man eine *Hydra* in mehrere Scheiben, so regeneriert sich aus jeder Scheibe ein neues Tier (**Abb. 432.1**). Dabei benötigen diese Scheiben für die Kopfregeneration umso mehr Zeit, je weiter entfernt sie von der Mundregion entnommen werden, denn umso geringer ist die Konzentration des kopfbildenden Stoffes in der Querscheibe. Außerdem entsteht nur an dem Teil der Querscheibe, der dem ursprünglichen Kopf näher liegt, wieder eine Kopfregion, denn am mundfeldferneren Ende ist die Konzentration des kopfbildenden Stoffes geringer.

Programmierter Zelltod oder Apoptose. Zur Bildung der Körpergestalt trägt auch die gezielte Selbsttötung von Zellen bei. So wird bei den Kaulquappen der Froschlurche in der Metamorphose der Schwanz »eingeschmolzen«. Auch können in der Morphogenese der Gliedmaßen Finger und Zehen nur dadurch ausgebildet werden, dass die Zellen zwischen ihnen programmiert absterben (**Abb. 432.2**). Zeitlebens gehen diejenigen Lymphocyten durch Apoptose zugrunde, die gegen körpereigene Antigene gerichtet sind (*s. Immunbiologie 4,* Verhinderung von Autoimmunerkrankungen).

Apoptose (gr. *apoptos* unsichtbar) kann verschiedene Ursachen haben: 1. Rezeptoren in der Zellmembran (»Todesrezeptoren«) werden durch ein äußeres Signal aktiviert. 2. Nach Schädigung von Mitochondrien wird in Folge von zellulärem Stress, z. B. bei einer Störung der Proteinreifung im Endoplasmatischen Reticulum Cytochrom c freigesetzt. 3. Die DNA wird durch äußere Einwirkung, z. B. radioaktive Strahlung, geschädigt.

Die Apoptose wird durch Signalproteine eingeleitet, deren Bildung durch bestimmte Gene gesteuert wird. Ein weiteres Gen hemmt die Transkription dieser Gene. Normalerweise verhindern auch Nachbarzellen die Apoptose, indem sie Wachstumsfaktoren abgeben. Das programmierte Absterben von Zellen mit einem genetische Defekt wird durch das Protein p53, einen zentralen Transkriptionsfaktor, ausgelöst (*s. Genetik 4.3.4,* Tumore). Als »Selbstmordmittel« werden in allen Fällen proteinabbauende Enzyme (»Caspasen«) tätig, oft werden danach auch DNA-spaltende Enzyme wirksam. Apoptose ist von *Nekrose,* dem Absterben von Zellen durch Schädigung von außen, zu unterscheiden.

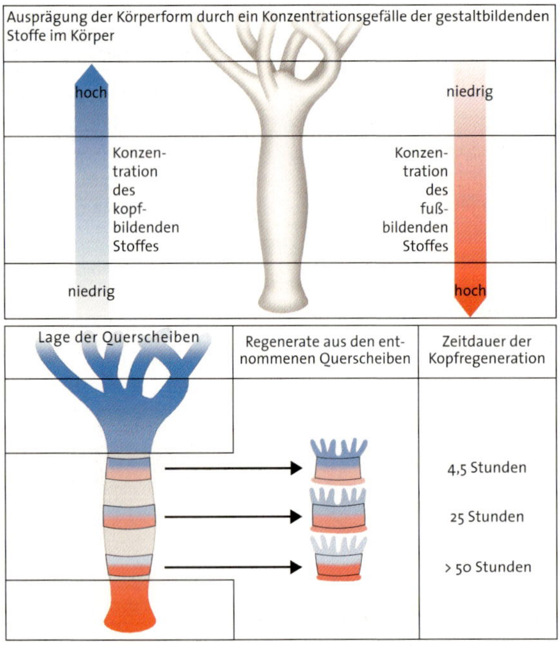

Abb. 432.1: Gestaltbildung und Regeneration des Süßwasserpolypen *Hydra*

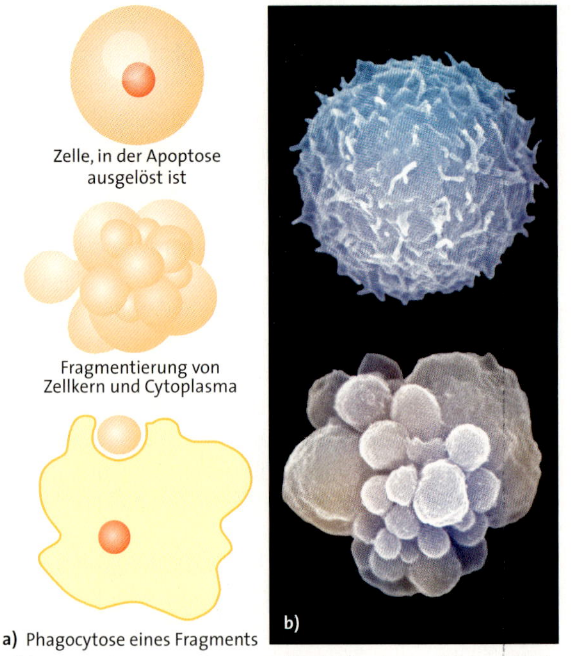

Abb. 432.2: Programmierter Zelltod. **a)** Schema; **b)** REM-Bild einer gesunden und einer apoptotischen Zelle

5 Forschung mit Stammzellen

Bei Säugern kann sich ein Embryo nicht nur aus der befruchteten Eizelle entwickeln, sondern auch noch aus den Zellen der ersten Furchungsstadien. Deshalb können eineiige Mehrlinge entstehen oder künstlich erzeugt werden. So trennt man in der Züchtung von Rindern und Schafen die Blastomeren des 4- oder 8-Zell-Stadiums voneinander und pflanzt sie Ammentieren ein. Dadurch erhält man aus einer Zygote einen Klon genetisch identischer Nutztiere mit einer gewünschten Eigenschaft. Zellen, aus denen ein vollständiger Embryo hervorgehen kann, nennt man *totipotent* (lat. *totus* ganz und gar, *potens* etwas könnend) (**Abb. 433.1**).

Embryonale Stammzellen. Etwa fünf Tage nach der Befruchtung bildet sich die freie Blastocyste mit dem Embryoblasten *(s. Abb. 423.1)*. Die Zellen des Embryoblasten entwickeln sich nicht mehr zu einem vollständigen Embryo, wenn man sie einem Ammentier einpflanzt. Überträgt man solche Zellen auf eine andere Blastocyste, können sie sich jedoch innerhalb des Zellverbandes zu allen Zellen des Organismus entwickeln. In vitro differenzieren sich solche Zellen zu einer Vielzahl von Geweben. Deshalb bezeichnet man die Zellen des Embryoblasten der noch nicht eingenisteten Blastocyste als *embryonale Stammzellen (ES)*. Diese teilen sich in Zellkultur unbegrenzt und eignen sich daher aus rein technischer Sicht für Forschungszwecke.

Bezogen auf die genannten Eigenschaften sind ES als *pluripotent* (lat. *plus*, Komparativ zu *multum* viel) anzusehen. Allerdings lassen sich aus ES von Säugern unter bestimmten experimentellen Bedingungen *in vitro* Zellen der Keimbahn, Gameten und vollständige Embryonen erzeugen. Keimbahnzellen des Fötus bleiben als einzige Zellgruppe totipotent, Eizellen sind ebenfalls totipotent. Demnach können aus ES der freien Blastocyste totipotente Zellen hergestellt werden. Ab der Einnistung der Blastocyste in den Uterus sind die Zellen des Embryoblasten jedoch nur noch pluripotent.

ES lassen sich auch durch *therapeutisches Klonen* erzeugen, das in Deutschland verboten ist. Dabei ersetzt man den Kern einer Eizelle durch den Zellkern einer Körperzelle des Patienten. Diese künstliche Zygote entwickelt sich *in vitro*. Aus der Blastocyste entnimmt man ES, die sich in einem geeigneten Medium zu dem gewünschten Gewebe entwickeln. Nach der Übertragung auf den Patienten kommt es nicht zu einer Abstoßungsreaktion; denn die Zellen sind immunbiologisch gesehen solche des Patienten.

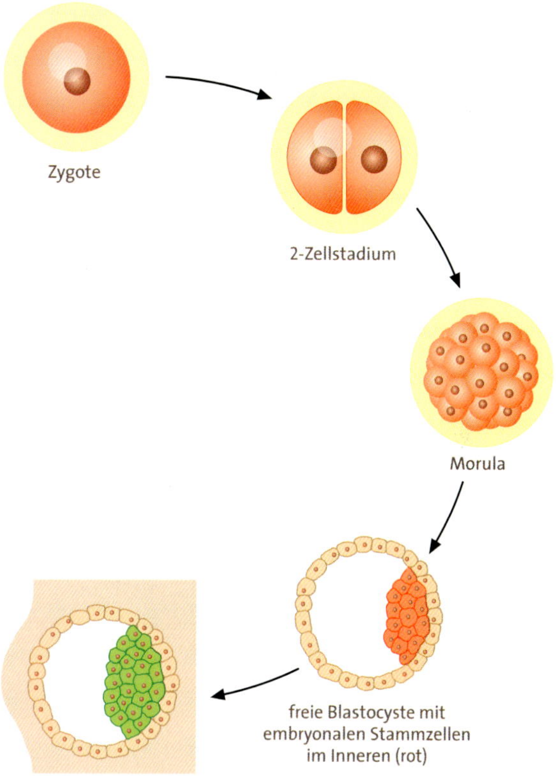

Abb. 433.1: Totipotente (rot) und pluripotente embryonale Zellen (grün)

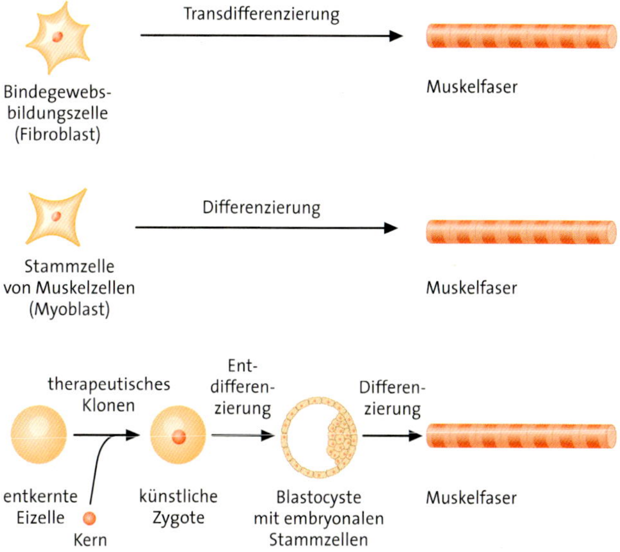

Abb. 433.2: Verschiedene Möglichkeiten der künstlichen Herstellung von Gewebezellen ohne Verwendung von Embryonen am Beispiel Muskelfaser. Das therapeutische Klonen ist in Deutschland verboten.

ENTWICKLUNGSBIOLOGIE

Adulte Stammzellen. In ausdifferenzierten Geweben kommen undifferenzierte aber bereits determinierte Zellen vor. Durch ihre Teilungsfähigkeit ermöglichen sie die Regeneration des entsprechenden Gewebes. Man bezeichnet derartige Zellen als adulte Stammzellen (engl. *adult* erwachsen). Entfernt man beispielsweise ein Stück Lebergewebe operativ, so wird es durch Teilung adulter Stammzellen der Leber wieder ergänzt. Dabei entstehen sowohl Leberzellen als auch neue Stammzellen. Die Teilungen werden durch einen Wachstumsfaktor stimuliert, der von den Leberzellen abgegeben wird. Sie hören auf, sobald die ursprüngliche Größe der Leber erreicht ist. Die Leberzellen bilden nämlich auch einen Hemmstoff. Hat dieser eine bestimmte Konzentration erreicht, teilen sich die Zellen nicht mehr. Da adulte Stammzellen sich in vielen Geweben zu mehreren Zelltypen ausdifferenzieren können, nennt man sie *multipotent.*

Adulte Stammzellen werden therapeutisch genutzt. Bei großflächigen Brandwunden wird damit Haut ersetzt. Mit adulten Stammzellen, die im Gehirn vorkommen, hofft man Nervengewebe regenerieren zu können. Bei Stammzellen aus dem Knochenmark, die die verschiedenen Blutzellen bilden *(s. Abb. 395.1)*, ließ sich das Entwicklungsprogramm verändern: Man konnte daraus z. B. Leberzellen gewinnen. Die Stoffe zur Umprogrammierung adulter Stammzellen erhält man aus Eizellen. Mit diesen Stoffen beeinflusst man Hauptkontrollgene der Differenzierung, und versucht so Gewebe für die Transplantation zu züchten.

Chimären. Wenn man Blastomeren des 8-Zell-Stadiums von zwei verschiedenen Mäusestämmen vermischt, so bilden diese Zellen gemeinsam einen Embryo. Bildet man das Zellgemisch aus Blastomeren von Mäusen, die reinerbig weiß sind, und von solchen, die reinerbig schwarz sind, so kann sich nach dessen Einpflanzung in eine Ammenmaus ein chimäres Tier entwickeln (**Abb. 434.1**). Dieses besitzt sowohl pigmenthaltige als auch pigmentfreie Hautzellen. Da diese Zellen in der Haut unterschiedlich verteilt sind, hat die Maus ein geflecktes Fell.

Entsprechende Chimären entstehen auch dann, wenn man embryonale Stammzellen (ES) in den Embryoblasten einer Mausblastocyste überträgt (**Abb. 434.2**). Dieses Verfahren spielt bei der Gewinnung transgener Mäuse eine Rolle, denen ein bestimmtes Gen ganz fehlt. Solche *Knockout-Mäuse* werden in der Grundlagenforschung zur Analyse der Genfunktion in großem Umfang eingesetzt *(s. Exkurs Tiermodelle, S. 369)*. Außerdem dienen sie der Erforschung bestimmter Erbkrankheiten. Um Knockout-Mäuse zu erzeugen, verändert man kultivierte embryonalen Stammzellen gentechnisch derart, dass ein Gen vollständig ausfällt. So veränderte embryonale Stammzellen bringt man in die innere Zellmasse von Blastocysten ein. Bei einem Teil der entstehenden Chimären gelangen die veränderten Zellen in die Keimbahn, sodass auch in den Keimzellen der Chimäre das Gen funktionslos ist. Durch Kreuzung solcher Tiere erhält man reinerbige Mutanten bezogen auf das funktionslose Gen, nämlich Knockout-Mäuse.

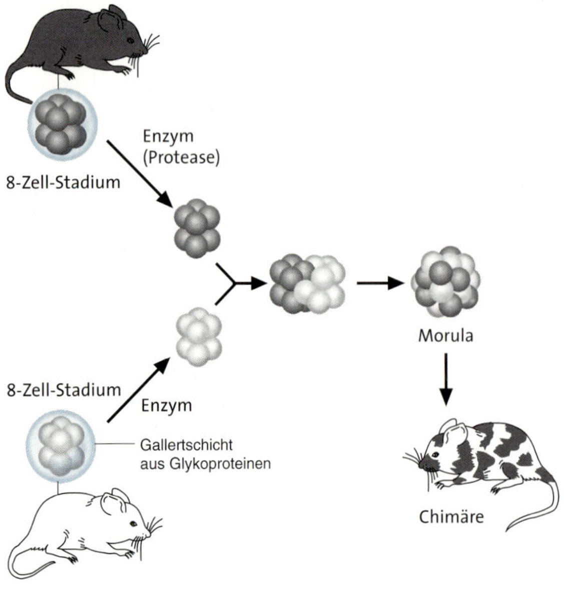

Abb. 434.1: Bildung einer Maus-Chimäre durch Verschmelzung von zwei 8-Zell-Stadien

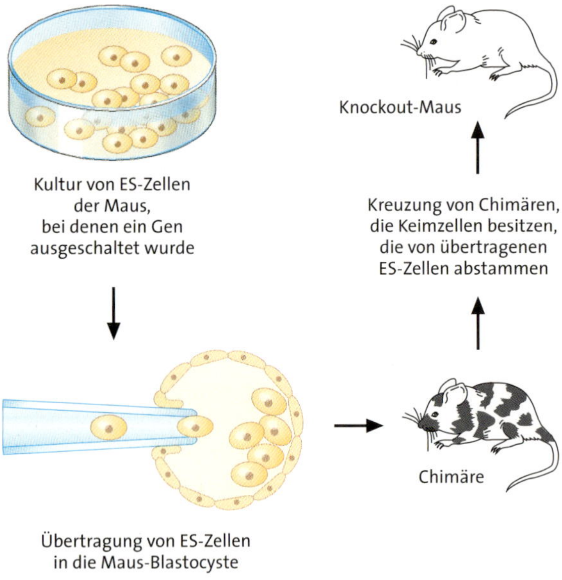

Abb. 434.2: Erzeugung von Knockout-Mäusen durch Bildung und nachfolgende Kreuzung von Chimären

Embryonenschutz

Die modernen Reproduktionstechniken ermöglichen auch Eingriffe in die Fortpflanzung und die Keimesentwicklung des Menschen. Das betrifft vor allem die Zeit zwischen der Befruchtung und der Einnistung der Blastocyste in den Uterus.

Nach dem deutschen Embryonenschutzgesetz dürfen Eizellen künstlich befruchtet werden, sofern diese innerhalb eines Zyklus auf die Spenderin übertragen werden. Auch dürfen embryonale Stammzellen zu Forschungszwecken verwendet werden, wenn diese vor dem 1. Januar 2001 in Kultur genommen worden sind. Verboten sind dagegen

- die Übertragung einer fremden Eizelle auf eine Frau, sodass austragende und genetische Mutter nicht identisch sind (»gespaltene Mutterschaft«);
- die Erzeugung einer Schwangerschaft durch künstliche Befruchtung oder Embryotransfer bei einer Frau, die bereit ist, ihr Kind nach der Geburt auf Dauer abzugeben (»Ersatzmutterschaft«);
- die künstliche Befruchtung einer Eizelle beim Menschen mit dem Ziel, das Geschlecht des Kindes festzulegen;
- die künstliche Veränderung der Erbinformation einer Keimbahnzelle (Gentransfer);
- die künstliche Befruchtung von Eizellen des Menschen zu Forschungszwecken;
- die Forschung mit totipotenten Zellen;
- das therapeutische Klonen beim Menschen;
- das reproduktive Klonen beim Menschen (*s. Abb. 380.1,* Dolly-Verfahren);
- die Erzeugung von Chimären (Verschmelzen von embryonalen Zellen des Menschen von unterschiedlicher Herkunft) oder Bildung von Hybridwesen aus Mensch und Tier.

In anderen Ländern, z. B. in Großbritannien und den USA, ist die Forschung mit menschlichen Keimen erlaubt. In Deutschland werden die Einschränkungen sowohl mit der *Würde des Menschen* und damit dem besonderen Wert des menschlichen Lebens als auch mit dem *Wohl des Menschen,* insbesondere dem Kindeswohl, begründet.

Im ersten Fall wird der Beginn des Menschseins auf den Zeitpunkt der Befruchtung festgelegt. Folglich machen Eingriffe in eine Zygote oder in Blastomeren den Menschen zum Objekt und verletzen damit seine Würde. Falls der Keim stirbt, tasten sie sogar menschliches Leben an. Diese Begründung wird gegen die Forschung an Embryonen bzw. mit totipotenten embryonalen Zellen sowie das Klonen beim Menschen vorgebracht. Solche Argumente können allerdings dann nicht angeführt werden, wenn man den Beginn des Menschseins mit der Einnistung der Blastocyste in die Uterusschleimhaut oder später, z. B. mit Einsetzen der Großhirnentwicklung, beginnen lässt. Unter diesen Bedingungen spricht nichts gegen Forschungsarbeiten mit Embryonen, die dem Wohl des Menschen, z. B. dem medizinischen Fortschritt, dienen.

Das Kindeswohl wird u. a. gegen die »gespaltene Mutterschaft« ins Feld geführt. Denn diese kann die Identitätsfindung des Kindes erheblich erschweren, weil es sein Leben drei Eltern verdankt. Außerdem sind seelische Konflikte zu erwarten, wenn die Spenderin der Eizelle Einfluss auf die Entwicklung des Kindes zu nehmen sucht oder das Kind bei einer Eizellübertragung mittels Eierstocktransplantation die Tatsache verkraften muss, von einer Toten abzustammen.

Als der deutsche Gesetzgeber 2003 bei der Novellierung des Embryonenschutzgesetzes den Einsatz von embryonalen Stammzellen zu Forschungszwecken erlaubte, ging er davon aus, dass embryonale Stammzellen nicht totipotent sind. In der Folge war es möglich, aus embryonalen Stammzellen embryonale Keimbahnzellen herzustellen und sogar einen vollständigen Embryo zu entwickeln. Man kann also aus embryonalen Stammzellen totipotente Zellen erzeugen. Die Voraussetzung dieser gesetzlichen Regelung ist demnach nicht mehr klar und eindeutig.

Auch für moderne Reproduktionstechniken gilt, dass man eine Handlung nicht allein deshalb ausführen darf, weil die Natur das Gleiche ebenfalls tut. Danach ist z. B. das reproduktive Klonen des Menschen keineswegs deshalb gerechtfertigt, weil eineiige Mehrlinge natürlicherweise entstehen. Schließlich kann man aus dem Umstand, dass jeder Mensch stirbt, auch nicht den Schluss ziehen, man dürfe Menschen töten. Ganz allgemein kann aus Phänomenen in der Natur (aus etwas, das der Fall ist) nicht abgeleitet werden, was getan werden darf oder zu geschehen hat (was sein darf oder soll). Andernfalls würde man einen *naturalistischen Fehlschluss* ziehen. Weil die Handlungen des Menschen gut oder böse sein können, müssen sie auch gerechtfertigt werden. Dies erfolgt letztlich mit Bezug auf höchste Werte, nämlich die Würde oder das Wohl des Menschen *(s. Erkenntniswege der Biologie 4, S. 521).*

Fortpflanzung

Bei der ungeschlechtlichen Fortpflanzung bildet ein Organismus ohne Beteiligung eines zweiten genetisch identische Nachkommen. Diese bezeichnet man als *Klon* (s. 1.1). Bei der *geschlechtlichen Fortpflanzung* verschmelzen Gameten paarweise zu einer diploiden *Zygote*. Das Erbgut so entstandener Nachkommen ist meist nicht identisch. Vor der Gametenbildung wird der doppelte Chromosomensatz in der *Meiose* halbiert (s. 1.2). Die Meiose kann, wie z. B. beim Menschen, bei der Gametenbildung selbst erfolgen. Bei Pflanzen sind Reduktionsteilung und Gametenbildung zumeist zeitlich getrennt: Der diploide *Sporophyt* bildet *Meiosporen*, der haploide *Gametophyt Mitogameten*. Aufgrund dieser Trennung liegt ein *Generationswechsel* vor (s. 1.3).

Keimesentwicklung der Samenpflanzen

Bei den Bedecktsamern gliedert sich der Embryo in die Anlage der Wurzel und in eine oder zwei Anlagen von Keimblättern, die von einem Sprossteil getragen werden. Bei der Keimung greift der Embryo auf die im Samen gespeicherten Nährstoffe zurück. Nach der *Keimung* beginnt das *Wachstum*, das u. a. von dauernd teilungsfähigen Zellen an den Spross- und Wurzelenden ausgeht (s. 2).

Keimesentwicklung von Tieren und Mensch

Aus der Zygote entstehen zunächst viele undifferenzierte Zellen. Daraus gehen im zweiten Abschnitt die drei *Keimblätter (Ektoderm, Entoderm* und *Mesodern)* hervor. In ihrer Anordnung kommt das Grundmuster des künftigen Organismus zum Ausdruck. Die *Musterbildung* setzt sich im dritten Abschnitt, der *Sonderung der Organanlagen*, fort. Im vierten Abschnitt erfolgt die *Organbildung*. Sie ist durch die *Differenzierung* der Zellen in die verschiedenen Gewebezellen sowie die Herausbildung der Körpergestalt, die *Morphogenese* gekennzeichnet. Diese Vorgänge der Keimesentwicklung sind von Wachstum begleitet. In der Frühphase der Keimesentwicklung der Amphibien folgen die Stadien *Morula, Gastrula* und *Neurula* aufeinander (s. 3.1). Vergleichbare Stadien treten auch bei der frühen Entwicklung von Reptilien, Vögeln und Säugern auf (s. 3.2). Bei Säugern entsteht noch im Eileiter eine *Blastocyste*, die sich dann in der Schleimhaut des Uterus einnistet. In der achten Woche nach der Befruchtung hat sich beim Menschen die Körpergrundgestalt herausgebildet, in der zwölften Woche das Gesicht ausgeformt und das Gehirn in fünf Abschnitte gegliedert (s. 3.3).

Entwicklungsphysiologie

Durch *Determination* wird das Entwicklungsprogramm einer Zelle festgelegt. Das gilt in der *Mosaikentwicklung* bereits für die Furchungszellen. In der *Regulationsentwicklung* sind die Furchungszellen noch totipotent. Signalstoffe aus Nachbarzellen verhindern, dass sich aus diesen Zellen je ein eigener Organismus entwickelt. *Induktion* spielt für die Determination eine entscheidende Rolle: Eine Gruppe embryonaler Zellen verursacht die Determination einer anderen Zellgruppe. Signal- und Induktionsstoffe steuern die Aktivität von Genen, sie bestimmen maßgeblich die *differentielle Genaktivierung*. Im Prozess der Differenzierung spezialisieren sich Zellen weiterhin in Bau und Funktion. Auch dabei werden bestimmte Gene aktiviert, andere stillgelegt. Das Programm dazu wird in der Determination festgelegt. Unter experimentellen Bedingungen lassen sich Zellen *entdifferenzieren* oder *transdifferenzieren* (s. 4.1).

Schon in der frühesten Phase der Individualentwicklung entsteht ein Muster unterschiedlicher Zellaktivitäten. Dadurch wird der spätere Aufbau des Organismus bestimmt. Die Entwicklung der räumlichen Gestalt, die Morphogenese, beginnt mit der *Gastrulation*. *Morphogene* steuern die Entwicklung der Gesamtstruktur des Organismus. Sie informieren die einzelnen Zellen über deren Position im Grundbauplan. Zur Bildung der Körpergestalt trägt auch der *programmierte Zelltod (Apoptose)* bei (s. 4.2).

Forschung an Stammzellen

Die Zellen der noch nicht eingenisteten Blastocyste von Säugern, *embryonale Stammzellen (ES)*, differenzieren sich *in vitro* zu einer Vielzahl von Geweben, sie sind *pluripotent*. Auch teilen sie sich in Kultur unbegrenzt. Gewinnt man ES durch *therapeutisches Klonen*, so wird das aus ihnen hergestellte Gewebe vom Organismus des entsprechenden Patienten nicht abgestoßen. Mithilfe von ES kann man *Chimären* erzeugen und daraus durch Kreuzung Versuchstiere gewinnen, denen ein bestimmtes Gen fehlt, z. B. *»Knockout-Mäuse«*. Das Umprogrammieren *adulter Stammzellen (AS)* zur Gewebezüchtung ist Ziel der Forschung. In Deutschland ist die Forschung an AS des Menschen erlaubt, die an ES nur unter bestimmten Bedingungen. Die Arbeit mit *totipotenten* Zellen und Embryonen sowie das Klonen beim Menschen ist verboten. Die Einschränkungen werden mit der *Würde* und dem *Wohl des Menschen* begründet (s. 5).

AUFGABEN

1 Transplantation
Ein Forscher verpflanzt ein Stückchen Gewebe aus der Augenblase eines Froschembryos unter das Ektoderm einer Froschneurula, das sich normalerweise zur Bauchhaut entwickelt.
a) Welche Fragestellung verfolgt der Forscher?
b) Welches Ergebnis hat der Versuch vermutlich?
c) Wie sähe ein Kontrollexperiment aus?

2 Experiment zur Induktion
Eine Biochemikerin entdeckt in einer Gruppe von Mesodermzellen der Gastrula eines Molches ein bislang unbekanntes Protein. Sie vermutet, dass es sich um einen Induktionsstoff handelt. Mit einer Kollegin aus der Entwicklungsbiologie plant sie ein Experiment, um diese Hypothese zu prüfen. Wie könnten die beiden dabei vorgehen?

3 Beginn des menschlichen Lebens
In der Gesellschaft wird der Beginn des menschlichen Lebens kontrovers diskutiert. Nennen Sie verschiedene Zeitpunkte der Embryonalentwicklung des Menschen zu denen der Beginn des menschlichen Lebens angesetzt werden könnte. Nennen Sie Gründe für die Wahl der verschiedenen Zeitpunkte.

4 Forschung mit Embryonen
Eine Forschergruppe arbeitet mit embryonalen Stammzellen des Menschen. Sie hat sich das Ziel gesetzt, eine Therapieform zur Heilung von Multipler Sklerose zu entwickeln. Die Stammzellen gewinnen sie aus menschlichen Embryonen, die durch In-vitro-Fertilisation erzeugt werden. Nennen Sie Argumente für und wider die Forschung mit Embryonen, bei der die Embryonen zwangsläufig zugrunde gehen.

5 Bildung von Schwimmhäuten
Bei den Wirbeltieren hat der Bereich des Embryos, in dem sich Finger und Zehen bilden, zunächst die Form einer Platte. An bestimmten Stellen innerhalb dieser Platte bildet sich Knorpel, dort entstehen später Finger und Zehen. Im Gegensatz zum Huhn bleiben am Fuß der Ente zwischen den Zehen Schwimmhäute erhalten. Tauscht man nun das Mesoderm der sich entwickelnden Fußplatte zwischen Huhn und Ente aus, so bildet das Huhn Schwimmhäute aus und an den Füßen der Ente entstehen keine Schwimmhäute (**Abb. 437.1**). Wie ist dieses Ergebnis zu interpretieren?

6 Signalstoffe
Bei den Protostomiern entwickelt sich der Urmund der Gastrula zum Mund, bei den Deuterostomiern zum After. Beide Gruppen von Lebewesen unterscheiden sich auch im Grundbauplan. So liegt bei den Protostomiern, z. B. den Insekten, das Zentralnervensystem bauchseitig unterhalb des Darmtraktes. Bei den Deuterostomiern, z. B. den Wirbeltieren und dem Menschen, liegt es rückenseitig. Der Mund liegt jedoch stets bauchseitig *(s. Abb. 486.1)*.
In der frühen Embryonalentwicklung werden die künftige Bauch- und Rückenseite durch Signalstoffe festgelegt. Bei der Taufliege *Drosophila* und beim Krallenfrosch *Xenopus* hat man derartige Signalstoffe gefunden. So legt Stoff A bei *Drosophila* die Bauchseite fest, bei *Xenopus* bestimmt ein ähnlicher Stoff A' die Rückenseite. Bei *Drosophila* wird die Rückenseite durch einen Stoff E determiniert. Die Bauchseite von *Xenopus* durch einen ähnlichen Stoff E'. Wie könnte man beweisen, dass sich die Rückenseite von *Drosophila* und die Bauchseite von *Xenopus* entsprechen?

Abb. 437.1: Füße von Huhn und Ente nach normaler Entwicklung und nach Mesodermverpflanzung

EVOLUTION

Abb. 438.1: **a)** CARL VON LINNÉ (1707–1778); **b)** GEORGES CUVIER (1769–1832); **c)** JEAN BAPTISTE DE LAMARCK (1744–1829); **d)** CHARLES DARWIN (1809–1882); **e)** ALFRED RUSSEL WALLACE (1823–1913); **f)** ERNST HAECKEL (1834–1919)

Auf der Erde gibt es weit über eine Million Tierarten und über 500 000 Pflanzenarten. Das Zustandekommen dieser Vielfalt wird durch die Lehre von der Evolution erklärt. Die Evolutionsforschung befasst sich mit den Ursachen und Gesetzmäßigkeiten des Evolutionsvorgangs. Auch untersucht sie die Verwandtschaft der Lebewesen, die auf die Stammesgeschichte zurückzuführen ist. So ist es möglich, Stammbäume aufzustellen, welche die Abstammungsverhältnisse beschreiben.

Bis weit ins 18. Jahrhundert galt in der Biologie die Lehrmeinung von der Unveränderlichkeit der Arten. Sie wurde aus dem biblischen Schöpfungsbericht abgeleitet. Gegen Ende des 18. Jahrhunderts zogen Biologen erstmals die Veränderlichkeit von Arten in Betracht. Jedoch beruhte dies zunächst allein auf Spekulationen.

1 Geschichte der Evolutionstheorie

1.1 Die Entwicklung vor DARWIN

Der schwedische Naturforscher CARL VON LINNÉ (1707–1778) beschrieb als erster Biologe die zu seiner Zeit bekannten Arten von Pflanzen und Tieren in einem einheitlichen System. Auch führte er eine einheitliche Namengebung (Nomenklatur) ein. Er ordnete die Lebewesen aufgrund von Bauähnlichkeiten. LINNÉ war noch von der Unveränderlichkeit der Arten überzeugt.

Der Zoologe GEORGES CUVIER (1769–1832) begründete Ende des 18. Jahrhunderts die **Paläontologie** als Lehre von den Lebewesen der Vorzeit. Er verglich die gefundenen Reste ausgestorbener Tiere mit dem anatomischen Bau existierender (rezenter) Tierarten, und konnte so diese Reste ins System einordnen. Er fand, dass das Skelett der Vordergliedmaßen vierfüßiger Wirbeltiere immer die gleiche Grundform aufweist und trotz unterschiedlicher Ausgestaltung stets die gleichen Baueinheiten besitzt (**Abb. 439.1**). Solche Organe, die äußerlich und nach ihrer Funktion verschieden sein können, aber auf den gleichen Grundbauplan zurückgehen, nennt man **homolog.** Kennt man den Grundbauplan und etliche Abwandlungen, so kann man aufgefundene Knochen zuordnen und schließlich ein ganzes Skelett rekonstruieren. CUVIER fand bei der Untersuchung von Fossilien aus Frankreich, dass im Verlauf der geologischen Epochen ganz unterschiedliche Tiere gelebt haben. Er nahm an, dass die Organismen großenteils durch Naturkatastrophen vernichtet und andersartige Lebewesen danach durch Neuschöpfung ins Leben gerufen wurden.

Die *Katastrophentheorie* CUVIERS wurde durch die Entwicklung der Geologie widerlegt. Der Engländer CH. LYELL (1797–1875) vertrat mit seinem *Aktualitätsprinzip* die Auffassung, dass Veränderungen des Erdbildes langsam, aber stetig verlaufen und dass Kräfte, die heute noch das Erdbild umgestalten, auch in früheren geologischen Epochen wirksam waren.

J. B. DE LAMARCK (1744–1829) kam aufgrund seiner Tätigkeit an den naturhistorischen Sammlungen in Paris ebenfalls zur Erkenntnis der Homologie von Organen. In seinem Buch »*Philosophie zoologique*« (1809) vertrat er eine Stammesentwicklung der Organismen. Danach stammen die heutigen Arten von früheren ab. LAMARCK stellte *Stammbäume* auf und gab erstmals eine ursächliche Erklärung für die Abstammung. So wurde er zum Begründer der Evolutionstheorie. Er nahm an, dass die Lebewesen sich durch Gebrauch oder Nichtgebrauch ihrer Organe an ihre Umwelterfordernisse anpassen und dass sich eine solche individuell erworbene Anpassung auf die Nachkommen vererbt. Danach wäre z. B. der lange Hals der Giraffe entstanden, weil ihre Vorfahren als Laubfresser den Hals immer höher nach den Zweigen von Bäumen streckten. Dadurch sei der Hals länger und länger geworden, und so sei im Laufe der Generationen die heutige Gestalt zustande gekommen. Umgekehrt sollte der Nichtgebrauch der Organe zur Verkümmerung führen; auf diese Weise sei z. B. die Rückbildung der Augen vieler Höhlentiere erfolgt.

Bei solchen Umbildungen wirkt nach LAMARCK ein inneres Bedürfnis mit, das die Lebewesen auf die jeweiligen Erfordernisse hin ausrichtet. Diese Hypothese entstand lange vor den Entdeckungen der Genetik. Deren Ergebnisse lehren, dass Eigenschaften von Lebewesen, die auf Umwelteinflüsse zurückgehen (Modifikationen) nicht vererbbar sind *(s. Genetik 1)*.

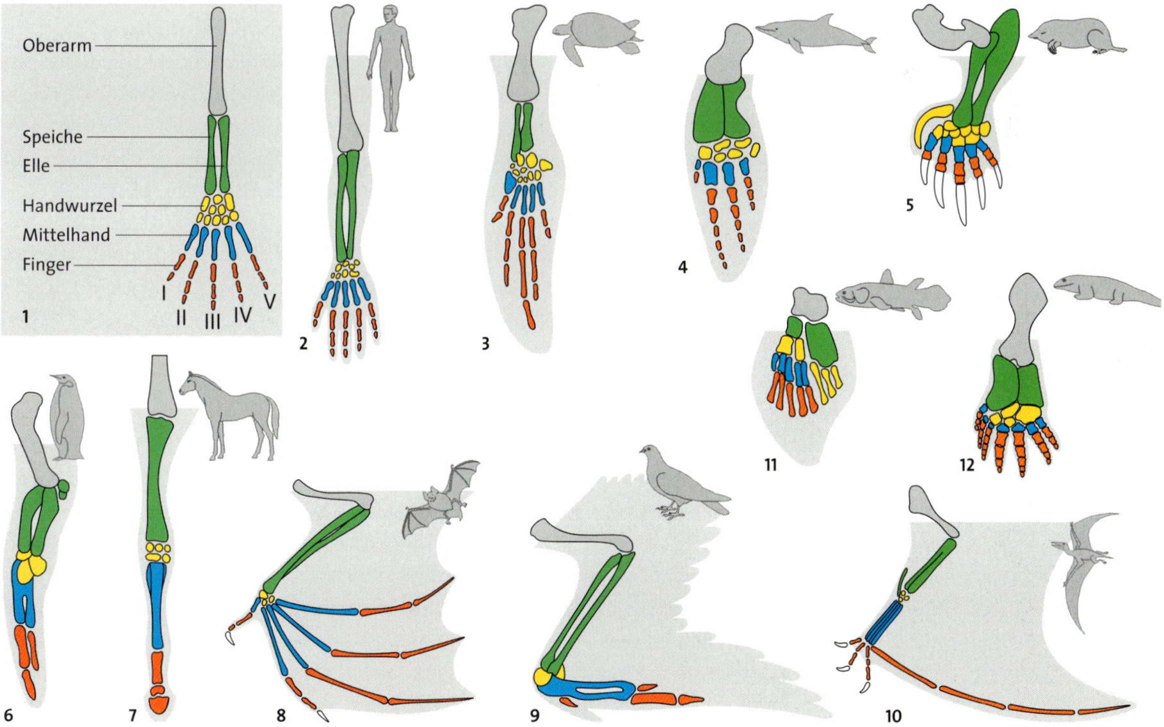

Abb. 439.1: Gestalt und Funktionswechsel der Vordergliedmaßen verschiedener Wirbeltiere. **1** Grundbauplan der fünffingrigen Vorderextremität; **2** Mensch; **3** Meeresschildkröte; **4** Delfin; **5** Maulwurf (Grabbein mit Krallen und Sichelbein); **6** Pinguin; **7** Pferd; **8** Fledermaus; **9** Vogel; **10** Flugsaurier *Pterodactylus* (†); **11** Quastenflosser; **12** *Ichthyostega* (†, *s. Abb. 477.1*). 8 bis 10 gehen nicht auf einen gemeinsamen Flügelbauplan zurück, sondern sind in getrennten Evolutionsvorgängen entstanden.

1.2 Von Darwin bis ins 20. Jahrhundert

Charles Darwin (1809–1882) hatte auf einer fünfjährigen Reise um die Welt, die er 1831 begann, eine Fülle von Beobachtungen aus der vergleichenden Anatomie, der Paläontologie und der Tier- und Pflanzengeographie gesammelt. Dadurch vermehrte er die vorhandenen Hinweise auf eine Stammesentwicklung beträchtlich. Jedoch erschien sein Buch »*On the origin of species by means of natural selection*«, in dem er den Gedanken einer Abstammung der heutigen Lebewesen von früheren einfachen Formen beschrieb, erst 1859. In diesem Buch gab er gleichzeitig eine einleuchtende Darstellung der Ursachen für die Evolution der Organismen. Etwa gleichzeitig gelangte auch Alfred R. Wallace (1823–1913) zu ähnlichen Ansichten. Zur Ursachenerklärung kam Darwin über die Beobachtung, dass bei der Tierzüchtung eine Auswahl *(Selektion)* durch den Züchter erfolgt; dieser liest solche Formen aus, deren Eigenschaften ihm besonders zusagen. Auf diese Weise sind z. B. alle Haustaubenrassen aus einer Stammform, der Felsentaube, hervorgegangen (**Abb. 441.1**). Bei der Bearbeitung der von ihm gesammelten Finkenvögel der Galapagos-Inseln kam *Darwin* schon 1845 zu der Ansicht, dass alle dort anzutreffenden Finkenarten aus einer Stammart entstanden seien (**Abb. 441.2** und **441.3**). Er stellte sich die Frage, auf welche Weise die Finkenarten in der Natur ausgelesen worden sind. Untersuchungen des Wirtschaftswissenschaftlers Th. R. Malthus (1766–1834) brachten Darwin zur passenden Erklärung. Malthus hatte gezeigt, dass menschliche Populationen in der Regel anwachsen und nur durch die Begrenztheit der Nahrung sowie durch Krankheiten in der Größe konstant gehalten werden. Die Anwendung dieser Erkenntnis auf alle Lebewesen führte Darwin zur **Selektionstheorie.** Sie geht von folgenden Beobachtungen aus:

Die Nachkommen eines Elternpaares sind nicht alle untereinander gleich; sie variieren in ihren Merkmalen. Diese sind – wie Tierzüchter schon zu Darwins Zeit wussten – teilweise erblich *(s. Genetik 1)*.

Lebewesen erzeugen viel mehr Nachkommen als zur Erhaltung der Art notwendig wären. Für die Erhaltung der Art würden zwei zur Fortpflanzung gelangende Nachkommen jedes Elternpaares genügen. In Wirklichkeit werden oft Tausende, ja Millionen von Nachkommen erzeugt. Trotzdem bleibt in einem Lebensraum bei gleichbleibender Umwelt die Individuenzahl einer Art über längere Zeit hinweg konstant.

Lebewesen stehen untereinander in ständigem Wettbewerb um günstige Lebensbedingungen, um Nahrung, Lebensraum und Geschlechtspartner *(s. Ökologie 2.4)*.

Darwin kam zu folgenden Schlüssen: Da ein fortgesetzter Wettbewerb zwischen den Individuen einer Art (innerartliche Konkurrenz) besteht, erfolgt eine Anpassung an die Umwelt durch natürliche Auslese *(natural selection)*. Sie bewirkt, dass sich in einer bestimmten Umwelt nur bestimmte Individuen fortpflanzen können: In dem Wettbewerb oder »Kampf ums Dasein« *(struggle for life)* überleben die am besten an ihre Umwelt angepassten Individuen, und nur diese geben ihre erblichen Merkmale an die nächste Generation weiter (*survival of the fittest* = Überleben der Tauglichsten). Dieser Begriff wurde oft missverstanden. Besonders tauglich im Sinne der Evolutionstheorie ist nicht der Stärkste, sondern dasjenige Individuum, das die höchste Zahl von Nachkommen hat, die ihrerseits wieder zur Fortpflanzung gelangen. Mit der Theorie Darwins lassen sich also nicht soziale Unterschiede biologisch begründen; auch folgt aus ihr keineswegs ein Recht des Stärkeren (Ansichten des »*Sozialdarwinismus*«). Die *Fitness (Tauglichkeit)* eines Lebewesens ist am einfachsten an der Zahl überlebender Nachkommen festzustellen. Die Aussage »Überleben der Tauglichsten« wurde daher als sinnleer (tautologisch) kritisiert, denn sie bedeute: »Überleben derjenigen, die überleben«. Darwin hat aber höhere Tauglichkeit als besseres Angepasstsein definiert. Weniger gute Anpassung hat eine geringere Nachkommensrate zur Folge; dadurch wird Tauglichkeit messbar.

Wettbewerb gibt es auch zwischen verschiedenen Arten (zwischenartliche Konkurrenz), wenn sie ähnliche ökologische Nischen *(s. Ökologie 2.2)* aufweisen. Der Wettbewerb führt dazu, dass in einem Lebensraum nur eine Art eine bestimmte Nische innehaben kann.

Die Evolutionstheorie liefert eine einleuchtende Erklärung für das Auftreten der *Homologien* und für die *Anpassung* der Organismen, die man oft als Zweckmäßigkeit bezeichnet. Sie erklärt aber auch, warum Eigenschaften von Lebewesen in manchen Fällen wenig zweckmäßig sind. Die Giraffe hat nur sieben Halswirbel, sodass sie den Kopf nur unter Schwierigkeiten zu Boden neigen kann, was ihr das Trinken sehr erschwert. Das Immunsystem schützt den Menschen vor eingedrungenen Krankheitserregern, kann aber bei Rhesus-Unverträglichkeit zwischen Mutter und Kind *(s. Exkurs Blutgruppen und Rhesusfaktor, S. 405)* zur Embryoschädigung führen.

Im Anschluss an Lyells Aktualitätsprinzip ging Darwin davon aus, dass sich auch die Arten stetig, aber langsam verändern und der Evolutionsvorgang daher lange Zeiträume erfordert. Darwin hatte aufgrund seiner geologischen Kenntnisse berechnet, dass die Kreidezeit vor etwa 300 Millionen Jahren begonnen habe. Nach heutigem Wissen liegt dieser Zeitpunkt vor 145 Millionen Jahren.

DARWINS Abstammungslehre hat seinerzeit heftige Auseinandersetzungen ausgelöst, denn sie stand im Gegensatz zu den Aussagen des wörtlich interpretierten Schöpfungsberichtes der Bibel. Noch im 19. Jahrhundert erweiterte E. HAECKEL (1834–1919) die Vorstellungen zur Evolution durch Vergleiche der Ontogenese von Tieren und durch die Aufstellung von Stammbäumen. AUGUST WEISMANN (1834–1914) erkannte, daß nur Veränderungen in Keimbahn-Zellen für die Evolution bedeutsam sind.

Im ersten Drittel des 20. Jahrhunderts wurde zunächst durch die *Genetik* die Einsicht in die Ursachen der Evolution vertieft. Sie zeigte, dass die Information für die erblichen Merkmale eines Organismus in den Genen enthalten ist. Auch machte sie deutlich, dass Homologien bei den Merkmalen auf homologe Anteile des Genoms zurückzuführen sind. Eine Übertragung von Genen zwischen Lebewesen verschiedener Arten findet normalerweise nicht statt, weil sie sich nicht paaren können. Daher kann man zur Erklärung der Merkmalshomologie nur einen gemeinsamen Vorfahren annehmen.

Im weiteren Verlauf des 20. Jahrhunderts haben fast alle Zweige der Biologie, zunächst die Populationsgenetik, dann aber vor allem die Molekularbiologie und schließlich die Soziobiologie das Verständnis der Evolution erweitert und vertieft. Darauf wird in den folgenden Abschnitten näher eingegangen.

Abb. 441.2: Zwei Arten der Darwinfinken. **a)** Kaktusfink; **b)** Spechtfink

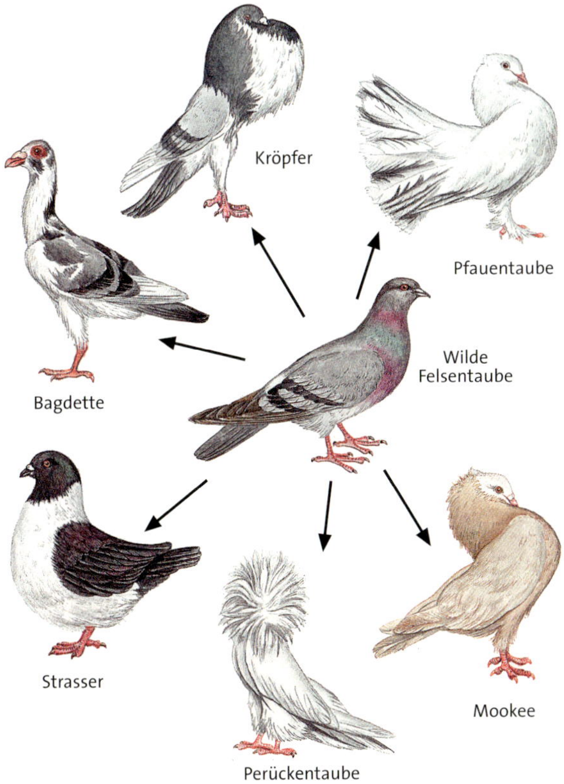

Abb. 441.1: Entstehung der Taubenrassen durch Züchtung (künstliche Selektion). Der Züchter hat fortgesetzt solche Mutanten ausgewählt, die ihm besonders zusagten. Zur künstlichen Selektion von Kohlrassen *s. Abb. 377.1.*

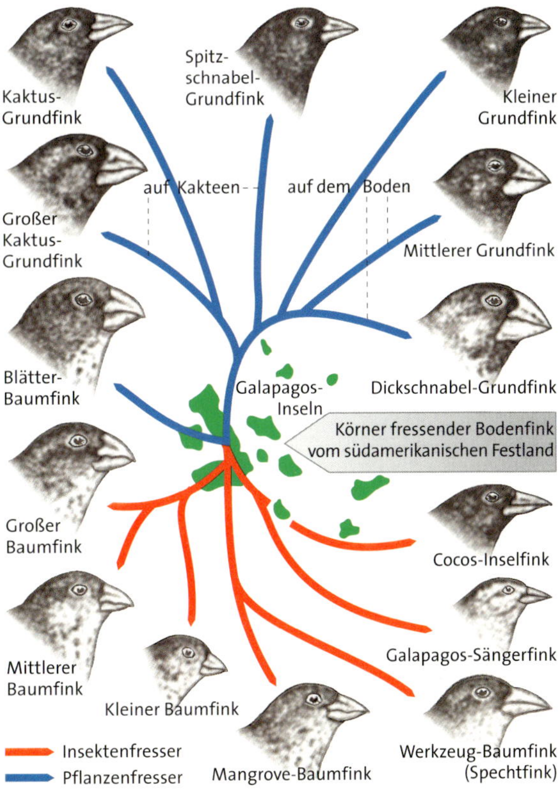

Abb. 441.3: Entstehung der Darwinfinken der Galapagos-Inseln durch natürliche Selektion. Die Ausgangsart konnte sich durch Ausbildung unterschiedlicher Nischen in viele Arten aufspalten.

Artbegriff
Lebewesen zeigen eine abgestufte Ähnlichkeit des Körperbaus, nach der sie in eine Ordnung, ein System, gebracht werden können. Die Grundeinheit des Systems ist die Art. Alle Lebewesen einer Art stimmen in ihren wesentlichen Merkmalen überein und haben miteinander fruchtbare Nachkommen *(klassischer Artbegriff)*. Die Individuen einer Art, die zur gleichen Zeit leben, bilden die *Population* dieser Art. Man kann daher die Art auch definieren als eine Population, deren Individuen sich untereinander fortpflanzen und durch Fortpflanzungsschranken von Populationen anderer Art getrennt sind *(populationsgenetischer Artbegriff)*. Durch die geschlechtliche Fortpflanzung erfolgt fortgesetzt eine Durchmischung der Gene in der Population der Art; somit besitzt diese einen *Genpool (s. Genetik 2.3)*. Ökologisch betrachtet ist eine Art durch ihre ökologische Nische festgelegt *(ökologischer Artbegriff; s. Ökologie 2.2)*. Bei Fossilresten können diese Artbegriffe nicht angewendet werden; hier kennzeichnen allein Gemeinsamkeiten im Bau eine bestimmte Art *(paläontologischer Artbegriff)*.

Die Fortpflanzung zwischen Individuen verschiedener Arten wird durch unterschiedliche biologische *Fortpflanzungsschranken* verhindert. Diese führen zu unterschiedlichen Formen der Isolation von Arten. Eine Isolation infolge unterschiedlicher *Fortpflanzungszeit* gibt es z. B. bei Fröschen und bei Holunderarten. Isolation durch unterschiedlichen *Bau der Geschlechtsorgane* liegt bei vielen Insektenarten vor. Isolation durch unterschiedliches *Paarungsverhalten* zeigen z. B. Leuchtkäfer; bei ihnen reagieren die Weibchen nur auf das arteigene Leuchtsignalmuster der Männchen. Isolation durch Fehlen einer *Reaktion der Gameten* ist bei äußerer Befruchtung die Regel: Es reagieren nur Spermien mit Eizellen der gleichen Art.

Eine Isolation aufgrund verschiedener ökologischer Nischen liegt z. B. bei Silbermöwe (nistet in Küstennähe) und Heringsmöwe (nistet landeinwärts) vor. Diese bilden in der Natur keine Bastarde, lassen sich in Gefangenschaft jedoch kreuzen. Sie bilden also gemäß dem klassischen und dem populationsgenetischen Artbegriff eine Art. Nach dem ökologischen Artbegriff liegen jedoch zwei Arten vor. Eine Isolation liegt auch vor, wenn zwar Bastarde gebildet werden, diese aber steril sind, z. B. Maultier als Bastard von Esel und Pferd.

2 Evolutionstheorie

Die Evolutionstheorie befasst sich mit den Ursachen des Evolutionsgeschehens. Sie liefert die kausale Erklärung für die Bildung von Arten und die Entstehung neuer Klassen und Stämme von Tieren und Pflanzen. Die Evolutionstheorie geht vom populationsgenetischen Artbegriff aus.

2.1 Evolutionsfaktoren

Die Gesamtheit der Gene aller Individuen einer Population nennt man den Genpool der Population. Er bleibt nach dem Hardy-Weinberg-Gesetz *(s. Genetik 2.3)* unter folgenden Voraussetzungen konstant: Es treten keine Mutationen auf; alle Individuen sind für die gegebene Umwelt gleich gut geeignet, und die Wahrscheinlichkeit für die Paarung beliebiger Partner ist gleich groß; die Population ist sehr groß; der Genpool bleibt daher auch beim Zu- oder Abwandern oder Tod einzelner Individuen praktisch konstant.

Jede Abweichung von diesen Voraussetzungen des Hardy-Weinberg-Gesetzes erzeugt eine Veränderung des Genpools und damit einen kleinen Evolutionsschritt. Evolution wird also durch das Zusammenwirken folgender Faktoren hervorgerufen: *Mutationen*, denn durch sie entstehen laufend neue Allele und damit neue Eigenschaften; *Selektion*, denn durch sie vermehren sich vorteilhafte Phänotypen; zufälliger Tod von Teilen einer Population *(Zufallswirkung, Gendrift)*, denn dadurch können in kleinen Populationen bestimmte Allele unwiederbringlich verloren gehen. Für die Wirksamkeit von Mutation und Selektion ist weiterhin die *Rekombination* der Gene innerhalb des Genpools wichtig. Infolge der geschlechtlichen Fortpflanzung entstehen so immer wieder neue Genkombinationen (Genotypen), die der Selektion unterliegen. Neue Arten entstehen dadurch, dass der Genaustausch zwischen zwei Teilpopulationen unterbrochen wird. Diese Auftrennung des Genpools nennt man *genetische Separation*.

2.1.1 Mutationen als Grundlage der Evolution

Bei der Replikation der DNA treten immer wieder Fehler auf *(s. Genetik 4.1.6)*. Die Fehler betreffen alle DNA-Bereiche, also auch jene, die keine genetische Information tragen. Mutationen sind häufige Ereignisse: Z. B. erfolgt beim Menschen mit etwa 30 000 Genen in jedem dritten bis vierten Gameten (Eizelle oder Spermium) eine neue Mutation in einem Gen. Allerdings kommt nur ein kleiner Teil dieser genetischen Veränderungen auch im Phänotyp zum Ausdruck *(s. Genetik 3.3)*. Die fortlaufende Erzeugung einer großen Zahl unterschiedlicher Allele durch Mutationen begünstigt die Evolution. Eine Einschränkung der Funktion der DNA-Reparatursysteme oder eine Zunahme von Transpositionsvorgängen *(s. Exkurs Transposons, S. 363)* erhöhen die Mutationsrate; diese Ereignisse haben daher großen Einfluß auf die Evolution.

Punktmutationen, die nur zu kleinen Veränderungen bei den Individuen führen, sind wichtiger als solche mit großen Auswirkungen auf den Phänotyp, denn die letzteren haben eine verringerte Fortpflanzungsrate oder Lebenserwartung zur Folge. Da Mutationen fortlaufend entstehen, gab es in der Natur nie einen Zustand, in dem alle Individuen einer Population genetisch gleich waren.

2.1.2 Selektion

In den meisten Populationen werden viel mehr Nachkommen erzeugt als in ihrem Lebensraum überleben können. Durch die Wirkung der Selektion gehen aber viele Individuen jeder Generation zugrunde, ehe sie zur Fortpflanzung gelangen, andere haben eine sehr geringe Nachkommenzahl. Diejenigen Individuen, die am besten an die jeweilige Umwelt angepasst sind, tragen mit ihren Allelen mehr zum Genpool der folgenden Generation bei als die weniger angepassten. Durch Selektion wird also der Anteil von Allelen am Genpool einer Population verändert *(s. Exkurs Fitness und genetische Bürde)*. Je größer die genetische Variabilität einer Population ist, umso größer ist die Auswahlmöglichkeit im Selektionsvorgang. Die Selektion führt dazu, dass die Evolution als Anpassung verläuft; sie hat als einziger Evolutionsfaktor eine Richtung.

Fitness und genetische Bürde

Die Wirkung der Selektion ist nachträglich an der unterschiedlichen Nachkommenzahl der Individuen zu erkennen und zu messen. Diese Größe nennt man die *reproduktive Fitness*, kurz Fitness oder Tauglichkeit. Die Fitness ist eine Eigenschaft des Genotyps in einer gegebenen Umwelt.

Wenn die Individuen mit AA eine größere Fitness haben als aa, ist ihre Nachkommenzahl größer; infolgedessen gelangt das Allel A häufiger in die nächste Generation als a. Dem Genotyp, dessen Träger die höchste Nachkommenzahl hat, schreibt man den Fitness-Wert W = 1 zu.

Die Fitness W_x jedes anderen Genotyps x ist dann kleiner; sie kann ermittelt werden aus

$$W_x = \frac{\text{Nachkommenschaft des Genotyps x}}{\text{Nachkommenschaft des Genotyps mit der höchsten Nachkommenzahl}}$$

$$\text{z.B.:}\quad W_x = \frac{8}{10} = 0{,}8$$

Aus der Anzahl der Individuen jedes Genotyps und aus der Fitness der Genotypen kann man eine mittlere Fitness der Population berechnen. Die Abweichung der mittleren Fitness einer Population von derjenigen des besten Genotyps nennt man die *genetische Bürde* der Population *(s. Genetik 3.5.5)*. Eine genetische Bürde ist Voraussetzung dafür, dass Evolution stattfinden kann. Hätten nämlich alle Individuen die größtmögliche Fitness, so gäbe es keine genetische Variabilität und damit keine Selektion; Evolution fände nicht statt.

Der prozentuale Rückgang eines Genotyps mit geringer Fitness in der Folgegeneration wird als Selektionskoeffizient s bezeichnet. Ist die Nachkommenzahl um 20 % geringer, so ist s = 0,2. Ein hoher s-Wert bedeutet starken Nachteil, also einen hohen »Selektionsdruck« (**Abb. 443.1**). Jedoch verschwindet ein nachteiliges Allel a kaum je vollständig, weil es immer wieder Neumutationen von A nach a gibt. Die meisten nachteiligen Allele in der Natur haben Selektionskoeffizienten $\ll 0{,}1$ und nehmen daher nur langsam ab.

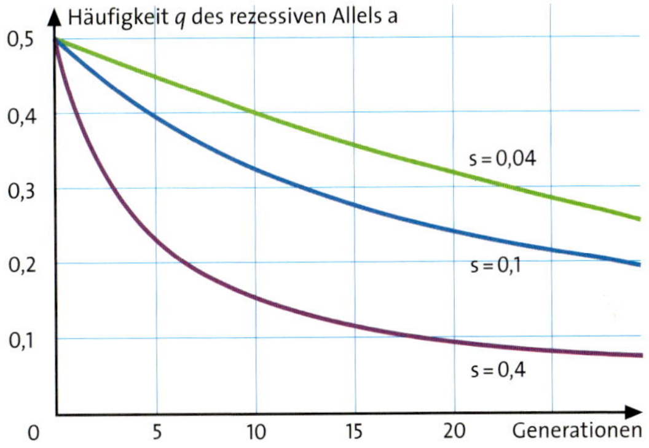

Abb. 443.1: Abnahme des rezessiven Allels a in der Generationenfolge bei unterschiedlicher Fitness des Genotyps aa; s: Selektionskoeffizient

Selektionsfaktoren. Die Selektion kann nur an den Merkmalen des Individuums (Phänotyp) angreifen, nicht an den Genen. Sie wirkt demnach indirekt auf den Genpool ein, und zwar nur auf solche Gene, die sich phänotypisch ausprägen. Werden Merkmale durch mehrere Gene gemeinsam festgelegt, so sind auch alle beteiligten Gene gemeinam von der Selektion betroffen. Dies gilt z. B. für die vielen Gene, die Gestalt und Funktion der verschiedenen Teile des Wirbeltierauges bestimmen (*s. 2.4*, Netzhaut, Linse, Glaskörper usw.).

Als **abiotische Selektionsfaktoren** wirken alle abiotischen Umweltfaktoren (*s. Ökologie 1.1*). So zeigt Abb. 74.1 die Auswirkung der Temperatur auf die Körpergröße. Auf windgepeitschten kleinen Inseln, wie z. B. den Kerguelen, gibt es viele flugunfähige Arten von Schmetterlingen und Fliegen. Mutanten mit verkümmerten Flügeln haben dort einen Selektionsvorteil, weil flugfähige Insekten häufig auf das Meer hinausgetrieben werden und so umkommen (**Abb. 444.1**).

Abb. 444.1: Flugunfähige Insekten der Kerguelen-Inseln. **a)** Tangfliege; **b)** Weitmaulfliege; **c)** Dungfliege

Auch Gifte, die der Mensch einsetzt, wirken als Selektionsfaktoren. Die Verwendung von *Antibiotika* gegen Bakterien führt zur Herausbildung resistenter Stämme von Krankheitserregern: Bereits vorhandene resistente Mutanten überleben und vermehren sich stark. Das Beispiel zeigt ferner, dass Mutanten unter veränderten Umweltbedingungen, hier die Gegenwart eines Antibiotikums, plötzlich einen erheblichen Selektionsvorteil gewinnen können (*s. 2.4*). Resistente Populationen entstehen auch beim Gebrauch von Insektiziden und Herbiziden.

Andere Lebewesen wirken als **biotische Selektionsfaktoren.** Dabei unterscheidet man die *zwischenartliche Selektion*, z. B. durch Feinde und Parasiten, von der *innerartlichen Selektion* zwischen den Artgenossen, z. B. durch Konkurrenz um Nahrung oder Territorium.

Ein klassisches Beispiel **zwischenartlicher Selektion** ist der Industriemelanismus. Bei verschiedenen Schmetterlingsarten, wie z. B. beim Birkenspanner, entstehen immer wieder dunkelgefärbte Mutanten. Der nicht mutierte Birkenspanner hebt sich durch seine helle Flügelzeichnung von der Rinde der Birken und flechtenüberzogenen anderen Baumstämmen kaum ab (**Abb. 444.2**). Er wird deshalb von Insekten fressenden Vögeln oft übersehen. Die dunklen Mutanten zeichnen sich jedoch deutlich ab und werden von den Vögeln daher bevorzugt gefressen. Als sich mit der Industrialisierung die Baumrinden durch Ruß dunkler färbten, entdeckten die Fressfeinde die helle Form leichter als die dunkle. In den Industriegebieten Mitteleuropas, Großbritanniens und Amerikas wurde deshalb in wenigen Jahrzehnten die helle Ausgangsform fast vollständig ver-

Abb. 444.2: Natürliche Selektion durch Fressfeinde beim Birkenspanner (zwischenartliche Selektion). **a)** Ein helles und ein dunkles Exemplar auf einem hellen, mit Flechten bewachsenen Stamm; **b)** ein helles und ein dunkles Exemplar auf einem durch Ruß geschwärzten Stamm ohne Flechten

drängt. Die Luftverschmutzung hatte die Selektionsbedingungen geändert und begünstigte die dunkle Variante des Birkenspanners. Eine Mutation, die sich nur auf die Körperfarbe auswirkte, lieferte die genetische Voraussetzung. Jedoch führten erst die veränderten Selektionsbedingungen zur Verwirklichung. Infolge des starken Rückgangs der Rußbelastung überwiegen mittlerweile wieder die hellen Formen.

Arten, die ähnliche ökologische Nischen aufweisen, sich also in ihren Umweltansprüchen und der Lebensweise ähneln, bilden oft in ganz unterschiedlichen Gebieten der Erde gleichartige Körpergestalten aus *(s. Abb. 90.1)*. In solchen Fällen führt die Selektion also zu vergleichbaren Ergebnissen. Man bezeichnet dies als Konvergenz *(s. 3.2.3)*.

Als Faktor der **innerartlichen Selektion** wirkt die Konkurrenz z. B. um Revier und Geschlechtspartner. Sie wird bei vielen höheren Tieren in Form von Rangordnungskämpfen ausgetragen *(s. 2.5.3)*. Schwächere Tiere haben geringere Fortpflanzungschancen als stärkere, tragen also weniger zum Genpool der Folgegeneration bei. Die Konkurrenz um Geschlechtspartner wirkt sich auch auf Geschlechtsmerkmale aus, die als sexuelle Auslöser dienen. Bei Männchen sind dies z. B. Geweihe (**Abb. 445.1**) und Prachtkleider *(s. Abb. 458.1)* verbunden mit Imponierverhalten. Weibchen bevorzugen Männchen mit besonders gut ausgebildeten Merkmalen: Es kommt zur **sexuellen Selektion.** Diese führt zu einer immer auffälligeren Ausbildung der entsprechenden Merkmale, bis die Tiere durch ihre Auffälligkeit von Feinden so rasch gefunden werden, dass die Nachkommenzahl sinkt. Das Wechselspiel von innerartlicher und zwischenartlicher Selektion führt zu einem »Kompromiss« beim Erscheinungsbild.

Nachteilige Merkmale, die mit vorteilhaften gekoppelt sind, bleiben in der Evolution so lange erhalten, wie die Bilanz für die Selektionswirkung positiv ist. Möglicherweise erklärt eine solche Bilanz die übermäßige und anscheinend zweckwidrige *(hypertelische)* Ausbildung bestimmter Merkmale, die schon bei geringer Umweltänderung zu großen Nachteilen oder sogar zum Aussterben führt. Beispiele sind die gewaltigen Stoßzähne des Mammuts (**Abb. 445.2**), das riesige Geweih des eiszeitlichen Riesenhirsches oder die übertrieben langen oberen Eckzähne des tertiären Säbelzahntigers (**Abb. 445.3**). Das Geweih des Riesenhirsches wirkte z. B. als Auslöser beim Ritualkampf zwischen den Männchen und beim Balzverhalten. Es ist durch sexuelle Selektion zustande gekommen. Als sich in der Nacheiszeit der Lebensraum allmählich wieder bewaldete, konnte sich der Riesenhirsch an die veränderten Bedingungen nicht rasch genug anpassen und starb daher aus.

Abb. 445.1: Skelett des eiszeitlichen Riesenhirsches mit extremer Geweihentwicklung. Das Tier hatte etwa Pferdegröße, die Spannweite des Geweihs betrug ca. vier Meter.

Abb. 445.2: Eiszeitliches Mammut. Die oberen Schneidezähne waren bis vier Meter lang und zum Stoßen ungeeignet.

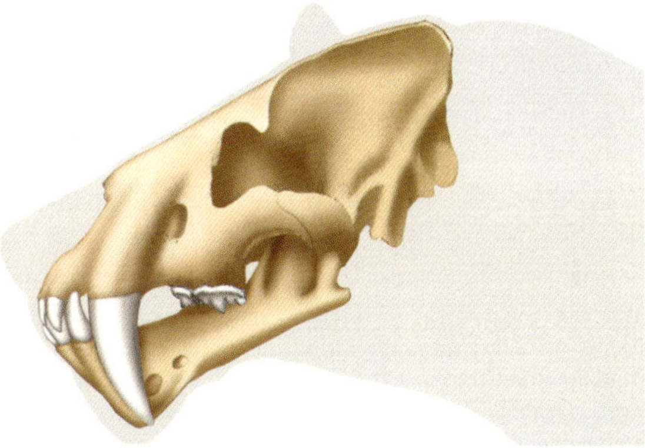

Abb. 445.3: Schädel des Säbelzahntigers. Die oberen Eckzähne wurden bis zu 18 cm lang.

Auch ein physiologisches Merkmal kann als Selektionsfaktor wirken. So hat z. B. die Verbesserung eines Enzyms, die zur Energieeinsparung bei einem Stoffwechselvorgang führt, einen Selektionsvorteil.

Das Fehlen bestimmter Selektionsfaktoren wirkt sich ebenfalls aus. So sind viele Höhlentiere farblos, weil sie in der Höhle nicht dem Licht ausgesetzt sind. Im Licht würden sie Fressfeinden auffallen oder durch Strahlung geschädigt. Die farblose Mutante hat sogar den Vorteil, keine Energie zur Bildung von Farbstoffen aufwenden zu müssen. Sie ist daher bevorzugt. Aus dem gleichen Grund können in Höhlen auch die Augen verkümmern. Dies erklärt, dass manche im Dunkeln lebende Tiere blind sind oder nur ein schwaches Sehvermögen haben. Derartige funktionslose Organe oder Organreste nennt man Rudimente *(s. 2.3 u. 3.3.1)*.

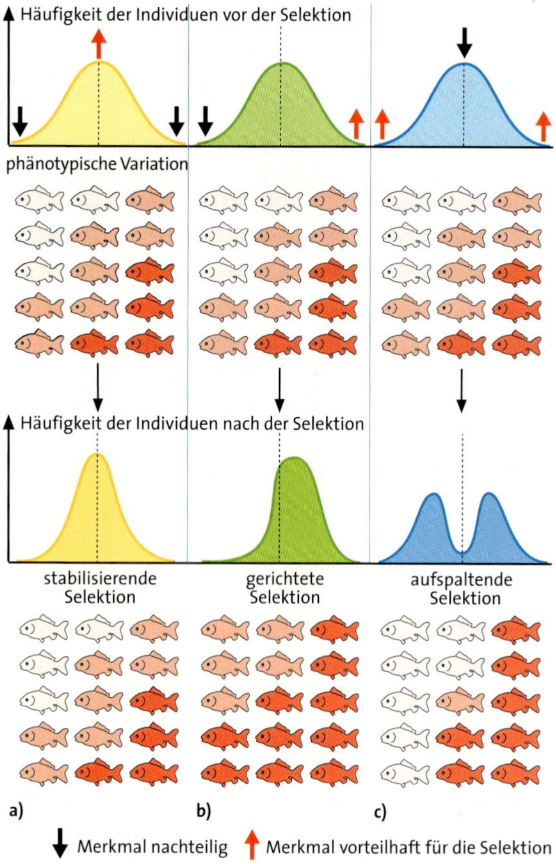

Abb. 446.1: Formen der Selektion. **a)** Stabilisierende Selektion bei einer gut angepassten Population in konstanter Umwelt, die Variationsbreite der Population bleibt im langzeitigen Mittel gleich; **b)** transformierende Selektion bei Änderung der Umweltverhältnisse; **c)** aufspaltende Selektion durch Parasiten oder Feinde (richtet sich gegen die häufigsten Formen)

Auswirkungen der Selektion auf die Population. In einer gut angepassten Population werden bei gleichbleibender Umwelt nachteilige Mutanten ständig beseitigt. Die Selektion erhält also günstige Merkmale und damit die mittlere Fitness, d. h. sie stabilisiert den Genpool: *Stabilisierende Selektion* (**Abb. 446.1**). Bei einem Wechsel der Umweltbedingungen verringert die Selektion die Häufigkeit der Merkmale, die jetzt von Nachteil sind. Daher nehmen die entsprechenden Allele ab. Die mittlere Fit-

Polymorphismus

Häufig führt Selektion zu einer Abnahme von Allelen mit nachteiligen Wirkungen. Ist a nachteilig für den Phänotyp, so erfolgt Selektion gegen aa und die Zahl die Träger von Aa nehmen dann allmählich ebenfalls ab. Der Selektionsvorteil von Allelen kann aber auch infolge von Veränderungen der Umweltbedingungen zeitlich wechseln. In diesem Falle wechseln Phänotypen unterschiedlicher Gestalt ab (Polymorphismus; gr. *polys* viel, *morphe* Gestalt). Weiterhin können die Heterozygoten bevorzugt sein. Auch dies führt zu Polymorphismus.

Einen Polymorphismus aufgrund eines zeitlichen Wechsels der Selektion kennt man von Schnirkelschnecken. Die häufig in Hecken lebenden Schnecken können sowohl gebänderte wie einfarbige Gehäuse verschiedener Färbung ausbilden. Der Polymorphismus wird durch den jahreszeitlichen Wechsel der Färbung des Biotops erklärt, außerdem ist die Temperaturresistenz der verschiedenen Formen unterschiedlich. Daher haben zu unterschiedlichen Zeiten jeweils unterschiedliche Formen einen Vorteil; im zeitlichen Mittel stellt sich ein Gleichgewicht ein. Sowohl der Selektionsfaktor Temperatur als auch der Faktor Fressfeinde dienen der Stabilisierung des Polymorphismus.

Ein Beispiel für den Selektionsvorteil von Heterozygoten ist die Sichelzellanämie *(s. Genetik 3.6.2)*. In diesem Fall bleibt eine negative Eigenschaft erhalten, weil das Gen, das die Krankheit bestimmt, zugleich einen positiven Effekt hat. Die homozygoten Träger des Sichelzellallels haben wegen schwerer Anämie nur eine geringe Lebenserwartung. Die Heterozygoten sind malariaresistent, weil die Entwicklung der Malariaerreger gestört ist. In den Malariagebieten hat dies Vorteile, weshalb die Sichelzellanämie verbreitet ist. Die Selektion erfolgt als zwischenartliche Selektion durch den Parasiten.

ness der Population bleibt dadurch erhalten oder nimmt sogar zu. Die Selektion verändert den Genpool: *Transformierende Selektion.* Durch Parasiten, Krankheitserreger oder Feinde können die häufigsten Formen besonders stark zurückgehen, sodass dann Formen mit anderen Merkmalen die höchste Fitness haben und vorherrschend werden; der Genpool beginnt sich aufzuspalten: *Aufspaltende Selektion.* Die Selektion wirkt sich auch auf die Fortpflanzungsstrategien der Populationen aus. In einem kurzzeitig bestehenden Lebensraum, z.B. Kahlschlag oder Sandbank, ist es vorteilhaft, viele Nachkommen mit kurzer Entwicklungszeit zu haben; es entsteht ein Populationswachstum gemäß der r-Strategie *(s. Ökologie 2.3)*. In einem beständigen Lebensraum, z.B. Urwald oder Höhle, ist es vorteilhaft, wenn die Population im Lebensraum auf Dauer erhalten bleibt. So entsteht die K-Strategie. Man unterscheidet demnach r- und K-Selektion.

Coevolution

In einem Ökosystem bestehen zahlreiche Wechselwirkungen zwischen den Organismen. Jeder Evolutionsschritt einer Art wirkt sich auf andere Arten aus, weil sich durch die Wechselwirkungen auch deren Selektionsbedingungen ändern. Bildet sich z.B. in einer Pflanze ein Bitterstoff, werden ihre Fressfeinde andere Futterpflanzen wählen: Die Zahl der bitteren Pflanzen nimmt auf Kosten anderer Pflanzen zu. Tritt aber bei bestimmten Fressfeinden eine Bitterstoff-Verträglichkeit auf, fressen diese nicht nur die neugewählten Futterpflanzen, sondern auch die Pflanzen, die bisher durch Bitterstoffe geschützt waren. Evolution ist daher immer auch Coevolution der miteinander in Beziehung stehenden Arten. Jeder Evolutionsschritt gibt den Anstoß zu weiterer Evolution.

Die Coevolution von Blüten und blütenbesuchenden Insekten äußert sich in erstaunlicher Angepasstheit. Die Blüten sind bezüglich Gestalt, Duft und Färbung an die bestäubenden Insekten angepasst und umgekehrt die Insekten an bestimmte Blüten, und zwar im Bau der Mundwerkzeuge, der Sinnesorgane und im Verhalten. Erst die Coevolution hat zur großen Artenvielfalt von Blütenpflanzen und Insekten geführt.

Wenn eine sehr ausgeprägte Coevolution vorliegt, ermöglicht die Evolutionstheorie sogar Vorhersagen. Dies sei an einem Beispiel erläutert, das auf DARWIN und WALLACE zurückgeht. Die epiphytische Orchidee *Angraecum sesquipedale* aus dem Regenwald Madagaskars besitzt Blüten mit einem bis über 30 cm langen Sporn, in dem die Nektardrüsen liegen (lat. *sesquipedalis* eineinhalb Fuß). WALLACE sagte voraus, dass ein Insekt mit einem entsprechend langen Saugrüssel existieren müsse, das aus dieser Orchidee Nektar saugt und dabei die Blüten bestäubt. Von den zeitgenössischen Biologen wurde dies angezweifelt. Man entdeckte aber zu Beginn des 20. Jahrhunderts einen entsprechenden Schwärmer (**Abb. 447.1**); er erhielt den Namen *Xanthopan morgani-praedicta* (lat. *praedictus* vorhergesagt). Der lange Rüssel ist durch die Selektion begünstigt, weil er vor Feinden schützt, die auf der Pflanze lauern. Insekten mit langen Rüsseln berühren allerdings die Pollensäcke von Blüten mit kurzem Sporn nicht und bestäuben sie deshalb auch nicht. Daher begünstigt die Selektion zugleich die Entwicklung des langen Sporns (Coevolution durch positive Rückkopplung).

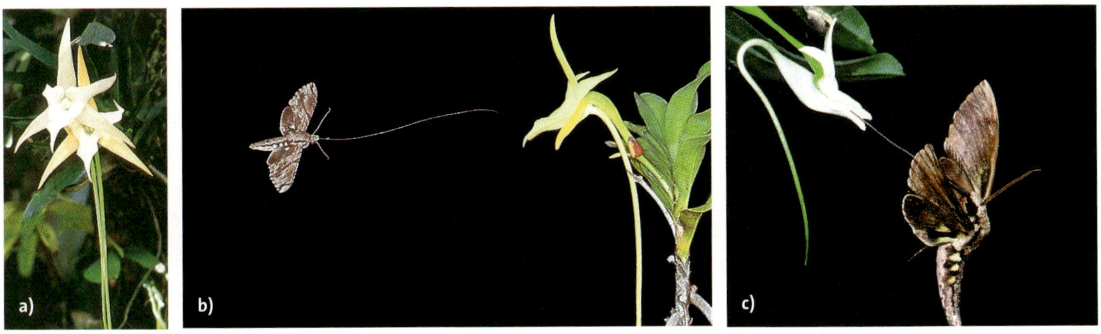

Abb. 447.1: Orchidee *Angraecum sesquipedale* von Madagaskar und ihr Bestäuber. Während der Nahrungsaufnahme ermöglicht der lange Rüssel einen großen Sicherheitsabstand von den Blüten. Lauerjäger wie Jagdspinnen können die Schmetterlinge daher kaum erbeuten.

Abb. 448.1: Schützende Ähnlichkeit mit der Umgebung (Mimese). **a)** Ödlandschrecke; **b)** Wandelndes Blatt

Tarn- und Warnfärbung als Selektionswirkungen

Polartiere wie z. B. Eisbär und Eisfuchs, sind oft weiß wie der Schnee. Dagegen ist der Wüstenfuchs gelblich bis hellbraun wie der Untergrund und Tiere, die im Gras leben, wie z. B. Grasfrosch und Heuschrecken, sind oft grün oder braun gefärbt. Alle diese Tiere weisen eine *Tarnfärbung* auf. Die gestreifte Fellzeichnung eines Zebras löst in einem mit Gesträuch durchsetzten Grasland den Körperumriß optisch völlig auf (Gestaltauflösung).

Eine Tarnung durch die *Nachahmung von Gegenständen* bezeichnet man als **Mimese**, dadurch können Fressfeinde getäuscht werden (**Abb. 448.1**). So ahmt z. B. der Birkenspanner die Zeichnung von Baumrinde nach *(s. Abb. 444.2)*, Stabheuschrecken und Spannerraupen gleichen einem Zweig, Zikaden einem Pflanzenstachel und Verwandte der Stabheuschrecke ähneln in Gestalt und Färbung einem grünen Blatt. Ein javanischer Schmetterling sieht in sitzender Stellung aus wie ein dürres Laubblatt (**Abb. 449.1**). Ein Beispiel aus dem Pflanzenreich sind die »Lebenden Steine« der steinigen Halbwüste im südlichen Afrika, die man nur erkennt, wenn sie blühen *(s. Abb. 85.1 a)*.

Auffällige Zeichnungen oder Farben, die Fressfeinde abschrecken, bezeichnet man als *Warntracht*. So besitzen Unken eine grell gefärbte Bauchseite, die sie bei Gefahr präsentieren. Manche Schmetterlingsraupen zeigen am Hinterende auffällige Augenmuster, die den Kopf eines größeren Tieres vortäuschen. Wespen besitzen eine auffällige schwarz-gelbe Hinterleibs-Zeichnung.

Abb. 448.2: Coevolution bei der Spiegelragwurz, einer Orchidee aus dem Mittelmeergebiet. **a)** Blüte der Spiegelragwurz; **b)** Gestalt und Färbung sowie der Geruch sind ähnlich den Eigenschaften von Dolchwespen-Weibchen; es handelt sich um »Täuschblumen«; **c)** ein Dolchwespen-Männchen führt Begattungsversuche durch; es nimmt dabei Pollen auf und trägt diesen zur nächsten Blüte. Je ähnlicher die Blüte dem Wespenweibchen ist, umso sicherer ist die Bestäubung durch Männchen.

Bei der **Mimikry** erfolgt Nachahmung eines anderen Tieres, das wehrhaft oder giftig ist. Auf diese Weise werden Fressfeinde nicht nur getäuscht, sondern auch abgeschreckt. Manche Schwebfliegen-Arten ahmen Wespen nach und werden daher von vielen Vögeln nicht gefressen. Zahlreiche Schmetterlingsarten der Tropen werden wegen ihrer Giftigkeit von Vögeln gemieden. In den Schwärmen solcher Schmetterlinge fand man ganz ähnliche, die sich bei genauer Untersuchung jedoch als Angehörige einer anderen Art erwiesen und auch nicht giftig waren. Sie nehmen durch gleiche Form und sehr ähnliche Flügelzeichnung am Schutz der giftigen Art teil (**Abb. 449.2**). Die Zahl der Nachahmer darf allerdings nicht zu groß werden, denn wenn ein Vogel zuerst auf mehrere Nachahmer trifft, verliert der Schutz seine Wirkung. Die Fitness der »Nachahmer« ist also häufigkeitsabhängig. Die Weibchen des Ritterfalters ahmen durch unterschiedliche Flügelmuster sogar verschiedene giftige Vorbild-Arten nach, sodass die Fitness nicht verringert wird.

In anderen Fällen erwiesen sich bei gestaltlich ähnlichen Schmetterlingsarten beide als ungenießbar für Vögel. In diesen Fällen erhöht sich die Fitness für beide unabhängig von der Individuenzahl, und es können auch mehrere Arten an einer Mimikry teilhaben.

Die Mimikry betrifft nicht nur Gestalt oder Färbung, sondern es können auch bestimmte Verhaltensweisen wie Körperhaltung und Fortbewegung der Täuschung dienen: In den Korallenriffen suchen Putzerfische Fische anderer Arten nach Parasiten ab. Dieses Verhalten wird von den Fischen geduldet. Der Putzer wird im Aussehen und Verhalten von einem räuberischen Schleimfisch nachgeahmt, der Fleischstücke aus anderen Fischen herausbeisst. Bei dieser Form der Mimikry wird also vom Schleimfisch eine Tarnung benutzt, um Nahrung zu erbeuten. Auch der Kuckuck nutzt andere Arten aus; seine Eier sind häufig jenen der ausbrütenden »Wirtsvögel« in Form und Farbe angepasst. Die Blüten von Ragwurz-*(Ophyrs-)*Arten ahmen in Gestalt, Färbung und Geruch die Weibchen bestimmter Insektenarten nach, sodass die Männchen dieser Arten Begattungsversuche unternehmen. Sie nehmen Pollen auf und tragen ihn zur nächsten Blüte (**Abb. 448.2**). Es handelt sich hier um Täuschblumen, die dem Bestäuber gar nichts liefern! Der Vorgang kann nur funktionieren, wenn die Blüte das Insektenweibchen gut nachahmt: Die Evolution der beiden Arten muss aufgrund ihrer Wechselwirkung aufeinander abgestimmt sein *(s. Exkurs Coevolution, S. 447)*.

Abb. 449.1: Blattschmetterling *Kallima*. Vorder- und Hinterflügel ergänzen sich zu einem einheitlichen Blattmuster, entwickeln sich aber getrennt.

a)

b)

Abb. 449.2: Mimikry bei Schmetterlingen aus Indien. **a)** *Danaus tyria*. Bereits die Raupe nimmt aus der Nahrungspflanze Stoffe auf, die für Vögel giftig sind, und speichert diese; **b)** der Nachahmer *Chilasa ayestor* ist nicht giftig.

2.1.3 Gendrift

Die Zusammensetzung des Genpools einer Population kann sich auch dann von einer Generation zur nächsten verändern, wenn weder neue Mutationen auftreten noch die Selektion wirkt. Eine Gruppe von Trägern bestimmter Merkmale kann nämlich durch Unwetter, Waldbrand oder andere Umstände plötzlich aussterben. An ihrer Stelle breitet sich der überlebende Teil der Population mit etwas anderer genetischer Zusammensetzung aus, beim zufälligen Überleben nur nachteiliger Mutanten sogar diese.

Auf diese Weise können der zufällige Tod oder das zufällige Überleben von Trägern bestimmter Merkmale (und ihrer Gene) für die Zusammensetzung einer Population von Bedeutung sein. Diese zufallsbedingten Änderungen des Genpools bezeichnet man als *Gendrift.* Sie ist in kleinen Populationen viel wirksamer als in großen. Dies zeigt ein Beispiel: In einer Population von 100 Individuen seien 1/4, also 25 Individuen, Träger einer Eigenschaft X. Nun sollen 50 Individuen zufällig zugrunde gehen, darunter seien 20 Individuen mit X. In der nun 50 Individuen umfassenden Population sind also nur noch 5 = 1/10 X-Individuen vorhanden. Der zufällige Tod führt somit zu einer Abnahme der Genhäufigkeit von 25 % auf 10 %. Liegt dagegen eine Population von 1000 Individuen vor, in der 1/4 (= 250 Individuen) Träger von X sind, so ruft der zufällige Tod von 50 Individuen (davon 20 X-Individuen) nur eine Änderung von weniger als 1 % hervor.

Kleine Populationen findet man z. B. bei Arten, die isoliert nur an einem bestimmten Ort vorkommen. Treten Populationswellen auf, so ist die Population in einem »Wellental« jeweils am kleinsten *(s. Ökologie 2.4.2)*. Eine kleine Population liegt auch vor, wenn wenige Individuen einer Population in einen neuen Lebensraum gelangen, wie z. B. die Vorfahren der Darwinfinken, die durch Sturm vom Festland auf die Galapagos-Inseln verschlagen wurden *(s. Abb. 441.3)*.

Zufallswirkungen begünstigen auch den Zerfall einer Population in lokale Rassen. So kennt man z. B. Fischarten, die in jedem von nahe beieinander liegenden Seen eine eigene Rasse aufweisen.

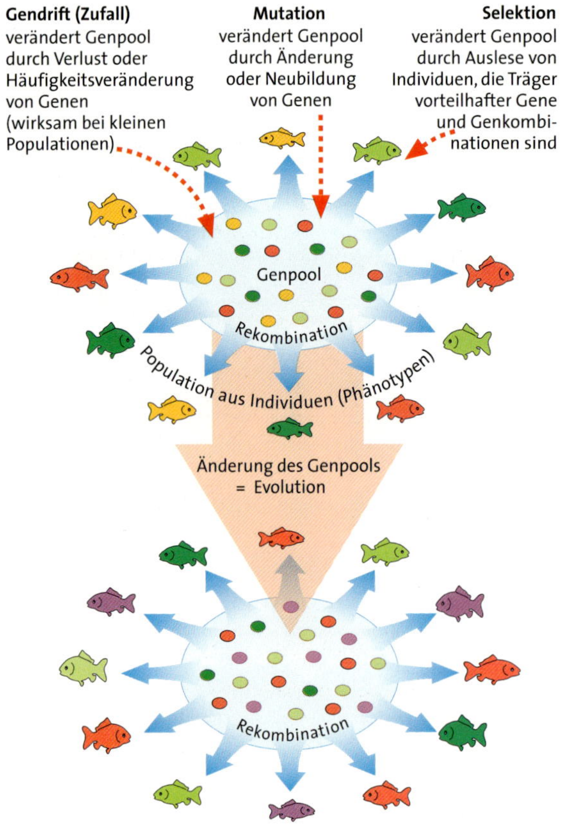

Abb. 450.1: Zusammenwirken der Evolutionsfaktoren. Durch die zahlreichen Paarungsmöglichkeiten in einer Population kommt eine fortgesetzte Rekombination von Allelen zustande, sodass unterschiedliche Phänotypen vorliegen. An den Phänotypen setzt die Selektion an.

2.1.4 Genetische Rekombination

Rekombinationen liefern neue Genotypen und führen zur genetischen Variabilität der Individuen. Damit entstehen neue Phänotypen, von denen solche mit günstigen Gen-Kombinationen, ausgelesen werden. Eine genetische Rekombination ist nur bei geschlechtlicher Fortpflanzung möglich, denn sie erfolgt durch die Zufallsverteilung der väterlichen und mütterlichen Chromosomen sowie durch Crossing-over bei der Meiose. Bei der ungeschlechtlichen Fortpflanzung sind Eltern und Nachkommen genetisch gleich; außer beim Auftreten neuer Mutationen. Daher ist für die Evolution die geschlechtliche Fortpflanzung von größter Bedeutung. Wenn ein Organismus nur in einem Allelenpaar heterozygot wäre (Aa), würde er $2^1 = 2$ verschiedene Geschlechtszellen bilden. Ist der Organismus in 2 Erbanlagen heterozygot (AaBb), so können $2^2 = 4$ verschiedene Geschlechtszellen gebildet werden, und ist er in 15 Erbanlagen auf verschiedenen Chromosomen heterozygot, können bereits $2^{15} = 32\,768$ verschiedene Geschlechtszellen gebildet werden. Infolge der Entkoppelung durch Crossing-over ist die Zahl der Rekombinanten noch größer. Da die Organismen viele Allele besitzen, entsteht eine Fülle von Rekombinationsmöglichkeiten für die Nachkommen, die dann der Selektion unterliegen.

2.2 Artbildung und Isolation

Werden zwei Teilpopulationen voneinander isoliert, so entwickeln sie sich unterschiedlich weiter. In manchen Fällen, z. B. bei der Entstehung einer biologischen Fortpflanzungsschranke *(s. Exkurs Artbegriff, S. 442)*, erfolgt sehr rasch eine vollständige Auftrennung des Genpools. Vielfach erfolgt eine solche Auftrennung allerdings allmählich: Wenn Populationen aufgrund der Anordnung geeigneter Lebensräume so in Teilpopulationen gegliedert sind, dass zwischen diesen nur gelegentlich ein Individuenaustausch stattfindet, werden auch nur sporadisch Allele ausgetauscht. Dann kommen in den Teilpopulationen unterschiedliche Allelenhäufigkeiten zustande; etliche Allele aus dem Genpool der ursprünglichen Population liegen nur in geringer Häufigkeit vor. Folglich entstehen unterschiedliche genetische Varianten. Diese zeigen sich auch an den Phänotypen; es bilden sich unterschiedliche Rassen bzw. Unterarten *(s. Genetik 1)*. Der Austausch von Allelen wird als *Genfluss* bezeichnet. Er verhindert die vollständige Auftrennung der Genpools. Das Ausmaß des Genflusses hängt erheblich von der räumlichen Anordnung der Teilpopulationen ab; zwischen weit voneinander entfernten Teilpopulationen findet oft kein Genaustausch mehr statt *(s. Abb. 453.1)*. Schließlich wird dieser ganz unterbrochen, so dass der Genpool aufgetrennt wird und zwei Arten entstehen. Die Wahrscheinlichkeit der Artbildung ist umso größer, je unterschiedlicher die Anpassungen der Teilpopulationen sind.

Die Auftrennung des Genpools bezeichnet man als *genetische Separation* (**Abb. 451.1** und **451.2**). Ist diese vollzogen, zeigen die neuen Arten mit der Zeit immer mehr Merkmalsunterschiede, weil keine Vermischung mehr möglich ist; denn in den getrennten Gruppen treten unterschiedliche Mutationen auf und die Selektion wirkt infolge ungleicher Umweltverhältnisse unterschiedlich.

Die für die Trennung bzw. Artbildung erforderliche Isolation der Populationen kann auf verschiedene Weise zustandekommen; dementsprechend unterscheidet man zwischen *allopatrischer Artbildung* infolge einer räumlichen Trennung der Populationen und *sympatrischer Artbildung*, die z. B. durch ökologische Auftrennung der Populationen im gleichen Lebensraum stattfindet.

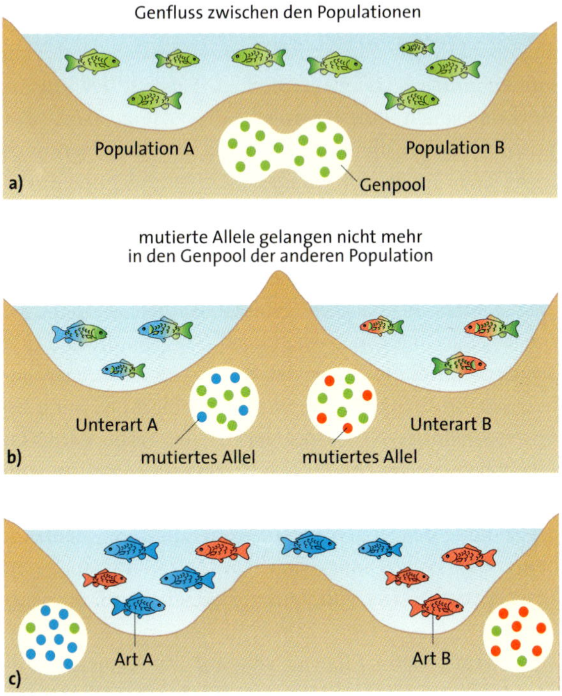

Abb. 451.1: Modell der Aufspaltung einer Art durch geographische Isolation. **a)** Genfluss vorhanden; **b)** Isolation durch eine trennende Barriere; **c)** nach genetischer Separation liegt eine biologische Fortpflanzungsschranke vor. Eine Kreuzung ist nicht mehr möglich.

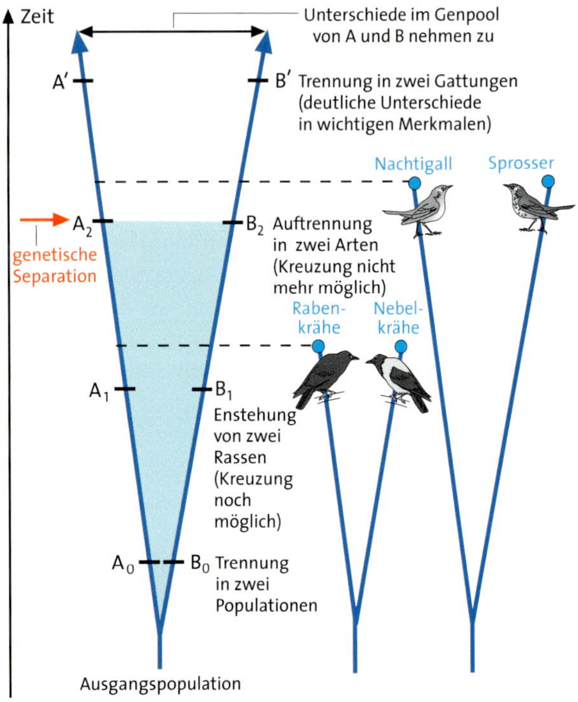

Abb. 451.2: Bildung von zwei getrennten Arten aus einer Ausgangsart. Zunächst entstehen zwei Rassen A_1 und B_1 (als Beispiel: Rabenkrähe und Nebelkrähe). Durch genetische Separation entstehen getrennte Arten A_2 und B_2 (als Beispiel: Nachtigall und Sprosser).

2.2.1 Allopatrische Artbildung

Kommt es infolge räumlicher Auftrennung, also einer *geografischen Isolation* der Populationen zur Artbildung, so bezeichnet man diese als *allopatrisch.* So führten Klimaveränderungen, die in der Erdgeschichte fortlaufend stattfanden *(s. 3.2.3)*, zur Abdrängung von Teilpopulationen in getrennte Gebiete. Als Folge der Eiszeiten hat sich auf diese Weise z. B. die Krähe im westlichen Europa zur Rabenkrähe, im östlichen Europa zur Nebelkrähe entwickelt *(s. Abb. 451.2)*. Beide werden allerdings noch als Unterarten der populationsgenetisch definierten Art angesehen. Nach dem Rückzug des Eises wurden die frei gewordenen Gebiete wieder besiedelt. Im Bereich der Elbe überlappen sich heute die Verbreitungsgebiete der beiden Krähen; dort bilden sie auch fertile Bastarde.

Ebenfalls durch die Trennung während der Eiszeiten haben sich Sprosser und Nachtigall sowie Winter- und Sommergoldhähnchen zu nicht bastardierenden, echten Arten entwickelt. Wegen ihrer großen Gestaltähnlichkeit nennt man sie *Zwillingsarten* (**Abb. 453.2**). Nach der Ausbildung von biologischen Fortpflanzungsschranken *(s. Exkurs Artbegriff, S. 442)* haben sie das gleiche Gebiet besiedelt; ihre ökologischen Nischen unterscheiden sich.

Weite Entfernungen zwischen den Randbereichen eines großen Verbreitungsgebietes einer Art führen infolge geringen Genflusses quer durch das Verbreitungsgebiet zur Entwicklung von Rassen. So bildet die Kohlmeise drei Rassen: Die europäisch-sibirische, die südasiatische und die chinesische Rasse (**Abb. 453.1**). Wo sich ihre Verbreitungsgebiete berühren, entstehen Bastarde. Nur in Ostasien, wo die chinesische auf die europäisch-sibirische Rasse trifft, erfolgt keine Bastardierung. Hier verhalten sich die Rassen wie zwei getrennte Arten. Der Übergang von der Rasse zur Art ist also fließend, wie dies bei einer Evolution durch kleine Mutationsschritte zu erwarten ist.

Einzelne Individuen können durch Stürme, Meeresströmungen usw. in schwer zugängliche Gebiete gelangen; z. B. auf Inseln oder in Gebirgstäler. Sie begründen dann dort neue Populationen. Durch solche *Gründerindividuen* erfolgte die Besiedlung von vulkanischen Inseln im Ozean (Galapagos, Hawaii, Kanaren). Auf diesen findet man zahlreiche nur dort vorkommende (endemische) Arten. Sie besitzen oft geringe Konkurrenzfähigkeit gegenüber eingeschleppten Arten *(s. Ökologie 4.3.3)*.

Die Kontinentalplatten sind ständig in Bewegung, sodass sich die Lage der Kontinente in geologischen Zeiträumen ändert *(s. Abb. 473.1)*. So wurden einheitliche Gebiete zerlegt und es entstanden unüberwindbare Barrieren. Beispielsweise entwickelten im isolierten Australien die Beuteltiere viele Arten *(s. Abb. 480.1)*.

Wenn infolge der Entstehung einer räumlichen Barriere eine vollständige Auftrennung von Populationen erfolgt ist, muss es nicht zur Ausbildung einer biologischen Fortpflanzungsschranke kommen. So bilden die amerikanische und die Mittelmeerplatane fruchtbare Bastarde, die in Mitteleuropa vielfach gepflanzt werden. Auch die nordamerikanische und die europäische Elster bilden fruchtbare Bastarde. Weil in der Natur keine Kreuzung möglich ist und die Körpergestalten sich leicht unterscheiden lassen, gelten solche Formen üblicherweise als getrennte Arten (ökologischer Artbegriff).

2.2.2 Sympatrische Artbildung

Die *sympatrische Artbildung* erfolgt innerhalb ein und desselben Lebensraumes, also ohne räumliche Isolation. Als Ursache der Artbildung muss eine biologische Fortpflanzungsschranke ausgebildet werden. Z. B. kann sich eine Teilpopulation durch eine andere Ernährungsweise der innerartlichen Konkurrenz teilweise entziehen und so eine abweichende ökologische Nische bilden. Aufgrund dieser *ökologischen Isolation* kann eine getrennte Entwicklung erfolgen. Beim Kleefalter sucht die normale gelbflügelige Form des Schmetterlings mittags ihre Nahrung, während eine weißflügelige Mutante durch Anpassung an niedrigere Temperaturen morgens und abends aktiv ist. Die weiße Form kann daher auch an kühleren Orten (Berglagen) leben. Folglich bewirkt die Selektion auch eine räumliche Trennung. Weil aber noch keine Fortpflanzungsschranke besteht, liegen noch nicht zwei Arten vor. Gemäß dem populationsgenetischen Artbegriff handelt es sich um *eine* Art.

Besonders wirksam ist die sympatrische Artbildung, wenn Lebensräume wenig besiedelt sind, sodass zahlreiche ökologische Nischen gebildet werden können. Sie spielt daher nach der Neubesiedlung von Inseln und Seen eine große Rolle. In den ostafrikanischen Seen haben die Buntbarsche *(Cichliden)* durch Anpassung an unterschiedliche Nahrungsquellen eine große Zahl von Arten hervorgebracht. Im Malawisee sind es über 300, im Tanganjikasee über 110 Arten. Der Victoriasee war gegen Ende der letzten Eiszeit trockengefallen; dennoch beherbergt er fast 300 Arten. Die Artbildung muss im Verlauf von etwa 15 000 Jahren, also sehr rasch abgelaufen sein.

Unterarten von Pflanzen, die auf schwermetallhaltigem Boden wachsen, können dadurch von anderen Populationen der Art, die dazu nicht fähig sind, ökologisch isoliert werden. Dann kann eine Artaufspaltung erfolgen. So entstand z. B. das Galmeiveilchen auf Bergbauhalden in Ost-Westfalen.

Eine sympatrische Artbildung erfolgt auch, wenn eine biologische Fortpflanzungsschranke infolge einer Genom-Mutation *(s. Genetik 3.3.3)* entsteht. Dabei handelt es sich um *genetische Isolation*. Bei Pflanzen tritt verbreitet Polyploidie auf. Polyploide können nur unter sich, nicht aber mit der diploiden Ausgangsform fruchtbare Nachkommen erzeugen. Sie stehen daher nicht mehr im Gen-Austausch mit der Ausgangsform. Viele Pflanzengattungen enthalten polyploide Arten, z. B. Rose, Dahlie, Weizen, Baumwolle und Tabak. Die Artbildung durch Polyploidie geht von Einzelindividuen aus. Sie sind gegenüber Umweltstress oft widerstandsfähiger: Aufgrund der Selektion findet man oft in Gebirgslagen und mit zunehmender geographischen Breite mehr polyploide Arten.

Bei der Entstehung der 13 Darwinfinken-Arten wirkten allopatrische Artbildung durch geografische Isolation und sympatrische Artbildung durch Einnischung hinsichtlich des Nahrungserwerbs zusammen.

Abb. 453.1: Rassenkreis der Kohlmeise. Im persischen Raum geht die europäische Rasse in die südasiatische Rasse über. Die chinesisch-japanische Kohlmeise trifft in einer Übergangszone mit der von Europa her vorgedrungenen Rasse zusammen.

2.2.3 **Biologische Isolationsmechanismen**

Biologische Isolationsmechanismen sind Eigenschaften von Arten durch die ein Genaustausch mit anderen Arten verhindert wird. Bei der Isolation von Arten unterscheidet man Mechanismen, bei denen eine Bastardbildung verhindert wird, von solchen, bei denen die Bastarde steril oder wenig lebensfähig sind. Im zuletzt genannten Fall führt die Selektion dazu, dass die Bastardbildung überhaupt verhindert wird, weil dann keine Energie für eine vergebliche Fortpflanzung aufzuwenden ist.

Die verschiedenen Formen von Fortpflanzungsschranken gehen mit unterschiedlichen Arten der Isolation einher. So entsteht z. B. ökologische Isolation, wenn sich bei einer Population unterschiedliche Nahrungsnischen bilden und genetische Isolation, wenn polyploide Individuen auftreten. Ethologische Isolation kommt bei Säugern und Vögeln aufgrund der Evolution unterschiedlicher Paarungsgewohnheiten zustande (**Abb. 453.2**). Bei einigen Feldheuschrecken-Arten sind Lautäußerungen das einzige eindeutige Artunterscheidungsmerkmal. Zeitliche Isolation erfolgt durch unterschiedliche Fortpflanzungs- bzw. Blütezeiten und sexuelle Isolation durch unterschiedliche Ausbildung der Geschlechtsorgane.

Eine Zunahme der Zahl der Arten ist stets an eine Auftrennung eines zuvor einheitlichen Genpools und eine Isolation von Teilpopulationen geknüpft *(aufspaltende Evolution)*. Unabhängig von der Bildung neuer Arten verändern sich aber in der Generationenfolge im Laufe langer Zeit die Merkmale einer Art, weil die Umweltbedingungen nur selten konstant bleiben. Die Zahl der Arten wird hierbei nicht verändert *(nichtspaltende Evolution)*.

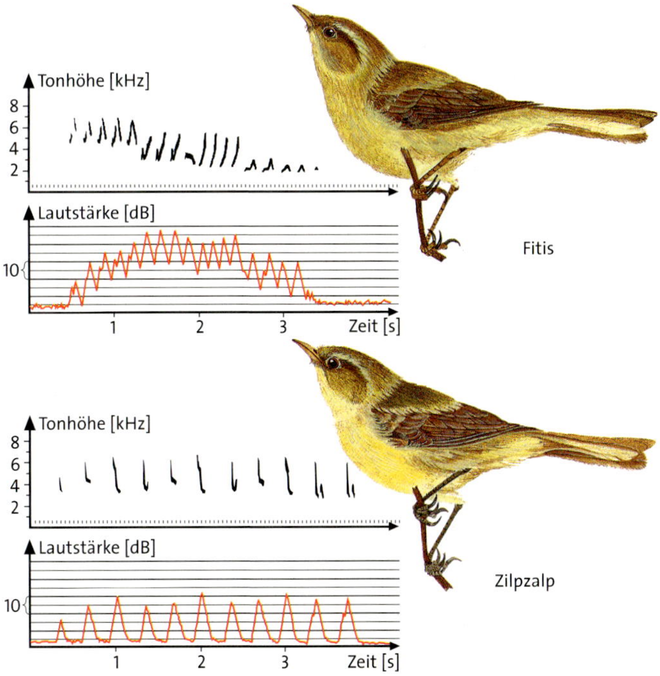

Abb. 453.2: Die Laubsängerarten Zilpzalp und Fitis unterscheiden sich im Aussehen kaum. Durch ihre Gesänge besteht zwischen ihnen eine biologische Fortpflanzungsschranke. Oben ist jeweils das Klangspektrogramm (Tonhöhe), darunter die Schalldruckkurve (Lautstärke) des Gesangs angegeben. Der Gesang führt nur Geschlechtspartner der gleichen Art zusammen.

2.3 Rahmenbedingungen der Evolution

Abhängigkeiten im Organismus. Der Veränderung von Strukturen und Funktionen des Organismus im Evolutionsvorgang sind Grenzen gesetzt. So kann ein Organ, wie das Auge, nicht vorübergehend stillgelegt werden, während es verbessert wird. Die Evolution verläuft außerdem in wechselseitiger Abhängigkeit der Organe. Die Bedeutung der wechselseitigen Abhängigkeit machen z.B. Phantasie-Organismen deutlich, bei denen diese *Interdependenz* gestört ist. Sie erscheinen deshalb »unrealistisch« (**Abb. 455.1**).

Für die Ausbildung eines Organs sind stets mehrere Gene zuständig. Da die Selektion am Phänotyp ansetzt, unterliegen diese Gene gemeinsam der Selektion. Daher kann die Evolution nicht zum Verlust nur eines dieser Gene führen. So blieb beispielsweise das genetische Programm für die Ausbildung der sieben Halswirbel der Säugetiere seit den Anfängen der Säugerevolution mit wenigen Ausnahmen erhalten. Dies erklärt, weshalb die Giraffe nur sieben Halswirbel hat, obwohl für ihren langen Hals eine größere Zahl vorteilhaft wäre. Ebenso behalten die Säuger das genetisch festgelegte Geschlechtsverhältnis 1:1 starr bei, obwohl ein anderes Verhältnis in sozialen Systemen, in denen ein Männchen mit mehreren Weibchen eine Gruppe bildet, von Vorteil sein könnte. So wären bei Pavianen vermutlich die Zahl der Rangordnungskämpfe vermindert, wenn im Verhältnis mehr Weibchen geboren würden.

Festlegungen durch die Ontogenese. Das Programm der Individualentwicklung liegt weitgehend fest. Deshalb werden in der Ontogenese vielfach Stadien durchlaufen, die früheren Evolutionszuständen entsprechen oder ähneln. So bilden die Embryonen der Säuger, auch des Menschen, Kiementaschen aus, die sich aber nicht zu Kiemenspalten mit Kiemen weiterentwickeln *(s. Abb. 464.3)*. Die *»biogenetische Regel«*, wonach in der Ontogenese frühere Evolutionsstadien durchlaufen werden, kann zur Klärung von Abstammungsverhältnissen herangezogen werden *(s. 3.1.2)*.

Werden Organe funktionslos, so verschwinden sie im Verlauf der Evolution nur ganz allmählich und sind daher oft noch an Resten (Rudimenten) zu erkennen *(s. 3.1.1)*.

Mutationen in Entwicklungsgenen können vielerlei Auswirkungen haben. So kann es vorkommen, dass ein Organismus bereits im Jugendstadium geschlechtsreif wird, die Jugendform wird dann zur Erwachsenenform. So wird der mexikanische Molch *Axolotl* schon als Kaulquappe geschlechtsreif. Er ist dann ca. 29 cm lang. Gene, die Information für spätere Entwicklungsstadien tragen, werden dann nicht mehr aktiv. Sie bleiben aber zunächst erhalten und stehen für eine neue Verwendung im Laufe der Stammesgeschichte zur Verfügung.

Unumkehrbarkeit. Wenn die genetische Information für die Bildung eines Organs verlorengegangen ist, kann dieses nicht wieder entstehen: Die Evolution ist nicht umkehrbar. So bilden Wale keine Kiemen, obwohl dies für sie günstig wäre *(s. Stoffwechsel 4.3.4)* und ihre Embryonen sogar Kiementaschen anlegen. Möglich ist hingegen die Umbildung und Funktionsänderung von Organen: Die an trockene Standorte angepassten Kakteen besitzen keine Blätter mehr. Bei Arten, die später wieder in feuchtere Lebensräume übergegangen sind, wurden Sprosse oft blattartig. Sie ersetzten die Blätter funktionell, wenn auch nicht mit gleicher Leistungsfähigkeit. Dies erkennt man bei den als »Blattkaktus« bezeichneten Arten. Auch in anderen Fällen liefert die Evolution keine optimalen Organe, sondern solche, die aufgrund der Beschränkungen durch die Evolution die relativ günstigsten sind. So besitzt der Hals der Giraffe, wie bereits erwähnt, nur sieben Halswirbel. Dadurch ist die Biegbarkeit eingeschränkt und das Trinken erschwert.

Konstruktive Beschränkungen. Die genetische Ausstattung setzt auch der Größe der verschiedenen Gruppen von Lebewesen Grenzen. Große Säugetiere ähneln in ihrem Erscheinungsbild den kleinen, benötigen jedoch relativ dickere Knochen und Muskeln (**Abb. 455.2**). Skelett und Muskulatur können aber nicht unbegrenzt an Masse zunehmen. So konnte der Blauwal seine Masse von über 130 000 kg nur als Lebewesen des Wassers erreichen. Die größten Landwirbeltiere, wie z. B. *Bronchiosaurus*, brachten es »nur« auf etwa 50 000 kg! Mit der Vergrößerung eines Körpers bei gleichbleibender Gestalt nimmt sein Volumen mit der dritten Potenz, die Oberfläche aber nur mit dem Quadrat seiner Länge zu. Der Gasaustausch ist oberflächenabhängig. Daher muss mit der Volumenzunahme eine starke Vergrößerung der inneren, Sauerstoff aufnehmenden Oberfläche einhergehen. Bei Insekten setzt die Tracheen-Atmung der Größe der Tiere Grenzen. Schon bei der Größe eines mittleren Hundes müsste ein Insekt im Inneren fast nur noch aus Tracheen bestehen; andere Organe hätten nicht mehr genügend Platz. Daher konnten die Insekten in der Evolution nie sehr große Formen hervorbringen. Die größten Insekten gab es im Unterperm *(s. 3.2.4)*. In dieser Zeit war der Sauerstoffgehalt der Atmosphäre höher als heute, sodass die Tracheenatmung effektiver arbeiten konnte.

2.4 Transspezifische Evolution

Die Wirkung der Evolutionsfaktoren führt zur Entstehung neuer Rassen und Arten. Vorgänge, die bis zur Bildung einer neuen Art (Spezies) führen, bezeichnet man als *intraspezfische Evolution.* Diese ist bei Mikroorganismen und Pflanzen experimentell nachvollzogen worden, z. B. beim Weizen *(s. Abb. 327.1)*. Führt die Evolution über neue Arten hinaus zur Bildung von neuen Gattungen, Familien und noch höheren Einheiten, spricht man von *transspezifischer Evolution.* So entstanden z. B. nacheinander die unterschiedlichen Baupläne der Wirbeltierklassen wie Knochenfische, Amphibien und Vögel. Die transspezifische Evolution ist eine Abfolge vieler nacheinander ablaufender Artbildungsvorgänge. Die Entwicklung eines neuen Bauplans muss mit einer neuen Ausgangsart begonnen haben. Es ist daher zu erwarten, dass bei der transspezifischen Evolution die gleichen Faktoren wirken, wie bei der intraspezifischen.

Will man über nicht unmittelbar der Beobachtung zugängliche Ereignisse, wie die transspezifische Evolution, eine Aussage machen, so ist man auf Indizien angewiesen. Außerdem benötigt man plausible Gründe zur Erklärung, warum solche Ereignisse stattgefunden haben. Indizien für die Entstehung der Wirbeltierklassen liefern Fossilfunde von Übergangsformen, wie z. B. der Urlurch *Ichthyostega* oder der Urvogel *Archaeopteryx (s. Exkurs Übergangsformen, S. 481)*. Eine Ursache für die Bauplanänderung kann eine Besiedlung neuer Lebensräume sein, die zuvor nicht oder nur unvollständig genutzt wurden. Dies gilt z. B. für den Übergang zum Landleben. Einzelne Mutanten, die in einen neuen Lebensraum vordringen, können dort überleben, auch wenn sie nur wenig angepasst sind, denn sie treffen nicht auf Konkurrenten. Durch ihre Vermehrung entsteht nach kurzer Zeit jedoch Konkurrenz, und die Evolution führt zu unterschiedlichen Anpassungsformen, also neuen Rassen und Arten im Lebensraum. So erreichten vor etwa 450 Millionen Jahren Pflanzen vom Grünalgen-Typus zunächst Küstensümpfe und dann das Land. Es kam dabei zu Anpassungen: Die Pflanzen bildeten Festigungsgewebe; dieses war im Wasser wegen des Auftriebs nicht erforderlich. Ferner mussten sie den Wasserhaushalt regulieren, um einem Wasserverlust durch Verdunstung entgegenzuwirken. Für diese Anpassungen war ein erheblicher Teil der Fotosynthese-Produktion aufzuwenden. Als es mit der Zunahme der Individuen zur Konkurrenz kam, begann die Anpassung an immer trockenere Standorte. Mit ihr war die Ausbildung unterschiedlicher Wuchsformen verbunden. Die so entstandenen vielen neuen Arten gliedert man aufgrund von Bauplan-Unterschieden in unterschiedliche Gattungen, Familien und höhere systematische Einheiten.

Jede neu entstandene Art verändert ihrerseits die Umwelt der anderen und wirkt daher als biotischer Selektionsfaktor. So nimmt im Verlauf der Evolution durch den Evolutionsvorgang selbst die Zahl der ökologischen Nischen zu: Nach der Evolution der Landpflanzen konnten Pflanzen fressende Landtiere entstehen, denen rasch räuberische Arten nachfolgten. Große Auswirkungen auf die Bildung neuer Organismengruppen sogar im gleichen Lebensraum haben starke Umweltveränderungen, z. B. eine Veränderung des globalen Klimas, die zu Eiszeiten führte *(s. 3.2.3)*.

Abb. 455.1: Fehlen von Interdependenz der Organe: Surrealistische Phantasie-Organismen aus Bildern des Malers HIERONYMUS BOSCH (um 1490).

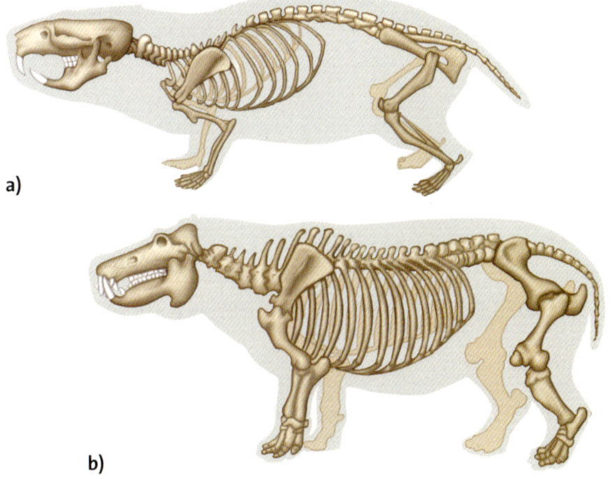

Abb. 455.2: Beziehung zwischen Skelettbau und Größe. **a)** Lemming (Länge ca. 14 cm); **b)** Flußpferd (Länge ca. 3 m). Das größere Tier besitzt ein viel massigeres Skelett.

Evolution des Auges

In der Evolution wird in der Regel die augenblickliche Funktion verbessert. Dabei kommt oft eine Zunahme der Komplexität zustande. Dies zeigen Modellüberlegungen zur Evolution des Auges. Die einfachsten Lichtsinnesorgane sind Gruppen von Lichtsinneszellen (Flachaugen), mit denen nur Hell/Dunkel-Wahrnehmung möglich ist. Eine Einstülpung verbessert den Schutz der empfindlichen Zellen; so entsteht das Becher- oder Grubenauge *(s. Abb. 214.1)*. Mit ihm lässt sich die Richtung einer Lichtquelle erkennen. Der Schutz wird weiter verbessert, wenn sich die Öffnung nach außen verkleinert und so ein Blasenauge entsteht. Das Blasenauge wirkt nun aber zugleich wie eine »Lochkamera«. Somit wird eine – anfänglich schlechte – Gegenstandsabbildung zustandegebracht: Das Lichtsinnesorgan erreicht eine neue Qualität, daher kommt es zu einem Selektionsdruck in Richtung auf eine weitere Verbesserung und schließlich entwickelt sich eine Linse. Linsenaugen sind mehrfach unabhängig entstanden. In einer Modellrechnung wurde die Evolution bis zum Linsenauge in einzelne Schritte mit je 1% Änderung der jeweiligen Struktur aufgeteilt. Insgesamt benötigt man dann etwa 1600 Mutationsschritte. Aufgrund der bekannten Mutationsraten kann der Zeitbedarf dafür abgeschätzt werden; er liegt bei weniger als 100 Millionen Jahren.

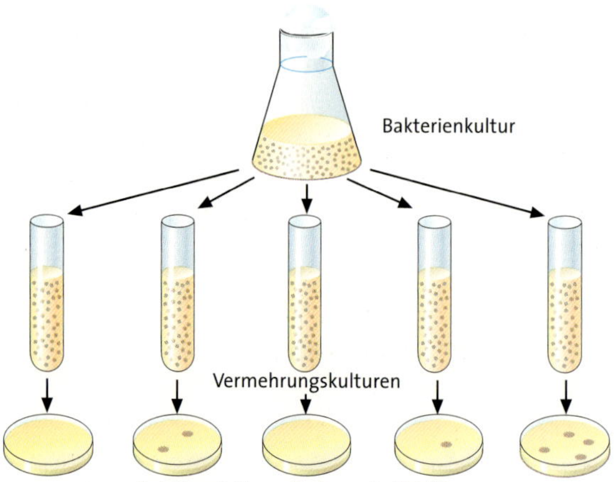

Abb. 456.1: Fluktuationstest zum Nachweis der Präadaptation. Die Schwankungen (Fluktuationen) der Zahl der Resistenten zeigen, dass bereits in den Vermehrungskulturen unterschiedlich viele resistente Bakterien enthalten waren.

Beim Übergang in einen neuen Lebensraum können sich neutrale oder sogar zuvor nachteilige Allele und Allel-Kombinationen vorteilhaft auswirken. Man spricht dann von einer **Präadaptation** (»Voranpassung«), weil die Möglichkeit von Anpassungen an neue Umweltverhältnisse bereits vorliegt. Nachteilige Allele trugen zuvor zur genetischen Bürde der Population bei, führen aber nun zum Vorteil ihrer Träger. Eine Präadaptation kann z.B. mithilfe des Fluktuationstests nachgewiesen werden: Von einer Bakterienkultur werden gleiche Anteile auf viele kleine Kulturgefäße verteilt und die Bakterien darin vermehrt. Mithilfe von Nährmedien, die ein Antibiotikum enthalten, prüft man, ob es in den Teilkulturen resistente Bakterien gibt. Es zeigt sich, dass die Zahl der Resistenten in den Teilkulturen sehr stark schwankt (fluktuiert, **Abb. 456.1**). Somit müssen bereits zu Beginn der Vermehrung unterschiedlich viele resistente Bakterien vorhanden gewesen sein. Wäre die Resistenz unter dem Einfluss des Antibiotikums zustandegekommen, so wären in allen Kulturen etwa gleich viele Resistente nachzuweisen. Im Hinblick auf die sich ändernden Lebensbedingungen durch die Zugabe des Antibiotikums wirkte sich das bisher neutrale Resistenzgen als vorteilhaft aus; es sicherte das Überleben der Population.

Dass Präadaptation für die transspezifische Evolution sehr wichtig ist, zeigt folgendes Beispiel: Heutige Quastenflosser und Lungenfische besitzen Stelzflossen, mit denen sie sich auf dem Grund der Gewässer bewegen. Diese Stelzflossen hatten auch schon die Vorfahren *(s. Abb. 476.4)*. Wie die heutigen Lungenfische konnten jene Tiere außerdem Luft schlucken, sodass in der Schwimmblase ein Gasaustausch möglich war. Sie konnten daher in sauerstoffarmen Gewässern und kürzere Zeit sogar ohne Wasserumgebung überleben. Die Schwimmblase entstand – allerdings zumeist einseitig – aus dem letzten (siebten) Paar der Kiementaschen. Aus diesen beiden Kiementaschen entwickelte sich auch die Lunge der Landwirbeltiere. Diese Präadaptationen begünstigten die Entwicklung zum neuen Bauplan der Amphibien mit vier Extremitäten und Lunge: Wenn die Gewässer zeitweilig austrockneten, konnten die Tiere über Land zu größeren Gewässern gelangen, indem sie die paarigen Brust- und Bauchflossen als Stelzen nutzten, wie dies heute noch einige Lungenfischarten tun. Die Schwimmblase war dabei für den Gasaustausch unverzichtbar. Die noch fischartigen Vorfahren der Lurche blieben anfangs nur sehr kurzzeitig auf dem Land. Feuchte Landgebiete waren aber ein konkurrenzfreier Lebensraum. Jede Mutation, die den Landaufenthalt verlängerte, bedeutete einen Selektionsvorteil. So entstanden Arten, die vorwiegend auf dem Land lebten. Im beschränkten Lebensraum der Feuchtgebiete machten sie sich aber alsbald Konkurrenz. Folglich entstanden im Verlauf weniger Jahrmillionen immer neue Anpassungsformen und damit zahlreiche Arten von Amphibien. Heutige Fischarten mit entsprechenden Präadaptationen können sich nicht mehr zu Landlebewesen entwickeln, weil der Lebensraum schon lange mit gut angepassten Formen besetzt ist.

Veränderungen von Bauplänen gehen häufig mit einem **Funktionswechsel** von Organen einher. Bei der Umbildung der Organe wird die jeweilige Funktion verbessert. Dabei kann zufällig eine zweite Funktion mit entwickelt werden. Wenn diese Funktion sich als wichtiger erweist, führt die Selektion zu ihrer Verbesserung und schließlich kann sich ein Funktionswechsel vollziehen. So wird bei Hautflüglern der Legeapparat auch als Wehrstachel genutzt, und bei den Arbeiterinnen z. B. der Bienen und Wespen hat er nur noch diese Funktion. Bei einigen frühen Reptilien übernahmen Knochen des Kiefergelenks zusätzlich die Aufgabe der Schallleitung zum Innenohr; bei den Säugern haben sie als Gehörknöchelchen nur noch diese Aufgabe *(s. 3.1.1)*.

Auch die **Symbiose** *(s. Ökologie 1.9.6)* als dauernde Kooperation verschiedener Arten führt zu einer Verbesserung der Nutzung der Umwelt und fördert die transspezifische Evolution. Bei den Blütenpflanzen hat die Bestäubung durch Tiere, vor allem Insekten, zu zahlreichen Abänderungen des Bauplans und so zu neuen Gattungen und Familien geführt. Das gleiche gilt für die bestäubenden Insekten *(s. Exkurs Coevolution, S. 447)*. Riff bildende Korallen konnten nur deshalb nährstoffarme tropische Meere besiedeln, weil symbiontische einzellige Algen es ihnen ermöglichen, ein Kalkskelett aufzubauen. Diese Symbiose ist also Grundlage für die Entstehung der Riffe, die zu den formenreichsten Ökosystemen des Meeres gehören.

Präadaptation und Diploidie. Diploide Lebewesen sind für viele Gene heterozygot. Rezessive Allele, die nachteilig oder bedeutungslos sind, werden von der Selektion nicht erfasst und daher über viele Generationen weitergegeben. Ändert sich jedoch die Umwelt, so können solche Allele plötzlich den homozygoten Trägern nützen. Die Anpassungsfähigkeit an sich ändernde Umweltverhältnisse ist deshalb bei diploiden Organismen größer. So wird verständlich, dass im Verlauf der Höherentwicklung der Organismen die diploide Phase in der individuellen Entwicklung der Lebewesen immer länger wird *(s. Entwicklungsbiologie 1.3)*. ■

2.5 Soziobiologie

Verhaltensweisen dienen der Auseinandersetzung von Lebewesen mit ihrer Umwelt und bestimmen den Fortpflanzungserfolg mit. Verhalten ist daher durch das Wirken der Evolutionsfaktoren zustande gekommen. Die Soziobiologie sucht Antworten auf die Frage, weshalb bestimmte soziale Verhaltensweisen im Laufe der Evolution entstanden sind und welche Funktion sie in der Auseinandersetzung mit der Umwelt haben *(s. Verhalten 1)*. Sie ist die Wissenschaft von der biologischen Angepasstheit des tierlichen und menschlichen Sozialverhaltens.

Gene, die ihrem Träger einen Selektionsvorteil und damit bessere Fortpflanzungschancen verschaffen, breiten sich in der Population aus, andere nehmen prozentual ab. Das gilt auch für die Gene, die an der Steuerung des Sozialverhaltens beteiligt sind. Die Selektion setzt an Merkmalen des Phänotyps an und verändert sie in Richtung einer besseren Angepasstheit an die Umwelt; damit aber setzen sich jene Gene bzw. Allele durch, die die Ausbildung dieser Merkmale steuern. Daher ist es aus Sicht der Soziobiologie wichtig, die Anpassungsvorgänge auf der Ebene der Gene zu betrachten. Ein vorteilhaftes Allel nützt nicht nur seinem Träger, sondern dient auch seiner eigenen Verbreitung. Daher spricht man im übertragenen Sinne vom »egoistischen Gen«, wohl wissend, dass Gene nicht im menschlichen Sinn egoistisch sein können.

Das Leben in Gruppen hat Vorteile; es erleichtert den Schutz vor Feinden, die Revierverteidigung und die Nahrungsbeschaffung. Es hat aber auch Nachteile, da sich Krankheiten und Parasiten leichter ausbreiten und die Konkurrenz um Geschlechtspartner oft verstärkt ist. Wenn die Vorteile die Nachteile überwiegen, sodass sich insgesamt ein Nutzen ergibt, wird sich ein bestimmtes Sozialverhalten in der Evolution erhalten und in Richtung der Nutzenmaximierung weiter entwickeln *(s. Verhalten 4.1)*. Bei vielen Tierarten und beim Menschen sind Individuen ohne Bindung an eine Gruppe nicht überlebensfähig.

2.5.1 Verwandtschaftsselektion und Gesamtfitness

Beim Kleinen Leberegel, der in Rindern parasitiert, werden die Eier mit dem Kot des Rindes ausgeschieden. Diese werden von einer Schnecke gefressen, in der sich wurmartige Stadien, die Cercarien, entwickeln. Sie werden von der Schnecke in Schleimballen abgegeben und in großer Zahl von einer Ameise gefressen. In dieser entwickeln sie sich weiter.

Eine der Cercarien wandert ins Gehirn der Ameise (»Hirnwurm«) und stört dieses so, dass die Ameise nicht in ihren Staat zurückkehrt, sondern zur Spitze eines Grashalms wandert. Dort wird sie mit dem Gras von einem Rind gefressen. Die Cercarie im Gehirn hat keine Nachkommen, aber sie ermöglicht, dass ihre im Körper der Ameise befindlichen Geschwister mit hoher Wahrscheinlichkeit in ein Rind gelangen und dort zu Leberegeln heranwachsen. Die Cercarie im Gehirn »verzichtet« auf die eigene Fortpflanzung, verringert also ihre Fitness, erhöht aber die der Verwandten; sie sind die Vorteilsnehmer. Ein solches Verhalten nennt man *altruistisch (s. Verhalten 4.2.2.)*. Altruistisches Verhalten kann sich durch Selektion ausbreiten, wenn durch die höhere Nachkommenzahl der Vorteilsnehmer im Mittel von den gleichen Allelen mehr in die nächste Generation gelangen als ohne das altruistische Verhalten *(Verwandtschaftsselektion)*.

Bei geschlechtlicher Fortpflanzung erhält jedes Individuum jeweils 50 % des Erbgutes von Mutter und Vater. Dieser Verwandtschaftsgrad wird mit dem Verwandtschaftskoeffizienten $r = 0{,}5$ bezeichnet. Nimmt der Grad der Verwandtschaft ab, so wird der r-Wert kleiner, z. B. ist für Verwandtschaft zu Großeltern $r = 0{,}25$, zu Urgroßeltern oder zu Vettern/Kusinen $r = 0{,}125$. Nur wenn der Fitness-Verlust des Altruisten insgesamt geringer ist als der Fitness-Gewinn der Vorteilsnehmer, breitet sich das entsprechende Allel aus. Es gilt: $rB - C > 0$
r = Verwandtschaftskoeffizient
C = Fitness-Verlust der Altruisten (Kosten)
B = Fitness-Gewinn der Vorteilsnehmer (Nutzen)

Die Bedingung wird um so leichter erfüllt, je geringer die Nachteile für die Altruisten, je größer die Vorteile für die Vorteilsnehmer und je enger beide genetisch verwandt sind. Entscheidend für die Stabilisierung des altruistischen Verhaltens ist nicht die Fitness der einzelnen Individuen, sondern die *Gesamtfitness* in der Verwandtschaftsgruppe *(inklusive Fitness)*. Die Selektion bewirkt eine Zunahme der Gesamtfitness. So sind z. B. im Bienenstaat die Arbeiterinnen untereinander enger verwandt ($r = 0{,}75$) als sie es mit ihren Kindern wären *(s. Abb. 278.1)*. Weil die Arbeiterinnen ihrer Mutter, der Königin, bei der Aufzucht der Jungen helfen, gelangen ihre Allele in größerer Zahl in die nächste Generation als wenn sie sich selbst fortpflanzten. Deshalb erhält sich dieses Verhalten zwangsläufig. Die soziobiologische Betrachtung macht dies deutlich.

2.5.2 Geschlechterbeziehungen und Paarungssysteme

Die Produktion von großen und nährstoffreichen Eizellen oder das Austragen von Jungen ist viel aufwändiger als die Produktion der kleinen Spermien. Weibchen investieren somit viel mehr Energie in die Fortpflanzung. Daher bevorzugen Weibchen solche Männchen als Partner, deren Merkmale eine genetisch vorteilhaftere Ausstattung erwarten lassen. Dabei wird keine bewusste Auswahl vorgenommen. Die männlichen Tiere treten untereinander in starke Konkurrenz. Die Partnerwahl durch die Weibchen und die Konkurrenz zwischen den Männchen führt zur Hervorhebung entsprechender Merkmale, wie z. B. Ausbildung eines Geweihs oder Prachtgefieders, durch sexuelle Selektion (**Abb. 458.1**). Bei dieser gibt es stets »Verlierer«. Deshalb kann es zur Evolution alter-

Abb. 458.1: Rad des männlichen Pfaus. Je prächtiger das Rad, umso attraktiver ist das Tier für das Weibchen.

Abb. 458.2: Mückenhafte. Mit der Übergabe des Hochzeitsgeschenks, einer Schmeißfliege, an das Weibchen beginnt die Paarung.

EVOLUTION

nativer Taktiken kommen (Verhaltenspolymorphismus, s. 2.5.3).

Die unterschiedlichen »Interessen« der beiden Geschlechter bei der Fortpflanzung führen auch zur Evolution unterschiedlicher *Paarungssysteme* (**Abb. 459.1**). Bei der Mehrzahl der Tiere liegt *Polygynie* vor, d.h. ein Männchen verpaart sich mit mehreren Weibchen. Polygynie kann unterschiedliche Ursachen haben. Bei der Trauerammer in der Nordamerikanischen Prärie erkennen die Weibchen die Qualität der von den Männchen verteidigten Reviere. Die Männchen mit den guten Revieren haben zwei bis drei Weibchen, jene mit schlechten Revieren nur eines. Dementsprechend ist der Fortpflanzungserfolg der Männchen unterschiedlich. Polygynie ist oft mit auffälligem Geschlechtsdimorphismus verbunden: Die Männchen sind erheblich größer als die Weibchen, sodass sie das Territorium erfolgreich verteidigen können. Dies gilt z. B. für Orang und Gorilla.

Vergleichsweise selten ist dagegen *Polyandrie.* Sie kommt z. B. bei Insektenarten vor, bei denen das Weibchen von mehreren Männchen »Hochzeitsgeschenke« und damit einen erheblichen Beitrag zur Ernährung erhält. Bei Vögeln gibt es Fälle von Polyandrie, wenn die Männchen allein das Brutgeschäft betreiben, so z. B. beim Odinshühnchen: Hier verlässt das Weibchen nach der Eiablage den Partner und geht auf die Suche nach einem neuen Männchen.

Außer bei Vögeln ist *Monogamie* im Tierreich selten anzutreffen. Sie bedeutet einen Fortpflanzungsvorteil, wenn beide Eltern Brutpflege betreiben. Bei Monogamie ist der Geschlechtsdimorphismus in der Regel gering oder er fehlt ganz, z. B. beim Gibbon.

Bestehen in Gruppen aus mehreren Männchen und Weibchen fortlaufend wechselnde Partnerschaften, so liegt *Promiskuität* vor. Dies gilt z. B. für den Schimpansen. Der Fitnessgewinn könnte hier in einer Erhöhung der genetischen Variabilität liegen.

Die Promiskuität der Schimpansen hat zur Folge, dass die Männchen große Spermamengen produzieren. Dadurch erhöht sich die Wahrscheinlichkeit dafür, dass ihre Gene in die nächste Generation gelangen. Es kommt zur **Spermienkonkurrenz** innerhalb des weiblichen Organismus. Sie ist bei vielen Tierarten nachzuweisen, bei denen sich die Weibchen innerhalb einer Fortpflanzungsperiode mit mehreren Männchen paaren. Der Vorteil für die Weibchen beruht auf erhöhter Sicherheit der Befruchtung, Nutzung von Fürsorgeverhalten und verbessertem Nahrungserwerb durch »Hochzeitsgaben« der Männchen (**Abb. 458.2**). Genetisch kann Spermienkonkurrenz vorteilhaft sein, weil sie durch heterogene Nachkommen die Variabilität in der Population erhöht. Das Verhalten der Männchen ist darauf ausgerichtet, die Spermienkonkurrenz zu vermeiden. So dauert bei vielen Insekten die Kopulation sehr lang, sodass kaum ein anderes Männchen eine Chance hat, oder es finden wiederholt Kopulationen statt. Bei vielen Vogelarten, z. B. Gänsen und Amseln, werden die Weibchen bewacht. Eine größere Spermamenge je Begattung wurde bei promiskuitiven Insekten- und Säugerarten nachgewiesen und ist bei letzteren am relativen Hodengewicht (bezogen auf das Körpergewicht) zu erkennen. Es ist z. B. beim Gibbon mit Monogamie und beim Gorilla mit Haremsstruktur klein, beim Schimpansen hingegen erwartungsgemäß groß. Beim Menschen ist der Wert etwas höher als der Monogamie entspricht.

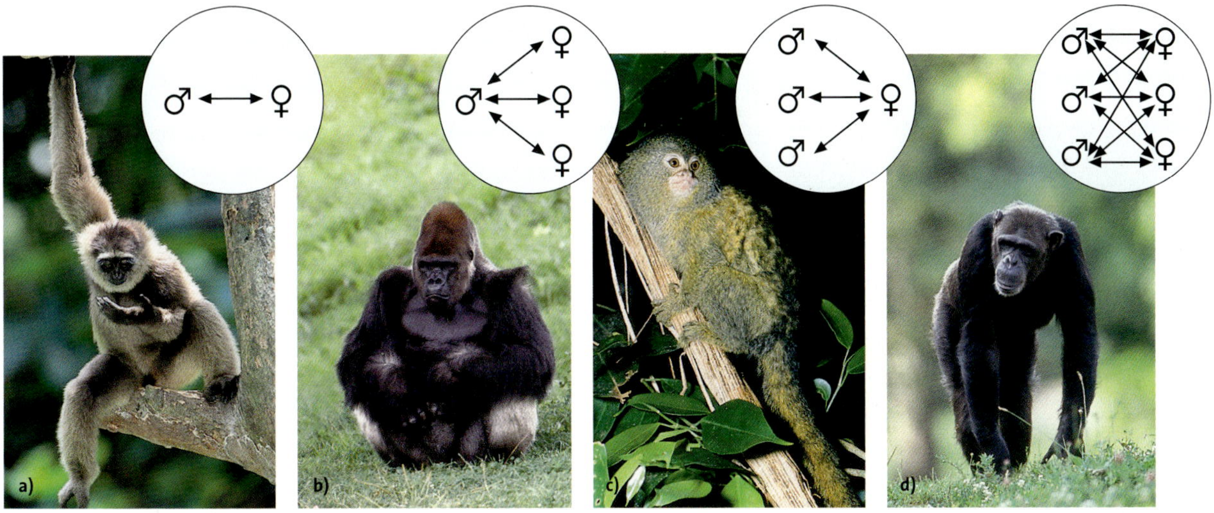

Abb. 459.1: Paarungssysteme am Beispiel von verschiedenen Affenarten. **a)** Monogamie, z. B. Gibbon; **b)** Polygynie, z. B. Gorilla; **c)** Polyandrie, z. B. Marmoset; **d)** Promiskuität, z. B. Schimpanse

2.5.3 Evolutionsstabile Strategien

Beim Blaukiemenbarsch (**Abb. 460.1**) errichtet das Männchen ein Nest, wirbt dann um ein Weibchen, besamt bei dessen Ablaichen im Nest die Eier und bewacht die Brut. Einige Männchen vermeiden den Aufwand, indem sie im Augenblick des Ablaichens kurz in das Nest eines anderen Männchens eindringen, Spermien abgeben und wieder verschwinden. Sie sind also »Parasiten« der nestbauenden Männchen. Dieses Verhalten ist nur möglich, so lange genügend Nestbauer vorhanden sind. Durch stabilisierende Selektion wird ein bestimmtes Verhältnis von Nestbauern zu Parasiten aufrechterhalten, sodass in der Population die höchste Gesamtfitness vorliegt. Die Paarung des Blaukiemenbarsches ist also durch genetisch vorprogrammierte Verhaltensstrategien bestimmt, wobei die Häufigkeitsverteilung der Strategien stabil bleibt. Sie bilden gemeinsam eine *evolutionsstabile Strategie (ESS)*. Dieser Begriff stammt aus der Spieltheorie, einem Zweig der Mathematik, der in der Biologie Anwendung findet. Die Wechselwirkungen der Organismen im Verhalten werden in der Spieltheorie im übertragenen Sinn als Spiel angesehen. Sie geht davon aus, dass die Strategie eines »Spielers« auf seine Nutzenmaximierung ausgerichtet ist und von den Strategien der »Mitspieler« beeinflusst wird. Den Gewinnen und Verlusten ordnet man Fitnesswerte zu und simuliert das »Spiel« am Computer. So kann man z. B. Rangordnungskämpfe bei Säugern simulieren: Vereinfachend wird angenommen, es gäbe bei einer Art »Kommentkämpfer« und »Beschädigungskämpfer«. Erstere drohen nur, verletzen aber den Rivalen nicht. Bei anhaltender Bedrohung fliehen sie, sodass sie unverletzt bleiben. Die Beschädigungskämpfer kämpfen ernsthaft und fliehen nur nach ernster Verletzung. Treffen Kommentkämpfer aufeinander, so haben sie beide nur geringe Kosten; treffen sich Beschädigungskämpfer, so haben sie beide hohe Kosten. Trifft ein Beschädigungskämpfer auf einen Kommentkämpfer, so hat Ersterer einen Nutzen, Letzterer nicht allzu große Nachteile. Die Wahrscheinlichkeit des Treffens hängt von der Anzahl der Individuen mit dem jeweiligen Verhalten ab. Wenn in der Population viele Kommentkämpfer vorhanden sind, ist es vorteilhaft, zu den Beschädigungskämpfern zu gehören. Wenn die Population aber vorwiegend aus Beschädigungskämpfern besteht, die sich gegenseitig stark verletzen, so haben die wenigen Kommentkämpfer einen Vorteil, weil sie weniger verletzt werden; ihre Nachkommenzahl steigt allmählich. Es wird sich also auch hier ein Gleichgewicht der evolutionsstabilen Strategie ausbilden.

Abb. 460.1: Blaukiemenbarsch

Das Modell wird realitätsnäher, wenn man die Lernfähigkeit der Tiere einbezieht: Es wird auch Individuen geben, die als Kommentkämpfer beginnen und dies so lange bleiben, wie es der Rivale auch tut. Geht dieser zum Beschädigungskampf über, so handeln sie ebenso. Nimmt man diese Strategie »Wie du mir, so ich dir« *(»tit for tat«)* ins Modell auf, so wird sie unter fast allen Ausgangsbedingungen die alleinige stabile Strategie. Ist diese in der Evolution erst einmal entstanden, bleibt sie also aufrechterhalten. Die Tit-for-tat-Strategie, die ursprünglich aus den Modellen der Spieltheorie stammt, bestimmt tatsächlich Rangordnungskämpfe in realen Populationen; sie ist eine ESS.

Verwandtschaftsselektion *(s. 2.5.1.)* führt zu Kooperation in einer Gruppe genetisch nah verwandter Individuen. Aber auch die Kooperation zwischen nicht eng verwandten Individuen einer Gruppe kann den Fortpflanzungserfolg der Beteiligten steigern. Dazu kann die Fähigkeit zum Lernen durch Einsicht und zur Traditionsbildung beitragen *(s. Verhalten 3.3 und 4.4)*. Bei vielen Affenarten werden z. B. alle Jungen der Gruppe unabhängig von ihrer genetischen Herkunft gleich behandelt, und Menschenaffen geben die Fertigkeiten im Umgang mit Werkzeugen an andere Gruppenangehörige unabhängig von der Verwandtschaft weiter.

Die Strategie des »Wie du mir, so ich dir« kann zur andauernden Kooperation führen und zwar nach Feststellungen der Spieltheorie sogar unabhängig vom Verwandtschaftsgrad. Der Altruist investiert dabei in eine zukünftige Gegenleistung, sodass die Gefahr einer Täuschung besteht. Daher ist dieser **wechselseitige Altruismus** nur stabil, wenn diese Gefahr gering ist und die Individuen ein gutes Erinnerungsvermögen an die erbrachten »Leistungen« der anderen Individuen haben *(s. Exkurs Soziobiologie und menschliches Verhaltens, S. 509)*.

3 Stammesgeschichte

3.1 Stammesgeschichtsforschung als Homologieforschung

Die Evolutionsforschung beschäftigt sich nicht nur mit den Ursachen des Evolutionsvorgangs, sondern analysiert auch die Verwandtschaftsbeziehungen der Lebewesen. Sie beschreibt daher die Abstammungsverhältnisse mithilfe von Stammbäumen. Die Erforschung der stammesgeschichtlichen Verwandtschaft erfolgt durch Untersuchung von Homologien. *Homologie* liegt bei Strukturen vor, denen gleichartige genetische Information zugrunde liegt *(s. 1.2)*. Analogie kennzeichnet demgegenüber Strukturen ähnlicher Funktionen, die einen unterschiedlichen Bauplan besitzen und daher auf ganz unterschiedliche Gene zurückzuführen sind. Analogien liefern Hinweise auf ähnliche Lebensweisen bei fehlender stammesgeschichtlicher Verwandtschaft.

3.1.1 Homologien im Bau der Lebewesen

Die heutigen Lebewesen zeigen eine abgestufte Ähnlichkeit des Körperbaus, welche die Aufstellung eines Systems ermöglicht. Dessen Grundeinheit ist die Art *(s. Exkurs Artbegriff, S. 422)*. So ist die *Art* Hauskatze der Wildkatze sehr ähnlich. Beide gehören zur gleichen *Gattung*, den Katzen. Mit Löwe, Tiger, Luchs usw. bilden sie die *Familie* der Katzenartigen, diese wiederum mit den Familien der Bären, Marder- und Hundeartigen die *Ordnung* der Raubtiere. Mit anderen Ordnungen, z. B. Nagetieren, Rüsseltieren, Unpaarhufern, wird sie zur *Unterklasse* der Plazentatiere zusammengefasst. Diese bilden mit den Beuteltieren und Kloakentieren die *Klasse* der Säugetiere. Die Säugetiere zählen zum *Unterstamm* der Wirbeltiere, der zusammen mit Lanzettfischchen und Manteltieren den *Stamm* Chordatiere bildet. Die Zahl der übereinstimmenden Merkmale nimmt in diesen Gruppen von Stufe zu Stufe ab. Die Ähnlichkeit der Organismen mit ihren Abstufungen beruht auf gleichartiger genetischer Information. Die Unterschiede gehen auf Veränderungen des Erbgutes zurück. Unterstützt wird diese Annahme durch das Vorkommen von Arten, die nicht alle Merkmale einer bestimmten systematischen Gruppe aufweisen. Man nennt sie »Brückentiere«.

Heutige Brückentiere. Das zu den Kloakentieren zählende *Schnabeltier* (**Abb. 461.1**) in Australien besitzt nur eine gemeinsame Ausfuhröffnung für Darm und Harnleiter (Kloake) und legt Eier. Diese reptilartigen Merkmale sind verbunden mit Säugermerkmalen, wie z. B. Haarkleid und Milchdrüsen. Der in Südafrika, Australien und Südamerika vorkommende *Peripatus* (**Abb. 461.2**) hat etliche Merkmale mit Gliederfüßlern gemeinsam, wie z. B. Mundwerkzeuge und Tracheenatmung. Er besitzt jedoch einen Hautmuskelschlauch und eine gleichmäßige Körpersegmentierung, wie man sie für Vorfahren der Gliederfüßler annimmt. Die heute lebenden Arten können allerdings nicht die Ahnen anderer heute vorkommenden Arten sein, sind also keine echten Übergangsformen. Sie stammen aber von früheren, tatsächlichen Übergangsformen ab und sind daher Modelle für diese *(s. Exkurs Übergangsformen, S. 481)*.

Abb. 461.1: Schnabeltier aus Ostaustralien (Länge bis zur Schwanzspitze etwa 60 cm); lebt an Gewässern.

Abb. 461.2: *Peripatus*-Art aus Neuseeland (natürliche Größe 3 bis 5 cm)

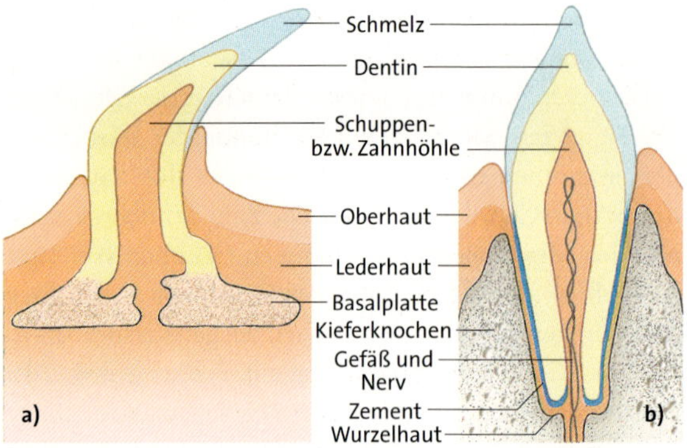

Abb. 462.1: Homologe Organe. **a)** Hautschuppe eines Haies; **b)** Schneidezahn des Menschen. Aufbau und Lage der einzelnen Teile von Schuppe und Zahn entsprechen einander.

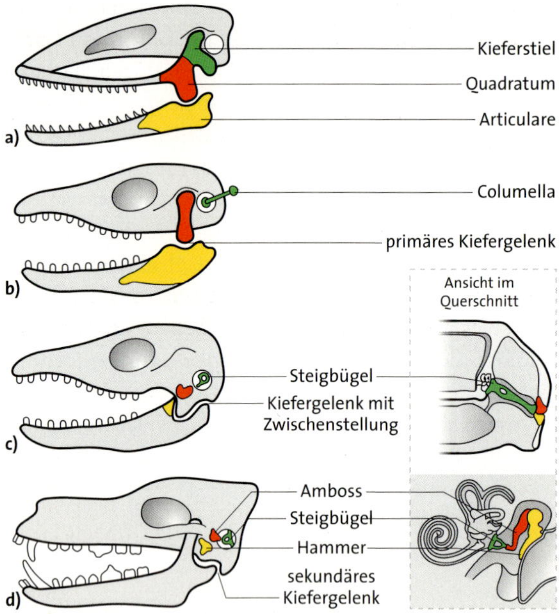

Abb. 462.2: Funktionswechsel der Kiefergelenk-Knochen zu den Gehörknöchelchen der Säuger. **a)** Fisch; **b)** Reptil; **c)** säugerähnliches Reptil (fossil); **d)** Säuger

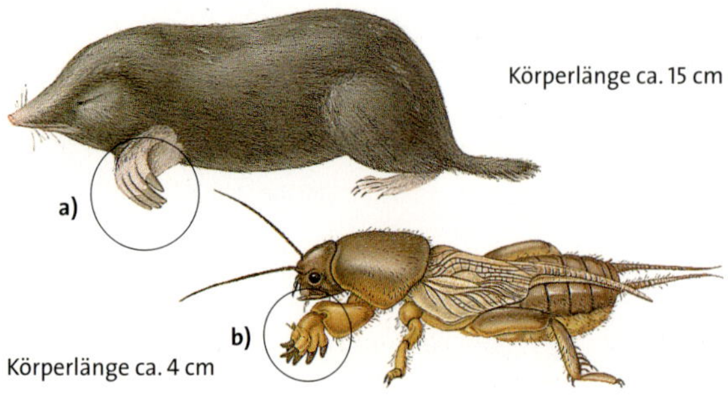

Abb. 462.3: Analoge Organe. **a)** Grabbein des Maulwurfs; **b)** Grabbein der Maulwurfsgrille

Homologie von Organen. Sie kann an einer Vielzahl von Fällen aufgezeigt werden, wie z. B. an den Vordergliedmaßen der Wirbeltiere *(s. Abb. 439.1)*. Auch bei der vergleichenden Betrachtung der Säugergebisse *(s. Abb. 91.1)* sowie der Beine oder der Mundwerkzeuge der Insekten findet man jeweils einen Grundbauplan mit gleichen Einzelteilen und seine Abwandlungen.

Für homologe Organe und Organsysteme lassen sich oft ganze Reihen der Abwandlung aufstellen, so für das Kreislaufsystem *(s. Abb. 181.1)*, die Lunge *(s. Abb. 188.1)* und das Zentralnervensystem *(s. Abb. 235.1)* der Wirbeltiere. Lassen sie eine Verbesserung der Organsysteme erkennen, so heißen sie *Progressionsreihen* oder Progressionen. Daneben gibt es *Regressionsreihen*, welche die Rückbildung eines Organs zeigen. Das Ergebnis der Rückbildung der Hinterextremitäten bei Walen ist in **Abb. 463.1** dargestellt.

Findet man Abwandlungen eines Grundbauplans bei unterschiedlichen Arten, so müssen diese Arten auf eine gemeinsame Ausgangsart zurückgehen. Homologien im Bau der Lebewesen lassen sich mithilfe von drei Kriterien nachweisen:

Homologie-Kriterium der Lage: Strukturen in Organismen aus verschiedenen Gruppen sind dann als homolog anzusehen, wenn sie in gleicher Anzahl vorhanden und in gleicher relativer Lage angeordnet sind. Man kann die Strukturen dann einem gemeinsamen Grundbauplan zuordnen. Dies gilt z. B. für die Lage der Knochen in den Extremitäten der Landwirbeltiere und den Bau der Lunge.

Homologie-Kriterium der spezifischen Qualität von Strukturen: Komplexe Strukturen gelten als homolog, wenn sie in zahlreichen Einzelheiten spezieller Merkmale auffallend übereinstimmen. So entsprechen die Hautschuppen der Haifische im Aufbau und in der Lage der Teilstrukturen den Zähnen der Säugetiere und des Menschen (**Abb. 462.1**).

Homologie-Kriterium der Stetigkeit: Gestaltlich verschiedene Strukturen werden als homolog betrachtet, wenn Zwischenformen existieren, deren Strukturen in der gleichen relativen Lage angeordnet sind. Dies gilt z. B. für die Ausbildung des sekundären Kiefergelenks beim Übergang von Reptilien zu Säugern (**Abb. 462.2**). Übergangsreihen liegen auch für das Kreislaufsystem *(s. Abb. 181.1)* und die Lunge *(s. Abb. 188.1)* der Wirbeltiere vor.

Erweisen sich bestimmte Organe bei verschiedenen Organismen als homolog, dann sind es in der Regel auch die übrigen (*Korrelationsregel*, gefunden von CUVIER). So sind bei den Wirbeltieren nicht nur die Gliedmaßen homolog, sondern ebenso die Kreislauf-, Atmungs- und Ausscheidungsorgane.

Analogie. Keine Hinweise für das Vorliegen einer Verwandtschaft liefern dagegen die analogen Organe, d. h. Strukturen gleicher Funktion, jedoch mit verschiedenem Bauplan. Analog sind z. B. die schaufelförmigen Grabbeine des Maulwurfs und der Maulwurfsgrille (**Abb. 462.3**) oder die Flügel der Vögel und der Insekten. Auch die Knollen der Kartoffel und der Dahlie sind analog; beide dienen zwar als unterirdische Speicher für Reservestoffe, doch sind die Kartoffelknollen verdickte Sprosse, die Dahlienknollen verdickte Wurzelgebilde. Werden analoge Organe infolge vergleichbaren Selektionsdrucks einander im Bau sehr ähnlich, so spricht man von *Konvergenz.* So entstanden z. B. die Fischgestalt bei Knochenfischen und Walen und die Kakteengestalt bei verschiedenen Stammsukkulenten *(s. Abb. 65.1)* unabhängig voneinander.

Wird eine Konvergenz fälschlich als Homologie angesehen, so führt dies zu falscher Einordnung der Art ins natürliche System und fehlerhaften Stammbäumen. So hat man früher alle wirbellosen wurmförmigen Tiere, wie z. B. Regenwurm und Spulwurm, in einem Tierstamm »Würmer« vereinigt; da sich die Baupläne dieser Würmer aber nicht als homolog erwiesen, können sie keine stammesgeschichtliche Einheit bilden. Die Geier der Neuen Welt, wie z. B. der Kondor, sind nicht mit den Geiern der Alten Welt aus der Gruppe der Greifvögel verwandt, sondern sie sind Storchen-Verwandte, wie auch das Balzverhalten mit »Schnäbeln« zeigt.

Organrudimente. Eine weitere Stütze für Abstammungszusammenhänge ist das Auftreten von Organrudimenten, wie z. B. die Griffelbeine der Pferde *(s. Abb. 482.1)* oder die winzigen Reste des Beckengürtels der Wale (**Abb. 463.1**). Sie sind durch Rückbildung eines funktionsfähigen Organs entstanden. Auch die Nägel an den Flossen von Seelöwe und Walross sind Rudimente. Die Blindschleiche besitzt zwar keine Beine mehr, aber einen vollständigen Schultergürtel und Reste eines Beckengürtels. Der flugunfähige neuseeländische Kiwi weist noch stummelförmige Flügelreste auf. Nacktschnecken besitzen häufig noch Gehäusereste. Beim Menschen sind z. B. das Steißbein und die funktionslosen Muskeln der Ohrmuscheln rudimentäre Organe, ebenso die Nickhaut als Rest eines dritten Augenlides, das bei Wiederkäuern und Kaninchen noch ausgebildet ist (**Abb. 463.2**).

Ein *Atavismus* (Rückschlag) liegt vor, wenn rudimentäre Merkmale unvermittelt in einer weniger stark rückgebildeten Form als normalerweise auftreten. So können z. B. beim Pferd ein verlängertes Griffelbein mit Zehenknochen und Huf, beim Mensch ein schwanzartig verlängertes Steißbein oder zusätzliche Brustwarzen auftreten. Bei Pflanzen, wie z. B. Tulpe oder Rose, treten gelegentlich vergrünte Blüten auf, deren Kronblätter oder sogar Staubblätter wieder blattartig geworden sind. Atavismen gehen auf eine zeitlich oder örtlich falsche Verwirklichung genetischer Information zurück.

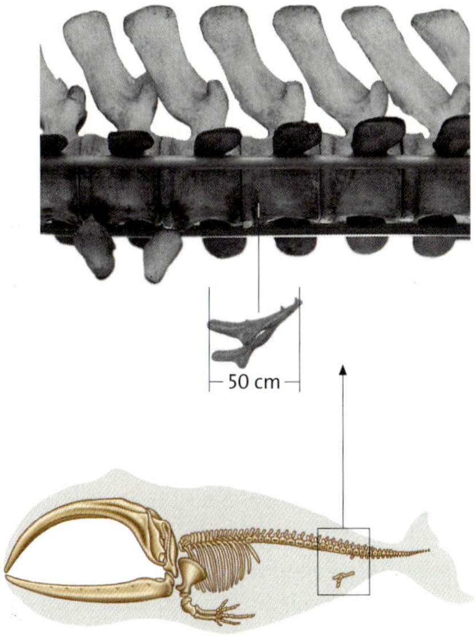

Abb. 463.1: Teil der Wirbelsäule des Grönlandwals mit den im Körperinneren liegenden Resten von Beckengürtel und Hinterextremitäten

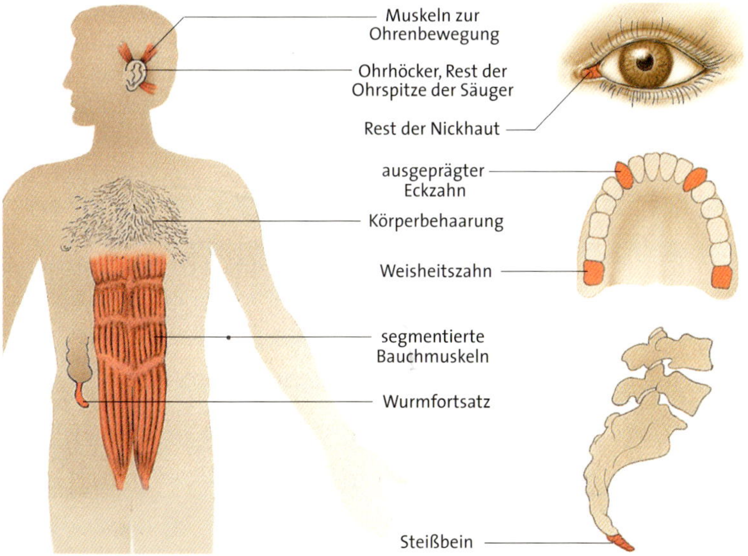

Abb. 463.2: Rudimentäre Merkmale des Menschen. Der Blinddarm mit Wurmfortsatz ist der Rest eines früheren größeren Darmanhangs, in dem pflanzliche Nahrung aufgeschlossen wurde. Der Wurmfortsatz ist zu einem lymphatischen Organ geworden (Funktionswechsel).

Abb. 464.1: »*Archaeopteryx-Schwanz*« des Waldkauz-Embryos: Anlage einer Schwanzwirbelsäule mit zweizeilig angeordneten Federanlagen

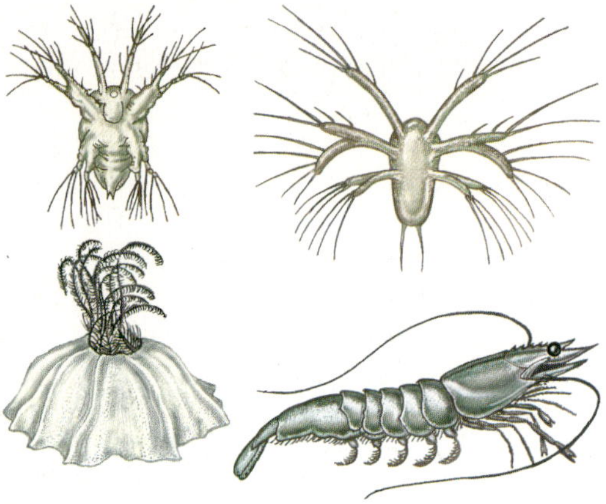

Abb. 464.2: Seepocke und Zehnfußkrebs und ihre Larven. Die beiden Krebstiere sehen sehr verschieden aus; an den gleichgestalteten Larven erkennt man die Zugehörigkeit der Seepocken zu den Krebsen.

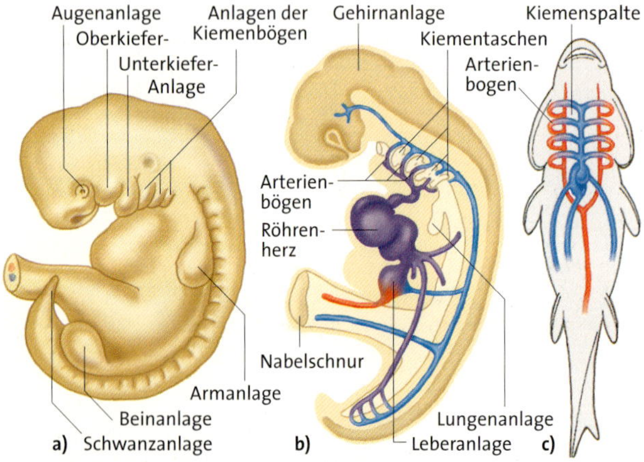

Abb. 464.3: **a)** Kiemenbogen-Anlagen eines menschlichen Embryos (7 mm lang); **b)** Schnitt mit Blutkreislauf; **c)** Kiemengefäße eines Knochenfisches. Die Blutgefäße sind durch Kapillaren verbunden (nicht dargestellt).

3.1.2 Homologien in der Ontogenese

Beim menschlichen Embryo entstehen die Anlagen der späteren Gehörknöchelchen im Kieferbereich und verlagern sich dann. Dieser Vorgang entspricht dem Evolutionsablauf *(s. Abb. 462.2)*. Embryonen des Rindes zeigen die für die Ausbildung der oberen Schneidezähne typischen Gewebedifferenzierungen, doch entwickeln sich diese Schneidezähne nicht mehr. Die Embryonen der beinlosen Blindschleiche weisen Anlagen von Vordergliedmaßen auf. Derartige Merkwürdigkeiten in der Entwicklung sind nur aus der Stammesgeschichte der Lebewesen zu verstehen: Reste älterer Bauplanmerkmale bleiben erhalten, da ihnen zugrundeliegende Gene nicht völlig funktionslos geworden sind.

Bereits 1828 hatte K. von Baer festgestellt, dass sich die Embryonen von Wirbeltieren weitgehend gleichen, auch wenn die erwachsenen Tiere sehr verschieden sind (Gesetz der Embryonenähnlichkeit). Später formulierte Haeckel die **biogenetische Regel:** »Die Entwicklung eines Einzelwesens *(die Ontogenese)* ist eine kurze Wiederholung seiner Stammesentwicklung *(Phylogenese)*«. Diese Aussage ist allerdings nur für die ontogenetische Entwicklung *einzelner Merkmale,* nicht für alle Merkmale des Organismus in ihrer Gesamtheit zutreffend. Auch entstehen in der Entwicklung nur Organanlagen, nicht funktionsfähige Organe. So legen Vogelembryonen noch eine Schwanzwirbelsäule an (**Abb. 464.1**), besitzen aber keine Zahnanlagen mehr. Zur Klärung von Abstammungsfragen war die biogenetische Regel jedoch hilfreich: Schon Darwin erkannte aufgrund der ähnlichen Larvenformen, dass die Seepocken zu den Krebsen gehören und schrieb: »even the illustrious Cuvier did not perceive that a barnacle was a crustacean; but a glance at the larva shows this in an unmistakable manner« (**Abb. 464.2**). Die Keimesentwicklung der Wale weist auf die Abstammung von vierfüßigen, landlebenden Säugetieren hin: Walembryonen besitzen Anlagen von Hintergliedmaßen und einen Hals mit sieben freien Halswirbeln. Bei erwachsenen Walen fehlt der Hals, die Halswirbel sind ganz oder teilweise verwachsen. Weiterhin besitzen die Embryonen ein Haarkleid, einen Riechnerv sowie Nasenmuscheln und Speicheldrüsen. Diese Merkmale sind bei den erwachsenen Tieren alle rückgebildet.

Bei allen Wirbeltieren wird in einem sehr frühen Embryonalstadium eine Chorda *(s. Entwicklungsbiologie 2.1)* ausgebildet, erst später entsteht eine knorpelige und noch später eine knöcherne Wirbelsäule. In dieser Reihenfolge sind die Organe in der Stammesgeschichte entstanden. Bei den jungen Kaulquappen der Frösche ist das Herz ähnlich wie bei Fischen gebaut, und die von ihm ausgehenden Blutgefäße verzweigen sich entsprechend den Kiemenarterien der Fische. Bei der Metamorphose ändert sich das Blutgefäßsystem. Die Embryonen der Reptilien, Vögel und Säuger weisen anatomische Merkmale auf, welche den Kiemenbögen und Kiemenspalten der Fische entsprechen. Allerdings sind die Spalten nicht durchgebrochen; es handelt sich um *Kiementaschen* (**Abb. 464.3**). Auch die Walembryonen bilden Kiementaschen; es entstehen aber keine Kiemen, obwohl das für Wale vorteilhaft wäre. Das Herz hat in diesem frühen Embryonalstadium bei allen Klassen der Wirbeltiere die Organisation des röhrenförmigen Fischherzens mit einer Vorkammer und einer Hauptkammer. Die Embryonalstadien aller Wirbeltiere und des Menschen gleichen sich nach der ersten Anlage der Körpergestalt weitgehend; vor der Gastrulation sind die Formen hingegen unterschiedlich (**Abb. 465.1**). Der menschliche Embryo besitzt noch ein dichtes Haarkleid und das Neugeborene die Fähigkeit, mit dem Fuß zu greifen.

3.1.3 Biochemische und molekulare Homologien

Alle Organismen weisen die gleichen chemischen Grundbausteine auf und verwenden den gleichen genetischen Code. Auch grundlegende Stoffwechselvorgänge, z. B. die Glykolyse, sind bei fast allen Organismen gleichartig. Aufgrund dieser Übereinstimmungen ist ein gemeinsamer Ursprung aller Lebewesen anzunehmen.

Die Verwandtschaftsverhältnisse von Lebewesen, die sich aus den Homologien von Organen ergeben haben, müssen sich auch auf der Ebene der Struktur der Gene (DNA-Sequenz) und der Genprodukte (Aminosäuresequenz der Proteine) zeigen. Die Ähnlichkeit von Proteinen untersuchte man zunächst mithilfe der Serumreaktion *(s. Immunbiologie 5.2)*. Es ergab sich, dass der chemische Bau der zahlreichen Proteine bei den Lebewesen in der Regel umso mehr übereinstimmt, je näher sie auch nach anderen Kriterien verwandt erscheinen (**Abb. 465.2**). So hatten anatomische Vergleiche nahegelegt, dass die Seekühe nicht mit den Robben, sondern mit den Elefanten verwandt sind; serologische Untersuchungen bestätigten dies. Da die Serumreaktion nur grobe Daten liefert, wird sie nicht mehr eingesetzt. Man ging zunächst zur Untersuchung der Aminosäureabfolge von Proteinen über. Seit die Analyse der Nucleotidsequenz von Genen ein Routineverfahren geworden ist *(s. Exkurs Sequenzanalyse der DNA, S. 353)*, wird nur noch diese Methode verwendet. Sie lieferte wichtige Ergebnisse zur Verwandtschaft der Prokaryoten, der wirbellosen Tiere und der Pflanzen *(s. 3.3.2)*, die mit den klassischen Verfahren nicht zu erhalten waren.

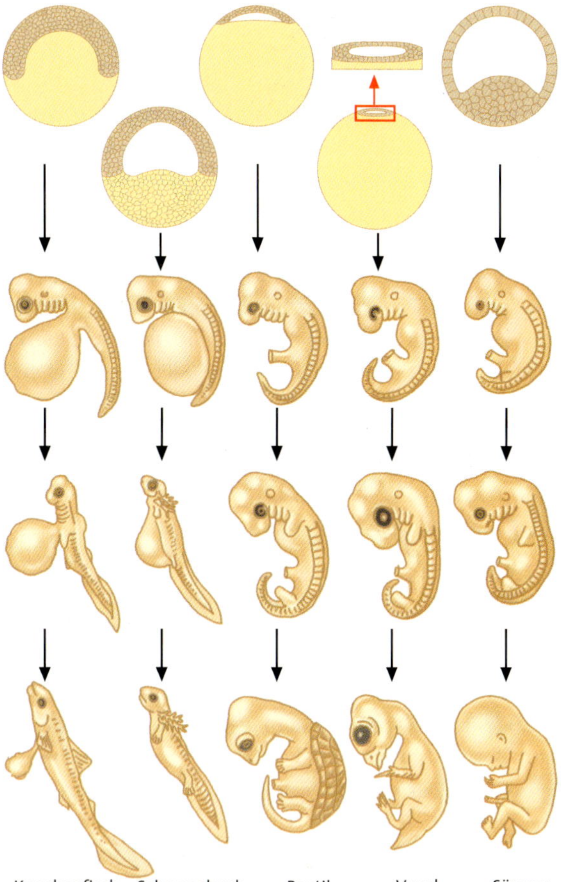

Abb. 465.1: Vier Entwicklungsstadien der Embryonalentwicklung von Knochenfisch, Lurch, Kriechtier, Vogel und Mensch. Ganz oben die sehr unterschiedlichen Gastrula-Stadien; die Reihe darunter zeigt die auffallende Übereinstimmung in der Gestalt und der Anlage der Kiemenbögen.

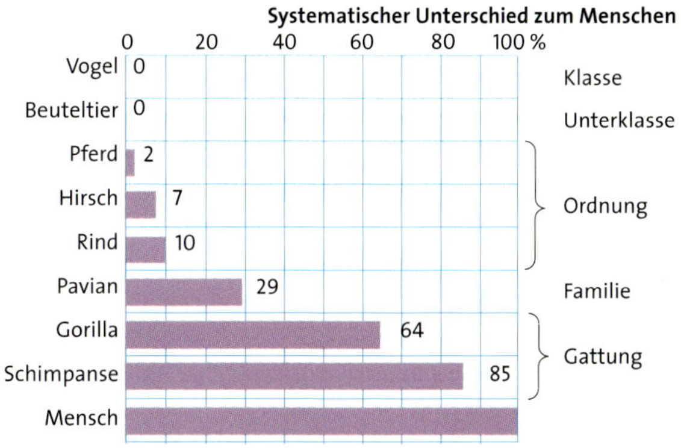

Abb. 465.2: Serologische Ähnlichkeit der Proteine des Blutserums zwischen Mensch und einigen Tieren. Man misst die ausgefällte Menge Serumprotein nach Zusatz des gegen die menschlichen Proteine empfindlich gemachten Serums eines Kaninchens (Antiserum).

Homologie von Genen. Bei einem Vergleich der Aminosäuresequenz verschiedener Enzyme lassen sich Ähnlichkeiten feststellen, die nicht zufällig sein können. So stimmen bei den eiweißspaltenden Enzymen Chymotrypsin und Trypsin bei Säugern die Aminosäuren an etwa 40% der Positionen überein. Man kann daraus schließen, dass die beiden Enzyme, die bei der Verdauung im Dünndarm unterschiedliche Aufgaben haben, aus einem gemeinsamen Ur-Enzym entstanden sind. Diesem Ur-Enzym lag ein einziges Gen zugrunde. Demgegenüber gibt es jetzt für Chymotrypsin und Trypsin zwei Gene. Daraus ist zu folgern, dass sich bei der Evolution der DNA das gemeinsame Ur-Gen verdoppelt hat. Weitere Mutationen erfolgten dann unabhängig voneinander, sodass zwei unterschiedliche Gene entstanden. Ihre Proteine haben daher nicht mehr genau den gleichen Bau und nicht mehr die gleiche Funktion.

In entsprechender Weise haben sich auch andere Gene verdoppelt *(s. Exkurs Bildung neuer Gene)* oder im Laufe der Zeit durch immer wieder auftretende Duplikationen vervielfacht. So konnte aus einem Gen eine ganze Gruppe, eine Multigenfamilie, entstehen. Die Gene für die verschiedenen Polypeptidketten des Hämoglobins bilden eine solche Multigenfamilie. Da in jedem Gen andere Mutationen eintraten, unterschieden sich die Gene allmählich immer mehr voneinander. Ihre Evolution ist in **Abb. 466.1** dargestellt. Das Hämoglobin der primitiven Rundmäuler (Neunaugen) besteht nur aus der α-Kette. Deren Struktur ist wohl noch dem ursprünglichen Hämoglobin der Wirbeltiere ähnlich; allerdings mutierte das entsprechende Gen im Laufe der Zeit ebenfalls. Das Gen der α-Kette geht zusammen mit dem Gen für Myoglobin und den weiteren Genen für Globine auf ein Ur-Globin-Gen zurück. Durch eine Genverdopplung und nachfolgende Mutationen entstand aus dem ersten Hämoglobin ein Ur-β-Hämoglobin, das durch zusätzliche Verdopplungen u. a. die Hämoglobinketten β, δ, und γ lieferte. Auch in der weiteren Evolution des α-Hämoglobins erfolgten Genverdopplungen. Die Zusammensetzung des Hämoglobins aus mehreren Polypeptidketten hat den Vorteil, dass die Sauerstoffbeladung regulierbar ist *(s. Stoffwechsel 4.3.1)*.

Homologe Gene findet man innerhalb einer Art und beim Vergleich unterschiedlicher Arten (**Abb. 466.2**). Um diese beiden Homologien zu trennen, muss man den Homologiebegriff auf der Ebene der Gene verschärfen. Homologe Gene gleicher Funktion bei verschiedenen Arten nennt man *ortholog*; homologe Gene innerhalb einer Art

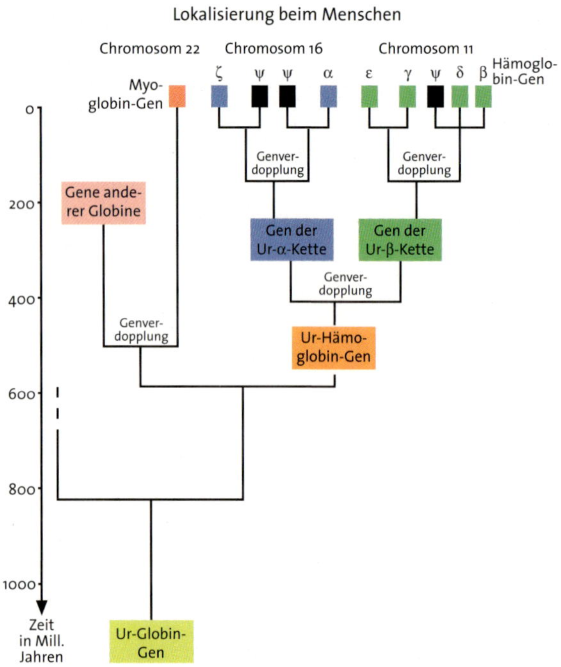

Abb. 466.1: Stammbaum der Gene für Globine der Wirbeltiere. Jede Aufspaltung geht auf eine Genverdoppelung zurück. Die heutigen Gene der Globine sind infolge vieler Mutationen in der Evolution mit den ursprünglichen nicht identisch. (Gleiche Farbe ≙ gleiche Funktion, *s. Abb. 368.2*)

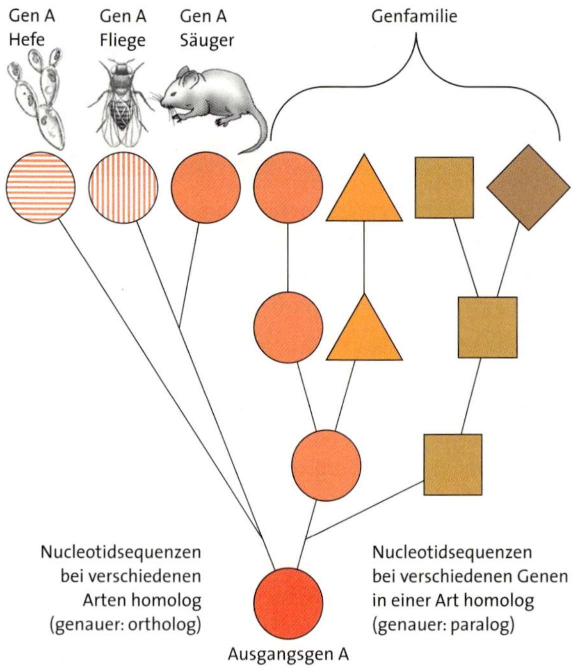

Abb. 466.2: Homologie von Genen. Ein Ausgangsgen (Ur-Gen) bleibt in verschiedenen Arten erhalten; außerdem zeigt es im Verlauf der Evolution Verdopplungen. So entstehen orthologe Gene in verschiedenen Arten und paraloge Gene, die in einer Art eine Genfamilie bilden.

mit oft etwas unterschiedlichen Aufgaben sind *paralog*. Paraloge Gene bilden zunächst eine Multigenfamilie. Jedoch kann im Verlauf der Evolution die Zusammengehörigkeit geringer werden, z. B. wenn durch Chromosomenmutationen eine Aufteilung auf verschiedene Chromosomen erfolgt.

Besonders wichtig für die Evolutionsforschung ist die Homologie einer Gruppe von Genen, die Entwicklungsvorgänge der Individuen regulieren und Bauplanmerkmale festlegen. Bei allen vielzelligen Tieren sind dies die *Hox*-Gene *(s. Genetik 4.3.3)*. Die Homologie lässt sich z. B. beim Vergleich von *Drosophila*, Maus und Mensch erkennen *(s. Abb. 368.1)*. In der Evolution der Wirbeltiere erfolgte eine zweimalige Duplikation der ganzen Gruppe von *Hox*-Genen, sodass bei insgesamt vier Gruppen solcher Gene vorhanden sind (in *Abb. 368.1* ist nur eine dargestellt). Das Lanzettfischchen *(s. Abb. 487.2)*, das Baumerkmale zeigt, wie sie für die Urform der Chordaten anzunehmen sind, besitzt nur eine Gruppe. ■

3.1.4 Homologie von Parasiten

Parasiten sind meist an eine oder wenige Wirtsarten angepasst, sodass sie nicht auf andere Arten übergehen können; sie zeigen *Wirtsspezifität*. Nahe verwandte Parasitenarten lassen vielfach auf Verwandtschaft der Wirte schließen. Menschenläuse finden sich z. B. bei Schimpansen, ansonsten bei keiner Tierart. Das Virus der »Bläschenflechte« *(Herpes)* tritt nur beim Menschen und bei den Menschenaffen auf. Im Fell des *Dromedars* in Afrika und des *Lamas* in Südamerika leben Läuse, die zur gleichen Gattung gehören. Offenbar schmarotzte schon ein Vorfahre dieser Läuse auf dem gemeinsamen Ahnen der heute weit entfernt voneinander lebenden Kamel-Verwandten. Verschiedene Tierarten, die den gleichen oder nahe verwandte Parasiten haben, gehen offenbar auf eine gemeinsame Stammform zurück, die von der gleichen Parasitenart bzw. der Stammart der verwandten Parasiten befallen war.

Bildung neuer Gene

Während der Meiose kann es zwischen zwei Chromatiden homologer Chromosomen zu einem ungleichen Crossing-over kommen (**Abb. 467.1**). Dies führt bei einer Chromatide zur Verdoppelung von Genen, bei der anderen Chromatide zu einem Verlust. Die Keimzelle, bei der ein Genverlust vorliegt, geht zugrunde. Eine Genverdoppelung durch das ungleiche Crossing-over oder durch die Transpositon eines DNA-Abschnitts *(s. Exkurs Transposons, S. 363)* führt zur Zunahme der DNA-Menge. Diese ist Voraussetzung dafür, dass neue Gene entstehen können. In der Regel sind neu gebildete Sequenzen inaktiv. Im Genom vieler Arten sind inaktive Gene nachgewiesen worden, die bestimmten Strukturgenen sehr ähnlich sind, also von ihnen herstammen. Diese inaktiven »*Pseudogene*« sind ein Gen-Vorrat für die zukünftige Evolution. Mutationen in Pseudogenen treten im Phänotyp nicht in Erscheinung; sie häufen sich im Laufe der Zeit an, und das Pseudogen verändert sich stark. Wird ein Pseudogen dann im Verlauf der Evolution durch Verknüpfung mit einem Regulationsbereich aktiv, so bildet es ein Protein mit neuen Eigenschaften, das nun der Evolution unterliegt.

Auch die Gliederung vieler Eukaryoten-Gene in Exons und Introns *(s. Genetik 4.2.6)* erlaubt die Bildung neuer Gene. Sie hat daher große Bedeutung für die Evolution. Ein Exon trägt oft die Information für eine Domäne des Proteinmoleküls, die eine bestimmte Teilaufgabe hat, wie z. B. die Verankerung des Proteins in einer Membran. Tritt im Bereich des benachbarten Introns ein ungleiches Crossing-over auf, so wird das betreffende Exon mit einem anderen Gen verknüpft. Dessen Protein erhält dadurch einen neuen Funktionsteil, z. B. die Membranverankerung. So können Änderungen in der Funktion von Proteinen und damit neue Eigenschaften zustande kommen.

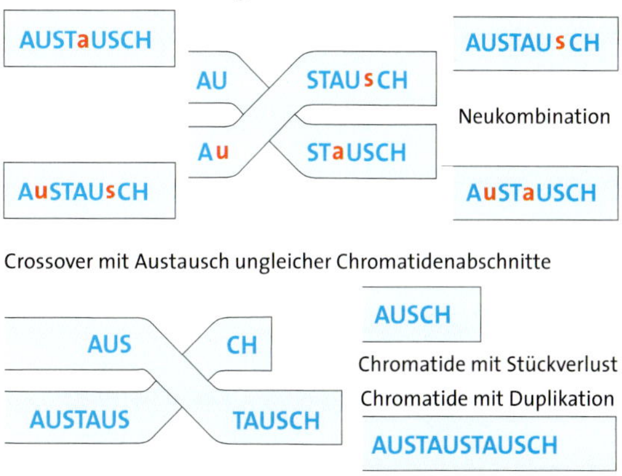

Abb. 467.1: Modellbeispiel der Verdoppelung von Genen oder Gengruppen durch ungleiches Crossing-over. Der obere Teil des Bildes zeigt ein normales Crossing-over. Die mutierten Allele (oder veränderten Nucleotide) sind durch kleine Buchstaben gekennzeichnet.

3.2 Geschichte des Lebens

3.2.1 Frühzeit der Erde und chemische Evolution

Die Erde bildete sich vor etwa 4,5 Milliarden Jahren. Aus Staubmassen entstand eine zähflüssige Masse geschmolzener Gesteine. In dieser sanken die spezifisch schweren Bestandteile nach unten und bildeten den eisenreichen Erdkern. Die spezifisch leichten wanderten nach oben und formten eine anfänglich dünne *Erdkruste*, die gasförmigen Komponenten bildeten eine *Uratmosphäre*. Diese bestand vor allem aus Stickstoff, Kohlenstoffdioxid und Wasserdampf, daneben waren Methan sowie etwas Schwefelwasserstoff zugegen. Da Minerale von oxidiertem Eisen und Uran in den ältesten Gesteinen fehlen, war kein freier Sauerstoff vorhanden. Die Oberflächentemperatur sank rasch, sodass Wasserdampf kondensierte und sich flüssiges Wasser ansammelte. Die junge Sonne lieferte weniger Energie als heute *(s. Abb. 475.1)*; ohne die Treibhausgase CO_2 und CH_4 wäre die Temperatur unter 0 °C abgesunken.

Der kalte Ozeanboden der Erdkruste ist spezifisch schwerer als der zähflüssige obere Erdmantel darunter und sinkt daher an manchen Stellen, den Subduktionszonen, in die Tiefe. Dadurch entsteht ein Zug, der zur Dehnung führt, sodass anderenorts heißes Magma aus dem Erdmantel an die Oberfläche des Ozeanbodens tritt und untermeerische Gebirge mit Vulkanen bildet. An diesem mittelozeanischen Rücken entsteht so neue ozeanische Kruste. Sie enthält Mineralien, aus denen bei Erhitzen Wasser freigesetzt wird. Dies geschieht in den Subduk-

Fossilien und Altersbestimmung

Bei der Erforschung der Evolutionszusammenhänge ist man nicht allein auf die vergleichende Untersuchung heute lebender Organismen angewiesen. Die Veränderung der Lebewesen in der Erdgeschichte ergibt sich durch den Vergleich von Organismen, die in verschiedenen Erdepochen gelebt haben.

Abb. 468.1: Fossilrekonstruktion. **a)** Fossiles Schuppentier von Messel/Darmstadt (Eozän; vor 50 Mill. Jahren); **b)** Rekonstruktion des Skeletts unter Ergänzung fehlender Knochen aufgrund des bekannten Bauplans von Schuppentieren; **c)** Rekonstruktion der äußeren Gestalt

In Gesteinsschichten der verschiedenen geologischen Formationen findet man Überreste wie Schalen, Abdrücke und Skelettteile von Pflanzen und Tieren, die zur Zeit der Bildung jener Schichten gelebt haben. Solche Überreste oder Lebensspuren früherer Organismen bezeichnet man als *Fossilien*. Meist bleiben von Organismen nur Hartteile erhalten, und diese sind bei der Fossilbildung oft nachträglich verändert, z. B. durch Umkristallisation von Kalkschalen. Weichteile erhalten sich nur unter sehr günstigen Verhältnissen und müssen in der Regel rekonstruiert werden (**Abb. 468.1**). Dabei zieht man Gestalt und Bau der heute lebenden Organismen zum Vergleich heran. Diese Verfahren der *vergleichenden Anatomie* ermöglichen die Einordnung der Fossilien in bestimmte Gruppen. Aus den Fossilien kann man oft auf Umweltbedingungen schließen; so belegen fossile Meeresmuscheln, dass Ablagerungen eines Meeres vorliegen.

Bei flacher Lagerung von Schichten sind die tieferen älter als die höheren. Dies gilt somit auch für die darin enthaltenen Fossilien. Dadurch ist eine **relative Altersbestimmung** von Schichten möglich. Vorteilhaft zur Datierung sind Lebewesen, die nur über einen geologisch kurzen Zeitraum existiert haben. Deren Fossilreste kennzeichnen daher die in dieser Zeit gebildeten Schichten eindeutig. Man bezeichnet sie als *Leitfossilien*.

Für die jüngere geologische Vergangenheit sind Pollenkörner mit ihren artspezifischen Oberflächenstrukturen als Fossilien von Bedeutung. Man ermittelt ihre relative Häufigkeit in einzelnen Schichten und erschließt daraus die Vegetation während der Bildung der Schichten. Durch diese *Pollenanalyse* konnte man z. B. die Einwantionszonen. Der überhitzte Wasserdampf steigt auf und verursacht durch den hohen Druck das Schmelzen von Gesteinen. Es entsteht Magma, das spezifisch leichteres Material nach oben transportiert. So bildet sich eine kontinentale Kruste. Darin werden Verbindungen der leichten Elemente angereichert, die nicht schon in der Atmosphäre vorliegen wie z. B. CO_2. Dies sind die für die Organismen wichtigen Elemente C, N, S, P, K, Ca.

Das Zusammenspiel von Neubildung und Subduktion von Ozeanboden führt zu einer globalen Bewegung von Platten der kontinentalen Kruste *(s. Exkurs Plattentektonik und Evolution, S. 473)*. An den untermeerischen Vulkanen wird Wasser, das in die Tiefe gelangte, durch das Magma erhitzt. Der überhitzte Wasserdampf löst Metallionen aus dem Gestein. Die Schwermetallionen bilden mit Sulfidionen der Vulkane rasch unlösliche dunkle Sulfidminerale, vor allem Eisensulfid und Pyrit. Die Schlote, aus denen Wasserdampf mit den Sulfiden austritt, heißen »Schwarze Raucher« *(s. Abb. 109.2)*. An den Oberflächen der Minerale entstehen durch Umsetzung von Methan mit Stickstoff Ammoniumionen, die bei der Entstehung des Lebens erforderlich waren. Infolge des starken Vulkanismus in der Frühzeit der Erde nahm die Konzentration des CO_2 in der Atmosphäre zu. Zudem stieg die Energieproduktion der Sonne *(s. Abb. 475.1)*. Die Temperatur der Erde wäre ohne eine Verringerung des CO_2-Gehaltes stark angestiegen. Dies zeigt die Venus mit einer Oberflächentemperatur von über 300 °C. Die Erde entkam dieser »Treibhausfalle« dank der Entstehung des Lebens und der Entwicklung der Fotosynthese *(s. 3.2.3)*.

derung der Baumarten mitteleuropäischer Wälder nach der letzten Eiszeit genau rekonstruieren.

Eine **absolute Altersbestimmung** einer Schicht kann durch Messung des Zerfalls radioaktiver Elemente erfolgen, z. B. des Kohlenstoffisotops ^{14}C. Bei seinem Zerfall werden Elektronen (= β-Strahlen) abgegeben und ^{14}N entsteht. ^{14}C findet sich in äußerst geringer Menge im CO_2 der Luft (10^{-12} %). Es entsteht aus Stickstoffatomen durch Reaktion mit Neutronen energiereicher Höhenstrahlung. Bei der Fotosynthese wird das ^{14}C anteilmäßig in die Pflanze und über die Pflanzennahrung auch in den Tierkörper aufgenommen. Seine Halbwertszeit beträgt ca. 5700 Jahre. Dann ist die Hälfte der ^{14}C-Atome und nach weiteren 5700 Jahren abermals die Hälfte der verbleibenden Atome zerfallen usw. In Pflanzen- und Tierresten wird bei einem Alter von 11 400 Jahren durch Strahlenmessung also noch ein Viertel der ursprünglichen ^{14}C-Menge vorgefunden (**Abb. 469.1**). Bei Resten, die älter sind als das Zehnfache der Halbwertszeit wird die Methode ungenau; es liegt dann nur noch eine sehr geringe ^{14}C-Menge vor. Für die absolute Datierung von Gesteinsschichten benötigt man also radioaktive Isotope mit viel längeren Halbwertszeiten. Die so genannte »K-Ar-Uhr« beruht auf dem Zerfall des in Gesteinen und in Fossilien enthaltenen radioaktiven Kalium-Isotops ^{40}K in Argon ^{40}Ar. Die Halbwertzeit von ^{40}K beträgt 1,3 Milliarden Jahre. Das Edelgas Argon bleibt im Kalium-Mineral eingeschlossen. Durch Schmelzen des Kalium-Minerals im Hochvakuum wird die in ihm enthaltene Argonmenge freigesetzt und bestimmt. Außerdem wird die noch vorhandene ^{40}K-Menge gemessen. Ist z. B. die Hälfte des ^{40}K zerfallen, so müssen 1,3 Milliarden Jahre seit Entstehung des Minerals vergangen sein.

Zur absoluten Datierung von Resten der letzten Jahrtausende bedient man sich auch der *Dendrochronologie*. Die Abfolge der Jahresringe der Bäume zeigt ein vom regionalen Klima abhängiges Muster, mit dem sich die Bildung der jeweiligen Jahresringe datieren lässt. Das Muster der frühen Jahresringe eines alten, kürzlich gefällten Baumes kehrt in den späten Jahresringen eines Balkens, z. B. aus einem Kirchendach wieder. Die frühesten Jahresringe des Balkens entsprechen den spätesten eines fossilen Holzes aus dem Mittelalter usw. In Mitteleuropa kann man mit diesem Verfahren 7000 Jahre erfassen.

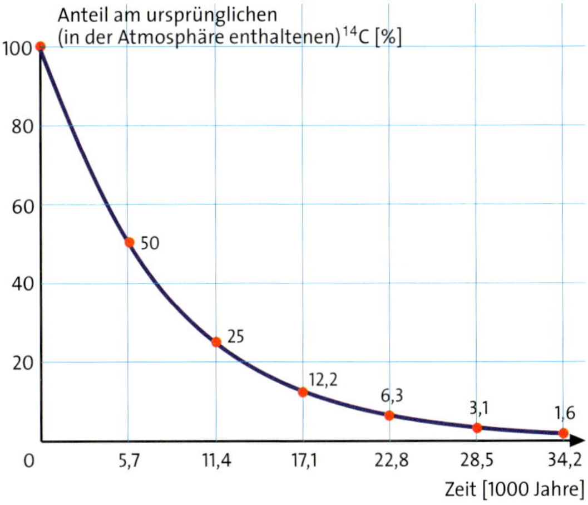

Abb. 469.1: Zerfallskurve des radioaktiven ^{14}C mit einer Halbwertszeit von 5700 Jahren

Chemische Evolution. Von S. MILLER wurde erstmals gezeigt, dass einfache organische Verbindungen unter Bedingungen der frühen Erde entstehen konnten. Dazu zählen auch Bausteine von Lebewesen. Die Energie für chemische Reaktionen wurde durch Vulkanismus, durch Gewitter und durch radioaktive Strahlung geliefert. Weil die Ozonschicht fehlte *(s. Abb. 123.2)* war auch die starke UV-Strahlung eine bedeutende Energiequelle. MILLER erhielt aus einem Gasgemisch von CH_4, CO, H_2, NH_3 und Wasserdampf, das er acht Tage lang im Kreislauf durch einen elektrischen Lichtbogen strömen ließ, zahlreiche organische Verbindungen wie Ameisensäure, Formaldehyd, Milchsäure und Aminosäuren (**Abb. 470.1**). Schon vorher war bekannt, dass aus Formaldehyd in wässriger Lösung unter alkalischen Bedingungen vielerlei Zucker entstehen.

Andere Forscher erhielten aus anorganischen Stoffen unter Energiezufuhr Blausäure. Diese reagierte weiter zu Nucleotiden, Oligonucleotiden und Energie liefernden Verbindungen wie z. B. ATP. Allerdings wurden unter den Bedingungen der Urerde diese Stoffe auch ständig wieder abgebaut. Eine bleibende Vermehrung war nur möglich, wenn die Aufbaureaktionen unter Energieversorgung fortlaufend abliefen. Sowohl langzeitig konstante Reaktionsbedingungen als auch Energiezufuhr sind im Bereich der »Schwarzen Raucher« gegeben; sie sind vermutlich die Wiege des Lebens. Als Energiequelle stand die Bildung von Pyrit zur Verfügung:

$FeS + H_2S \rightarrow FeS_2 + H_2$.

Diese Reaktion ermöglicht eine CO_2-Reduktion:

$FeS + H_2S + CO_2 \rightarrow FeS_2 + HCOOH$ (Ameisensäure)

Außer Ameisensäure können auf diesem Weg auch andere Carbonsäuren entstanden sein. An der Oberfläche der Pyritkriställchen werden negativ geladene Teilchen festgehalten (z. B. die gebildeten Säurereste). Aus den Carbonsäuren konnten in verschiedenen Reaktionsketten viele verschiedene Stoffe entstehen, unter Beteiligung von Ammoniak auch Aminosäuren. Durch die Bildung einer Membran aus Fettsäuren um die wachsenden Pyritkristalle herum konnten abgeschlossene Reaktionsräume entstehen. Darin konnten sich Verbindungen anreichern und weiter umsetzen. So kann sich ein *Stoffwechsel* zunächst ohne Enzyme durch Katalyse an Kristalloberflächen entwickelt haben. In konzentrierter Lösung konnten auch Makromoleküle entstanden sein, die nicht sofort dem Abbau ausgesetzt waren. Aus Aminosäuregemischen, die zusammen mit Lavagestein erhitzt werden, bilden sich eiweißartige Verbindungen, so genannte *Proteinoide.* Diese besitzen zum Teil katalytischen Fähigkeiten. Ob sie als Vorstufen von Proteinen angesehen werden dürfen, ist zweifelhaft.

3.2.2 RNA-Welt und Protobionten

RNA-Welt. Durch die Verknüpfung von Oligonucleotiden entstanden sehr wahrscheinlich immer wieder kleine RNA-Moleküle. Darunter waren vermutlich auch solche, die ihre eigene Replikation katalysieren konnten: An einem Strang lagerten sich die komplementären Nucleotide an und wurden durch die Katalyse zu einem komplementären Strang verknüpft. Die katalytischen Fähigkeiten von RNA-Molekülen werden durch die Existenz von Ribozymen in heutigen Lebewesen belegt *(s. Stoffwechsel 1.2.1).* Die RNA-Moleküle konnten also sowohl Informationsträger als auch Katalysatoren sein. Diese Entwicklungsstufe der Entstehung des Lebens nennt man RNA-Welt. Ihre Spuren sind bis heute in den Zellen zu erkennen: Viele Coenzyme sind Nucleotide, z. B. NAD, Coenzym A, und die Verknüpfung der Aminosäuren bei der Proteinsynthese erfolgt an der ribosomalen RNA. Diese Reaktion legt auch nahe, dass die Bildung von Peptidketten aus Aminosäuren anfänglich durch Ribozyme katalysiert war. Die gebildeten Peptide erwiesen sich mit der Zeit als bessere und anpassungsfähigere Katalysatoren. So kam es wahrscheinlich zu einer Arbeitsteilung zwischen RNA-Molekülen als Informationsträgern und Proteinen als Katalysatoren *(RNA-Protein-Welt).*

Protobionten. Nun konnte ein rückgekoppelter Reaktionszyklus zustandekommen: RNA-Moleküle katalysierten die Bildung von Proteinen. Unter diesen Proteinen waren solche, die eine Replikation der RNA-Moleküle katalysierten. Dadurch wurden die katalytischen RNA- und Proteinmoleküle bevorzugt gebildet. Dieses Zusammenwirken von Nucleinsäure-Replikationsvorgängen mit Proteinsynthesen bezeichnete M. EIGEN als *Hyperzyklus* (**Abb. 471.1**). Führt die Veränderung (Mutation) einer in-

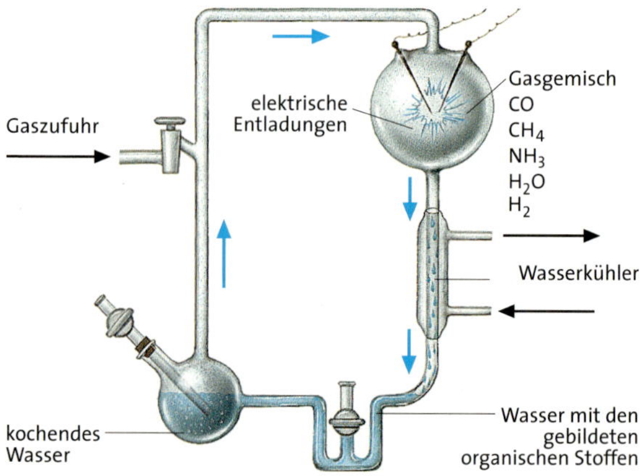

Abb. 470.1: Versuchsapparatur (60 cm hoch) von S. MILLER

formationstragenden Polynucleotidkette zur rascheren Abfolge der Reaktionen, so wird sich das neue RNA-Protein-System im Wettbewerb gegenüber anderen durchsetzen. So herrscht bereits auf der molekularen Ebene das Prinzip der Selektion.

Wenn einfache Polynucleotide und Peptide mit katalytischen Eigenchaften in der chemischen Evolution entstanden sind, so musste die Ausbildung des Hyperzyklus zwangsläufig zustandekommen (Theorie von der Selbstorganisation der Materie). War der Hyperzyklus in einen kleinen membranumschlossenen Raum eingeschlossen, so lag eine einfachste Lebensform, ein *Protobiont*, vor. Solche Vorläufer von Zellen entwickelten sich vermutlich durch Aufnahme von Polynucleotiden weiter. Dies ermöglichte zusätzliche Stoffwechselreaktionen, die sich immer besser aneinander anpassten. In einem weiteren Evolutionsschritt erfolgte die Ausbildung der chemisch stabileren DNA als Informationsträger. Die RNA übernahm die »Vermittlerfunktion« zwischen DNA und Protein (**Abb. 471.2**). Durch die Verbesserung der Enzymproteine besaßen die weiterentwickelten Protobionten einen Selektionsvorteil. So entstand allmählich die Protocyte *(s. Cytologie 2.4)*.

Evolution des Stoffwechsels. Energiequelle für die Protobionten waren zunächst vermutlich die Reaktionen unter Beteiligung von H_2S *(s. 3.2.1)*. Außerdem bildeten sich immer wieder organische Verbindungen aus anorganischen Stoffen, die in den Protobionten abgebaut wurden. Vermutlich bildeten und nutzten schon die Protobionten Polyphosphate und ATP als Energielieferanten. Die Protobionten vermehrten sich, sodass die Nahrung allmählich knapp wurde. Eine neue Energiequelle erschloss sich durch die Nutzung von Licht anstelle chemischer Reaktionen. Lichtabsorbierende Farbstoffe konnten zur Ausbildung eines Protonengradienten führen, der dann eine ATP-Bildung ermöglichte *(s. Stoffwechsel 1.4.3)*. Es entstand eine urtümliche Form der Fotosynthese, wie man sie heute noch bei einigen *Archaea* findet, z. B. bei dem in Salzgärten vorkommenden *Halobacterium*. Im Verlauf der weiteren Evolution entstand eine Elektronentransportkette. Anfangs diente der Schwefelwasserstoff als Elektronenlieferant; diese Art der Fotosynthese gibt es heute noch bei *Schwefelpurpurbakterien* in H_2S-haltigen Quellen. Ein weiterer Fortschritt war die Elektronenlieferung durch die Spaltung von Wasser, das in unbegrenzter Menge verfügbar war. Die Wasserspaltung liefert außerdem Sauerstoff *(s. Stoffwechsel 2.1.2)*. Seine vor über 2,5 Milliarden Jahren einsetzende Anreicherung war Bedingung der Evolution der Zellatmung, die Energie durch Oxidation organischer Stoffe verfügbar macht.

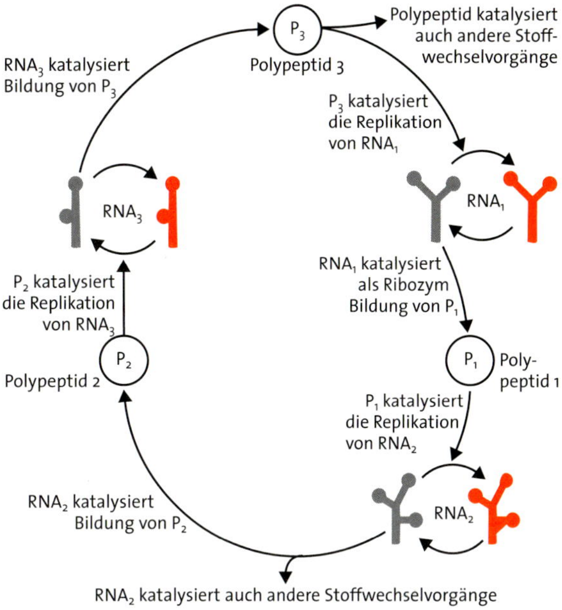

Abb. 471.1: Hyperzyklus. RNA-Moleküle mit Ribozym-Funktion sind mit Polypeptiden verknüpft, die Enzym-Funktion haben.

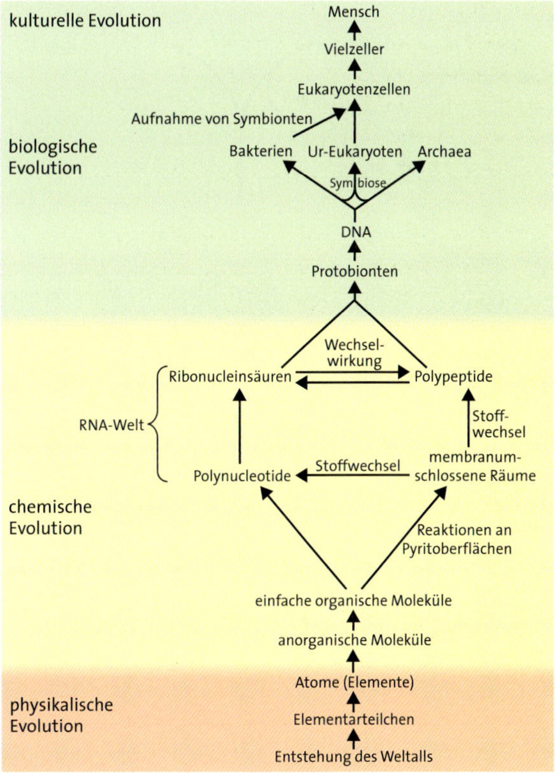

Abb. 471.2: Stufen der Evolution mit den vermutlich aufeinander folgenden Schritten bei der Entstehung von Lebewesen

Endosymbionten-Theorie

Mitochondrien und Plastiden entstehen nur durch Teilung aus ihresgleichen. Die Zelle kann diese Organellen bei Verlust nicht neu bilden. Sie besitzen eine Hülle aus zwei Membranen, als ob sie in Wirtszellen eingedrungen wären und ihre eigene Membran von der Wirtsmembran umschlossen worden wäre, so wie dies bei der Endocytose von Partikeln geschieht. Die innere Membran der Mitochondrien enthält ein Phospholipid, das sonst nur in der Membran von Bakterien vorkommt. Beide Organellen besitzen wie Protocyten nackte DNA, die nicht in Form von Chromosomen mit Histonen verbunden ist. Sie ist in der Regel ringförmig gebaut wie das Bakterienchromosom. Weiterhin haben beide Organellen eigene Ribosomen von der Größe der Protocyten-Ribosomen und bilden einen Teil der Organell-Proteine selbst.

Alle diese Eigenschaften von Mitochondrien und Plastiden finden eine Erklärung durch die Annahme, dass sie ursprünglich selbständige Prokaryoten waren, die als Symbionten in andere Zellen aufgenommen wurden. In diesem Symbiose-System entwickelten sie sich zu Zellorganellen, wobei zahlreiche Gene vom Symbionten in den Kern der Eucyte übergingen. Dadurch wurde die Symbiose unauflösbar. Dieser Ursprung von Mitochondrien und Plastiden als Endosymbionten ist gut belegt. Man spricht daher von der *Endosymbionten-Theorie* (**Abb. 472.1**).

Die Gene der DNA-Replikation und der Transkription sind zum Teil jenen der Archaea, zum Teil auch solchen der Bakterien homolog. Daher wird angenommen, dass der Zellkern des Ur-Karyoten durch eine Symbiose zwischen einem Bakterium und einem Archaeon zustandekam.

Auch zwischen Eukaroyten sind Endosymbiose-Systeme entstanden. Bei einigen Gruppen einzelliger Algen sind die Plastiden stets von einem verkleinerten (»rudimentären«) Zellkern begleitet, dem Kernrest. Plastiden und Kernrest liegen in einer gemeinsamen Hüllmembran. Hier hat also eine farblose Eukaryoten-Wirtszelle einen eukaryotischen Endosymbionten mit Plastid aufgenommen und wurde so zur Fotosynthese befähigt *(s. S. 524, Chromista)*. Die Braunalgen sind ebenfalls auf diese Weise entstanden, denn auch ihre Plastiden besitzen mehr als zwei Hüllmembranen; allerdings ist der Kernrest verschwunden. Einige Pantoffeltierchen-Arten besitzen als Endosymbionten vollständige membranumschlossene Grünalgen-Zellen (Chlorellen) und sind daher nicht auf organische Nahrung angewiesen. Beide Zelltypen können allerdings getrennt weitergezüchtet werden; es handelt sich daher vermutlich um eine »junge« Symbiose. Wie die Pantoffeltierchen enthalten auch andere Wimpertierchen sowie verschiedene einzellige Algen und Schwämme Bakterien als Endosymbionten.

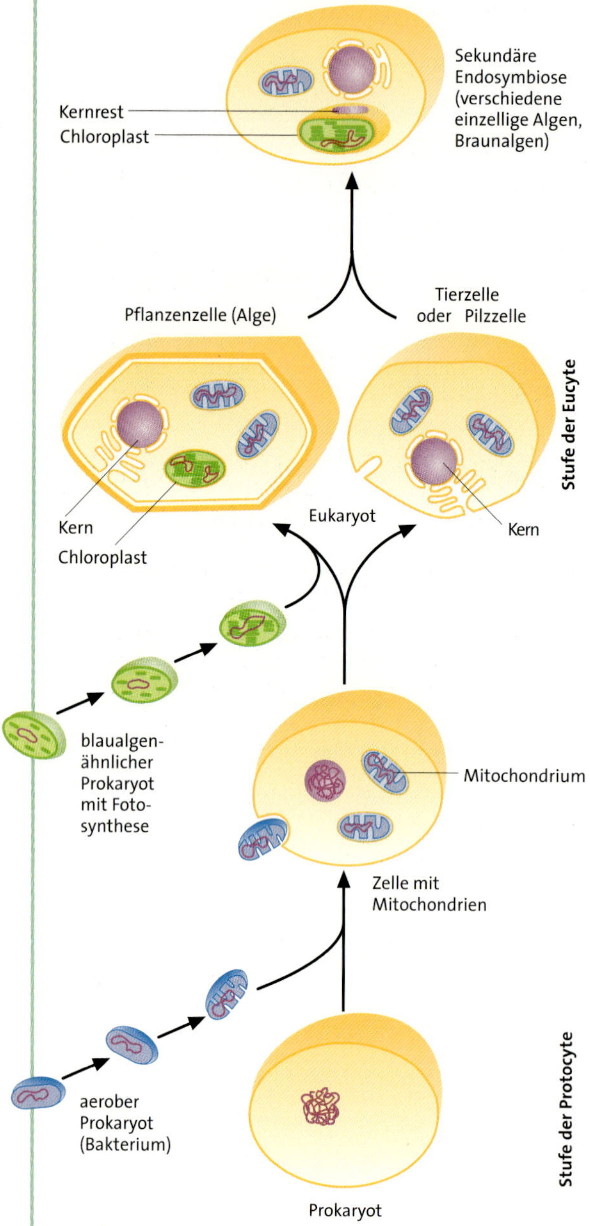

Abb. 472.1: Entstehung der Eucyte nach der Endosymbionten-Theorie. Dargestellt ist auch die sekundäre Endosymbiose verschiedener Algen.

Plattentektonik und Evolution

Schon zu Beginn des 20. Jahrhunderts hatte A. WEGENER die Hypothese aufgestellt, dass die Kontinente ihre Lage auf der Erde in geologischen Zeiträumen verändern. Um 1965 konnte dies durch verschiedene Untersuchungen, vor allem der Tiefsee, bewiesen werden. Im Bereich der mittelozeanischen Rücken entsteht neuer Ozeanboden, im Bereich der Subduktionszonen sinkt er wieder in die Tiefe *(s. 3.2.1)*. In der Nähe des Rückens befindet sich also ganz junger Ozeanboden, mit wachsender Entfernung von diesem ist er zunehmend älter. Die Kontinente, deren spezifisch leichtere Gesteine nicht absinken können, werden dadurch auf den Erdkrustenplatten *(Abb. im Schulatlas)* mit bewegt. Das Absinken des Ozeanbodens erfolgt nicht reibungslos. Die Entstehung von Gebirgen, lebhafter Vulkanismus und Erdbeben sind die Folge. Die Untersuchung der Ozeanböden ermöglicht es, die frühere Lage der Kontinente zu rekonstruieren (**Abb. 473.1**). Die Bewegung der Kontinentalplatten hat im Laufe der Erdgeschichte Klima- und andere Umweltveränderungen hervorgerufen: Sie führte nämlich dazu, dass die Ausdehnung der Flachmeere stark wechselte; deshalb schwankte der Meeresspiegel fortgesetzt (**Abb. 473.2**). Noch stärker war der Einfluss der Bildung von Poleiskappen auf den Meeresspiegel. Die Eisbildung hängt langzeitig wiederum vom CO_2-Gehalt der Atmosphäre und damit von der Zahl bzw. Größe der Subduktionszonen ab *(s. Abb. 475.2)*. Mithilfe derartiger Überlegungen kann man die großräumigen Umweltbedingungen für jeden geologischen Zeitraum ermitteln und damit Evolutionsvorgänge erklären: Wenn sich die Flachwasserbereiche durch die Verschmelzung von Kontinentalplatten verkleinerten, verloren viele Arten ihren Lebensraum und starben aus. Die Trennung von Kontinentalplatten führte auch immer wieder zur Isolierung von Arten und infolgedessen zu neuen Evolutionsereignissen.

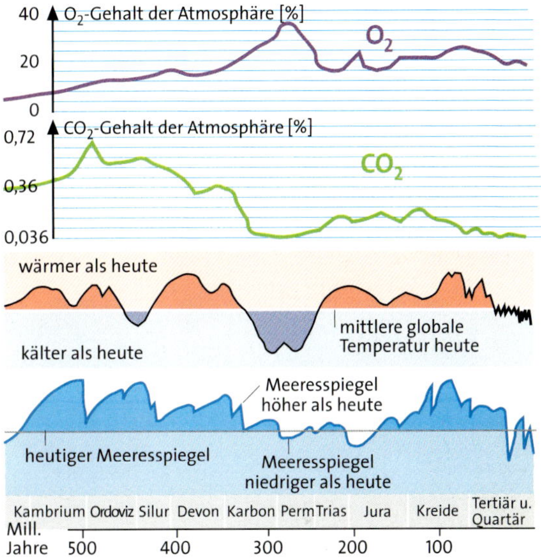

Abb. 473.2: Meeresspiegelschwankungen, globale Temperaturveränderungen sowie CO_2- und O_2-Gehalte der Atmosphäre im Laufe der Erdgeschichte seit dem Kambrium

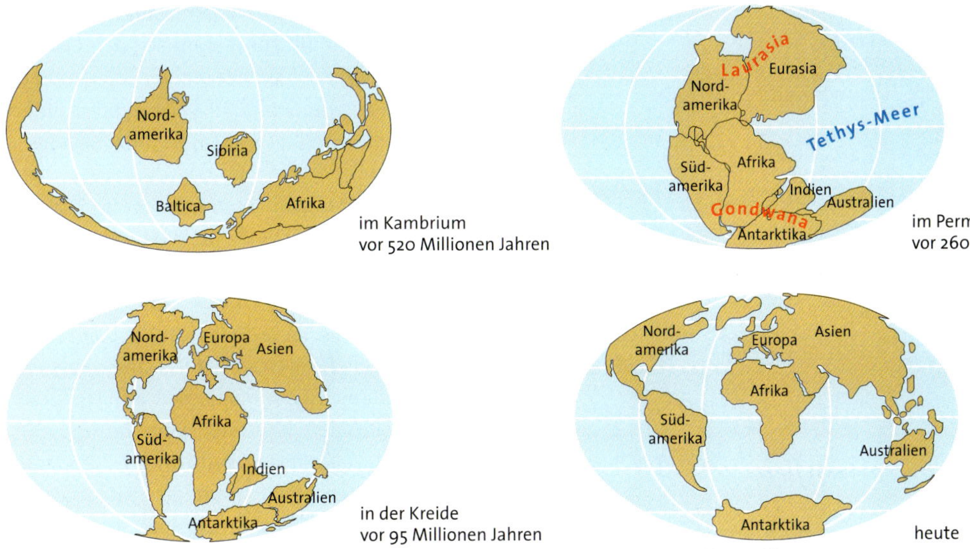

Abb. 473.1: Lage der Kontinente im Kambrium, im Perm, in der Mittleren Kreide und heute

Abb. 474.1: Stromatolithen aus Westaustralien, etwa 3,5 Milliarden Jahre alt. Dünnschliffe durch die im Querschnitt feinschichtigen Stromatolithen zeigen unter dem Mikroskop einzellige, blaualgenartige Gebilde.

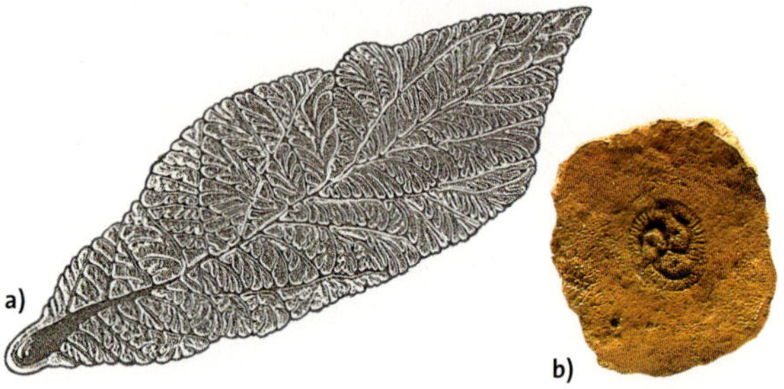

Abb. 474.2: Vertreter der *Ediacara*-Lebenswelt des obersten Präkambriums. **a)** Form mit »Steppdeckenmuster« (Größe ca. 12 cm); **b)** *Tribrachidium* (Südaustralien, Größe ca. 8 cm)

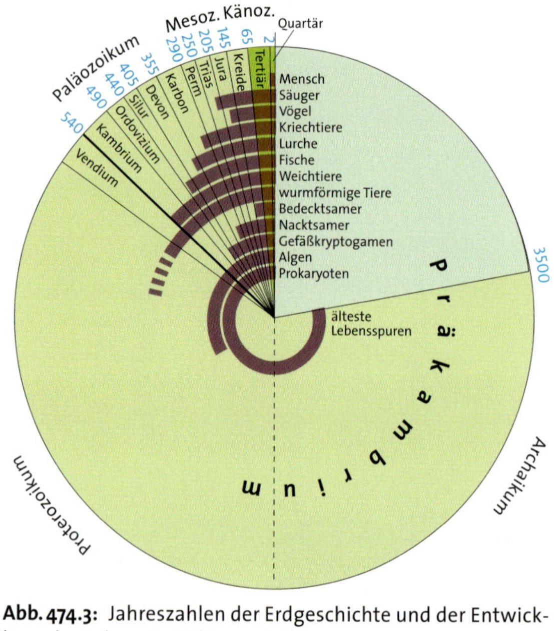

Abb. 474.3: Jahreszahlen der Erdgeschichte und der Entwicklung des Lebens in Millionen Jahren

3.2.3 Evolution im Präkambrium

Die lange Zeit der Erdgeschichte, die weiter zurückliegt als 540 Millionen Jahre, bezeichnet man als *Präkambrium.* Aus dieser Zeitspanne, die mehr als 5/6 der Erdgeschichte umfasst, liegen vergleichsweise wenige Fossilreste vor. Viele Gesteine jener Zeit sind durch Druck und Hitze in ihrem Zustand verändert; sie sind *metamorph* geworden. Schon deshalb sind Fossilien selten. Die ältesten gesicherten Fossilreste fand man in etwa 3,5 Milliarden Jahre alten Gesteinsschichten. Es handelt sich um Reste von Prokaryoten, die als Cyanobakterien angesehen werden. Zum Teil haben sie Kalkkrusten gebildet (**Abb. 474.1**); solche *Stromatolithen* werden auch von einigen heute lebenden Arten gebildet. In jener Zeit muss also die Fotosynthese begonnen haben. Dadurch wurde fortgesetzt CO_2 aus der Atmosphäre entfernt. Der gebildete Sauerstoff wurde zunächst durch Oxidation von Mineralien gebunden oder blieb im Ozean gelöst; erst vor etwa 1,8 Milliarden Jahren begann er sich in der Atmosphäre anzusammeln. Durch die Verwitterung der Gesteine auf den wachsenden Kontinenten wurde ebenfalls CO_2 gebunden (**Abb. 475.2**).

Dadurch entging die Erde der »Treibhausfalle«, die Oberfläche kühlte sich ab, und vor etwa 2,2 Milliarden Jahren kam es zur ersten großen Eiszeit. Die Erde lief Gefahr, in eine »Kühlhausfalle« zu geraten. Dies wurde vermieden durch erneuten Anstieg des CO_2-Gehalts der Atmosphäre. Durch die Eiszeit kam es zu einer drastischen Abnahme der Cyanobakterien, die CO_2 durch die Fotosynthese banden. Starker Vulkanismus und Gesteinsmetamorphose führten durch CO_2-Freisetzung zur Erwärmung der Erde (**Abb. 475.1**). An diesem Fall ist zu erkennen, dass die globale Tektonik zusammen mit den Lebewesen ein zeitliches Pendeln der Erde zwischen Erwärmung und Abkühlung, also zwischen Treibhaus- und Kühlhaus-Epochen, aufrecht erhält *(s. Exkurs Plattentektonik und Evolution, S. 473).*

In Schichten mit einem Alter von etwa 1,5 Milliarden Jahren findet man erstmals Reste von Zellen, die nach Größe und Gestalt von *Eukaryoten* stammen. Da nun auch freier Sauerstoff in der Atmosphäre vorhanden war, bildete sich die Ozonschicht in der Stratosphäre *(s. Ökologie 4.6.3).* Auf zeitweilig feuchten Festlandsgebieten siedelten sich allmählich Cyanobakterien an. Als Vielzeller sind über viele hundert Millionen Jahre hinweg nur Algenzellfäden und Reste wurmförmiger Organismen überliefert. In der Folgezeit vereinigten sich die Kontinentalplatten, bis schließlich ein einziger Superkontinent vorlag. Da die Zahl der Subduktionszonen abnahm, war auch die CO_2-Bildung durch Vulkane verringert. Die Abnahme der CO_2-Menge führte vor etwa 700 Millionen Jahren zur stärksten Vereisung, die die Erde erlebte *(»Schneeball-Erde«)*. Durch die Plattenbewegungen zerfiel der Superkontinent, sodass zahlreiche Flachmeere entstanden. Auch kam es zur CO_2-Zunahme und allmählich entwickelte sich wieder eine Treibhaus-Epoche. In Schichten, die nach der großen Eiszeit zwischen 650 und 540 Millionen Jahren in der Periode des **Vendium** gebildet wurden, fand man zuerst in Südaustralien, später auch andernorts die Abdrücke zahlreicher flach gebauter Organismen (**Abb. 474.2**). Sie wurden früher vor allem den Hohltieren und Ringelwürmern zugeordnet, bilden aber sehr wahrscheinlich eine eigene Evolutionslinie. Nach dem ersten Fundort dieser Lebewesen spricht man von der *Ediacara-Lebenswelt.*

Im Zeitraum von 540 bis 515 Millionen Jahren entstanden in den Flachmeeren eine große Zahl neuer Tierformen. Man lässt deshalb vor 540 Millionen Jahren die Zeit des *Präkambriums* enden. Ihr jüngerer Abschnitt wird als *Proterozoikum* (gr. *protos* erster) bezeichnet. Der Zeitraum der letzten 540 Millionen Jahre der Erdgeschichte heißt *Phanerozoikum* (gr. *phaneros* sichtbar) wegen der zahlreichen Fossilfunde, die die weitere Entwicklung des Lebens gut belegen.

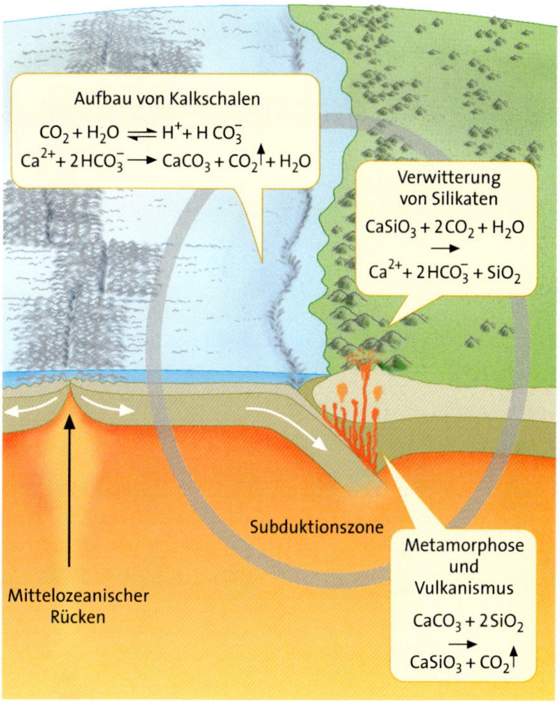

Abb. 475.2: Die langzeitige Regulation des CO_2-Haushaltes der Erde und ihre Abhängigkeit von der Plattentektonik

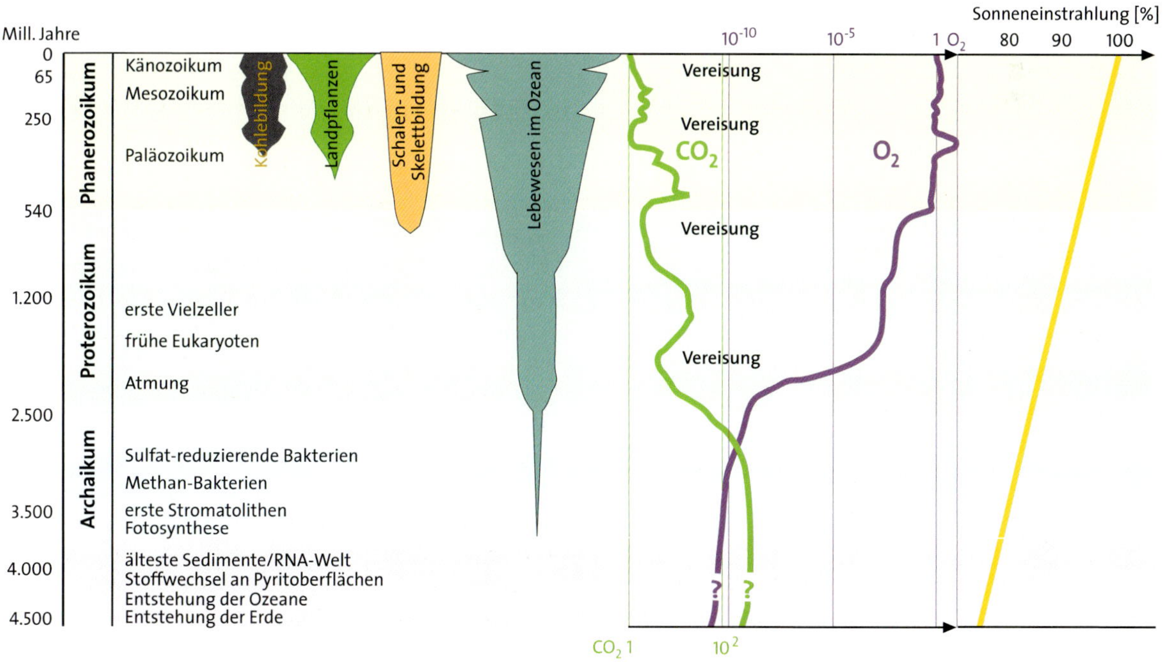

Abb. 475.1: Wichtige Ereignisse in der Evolution der Erde und der Lebewesen sowie Änderungen der CO_2- und O_2-Konzentration und der Intensität der Sonneneinstrahlung im Verlauf der Erdgeschichte. Die heutigen Konzentrationen bzw. Strahlungswerte sind willkürlich gleich 1 bzw. 100 % gesetzt. In den Schalen und Skeletten ist Kohlenstoff gebunden, der aus dem CO_2 stammt. Der Anstieg der Sonneneinstrahlung und die Methanbildung (durch Methanbakterien) führte zur Erwärmung der Erde *(vgl. Text)*. Sulfatreduzierer führten zur Ausbildung des Schwefelkreislaufs *(s. Ökologie 3.4)*.

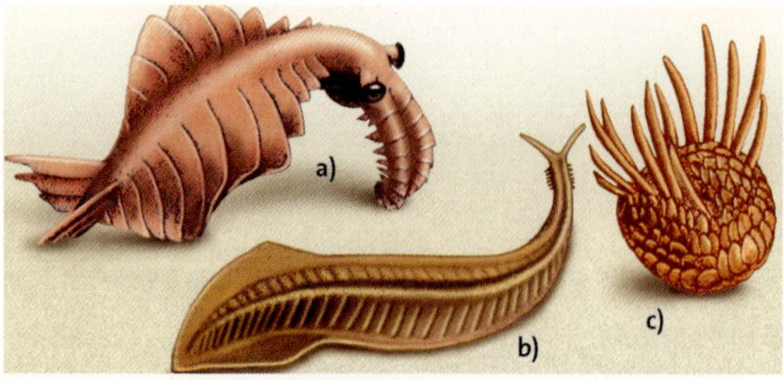

Abb. 476.1: Lebewesen aus den Burgess-Tonschiefern des Mittelkambriums. **a)** *Anomalocaris* (Größe bis 2 m); **b)** *Pikaia* (wahrscheinlich urtümliches Chordatier, Größe 5 cm); **c)** *Wiwaxia* (Größe 6 cm)

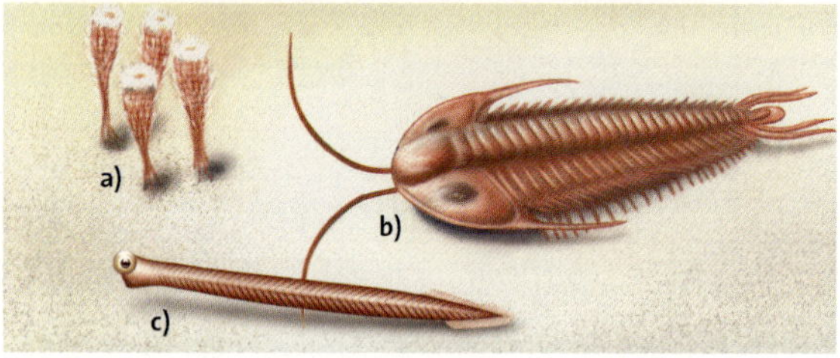

Abb. 476.2: Lebewesen des Kambriums. **a)** Vertreter des schwammähnlichen Tierstamms der Archaeocyathiden (kamen nur im Kambrium vor); **b)** Trilobit *(Paradoxides)*, bis 50 cm groß; **c)** Conodonten-Tier

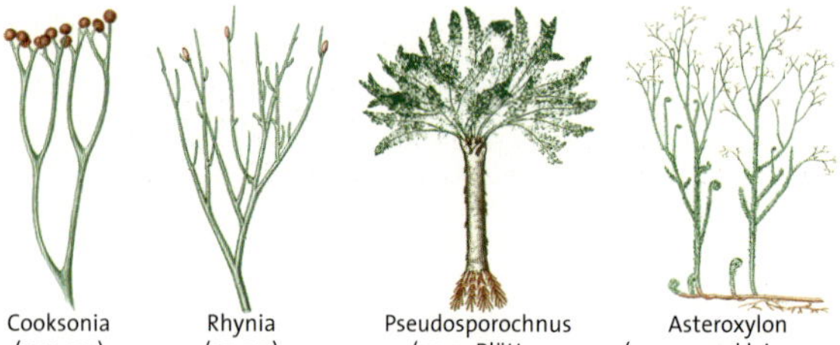

Abb. 476.3: Ur-Landpflanzen: Nacktfarne *(Psilophyten)* aus dem Devon; *Cooksonia* aus dem Oberen Silur. Sie wuchsen im Sumpf und Uferbereich.

Abb. 476.4: Quastenflosser. **a)** *Latimeria* (rezent, Größe etwa 1,5 m); **b)** *Eusthenopteron* (aus dem Devon)

3.2.4 Evolution im Phanerozoikum

Paläozoikum. In den Flachmeeren entfaltete sich in der geologischen Periode des **Kambriums** (540 bis 490 Mill. Jahre) eine reiche Fauna. Gegen Ende des Präkambriums hatten Vielzeller erstmals Hartteile (Schalen, Panzer) gebildet; dies führte zur Bildung zahlreicher Formen von zum Teil absonderlicher Gestalt (**Abb. 476.1**). Alle großen Tierstämme sind bereits vertreten. Unter den Gliederfüßlern sind die Trilobiten weit verbreitet. Auch Chordatiere treten schon auf: Die Conodonten-Tiere, deren Zähnchen bis zur Trias-Zeit häufige Fossilien sind, besaßen wahrscheinlich schon eine Wirbelsäule (**Abb. 476.2**). Auf dem Land gab es noch keine Pflanzen; es war nur örtlich von Cyanobakterien besiedelt. Weitere Gruppen von Wirbeltieren erscheinen im **Ordovizium** (490 bis 440 Mill. Jahre). Gepanzerte Fische mit knorpeliger Wirbelsäule erreichten beträchtliche Größe und die Meeresalgen bildeten schon Riesentange. In der Periode des **Silurs** (440 bis 415 Mill. Jahre) eroberten die Pflanzen das Land und die Fische das Süßwasser. Damit begann sich eine terrestrische Biosphäre zu entwickeln. Die ersten Landpflanzen waren die *Nacktfarne (Psilophyten)*, im Silur zunächst *Cooksonia*, später im Devon z.B. *Rhynia* (**Abb. 476.3**). Sie besaßen noch blattlose, gabelig verzweigte Sprosse und hatten keine echten Wurzeln. Als Landpflanzenmerkmale wiesen sie Spaltöffnungen und Leitgewebe auf. Die Nacktfarne besiedelten feuchte Uferbezirke des Landes als neuen Lebensraum. Gegen Ende des Silurs traten bärlappartige Gewächse auf. Nachdem Pflanzen den Schritt zum Festland vollzogen hatten, erschloss sich auch den Tieren das Land als Lebensraum, da diese auf Pflanzen als Nahrungsgrundlage angewiesen sind. Pflanzenfresser aus dem Silur konnten bisher allerdings nur indirekt anhand fossiler Kotreste nachgewiesen werden. Bei den ersten bekannten Landtieren handelt es sich um räuberisch lebende Gliederfüßler. Sie waren in ihrem Chitinpanzer vor Austrocknung geschützt.

Im **Devon** (415 bis 360 Mill. Jahre) wurden die Nacktfarne von den Bärlapp-Gewächsen, Schachtelhalmen und Farnen abgelöst. Diese besaßen echte Wurzeln, ein leistungsfähigeres Wasserleitungssystem und Festigungsgewebe. Sie waren also gut ans Landleben angepasst und breiteten sich rasch aus. Durch die Fotosynthese der Vegetation begann der CO_2-Gehalt der Atmosphäre abzunehmen; daher musste die CO_2-aufnehmende Oberfläche der Pflanzen größer werden: Es entstanden flächige Blätter. Unter den Farnen des Oberdevon existierten baumförmige Vorstufen der späteren Nacktsamer (Gymnospermen). Im Unterdevon findet man die ersten Insekten. Später im Devon treten erstmals Knochenfische auf, darunter die *Quastenflosser* (**Abb. 476.4**). Urtümliche Quastenflosser oder ihnen nahe verwandte Lungenfische gelten als Ausgangsgruppe der Landwirbeltiere. Sie hatten vier durch Knochen gestützte Flossen, die eine Fortbewegung auf festem Grund ermöglicht *(s. 2.4)*. Im Oberdevon traten dann Amphibien auf. Zu den ersten Vertretern gehört die in Grönland gefundene *Ichthyostega* (**Abb. 477.1**).

Im **Karbon** (360 bis 300 Mill. Jahre) bedeckte die Landvegetation erstmals die Erde in ähnlichem Umfang wie heute. Europa lag damals in den feuchten Tropen, in denen sich die Steinkohlen-Wälder entwickelten (**Abb. 477.3**). Bärlapp-Gewächse bildeten die mächtigen *Siegel-* und *Schuppenbäume*; daneben gab es Riesenschachtelhalme *(Kalamiten)* und Baumfarne. Die *Samenfarne (Pteridospermen)* besaßen noch farnartige Blätter, aber schon richtige Samen; sie gehören daher zu den Nacktsamern. In der Tierwelt waren die Amphibien mit der Gruppe der *Dachschädler* vorherrschend; sie besaßen einen durch Knochenplatten geschützten Schädel (**Abb. 477.2**). Als erste Reptilien traten plumpe Pflanzenfresser auf, die in ihrer Gestalt noch an Amphibien erinnern. Die Fortpflanzung der Reptilien ist vom Wasser unabhängig; die Hornschuppen der Tiere und die Schale der Eier schützen vor Austrocknung. Eine hornige Haut wurde ermöglicht durch eine Vergrößerung der inneren Lungenoberfläche, die eine Hautatmung wie bei Amphibien überflüssig machte. Infolge der dichten Vegetationsdecke und der Kohlebildung nahm die CO_2-Konzentration der Atmosphäre stark ab und der O_2-Gehalt erheblich zu.

Abb. 477.1: *Ichthyostega* aus dem Oberdevon; steht in ihren Merkmalen zwischen Quastenflossern und Amphibien.
a) Skelett, ergänzt; **b)** Rekonstruktion des Aussehens

Abb. 477.2: Dachschädler aus der Trias (Größe etwa 1 m)

Abb. 477.3: Waldmoor der Steinkohlenzeit (Karbon, vor etwa 300 Millionen Jahren).
1 Schuppenbaum,
2 Siegelbaum,
3 Riesenschachtelhalme *(Calamiten)*,
4 Baumfarn,
5 Samenfarn,
6 urtümliche Nadelbaum-Vorläufer *(Cordaiten)*

Abb. 478.1: Die Urlibelle *Meganeuropsis* aus dem Unterperm war mit 75 cm Flügelspannweite das größte Insekt, das je existiert hat. Die Abbildung zeigt eine Rekonstruktion.

Abb. 478.2: *Ginkgo.* **a)** Habitus; **b)** die Gabelnervigkeit der zweilappigen Blätter erinnert an Farne

Abb. 478.3: *Cycas*, ein rezenter Palmfarn (Nacktsamer)

Dies ermöglichte die Evolution riesiger geflügelter Insekten mit bis zu 80 cm Flügelspannweite (**Abb. 478.1**). Die CO_2-Abnahme löste eine ausgedehnte Vereisung des großen Südkontinents Gondwana aus. Daher wurde das Leben in der Zeit des **Perms** (300 bis 250 Mill. Jahre) härter, zumal die Kontinente sich im Laufe dieser Epoche zu einem Superkontinent, der *Pangäa*, vereinigten. Dadurch nahmen die Flachmeergebiete stark ab, die Trockengebiete auf dem Festland zu. Die bei der Fortpflanzung auf Regen angewiesenen Farnpflanzen gingen zurück. Die *Nacktsamer*, die Wasser zur Befruchtung nicht benötigen, wurden vorherrschend *(s. Entwicklungsbiologie 1.3)*. Zu ihnen gehören ursprüngliche *Palmfarne* (**Abb. 478.3**) und *Ginkgo*-Bäume (**Abb. 478.2**) vor allem aber Bäume mit nadelförmigen Blättern (Nadelhölzer). Die Reptilien waren nun den Amphibien vielerorts überlegen und brachten zahlreiche Gruppen hervor. Auch die ersten fliegenden Wirbeltiere in Form kleiner Flugsaurier entstanden zu dieser Zeit. Der Rückgang der Vegetation führte zum Anstieg des CO_2-Gehalts und einer O_2-Abnahme. So wurde der Übergang zum Treibhausklima eingeleitet und gegen Ende des Perms durch den Zerfall von Pangäa verstärkt: Der nördliche Teil wurde zum Kontinent Laurasia, der südliche wieder zu Gondwana. In dieser Zeit kam es aus noch ungeklärten Gründen zum Aussterben zahlreicher Gruppen von Meerestieren, dem größten Massenaussterben im Phanerozoikum. Mit diesem Ereignis am Ende des Perms lässt man das Paläozoikum enden. Die folgenden Erdepochen fasst man als Mesozoikum zusammen; es ist die Zeit der Herrschaft der Reptilien (Saurier).

Mesozoikum. In der Zeit der **Trias** (250 bis 200 Mill. Jahre) entstanden in der Gruppe der Reptilien viele Arten. Unter ihnen hatten die *Theriodontier* Merkmale wie man sie auch bei Säugern findet, z. B. sieben Halswirbel, ein verschiedenzähniges Gebiss sowie einen säugertypischen Schulter- und Beckengürtel. Am Ende dieser Periode gibt es Tierarten, die sich nur durch die Art ihres Kiefergelenks als Reptilien erweisen *(s. Abb. 462.2)*, sonst aber alle Säugetiermerkmale besitzen. Gleichzeitig finden sich auch die ersten Reste von *Säugetieren* in Form von Kieferbruchstücken und Zähnen. In der Periode des **Juras** (200 bis 145 Mill. Jahre) eroberten die Saurier fast alle Lebensräume der Erde: Im Wasser breiteten sich schon ab der Trias große schwimmende Formen aus (*Ichthyosaurier*, **Abb. 479.2**). Auch der Luftraum wurde erobert, z. B. durch den Flugsaurier *Pterodactylus*. Auf dem Land gab es Riesenformen. So besaß *Brontosaurus*, ein 20 Meter langer Pflanzenfresser, etwa 30 Tonnen Lebendgewicht, *Bronchiosaurus* sogar 50 bis 60 Tonnen. Im obersten Jura, vor etwa 150 Mill. Jahren, lebte der Urvogel *Archaeop-*

teryx, von dem bisher neun Exemplare, alle im Fränkischen Jura, gefunden wurden *(s. Exkurs Übergangsformen, S. 481)*. Die Säugetiere waren durch mehrere urtümliche Gruppen vertreten. Aus einer gingen die *Kloakentiere* hervor, eine andere ist die Stammgruppe der Beutel- und Plazentatiere. Unter den Pflanzen sind Nacktsamer bemerkenswert, die in der Anordnung ihrer Fortpflanzungsorgane den Bedecktsamern ähnlich waren (Benettiteen).

Die Periode der **Kreide** (145 bis 65 Mill. Jahre) ist durch eine Vergrößerung der Flachmeere gekennzeichnet. Der CO_2-Gehalt in der Atmosphäre war hoch und daher das Klima bis in polare Regionen warm und ausgeglichen. Große Saurier treten als Pflanzenfresser, z. B. *Triceratops*, und als Raubtiere auf, z. B. *Tyrannosaurus* (mit etwa zehn Tonnen Gewicht). Der Flugsaurier *Pteranodon* war mit elf Meter Flügelspannweite eines der größten fliegenden Tiere, das es je gab. Die Saurier bildeten auf der nördlichen Landmasse und Gondwana konvergente Formen. So existierte als Raubsaurier in Laurasia *Tyrannosaurus* und in Gondwana *Giganotosaurus*. Auch bei den Säugetieren entstanden unterschiedliche Ordnungen in Gondwana und Laurasia *(s. Abb. 491.1)*. Beuteltiere gab es zunächst nur in Laurasia. Bei den Pflanzen bestimmten die bedecktsamigen *Blütenpflanzen* von der Oberkreide an die Vegetation. Parallel dazu wuchs die Formenfülle der Insekten. Zu Ende der Kreide starben die bisher herrschenden Reptilien bis auf die heutigen Gruppen aus; nur 4 von 34 Ordnungen überlebten. Die Ammoniten (**Abb. 479.1**), die in der Jura- und Kreidezeit wichtige Leitfossilien lieferten, verschwanden ebenfalls. An die Stelle zahlreicher kreidezeitlicher Vögel traten mit Beginn des Tertiärs die »modernen« Vögel. Es fand also ein Massensterben statt. Im Meer waren die Lebewesen des Flachmeeres infolge der vom Festland beeinflussten Nahrungsketten stark betroffen. Es wird diskutiert, ob der nachgewiesene Einschlag eines Himmelskörpers zu einer weltweiten Staubentwicklung und Abkühlung und so zum Massenaussterben geführt hat. Jedoch starben manche Tiergruppen schon vor Ende der Kreide aus. Bei anderen ist eine allmähliche Abnahme der Artenzahlen zu beobachten, vermutlich infolge der Klimaveränderungen, nach der langen klimagünstigen Zeit, dem »Paradies der Kreide«. Die Katastrophe war demnach wohl nur ein zusätzlicher Faktor.

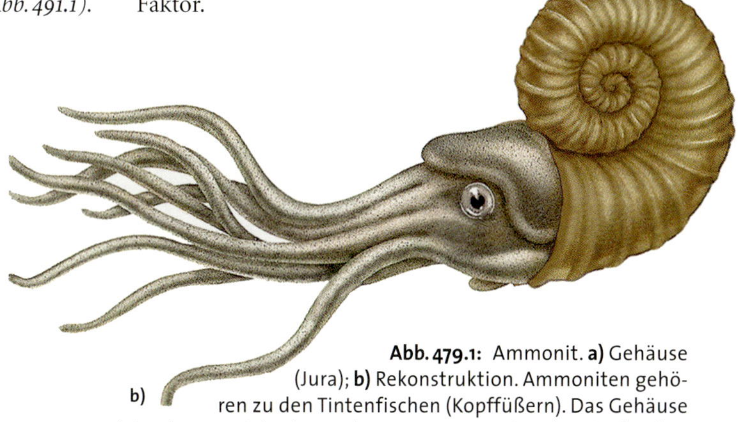

Abb. 479.1: Ammonit. **a)** Gehäuse (Jura); **b)** Rekonstruktion. Ammoniten gehören zu den Tintenfischen (Kopffüßern). Das Gehäuse ist gekammert, in der vordersten Kammer sitzt das Tier (Wohnkammer). Größte Formen: Gehäusedurchmesser bis 2,5 m (Kreide).

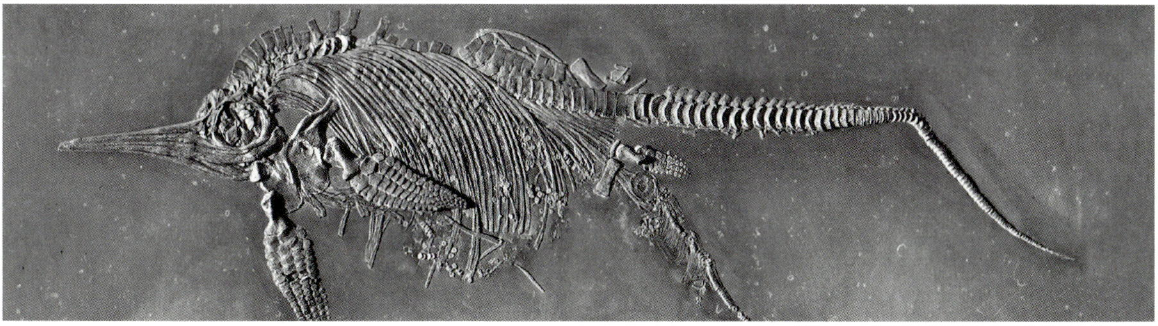

Abb. 479.2: Ichthyosaurier *Stenopterygius* aus dem Jura; Muttertier (Größe etwa 2 m) mit Embryonen, davon einer im Augenblick der Geburt

Känozoikum. Durch das Aussterben der Saurier konnten viele ökologische Nischen von Säugetieren neu besetzt werden. Daher lässt man mit dem **Tertiär** (65 bis 1,8 Mill. Jahre) das Känozoikum beginnen, das Zeitalter der Säugetiere *(s. Abb. 491.1)*. In der Kreide hatte die Auftrennung von Gondwana eingesetzt und danach die Entstehung des Nordatlantik begonnen. Die generelle Abkühlung setzte sich fort, allerdings unterbrochen durch eine wärmere Phase von nur wenigen Mill. Jahren, die man auf die Freisetzung von Methan aus den großen Methanhydrat-Vorkommen der Ozeane zurückführt *(s. Ökologie 3.4)*. Vor etwa 55 Mill. Jahren trennten sich Australien und Antarktika, und vor etwa 30 Mill. Jahren setzte die Vereisung in Antarktika ein. Weltweit kam es nun zu stärkeren jahreszeitlichen Klimaschwankungen. Die Plazentasäuger eroberten sich mit der weiteren Anpassung des Gebisses *(s. Abb. 91.1)*, der Gliedmaßen und des ganzen Körpers an unterschiedliche Ernährungsarten schließlich fast alle Lebensräume der Erde. Für die weitere Artaufspaltung waren die Klimaschwankungen bedeutungsvoll.

Manche Erdteile waren während des Tertiärs fast ständig isoliert; dadurch fand eine getrennte Evolution statt. So waren nach **Australien** keine konkurrenzkräftigen Plazentatiere gelangt; daher blieben dort die *Kloakentiere* mit *Schnabeltier* und *Ameisenigel* erhalten. Die früh eingewanderten *Beuteltiere* (die in Europa im Miocän ausstarben) konnten eine große Zahl neuer Arten hervorbringen (**Abb. 480.1**). Von den über 20 000 Pflanzenarten Australiens kommen über 12 000 nur dort vor. Bäume der Gattung *Eucalyptus* haben sich an ganz verschiedene Lebensräume angepasst, vom Tropenwald bis zu Bergregionen des gemäßigten Klimas, und dabei über 500 Arten gebildet. Alte Blütenpflanzenfamilien, die in der Kreide noch in Gondwana entstanden waren, kommen hingegen heute in Australien, Afrika und Südamerika vor, so z. B. die *Protea*-Gewächse.

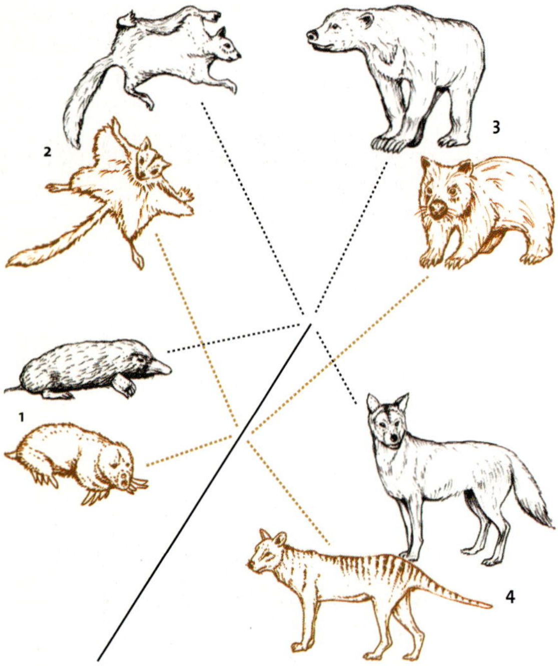

Abb. 480.1: Gleichgerichtete (konvergente) Entwicklung von Beuteltieren (braun), die isoliert in Australien leben, und Plazenta-Säugetieren (grau) von außerhalb Australiens infolge der Bildung gleichartiger ökologischer Nischen in der Tertiär-Zeit. **1** Beutelmull/Maulwurf; **2** Flugbeutler/Flughörnchen; **3** Beutelbär/Malaienbär; **4** Beutelwolf/Wolf *(s. Abb. 90.1)*

Südamerika war während des Tertiärs fast durchgehend isoliert. Nur dort leben die Dreizehenstrauße *(Nandus)*, die Breitnasen-Affen, eine Reihe eigenartiger Nagerfamilien, z. B. das Wasserschwein, sowie die Gruppe der *Zahnarmen* mit *Faultieren, Gürteltieren* und *Ameisenbären*. Bis auf wenige in Mittel- und Nordamerika vorkommende Gürteltierarten ist diese Gruppe allein auf Südamerika beschränkt. Erst als vor knapp fünf Mill. Jahren eine Landbrücke in Mittelamerika entstand, konnten die Gürteltiere und das Opossum (ein Beuteltier) nach Nordamerika und verschiedene Raubtierarten, so z. B. Jaguar, Wildkatzen und Bären, nach Südamerika gelangen. Die eingewanderten Raubtiere vernichteten gegen Ende des Tertiärs einen großen Teil der typischen Tierarten Südamerikas, wie z. B. *Riesenfaultier, Riesengürteltier*, Beutelraubtiere und zahlreiche besondere Huftiere. Im Tertiär entstanden auch zahlreiche ozeanische Inseln vulkanischen Ursprungs. Sie sind besonders wirksame Isolationsräume, da sie nur gelegentlich von kleinen Populationen weniger Tier- und Pflanzenarten erreicht werden *(s. 3.4.1)*. So besitzen die *Galapagos-Inseln* westlich von Südamerika eine große Zahl endemischer, nur hier vorkommender Tierformen. Von einer auch an der benachbarten Westküste des Festlandes lebenden Eidechsengattung weist fast jede Insel des Archipels eine ihr eigene Art auf. Die Finkenarten von Galapagos kommen nur dort vor *(s. Abb. 441.3)*. Ebenso haben manche Pflanzengattungen besondere Arten gebildet. Auch auf den *Kanarischen Inseln* findet man zahlreiche endemische, oft altertümliche Pflanzenarten *(s. Abb. 490.2)*.

Die starken Klimaschwankungen im **Quartär** (1,8 Mill. Jahre bis heute), die zu den jüngsten Eiszeiten geführt haben, sind für die Evolution des Menschen von großer Bedeutung gewesen *(s. 4.3)*. In der neuesten Zeit hat der Mensch absichtlich und unabsichtlich eine große Zahl von Arten verschleppt. Diese vom Menschen hervorgerufene »Pangäa« führt zu einem Aussterben vieler Arten.

Übergangsgformen

Fossile Übergangsformen zeigen Merkmale verschiedener Klassen der Wirbeltiere bzw. der höheren Pflanzen. Sie kommen am Beginn des Auftretens der neuen Klasse vor und sind daher als Indizien der transspezifischen Evolution von Bedeutung. So weist der Urvogel *Archaeopteryx* Merkmale von heutigen Vögeln, aber auch solche von Reptilien auf (**Abb. 481.1**). Das Fehlen eines knöchernen Brustbeines als Ansatz für die Flugmuskeln und die Gestaltung der Federfahnen sprechen dafür, dass *Archaeopteryx* ein Gleitflieger war. Auch die Anordnung der einfach gebauten Federn bei kleinen Sauriern aus der untersten Kreide Chinas lässt auf Gleitflug schließen. Bei der Gattung *Microraptor* befanden sich auch an den Hinterextremitäten Federn – dieser Saurier war also gewissermaßen vierflügelig! Aus der Unterkreide Chinas stammen Vögel, bei denen schon weitere Vogelmerkmale ausgebildet waren: Brustbein mit Kiel, verkürzter Schwanz und verwachsene Schwanzwirbel. Viele der kreidezeitlichen Vögel hatten aber bezahnte Schnäbel. Wäre die Gruppe der Vögel schon vor ihrer Entfaltung wieder verschwunden, so würde man sie als eine besondere gefiederte Gruppe von Reptilien beschreiben.

Ichthyostega und verwandte Formen im Oberdevon verbinden Merkmale von Fischen und Amphibien. Sie besitzen vier Extremitäten sowie einen Schulter- und einen Beckengürtel; andererseits findet man eine Rücken- und eine Schwanzflosse, auch Schädelbau und Gebiss sind fischartig *(s. Abb. 477.1)*.

Man bezeichnet die Übergangsformen als *Mosaiktypen*, weil sie ein Mosaik von Merkmalen aufweisen, die von der Systematik zwei verschiedenen Gruppen zugeordnet worden sind. Sie belegen, dass die Bildung neuer Typen (Vogeltypus, Säugertypus) durch Summierung vieler Mutationsschritte zu erklären ist. In einigen Fällen liefern Fossilfunde direkte Hinweise auf solche »additiven« Vorgänge *(additive Typogenese)*. So ist der Übergang zwischen Reptilien und Säugern fließend. Mit zunehmender Anpassung der neuen Gruppen starben Übergangsformen infolge Selektion aus. Die Gruppen sind dann eindeutig getrennt. Übergangsformen im Pflanzenreich sind z. B. die Nacktfarne mit *Cooksonia* und *Rhynia*, die noch nicht alle Merkmale der Farnpflanzen aufwiesen, und die Samenfarne, die zwischen Farnen und Nacktsamern stehen. Weil die Bildung völlig neuer Typen vermutlich in der Regel über kleine Populationen verlief, sind Fossilfunde von den Übergangsformen selten. Konnten sich Übergangsformen in bestimmten ökologischen Nischen halten, so haben sie sich in der Evolution weiter entwickelt. Daher sind ihre heutigen Vertreter keine echten Übergangsformen mehr *(s. 3.1.1)*.

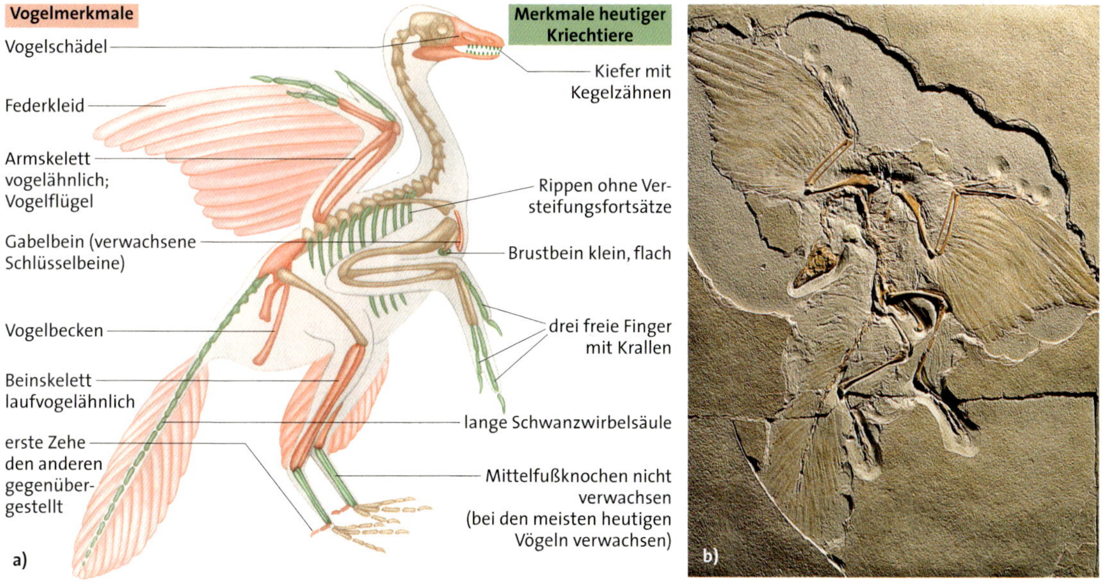

Abb. 481.1: *Archaeopteryx* (taubengroß). **a)** Der Urvogel aus dem obersten Jura weist ein Mosaik von Kriechtier- und Vogelmerkmalen auf. Rot: Merkmale heutiger Vögel; grün: Merkmale heutiger Reptilien; **b)** *Archaeopteryx*-Fund: Berliner Exemplar, gefunden bei Eichstätt (Fränkische Alb)

3.3 Stammbäume der Lebewesen

3.3.1 Aufstellung von Stammbäumen

Der Ablauf der Stammesgeschichte wird anschaulich in Stammbäumen dargestellt. Zu deren Aufstellung geht man von den heutigen Arten aus und ordnet diese durch Aufsuchen vieler Homologien. Fossilien sind dazu zunächst nicht erforderlich; sie werden eingeordnet, wenn sich die kennzeichnenden Merkmale einer Gruppe an ihnen zeigen. Auf diese Weise liefern sie Zeitmarken für die Evolution. In einigen Fällen ist die Zahl der Fossilien so groß, dass man fast lückenlose Evolutionsreihen aufstellen kann (paläontologischer Stammbaum).

Der **Stammbaum der Pferde** beginnt mit dem fuchsgroßen waldlebenden Urpferd *Hyracotherium* aus dem älteren Tertiär (**Abb. 482.1**). Es besaß kurze Gliedmaßen, die vorn vier, hinten drei mit Hufen versehene Zehen hatten; die Zähne waren spitzhöckerig und für Blattnahrung geeignet. Die folgenden Formen zeigen eine fortschreitende Zunahme der Körpergröße, eine Verlängerung des Halses und des Schnauzenteils des Schädels sowie eine Umbildung der Zähne im Zusammenhang mit dem Übergang von Laub- auf Hartgrasnahrung. Ferner ist eine fortschreitende Verlängerung der Beine bei gleichzeitiger Rückbildung der Zahl der Zehen bis auf die immer stärker werdende mittlere Zehe zu beobachten. Am Ende der Reihe steht in der Epoche der Eiszeiten (Pleistocän) als schnelles Steppentier das heutige Pferd *(Equus)*. Eine Fülle von Zwischenformen und Nebenlinien, die nach längerer oder kürzerer Entwicklung wieder ausstarben, haben existiert. Die Entwicklung vollzog sich hauptsächlich in Nordamerika und dauerte 60 Millionen Jahre, das entspricht etwa 15 Millionen Generationen.

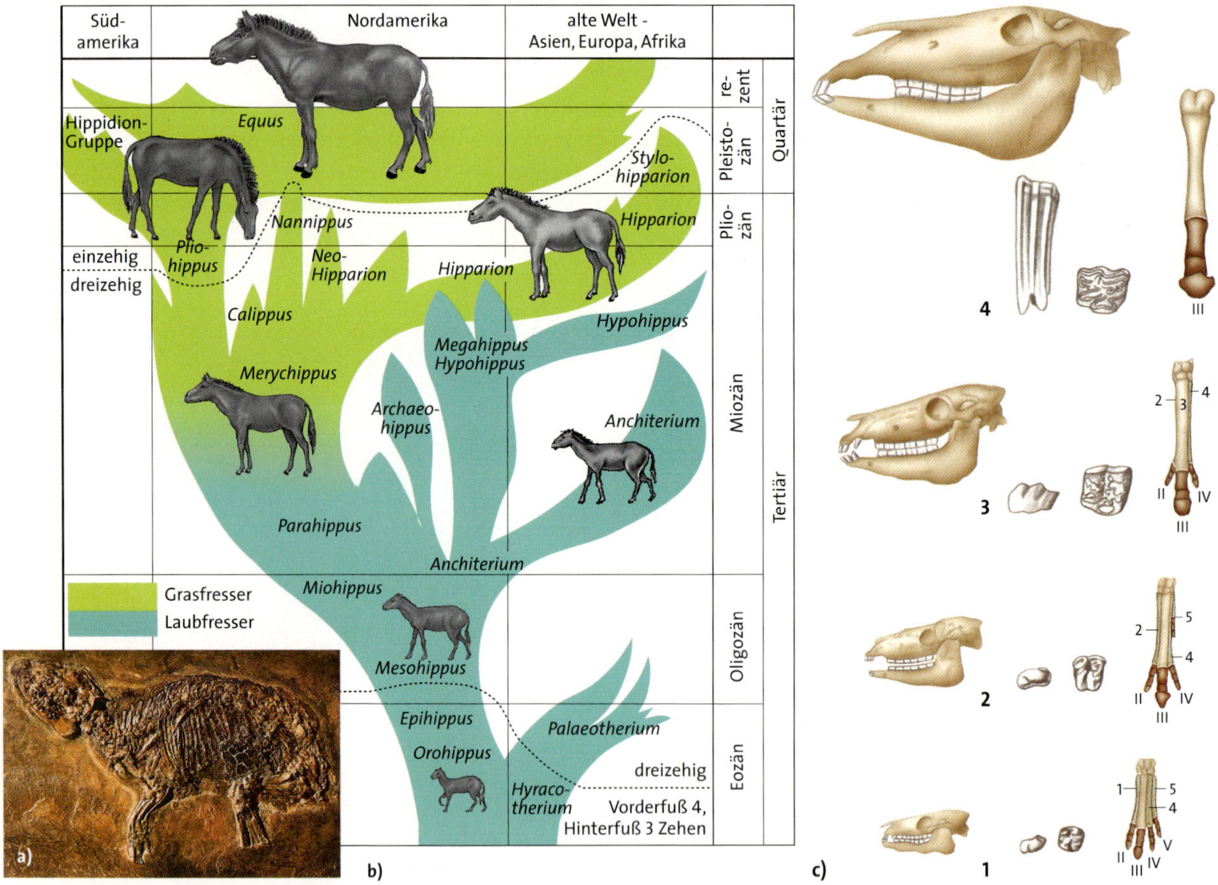

Abb. 482.1: Evolution der Pferde. **a)** Skelett eines Urpferdchens aus den Ölschiefern von Messel bei Darmstadt (Eocän; Größe etwa 50 cm); **b)** Stammbaum. Die Alte Welt ist mehrmals von Nordamerika aus über die zeitweilig landfeste Beringstraße besiedelt worden. *Hyracotherium* ist der hasengroße Ahn aller Pferde; **c)** Evolution des Pferdeschädels, der Backenzähne und der Pferdehand. **1** *Hyracotherium;* **2** *Miohippus;* **3** *Merychippus;* **4** *Equus* (Pferd). Die stäbchenförmigen Reste der 2. und 4. Mittelhand- und Mittelfußknochen heißen Griffelbeine.

Methode der Stammbaum-Entwicklung

Eine gute Stammbaumdarstellung darf nur geschlossene Abstammungsgemeinschaften aufweisen. Darunter versteht man Gruppierungen, die erstens auf eine Ausgangsart zurückzuführen sind und zweitens zusammen alle bekannten Nachkommen dieser Ausgangsart umfassen. Eine Ausgangsart steht jeweils an einer Verzweigung des Stammbaums. Man nennt Gruppen, die Nachkommen einer nur ihnen gemeinsamen Ausgangsart sind, *monophyletisch.* Häufig wird bei weniger genauen Stammbäumen die zweite Forderung vernachlässigt. Zur Aufstellung eines Stammbaums muss man eine ausreichende Zahl homologer Merkmale finden und zu erkennen versuchen, welches die ursprüngliche und welches die abgeleitete (veränderte, weiterentwickelte) Ausbildung des Merkmals ist. Ist die Verteilung vieler Merkmale auf die verschiedenen Arten bekannt, so lassen sich die Verwandtschaftsgrade erkennen. Alle Vertreter eines monophyletischen Verwandtschaftskreises weisen abgeleitete Merkmale auf, die bei der Stammart dieser Gruppe erstmals aufgetreten waren. Auf die monophyletische Entstehung einer Gruppe kann man also nur mithilfe abgeleiteter Merkmale schließen, nicht mit ursprünglichen; denn solche können auch nicht monophyletischen Gruppen gemeinsam sein. Dieses Verfahren zur Erstellung eines Stammbaums wurde erstmals von dem Entomologen W. HENNIG (1913–1976) angewendet. Man untersucht also zunächst homologe Merkmale und ordnet diese danach, ob sie ursprünglich oder abgeleitet sind. Wenn man hinreichend viele abgeleitete Merkmale gesammelt hat, so erhält man durch Probieren ein Abstammungsdiagramm, das nur monophyletische Gruppen enthält, die durch abgeleitete Merkmale gekennzeichnet sind (**Abb. 483.1**).

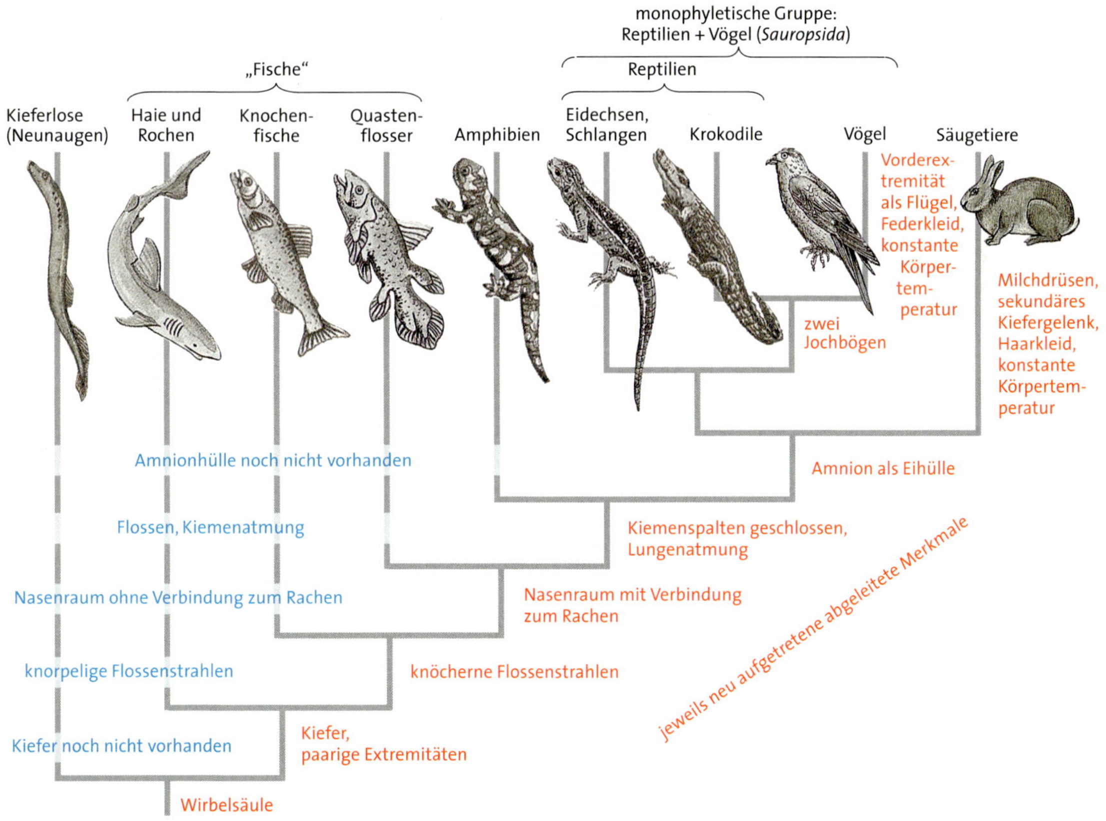

Abb. 483.1: Stammbaum der Wirbeltiere aufgrund homologer abgeleiteter Merkmale (Farbe beachten). Alle auf eine Ausgangsart (Verzweigungspunkt) zurückgehenden Tiergruppen bilden eine monophyletische Gruppe. Die Fische und die Reptilien sind keine monophyletische Gruppe. Sie gehen zwar auf eine Ausgangsart zurück, aber umfassen nicht alle Nachkommen dieser Art; denn aus der Ausgangsart der Fische sind auch alle Vierfüßler hervorgegangen, aus der Ausgangsart der Reptilien auch die Vögel.

Der Stammbaum der Pferde ist ein Beispiel dafür, wie sich aufgrund von Fossilfunden Entwicklungslinien genau erkennen lassen. Auch sieht man an diesem Stammbaum, dass zeitlich aufeinanderfolgende Vertreter von parallel sich entwickelnden verwandten Formen eine Ahnenreihe vortäuschen können. In Wirklichkeit liegt nur eine »Ähnlichkeitsreihe« vor: *Hypohippus* und *Megahippus* sind nicht die Ahnen von *Hipparion*.

Aus dem Stammbaum der Elefanten ist zu ersehen, dass der Indische Elefant nahe mit dem zwischeneiszeitlichen Waldelefanten und dem eiszeitlichen Mammut verwandt ist und die Evolutionslinie des Afrikanischen Elefanten sich früher abgetrennt hat.

Die Wale sind im frühen Tertiär aus urtümlichen Huftier-Verwandten hervorgegangen, im Alttertiär erfolgte der Übergang zum Wasserleben (**Abb. 484.1**).

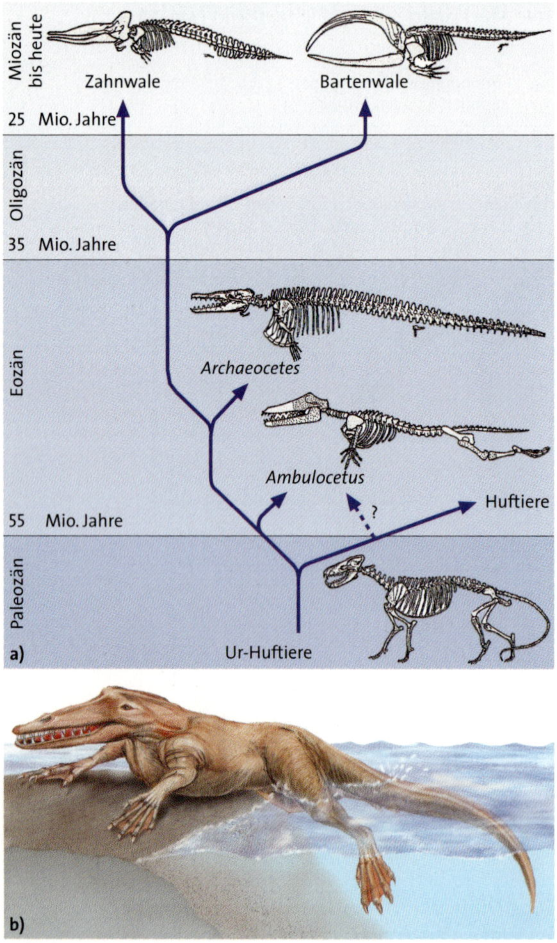

Abb. 484.1: Stammbaum der Wale. **a)** Evolution im Tertiär. *Ambulocetus* lässt sich nicht völlig sicher einordnen; **b)** Rekonstruktion von *Ambulocetus*, er konnte gehen und schwimmen.

3.3.2 Molekularbiologische Stammbäume

Die Homologie von Proteinen und insbesondere von Genen *(s. 3.1.3)* liefert wichtige Daten zur Stammbaumforschung. Dies wurde zuerst durch vergleichende Untersuchungen von Cytochrom c, einem elektronenübertragenden Protein der Zellatmung, gezeigt (**Abb. 485.1**). Das Protein kommt in allen aeroben Lebewesen vor. Das Cytochrom c des Menschen unterscheidet sich von dem des Rhesusaffen nur in einer einzigen Aminosäure. Dies deutet auf einen einzigen Mutationsschritt hin. Zwischen Menschen- und Hunde-Cytochrom treten 11 Unterschiede auf. Dies bestätigt, dass sich die Evolutionslinie zum Menschen früher von der Evolutionslinie zum Hund getrennt hat als von der zum Rhesusaffen. Selbst zwischen Hefe und Mensch stimmen noch etwas mehr als die Hälfte aller Aminosäuren überein. Dies kann kein Zufall sein: Die Evolution des Cytochroms c ist vor sehr langer Zeit von einem »Ur-Cytochrom« ausgegangen. Aufgrund zahlreicher derartiger Untersuchungen können die Änderungen in einem »Stammbaum des Cytochroms c« zusammengefasst werden. Er stimmt gut mit dem Stammbaum der Organismen überein, der mithilfe der vergleichenden Anatomie aufgestellt wurde. Man erhält also einen ähnlichen Stammbaum, obwohl dieser sich nur auf eine einzige Molekülart bezieht.

Evolutionsraten. Die Aminosäuresequenz des Cytochroms c der Säugetiere unterscheidet sich von jener der Vögel im Durchschnitt an 11 bis 12 Stellen. Die Reptilien als gemeinsame Vorfahren dieser beiden Wirbeltiergruppen lebten vor etwa 280 Millionen Jahren. Seitdem wurden insgesamt 11 bis 12 Aminosäuren ausgetauscht. Demnach hat sich im Mittel alle 21 bis 25 Millionen Jahre eine Aminosäure im Cytochrom-c-Molekül verändert. Ein Vergleich von Cytochrom c der Amphibien einerseits und dem der Säugetiere andererseits zeigt im Mittel 17 Aminosäuren-Austausche. Amphibien trennten sich von der Entwicklungslinie Reptilien-Säugetiere vor rund 400 Millionen Jahren. Daraus errechnet sich etwa der gleiche Zeitraum für den Austausch einer Aminosäure im Cytochrom c. Somit lässt sich aus der Zahl der Unterschiede in der Aminosäuresequenz des Cytochroms c zwischen zwei Organismengruppen annähernd berechnen, vor welcher Zeit die beiden Gruppen sich voneinander getrennt haben (**Abb. 485.2**).

Die Zahl der Aminosäurenaustausche je Zeiteinheit bezeichnet man als *Evolutionsrate*. Diese gibt man an als die Zeit, in der sich im Mittel eine von 100 Aminosäuren infolge Mutation verändert. Man muss auf 100 Aminosäuren beziehen, weil die Aminosäurekette verschiedener Proteine unterschiedlich lang ist und sonst ein Vergleich nicht möglich wäre. Da die Evolutionsrate ungefähr gleich geblieben ist, kann man sie als »*Evolutionsuhr*« verwenden: Wenn die Trennung zweier Stammbaumlinien durch Fossilien, deren Alter man kennt, datierbar ist, so lassen sich die Trennungszeiten anderer Gruppen berechnen. Die Evolutionsrate eines Proteins bleibt aber nur solange ungefähr konstant, wie keine Änderung der Funktion erfolgt. Diese hat meist eine vorübergehende starke Zunahme der Evolutionsrate aufgrund von Selektionswirkung zur Folge. Verschiedene Proteine unterscheiden sich in ihrer Evolutionsrate. Bei den Hämoglobinen ist sie beispielsweise doppelt so groß wie beim Cytochrom c.

DNA-Stammbäume. Da die DNA-Sequenzierung rasch durchgeführt werden kann und damit der Verwandtschaftsgrad der Gene unmittelbar zu ermitteln ist, arbeitet die molekulare Evolutionsforschung mittlerweile ausschließlich mit Nucleotid-Sequenzvergleichen. Die Aufstellung des Stammbaums erfolgt durch Probieren mit Computer-Programmen. Dabei wird das Prinzip der Sparsamkeit angewandt: Als bester gilt der Stammbaum, der mit der geringsten Zahl von Änderungen (Mutationsschritten) auskommt. Durch Vergleich mehrerer Gene kann man auch bei Fehlen morphologischer Merkmale zu einer Verwandtschaftsgliederung gelangen. Mithilfe von Mutationsraten für die einzelnen Gene lässt sich der Stammbaum sogar zeitlich grob festlegen.

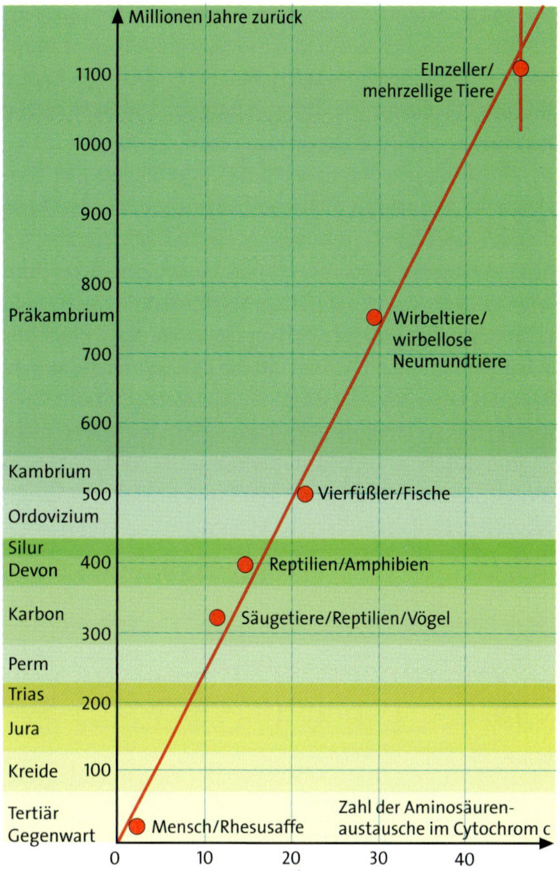

Abb. 485.2: Molekulare Uhr. Die Punkte (rot) geben die Trennung von zwei Organismengruppen im Evolutionsablauf an.

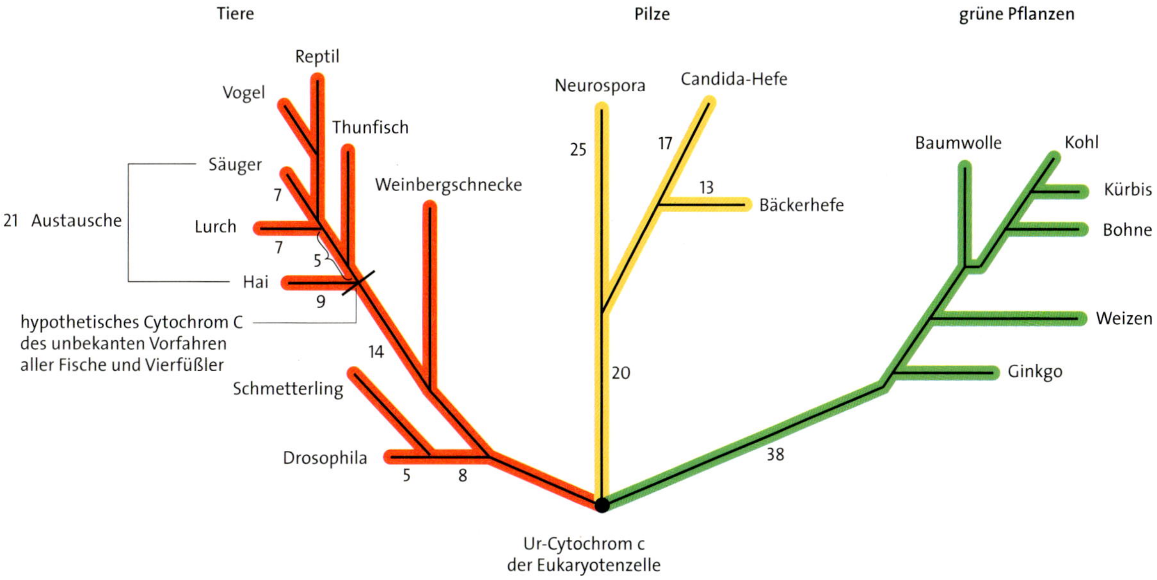

Abb. 485.1: Stammbaum von Cytochrom c. Die Länge der Striche entspricht etwa der Zahl der infolge von Mutationen ausgetauschten Aminosäuren im Cytochrom c-Molekül; zum Teil sind die Zahlen angegeben.

Die Untersuchung des Baus der Gene für die Ribosomen-RNA ermöglichte es, für die Prokaryoten einen Stammbaum aufzustellen (**Abb. 486.1**). Bei den wirbellosen Tieren sind die für die Entwicklung wichtigen *Hox-Gene (s. Genetik 4.3.3)* infolge ihrer geringen Evolutionsrate zur Unterscheidung der Stämme besonders geeignet. Der Vergleich der Sequenzen mehrerer Gene legt nahe, dass viele dieser Tierstämme vor 800 bis 1200 Mill. Jahren entstanden sind. Um Evolutionsereignisse kurzer Zeitspannen zu erfassen, verwendet man DNA-Sequenzen, die sich rasch verändern. Solche liegen z. B. in der DNA der Mitochondrien vor *(s. 4.3.5)*. Ebenso sind die DNA-Bereiche außerhalb der Gene und der Regulationssequenzen der Chromosomen geeignet *(s. Abb. 374.2)*. Da sich diese nicht phänotypisch ausprägen, unterliegen die Mutationen in ihnen nicht der Selektion. Man spricht daher von der *Neutralen Evolution.*

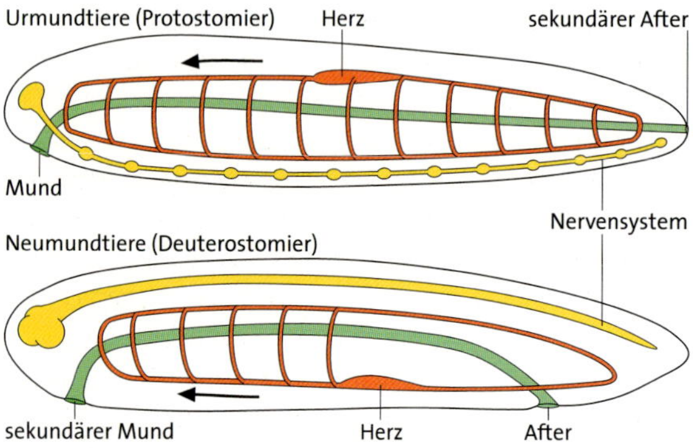

Abb. 486.1: Grundbauplan der Urmundtiere und der Neumundtiere

3.3.3 Stammesgeschichte der Organismen

Entstehung der Einzeller. Nach der Entstehung der Eukaryoten-Zellen haben die Evolutionsvorgänge zur Bildung zahlreicher verschiedener Einzeller geführt. Bei einigen Einzeller-Gruppen sind bis heute pflanzliche und tierische Eigenschaften nicht scharf getrennt. Ein Modell für eine solche Brückenform zwischen Pflanze und Tier ist das »Augentierchen« *Euglena (s. Kennzeichen der Lebewesen, S. 12)*. Dass die Einzeller eine sehr heterogene Gruppe sind, erkennt man daran, dass es auch Formen ohne Mitochondrien und Plastiden gibt. Auch kommen Algen vor, die einen eukaryotischen Symbionten mit Plastid besitzen *(s. Exkurs Endosymbionten-Theorie, S. 472)*.

Ausbildung der Vielzeller. Aus den Einzellern entwickelten sich Vielzeller. Dadurch war eine Größenzunahme der Organismen und eine Arbeitsteilung zwischen den Zellen möglich. Die notwendige Koordinierung der Teile des Organismus besorgen Hormone und bei den rasch reagierenden Tieren zusätzlich die Nervenzellen. Die Ausbildung eines Zentralnervensystems lieferte die Grundlage für die erstaunliche Höherentwicklung der Tiere.

Stammesgeschichte der Pflanzen. Bei den einzelligen Algen gibt es zahlreiche unterschiedliche Evolutionslinien *(s. Abb. 488.1)*. In der Mehrzahl dieser Entwicklungsrichtungen entstanden einfache Zellkolonien und fädige Formen; bei Braun-, Rot- und Grünalgen entwickelten sich getrennt komplizierter gebaute Tange. Die meisten Pilze sind aus Einzellern hervorgegangen, die keine Plastiden erworben hatten. Sie sind näher mit den Tieren ver-

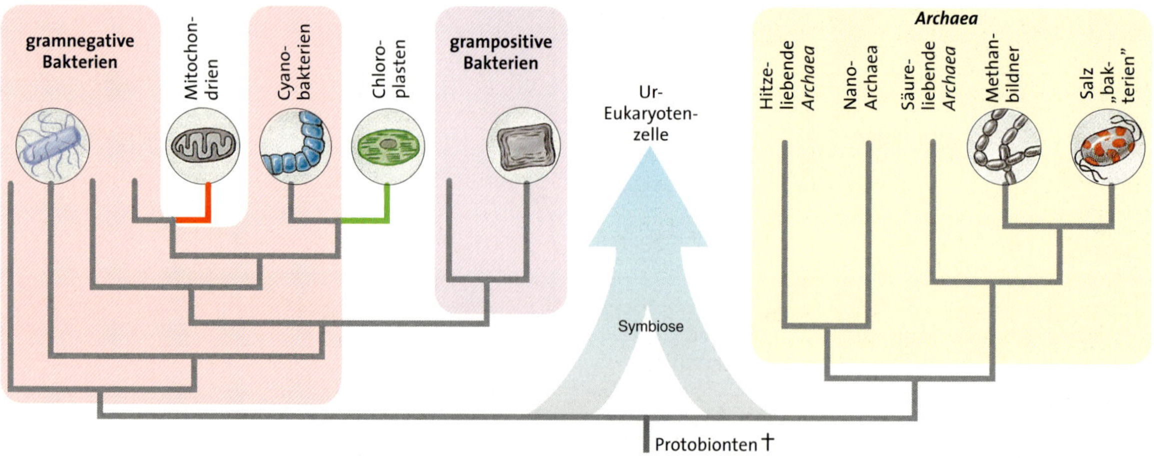

Abb. 486.2: Stammbaum der Prokaryoten aufgrund der Untersuchung von Nukleotidsequenzen. Bei den Bakterien unterscheidet man nach dem Bau der Zellwand und der dadurch bestimmten Anfärbemöglichkeit grampositive und gramnegative Formen (Färbeverfahren von GRAM 1884). Die *Nanoarchaea* sind die kleinsten bekannten Lebewesen (Größe 400 nm).

wandt als mit den Landpflanzen. Andere Pilzgruppen sind farblos gewordene Algen. Als heterotrophe Organismen bildeten die eine eigene Ernährungsweise aus: Durch eine möglichst große Oberfläche langer Zellstränge *(Hyphen)* werden organische Stoffe aufgenommen (Ernährung durch Adsorption).

Die Moose und die ausgestorbenen Nacktfarne sind aus hochentwickelten Grünalgen (vom Typus der Armleuchteralgen) entstanden. Ausgehend von den Nacktfarnen entwickelten sich die Farnpflanzen. Zunächst entstanden die Bärlappgewächse, dann die Schachtelhalme und die echten Farne. Aus ursprünglichen Farnen sind die zu den Nacktsamern gehörenden Samenfarne hervorgegangen und aus ihnen die Palmfarne *(Cycadeen)*. Auch die Nadelhölzer sind an die Ur-Farne anzuschließen. Die Bedecktsamer gehen auf ursprüngliche Nacktsamer zurück.

Stammesgeschichte der Tiere. Auch bei den tierischen Einzellern existieren mehrere unterschiedliche Entwicklungslinien *(s. Abb. 489.1)*. Im Gegensatz zu den Pflanzen sind jedoch nur aus einer dieser Linien Vielzeller hervorgegangen. Am Übergang stehen die Schwämme *(s. Abb. 41.1)*. Der Bau ihrer Kragengeißelzellen entspricht genau dem Bau bestimmter einzelliger Geißelträger. Bei den *Hohltieren*, wie z. B. dem Süßwasserpolyp, liegen zwei gut ausgebildete Zellschichten vor *(s. Abb. 41.2)*.

Den Hohltieren stehen die bilateralsymmetrischen Tiere *(Bilateria)* gegenüber; sie besitzen ein Vorder- und ein Hinterende. Bei diesen haben sich zwei große Gruppen voneinander getrennt: Die *Urmundtiere (Protostomier)*, bei denen der Urmund der Gastrula als Mundöffnung erhalten bleibt und der After neu entsteht, bilden die eine Gruppe. Die andere Gruppe sind die *Neumundtiere (Deuterostomier)*, bei denen der Urmund zum After wird und der endgültige Mund neu entsteht (**Abb. 486.2**). Bei beiden Gruppen kam es zur Bildung einer sekundären Leibeshöhle *(Coelom, s. Entwicklungsbiologie 3.1, S. 421)*, in deren Innenraum sich eine Körperhöhlenflüssigkeit befindet. Dadurch wird die Gestalt des oft lang gestreckten, wurmförmigen Körpers in ähnlicher Weise stabilisiert wie ein mit Wasser gefüllter Plastikbeutel. Kleinere wasserlebende Organismen kommen durch Ausbildung eines solchen *Hydroskeletts* ohne echtes Stützskelett (Knochen o.ä.) aus. Das Hydroskelett kann durch Kammerung zusätzlich stabilisiert werden. Zahlreiche Lebewesen mit wurmförmiger Gestalt weisen deshalb eine Segmentierung auf; sie ist bei einigen Stämmen durch Konvergenz entstanden. Die Urmundtiere teilten sich wiederum in zwei Gruppen auf. Die eine ist durch die Häutung des Außenskeletts gekennzeichnet; dazu gehören vor allem die Gliederfüßler. Zur anderen Gruppe gehören Ringelwürmer und Weichtiere; bei ihnen entsteht vielfach eine besondere Larvenform, die *Trochophora-Larve* (**Abb. 487.1**). Nach molekularen Daten gehören auch Tierstämme ohne diese Larvenform dazu, wie Armfüßer, Rädertierchen und Plattwürmer.

Primitive Deuterostomier sind die Stachelhäuter. Die Manteltiere bilden, zumindest vorübergehend, während ihrer Entwicklung eine einfache Chorda aus. Das *Lanzettfischchen* (**Abb. 487.2**) zeigt Baueigentümlichkeiten, wie man sie auch für die Urform der *Chordatiere* annimmt. Ein urtümliches Chordatier entsprechender Gestalt wurde in Schichten des Kambriums gefunden *(Pikaia, s. Abb. 476.1)*. Aus urtümlichen Chordatieren gingen die Gruppen der Wirbeltiere hervor *(s. Abb. 483.1)*.

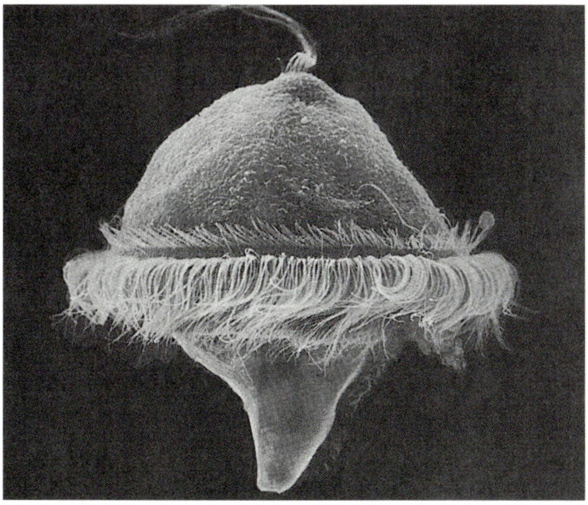

Abb. 487.1: Trochophora-Larve

Abb. 487.2: Lanzettfischchen; lebt im Küstenbereich der Weltmeere (Größe bis 7 cm).

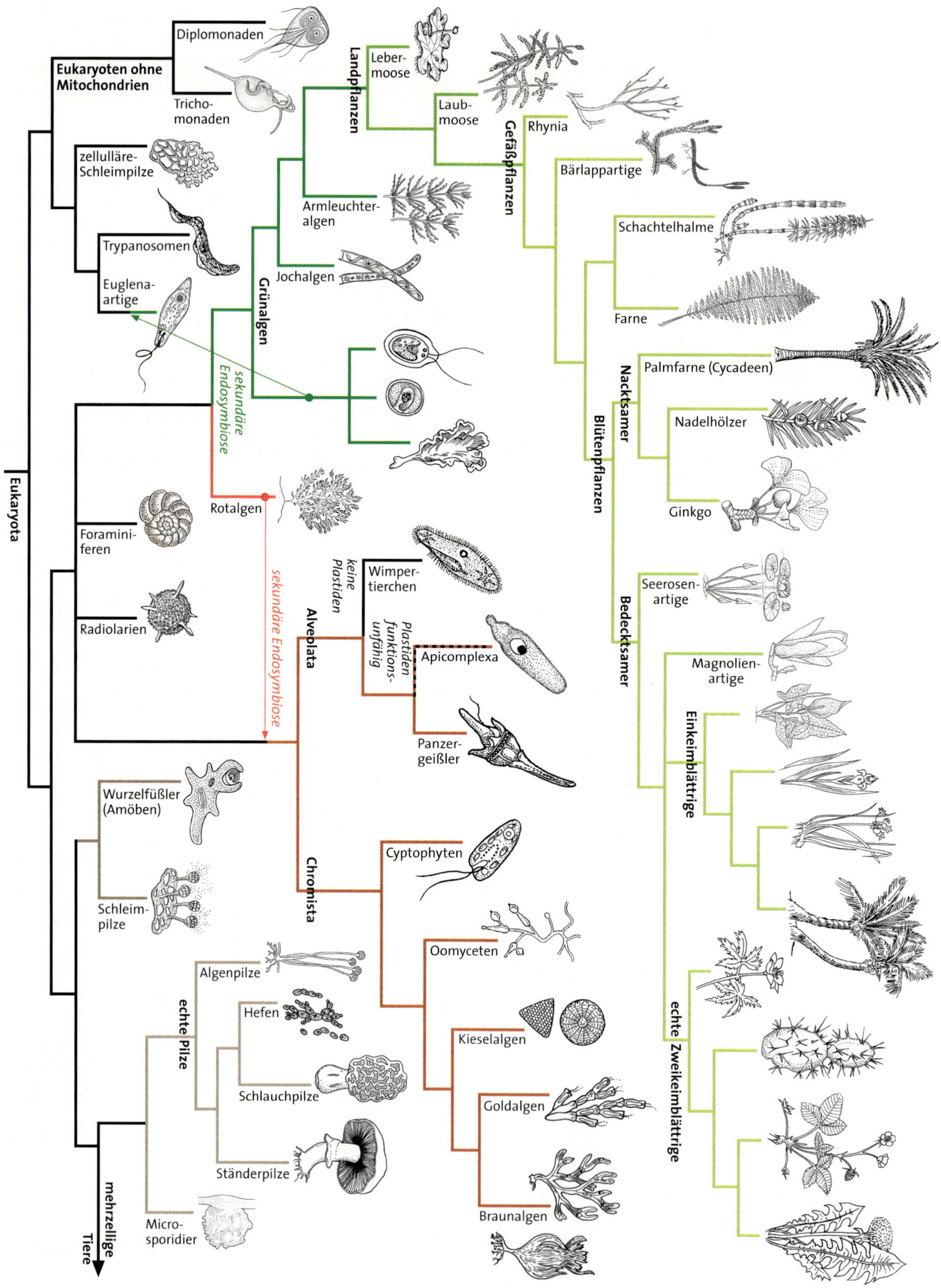

Abb. 488.1: Stammbaum der eukaryotischen Einzeller und der Pflanzen (einschließlich der Pilze)

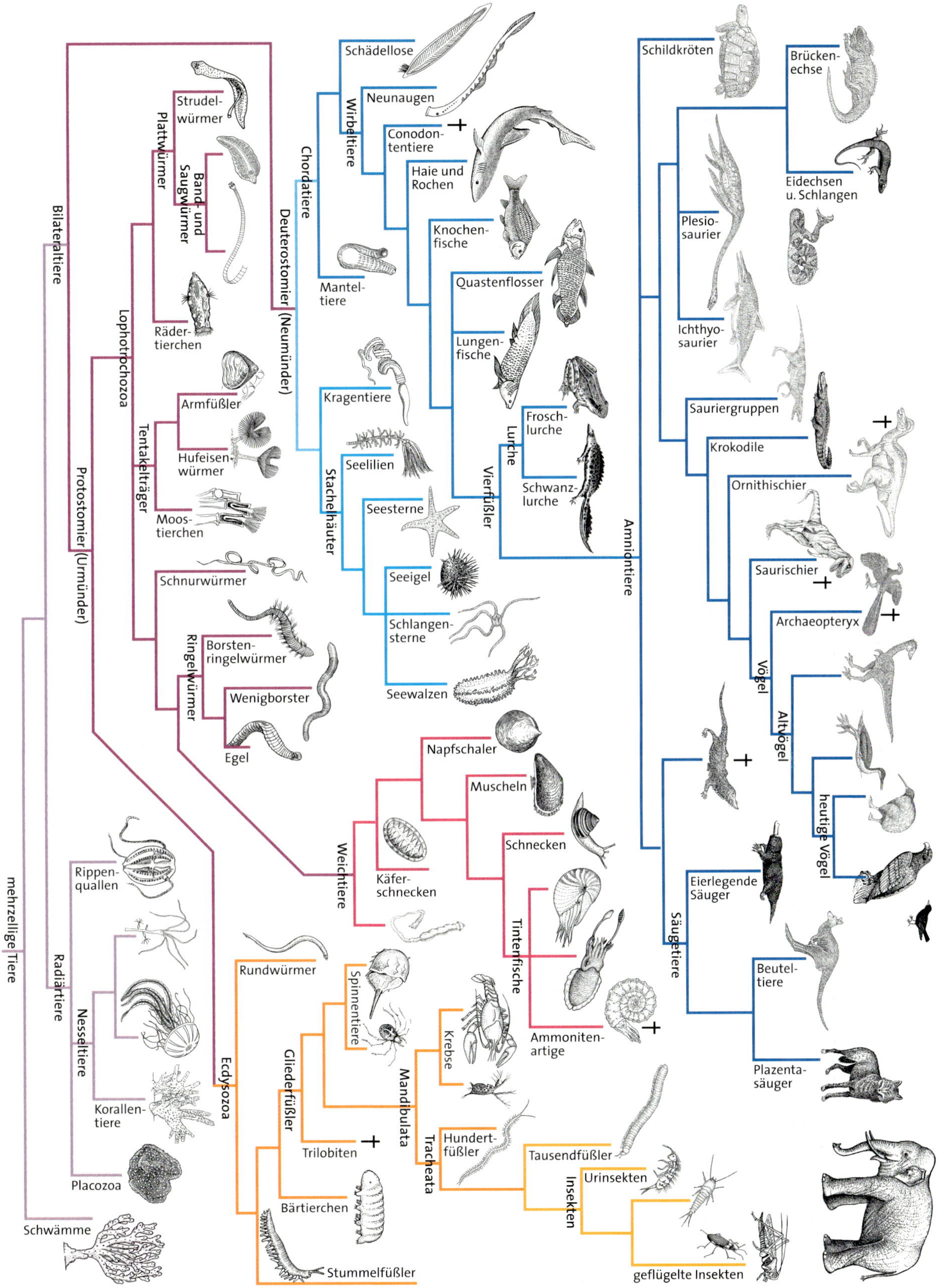

Abb. 489.1: Stammbaum der mehrzelligen Tiere (Metazoa)

3.4 Folgerungen aus der Stammbaumforschung

Fossilien und die molekulare Evolutionsforschung erlauben die zeitliche Festlegung der Evolutionsabläufe in der Erdgeschichte. Aus den so datierten Stammbäumen lassen sich allgemeine Regeln der Evolution ableiten.

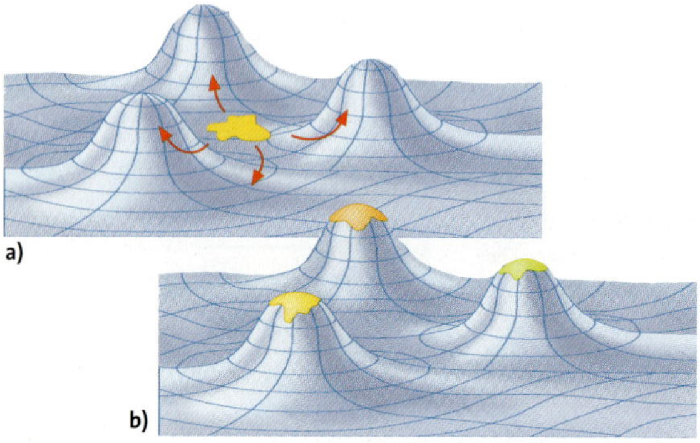

Abb. 490.1: Modell der adaptiven Radiation. Die »Höhenlinien« der »adaptiven Landschaft« geben die jeweilige Anpassung an; dargestellt sind die ökologischen Nischen. Eine Ausgangsart (gelb in a) bildet verschiedene Arten, die den Lebensraum unterschiedlich nutzen.

Abb. 490.2: Adaptive Radiation bei Pflanzen. Arten der Gattung *Aeonium* auf Teneriffa (Dickblattgewächse, verwandt mit der Hauswurz)

3.4.1 Adaptive Radiation

Wird ein neuer Lebensraum besiedelt oder kann ein Lebensraum auf neue Weise genutzt werden, so bilden sich in einem geologisch kurzen Zeitraum zahlreiche Arten, verbunden mit kleineren Abwandlungen der Ausgangsform. Die Evolution einer Ausgangsart geht also in zahlreiche verschiedene Richtungen. Man spricht von *adaptiver Radiation.* Darunter versteht man die fast zeitgleiche Auftrennung einer Ausgangsform in mehrere oder viele Arten, wobei jede den Lebensraum in besonderer Weise nutzt (**Abb. 490.1**). Später entstandene ähnliche Mutanten finden dann bereits eine Art vor, die gleiche ökologische Ansprüche hat. Sie gehen entweder wieder unter, sodass sich die Artbildung im Laufe der Zeit verlangsamt, oder es bilden sich engere ökologische Nischen aus. Ist sogar eine andersartige Nutzung des Lebensraums möglich, kann eine erneute adaptive Radiation stattfinden.

Die Besiedelung eines neu entstandenen Lebensraumes führte z. B. zur adaptiven Radiation der Darwinfinken. Hier konnte die Form »Fink« sehr viele Nischen besetzen, in die sie bei stärkerer Konkurrenz nicht hätte eindringen können *(s. Abb. 441.3)*. Ähnliches gilt für die Kleidervögel auf Hawaii; es entstanden 42 Arten mit unterschiedlichen Nahrungsanforderungen aus einer insektenfressenden Stammart. Bei den *Aeonium*-Arten (Dickblattgewächse) der Kanarischen Inseln handelt es sich vorwiegend um Sträucher, die an den Zweigspitzen Blattrosetten tragen (**Abb. 490.2**). Ihre Anpassung an unterschiedliche Lebensräume ist an Unterschieden in Blattdicke, Blattgröße, Wuchsform, Wuchshöhe, in der Bildung von Ausläufern sowie in der Fotosyntheseleistung zu erkennen.

In der Kreidezeit entstanden durch adaptive Radiation mehrere Gruppen von Säugern. Als durch das Massenaussterben gegen Ende der Kreide, bei dem nur vier von 34 Reptilienordnungen überlebten, zahlreiche Nischen frei waren, kam es bei diesen Säugergruppen erneut zur Radiation sowohl auf dem Nordkontinent Laurasia wie auf dem Südkontinent Gondwana (**Abb. 491.1**).

Sind Lebensräume bereits weitgehend besetzt, so ist eine Evolution weiterer Gruppen in diesen nur möglich, wenn sie überlegene Eigenschaften aufweisen. So wurden bei den Landpflanzen infolge der immer besseren Anpassung an das Landleben die Nacktfarne, die Bärlappe und Schachtelhalme von den Nacktsamern und dann den Bedecktsamern als herrschende Gruppe abgelöst. Jedoch sind nie alle ökologischen Nischen von fortschrittlichen Formen besetzt worden, sodass Reliktarten der abgelösten Gruppen erhalten blieben. Allerdings gibt es heute nur noch rund 900 Nacktsamer-Arten gegenüber 300 000 Bedecktsamern.

3.4.2 Massenaussterben (Extinktion)

Das Aussterben von Arten ist ein normaler Vorgang im Evolutionsablauf. Stark spezialisierte Arten haben oft schon bei geringen Umweltveränderungen nicht mehr die Möglichkeit sich anzupassen und sterben deshalb aus. Zeiten rascher Meeresspiegelveränderungen und Klimaschwankungen in der Erdgeschichte *(s. Exkurs Plattentektonik und Evolution, S. 473)* waren daher stets mit hohen Aussterberaten verknüpft, man spricht von *Massen-Aussterben* oder *Extinktion* (**Abb. 492.2**). Heute wirkt der Mensch als »Ausrotter« durch Artvernichtung (Wale) und Lebensraumzerstörung sowie durch Verschleppung von Arten in andere Lebensräume. Letztere führt oft zu Konkurrenzausschluss *(s. Ökologie 2.2)* und so zum Aussterben von Arten.

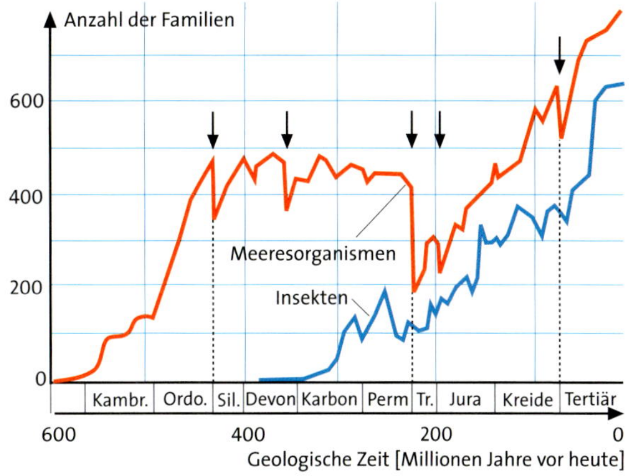

Abb. 491.2: Anzahl der Familien von Meeresorganismen mit Hartteilen und der Insekten im Verlauf der Erdgeschichte. Die Pfeile geben Ereignisse von Massen-Aussterben an.

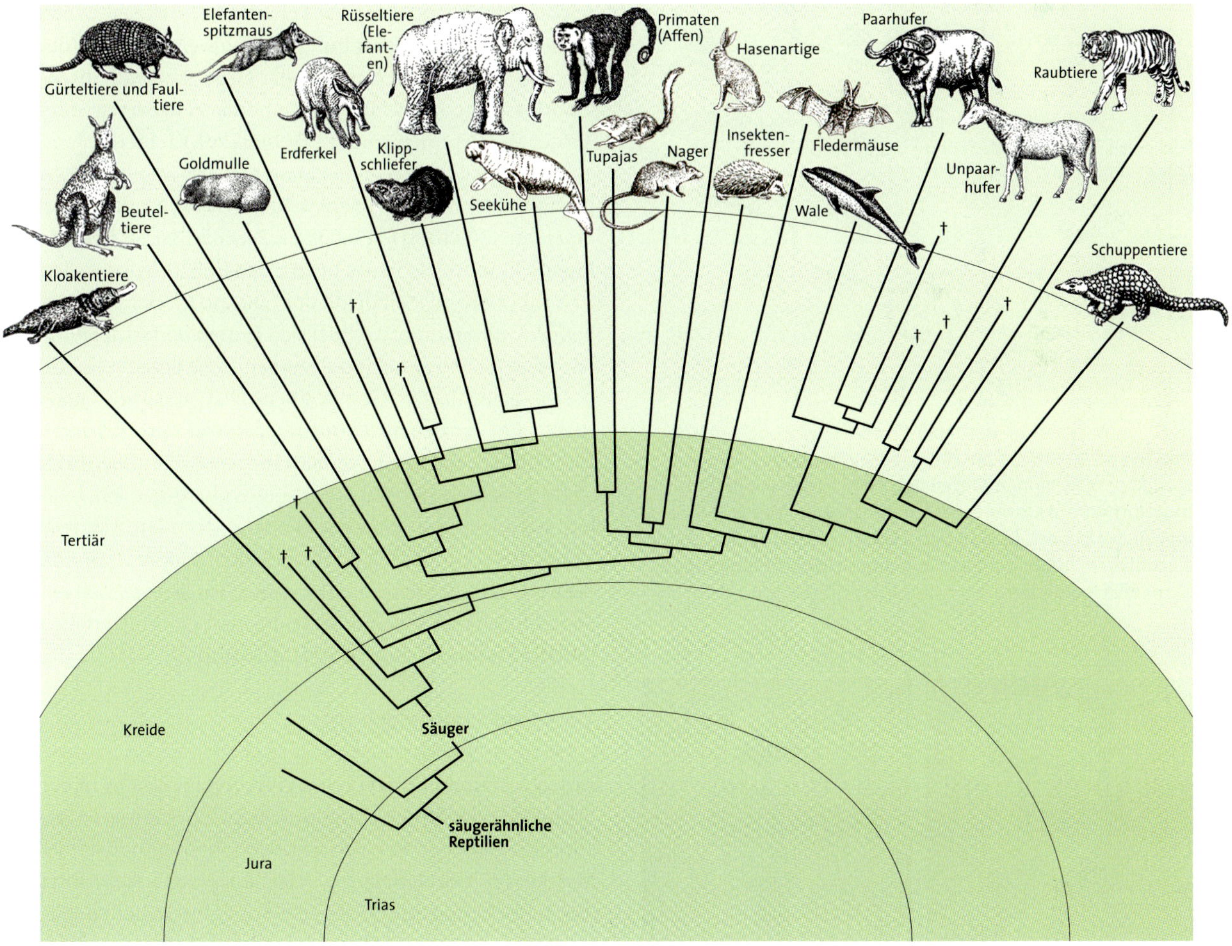

Abb. 491.1: Adaptive Radiation der Säugetiere. Ausgestorbene Gruppen sind durch Striche ohne Namen angegeben. Alle Ordnungen heute lebender Plazenta-Säuger sind aufgenommen. Innerhalb der Ordnungen setzt sich die Radiation in gleicher Weise fort. Beispiel: In der Ordnung Nager haben Eichhörnchen, Waldmaus, Feldhamster, Murmeltier jeweils unterschiedliche ökologische Nischen inne, in denen sie mit anderen Nagern wenig konkurrieren.

3.4.3 Gradualismus und Punktualismus

Aus den Überlegungen zur adaptiven Radiation ergibt sich, dass die Artbildung in Abhängigkeit von der Verfügbarkeit von Nischen unterschiedlich rasch vor sich geht. Wie rasch Artbildungsvorgänge maximal sein können, ist noch unklar. Nach den »Gradualisten« geht der Vorgang langsam durch Addition vieler kleiner Mutationsschritte vor sich. Die »Punktualisten« verweisen darauf, dass eine Trennung des einheitlichen Genpools rasch zu erheblichen Veränderungen führe, weil sich in der Regel kleine Gründerpopulationen abspalten, in denen dann Gen-Drift *(s. 2.1.3)* wirksam ist. Anschließend sollen nach Ansicht der »Punktualisten« lange Zeiten folgen, in denen sich die Populationen kaum verändern, bis wieder ein rascher Artbildungsvorgang stattfindet. Die Untersuchung verschiedener Fundstätten mit zahlreichen Fossilien aus einem kurzen Zeitraum lieferte Belege für jedes der beiden Modelle. Bei den Buntbarschen der Ostafrikanischen Seen entstanden zahlreiche Arten in weniger als 20 000 Jahren *(s. 2.2.2)*; dies ist so kurz, dass die punktualistische Erklärung zutreffen muss. Bei der Schneckengattung *Gyraulus*, die sich in einem See vor 15 Mill. Jahren im Steinheimer Becken auf der Schwäbischen Alb entwickelte, ist hingegen die schrittweise Bildung neuer Arten durch fließende Übergänge nachgewiesen (**Abb. 492.1**). ■

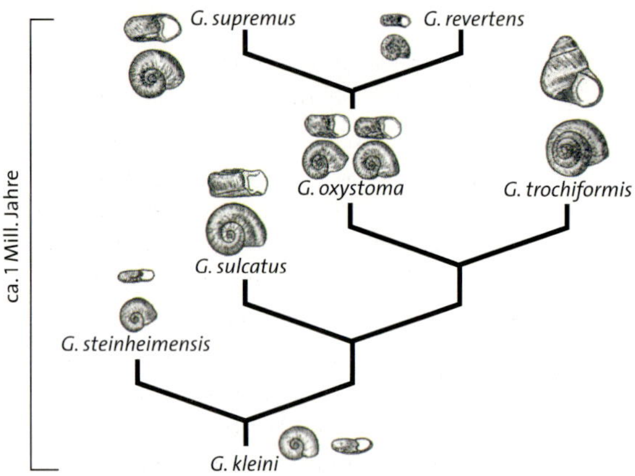

Abb. 492.1: Evolution der Tellerschneckengattung *Gyraulus* im See von Steinheim am Albuch (Württemberg). Hier entstand vor 15 Millionen Jahren durch Einschlag eines Himmelskörpers ein Krater, der für mehr als eine Million Jahre von einem See erfüllt war. Darin lebten die Schnecken, deren Gestalt sich in Abhängigkeit von den Umweltbedingungen allmählich veränderte.

Abb. 492.2: *Lingula*, ein ursprünglicher Armfüßler des Meeres. Die Gattung existiert seit dem Ordovizium. **a)** Heutige Form; **b)** Schale einer fossilen *Lingula*

3.4.4 Geschwindigkeit der Evolution

Die einzelnen Pflanzen- und Tierstämme haben sich unterschiedlich rasch entwickelt. In manchen Fällen gibt es eine Erklärung dafür, so z. B. für die geradezu explosive Evolution der Säuger zu Beginn des Tertiärs *(s. 3.4.1)*. Innerhalb einer Tiergruppe wechselt oft die Evolutionsgeschwindigkeit im Lauf der Zeit. Die Kopffüßer haben Höhepunkte ihrer Entfaltung im Ordovizium, von der Trias bis zur Kreidezeit und in der Gegenwart, die Insekten im Karbon und Unterperm und dann wieder ab dem Tertiär, die Reptilien von der Trias bis zur Kreide.

Es sind auch Formen bekannt, die sich in sehr langen Zeiträumen gestaltlich kaum weiterentwickelt haben. Man bezeichnet solche Arten als *stabile Formen* bzw. als **lebende Fossilien**, wenn sie heute noch existieren. So gibt es den Armfüßer *Lingula* seit dem Silur (**Abb. 492.2**). Der heute lebende *Nautilus* unterscheidet sich kaum von fossilen Vorfahren in der Trias; auch die Lungenfische kennt man seit dieser Zeit in gleicher Gestalt. Ebenso haben sich die Quastenflosser, zu denen *Latimeria* gehört, seit mehreren 100 Mill. Jahren in ihrer Gestalt kaum verändert, allerdings sind sie in einen anderen Lebensraum übergegangen. Weitere Beispiele lebender Fossilien sind der Blattflußkrebs *Triops* (seit 220 Mill. Jahren), der Pfeilschwanz *Limulus* (seit 170 Mill. Jahren), die Brückenechse *Sphenodon* (seit 140 Mill. Jahren), der *Ginkgo*-Baum (seit 170 Mill. Jahren) und der Mammutbaum (seit 75 Mill. Jahren).

3.4.5 Höherentwicklung

Aus den Stammbäumen ist zu entnehmen, dass es in der Evolution eine Entwicklung von einfach organisierten zu komplex gebauten Formen gegeben hat. Man bezeichnet dies als Höherentwicklung oder *Anagenese*. Sie erfolgt durch fortschreitende Differenzierung und daher zunehmende Vielfalt von Zellen, Geweben und Organen. Dies bedeutet eine sich steigernde Arbeitsteilung und damit höhere Leistungsfähigkeit der Zellen und Organe. So treten bei den Algen des Kambriums etwa sechs bis zehn verschiedene Zelltypen auf; dies lässt sich aus ähnlichen rezenten Formen erschließen. Bei den Nacktfarnen waren es rund 25, bei den höchstentwickelten Pflanzen der Gegenwart sind 70 bis 80 verschiedene Zellarten vorhanden.

Das Fortschreiten vom Einfachen zum Komplexen im Evolutionsgeschehen ist nicht gleichbedeutend mit zunehmender Anpassung. Diese ist auf jedem Organisationsniveau möglich, denn die einfachen Formen wären längst ausgestorben, hätten sie sich an ihre Umwelt nicht ebenso gut angepasst wie die hochentwickelten.

Höherentwicklung tritt zwangsläufig auf: Unter der Vielzahl auftretender Mutationen kommen zwar selten, aber doch immer wieder auch solche vor, welche die Besiedlung völlig neuer Bereiche einleiten, wie z. B. die Erstbesiedlung des Landes. Weitere Mutationen in der eingeschlagenen Richtung setzen sich durch, weil sie unter den neuen Lebensbedingungen vorteilhaft sind. Höherentwicklung ist ein Weg, Konkurrenz zu vermeiden. Einfacher organisierte Arten werden durch partielle Konkurrenz der höher organisierten häufig auf einen engeren Lebensraum beschränkt, in dem keine Konkurrenz besteht. Einfach organisierte Arten können häufig der Konkurrenz durch einen engen Lebensraum ausweichen.

Höherentwicklung und Information. Der Höherentwicklung liegt eine Informationszunahme zugrunde; die großen Evolutionsfortschritte haben mit der Art der Informationsspeicherung und -übertragung zu tun. Mit der Herausbildung von DNA als Informationsspeicher und Proteinen als Funktionsmolekülen *(s. 3.1)* wurden Genotyp und Phänotyp getrennt. Bei der Bildung der Eukaryotenzelle wurde durch die Symbiose *(s. Exkurs Endosymbionten-Theorie, S. 472)* die Menge an genetischer Information und die Zahl der Stoffwechselvorgänge in der Zelle beträchtlich vergrößert. Mit der Entstehung von Vielzellern wurden Regulationsvorgänge in den spezialisierten Zellen erforderlich; es entstanden komplexe Signalnetze *(s. Stoffwechsel 1.5)*. Mit zunehmender Leistungsfähigkeit des Gehirns in der Evolution wird immer mehr aufgenommene Information verarbeitet, und die Tiere können ihr Verhalten immer besser der jeweiligen Situation anpassen. Infolge dessen wächst die Unabhängigkeit des Organismus von der Umwelt. Alle Verbesserungen der Informationsverarbeitung und -speicherung müssen in das vorhandene System integriert werden. So erfordert die Zunahme der Anzahl der Gene immer mehr Regulationsvorgänge im Genom, die Zunahme der Zelldifferenzierung mehr Signalketten in den Zellen. Da die zunehmende Komplexität von Struktur und Informationsverarbeitung der Organismen im Verlauf der Evolution entsteht, spricht man von *Selbstorganisation.* ■

Bedeutung und Kritik der Evolutionstheorie

Die Evolutionstheorie hat wie die Zelltheorie *(s. Exkurs Die Zelltheorie, S. 45)* Bedeutung für alle Teilgebiete der Biologie und zeigt deren Zusammenhang auf. Im Gegensatz zur Zelltheorie war sowohl die Lehre von der Abstammung der Arten als auch ihre ursächliche Erklärung durch die Evolutionstheorie zunächst Widerständen ausgesetzt. Die unmittelbare Beobachtung deutet eher auf eine Konstanz der Arten als auf deren zeitliche Änderung. Aufgrund der Ergebnisse der Paläontologie und der großen Zahl von Belegen für den Evolutionsvorgang setzte sich die Abstammungstheorie aber im 19. Jahrhundert durch. Alle weiteren Befunde der Biologie ließen sich zwanglos einbauen; einige Gebiete, vor allem die Molekulargenetik, liefern heute wichtige Beiträge zur Evolutionsforschung. Die Ursachenbeschreibung DARWINS hat durch die Entwicklung der Biologie Erweiterungen erfahren, erwies sich aber im Kern als zutreffend. Die molekularbiologisch untermauerte Evolutionstheorie ist die einzige tragfähige Theorie für das Evolutionsgeschehen.

Dennoch werden nicht darwinistische Ansichten vertreten, wonach bestimmte Evolutionsfaktoren *(s. 2.1)* als nicht wirksam angesehen oder andere Faktoren eingeführt werden. So nimmt der *Vitalismus* als Evolutionsfaktor eine »Lebenskraft« an, die allerdings mit naturwissenschaftlichen Methoden nicht nachweisbar ist. Der *Kreationismus* geht von einer getrennten Schöpfung der einzelnen Arten oder Gattungen aus und verneint die Evolution. Dabei werden die wissenschaftstheoretischen Grundlagen der Naturwissenschaften verlassen. Schöpfung im Sinn der wissenschaftlichen Theologie ist anders zu verstehen *(s. S. 519)*. Der *Saltationismus* nimmt eine »schlagartige« Bildung neuer Arten durch Großmutationen an; solche wurden nie beobachtet. Die *Kritische Evolutionstheorie* sieht die Lebewesen als Energiewandler an; ihre Form soll aus der Mechanik folgen. So erfordert ein kriechender Organismus andere mechanische Eigenschaften als ein schwimmender. Bau und Funktion der verschiedenen Formen entwickelten sich demnach aus mechanischen Gründen, nicht aufgrund von Selektion. Evolution kann nach dieser Theorie nicht aus Homologien oder populationsgenetischen und molekularbiologischen Fakten erkannt werden. Sie hat daher einen viel geringeren Erklärungswert als die darwinistische Theorie.

4 Evolution des Menschen

4.1 Stellung des Menschen im natürlichen System der Organismen

Seinen Körpermerkmalen nach gehört der Mensch zu den Säugetieren. Schon LINNÉ hat ihn in die Säugetierordnung der Herrentiere oder **Primaten** gestellt. Diese wird heute in zwei Unterordnungen, die Halbaffen und die Echten Affen, eingeteilt. Die *Halbaffen* haben durch adaptive Radiation eine große Zahl von Arten gebildet. Dies erfolgte vor allem auf der seit der Kreidezeit isolierten Insel Madagaskar. Die ursprünglichsten Affen sind die Koboldmakis, die mit wenigen Arten in Südostasien vorkommen. Bei den Echten Affen unterscheidet man die räumlich getrennten Gruppen der *Neuwelt-* und die *Altweltaffen* (**Abb. 494.1**). Die nur in den Tropenwäldern Mittel- und Südamerikas vorkommenden Neuweltaffen oder *Breitnasenaffen* sind Baumtiere mit breiter Nasenscheidewand und seitlich gestellten Nasenlöchern. Sie besitzen häufig einen Greifschwanz. Die Zahnformel ist 2 · 1 · 3 · 3 (2 Schneidezähne, 1 Eckzahn, 3 Vormahlzähne, 3 Mahlzähne in beiden Kiefern) oder 2 · 1 · 3 · 2. Die Altweltaffen oder *Schmalnasenaffen* mit schmaler Nasenscheidewand und nach vorne gerichteten Nasenlöchern sind auf die wärmeren Gebiete der Alten Welt beschränkt. Ihre Zahnformel ist 2 · 1 · 2 · 3. Zu den Altweltaffen gehören die Hundsaffen und die *Menschenaffen*. Die ursprünglichste Gruppe der Menschenaffen sind die *Gibbons* mit sehr langen Vorderextremitäten, die als Baumbewohner in Südostasien vorkommen. Bei den *Großen Menschenaffen* unterscheidet man drei Gattungen: den *Orang-Utan* in den Urwäldern von Sumatra und Borneo, den *Gorilla* sowie den *Schimpansen* im mittelafrikanischen Urwald. Der Orang-Utan ist ein ausgesprochener Hangelkletterer mit starkem Knochenkamm auf dem Schädel, an dem Kaumuskeln ansetzen, Backenwülsten und Kehlsack. Gorilla und Schimpanse sind weniger ausgeprägte Hangler und mehr Boden- als Baumtiere. Beim Schimpansen trennt man den Zwergschimpansen *(Bonobo)* als Unterart oder eigene Art ab.

Hominoidea. Der Mensch weist mit den Menschenaffen so viele Ähnlichkeiten auf, dass man ihn mit den Menschenaffen in der Gruppe der Menschenähnlichen *(Hominoidea)* zusammenfasst. Gemeinsam mit allen Altweltaffen besitzt der Mensch ein Farbsehen mit drei Farbrezeptoren *(s. Neurobiologie 3.2)* und eine starke Überlappung der Sehfelder beider Augen. Durch die Überlappung wird ein ausgezeichnetes räumliches Sehen ermöglicht. Die optimale Nutzung dieser Fähigkeiten erfordert einen umfangreichen Gehirnbereich zur Auswertung der visuellen Informationen. Dieser muss mit den Gehirnbereichen, die Bewegungen steuern, gut koordiniert sein. Bei dieser Augenstellung ist der Blick nach hinten, der ein

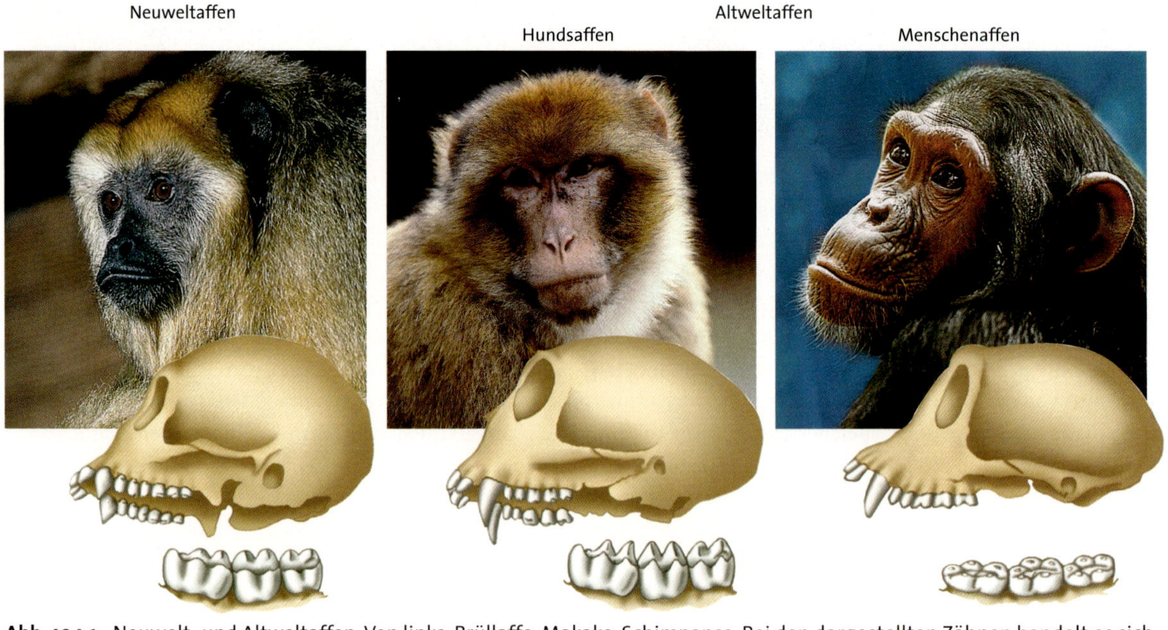

Abb. 494.1: Neuwelt- und Altweltaffen. Von links: Brüllaffe, Makake, Schimpanse. Bei den dargestellten Zähnen handelt es sich um die Mahlzähne.

frühes Erkennen eines Angriffs von rückwärts erlaubte, nicht möglich. Dies wird ausgeglichen durch die Fähigkeit zur genauen Lokalisierung von Schallquellen.

Gemeinsam mit den Menschenaffen hat der Mensch die Ausbildung der Kaufläche der Backenzähne. Bei den Hundsaffen weist diese zwei deutliche Spitzen auf, bei den *Hominoidea* hingegen fünf flache Erhebungen. Der Vergleich des Menschen mit den heute lebenden Menschenaffen zeigt auch eine Abstufung der Ähnlichkeit: Der Orang besitzt neun Handwurzelknochen, Gorilla, Schimpanse und Mensch nur acht; der neunte Knochen wird zwar embryonal angelegt, verschmilzt aber später mit dem benachbarten. Die Abzweigung der Halsschlagadern vom großen Aortenbogen ist gleichartig beim Menschen, Schimpansen und Gorilla, unterscheidet sich jedoch beim Orang. Beim erwachsenen Menschen und Schimpansen sind keine durch eine Naht vom Oberkiefer getrennten *Zwischenkieferknochen* festzustellen, hingegen gibt es diese bei allen übrigen Primaten. Sie werden embryonal angelegt, wie bereits GOETHE für den Menschen nachgewiesen hat *(s. Abb. 497.1)*. Die Verwachsung mit dem Oberkiefer erfolgt beim Menschen vor der Geburt, beim Schimpansen danach. Die Gebisse der Menschenaffen unterscheiden sich vom menschlichen Gebiss durch einen größeren, mit einer Lücke von den übrigen Zähnen abgesetzten *Eckzahn;* der Eckzahn des Schimpansen ist am kleinsten *(s. Abb. 497.2)*. Die Menschenaffen besitzen 48 Chromosomen; der Mensch hingegen 46 (**Abb. 495.2**).

Die molekulare Verwandtschaftsforschung mithilfe von Kern-DNA und Mitochondrien-DNA bestätigt die abgestufte Verwandtschaft (**Abb. 495.1**). Das Genom von Mensch und Schimpanse stimmt zu 98,7 % überein. In einem solchen Fall würde man zwei Tierarten in dieselbe Gattung einordnen (hier *Homo* oder *Pan*). Allerdings zeigt die Genom- und Proteom-Analyse *(s. Genetik 4.5)*, dass die Genaktivitäts-Muster vor allem im Gehirn bei Mensch und Schimpanse große Unterschiede aufweisen.

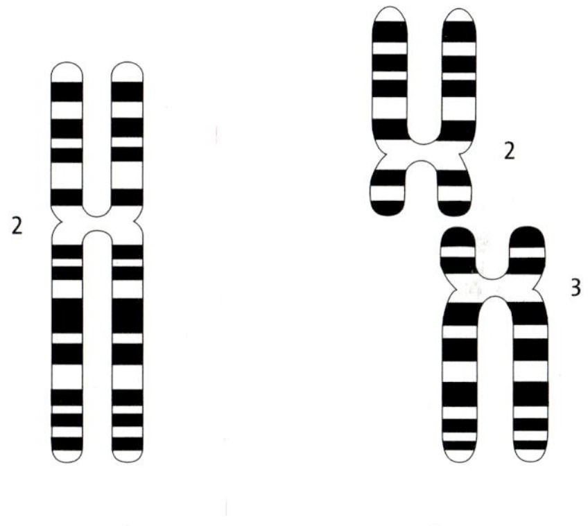

Abb. 495.2: Beispiel zur Homologisierung von Chromosomen mithilfe der Bandenmuster. Dem Chromosom 2 des Menschen entsprechen zwei Einzelchromosomen des Schimpansen.

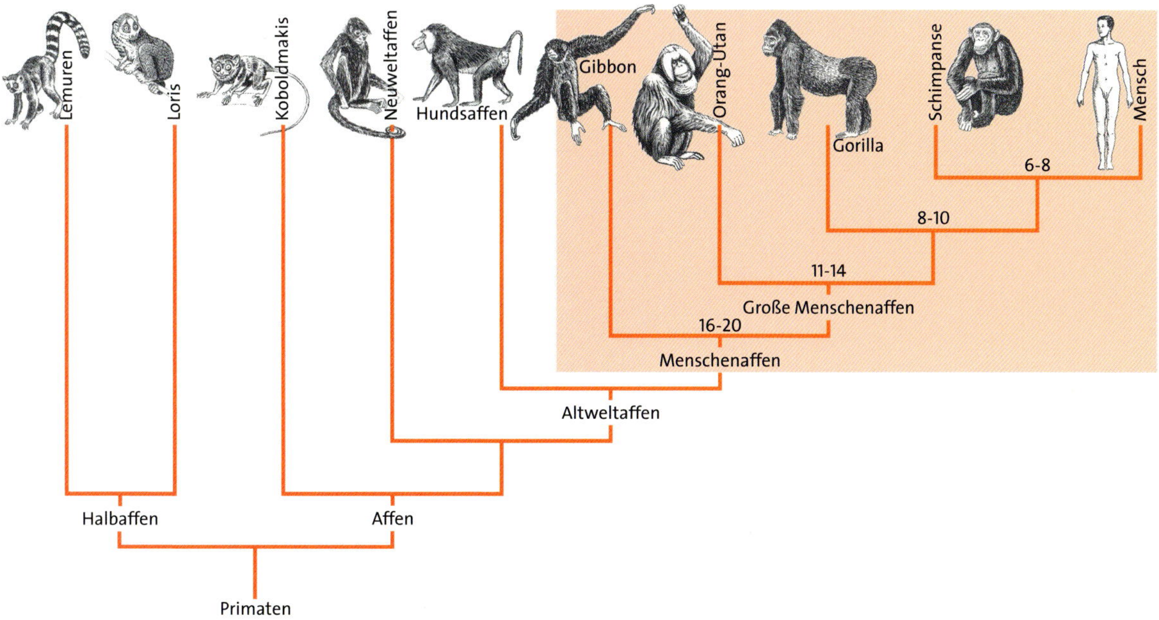

Abb. 495.1: Verwandtschaftsbeziehungen der Primaten aufgrund der Anatomie und der DNA-Homologie. Für die Menschenaffen ist der Zeitraum der Trennung der Gruppen in Mill. Jahren aufgrund der DNA-Homologie angegeben *(s. Abb. 503.1)*.

4.2 Sonderstellung des Menschen

Aufrichtung des Körpers und Zweibeinigkeit. Gibbon und Orang-Utan bewegen sich auf Bäumen vorwiegend hangelnd oder schwingend fort. Der erwachsene Gorilla ist dafür zu schwer, er lebt fast ganz am Boden. Bei seinem schwerfälligen Gang auf zwei Beinen tritt er nur mit der Außenkante der Fußsohlen auf. Dagegen ist der Mensch ganz zum **Aufrechtgänger** geworden (**Abb. 496.1**). Damit ging eine Umformung des gesamten Skeletts einher. Die Wirbelsäule hat nicht die einfache Krümmung wie bei Menschenaffen, sondern ist doppelt S-förmig gekrümmt und trägt federnd Rumpf und Kopf. Der Unterstützungspunkt des Schädels liegt unter seinem Schwerpunkt und nicht hinter ihm, wie bei den Menschenaffen, sodass nur schwache Nackenmuskeln zum Halten des Kopfes notwendig sind. Der menschliche Brustkorb ist breiter als tief. Dadurch liegt der Schwerpunkt des Körpers näher zur Körperlängsachse als bei den übrigen Primaten. Dies ist für die Erhaltung des Gleichgewichts des Aufrechtgängers von Vorteil. Beim Erwachsenen ist der Fuß ein ausgesprochenes *Gehwerkzeug* (**Abb. 496.2**). Die große Zehe liegt an und ist nicht wie der Daumen bewegbar. Fußwurzel- und Mittelfußknochen bilden ein Gewölbe, wie es kein Menschenaffe aufweist. Der Säugling kann die große Zehe noch zum Greifen verwenden. Bei den Menschenaffen ist die große Zehe zeitlebens abspreizbar. Die Hintergliedmaßen des erwachsenen Menschen sind länger als bei den Menschenaffen sowie länger und kräftiger als die Arme. Das Becken ist verbreitert und mehr nach vorne gedreht; es wird zur tragenden »Schüssel« für die Eingeweide. Dabei besteht ein geschlechtsspezifischer Unterschied (**Abb. 497.2**), um die Größe des Geburtskanals zu gewährleisten. Die Aufrichtung erfordert eine erhebliche Verstärkung der Gesäßmuskulatur. Der Oberschenkel ist bei Affen im Winkel von nahezu 90° zum Schambein angeordnet; beim Menschen ist der Winkel in Anpassung an den aufrechten Gang kleiner.

Die aufrechte Haltung belastet allerdings vor allem die unteren Teile des Körpers. Die Folge davon ist die Neigung zu Unterleibsbrüchen und zu Bandscheibenschäden, zu Senk- und Plattfüßen und zur Bildung von Krampfadern infolge von Blutstauungen in den Beinvenen. Der Mensch ist also noch nicht optimal an den aufrechten Gang angepasst.

Zahnbogen und Gebiss. Die Anordnung der Zähne in einem *parabolischen Zahnbogen* ist zusammen mit der Wölbung des Gaumens und der guten Beweglichkeit der Zunge und der Lippen wichtig, um die vielen Sprachlaute

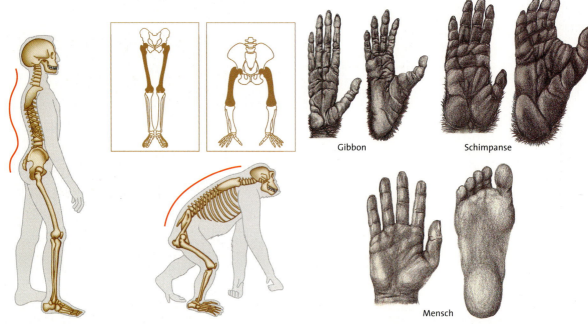

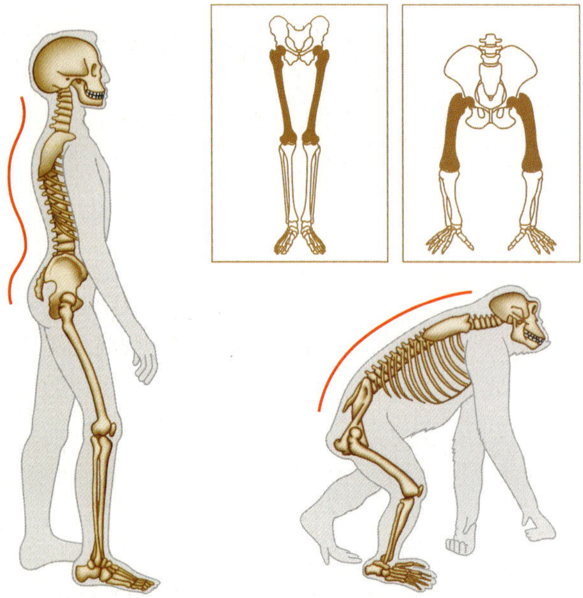

Abb. 496.1: Form der Wirbelsäule bei normaler Körperhaltung von Mensch (doppelt-S-förmig gebogen) und Menschenaffen (einfach gebogen) sowie Bau und Stellung von Becken und Oberschenkelknochen

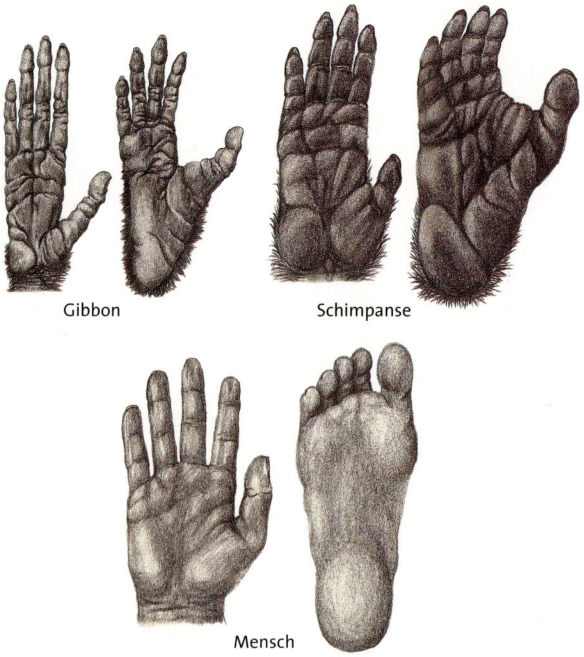

Abb. 496.2: Hand (links) und Fuß (rechts) von Gibbon, Schimpanse und Mensch. Beim Klettern und Hangeln im Geäst schließen die Affen die Finger und krümmen die ganze Hand zu einem Haken.

(Phoneme) hervorzubringen. Die vorgeburtliche Verwachsung von Zwischen- und Oberkieferknochen beim Menschen ermöglicht ein gleichmäßiges Wachstum des Zahnbogens; dadurch bleibt dessen Form und so die Fähigkeit zur Bildung aller Sprachlaute dauernd erhalten (**Abb. 497.1**).

Das Gebiss des Menschen ist ein nur wenig differenziertes Allesessergebiss und kleiner als das der Menschenaffen. Die Eckzähne unterscheiden sich kaum von den Schneidezähnen. Die Backenzahnreihen sind anders als bei den Affen nicht parallel angeordnet (**Abb. 497.2**).

Haarkleid. Im Gegensatz zu den Affen ist der Mensch viel schwächer behaart. Eine dichtere Behaarung findet sich als Achsel- und Schambehaarung dort, wo eine sehr große Zahl von Schweiß- und Duftdrüsen vorhanden ist.

Greifhand. Mit dem Erwerb des aufrechten Ganges dient die Hand des Menschen nicht mehr der Fortbewegung. Der kräftige Daumen kann den übrigen Fingern gegenübergestellt *(opponiert)* und der Unterarm um seine Längsachse gedreht werden. Deshalb ist die Hand ein ideales Greif-, Erkundungs- und Manipulationsorgan und damit auch Voraussetzung für viele Formen der kulturellen Betätigung.

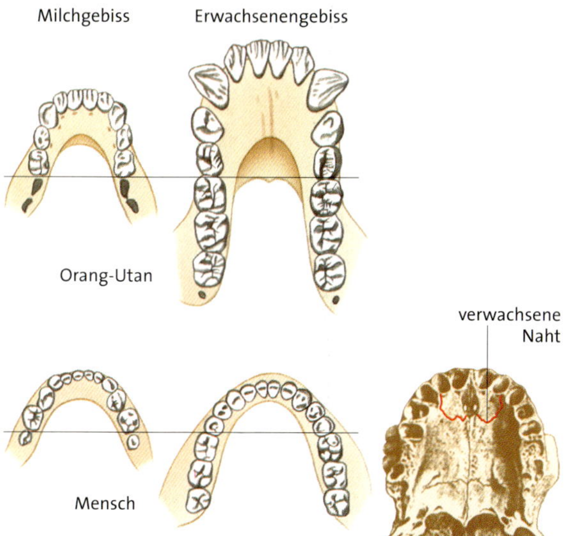

Abb. 497.1: Gebisse von Orang-Utan und Mensch. **a)** Beim Orang macht die vordere Region beim Zahnwechsel Gestaltveränderungen durch, beim Menschen nicht; **b)** Oberkiefer des Menschen mit ausnahmsweise nicht verwachsenen Zwischenkieferknochen, erkennbar an der Naht zwischen diesen und dem Oberkieferknochen (Zeichnung von WAITZ zu GOETHES Arbeit).

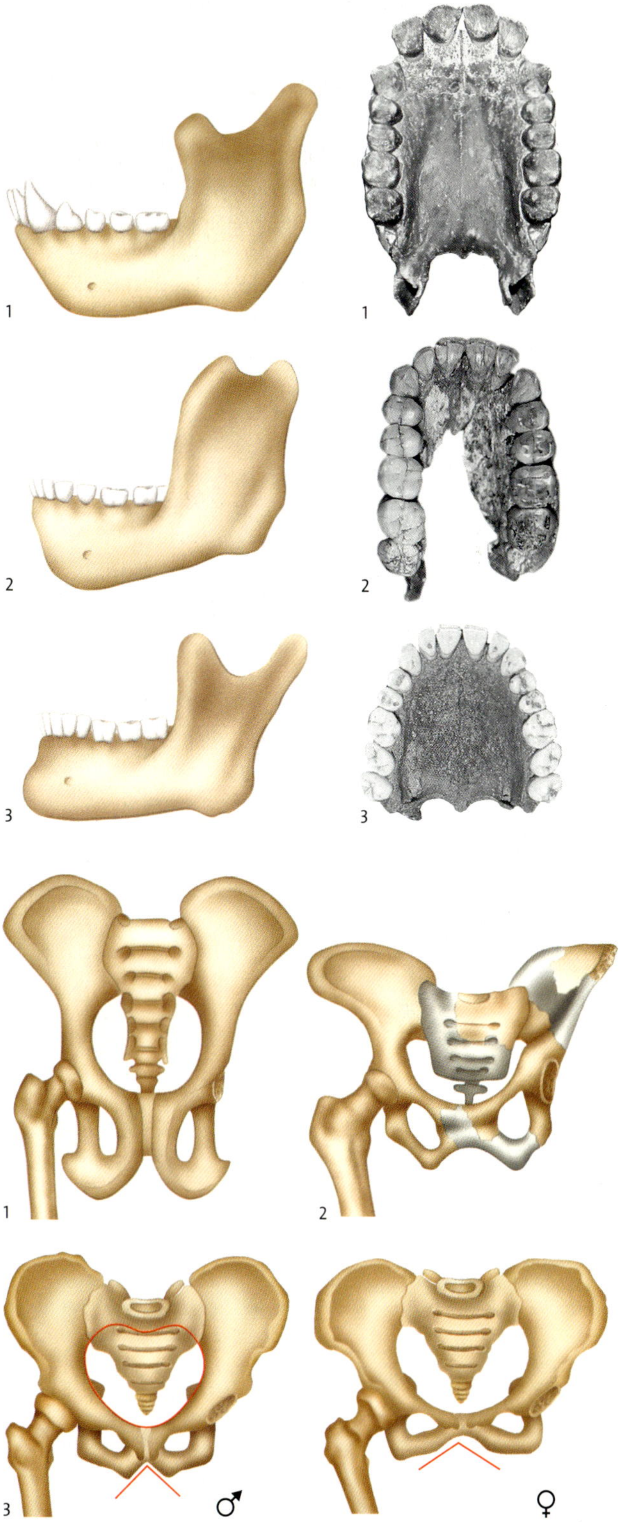

Abb. 497.2: Oberkiefer, Unterkiefer, Becken und Oberschenkel von Menschenaffe (**1**: Schimpanse), Vormensch (**2**: *Australopithecus*) und heutigem Menschen (**3**). Die Merkmale von *Australopithecus* liegen zwischen denen von Menschenaffe und Mensch; die Lage des Oberschenkels zeigt den aufrechten Gang an. Beim weiblichen Becken des Menschen erkennt man die größere Öffnung (Geburtskanal).

Großhirn und Schädelform. Die Ausbildung der Greifhand förderte die weitere Evolution des Großhirns, das bei Gorilla und Schimpanse große Ähnlichkeit zum menschlichen Gehirn aufweist (**Abb. 498.1**). Das Gehirn des Menschen zeigt allerdings eine viel stärkere Oberflächenentwicklung. Sein Hirnschädel hat als Folge der Vergrößerung des Großhirns eine Aufwölbung erfahren, die sich zum Gesicht hin ausdehnt. Dadurch entsteht eine hohe Stirn. Der Gesichtsschädel ist kleiner und die Schnauze der Affen zurückgebildet. Die Überaugenwülste sind verschwunden, Nasenvorsprung und Kinn treten deutlich hervor (**Abb. 498.2**). Enge Beziehungen bestehen auch zwischen der Zunahme der Gehirngröße und der Evolution der Sprachfähigkeit.

Verlängerung der Jugend- und Altersphase. Vergleicht man die Entwicklungshöhe der Neugeborenen von Mensch und Menschenaffen, so wird der Mensch zu früh geboren. Bei einer längeren Schwangerschaftsdauer würde jedoch der größere Hirnschädel des Menschen nicht mehr durch den von den Beckenknochen begrenzten Geburtskanal passen. Der Mensch ist daher nach der Geburt monatelang völlig hilflos, wie Nesthockerjunge von Tieren. Weil er voll entwickelte Sinnesorgane besitzt, wird er als »sekundärer Nesthocker« bezeichnet. Dies macht eine starke nachgeburtliche Gehirnentwicklung in enger Verbindung mit Sinneseindrücken aus der Umwelt möglich. Während sich Affenjungen aus eigener Kraft an der Mutter festhalten, ist der menschliche Säugling dazu nicht in der Lage.

Die Lebensdauer des Menschen weit über das Fortpflanzungsalter hinaus hat eine zeitliche Überlappung der Generationen zur Folge; dies ist für die Weitergabe von Traditionen und des Gruppenwissens wichtig. Vor allem seine lebenslang anhaltende Lernfähigkeit ist eine wesentliche Grundlage für die Entwicklung der menschlichen Kultur. Während Vererbung aus einem Informationsfluss von Eltern zu Kindern besteht, beruht Lernen auf einem Informationsfluss auch zwischen solchen Individuen, die nicht miteinander verwandt sind.

Sprache. Eine Verständigung durch zweckbezogene Lautäußerungen und andere Zeichen ist auch bei Tieren weit verbreitet, wie z. B. Warn- und Lockrufe zeigen *(s. Abb. 262.2)*. Eine Wortsprache, die erlernt werden muss und in der Gedachtes in Laute umgesetzt wird, besitzen Tiere nicht. Mit der Sprache verfügt der Mensch über ein Mittel zur vielfältigen Kommunikation; sie ist

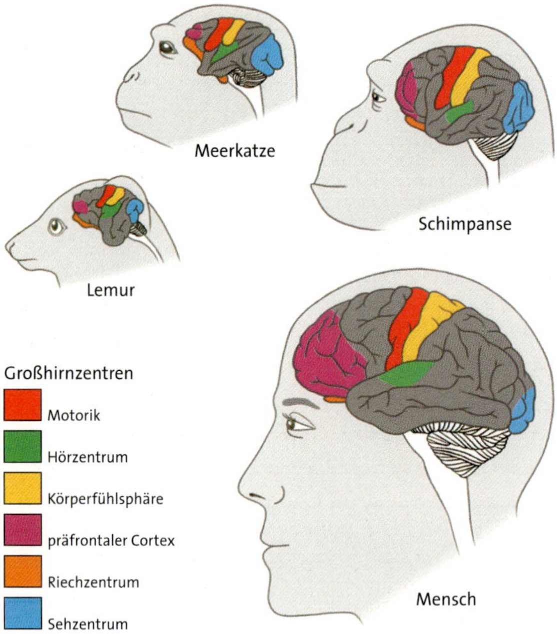

Abb. 498.1: Größenzunahme des Gehirns bei Primaten. Die Zunahme der Oberfläche der Großhirnrinde führt zur Ausbildung von immer mehr Gehirnwindungen. Ein Maß für die Organisationshöhe des Gehirns ist das Massenverhältnis Großhirnrinde/Stammhirn: Lemur ca. 25, Meerkatze 34, Schimpanse 50, Mensch 170.

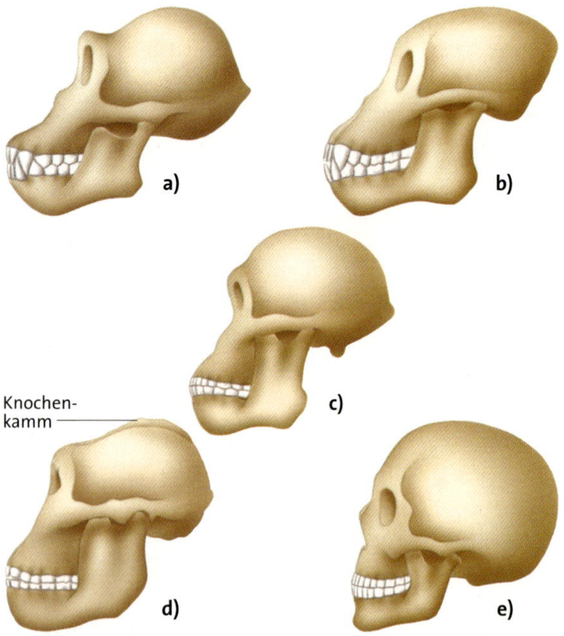

Abb. 498.2: Schädel vom Schimpansen (**a**), fossilen Menschenaffen *Dryopithecus* (**b**), *Australopithecus africanus* (**c**), *Australopithecus boisei* (**d**, mit Knochenkamm zum Ansatz der Kaumuskulatur) und heutigen Menschen (**e**). Größenzunahme des Gehirnschädels, Rückbildung der Schnauze; bei e Ausbildung des Kinns.

deshalb die wichtigste Grundlage seiner sozialen Beziehungen. Er kann nicht nur Mitteilungen über gegenwärtige, sondern auch über vergangene und mögliche zukünftige Ereignisse machen.

Voraussetzung für die Sprachfähigkeit ist neben den genannten anatomischen Besonderheiten die Ausbildung eines eigenen *motorischen Sprachzentrums* im Großhirn (*BROCAsche Region; s. Abb. 247.1*), das ein zusammenhängendes Sprechen ermöglicht.

Verstand. Durch seine Gehirnleistungen unterscheidet sich der Mensch am stärksten von den ihm körperlich nahe stehenden Menschenaffen; man bezeichnet diese Leistungen als den menschlichen Verstand. Vergleichende Untersuchungen des Sozialverhaltens von Affen zeigen, dass schon allein die Komplexität der Sozialstrukturen einer erheblichen Gehirngröße bedarf. Die bei den Menschenaffen beobachteten Fähigkeiten, soziale Beziehungen lange Zeit im Gedächtnis zu behalten, aber auch etwas zu verbergen, abzulenken oder sogar einen falschen Eindruck zu erwecken, erfordert erhebliche Intelligenz. Die genetische Grundlage solcher Leistungen wird als wichtige Präadaptation für die weitere Evolution der Gehirnleistungen beim Menschen angesehen.

Im Vergleich zu den Menschenaffen ist der Mensch viel weniger an ererbte Verhaltensweisen gebunden; er kann diesen sogar zuwiderhandeln, wie z. B. die Fähigkeit zum Hungerstreik zeigt. Spezifisch menschlich ist die Fähigkeit, Ursache-Wirkungs-Beziehungen überall in der Umwelt aufzufinden. Er kann Werkzeuge in viel umfangreicherem Maße als Schimpansen nutzen sowie Geräte und Werkzeuge selbst herstellen. Er kann auch Werkzeuge produzieren, die zur Herstellung anderer Werkzeuge dienen. Alle Werkzeuge und Produkte der Technik, wie kompliziert sie sein mögen, sind im Grunde Hilfsmittel, die Organe nachahmen oder ihre Tätigkeit ersetzen, erweitern bzw. verfeinern.

Der Mensch kann über seine Umwelt und sich selbst nachdenken, sich die Zukunft vorstellen, planen, individuell erworbene Erfahrung anderen mitteilen sowie durch Schrift und weitere Datenträger aufbewahren. Er kann daher sein Schicksal in weitaus stärkerem Maße selbst steuern und seine Lebensweise viel rascher ändern, als es einer Tierart bei ausschließlich biologischer Evolution möglich ist. In den letzten 40 000 Jahren vollzog sich die Entwicklung dieser Fähigkeiten ohne erkennbare Veränderung des Skeletts. Der menschliche Geist verleiht dem Menschen das spezifisch »Menschliche«. Aufgrund vieler quantitativer und allmählich abgelaufener Änderungen kommt in der Evolution zum Menschen eine einzigartige Qualitätsveränderung zustande.

4.3 Stammesgeschichte des Menschen

Die Erforschung der menschlichen Stammesgeschichte erfolgt nach drei Richtungen. Erstens werden Fossilreste untersucht; aus deren Vergleich ergeben sich Entwicklungslinien. Die absolute Altersdatierung der Fossilien ermöglicht eine zeitliche Einordnung. Zweitens erhält man aus dem Vergleich von DNA-Sequenzen heute lebender Arten Auskunft darüber, wann sich die verschiedenen Gruppen der Affen und des Menschen voneinander getrennt haben (*s. 3.3.2*). Drittens liefert die Untersuchung von datierbaren Werkzeugen und Überresten von Lagerplätzen Anhaltspunkte für den jeweils erreichten Kulturstand.

4.3.1 Vorfahren des Menschen

Primaten sind seit dem ältesten Tertiär, das vor 65 Mill. Jahren begann, nachzuweisen. Sie müssen daher in der Oberen Kreide entstanden sein. Ursprüngliche Primaten bildeten im Eocän zahlreiche Arten. Vor etwa 40 bis 35 Mill. Jahren erfolgte die Trennung von Neuwelt- und Altweltaffen. Im Oligocän (34 bis 24 Mill. Jahre) lebten Arten der Stammgruppe der Altweltaffen also auch des Menschen als Baumtiere in Afrika. Die bekannteste Form ist *Aegyptopithecus* aus Ägypten. Im Untermiocän (24 bis 16 Mill. Jahre) entstanden viele Arten der als *Proconsulidae* bezeichneten Gruppe, darunter der namengebende *Proconsul*. Diese lebten vorwiegend in Ostafrika und gelten als Ausgangsgruppe von Menschenaffen und Mensch. Als eine Landverbindung nach Eurasien entstanden war, konnten Arten vor etwa 17 Mill. Jahren Europa und Südasien erreichen. Sowohl in Afrika wie in Eurasien entstanden zahlreiche Arten, von denen viele schon vor mehr als 5 Mill. Jahren wieder ausstarben. Die jüngeren werden als Dryopithecinen zusammengefasst. Der älteste Menschenaffenfund in Europa ist *Griphopithecus*, etwa 17 Mill. Jahre alt, aus der Gegend von Sigmaringen. Vor etwa 12 bis 10 Mill. Jahren spaltete sich die Evolutionslinie des Orang-Utan ab; seine aus Indien bekannten Vorfahren im Miocän heißen *Sivapithecus*. Vor ungefähr 9 Mill. Jahren trennte sich die Evolutionslinie des Gorilla; mögliche Frühformen fand man im Mittelmeergebiet. Schließlich erfolgte vor 7 bis 6 Mill. Jahren die Trennung der gemeinsamen Linie des Menschen und des Schimpansen. Etwa dieses Alter besitzen zwei Fossilfunde: Aus Kenia stammt ein Fund von Kieferstücken mit Zähnen und Extremitätenknochen, der den Namen *Orrorin tugenensis* erhielt; aus dem Tschad ein Schädelfund, *Sahelanthropus tchadensis* (*s. Abb. 502.1*). Diese Fossilien lassen sich nicht sicher der Linie des Menschen bzw. des Schimpansen zuordnen.

4.3.2 Menschwerdung (Hominisation)

Weltweite Klimaveränderungen vor etwa 7 bis 5 Millionen Jahren führten in Afrika zu einer Auflockerung vieler Wälder und einer Zunahme der Savannenflächen. Verschiedene Tierarten starben aus; insbesondere bei den Huftieren entstanden neue Arten durch Einnischung *(s. 3.4.2)*. Auch die Menschwerdung ist auf Veränderungen der Umweltnutzung, im Vergleich zu jenen Populationen zurückzuführen, die sich zu den Menschenaffen entwickelten. Wahrscheinlich erfolgte die Bildung einer neuen ökologischen Nische zunächst durch eine Änderung der Ernährung. Zusätzlich zur Pflanzennahrung wurden Aas und Kleintiere verzehrt. Bei aufrechter Körperhaltung konnten die Individuen ein größeres Gebiet überblicken und daher die Nahrung besser ausfindig machen. Bei dieser Körperhaltung wird außerdem ein kleinerer Teil der Körperoberfläche der Bestrahlung durch die Sonne ausgesetzt. Dadurch muss weniger Energie für die Temperaturregulation aufgewendet werden. Mit dem aufrechten Gang wurden die Hände frei verfügbar; dies erleichterte die Benutzung von Werkzeugen. Die Zuhilfenahme der Hände bei der Ernährung führte zu einer allmählichen Rückbildung der Kaumuskulatur und damit zu einer Umbildung des Schädels. Zusammen mit dem vielseitigen Gebrauch der Hand verstärkte dies die Tendenz zur Vergrößerung des Gehirns, das dadurch mehr Energie benötigte. Daher erwies sich der Übergang zu gemischter Nahrung als vorteilhaft, da aus ihr mehr Energie je Masseneinheit gewonnen werden kann als aus rein pflanzlicher Nahrung.

Die *Hominisation,* d.h. die Entwicklung der typisch menschlichen Merkmale, umfasste einen mehrere Mill. Jahre währenden Evolutionsvorgang. Es gibt keine scharfe Grenze zwischen Tier und Mensch. Das sichere Merkmal des zum Menschen gewordenen Wesens, seine geistigen Fähigkeiten, lässt sich aus Skelettresten nicht erschließen. Eine Herstellung von Werkzeugen wird oft als Nachweis solcher Fähigkeiten herangezogen; jedoch lässt sich diese nur für einen Teil der Fossilfunde belegen.

Abb. 500.1: Fußabdrücke von *Australopithecus* in vulkanischer Asche, bei Laetoli (Tansania, etwa 3,7 Mill. Jahre alt). Die Abdrücke zeigen, dass diese Lebewesen aufrecht gingen.

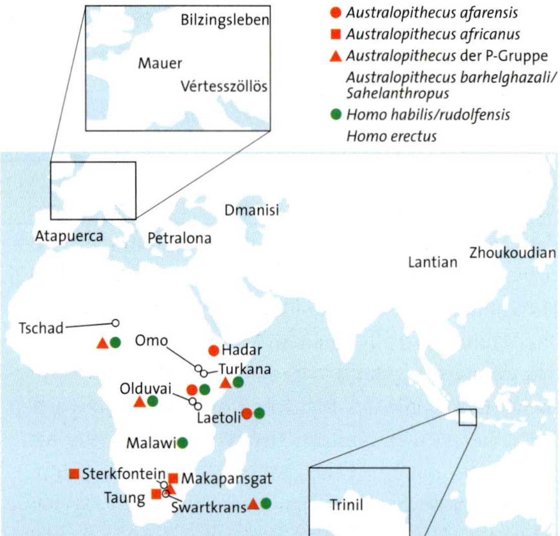

Abb. 500.2: Fundorte von Vormenschen und frühen Formen der Gattung *Homo*

4.3.3 Vormenschen

Jene Formen der menschlichen Evolutionslinie, die noch nicht alle anatomischen Merkmale der echten Menschen aufweisen und die noch keine behauenen Werkzeuge herstellten, bezeichnet man als Vormenschen *(Prähomininen)*. Zusammen mit den Skelettresten findet man gelegentlich als Werkzeuge genutzte Steine und zu Hiebwerkzeugen hergerichtete Knochen. Zahlreiche Funde aus Ost- und Südafrika (**Abb. 500.2**), die sich über einen Zeitraum von über drei Mill. Jahren erstrecken, erlauben eine Einteilung in mehrere Arten. Die ältesten Fossilreste aus Äthiopien werden als *Ardipithecus kadabba* bezeichnet. Sie sind über 5 Mill. Jahre alt, Reste von *Ardipithecus ramidus* zwischen 4,4 und 3,9 Mill. Jahre. Diese Lebewesen gingen vermutlich nur zeitweilig aufrecht und waren noch Baumbewohner. Aus dem Gebiet des ostafrikanischen Turkanasees stammt *Australopithecus anamensis* (4,2 bis 3,9 Mill. Jahre), von dem sich vielleicht die späteren Menschenformen herleiten. Aufgrund zahlreicher Funde gut bekannt ist *Australopithecus afarensis (s. Abb. 502.2)* aus der Afarsenke Äthiopiens (3,8 bis 2,9 Mill. Jahre). Der erste Fund ist unter dem Namen »Lucy« bekannt geworden. Zu dieser Form gehören auch

3,7 Mill. Jahre alte Fußabdrücke aus Laetoli in Tansania, die den aufrechten Gang belegen (**Abb. 500.1**). Jedoch zeigen die Skelettreste, dass diese frühen *Australopithecus*-Arten auch gut Bäume erklettern konnten. Man nimmt an, dass sie dort auch schliefen. Einziger Fund eines *Australopithecus* außerhalb von Ost- und Südafrika ist der aus dem Tschad stammende über 3 Mill. Jahre alte *Australopithecus barhel-ghazali*. Männliche Individuen waren größer als weibliche; vielleicht bestand also Polygynie *(s. 2.5.2)*. Dieser *Geschlechtsdimorphismus* verringerte sich im Verlauf der Evolution des Menschen. Das Größerwerden der Frau wird dadurch erklärt, dass sich die Schwangerschaftsdauer verlängerte und das Geburtsgewicht relativ größer wurde.

Ein Schädelfund von Kenia mit einem Alter von 3,5 bis 3,2 Mill. Jahren wurde als gesonderte Gattung *Kenyanthropus platyops* beschrieben; es handelt sich aber wohl um eine *Australopithecus*-Form. Vielleicht ist er eine Vorstufe des echten Menschen.

Von den jüngeren Australopithecinen kam der zierliche, etwa 1,2 m große *A. africanus* vor allem in Südafrika vor *(s. Abb. 502.3)*. Zu dieser Art gehört der erste *Australopithecus*-Fund, ein etwa 2,5 Millionen Jahre alter Kinderschädel, gefunden 1924 von R. DART bei Taung. Die robusten, etwa 1,5 m großen *A. robustus* (Südafrika) und *A. boisei* (Ostafrika) gehen vermutlich auf die Ausgangsart *A. aethiopicus* zurück; sie werden auch als eigene Gattung *Paranthropus* geführt und daher als P-Typ zusammengefasst *(s. Abb. 502.4)*; die zierlichen Formen werden als A-Typ bezeichnet. Die jüngeren Australopithecinen gehören nicht in die unmittelbare Vorfahrenreihe des Menschen, sondern bilden getrennte Evolutionslinien. Die letzten Australopithecineu lebten vor ca. 800 000 Jahren.

4.3.4 Menschen (Gattung *Homo*)

Als »echte Menschen« (Euhomininen) bezeichnet man die Arten der Gattung *Homo*. Zahlreiche Funde seit 1980 führten zu vielen neuen Namen. Alle Funde, die älter als 2 Mill. Jahre sind, stammen aus Afrika.

Vor etwa 3 bis 2 Mill. Jahren fand eine Klimaveränderung statt. In Afrika hatte dies Artneubildungen bei etlichen Pflanzenfressern zur Folge. In der menschlichen Evolutionslinie könnte die Klimaänderung eine Ursache für die Entstehung der Gattung *Homo* gewesen sein. Ihre ältesten Reste sind zwischen 2,5 und 2 Mill. Jahre alt. Da *Australopithecus*-Arten neben *Homo*-Arten weiter existierten, müssen die beiden Gruppen unterschiedliche ökologische Nischen innegehabt haben. Nach Lagerplatzfunden ernährten sich die echten Menschen in größerem Maße von Fleisch; dies ergibt sich auch aus der Form der Mahlzähne, die bei *Homo* kleiner waren. Der P-Typ von *Australopithecus* ernährte sich fast nur vegetarisch.

***Homo-habilis/Homo-rudolfensis*-Gruppe.** Hierzu zählen die ältesten Fossilien der Euhomininen. Der Name *habilis* (lat. geschickt) leitet sich von den Werkzeugen her, die man dieser Art zuschreibt; *rudolfensis* stammt von der ersten Fundstelle am Turkana-See (früher Rudolf-See). Die ältesten Werkzeuge sind ca. 2,5 Millionen Jahre alt *(s. Abb. 505.1)*; Fossilreste sind aus der Zeit 2,5 bis 1,6 Mill. Jahre bekannt. Der Schädelinhalt betrug z. T. über 800 ml *(s. Abb. 502.5)*. *H. habilis* zeigt Ähnlichkeit mit einem 2,5 Mill. Jahre alten *Australopithecus*-Fund aus Äthiopien *(A. garhi)*. So alt ist aber der älteste Fund von *H. rudolfensis* aus Malawi. Da *H. rudolfensis* Beziehungen zu *Kenyanthropus* zeigt, ist die Herkunft von *Homo* unklar.

Probleme der Einordnung und Namensgebung von Fossilfunden

Schwierig in eine Evolutionslinie einzuordnen sind Skelettreste von Lebewesen, welche der Stammform von zwei sich trennenden Evolutionslinien nahestehen. Man kann die Fossilien dann entweder als Reste der Stammform ansehen oder an die Wurzel der einen oder der anderen von ihr ausgehenden Evolutionslinie stellen. Entsprechend unterschiedlich ist dann die Namensgebung. Ein Zuordnungsproblem ergibt sich auch, wenn weitgehend gleichaltrige und nur in wenigen Merkmalen unterschiedliche Fossilreste von mehreren Individuen vorliegen. Es könnten alle Reste zu einer Art gehören, deren Population naturgemäß eine Variabilität aufweist. Sie könnten aber auch von zwei verschiedenen Arten stammen, die nebeneinander oder kurz nacheinander lebten. Je nach Auffassung eines Bearbeiters kann ein Fossilrest daher unterschiedliche Namen erhalten; außerdem können weitere Funde zu Namensänderungen führen: 1907 wurde bei Heidelberg ein Unterkiefer gefunden und als *Homo heidelbergensis* beschrieben. Später wurde er *Homo erectus* zugewiesen und daher als *H. erectus heidelbergensis* bezeichnet. Neuerdings werden häufig die europäischen *H. erectus*-Funde von jenen aus Afrika und Asien als eigene Art abgetrennt. Dann erhalten die europäischen Funde den Namen *H. heidelbergensis* nach dem ersten gültig beschriebenen Vertreter der *H. erectus*-Gruppe in Europa.

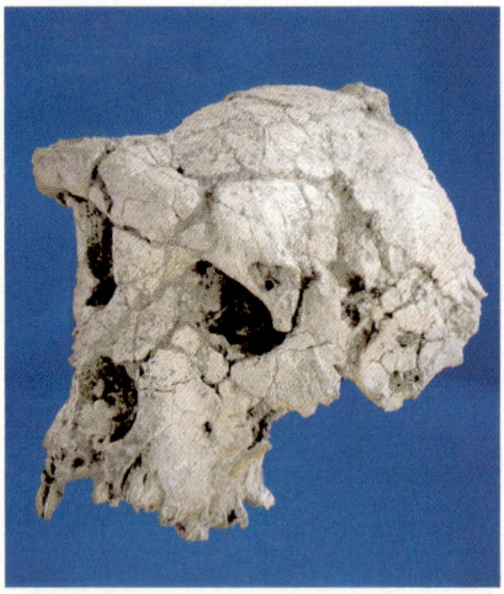

Abb. 502.1: *Sahelanthropus tchadensis* aus dem Tschad; Alter über 6 Millionen Jahre

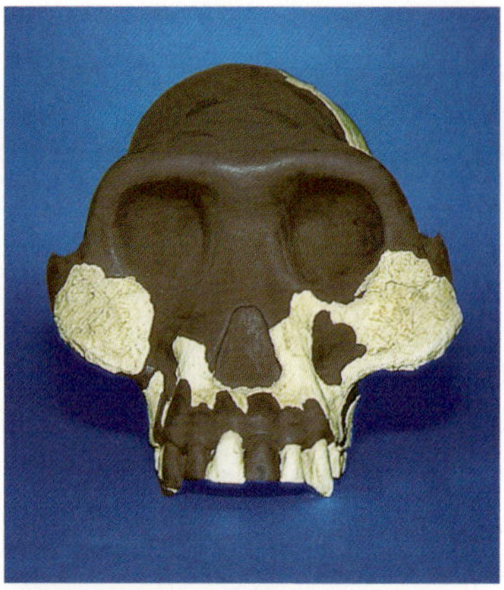

Abb. 502.2: *Australopithecus afarensis* aus Äthiopien (Rekonstruktion); Alter ca. 4 bis 3 Millionen Jahre

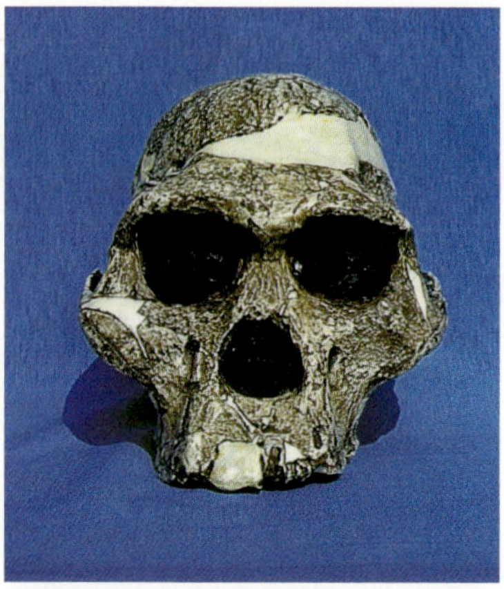

Abb. 502.3: *Australopithecus africanus* aus Südafrika; Alter ca. 3 bis 2 Millionen Jahre

Abb. 502.4: *Australopithecus boisei* aus Ostafrika (Tansania); Alter ca. 1,75 Millionen Jahre

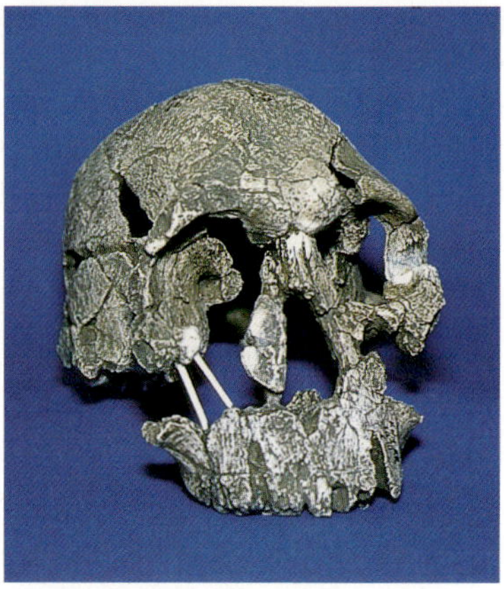

Abb. 502.5: *Homo rudolfensis* aus Ostafrika (Turkana-See); Alter ca. 2 Millionen Jahre

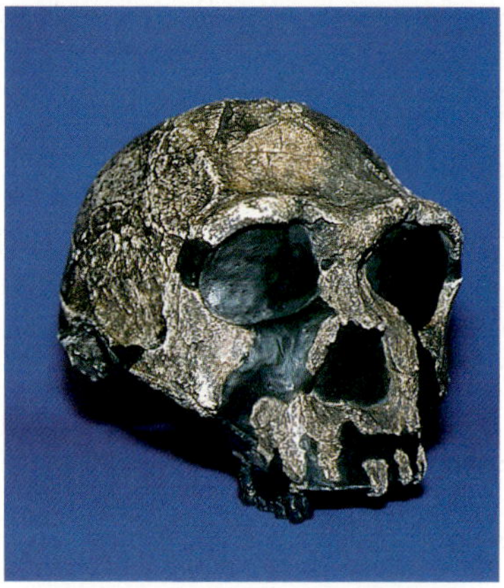

Abb. 502.6: *Homo erectus (Homo ergaster)* aus Ostafrika (Turkana-See); Alter ca. 1,8 Millionen Jahre

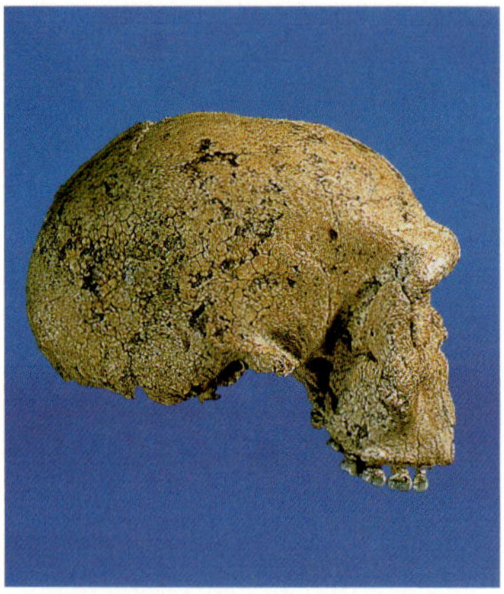

Abb. 502.7: *Homo neanderthalensis steinheimensis* (Vorstufe des Neandertalers) aus Steinheim bei Stuttgart; Alter ca. 230 000 Jahre

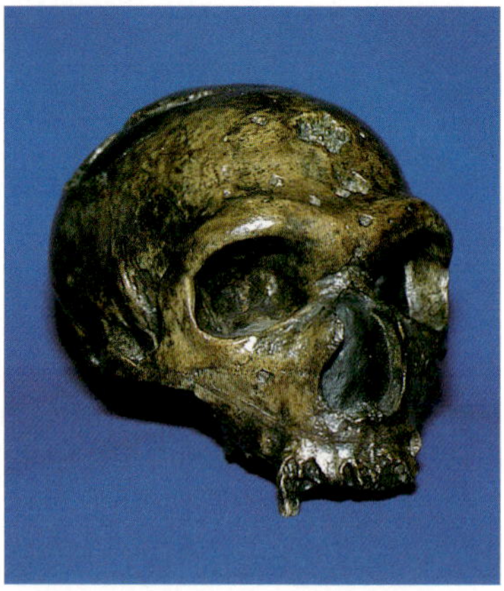

Abb. 502.8: *Homo neanderthalensis* (Neandertaler) von Chapelle-aux-Saints; Alter ca. 70 000 Jahre

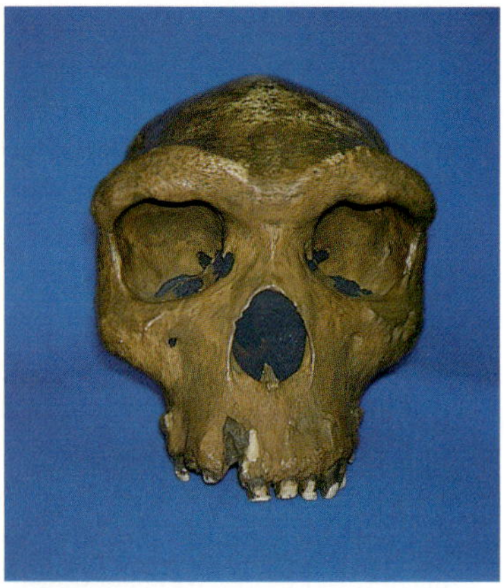

Abb. 502.9: *Homo sapiens* (altertümliche Form) aus Sambia (Broken Hill = Kabwe); Alter ca. 500 000 bis 250 000 Jahre

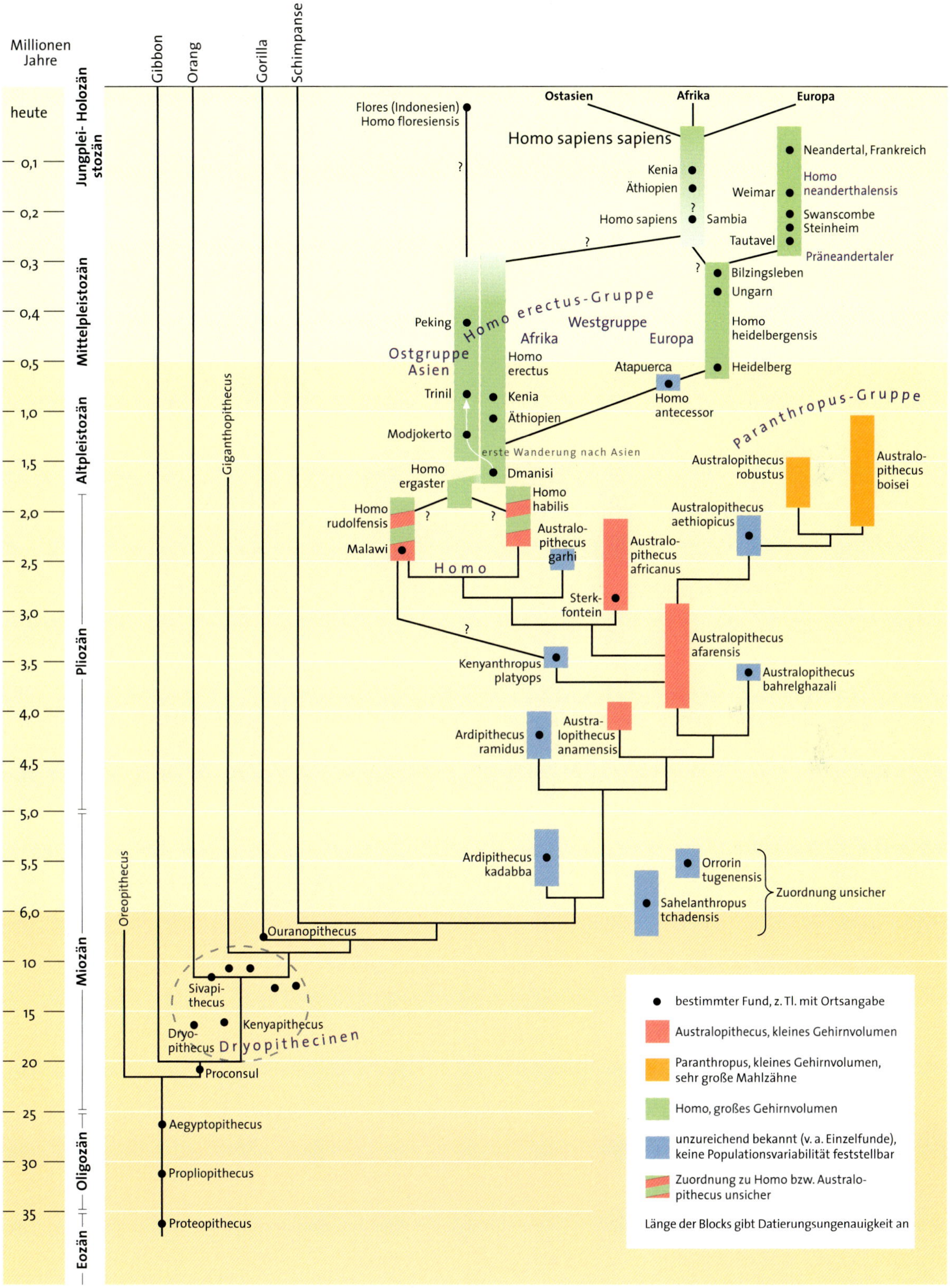

Abb. 503.1: Stammbaum der Menschenaffen und Menschenformen. Kenntnisstand 2004; Zeitmaßstab unterschiedlich (s. Hintergrundfarbe der Zeitachse); von den fossilen Menschenaffen-Funden sind nur wenige eingetragen.

Homo-*erectus*-Gruppe. Die Vertreter dieser Gruppe sind durch ein größeres Gehirnvolumen (800 bis 1200 ml) bei anfangs gleicher Körpergröße wie *H. habilis* und das Fehlen einer Schnauzenregion gekennzeichnet. Die frühesten Funde stammen aus Afrika; sie werden oft als eigene Art *Homo ergaster* abgetrennt. Ein fast vollständiges 1,6 Millionen Jahre altes Skelett eines Jugendlichen wurde am Turkanasee gefunden. Merkmale dieser Art sind eine flache, fliehende Stirn mit starken Überaugenwülsten und Fehlen des Kinns *(s. Abb. 502.6)*. Der dem heutigen Menschen gleichende Oberschenkel lässt auf eine Körpergröße von über 1,5 m schließen.

Vor weniger als 2 Millionen Jahren haben Menschen der *Homo-erectus*-Gruppe erstmals Afrika verlassen. Etwa 1,7 Millionen Jahre alt sind Reste aus Dmanisi in Georgien. Über Südasien erreichte der Mensch Ost- und Südostasien; so entstand eine östliche Gruppe von *Homo erectus*. Zu ihr gehört der Mensch von Modjokerto auf Java (1,5 bis 1,0 Millionen Jahre). Der klassische Fund eines Schädeldaches des »Javamenschen *Pithecanthropus erectus*« durch DUBOIS bei Trinil im Jahr 1891 ist etwa 800 000 Jahre alt; er ist als frühester Fund namengebend für *H. erectus* gewesen. Aus China stammen der mindestens 450 000 Jahre alte »Pekingmensch« mit einem Schädelinhalt von bereits 1000 ml und zahlreiche weitere Funde. Nachfahre dieser Gruppe ist vermutlich der noch vor 20 000 Jahren existierende Mensch von Flores.

Andere Populationen des *Homo erectus* erreichten Europa. Hier gibt es Funde aus Spanien, Frankreich, Ungarn, Griechenland und in Deutschland von Mauer bei Heidelberg sowie von Bilzingsleben in Thüringen. Der erste Fund in Europa war der Unterkiefer des *Homo heidelbergensis;* er ist etwa 650 000 Jahre alt. Jüngere *Homo-erectus*-Fossilien sind auch aus Afrika bekannt.

Bei der Evolution auf der Stufe des *Homo erectus* spielte die Gewinnung und Verteilung der Nahrung eine wichtige Rolle. Diese Menschen sammelten pflanzliche Nahrung und brachten sie zum Wohnplatz. Fleischnahrung wurde durch Jagd in Gruppen beschafft. Großwildjagd ist durch den Fund von Speeren, die etwa 400 000 Jahre alt sind, in Schöningen am Harz direkt nachgewiesen. Am Wohnplatz erfolgte die Verteilung und Aufarbeitung der Nahrung mithilfe der hergestellten Werkzeuge. Sofern die Nahrungsbeschaffung in gleicher Weise erfolgte wie bei heutigen Jäger-Sammler-Völkern, sammelten vor allem die Frauen, und die Männer jagten in Gruppen. Hierzu war Absprache erforderlich. Soziale und wirtschaftliche Wechselbeziehungen konnten nur mithilfe der Sprache geregelt werden. Daher bestand ein Selektionsdruck in Richtung auf eine Verbesserung der Sprach- und Denkfähigkeiten. Dementsprechend beschleunigte sich die Vergrößerung des Hirnvolumens. Gut geformte Feuerstein-Werkzeuge und die an einigen Fundstätten zu beobachtenden Brandspuren weisen *Homo erectus* als echten Menschen aus.

In Europa entwickelte sich *Homo erectus* während der Eiszeiten und Zwischeneiszeiten weiter: Die Schädelform veränderte sich und das Gehirnvolumen stieg auf über 1200 ml. So entstanden die Vorläufer des Neandertalers und schließlich vor etwa 150 000 Jahren, noch während der vorletzten Eiszeit, der Neandertaler selbst. Etwa gleichzeitig entwickelte sich in Afrika die Ausgangsform des heutigen Menschen. Ein besonders gut erhaltener Vorläufer des Neandertalers ist der Fund von Steinheim/Murr (Württemberg), der »*Homo steinheimensis*«. Der 1933 von BERCKHEMER gefundene Schädel *(s. Abb. 502.7)* ist etwa 230 000 Jahre alt. Er zeigt kräftige Überaugenwülste, jedoch ein größeres Gehirnvolumen

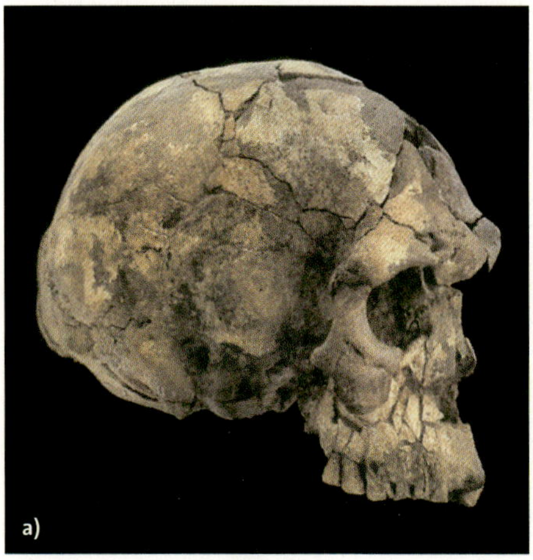

Abb. 504.1: *Homo sapiens sapiens* (früher Jetztmensch) aus Äthiopien; Alter ca. 150 000 Jahre. **a)** Schädel; **b)** Rekonstruktion des Aussehens

als *H. erectus*. Das Schädelstück von Swanscombe (England) und der Schädel von Tautavel (Frankreich) sind dem Schädel des Steinheimer Menschen ähnlich.

Neandertaler. Der Neandertaler ist nach dem ersten Fund durch FUHLROTT 1856 im Neandertal bei Düsseldorf benannt und mittlerweile von über 70 Fundstellen in Europa und Vorderasien bekannt. Seine Steinwerkzeuge, die man als die Mousterium-Kultur bezeichnet, sind an vielen weiteren Orten gefunden worden. Zahlreiche, zum Teil fast vollständige Skelette sind aus Frankreich bekannt. Ein Fundort eines frühen Neandertalers in Deutschland ist Weimar-Ehringsdorf. Der *Homo neanderthalensis (s. Abb. 502.8)* war ein kräftiger, großwüchsiger Mensch (1,8 m) mit langen Armen. Der Schädelinhalt betrug oft über 1500 ml und war somit größer als beim heutigen Menschen. Die Stirn hatte Überaugenwülste, die Nase war breit und flach, ein Kinn fehlte.

Der Neandertaler trat vor etwa 150 000 Jahren erstmals auf und verschwand in Europa vor 35 000 bis 30 000 Jahren spurlos. Danach findet man in Europa nur noch den heutigen Menschen. Angenommen der Neandertaler war infolge der Konkurrenz um Ressourcen wenig unterlegen und hatte eine um 10 % geringere Fortpflanzungsrate, so musste sich der heutige Mensch innerhalb von wenigen 1000 Jahren durchsetzen. Ob der Neandertaler eine eigene Art oder doch nur eine Unterart von *Homo sapiens* war, ist unklar. Immerhin sind vereinzelt Fossilreste gefunden worden, die als eine Mischung von Neandertaler und heutigem Menschen gedeutet werden könnten, z. B. bei Hamburg und in Portugal.

Homo sapiens. Altertümliche Formen des *Homo sapiens* sind aus Sambia und Südafrika bekannt *(s. Abb. 502.9)*. Aus solchen entstand vor etwa 150 000 Jahren der heutige Mensch, *Homo sapiens sapiens*. Frühe Funde mit einem Alter von 160 000 bis 140 000 Jahren stammen aus Äthiopien (**Abb. 504.1**). Aus Kenia liegt ein etwa 130 000 Jahre alter Fund vor. Der Schädelinhalt liegt bei ungefähr 1400 ml. Der Schädel besitzt keine Überaugenwülste, eine steile Stirn und ein gewölbtes Schädeldach sowie ein deutliches Kinn. Die Befunde der molekularen Verwandtschaftsforschung stehen mit der Datierung der Fossilien in Einklang; sie ergeben eine Entstehungszeit des heutigen Menschen vor 250 000 bis 100 000 Jahren. Populationsgenetische Untersuchungen legen ferner nahe, dass eine kleine Bevölkerungsgruppe Afrika verließ und in die eisfreien Teile von Europa und Asien vordrang. In Vorderasien ist der Jetztmensch schon vor etwa 90 000 Jahren aufgetreten. Er wurde in der Folgezeit aber vorübergehend vom Neandertaler verdrängt, vielleicht verursacht durch die Klimaverschlechterung in der letzten Kaltzeit. Über Vorderasien gelangte der heutige Mensch dann vor über 40 000 Jahren nach Südosteuropa. Frühe europäische Fossilfunde stammen von Cro-Magnon und Combe-Capelle in Frankreich, aber auch verschiedenen Orten auf dem Balkan.

Die kunstvollen Steinwerkzeuge des frühen europäischen *Homo sapiens* bezeichnet man als die Aurignacium-Kultur. Außerdem verfertigte er erstmals Kunstwerke; wahrscheinlich über 35 000 Jahre alt sind kleine Elfenbeinschnitzereien sowie eine Flöte aus Knochen von der Schwäbischen Alb. Von hier stammt auch eine etwas jüngere Frauenfigur mit Löwin-Kopf (**Abb. 505.1**). In der Höhle von Chauvet in der Ardèche findet man die etwa 31 000 Jahre alten frühesten Höhlenmalereien. Der älteste Schmuck ist etwa 75 000 Jahre alt und stammt aus Afrika.

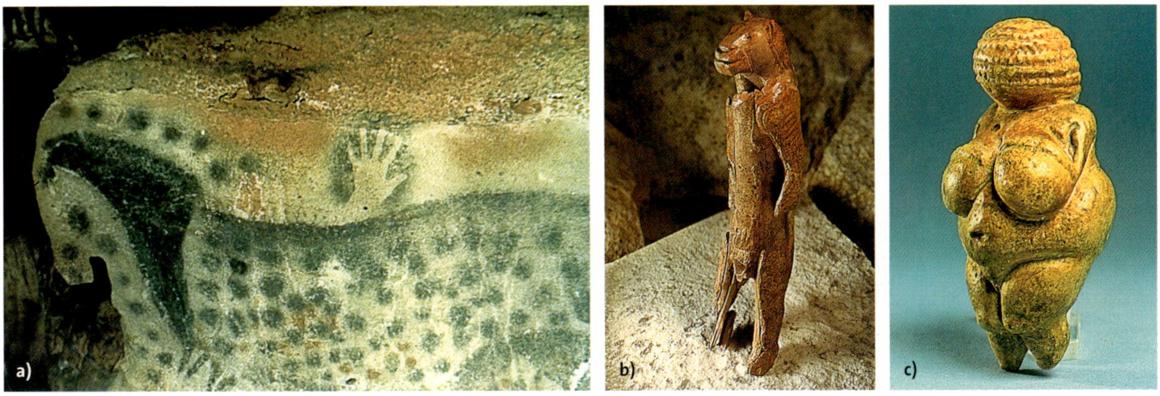

Abb. 505.1: Kunstwerke des frühen Jetztmenschen. **a)** Höhlengemälde aus Pech Merle (Südwestfrankreich), Alter ca. 27 000 Jahre; **b)** Löwenmensch aus dem Lonetal bei Ulm, eines der ältesten plastischen Kunstwerke, Alter ca. 30 000 Jahre; **c)** Venus von Willendorf (Österreich), Alter ca. 25 000 Jahre

4.3.5 Großgruppen des heutigen Menschen

Alle heutigen Menschen gehören zur gleichen Art und Unterart *Homo sapiens sapiens.* Aufgrund der Unterschiedlichkeit der heutigen Menschen in verschiedenen Gebieten der Erde unterteilte man diese in Menschenrassen, wobei auffällige Merkmale wie Hautfarbe, Haarfarbe und -form, Gesichtsgestaltung und Körperbau herangezogen wurden. Diese Rassengliederung geht also von einzelnen, gut erkennbaren Merkmalen aus (typologischer Rassenbegriff). Man unterscheidet danach drei große Rassenkreise: *Kaukaside* (Europa bis Indien), *Mongolide* (Ostasien, Indianer Amerikas) und *Negride* (Afrika). Allerdings kann die Variationsbreite einzelner Merkmale innerhalb eines Rassenkreises größer sein als zwischen verschiedenen; so haben viele Südinder eine dunklere Hautfarbe als manche Negride *(s. Abb. 309.3).*

In der Biologie sind Rassen durch Allelenhäufigkeiten in Populationen festgelegt (populationsgenetischer Rassenbegriff). Die genetischen Unterschiede zwischen Populationen lassen sich an monogenen Merkmalen, z. B. den Blutgruppen, erfassen. Etwa 85 % der beim Menschen erkennbaren genetischen Variabilität liegen innerhalb der Populationen, z. B. der Kaukasiden, vor und nur 7 % gehen auf Unterschiede zwischen den typologisch definierten Rassen zurück. Die Rassengliederung sagt über die genetisch bestimmten Eigenschaften des Menschen also wenig aus.

Sinnvoller ist daher eine molekulargenetische Gliederung. Dazu werden einerseits Unterschiede in den Nucleotidsequenzen außerhalb der Gene *(s. Genetik 4.4)* herangezogen, die nicht der Selektion unterliegen, oder man verwendet mitochondriale DNA *(s. 3.3.2).* So ermittelte genetische Verwandtschaftsgrade erlauben auch Zeitangaben über die Auftrennung der Großgruppen. Die Nucleotidsequenzen belegen eine große genetische Variabilität innerhalb der Negriden; ihr steht eine nur etwa gleich große Variabilität aller außerafrikanischen Rassen gegenüber. Für den Zeitpunkt der Trennung erhält man ungefähr 100 000 Jahre. Eine kleine Gruppe wanderte damals aus Afrika nach Vorderasien aus und bildete Populationen in Nord- und Südostasien. Von der Letzteren gelangten vor mehr als 50 000 Jahren Menschen nach Australien (Australide = Aborigines). Von Vorderasien aus wanderte der moderne Mensch vor etwa 40 000 Jahren nach Europa, und von den im Norden Ostasiens lebenden Populationen gelangten Gruppen vor 35 000 bis 15 000 Jahren in mehreren Wanderungen nach Amerika. Die Indianer haben sich dort rasch in alle Klimazonen des Kontinents ausgebreitet und an diese kulturell angepasst. Die molekulargenetisch definierten Großgruppen und Gruppen stimmen vielfach mit den von Sprachforschern ermittelten Sprachfamilien überein *(s. Abb. 508.2).* Die Trennung von Populationen geht also oft mit sprachlicher Trennung einher, die dann eine relative Fortpflanzungsschranke bildet.

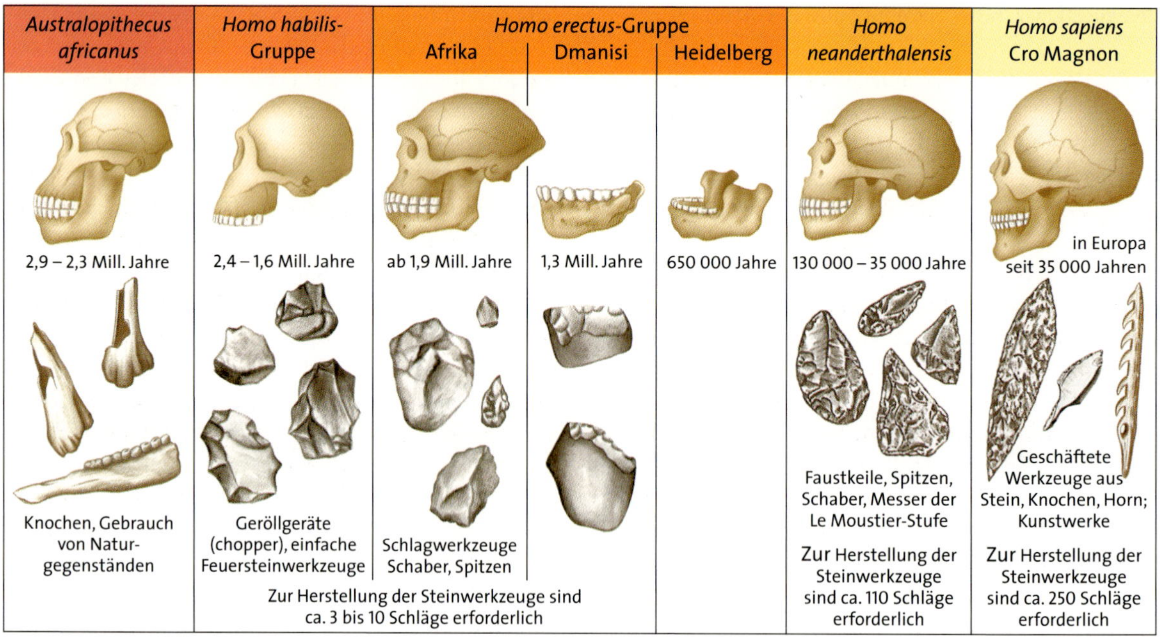

Abb. 506.1: Schädel und Werkzeuge fossiler Menschenformen

4.4 Kulturelle Evolution

Kultur ist ein Artmerkmal des Menschen. Man zählt dazu Kunst, Wissenschaft, Technik, Sittlichkeit und Religion. Sie hat genetische Grundlagen und ist abhängig von den Umweltverhältnissen. Durch die Entwicklung der Kultur schafft sich der Mensch im Verlauf seiner Evolution mehr und mehr eine eigene Umwelt: dadurch wird wiederum die biologische Evolution beeinflusst. Die genetischen Grundlagen der Kultur sind bei der Evolution des Menschen entstanden. Zuerst entstanden der aufrechte Gang und die Greifhand mit opponierbarem Daumen. Dadurch wurde die Werkzeugbenutzung und -herstellung erst möglich. Entscheidend waren aber insbesondere die außerordentliche Zunahme der Leistungsfähigkeit des Gehirns. Die Entstehung der sprachlichen Kommunikation ermöglichte eine Informationsweitergabe an alle Individuen der Gruppe. Dadurch erhöhte sich die Geschwindigkeit der kulturellen Evolution. Im Gegensatz zur biologischen Evolution erfolgt die Informationsweitergabe nicht nur an die Nachkommen; daher wird sie teilweise von dieser abgekoppelt.

4.4.1 Kulturentwicklung in der Vorgeschichte

Die kulturelle Evolution lässt sich nicht wie die biologische durch Fossilien belegen; jedoch kann man aus den Werkzeugen (Kulturfossilien), die überliefert sind, einige Schlüsse auf ihren Ablauf ziehen. Nach Art der Werkzeuge unterscheidet man in der Vorgeschichte die *Altsteinzeit (Paläolithikum)* mit behauenen Steinwerkzeugen, die Mittelsteinzeit *(Mesolithikum)* mit feiner behauenen kleineren Werkzeugen, die *Jungsteinzeit (Neolithikum)* mit geschliffenen Steinwerkzeugen sowie die *Bronze-* und die *Eisenzeit.*

Ob die Australopithecinen Werkzeuge selbst herstellten, ist unklar. Sie verwendeten aber Knochen und Geröllе als Werkzeuge. Frühe Vertreter der Gattung *Homo* stellten aus Geröllen primitive Werkzeuge her (**Abb. 506.1**). Der spätere *Homo erectus* besaß Werkzeuge aus Knochen und roh behauenen Feuersteinen. Feuersteine sind hart, spaltbar und geben scharfe Kanten. Angebrannte Knochenstücke an verschiedenen Fundstellen beweisen, dass *Homo erectus* das *Feuer* benutzte. Außer der Fundstelle des Peking-Menschen in China und einem Fundort in Ungarn gibt es in Kenia und Südafrika über 1,2 Millionen Jahre alte Fundplätze mit Brandspuren. Der Neandertaler besaß hoch entwickelte, wenn auch eher grobe Steinwerkzeuge: Spitzen, Schaber, Kratzer und Bohrer (Kulturstufe des *Mousterium*). Der Neandertaler lebte als Jäger und Sammler in Zelten, unter überhängenden Felswänden und zeitweilig in Höhlen. Seine Toten hat er z. T. mit Grabbeigaben bestattet; dies deutet auf *religiöse Vorstellungen* hin.

Die Ablösung des Neandertalers durch den modernen Menschen in Europa vor etwa 35 000 Jahren bezeichnet gleichzeitig eine starke Veränderung in der Kulturentwicklung. Zwar war der Mensch der *jüngeren Altsteinzeit* immer noch Jäger und Sammler, aber die Feuersteinwerkzeuge wurden verbessert. Dazu kamen verschiedenartige Knochenwerkzeuge, wie z. B. Nadeln, die auf die Herstellung von Kleidung schließen lassen. Pfeil und Bogen wurden erfunden. Künstlerische Leistungen hinterließ der moderne Mensch in Form von Tier- und Menschendarstellungen an Felswänden in Höhlen sowie von plastischen Kunstwerken (Kulturstufe des *Aurignacium*; *s. Abb. 505.1*). Die Mehrzahl der Höhlenmalereien gehören der nachfolgenden Kulturstufe des *Magdalenium* an.

Die nacheiszeitliche Übergangsperiode der *Mittelsteinzeit* führte zur **Jungsteinzeit.** Ein Teil der Menschen gab das Nomadenleben auf und wurde zum teilweise sesshaften Viehzüchter oder völlig sesshaften Ackerbauern mit Nutzpflanzen und Haustieren. Dieser baute sich feste Wohnungen und erfand die Töpferei und Weberei. In Vorderasien und im Niltal begann dieser Prozess zwischen 10 000 und 8000 v. Chr. Nachdem sich durch die Klimaveränderung die Wildformen von Getreidearten, Lein und Hülsenfrüchten ausgebreitet hatten, nahm sie der Mensch innerhalb von rund 1000 Jahren in Kultur *(s. Abb. 327.1)*. Folge dieser veränderten Ernährungsgrundlage, die man als *neolithische Revolution* bezeichnet, war eine starke Bevölkerungszunahme.

Unabhängig von Vorderasien geschah Ähnliches vor etwa 7000 Jahren in Ostasien und vor über 5000 Jahren in Mittelamerika. Fast gleichzeitig mit dem Ackerbau treten in Vorderasien die ersten Städte auf. Die Kenntnis von Ackerbau und Viehzucht verbreitete sich mit wandernden Bevölkerungsgruppen von Vorderasien über den Balkan nach Mittel- und Westeuropa, wo die Jungsteinzeit erst um 5500 v. Chr. einsetzte.

Etwa 5000 v. Chr. lernte der Mensch in Vorderasien, Metall aus erzhaltigem Gestein zu schmelzen. Infolgedessen wurden seine Steinbeile und -waffen allmählich durch Metallgegenstände abgelöst. Ab der mittleren Jungsteinzeit wurde Kupfer verwendet. Darauf folgte die **Bronzezeit**, die in Mitteleuropa von 2000 bis 850 v. Chr. dauerte, daran schließt sich die **Eisenzeit** an. In Vorderasien und Ägypten wurden um 3000 v. Chr. die ersten Schriften entwickelt (sumerische Schrift; Hieroglyphenschrift). Damit ging dort die Vorgeschichte in die durch schriftliche Hinterlassenschaften dokumentierte Geschichte über.

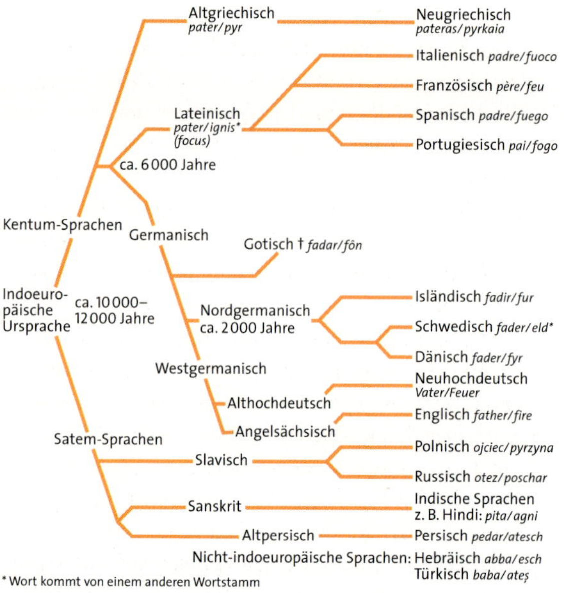

Abb. 508.1: Sprachstammbaum (Evolution von Sprachen) am Beispiel der Wörter Vater – Feuer in verschiedenen Sprachen der indoeuropäischen Sprachfamilie und zum Vergleich für zwei nicht-indoeuropäische Sprachen

4.4.2 Prinzipien der kulturellen Evolution

Viele Vorgänge im Bereich der kulturellen Evolution verlaufen analog zur biologischen Evolution. Neue schöpferische Ideen und Erfahrungen sind für die Kulturentwicklung das, was Mutationen für die biologische Evolution bedeuten: Neuerungen, die der Prüfung durch die Umwelt unterliegen. Brauchbare Ideen setzen sich in einer Population durch, weniger brauchbare verschwinden; z. B. ersetzte der Computer im letzten Jahrzehnt des 20. Jahrhunderts die Schreibmaschine. Durch Selektion erfolgt auch eine Anpassung der Menschen an die neuen, durch die kulturelle Entwicklung veränderten Lebensumstände. Zwischen den Kulturgruppen kommt es zum Wettbewerb, wobei eine Gruppe vorteilhafte Neuerungen der anderen übernehmen kann (kulturelle Assimilation).

In der *biologischen Evolution* sehen neue Formen ihren Vorfahren zunächst noch ähnlich. So gleichen ursprüngliche Säuger den Reptilien, von denen sie abstammen. Auch in der *kulturellen Evolution* zeigen neue technische Konstruktionen oft noch Ähnlichkeit mit ihren Vorgängern, an deren Stelle sie treten. So sah der erste Dampfer

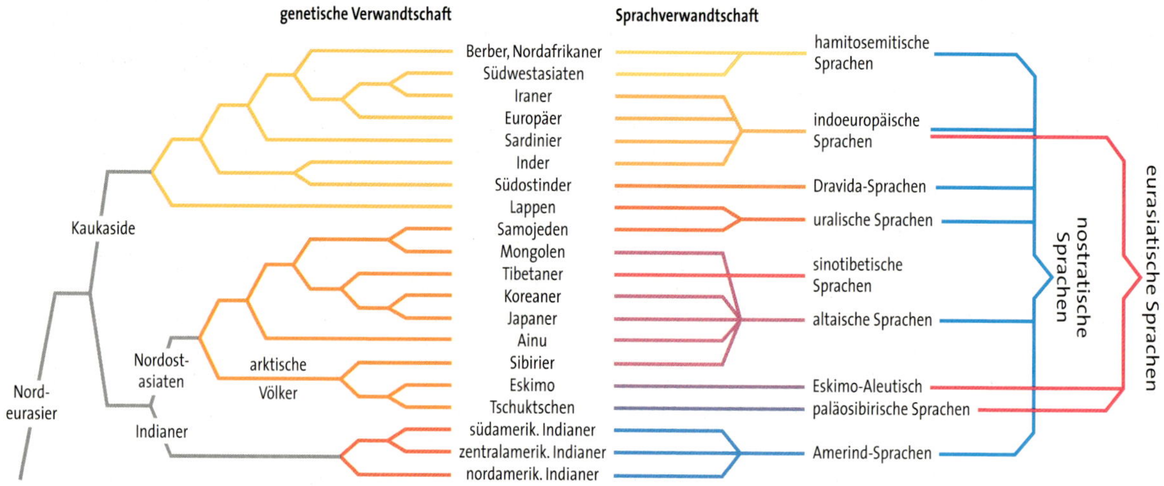

Abb. 508.2: Molekulargenetische Verwandtschaft (links) und Sprachverwandtschaft (rechts) einiger Bevölkerungsgruppen in Europa, Nordafrika, Asien und Amerika

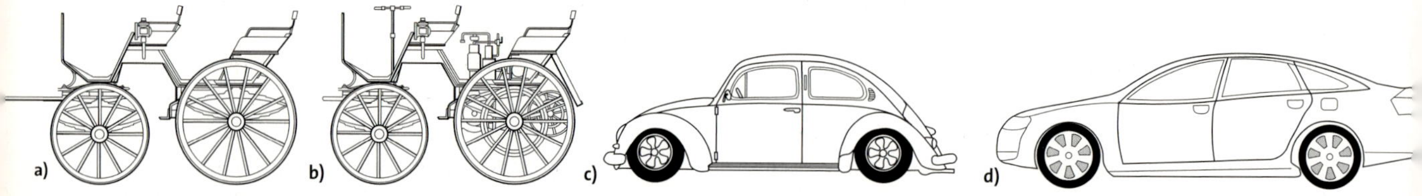

Abb. 508.3: Entwicklung eines Landfahrzeuges. **a)** Pferdekutsche; **b)** Motorkutsche von Daimler; durch den Motor entsteht ein neuer »Stamm« von Landfahrzeugen, dies ist an der äußeren Gestalt aber noch nicht zu erkennen; **c)** Auto um 1950; **d)** modernes Auto

wie ein Segelschiff und das erste Auto wie eine Pferdekutsche aus. Wie in der biologischen Evolution rudimentäre Organe auf die Geschichte eines Organismus schließen lassen, so verlieren sich auch in der kulturellen Evolution unnötig gewordene Teile nicht immer sofort. Autos besaßen noch in den fünfziger Jahren des 20. Jahrhunderts überflüssigerweise Trittbretter (**Abb. 508.3**).

Räumlich getrennte Gebiete weisen auch eine getrennte kulturelle Evolution auf, wobei sich die entstehenden Kulturkreise in Sitten und Sprache deutlich unterscheiden. Für die *Evolution der Sprachen* kann man daher Stammbäume aufstellen (**Abb. 508.1**). Analog zum Verfahren der molekularen Uhr *(s. 3.3.2)* lässt sich aus den Sprachunterschieden das Alter der Trennung von Sprachgruppen erschließen, vorausgesetzt man kennt einige Trennungszeitpunkte aus historischen Quellen. Danach sollte die indoeuropäische Ausgangssprache vor etwa 10 000 Jahren in Vorderasien gesprochen worden sein. Für eine Ursprache, aus der sich alle Sprachen entwickelt haben könnten, erhält man etwa 100 000 Jahre. Diese Zahl stimmt mit der Entstehung des heutigen Menschen etwa überein.

Trotz auffälliger Parallelen zwischen der biologischen Evolution und der kulturellen Evolution gibt es auch grundlegende Unterschiede. Die meisten Fortschritte in der Kultur sind die Folge von zweckgerichtetem Denken und nicht von richtungslosen Mutationen. Ein Erzeugnis der kulturellen Evolution kann mehrere Vorläuferformen haben. So sind z. B. in die englische Sprache, die germanische Wurzeln hat, zahlreiche Lehnwörter aus dem romanischen Sprachbereich eingedrungen; sie sind Ursache für den außerordentlichen Wortreichtum des Englischen.

Die schöpferischen Einfälle einzelner Menschen sind zwar ebenso spontan wie die Mutationen bei der biologischen Evolution; jedoch werden bei der gedanklichen Beschäftigung mit der Lösung eines Problems weniger brauchbare Einfälle schon vor der Verwirklichung wieder verworfen. Daher verläuft die kulturelle Evolution viel rascher als die biologische. Denkprodukte, wie z. B. Naturgesetze, und technische Erfindungen, wie z. B. das Rad, entstehen in der Regel nicht durch Variation von bereits Vorhandenem.

Die verschiedenen Kulturgruppen haben im Laufe der Entwicklung unterschiedliche Lösungen für die gleichen Probleme und Bedürfnisse gefunden, z. B. bezüglich Wohnung, Kleidung, Ernährung, Gesellschaftsform und Kunst. Infolge der heutigen Kommunikationsmöglichkeiten werden Eigenschaften der verschiedenen Kulturkreise ausgetauscht. Die in jedem Kulturkreis vorhandenen Erfahrungen und Ideen lassen sich so für alle Menschen zur Verfügung stellen.

Soziobiologie und menschliches Verhalten

Das Verhalten des Menschen ist vor allem durch seine Lernfähigkeit bestimmt; diese hat eine genetische Grundlage. Ferner gibt es direkt genetisch festgelegte Verhaltenselemente, z. B. Mimik und Sexualverhalten. Durch das Zusammenwirken ererbten und erlernten Verhaltens entstehen Traditionen des Sozialverhaltens. Dabei setzen sich solche Verhaltensweisen durch, die möglichst großen Nutzen mit geringen Kosten verbinden. Die Soziobiologie des Menschen stellt also fest, welches Verhalten unter welchen Bedingungen die reproduktive Fitness lange Zeit erhöht hat. Dass solche Verhaltenselemente keiner besonderen genetischen Anlage bedürfen, zeigt z. B. die Polyandrie in abgelegenen Gebirgstälern des Himalaya. Eine Frau heiratet dort mit einem Mann zugleich dessen Brüder. Es handelt sich dabei um eine Anpassung an den widrigen Lebensraum; die Population darf nicht wachsen, aber Auswanderung ist nicht möglich (gewesen). Eine derartige kulturelle Festlegung wirkt aber im Verlauf der Zeit auf die Häufigkeit von Allelen im Genpool zurück: Individuen, die sich der Regel besser unterwerfen, haben einen höheren Reproduktionserfolg als solche, die es nicht tun.

Ein wichtiges Element des menschlichen Sozialverhaltens erklärt man mit **wechselseitigem Altruismus.** Er entwickelte sich in Gruppen gemäß dem Tit-for-tat-Prinzip *(s. 2.5)* und entstand in der Evolution des Menschen, als es ausschließlich Jäger-Sammler-Kulturen gab. Da der Jagderfolg vom Jagdglück abhing, erhöhte es die Fitness der Gruppe, wenn die jeweils Erfolgreichen mit den gerade Erfolglosen die Beute teilten. Solidarität in der Gruppe erhöhte den Fortpflanzungserfolg und setzte sich durch. Der gegenseitigen Absicherung des wechselseitigen Altruismus dient in allen Kulturen ein Austausch von Geschenken. Emotionen wie Mitgefühl und Mitleid sind Teil des evolutiven Erbes; sie dienen der Stabilisierung der Gruppe und trugen zumindest früher zur Erhöhung des Reproduktionserfolges bei.

Die Soziobiologie macht keine Aussagen darüber, ob ein Verhalten von Menschen wünschenswert ist. Wechselseitigen Altruismus gibt es auch in einem Verbrechersyndikat. Evolutionsbiologische Ursachen sozialer Unterschiede zu erkennen, heißt nicht, sie zu rechtfertigen.

Evolution und Disziplinen der Biologie

Alle Teilgebiete der Biologie stehen mit der Lehre von der Evolution in Verbindung und in allen gibt es Befunde, die nur durch sie eine naturwissenschaftliche Erklärung finden.

So ist Leben ohne Zellen nicht bekannt; daher geht man davon aus, dass Leben stets an Zellen gebunden ist. Die Entstehung der komplexen Kompartimentierung der Eucyte wird in der *Cytologie* durch die Endosymbiontentheorie erklärt. Durch gleichartige Einnischung in getrennten Lebensräumen entstehen konvergente Gestalten *(s. Ökologie)*. Die Entstehung der Fotosynthese bei Prokaryoten führte zur Sauerstoffanreicherung auf der Erde, sodass sich die Zellatmung entwickelte *(s. Stoffwechsel)*. Andererseits entstanden mit dem Sauerstoff-Umsatz auch reaktive Sauerstoff-Formen. Diese toleriert die Zelle in geringer Menge und nutzt sie sogar als Informationsquelle durch Einbeziehung in Signalketten; in höherer Konzentration sind sie bis heute, rund zwei Milliarden Jahre nach ihrem ersten Auftreten, eine Ursache für Zellschädigung geblieben, z. B. bei der Auslösung von Krebs (»Sauerstoff-Paradoxon«). *Neurobiologie* und *Verhaltensbiologie* beschreiben ein laufend größer und leistungsfähiger werdendes Nervensystem sowie ein zunehmend komplexeres Verhalten, vor allem einen Anstieg der Lern- und Anpassungsfähigkeit, bis schließlich der Mensch durch seine Kultur und Zivilisation in hohem Maße umweltunabhängig wird. Die *Genetik* liefert einerseits wichtige Grundlagen der Evolutionstheorie und der Stammbaumforschung, z. B. durch vergleichende Genomik. Andererseits wird Evolution vorausgesetzt, wenn die Gentechnik Erkenntnisse von einer Art auf andere Arten überträgt und medizinisch zu nutzen beginnt. *Entwicklungsvorgänge* sind nur durch die Untersuchung ihrer Evolution vollständig zu verstehen. Dies erfordert die Analyse auf der molekularen Ebene, z. B. der Evolution der *Hox*-Gene. Außerdem müssen die Wechselbeziehungen des genetischen Programms mit Umweltfaktoren und inneren Bedingungen, wie z. B. Baustoffen der Organismen untersucht werden. Dieses Forschungsgebiet wird heute mit dem Schlagwort »Evo-Devo« (evolutionary development) belegt. Neben der bei Pflanzen und Tieren verbreiteten angeborenen *Immunität* entsteht bei Wirbeltieren die erworbene Immunität und wird innerhalb dieser Gruppe zunehmend komplexer und leistungsfähiger.

Evolution und Ordnung

Die in der Evolution entstandenen Organismen und Ökosysteme gehören zu den komplexen offenen Systemen, die nur durch Zufuhr von Energie, Stoffen oder auch Information funktionsfähig sind. Mit derartigen Systemen befasst sich die *Synergetik*, die ihren Ausgang von der Erforschung des Lasers in der Physik nahm. Sie konnte zeigen, dass solche Systeme unter der Wirkung innerer und äußerer Faktoren (Kontrollparameter) hochgeordnete Zustände einnehmen. Die geschieht durch Selbstorganisation, also ohne ordnende Eingriffe von außen. Ändern sich Kontrollparameter, so kann ein System instabil werden und in einen neuen Ordnungszustand übergehen (*s. Abb. 97.1*, Umkippen eines Sees). Weiterhin sind die Eigenschaften von Systemen nahe diesen Übergängen durch nur wenige *Ordnungsparameter* bestimmt: Diese »versklaven« das System. So sind in einem Räuber-Beute-System alle Faktoren, die die ökologischen Nischen der beiden Arten bilden, die Kontrollparameter; als Ordnungsparameter wirken die Populationsdichten von Räuber und Beute *(s. Abb. 95.1)*. In der Ontogenese sind die Konzentrationen von Signalstoffen Ordnungsparameter der Entwicklung. Schon eine geringe Veränderung der Konzentration kann den Ablauf der Selbstorganisation ändern *(s. Krebsbildung)*. Generell ist eine Vorhersage des Endzustandes eines Systems auch bei Kenntnis des Anfangszustandes oft nicht möglich.

Ordnung bzw. Unordnung ist physikalisch fassbar als *Entropie*. Man kann Entropie anschaulich deuten als Maß der Unordnung. Schaffung von Ordnung ist stets mit Entropieabnahme gekoppelt. Der Zweite Hauptsatz der Wärmelehre besagt, dass die Entropie bei allen Vorgängen in der Natur nur gleich bleiben oder zunehmen kann. Dem scheint die Entwicklung immer komplexerer Lebewesen in der Evolution zu widersprechen. Das Gleiche gilt für die Ontogenese, in der ein hochgeordnetes Lebewesen entsteht. Dabei werden energiereiche und entropiearme Stoffe als Nahrung aufgenommen und zu energiearmen und entropiereichen Stoffen abgebaut (Energiedissipation). Betrachtet man das sich entwickelnde Lebewesen zusammen mit seiner Umgebung, so nimmt insgesamt die Entropie zu, weil die Entropie der Umgebung stärker ansteigt als die Entropie im Organismus abnimmt. Lebewesen müssen daher stets offene Systeme sein.

Evolutionstheorie und Evolutionsfaktoren

Im 19. Jahrhundert entstand das Wissen um Abstammungszusammenhänge zwischen den Lebewesen. Die kausale Erklärung dafür geht auf DARWIN zurück; er wurde zum Begründer der Evolutionstheorie *(s. 1)*.

Die Evolutionstheorie beschreibt den Evolutionsvorgang durch das Zusammenwirken der Evolutionsfaktoren. *Mutationen* liefern neue Genotypen und dadurch genetische Variabilität. Durch *Selektion* werden unter den gegebenen Umweltbedingungen vorteilhafte Phänotypen ausgelesen. Als Maß des Selektionsvorteils dient die *Fitness*. Jeder Evolutionsschritt gibt Anlass zu einem weiteren; infolge der ökologischen Beziehungen kommt es zur *Coevolution* von Arten. Haben bestimmte Allele aufgrund des Zufalls Vor oder Nachteile, so spricht man von *Gendrift*. Durch genetische *Rekombination* bei der Meiose werden fortlaufend neue Genkombinationen durchgespielt. Wenn *genetische Separation* stattgefunden hat, liegt Artbildung vor *(s. 2.1)*.

Artbildung kann durch räumliche Auftrennung von Populationen *(allopatrisch)* oder im gleichen Lebensraum *(sympatrisch)* erfolgen *(s. 2.2)*.

Die Lebewesen müssen im Evolutionsverlauf stets lebensfähig bleiben, daher können nicht ganze Gengruppen bzw. Organe schlagartig verschwinden oder inaktiv werden. Dies führt zu Beschränkungen der Ontogenese und der Konstruktion des Organismus sowie zur Unumkehrbarkeit der Evolution *(s. 2.3)*.

Während die Entstehung von Arten direkt beobachtet werden kann, muss die *transspezifische Evolution* erschlossen werden. Bei Umweltveränderungen können neutrale oder schwach nachteilige Gene und Genkombinationen vorteilhaft werden *(Präadaptation)*. Durch *Funktionswechsel* besteht die Möglichkeit zur allmählichen Änderung von Bauplänen. *Symbiosen* führen oft zu einer neuartigen Nutzung von Lebensräumen *(s. 2.4)*.

Die *Soziobiologie* erklärt Verhaltensweisen von Tieren als Vorgang der Fitness-Maximierung *(s. 2.5)*.

Stammesgeschichte

Abstammungsverhältnisse werden durch die Erforschung von Homologien des Baus, der Ontogenese, der Biochemie und der Gene der Organismen ermittelt *(s. 3.1)*.

Die Erde entstand vor etwa 4,5 Milliarden Jahren, Lebewesen gibt es nachweislich seit 3,5 Milliarden Jahren. Die Fotosynthese von Cyanobakterien führte allmählich zur Anreicherung freien Sauerstoffs in der Atmosphäre. Die Eucyte entstand durch *Endosymbiose*. Die Bewegung der Kontinentalplatten, die sich verändernden CO_2-Gehalte der Atmosphäre und die dadurch mitverursachten Vorgänge globaler Erwärmung sowie Abkühlung haben die Evolution entscheidend beeinflusst. Eine reiche Tierwelt existiert seit dem Kambrium vor 540 Mill. Jahren; Landtiere seit dem Devon. *Übergangsformen* wie *Ichthyostega* und *Archaeopteryx* belegen die Entstehung von Wirbeltierklassen *(s. 3.2)*.

Veranschaulicht werden Abstammungszusammenhänge durch Stammbäume, und zwar nur dann zutreffend, wenn deren Gruppen monophyletisch sind. Genetische Homologien haben für die Aufstellung von Stammbäumen heute besondere Bedeutung; auf dieser Grundlage arbeitet die molekulare Evolutionsforschung *(s. 3.3)*.

Durch die Stammbaumforschung werden Regelmäßigkeiten des Evolutionsgeschehens erkannt. Wenn ein Lebensraum auf neue Weise genutzt oder sogar neu besiedelt wird, bilden sich durch *adaptive Radiation* in geologisch kurzer Zeit viele neue Arten. *Aussterbeereignisse* führten zur Evolution anderer Gruppen *(s. 3.4)*.

Evolution des Menschen

Der Mensch gehört zu den Primaten; seine nächsten Verwandten sind die Menschenaffen *(s. 4.1)*. In der Anatomie und insbesondere durch Sprache und Gehirnleistungen besitzt der Mensch allerdings eine Sonderstellung *(s. 4.2)*.

Zahlreiche Fossilfunde erlauben eine Rekonstruktion des menschlichen Stammbaums. Die Evolutionslinien von Mensch und Schimpanse trennten sich vor 6 bis 7 Mill. Jahren. Die meisten Vormenschenfunde werden in die Gattung *Australopithecus* gestellt. Der echte Mensch (Gattung *Homo*) entstand vor etwa 2,5 Mill. Jahren in Afrika und drang vor knapp 2 Mill. Jahren in andere Kontinente vor. Der Jetztmensch *(Homo sapiens sapiens)* ist seit ca. 150 000 Jahren in Afrika nachzuweisen, und vor ca. 100 000 Jahren erfolgte die Auswanderung einer kleinen Population. In Europa hat er vor ca. 35 000 Jahren den Neandertaler verdrängt *(s. 4.3)*.

Die kulturelle Evolution läuft der biologischen parallel; erst beim Jetztmensch werden in rascher Folge viele Kulturstufen durchlaufen. Molekulargenetische und Sprach-Stammbäume von Populationen des Menschen stimmen häufig gut überein *(s. 4.4)*.

1 Experimente mit Wimpertierchen

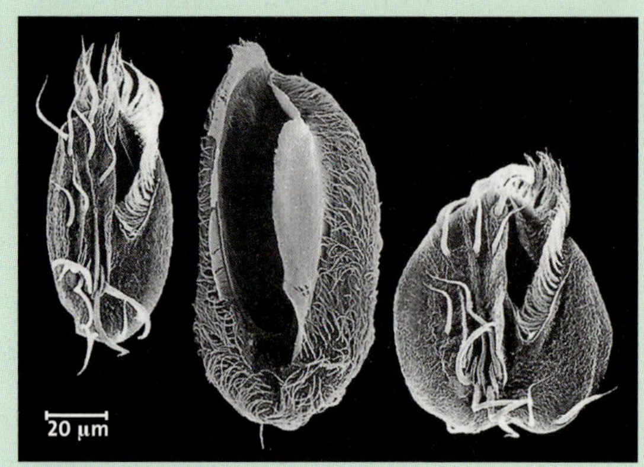

Abb. 512.1: Rasterelektronische Aufnahmen von *Lembadium bullinum* (Mitte) und *Euplotes octocirinatus* (links: schlanke Form bei Abwesenheit von *Lembadium*; rechts: dicke Form bei Anwesenheit von *Lembadium*)

A Kommen die Wimpertierchenarten *Euplotes octocirinatus* und *Lembadium bullinum* gemeinsam in einem Teich vor, so bildet *Euplotes* eine dicke Zellform aus (**Abb. 512.1**). Kultiviert man dicke Exemplare von *Euplotes octocirinatus* in einem frischen Kulturmedium ohne *Lembadium*, so findet man nach zwei bis drei Tagen nur noch die schlanke *Euplotes*-Form. *Euplotes octocirinatus* vermehrt sich dabei durch Teilung. Die schlanken *Euplotes octocirinatus*-Wimpertierchen entstehen durch die Teilung der dicken *Euplotes*-Formen.
B Entnimmt man dem Teich, in dem *Euplotes* gemeinsam mit *Lembadium* vorkommt, etwas Wasser, filtriert es, sodass es keine Organismen mehr enthält, und setzt es nun der Reinkultur von *Euplotes* zu, so findet man schon nach wenigen Tagen wieder die dicken Formen von *Euplotes octocirinatus*.
Anmerkung: Die schlanke Form von *Euplotes octocirinatus* teilt sich alle 40 Stunden, die dicke Form dagegen nur alle 45 Stunden.

a) In welcher ökologischen Beziehung stehen vermutlich *Euplotes* und *Lembadium* zueinander? Welchen Vorteil hat die Formveränderung für *Euplotes*?

b) Welcher Faktor löst vermutlich die Umgestaltung der Zellform bei *Euplotes* aus? Wie könnte dieser auf das Genom von *Euplotes* einwirken?

c) Erklären Sie am Beispiel von *Euplotes*, inwiefern es sinnvoll sein könnte, dass sich Lebewesen erst in bestimmten Situationen verändern und nicht ständig in unveränderlicher Form auftreten?

d) Erklären Sie, wie sich die Fähigkeit zur Gestaltveränderung von *Euplotes* stammesgeschichtlich entwickelt haben könnte.

2 Von Bienen und Hummeln

Eisenhuthummel *Bombus gerstaeckeri* K VI–IX: KL 20–26; RL 21–23; A VII–X: KL 15–18; RL 6–14	Gelber Eisenhut (selten), Blauer Eisenhut, Silberdistel	
Gartenhummel *Bombus hortorum* K VI–V: KL 17–22; RL 19–22; A V–VIII: KL 11–16; RL 14–16	Taubnessel, Ziest, Rot- und Weißklee, Distel, Rittersporn, Springkraut, Goldregen, Obstbäume	
Dunkle Erdhummel *Bombus terrestris* K IV–V: KL 19–22; RL 9–10; A V–IX: KL 11–17; RL 8–9	Rot- und Weißklee, Taubnessel, Wicken, Flockenblume, Weide, Fingerhut, Goldregen, Lerchensporn	
Helle Erdhummel *Bombus lucorum* K III–V: KL 18–21; RL 9–10; A III–VIII: KL 9–16; RL 8–9	Weidenkätzchen, Obstbäume, Lupine, Taubnessel, Rot- und Weißklee, Apfelrose, Zierjohannisbeere	
Waldhummel *Bombus silvarum* K IV–VI: KL 16–18; RL 12–14; A V–X: KL 10–15; RL 10–12	Taubnessel, Dorniger Hauhechel, Klette, Wicke, Esparsette, Beinwell, Goldregen, Schwertlilie, Springkraut	
Honigbiene *Apis mellifera* A: KL 12–15; RL 6–7	Obstbäume, viele Pflanzenfamilien	

Tab. 512.2: Zeitraum der Futtersuche, Körpergröße, Rüssellängen und Hauptfutterpflanzen von Hummeln und Bienen. K Königin; I – XII Monate, in denen Futter gesucht wird; A Arbeiterin bzw. Jungkönigin; KL Körperlänge in mm; RL = Rüssellänge in mm

In Europa gibt es 53 Hummelarten. Hummeln sammeln wie Honigbienen Pollen und Nektar, allerdings bevorzugen sie robuste Blüten von Schmetterlingsblütlern (z. B. Klee, Luzerne) und Lippenblütlern (z. B. Salbei). Viele dieser Blüten öffnen sich nur, wenn sich ein Bestäuber mit einem Mindestgewicht auf ihnen niederlässt. Blütenkronröhren sind häufig recht lang

(z. B. Rotklee: 8 bis 12 mm) und enthalten daher viel Nektar. Eine sehr lange Röhre (15 bis 25 mm) mit eingerolltem Sporn bilden die Nektarblätter des Gelben Eisenhuts, eines Hahnenfußgewächses. Hummelmännchen fordern Weibchen mit Pheromonen zur Paarung auf, die sie während des Flugs verbreiten. Haben die Männchen eine Hummelkönigin entdeckt, stürzen sie sich auf sie und versuchen sie zu begatten. Dies gelingt nur bei Königinnen der eigenen Art; von Weibchen anderer Arten werden sie abgeschüttelt. Bei den Hummeln überwintern nur die Königinnen, die im folgenden Frühjahr ein Nest bauen. DARWIN empfahl den Australiern, die bereits Bienenvölker zur Bestäubung von Obstbäumen einsetzten, für eine ergiebigere Saatgutproduktion von Luzerne und Rotklee die Gartenhummel einzuführen. Auch in Europa werden heute noch Gartenhummeln gezüchtet und z. B. in Gewächshäusern eingesetzt.

a) Begründen Sie, warum DARWIN den Australiern die Einfuhr von Gartenhummeln empfahl.

b) Wie ist die Existenz so vieler heimischer Hummelarten der Gattung *Bombus* ökologisch zu erklären? Nutzen Sie zur Antwort die Angaben in **Tab. 512.2**.

c) Wie könnte sich evolutionsbiologisch die Anpassung von Gelbem Eisenhut und Eisenhut-Hummel vollzogen haben?

d) Rekonstruieren Sie den Ablauf der Evolution der heimischen Hummelarten der Gattung *Bombus*.

3 Einordnung eines Hominiden

Der abgebildete Schädel wurde in Ablagerungen einer europäischen Höhle gefunden, das Alter war zunächst nur ungenau festzustellen und beträgt über 100 000 Jahre. Das Gehirnvolumen liegt zwischen 1125 und 1200 ml. Ordnen Sie durch Vergleich mit den Abb. 502.1 bis 502.9 und den Textangaben den Schädel einer Gruppe der Menschenartigen zu. Weshalb stieß die Altersdatierung auf Probleme?

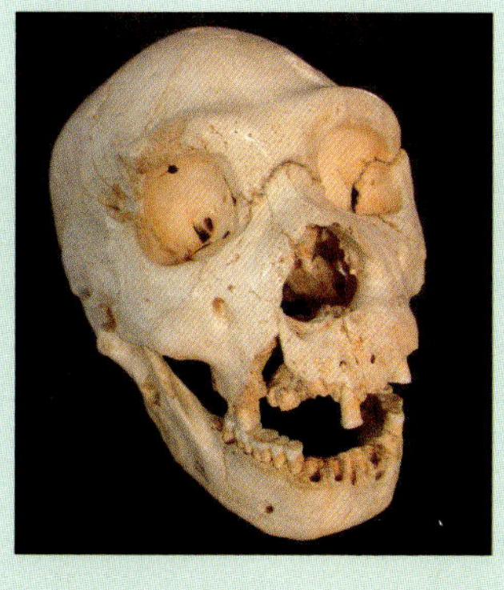

Abb. 513.1: Hominidenfund aus der Höhle von Atapuerca, Spanien

4 Altruismus

An der Universität Zürich wurde eine Versuchsserie zum Altruismus beim Menschen durchgeführt. Die Teilnehmer spielten jeweils in Gruppen von vier Personen, die sich zuvor nicht kannten. Alle Versuchspersonen erhielten jeweils ein Startkapital von sFr. 20,–. Jedes Gruppenmitglied investierte pro Spielrunde ohne Absprache mit den anderen einen beliebigen Anteil in ein »Gemeinschaftsprojekt«. Der insgesamt investierte Betrag wurde am Ende jeder Runde verdoppelt und gleichmäßig auf alle Gruppenmitglieder verteilt; außerdem wurden bei der Auszahlung alle Mitglieder über den Einsatz der anderen informiert. Wenn also drei Mitglieder jeweils 10,– einsetzten, der vierte aber als »Trittbrettfahrer« nichts, so war die Gesamtinvestition 30,–, nach Verdoppelung 60,– und jeder der vier erhielt 15,–. Somit hat jeder Investor 5,– gewonnen, der Trittbrettfahrer aber 15,–. Gespielt wurde über zehn Runden. In einem Teil der Versuche konnten andere Gruppenmitglieder nach jeder Spielrunde bestraft werden. Der Strafende konnte gegen eine Gebühr von 1,– eine Buße von 3,– aussprechen, gegen 2,– eine Buße von 6,– usw. Die Gebühren und Bußgelder verfielen.

Versuch I: Über zehn Spielrunden bilden jeweils dieselben vier Personen eine Gruppe, und es besteht Bestrafungsmöglichkeit nach jeder Runde.

Versuch II: Die Gruppe wechselt nach jeder Runde, so dass stets vier neue Partner aufeinander treffen und es besteht keine Bestrafungsmöglichkeit.

Versuch III: Wie bei II, aber mit der nachträglichen Bestrafungsmöglichkeit gegenüber den anderen Spielern, auf die man nicht mehr trifft.

Vergleichen Sie die Ergebnisse der Experimente (**Abb. 513.2**). Welche Schlüsse können daraus für den menschlichen Altruismus gezogen werden?

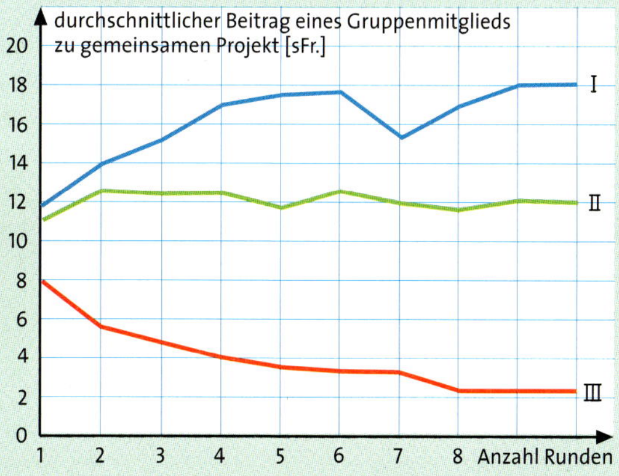

Abb. 513.2: Ergebnis einer Versuchsserie zum Altruismus

ERKENNTNISWEGE DER BIOLOGIE

Erkenntnisse werden erst dann vollständig verstanden, wenn man weiß, wie sie zustande kommen, d. h. welche Methoden verwendet werden. Die Kenntnis der Methoden befähigt zum Urteil über den Wert und die Grenzen der damit gewonnenen Ergebnisse. Die Biologie als Naturwissenschaft baut auf reproduzierbaren Aussagen auf, die aufgrund von Beobachtungen, Vergleichen und Experimenten gewonnen werden. Von ihnen ausgehend bildet man Hypothesen und Theorien.

1 Reproduzierbare Aussagen

Unter einer reproduzierbaren (objektiven) Aussage versteht man eine Feststellung, die wiederholt in unabhängiger Weise und von verschiedenen Personen getroffen werden kann. Um zu ihr zu gelangen, muss die strenge Gültigkeit der Logik vorausgesetzt werden. Außerdem werden folgende Forderungen erhoben: Unabhängigkeit vom jeweiligen Beobachter, von Übereinkünften und von Glaubens- und Wertvorstellungen. Diese Forderungen können letztlich nicht begründet werden; sie sind die »Spielregeln« der Naturwissenschaft. Sie erweisen sich durch die erfolgreiche Anwendung der von der Naturwissenschaft gewonnenen Ergebnisse als sinnvoll, z. B. Pflanzen- und Tierzüchtung als Anwendung der Genetik. Eine weitere wichtige »Spielregel« (Postulat) für die Naturwissenschaften ist das Kausalitätsprinzip: Jeder Wirkung muss eine Ursache zugrunde liegen, und gleiche Ursachen haben unter gleichen Bedingungen gleiche Wirkungen. Ein Ziel der Naturwissenschaften ist es, Kausalbeziehungen festzustellen. Die Erkenntnisse sind stets abhängig vom Stand der Arbeitsmittel. Dies zeigt z. B. die Geschichte der Zellforschung *(s. Cytologie 1.1)*. Sie sind aber auch abhängig von der Interessenlage in der Wissenschaft. So wurden die MENDELschen Regeln zunächst als unwichtig angesehen; ebenso erging es dem von MCCLINTOCK entdeckten Vorgang der Transposition *(s. Exkurs Transposons, S. 363)*.

Beobachten. Manche Teilgebiete der Biologie beschränken sich auf das Beobachten und Beschreiben nach bestimmten Kriterien, z. B. die Anatomie. Eine Beobachtung kann in Form einer Aussage, z. B. der Beschreibung eines Verhaltens, in Form einer Abbildung, z. B. bei einer anatomischen Beschreibung, oder in Form einer graphischen Darstellung bei messenden, quantitativen Beobachtungen niedergelegt werden. Auf die Beschreibung der Erscheinungen folgt der Versuch ihrer Erklärung. Dazu stellt man Überlegungen an, wie eine Erklärung aussehen könnte, d. h. man stellt eine Hypothese auf (siehe unten). Diese überprüft man häufig mithilfe von Experimenten.

Vergleichen. Vergleichen lassen sich Gegenstände, z. B. DNA-Moleküle, Organismen (Eidechse – Salamander), oder Vorgänge (Fotosynthese – Atmung). Beim Vergleich zweier Erscheinungen wird anhand festgelegter Kriterien das Unterschiedliche und das Gemeinsame herausgestellt. So erkannte man z. B. durch den anatomischen Vergleich der Blutkreisläufe sowie der Ausscheidungsorgane verschiedener Wirbeltiergruppen, dass sie gemeinsame Grundbaupläne aufweisen. Durch Ordnen und Vergleichen wurde das natürliche System der Organismen gefunden. Auch Vergleiche führen zunächst zu Hypothesen, die dann weiter geprüft werden.

Experimentieren. Will man feststellen, wie eine bestimmte Größe, z. B. die Erregung einer Sinneszelle, durch eine andere Größe, z. B. die Reizintensität, beeinflusst wird, bedient man sich des Experiments. Ein Experiment muss so angelegt sein, dass es eine bestimmte Fragestellung eindeutig beantwortet. Es ist also immer das Ergebnis einer Vorüberlegung, die als *Arbeitshypothese* bezeichnet wird. In der Regel wird darin eine Kausalbeziehung angenommen. Will man z. B. klären, ob eine bestimmte Drüse das Wachstum fördert, so entfernt man sie einigen Versuchstieren und beobachtet, ob deren Wachstum dann aufhört. Ist dies der Fall, sucht man nach dem wachstumsfördernden Stoff, indem man aus der Drüse Inhaltsstoffe isoliert und getrennt nacheinander den Versuchstieren einspritzt. Derjenige Inhaltsstoff, der das Wachstum anregt, ist der gesuchte. Häufig sind bei biologischen Experimenten nicht alle Faktoren wirklich konstant zu halten, oft schon deshalb nicht, weil man gar nicht alle kennt. Um den Einfluss solcher nicht genau bestimmbarer oder nicht konstant zu haltender Faktoren auszuschalten, wird ein Experiment mehrmals wiederholt. Die Folge ist, dass zwei gleiche Versuche an biologischen Objekten oft nicht identische quantitative Messwerte liefern. Weil die Messwerte biologischer Versuche stärker streuen als diejenigen physikalischer Versuche *(s. z. B. Abb. 89.1)*, spielen mathematische Verfahren der *Statistik* in der Biologie zur Sicherung der Versuchsergebnisse eine wichtige Rolle.

2 Hypothesen und Theorien

Beobachtungen und Vergleiche führen zu Hypothesen. Die Aufstellung einer Hypothese erfordert zunächst eine Überlegung über mögliche Zusammenhänge zwischen einzelnen Befunden oder Beobachtungstatsachen. Es liegt ihr also eine Idee zugrunde (**Abb. 515.1**). Daran schließt sich sofort die Prüfung auf Widerspruchsfreiheit und auf Vereinbarkeit mit allen den Themenbereich betreffenden objektiven Aussagen an. Daraus resultiert eine Arbeitshypothese, die als Grundlage für Experimente dient. Fallen diese positiv aus, so liegt eine etablierte Hypothese der Wissenschaft vor. Ein Beispiel soll diese Vorgehensweise erläutern: MENDEL fand durch seine Experimente die in der Uniformitätsregel und der Spaltungsregel niedergelegten objektiven Aussagen. Er bildete die Hypothese, es gebe selbständige Erbeinheiten, die in den Körperzellen paarweise, in den Keimzellen aber nur in Einzahl vorhanden seien. Diese Hypothese ergibt sich nicht zwangsläufig aus den objektiven Aussagen. Auch eine andere Hypothese wäre mit den gleichen Tatsachen vereinbar. Man könnte die von MENDEL gefundenen Spaltzahlen auch damit erklären, dass die Gene in den Körperzellen nicht doppelt, sondern in großer Zahl vorliegen und bei der Geschlechtszellenbildung in zwei nur ungefähr gleiche Hälften geteilt werden.

Eine *Hypothese* ist normalerweise ein (Gedanken-) Modell, das man sich von der Wirklichkeit macht. Dieses Modell muss sich in experimentellen Situationen wie das reale System verhalten. Ein solches Modell kann sehr einfach sein, z. B. das Modell der selbständigen Erbeinheiten von MENDEL. Es kann aber auch sehr komplex sein, wie die Modellvorstellung von der Regulation der Proteinsynthese *(s. Abb. 367.1)* oder der Steuerung aktiver Bewegungen *(s. Abb. 255.1)*. Jedes Modell soll aus Gründen der Denkökonomie das einfachst mögliche (sparsamste) sein, das zur Erklärung ausreicht (Minimalmodell). Dies ist das »Rasiermesserprinzip«, das auf den scholastischen Philosophen W. VON OCKHAM († um 1349) zurückgeht. Stehen zwei Hypothesen zur Auswahl, von denen keine eindeutig als falsch nachgewiesen werden kann, so ist diejenige zu wählen, die mehr Beobachtungen und Aussagen unter einem Gesichtspunkt zusammenfasst und erklärt.

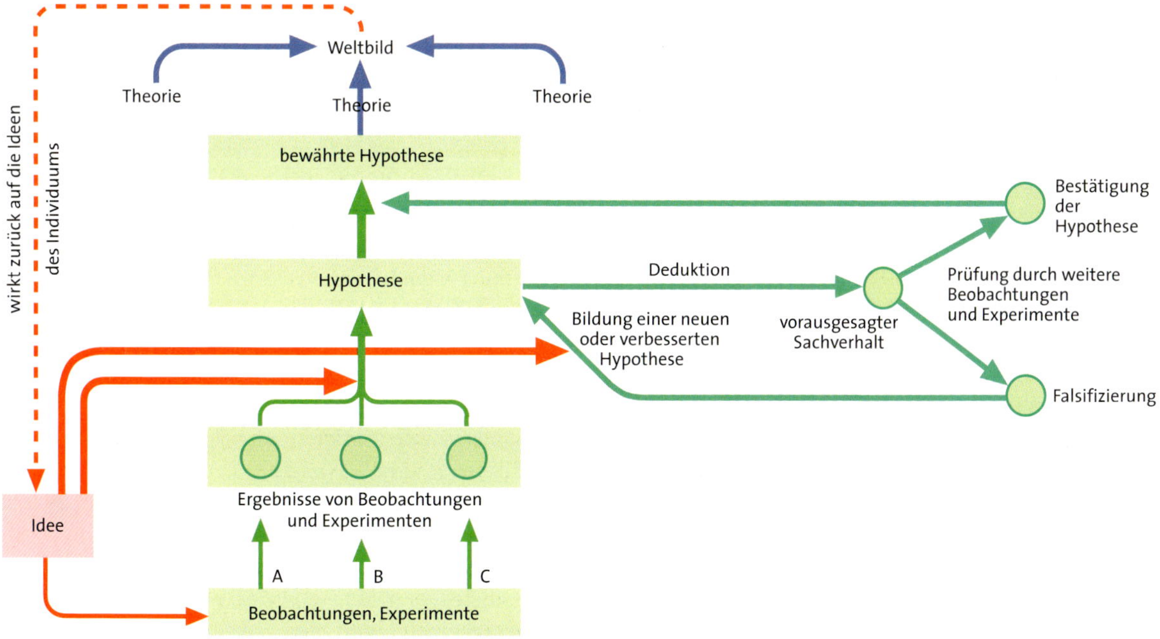

Abb. 515.1: Schema des Erkenntniswegs: Bildung und Prüfung von Hypothesen; Hypothese und Theorie

Prüfung von Hypothesen. Eine Hypothese muss geprüft und, falls nötig, weiter verfeinert werden. Dazu werden aufgrund der Hypothese Vorhersagen abgeleitet, die experimentell nachprüfbar sind. Man bezeichnet dieses Verfahren der Herleitung als *Deduktion* (**Abb. 515.1**). Die Deduktion bedient sich ausschließlich der Logik. Je nach Ausgang des Experiments wird die Hypothese bestätigt oder als falsch erkannt (falsifiziert). Eine einzige objektive Aussage, die mit der Hypothese unverträglich ist, führt zu deren Ablehnung. Dagegen kann eine Hypothese nie endgültig verifiziert werden, d. h. ihre Wahrheit erwiesen werden; durch jede Bestätigung wird ihre Richtigkeit nur wahrscheinlicher. Diese Aussage gilt nicht für Sätze der Art: »Es gibt . . .!« (Existenzsätze). Sie können durch eine entsprechende Beobachtung verifiziert, aber kaum je falsifiziert werden. Beispiele: »Es gibt schwarze Schwäne!« oder »Es gibt einen angeborenen auslösenden Mechanismus (AAM), der das Verhalten x hervorruft!«. Solche Existenzsätze sind in der Wissenschaft daher von geringem Wert.

Da Hypothesen nie verifiziert werden können, folgt daraus der hypothetische Charakter aller naturwissenschaftlichen Erkenntnis. Die Annäherung an die Wahrheit erfolgt durch Falsifizierung möglichst vieler alternativer Vorstellungen. Eine vielfach bestätigte Hypothese hat sich dann bewährt.

Als Beispiel für die Prüfung einer Hypothese seien nochmals die MENDELschen Gesetze erwähnt: Aus der Hypothese, dass die Gene unabhängige Erbeinheiten sind, die in den Körperzellen doppelt, in den Keimzellen aber einfach vorliegen, wird deduktiv das Experiment der Rückkreuzung und das erwartete Ergebnis abgeleitet. Die experimentellen Ergebnisse bestätigen die Hypothese *(s. Genetik 3)*.

Induktion. Die Ansicht, dass man aus einer großen Zahl bisheriger Beobachtungen auf den nächsten Beobachtungsfall oder sogar auf alle Fälle schließen könne, ist unzutreffend. So lässt sich aus der Tatsache, dass alle bisher beobachteten Schwäne weiß sind, nicht folgern, dass alle Schwäne weiß sind. Ein solcher Schluss ist logisch nicht zu rechtfertigen, denn es gibt kein logisches Verfahren, das eine Anwendung auf weitere Fälle (Verallgemeinerung) erlaubt. Dennoch werden im Alltagsleben ständig solche Überlegungen verwendet. Man bezeichnet sie als Induktion. So ist man überzeugt, dass die Sonne morgen wieder aufgeht, obwohl man das nicht sicher wissen kann. Diese Überzeugung beruht auf Erfahrung: Naturvorgänge erwiesen sich bisher als konstant. Möglicherweise besteht auch eine erbliche Disposition, Vorgänge soweit möglich als konstant anzusehen (»Gleiche bzw. gleichartige Dinge verhalten sich gleichförmig!«). Wenn alle bisher untersuchten Organismen aus Zellen aufgebaut sind, wird dies bei den nicht daraufhin untersuchten ebenso sein. Wenn die MENDELschen Gesetze für die bisher geprüften Arten zutreffen, so werden sie auch für die anderen gültig sein. Da der Energieerhaltungssatz bisher nie durchbrochen wurde, ist an seiner Allgemeingültigkeit nicht zu zweifeln. Induktiv gewonnene Voraussagen haben keine logische, aber eine praktische Rechtfertigung. Nur mit ihrer Hilfe kann der Mensch planen und handeln sowie Gefahren vermeiden (Selektionsvorteil).

Wissenschaftliche Theorien. Erlaubt eine Schritt um Schritt ausgebaute Hypothese die widerspruchsfreie Einfügung vieler objektiver Aussagen und ist sie vielfach bestätigt, so erhält sie den Rang einer Theorie. Die Bestätigung erfolgt so, dass die Hypothese an deduzierten Folgerungen experimentell vielfach überprüft oder auch verbessert wird (hypothetisch-deduktives Verfahren).

Die naturwissenschaftliche Theorie hat vier Funktionen:

1. Erfassung eines Themenbereichs durch Schaffung und Handhabung von Begriffen. Diese müssen definiert sein, d. h. ihre Bedeutung und Verwendung muss genau festgelegt sein. Beispiel: In der Evolutionstheorie werden bestimmte Bauplanähnlichkeiten als Homologie bezeichnet.

2. Zusammenfassung vieler objektiver Aussagen unter einer einheitlichen Hypothese, die sich vielfach bewährt hat. Beispiel: Homologien werden erklärt durch Abstammungszusammenhänge.

3. Möglichkeit von Voraussagen. Je mehr Voraussagen eingetroffen sind, umso mehr hat sich die Theorie bewährt. Beispiel: Weitere Homologien lassen weitere Abstammungszusammenhänge erkennen.

4. Aufwerfen neuer Fragen. Gelegentlich führen Theorien zu Voraussagen, die sich nicht vereinbaren lassen. Es entstehen neue Forschungsfragen. (Fruchtbarkeit der Theorie). Beispiel: Das Problem des Gradualismus/Punktualismus in der Evolutionstheorie *(s. Evolution 3.4.3)*.

Durch fortgesetzte Fehlerkorrektur hofft man, sich der Wahrheit zu nähern. Man weiß aber nicht, ab wann eine Hypothese als hinreichend bewährt angesehen werden darf, um Theorie genannt zu werden. Theorien sind nie endgültig, sondern immer nur richtig nach dem augenblicklichen Stand des Wissens.

Es kann auch vorkommen, dass eine bisherige Theorie nicht infolge Falsifizierung aufgegeben, sondern einfach verlassen wird, weil eine ganz neue, viel überzeugendere Hypothese (ein neues *Paradigma*) zur Erklärung der Tatsachen gefunden wird. Eine solch entscheidende Änderung der Auffassungen (Paradigmenwechsel) kommt einer »wissenschaftlichen Revolution« (TH. S. KUHN) gleich. Beispiele:

1. DARWINsche Theorie. Sie begründet in überzeugender Weise die Evolution und gibt die Regeln an, nach denen sie abläuft. Sie tritt an die Stelle der Vorstellung von einer einmaligen Schöpfung aller Lebewesen und an die Stelle der Katastrophentheorie von CUVIER.

2. Theorie vom Gen als Teil der DNA. Sie ist Grundlage der ganzen Molekularbiologie und tritt an die Stelle der Vorstellung, Gene seien Proteine oder sogar nicht stofflicher Natur.

Für fast alle Paradigmenwechsel gilt: Die neue Theorie ist umfassender, d. h. sie erklärt mehr Tatsachen als die vorhergehende und ist daher überzeugender. Die neue Theorie entspricht dem erreichten allgemeinen Bewusstseins- und Erkenntnisstand besser als die alten Theorien. Bewährte Theorien werden allerdings vielfach durch neue nicht völlig umgestürzt, sondern behalten als Spezialfall ihre Gültigkeit. Die Ursache von Schwierigkeiten bei der Anerkennung einer wichtigen neuen Erkenntnis liegt oft in der Eigentümlichkeit der menschlichen Natur, auf gewohnten Vorstellungen zu beharren.

3 Naturwissenschaftliches Weltbild

Die auf den verschiedenen Gebieten aufgestellten Theorien versucht die Wissenschaft zu einer Einheit, dem naturwissenschaftlichen Weltbild, zusammenzufassen. Dieses Weltbild kann nur ein Teilbild der Welt sein, weil durch die Methode der Naturwissenschaften nicht-objektive Aussagen wie Glaube, Wertvorstellungen, Ideologien ausgeschlossen sind. Außerdem kann es nur ein vorläufiges Bild sein, denn es gibt stets ungelöste Fragen, und alle Theorien werden ständiger Kritik unterzogen. Dass der Mensch richtige Theorien über die Welt bilden kann, ist durch die Evolution zu erklären: Nur diejenigen Säugetiere, Vormenschen und Menschen überlebten in der Evolution, die in der Lage waren, richtige Vorstellungen über ihre Umwelt zu entwickeln. Nur so konnten sie die Vorteile ihrer Fähigkeit zum einsichtigen Handeln ausnützen, denn Vorstellungen über Zusammenhänge in der Umwelt sind die Grundlage jeder geplanten Handlung. Diese Ansicht, wonach der Evolutionsvorgang dazu führte, dass der Mensch die Außenwelt einigermaßen zutreffend erkennt, wird als »*Evolutionäre Erkenntnistheorie*« bezeichnet. Es handelt sich aber nicht um eine Erkenntnistheorie im philosophischen Sinn, sondern nur um eine Grundlage für eine solche. Das Verfahren der Erkenntnisgewinnung durch die hypothetisch-deduktive Methode führt dazu, dass im Erkenntnisprozess eine »Welt« hypothetisch rekonstruiert wird; diese bezeichnet man als »reale Welt«. Die allgemeinste Naturwissenschaft ist die Physik, sie hat alle realen Systeme zum Gegenstand, und ihre allgemeinsten Gesetze geben daher die Bedingungen der Möglichkeit von Erfahrungen überhaupt an (C. F. VON WEIZSÄCKER). Die Biologie hat die lebenden Systeme und deren Gesetzmäßigkeiten zum Thema. Biologische Systeme sind komplexer als die meisten Systeme der unbelebten Natur. Dies macht es oft schwieriger, allgemeine Gesetzmäßigkeiten zu erkennen und zu prüfen. Zufällige Ereignisse spielen in der Biologie eine größere Rolle als in den meisten Bereichen der Physik; daher sind der Wiederholbarkeit und Voraussagbarkeit engere Grenzen gesetzt. In der heutigen Physik zeigen aber Quantentheorie und Synergetik ebenfalls die Bedeutung von Zufallsvorgängen. Die für die Biologie grundlegende Evolutionstheorie kann als ein spezieller Fall einer allgemeinen Theorie der Synergetik aufgefasst werden.

Wichtig für die Stellung der Biologie im naturwissenschaftlichen Weltbild ist die Frage der Reduzierbarkeit komplexer Systeme. Eine *strenge Reduktion*, d. h. eine logisch-deduktive Ableitung der Biologie aus der Physik und Chemie, ist nicht möglich. Die Methode der Zurückführung biologischer Tatbestände auf physikalische und chemische Gesetzmäßigkeiten *(methodische Reduktion)* ist bisher jedoch an keine Grenze gestoßen und hat sich bewährt. Sie wird in den meisten Teilgebieten der Biologie fortlaufend erfolgreich angewendet. Reduktion ist nicht zu verwechseln mit Mathematisierung. So sind soziobiologische Modelle *(s. Evolution 2.5)* zumeist mathematische Modelle und erweisen sich durch ihre Voraussagen als erfolgreich: Bei der soziobiologischen Modellbildung erfolgt jedoch keine Reduktion auf molekularbiologische Grundlagen. Das wäre derzeit auch nicht möglich.

Die Welt ist dem Menschen nur durch die Sinnesorgane zugänglich. Die Sinneseindrücke werden ihm durch die Verarbeitung im Gehirn bewusst. Das Bewusstsein entsteht durch eine Selbstorganisation des Zentralnervensystems, bei der von angeborenen Strukturen ausgehend fortgesetzt Sinneserfahrungen aufgenommen werden. Das Gehirn hat dabei die Tendenz, eine stabile »Realität« außerhalb seiner selbst anzunehmen, so konstruiert es sich seine »Welt«. Diese hypothetische Realität könnte eine Illusion sein – darüber ist nichts bekannt. Alle Erkenntnis ist Ordnung, die das Gehirn hervorbringt; erst durch die Ordnung wird sie zum Bewusstseinsinhalt. Aber nur ein Bewusstseinsinhalt, der in Begriffe und damit in Worte gefasst werden kann, ist wissenschaftlich sinnvoll. Hieran zeigt sich die enge Verknüpfung von Denken und Sprache. Die Zeit ist die einzige Größe, die

Bewusstseinsinhalte und physische Phänomene eindeutig verbindet. Daraus ist zu ersehen, dass die Zeit unter den physikalischen Größen eine Sonderstellung einnimmt.

Theorien des Lebens. Alle Erfahrungen der wissenschaftlichen Biologie sprechen dafür, dass die Gesetze der Physik und der Chemie auch für Organismen gelten. Bei Lebewesen finden sich jedoch zusätzliche Eigenschaften, die nur ihnen eigentümlich sind. Die Tatsache, dass Lebewesen Eigenschaften besitzen, die bei unbelebten Systemen unbekannt sind, wurde früher auf unterschiedliche Weise philosophisch gedeutet. Die Vertreter des *Vitalismus* waren der Meinung, ein immaterielles, der Materie übergeordnetes Prinzip (Entelechie) lenke zwecktätig und zielgerichtet die Vorgänge im Organismus. Die Vertreter des *Mechanismus* lehrten, dass Lebensvorgänge durch physikalische und chemische Gesetzmäßigkeiten erklärbar seien.

Die miteinander unvereinbaren Standpunkte von Vitalismus und Mechanismus sind aus der Sicht der heutigen *Systemtheorie* weitgehend gegenstandslos geworden: Ein System, gleichgültig ob belebt oder unbelebt, ist aus Elementen zusammengesetzt, die miteinander in Wechselwirkung stehen. Dies führt zu Eigenschaften, die weder an den Einzelelementen zu beobachten noch als Summe der Eigenschaften der Elemente aufzufassen sind. Systemeigenschaften entstehen erst durch die Verknüpfung der Elemente zu einem System *(s. Cytologie 5.4)*. Lebewesen sind hochkomplexe Systeme. So ist »*Leben*« eine Eigenschaft der Zelle, die deren Teile (Zellorganellen) nicht haben.

Um festzustellen, welche Eigenschaften ein bestimmtes System besitzt, muss man die Eigenschaften der beteiligten Elemente und die Art ihrer Verknüpfung sowie die gegenseitigen Abhängigkeiten im einzelnen kennen. Dann kann man das System auf einem Computer nachbilden (simulieren) und so eine bestimmte Eigenschaft als Systemeigenschaft erkennen. Eine Simulation ist bis jetzt nur für wenige Teilsysteme gelungen, z. B. für viele Stoffwechselketten und Teile von Signalnetzen *(s. Abb. 226.1)*. Die Systembiologie arbeitet daran, die Systemeigenschaften einer Zelle zu simulieren und auf der Grundlage physikalisch-chemischer Gesetze zu erklären.

Wenn es gelingt, die Eigenschaften eines Systems auf die Eigenschaften der beteiligten Elemente und deren Wechselwirkungen zurückzuführen, so geht man davon aus, dass diese Systemeigenschaft erklärt sei. Erklären bedeutet in diesem Zusammenhang also, eine Eigenschaft eines lebenden Systems auf die Eigenschaften und Verknüpfungen der beteiligten Elemente zurückzuführen. Dies gilt auch dann, wenn die Eigenschaften der Systemelemente, die ihrerseits wieder Systemeigenschaften eines Systems niedrigerer Ordnung sind, selbst noch nicht auf die nächst niedrige Systemstufe zurückgeführt werden können. So gilt eine Erklärung der Eigenschaften eines Zellorganells als zureichend, wenn sie auf die Eigenschaften und Verknüpfungen der beteiligten Moleküle zurückgeführt ist. Dies gilt unabhängig davon, ob deren Moleküleigenschaften vollständig auf die Physik der Atome zurückgeführt sind.

Bewusstsein. Körperliche (physiologische) Prozesse im Nervensystem sind eng mit psychischen (seelischen) Vorgängen verknüpft. Den Begriff »psychisch« verwendet man für alle jene Vorgänge, die mit dem Entstehen von Empfindungen, Wahrnehmungen, Vorstellungen, Willensregungen, Urteilen u. a. verbunden sind. Wird z. B. ein rotes Blatt Papier betrachtet, so stellt sich die Frage, welche Vorgänge zu der Aussage: »Das Blatt ist rot.« führen. Physikalisch gesehen, absorbiert das Blatt von den auftreffenden elektromagnetischen Wellen des Sonnenlichts einen Wellenbereich bestimmter Frequenz, ein anderer Teil des Lichtes wird reflektiert und trifft auf die Netzhaut des Auges. In den Sinneszellen wird der Lichtreiz durch physikalisch-chemische Vorgänge in ein raumzeitlich geordnetes Muster (Erregungsmuster) von Aktionspotentialen umgesetzt, das über den Sehnerv in die Nervenzellen des Sehzentrums im Gehirn einläuft. Bis hierher lässt sich der Erregungsvorgang experimentell verfolgen. Es tritt aber jetzt die Wahrnehmung »Rot« auf. Sie hat als Bewusstseinsvorgang außer der Dauer keine physikalischen Eigenschaften mehr; sie nimmt keinen Raum ein und besitzt keine Masse, Energie oder Ladung. Bewusstseinsvorgänge sind damit etwas völlig Neues. Das Bewusstsein des Menschen hat ein Gedächtnis und Vorstellungen über die Zukunft; es weiß auch um sein eigenes Ende. Die Neurobiologie zeigt, dass bewusste Erfahrung an Erregungsmuster in der Großhirnrinde gebunden ist *(s. S. 246)*. Wie sich der Übergang vom raumzeitlichen, physikalisch analysierbaren Erregungsmuster in ein bewusstes Erleben der Außenwelt vollzieht, wie also Bewusstseinsvorgänge in der erlebten Form entstehen, ist von der Biologie derzeit nicht zu beantworten.

Die momentan wahrscheinlichste Ansicht über dieses »Leib-Seele-Problem« ist die Hypothese der psychoneuralen Identität. Sie betrachtet psychische und neuronale Phänomene als zwei verschiedene Erscheinungsformen einer einzigen Wirklichkeit. Bewusstseinsvorgänge treten offenbar dann auf, wenn in bestimmten Teilen des Gehirns bestimmte neuronale Vorgänge ablaufen. In dieser Form ist die Hypothese der psychoneuronalen Identität auch mit Befunden vereinbar, die bei Gehirnoperationen durch elektrische Reizung kleiner Gehirnbezirke gewonnen wurden. Bei der Reizung berichten die betreffenden

Patienten z. B. über gewisse Gefühle oder über bestimmte Erinnerungsbilder. Solche Bewusstseinsinhalte sind durch elektrische Reizung auslösbar. Die Bewusstseinsinhalte haben also eine neurophysiologisch fassbare Entsprechung im Gehirn. Diese ist einer Kausalanalyse zugänglich, die es als Systemeigenschaft bestimmter Gehirnbezirke erkennt. Damit ist allerdings der Übergang von Erregungsmustern zum Bewusstsein, das nur dem einzelnen Menschen zukommt, nicht erklärt.

Kausalität und Finalität. Hypothesen und Theorien gewinnt man durch Prüfung von Kausalbeziehungen. Im Bereich des menschlichen Handelns gibt es zusätzlich eine zweite Art von Ursache-Wirkungs-Beziehung, die Finalität. Sie ist dadurch gekennzeichnet, dass sich die zeitliche Reihenfolge von Ursache und Wirkung umkehrt. Startet z. B. ein Sprinter zu einem Lauf, so ist der vom Sprinter beabsichtigte Zweck, die Distanz in möglichst kurzer Zeit zu durchlaufen und damit einen Wettkampf zu gewinnen, die Ursache.

Naturwissenschaftliche Erkenntnis beruht auf dem Beziehungsgefüge der Kausalität zwischen Ursache und Wirkung. Finale Ursachen sind mit naturwissenschaftlichen Methoden nicht zu fassen und finale Begründungen in den Naturwissenschaften nicht zulässig. Bei Durchsicht biologischer Texte stößt man allerdings auf Formulierungen wie »Das Wiesel färbt sich im Winter weiß, damit es im Schnee nicht gesehen werden kann!«. Hier scheint eine finale Ursache angegeben zu sein. Ist der Satz also unzulässig? Bei genauerer Betrachtung erkennt man, dass die Fragen »Was bezweckt der Läufer mit dem Start?« und »Welchen Zweck hat die weiße Winterfarbe des Wiesels« nicht gleich gelagert sind. Die erste Frage setzt beim Läufer Einsicht in sein Tun voraus. Die zweite Frage setzt eine solche Einsicht nicht voraus, sondern hat zum Inhalt, welche lebenserhaltende Funktion die Farbe hat. Sie fragt also nach dem Selektionsvorteil dieser Eigenschaft oder anders ausgedrückt nach den Ursachen, die in der Vergangenheit zur Ausbildung eines solchen Merkmals durch Selektion geführt haben. Diese *teleonomische* Fragestellung und Betrachtungsweise steht im Gegensatz zur *teleologischen* Betrachtung, die auf finale Ursachen abhebt. Die teleonomische Art der Fragestellung ist in der Biologie zulässig und sinnvoll, da die Objekte der Biologie stets auch durch kausale Ursachen bestimmt sind, die in der Vergangenheit gewirkt haben. Ohne diese auf die Evolution abhebende Fragestellung ist eine Ursachenbeschreibung in der Biologie unvollständig.

Bei der Untersuchung kausaler Ursachen kann man daher verschiedene Erklärungsniveaus unterscheiden. Auf die Frage, warum das Fell des Wiesels im Winter weiß ist, kann man unterschiedlich antworten: »Weil die Farbstoffbildung in den Haaren unterbleibt!« oder »Weil es durch die weiße Farbe im Schnee vor Feinden besser geschützt ist und daher einen Selektionsvorteil hat!«.

Die erste Antwort beschreibt die nächstliegende (proximate) oder unmittelbare Ursache, die zweite Antwort ist die letztendliche, ultimate Erklärung *(s. Verhaltensbiologie 1)*.

3.1 Anwendung der Wissenschaftstheorie: Evolutionstheorie und Kreationismus

Der hypothetisch-deduktive Charakter der Grundlagen der Evolutionstheorie ergibt sich aus der Darstellung im Abschnitt 1 des Kapitels Evolution. Die spekulativ vertretene Ansicht einer Evolution wurde zur wissenschaftlichen Hypothese, als DARWIN eine ursächliche Erklärung aufgrund von Beobachtungen und experimentellen Befunden geben konnte. Die Hypothese des Abstammungszusammenhangs aller Lebewesen ermöglicht es, alle Ergebnisse der Biologie und der Paläontologie widerspruchsfrei einzuordnen, die Teilgebiete der Biologie in einen Zusammenhang zu bringen und Befunde vieler Teilgebiete besser zu verstehen. Kein Ergebnis der Biologie steht im Widerspruch zur Hypothese der Evolution. Mit dieser Hypothese sind zahlreiche Voraussagen über zu erwartende Homologien sowie über den Aufbau von Genen bei verschiedenen Arten usw. gemacht worden; sie wird der Planung von Versuchen fortgesetzt zugrundegelegt. In keinem Fall wurde die Evolutionshypothese falsifiziert; sie erlangte daher schon früh den Rang einer gut begründeten Theorie. Sie steht mit unabhängig davon gewonnenen Ergebnissen der Geologie, Geophysik und Astrophysik in Übereinstimmung, wird durch physikalische Theorien, z. B. durch die Synergetik, untermauert und auf diese Weise zu einem Bestandteil des naturwissenschaftlichen Weltbildes.

Gelegentlich wird die Ansicht vertreten, beim Evolutionsgeschehen handele es sich um experimentell nicht zugängliche Ereignisse, welche die Naturwissenschaft prinzipiell nicht behandeln könne. Dies trifft nicht zu, denn die Artbildung, die den Evolutionsvorgängen zugrunde liegt, ist ein häufiger und in einigen Fällen bei Pflanzen und Mikroorganismen beobachteter und sogar experimentell nachvollzogener Vorgang.

Die der Evolution zugrunde liegenden Mutationen sind zufällig, d. h. nicht beliebig wiederholbar. Aus diesem Grund ist auf keiner Stufe der Evolution der nächste Evolutionsschritt vorhersehbar. Darin besteht die prinzipielle *Offenheit* jedes evolvierenden Systems. Das bedeutet, dass man z. B. nicht angeben kann, warum in einer bestimmten Tiergruppe eine Reihe von Mutationen vorwiegend in einer bestimmten Reihenfolge eintraten, sodass in einer verhältnismäßig kurzen Zeit ein ganz neuer Tierbauplan entstand, etwa der Bauplan der Gliedertiere oder der Wirbeltiere. Man spricht daher hier von »Zufall«.

Es ist nicht sicher, dass die derzeitige Evolutionstheorie bereits alle an der Evolution beteiligten Ursachen vollständig erfasst hat. Die Evolutionstheorie ist deshalb nur eine hinreichende Theorie; sie kann zwar alle bekannten Erscheinungen erklären, gibt aber vielleicht keine vollständige Ursachenbeschreibung, weil es möglicherweise weitere, bisher unbekannte Evolutionsfaktoren gibt. Außerdem ist das Erkennen der jeweiligen Abstammungsverhältnisse und damit des Ablaufes der Stammesgeschichte abhängig von den verfügbaren Quellen *(s. Evolution 3.1)*.

Der Evolutionstheorie werden gelegentlich die Ansichten des Kreationismus (»Schöpfungslehre«) gegenübergestellt. Danach entstand das Leben durch einen einmaligen Schöpfungsakt. Die Lebewesen seien in der jetzt bekannten Vielfalt geschaffen worden und hätten sich nicht aus einer gemeinsamer Urform mit zunehmender Komplexität entwickelt. Viele Lebewesen seien seit der Schöpfung ausgestorben. Ferner bestünden Erde und Lebewesen erst seit einigen Zehntausend und nicht schon seit Milliarden Jahren. Der Kreationismus nimmt daher auch an, dass Mutation und Selektion nur Variationen innerhalb der Artgrenzen erzeugen können, nicht aber neue Arten und zunehmend kompliziertere Lebensformen.

Diese Ansichten gehen auf eine wörtliche Interpretation des biblischen Schöpfungsberichtes zurück. Dieser besteht seinerseits aus zwei nicht identischen Darstellungen (Genesis 1 und Genesis 2, Vers 4 ff.). Er wurde in einer Form verfasst, die dem Weltbild der vorderasiatischen Kulturen vor mehr als 2500 Jahren entsprach. Er hat nicht den Stellenwert eines Modells, sondern ist ein Glaubenszeugnis, das den ganz anderen Aspekt einer Gewissheit gleichnishaft beschreibt.

Der Kreationismus erkennt die im Vorstehenden dargestellten Grundprinzipien der Naturwissenschaften nicht an und kann daher keine naturwissenschaftlichen Hypothesen liefern. Nimmt man eine Schöpfung im Sinne des Kreationismus an, so ist daraus keine falsifizierbare Hypothese abzuleiten; daher ist diese Ansicht wissenschaftlich leer. Der Erklärungs- und Voraussagewert kreationistischer Ansichten ist viel geringer als jener der Evolutionstheorie. Daher wäre nach dem heutigen Stand der Wissenschaft die Evolutionstheorie auch dann überlegen, wenn es sich beim Kreationismus um eine wissenschaftliche Hypothese handelte.

Die Evolutionstheorie kann zu folgenden Fragen führen:

- Was ist der Sinn der Evolution?
- Warum hat die Evolution zum Menschen geführt, einem Wesen mit Geist, d. h. mit der Fähigkeit zum Nachdenken und vernünftigen Handeln?
- Was steckt hinter dem, was die Naturwissenschaft als »Zufall« beschreibt?

Die Fragen sind mit den Mitteln der Naturwissenschaft unlösbar. Antworten darauf sind dem persönlichen Glauben überlassen. Für einen christlichen Naturwissenschaftler ist nach KEPLER die Naturwissenschaft eine Methode, um einige der göttlichen Schöpfungsgedanken zu erkennen. DARWIN drückte es so aus: »Es ist wahrlich etwas Erhabenes um die Auffassung, dass der Schöpfer den Keim allen Lebens, das uns umgibt, nur wenigen oder gar nur einer einzigen Form eingehaucht hat und dass, während sich unsere Erde nach den Gesetzen der Schwerkraft im Kreise bewegt, aus einem so schlichten Anfang eine unendliche Zahl der schönsten und wunderbarsten Formen entstand und noch weiter entsteht.«

3.2 Soziobiologie und Weltbild

Viele Verhaltensweisen des Menschen haben eine erbliche Grundlage. Daher gibt es Grenzen der Anpassungsfähigkeit des menschlichen Verhaltens, so wie es auch Grenzen der Lernfähigkeit gibt *(s. Exkurs Soziobiologie und menschliches Verhalten, S. 509)*. Deshalb kann die Verhaltensforschung über die Grenzen der Belastbarkeit des Menschen Aussagen treffen, z. B. im Hinblick auf Verhaltensaspekte, und so Grenzen sinnvoller Forderungen abstecken *(s. Evolution 2.5)*. Der Mensch benötigt z. B. einen Individualraum; wird ihm dieser über längere Zeit verweigert, so führt dies zu psychischen Schäden. Der Mensch ist allerdings auch in der Lage, entgegen biologischen Anlagen zu handeln; er kann z. B. in den Hungerstreik treten. Die Ursache wird darin gesehen, dass der Mensch einen freien Willen besitzt. Die Willensfreiheit ist ein Begriff, der aus der subjektiven Sicht der Welt des Individuums stammt, ähnlich wie Gefühle *(s. Neurobiologie 5.5)*. In der »objektiven« Beschreibung der Welt kommt er nicht vor. Um die Freiheitserfahrungen des Einzelnen mit dem Kausalprinzip in Einklang zu bringen, bedarf es philosophischer Überlegungen wie z.B. von SPINOZA oder KANT. Die Soziobiologie als biologische Disziplin kennt die Willensfreiheit nicht. Willensfreiheit und Sinn des Seins vermag die Biologie nicht zu deuten. Aus dem Wissen um diese Grenze erwächst die Haltung, die in dem Wort GOETHES zum Ausdruck kommt: »Das schönste Glück des denkenden Menschen ist, das Erforschliche erforscht zu haben und das Unerforschliche ruhig zu verehren.«

4 Biologie und Ethik

Die Ethik befasst sich mit der Begründung von Regeln, die einer Gruppe von Menschen oder sogar der ganzen Menschheit als Richtschnur des Zusammenlebens dienen. Ein System solcher Regeln, die das Handeln gegenüber sich selbst, den Mitmenschen oder der Natur als gut oder schlecht bewerten, z. B. die zehn Gebote, bezeichnet man als *Moral*. Danach gelten bestimmte Handlungen als gut, z. B. Helfen, andere als schlecht, z. B. Lügen. Die Tätigkeit von Biologen unterliegt ebenfalls der moralischen Bewertung. Wissenschaftler untersuchen die Natur als neutrale Beobachter; ihre Ergebnisse werden in erster Linie danach beurteilt, ob sie dem Erkenntnisfortschritt dienen, d. h. ob sie richtig oder falsch sind *(wissenschaftliche Bewertung)*. Ihre Arbeiten können aber auch das allgemeine Wohl fördern, indem sie z. B. Wege zur Verringerung des Treibhauseffektes, zum Artenschutz oder zur Heilung von Krankheiten aufzeigen. Umgekehrt kann mit Forschungsergebnissen auch Unheil angerichtet werden. Zur Beantwortung der Frage: »Wie sollen wir handeln?« ist es vorteilhaft, grundlegende Regeln (Prinzipien) anzugeben, die als Richtschnur für den Einzelfall dienen können. Je nach Art dieser Regeln unterscheidet man verschiedene moralische Ansichten.

Das Prinzip »Verhelfe möglichst vielen Menschen zum größtmöglichen Glück« *(Nützlichkeitsprinzip)* wird als *utilitaristisches Prinzip* bezeichnet. Danach wird der Wert einer Handlung an der Qualität der Folgen bemessen. Überwiegen die Folgen, die das Wohlergehen Vieler fördern, so gilt die Handlung als »moralisch richtig«. Allerdings erhebt sich die Frage, was »Wohlergehen« ist. Dazu bedarf es zusätzlich einer Hierarchiebildung der Werte. Ohne solche kann nicht entschieden werden, ob z. B. freie Fahrt auf der Autobahn dem allgemeinen Wohl besser dient als ein geringerer Kohlenstoffdioxid-Ausstoß bei Geschwindigkeitsbeschränkung. Die Hierarchisierung von Werten ist gesellschaftsabhängig, sie erfolgt immer wieder neu. Über allgemeine Ziele besteht allerdings weitgehend Konsens. Dazu gehören der Schutz der Biosphäre, die Erhaltung der Lebensgrundlagen des Menschen sowie die Ermöglichung eines menschenwürdigen Lebens, das mehr ist als die nackte Existenz. Jedoch wird die Frage, mit welchen Mitteln diese Ziele erreicht werden, kontrovers diskutiert. Eine andere Grundregel, von der ausgegangen werden kann, ist das *kategorische Prinzip* (KANT): »Handle stets so, dass deine Prinzipien Grundlage einer allgemeinen Gesetzgebung sein könnten und dass du Menschen, auch dich selbst, stets zugleich als Zweck und niemals nur als Mittel brauchst«.

Es besteht weitgehend Einigkeit, dass dieses Prinzip ein notwendiges Kriterium moralisch richtigen Handelns ist, aber es ist fraglich, ob es ausreicht, das Richtige zu erkennen. Das Problem der Wert-Hierarchisierung entsteht hier ebenso.

Zusätzlich gibt es unterschiedliche ethische Grundeinstellungen der Menschen. Für gesellschaftliche Aspekte ist eine Zweiteilung ausreichend (M. WEBER):

1. Vorhersehbare Folgen einer Handlung sind abzuschätzen und zu verantworten. Konkrete Handlungsanweisungen stehen im Zusammenhang mit der Erfahrung und sind veränderbar *(Verantwortungsethik)*.

2. Entscheidend sind ethische Prinzipien, die nach ihrer Akzeptanz nicht hinterfragt werden müssen. Verantwortung besteht allein vor dem Gewissen, das diese Prinzipien für sich erkannt hat *(Gesinnungsethik)*.

Als ein solches Leitprinzip kann z. B. festgelegt werden, dass diejenigen Handlungen moralisch richtig sind, die dem Menschen als Person gerecht werden *(personalistische Ethik)*. Jede Person besitzt einen absoluten Wert *(Würde des Menschen)* und genießt daher unbedingten Schutz; deshalb ist das Leben des Menschen unantastbar. Wird dieses Prinzip zur alleinigen Grundlage des Handelns gemacht, so wird z. B. eine Analyse von Genen als Entscheidungsgrundlage für oder gegen einen Schwangerschaftsabbruch abgelehnt. Mögliche Folgen einer Disposition für eine Erbkkrankheit bleiben unberücksichtigt; es zählt nur der hohe Wert des menschlichen Lebens von Anfang an. Die Unterschiede in der Argumentation können zu widersprüchlichen Ergebnissen führen. So werden Experimente mit menschlichen Embryonen aus personalistischer Sicht abgelehnt, aus verantwortungsethischer z. T. jedoch befürwortet, und zwar aus Gründen des medizinischen Fortschritts. Moralische Probleme können also mehrere richtige Lösungen haben, die mit KANTS Grundprinzip im Einklang stehen. Im Falle des Experimentierens mit Embryonen gab die erste Argumentation für den Gesetzgeber in Deutschland den Ausschlag. Er verbot das Experimentieren. Für den Gesetzgeber in Großbritannien, der es nicht verbot, war die letztere Argumentation entscheidend. Gesinnungsethisch, aber nicht personalistisch, ist die Auffassung, dass Tierexperimente grundsätzlich verboten werden sollten. Es gibt gute Gründe, Experimente mit Tieren auf das notwendige Maß zu beschränken und ihnen vermeidbare Schmerzen zu ersparen. Jedoch muss vermieden werden, ganze Bereiche der medizinischen Forschung zu hemmen, was schwerwiegende Folgen für Leben und Gesundheit des Menschen hätte. Die Biologie kann bei der Diskussion moralischer Probleme nur darlegen, was aus naturwissenschaftlicher Sicht der Fall ist. Die Begründung von Normen ist Sache der Ethik.

BAUPLÄNE DER LEBEWESEN

Die Lebewesen treten in einer ungeheuren Formenvielfalt auf. Vergleicht man sie aber bezüglich der äußeren Gestalt und des inneren Baus, dann lassen sie sich auf verhältnismäßig wenige Bauplan-Typen zurückführen. Diese Gruppierung ist zugleich Ausdruck der *natürlichen Verwandtschaft (s. Evolution 3.1)*. Man bezeichnet das Ergebnis der Klassifikation deshalb als das **natürliche System** der Lebewesen. Die nachstehende Übersicht über die Baupläne gibt daher auch einen Überblick über die natürliche Gliederung des Pflanzen- und Tierreichs entsprechend der Evolution *(s. Abb. 388.1 und 389.1)*.

Als erste gaben der griechische Naturforscher und Philosoph ARISTOTELES (384–322 v. Chr.) und sein Schüler THEOPHRAST einen umfassenden Überblick über die damals bekannten Tiere (ca. 520) und Pflanzen. Ihr Werk blieb bis in die Neuzeit die Grundlage für die Beschreibung und Einteilung der Lebewesen. Erst im 18. Jahrhundert unternahm der Schwede CARL VON LINNÉ (1707–1778) einen neuen Versuch, Ordnung in die Fülle der inzwischen bekannt gewordenen Lebensformen zu bringen. In seinem erstmals 1735 erschienenen epochalen Werk »*Systema naturae*« (System der Natur) beschrieb er zuletzt mehr als 8500 Pflanzen und 4236 Tiere. Er verwendete für die Namensgebung die lateinische und griechische Sprache, die von den Gelehrten aller Länder verstanden wurden. Ferner führte er die heute noch gebräuchlichen Doppelnamen ein, z. B. *Canis familiaris* (Haushund), *Canis lupus* (Wolf), *Prunus spinosa* (Schlehdorn), *Prunus avium* (Süßkirsche). Der erste Name gibt die Gattung, der zweite die Art an, sodass bereits der Name die Zugehörigkeit zu einer Gruppe sehr ähnlich gebauter Lebewesen erkennen lässt. LINNES rasch anerkanntes System war ein *künstliches* System, da er zur Unterscheidung und Einteilung der Lebewesen vornehmlich äußere, leicht erkennbare Merkmale verwendete. Ein solches System würde z. B. den Delfin zu den Fischen stellen. Es wurde im Verlauf des 19. Jahrhunderts mit dem Aufkommen der Evolutionslehre durch das natürliche System der Lebewesen ersetzt. Heute kennt man etwa 400 000 Pflanzenarten und über 1,5 Millionen Tierarten, und jedes Jahr kommt eine große Zahl hinzu. Insbesondere von den Mikroorganismen ist bisher nur ein kleiner Teil bekannt.

Nach den Grundmerkmalen der Zelle unterscheidet man die *Prokaryota* (mit Protocyte) und die *Eukaryota* (mit Eucyte). Die Prokaryota bestehen aus zwei völlig

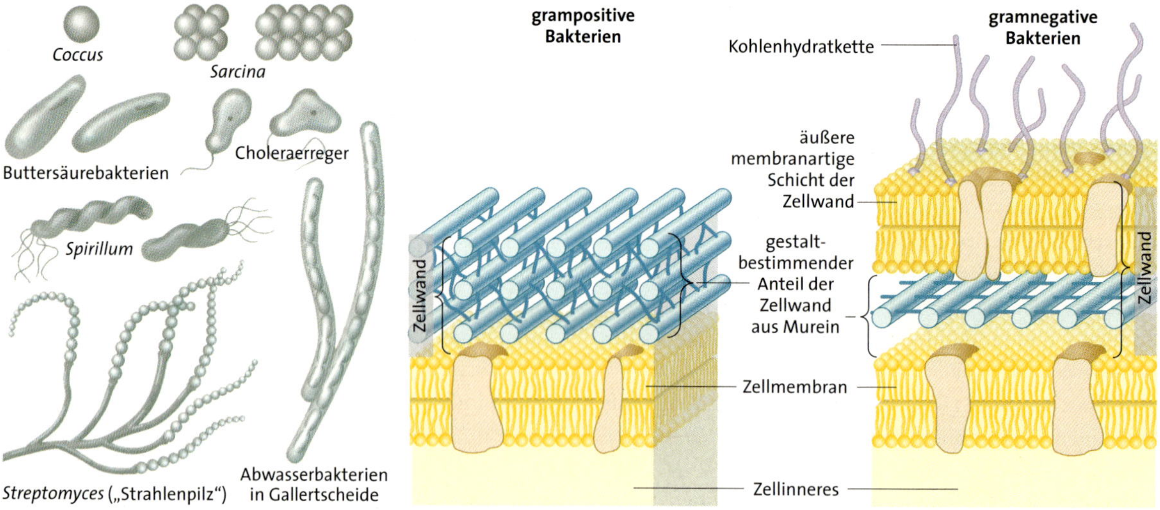

Abb. 522.1: Bakterien und *Archaea*. Zellwand, Zellgestalten

selbständigen Gruppen, den Bakterien *(Bacteria)* und den *Archaea.* Diese beiden werden zusammen mit den *Eukaryota (Eukarya)* als die drei grundlegenden **Domänen** des Organismenreiches bezeichnet.

Bacteria. Sehr kleine und einfach gebaute einzellige Lebewesen. Vermehrung durch Teilung (Spaltung). Viele bilden Dauersporen aus. Der Gestalt bestimmende Teil der Zellwand besteht aus Kohlenhydratketten, die durch Peptidketten vernetzt sind. Nach dem Bau dieses Mureins und der darauf beruhenden Färbbarkeit der Zellen unterscheidet man grampositive und gramnegative Bakterien (**Abb. 522.1**). Es gibt kugelige, stäbchenförmige und schraubige Bakterien. Manche bewegen sich mithilfe von Flagellen. Bakterien sind überall verbreitet; ihre Lebenstätigkeit ist jedoch an Feuchtigkeit und organische Stoffe gebunden, von denen sie sich ernähren (heterotrophe Lebewesen). Allerdings können sich einige Arten auch selbständig, also autotroph, von anorganischen Stoffen ernähren. Als Destruenten spielen Bakterien in vielen Ökosystemen eine wichtige Rolle. Eine gewisse Sonderstellung hat die Gruppe der **Cyanobakterien** (Blaualgen): Sie besitzen Chlorophylle und betreiben eine ähnliche Form der Fotosynthese wie die Pflanzen. Sie bilden Kolonien, zum Teil haben sie eine fädige Organisation (**Abb. 523.1**); Beispiele: Gallertalge *(Nostoc)* auf feuchter Erde, Schwingalge *(Oscillatoria)* im Schlamm verschmutzter Gewässer.

Archaea. Sie unterscheiden sich von den Bakterien durch den Aufbau der Zellwand, der Zellmembran und durch etliche Stoffwechselreaktionen. Viele Arten sind anaerob. Zu den Archaea zählen die Methanbildner, die »Salzbakterien« und Bewohner anderer Extremstandorte. Einige Arten leben bei über 100 °C im Schlamm heißer Quellen. Man nimmt an, dass diese »Extremisten« z. T. Reliktarten aus der Frühzeit des Lebens sind.

Eukaryota. Hierzu gehören die eukaryotischen Einzeller *(Protista)*, die Pflanzen und die Tiere. Das Pflanzenreich wird üblicherweise in Abteilungen, das Tierreich in Stämme gegliedert. Bei den Einzellern handelt es sich um eine heterogene Gruppe. Formen ohne Mitochondrien, wie z. B. die *Archamoeba* und die Trichomonaden (Parasiten menschlicher Schleimhäute), haben diese Organellen wieder verloren.

Manche Einzeller-Arten leben zum Teil autotroph, zum Teil heterotroph, sodass man sie in das Pflanzen- oder das Tierreich einordnen kann.

Kinetoplastida. Tierisch lebende begeißelte Einzeller; viele sind Parasiten; Beispiel: Trypanosomen.

Euglenophyta oder **Euglenozoa.** Einzellige Geißelalgen. Beispiel: *Euglena (s. Kennzeichen der Lebewesen S. 8).*

Zelluläre Schleimpilze *(Acrasia).* Viele amöboide Einzelzellen bilden ein Zellaggregat; Beispiel: *Dictyostelium.*

Radiolarien und Foraminiferen. Marine Einzeller mit Kieselskelett bzw. Kalkgehäuse.

Alveolata. Aufgrund der Ergebnisse der molekularen Evolutionsforschung werden unter diesem Namen folgende Gruppen zusammengefasst:

a) **Panzerflagellaten** *(Dinophyta* oder *Dinozoa).* Die meisten Arten leben autotroph; viele besitzen einen Panzer aus Cellulose; Beispiele: Dreihornalge *(Ceratium)*, Meeresleuchttierchen *(Noctiluca)*. Einige Arten leben als Endosymbionten in Tieren, z. B. in Korallen.

b) **Apicomplexa:** Parasiten, die sich durch Bildung von Sporen vermehren (»Sporentierchen«); Beispiel: Malariaerreger *Plasmodium.*

c) **Wimpertierchen** *(Ciliophora).* Bewegung mit Wimpern; besitzen zwei Zellkerne; Beispiele: Pantoffeltierchen, Glockentierchen.

Kragengeißler *(Choanoflagellata).* Meist festsitzend; im Meer und Süßwasser.

Wurzelfüßler *(Rhizopoda).* Mit Scheinfüßchen zur Fortbewegung und Nahrungsaufnahme. Beispiel: Amöben.

Myxozoa. Vorwiegend Fisch-Parasiten; vermehren sich durch Sporen; sind wahrscheinlich vom Mehrzeller- auf das Einzellerstadium zurückgefallen.

Weitere Einzeller zeigen Verwandtschaft zu unterschiedlichen Gruppen von Vielzellern. Sie werden daher mit diesen zusammengefasst und damit dem Pflanzen- oder Tierreich zugeordnet.

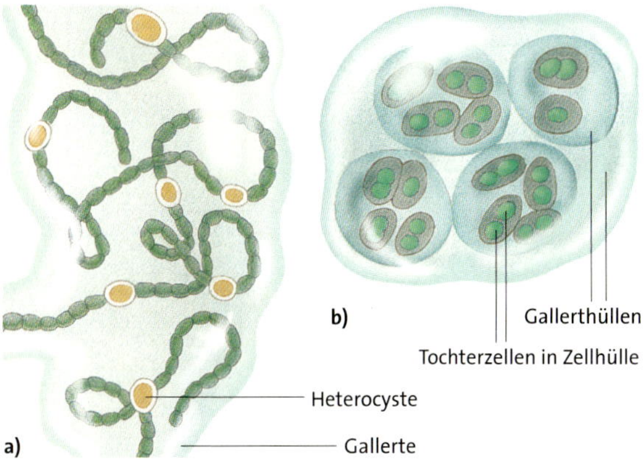

Abb. 523.1: Cyanobakterien (Blaualgen). **a)** *Nostoc.* Heterocysten sind Zellen, in denen Luftstsickstoff gebunden wird; **b)** *Gloeocapsa*-Kolonie. Solche Kolonien bilden die »Tintenstriche« an feuchten Felsen in den Alpen.

Pflanzenreich

Die einfach organisierten Algen sind Pflanzen, die fadenförmige, flächige oder körperliche Verbände bilden. Ihr Körper ist nicht in Wurzel, Stängel und Blatt gegliedert, sondern bildet ein so genanntes Lager (Thallus), daher auch die Bezeichnung *Lager-* oder *Thalluspflanzen.* Die meisten von ihnen leben im Wasser; die Nährstoffe werden mit der ganzen Körperoberfläche aufgenommen.

Chromista. Pflanzliche Ein- und Vielzeller, deren Plastiden aus einem eukaryotischen Endosymbionten hervorgegangen sind (sek. Endosymbiose, *s. Abb. 472.1*); »Wirtszelle« war eine farblose, also »tierische« Eukaryotenzelle, daher auch als zoocytische Algen bezeichnet.

Abteilung Cryptophyta (ca. 120 Arten). Einzellige Algen mit zwei Geißeln und abgeschrägtem Vorderende; mit Farbstoffen ähnlich jenen der Cyanobakterien.

Abteilung Gold- und Braunalgen (ca. 15 000 Arten). Ihr Chlorophyll ist von gelben oder braunen Farbstoffen verdeckt. Die einzelligen, unbegeißelten *Kieselalgen* oder *Diatomeen,* in deren zweiteilige, schachtelartig übereinandergreifende Schalen Kieselsäure eingelagert ist, sind wichtige Planktonorganismen. Auch einzellige begeißelte Formen und viele Fadenalgen gehören hierzu, sowie Arten, die band- und strauchförmige Zellkörper aufbauen. Ihre äußere Gliederung erinnert an Wurzeln, Stängel und Blätter. Bei den höchstentwickelten Formen kommt es zur Gewebebildung. Sie leben im Meer, bevorzugt an Felsküsten.

Abteilung Haptophyta (ca. 200 Arten). Wichtige Organismen des Meeresplanktons; bei vielen ist die Zelloberfläche von Kalkplättchen bedeckt.

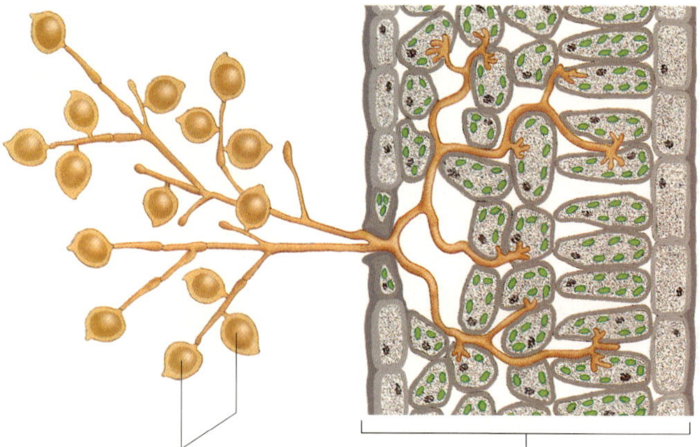

Abb. 524.1: Falscher Mehltau der Kartoffel (Kartoffelschimmel) im Kartoffelblatt. Ungeschlechtlich gebildete Sporen werden an Hyphen-Enden abgeschnürt.

Abteilung Oomycota (ca. 500 Arten). Pilzartige Organismen; aus fädigen Chromista durch Verlust der Fotosynthese und Übergang zur Heterotrophie entstanden. Zu ihnen gehören die als Falscher Mehltau bezeichneten Pflanzenparasiten (**Abb. 524.1**).

Abteilung Rotalgen (ca. 5000 Arten). Sie besitzen eine Sonderstellung infolge des Fehlens von Geißeln. Das Chlorophyll ist von rötlichen, seltener blauen Farbstoffen (ähnlich jenen der Cyanobakterien) verdeckt. Es gibt einzellige, fädige und körperliche Formen; die meisten Arten leben im Meer.

Abteilung Grünalgen (ca. 13 000 Arten). Sie sind mit den Landpflanzen verwandt. In dieser Gruppe gibt es alle Übergänge von einzelligen, begeißelten Formen *(Chlamydomonas)* über Kolonien zu Zellfäden und flächigen Thalli; bei den *Armleuchteralgen* werden echte Gewebe gebildet. Zu den fädigen Formen gehören viele der *Jochalgen,* z. B. Schraubenalge.

Abteilung Schleimpilze (ca. 600 Arten). Amöbenähnliche, einzeln umherkriechende Zellen sammeln sich und verschmelzen zu einer vielkernigen, nackten Plasmamasse, dem Plasmodium, das als einheitlicher Organismus auf faulenden Pflanzenstoffen umherkriecht und dabei feste organische Nahrungsteilchen aufnimmt. Nach einiger Zeit erzeugt es nach Pilzart in besonderen Fruchtkörpern Sporen, aus welchen wieder amöbenähnliche Einzelwesen entstehen.

Abteilung Echte Pilze (mehr als 100 000 Arten). Sie sind heterotroph, im Bau pflanzenähnlich, aber nach Daten der molekularen Evolution näher mit vielzelligen Tieren verwandt. Ursprüngliche Vertreter: *Microsporidia* (Einzeller), z. B. der Erreger der Bienenruhr *(Nosema).*

Die höher entwickelten Pilze sind vorwiegend vielzellig. Ihr Körper ist aus Zellfäden (Hyphen) aufgebaut, deren Wände aus Chitin bestehen. Er ist in der Regel in das der Ernährung dienende Fadengeflecht (Mycel) und den aus innig verflochtenen Hyphen gebildeten Fruchtkörper gegliedert, welcher Sporen erzeugt. Viele Pilze sind Pflanzenparasiten; zu den vom Menschen genutzten Pilzen gehören Hefepilze (Alkoholproduktion) und Schimmelpilze (Erzeugung von Antibiotika). Man teilt die Pilze in zwei Gruppen ein:

1. Die Algenpilze sind schlauchförmige, mehrkernige niedere Pilze, z. B. Köpfchenschimmel.

2. Die Fadenpilze bestehen aus gegliederten Zellfäden. Diese höheren Pilze unterteilt man nach der Art der Sporenbildung in die Schlauchpilze, z. B. Hefepilze und Mehrzahl der Schimmelpilze, sowie in die Ständerpilze, z. B. Porlinge, Lamellenpilze, Bauchpilze, Rost- und Brandpilze.

An die Pilze und Algen schließen sich die **Flechten** an (ca. 20 000 »Arten«). Es sind landbewohnende »Doppelwesen« aus Pilzfäden und einzelligen oder fadenförmigen Algen oder Cyanobakterien. Sie sind krusten-, laub- oder strauchförmig gebaut; Beispiele: Schriftflechte, Schildflechte, Bartflechte.

Die folgenden Abteilungen werden zusammen als *Landpflanzen* bezeichnet.

Abteilung Moose (ca. 17 000 Arten). Die Moose stehen am Übergang zwischen den niederen und den höheren Pflanzen. Mit den Farnpflanzen verbindet sie die Art der Fortpflanzung. Es liegt ein Generationswechsel von Gametophyt und Sporophyt vor *(s. Abb. 417.1)*. Bei beiden Pflanzengruppen treten keine Blüten auf und werden keine Samen gebildet; die weiblichen Keimzellen (Eizellen) entstehen in *Archegonien*. Beide sind zwar an das Landleben angepasst, bedürfen aber zur Fortpflanzung des Wassers. Bei den Moosen ist der die Keimzellen (Gameten) bildende Gametophyt die assimilierende Pflanze, der die Sporen bildende Sporophyt sitzt als gestielte Sporenkapsel auf dem Gametophyten und wird von diesem ernährt. Umgekehrt ist es bei den Farnen, bei denen der Gametophyt sehr klein, aber selbständig und autotroph ist.

a) **Lebermoose.** Entweder mit einfachem, lappigem Thallus oder mit sehr einfachen Blättchen; Thallus durch Zellfäden am Boden befestigt. Beispiel: Brunnenlebermoos.

b) **Laubmoose.** Stets in Stängel und Blättchen gegliedert. Beginnende Differenzierung der Zellen in chlorophyllführende Assimilationszellen, Oberhautzellen mit verdickten Wänden, einfache zu Leitsträngen zusammengesetzte Leitzellen und Festigungszellen.

Abteilung Farnpflanzen (ca. 12 000 Arten). Der Gametophyt ist der kleine, thallusartige Vorkeim; er bildet die Gameten aus. Die große Farnpflanze ist der Sporophyt; er besitzt Sprossachse, Blätter und echte Wurzeln (also einen *Kormus*) sowie gut ausgebildete Leitbündel und erzeugt in Sporenständern oder -kapseln durch Meiose die Sporen.

a) **Bärlappe.** Kleine, krautige, vielfach kriechende Pflanzen mit gabelig verzweigten Wurzeln und Stängeln und spiralig gestellten, kleinen, schuppenförmigen Blättern; ährenförmige Sporenständer am Ende der Sprosse.

b) **Schachtelhalme.** Unterirdisch kriechender Wurzelstock und hohler, aus ineinandergeschachtelten Gliedern bestehender Halm, welcher quirlförmig entspringende Seitenäste tragen kann; zapfenförmige Sporenstände an der Spitze der Sprosse.

c) **Farne.** Formenreiche Gruppe meist krautiger, aber auch baumartiger Pflanzen mit großen, oft stark zerteilten und reich mit Adern versehenen Blättern (Wedeln), welche am Ende eines Wurzelstockes oder Stammes eine Rosette bilden und anfangs eingerollt sind. Sporenbehälter meist auf der Unterseite der Blätter.

Abteilung Blüten- oder Samenpflanzen. Als Blütenpflanzen bezeichnet man die höchst entwickelten, vollständig an das Landleben angepassten Sprosspflanzen (Kormophyten), deren Kennzeichen der Besitz von *Blüten* und die Ausbildung von *Samen* ist. Man stellt ihnen deshalb alle übrigen Pflanzen (die Lagerpflanzen, Moose und Farne) als blütenlose Pflanzen gegenüber.

Ihr Körper weist eine ausgesprochene Gliederung auf: Organe für die Aufnahme von Wasser und Ionen (Wurzeln), Organe für die Assimilation (Blätter), Organe zur Ausbreitung der Blätter im Licht (verzweigte Sprosse) und Organe für die Fortpflanzung (Blüten); ein leistungsfähiges System von Leitbündeln besorgt den Wasser- und Stofftransport. Die Grundorgane erfahren in Anpassung an unterschiedliche Umweltbedingungen vielerlei Abwandlungen *(s. Abb. 526.1 bis Abb. 526.3)*. Die Fortpflanzung ist nicht mehr vom Wasser abhängig und verläuft in einem Generationswechsel, bei dem der rückgebildete Gametophyt auf dem Sporophyten verbleibt *(s. Abb. 417.1)*. Die Blüten enthalten die Staubblätter und die Fruchtblätter. Die Staubblätter erzeugen in den Staubbeuteln die Pollenkörner, aus denen die zur Befruchtung dienenden Zellen hervorgehen. Die Fruchtblätter tragen die Samenanlagen mit der Eizelle. Nach der Befruchtung wächst die Samenanlage zum Samen aus; er enthält die Anlage der jungen Pflanze (Embryo) nebst Nährgewebe und löst sich nach der Reife von der Mutterpflanze ab.

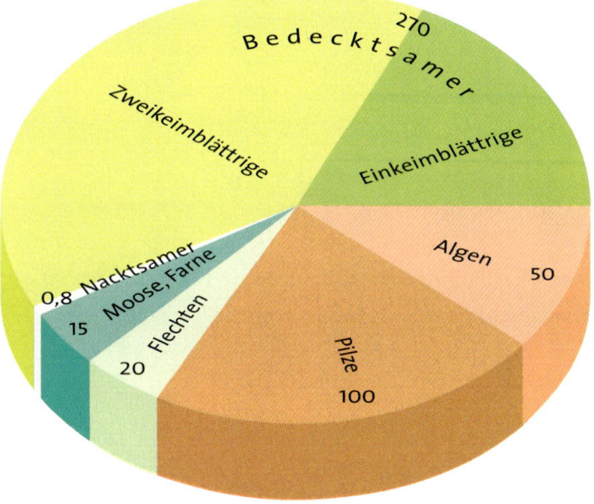

Abb. 525.1: Artenzahlen (in Tausend) der verschiedenen Pflanzengruppen und der Pilze

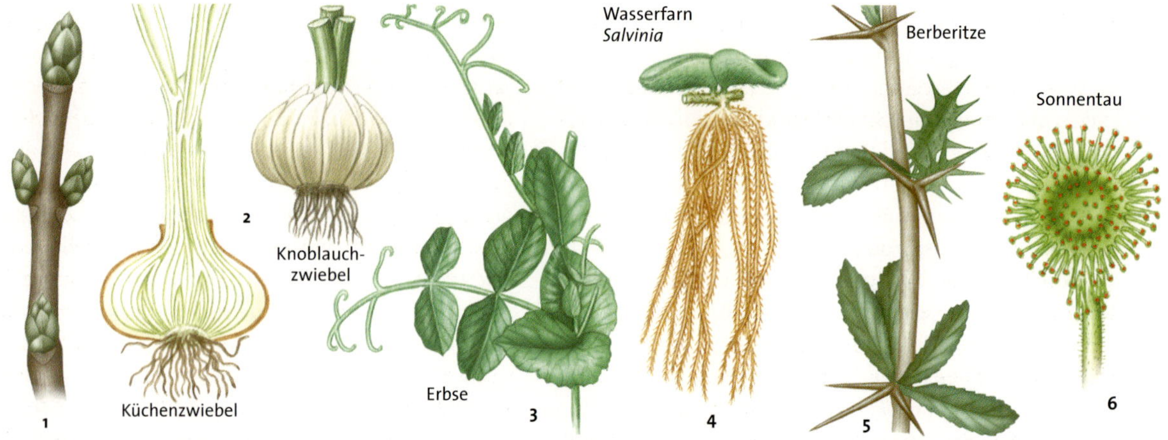

Abb. 526.1: Umgewandelte Blätter (homologe Organe) als Ergebnisse der Anpassung an unterschiedliche Funktionen. **1** Niederblätter als Knospenschutz; **2** Blattbasis als Speicherorgan; **3** Blattranken; **4** Wasserblätter mit Wurzelfunktion; **5** Blattdornen; **6** Fangblatt mit Drüsenhaaren

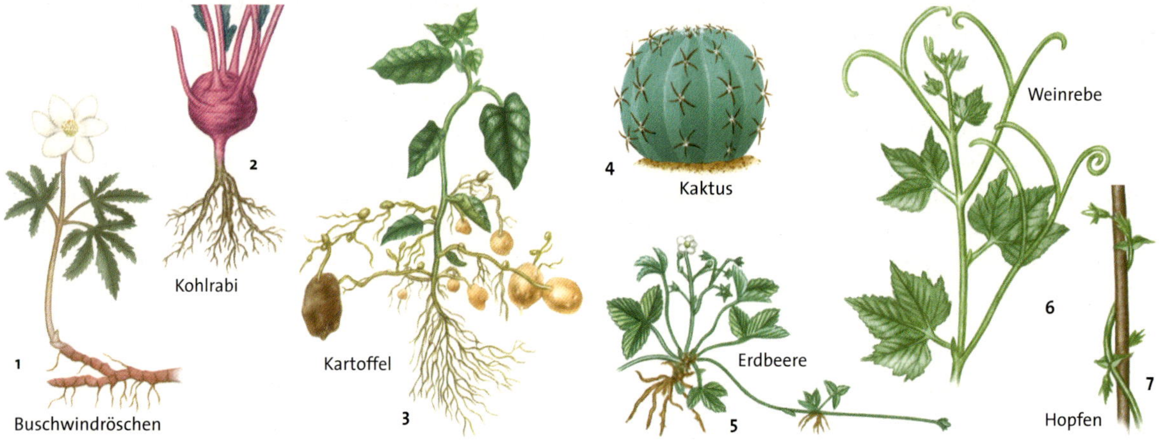

Abb. 526.2: Umgewandelte Sprosse (homologe Organe) als Ergebnisse der Anpassung an unterschiedliche Funktionen. **1** Unterirdischer Wurzelstock; **2** Sprossknolle am Hauptspross; **3** Sprossknollen an Seitensprossen; **4** Wasserspeichergewebe (Sposssukkulenz); **5** Ausläufer; **6** Ranke; **7** Windespross

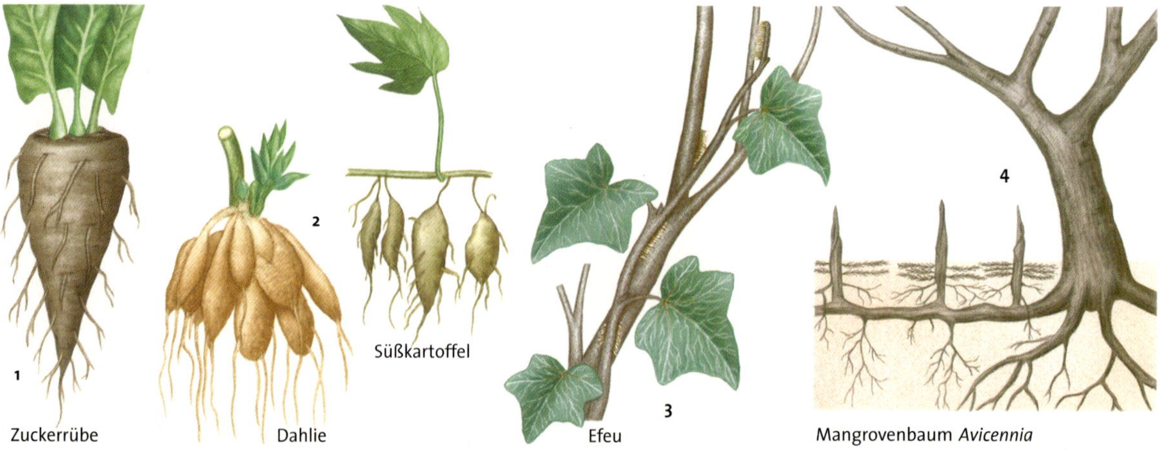

Abb. 526.3: Umgewandelte Wurzeln (homologe Organe) als Ergebnisse der Anpassung an unterschiedliche Funktionen. **1** Rübe; **2** Wurzelknollen; **3** Haftwurzeln; **4** Atemwurzeln

Die Unterteilung bei den Blütenpflanzen erfolgt zunächst nach der Stellung der Samenanlagen:

a) **Nacktsamer** (ca. 800 Arten). Die Samenanlagen sind nicht in einem Fruchtknoten eingeschlossen, sondern stehen offen auf den Fruchtblättern. Die eingeschlechtlichen, nur aus Staubblättern oder aus Fruchtblättern bestehenden Blüten oder Blütenstände haben meist Zapfenform. Es handelt sich um Strauch- oder baumförmige Holzpflanzen mit im Spross ringförmig angeordneten Leitbündeln. In diesen sind Holz- und Siebteile durch eine Schicht teilungsfähigen Gewebes (Kambium) getrennt. Die bekanntesten Vertreter sind die *Nadelhölzer*, die meist Nadelblätter, selten breite Blätter aufweisen. Ihre weiblichen Blütenstände werden nach der Befruchtung meist zu holzigen Zapfen. Zu den Nachtsamern gehören weiterhin die tropischen Palmfarne *(Cycas, s. Abb. 478.3)* und *Ginkgo (s. Abb. 478.2)*.

b) **Bedecktsamer** (ca. 270 000 Arten). Die Samenanlagen sind in einem Fruchtknoten eingeschlossen, der aus einem Fruchtblatt durch Faltung oder aus mehreren durch Verwachsung gebildet wird und eine Narbe zur Aufnahme des Blütenstaubes trägt *(s. Abb. 414.1)*. Der Fruchtknoten wächst nach der Befruchtung zu einer die Samen umschließenden Frucht aus. Die Blüten besitzen häufig eine aus Kelch- und Blütenblättern bestehende Blütenhülle. Bei den Bedecktsamern lassen sich aufgrund molekulargenetischer Befunde (Vergleich von Gensequenzen) zunächst einige kleine, sehr ursprüngliche Gruppen abtrennen, von den in Mitteleuropa vorkommenden Arten z. B. die Seerosen. Die weiteren Bedecktsamer werden in die zwei großen Gruppen der Einkeimblättrigen und Zweikeimblättrigen gegliedert. **Einkeimblättrige** besitzen Keimlinge mit einem Keimblatt; die meist ganzrandigen, ungestielten Blätter weisen häufig parallel verlaufende Adern auf; die Blüten sind vorwiegend dreizählig. Die Leitbündel sind über den Stängelquerschnitt zerstreut angeordnet (**Abb. 527.1**). Kennzeichnende Vertreter sind Gräser, Riedgräser, Liliengewächse, Orchideen und Palmen. **Zweikeimblättrige** besitzen Keimlinge mit zwei Keimblättern; die Adern zeigen ein netzartiges Muster in den unterschiedlich geformten, einfachen oder zusammengesetzten Laubblättern. Die Blüten sind meist vier- oder fünfzählig; die Leitbündel sind auf dem Stängelquerschnitt im Kreis angeordnet. Die Zweikeimblättrigen bilden keine phylogenetisch einheitliche Gruppe. Man unterscheidet die ursprünglichen Magnolienartigen und die Echten Zweikeimblättrigen, die auch als Rosenartige im weiteren Sinn bezeichnet werden. Zu den *Magnolienartigen* mit einfacherem Blütenaufbau gehören die Magnolien-, Lorbeer- und Pfeffergewächse. Die *Rosenartigen* bilden die weitaus größere Gruppe der Zweikeimblättrigen, dazu zählen z. B. die Hahnenfußartigen, die Nelkenartigen und die Rosenartigen im engeren Sinn.

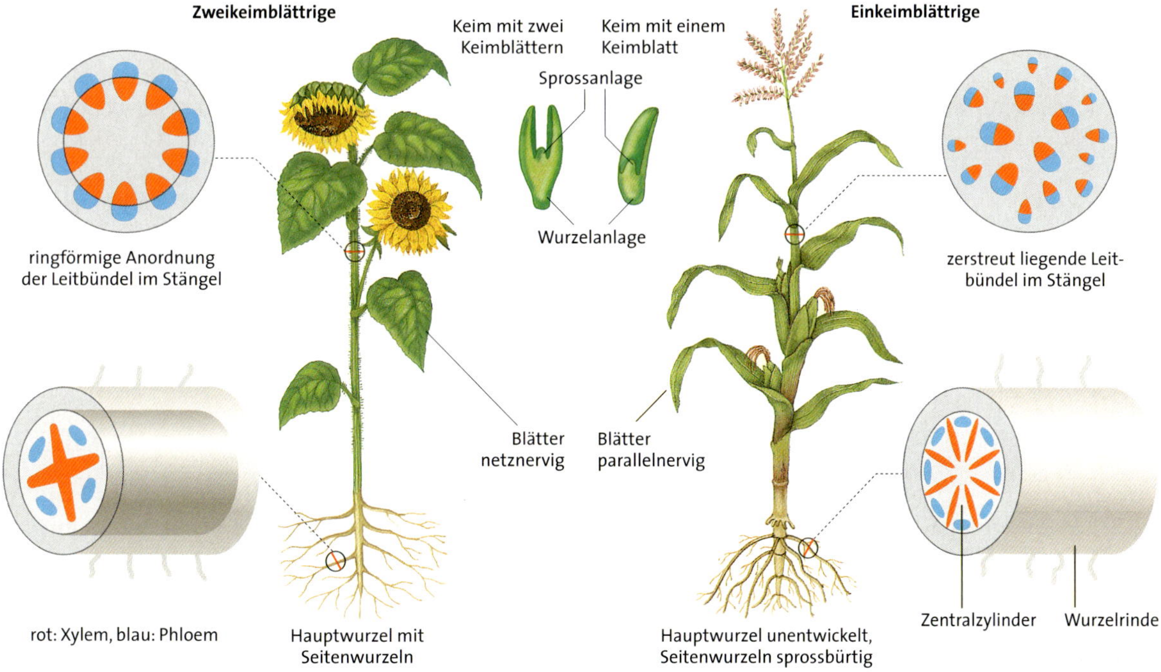

Abb. 527.1: Bedecktsamer. Aufbau einer zweikeimblättrigen Pflanze (Sonnenblume) und einer einkeimblättrigen Pflanze (Mais)

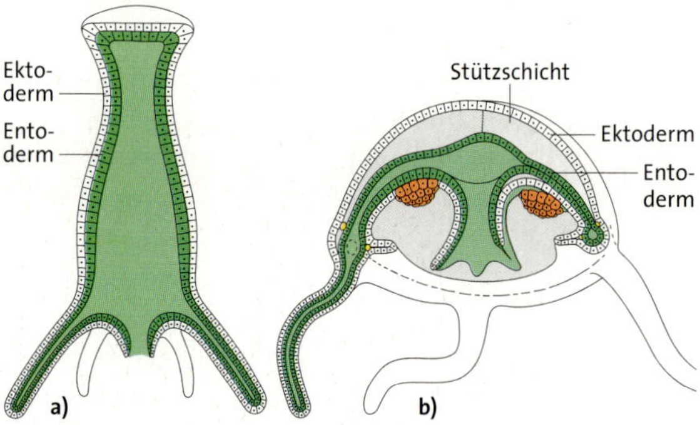

Abb. 528.1: Bauplan der Hohltiere. **a)** Längsschnitt durch einen Süßwasserpolypen; **b)** Längsschnitt durch eine Qualle. Farberklärung *s. Abb. 529.1*

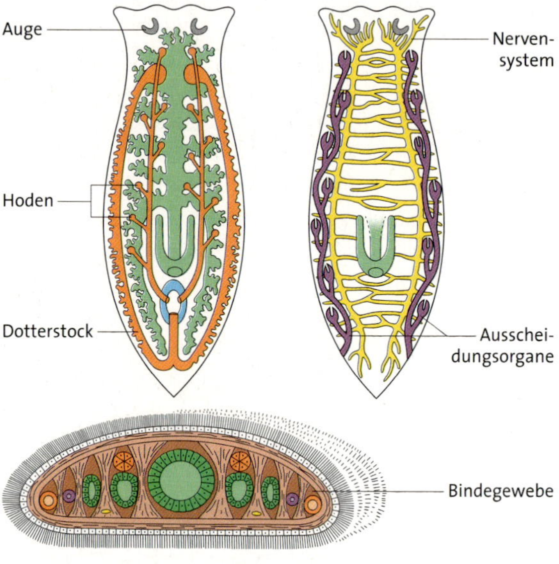

Abb. 528.2: Bauplan der Plattwürmer (Strudelwurm). Unten: Querschnitt. Farberklärung *s. Abb. 529.1*

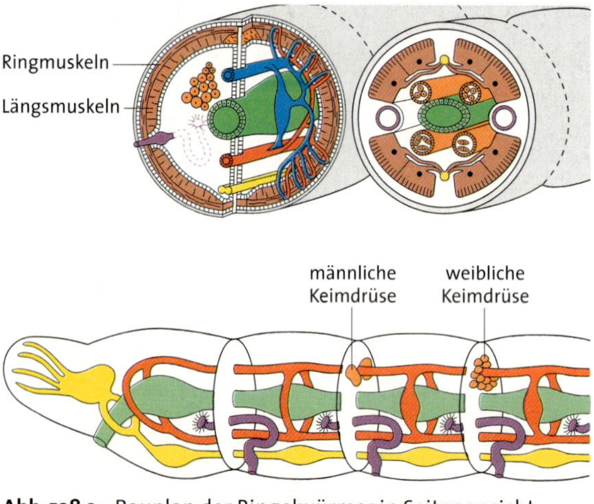

Abb. 528.3: Bauplan der Ringelwürmer in Seitenansicht, daneben Querschnitt. Farberklärung *s. Abb. 529.1*

Tierreich

Den tierisch lebenden Einzellern *(Eukaryota, s. S. 523)* stellt man die vielzelligen Tiere (Metazoa) gegenüber.

Stamm Schwämme (*Porifera,* ca. 8000 Arten). Die wasserbewohnenden Schwämme sind die am einfachsten gebauten Vielzeller *(s. Cytologie 5.2)*. Geschlechtliche Vermehrung mit Keimzellen; durch Knospung entstehen Schwammkolonien. Kennzeichnende Vertreter der Schwämme sind: Badeschwamm, Süßwasserschwamm. Größte Art: *Spheciospongia* (2 m Durchmesser).

Stamm: Placozoa. Nur eine Art: *Trichoplax;* amöbenartiges Aussehen; aus zwei Zelllagen aufgebaut.

Diploblastische Tiere. Die beiden folgenden Stämme besitzen zwei gut ausgebildete Zellschichten, Ektoderm und Entoderm *(s. Abb. 41.2)*. Sie werden auch unter dem Namen *Hohltiere* (Coelenteraten) zusammengefasst.

Stamm Nesseltiere (*Cnidaria,* ca. 9000 Arten). Sie besitzen keine inneren Organe, jedoch sind die Gewebe schon differenziert *(s. Cytologie 5.3)*. Die Nervenzellen sind zu einem Nervennetz verbunden. Durch Knospung bilden sich oft komplex gebaute Tierstöcke. Die Fortpflanzung erfolgt häufig unter Generationswechsel, wobei geschlechtlich erzeugte, festsitzende Polypen schirmförmig gebaute, freischwimmende Medusen oder Quallen abschnüren, aus deren Eiern wieder Polypen entstehen *(s. Abb. 416.1);* bekannte Vertreter: Süßwasserpolyp, Quallen (**Abb. 528.1**), Staatsquallen *(s. Abb. 83.4),* Korallen; größte Art: Dörnchenkoralle *Cirripathes* (6 m).

Stamm Rippenquallen (*Ctenophora,* ca. 80 Arten). Sie sind ähnlich wie die Quallen der Nesseltiere gebaut. Über den Körper verlaufen acht Wimpernleisten, die als »Rippen« bezeichnet werden; ein Generationswechsel fehlt; größte Art: Venusgürtel (1,5 m).

Triploblastische Tiere oder **Bilateria.** Alle folgenden Tierstämme bilden mehr als zwei Zellschichten aus und sind zumindest auf dem Stadium der Larven bzw. Jugendformen bilateral-symmetrisch gebaut. Diese Symmetrie kann in einzelnen Gruppen durch Metamorphose während der Larvenentwicklung verändert werden, z. B. bei den Stachelhäutern. Die Entwicklung der Körperorganisation wird durch *Hox-Gene* gesteuert *(s. Genetik 4.3.3)*. Nach dem Grundbauplan unterscheidet man Urmünder (Protostomier) und Neumünder (Deuterostomier; *s. Abb. 486.1)*. Bei den **Protostomiern** wird der Urmund des Gastrulastadiums zum Mund des erwachsenen Tieres. Wenn Hartteile gebildet werden, befinden sie sich an der Körperoberfläche als Schale oder Panzer (Außenskelett). Die Unterteilung in zwei große Gruppen erfolgt vor allem aufgrund molekulargenetischer Befunde:

Erste Gruppe von Stämmen: **Lophotrochozoa.** Sie besitzen oft eine *Trochophora*-Larve *(s. Abb. 487.1)*. Der Nahrungserwerb der erwachsenen Tiere erfolgt entweder durch aktive Bewegung eines wurmförmigen Körpers oder durch Herbeistrudeln mithilfe von Tentakeln.

Stamm Plattwürmer (*Plathelminthes*, ca. 16 000 Arten). Würmer ohne Coelom, d. h. ohne von Mesoderm ausgekleidete Leibeshöhle. Hierzu gehören die im Wasser lebenden *Strudelwürmer* (Turbellarien) sowie die in anderen Tieren schmarotzenden *Saugwürmer* (Trematoden) und *Bandwürmer* (Cestoden): Tiere ohne Gliedmaßen mit abgeplattetem Körper (**Abb. 528.2**) mit meist stark verästeltem Darm (bei Strudel- und Saugwürmern) ohne Ausgang. Längsstränge von Nervenfasern sind durch Querstränge verbunden; Muskellagen unter der Haut sowie von der Ober- zur Unterseite des Körpers ziehende Muskelstränge dienen der Bewegung. Fast alle sind Zwitter. Parasitische Formen zeigen häufig veränderten Bau. Kennzeichnende Vertreter: Strudelwurm (freilebend), Leberegel, Bandwurm; längste Art: Fischbandwurm (15 m).

Stamm Rädertierchen (*Rotatoria*, ca. 1700 Arten). Gehören zu den kleinsten Vielzellern; in Gewässern.

Stamm Tentakelträger (*Tentaculata* oder *Lophophorata*, ca. 5000 Arten). Größte Art: *Phoronopsis*, ein Hufeisenwurm (30 cm); festsitzende Tiere, die mit bewimperten Fangarmen (Tentakeln) Nahrung herbeistrudeln: z. B. koloniebildende *Moostierchen* (Bryozoen), *Hufeisenwürmer* (Phoroniden) und *Armfüßler* (Brachiopoden) mit zweiklappiger Schale *(s. Abb. 492.2)*.

Stamm Schnurwürmer (*Nemertini*, ca. 1000 Arten). Langgestreckte, zylindrische Meereswürmer mit Rüssel; besitzen ein geschlossenes Blutgefäßsystem; größte Art: *Lineus longissimus* (27 m lang bei 9 mm Durchmesser).

Stamm Ringelwürmer (*Annelida*; ca. 18 000 Arten). Der langgestreckte, meist runde Körper ist durch gleich gebaute Abschnitte (Segmente) gegliedert (**Abb. 528.3**). Der äußeren Ringelung entspricht eine innere Kammerung der sekundären Leibeshöhle (Coelom). Nervensystem aus zwei bauchseitigen Längssträngen mit paarigen, durch Querstränge verbundenen Nervenknoten (Ganglien) in jedem Segment (Strickleiternervensystem); bei wasserlebenden Arten Segmente mit Kiemen; Leibeshöhle durchzogen von einem durchgehenden Darm. Blutgefäßsystem geschlossen, mit einem Rücken- und einem Bauchgefäß, die in jedem Körperabschnitt durch Ringgefäße verbunden sind; in jedem Abschnitt zwei einfache Ausscheidungsorgane. Vertreter: Regenwurm, Köderwurm, Blutegel; größte Art: *Eunice gigantea* (3 m).

Stamm Weichtiere (*Mollusca*; ca. 130 0000 Arten). Gliedmaßenlos; besitzen fast alle eine Kalkschale, die vom Mantel, einer den Rumpf umhüllenden Hautfalte, ausgeschieden wird (**Abb. 529.1**). Bei den Schnecken befindet sich bauchwärts vom Rumpf als Bewegungsorgan der »Fuß«,

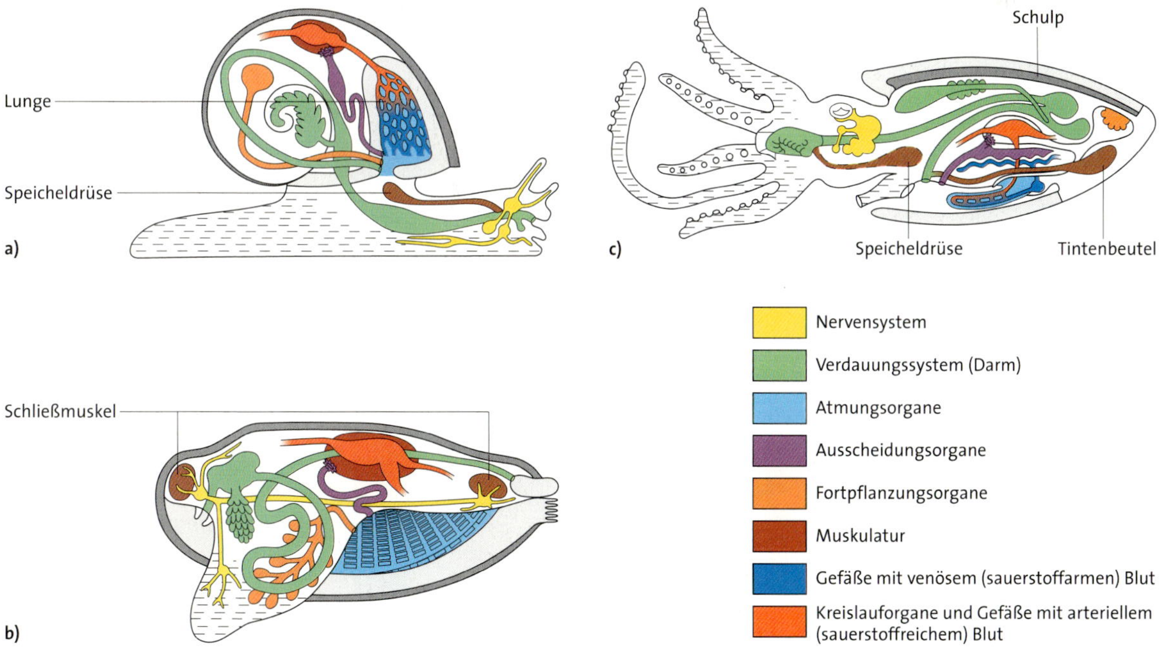

Abb. 529.1: Bauplan der Weichtiere. **a)** Schnecke (Lungenschnecke); **b)** Muschel; **c)** Tintenfisch; Mantel grau, Eingeweidesack weiß, Fuß waagerecht gestrichelt.

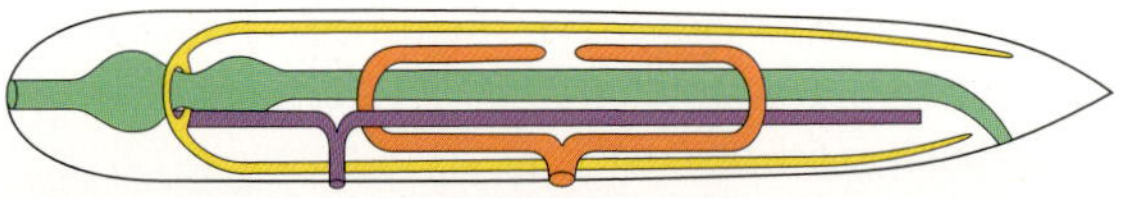

Abb. 530.1: Bauplan der Fadenwürmer in Seitenansicht. Farberklärung *s. Abb. 530.3*

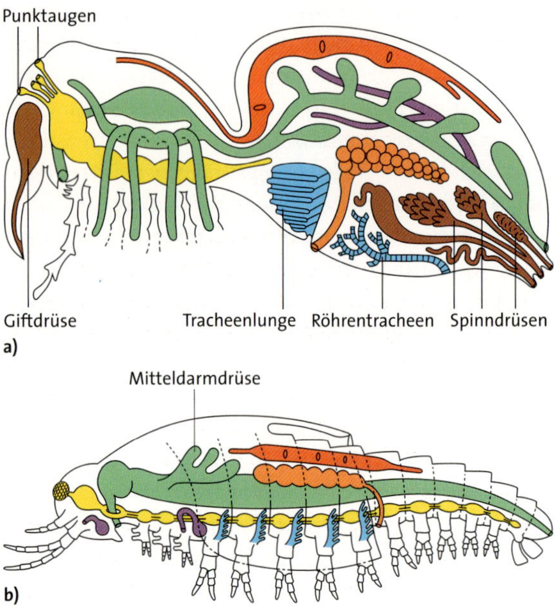

Abb. 530.2: a) Bauplan der Spinnen; **b)** Bauplan der Krebse. Farberklärung *s. Abb. 530.3*

den Muscheln fehlt der Kopf. Die Sekundäre Leibeshöhle (Coelom) ist stark verkleinert und auf den »Herzbeutel« beschränkt; dort beginnen auch die paarigen Ausscheidungsorgane. Blutgefäßsystem offen, ein Herz setzt das Blut in Bewegung. Anfang des Darms ist außer bei den Muscheln mit Kiefern und einer Reibeplatte versehen; Atmung erfolgt meist durch Kiemen in der Mantelhöhle; Nervensystem in Form von Ganglien, die durch Nervenstränge verbunden sind. Größte Art: Tintenfisch *Architeuthis* (18 m).

a) **Käferschnecken** *(Polyplacophora)*. An den Meeresküsten; mit acht beweglichen Schalenplatten.

b) **Napfschaler** *(Monoplacophora)*. Am Meeresboden; mit napfförmiger Schale und paarigen Organen.

c) **Schnecken** *(Gastropoda)*. Fuß mit breiter Kriechsohle; Schale unpaar.

d) **Tintenfische** *(Cephalopoda)*. Fuß in Trichter und Fangarme umgewandelt; Schale zum rückenseits unter der Haut liegenden Schulp umgebildet oder fehlend.

e) **Kahnfüßler** *(Scaphopoda)*. Mit röhrenförmiger, an beiden Enden offener Schale.

f) **Muscheln** *(Lamellibranchiata* oder *Bivalvia)*. Fuß beilförmig; Schale zweiteilig; Kiemen blattartig; Kopf fehlt.

Zweite Gruppe von Stämmen der Triploblastischen Tiere: **Ecdysozoa;** besitzen oft eine derbe Haut oder sogar ein Außenskelett, das beim Wachstum unter Häutung (gr. *ekdysis*) ersetzt wird.

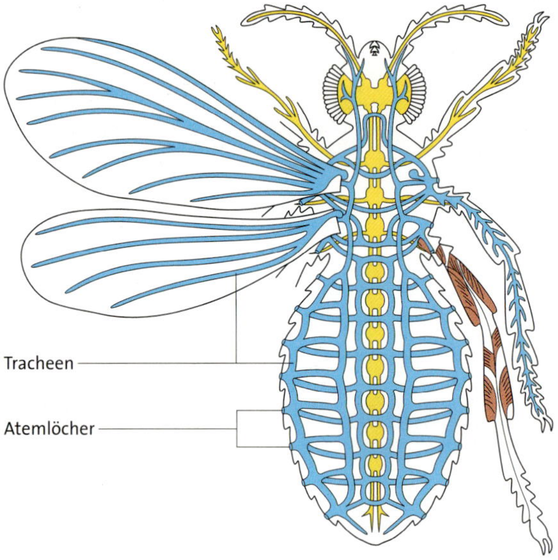

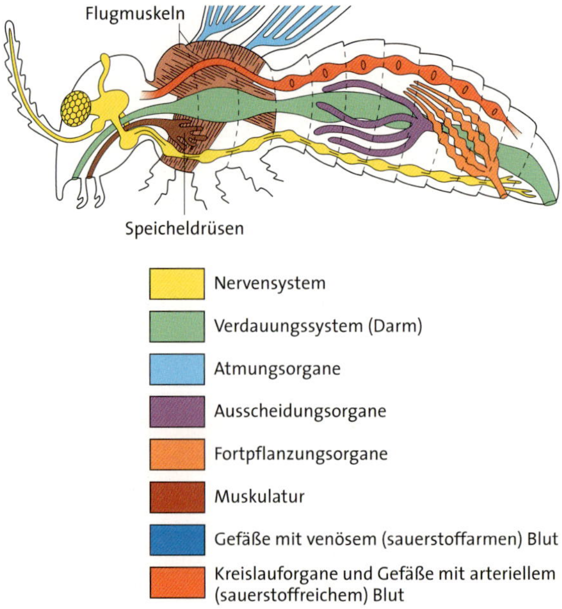

Abb. 530.3: Bauplan der Insekten. Links: Rückenansicht; im ersten Fuß sind Nerven, im zweiten Atemröhren, im dritten Muskeln eingezeichnet; rechts: Bauplan im Längsschnitt

Stamm Faden- oder Rundwürmer *(Aschelminthes* oder *Nemathelminthes,* ca. 15 000 Arten). Der langgestreckte, runde Körper weist eine flüssigkeitserfüllte Leibeshöhle und einen durchgehenden Darm auf, besitzt aber kein Blutgefäßsystem. Nervensystem aus Rücken- und Bauchstrang, die vorne durch einen Schlundring verbunden sind (**Abb. 530.1**). Bekannte Vertreter: Spulwurm, Trichine; größte Art: der in Pottwalen lebende *Placentonema gigantissima* (bis 8 m).

Stamm Borstenkiefler (*Chaetognatha,* ca. 120 Arten). Planktonlebewesen von fischartigem Aussehen. Körper gegliedert in Kopf, Rumpf und Schwanz. Größte Art: Pfeilwurm *Sagitta gazellae* (10 cm).

Stamm Gliederfüßler (*Arthropoda;* über 1 Mill. Arten). Kennzeichnend ist der Besitz eines äußeren Chitinskeletts zur Stütze und zum Schutz des Körpers sowie ursprünglich je eines Paares gegliederter Gliedmaßen an jedem Körperabschnitt. Diese können auf verschiedene Weise zu Sinnesorganen, Mund- und Bewegungswerkzeugen umgewandelt oder auch rückgebildet sein. Einheitliche Leibeshöhle, von Flüssigkeit erfüllt; offenes Blutgefäßsystem aus einem als Herz dienenden Rückengefäß und einigen Adern; Strickleiternervensystem mit einem über dem Schlund gelegenen Gehirn sowie einem größeren Unterschlundganglion. Größte Art: Krebs *Macrocheira* (Beinspannweite 3 m).

a) **Bärtierchen** (*Tardigrada;* ca. 600 Arten). Bis 1 mm groß; Wasserbewohner, aber völlig austrocknungsfähig.

b) **Stummelfüßler** (*Onychophora;* ca. 160 Arten). Sie besitzen Stummelfüße mit Endklauen; kennzeichnender Vertreter: *Peripatus (s. Abb. 461.1).*

c) **Trilobiten.** Ausgestorbene Gruppe von Meerestieren, die manche Merkmale mit Spinnentieren, andere mit den Krebsen gemeinsam hatten.

d) **Spinnentiere** (*Chelicerata,* ca. 40 000 Arten). Körper in Kopfbruststück und ungegliederten Hinterleib geteilt (**Abb. 530.2 a**). Am Kopfbruststück zwei Paar Mundwerkzeuge und vier Paar gegliederte Beine. Atmung durch Tracheen und Tracheenlungen; Entwicklung meist ohne Metamorphose. Hierzu: Spinnen, Milben, Skorpione und Schwertschwänze *(Limulus).*

e) **Krebse** (Crustacea, ca. 25 000 Arten). Gliederung des Körpers in Kopfbruststück und gegliederten Hinterleib (**Abb. 530.2 b**); Außenskelett oft durch Kalk verstärkt; Gliedmaßen meist in allen Körperabschnitten; die Grundform, der zweiästige Spaltfuß, ist je nach seiner Funktion vielfältig abgewandelt; Atmung durch die Haut oder durch Kiemenanhänge an den Beinen; kennzeichnende Vertreter: Flußkrebs, Krabbe, Wasserfloh.

f) **Tausendfüßler** (*Myriapoda,* ca. 10 000 Arten). Körper in zahlreiche gleichartige Abschnitte gegliedert, von denen jeder außer dem letzten ein oder zwei Paar Beine trägt; Kopf mit einem Paar Fühlern und zwei oder drei Kieferpaaren; Tracheenatmung.

g) **Insekten** (*Hexapoda,* ca. 1 000 000 Arten). Gliederung des Körpers in Kopf, Brust und Hinterleib (**Abb. 530.3**). Bei den geschlechtsreifen Tieren je ein Beinpaar an den drei Brustringen, außerdem meist je ein Flügelpaar am 2. und 3. Brustring. Drei Paar sehr verschieden gestaltete Mundgliedmaßen; Tracheenatmung; Entwicklung meist mit Metamorphose.

Die folgenden Stämme gehören zu den **Deuterostomiern,** bei denen der Urmund zum After des erwachsenen Tieres wird. Hartteile werden als Innenskelett gebildet.

Stamm Stachelhäuter (*Echinodermata,* ca. 6500 Arten). Die meeresbewohnenden Stachelhäuter weisen eine fünfstrahlige Symmetrie auf (**Abb. 531.1**), jedoch sind ihre Larven zweiseitig-symmetrisch gebaut. Ihr Name leitet sich ab von dem unter der Haut liegenden Innenskelett aus Kalkplättchen mit aufgesetzten Kalkstacheln, die oft über die Körperoberfläche hinausragen. Bewegung durch das nur in diesem Stamm vorkommende Wassergefäßsystem; Leibeshöhle vom Darm durchzogen; besondere Ausscheidungsorgane fehlen; Nervensystem aus einem zentralen Nervenring um den Mund und Nervensträngen in den Radien. Hierzu gehören: Seesterne, Seeigel, Schlangensterne, Seelilien und Seewalzen; größte Art: die Seewalze *Stichopus variegatus* (1 m).

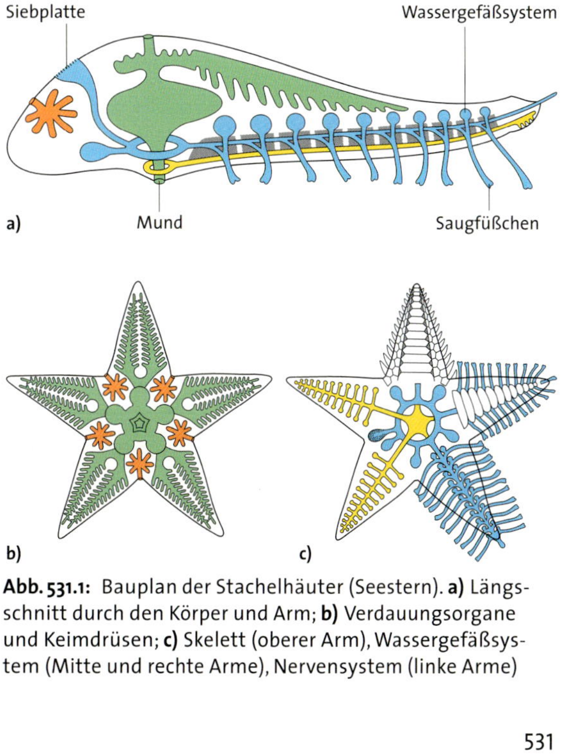

Abb. 531.1: Bauplan der Stachelhäuter (Seestern). **a)** Längsschnitt durch den Körper und Arm; **b)** Verdauungsorgane und Keimdrüsen; **c)** Skelett (oberer Arm), Wassergefäßsystem (Mitte und rechte Arme), Nervensystem (linke Arme)

Stamm Kragentiere (*Hemichordata*, ca. 150 Arten). Organismen des Meeresbodens von wurmähnlichem Aussehen; mit Kiemendarm wie Manteltiere und Lanzettfischchen; Leibeshöhle in drei Abschnitte gegliedert. Hierzu: die Eichelwürmer und die ausgestorbenen koloniebildenden *Graptolithen;* größte Art: Großer Eichelwurm (2,5 m).

Stamm Chordatiere (*Chordata*; ca. 50 000 Arten). Als Achsenskelett durchzieht ein elastischer Stab, die Chorda, den Körper. Bei den Wirbeltieren wird sie durch die Wirbelsäule ersetzt. Über der Chorda liegt das Zentralnervensystem (»Rückenmark«), unter ihr das Darmrohr, dessen vorderster Teil Kiemenspalten aufweist (Kiemendarm). Das Blutgefäßsystem ist geschlossen.

Unterstamm Manteltiere (*Tunicata*, ca. 2200 Arten). Meerestiere, die Nahrung in ihren Kiemendarm einstrudeln; Chorda meist nur bei der Larve vorhanden; Körper oft von einem Mantel aus Cellulose umhüllt. Hierzu: *Seescheiden, Salpen* und *Feuerwalzen.*

Unterstamm Schädellose (*Acrania*, 24 Arten). Grundbauplan der Wirbeltiere mit Ausnahme des Kopfes bereits augebildet ist; Vertreter: Lanzettfischchen (*Branchiostoma*, früher *Amphioxus*, **Abb. 533.1 a**).

Unterstamm Conodontentiere. Ausgestorbene, v. a. im Paläozoikum häufige Meeresbewohner *(s. Abb. 476.2).*

Unterstamm Wirbeltiere *(Vertebrata)*. Körper ist in Kopf, Rumpf und Schwanz gegliedert, trägt zwei im einzelnen sehr verschieden ausgebildete Gliedmaßenpaare; allen Wirbeltieren gemeinsam ist ein knorpeliges oder knöchernes Innenskelett, dessen Grundlage die gegliederte Wirbelsäule ist; größte Art: Blauwal (30 m).

a) **Kieferlose** oder **Rundmäuler** (ca. 120 Arten). Aalförmige Wassertiere, die keine Kiefer, sondern einen Saugmund und sieben Kiemenöffnungen besitzen; viele ausgestorbene Vertreter; kennzeichnende Art: Neunauge.

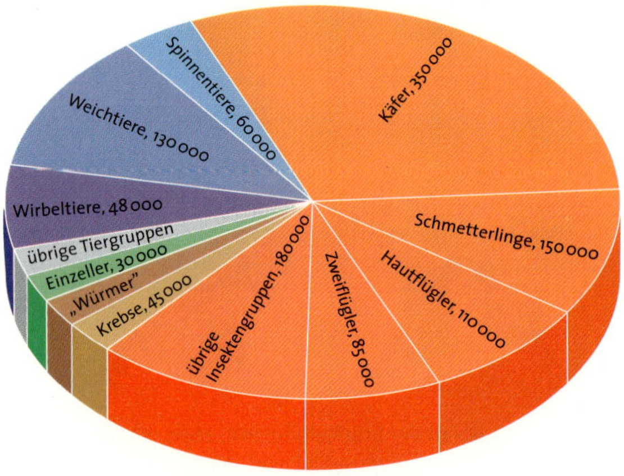

Abb. 532.1: Artenzahlen der verschiedenen Tiergruppen, besonders aufgeschlüsselt für die Insekten

b) **Knorpelfische** (Haie, Rochen und Chimären, ca. 600 Arten). Skelett knorpelig; Schwanzflosse als Hauptfortbewegungsorgan; Mund an der Unterseite des Kopfes (**Abb. 533.1**). 5 bis 7 Paar Kiemenspalten außen sichtbar; zahnartige »Schuppen« (Hautzähne) in der Haut.

c) **Knochenfische** (ca. 22 000 Arten). Skelett knöchern; Mund endständig. Die vier Paar Kiemen vom Kiemendeckel verdeckt; Knochenschuppen in Hauttaschen; Schwimmblase vorhanden; einfacher Blutkreislauf: Herz aus einer Kammer und einer Vorkammer (**Abb. 533.1 c**).

d) **Lungenfische und Quastenflosser** (ca. 10 Arten). Einige Schädelmerkmale und Skelettelemente der paarigen Flossen ähnlich wie bei Vierfüßlern; z. T. Schwimmblase mit Lungenfunktion.

e) **Lurche** (*Amphibien*, ca. 2000 Arten). Wechselwarme Wasser- oder Feuchtlufttiere; Gliedmaßen als Beine entwickelt (**Abb. 533.1**). Nackte, drüsenreiche Haut; einheitliche Leibeshöhle; doppelter Blutkreislauf; Herz mit zwei Vorkammern, aber nur einer Herzkammer. Als Larven durch Kiemen, erwachsen durch Lungen atmend; daneben Hautatmung; Entwicklung mit Metamorphose.

f) **Kriechtiere** (*Reptilien*, ca. 5000 Arten). Wechselwarme; Haut drüsenarm, mit Hornschuppen oder -platten; einheitliche Leibeshöhle; doppelter Blutkreislauf; Herz mit zwei Vorkammern, Herzkammer mit unvollkommener Scheidewand; nur Lungenatmung; meist eierlegend.

g) **Vögel** (*Aves*, ca. 9500 Arten). Gleichwarme Wirbeltiere; Körper mit Federn (**Abb. 533.2**); Haut drüsenarm; Vordergliedmaßen zu Flügeln umgebildet; Mund zahnlos, Hornschnabel; einheitliche Leibeshöhle; zwei getrennte Herzhälften mit je einer Vorkammer und Herzkammer; Körperkreislauf vom Lungenkreislauf vollkommen getrennt; Lunge mit Luftsäcken; Knochen hohl, lufterfüllt; Gehirn, auch Kleinhirn, gut entwickelt.

h) **Säugetiere** (*Mammalia*, ca. 5000 Arten). Gleichwarme Wirbeltiere; Körper mit Haaren (**Abb. 533.3**); drüsenreiche Haut in Schüppchen verhornend. Leibeshöhle durch Zwerchfell in Brust- und Bauchhöhle getrennt; zwei getrennte Herzhälften mit je einer Vorkammer und Herzkammer; Körperkreislauf vom Lungenkreislauf vollkommen getrennt; gut entwickeltes Gehirn; lebendgebärend, Jungen werden mit Milch gesäugt.

Die niederen Säugetiere bilden noch keine Plazenta aus. Bei den eierlegenden *Kloakentieren* (Ameisenigel, Schnabeltier) münden wie bei Kriechtieren und Vögeln Harnleiter und Ausführungsgang der Geschlechtsorgane gemeinsam in den Endabschnitt des Darmes (Kloake). Bei den *Beuteltieren* (z. B. Känguru) werden die winzigen Jungen in wenig entwickeltem Zustand geboren und im Beutel am unteren Bauch gesäugt. Bei den höheren Säugetieren: Entwicklung einer Plazenta (*Plazentasäuger).*

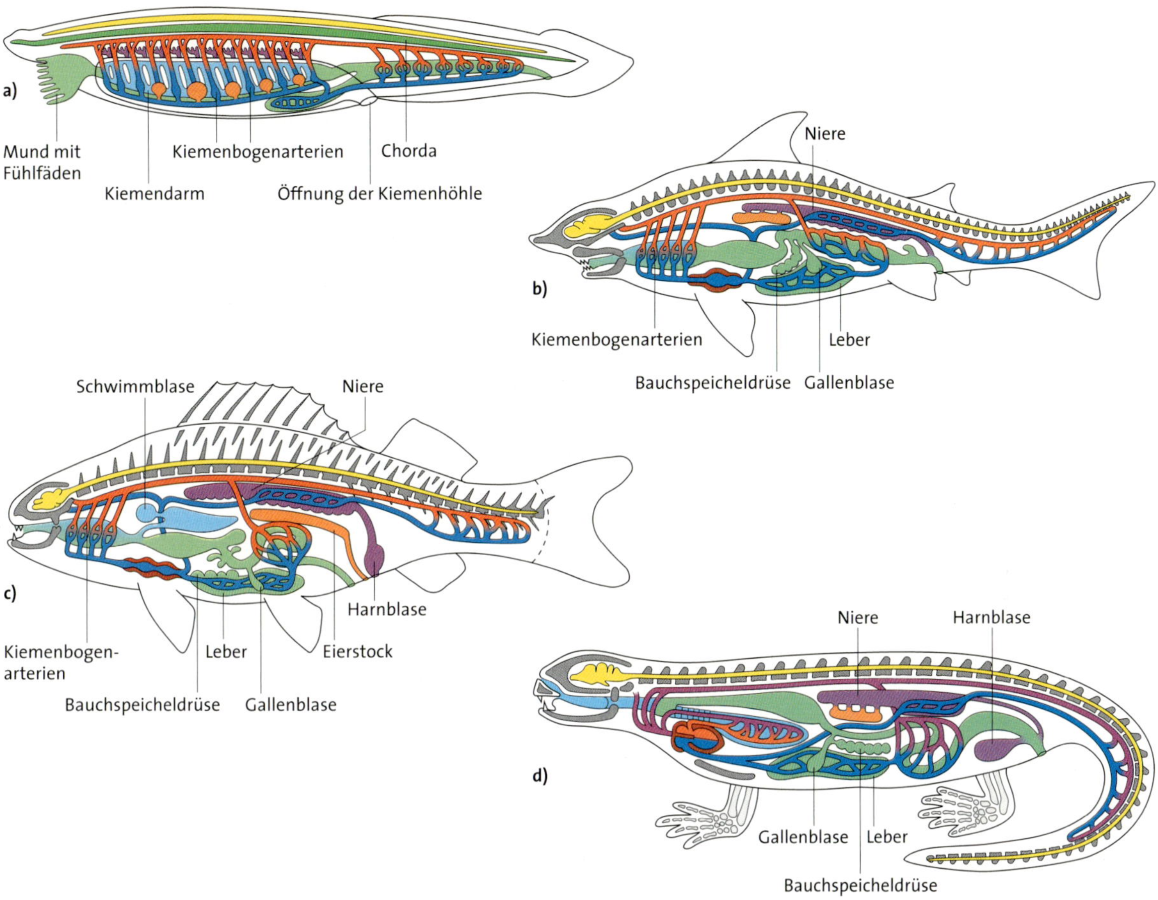

Abb. 533.1: Bauplan des Lanzettfischchens und niederer Wirbeltiere. **a)** Lanzettfischchen; **b)** Hai; **c)** Knochenfisch; **d)** Lurch. Farberklärung *s. Abb. 530.3*

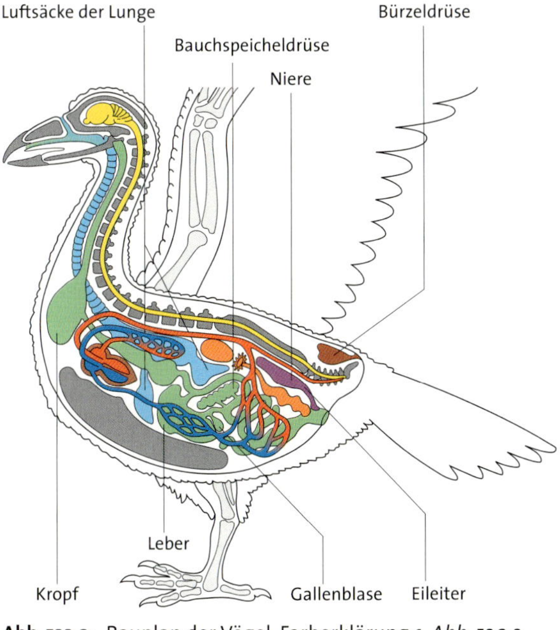

Abb. 533.2: Bauplan der Vögel. Farberklärung *s. Abb. 530.3*

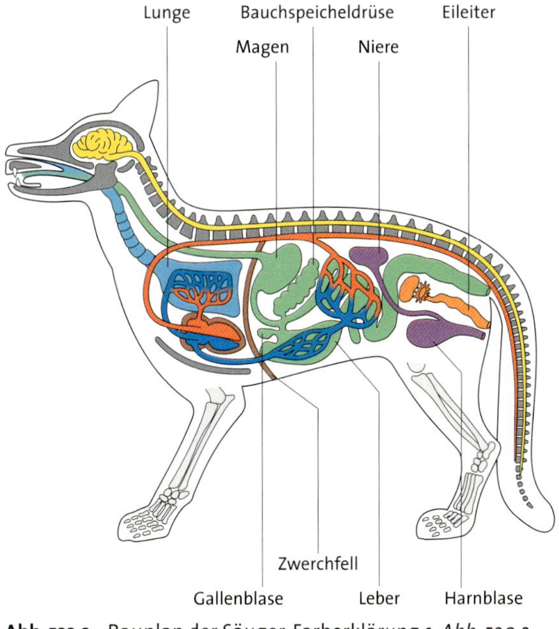

Abb. 533.3: Bauplan der Säuger. Farberklärung *s. Abb. 530.3*

Glossar

Kursivdruck in der Begriffserläuterung verweist auf einen anderen Begriff des Glossars.

abiotischer Faktor: *s. Umweltfaktor*

absolute Altersbestimmung: Datierung einer Gesteinsschicht durch Messung des Zerfalls radioaktiver Isotope, deren Zerfallsgeschwindigkeit bekannt ist.

Absorptionsspektrum (lat. *absorbere* verschlingen): Abhängigkeit der Absorption elektromagnetischer Strahlung (UV-, sichtbares Licht, IR-Strahlung) von deren Wellenlänge; wichtig zur Identifizierung vieler Stoffe, z. B. *Coenzyme, Chlorophylle.*

Acetylcholin: Aus aktivierter Essigsäure und Cholin gebildete Substanz; die als *Neurotransmitter* in *motorischen Endplatten* und *Synapsen* des *Zentralnervensystems* wirkt.

Actine: Bei allen Organismen verbreitete Proteine, die in tierischen *Zellen* für die veränderliche Zellgestalt verantwortlich sind. Sie sind Bestandteil des *Cytoskeletts.*

Adapatation (lat. *adaptare* anpassen): Anpassung des Auges an geringe Lichtintensitäten (Dunkeladaptation) bzw. hohe Lichtintensitäten (Helladapatation).

adaptive Radiation (lat. *radius* Radspeiche): Bildung zahlreicher Arten unterschiedlicher ökologischer Anpassung bei Neubesiedlung eines Lebensraums oder dessen neuartiger Nutzung in einem geologisch kurzen Zeitraum.

Adenosintriphosphat, ATP: Wichtige Verbindung (ein *Nucleotid*) in allen lebenden *Zellen* als Energielieferant für *endergone Reaktionen.* Bildung erfolgt entweder durch Übertragung eines Phosphatrestes von einer organischen Verbindung, z. B. bei der *Glykolyse,* oder durch Nutzung eines *Protonengradienten,* z. B. bei der *Endoxidation.*

Adiuretin: Antidiuretisches Hormon, das im Zwischenhirn gebildet wird und bei der Regulation der Wasserausscheidung dem Wasserverlust des Körpers entgegenwirkt.

Agglutination (lat. *agglutinare* anleimen): Das Zusammenklumpen einzelner Partikel, z. B. Bakterien; geschieht meist über Antikörpermoleküle, die an *Antigene* auf der Oberfläche von in den Körper eingedrungener Partikel binden.

Aids (engl. *acquired immunodeficiency syndrome*): *s. HIV*

Akkommodation (lat. *accommodatio* Anpassung): Änderung der Form der *Linse* (und damit ihrer Brechkraft) zur Einstellung der Sehschärfe für das Nahsehen (Nahakkommodation) und Fernsehen (Fernakkommodation).

Aktionspotenzial (lat. *actio* Trägheit; *potentia* Kraft): Kurzzeitige, schnelle Änderung des *Membranpotenzials* einer erregbaren Zelle. Der Spannungswert verändert sich rasch vom negativen *Ruhepotenzial* bis in den positiven Bereich *(Depolarisation).* Anschließend wird das Ruhepotenzial wieder eingestellt. Die Depolarisation entsteht durch die Öffnung spannungsgesteuerter Natriumkanäle, die Rückkehr zum Ruhepotenzial durch die Öffnung spannungsgesteuerter Kaliumkanäle.

aktives Zentrum: Bereich von *Enzymen,* in dem das Substrat gebunden und umgesetzt wird.

Aktivierungsenergie: Energiebetrag, der erforderlich ist, um eine chemische Reaktion in Gang zu bringen. Katalysatoren, z. B. *Enzyme,* setzen die Aktivierungsenergie herab.

Aktualitätsprinzip: Auffassung, dass die Kräfte, die heute das Erdbild umgestalten, auch in der geologischen Vergangenheit wirksam gewesen sind und dass diese Kräfte allmählich wirken; geht zurück auf den Geologen CH. LYELL.

Alkaloide: Stickstoffhaltige heterocyclische Verbindungen, die zumeist schwach alkalisch reagieren und von Pflanzen als *Sekundärstoffe* gebildet werden; viele sind für den Menschen giftig; einige werden als Arzneimittel oder als Rauschdrogen genutzt.

Allel (gr. *allos* anders): Allele sind zwei oder mehrere unterschiedliche Ausbildungsformen eines Gens; ein Chromosom besitzt jeweils nur ein Allel; Unterbegriff zu *Gen (s. multiple Allelie).*

Allergie (gr. *allos* anders; *ergon* Arbeit, Wirksamkeit): Übermäßige Immunreaktion auf ein normalerweise harmloses Antigen aus der Umgebung körpereigener Zellen bzw. gegen sie *(s. Autoimmunerkrankung).* Auch ein zu langsamer Abbau von Immunkomplexen führt zu einer Allergie.

allopatrische Artbildung: Artbildung infolge räumlicher Trennung von Populationen, also geografischer Isolation.

Alloploidie (gr. *allos* anders; *haploos* einfach): *s. Genommutation*

Allosterie (gr. *allos* anders; *stereos* fest): Eigenschaft von Proteinen, mehr als eine (in der Regel zwei) stabile Konformationen zu bilden. Kommt durch Bindung eines kleinen Moleküls (Effektor) in einem allosterischen Zentrum, also außerhalb des aktiven Zentrums, zustande. Bei einem allosterischen Enzym kann die Bindung des Effektors zur Hemmung der Enzymreaktion (allosterische Hemmung), in anderen Fällen zur Aktivierung führen.

Altersbestimmung: *s. absolute, relative Altersbestimmung*

Altruismus (lat. *alter* ein anderer; *altrix* Pflegemutter): Bei vielen sozial lebenden Tieren auftretendes, uneigennütziges Verhalten, welches für die Gemeinschaft Gewinn bringend ist, für das ausführende Individuum aber Nachteile haben kann. Altruistisches Verhalten kann sich durch Selektion ausbreiten, wenn es zu einer höheren reproduktiven Fitness, z. B. der Verwandten, führt.

altruistisches Verhalten: Verhalten, das uneigennützig erscheint; es bleibt erhalten, wenn die *Gesamtfitness* durch *Verwandtschaftsselektion* zunimmt.

Aminosäure: Carbonsäure mit einer oder mehreren Aminogruppen ($-NH_2$), Aminosäuren sind die Bausteine der Proteine.

Amnionpunktion (gr. *amnion* Schafshaut; lat. *punctare* Einstiche machen): *s. pränatale Diagnose*

anabolische Reaktionen, Anabolismus (gr. *anabole* Aufwurf): Gesamtheit der aufbauenden Stoffwechselreaktionen bzw. Biosynthesen *(s. Assimilation).*

Anagenese: *s. Höherentwicklung*

analoge Strukturen (gr. *analogos* entsprechend): Strukturen gleicher Funktion, die einen unterschiedlichen Bauplan aufweisen und auf unterschiedliche Gene zurück zu führen sind *(s. Homologie).*

Androgene (gr. *aner* Mann; *genesis* Erzeugung): Zu den Steroiden *(s. Corticosteroide)* gehörende *Geschlechtshormone,* z. B. Testosteron. Weil sie im männlichen Geschlecht gegenüber den *Estrogenen* überwiegen, werden sie als männliche Geschlechtshormone bezeichnet. Sie stimulieren die Ausbildung männlicher Geschlechtsmerkmale, steuern die Reproduktionsfunktionen beim Mann und fördern in beiden Geschlechtern das Muskelwachstum.

Aneuploidie (Kunstwort gr. *an-* un-; *eu-* gut, richtig; *haploos* einfach): *s. Genommutation*

angeborene Verhaltensweise: Genetisch bedingte Verhaltensweise, bei der individuelles Lernen nachweislich keine Rolle spielt.

Anpassung: Syn. Adaption; die im Laufe der *Evolution* durch *Selektion* zustande kommende bzw. zustande gekommene Zweckmäßigkeit von Bau und Funktion der Lebewesen und ihrer Teile (Organe, Gewebe).

Anthocyan (gr. *anthos* Blüte; *cyanos* blau): Roter oder blauer wasserlöslicher Pflanzenfarbstoff, der in pflanzlichen *Vakuolen* vorkommen kann.

Antibiotika (gr. *anti-* gegenüber, entgegengesetzt; *bios* Leben): Aus Pilzen, besonders aus *Penicillium* oder aus Actinomyceten und anderen Bakterien gewonnene Substanzen, die andere Mikroorganismen in ihrer Entwicklung hemmen oder töten.

Anticodon (gr. *anti* gegen): *s. Codon*

Antigen (gr. *anti* gegen; *genesis* Entstehung, Zeugung): Körperfremdes Molekül, das eine Immunantwort auslöst. Der Name geht auf die Fähigkeit von Antigenen zurück, die Bildung von *Antikörpern* auszulösen.

Antikörper (gr. *anti* gegen): Proteine, die spezifisch an eine bestimmte Substanz, nämlich ihr *Antigen,* binden. Alle Antikörper haben dieselbe Grundstruktur. Sie gehören zu den *Immunglobulinen* (Ig). Antikörper werden durch *Plasmazellen* als Reaktion auf eine Infektion oder Immunisierung gebildet. Sie binden und neutralisieren Krankheitserreger oder bereiten sie für die Aufnahme und den Abbau durch andere Zellen, wie z. B. Makrophagen, vor.

Apoptose (gr. *apoptos* unsichtbar): Syn. programmierter Zelltod; gezielte Selbsttötung von Zellen (Gegensatz: *Nekrose)*

Appetenzverhalten (lat. *appetentia* Verlangen, Sucht): Such- und Annäherungsverhalten, welches einer *Erbkoordination* vorausgehen kann.

Art: Grundeinheit der Systematik, und damit der Klassifikation der Organismen.

Artbildung: *s. allopatrische, sympatrische Artbildung*

Arterie: Blutgefäß, in dem Blut vom Herzen weggeführt wird.

Assimilation (lat. *assimilatio* Angleichung): Überführung körperfremder Ausgangsstoffe in körpereigene Stoffe; die Produkte bezeichnet man als Assimilate; häufig wird der Begriff Assimilation in engerem Sinn für den Vorgang der *Fotosynthese* verwendet.

assoziatives Lernen (lat. *associare* verbinden): Lernvorgang, bei dem z. B. eine Verbindung (Assoziation) zwischen zwei verschiedenen Reizen, einem neutralen Reiz und einem zweiten Reiz herstellt wird, der entweder positive oder negative Auswirkungen auf den Organismus hat und sein Verhalten ändert *(s. nichtassoziatives Lernen, klassische, instrumentelle Konditionierung).*

Atmung: Als äußerer Vorgang Aufnahme von Sauerstoff in den Körper und Entfernung von Kohlenstoffdioxid (äußere Atmung). Dazu zählen die Lungenatmung der Wirbeltiere, die Kiemenatmung der Fische und die Tracheenatmung der Insekten. Als Vorgang im Inneren der *Zellen (Zellatmung, innere Atmung)* Oxidation von Nahrungsstoffen zum Energiegewinn.

Atmungskette: Abfolge von Redoxreaktionen in der inneren Mitochondrienmembran (bei *Prokaryoten* in der Zellmembran), in deren Verlauf der Wasserstoff des NADH mit Sauerstoff zu Wasser oxidiert wird; die freigesetzte Energie wird über einen *Protonengradiententen* zur Bildung von *Adenosintriphosphat* (ATP) genutzt.

aufspaltende Selektion: Veränderung des Genpools durch besonders starke Verringerung der häufigsten Genotypen, z. B. infolge von Krankheiten.

Auslesezüchtung: *s. Züchtung*

Auslösemechanismus: *Schlüsselreize* wirken vermutlich über einen angeborenen auslösenden Mechanismus (AAM), der dadurch ein Verhalten in Gang setzt. Ein AAM kann durch Lernvorgänge modifiziert werden; man bezeichnet ihn dann als einen durch Erfahrung veränderten angeborenen Auslösemechanismus (EAAM). Ein erlernter Auslösemechanismus (EAM) entsteht hingegen vollkommen neu und beruht ausschließlich auf Lernvorgängen *(s. Schlüsselreiz).*

Ausscheidung: Entfernung von Wasser, Ionen und Giftstoffen aus dem Körper. Sie dient auch dazu, die Salzkonzentration der Zwischenzellflüssigkeit (Lymphe) in engen Grenzen konstant zu halten.

Australopithecinen (lat. *australis* südlich): Wichtigste Gruppe der *Vormenschen*, umfasst die Gattung Australopithecus i.w.S. (einschl. Kenyanthropus und Paranthropus).

Autoimmunerkrankung (gr. *auto* selbst; *lat. immunis* unberührt): Krankheit, die durch eine Immunreaktion gegen körpereigene *Antigene* hervorgerufen wird *(s. Allergie).*

Autökologie (gr. *autos* selbst; *oikos* Haus): Teilbereich der Ökologie, der sich mit den Abhängigkeiten einzelner Arten von *Umweltfaktoren* beschäftigt.

Autosomen (gr. *autos* der gleiche; *soma* Körper): Bezeichnung für alle *Chromosomen* eines Chromosomensatzes außer den *Geschlechtschromosomen.*

Autotrophie (gr. *autotrophos* sich selbst ernährend): Ernährungsweise von Organismen, z. B. Pflanzen, Bakterien, die organische Stoffe *(Kohlenhydrate)* aus anorganischen Stoffen (Wasser und Kohlenstoffdioxid) herstellen. Die dazu benötigte Energie wird aus dem Sonnenlicht *(Fotosynthese)* oder aus der Oxidation anorganischer Stoffe *(Chemosynthese)* entnommen.

Auxine (gr. *auxanein* vermehren, wachsen lassen): Pflanzenhormone (Wuchsstoffe); sie fördern das Streckungswachstum des Sprosses.

Axon (gr. *axon* Achse): Fortsatz von *Nervenzellen*, der *Aktionspotenziale* fortleitet. Die *Erregung* wird mittels *Neurotransmitter* auf andere Zellen übertragen.

Bakterienchromosom (gr. *chroma* Farbe): Die ringförmige, nicht mit Histonen assoziierte DNA der Prokaryoten.

Bakteriophagen (gr. *phagein* fressen): Syn. *Phagen*; Viren, die Bakterien befallen und sich in ihnen vermehren lassen.

Barr-Körperchen: Zweites, kondensiertes X-Chromosom der Frau

Basensequenz der DNA (lat. *sequi* folgen): Abfolge der in den *Nucleotiden* enthaltenen Basen eines *DNA*-Moleküls

bedingter Reflex (lat. *reflexus* Zurückbeugen): *Reflex*, bei dem Verbindungen zwischen Sinneszelle und Erfolgsorgan durch Lernvorgänge neu ausgebildet werden.

Befruchtung: Vereinigung von zwei Gameten zu einer einzigen Zelle, der *Zygote*

Behaviorismus (amerik. *behavior* Verhalten): Forschungsrichtung, welche v.a. Zusammenhänge von beobachtbaren Verhaltensweisen und Umweltreizen beschreibt. Verhalten wurde vorrangig als eine erlernte Reaktion auf Umweltreize angesehen *(s. Ethologie).*

Besamung: Eindringen des Spermiums mit Kopf und Mittelstück in das Cytoplasma der Eizelle

Beschädigungskampf: Form des Kampfes zwischen Artgenossen, bei dem eine gegenseitige Verletzung vorkommen kann.

Bioakkumulation (lat. *accumulare* anreichern): Anreicherung eines Stoffes in den Organismen einer Nahrungskette.

Biodiversität (lat. *diversus* verschieden): Biologische Vielfalt auf verschiedenen Systemebenen: Genetische Vielfalt innerhalb einer *Art*, Artenvielfalt auf der Erde oder in einem *Biotop* hinsichtlich der Häufigkeit und Verteilung, Vielfalt von *Ökosystemen* in der *Biosphäre.*

biogenetische Regel: Im Verlauf der Ontogenese werden vorübergehend Strukturen früherer Evolutionsstadien ausgebildet; gültig jeweils nur für einzelne Merkmale; nicht für alle Merkmale des Organismus.

biologische Genkarte: *s. Genkarte*

Biomasse: a) Masse aller lebenden Organismen eines Ökosystems oder eines Gebietes; b) Biomasse der Pflanzen: Organische Substanzen, die von foto- oder chemoautotrophen Organismen, den *Produzenten*, aus anorganischen Stoffen synthetisiert werden. Über die *Nahrungskette* gelangt Biomasse zu den *Konsumenten* und wird von diesen zu körpereigenen Substanzen umgewandelt und bildet so deren Biomasse. *Destruenten* bauen sie letztendlich wieder zu anorganischen Stoffen ab *(s. Trophiestufe).*

Biomembran (gr. *bios* Leben): Syn. Elementarmembran; Membran aus einer Doppelschicht von polaren *Lipiden*, die mit ihrem *hydrophilen* Bereich nach außen weisen. Ein- und aufgelagert sind Membranproteine, die zum Teil für den Transport von Stoffen durch die Membran verantwortlich sind *(s. Zellmembran).*

Bionik: Nutzung von Problemlösungen lebender Systeme für technische Bereiche.

Biosphäre (gr. *bios* Leben; *sphaira* Kugel): Teil der Erde, in dem Lebewesen vorkommen, d. h. die Gesamtheit aller *Ökosysteme* der Erde.

biotischer Faktor: *s. Umweltfaktor*

Biotop (gr. *bios* Leben; *topos* Ort): Syn. Lebensraum; Lebensraum einer Lebensgemeinschaft *(Biozönose)* mit charakteristischen *Umweltfaktoren.* Ein Biotop ist abgrenzbar von anderen Lebensräumen, z. B. die nicht lebenden Elemente von Teich, Wiese, Moor.

Biozönose (gr. *bios* Leben; *koinos* gemeinsam): Lebensgemeinschaft in einem *Ökosystem*

Blastocyste (gr. *blaste* Keim, Spross; *kystis* Harnblase): Embryonalstadium der Säuger und des Menschen, entsteht beim Menschen fünf Tage nach der Befruchtung. Es besteht aus *Embryoblast, Trophoblast* und Keimhöhle; nistet sich in den Uterus ein.

Blastula (gr. *blaste* Keim, Spross): Syn. Blasenkeim; Stadium der *Keimesentwicklung* vielzelliger Tiere. Sie ist aus Zellen aufgebaut, die aus der *Furchung* hervorgegangen sind und einen Hohlraum umschließen.

blinder Fleck: Austrittsstelle des Sehnervs aus dem Augapfel. An dieser Stelle gibt es keine *Lichtsinneszellen*, daher kann einfallendes Licht von dort keine Sinneseindrücke hervorrufen.

Blut: Zirkulierende Körperflüssigkeit, die dem Transport von Wärmeenergie und Stoffen dient, z. B. von Sauerstoff, Kohlenstoffdioxid, Hormonen, Abwehrstoffen und Gerinnungsstoffen.

Blutkreislaufsystem: Transportsystem beim Menschen und bei Tieren zur Bewegung des Blutes im Körper. Man unterscheidet offene und geschlossene Kreislaufsysteme.

B-Lymphocyten: *s. Lymphocyten*

Brückentiere: Heute existierende Arten, die Merkmale systematisch getrennter Tiergruppen in sich vereinen. Sie sind keine echten *Übergangsformen*, leiten sich aber von solchen ab.

Bruttoprimärproduktion: Gesamte Menge organischer Stoffe, die durch *Foto-* oder *Chemosynthese* in einem *Ökosystem* pro Zeiteinheit gebildet wird *(s. Primärproduktion, Nettoprimärproduktion).*

C4-Pflanzen: Pflanzen, die in der *Fotosynthese* als CO_2-Fixierungsprodukt zunächst Äpfelsäure (ein Molekül mit vier C-Atomen) und dann erst Kohlenhydrate produzieren.

Calvin-Benson-Zyklus: Zyklische Abfolge von Reaktionen, durch die Pflanzen in der *Fotosynthese* aus CO_2 *Kohlenhydrate* aufbauen (Sekundärreaktionen der *Fotosynthese*).

Cancerogen (lat. *cancer* Krebs): Krebs auslösendes Agens

Carotinoide: Gelbe oder rote lipophile Farbstoffe; sie sind in den *Chloroplasten* als zusätzliche Pigmente der *Fotosynthese* enthalten, aber auch wichtige Blüten- und Fruchtfarbstoffe in *Chromoplasten.*

Carrier: Membranprotein, das unter Konformationsänderung Stoffe durch eine Membran in ein anderes *Kompartiment* der Zelle oder in eine andere Zelle transportiert.

Centriol: Zylindrische Struktur aus neun Dreiergruppen (Tripletts) aus *Mikrotubuli.* Centriolen liegen während der *Mitose* meist an den Polen der Kernteilungsspindel.

chemische Evolution: Sie ist die Bildung von organischen Verbindungen bis hin zu Makromolekülen aus einfachen anorganischen Stoffen unter den Bedingungen der ursprünglichen Erde.

Chemosynthese oder **Chemoautotrophie:** Aufbau organischer Stoffe aus anorganischen Molekülen mithilfe von chemischer Energie (zumeist Oxidation anorganischer Verbindungen); nur bei *Prokaryoten.*

Chiasma (gr. *chiasma* Kreuz): Mikroskopisch erkennbare Überkreuzungsstelle von Nicht-Schwesterchromatiden während der *Reduktionsteilung*

Chlorophylle (gr. *chloros* grün; *phyllon* Blatt): Grüne Farbstoffe der Pflanzen und verschiedener Bakterien, die für die Lichtabsorption bei der *Fotosynthese* von besonderer Bedeutung sind.

Chloroplast (gr. *chloros* grün; *plastos* geformt): *Zellorganell autotropher Eukaryoten,* das *Chlorophyll* enthält und in dem die *Fotosynthese* stattfindet.

Chromatide (gr. *chroma* Farbe): Chromosomen-Spalthälfte

Chromatografie (gr. *chroma* Farbe; *graphein* schreiben): Trennverfahren, bei dem die Bestandteile eines Stoffgemisches zwischen einer unbeweglichen (stationären) und einer beweglichen (mobilen) Phase unterschiedlich getrennt werden.

Chromoplast (gr. *chroma* Farbe): *Zellorganell,* das *Carotinoide,* jedoch kein Chlorophyll enthält; kommt v.a. in Blütenblättern und Früchten vor.

Chromosom (gr. *chroma* Farbe; *soma* Körper): Im Zellkern befindliche fädige Struktur, die *DNA* enthält und zu Beginn einer Kernteilung durch Verschraubung eine charakteristische Gestalt annimmt. In der *Interphase* liegt es »entschraubt« als *Chromatin* vor *(s. Mitose, Meiose).*

Chromosomenmutation: *Mutation,* welche die Struktur einzelner *Chromosomen* verändert. Es können Stücke abbrechen oder aus einer *Chromatide* herausbrechen (Deletion). Die Stücke können sich aber auch an eine Chromatide des *homologen Chromosoms* eingliedern, was zu einer Verdopplung des entsprechenden Abschnitts führt (Duplikation). Wenn sich abgebrochenen Stücke an ein nicht homologes Chromosom heften, nennt man dies Translokation. Bricht aus einer Chromatide ein Stück heraus und fügt sich umgekehrt wieder ein, so spricht man von Inversion.

Citronensäurezyklus: Zyklische Abfolge von Reaktionen im intermediären Stoffwechsel, durch welche der Acetylrest der aktivierten Essigsäure zu CO_2 oxidiert wird.

Codon (fr. *code* Schlüssel): Basentriplett der *mRNA,* welches die Information für eine *Aminosäure* liefert. Das entsprechende Basentriplett der *DNA* heißt Codogen, und das an das Codon bindende Basentriplett der *tRNA* Anticodon.

Coenzym: Nichtprotein-Bestandteil eines *Enzyms,* der am Ablauf der Reaktion beteiligt ist; Vitamine sind häufig Vorstufen von Coenzymen *(s. prosthetische Gruppe).*

Coevolution: Wechselseitige Einflussnahme der evolutiven Veränderung von Arten, die untereinander in intensiven ökologischen Beziehungen stehen; Evolution ist stets auch Coevolution der miteinander in Beziehung stehenden Arten.

Corticosteroide (lat. *cortex* Rinde; gr. *stereos* starr): Im Cortex der Nebenniere (Nebennierenrinde) erzeugte *Hormone.* Sie besitzen das molekulare Grundgerüst der Steroide, ein Ringsystem aus drei Sechsringen und einem Fünfring von C-Atmonen *(s. Glucocorticoide, Mineralcorticoide).*

Crossing-over: Genaustausch während der Überkreuzung von Nicht-Schwesterchromatiden *homologer Chromosomen* bei der Reduktionsteilung der *Meiose;* die Nicht-Schwesterchromatiden tauschen dabei Chromosomenstücke aus.

Cuticula (lat. *cutis* Haut): Bei Pflanzen vom Abschlussgewebe nach außen gebildete Schicht, die für Wasser und Gase schwer durchlässig und als Verdunstungsschutz wirksam ist. Sie besteht aus Cutin, Cellulose und eingelagerten Wachsschichten. Bei Tieren Schutzschicht, die vom Epithel der Körperoberfläche abgeschieden wird, z. B. das aus Chitin bestehende Außenskelett der Insekten.

Cytokine (gr. *kytos* Zelle; *kinein* bewegen): Gruppe hormonartiger Substanzen, die von Makrophagen und *T-Lymphocyten* zum Informationsaustauschuntereinander und mit anderen Zellen des Immunsystems abgegeben werden. Bestimmte Cytokine lösen Fieber aus, andere bewirken die Phagocytose von Zellen, die von Viren befallen sind.

Cytokinine (gr. *kytos* Höhlung; gr. *kinein* bewegen): Pflanzenhormone; sie regen z. B. die Teilung junger *Zellen* an und hemmen das Altern von *Geweben.*

Cytoplasma (gr. *kytos* Zelle; *plasma* das Gebildete): Gesamter Zellinhalt ohne Zellkern

Cytoskelett: Intrazelluläres Netzwerk aus Proteinfilamenten und *Mikrotubuli,* das der Formgebung der *Zelle* dient und an Bewegungsvorgängen innerhalb der Zelle beteiligt ist.

Cytosol: Die wässrige Grundsubstanz des *Cytoplasmas,* in die die *Zellorganellen* eingebettet sind. Es ist wegen des hohen Proteingehalts meist zähflüssig.

Deletion (lat. *delere* fehlen): *s. Chromosomenmutation*

demografischer Übergang (gr. *demos* Volk; *graphein* einritzen, schreiben): Zeitliche Veränderung der Geburts- und Sterberate der Menschen eines Landes beim Übergang vom Agrar- zum Industrieland.

Demökologie (gr. *demos* Volk; *oikos* Haus; *logos* Lehre): Syn. *Populationsökologie (s. Ökologie)*

Denaturierung: Überführung biologischer Makromoleküle, vor allem der Proteine, von der biologisch aktiven Konformation in eine andere in der Regel inaktive Konformation, hervorgerufen durch Hitze oder starke Säuren oder Laugen.

Dendrit (gr. *dendron* Baum): Fortsatz, der aus dem Zellkörper vieler *Nervenzellen* entspringt. Die Dendriten bilden die Eingangsregion der Nervenzelle. Normalerweise besitzt eine Nervenzelle eine Vielzahl von Dendriten.

Depolarisation (lat. *de* ent-; gr. *polos* Pol): Veränderung des *Membranpotenzials* zu Werten, die weniger negativ als das *Ruhepotenzial* der Zelle sind.

depolarisierendes Rezeptorpotenzial (lat. *de* ent-; gr. *polos* Pol): *s. Rezeptorpotenzial*

Desmosom (gr. *desmos* Fessel; *soma* Körper): Haftstruktur tierischer *Zellen,* über die eine feste Verbindung der Zellen untereinander erfolgt.

Destruenten (lat. *destruere* zerstören): Lebewesen, die sich von toten Organismen, Bestandsabfällen, z. B. Laubblättern, Humusstoffen oder von Kot ernähren und somit organische Substanzen zu anorganischen Stoffen abbauen, die den Produzenten wieder zur Verfügung stehen.

Determination (lat. *determinare* bestimmen): Festlegung der Entwicklungsrichtung embryonaler Zellen. Die Determination geht der *Differenzierung* voraus.

Detritus (lat. *detritus* Abfall): Die in einem Gewässer nach unten sinkenden toten Pflanzen und Tiere bzw. Teile davon.

Dictyosom: Stapel von Cisternen in der *Zelle,* in denen Sekrete gebildet und verarbeitet werden. Sie sind maßgeblich an der Zellwandbildung und an Drüsentätigkeiten beteiligt. Die Gesamtheit der Dictyosomen einer Zelle heißt *GOLGI-Apparat.*

differentielle Genaktivierung: Planmäßiges Aktivieren bzw. Ausschalten verschiedener Gene oder Gengruppen in unterschiedlichen Geweben während der gesamten Individualentwicklung. Daran haben induzierende *Signalmoleküle* einen entscheidenden Anteil *(s. Induktion).*

Differenzierung (lat. *differe* sich unterscheiden): Prozess der Spezialisierung von Zellen in Bau und Funktion; der Differenzierung geht die *Determination* voraus.

Diffusion (lat. *diffusio* Ausbreitung): Bewegung einzelner Teilchen in einem Gas oder einer Flüssigkeit, die statistisch gesehen vom Ort höherer zum Ort niedrigerer Konzentration verläuft und über einen langen Zeitraum hinweg zu einem Konzentrationsausgleich führt.

diploid (gr. *diploos* doppelt): Mit doppeltem Satz von *Chromosomen* bzw. *Genen* versehen *(s. haploid)*

Dissimilation (lat. *dissimilis* unähnlich): Stufenweiser Abbau organischer Verbindungen im Stoffwechsel, wobei Energie für energiebedürftige Reaktionen verfügbar wird.

DNA: Abkürzung von engl. *desoxyribonucleic acid*; doppelsträngiges, schraubig gewundenes Makromolekül, dessen *Nucleotide* den Zucker Desoxiribose enthalten; DNA dient als Erbsubstanz *(s. Nucleinsäuren)*.

DOBSON-Einheit: Schichtdicke von 0,01 mm Ozon bei 0 °C und 1 atm. Die Dobson-Einheit ist eine Größe, die auf der Annahme beruht, dass die Ozonmoleküle, die sich hauptsächlich in 17 bis 25 Kilometer über der Erde befinden, als reine Ozonschicht bei 0 ° C und 1 atm die gesamte Erde bedecken. Unter 220 DOBSON-Einheiten z. B. versteht man also eine Schicht von 2,2 mm Ozon über einem m^2 aber auch über einem km^2 Erdoberfläche. Eine Schicht von 2,2 mm Ozon über 1 m^2 Boden entspricht also der Menge von Ozonmolekülen, die in 0,0022 m × 1 m^2 = 2,2 dm^3 Ozon (bei 0 °C und 1 atm) enthalten sind und die sich in der Stratosphäre über 1 m^2 Erdoberfläche befinden.

Domestikation (lat. *domesticare* zähmen): Übergang von Wildformen von Pflanzen oder Tieren zu Kulturpflanzen bzw. Nutztieren.

dominant (lat. *dominare* beherrschen): Eigenschaft eines *Allel*, bei der Ausbildung des *Phänotyps* bestimmend zu wirken und das *rezessive* Allel in seiner Auswirkung zu unterdrücken.

Dopamin: Amin, das aus Dihydroxyphenylalanin entsteht; *Neurotransmitter* des *Zentralnervensystems*, der u. a. an der Steuerung von Bewegungen beteiligt ist. Ein Mangel an Dopamin führt zur PARKINSON-Krankheit, die v.a. durch schwere Bewegungsstörungen gekennzeichnet.

DOWN-Syndrom: Erbkrankheit, die auf der *Trisomie 21* beruht. Benannt nach dem englischen Arzt J. L.H. DOWN, 1828–1896. Wegen mongolider Gesichtszüge der Betroffenen wurde diese Erbkrankheit früher Mongolismus genannt.

Dryopithecinen (gr. *drys* Baum): Gruppe fossiler Affen, aus der die heutigen Menschenaffen und der Mensch hervorgegangen sind.

Duplikation (lat. *duplicare* verdoppeln): *s. Chromosomenmutation*

Eigenreflex (lat. *reflexus* zurückbiegen): Reflex, bei dem das gereizte Organ und das Erfolgsorgan identisch sind, z. B. Kniesehnereflex *(s. Reflex, Fremdreflex)*.

Einnischung: Ausbildung einer *ökologischen Nische*

Eizelle: Relativ großer und unbeweglicher Gamet

Elektrode (gr. *elektron* Bernstein; *hodos* Weg, Mittel): Elektrischer Leiter, mit dem sich z. B. kleine Spannungsänderungen über der Zellmembran feststellen lassen.

Embryo (lat. *embryo* Embryo, aus gr. *embryon*): Syn. Keim; junger Organismus, der sich aus einer befruchteten Eizelle oder einer unbefruchteten Eizelle *(s. Parthenogenese)* entwickelt. Bei Tieren bis zum Stadium der selbstständigen Nahrungsaufnahme, beim Menschen (im engeren Sinne) bis zum Abschluss der Organbildung, danach auch Fetus genannt.

Embryoblast (lat. *embryo* Embryo, aus gr. *embryon; blaste* Keim, Spross): Gruppe von 10 bis 15 Zellen innerhalb der Blastocyste der Säuger und des Menschen, aus denen sich das Junge/das Kind entwickelt.

Embryonalentwicklung: *s. Keimesentwicklung*

endergone Reaktion (gr. *endon* innen; *ergon* Arbeit): Reaktion, zu deren Ablauf fortlaufend Energie zugeführt werden muss.

Endocytose (gr. *endon* innen; *kytos* Zelle): Prozess der Aufnahme von Stoffen in eine *Zelle* durch Einstülpung der *Zellmembran* und Vesikelbildung. Die Vesikel wandern in das Zellinnere.

Endodermis (gr. *derma* Haut; *endon* innen, innerhalb): Innerste Zellschicht der Wurzelrinde, die den Zentralzylinder von der Rinde trennt.

endokrines Hormon (gr. *endon* innerhalb; *krinein* scheiden, sondern): *s. Hormon*

Endoplasmatisches Retikulum (gr. *endon* innen; lat. *reticulum* Netzchen): Netzförmiges System membranumhüllter Kanälchen und Säckchen, die das *Cytosol* durchzieht und das mit der Kernmembran verbunden ist.

Endosymbionten-Theorie: Sie besagt, dass *Mitochondrien* und *Plastiden* aus ursprünglich frei lebenden *Prokaryoten* hervorgegangen sind, die von Ur-Karyoten-Zellen als Symbionten aufgenommen wurden. Verschiedene Gruppen von Algen, z. B. Braunalgen, entstanden aus Formen, bei denen eine farblose *Eukaryoten*-Zelle einen eukaryotischen Endosymbionten mit Plastiden aufgenommen hatte (sekundäre Endosymbiose).

endotherme Reaktion: Reaktion, bei der Wärmeenergie gebunden wird.

Endoxidation: Ablauf der *Atmungskette* in der inneren Mitochondrienmembran, bei der NADH oxidiert und Sauerstoff zu Wasser reduziert wird; die freigesetzte Energie dient der *ATP*-Bildung.

Endplattenpotenzial (lat. *potentia* Kraft): Erregendes postsynaptisches Potenzial (EPSP), das an der *motorischen Endplatte* auftritt.

Enthalpie (gr. *endon* innen; *thalpos* Wärme): Die beim Ablauf einer *exothermen Reaktion* freiwerdende Energie, die als *Reaktionswärme* messbar ist.

Entropie (gr. *entrepein* umkehren): Thermodynamische Zustandsgröße, die als Maß des Unordnungszustandes der Teilchen (Moleküle, Ionen) beschrieben werden kann.

Entwicklung: *s. Evolution, Ontogenese*

Enzym (gr. *zyme* Hefe, Sauerteig): Katalysator des Stoffwechsels, der die für den Ablauf einer Reaktion erforderliche *Aktivierungsenergie* herabsetzt und so die Reaktion bei den in der Zelle herrschenden Bedingungen ermöglicht; die meisten Enzyme sind Proteine, einige sind Ribonucleinsäuren (Ribozyme).

Enzymtechnik: Industrielle Nutzung von z. T. gentechnisch veränderten *Enzymen*

Epigenetik (gr. *epi* auf, darüber): Teilgebiet der *Genetik*, das sich mit vererbbaren Änderungen der Gentätigkeit befasst, die nicht in Veränderungen der *Basensequenz* begründet sind. Solche Änderungen der Gentätigkeit beruhen oft auf der Stilllegung von *Genen* durch Methylgruppen, wobei das Methylierungsmuster vererbt werden kann.

Epiphyten (gr. *epi* außen, auf; *phyton* Pflanze): Pflanzen, die auf anderen Pflanzen wachsen, diesen aber keine Nahrungsstoffe entziehen.

Epitop (gr. *epi* auf; *topos* Ort): Stelle auf einem *Antigen*, die von einem *Antikörper* oder einem Antigenrezeptor erkannt wird.

Erbkonstanz: Begriff aus der Populationsgenetik; im *HARDY-WEINBERG-Gesetz* beschriebener Sachverhalt, wonach in einer *idealen Population* die Anzahl der *Allele* über Generationen hin gleich bleibt.

Erbkoordination: Relativ starre, in ihrer Form konstante Abfolge von Bewegungen, die weitgehend genetisch vorgegeben (ererbt) ist. Sie tritt bei allen Tieren einer Art oft in gleicher Weise auf, z. B. Eirollbewegungen bodenbrütender Vögel.

Erbkrankheit: Schädigung, die auf eine *Gen-*, *Chromosomen-* oder *Genommutation* zurückzuführen ist.

Ernährungsebene: *s. Trophiestufe*

erregendes postsynaptisches Potenzial: *s. postsynaptisches Potenzial*

Erregung: Veränderung des *Ruhepotenzials* von *Nerven-*, Drüsen-, *Sinnes-* und Muskelzellen durch Einwirkung eines *Reizes*. Erfolgt durch einen starken Reiz eine *Depolarisation* über einen Schwellenwert hinaus, so entsteht ein *Aktionspotenzial*.

Estrogene (gr. *oistros* Brunst; *genesis* Erzeugung): Zu den Steroiden gehörende *Geschlechtshormone*. Weil sie im weiblichen Geschlecht gegenüber den *Androgenen* überwiegen, werden sie als weibliche Geschlechtshormone bezeichnet. Sie stimulieren die Ausbildung weiblicher Geschlechtsmerkmale und steuern die Reproduktionsfunktionen bei der Frau.

Ethogramm (gr. *ethos* Gewohnheit; *gramma* Verzeichnis): Systematische Beschreibung aller unter natürlichen Bedingungen beobachteten Verhaltensweisen einer Tierart.

Ethologie (gr. *ethos* Gewohnheit): Forschungsrichtung, die vorwiegend angeborene Verhaltensweisen untersucht und solche, deren Auslösbarkeit stark von inneren Bedingungen abhängt, z. B. *Erbkoordinationen*.

Eucyte (gr. *eu* gut; *kytos* Zelle): Zelltypus der *Eukaryoten*; sie besitzt im Gegensatz zur *Protocyte* einen Zellkern und zahlreiche weitere Organellen.

Eukaryot (gr. *eu* gut; *karyon* Nuss, Kern): Organismus aus einer *Zelle* oder mehreren Zellen mit Zellkern und zahlreichen weiteren Organellen. Die Zellen der Eukaryoten können sich durch *Mitose* teilen.

Euploidie (Kunstwort: gr. *eu-* gut, richtig; *haploos* einfach): *s. Genommutation*

euryöke Art (gr. *eurys* breit; *oikos* Haus, Haushalt): Sie ist gegenüber der Änderung vieler Umweltfaktoren relativ unempfindlich, hat also bezüglich dieser Faktoren eine breite ökologische Potenz (Gegensatz: *stenöke* Art).

eutroph (gr. *eu* gut; *trophe* Nahrung): Nährstoffreich; gilt u. a. für Gewässer (Gegensatz: *oligotroph*).

Eutrophierung (gr. *trophe* Nahrung; *eu* gut): Zunahme der *Mineralstoffe* durch Abbau organischer Stoffe; gilt u. a. für Gewässer.

Evolution (lat. *evolvere* entwickeln): Allgemein jede nicht umkehrbare allmähliche Veränderung in der Natur, z. B. Evolution von Sternen. In der Biologie die Entstehung und allmähliche Veränderung der Lebewesen, deren ursächliche Erklärung liefert die Evolutionstheorie *(s. chemische E., intraspezifische E., transspezifische E.).*

Evolutionsrate: Zahl der Aminosäureaustausche innerhalb eines Proteins oder der Nukleotidaustausche in einem Gen je Zeiteinheit, bezogen auf gleiche Sequenzlänge. Die Evolutionsrate ist abhängig von der Funktion des Proteins, aber bei einem Protein näherungsweise konstant, solange keine Funktionsänderung erfolgt. Sie kann dann zur Abschätzung des Alters von Organismengruppen herangezogen werden (Evolutionsuhr).

Evolutionsstabile Strategie (ESS): Gesamtheit genetisch festgelegter Verhaltensstrategien, die in der Population aufgrund *stabilisierender Selektion* aufrecht erhalten wird, sodass die höchste *Gesamtfitness* vorliegt.

Evolutionsuhr: *s. Evolutionsrate*

exergone Reaktion: Reaktion, bei der Energie freigesetzt wird; läuft freiwillig ab, wenn die *Aktivierungsenergie* zur Verfügung steht.

Exocytose: (gr. *exo* außen; *kytos* Zelle): Das Ausschleusen von Stoffen aus einer *Zelle* durch Vesikel. Die Stoffe werden von Membranen umschlossen als Vesikel zur *Zellmembran* transportiert. Die Vesikelmembran verschmilzt mit der Zellmembran, die Stoffe gelangen dabei nach außen.

Exon (abgeleitet von lat. exprimere ausdrücken): DNA-Abschnitt eines eukaryotischen Gens, dessen Information in die reife mRNA eingeht. Zwischen den Exons des Gens liegen die informationslosen Introns.

exotherme Reaktion: Reaktion, bei der Wärme frei wird.

Expressivität (lat. *exprimere* ausdrücken): Ausprägungsgrad eines *Merkmals*; er kann bei Trägern des gleichen *Allels* unterschiedlich sein.

Extinktion (lat. *extinctio* Vernichtung): Syn. Massen-Aussterben; Aussterben ungewöhnlich vieler *Arten* innerhalb eines geologisch kurzen Zeitraums; verursacht durch rasche Veränderung der Umweltbedingungen.

Fetus: *s. Embryo*

Fight or Flight Response (engl. *fight* Kampf; *flight* Flucht): Bündel von Reaktionen, die bei *Stress* als Folge der Ausschüttung der *Hormone* des Nebennierenmarks (insbesondere von Adrenalin) oder auch der Aktivität des *sympathischen Nervensystems* auftreten.

Fitness (genauer reproduktive Fitness): Syn. Selektionswert; Maß für die Eignung eines *Genotyps*, möglichst häufig im *Genpool* der folgenden Generation vertreten zu sein. Diese Eigenschaft ist abhängig von der jeweiligen Umwelt und nachträglich messbar an der Fortpflanzungs- und Überlebensrate der Individuen.

Fluktuationstest (lat. *fluctuativ* unruhige Bewegung): Test zum Nachweis der *Präadaptation* bezogen auf Antibiotika-Resistenzen bei Bakterien.

Fortpflanzung: Erzeugung von Nachkommen; man unterscheidet geschlechtliche Fortpflanzung und ungeschlechtliche Fortpflanzung.

Fossilien (lat. *fossilis* ausgegraben): Überreste von Lebewesen in unterschiedlicher Vollständigkeit und Erhaltung; sie bilden die Grundlage der *Paläontologie* und dienen der relativen Altersbestimmung *(s. Leitfossilien).*

Fotomorphogenese (gr. *phos* Licht; *morphe* Gestalt; *genos* Geschlecht, Abstammung): Gestaltbildung der Pflanze unter Lichteinfluss.

Fotosynthese: Aufbau organischer Stoffe aus anorganischen Molekülen (CO_2, H_2O) mithilfe von Lichtenergie. Man unterscheidet unmittelbar lichtabhängige Primärreaktionen, bei denen NADPH sowie *ATP* gebildet werden und Sekundärreaktionen, bei denen CO_2 gebunden und zum *Kohlenhydrat* reduziert wird *(Calvin-Benson-Zyklus).*

Fovea centralis (lat. *fovea* Grube; *centralis* im Mittelpunkt): *s. Gelber Fleck*

Fremdreflex (lat. *reflexus* zurückbiegen): Reflex, bei dem das gereizte Organ und das Erfolgsorgan verschieden sind, z. B. Lidschlussreflex *(s. Reflex, Eigenreflex).*

Frosttrocknis: Dürreschädigung von Pflanzen aufgrund fehlender Wasserzufuhr aus dem Boden bei Dauerfrost, wobei die trockene kalte Luft die Austrocknung der Pflanze fördert.

Funktionswechsel: Umbildung eines Organs im Evolutionsprozess, die über ein Zwischenstadium mit Doppelfunktion zu einer neuen Funktion des Organs führt.

Furchung: Erster Abschnitt der *Keimesentwicklung* der Tiere; dabei wird aus der *Zygote* eine Vielzahl undifferenzierter Zellen gebildet.

γ-Aminobuttersäure (GABA): Wichtigster inhibitorischer *Neurotransmitter* des *Zentralnervensystems*, durch den rund 30 % aller *Synapsen* im menschlichen Gehirn gesteuert werden; entsteht im Stoffwechsel aus Glutaminsäure.

Gamet (gr. *gametes* Gatte): Syn. Keimzelle; haploide Fortpflanzungszelle. Bei der geschlechtlichen *Fortpflanzung* vereinigen sich zwei Gameten zu einer Zelle, z. B. eine Eizelle und ein Spermium.

Gametophyt: Pflanze, die Gameten bildet (Algen, Moose, Farne) oder Gameten bildender Teil einer Blütenpflanze *(s. Sporophyt).*

Gärung: Energieliefernder Stoffwechselvorgang, der unter Sauerstoffausschluss erfolgt; wird bezeichnet nach dem gebildeten Endprodukt: Alkoholische Gärung, Milchsäuregärung, Buttersäuregärung usw. *(s. Glykolyse).*

Gastrula (lat. *gastrum* bauchiges Gefäß): Syn. Becherkeim; Stadium der *Keimesentwicklung* vielzelliger Tiere, das aus den *Keimblättern* aufgebaut ist. Die Gastrula bildet sich aus der *Blastula.*

gelber Fleck: Grubenartige Verformung der Netzhaut des *Primaten-Linsenauges.* Wegen der sehr hohen Dichte an *Lichtsinneszellen (Zapfen)* ist dieser Bereich der Ort des schärfsten Sehens in der Netzhaut.

Gen (gr. *genos* Gattung, Nachkommenschaft): Syn. open reading frame (ORF); nach klassischer Auffassung ein bestimmter Teil des *Genoms*, der zur Ausbildung eines *Merkmals* beiträgt *(s. Allel).* In der Molekularbiologie der Abschnitt auf dem *Chromosom*, der für die Bildung eines funktionellen Produkts zuständig ist, z. B. Polypeptid, ribosomale *RNA*, und der durch ein Start*codon* und ein Stoppcodon begrenzt ist.

Gendrift: Zufallsbedingte Veränderung des *Genpools* der Population, wirkt unabhängig von der *Selektion* als Evolutionsfaktor.

Generationswechsel (lat. *generare* erzeugen): Wechsel der Fortpflanzungsweise in aufeinander folgenden Generationen derselben Tier- oder Pflanzenart. Bei vielen Pflanzen wechselt der *haploide Gametophyt*, der *Gameten* bildet, ab mit dem *diploiden Sporophyt*, der Meiosporen bildet.

genetische Bürde: Abweichung der mittleren *Fitness* der *Population* von derjenigen des *Genotyps* mit der höchsten Fitness in einer Population.

genetische Prägung: Inaktivierung von *Genen* auf einem von zwei *homologen Chromosomen*, die nicht zufallsgemäß erfolgt; es wird entweder das vom Vater oder das von der Mutter stammende Gen stillgelegt.

genetische Rekombination: Entstehen neuer Genkombinationen *(Genotypen)*, die der *Selektion* unterliegen. Die genetische Rekombination erfolgt bei der *Meiose*, wenn ursprünglich mütterliche und ursprünglich väterliche *Chromosomen* zufallsverteilt werden.

genetische Separation (lat. *separare* trennen): Auftrennung des *Genpools*; ist sie vollzogen, so liegen zwei getrennte *Arten* vor. Der Begriff Separation wird manchmal auch für die *geografische Isolation* von *Populationen* verwendet.

genetischer Code (fr. *code* Schlüssel): Gesamtheit aller *Codons* für die zur Protein-Synthese notwendigen *Aminosäuren.*

genetischer Fingerabdruck: Durch Gelelektrophorese hergestelltes Bandenmuster von DNA-Fragmenten. Diese Fragmente stammen vorwiegend von *DNA* außerhalb von *Genen* und werden mit *Restriktionsenzymen* herausgeschnitten. Die Bandenmuster sind für jeden Menschen charakteristisch wie ein Fingerabdruck.

Genfluss: Austausch von Allelen zwischen weitgehend getrennten Teilpopulationen infolge der Wanderung einzelner Individuen. Genfluss kann die Auftrennung des *Genpools* der Teilpopulationen verhindern oder verzögern.

Genkarte: Übersicht über die Lage der *Gene* auf einem *Chromosom. Crossing-over*-Auswertungen führen zu einer *biologischen Genkarte*, bei der die relativen Abstände der Gene zueinander festgestellt werden. Die Sequenzanalyse der *DNA* liefert die *physikalische Genkarte*, welche die Größe der Gene sowie deren Abstand voneinander in absolutem Längenmaß (Basenpaaren) wiedergibt.

Genmutation: *Mutation*, die auf ein *Gen* beschränkt bleibt und die zur Änderung der *Basensequenz* der *DNA* führt. Wenn nur eine oder wenige Basen der DNA betroffen sind, so spricht man von einer Punktmutation. Durch Genmutationen entstehen neue *Allele*.

Genom (gr. *genos* Gattung, Nachkommenschaft): Gesamtheit der *Gene* in der *Zelle*.

Genomik: Teilgebiet der Genetik, die sich mit der Analyse von ganzen *Genomen* befasst *(s. Proteomik)*.

Genommutation: *Mutation*, bei der sich die Anzahl der *Chromosomen* eines Chromosomensatzes ändert. Wird ein diploider Chromosomensatz halbiert oder vervielfacht, liegt Euploidie vor. Von Aneuploidie spricht man, wenn gegenüber dem normalen Chromosomensatz einzelne Chromosomen fehlen oder überzählig sind. Grund dafür ist eine unterbleibende Trennung der *homologen* Chromosomen während der *Meiose* wie bei der Trisomie 21. Bei Polyploidie ist der Chromosomensatz gegenüber dem normalen vervielfacht.

Genotyp (gr. *genos* Gattung, Nachkommenschaft; *typos* Gepräge, Form): Gesamtheit der *Gene*, welche die in einem *Erbgang* interessierenden *Merkmale* bestimmen *(s. Phänotyp)*.

Genpool (gr. *genos* Gattung, Nachkommenschaft; engl. *pool* Pfuhl): Gesamtmenge aller *Allele*, die in einer *Population* – verteilt auf ihre Individuen – vorkommen.

Gentechnik: Die gezielte Ausschaltung bestimmter *Gene* oder die Übertragung fremder Gene in den Genbestand einer *Zelle* bzw. eines Organismus. Die dadurch veränderten Zellen oder Organismen nennt man transgen.

Gentherapie (gr. *soma* Körper; *therapeuein* pflegen, heilen): Heilung erblicher Leiden mittels *Gentechnik*. Die Heilung mithilfe gentechnisch veränderter adulter *Stammzellen* wird als somatische Gentherapie bezeichnet. Davon wird die Gentherapie an Keimbahnzellen unterschieden, die jedoch aus biologischer Sicht derzeit unmöglich ist.

geographische Isolation: Räumliche Trennung von Populationen einer Art, sodass kein gemeinsamer *Genpool* mehr besteht; führt zur Bildung getrennter Arten; ihr folgt die *genetische Separation* nach.

Gesamtfitness: Syn. inklusive Fitness; Fitness einer Gruppe von verwandten Individuen, die viele *Allele* gemeinsam haben. Die *Selektion* bewirkt eine Zunahme der Gesamtfitness *(s. Fitness)*.

geschlechtliche Fortpflanzung: Erzeugung von Nachkommen mithilfe von *Gameten*. Diese vereinigen sich im Vorgang der *Befruchtung* zur *Zygote (s. ungeschlechtliche Fortpflanzung)*.

Geschlechtschromosomen: Syn. Gonosomen; es handelt sich um *Chromosomen*, die *Gene* zur Ausbildung des Geschlechts tragen.

Geschlechtsdimorphismus: Größen- oder Gestaltsunterschiede der beiden Geschlechter. Bei Säugern sind oft die männlichen Individuen größer.

Geschlechtshormone: Syn. Sexualhormone; es handelt sich um Steroidhormone *(s. Corticosteroide)* bei Wirbeltieren und beim Menschen, die in den *Keimdrüsen* und in den Nebennieren gebildet werden; man unterscheidet *Androgene*, *Estrogene* und *Gestagene*.

Gestagene (lat. *gestare* trächtig sein): *Hormone* des Gelbkörpers der Eierstöcke und der Plazenta Schwangerer (»Schwangerschaftshormone«). Das wichtigste Gestagen ist das Progesteron.

Gewebe: Verband von *Zellen* gleichartiger Gestalt und Leistung; verschiedenartige, räumlich eng verzahnte Gewebe bilden *Organe*.

Gewebshormone: Sie werden in *Geweben* gebildet, deren primäre Aufgabe nicht die Hormonproduktion ist. So werden in der Magenschleimhaut Gastrin und in den Sprossspitzen von Pflanzen *Auxine* gebildet.

Gibberelline (von *Gibberella*, Name eines Pilzes, in dem Gibberelline zum ersten Mal nachgewiesen wurden): *Hormone* bei Pflanzen; sie fördern Keimung, Wachstum und Blütenbildung.

Gleichgewichtsspannung: Wert des *Membranpotenzials*, bei dem der passive Einstrom einer bestimmter Ionenart in die *Zelle* genauso groß wie der passive Ausstrom ist. Der Spannungswert hängt vor allem von den Konzentrationen der jeweiligen Ionenart innerhalb und außerhalb der Zelle ab.

Gleichwarme: Syn. *Homöotherme;* Tiere, die ihre Körpertemperatur weitgehend konstant halten. Der Temperaturregulation dienen Mechanismen der Steigerung der Wärmeproduktion, z. B. erhöhte Stoffwechselaktivität durch Kältezittern, bzw. Abgabe von Wärme, z. B. beim Schwitzen. Zu den Gleichwarmen gehören die Vögel und die Säuger (Gegensatz: *Wechselwarme*).

Gliazellen (gr. *glia* Leim): Gruppe verschiedener Zelltypen des *Nervensystems*, die keine *Nervenzellen* sind, und zahlreiche Aufgaben übernehmen. Dazu zählen die elektrische Isolierung von Nervenzellen oder die Regelung der chemischen Zusammensetzung der Zwischenzellflüssigkeit. Zu den Gliazellen gehören z. B. die myelinbildenen *SCHWANNschen Zellen*.

Glucocorticoide (gr. *glykys* süß; lat. *cortex* Rinde): Zu den *Corticosteroiden* gehörende *Hormone* des Cortex der Nebenniere (Nebennierenrinde). Bei starker körperlicher Belastung und Hungerzuständen bewirken sie in der Leber den Aufbau von Glucose aus *Aminosäuren*. Bei *Stress* hemmen sie den Abbau von Glucose in *Organen*, die nicht unmittelbar für Kampf oder Flucht benötigt werden. Außerdem hemmen sie die Immunreaktion. Das wichtigste Glucocorticoid ist Cortisol.

Glutamat: Syn. Glutaminsäure; *Aminosäure*, die Bestandteil von *Proteinen* und im *Zentralnervensystem* der wichtigste erregende *Neurotransmitter* ist.

Glykolyse (gr. *glykys* süß; *lyein* auflösen): Abbau von Glucose zur Brenztraubensäure (Pyruvat). Diese wird bei Sauerstoffmangel durch *Gärung* weiter umgesetzt. Beim Vorliegen von Sauerstoff entstehen aus Pyruvatmolekülen Acetylreste, die in den *Citronensäurezyklus* eingeschleust werden.

GOLGI-Apparat: Gesamtheit der *Dictyosomen* einer Zelle

Gonosomen (gr. *gone* Geschlecht; *soma* Körper): *s. Geschlechtschromosomen*

G-Proteine: Wichtige Vermittler in *Signalketten*, die Rezeptoren der *Zellmembran* mit den intrazellulären Signalketten verbinden; sie binden und spalten GTP.

Gradualismus (lat. *gradus* Schnitt): Ansicht, dass die Entstehung neuer *Arten* und Gattungen durch allmähliche Veränderungen einer Ausgangsart infolge vieler kleiner Mutationsschritte erfolgt.

Grundumsatz: Energiemenge pro Zeiteinheit des ruhenden Organismus, der zur Erhaltung aller Funktionen aufzuwenden ist.

Guttation (lat. *gutta* Tropfen): Durch den *Wurzeldruck* verursachte Abgabe von flüssigem Wasser, das an bestimmten Stellen der Blätter (Wasserspalten, umgebildete Spaltöffnungen) vieler krautiger Pflanzen austritt.

Habituation (lat. *habitare* wohnen): Gewöhnung an spezifische *Reize;* bewirkt, dass wiederholt auftretende Reize, z. B. bestimmte Geräusche, die keine positiven oder negativen Folgereize ankündigen, nicht mehr beachtet werden; Form des *nichtassoziativen Lernens*.

Halophyten (gr. *halos* Salz, *phyton* Pflanze): Syn. Salzpflanzen; Pflanzen, die einen hohen Salzgehalt im Boden ertragen und deshalb z. B. am Meer und in der Salzsteppe wachsen.

Handlungsbereitschaft: Syn. Motivation, Antrieb; Bezeichnung für die inneren Ursachen einer Handlung, z. B. einer *Erbkoordination*.

haploid (gr. *haploos* einfach): Mit einfachem Satz von *Chromosomen* bzw. *Genen* versehen *(s. diploid)*

HARDY-WEINBERG-Gesetz: 1908 von HARDY und WEINBERG unabhängig voneinander gefundener Sachverhalt der *Erbkonstanz*, die in einer *idealen Population* besteht.

Hartlaubgewächse: *Xerophyten* mit derben Blättern, die viel Festigungsgewebe besitzen und so ein Welken bei Wassermangel vermeiden.

Haupthistokompatibilitätskomplex (gr. *histos* Gewebe; lat. *compatibilis* verträglich): *s. MHC- Proteine*

Hemiparasiten: *s. Parasiten*

Heritabilität (lat. *heritabilis* erblich): Anteil der genetischen *Variabilität* an der Gesamtvariabilität der Individuen einer *Population*.

Hermaphrodit (Name des zwittrigen Sohns der gr. Gottheiten Hermes und Aphrodite): *s. Zwitter*

Heterosiszüchtung (gr. *heteros* anders): *s. Züchtung*

Heterotrophie (gr. *heteros* anders; *trophe* Nahrung): Ernährungsweise von Lebewesen, bei der organische Stoffe als Energie- und Kohlenstoffquelle genutzt werden. Heterotroph sind Tiere, Pilze und die meisten Bakterien sowie etliche Arten höherer Pflanzen.

heterozygot (gr. *heteros* der Andere; *zygon* Joch, Verbindung): Syn. *mischerbig*

HIV (engl. *human immunodeficiency virus*): Menschliches Immunschwächevirus; es verursacht das erworbene Immunschwächesyndrom (Aids). HIV ist ein Retrovirus aus der Familie der Lentiviren, das selektiv Makrophagen und bestimmte T-*Lymphocyten* infiziert und sie nach und nach zerstört. Letztendlich kommt es so zu einer gravierenden Immunschwäche.

Höherentwicklung: Syn. Anagenese; Evolution von einfach organisierten zu komplexer gebauten Organismen infolge fortschreitender *Differenzierung*, die zu einer immer größeren Vielfalt der *Zellen, Gewebe* und *Organe* führte.

Holzteil: Syn. *Xylem*; Teil des *Leitbündels*, das der Leitung von Wasser und den darin gelösten *Ionen* dient.

Hominisation (lat. *homo* Mensch): Syn. Menschwerdung; Entstehung der typisch menschlichen Merkmale im Verlauf der menschlichen *Evolution*.

Hominoidea: Familie der *Menschenaffen* und aller Menschenformen einschließlich der *Vormenschen*.

Homo-erectus-Gruppe (lat. *erigere* aufrichten): Gruppe von fossilen Formen des echten Menschen. Vertreter von *H. erectus* sind vor knapp 2 Mill. Jahren aus Afrika ausgewandert. Aus *H. erectus* entstand während der letzten Eiszeit der *Neandertaler*, in Afrika der heutige Mensch.

homologe Strukturen (gr. *homos* gleich): Strukturen unterschiedlicher Funktionen, die auf den gleichen Grundbauplan zurückgehen; sie sind auf gleichartige Gene zurückzuführen. Homologie von *Organen* wird mithilfe von Homologiekriterien erkannt, Homologie von *Genen* durch Sequenzierung *(s. Orthologie, Paralogie, Analogie)*.

homologes Chromosom (gr. *homologos* übereinstimmend; *chroma* Farbe; *soma* Körper): *Chromosom*, das mit einem anderen Chromosom in Gestalt und Abfolge der *Gene* übereinstimmt.

Homöobox-Gene (gr. *homoios* gleich; engl. *box* Schachtel): Gruppe von *Genen* bei Tieren und Pflanzen mit einem Bereich ähnlicher *Basensequenzen* (Homöobox); sie codieren für *Transkriptionsfaktoren*, die bei der *Ontogenese* von Bedeutung sind.

Homöostase (gr. *homoios* ähnlich; *stasis* Zustand): Gleichgewichtszustand in der *Zelle*, im *Gewebe*, Organismus oder in einer *Population*, der auch gegen den Einfluss verschiedener innerer und äußerer Faktoren durch Regelmechanismen aufrecht erhalten wird.

Homöotherme (gr. *homoios* ähnlich; *therma* Wärme): *s. Gleichwarme*

homozygot (gr. *homoios* der Gleiche; *zygon* Joch, Verbindung): Syn. *reinerbig*

Hormon (gr. *horman* antreiben, reizen): Substanz, die an einer Stelle eines vielzelligen Organismus hergestellt und zu einer oder mehreren anderen Stellen transportiert wird, wo sie in *Zellen* eine spezifische Reaktion auslöst. Endokrine Hormone werden mit dem Blut transportiert, parakrine wirken in nächster Umgebung.

humorale Immunabwehr (lat. *umor* Flüssigkeit; *immunis* unberührt): Die antikörpervermittelte spezifische Immunabwehr, die darauf beruht, dass in *Blut* und *Lymphe* zirkulierende *Antikörper* dort befindliche *Antigene* binden.

hydrophil (gr. *hydor* Wasser; *philein* lieben): Wasser »liebend«; eine Hydrathülle bildend

hydrophob (gr. *hydor* Wasser; *phobein* fürchten): Wasser abweisend

Hydrophyten (gr. *hydor* Wasser; *phyton* Pflanze): Untergetaucht lebende Wasserpflanzen

Hygrophyten (gr. *hygros* nass; *phyton* Pflanze): Pflanzen feuchter Standorte; sie bewohnen schattige und feuchte Laubwälder, Sümpfe, Ufer und tropische Regenwälder.

Hyperpolarisation (gr. *hyper* über; *polos* Pol): Veränderung des *Membranpotenzials* zu Werten, die negativer als das *Ruhepotenzial* der Zelle sind.

Immunabwehr (lat. *immunis* unberührt): *s. humorale Immunabwehr, zellvermittelte Immunabwehr*

Immunglobuline (lat. *immunis* unberührt; *globulus* Kügelchen): Familie von Proteinen; die in Körperflüssigkeiten gelösten Immunglobuline werden als *Antikörper* bezeichnet. Membrangebundene Immunglobuline fungieren auf den *B-Lymphocyten* als spezifische Antigenrezeptoren.

Immunisierung (lat. *immunis* unberührt): Auslösung einer Immunreaktion durch gezielte Übertragung eines *Antigens* (aktive Immunisierung durch *Impfung*) oder von *Antikörpern*.

immunsupressive Stoffe, Immunsupressiva (lat. *immunis* unberührt; *suppressio* Unterdrückung): Substanzen, die die erworbene Immunantwort unterdrücken. Sie werden eingesetzt zur Verhinderung von Transplantatabstoßungsreaktionen und zur Behandlung von *Autoimmun-Erkrankungen*.

Impfung: Durch Injektion eines Impfstoffs wird eine Immunreaktion zum Schutz vor einem bestimmten Krankheitserreger ausgelöst *(s. Immunisierung)*.

Individualentwicklung: *s. Ontogenese*

Induktion (lat. *inducere* jd. zu etwas veranlassen): Beeinflussung der *Determination* von embryonalen *Zellen* durch andere embryonale Zellen mithilfe von Signalstoffen.

Infantizid (lat. *infanticidium* Kindstötung): Tötung von Jungtieren durch die eigenen Eltern oder fremde Artgenossen.

inhibitorisches postsynaptisches Potenzial: *s. postsynaptisches Potenzial*

inklusive Fitness: *s. Gesamtfitness*

innerartliche Selektion: Sie kommt durch die Konkurrenz innerhalb der *Population* einer *Art* um Nahrung, *Biotop* und Geschlechtspartner zustande.

Innere Uhr: Erblich angelegte Tagesrhythmik; sie ist eine Eigenschaft aller *Zellen* von *Eukaryoten*, die auf einem genetischen Rückkopplungsprozess beruht.

integrierte Schädlingsbekämpfung: Kombination aus klassischer, biologischer, genetischer und kulturtechnischer Verfahren der Schädlingsbekämpfung; Pestizide werden nur dann eingesetzt, wenn der erwartete Schaden die wirtschaftliche Schadensschwelle übersteigt.

Interdependenz (lat. *dependere* abhängig sein): In der Evolutionstheorie Bezeichnung für die gegenseitige Abhängigkeit von Organen und Strukturen des Organismus, durch die eine erhebliche Veränderung nur einer Struktur unabhängig von allen anderen verhindert wird.

Interzellularen (lat. *inter* zwischen): Gaserfüllte Hohlräume zwischen den Zellen in nahezu allen pflanzlichen Geweben.

intraspezifische Evolution: Evolutionsvorgänge, die zur Entstehung von *Rassen*, Unterarten und *Arten* führen.

Intron (lat. *intra* innerhalb): *s. Exon*

Introspektion (lat. *introspicere* hineinschauen): »In-sich-hineinschauen« des Menschen; Beobachtung des eigenen Innenlebens.

Inversion (lat. *invertere* umkehren, umwenden): *s. Chromosomenmutation*

In-vitro-Fertilisation (lat. *in vitro* im Glase; *fertilis* fruchtbar): Durch Punktion aus dem Ovar gewonnene *Eizellen* werden in einer Schale besamt.

Ion (gr. *ion* wandernd): Atom oder Molekül, das durch einen Überschuss oder Mangel an Elektronen gekennzeichnet und daher positiv oder negativ geladen ist.

Ionenkanal (gr. *ion* wandernd): Protein in der *Zellmembran*, das *Ionen* passieren lässt. Das Öffnen eines Ionenkanals kann durch eine Spannungsänderung über der Membran (spannungsgesteuerte Ionenkanäle, z. B. Natriumkanäle), durch Bindung bestimmter Moleküle (Liganden gesteuerte Ionenkanäle) oder durch mechanische Einflüsse (mechanisch gesteuerte Ionenkanäle) ausgelöst werden.

isoelektrischer Punkt: pH-Wert, bei dem die Gesamtladung eines Moleküls mit positiven und negativen Ladungen (Aminosäure, Peptid, Protein) neutral ist; er ist für dieses Molekül kennzeichnend.

Känozoikum (gr. *kainos* neu; *zoon* Tier): Zeitalter der Erdgeschichte, das mit der Periode des Tertiärs vor 65 Mill. Jahren beginnt; Zeitalter der Blüte der Säuger.

Kapazität (lat. *capax* fassungsfähig): In der *Ökologie* Eigenschaft des Lebensraums einer *Art*, gekennzeichnet durch die maximale Populationsgröße der Art in diesem Lebensraum.

Kapillaren: Netzwerk feinster Blutgefäße mit sehr großer Oberfläche. Kapillaren gehen von den kleinsten *Arterien* (Arteriolen) aus und vereinigen sich zu den kleinsten *Venen* (Venolen). Sie dienen dem Stoffaustausch in allen *Geweben*.

Karzinom (gr. karkinos Krebs): Syn. Krebs; bösartiger *Tumor*, der *Metastasen* bilden kann.

katabolische Reaktionen, Katabolismus (gr. *kataballein* zerstören): Gesamtheit der abbauenden Stoffwechselreaktionen *(s. Dissimilation)*.

Keimbahn: Abfolge der *Zellen*, die von einer *Zygote* zur Zygote der nächsten Generation führt. Eine Keimbahn findet sich bei den meisten vielzelligen Tieren, jedoch nicht bei Pflanzen.

Keimblätter: Bei Pflanzen diejenigen Blätter, die beim *Embryo* im Samen angelegt sind. Die Anlagen der Keimblätter bilden einen Teil des pflanzlichen Embryos. Bei Tieren die Zellschichten aus denen die *Gastrula* aufgebaut ist. Man unterscheidet die Keimblätter Ektoderm, Mesoderm und Entoderm.

Keimdrüsen: Bildungsstätten der *Gameten*, z. T. von *Geschlechtshormonen*. Beim Menschen werden in den Eierstöcken *Eizellen* sowie *Estrogene* und Progesteron gebildet, in den Hoden Spermien und *Androgene*.

Keimesentwicklung: Syn. Embryonalentwicklung; erste Phase in der *Ontogenese*. Bei den Tieren gliedert sie sich in die Abschnitte *Furchung*, Sonderung der *Organanlagen* und *Organbildung*.

klassische Konditionierung (lat. *condicio* Bedingung): Form des *assoziativen Lernens*, bei dem eine Verknüpfung zwischen Reizen gebildet wird: Einem neutralen Reiz, z. B. einem Lichtreiz, und einem zweiten Reiz, der positive, z. B. Futterreiz, oder negative Auswirkungen auf den Organismus hat *(s. operante Konditionierung)*.

Klimax (gr. *klimax* Höhepunkt): Endzustand der *Sukzession*; verschiedene Zustandsformen können einen Klimaxring bilden.

Klon (ver. aus gr. *klados* Zweig): Durch *ungeschlechtliche Fortpflanzung* aus einem pflanzlichen oder tierischen Individuum entstandene erbgleiche Nachkommenschaft.

Kodominanz (lat. *cum* mit, zusammen; *dominare* beherrschen): Erscheinung, dass zwei *Allele* bei der Ausbildung eines *Merkmals* zusammenwirken, ohne die Wirkung des anderen zu vermindern; ein bekanntes Beispiel bietet die Blutgruppe AB, bei der die Allele i^A und i^B für die Bildung zweier unterschiedlicher Blutgruppensubstanzen in der *Membran* der Roten Blutzellen verantwortlich sind; (Gegensatz: *unvollständige Dominanz*).

Kohlenhydrate: Organische Verbindungen mit einer Carbonylgruppe und mehr als einer Hydroxylgruppe, der allgemeinen Formel $C_x(H_2O)_y$ sowie deren Abkömmlinge und Polymere. Nach der Molekülgröße unterscheidet man Monosaccharide (Einfachzucker), Oligosaccharide (aus 2 bis etwa 10 verknüpften Monosaccharid-Einheiten) und Polysaccharide (Ketten aus vielen Monosaccharid-Einheiten).

Kommensalismus (lat. *commensalis* Tischgenosse): Form des Zusammenlebens verschiedener *Arten*, bei der die *Organismen* der einen Art von der Nahrung der Organismen der anderen Art profitieren, ohne diesen zu nützen oder sie zu schädigen.

Kompartiment (franz. *Compartement* Abteilung, abgeteiltes Feld): Ein durch eine *Biomembran* umschlossener Bereich innerhalb der *Zelle* mit spezifischen Funktionen.

Komplementsystem (engl. *complement* ergänzen): System aus ca. 30 Plasmaproteinen, die gemeinsam extrazelluläre Krankheitserreger angreifen. Es wird durch eine einsetzende Immunreaktion oder durch Bindung von *Antikörpern* an den Krankheitserreger aktiviert. Die Hülle aus Komplementproteinen, die den Krankheitserreger dann umgibt, erleichtert seine Vernichtung durch Phagocytose. Auch die Komplementproteine allein können den Erreger abtöten.

Konditionierung (lat. *condicio* Bedingung): Form des *assoziativen Lernens*; man unterscheidet die *klassische* und die *operante Konditionierung*.

Konjugation (lat. *coniungere* verbinden): Zeitweilige Verbindung zweier Bakterienzellen, wobei über eine Plasmabrücke (Sexpilus) von der einen *Zelle* auf die andere *DNA* übertragen wird. Dabei kann es sich um die Kopie eines *Plasmids* oder eines Teils des *Bakterienchromosoms* handeln.

Konkurrenzausschlussprinzip: In einem bestimmten *Biotop* kann nie mehr als eine *Art* mit völlig gleichen Ansprüchen, d. h. gleicher *ökologischer Nische*, vorkommen.

Konsument (lat. *consumere* verbrauchen): Lebewesen, das sich von anderen Lebewesen ernährt. Es lebt direkt (Pflanzenfresser) oder indirekt (Fleischfresser, Parasit) von der *Nettoprimärproduktion* der *Produzenten*.

Konvergenz (lat. *convergere* sich hinneigen): Ausbildung einer ähnlichen Gestalt und Lebensweise aufgrund der Ausbildung einer ähnlichen *ökologischen Nische* durch nicht verwandte *Arten*, die in geografisch getrennten Gebieten leben.

Kooperation (lat. *cooperatio* Mitwirkung): Gemeinsame Verhaltensausführung durch Artgenossen; sie kann allen Tieren eines *sozialen Verbandes* Vorteile erbringen, wie z. B. das gemeinsame Jagen *(s. Altruismus)*.

Kopplungsgruppe: Gruppe von *Genen*, die gemeinsam in einem *Chromosom* liegen.

Kreationismus (lat. *creatio* Schöpfung): Annahme, dass die einzelnen *Arten* getrennt erschaffen worden seien und eine *Evolution* nicht stattgefunden habe; kann keine naturwissenschaftlichen Hypothesen liefern und ist daher wissenschaftlich leer.

Kreuzung: Vom Menschen gesteuerte Zusammenführung männlicher und weiblicher *Keimzellen*; dies geschieht bei Pflanzen über künstliche Bestäubung, bei Tieren durch Paarung ausgewählter Partner oder künstliche Besamung sowie *In-vitro-Fertilisation*. In Anlehnung an Tier- und Pflanzenzüchtung findet der Begriff Kreuzung auch in der Bakteriengenetik Verwendung.

Kreuzungszüchtung: *s. Züchtung*

K-Strategen: Lebewesen mit hoher Konkurrenzfähigkeit, großer Behauptungsfähigkeit und meist langer Lebenserwartung, so genannte Platzhaltertypen. Sie besitzen zumeist relativ wenige Nachkommen und damit eine geringe Wachstumsrate. Die Populationsdichte entspricht der Kapazität des Lebensraumes *(s. r-Strategen)*.

künstliches System (gr. *systema* Vereinigung): Ergebnis der Klassifikation der Organismen, die von willkürlich ausgewählten Merkmalen ausgeht, z. B. das LINNEsche System.

Kurztagpflanzen: Pflanzen, die nur dann blühen, wenn die Dauer der täglichen Lichteinwirkung unter einem kritischen Wert liegt *(s. Langtagpflanzen)*.

Langtagpflanzen: Pflanzen, die nur dann blühen, wenn die tägliche Lichteinwirkung einen kritischen Wert überschreitet *(s. Kurztagpflanzen)*.

laterale Inhibition (lat. *lateralis* seitlich; *inhebere* hemmen): Syn. laterale Hemmung, gegenseitige Hemmung; hemmender Einfluss einer erregten *Nervenzelle* auf eine (oder mehrere) benachbarte. Der Unterschied der Erregungszustände der Zellen wird dadurch vergrößert. Auf der Ebene der Wahrnehmung kommt es durch laterale Inhibition zu einer Kontrastverstärkung.

Lebensraum: *s. Biotop*

Leitbündel: Transportgewebe für Wasser und gelöste Stoffe; Leitbündel sind aus dem *Siebteil* (Phloem) und aus dem *Holzteil* (Xylem) zusammengesetzt.

Leitfossilien: *Fossilien*, die nur in Schichten eines geologisch kurzen Zeitraums gefunden werden und daher diesen kennzeichnen.

Lernen durch Einsicht: Planendes Durchspielen einer neuen Handlungsabfolge »in Gedanken« und ihre Ausführung ohne vorheriges Ausprobieren.

Lernen durch Nachahmung: Lernvorgang, bei dem bei anderen Individuen beobachtete Verhaltensweisen in das eigene Verhaltensrepertoire aufgenommen werden, z. B. Werkzeuggebrauch.

Lernen: Vorgang, mit dem ein Organismus Informationen aus der Umwelt aufnimmt sowie im Gedächtnis speichert und dadurch sein Verhalten ändert *(s. assoziatives Lernen, nicht-assoziatives Lernen, Lernen durch Einsicht, Lernen durch Nachahmung, Prägung)*.

Leukocyten (gr. *leukos* weiß; *kytos* Zelle): Sammelbegriff für alle Weißen Blutzellen.

Lichtkompensationspunkt: Lichtintensität, bei der eine Pflanze durch *Fotosynthese* genauso viel CO_2 bindet wie sie bei der gleichzeitig ablaufenden *Atmung* freisetzt.

Lichtreaktionen: Lichtabhängige Reaktionsfolgen der *Fotosynthese*, durch die Wasser gespalten, NADPH und *ATP* gebildet und Sauerstoff freigesetzt werden.

Lichtsättigungspunkt: Lichtintensitätswert, oberhalb dessen eine Steigerung der Fotosyntheseleistung durch eine weitere Erhöhung der Lichtintensität nicht mehr zu erzielen ist.

Lichtsinneszelle: Syn. *Sehzelle;* Sinneszellen, die Sehfarbstoff zur Lichtabsorption enthalten. In den *Linsenaugen* der Wirbeltiere sind für Farbensehen die Zapfen und für das Hell-Dunkel-Sehen die Stäbchen zuständig.

Ligand (lat. *ligare* binden): Jedes Molekül, das spezifisch an ein Protein, etwa einen *Rezeptor*, bindet und dadurch Folgereaktionen auslöst. Dazu zählen *Neurotransmitter*, aber auch synthetische Stoffe, wie z. B. Pharmaka.

Lipide: Sammelbezeichnung für alle wasserunlöslichen, aber in unpolaren Lösungsmitteln (Chloroform, Benzol, Ether) gut löslichen Verbindungen. Man unterscheidet neutrale Lipide (Fette), polare Lipide (Baueinheiten der Biomembran) und Lipide ohne Fettsäurebestandteil, z. B. Sterole.

Lymphe: Flüssigkeit, die beim Menschen und bei Wirbeltieren aufgrund des Blutdrucks aus den *Kapillaren* ausgepresst wird. Sie enthält Wasser und darin gelöste Stoffe. Proteine fehlen in der Lymphe nahezu völlig.

Lymphocyten (gr. *lymphe* Wasser; *kytos* Zelle): Zellen, durch die alle erworbenen Immunantworten vermittelt werden. Sie tragen variable Rezeptoren für *Antigene* an ihrer Zelloberfläche. Man unterscheidet zwei Gruppen: Die B-Lymphocyten und die T-Lymphocyten, die für die *humorale* bzw. für die *zellvermittelte Immunabwehr* verantwortlich sind.

Lysosom (gr. *lysis* Auflösung; *soma* Körper): *Zellorganell*, das Verdauungsenzyme enthält.

Mangelerscheinung: Erscheinungsbild einer Pflanze, z. B. Kümmerwuchs, das u. a. durch eine Unterversorgung mit *Makro-* oder *Mikronährelementen* hervorgerufen wird.

Massenaussterben: *s. Extinktion*

Meiose (gr. *meiosis* Verminderung): Vorgang, bei dem aus einer *diploiden* Mutterzelle *haploide* Tochterzellen entstehen; läuft in zwei Schritten ab: der ersten Reifeteilung (*Reduktionsteilung*), bei der die Paare *homologer Chromosomen* getrennt werden, und der zweiten Reifeteilung, die einer *Mitose* ähnelt.

Membran: *s. Biomembran*

Membranpotenzial (lat. *membrana* Häutchen; *potentia* Kraft): Elektrische Spannung über der *Zellmembran*. Die Spannung kommt durch die unterschiedlichen Ladungen beiderseits der Membran zustande. Die Ladungsdifferenz beruht auf der unterschiedlichen Verteilung der *Ionen* zwischen dem *Cytoplasma* und dem Außenmedium *(s. Ruhepotenzial)*.

Menschen (Euhominine): Alle Vertreter der Gattung Homo; heute gibt es nur eine Art: Homo sapiens. Die frühesten Formen werden als Homo habilis und Homo rudolfensis bezeichnet.

Menschenaffen: Affen, die mit dem Menschen und allen fossilen Vorfahren des heutigen Menschen zusammen die Familie *Hominoidea* bilden. Hierzu gehören als ursprünglichste Gruppe die Gibbons sowie die großen Menschenaffen Orang, Gorilla, Schimpanse und Zwergschimpanse (Bonobo).

Menschenrassen: Gruppen des Menschen mit charakteristischen Kombinationen an *Genen;* man unterscheidet drei Rassenkreise: Kaukaside, Negride, Mongolide.

Menschwerdung: *s. Hominisation*

Merkmal: In der Genetik ist ein Merkmal eine durch die Wirkung von einem oder mehreren *Genen* hervorgerufene Eigenschaft im *Phänotyp* eines Individuums.

Mesozoikum (gr. *mesos* mittlerer): Zeitalter der Erdgeschichte, das mit der Periode der Trias vor 250 Mill. Jahren beginnt und mit Ende der Periode der Kreide vor 65 Mill. Jahren endet; Zeitalter der Blüte der Reptilien (»Saurier«); bedecktsamige Blütenpflanzen entstanden.

messenger-RNA (engl. *messenger* Bote): Syn. mRNA; *RNA*, die bei der *Transkription komplementär* zu einem DNA-Strang-Abschnitt gebildet wird und damit die Information dieses Abschnitts enthält. An der mRNA werden im *Ribosom* Proteine synthetisiert.

Metastase (gr. *metastasis* das Versetzen, die Wanderung): Durch Verschleppung von Krebszellen an andere Körperstellen entstandenes *Karzinom*.

MHC-Proteine (engl. *major histocompatibility complex* Haupthistokompatibilitätskomlex): Gruppe von Membranglykoproteinen

Mikrofilament (gr. *mikros* klein; *filum* Faden): Fädige Struktur aus *Actinmolekülen*. Mikrofilamente sind Bestandteil des *Cytoskeletts*.

Mikroorganismen (gr. *mikros* klein): Kleinstlebewesen, die in der Regel nur unter dem Mikroskop zu erkennen sind; dazu zählen u. a. Archaea und Bakterien sowie einzellige und wenigzelligen Tiere, Pflanzen und Pilze.

Mikrotubuli (gr. *mikros* klein; *tubulus* kleine Röhre): Aus dem Protein Tubulin bestehende röhrenförmige Gebilde. Sie sind beteiligt an Bewegungsvorgängen in der *Zelle*, an Geißelbewegungen. In Pflanzenzellen spielen sie bei der Bildung der *Zellwand* eine wichtige Rolle.

Mikrovilli: Plasmafortsätze an der Oberfläche der Epithelzellen des Dünndarms. Sie dienen der Oberflächenvergrößerung.

Mimese (gr. *mimesis* Nachahmung): Nachahmung von Gegenständen durch Organismen zur Tarnung als Folge der *Selektion*.

Mimikry (engl. *mimicry* Nachahmung): Nachahmung eines anderen Tieres zur Täuschung oder Abschreckung u. a. von Fressfeinden als Folge der *Selektion*.

Mineralcorticoide (lat. *cortex* Rinde): Zu den *Corticosteroiden* gehörende Hormone des Cortex der Nebenniere (Nebennierenrinde). Sie fördern in der Niere die Rückgewinnung von Na^+-Ionen aus dem Primärharn sowie die Ausscheidung von Kaliumionen. Sie steuern den Gehalt an *Ionen* von Blut und Körperflüssigkeiten. Das wichtigste Mineralcorticoid ist Aldosteron.

Mineralstoffe: Mineralsalze; anorganische *Nährstoffe*, die von Pflanzen in Form von in Wasser gelösten *Ionen* aufgenommen werden.

mischerbig: Syn. heterozygot; liegen in einem *diploiden Genom* ein *Gen* oder mehrere Gene in zwei verschiedenen *Allelen* vor, so bezeichnet man den *Genotyp* in Bezug auf diese Gene als mischerbig.

Mitochondrium (gr. *mitos* Faden; *chondrion* Körnchen): *Zellorganell* mit zwei Hüllmembranen, in dem vor allem die *Enzyme* der *Zellatmung* lokalisiert sind.

Mitose (gr. *mitos* Faden): Kernteilung, bei der die *Chromosomen* unter dem Mikroskop erkennbar sind und gleichmäßig auf beide Tochterkerne verteilt werden.

Mittellamelle: Schicht der *Zellwand* der Pflanzenzelle, durch die benachbarte *Zellen* miteinander verbunden sind. Sie enthält keine Cellulosefibrillen.

Modifikation (lat. *modificare* gestalten): Individuum, das sich *phänotypisch* von anderen Individuen seiner *Population* als Folge von Umwelteinflüssen unterscheidet.

Morphogenese (gr. *morphe* Gestalt; *genesis* Erzeugung, Zeugung): Syn. Gestaltbildung; Entwicklung der räumlichen Gestalt des Organismus, bei Tieren beginnend mit der *Gastrulation*. Sie bewirkt, dass sich die Körperformen grundlegend unterscheiden.

Morula (lat. *morum* Maulbeere, Brombeere): Syn. Maulbeerkeim; Stadium der *Keimesentwicklung* vielzelliger Tiere und des Menschen; Zellhaufen ohne Hohlraum, der aus den ersten Teilungsschritten der *Furchung* hervorgeht. Bei Wirbeltieren besteht die Morula aus mehreren Trausend Zellen. Aus der Morula bildet sich *Blastula*, bei Säugern und bei Menschen die *Blastocyste*.

Motivation (lat. *motivus* bewegend): *s. Handlungsbereitschaft*

motorische Endplatte: Syn. neuromuskuläre Synapse; *Synapse* zwischen der Axonendigung eines *Motoneurons* und einer *Muskelfaser*.

motorische Nervenzelle (lat. *motus* Bewegung): Syn. Motoneuron; *Nervenzelle*, deren Zellkörper sich im Rückenmark befindet und deren *Axon* an der *Zelle* eines Skelett- oder Eingeweidemuskels endet. Bestimmte motorischen Nervenzellen, die α-Motoneurone, lösen die Kontraktion von Skelettmuskeln aus.

Motorporoteine: Proteine, die in der *Zelle* Bewegungsvorgänge bewirken.

mRNA: *s. messenger-RNA*

Multienzymkomplex: Aus mehreren *Enzymen* unterschiedlicher Funktionen aufgebaute Komplexe, an denen mehrere Reaktionsschritte einer Stoffwechselkette nach dem »Fließbandprinzip« ablaufen.

multiple Allelie (lat. *multiplex* vielfach): Bezeichnung für den Sachverhalt, dass ein *Gen* in vielen *Allelen* vorkommt, z. B. beim Gen für die Blutgruppen beim Menschen. Multiple Allelie geht auf mehrfache *Mutation* des Gens zurück. In *Populationen* zeigen die meisten Gene multiple Allelie.

multipotent: *s. Stammzelle*

Muskel: *Organ* mit kontraktilen *Zellen* (Muskelzellen) oder vielkernigen Baueinheiten *(Muskelfasern)*. Bei Wirbeltieren ermöglichen die quergestreiften Skelettmuskeln die aktive Fortbewegung, die quergestreiften Herzmuskeln den Transport des Blutes und die glatten Muskeln der Hohlorgane, z. B. des Darms, die Bewegungen dieser Organe.

Muskelfaser: Vielkernige Baueinheit des Skelettmuskels, die viele *Muskelfibrillen* enthält. Muskelfasern durchziehen meist den gesamten *Muskel*.

Muskelfibrille: Bündel von *Actin*- und Myosinfilamenten in Muskelzellen oder Muskelfasern. Weist eine Fibrille im LM eine regelmäßige Bänderung auf, nennt man sie quergestreift. Zeigt sie eine gleichmäßige Struktur, heißt sie glatt.

Musterbildung: Festlegung des Grundmusters des Organismus in der *Keimesentwicklung*. Dazu gehört die Festlegung der Körperachsen und die Aufteilung der *Zellen* auf die *Keimblätter*.

Mutagen (lat. *mutare* ändern; gr. *–gen* erzeugend): Faktor, der die Mutationsrate steigert; dabei kann es sich um eine chemische Substanz, energiereiche Strahlung (UV-Licht, Röntgenstrahlung, radioaktive

Strahlung, Neutronenstrahlen oder Höhenstrahlung) oder um eine längerfristig von der normalen Umgebungstemperatur abweichende Temperatur handeln.

Mutante (lat. *mutare* ändern): Träger einer *Mutation*

Mutation (lat. *mutare* ändern): Veränderung im Erbgut, die auf die Tochterzellen vererbt wird. In vielen Fällen werden Mutationen durch *Mutagene* ausgelöst, sie können aber auch auftreten, ohne dass die Einwirkung eines Mutagens erkennbar ist, dann bezeichnet man sie als Spontanmutationen *(s. Genmutation, Punktmutation, Chromosomenmutation, Genommutation, somatische Mutation).*

Mutationszüchtung: *s. Züchtung*

Myelinscheide (gr. *myelos*, Mark): Umhüllung um *Axone* *(s. SCHWANNsche Scheide)*

Mykorrhiza (gr. *mykes* Pilz; *rhiza* Wurzel): *Symbiose* zwischen einem Pilz und einer Landpflanze. Die Zellfäden des Pilzes (Pilzmycel) umwuchern die Wurzel der Pflanze oder dringen in die Wurzelrindenzellen ein. Der beiderseitige Vorteil liegt darin, dass die Pflanze den Pilz mit *Kohlenhydraten* und der Pilz die Pflanze mit Wasser und *Mineralstoffen* versorgt. Die Pilzhyphen vergrößern die aufnehmende Oberfläche.

Nachahmung: *s. Lernen durch Nachahmung*

Nachhaltigkeit: Merkmal des umweltverträglichen Umgangs mit den natürlichen Ressourcen mit dem Ziel, wirtschaftliche Leistungsfähigkeit und soziale Sicherheit mit der langfristigen Erhaltung aller Lebensgrundlagen in Einklang zu bringen.

Nährstoffe: Alle Stoffe, die der Ernährung von Lebewesen dienen. Dazu zählen sowohl die in Lebensmitteln enthaltenen energiereichen Nahrungsstoffe, wie Proteine, Fette und Kohlenhydrate, als auch die für Pflanzen wichtigen *Mineralstoffe,* wie z. B. Eisen- und Magnesiumsalze oder anorganische Stickstoff- und Phosphorverbindungen, wie Nitrat und Phosphat.

Nahrungskette: Abfolge von Arten, die durch Nahrungsbeziehungen miteinander verknüpft sind. Das erste Glied der Nahrungskette ist stets ein *Produzent,* meist eine Pflanzenart. Das zweite ist ein *Konsument* erster Ordnung, in der Regel ein Pflanzenfresser. Die weiteren Glieder sind Konsumenten höherer Ordnung. Eine Nahrungskette ist Teil eines *Nahrungsnetzes.*

Nahrungsnetz: Geflecht von Nahrungsbeziehungen *(Nahrungsketten)* in einem *Ökosystem:* Die Organismen der meisten *Arten* können sich von Organismen mehrerer Arten ernähren bzw. dienen mehreren Arten zur Nahrung.

Natrium-Kalium-Pumpe: Proteinkomplex in *Zellmembranen* der Tiere und des Menschen, der Natriumionen im Austausch gegen Kaliumionen aus der Zelle heraustransportiert. Diese *Ionen* werden unter erheblichen ATP-Verbrauch entgegen ihrem Konzentrationsgefälle verlagert.

natürliches System: Ergebnis der Klassifikation der Organismen, die Evolutionszusammenhänge wiedergibt.

Neandertaler: Menschenform der letzten Eiszeit in Europa und Vorderasien. Erster Fund stammt vom Neandertal bei Düsseldorf.

Nekrose (gr. *nekros* tod): Absterben von Zellen durch Schädigung von außen (Gegensatz: *Apoptose*).

Nekton (gr. *nekton* Schwimmendes): Organismen des freien Wassers der Meere oder der Binnengewässer, die sich aktiv im Wasser fortbewegen.

Nerv: Parallel verlaufende *Axone*, die durch Bindegewebe zu Bündeln zusammengefasst werden.

Nervensystem: Gesamtheit des Nervengewebes eines Organismus; es hat die Befähigung zur Aufnahme von *Reizen* sowie zur Leitung und Verarbeitung von *Erregung*. Bei höher organisierten Tieren und beim Menschen unterscheidet man *Zentralnervensystem* und *peripheres Nervensystem.*

Nervenzelle (gr. *neuron* Nerv): Syn. Neuron; zellulärer Grundbaustein des *Nervensystems,* der über besondere Zellfortsätze, zumeist zahlreiche *Dendriten* und ein *Axon,* verfügt. Mit diesen Fortsätzen steht eine Nervenzelle mit anderen *Zellen* (Nerven-, Sinnes-, Muskel-, Drüsenzellen) in Verbindung. Eine Nervenzelle ist zur Aufnahme, Verarbeitung und Weiterleitung von Informationen befähigt. Zu diesem Zweck kann sie ihr *Ruhepotenzial* ändern und *Aktionspotenziale* ausbilden.

Nettoprimärproduktion: Differenz zwischen der *Bruttoprimärproduktion* und den von den Produzenten bei der Zellatmung wieder abgebauten Stoffen. Die *Nettoprimärproduktion* ist unmittelbar messbar. Die Summe aus dieser Größe und der Atmungsrate ergibt die *Bruttoprimärproduktion.* Die Nettoprimärproduktion entspricht dem Zuwachs an *Biomasse* in einer bestimmten Zeit und steht den *Konsumenten* als Nahrung zur Verfügung *(s. Primärproduktion, Bruttoprimärproduktion).*

Neurohormon: Ein von *Nervenzellen* produziertes *Hormon.*

Neuromodulator (lat. *neuron* Nerv; *modulatio* Takt, Rhythmus): Chemische Substanz, z. B. Stickstoffmonooxid, die von *Nervenzellen* abgegeben wird. In der Regel diffundiert sie in der Zwischenzellflüssigkeit weiter als ein *Neurotransmitter* und kann daher ganze Gruppen von Nervenzellen beeinflussen. Auch wirkt sie oft über viele Minuten und damit wesentlich länger als *Neurotransmitter.*

neuromuskuläre Synapse: *s. motorische Endplatte*

Neuron (gr. *neuron* Nerv): *s. Nervenzelle*

neurosekretorische Zelle (gr. *neuron* Nerv; lat. *secretio* Absonderung): Nervenzelle, die *Hormone* in die Blutbahn oder in das *Gewebe* abgibt.

Neurotransmitter (lat. *neuron* Nerv; *transmittere* überbringen): Chemische Substanz (»Botenstoff«), z. B. Acetylcholin, die in der *Synapse* Information auf eine andere *Zelle* überträgt; wird von *Nervenzellen* hergestellt und an der präsynaptischen Membran der Synapse freigesetzt. Nach Diffusion durch den synaptischen Spalt bindet er an spezifische *Rezeptoren* in der postsynaptischen Membran *(s. Neuromodulator).*

nicht-assoziatives Lernen (lat. *associare* verbinden): Lernvorgang, der eine Verhaltensänderung als eine Reaktion auf einen sich häufig wiederholenden *Reiz* bewirkt *(s. assoziatives Lernen).*

Noradrenalin (lat. *ad* zu, *ren* Niere): *Hormon* des Nebennierenmarks sowie *Neurotransmitter* des *Zentralnervensystems.* Die Freisetzung von Noradrenalin spielt in bestimmten Hirnarealen für die Steuerung der Aufmerksamkeit eine wichtige Rolle.

Nucleinsäuren (lat. *nucleus* Kern): Chemische Stoffe, die aus einer mehr oder weniger langen Abfolge von *Nucleotiden* bestehen; zu ihnen zählen die *DNA* und die *RNA.*

Nucleolus (lat. *nucleus* Kern, Kernkörperchen): Im Zellkern in der Interphase durch starke Anfärbbarkeit auffallendes Gebilde. Es besteht vorwiegend aus Nucleinsäuren und ist maßgeblich an der Bildung der *Ribosomen* beteiligt.

Nucleotid (lat. *nucleus* Kern): Bestandteil der *Nucleinsäuren.* Es besteht aus Phosphat und einem Zucker mit fünf C-Atomen (Pentose) sowie einer der vier organischen Basen Adenin, Cytosin, Guanin und Thymin *(DNA)* bzw. Uracil *(RNA).* Die Verbindung ohne Phosphat ist ein Nucleosid *(s. Nucleinsäuren).*

Nucleus (lat. *nucleus* Kern): Zellkern; er ist für die Funktion der *Eucyte* entscheidend, da er in den *Chromosomen* die Erbinformation enthält.

Ökobilanz (gr. *oikos* Haushalt): Aufstellung des Energieaufwandes für Herstellung, Transport, Verkauf sowie Entsorgung eines Produkts zur Ermittlung seiner Umweltverträglichkeit, auch im Vergleich mit anderen Produkten.

Ökologie (gr. *oikos* Haus, Haushalt): Lehre vom »Haushalt der Natur« (HAECKEL) bzw. von den Wechselbeziehungen der Lebewesen zu ihrer Umwelt und untereinander. Man unterscheidet die *Autökologie* (des Individuums) von der *Populationsökologie* (auch *Demökologie*) und der *Synökologie* (Wechselbeziehungen in den Ökosystemen).

ökologische Nische (gr. *oikos* Haus, Haushalt): Gesamtheit aller biotischen und abiotischen *Umweltfaktoren*, die für die Existenz einer bestimmten *Art* wichtig sind; die ökologische Nische kennzeichnet Umweltansprüche und Form der Umweltnutzung einer Art.

ökologische Potenz (lat. *potentia* Kraft): Fähigkeit der Organismen einer *Art*, innerhalb eines bestimmten Bereichs eines *Umweltfaktors,* z. B. eines Temperaturbereichs, auf Dauer zu gedeihen, also sich z. B. fortzupflanzen.

ökologisches Optimum: *s. physiologisches Optimum*

Ökosystem (gr. *oikos* Haus, Haushalt; *systema* System): Einheit von *Biotop* und *Biozönose*, die sich aus der Summe aller Beziehungen zwischen einem Lebensraum *(Biotop)* mit den darin vorkommenden Lebewesen *(Biozönose)* sowie dieser Lebewesen untereinander ergibt.

oligotroph (gr. *trophe* Nahrung; *oligos* wenig): Nährstoffarm; gilt u. a. für Gewässer (Gegensatz: *eutroph*).

Onkogen (gr. *ogkos* Umfang, Aufgeblasenheit): Krebs auslösendes *Gen*

Ontogenese (gr. *ta onta* das Seiende; *genesis* Erzeugen, Zeugen): Syn.

Individualentwicklung; Menge der Entwicklungsvorgänge, die von der Bildung von Fortpflanzungszellen zum erwachsenen Organismus und schließlich zum Tod führen.

operante Konditionierung (lat. *condicio* Bedingung): Syn. instrumentelle Konditionierung; Lernen nach Versuch und Irrtum: Form des *assoziativen Lernens* bei der eine Verknüpfung gebildet wird zwischen einem Reiz, z. B. einem Futterreiz, und einem Verhalten, das den Reiz herbeiführt, z. B. Betätigung eines Hebels *(s. klassische Konditionierung).*

ORF (engl. *open reading frame*): *s. Gen*

Organ (gr. *organon* Werkzeug): Teil von Pflanze, Tier und Mensch, das aus verschiedenen *Geweben* zusammengesetzt ist und spezifischen Funktionen dient.

Organbildung: Abschnitt der *Keimesentwicklung;* Bildung von *Geweben* mit spezifischer Funktion in den Anlagen der *Organe* durch *Differenzierung* der *Zellen.*

Orthologie (gr. *orthos* richtig, passend): *Homologie* von *Genen* bzw. Nucleotidsequenzen bei verwandten Arten.

Osmose (gr. *osmos* Antrieb, Stoß): *Diffusion* durch eine *semipermeable* (halbdurchlässige) *Membran*

osmotischer Druck (gr. *osmos* Stoß): Potentieller Druck, den eine Lösung ausübt, die von einer *semipermeablen,* für das Lösungsmittel durchlässigen *Membran* umschlossen wird; er ist abhängig von der Konzentration der gelösten Teilchen in einer Lösung und kann anhand einer Zuckerlösung gleicher Konzentration im Osmometer als hydrostatischer Druck gemessen werden *(s. Saugspannung, Wanddruck).*

Ovulationshemmer (lat. *ovum* Ei): Medikamente (»Antibabypille«) die den Follikelsprung (Ovulation, Eisprung) verhindern und daher zur Empfängnisverhütung eingesetzt werden. Sie enthalten *Estrogene* und Progesteron.

Ozonloch: Bereich der Ozonschicht der Atmosphäre, in der die Ozonmenge 220 *DOBSON-Einheiten* unterschreitet, sodass die UV-Strahlung verstärkt die Erdoberfläche erreicht.

Paläontologie (gr. *palaios* alt): Lehre von den Lebewesen der erdgeschichtlichen Vergangenheit, die als *Fossilien* erhalten geblieben sind; bedient sich vor allem der Methode der Vergleichenden Anatomie; begründet von G. CUVIER.

Paläozoikum: Zeitalter der Erdgeschichte, das mit der Periode des Kambriums vor 540 Mill. Jahren beginnt und mit dem Ende der Periode des Perm vor 250 Mill. Jahren endet. Zeitalter, in dem die Landpflanzen und Landtiere (Amphibien, Reptilien) entstanden.

Palisadengewebe: Zellen mit sehr vielen *Chloroplasten* unter der oberen Epidermis der Blätter vieler Pflanzenarten; die *Zellen* des Palisadengewebes sind senkrecht zur Blattoberfläche angeordnet. Hier wird im Mittel 60 % der Fotosyntheseleistung erbracht.

parakrines Hormon: (gr. *para* neben, bei; *krinein* scheiden, sondern): *s. Hormon*

Paralogie (gr. *para* neben): *Homologie* von *Genen* bzw. *Nukleotid*-sequenzen innerhalb einer *Art,* die eine Genfamilie bilden. Sie sind durch Verdopplung entstanden und haben oft unterschiedliche Aufgaben.

Parasiten (gr. *parasitos* Mitesser, Schmarotzer): Lebewesen, die lebende Organismen befallen und ihre *Nährstoffe* aus dem Körpergewebe ihrer Wirte aufnehmen; normalerweise töten sie den Wirt nicht.

Parthenogenese (gr. *parthenos* Jungfrau; *genesis* Erzeugung, Zeugung): Syn. Jungfernzeugung; Spezialfall der geschlechtlichen *Fortpflanzung,* wobei sich ein neuer Organismus aus einer *Eizelle* ohne Verschmelzung mit einem männlichen *Gameten* entwickelt.

Penetranz (lat. *penetrare* durchdringen): Ausprägung eines *Allels* in der Generationenfolge. Prägt sich ein Allel in jeder Generation ohne Unterbrechung in einem *Merkmal* aus, liegt vollständige Penetranz vor. Tritt das erwartete Merkmal bei manchen Trägern des Allels gar nicht auf, spricht man von unvollständiger Penetranz.

peripheres Nervensystem (gr. *peripheres* kreisförmig umgeben): Derjenige Teil des *Nervensystems,* der überwiegend der Signalübermittlung zwischen dem *Zentralnervensystem* und dem Körper (der »Peripherie«) dient. Über Nerven werden Meldungen aus dem Körper dem Zentralnervensystem zugeführt bzw. Signale vom Zentralnervensystem an die Erfolgsorgane übermittelt. Die Zellkörper von Nerven des peripheren Nervensystems befinden sich außerhalb von Gehirn und Rückenmark.

Pessimum (lat. *pessimus* der schlechteste): Bereich eines *Umweltfaktors,* z. B. Temperaturbereich, innerhalb dessen die Organismen einer *Art* sich nicht mehr fortpflanzen, aber vorübergehend überleben können.

Pflanzengesellschaft: Gruppe von Pflanzenarten, die aufgrund ähnlicher Ansprüche an die Umwelt häufig gemeinsam an einem bestimmten Standort auftreten.

Phagen: *s. Bakteriophagen*

Phanerozoikum (gr. *phaneros* sichtbar): Zeitspanne der Erdgeschichte von vor 540 Mill. Jahren bis heute; wird auf der Grundlage von *Leitfossilien* in Erdzeitalter *(Paläozoikum, Mesozoikum, Känozoikum)* gegliedert; die Erdzeitalter werden in Perioden (Kambrium, Ordovizium, usw.) unterteilt.

Phänotyp (gr. *phainein* sichtbar machen; *typos* Gepräge, Form): Das äußere Erscheinungsbild eines Individuums; an der Ausbildung der *Merkmale* sind Umwelteinflüsse und *Gene* beteiligt. Im speziellen Fall bezeichnet man mit Phänotyp auch nur die in einem *Erbgang* interessierenden Merkmale *(s. Genotyp).*

Phloem (gr. *phloios* Bast, Rinde): Syn. *Siebteil* (s. *Leitbündel)*

Phonem (gr. *phonema* Laut): Einzelner Laut, im Deutschen z. B. »g« und »k« in »Gasse« bzw. »Kasse«, der die Bedeutung von Wörtern bestimmen kann.

physikalische Genkarte: *s. Genkarte*

physiologisches Optimum: Bereich eines *Umweltfaktors* innerhalb dessen die Individuen einer *Art* am besten gedeihen. Es ist der bestmögliche Wert des *Präferendums* (Vorzugsbereich). Das physiologische Optimum wird aus experimentellen Daten im Laborversuch ermittelt. Im Vergleich dazu ist das *ökologische Optimum* der natürliche Standort, an dem die Individuen einer Art mit den Individuen anderer Arten auf Dauer konkurrenzfähig sind.

Phytochrom (gr. *phyton* Pflanze; *chroma* Farbe): Licht absorbierendes Pflanzenprotein, das bei der Steuerung von Entwicklungsvorgängen, z. B. bei der Gestaltbildung der Pflanze und der Blütenbildung von Bedeutung ist.

Phytoplankton: *s. Plankton*

Plankton (gr. *planktos* das Umhergetriebene): Algen und Kleintiere, die im freien Wasser der Meere oder der Binnengewässer schweben. Sie treiben passiv mit der Strömung, wenngleich ein Teil von ihnen in geringem Ausmaß zu aktiver Fortbewegung befähigt ist, z. B. Geißelalgen. Zumeist handelt es sich um pflanzliche (Phytoplankton) und tierische Einzeller (Zooplankton). Auch Quallen gehören zum Plankton *(s. Nekton).*

Plasmalemma (gr. *plasma* das Gebildete; *lemma* Haut): *Zellmembran* von Pflanzen. Das Plasmalemma ist von der Zellwand umgeben.

Plasmid: Zirkuläres *DNA*-Molekül, das neben dem *Bakterienchromosom* in *Prokaryoten* vorkommt. Plasmide kommen gelegentlich auch in *Eukaryoten* vor.

Plasmodesmen (gr. *plasma* das Gebildete; *desmos* Fessel, Ankertau): Poren in der *Zellwand* der Pflanzenzelle, die von *Cytoplasma* durchzogen sind. Sie dienen dem Stoffaustausch zwischen zwei Zellen.

Plasmolyse (gr. *plasma* Gebilde; *lysis* Lösung): Ablösen des *Protoplasten* von der *Zellwand* aufgrund eines Wasserverlustes durch *Osmose.*

Plastid (gr. *plassein* bilden; *plastos* geformt): Von zwei Hüllmembranen umgebenes *Zellorganell.* Plastiden enthalten meist Farbstoffe oder speichern Reservestoffe.

Plattentektonik (gr. *tektos* geschmolzen): Bewegung von Platten der Erdkruste infolge der Neubildung von Ozeanboden an mittelozeanischen Rücken und des Abtauchens von Ozeanboden in Subduktionszonen.

Plazenta: Ernährungsorgan für den Fetus des Menschen *(s. Embryo).* Sie besteht aus fetalem und mütterlichem Gewebe.

pluripotent: *s. Stammzelle*

Poikilotherme (gr. *poikilos* mannigfaltig; *thermos* warm): *s. Wechselwarme*

Polymerase-Ketten-Reaktion, PCR: Reaktion zur beliebigen Vermehrung von *DNA*-Stücken. Sie wird z. B. eingesetzt beim Nachweis von *Erbkrankheiten* und beim *genetischen Fingerabdruck.*

Polymorphismus (gr. *poly* viel; *morphe* Gestalt): In der Evolution Abwechseln von *Phänotypen* unterschiedlicher Gestalt infolge des Wechsels des Selektionsvorteils von *Allelen* bei Änderung der Umweltbedingungen oder durch Selektionsvorteil der *Heterozygoten* gegenüber *Homozygoten.*

Polyploidie (Kunstwort gr. *polys* viel; *haploos* einfach): *s. Genommutation*

Population (lat. *populus* Volk): Alle artgleichen Individuen eines Gebiets, die sich miteinander fortpflanzen; beim Menschen spricht man auch von Bevölkerung.

Populationsökologie: Teilbereich der *Ökologie*, der sich mit den Abhängigkeiten der *Populationen* von den *Umweltfaktoren* und den in der Population geltenden Gesetzmäßigkeiten beschäftigt.

postsynaptisches Potenzial (lat. *post* nach; gr. *synaptein* zusammenkleben, lat. *potentia* Fähigkeit, Kraft): Kurzzeitige Änderung des *Ruhepotenzials*, welche ein *Aktionspotenzial* in der postsynaptischen Zelle erzeugt. An einer erregenden *Synapse* verursacht ein *Aktionspotenzial* eine *Depolarisation* der Folgezelle (erregendes postsynaptisches Potenzial = EPSP), an einer hemmenden Synapse dagegen eine kurzzeitige Hyperpolarisation (inhibitorisches postsynaptisches Potenzial = IPSP).

Präadaptation (lat. *prae* vor; *adaptere* anpassen): Vorliegen von neutralen oder schwach nachteiligen *Allelen* und Allel-Kombinationen in einer *Population*, die sich bei Veränderung der Umweltbedingungen als vorteilhaft erweisen.

Präferendum (lat. *praeferre* vorziehen): Syn. Vorzugsbereich; Bereich eines *Umweltfaktors*, innerhalb dessen die Organismen gut gedeihen; so suchen Tiere einen Vorzugsbereich der Temperatur auf, wenn sie einem Temperaturgradienten ausgesetzt werden. Der bestmögliche Wert eines Präferendums heißt *physiologisches Optimum*.

Prägung: Lernvorgang, der durch soziale Verhaltensweisen erworben werden und der innerhalb begrenzter Entwicklungsabschnitte erfolgen muss; das Lernergebnis ist weitgehend unwiderruflich. Die Prägung dient z. B. bei Gänsen der Aneignung der optischen und akustischen Merkmale der Mutter und bewirkt Nachlaufen (Mutter-Prägung).

Prähomininen: *s. Vormenschen*

Präkambrium (lat. *cambria*, röm. Bezeichnung für Nordwales): Epoche der Erdgeschichte, die weiter als 540 Mill. Jahre zurück liegt; sie ist arm an *Fossilien*.

pränatale Diagnose (lat. *prä* vor; *natus* Geburt; gr. *diagnosis* unterscheidende Beurteilung): Vorgeburtlicher Nachweis von *Erbkrankheiten* und anderen fetalen Schädigungen.

Primärproduktion: Die in einem *Ökosystem* von den *Produzenten* gebildete *Biomasse*. *Produzenten* sind *autotrophe* Organismen, die zur *Fotosynthese* oder *Chemosynthese* befähigt sind. Mit Primärproduktion wird nicht nur das Ergebnis, sondern auch der Vorgang der Bildung bezeichnet. Man unterscheidet *Bruttoprimärproduktion* und *Nettoprimärproduktion*.

Primärstruktur: Abfolge (Sequenz) der Bausteine (Monomeren) in einer Polymer-Struktur: bei den Polypeptiden die Sequenz der *Aminosäuren*, bei den Polynucleotiden die Sequenz der Nucleotide.

Primaten: Ordnung der Säugetiere, zu der auch der Mensch gehört; gegliedert in zwei Unterordnungen: Halbaffen und echte Affen.

Prion (Kurzbildung aus *Pro*tein und *in*fektiös): Verändertes Glykoprotein vor allem von *Nervenzellen*. Prionen bewirken nach Übertragung auf andere Nervenzellen die Veränderung der Raumstrukturen aller entsprechenden Proteine bei deren Synthese. Durch sie hervorgerufene Krankheiten sind beim Schaf Scrapie, beim Rind BSE und beim Menschen Creutzfeld-Jakob-Erkrankung.

Proconsulidae: Stammgruppe, aus der neben anderen Affen insbesondere Menschenaffen und Mensch hervorgegangen sind. Arten dieser Gruppe lebten im Untermiocän vorwiegend in Ostafrika.

Produzenten (lat. *producere* erzeugen): Organismen, die durch *Fotosynthese* oder *Chemosynthese* aus anorganischen Stoffen energiereiche organische Verbindungen herstellen.

programmierter Zelltod: *s. Apoptose*

Prokaryot (gr. *protos* erster, Ur; *karyon* Nuss): Organismus ohne Zellkern

prosthetische Gruppe (gr. *prosthesis* Zusatz): Ein durch kovalente Bindung an ein *Enzymprotein* gebundenes *Coenzym*.

Proteasom (Wortbildung analog zu *Genom*): *Zellorganell* mit Protein abbauenden *Enzymen* (Proteasen) im *Cytosol* und im Zellkern.

Proteomik: Teilgebiet der Genetik, das sich mit der Analyse der Gesamtheit aller *Proteine* einer *Zelle* oder des *Organismus*, dem Proteom, befasst *(s. Genomik)*.

Protobionten (gr. *proto* erst; *bios* Leben): Erste Lebewesen auf der Erde und Vorläufer von *Zellen;* sie besaßen *RNA* als Träger der genetischen Information und als Katalysatoren sowie Polypeptide als primitive *Enzyme*.

Protocyte: Zelltypus der *Prokaryoten*

Protonengradient: An einer biologischen Membran durch Ungleichverteilung von Protonen (H^+) vorhandene Energiedifferenz, die aufgrund der Trennung von Ladungen und der ungleichen Konzentration von H^+-Ionen zustande kommt. Protonengradienten entstehen beim Transport von Elektronen über Redoxsysteme in *Membranen* bei der *Fotosynthese* und der *Endoxidation;* sie werden zur ATP-Bildung genutzt.

Protoplast (gr. *protos* der Erste; *plasma* das Gebildete, Geformte, der Stoff): Die Gesamtheit des *Cytoplasmas* einschließlich aller Organellen einer *Zelle*.

proximate Verhaltensursachen (lat. *proximus* der Nächste, Unmittelbarste): Aktuelle Ursachen eines Verhaltens, z. B. die Begegnung mit einem Fressfeind; sie bewirken das Auftreten und die Art der Ausführung eines Verhaltens unmittelbar *(s. ultimate Verhaltensursachen)*.

Punktmutation: Häufigste Form der *Genmutation*, bei der nur ein oder wenige *Nucleotide* eines *Gens* betroffen sind.

Punktualismus: Ansicht, dass bei Entstehung neuer *Arten* eine Auftrennung des zuvor einheitlichen *Genpools* zu raschen Veränderungen führt, denen lange Zeit nur geringer Veränderungen folgen.

Quartärstruktur: Raumstruktur eines Proteinmoleküls, das aus mehreren Polypeptidketten aufgebaut ist.

Radiation: *s. adaptive Radiation*

RANVIERscher Schnürring: An arkhaltigen *Axonen* in regelmäßigen Abständen auftretender Bereich, an denen die *Myelinscheide* unterbrochen ist. Derartige Axone weisen nur dort spannungsgesteuerte *Ionenkanäle* auf, sodass bei ihnen nur an diesen Stellen *Aktionspotenziale* auftreten.

Rasse: Teilpopulation, deren Individuen sich aufgrund mehrerer Merkmale von mindestens 75 % der Individuen einer anderen Teilpopulation unterscheiden; Unterbegriff zu *Art*.

Reaktionsnorm: Die durch Gene festgelegte Bandbreite von Reaktionen auf Umwelteinflüsse bei der Ausprägung eines *Merkmals*.

Reaktionswärme: Differenz des Energieinhalts zwischen Endprodukten und Ausgangsstoffen einer Reaktion; wird bei der Verbrennung als Wärme frei.

Recycling (engl. *recycle* wiederverwerten): Wiederverwertung von Abfall

Reduktionsteilung (lat. *reducere* zurückführen): Erste Reifeteilung in der *Meiose*, bei der die Paare der *homologen Chromosomen* getrennt werden.

Reflex (lat. *reflexus* Zurückbeugen): automatische, relativ stereotyp ablaufende Bewegung, die durch einen *Reiz* hervorgerufen wird.

Refraktärzeit (lat. *refrangere* hemmen): Kurzer Zeitraum nach einem *Aktionspotenzial*, während dessen die *Membran* des Axons zunächst unerregbar (absolute Refraktärzeit) und anschließend vermindert erregbar ist (relative Refraktärzeit).

Regel der Unumkehrbarkeit: In der Evolution verloren gegangene Strukturen können nicht in gleicher Weise erneut gebildet werden, da die genetische Information dafür nicht mehr vorhanden ist.

Reifeteilung: *s. Meiose*

reine Linie: Begriff aus der Pflanzenzüchtung; Gruppe von Individuen einer *Sorte*, die für alle interessierenden *Merkmale* erbgleich sind.

reinerbig: Syn. homozygot; liegen in einem diploiden *Genom* ein *Gen* oder mehrere Gene in je zwei gleichen *Allelen* vor, so bezeichnet man den *Genotyp* in Bezug auf diese Gene als reinerbig.

Reiz: Einwirkung eines Faktors der Umwelt auf einen Organismus bzw. eine *Zelle*, die zu einer Reaktion des Organismus oder der Zelle führen kann. Die Einwirkung erfolgt durch Änderung einer physikalischen oder chemischen Größe, wie der Temperatur.

Rekombination: *s. genetische Rekombination*

relative Altersbestimmung: Aufgrund von *Fossilien*, vor allem den *Leitfossilien*, erfolgende Einordnung von Gesteinsschichten in eine geologische Epoche.

Releasing-Hormone (engl. *release* freisetzen): *Hormone* des Hypothalamus, die die Ausschüttung von Hormonen des Hypophysenvorderlappens stimulieren.

reproduktive Fitness: *s. Fitness*

Resorption: Aufnahme von Verdauungsprodukten in Zellen des Darms zum Weitertransport in *Blut* und *Lymphe*.

respiratorischer Quotient: Bezeichnung für das Volumenverhältnis von abgegebenem CO_2 und aufgenommenem O_2 bei der *Atmung*; liefert Anhaltspunkte über die chemische Zusammensetzung der veratmeten Stoffe.

Restriktions-Enzym (lat. *restringere* zurückziehen, öffnen): *Enzym*, das *DNA* an spezifischen Basensequenzen schneidet.

Retina (lat. *rete* Netz): Syn. Netzhaut; ein 0,2 bis 0,5 mm dickes, aus mehreren Schichten aufgebautes Häutchen. Es kleidet die Innenfläche des hinteren Teils des Linsenauges aus und enthält *Lichtsinneszellen*, *Nervenzellen* und Pigmentzellen.

Retrovirus (lat. *retro* rückwärts): *Virus*, das *RNA* als Erbsubstanz enthält. In der Wirtszelle läuft eine »Rückwärts-*Transkription*« ab, d. h. die RNA des Retrovirus wird mithilfe *reverser Transkriptase* in komplementäre *DNA* transkribiert.

reverse Transkriptase (lat. *revertere* umkehren; *transscribere* umschreiben, übertragen): Enzym, das *RNA* in *DNA* transkribiert *(s. Retrovirus)*.

Revier (mittelhochdt. *rivier* Ufer, Gegend): Syn. Territorium; von Tieren gegen bestimmte oder alle Artgenossen verteidigtes Gebiet, in welchem sie ihre Nahrung erwerben, ihr Nest bauen, schlafen und sich fortpflanzen.

rezeptives Feld (lat. *receptor* Empfänger): Gesamtheit aller *Sinneszellen*, die auf eine *Nervenzelle* wirken.

Rezeptor (lat. *recipere* empfangen): Bezeichnung für Moleküle, aber auch *Organellen* oder ganze *Zellen*, die Informationen *(Reize)* aus der Umwelt oder von anderen Teilen des Organismus aufnehmen. Rezeptormoleküle sind vielfach Proteine von *Membranen*, die spezifisch ein Molekül *(Ligand)* binden, dadurch aktiviert werden und in der *Zelle* eine *Signalkette* in Gang setzen.

Rezeptorpotenzial (lat. *receptor* Empfänger; *potentia* Fähigkeit): Änderung des *Ruhepotenzials* einer *Sinneszelle* durch die Einwirkung eines adäquaten *Reizes*. Es tritt an *Dendriten* und/oder dem Zellkörper auf; seine Amplitude ist abhängig von der Reizintensität und seine Dauer durch die Einwirkungszeit des Reizes bedingt.

rezessiv (lat. *recedere* nachgeben, zurücktreten; gr. *allos* anders): Eigenschaft eines *Allels*, bei der Ausbildung des *Phänotyps* nicht bestimmend zu wirken. Es wird in seiner Wirkung vom homologen *dominanten* Allel unterdrückt.

Rhesusfaktor: *Antigen* in der Zellmembran der Roten Blutzellen, das es auch bei Rhesusaffen gibt.

Rhodopsin (gr. *rhodon* Rose; *opsis* Sehen): Bezeichnung für den Sehfarbstoff der *Stäbchen* in der *Retina* der meisten Wirbeltiere. Es besteht aus Retinal und einer Proteinkomponente (Opsin). In hoher Konzentration ist es in den Membranstapeln der Außenglieder von Sehzellen vorhanden.

Ribosom (gr. *soma* Körper): *Zellorganell* aus Protein und RNA, an dem die Proteinsynthese stattfindet.

Riesenchromosomen: Entstehen durch Vervielfachung der *Chromatiden*, ohne dass Kernteilungen stattfinden. Die Bündel von Chromatiden (bis ca. 1000) lassen Querscheiben erkennen, die aus mehreren jeweils vervielfachten *Genen* bestehen. Riesenchromosomen gibt es u. a. in den Speicheldrüsen vieler Insektenlarven.

Ritualisierung (lat. *ritus* Brauch, Gewohnheit): Stammesgeschichtlicher Prozess, durch den Verhaltensweisen, die von Artgenossen als eindeutige Signale, z. B. für bestimmte Handlungsabsichten, erkannt werden sollen, unverwechselbar werden.

RNA (Abkürzung von engl. *ribonucleic acid*): Einsträngiges Makromolekül, dessen *Nucleotide* die Pentose Ribose enthalten *(s. Nucleinsäuren, messenger RNA, transfer RNA, Retrovirus)*.

RNA-Polymerase (gr. *polys* viel; *meros* Teil): Enzym, das bei der *Transkription RNA* synthetisiert.

ROS (reaktive Sauerstoff-Formen): Werden in jeder Zelle bei Gegenwart von Sauerstoff gebildet und setzen in geringer Konzentration *Signalketten* in Gang; in höherer Konzentration schädigen sie die *Zelle* (oxidativer Stress) und werden daher normalerweise rasch abgebaut.

r-Strategen: Lebewesen mit großer Nachkommenzahl bzw. hoher Wachstumsrate ihrer Populationen und oft kurzer Lebensdauer, die rasch ihren Lebensraum zu wechseln vermögen, so genannte Ausbreitungstypen.

Rückkreuzung: *s. Testkreuzung*

Rudimente: Durch Rückbildung eines Organs entstandene, in der Regel funktionslos gewordene Strukturen.

Ruhepotenzial (lat. *potentia* Kraft): *Membranpotenzial* von erregbaren *Zellen* (Nerven-, Sinnes-, Muskel-, Drüsenzellen), die im unerregten Zustand sind.

saltatorische Erregungsleitung (lat. *saltare* tanzen, springen): Besonders schnelle »sprungartige« Fortleitung von *Aktionspotenzialen* entlang den durch *RANVIERsche Schnürringe* unterteilten *Axonen* mit *Myelinscheide*.

Salzpflanzen: *s. Halophyten*

Saprophyten (gr. *sapros* faulend; *phyton* Pflanze): Organismen, die sich von Überresten abgestorbenen Lebewesen oder von den Ausscheidungen von Lebewesen ernähren.

Saugspannung: Differenz zwischen *osmotischem Druck* und *Wanddruck* (S = O – W) bei der Pflanzenzelle *(s. Turgordruck)*

Schädlingsbekämpfung: *s. integrierte Schädlingsbekämpfung*

Schattenpflanzen: Pflanzen, die im Streulicht am besten gedeihen und bei längerer Einwirkung des vollen Sonnenlichts geschädigt werden oder absterben. Sie besitzen meist dünne und zarte Blätter, die oft großflächig ausgebreitet sind.

Scheinzwitter: *s. Zwitter*

Schließzellen: *Zellen* des Spaltöffnungsapparats, zwischen denen sich die Öffnung befindet *(s. Spaltöffnung)*. Eine Erhöhung des *Turgors* im Innern der Schließzellen führt zu einer Öffnungsbewegung. Schließzellen enthalten im Gegensatz zu den übrigen Epidermiszellen des Blattes stets *Chloroplasten*.

Schlüsselreiz: Syn. Auslöser; *Reiz* der Umgebung, der eine *Erbkoordination* auslöst.

SCHWANNsche Scheide: Syn. Markscheide, Myelinscheide; Umhüllung um *Axone*. Diese wird von SCHWANNschen Zellen ausgebildet, die sich spiralförmig um das Axon wickeln. Die SCHWANNsche Scheide isoliert das Axon gegenüber der Zwischenzellflüssigkeit und bewirkt dadurch eine besonders schnelle Erregungsleitung.

SCHWANNsche Zelle: Bestimmter Typ von *Gliazelle*, der nur im *peripheren Nervensystem* vorkommt. SCHWANNsche Zellen bilden die *Myelinscheide* um *Axone* aus und ermöglichen so die saltatorische Erregungsleitung entlang des Axons.

Schwellenwert: Wert des *Membranpotenzials*, z. B. einer *Nervenzelle*, bei dessen Überschreitung *Aktionspotenziale* gebildet werden.

Screening (engl. *to screen* sieben, filtern): Verfahren, um ein bestimmtes *Gen* in einer Genbibliothek aufzufinden.

Sekundärstoffe: In Organismen, vor allem Pflanzen, produzierte Stoffe, die artspezifisch sind. Ihre Bildungs- und Abbauvorgänge werden als Sekundärstoffwechsel bezeichnet. Viele Sekundärstoffe sind Schutzstoffe vor Fraß oder Angriff durch *Mikroorganismen*.

Sekundärstruktur: Hochgeordnetes Teilstück der Raumstruktur von Makromolekülen. Bei Proteinen entweder schraubige Anordnung von *Aminosäuren* der Polypeptidkette (α-Helix-Struktur) oder parallele Anordnung von Teilen der Polypeptidkette (Faltblattstruktur).

Selektion (lat. *selectus* ausgewählt): Veränderung der Häufigkeit von *Allelen* im *Genpool* einer *Population* in Abhängigkeit von Umweltbedingungen; dadurch erfolgt die Anpassung an diese *(s. stabilisierende S., transformierende S., aufspaltende S., zwischenartliche S., innerartliche S., sexuelle S.)*.

Selektionsfaktoren: *Umweltfaktoren*, die auf die *Selektion* Einfluss nehmen. Man unterscheidet *abiotische* und *biotische Faktoren* und unterteilt letztere in zwischenartliche Selektionsfaktoren (Fressfeinde, *Parasiten*) und innerartliche Selektionsfaktoren (Konkurrenz zwischen Individuen der Art um Nahrung, Territorium, Geschlechtspartner).

Selektionskoeffizient: Prozentuale Abnahme eines *Genotyps* je Generation in der *Population* in Abhängigkeit von der *Fitness*.

Selektionswert: *s. Fitness*

semipermeable Membran (lat. *semi-* halb-; *permeare* hindurchwandern; *membrana* Häutchen): Membran, die für bestimmte *Ionen* oder Moleküle, z. B. die des Wassers, durchlässig ist, andere aber nicht hindurchlässt.

Separation: *s. genetische Separation*

Sequenzierung der DNA (lat. *sequi* folgen): Feststellung der Nucleotidabfolge der *DNA*

Sexpilus (lat. *pilus* Haar): *s. Konjugation*

sexuelle Selektion: Die innerartliche Konkurrenz um Geschlechtspartner führt zur sexuellen Selektion; sie ist z. B. mit der Bildung von Prachtkleidern, Geweihen und Imponierverhalten verbunden.

Siebröhren: Aus lebenden Zellen bestehende Zellstränge im *Siebteil* von Pflanzen, die dem Transport organischer Stoffe dienen; ihre Querwände sind siebartig durchbrochen (Siebplatten).

Siebteil: Syn. *Phloem;* Teil des *Leitbündels*, das der Leitung der Assimilate dient.

Signalkette: Weitergabe eines Signals innerhalb eines Organismus oder einer *Zelle;* in der Regel eine Abfolge chemischer Vorgänge. Bei zellulären *Signalketten* wird zunächst ein *Rezeptor* aktiviert, der das Signal ins Zellinnere überträgt. Hier erfolgt eine Signalverstärkung durch Enzymreaktionen in der Signalkette. Da auf eine Zelle stets viele Signale gleichzeitig einwirken, sind die Signalketten vernetzt und erlauben so eine Verrechnung der eingehenden Informationen.

Signalmoleküle: Kleine organische Moleküle, die in der *Zelle* aus Vorstufen rasch hergestellt, transportiert und abgebaut werden können und der Übertragung von Informationen dienen; Beispiele: cyclisches Adenosinmonophosphat, cyclisches Guanosinmonophosphat, Inositoltrisphosphat.

Signalnetz: Vernetzung der *Signalketten* in der *Zelle,* führt zu einem komplexen Netzwerk von Signalen, das unter Verrechnung der Informationen das Zellgeschehen reguliert.

Sinneszellen: Zellen, die chemische, elektrische, optische oder mechanische *Reize* in *Erregung* umwandeln und diese an das *Zentralnervensystem* übermitteln. Die zellulären Strukturen zur Reizaufnahme umfassen häufig einfach gebaute Cilien, z. B. die Riechhärchen der Riechsinneszellen, oder Mikrovilli, z. B. bei Geschmackssinneszellen.

Smog (engl. *smoke* Rauch; *fog* Nebel): Mit Schadstoffen angereicherte Luft vor allem bei *Inversionswetterlagen.*

somatische Mutation (gr. *soma* Körper): *Mutation* in Körperzellen, die nicht die *Keimbahn* betrifft.

Sommerstagnation: *s. Stagnation*

Sonderung der Organanlagen: Abschnitt der *Keimesentwicklung*, in dem sich die Anlagen der *Organe* trennen.

Sonnenpflanzen: Pflanzen, die viel Licht benötigen, um gut gedeihen zu können; bei dauernder Beschattung sterben sie ab. Sie besitzen oft kleine, dicke und derbe Blätter mit mehrschichtigem *Palisadengewebe* sowie vielfach Überzüge von Wachs oder toten Haaren.

Sorte: Begriff aus der Pflanzenzüchtung; zu einer Sorte zählen alle die Individuen einer Kulturpflanzenart, die bezüglich mehrerer gut erkennbarer *Merkmale* erbgleich sind und diese bei der Vermehrung beibehalten.

sozialer Verband: Bei vielen Tierarten auftretende, zeitweise oder ständige Bildung einer Gruppe, die für die beteiligten Artgenossen Überlebensvorteile bringt. Man unterscheidet zwischen individualisierten Verbänden, wie z. B. einem Wolfsrudel, in denen die Individuen einander kennen, und anonymen, wie z. B. einem Fischschwarm *(s. Tierstaat).*

Spaltöffnung: Kleine Spalte in der Blattepidermis (häufig nur auf der Blattunterseite); sie wird von je zwei *Schließzellen* begrenzt, die *Chloroplasten* enthalten und ihre Gestalt verändern können; Spaltöffnungen dienen dem Gasaustausch (Wasserdampf und Kohlenstoffdioxid) zwischen Blatt und Luft.

Spermatozoid: Begeißelter männlicher *Gamet*

Spleißen: Teil der Reifung der *mRNA*, bei dem die *Introns* herausgeschnitten und anschließend die *Exons* verknüpft werden.

Spore: Einzelzelle, aus der sich ein Pilz oder eine Pflanze entwickelt, z. B. ein *Gametophyt;* Mitosporen entstehen durch *Mitose,* Meiosporen durch *Meiose.* Bei Bakterien handelt es sich um Dauerformen, durch die widrige Umweltbedingungen überstanden werden.

Sporophyt: Pflanze, die *Sporen* bildet (Algen, Moose, Farne) oder Sporen bildender Teil einer Blütenpflanze *(s. Gametophyt)*

Sprachstammbaum: Darstellung der *Evolution* der Sprachen, die zu Sprachfamilien zusammengefasst werden. Näherungsweise lassen sich so die Alter von Sprachen analog zu den Verfahren der Evolutionsuhr ermitteln *(s. Evolutionsrate).*

Stäbchen: Typ *Lichtsinneszellen* in der *Retina* der Wirbeltieraugen (neben den *Zapfen*). Aufgrund ihrer hohen Lichtempfindlichkeit dienen sie vor allem dem Sehen bei Nacht. In etwa 1000 Membranscheibchen im Außenglied befindet sich der Sehfarbstoff der Stäbchen, das *Rhodopsin.*

stabilisierende Selektion: Der bestehende *Genpool* wird weitgehend konstant gehalten; sie ist oft bei konstanter Umwelt wirksam.

Stagnation (lat. *stagnare* zum Stehen bringen): Stabiler Zustand eines Sees, in dem Wasserschichten verschiedener Temperatur übereinander liegen. Bei der Sommerstagnation nimmt die Temperatur zum Seegrund hin zu. Man unterscheidet Epilimnion (Deckschicht), Metalimnion (Sprungschicht) und Hypolimnion (Tiefenschicht). Bei der Winterstagnation liegt Wasser mit einer Temperatur von weniger als 4 °C über Wasser mit mehr als 4 °C *(s. Zirkulation).*

Stammbaum: Darstellung der Abstammungsverhältnisse einer Organismengruppe. Ein echter Stammbaum darf nur *Arten* aufweisen, die auf eine Ausgangsart zurückgehen und muss alle bekannten Nachkommen-Arten dieser Ausgangsart umfassen.

Stammzelle: Undifferenzierte Zelle, aus der differenzierte Zellen hervorgehen. Aus totipotenten Stammzellen (Zellen der ersten Furchungsstadien) kann sich ein vollständiger Embryo entwickeln, aus pluripotenten Stammzellen (Zellen des Embryoblasten der noch nicht eingenisteten Blastocyste) eine Vielzahl von Geweben. Diese Zellen des Embryoblasten werden als embryonale Stammzellen bezeichnet. Adulte Stammzellen kommen in ausdifferenzierten Gewebe vor, sie ermöglichen dessen Regeneration und erneuern sich dabei selbst. Wenn sie sich zu mehreren Zelltypen ausdifferenzieren können, nennt man sie multipotent.

stenöke Art (gr. *stenos* eng, schmal; *oikos* Haus, Haushalt): Sie ist gegenüber der Änderung von mehreren oder sogar vielen *Umweltfaktoren* relativ empfindlich, besitzt diesen gegenüber also eine enge *ökologische Potenz* (Gegensatz: *euryöke Art*).

Stickstoff-Fixierung: Aufnahme und Reduktion des molekularen Luftstickstoffs (N_2) durch *Prokaryoten* (stickstofffixierende Bakterien, v.a. viele Cyanobakterien). Der größte Anteil der Stickstoff-Fixierung erfolgt durch symbiontisch lebende Bakterien, z. B. die Knöllchenbakterien der Hülsenfrüchtler.

Stoffkreislauf: Regelmäßige Abfolge unterschiedlicher Verbindungen eines Elements im *Ökosystem.* Die chemischen Stoffe durchlaufen die *Nahrungsnetze,*gelangen nach Mineralisierung in den abiotischen Bereich und können von dort wieder von den Organismen aufgenommen werden.

Stress (lat. *strictus* verwundet; engl. *stress* Belastung, Druck): Gleichartige Reaktion des Organismus auf verschiedenartige belastende *Reize* wie Verletzung, Lärm, Bedrohung, zwischenmenschliche Konflikte.

Stromatolithen (gr. *stroma* Lage; *lithos* Stein): Vorwiegend durch Cyanobakterien gebildete Krusten, die im *Präkambrium* häufig waren, aber örtlich bis heute entstehen; die Größe schwankt vom Zentimeter- bis zum Meterbereich.

Substratspezifität: Selektivität eines *Enzyms* bezüglich der umzusetzenden Substrate.

Sukkulenten (lat. *succus* Saft): Pflanzen mit Wasser speichernden Geweben. Man unterscheidet Blatt-, Stamm- und Wurzelsukkulenten.

Sukzession (lat. *successio* Nachfolge): Zeitliche Aufeinanderfolge verschiedener *Ökosysteme* in einem Lebensraum infolge von gerichteten irreversiblen Veränderungen bis zum Endzustand des Klimax.

Symbiose (gr. *sym* zusammen; *bios* Leben): Zusammenleben von Arten in engem Kontakt zu beiderseitigem Vorteil.

sympatrische Artbildung: Artbildung innerhalb eines Lebensraumes, verursacht durch Ausbildung einer biologischen Fortpflanzungsschranke; die *genetische Separation* erfolgt sehr früh oder löst sogar die Artbildung aus.

Synapse (gr. *synaptein* verbinden): Kontaktstelle zwischen zwei *Nervenzellen* bzw. zwischen einer Nervenzelle und einer Muskel- oder Drüsenzelle. Die meisten Synapsen übermitteln durch chemische Signale, also *Neurotransmitter* und *Neuromodulatoren,* Information. Zwischen den Zellen, die eine chemische Synapse bilden, ist ein schmaler Spalt (synaptischer Spalt) von etwa 20 nm Breite.

Synökologie (gr. *syn* zusammen; *oikos* Haus, Haushalt): Teilbereich der *Ökologie*, der sich mit den Wechselbeziehungen der Organismen in einem *Ökosystem* beschäftigt.

System: Charakteristisch für ein System ist die Wechselbeziehung seiner Teile, aus der neue Eigenschaften entstehen, die die Einzelteile nicht besitzen, nämlich Systemeigenschaften *(s. künstliches System, natürliches System).*

Systembiologie: Quantitative Modellierung der Stoffwechselnetzwerke einer *Zelle* mithilfe von Computern; sie dient z. B. dazu vorauszusagen, wie sich bestimmte Eingriffe, z. B. durch Hemmstoffe, auf die

Bildung gewünschter Produkte auswirken.

Telomer (gr. *telos* Ende; Ziel *meros* Teil): Endstück der *DNA* im *Chromosom*. Es besteht aus einer längeren Folge gleicher Nucleotidsequenzen, die die Verknüpfung der DNA-Enden verschiedener *Chromosomen* verhindert. Im Laufe der Zellteilungen werden die Telomere immer kürzer.

temperente Phagen (lat. *temperare* schonen): *s. Bakteriophagen*

Territorium (lat. *terra* Erde): *s. Revier*

Tertiärstruktur: Raumgestalt eines Makromoleküls als Ganzes (einer Polypeptidkette oder einer *Nucleinsäure*)

Testkreuzung: *Kreuzung*, bei der festgestellt werden soll, ob der *Genotyp* eines Individuums *reinerbig* oder *mischerbig* ist. Dies erfolgt durch Kreuzung mit einem anderen Individuum, das im betrachteten *Merkmal* reinerbig *rezessiv* ist (Rückkreuzung)

Tetanus: Dauerverkürzung des *Muskels*, für die zwischen 100 und 150 Reize pro Sekunde erforderlich sind.

Thylakoid (gr. *thyllakos* Sack): Internes Membransystem von *Chloroplasten*, bildet flache Säckchen, die oft unregelmäßig gestapelt sind und so ein Granum bilden; in den Membranen sind die Farbstoffe und alle Primärvorgänge der *Fotosynthese* lokalisiert.

Tiermodell: Transgenes Tier mit einem menschlichen Defektgen, an dem therapeutische Verfahren getestet werden.

Tierstaat: *Sozialer Verband*, in dem ein Teil der Mitglieder auf die *Fortpflanzung* verzichtet, aber die wenigen fortpflanzungsfähigen Tiere bei der Brutfürsorge unterstützt, z. B. bei Ameisen und Bienen.

Tierstock: Tiergemeinschaft, die durch vegetative Vermehrung entstanden ist und deren Individuen sich dabei nicht getrennt haben.

T-Lymphocyten: *s. Lymphocyten*

Toleranzbereich: Bereich eines Umweltfaktors, z. B. Temperaturbereich, innerhalb dessen die Organismen einer *Art* überleben *(s. ökologische Potenz, Optimum, Pessimum)*.

totipotent: *s. Stammzelle*

Toxizität (gr. *toxikon* Pfeilgift): Maß für die Giftigkeit eines chemischen Stoffes (Schadstoff) oder von Strahlen, z. B. UV-Strahlen.

Tracheen (lat. *trachia* Luftröhre): a) Bei Pflanzen: Tote, hintereinander gereihte und dadurch zu Röhren verbundene *Zellen*, deren Querwände zum Teil oder ganz aufgelöst sind. Tracheen dienen der Wasserleitung, sie kommen bei fast allen Bedecktsamern und normalen Farnen vor *(s. Tracheiden, Holzteil, Leitbündel)*; b) bei Insekten: Dünne, mit Luft gefüllte röhren- oder sackförmige Einstülpungen der Körperhaut; die Öffnungen an der Körperoberfläche (Stigmen) verfügen über einen Schließmechanismus, mit dem die Luftventilation geregelt werden kann.

Tracheiden (lat. *trachia* Luftröhre): Lang gestreckte tote *Zellen* mit oft spitz zulaufenden Enden, die über Poren (Tüpfelfelder) verbunden sind und zur Wasserleitung und zur Festigung dienen *(s. Tracheen, Holzteil, Leitbündel)*.

Training: Körperliche Betätigung, die zu einer langfristigen Anpassung vor allem des Herzens, des Kreislauf- und *Nervensystems* und der Muskulatur an eine erhöhte Belastung führt; steigert die Leistungsfähigkeit.

Transduktion (lat. *trans* hinüber; *ducere* führen): Übertragung von *DNA* zwischen Bakterien mithilfe *temperenter Phagen (s. Bakteriophagen)*.

transfer-RNA (lat. *transferre* übertragen): Syn. tRNA; kleineres *RNA*-Molekül, welches spezifisch eine *Aminosäure* bindet. Mit dem Anticodon bindet es bei der Proteinsynthese am *Ribosom* an das komplementäre Codon der *messenger RNA*.

Transformation (lat. *transformare* umformen): Veränderung von *Zellen* durch Übertragung von isolierter *DNA*.

transformierende Selektion: Veränderung des *Genpools* bei sich verändernden Umweltbedingungen.

transgen (lat. *trans* hinüber; gr. *genos* Gattung, Nachkommenschaft): *s. Gentechnik*

Transkription (lat. *transscribere* umschreiben, übertragen): Übertragung der genetischen Information eines *Gens* (*ORFs*), also eines *DNA*-Stücks, in *messenger RNA (s. Translation)*.

Transkriptionsfaktor: Protein, das bei *Eukaryoten* die *Transkription* beeinflusst.

Translation (lat. *translatus*, von *transferre* übertragen): Übersetzung der Information der *messenger RNA* in die *Aminosäure*-Abfolge eines Polypeptids.

Translokation (lat. *translocare* den Ort wechseln): *s. Chromosomenmutation*

Transpiration (lat. *trans* durch; *spiratio* Atmung): a) Bei Pflanzen: Abgabe von Wasserdampf an die Umgebung; b) bei Tieren: Schweißabgabe

Transposon (lat. *transponere* hinüberstellen): *DNA*-Stück, das sich von selbst aus seinem Verband löst und sich an anderer Stelle wieder ins *Chromosom* einfügt.

transspezifische Evolution: Vorgänge in der *Evolution*, die zur Bildung neuer Gattungen, Familien, Klassen usw. führen; ist stets auf eine Abfolge von Artbildungsvorgängen zurückzuführen.

Treibhausgase: Gase der Atmosphäre, deren Moleküle Wärmestrahlung, die von der Erdoberfläche ausgeht, absorbieren, sodass sich die Temperatur der Atmosphäre erhöht.

Trisomie (gr. *treis* drei; *soma* Körper): Das dreifache Vorliegen *homologer Chromosomen* als Folge einer unterbliebenen Trennung zweier homologer Chromosomen bei der *Reduktionsteilung*.

tRNA: *s. transfer-RNA*

Trophiestufe (gr. *trophe* Nahrung): Syn. trophische Stufe, Ernährungsstufe; Stufe in der *Nahrungskette* bzw. im *Nahrungsnetz* eines *Ökosystems*. Man unterscheidet *Produzenten* und *Konsumenten* erster, zweiter oder höherer Ordnung.

Trophoblast (gr. *tropheus* Ernäher/in; *blaste* Keim, Spross): Epithelschicht der *Blastocyste*. Der Trophoblast bildet die Gewebe, die an der Einnistung der Blastocyste in den *Uterus* und an der Entwicklung der *Plazenta* beteiligt sind.

Tropophyten (gr. *trope* Drehung, Umkehrung; *phytos* Pflanze): Pflanzen wechselfeuchter Standorte, die in Anpassung an die periodisch wiederkehrenden Änderungen der Feuchtigkeit und Temperatur des Standorts ihr Erscheinungsbild wandeln.

Tumor (lat. tumere angeschwollen sein): Gewebswucherung infolge Zellvermehrung *(s. Karzinom)*.

Tumor-Suppressor-Gen (lat. *supprimere* unterdrücken): *Gen*, dessen Produkt die ungehemmte Zellteilung und damit die Bildung eines *Tumors* verhindert.

Turgordruck (lat. *turgere* anschwellen): Syn. Turgor; Druck, den der Zellinhalt auf die *Zellwand* ausübt, wenn eine Pflanzenzelle Wasser osmotisch aufgenommen hat. Der Turgordruck entspricht folglich dem Gegendruck der Wand *(s. Wanddruck)*.

TURNER-Syndrom: Erbliche Störung der Geschlechtsausbildung. Der *Genotyp* ist X0. Benannt nach dem amerikanischen Arzt H. H. TURNER.

Übergangsformen: *Fossilien*, die Merkmale verschiedener Klassen von Tieren oder Pflanzen aufweisen und am Beginn des Auftretens der neuen Klasse stehen *(vgl. Brückentiere)*.

Übersprungsverhalten: Einer Situation nicht angepasstes Verhalten, welches vermutlich darauf beruht, dass zwei starke *Handlungsbereitschaften*, wie z. B. Kampf- und Furchtverhalten, sich gegenseitig hemmen.

ultimate Verhaltensursachen (lat. *ultimus* der Letzte): Stammesgeschichtliche Ursachen eines *Verhaltens*, z. B. solche die den Fortpflanzungserfolg der Individuen einer Art erhöhen *(s. proximate Verhaltensursachen)*.

Umweltfaktor: Einflussfaktor, dem ein Lebewesen in seiner Umwelt ausgesetzt ist. Man unterscheidet zwischen den *abiotischen Faktoren* der unbelebten Welt, z. B. Licht, Temperatur, Feuchtigkeit, Ionenverfügbarkeit, Wind, und den *biotischen Faktoren*, wie z. B. *Parasiten*, Krankheitserreger, Fressfeinde, Bestäuber und Pilze der *Mykorrhiza*.

unbedingter Reflex (lat. *reflexus* Zurückbeugen): Genetisch vorprogrammierter *Reflex*, bei dem ein bestimmter Reiz eine bestimmte Reaktion auslöst, die nicht erlernt werden muss, z. B. Speichelsekretion.

ungeschlechtliche Fortpflanzung: Erzeugung von Nachkommen aus Körperzellen oder Sporen, z. B. Pilzsporen

Uterus: Syn. Gebärmutter; Teil des weiblichen Geschlechtsapparates, in den die Eileiter münden und der einen Ausgang zur Scheide besitzt. In den Uterus nistest sich bei Säugern und beim Menschen die *Blastocyste* ein.

Vakuole (gr. *vacuus* leer): Flüssigkeitsgefüllter Raum im *Cytoplasma* der Pflanzenzelle, der von einer Membran, dem Tonoplast, umgeben ist. Ausgewachsene Pflanzenzellen haben eine (oder mehrere) große zentrale Zellsaftvakuole(n).

Variabilität (lat. *variabilis* veränderlich): Eigenschaft einer Art, wonach die Ausbildung des *Phä-*

notyps unter dem Einfluss der Umwelt variiert. Gestattet die *Reaktionsnorm* fließende Übergänge zwischen verschiedenen Ausbildungen des Phänotyps, so bezeichnet man dies als kontinuierliche Variabilität. Die diskontinuierliche Variabilität beruht auf einer Reaktionsnorm, die nur einige phänotypische Ausprägungen zulässt.

Vegetationszone (lat. *vegetare* munter, lebendig sein): Die an eine Klimazone der Erde angepasste Pflanzendecke.

Vektor (lat. *vehere* fahren): Transportsystem zur Übertragung von Fremd-*DNA* in der *Gentechnik*. Verwendet werden *Plasmide* sowie *Phagen* oder andere *Viren*.

Vene: Blutgefäß, in dem *Blut* in Richtung Herz transportiert wird.

Verdauung: Spaltung der Nährstoffe in kleinere Moleküle mithilfe von *Enzymen*

Vergeilung: Syn. Etiolement; durch Lichtmangel hervorgerufene Veränderung der Gestalt von Pflanzen (bleiche, lange Triebe, kleine Blättchen).

Verhalten: In der Verhaltensbiologie Aktionen und Reaktionen eines Tieres und auch des Menschen; alle beobachtbaren Bewegungen, Körperhaltungen oder Zustände und deren Veränderungen sowie sämtliche Lautäußerungen und sonstigen Kommunikationsweisen.

Verwandtschaftsselektion: Wirkung der *Selektion* in einer Verwandtschaftsgruppe unter Berücksichtigung des *Altruismus*. Wenn durch dieses von den gemeinsamen *Allelen* im Mittel mehr in die nächste Generation gelangen als ohne altruistisches Verhalten, breitet sich dieses durch Wirkung der Selektion aus.

Virus (lat. *virus* Gift, Schleim): Partikel mit *DNA* oder *RNA* als Erbsubstanz. Viren sind keine Lebewesen, da ihnen ein eigener Stoffwechsel fehlt. Sie vermehren sich in Zellen von Bakterien, Pflanzen oder Tieren.

Vormenschen: Syn. Prähomininen; alle Arten der menschlichen Evolutionslinie, die noch nicht alle Merkmale der echten Menschen aufweisen und die noch keine behauenen Werkzeuge herstellten. Die Mehrzahl der Funde wird der Gattung *Australopithecus* zugeordnet.

Vorzugsbereich: *s. Präferendum*

Wanddruck: Gegendruck der pflanzlichen *Zellwand* bei steigendem Druck in der *Vakuole* aufgrund osmotischen Wassereinstroms *(s. Turgordruck)*

Wasserspaltung: Vorgang im Rahmen der Primärvorgänge der Fotosynthese, bei dem Wassermolekülen Elektronen entzogen werden, wodurch Sauerstoff und H^+-Ionen (Protonen) entstehen.

Wechselwarme: Syn. *Poikilotherme;* Tiere, die ihre Körpertemperatur nicht konstant halten. Ihre Körpertemperatur ändert sich deshalb mit der Umgebungstemperatur. Zu diesen Tieren zählen z. B. Fische, Amphibien, Reptilien, Insekten (Gegensatz: *Gleichwarme*).

Wildtyp: Das *Allel* eines *Gens*, welches in einer natürlichen *Population* am häufigsten auftritt.

Winterruhe: Phase körperlicher Inaktivität in der kalten Jahreszeit. Die Körpertemperatur sinkt nicht oder nur um wenige °C ab; Tiere, die Winterruhe halten, z. B. Dachs, Bären, Eichhörnchen, wachen häufig auf und nehmen Nahrung zu sich *(s. Winterschlaf)*.

Winterschlaf: Zustand stark herabgesetzten Stoffwechsels in der kalten Jahreszeit. Die Körpertemperatur kann bis nahe 0 °C, bei manchen Arten sogar unter den Gefrierpunkt absinken. Zu den Winterschläfern gehören z. B. Murmeltier, Haselmaus, Hamster, Igel und Siebenschläfer *(s. Winterruhe)*.

Winterstagnation: *s. Stagnation*

Wirkungsspektrum: Darstellung der Wirkungen einer Strahlung in Abhängigkeit von deren Wellenlänge, z. B. Sauerstoffentwicklung bei der *Fotosynthese (s. Absorptionsspektrum)*.

Wirkungsspezifität: Selektivität eines *Enzyms* bezüglich der katalysierten Reaktion.

Wurzeldruck: Druck, der dadurch entsteht, dass Ionen aktiv in den Zentralzylinder der Wurzel transportiert werden. Wasser strömt dann durch Osmose nach und wird nach oben gedrückt. Da es durch die Zellwände der *Endodermis* infolge des CASPARYschen Streifens nicht mehr zurückwandern kann, baut sich ein Druck auf.

Xerophyten (gr. *xeros* trocken; *phyton* Pflanze): Pflanzen sehr trockener Standorte mit entsprechenden Gestaltanpassungen, u. a. Hartlaub, Sukkulenz.

Xylem (gr. *xylon* Holz): Syn. *Holzteil (s. Leitbündel)*

Zapfen: Typ *Lichtsinneszellen* in der *Retina* der Wirbeltieraugen (neben den *Stäbchen*). Zapfen sind Farbrezeptoren. Im Außenglied befinden sich etwa 1000 Membraneinfaltungen, in denen die Sehfarbstoffe liegen. Die Zapfen finden sich dicht gepackt im *gelben Fleck.* Sie ermöglichen die hohe, maximale Sehschärfe in diesem Bereich der *Retina*. Man unterscheidet drei Zapfentypen, die aufgrund unterschiedlicher Sehfarbstoffe Licht unterschiedlicher Wellenlängen absorbieren (Farbensehen).

Zeigerpflanzen: Pflanzenarten, deren Auftreten aufgrund einer engen *ökologischen Potenz* bezüglich einzelner *Umweltfaktoren*, wie z. B. Stickstoff- oder Kalkgehalt des Bodens, auf besondere Standorteigenschaften schließen lässt.

Zellatmung, innere Atmung: Im engeren Sinne Stoffwechselvorgänge in der Zelle, bei denen Sauerstoff gebunden (»verbraucht«) wird; im weiteren Sinne alle Stoffwechselwege, die NADH liefern, das in der *Endoxidation* mit Sauerstoff zu Wasser umgesetzt wird; dies sind v.a. *Glykolyse* und *Citronensäurezyklus (s. Atmung)*.

Zelle (lat. *cellula* Kammer): Kleinste lebensfähige Einheit. Alle Organismen sind aus Zellen und ihren Produkten aufgebaut.

Zellmembran: Membran, die jede *Zelle* umgibt; bei Pflanzen als *Plasmalemma* bezeichnet *(s. Biomembran)*.

Zellorganell: Gebilde im *Cytosol* mit spezifischer Funktion

zellvermittelte Immunabwehr: Form der erworbenen *Immunabwehr*, an der keine *Antikörper* beteiligt sind. Sie richtet sich gegen körpereigene *Zellen*, in die Krankheitserreger eingedrungen sind. Beispielsweise geben bestimmte *T-Lymphocyten* spezielle *Cytokine* ab, die zum Absterben der befallenen Zellen führen.

Zellwand: Schichten von Sustanzen, die sich bei der Pflanzenzelle außerhalb des *Plasmalemmas* befinden. Sie werden vom *Protoplasten* ausgeschieden. Durch die Zellwand erhält die Pflanzenzelle eine festgelegte Form.

Zellzyklus: Die Gesamtheit aller Vorgänge in der *Zelle*, die mit der Kern- und der Zellteilung in Zusammenhang stehen. Ein Zellzyklus reicht von einer *Mitose* bis zur nächsten.

Zentralnervensystem: Derjenige Teil des *Nervensystems* eines Organismus, in dem die Hauptmasse seiner *Nervenzellen* konzentriert ist. Bei den Wirbeltieren umfasst es Gehirn und Rückenmark. Das Zentralnervensystem empfängt über zuleitende *Nerven* Signale aus dem übrigen Teil des Körpers, z. B. von den Sinnesorganen, verarbeitet sie und entsendet über fortleitende Bahnen Informationen an die Erfolgsorgane *(s. peripheres Nervensystem)*.

Zooplankton: *s. Plankton*

Züchtung: Vorgehen zur Verbesserung oder Erhaltung von genetisch bestimmten Eigenschaften von Kulturpflanzen oder Nutztieren. In der Pflanzenzüchtung setzt man verschiedene Züchtungsverfahren ein. Bei der Auslesezüchtung werden diejenigen Organismen gezielt zur *Fortpflanzung* gebracht werden, die vorteilhafte Eigenschaften aufweisen. Bei der Kreuzungszüchtung werden durch *Kreuzung* von Individuen verschiedener *Sorten* neue Kombinationenen von *Genen* und damit neue *Phänotypen* hervorgebracht. Bei der Heterosiszüchtung werden *Hybriden* durch *Kreuzung* zweier reinen Linien gezüchtet. Die Hybriden zeigen eine auffallende Mehrleistung gegenüber den Elternformen, den Heterosis-Effekt. Bei der Mutationszüchtung wird das Saatgut *Mutagenen* ausgesetzt, um *Mutanten* mit neuen wertvollen Eigenschaften zu erhalten.

zwischenartliche Selektion: Sie kommt durch die ökologischen Beziehungen zwischen *Arten* zustande.

Zwischenkieferknochen: Knochen des Säugerschädels im Oberkieferbereich, in dem die oberen Schneidezähne sitzen. Beim Menschen verwächst er vor der Geburt mit dem Oberkieferknochen, wie GOETHE entdeckt hat.

Zwitter: a) Menschen mit keiner eindeutigen Geschlechtsfestlegung. Man unterscheidet echte Zwitter *(Hermaphroditen)* und Scheinzwitter. Echte Zwitter besitzen Merkmale beider Geschlechter und je zur Hälfte XX- und XY-Zellen. Scheinzwitter sind zwar genetisch einem Geschlecht zugeordnet, besitzen aber keine eindeutigen Geschlechtsmerkmale oder solche, die zum genetischen Geschlecht nicht passen.
b) Individuen mancher Tierarten, die sowohl Ovarien als auch Hoden besitzen (z. B. Weinbergschnecke und Regenwurm).

Zygote (gr. *zygon* Zweigespann, Joch): Befruchtete *Eizelle;* entsteht aus der paarweisen Verschmelzung von zwei *Gameten*.

Register

Fette Seitenzahlen weisen auf eine ausführliche Behandlung im Text hin; ein * hinter den Seitenzahlen verweist auf das Glossar.

C

D

E

F

G

H

I

M

N

O

P

Q

R

S

T

U

V

W

X

Y

Z

Bildquellen

Titelbild: Leitbündel vom Hahnenfuß *(Ranunculus)*, Rasterelektronenmikroskopische Aufnahme: Lichtbildarchiv Dr. Keil; Blattquerschnitt, Rasterelektronenmikroskopische Aufnahme: eye of science; 12.1 a, 13.2 a, 14.1 a: F. Karly; 15.1 a: E. S. Ross/California Academy of Sciences; 15.1 b: Sammy/Mauritius; 16.1 a: Deutsches Museum, München; 16.1 b links: Boerhaave Museum Leiden, Holland; 16.1 b rechts: Carl Zeiss Jena GmbH/Optisches Museum Jena; 16 unterlegt: A. Jung/Ernst Klett Verlag, Stuttgart; 18.1: Carl Zeiss Werk Göttingen; 18.2 a, b: Dr. Möllring/Carl Zeiss Oberkochen GmbH; 18.3 a–d: Dr. J. Wygasch, Paderborn; 19.1: Dr. M. Schweikert, biol. Inst., Abt. Zoologie, Universität Stuttgart; 20.1: Prof. G. Wanner/F. Karly; 20.2 a, b: Prof. Dr. H. Lehmann/Institut f. Tierökologie und Zellbiologie, Tierärztliche Hochschule Hannover; 21.1: eye of science; 21.2: aus: Hans Kleinig, Peter Sitte: Zellbiologie, 3. Auflage 1992, © Elsevier GmbH, Spektrum Akademischer Verlag, Heidelberg; 22.1: aus: Kleinig, Sitte: Zellbioloie, 4. Aufl., 2002 © Spektrum Akademischer Verlag, Heidelberg, Berlin; 23.1 a: Prof. Dr. H. Lehmann/Institut f. Tierökologie und Zellbiologie, Tierärztliche Hochschule Hannover; 23.1 b: aus: Kleinig, Sitte: Zellbioloie, 4. Aufl., 2002 © Spektrum Akademischer Verlag, Heidelberg, Berlin; 24.1 b, c: aus: Hans Kleinig, Peter Sitte: Zellbiologie, 3. Auflage 1992, © Elsevier GmbH, Spektrum Akademischer Verlag, Heidelberg; 26.1 a: F. Karly; 26.1 b: Dr. J. Jaenicke, Rodenberg; 26.2: aus: Hans Kleinig, Peter Sitte: Zellbiologie, 3. Auflage 1992, © Elsevier GmbH, Spektrum Akademischer Verlag, Heidelberg; 27.1: Dr. J. Jaenicke, Rodenberg; 27.2, 27.3: Okapia; 27.3: Okapia; 28.1: aus: Berkaloff u. a., Biologie und Physiologie der Zelle/Vieweg-Verlag; 30.1 a: M. Kage/Okapia; 30.1 b: aus: Strasburger – Lehrbuch der Botanik, 33. Aufl., 1991 © Elsevier GmbH, Spektrum Akademischer Verlag, Heidelberg; 30.2 a: Prof. G. Wanner/F. Karly; 32.2: Prof. Dr. U. Kull, Stuttgart; 33.1: Dr. A. Stolz, Universität Stuttgart; 35.1: B. L. de Groot, H. Grubmueller, Max-Planck-Institut f. biophysikalische Chemie, Göttingen; 38.1: J. Lieder; 39.1: Dr. Alexey Khodjakov, Wadsworth Center, Albany NY, Gewinner des ersten Preises »Olympus and Nature Light Microscopy Competition«; 41.1 a: Prof. Dr. F. Brümmer, Universität Stuttgart; 41.2 a: Ca. Biological/Phototake/Okapia; 42.1 (1)–(4): J. Lieder; 42.1 (5): Lichtbildarchiv Dr. Keil; 42.1 (6), (7): J. Lieder; 42.2 (1): H.-D. Frey; 42.2 (2): J. Lieder; 42.2 (3): Lichtbildarchiv Dr. Keil; 42.2 (4): Dr. Kramel/F. Karly; 42.2 (5), (6): J. Lieder; 42.2 (7): Dr. Kramel/F. Karly; 44.1: Dr. Jastrow, Mainz; 47.3: J. Lieder; 49.1: J. Freund/Okapia; 52.2: Prof. Dr. W. Weber, Reutlingen; 55.2: Institut für wissenschaftliche Fotografie M. Kage; 57.2: Hecker/Silvestris; 59.1: Lichtbildarchiv Dr. Keil; 60.1 a: Dr. Ch. Wege, biol. Inst., Abt. Molekularbiologie und Virologie der Pflanzen, Universität Stuttgart; 60.1 c, d: J. Lieder; 62.1 b: H. Pfletschinger/Tierbildarchiv Angermayer; 63.1 b, c: J. Lieder; 64.1 a: Naroska/Silvestris; 64.1 b: Prof. Dr. U. Kull, Stuttgart; 64.1 c: Hollweck/Mauritius; 64.1 d: Tierbildarchiv Angermayer; 65.1 a: Dr. A. Herbig, Universität Stuttgart; 65.1 b: Prof. Dr. U. Kull, Stuttgart; 65.2: F. Karly; 67.2: Dr. F. M. Thomas, Albrecht-von-Haller-Institut für Pflanzenwissenschaften, Universität Göttingen; 70.2: Kurverwaltung Langeoog; 72.2 (1): Prof. Dr. U. Kull, Stuttgart; 72.2 (2): E. Schacke/Naturbild/Okapia/picture-alliance; 72.2 (3), (4): D. Harms/WILDLIFE; 72.3 (1): Prof. Dr. U. Kull, Stuttgart; 72.3 (2): B. Frey/WILDLIFE; 72.3 (3): K. Bogon/WILDLIFE; 72.3 (4): D. Harms/ WILDLIFE; 73.2 (1): Prof. Dr. U. Kull, Stuttgart; 73.2 (2): Dr. M. Woike, Haan; 73.2 (3): Kohlhaupt/Mauritius; 73.2 (4): Prof. Dr. W. Weber, Reutlingen; 73.3 (1): Prof. Dr. U. Kull, Stuttgart; 73.3 (2): M. Gunther/Bios/Okapia; 73.3 (3): Weigl/Greiner+Meyer; 73.3 (4): A. Bärtschi/WILDLIFE; 75.1: Arndt/Okapia; 77.2 links: Hecker/Okapia; 77.2 rechts: Wilmshurst/Silvestris; 77.3: P. Spang/Okapia; 78.1 a: Dr. Philipp, Berlin; 78.1 Kreis: M. Mögle/XENIEL-Dia; 78.2: Dr. M. Woike, Haan; 78.3: H. Reinhard/Okapia; 78.4: J. Lieder; 78.5: Aloysius Staudt, Schmelz; 78.6: A. N. T./Silvestris; 78.7: W. Wolfgang/Silvestris; 80.3: Institut für wissenschaftliche Fotografie M. Kage; 81.1 b: F. Skibbe/Silvestris; 81.2: Prof. D. L. Godbold, Institut für Forstbotanik, Universität Göttingen; 81.3: R. Gubler/Ernst Klett Verlag, Stuttgart; 83.1: H. Reinhard/Okapia/picture-alliance; 83.1 Kreis: S. Frithjof/Silvestris; 83.2: XENIEL-Dia; 83.2 Kreis: K.-H. Jacobi/Okapia/picture-alliance; 83.3: Prof. Dr. U. Kull, Stuttgart; 92.1 a: K. Brauner, Göcklingen; 97.1 a: Pfletschinger/Tierbildarchiv Angermayer; 97.1 b: Wothe/Okapia; 105.2 oben: Prof. Dr. U. Kull, Stuttgart; 109.2: Science Photo Library/Focus; 109.2 Kreis: R. R. Hessler, University of California; 110.1: Prof. Dr. U. Kull, Stuttgart; 112.2: Lacz/Mauritius; 113.1 a: H. Reinhard/Okapia; 113.1 b: A. Albinger/Silvestris; 114.1 a: E. Henseler/Mauritius; 114.1 b: D. Nill/Silvestris; 114.2: D. Feldermann, Münster; 114.2 Kreis: Bühler/Silvestris; 122.1 b: Westfälisches Amt für Denkmalpflege/Landschaftsverband Westfalen-Lippe; 123.1: Dr. G. Hartmann/Niedersächsische Forstliche Versuchsanstalt, Münster; 129.1: A. Schneider, Lauterbach; 129.1 Kreis oben: M. Melin/Naturbild/Okapia; 129.1 Kreis unten: O. Giel/Okapia; 132.2: F. Gohier/Okapia; 135.3: Dr. Haupt & Dr. Flintjer/Schroedel Archiv; 139.2 b: U. Bächle, Remshalden; 147.3: Dr. Haupt & Dr. Flintjer/Schroedel Archiv; 158.1 a: F. Karly; 158.1 b: A. Jung/Ernst Klett Verlag, Stuttgart; 158.1 c: Dr. J. Jaenicke, Rodenberg; 159.2: Prof. G. Wanner/F. Karly; 166.2: Prof. Dr. U. Kull, Stuttgart; 173.1 Einschaltbild: aus: R. D. Schmid, Taschenatlas der Biochemie, Wiley-VCH; 174.1: A. Jung/Ernst Klett Verlag, Stuttgart; 176.1 a: Rosenfeld/Mauritius; 176.1 b: Prof. Dr. U. Kull, Stuttgart; 177.1 a: Stadler/Okapia; 177.1 a Kreis:/Okapia; 177.1 b: Prof. Dr. U. Kull, Stuttgart; 179.1: eye of science; 183.1: Stadler/Silvestris; 185.1 Mitte: Lichtbildarchiv Dr. Keil; 185.1 unten: Phototake/Mauritius; 190.2: A. N. T./Silvestris; 190.3 links: Mauritius; 190.3 rechts: Prof. Dr. U. Bäßler, Stuttgart; 197.1: aus: Ude/Koch: Die Zelle – Atlas der Ultrastruktur, 2002 © Elsevier GmbH, Spektrum Akademischer Verlag, Heidelberg; 197.2: J. Lieder; 206.1 links: J. Lieder; 206.1 rechts: aus: Gehirn und Nervensystem, Reihe Verständliche Forschung, Spektrum der Wissenschaft, Heidelberg 1988; 209.1: aus: Neuron, Vol 19, September, 1997, pp 591, »brain of a kokain-dependant subject. . .«, mit Erlaubnis von Elsevier; 212.1: aus: Trends in Neuroscience, Vol 20, No 7, 1997, pp 299, »Detection of nitric oxide. . .«, mit Erlaubnis von Elsevier; 214.1 a: Okapia; 214.1 b: G. Quedens, Norddorf; 214.1 c: F. Hecker/Silvestris; 214.1 d: Tierbildarchiv Angermayer; 215.1 a: O. Meckes/eye of science/Focus; 215.1 b: J. Lieder; 219.1: aus: Einführung in die Feinstruktur von Zellen und Geweben von Porter & Bonneville, Springer Verlag, Heidelberg, New York; 232.1: aus: Bewusstsein bei Tieren , Gould & Gould, 1997, Spektrum Akademischer Verlag, Heidelberg; 234.1: J. Lieder; 240.1 a–b: V. Minkus, Isernhagen; 245.1: Dr. L. Reinbacher, Kempten; 249.2 a–c: Prof. M. E. Raichle, University of Washington; 249.2 d: aus: Principles of Neural Science, Kandel et al./Mc Graw Hill, New York; 250.1 e: aus: Einführung in die Feinstruktur von Zellen und Geweben von Porter & Bonneville, Springer Verlag, Heidelberg, New York; 250.1 f: Prof. Dr. H. Bayrhuber, IPN Kiel; 251.1: J. Lieder; 260.1 a: Pölking/Mauritius; 260.1 b: J. Mc Donald/Okapia; 260.1 c: R. Matthews, Kapstadt; 262.2: R. Schmidt/Tierbildarchiv Angermayer; 263.1 oben: Okapia; 263.1 unten: Time Life Books; 265.1 a: aus: Lehrbuch der Biologie, 2000, Elsevier GmbH, Spektrum Akademischer Verlag, Heidelberg; 265.1 b: H. Guether/Mauritius; 269.1: Mauritius; 270.2: F. Hecker/Naturfotografie; 273.1 a: Prof. Dr. W. Hauber, Universität Stuttgart; 274.1 b: Reinhard/Zefa; 275.2: Kacher, Pöndorf; 276.1 a–d: aus: W. Köhler: Intelligenzprüfungen an Menschenaffen, Springer Verlag, Heidelberg; 276.1 Einschaltbild: Prof. Dr. U. Kull, Stuttgart; 277.1: Steve Bloom Images/Mauritius; 279.1: G. Lacz/Silvestris; 280.1: J. & Ch. Sohns/Silvestris; 281.1 a: Dr. A. Paul, Göttingen; 281.1 b: P. Schuchardt, Göttingen; 281.2: Mueller/Mauritius; 282.1: Prof. Dr. I. Eibl-Eibesfeldt, Andecks; 284.1: ACE/Mauritius; 285.1: FWU; 286.1: Pro. Dr. J. Lethmate, Ibbenbühren; 289.1: Prof. Dr. I. Eibl-Eibesfeldt, Andecks; 293.1: E. A. Janes/Silvestris; 294.1: Prof. Dr. U. Bäßler, Stuttgart; 297.1: aus: Bau und Funktion des menschlichen Körpers von Schütz & Rothschuh, Urban & Schwarzenberg; 302.1: J. Lieder; 307.1: T. Mitchell, Yorkshire, UK; 309.1: Hubatka/Mauritius; 309.2: Cold Spring Harbor Laboratory Archives, New York; 309.2 Kreis: Focus; 309.3 a: Mauritius; 309.3 b: G. Kozeny/Silvestris; 309.3 c: Okapia; 310.1: Deutsches Museum, München; 312.2: H. Reinhard/Okapia; 313.1: F. Karly; 316.1 a–g: J. Lieder; 320.1 a: eye of science; 321.1 a: F. Karly; 321.1 b: A. Syred/Science Photo Library/Focus; 321.1 c: F. Karly; 321.1 d: Prof. Dr. W. Weber, Reutlingen; 322.1 a: R. Klapper, Münster; 322.1 b: J. Berger/Max-Plank-Institut für Entwicklungsbiologie, Tübingen; 323.2 a–d: A. Jung/Ernst Klett Verlag, Stuttgart; 323.3 links: R. Wellinghorst, Quakenbrück; 323.3 rechts: H. Reinhard/Okapia; 323.4 links: NAS/T. Mc. Hugh/Okapia; 323.4 rechts: T. Vezo/Okapia; 326.1 a: H. Young/Science Photo Library/Focus; 326.1 b: Phototake/Mauritius; 326.3 links: B. Svensson/Science Photo Library/Focus; 326.3 rechts: J. Beck/Mauritius; 327.1: LOCHOW-PEKTUS GmbH, Bergen; 328.1 a: A. Jung/Ernst Klett Verlag, Stuttgart; 328.1 b: A. Jung/Ernst Klett Verlag, Stuttgart; 332.1: Prof. Dr. J. Murken/Abteilung MedizinischeGenetik der Kinderpoliklinik, LMU München; 334.1 a: A. Reininger/Focus; 334.1 b: Institut für Medizinische Genetik Humboldt-Universität (Charité); 335.2 Einschaltbild: J. Dobers, Krelingen; 336.1: Prof. Dr. J. Kunze, Charite: Universitätsklinikum, Medizinische Fakultät der Humboldt-Universität, Campus Virchow-Klinikum, Berlin; 338.2 (1)-(5): AKG, Berlin; 341.1 a: Dennis Kunkel Microscopy, Inc.; 341.2: Focus; 342.1 a: Prof. Dr. U. Kull, Stuttgart; 343.3 a: Dr. Ch. Wege, Biol. Inst., Abt. Molekularbiologie und Virologie der Pflanzen, Universität Stuttgart; 343.4: G. Seisenberger, M. Ried, T. Endreß, H. Büning, M. Hallek, C. Bräuchle, Science 294 (2001) 1929; 344.1 b: Biology Media/Science Source/Okapia; 346.1 c: Phototake/Mauritius; 347.2: Focus; 352.1: aus: Taschenatlas der Biotechnologie und Gentechnik, Prof. R. Schmidt, S. 257, Wiley-VCH, Weinheim, 2002; 352 Einschaltbild: Courtesy of Affymetrix; 353.1 c: Dr. T. Frischmuth, Universität Stuttgart; 355.2: aus: Kleinig/Sitte: Zellbiologie, 1992 © Elsevier GmbH, Spektrum Akademischer Verlag, Heidelberg; 356.2 a: Prof. T. A. Steitz, Yale University; 359.2 a: aus: Kleinig/Maier: Zellbiologie, 1999 © Elsevier GmbH, Spektrum Akademischer Verlag, Heidelberg; 359.2 b: Courtesy of J. E. Edström/EMBO; 362.2 a: NAS/Omikron/Okapia; 363.1: Prof. Dr. U. Kull, Stuttgart; 365.1 a: J. Lieder; 369.1: Institut für wissenschaftliche Fotografie M. Kage; 372.1: Dr. S. Schuffenhauer, Abteilung Medizinische Genetik der Kinderpoliklinik, LMU München; 377.2: Prof. Dr. Schnell, Institut für Pflanzenzüchtung, Universität Hohenheim; 378.1 a: Dr. T. Frischmuth, Universität Stuttgart; 378.1 b–d: Prof. Dr. F. Hoffmann, Universität Irvine, USA; 380.1 b: action press; 380.2: BAYER AG; 385.1 c: aus: Trends in plant science, Vol 8, 2003, p 384, mit Erlaubnis von Elsevier; 387.1: BAYER AG; 392.1: Okapia; 396.1 a: aus: Life, the science of Biology, 6/e, Fig. 19.11, Sinauer Associates, Inc.; 403.2 b: Boehringer Ingelheim Pharma KG; Lennart Nilsson/Albert Bonniers Förlag AB; 406.1: eye of science; 407.1: eye of science; 410.1 a: Prof. Dr. H. Bayrhuber, IPN Kiel; 410.1 a Kreis: aus: Viruskrankheiten in Gartenbau und Landwirtschaft, Teil 1: Zierpflanzen, 1995, AID, Bonn; 413.1 a: Dr. J. Nittinger/XENIEL-Dia; 414.2 b: NAS/Phillips/Okapia; 415.2: T. Eisner, Cornell University; 418.2 a: eye of science; 418.2 b: J. Lieder; 419.1: Dr. R. Elinson, Duquesne University; 419.2 a–c: H. Pfletschinger/Tierbildarchiv Angermayer; 420.1 a–c: H. Pfletschinger/Tierbildarchiv Angermayer; 420.1 d: G. J. Bernard/OSF/Okapia; 421.1 (1)-(3): H. Pfletschinger/Tierbildarchiv Angermayer; 421.1 (4): G. J. Bernard/OSF/Okapia; 422.2 g: Lichtbildarchiv Dr. Keil; 425.1: D. Bromhall/OSF/OKAPIA; 427.2: aus: Zwillinge von Reinhold Lotze, Ferdinand Rau Verlag, Öhringen, 1938; 431.2: V. Minkus, Isernhagen; 432.2 b: Dr. G. Murti/Visuals Unlimited; 438.1 a–e: Deutsches Museum, München; 438.1 f: AKG, Berlin; 441.2 a: F. Pölking/Okapia; 441.2 b: A. Root/Okapia; 444.2 links: Nuridsany & Perenou/Okapia; 444.2 rechts: aus: Evolution – Die Entwicklung von den ersten Lebensspuren bis zum Menschen, Reihe Verständliche Forschung, Spektrum der Wissenschaft, Heidelberg, 1988; 445.1: Staatliches Museum für Naturkunde, Stuttgart; 445.2: Staatliches Museum für Naturkunde, Stuttgart; 447.1 a: K. Wothe/Silvestris; 447.1 b, c: Prof. Dr. L. T. Wasserthal, Institut für Zoologie, Universität Erlangen; 448.1 a: Lichtbildarchiv Dr. Keil; 448.1 b: W. Rodich/Silvestris; 448.2 a: Thonig/Mauritius; 448.2 b, c: Prof. Dr. H. F. Paulus, Institut für Zoologie, Abteilung Evolutionsbiologie der Universität Wien; 449.1 (1): L. Lenz/Silvestris; 449.1 (2): V. Brockhaus/Silvestris; 449.2: W. Häberle (nach Objekten des Staatl. Museums für Naturkunde, Ludwigsburg); 458.1: Kugler/Mauritius; 458.2: Prof. Thornhill, University of New Mexico; 459.1 a: J. & C. Sohns/Silvestris; 459.1 b: T. Vezo/Okapia; 459.1 c, d: Lacz/Silvestris; 460.1: NAS/T. Mc Hugh/Okapia; 461.1, 2: A. N. T./Silvestris; 463.1: J. Lieder; 464.1: Steiner/Schroedel Archiv; 468.1 a: SMF, Abteilung Messelforschung/Forschungsinstitut und Naturmuseum Senckenberg; 474.1, 2: Prof. Dr. U. Kull, Stuttgart; 478.1: Staatliches Museum für Naturkunde, Stuttgart; 478.2 a: E. Spaeth/Silvestris; 478.2 b: M. Weinzierl/Silvestris; 478.3: Prof. Dr. U. Kull, Stuttgart; 479.1 a: B. L. Kneer/Okapia; 479.2: Georg Kube/Staatliches Museum für Naturkunde, Stuttgart; 481.1 b : F. Gohier/Okapia; 482.1 a: SMF, Abteilung Messelforschung/Forschungsinstitut und Naturmuseum Senckenberg; 487.1: Dr. C. Nielsen/Zoologisches Museum; 487.2: Lichtbildarchiv Dr. Keil; 490.2: Prof. Dr. U. Kull, Stuttgart; 492.2 a: P. Parks/OSF/Okapia; 492.2 b: W. Gerber, Institut für Geologie und Paläontologie, Universität Tübingen; 494.1 links: NAS/T. Mc Hugh/Okapia; 494.1 Mitte: Sohns/Okapia; 494.1 rechts: VCL/Okapia; 497.2: Prof. Günter Bräuer, Hamburg; 500.1: Reader/Science Photo Library/Focus; 502.1: Prof. M. Brunet/Universite de Poitiers; 502.2–6: Prof. Günter Bräuer, Hamburg; 502.7: Staatliches Museum für Naturkunde, Stuttgart; 502.8, 9: Prof. Günter Bräuer, Hamburg; 504.1 a: David L. Brill, Atlanta; 504.1 b: J. Matternes, Virginia; 505.1 a: AKG, Berlin; 505.1 b: Thomas Stephan/Ulmer Museum; 505.1 c: AKG, Berlin; 512.1: C. F. Bardele/H.-W. Kuhlmann, Universität Münster; 512.2 (1): J. Neumayer, Elixhausen; 512.2 (2): Vock/Okapia; 512.2 (3): M. Wendler/Silvestris; 512.2 (4): D. Bühler/Silvestris; 512.2 (5): V. Brockhaus/Silvestris; 512.2 (6): Rauch/Silvestris; 513.1: Courtesty Ken Mowbray, AMNH. Es war uns nicht bei allen Abbildungen möglich, den Inhaber der Rechte ausfindig zu machen. Berechtigte Ansprüche werden selbstverständlich im Rahmen der üblichen Vereinbarungen abgegolten.

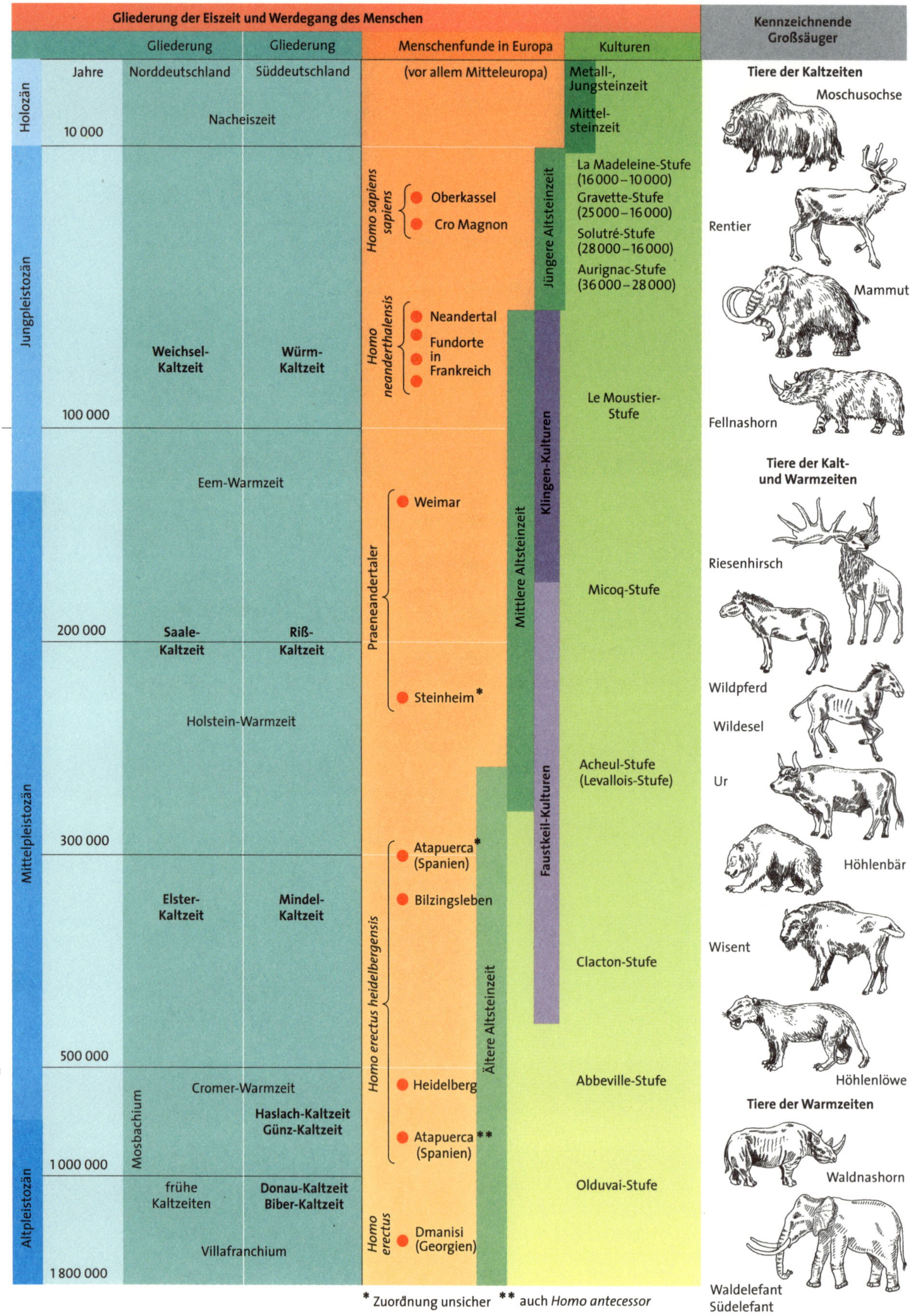

Gliederung der Eiszeit und Werdegang des Menschen
Jahre
Gliederung Norddeutschland
Gliederung Süddeutschland
Menschenfunde in Europa (vor allem Mitteleuropa)
Kulturen
Kennzeichnende Großsäuger
Holozän
10 000
Nacheiszeit
Metall-, Jungsteinzeit
Mittel-steinzeit
Jungpleistozän
Homo sapiens sapiens
Oberkassel
Cro Magnon
Jüngere Altsteinzeit
La Madeleine-Stufe (16 000–10 000)
Gravette-Stufe (25 000–16 000)
Solutré-Stufe (28 000–16 000)
Aurignac-Stufe (36 000–28 000)
Homo neanderthalensis
Neandertal
Fundorte in Frankreich
Weichsel-Kaltzeit
Würm-Kaltzeit
Le Moustier-Stufe
100 000
Eem-Warmzeit
Praeneandertaler
Weimar
Mittlere Altsteinzeit
Klingen-Kulturen
Micoq-Stufe
Mittelpleistozän
200 000
Saale-Kaltzeit
Riß-Kaltzeit
Steinheim*
Holstein-Warmzeit
Acheul-Stufe (Levallois-Stufe)
Faustkeil-Kulturen
300 000
Atapuerca* (Spanien)
Bilzingsleben
Elster-Kaltzeit
Mindel-Kaltzeit
Homo erectus heidelbergensis
Ältere Altsteinzeit
Clacton-Stufe
500 000
Cromer-Warmzeit
Mosbachium
Haslach-Kaltzeit
Günz-Kaltzeit
Heidelberg
Abbeville-Stufe
Atapuerca** (Spanien)
1 000 000
Altpleistozän
frühe Kaltzeiten
Donau-Kaltzeit
Biber-Kaltzeit
Olduvai-Stufe
Homo erectus
Dmanisi (Georgien)
Villafranchium
1 800 000
* Zuordnung unsicher ** auch *Homo antecessor*
Tiere der Kaltzeiten
Moschusochse
Rentier
Mammut
Fellnashorn
Tiere der Kalt- und Warmzeiten
Riesenhirsch
Wildpferd
Wildesel
Ur
Höhlenbär
Wisent
Höhlenlöwe
Tiere der Warmzeiten
Waldnashorn
Waldelefant
Südelefant

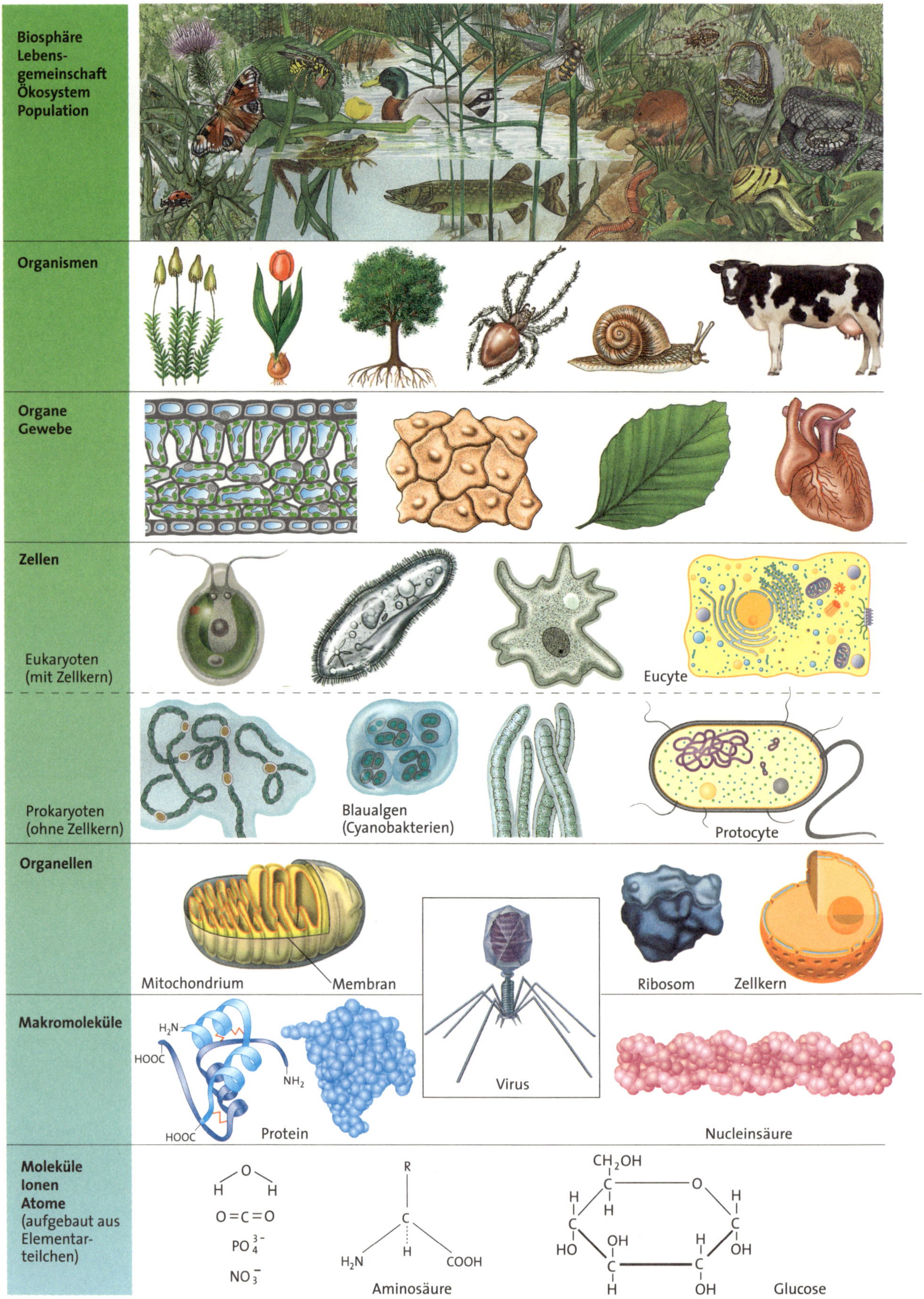
Biosphäre
Lebens-
gemeinschaft
Ökosystem
Population
Organismen
Organe
Gewebe
Zellen
Eukaryoten
(mit Zellkern)
Eucyte
Prokaryoten
(ohne Zellkern)
Blaualgen
(Cyanobakterien)
Protocyte
Organellen
Mitochondrium
Membran
Virus
Ribosom
Zellkern
Makromoleküle
H_2N
HOOC
NH_2
HOOC
Protein
Nucleinsäure
Moleküle
Ionen
Atome
(aufgebaut aus
Elementar-
teilchen)
H_2O
$O=C=O$
PO_4^{3-}
NO_3^-
R
C
H
H_2N
COOH
Aminosäure
CH_2OH
OH
HO
Glucose